EVCLIDE MEGARENSE PHILOSOPHO,

SOLO INTRODUTTORE DELLE SCIENTIE MATHEMATICE.

DILIGENTEMENTE RASSETTATO, ET ALLA integrità ridotto, per il degno professore di tal Scientie Nicolo Tartalea Brisciano.

SECONDO LE DUE TRADOTTIONI.

CON UNA AMPLA ESPOSITIONE dello istesso tradottore di nuovo aggiunta.

TALMENTE CHIARA, CHE OGNI MEDIOCRE ingegno, senza la notitia, over suffragio di alcun'altra scientia con facilità serà capace a poterlo intendere.

IN VENETIA, Appresso Curtio Troiano [illegible]

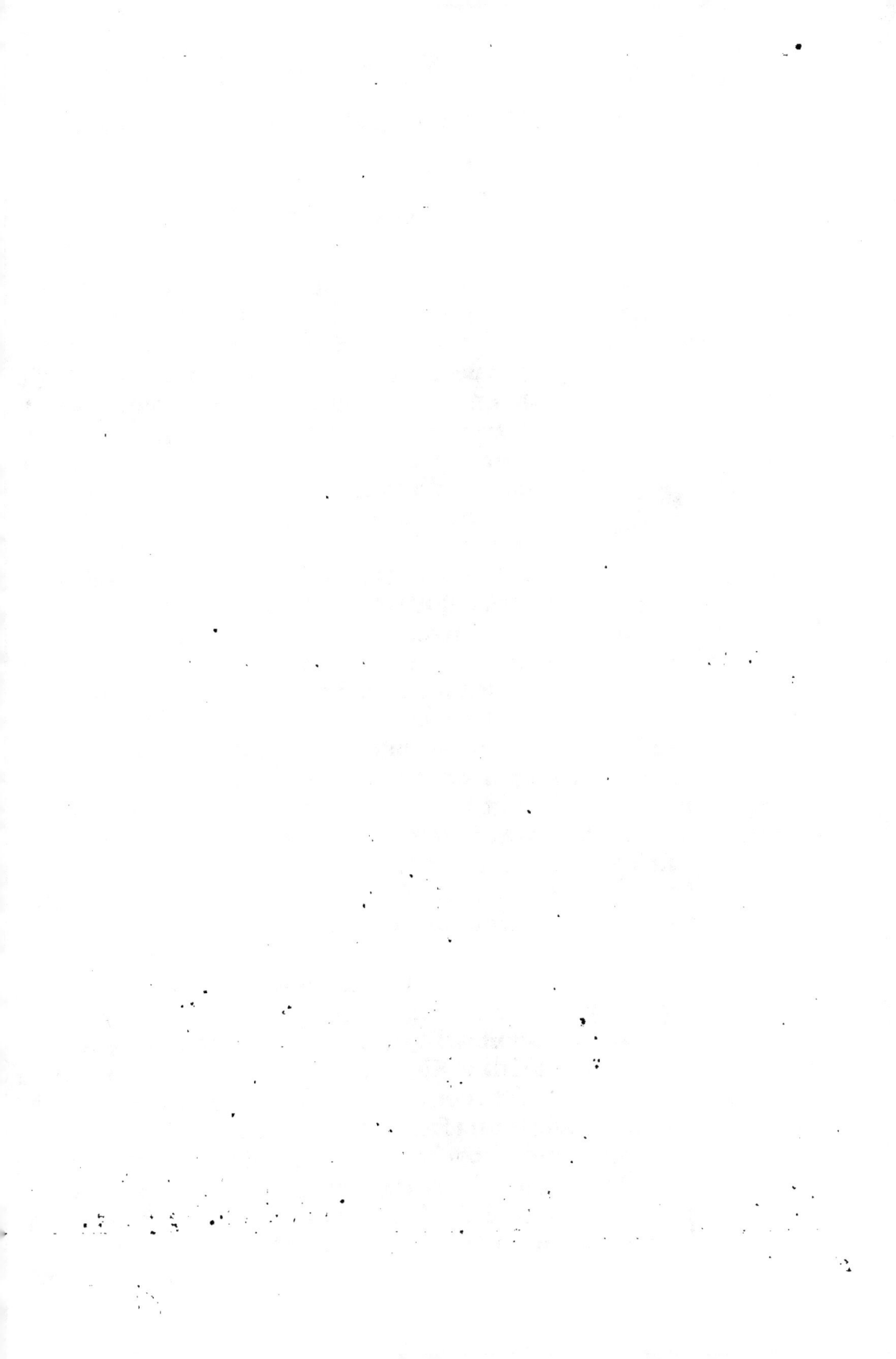

ALL'ORNATISSIMO D'OGNI VIRTU, IL SIGNOR FRANCESCO LABIA, SIGNOR SVO OSSERVANDISS.

CVRTIO TROIANO S.

PERCHE uediamo honoratissimo Signor mio, come la natura ci ha formato la parte interna di tal sorte, che chi o per naturale uiuacità o per dottrina conosce le conditioni de gli huomini, sa molto bene di esser tenuto di far piacere all'huomo delqual solo si uede essere corrispondente nel comunicare i benefici, io che per diuina gratia, sempre mi sono compiacciuto di giouare, per le forze mie, al stato humano, ho fatto con molta diligenza stampare l'Euclide in lingua uolgare, tradotto da Nicolo Tartaglia Brisciano, huomo nelle Mathematice dottrine, tanto eccellente & raro, per scientia & pratica, che i dotti di tale arte tengano per fermo lui solo hauer inteso le sottilità & le oscure sententie di Euclide, & anco i ueri fondamenti della Mathematica, ne'quali hanno preso tant'errore quelli che auanti lui si sono auantati di hauerlo sin dalle radici ottimamente inteso; ilche si uederà nel suo comento dottissimo. Et uolendo io dedicare una tale dottrina la piu ferma & chiara di tutte le altre arti liberali, a persona, che per sue uirtù, bontà d'animo, & ornamenti dell'intelletto la douesse hauer cara: uoltandomi per l'animo di molti nobili ingegni a quali si potrebbe inuitare, fermai il pensiero in uostra Sig. laqual ha mostrato tanto amoreuole affetto uerso quasi ogni sorte di dottrina, che hauendosi dato prima alle considerationi logicali, dopoi alle speculationi naturali, ha uoluto ancora passeggiare per la Theologia, & finalmente s'è redotta alle mathematice come a dottrina certissima & chiara, laquale, perche ferma i suoi principij in cose, che da niuno possono esser negate, si dimostra d'ogn'altra piu scientifica e uera. Et quantunque tali ornamenti di V. Sig. ui fanno degno di maggior laude, di quella ch'io le posso dare con la mia dedicatione, nondimeno io non mi ritrarò di inuiarle la mia fatica, perche essendole io amoreuolissimo seruitor, tengo per certo che quella, mirando all'affetto del cor mio, aggrandirà il mio dono, riputandolo assai piu di quanto egli sia in effetto: cosi per uostra bontà, il mio libro uenirà ad esserui grato, & con questo caminerà securo sotto la protettione di Vostra Sig. laquale, se tenerà me in quel conto, che merita l'amor mio uerso di lei, mi darà animo di stampare altre simil cose, tutte utili ad illuminare gli intelletti humani: si che in tal modo si uenirà a giouare al mondo, & ad illustrare il nome di questo Auttore, la cui dottrina di maniera per se stessa lampeggia, che essendo posta in luce, manderà per l'uniuerso i suoi raggi tanto chiari, che qualunque letterato ne prenderà una picciola scintilla, gli parerà di uedere un chiaro Sole, che gli illustri l'intelletto a comprender meglio ogn'altra dottrina. Accetterà adunque V. Sig. me con l'opera istessa, laquale mi rendo certo, che sarà gratissima al uostro alto intelletto, si perche essa dottrina si manifesta anco a i sentimenti, come ancora perche Vostra Sig. ne prenda diletto. Et con questo, pregandole ogni felicità, me le ricomando di core.

LETTIONE DE NICOLO TARTALEA BRISCIANO,

SOPRA TVTTA LA OPERA DI EVCLIDE MEGARENSE, ACVTISSIMO MATHEMATICO.

1 TVTTI gli huomini, Magnifici e Preclariſsimi Auditori, (come ſcriue Ariſtotele nel primo della Methaphiſica) naturalmente deſiderano di ſapere, & nel primo della poſteriora cõchiude, che il ſapere non è altro, che intendere per demoſtratione. Platone poi diffiniſce la ſapientia non eſſer altro, che una cognitione delle coſe diuine & humane: & tutti gli antiqui Philoſophi dicono, le parti della ſapientia eſſer due, cioè ſpeculatione, & operatione, ouer Theorica, & Pratica: Et Ariſtotele nel ſecondo della Methaphiſica dice, che'l fine della ſpeculatione, ouer della ſcientia ſpeculatiua non è altro, che la uerità, & della operatione, ouer pratica, è l'opera compita: Anchora li detti antiqui inueſtigatori delle coſe, affermano como ſi tocca piu la uerità nelle Mathematice diſcipline, che in qualunque altra ſcientia ouer arte liberale: Per ilche hanno aſſolutamente determinato quelle eſſer nel primo grado di certezza: & pero uediamo (come dice il Cardinal di Cuſa) tutti quelli, che guſtano di queſte diſcipline, accoſtarſe a quelle con amor mirabile; & queſto non è per altro, ſe non perche in quelle ſi contiene il uero cibo della uita intellettuale.

2 Queſte tali Scientie, ouer diſcipline ſono ſtate tanto intrinſicamẽte conoſciute da noſtri ſaui antiqui, che da quelli fu determinato, che la prima coſa, che ſe doueſſe far imparare a tutti quelli, che ſi dedicauano alla ſapienza, fuſſeno le diſcipline mathematice (cioè, ſi come al preſente ſi coſtuma fare della grammatica.) Et queſta determinatione ouer coſtitutione ferno per tre cauſe: Prima perche le dette ſcientie, ouer diſcipline, approuano l'ingegno dell'huomo, ſe egli è atto a far frutto nelle altre ſcientie, o nò: perche tra quelli ſi coſtumaua queſto prouerbio. Sicut aurum probatur ingni, & ingenium Mathematicis: cioè che ſi come la bontà de l'oro uien conoſciuta, & approbata con il fuoco, coſi l'ingegno dell'huomo uien conoſciuto & approuato con le Diſcipline Mathematice. Et pero quando per ſorte trouauano alcuno, che di tai ſcientie non fuſſe capace, lo leuauano da tal cominciato ſtudio, & lo applicauano ad altro eſercitio, perche ~~in effetto comprẽdeuano (come dice Vitruuio Polione al pri~~mo capo del ſuo primo libro) che la dottrina ſenza lo ingegno, ne lo

ingegno senza la Dottrina, puo fare un perfetto artifice.

3 La seconda causa, perche li nostri antiqui uoleuano che le Mathematice discipline fusseno le prime imparate, è questa, perche alla intelligentia di quelle non ui occorre alcuna altra scientia. La causa è che per se medesime si sostentano, per se medesime si uerificano, per se medesime si approuano, & nõ per auttorità, ouer opinione de huomini, come fanno le altre scientie, ma per demostratione.

4 La terza causa è, che conosceuano tutte le altre scientie, arti, ouer discipline, hauer delle Mathematice bisogno, & non solamente le liberali, & sue dependenti; ma anchora tutte le arte Mecanice, come al presente sotto breuità, in parte si farà manifesto.

5 Primamente eglie cosa notta, che per mezzo di queste tai scientie ouer discipline, nelle occorrentie naturali noi conoscemo in materia, la descriptione, qualità, & quantità de ogni figura geometrica, cioe de triangoli, quadrangoli, Penthagoni, Essagoni, Rhombi, & Rhomboidi, & de ogni altra figura piana. Et similmente de ogni corpo solido, si regulare, come irregulare, come sono pyramidi, prisine, ouer seratili, sphere, coni, chilindri ouer colonne, cubi, ottobase, dodici base, uinti base, & altri suoi dependenti, con tutte le sue proprietà & proportioni, come geometricamẽte descriue è forma el nostro egregio Authore Euclide in 15. Libri, delliquali 11. sono de geometria, cioe el primo el 2. & el 3. el 4. el 6. el 10. lo 11. lo 12. il 13. il 14. & il 15. Et tre sono di Arithmetica, cioè el 7. lo 8. & il 9. El quinto a tutti questi è comune, ilquale è della proportione & proportionalità, laqual proportione & proportionalità cosi se aspetta al numero, come alla misura.

6 Certa cosa è anchora, che queste tai scientie, ouer Discipliue mathematice sono nutrice, & matre delli musici: Impero che con li numeri & sue proprietà proportione & proportionalità noi conosciamo la proportione dupla, che da pratici è detta ottaua, esser composta d'una sesquitertia & de una sesquialtera: & similmente sapiamo la sesquitertia esser composta de duoi toni, & de un semiton menore, & la sesquialtera esser composta de tre toni & de un semiton menore, per il che si manifesta la detta dupla, ouer ottaua esser composta de cinque toni & de duoi semitoni menori, cioè meno una coma de sei toni, & similmente sapiamo el tono esser piu di otto come & men di 9. Anchora per uigor di queste tai discipline sapiamo esser impossibile a diuidere il detto tono, & ogni altra superparticolare rationabilmente in due parti equale, ilche dimostra il nostro Euclide, nel la ottaua propositione del ottauo libro.

7 Piu oltra, non per altra causa alli presenti tempi è penuria de boni & eccellenti Astronomi, che per diffetto delle antedette discipline,

ne, perche di ben intendere l'Almagesto di Ptolomeo, & similmente Giouan de monte Reggio senza le Euclidiane Istruttioni, niun certo si puo auantare: & quantunque si lega nel ecclesiastico al primo Capitolo. Altitudinem cœli, & latitudinem terræ, & profundū abissi quis dimensus est? Nondimeno tanta è la uirtu di queste scientie, ouer discipline, che per mezzo delle proportioni, non solamente li nostri antiqui hanno conosciuto quanta sia la rotondità di tutta la terra, & quanto sia el Diametro suo & similmente delli altri elementi: ma anchora hanno conosciuto la grandezza del Sole, & della Luna, delle stelle, si fisse come erratice, & la conuersatione del loro Cielo, come dimostra Ptolomeo nel Almagesto, & Alphonso nelle sue Tauole.

8 Queste medesime scientie ouer discipline, danno la uia all'arte giudiciaria, detta astrologia, & similmente alla Pyromantia, Hydromantia, Geomantia, Nicromantia, & altri sorti legi, come scriue Isidoro, & Cieco Dascoli, & similmente, Cornelio Agrippa nel secondo di Occulta Philosophia.

9 Che diremo della Geographia? Non ci dimostra Ptolomeo & tutti gli altri eccellentissimi Geographi, quanto li sia necessario el numero, la misura, la proportione, & proportionalità. Quando che di tutto l'uniuerso debitamente proportionando li gradi della lor longhezza & larghezza, in una picol carta, tutte le famose prouincie, città, castelli, monti, fiumi, isole, peninsule, & altri siti maritimi, & mediterranei ci hanno ridotto.

10 Quanto che queste siano necessarie alla Corographia, cioè al modo di mettere rettamente in disegno un particolar sito, ouer paese, & similmente la pianta de una citta lo habbiamo dimostrato nel quinto libro delli nostri quesiti, & inuention diuerse.

11 Anchora considerando bene, e studiando la scientia Perspettiua, senza dubbio si trouarà, che nulla sarebbe, se la Geometria, come madre sua, non se gli accomodasse. Questo non solamente ci uerifica el nostro Euclide, nella sua Specularia & Perspettiua, & similmente lo Arciuescouo Giouanne Cantuariense: Ma piu abondantemente Viteleone, quel gran Perspettiuo, ilquale ogni sua propositione approua & dimostra con le Euclidiane propositioni.

12 Che queste tai scientie ouer Discipline siano necessarie all'arte Pittoria, non uoglio star a prouarlo particularmente, perche mi basta che Alberto duro alli tempi nostri Pittor eccellentissimo, nella opera sua non solamente lo confessa & affirma: ma ancora attualmente lo dimostra al senso.

13 Quanto queste siano opportune all'arte horologica, cioè alla cōpositione, descritione, ouer costruttione delli horologij, si horizon-

 tali

tali come murali. Sebastiano Mustero non solamente in Pratica, ma in Theorica lo fa manifesto.

14 Da queste medesime discipline germoglia, & nasce la scientia de Pesi, come apertamente dimostra Giordano in quello de Ponderibus, il che medesimamente retifichiamo & approuiamo nel quinto libro delli nostri quesiti & inuentioni diuerse, con laqual scientia Aristotile nelle sue questioni Mecanice assegna la causa di ogni ingenio sa mecanica inuentione.

15 Tanto è generale la uirtu, ouer potentia di queste tai discipline piene di certezza, che Archimede Siracusano per lo studio di quelle, con suoi mecanici ingegni difese un tempo la citta di Siracusa contra l'impetto di Marco Marcello Consule Romano, per ilche acquistò il nome della immortalità.

16 Per mezzo di queste si fanno uarij & diuersi modelli, fabricansi põti quasi alla natura impossibile.

17 Anchora se con lo intelletto ben considranno & guardanno tutte le sorte de antique & moderne machine, & istromenti belici si offensiui come diffensiui, come sono bastioni, repari, bricole, trabocchi, catapulce, scorpioni, baliste, ariete, testudine, helepoli, (come dimostra Vetruuio nel decimo.) Et similmente Vegetio, Valturio, & Lion Battista delli Alberti, sempre con forza de numeri & misure le loro proportioni si trouano formate & fabricate.

18 Delle noue inuentioni per noi tronate, sopra el tirar delle moderne machine tormentarie, dette dal uulgo artegliarie, non uoglio replicarlo per hauerlo altroue detto & in parte publicato: Basta solamente a dire, che per consiglio di queste, senza alcuna sperienza ne pratica in tal esercitio la maggior parte ritrouai.

19 Similmente per uirtu di queste habbiamo ancor trouato di mandar a essecutione tutti quei modi (recitati da Vegetio, & da Frontino Valturio,) che usauano li nostri antiqui nell'ordinare gli esérciti in battaglia sotto uarie & diuerse forme, cioè in forma quadra di gẽte, ouer di terreno, & similmente el modo di formar, el cuneo, la forfice, la sega, el rhumbo, la forma circulare e la lunare, lequal cose alli presenti tempi quasi in tutto sono perdute.

20 Di quanto aiuto et subsidio sian le dette discipline alla Architettura, Vitruuio Polione nel suo Proemio lo fa manifesto.

21 Queste tai scientie, ouer discipline non solamente acuisseno l'ingegno del huomo, & lo fanno atto a poter con facilità penetrare in qual si uoglia altra scientia: Ma anchora lo preparano a poter agilmente discorrere ouer caminare di lõgo alla sapientia: Anzi che Bouetio Seuerino uol che queste tai sciẽtie, ouer discipline siano le proprie uie di ascendere a quella, & finalmente conchiude senza queste

tai

tai scientie ouero discipline esser impossibile di potere rettamente filosofare.

22 Questo medesimo uienne a essere stato retificato con li effetti da quel Platone padre e maestro de Philosophi, elquale non uoleua che alcun scholaro intrasse nella sua schola, ouer studio, se non era prima in Geometria ben isperto.

23 Et pero non è da marauigliarsi, se molti passi nella Phisica, Metha phisica, & Posteriora de Aristotele, & similmente in quel de Celo & mundo paiono oscuri, & difficili alli nostri moderni, che la maggior parte non procede da altro, che per non sapere le predette discipline.

24 Queste medesime danno l'essere alla Pratica speculatiua di Algebra, & Almucabala, uolgarmente detta la Regola della cosa ouer arte Magna, e queste, non solamente Maumeth figliuolo de Moise Arabo (gia di tal scientia primo inuentore.) Ma anchora frate Luca dal Borgo, Michel Stifelio, e Leonardo Pisano Geometricamente lo sanno manifesto.

25 Essendo un giorno interrogato il diuino Platone, perche causa lo huomo fra el genere de gli animali era chiamato animal rationale, & tutti li altri erano detti irrationali & brutti, lui rispose perche lo huomo sa numerare & le bestie non. Se adunque cosi minima parte di tai discipline (che è il numerare) per esser comune a tutti, ne fa differenti da gli animali brutti, & ne preuileggia di questo nome rationale; Eglie adunque cosa chiara che quanto maggior parte apprendiamo di quelle, tanto piu saremo rationali, & lontani dalli irrationali.

26 Da queste medesime discipline se raccoglie & prende (dico inauedutamente) parte della Dialettica, cioè la prattica & il modo di sapere argomentare nel disputar le cose, & a confutare lo auersario, & conchiudere il proposito per uarie & diuerse uie, come che procedẽdo in quelle si farà manifesto.

27 Piu forte Bartolo da Sassoferrato (famoso legista) nella sua Tyberina sue figure geometrice usando, non solamente ne manifesta lui essere stato nelle Mathematice ottimamẽte instrutto & coroborato, ma anchora ne aduertisse la geometria esser necessaria in iure.

28 Che diremo della guida & scorta di nostra salute sacra Theologia: Non dimostra il Reuerendissimo Cardinal Nicolo di Cusa nella penultima parte de l'opera sua, senza la geometria non potersi a gli intelletti nostri communicare, laqual parte è intitolata Complementum theologicum figuratum in Complementis Mathematicis.

29 Ma egliè di tanta necessità questa geometrica disciplina & scientia, che non solamente noi huomini mortali nelle nostre cose commensurabili usamo quella, come piu uolte è stato detto; ma anchora il

ta il magno Iddio, ilquale è misura di tutte le cose, in formar le parti del corpo humano, non si gouerna senza quella, con laquale, anchora questi Compositori de imagini, & Pittori eccellenti si conformano, ad ogni membro usando el suo compasso: per ilche anchora li peritissimi Architetti, come ci manifesta Vetruuio Polione al primo cap. del suo terzo lib. Cercano con ogni diligentia di proportionare le case & altri suoi publici & priuati edifici alla similitudine del detto corpo humano, per esser quello, come è detto, dal sommo Architettore con debite misure fabricato.

30 Finalmente si conosce anchora la nobilità, eccellentia & altezza di queste discipline, per la gran fama & nome di quelli, iquali hanno dato opera ad essornare & studiare dette sciẽtie, come furno Mercurio Termegisto philosopho sacerdote & Re d'Egitto, similmente Pytagora, Platone, Plotino, Aristotele, Auerois, Hypocrates, el nostro Euclides, Ptolomeo, Archimede syracusano, Apollonio Pergeo, Iordano, Vitruuio Architetto. Et molti altri, iquali per breuità lasso, per non ui tenir in tempo, basta in conclusione, che non si trouarà alcuno che sia stato di gran nome & fama in alcuna facultà senza le Mathematice.

31 Queste poche parole ho uoluto preponere in questo nostro principio, accioche uoi conosciate che la presente dottrina non è cosa uile, ne mecanica, ne da essere spreciata, ma dignissima & da esser appreciata da ogn'uno, senza la quale ogni altra scientia è imperfetta, & cosi per oggi faremo fine, dimane poi cominciaremo a dechiarire alcuni termini alla materia nostra pertinenti.

32 Finalmente accio che non para che io sia ingrato della benignissima attione & audientia, che per uostra humanità me haueti prestata. Vi rendo infinite gratie.

SECONDA LETTIONE.

1 ESSENDO il proposito nostro Magnifici & Eccellentissimi auditori, di uoler dar principio a isponere, ouer dechiarare quelle scientie, arti ouer discipline, che da Greci sono dette Mathematice, che in nostra lingua non uol dir altro che scientie, ouer arti dottrinabile; per procedere regolatamente, prima diffiniremo quale, & quante siano queste tai scientie, ouer discipline, & qual sia il loro proprio sogetto: Et da poi questo, distingueremo le specie di cadauna di quelle, & li suoi termini principali.

2 Le scientie Arti, ouer Discipline Mathematice, secondo il uulgo sono molte, cioè Arithmetica, Geometria, Musica, Astronomia, Astrologia, la Cosmographia, la Corographia, la Perspettiua, la Specularia,

cularia, la scientia di Pesi, la Architettura & molte altre: Ma Bouetio Seuerino, & Giorgio Valla tolendo tal opinione da alcuni Greci uogliono, che le dette discipline Mathematice siano solamēte quattro, cioè Arithmetica, Geometria, Musica, & Astronomia, & che tutte le altre siano subalternate, cioè dependenti dalle dette quattro: Ma Fra Luca dal Borgo san sepulchro, uuole che le dette discipline Mathematice siano oueramente cinque (aggiongendo alle predette quattro la Perspettiua) oueramente tre, isccludendo dalle predette quattro la Musica: & per sostentare tal sua opinione, aduce ragioni & argumenti assai, liquali per non esser cosa de importantia la sciaremo da banda. Nientedimeno il Reuerend. Sig. Pietro de Aliaco Cardinale, nella prima questione sopra Giouanne di Sacrobusto, conchiude, la Musica, & la Astronomia, & similmente la Perspettiua non esser pure Mathematice (come è il uero) ma medie fra le mathematice, & la scientia naturale: Per ilche seguita solamente la Arithmetica, & la Geometria esser le pure Mathematice, & tutte l'altre esser medie, ouer dependenti, & miste delle Mathematice discipline & della scientia naturale, eccettuando la Strologia giudiciaria, laqual egli conchiude esser pura naturale, in quanto alla sua essentia.

3 Concluderemo adunque che solamente la Arithmetica, & la Geometria, delle quali speculatiuamente tratta el nostro Euclide, siano le pure discipline Mathematice.

4 Et perche il primo libro del detto nostro Authore, come fu detto hieri, è di geometria, il sugetto della quale geometria è la quantità continua, le specie della qual quantità continua, secondo el logico sono cinque, cioè, linea, superficie, corpo, luogo, & tempo. Ma secondo il mathematico sono solamente tre cioè linea, superficie, & corpo. Et perche il piu puro & principal termine di queste tai specie de quantità è il ponto, pero conuenientemente il nostro Authore ne diffinisse quello nella sua prima diffinitione. Dicendo.

5 Punctus est cuius pars non est. Cioè il ponto è quello, la parte del quale non è, cioe che non si troua parte di quello, che in sostantia nō uol inferire altro, saluo che il ponto è quello, che non ha parte alcuna, cioè che di quello non si potria tuore ne dar ne trouare ne anchora imaginare la mità, cioè, che non se potria tuor ne dar ne trouar ne imaginar un mezzo ponto, & non potendo tuor ne dar un mezzo pōto, meno potremo tuor ne dare un mezzo terzo, ne un mezzo quarto, ne alcuna altra parte simile a quello, per laqual diffinitione ne dinotta il detto ponto esser indiuisibile, & consequentemente non esser quantità, perche ogni quantità cōtinua è diuisibile in infinito.

6 Alcuno potrebbe dire, per tutto quello che tu me hai detto fin a questa hora, io non so ne intendo che cosa sia questo punto.

Et io

7 Et io rispondo, che cadauno de uoi per natural istinto sa che cosa egliè, & che sia il uero, lo farò confessare a uoi medesimi. Essempli gratia.

8 Se io adimando a qual si uoglia di uoi, come se chiama la istremità di questo ago ouer gucchia, senza dubbio cadauno di uoi dirà che se chiama ponta, se ui adimandarò perche ragione se chiamela cosi ponta, uoi me risponderesti, perche è cosi sutilmente appōtita, & che ua cosi a terminare in niente: se adunque tal termine sarà niente, el non receuerà diuisione, cioè chel non si potra diuidere in due ne in piu parti, & pero non haueria parte alcuna & non hauendo parte per la diffinitione del nostro Euclide saria un punto, & questa è la ragione che uoi la chiamati ponta, adunque egliè tempo assai che uoi sapeti che cosa è ponto.

9 Questo tal ponto nelle operationi geometrice si intēde & piglia per ogni picol segno fatto uoluntariamente ouer a caso con qualche stiletto apontito in qualche spacio, come saria a questo modo) oueramente con qualche materia colorata, come saria a dire con la ponta de la penna in qualche foglio di carta a questo modo. Oueramēte con qualche altro material colore, come saria con questo gesso. a questo modo.

10 Alcun potria dire, questo tal ponto artificialmente fatto, non hauer alcuna conuenientia con quello, che diffinisse lo Authore, attento che lo operante geometrico mai non lo puo costituire ne segnar talmente picolo, che non possa esser sempre piu picolo, ouer che non sia sempre diuisibile appresso all'intelletto.

11 Considerando fra me medesimo Magnifici & Preclarissimi Auditori qualmente alcuni delle nobiltà uostre hanno appresso di se l'opera del nostro Euclide secondo la prima tradutione dal Campano, & alcuni altri secondo la seconda, fatta da Bartholameo Zamberto Veneto (che uiue anchora.) Alcuni altri secondo la stampa di Parise, ouer d'Alemagna, nellaquale hanno incluso le predette ambedue tradutioni, ma per un certo modo qual è piu presto atto a generare confusione in cadauno studēte, che altramente, (come nel nostro processo faremo chiaramente conoscere,) & alcuni altri l'hanno secondo la nostra traduttione fatta in uolgare, & accio che per tal uariatione alcun dipoi non resti confuso, ne ha parso di uolere sotto breuità repettere tutta la lettione de hieri secondo cadauna de dette tradutione, accioche si ueda la differentia che sia da l'una a l'altra, & la qual cosa non sarà inutile alli giouani principianti: da poi questo se dichiarirà anchora, almeno le due altre seguenti diffinitioni.

EVCLIDE MEGARENSE ACVTISSIMO PHILOSOPHO, ET PERSPICACISSIMO MATHEMATICO,

LIBRO PRIMO.

NICOLO TARTALEA TRADOTTORE.

PER Intelligentia delle cose che seguitano è da notare, qualmente, egliè costume (anzi è debito) di ciascheduno che uoglia trattar di qualche scientia, ouero disciplina, diffinire primieramente il soggetto di quella tal scientia, ouero disciplina con tutti li suoi occorrenti termini. Et perche la Geometria è una scientia, ouero disciplina contemplatiua, la descrittione delle figure, ouero forme della quantità continua immobile, detta magnitudine, Perilche il soggetto generale di detta Geometria uerria ad esse re la detta magnitudine immobile: le specie dellaquale sono tre, cioè, Linea, Superficie, e Corpo. Et perche queste specie sono comprese, & speculate sotto a uarij, & diuersi termini, & figure, denominate per diuersi nomi; per tanto l'Autthore, inanzi che dia alcuna propositione, ci ha uogliuto ordinariamente diffinir tutte quelle cose di che si ha a trattar in questo primo Libro, come di sotto il tutto chiaro si potrà uedere.

DIFFINITIONE PRIMA.

I/I IL Ponto è quello, che non ha parte.

IL TRADOTTORE.

IN QVESTA prima diffinitione l'Autthor ci diffinisce il principio della quantità continua (che è il ponto) & dice, che il ponto è quello, che non ha parte alcuna, cioè, quello delquale non si puo tuoglier, ne trouar, ne anchora imaginar la mettade, ouer il terzo, o uer il quarto, ne alcuna altra parte simile: Perlaqual diffinitione ci dinota, il detto ponto non esser alcuna quantità: ma solamente, esser un semplice termine fatto dalla natura, ouero dall'arte, ouer a caso, ouer con la mente imaginato, dinotante il principio ouer il mezzo, ouero il fine di alcuna quantità, oueramente qualche altra conditionata parte d'una linea, ouer qualche effetto accadente in una, ouero piu linee, o altre quantità: come nelle cose che seguitano si uederà palese. Et questo tal ponto (nelle operationi Geometrice) se intende, & piglia per ogni piccolo segno fatto uolontariamente, ouero a caso con qualche stilo pontito, ouero pōto. ouero dipinto con qualche materia colorata, in qualche ſpatio: come per eſempio hauemo deſcritto, ouer ſignato in margine. Ma perche alcuno potria arguir, & dire, tal ſorte di ponto (artificialmente fatto dall'operante) non hauer alcuna conuenientia con quello che diffiniſce l'Autthore: attento che l'operante non mai il puo conſtituire, ne ſegnar, talmente piccolo, che'l non poſſa eſſer ſempre piu piccolo, ouer che'l non ſia ſempre diuiſibile appreſſo all'intelletto, & per tal cauſa non eſſer di alcuna conſideratione appreſſo l'Autthore, per eſſer in tutto al contrario della ſua diffinitione: Onde per riſoluer queſto dubbio, riſpondo (come habbiamo detto nel principio del prohemio) che tutte le operationi, e conſtruttioni fatte dall'operāte in materia, cioè, in carta, ouer in terra, ouer in qual ſi uoglia altra materia, mai poſſon'eſſer coſi uere, e preciſe che nō poſſano eſſer piu uere, e piu preciſe: Et ſe ben il mathematico cōſidera & guarda con l'occhio ſenſibile le coſe congionte con la materia, ſecondo l'eſſer ſuo, tamen ſecōdo la ragione ſempre li conſidera, & guarda con la mente aſtratta da quella materia, doue ſono, ſecondo che ſono ſimplicemente in ſe, cioè, ſecondo l'intention dell'operante, e non ſecondo l'opra: e l'intētion dell'operante, Geometrico è ſempre di far le coſe che cōſtruiſſe in materia, a tutto ſuo puoter, ſecōdo che ſon ſemplicemente in ſe; à benche non mai le fa coſi preciſe: facendo adonque un ponto, con intention di farlo ſecondo che è ſemplicemente in ſe, cioè, indiuiſibile: ſeguita, quel tal ponto (tolto ſecondo l'intention del operante) eſſer indiuiſibile. Il medeſimo in ſoſtantia afferma Ariſt. nel. 6. della meth. qual dice, che la ſcientia mathematica nō conſidra le coſe congionte con la materia, ſecondo l'eſſer ſuo: ma ſeparate da quella ſecondo la ragione: e che la ſcientia naturale le conſidra con la detta materia all'un e l'altro modo, cioè, ſecondo l'eſſer e ſecondo la ragione: perilche ſeguita che conſiderando il detto ponto ſecondo l'eſſer e ſecondo la ragione, per tanto quanto è realmente quel material color negro dipinto nel margine di queſto foglio di carta, tal cōſideration ſerà naturale, e tal ponto ſecondo queſta conſideration non ſi puo negar che non ſia diuiſibile in infinito. Ma conſiderandolo cō la mente ſeparato da quella materia ſenſibile, ſecondo la ragione, cioè, ſecondo la diffinitione, tal conſideratione ſerà mathematica, e ſecōdo quella ſerà indiuiſibile: ſi che il naturale è differente dal mathematico in queſto, che egli conſidera le coſe ueſtite, il mathematico nude d'ogni materia ſenſibile.

Comparatione del Ponto.

IL ponto in Geometria, è ſimile alla unità nella Arithmetica: laqual è principio del numero, & non è numero: Similmente è ſimile al ſuono nella Muſica (come afferma Franchin di Gaffori nel. 2. capitolo del ſuo primo libro: ſimilmēte e ſimile allo iſtante nel tempo, ouer nel moto (come ci manifeſta Ariſtotele nel. 6. della Phyſica, teſto. 24.) E forſi che non ſeria fuor di propoſito a dir che il detto ponto fuſſe ſimile alla materia prima, nelli principij delle coſe naturale. Anchora ſi puo dir che'l ponto ſia ſimil alla lettera conſonante in Grammatica, perche in uero quella non è uoce, & è principio della uoce. Vero è che alcuni Gramatici dicon eſſer una uoce induiduа: ma queſti tali (ſecondo il mio parere) ſe ingannano: perche ogni uoce è diuiſibile in infinito: La region è queſta, che ogni uoce è proferta in tempo, & è

miſurata

misurata da quello: & ogni tempo è diuisibile in infinito (per esser specie del continuo) adonque ogni uoce è diuisibile in infinito: perche, se la misura è diuisibile in infinito (per commune scientia,) seguita che la cosa misurata sia medesimamente diuisibile in infinito. E però non si puo dire, che alcuna uoce sia indiuisibile, si come non si puo dir, che il ponto sia una quantita continua indiuisibile, perche seria contradittione. Si uede adonque che il ponto ha similitudine con tutte le cose: immo ha gran similitudine con Iddio: & per questa causa li Sapienti hanno attribuito questo nome põto. a esso Iddio, come nelli suoi settanta duoi nomi manifestamente appare. Questo ponto nella seconda tradottione è detto segno: ma perche questo nome ponto è piu commune, & piu frequentato, fra li Latini e uolgari che segno, Ponto e non segno, m'è parso chiamarlo. Questo medesimo stile ho usato nelle altre diffinitioni, etiam nelle propositioni: perche non mi è parso de imitare, gli Alemani, liquali hanno stãpato una propositione della prima tradottione de uerbo ad uerbum precisamente come sta co'l suo commento. Et consequentemente a quella una della seconda tradottione; pur de uerbo ad uerbum come sta co'l suo commento: laqual mistione non è altro, che una confusione alli studenti: & massime, doue le propositioni sono diuerse in conclusione: Anzi ho osseruato questo, che tutte quelle propositioni che sono simili in conclusione (in l'una & l'altra tradottione: siano doue si uogliano) quantunque nel dire, ouer nel proferir gli sia qualche differentia (come è stato del põto) ne ho formato una sola propositione in uolgare: formando la maggior parte de testi uolgari sopra quella, che ha uocaboli piu communi, cioè, sopra la prima: E questo medesimo ordine ho tenuto nelli suoi commenti ouero espositioni: perche, la uero la prima tradottione, si nelli testi come nelli commenti usa generalmente uoccaboli piu communi & piu usitati, che la seconda: uero è che la seconda pur in molti testi parla piu correttamente, che la prima, come procedendo in molti luoghi si uedra palese: & massime, nel decimo.

Diffinitione 2.

2 La linea è una longhezza senza larghezza: li termini dellaquale sono
2 duoi ponti.

Il Tradottore.

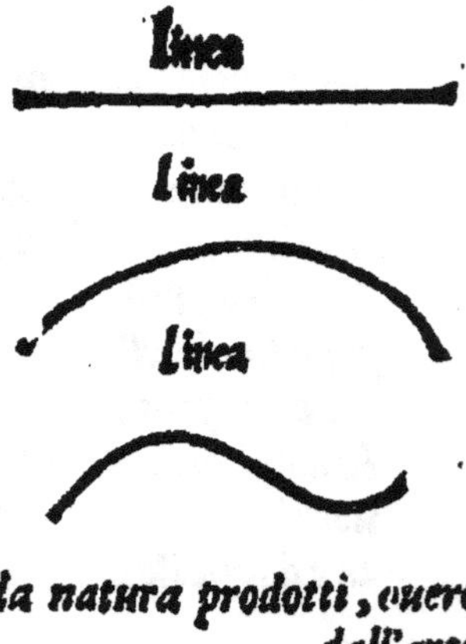

In questa diffinitione l'Autthore ci diffinisce la prima specie della quantità continua (che è la linea.) Et dice che la linea è una longhezza, senza alcuna larghezza: & che li termini di quella sono duoi ponti, (essendo pero intesa terminata:) perche, sono molte linee, che non son terminate, com'è la circonferẽtia di un cerchio, & altre simili. Ma bisogna notare, qualmente sono alcune linee fatte dalla natura: alcune dall'arte: alcune, a caso: e alcune, imaginate con la mente. Quelle, che sono fatte dalla natura, sono le semplice longhezze, ouero le semplice l'arghezze, ouero grossezze, che sono naturalmente in ogni qualità de corpi materiali dalla natura prodotti, ouero

dall'arte

dall'arte fabricati: et sono etiam li semplici termini delle superficie terminanti detti corpi. Ma perche anchora non si è diffinito che cosa sia superficie, ne corpo, al presente nõ è lecito di parlarne, ma nel processo si uederà manifestamẽte cosi essere. Ma le linee fatte dell'arte, ouero a caso sono fatte uolõtariamente, ouero a caso dall'operante Geometrico con qualche stilletto pontito, ouero con qualche materia colorata, in qualche spatio, come per esempio (in uarij modi, si come etiam uarij modi possono accadere) hauemo designato di sopra. Vero è, che alcun potria dire (come fu detto del ponto) queste tali linee artificialmente fatte dallo operante non hauere conuenientia alcuna con la linea diffinita dallo egregio nostro Autthore Euclide, attento che non mai possono essere tirate, ouero disegnate tante sottil, che quelle non habbiano qualche larghezza in se: Nientedimeno questo dubbio se risolue secõdo quello del ponto: cioè, chi uol considerar ciascheduna di dette linee o altre simili; e similmente quelle, che sono in ogni qualità di superficie & corpo, cosi secondo la ragione, come secondo l'essere, congionte e miste con quella materia di negro colore, o altra simile, che ce le fa uisibile in l'arghezza, come fa il naturale: senza dubbio secondo tal consideratione hauranno sempre qualche larghezza, & anchor grossezza, per causa della sua ueste materiale. Ma chi considererà dette linee, pur congionte con detta materia, secondo l'esser, ma poi secondo la ragione, separate da quella, cioè, nude e spogliate di quella sua ueste materiale de inchiostro o carta tinta, come fa il mathematico, secondo tal consideratione si trouerà esser resoluto il dubbio. Si uede adonque che il mathematico, & il naturale, nel considerar le cose si accordano in una parte, perche ciascheduno le considera secondo l'esser congionte con la materia doue sono infuse: ma si discordano in un'altra, cioè, secondo la ragione: perche il naturale secondo la ragione le considera medesimamente congionte e uestite di quella sua ueste materiale sensibile: & il mathematico, separate, cioè, nude & spogliate della detta sua ueste materiale, come fu detto sopra il ponto. E tutto questo afferma Aristotele nel preallegato sesto della Methaphisica, testo 2. & similmente il Commentatore sopra il primo de cœlo & mundo, commento primo: ma piu diffusamente Aristotele nel secondo della Physica, testo. xx. ce lo dechiara. Et accio che ogni mediocre ingegno meglio apprehenda et intenda questa differentia, che è fra il naturale et il mathematico nel considerar le cose, uoglio addur anchora un'esempio molto facile da capire. Hor poniamo che sieno due misure material di alcuno metallo, ouer di legno (si come sono quelle, che usano questi mechanici, per misurar le cose occorrente) & che dette misure siano di egual longhezza, come sarebbe che fussino duoi passi, & che ciascheduno di essi passi sia diuiso in cinque piedi, liquali piedi siano di onze xii. come si costuma fra li Architetti: & poniamo che dette due misure siano di legno, ma che una sia d'un legno molto grosso, cioè, il passo .a.b. & l'altra sia d'un legno sottile, cioè, il passo .c.d. dico che chi uuol cõsiderar queste due misure, ouero, quantità realmente secondo, che sono, cioè, secondo la materia, senza dubbio si cõcluderà una esser maggiore dell'altra, cioè, la .a.b. esser maggior della .c.d. perche eglie piu materia dentro, cioè, piu quantità di legno, per la sua maggior l'arghezza & großezza: et questa tal consideratione serà naturale, laqual se referisse alla materia,

teria, che si uede, cioè, alla quantità del legno. Ma chi uuol considerar queste due misure secondo il Geometra, ouer mathematico (ilquale non ha alcun rispetto alla materia secondo la ragione) dirassi queste due misure esser egual, come è il uero, perche sono tolte & considerate secondo la intẽtione dell'operante, che le ha fabricate, ilquale le ha fatte con intentione di far una simplice longhezza: il medesimo se intende d'ogni altra sorte di famosa misura, cioe, pertiche, brazza, canne, cauezzi, et altre simili, o siano di ferro, ouer di legno: grosse o sottile, non importa; perche tal grossezza non uien considerata. E pero si potria dir che la linea, e una longhezza senza alcuna considerata larghezza, ouer grossezza. E che sia il uero, che ciascuna delle sopradette famose misure siano intese tolte per linee, oltra che Euclide ce lo manifesta nel decimo chiamando ciascuna simile, linea data rationale, come al suo luoco si dirà. Il sapientissimo Commentatore Auerrois sopra il secondo della Physica, commento. xx. uolendo dechiarare la consideratione del prospettiuo (circa alla linea) essere media fra la consideratione del naturale e del mathematico, ce lo ratifica con queste precise parole. Geometria enim considerat de magnitudinibus abstractis a materia, naturalis uero cõsiderat de eis secũdum quod sunt in materia. Aspectiuus autem considerat de lineis in dispositione media inter illas duas considerationes: non enim considerat de linea secundum quòd est linea simpliciter, ut Geometer: neque secundum quòd est linea lignea, aut ærea, ut naturalis, sed secũdum quòd uisualis, Per ilche è da sapere che per la linea lignea, ouero metallica se piglia naturalmente come è detto di sopra: uero, è che la scrittura di tal commento dice, linea ignea, aut aerea: ma io credo che sia stato mal tradotto, & che uoglia dire, come habbiamo detto di sopra, cioè, linea, aut ærea: Et questo credo serà bastante alla intelligentia della differentia della consideratione naturale & mathematica, con laqual si resoluerà uarij dubbij sopra le cose che seguitano.

a

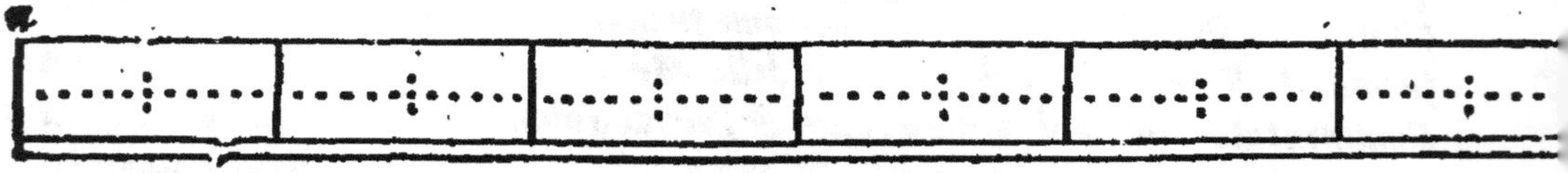

c

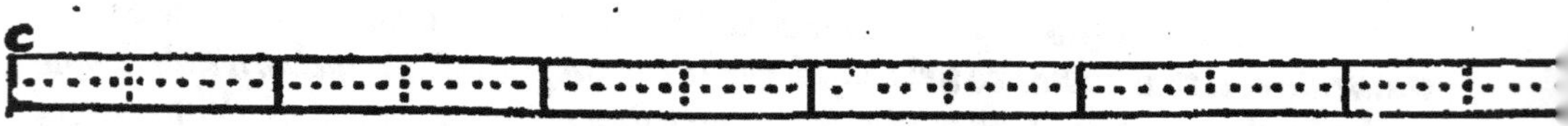

Diffinitione 3.

3 La linea retta è la breuissima estensione da uno ponto ad un'altro,
4 che riceue l'uno e l'altro di quelli nelle sue estremità.

Il Tradottore.

Hauendo lo Autthore nella precedente diffinitione diffinito, che cosa sia la linea in genere. (Perche questo genere de linea si diuide in due specie principale, cioe, in retta, o curua, pero nella presente diffinitione ci uol dar à conoscer qual sia la retta) e dice che la linea retta e la piu breuissima estensione, ouer tratta che tirar si possa

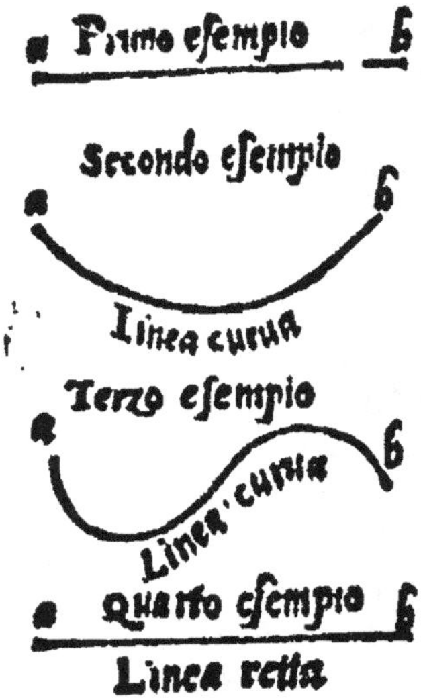

in alto, ouero con la mente da un ponto a un'altro, riceuendo nelle sue estremità ciascaduno di quelli, come per lo esempio si uederà. Siano li duoi ponti .a. & b. come qui potrai uedere nel primo esempio. Dico che dal ponto .a. al ponto .b. si possono tirar infinite linee una maggior dell'altra, al modo che habbiamo posto qui di dentro nel secondo esempio: & similmente infinite altre nella forma & maniera, che habbiamo posto nel terzo esempio, et in altri uarij modi: ma la piu breue che tirar si possa dal detto pōto .a. al pōto .b. poniamo che sia quella che qui dentro sono, e che habbiamo tirata rettamēte nel quarto esempio: Essendo adonque la piu breuissima, che tirar si possa dall'uno all'altro di detti pōti, sarà detta linea retta per la presente diffinitione. Et questo basta per dechiaratione della linea retta, & etiam per notitia della curua: perche chi cognosce il dritto de una cosa è sforzato a cognoscere etiam il rouerscio, e pero lo Autthore non ha uogliuto diffinir altramente la linea curua, per essere cosa superflua, imaginādosi tal cognitione esser espressa a chi hauerà notitia della retta. Ideo &c.

Diffinitione 4.

4 — 5.6 La superficie è quella che ha solamente longhezza & larghezza: li termini dellaquale sono linee.

Il Tradottore.

In questa quarta diffinitione l'Autthor ci diffinisse la seconda specie della quantità continua (che è la superficie) & dice che la superficie è quella che ha solamente longhezza e larghezza, cioe, che gli manca la profondità, ouer grossezza: li termini dellaquale (essendo terminata) sono linee. dico essendo terminata, perche sono molte superficie che non sono terminate, come saria la superficie d'una balla tonda, ouer d'un ouo, & altri corpi simili. Ma per intender bene questa diffinitione bisogna notare, qualmēte sono alcune superficie fatte dalla natura, alcune dall'arte, alcune a caso, & alcune imaginate con la mente. Le superficie fatte dalla natura sono li superficiali termini terminanti ogni qualita di corpo dalla natura prodotto, ouer dall'arte fabricato: ma per nō esser anchora diffinito che cosa sia corpo, metteremo questo parlar da banda, per non preterir l'ordine dell'Autthore, ilqual non costuma parlare d'una cosa auanti la diffinitione di quella: ma le superficie fatte dall'arte, ouer a caso sono quelle, che uengono fatte, ouer dissegnate uolontariamente, ouer a caso dall'operante geometrico, ouer pittorico, con qualche stilletto pontito, ouer cō qualche materia colorata in qualche altra superficie, come per esempio hauemo designato in margine, ilqual margine è pur anchora lui superficie di questo foglio di carta. Ma

dui

dui dubbij ponno occorrere nella mente del studente circa alla soprapostа diffinitione, e circa alla nostra espositione uno di quali è questo. Potria dire, la diffinitione dice, che la superficie ha solamente longhezza, e larghezza, & trouò la maggior parte delle superficie hauer piu longhezze e piu larghezze, come appar nella superficie.a.b.c.d.laquale ha due longhezze, cioe il lato.a.b.et il lato.c.d.et due diuerse larghezze, cioe, il lato.a.d.& il lato.b.c. Circa a questo dubbio rispondo, che la longhezza & la larghezza d'una superficie è una cosa, & li lati, ouer linee, che la terminano sono un'altra: perche le linee che terminano ogni qualità di superficie (siano quante si uogliano) se dicono solamente termini di quella superficie, e non longhezze, ne larghezze di quella: uero è che per mezzo de ditti termini noi uegniamo in cognitione della uera e simplice longhezza e larghezza de ogni qualità di superficie, & poi per mezzo della detta uera e simplice longhezza & larghezza noi uegniamo in cognitione della quãtità di quella tal superficie, come nel.2.libro si uederà manifesto: & per questo si dice che la superficie ha solamente longhezza, & larghezza, & che li termini di quella sono linee: ma non dice che le linee che la terminano siano la sua longhezza, ouer larghezza: & questo basta per dechiaratione del primo dubbio. El secondo e simile a quello della linea, cioe, che se potria dire, che quelle superficie artificialmente fatte, ouer designate, ouero pinte con qualche liquor corporeo colorato, hauer in se sempre qualche grossezza, ouer profondità: ma questo dubbio se risolue come quello del ponto, ouer della linea, cioe, che il Geometra le considera (secondo la ragione) nude, & spogliate di quella materia colorata secondo che sono in se, cioe, senza profondità, ouer grossezza: & questo basta per delucidatione della superficie in genere.

Diffinitione 5.

5/7 **La superficie piana è la breuissima estensione da una linea a un'altra, che riceua nelle sue estremità l'una e l'altra di quelle.**

Il Traduttore.

Hauendo l'Autthor di sopra diffinito che cosa sia superficie in genere (e perche sono due specie principali de superficie, cioe, piana, e globosa, ouer conuessa, ouer spherica, ouer montuosa) e pero in questa diffinitione ne diffinisse la piana, & dice, che la superficie piana e la piu breuissima superficie che si possa estẽdere da una linea a una altra, riceuendo nelle sue estremità ciascuna di quelle: perilche bisogna notare che questa diffinitione e quasi simile a quella della linea retta: Onde similmente bisogna auertire che da una linea a un'altra si puo estendere in atto, ouer con la mente infinite superficie, che riceueranno nelle sue estremità ciascaduna di quelle, tamen se nõ una sola se ne puo estendere che sia piana, e non piu: e quella sarà la piu breuissima

Primo esempio

Secondo esempio

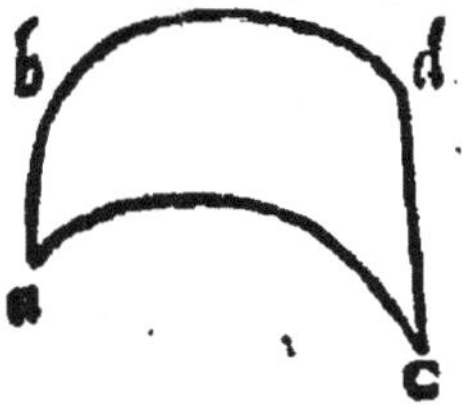

Terzo esempio

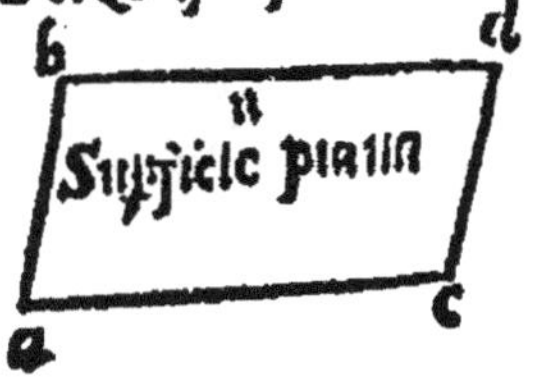

de tutte le altre che estender si possano: come (esempli gratia) siano le due linee.a.b. & .c.d.come qui si uede. Nel primo esempio dico, che dalla linea.a.b. alla linea. c.d.si puo estendere in atto, ouer con la mente, infinite superficie, alla similitudine della superficie.m.tirata nel secōdo esempio che una serà maggior dell'altra, etiā in altri uarij modi: ma la piu breuissima che estender si possa, serà quella che serà estesa breuemente, & rettamente dalla detta linea.a.b.alla linea.c.d.alla similitudine della superficie.n.del terzo esempio: laquale, essendo la piu breuissima, serà detta superficie piana, per la presente diffinitione, domente che la sia estesa talmente che ella receua nelle sue estremità ciascaduna di quelle proposte linee: questo dico, perche se ne potria tirar di piu breue di quella, fra le dette linee, che nō sariano piane, ma non riceueriano le dette due linee.a.b.et.c.d.nelle sue estremità, e pero fu forza a conditionar la diffinitione: Et questo credo sia bastante alla dilucidatione della superficie piana etiam alla non piana: perche (come dissi della linea retta) chi cognosce la superficie piana è necessario che etiam cognosca la non piana: e pero non fu bisogno diffinirla altramente.

Diffinitione 6.

6 L'angolo piano è il toccamento, & la applicatione non direttta, de
8 l'una e l'altra due linee insieme la espansione dellequale è sopra la superficie.

Il Tradottore.

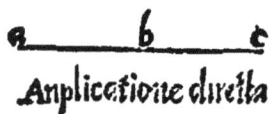

Applicatione diretta

In questa diffinitione l'Autthore ci da a cognóscere qualmente l'angolo piano e compreso sotto tre conditioni. La prima è, il toccamento di due linee, tamen il toccamento per se non formeria l'angolo, quando l'applicatione delle due linee fusse diretta alla similitudine delle due linee.a.b. & .b.c.lequale si toccano in ponto.b.d'una applicatione diretta: & per esser tal applicatione diretta, non formano angolo, anzi delle dette due linee se ne fa una sola linea che e tutta la.a.b.c. ma se le dette due linee si toccasseno d'una applicatione non diretta, alla similitudine delle due linee. d.e.et e.f.in ponto.e.bē formariano l'angolo in ponto.e. tamen se le dette due linee.d.e.& .e.f.se espandesseno, ouer distendesseno sopra una

una superficie globosa, ouer montuosa el detto angolo nõ saria angolo piano, ma montuoso, ouer curuo: perche douendo esser angolo piano, bisogna che habbia la terza conditione, cioe, che le dette due linee se espandano, ouer estendano per la superficie cioe, per la superficie diffinita nella precedente diffinitione, a ben che l'Autthor nõ lo specifica: Ma egliè suo costume, che ogni uolta che gli nomina linea, ouer superficie, senza altra cõditione, egli uole che se intenda di quella linea, ouer superficie che è stata diffinita, & non altramente: e cerca cio bisogna auertire: spandendoli adonque le due linee. d. e. & e. f. per una superficie piana, l'angolo. e. saria piano, perche dall'angolo piano all'angolo non piano, superficiale, non è altra differentia, saluo che la espansione delle due linee del non piano e in una superficie non piana, tamen li angoli piani possono esser contenuti da due linee curue, ouero da una curua, e l'altra retta, pur che ambedue le due linee siano in una superficie piana, come per esempio hauemo dissegnato: & questo credo sia bastante alla dechiaratione dell'angolo piano, etiam del non piano, superficiale: dico superficiale, accio non se intendesse dell'angolo solido, delquale se ne parlarà nell'undecimo Libro, ma in questo loco non è a proposito di parlarne.

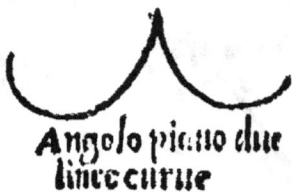

Angolo piano due linee curue

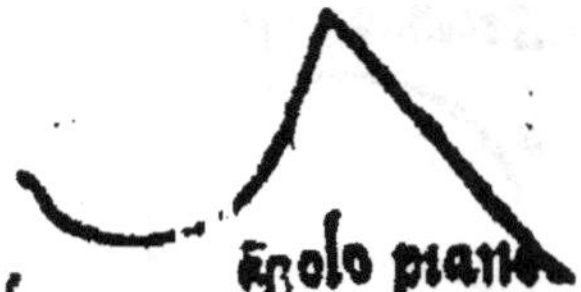

ãgolo piano

Diffinitione 7.

Angolo rettilineo

7/9 Ma quando due linee rette conteneno un'angolo, quell'angolo è detto rettilineo.

Il Tradottore.

Perche delli angoli piani (come dissi, et esemplificai nella precedẽte diffinitione) alcuni sono contenuti da linee rette: alcuni, da curue: & alcuni, da una curua, & una retta, per tanto l'Autthor ci aduertisse, come quello angolo, che è contenuto da due linee rette, si chiama, angolo rettilineo.

Diffinitione 8.

8/10 Quando una linea retta starà sopra una linea retta, & che li duoi angoli contenuti da l'una e l'altra parte siano eguali: l'uno e l'altro di quelli sarà retto.

Il Tradottore.

Le specie principali dell'angolo rettilineo sono due, cioe, retto, e non retto: ma perche l'angolo non retto si diuide etiam in altre due specie, cioe, in maggior del retto, e minor del retto: perilche potremo dire, le specie dell'angolo rettilineo esser tre, cioe, retto, maggior del retto, e minor del retto: Onde l'Autthore per la presente diffinitione

Cõ la euidẽtia di q̃lla se puo conoscer se una squadra è iusta.

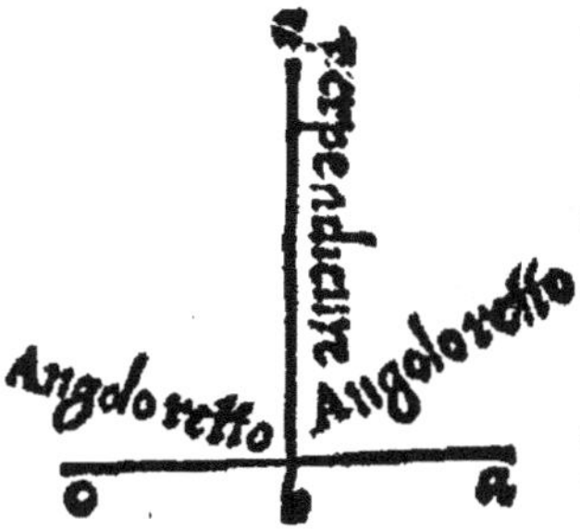

tione ci da a cognoscer l'angolo retto: laqual dice, che quando una linea retta starà sopra d'una linea retta, (cioe, come sta la linea.a.b.sopra alla linea.c.d.) si conditionatamente, che li duoi angoli contenuti dall'una e l'altra parte delle dette due linee siano eguali fra loro (cioe, che l'angolo contenuto dalla linea.a.b. & della parte.d.b.dell'altra sia eguale all'altro angolo contenuto dalla medema linea.a.b. & dall'altra parte.c.b.della medesima.c.d. che cadauno delli detti angoli se dice angolo retto, &c. Pero per intelligentia delle cose che seguitano bisogna notare, che quando se uol denotare in scrittura un'angolo, quello si proferisse, la maggior parte, per tre lettere, dellequal la lettera media sempre sarà quella, che denotarà il ponto doue termina il detto angolo: Esempli gratia. Volendo proferir, ouer dire quello che hauemo detto di sopra (secõdo si costumarà nelle cose seguenti) diremo in questo modo. Se l'angolo.a.b.d.sarà eguale all'angolo.a.b.c. l'un l'altro sarà retto. Onde per l'angolo.a.b.d.bisogna intendere l'angolo contenuto dalla linea.a.b.& dalla linea.b.d.in ponto.b.& per l'angolo.a.b.c.l'angolo contenuto della medema linea.a.b.et dalla linea.c.b.in ponto.b.& cosi si deue intendere nelle cose sequenti.

Diffinitione 9.

9/10 Et la linea soprastante è detta perpendicolare sopra a quella, doue sopra stà.

Il Tradottore.

Breuemente in questa diffinitione consequentemente si cõclude, che la linea.a.b. della figura precedente si dice perpendicolare sopra alla linea.c.d.& questa diffinitione si debbe intendere congionta alla precedente, quantunque ella sia disgionta & segregata.

Diffinitione 10.

10/11 Et l'angolo ch'è maggior del retto, si dice ottuso.

Il Tradottore.

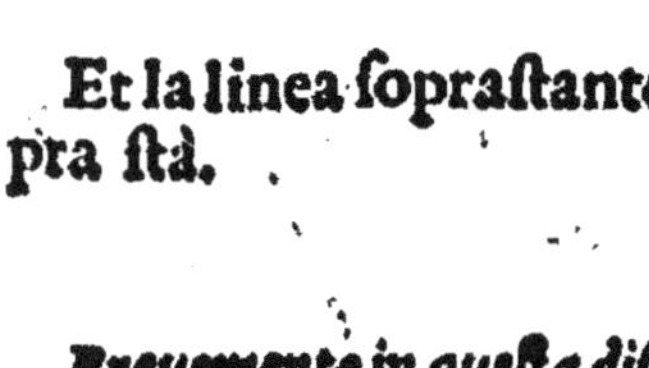

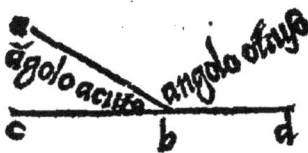

In questa diffinitione l'Autthor ci aduertisse, qualmente l'angolo che è maggiore dell'angolo retto, si chiama angolo ottuso: esempli gratia: se la linea.a.b.starà inclinata sopra alla linea. c.d. (come appar in questa seconda figuratione (essa formarà duoi angoli inequali, uno de quali serà maggior del retto, cioè, l'angolo.a.b.d.& l'altro serà minore, cioè l'angolo.a.b.c. L'angolo adonque.a.b.d.per la presente diffinitione serà detto ottuso: l'altro ch'è minor del retto si diffinisce nella sequente diffinitione: & questa diffinitione insieme con la sequente si debbeno intender pur

congionte

congionte con la ottaua, si come fu detto anchora della precedente.

Diffinitione 11.

11/12 Et l'angolo che è minor del retto, è detto acuto.

Il Tradottore.

In questa diffinitione l'Autthor similmente ci auisa qualmente l'angolo minore dell'angolo retto si chiama angolo acuto: adonque l'angolo. a.b.c. della precedente figura si chiamerà angolo acnto, e l'angolo. a.b.d. ottuso (come di sopra fu detto) E questo basta per la dechiaratione delle tre specie delli angoli piani rettilinei.

Diffinitione 12.

12/13 Il termine è quello, che è fine della cosa.

Il Tradottore.

Quiui l'Autthor sotto breuità ci difinisce che cosa sia termine, & dice, che il termine è il fine di ciascuna cosa: esempli gratia: sia la linea. a.b. e similmente la superficie. a.b.c.d. et perche ciascun delli duoi ponti. a. & . b. sono principio e fine della detta linea. a.b. adonque ciascuno delli detti duoi ponti. a. & . b. puo esser detto termine della detta linea. a.b. similmente perche la superficie. a. b.c.d. finisce nelle quattro lmee. a.b. a.c. c.d. & . b.d. adonque ciascuna delle dette quattro linee serà termine della detta superficie.

Diffinitione 13.

13/14 La figura è quella, che è contenuta sotto uno, ouer piu termini.

Il Tradottore.

In questa diffinitione ci da a cognoscere qualmente la figura è compresa sotto uno, ouero piu termini, & qual siauo quelle figure, che sono contenute sotto uno termine, & quale siano quelle che siano contenute sotto duoi, ouer tre, ouer quattro, ouer piu termini, nelle sequẽte diffinitioni si farà manifesto massime di quelle di che si ha a trattare, e parlar nelle cose che seguita: e perche seria cosa superflua a parlarne in questo luoco, e in quello, e pero mi passo senza altro esempio.

Diffinitione 14.

14/15.16 Il cerchio è una figura piana contenuta da una sola linea, laquale è chiamata circõferentia, in mezzo dellaqual figura è un ponto, dalqual tutte le linee rette, ch'escano, & uadano alla circonferentia sono fra loro equali: & quel tale ponto è detto centro del cerchio.

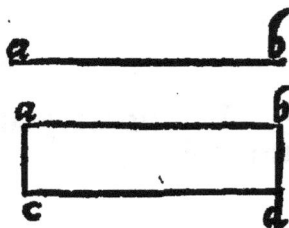

Il Tradottore.

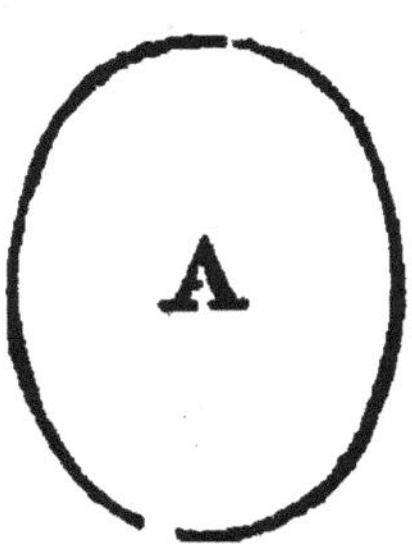

In questa diffinitione l'Autthor ci da a cognoscere qualmente il cerchio è compreso sotto tre conditioni: la prima è, che è una figura piana, cioè, superficie piana, e non conuessa, ne cõcana, ouero montuosa: la seconda, che è contenuta da un sol termine, ouero da una sola linea, chiamata circonferentia: la terza, che nel mezzo di quello è un ponto cosi conditionato, che tutte le linee menate da quello alla circõferentia son fra loro equali: si che ogni figura che habbia queste tre conditione è detta cerchio: perilche seguita, che ogni figura, che manchi di alcuna di queste conditioni nõ se intende esser cerchio: esempli gratia, le due figure. A. & .B. hanno due di quelle tre cõditioni che si aspettano al cerchio, cioè, sono figure piane sono etiam contenute da un solo termine, ouero linea, pur chiamata circonferentia: tamen, perche non hanno, ne possono hauere nel mezzo un põto cosi cõdicionato, che tutte le linee, che, si partino da quello, & uadino alla circonferentia, siano fra loro equali, niuna di quelle se intende esser cerchio; perche, douẽdo esser cerchio, bisogna ch'habbiano etiã l'altra terza conditione, si come ha la figura. C. e pero la detta figura. C. hauendo tutte le dette tre conditioni si chiamerà cerchio, & cosi ogni altra simile, maggiore, ouer minore, & il ponto. C. sopra ilquale uien constituido artificialmente in detto cerchio, è detto centro del detto cerchio: uero è alcuno potria arguire, & dire (come fu detto del ponto, e della linea artificiale) che la detta figura. C. artificialmente fatta, non esser uero cerchio (per molte ragioni, che si potriano addurre) et esser impossibile che l'operante possa cõstituir un perfetto cerchio: tamen, questa oppositione, ouer dubbio se risolue come fu fatto quello del ponto, & della linea, cioè, per quello, che habbiamo detto nel principio: e perche seria superfluo a replicarlo, di nuouo, mi passo cõ silẽtio. Ideo aduerte.

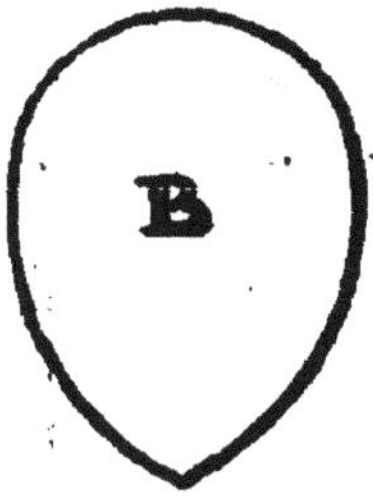

Diffinitione 15.

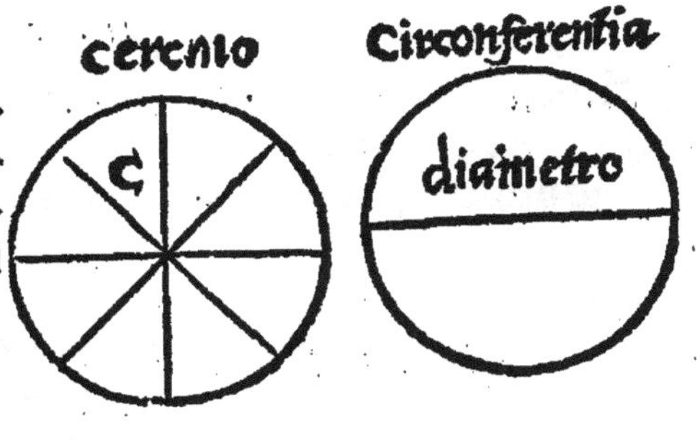

15/17 Il diametro del cerchio è una linea retta, laqual passa sopra il centro di quello, & applica le sue estremità alla circonferentia, & diuide il cerchio in parte equale.

Il tradottore.

L'esempio di questa diffinitione habbiamo descritto nella figura della presente, pero mi passo senza altra dechiaratione, per esser da se chiara, come si puo apertamente uedere.

Il mezzo

Diffinitione 16.

16 Il mezzo cerchio è una figura piana contenuta dal diametro del cer-
18 chio, & dalla metta della circonferentia.

Il Tradottore.

Hauendo l'Autthor diffinito il cerchio, etiam il centro, et il diametro di quello, al presente incomincia a diffinir le sue portioni, ouer parti, & incomincia dal semicerchio, o uuoi dire, mezzo cerchio: & perche la diffinitione parla chiaro, altramente non la espongo, saluo che ho posto la figura qui per esempio.

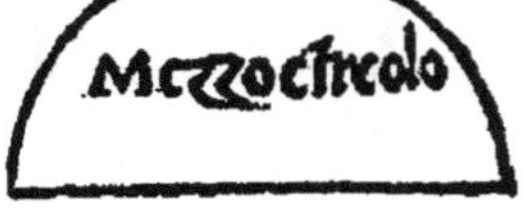

Diffinitione 17.

17 Portion di cerchio è una figura piana contenuta da una linea retta e
19 da una parte della circõferentia maggior, o minor del mezzo cerchio.

Il Tradottore.

A benche il semicerchio, ouer mezzo cerchio sia anchora lui una parte rationale del cerchio, cioe, la mettà di quello, per esser diffinito per il suo proprio nome, non è connumerato fra le portioni, ouero parti del cerchio: ma quando se dirà semplicemente una portione, ouero parte di cerchio l'authtor uuole, che si intenda una parte maggiore, ouer minore del detto mezzo cerchio, come per esempio habbiamo designato. Et nota che tanto significa a dire una sectione di cerchio, quanto che è a dire una portione, ouero parte di cerchio.

Diffinitione 18.

18 Le figure rettilinee sono quelle, che sono contenute da linee rette, del
20.21 lequali alcune sono trilatere, lequali sono contenute da tre linee rette,
22.23 alcune quadrilatere, lequal sono contenute da quattro linee rette, alcune moltilatere, lequal son contenute da piu di quattro linee rette.

Il Tradottore.

Questa diffinitione altramente non espongo, ne con parole, ne con esempio, per essere da se piana: & le specie di tutte le dette figure rettilinee si diffiniscono nelle sequenti diffinitioni.

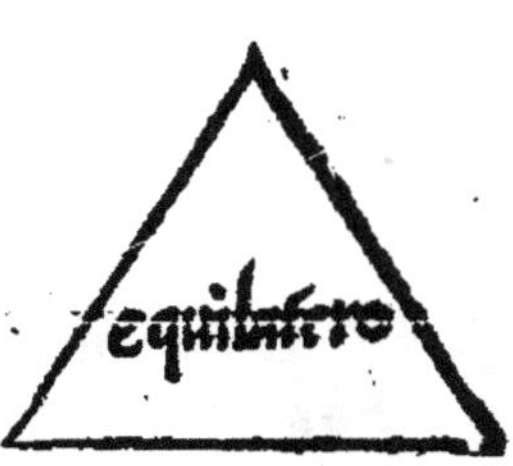

19
Diffinitione 19.

24.25
26. Delle figure di tre lati una è detta triangolo equialtero

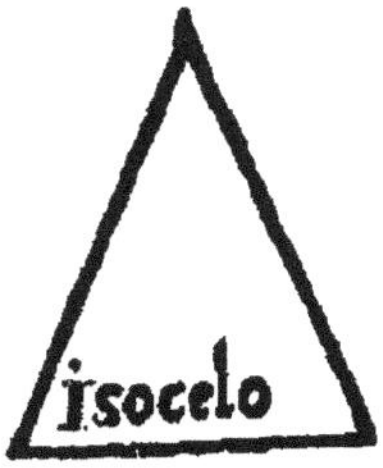

latero, & questo è quello, ch'è contenuto sotto di tre lati equali: l'altra è detta triãgolo isocelo, e quello, che è contenuto solamente sotto di duoi lati equali: l'altro è detto triangolo scaleno, & questo è quello, che è contenuto sotto di tre lati inequali.

Il Tradottore.

In questa, e nella sequente diffinitione l'Autthor ci diffinisce li nomi speciali delle figure di tre lati, secondo li duoi modi, che possono esser diuise, ouer considerate, cioè, secondo la consideratione delli loro lati, per laquale sono dette trilatere, ouer secondo la consideratione delli loro angoli, per laquale sono dette triangoli. Le specie adonque delle dette figure diuise ouer considerate secondo la uarietà delli lati (per questa diffinitione) sono tre: la prima è quella, che ha tutti li tre lati equali, e questa tale è detta triangolo equilatero: la seconda è quella, che ha solamente duoi lati equali, & l'altro maggiore, ouer minore de quelli: e questa tale si chiama triangolo Isocelo: la terza è quella, che ha tutti tre li lati inequali, & questa tale si chiama triangolo scaleno, come per esempio appare. L'altra diuisione delle dette figure, cioè, secondo la consideratione di angoli nella seguente diffinitione se farà manifesta.

Diffinitione 20.

20 / 27.28 / 29. Anchora di queste figure di tre lati una è detta triangolo orthogonio, & questo è quello, che ha un'angolo retto: l'altra è detta triangolo Ambligonio, & è quello, che ha un'angolo ottuso, l'altra è detta triangolo Oxigonio, & questo è quello che ha tutti li suoi tre angoli acuti.

Il Tradottore.

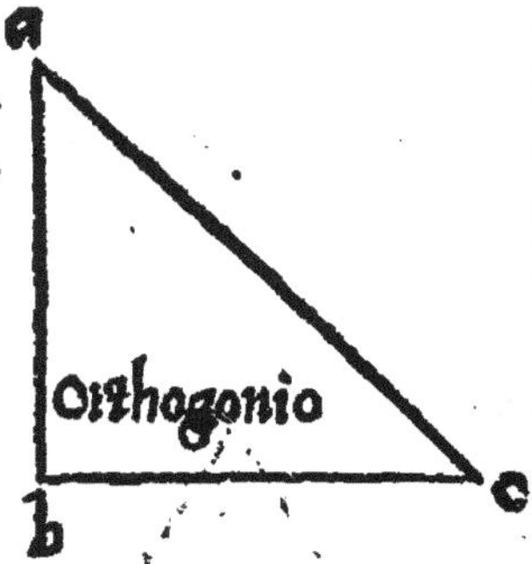

In questa diffinitione (come habbiamo detto di sopra) l'auttor diffinisce li altri nomi speciali delle figure di tre lati secondo l'altra diuisione fatta secondo la uariatione delli angoli, e non delli lati, lequal specie sono pur tre. La prima è detta triãgolo orthogonio, & questo triangolo è quello, che ha un'angolo retto, si come è il triangolo.a.b.c.ilquale ha lo angolo.b.retto: la seconda è detta triangolo amblygonio, & questo è quello, che ha un'angolo ottuso, si come è il triangolo.d.e.f.ilquale ha lo angolo.e. ottuso, cioe, maggior di uno retto: la terza è detta triãgolo oxigonio, & questo è quello, che ha tutti tre li angoli acuti, si come è il triangolo.g.h.i. ilquale ha tutti li suoi tre angoli acuti, cioè che ciascaduno di loro è minore d'uno angolo retto, & questo è quello che in questa diffinitione si uuole inferire. Ma bisogna notare, che in questa seconda diuisione non si

ha

ha alcuno rispetto alla uariatione delli lati: perche il triangolo ortogonio puo hauere tutti li suoi tre lati inequali, etiam puo esser di duoi lati: per tanto il detto triangolo orthogonio (secondo la prima diuisione) potria essere triangolo isoscelo, e similmente triangolo scaleno: uero è che nõ potria esser equilatero, (la causa di questo per le cose dette non la posso assignare, ma in quelle che si ha da dir nella penultima del primo, serà manifesta.) Anchora il triangolo amblygonio puo esser di duoi lati equali, etiam di tre lati inequali, dilche dando anchora a lui il nome secondo la prima diuisione, potria essere pur triangolo isoscelo, & similmente scaleno: uero è che'l non puo esser equilatero. Simelmente il triangolo exigonio puo esser di tre lati equali, etiam di duoi lati solamente equali, ouero di tre lati, pur inequali: per laqual cosa seguita che il detto triangolo secondo la prima diuisione potria essere equali, etiam isoscelo, & similmente scaleno. E pero bisogna auertire in queste uarie specie di nomi, perche alle uolte un triangolo puo esser chiamato per duoi nomi, secõdo le dette due diuisoni, & questo basta per la dechiaratione delle specie delle figure di tre lati.

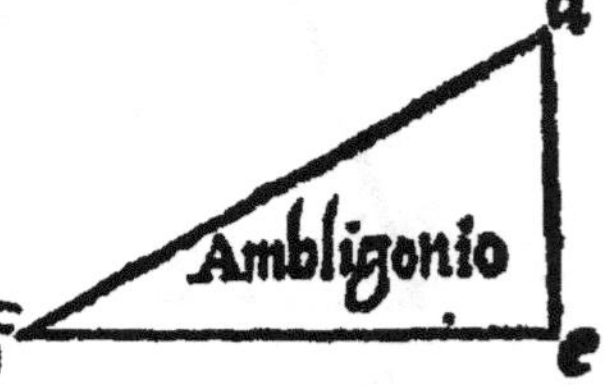

Diffinitione 21.

21.22 Ma delle figure di quatro lati una è detta quadrato, ilqual quadrato
30.31 è de lati equali, & de angoli retti: l'altra è detta
32.33 tetragono longo, & questa è una figura rettangola, ma non è equilatera: l'altra è detta, helmuaym, ouero rhombo, laquale è equilatera, ma non è rettangola: l'altra è detta simile helmuaym, ouero rhomboide, laquale ha li lati oppositi equali, & similmente li angoli oppositi equali, tamen quella non è contenuta da lati equali, ne da angoli retti: & tutte le altre figure quadrilatere, eccetto queste, sono chiamate, helmuariphe, ouero, trapezzie.

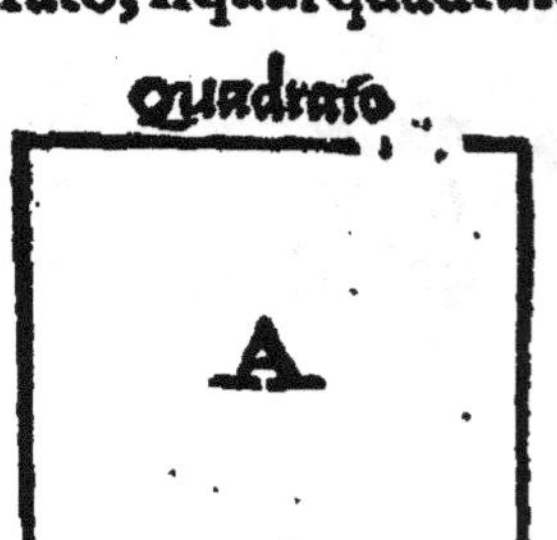

Il Tradottore.

Nella presente diffinitione l'Autthor ci da a cognoscer qualmente le specie regolar delle figure quadrilatere sono quattro: una dellequal è detta quadrato, & questo è quello, che ha tutti li suoi quattro lati equali, et tutti li suoi angoli retti (come appar per esempio nella figura. A.) l'altra è detta tetragono longo, & questa figura ha pur tutti li suoi quattro angoli retti, si come il quadro, ma non è equilatera, anzi è piu longa, che larga, alla similitudine della figura

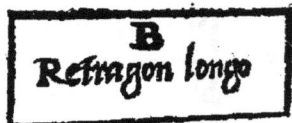

gura. B. l'altra, è chiamata hemuayn, ouero rhombo, e questa figura ha pur li lati equali, come il quadro, ma nõ ha li angoli retti, anzi ha duoi angoli ottusi, & duoi acuti (come per esempio appare nella figura: c.d.e.f.) dellaquale li duoi angoli contraposti.c.& .e.sono ottusi, & li altri duoi contraposti. d.& .f. sono acuti: la quarta è detta simile, helmuaym, ouero rhomboide, & questa figura ha li lati oppositi, equali, & similmente li angoli oppositi equali, tamen quella non ha tutti li lati equali nelli angoli retti, come per esempio appare nella figura. g. h. i. K. dellaquale li duoi lati oppositi.g.i.& .h.K. sono equali, & similmente li duoi.g.h.& .i.K.& similmente li duoi angoli oppositi.h.i.sono equali.& similmente li altri duoi.g.K.sono pur equali, tamen tal figura nõ è equilatera, ne rettãgola, anzi ciascaduno delli duoi lati.g.i.& .h.K.sono maggiori di ciascaduno delli altri duoi. g.h.& .i. K.& similmente li duoi angoli.i.& .h. sono ottusi, & li duoi.g.& . K.sono acuti. Et perche oltra queste quattro specie di figure de quattro lati, determinate di sopra, ce ne son molte altre (come appare qui,) tamen l'Autthor dice, che tutte le altre, (eccetto che le quattro specie essemplificate di sopra) sono dette helmuariphe, ouero trapezzie.

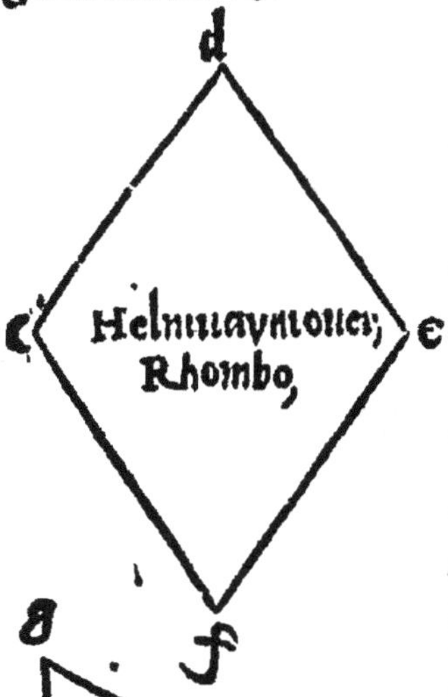

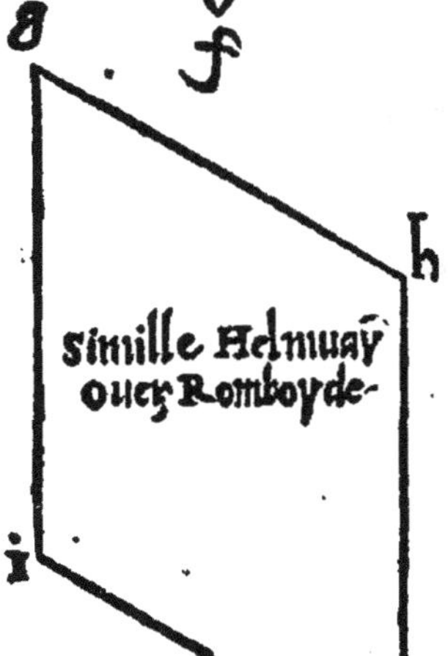

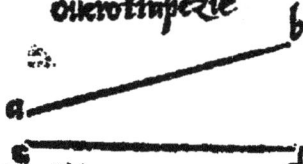

Diffinitione 22.

Le linee equidistante, ouero parallele sono quelle che sono in una medesima superficie collocate, & che protratte nell'una & l'altra parte non concorrano, etiam se siano protratte in infinito.

21
35

Figure helmuaripne

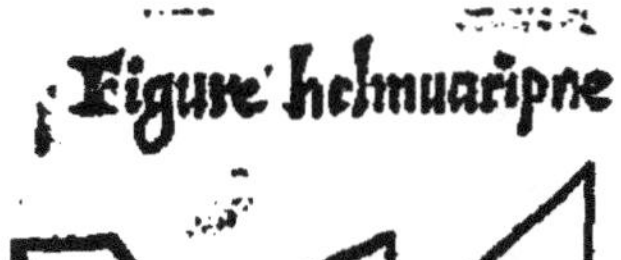

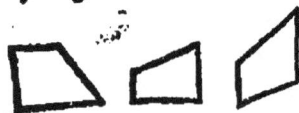

ouero trapezie

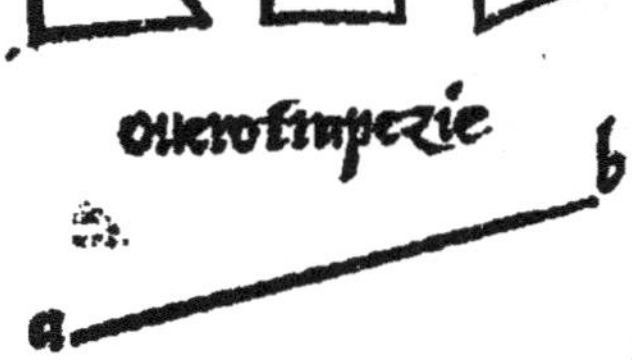

Il Tradottore.

L'Autthore ci diffinisce le linee equidistante, ouero parallele sotto di due conditioni. La prima è, che siano in una medesima superficie, & non in diverse. La seconda è, che slongando quelle nell'una & l'altra parte in infinito non concorrino insieme: e però qualunque due linee mancaranno in alcuna di queste due conditioni, non se intende che siano parallele, ouer equidistante: essempli gratia, se fusse una linea stesa per la superficie del margine di questa carta, e un'altra ne fusse solamente con un capo sopra detta superficie e l'altra elevata suso in aere,

senza

senza dubbio queste linee haueriano questa conditione, che slongandole in atto, ouero con la mente in infinito dall'una e l'altra parte, non cõcorreriano insieme: tamen per questo non se intenderia, che quelle fussero equidistante, perche seriano in superficie diuerse. Similmente se in una medesima superficie seranno due linee, come (essempli gratia) le due linee, a.b. & c.d. distese nella superficie del margine, lequali perche protratte quelle dalla parte a. & c. si uede euidentemente che concorreriano insieme, pero non se intende che siano equidistanti, quantunque siano in una medesima superficie: Ma se quelle seranno in una medesima superficie, cosi conditionatamente, che slongandole dall'una e l'atra parte in infinito non habbiano ad incontrarsi insieme quelle se intenderanno esser aquidistanti, ouero parallele, come per esempio appare nelle due lioee. e.f. & g.h. lequale euidentemente si uede che protrahendole, ouero slongandole da qual parte si uoglia, non concorreriano, ouero non se incontrariano mai insieme, & pero se intenderanno essere linee quidistanti, ouero parallele: & cosi (hauendo sofficientemente detto) faremo fine alle diffinitioni di questo primo libro.

Il Tradottore.

Inanti che procediamo piu oltra, bisogna notare, che li primi principij di ciascaduna scientia non si cognoscono per demostratione: ne etiam alcune scientia è tenuta a prouar li suoi primi principij, perche bisogneria proceder in infinito, Ma quelli tali principij si cognoscono per intelletto, mediante il senso, e pero il principio di ogni nostra cognitione incomincia dal senso, Perilche sono supposti nella scientia, et con quelli se dimostra, & sostenta tutta la scientia: & sono detti principij di quella scientia, perche, prouano altri, & non essere possono prouati da altri, in quella scientia; & questi primi principij delle scientie alcuni li chiamano petitioni, & alcuni di dicono dignità, ouero suppositioni. Dico adonque che li primi principij che si suppongano in questa scientia ouero disciplina Geometrica, sono quindeci, delli quali sei sono proprij, cioè, che si conuengono solamente alla Geometrica, & noue sono communi, cioè che si conuengono a diuerse altre scientie. Et perche la intentione dello Autthore è di uoler disputare questa scientia Geometrica, & quella sostentare con demostrationi: Onde per proceder rettamente, egli primamente adimanda che gli sia concesso li detti suo proprij principij, liquali (come è detto) sono sei (come nel processo uederà) & per questo se chiamano petitioni: & chiunque negasse queste sei petitioni, negaria tutta la scientia Geometrica ne con quello occorreria a disputarla altramente, ma li altri noue (per essere cose notissime etiam concesse, & supposte in altre sciẽtie) egli li uolse chiamare commune concettioni, ouero communi sententie, come appare in fine delle petitioni.

Petitione prima.

Adimandiamo che ce sia concesso, che da qualunque ponto in qualunque ponto si posi condurre una linea retta.

Il Tradottore.

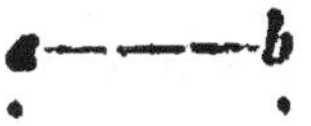

Lo Autthore in questa prima petitione adimanda, che gli sia cõcesso, che da un ponto ad un'altro si possa menare, ouero tirare una linea retta, come seria a dire dal ponto. a. al ponto. b. laqual petitione, per essere all'intelletto euidente, non si puo negare: uero è che alcuno potria dire, che a uoler essequire tal cosa attualmente in materia non è molto facile, perche si uede che per far piu giustamente tale effetto, eglie stato necessario all'operante ritrouare cautella, non solamente per tirare una linea da un ponto a'un'altro di grãdissima distantia, cioè, una linea retta di grandissima longhezza: ma anchora per tirarne ouero designarne una, che sia longa solamente uno, ouer duoi palmi. Et che sia il uero, si sa che communemente per tirar, ouer designare dette linee di puoca longhezza, si costuma prima di farsi fare una listetta di legno, ouero di alcuno metallo piu piana & retta che sia possibile, & secondo l'ordine di quella tira le dette linee rette da un ponto ad un'altro, secondo le sue occorrentie, laquale listetta alcuni chimano Rega, & alcuni altri Regola, laqual rega, ouer regola, essendo perfetamente giusta, pur piu giustamente tirarà le dette linee rette, domente che la superficie della materia doue se tirano sia perfettamente piana, e che gli sia anchora diligentissimo nell'operare: lequal cose non è molto facile accordarle, cioè, che la regola sia perfettamente piana, & retta, & che la superficie della materia doue si tirano similiter perfettamente piana, & che l'operante usi tutta quella perfetta diligentia, che si possa usare. Similmente per tirare, ouer designar le linee di molta longhezza si costuma di tuore una corda sottile longa à sofficientia, & imbratta quella con una spongia infusa in certa acqua tinta communemente d'un colore rosso, & egli insieme con un compagno tirano la detta corda, & ciascaduno di loro con una mano la firmano uno delli duoi ponti doue desidera de tirare la detta linea, & l'altro all'altro, dapoi l'uno di loro con l'altra mano tira, & inarca sforzatamente la detta corda rettamente in aere, dapoi la lascia scorrerere, et quella percuottendo nella superficie di quella materia, doue si ritroua, ui lascia la linea signata di quel suo liquore, e perche la detta corda si solena antiquamente far de lino, dicono li Grammatici che da quella è deriuato quel nome linea, laqual linea talmẽte fatta, douendo esser perfettamente retta, bisogna accordar piu cose, non molto facile, lequal per breuità lascio, perche ciascuno per le cose dette le puo considerar da se medesimo.

Hor cerco a tutti questi dubij io rispondo, & dico, che eglie uero, anzi dico che per tal cause niuna operatione fatta in materia (come fu detto in principio del Probemio (puo esser cosi giusta, & precise, che non possi esser sempre piu giusta, e piu precisa: nientedimeno considerato tal atto operatiuo fuor di tutti gli impedimenti della materia (come fa il mathematico) tale petitione non si puo negare, ne il nostro intelletto puo dubitare di questo. Perilche bisogna notare (come piu uolte ho detto) qualmente tutta la scientia, ouero disciplina Geometrica si diuide in due parti, cioè, attiua, ouero operatiua, & in contemplatiua, ouero speculatiua, e pero parte di que

sti

ſti primi principij indemoſtrabili ſi ſuppongon per la parte operatiua, & parte per la ſpeculatiua, quelli che ſi ſoppongon per la parte operatiua ſono ſolamente tre, cioè, queſta & le due ſequenti petitioni, tutti li altri ſi ſoppongono per la parte ſpeculatiua. Dico adonque che queſta prima petitione niene ad eſſer il principio della parte operatiua. E chi negaſſe queſta inſieme con le due ſequenti ſaria negata tutta la parte operatiua, ma concedendo queſta inſieme cõ le due ſequente niuno altro atto operatiuo ſi potra negare, perche tutti ſi dimoſtreranno euidentemente. Seguita adonque che in queſti tre primi principij operatiui conſiſta tutta la ſoſtantia del noſtro bene & mal operare nelle operationi Geometrice, e pero quanto piu l'operante userà diligentia in ciaſcuno di quelli, cioè, di mandarli piu giuſtamente a eſsequutione, che ſia poſsibile, operando in materia, tanto piu l'opre ſue ſi trouerãno eſſere al ſenſo giuſte & preciſe ſecondo la ſua intentione, e per il contrario, quanto piu errerà in ciaſcun delli detti tre atti, tãto piu l'opre ſue ſi repreſenteranno al ſenſo imperfette & falſe ſecondo la ſua intentione, & pero in queſte tre coſe biſogna uſi tutta la ſua diligentia nelle ſue mecanice operationi.

Petitione 2.

1 Anchora adimandiamo che ci ſia conceſſo, che ſi poſsi ſlongare una
2 retta linea terminata direttamente in continuo quanto ne pare.

Il Tradottore.

In queſta ſeconda petitione, aſpettante alla parte operatiua, l'Autthor dimanda che gli ſia conceſso che ſi poſſi ſlõgar qualunque lin.a retta terminata direttamente, cioè in continuo, quã

to ci pare, come eſempli gratia, ſe fuſſe la linea a. b. & che ci occorreſſe a douerla ſlongare direttamente in longo uerſo. e. ouer uerſo. d. aſſai o poco, ſecondo l'occorrentia, L'Autthor dimanda che gli ſia conceſſo che ſi poſſa fare, perche ſe l'auerſario uoleſſe negar queſto atto. non ſeria poſſibile a dimoſtrarlo con ragioni aſtratte: Ma perche la eſperiẽtia, [illegible] ile ce lo fa manifeſto, tal petitione nõ ſi puo negar, ne il noſtro intelletto puo dubitar di queſto: uero è che l'auerſario potria adduriti dubbio, ſi come nella precedente: nientedimeno tal dubbio ſi riſoluerà, come quello della precedente, cioè pigliando tale atto libero da tutti li impedimenti della materia, come fa il mathematico.

Petitione 3.

2 Anchora adimandiamo che ce ſia conceſſo, che ſopra a qualunque
3 centro ne piace puotiamo deſignare un cerchio di che grandezza ci pare.

Il Tradottore.

In queſta terza petitione l'Autthor dimanda che gli ſia etiam conceſſo di puoter deſignar un cerchio di qual grandezza li pare, & ſopra a qual ponto, ouer centro

tro li pare, esempli gratia, occorrendoli a dover designar, ouer descriuere un cerchio, di qual si uoglia terminata grandezza, sopra a qual si uoglia ponto, come seria a dir sopra il ponto.a.et che l'auersario gli uolesse negar tal cosa, non seria possibile a poter dimostrare tal possibilità, con argomenti astratti, ma perche l'operante (nelle descritioni piccole) con l'istromento del compasso, sensibilmente lo fa manifesto, (e similmente nelle descrittioni grande) con una corda, longa a sofficientia, fissando un capo sopra un pōto centrale, e con l'altro, colligato con qualche ferro appontito, ouer con qualche altra materia segnāte, girante atorno atorno lo conduse a perfettione, tal petitione non è da negar: uero è che l'auersario (parlando naturalmente) ui potria addurre dubbij assai, si come nelle due passate, & arguir esser impossibile a descriuer un perfetto cerchio, nientidimeno tutti se risoluena, come quelli della prima petitione, cioè sumendo tal atto secondo la consideratione mathematica e non naturale, ilche facendo serà risolta ogni dubitatione.

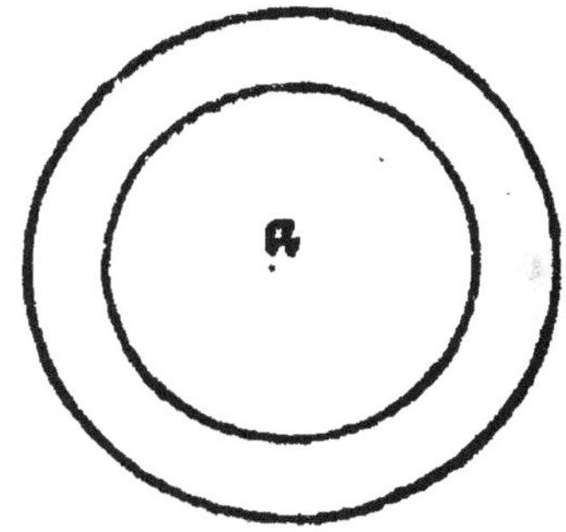

Petitione 4.

3 Similmente adimandiamo, che ci sia concesso tutti li angoli retti es-
4 ser fra loro equali.

Il Tradottore.

In questa quarta petitione anchor l'autthor dimanda che gli sia concesso che tutti li angoli retti siano fra loro equali, laqual petitione a ciascun principiante, che nō bia alquanto pratticato l'angolo retto parerà alquanto oscura da concedere; ma quelli liquali ogni giorno maneggiano la squadra, non negaranno che una squadra grande non sia bona per giustar una piccola, perche l'angolo retto non fa mutatione per la longhezza, ne per la cortezza delle due linee che constituiscono, come essempli gratia, sia l'angolo.a.b.c.retto, e similmente l'angolo d.e.f.ma contenuto da molto minor linee dell'angolo. a.b.c. come si uede designato hor dico che l'angolo.d.e.f.quātunque sia contenuto da minor linee di quello, che è l'angolo.a. b. c. è equale al detto angolo.a. b.c. cioè chi ponesse l'angolo. e.sopra l'angolo.b.giustando la lineetta.e.d. sopra la linea. a.b. dico che l'altra lineetta. e.f. si giusterà da se medesima sopra l'altra linea. c.b.e l'āgolo.d.e.f. si giustera, ouer equaliera attorno attorno con l'angolo.a.b. c. & consequentemente, inquanto all'angolo seranno equali, perche se ben le linee.a. b.& b.c. son maggior delle linee.d.e.& f.e. tamen quella applicatione non diretta delle due linee grandi, e simile, et equale a quella delle due piccole, e questo

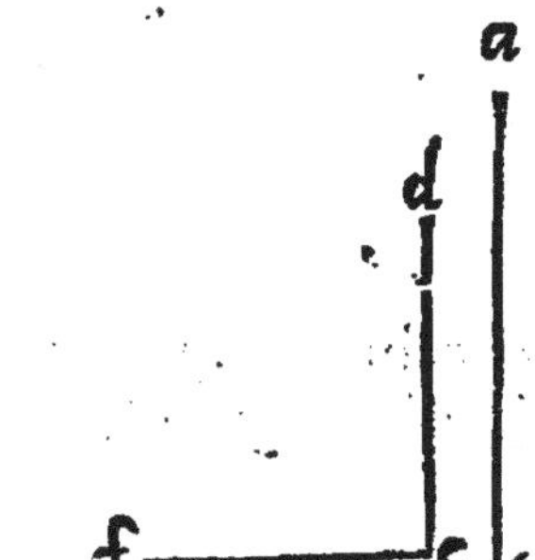

è quello

è quello che bisona eccieder, perche non si potria dimostrar tal cosa, saluo che al senso, cioè con la esperientia in materia.

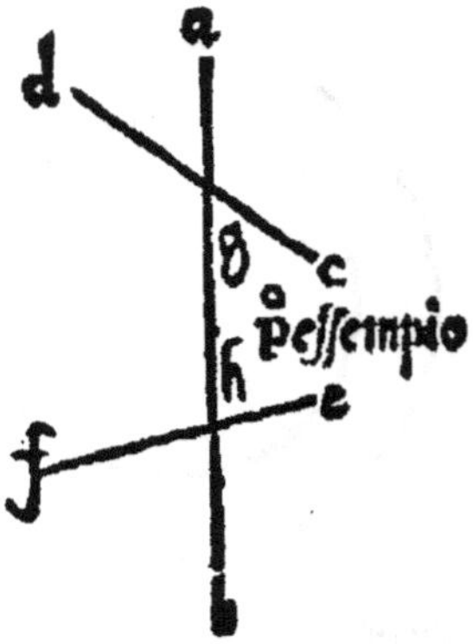

Petitione 5.

4 5 Adimandiamo etiam che ci sia concesso, che se una linea retta cascarà sopra due linee rette, & che duoi angoli da una parte siano minori di duoi angoli retti, che quelle due linee senza dubbio, protratte in quella medesima parte sia necessario congiongersi.

Il Tradottore.

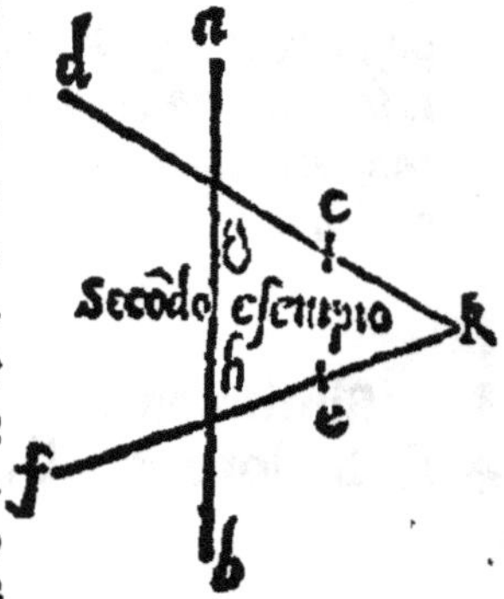

In questa quinta petitione l'Autthor dimanda che gli sia anchor concesso, che se una linea retta cascarà sopra a due linee rette alla similitudine della linea a.b. sopra le due linee.d.c.& .e.f.& che duoi angoli da una medesima parte, come seria li duoi angoli.c.g.h.& .e.h.g. del primo esempio, sian minori di duoi angoli retti, che quelle due linee protratte in quella medesima parte, cioe in la parte uerso.c.& .e.doue sono li predetti angoli, sia necessario a tempo congiongersi insieme, come nel secondo esempio appare in põto.K.laqual cosa in uero al senso, ouero alla esperientia è manifesta, ne etiam lo intelletto puo dubitar di questo, perilche non è da negar tal petitione.

Petitione. 6.

5 15 Similmente adimandiamo che ci sia concesso due linee rette non chiudere alcuna superficie.

Il Tradottore.

Cõ q̃sta euidentia se puo conoscer se una rega è iusta.

In questa ultima petitione l'Autthor anchora adimanda, che gli sia concesso, che due linee rette non i ncludeno alcuna superficie: esempli gratia: siano le due linee rette.a.b.& .c.d.(come nel primo esempio appare) hor dico che con queste due linee sole non si potra chiuder alcuna superficie, cioè, chi con la mente ponesse il ponto.a. sopra il ponto.c.(come nel secondo esempio appare) & stringer poi, ouer menare il ponto.b.uerso il ponto.d. talmente che se la linea.a.b.serà equale alla.c.d.si congiongeno insieme (come nel terzo esempio appare) all'hora tutta la linea.a. b. toccarà uniuersalmente con ogni sua parte l'altra linea.c.d.& fra l'una e l'altra nõ serrerà

Terzo esempio

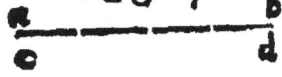

alcun spacio, ouero superficie, immo che ambedue le dette linee seranno ridotte in una linea sola (come all'intelletto si puo facilmente comprendere, etiam uedere nel detto terzo esempio) & questo è quello che l'Autthore dimanda in questa ultima petitione: & cosi faremo fine alle petitioni, lequale in uero non sono da negare: & chi le negasse (come fu detto in principio) negaria tutta la scientia: & con quel tale, che le negasse non seria da disputare.

Qu la ultima petitione nella seconda tradottione e posta nelle commune sententie & e l'ultima di quelle: ma secondo il mio giuditio quiui mi par essere piu suo conueniente luoco.

Il Tradottore.

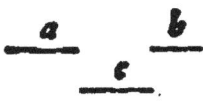

Seguitano le noue concettioni dell' animo, ouero le communi sententie.

Communi sententie.

Prima.

1/1 Quelle cose che à una medesima cosa sono equali, fra loro sono equali.

Il Tradottore.

Esempli gratia: Se per caso la linea .a. fusse equale alla linea .c. & che similmente la linea .b. fusse pur equale alla medesima linea .c. si concluderia che per commune sententia la linea .a. seria similmente equale alla linea .b. perche ogni commune intelletto affermerà questo, ne il nostro intelletto puo credere altramente, & per questo si chiama commune sententia: il medesimo se intende nelle Superficie, Corpi, Angoli, & Numeri.

Seconda.

2/2 Et se à cose equal siano aggionte cose equali, tutte le somme seranno equali.

Primo esempio.

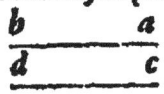

Il Tradottore.

Secondo esempio

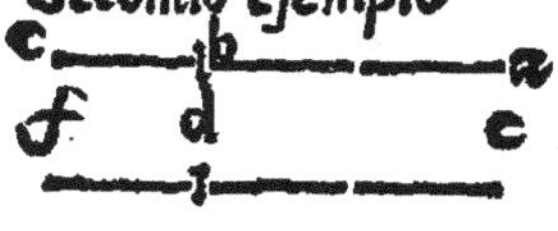

Esempli gratia: se per caso fussено le due linee .a. b. & c.d. equal fra loro, & che alla linea .a. b. aggiongessimo la linea .b.e. & similmente alla linea d.c. (come nel secondo esempio appare) et che la linea .b.e fusse equale alla linea d.f. si cõcluderia, che per commune concettione, ouer sententia, tutta la linea a.e. seria similmente equale a tutta la linea .c.f. perche in uero niun sano intelletto puo dubitar di questo; il medesimo seguita nelle Superficie, Corpi, Angoli, e Numeri.

Terza.

Terza.

3 Et se da cose equali seranno tolte cose equali, quelle cose, che resteranno, seranno equali.

Il Tradottore.

Questa è il conuerso della precedente: esempli gratia: se per caso le due linee. a.e.& .c.f. fusseno equali fra loro: & che da quelle ne fusseno tolte, ouero cauate le due parti. b.e.& d.f.& che quelle fussero equali, si concluderia, per commune concettione, li duoi rimanenti, cioe, a. b. & .c.d. essere fra loro equali: perche in uero ninno sano intelletto potrà credere il contrario: il medesimo sequita nelle Superficie, Corpi, angoli, e Numeri.

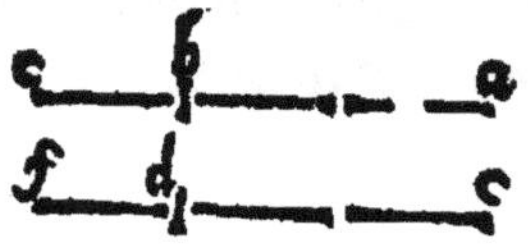

Quarta.

4/5 Et se da cose non equali tu leuarai cose equali, li rimanenti seranno inequali.

Il Tradottore.

Esempli gratia: se fusseno le due linee. a. b. & . c.d. & che la. a.b. fusse maggiore della. c.d. & che si leuasse dalla linea. a.b. la parte. e.b. & dalla. c.d. la parte. f. d. lequal parti fusseno equali fra loro, si concluderia per commune sententia, che li duoi residui, cioè. a.e. & .c.f. fusseno inequali, cioè, che'l residuo. a.e. fusse maggiore del residuo. c.f. perche, il nostro intelletto non puo dubitare di questo; il medesimo seguiterà nelle Superficie, Corpi, Angoli, & Numeri.

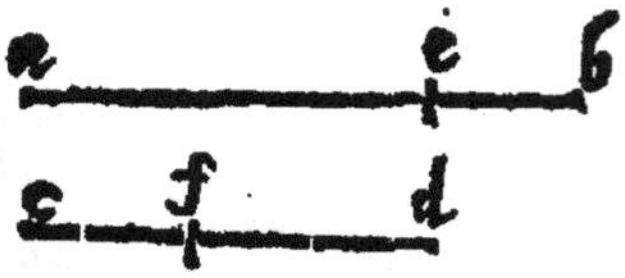

Quinta.

5/4 Et se a cose inegual tu aggiongerai cose equali, li resultanti seranno inequali.

Il Tradottore.

Per esemplificare questa, torremo la figura della precedente, per essere il conuerso di quella: esempli gratia: se fusseno le due linee. a.e. & .c.f. inequali, cioe, che la. a.e. fusse maggiore, & che a queste due linee tu gli aggiongesti le parti. e.b. & .f. d. lequal parte fusseno equali fra loro, si concluderia per commune scientia, li duoi resultanti, cioè tutta la. a.b. & tutta la. c.d. essere fra loro inequali, cioè, la. a.b. essere maggiore della c.d. perche, il nostro intelletto non puo dubitare di questo, il medesimo si concluderà nelle Superficie, Angoli, Corpi, & Numeri, &c.

Sesta.

6 Se due cose seranno doppie a una medesima cosa, quelle medesime
6 seranno fra loro equali.

Il Tradottore.

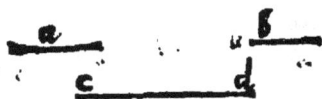

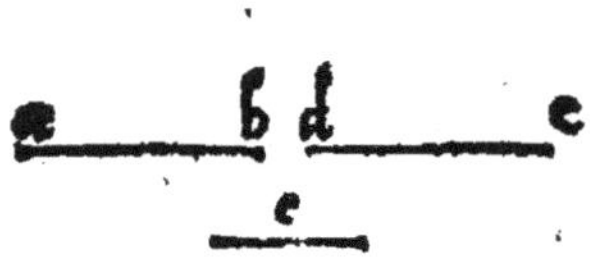

Esempio: Se per caso la linea.a.b.fusse doppia alla linea.c. & che similmente la linea.d.e.fusse pur doppia alla medesima linea.c. si concluderia per commune opinione, ouer sententia le due linee.a.b.& .d.e.esser fra loro equali: perche, in uero niun sano intelletto dubiterà di questo: il medesimo si concluderia nelle Superficie, Corpi, Angoli, & Numeri.

Settima.

7 Se seranno due cose dellequale una e l'altra sia la mettà di una medesi
7 ma cosa una e l'altra di quelle serà equale all'altra.

Il Tradottore.

Esempio: Se per caso la linea.a. fusse la mettà della linea.c.d.& che similmente la linea.b.fusse pur la mettà della medesima linea.c.d.si concluderia, per commune concettione, che la linea.a.fusse equale alla linea.b. perche nissuno sano intelletto negarà questo: il medesimo seguita nelle Superficie, Corpi, Angoli, & Numeri.

Ottaua.

8 Se alcuna cosa sia posta sopra a un'altra, e serà applicata a quella, che
8 l'una non ecceda l'altra, quelle seranno fra loro equali.

Il Tradottore.

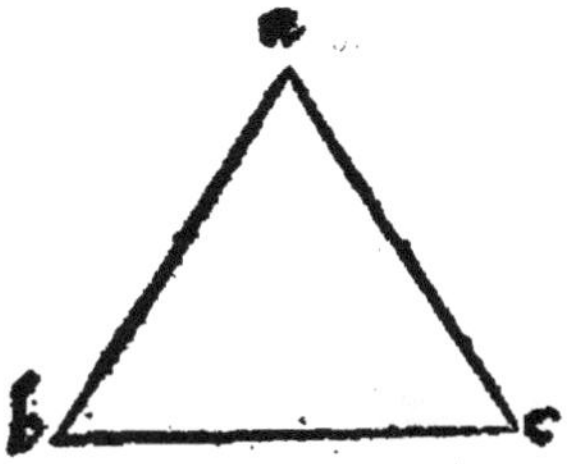

Esempli gratia: Se fusseno li duoi triãgoli.a.b.c.et.d.e.f. di tal conditione, che ponendo l'uno di quelli sopra all'altro, si conuenisseno talmente insieme, che uno non eccedesse l'altro in parte alcuna, cioè, che giustasse l'angolo.a.sopra lo angolo.d.& l'angolo.c.si giustasse, ouero conuenisse sopra l'angolo.f.& similmente la linea.a.c.sopra la linea.d.f.e la linea.a.b.sopra la linea.d.e.e la linea.b.c. sopra la linea.e.f. si concluderia per cõmune sententia questi duoi triangoli fusseno fra loro equali: il medesimo si debbe intendere de ogni altra sorte de figura superficiale; & similmente di due linee, cioè, quando si giustasse una linea sopra

pra un'altra, & che si conuenissено talmente insieme, che l'una non eccedesse l'altra dalli capi, ne dalle bande: si concluderia pur per commune sententia che fusseno equali, perche il nostro intelletto non potria creder altramente.

9/9

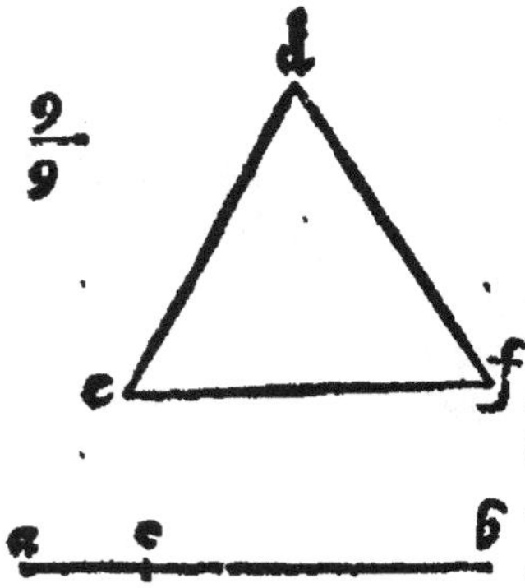

Nona.

Ogni tutto è maggiore della sua parte.

Il Tradottore.

Esempli gratia: se dalla linea.a.b.se ne tagliasse una parte, come seria a dire la b. c. si concluderia per commune sententia, che la detta parte.b.c.fusse minore del tutto, cioè, di tutta la linea.a.b.il medesimo si cōcluderia in ogni altra parte maggiore, ouero minore, & in ogni altra specie di quantità, cioè, in Superficie, Corpi, & Numeri, & similmente nelli Angoli &c.

Altre concettioni, ouero communi sententie aggiunte dal Campano.

Ma egliè da notare che oltra queste commune concettioni dell'animo, ouero sententie, Euclide ne lasciò molte altre, lequal di numero sono incomprehensibili: dellequal questa ne è una.

Se due quantità equali seranno comparate a qual si uoglia terza del medesimo genere, insieme seranno ambedue di quella terza, ouer equalmente maggiore, ouer equalmente minore: ouer insieme equale.

Il Tradottore.

Esempli gratia, se le due linee.a. & .b.fusseno equali fra loro, & che ambedue fusseno comparate a un'altra terza linea, come seria a dire alla. c. dice che per commune scientia si concluderia, che ambedue quelle (cioè.a.et.b.) fusseno ouero equalmente maggiori della detta linea.c.ouer equalmente minori, ouer che tutte tre fusseno equali.

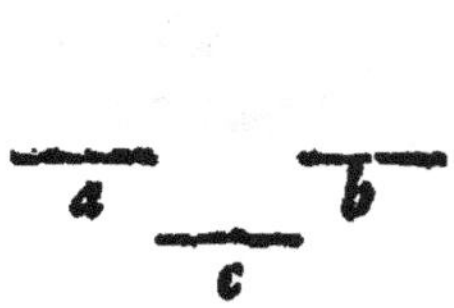

Anchora un'altra.

Quanta è alcuna quantità a qual si uoglia altra del medesimo genere, tanta puo esser qual si uoglia terza ad alcuna quarta del medesimo genere nelle quantità continue, questo uniuersalmente è uero, ouero se li antecedenti seranno maggiori di consequenti, ouero minori, perche la magnitudine, cioè, la quantità continua discresce in infinito, ma nelli numeri non è cosi, ma se il primo serà submultiplice del secondo, sera qual si uoglia terzo equalmente submultiplice di alcuno quarto: perche il numero cresce in infinito, si come la magnitudine discresce in infinito.

Il Tradottore.

Certamente il Campano, nell'aggionger questa soprascritta seconda concettione, si è dimostrato di puoco giuditio, à uoler che un principiante supponа una cosa che non sa, ne è capace a saper che cosa la sia per fin a tanto che non intende che cosa sia a dire esser una quantità ad un'altra del medesimo genere; laqual cosa si diffinisce nella terza diffinition del quinto libro: e similmente, che cosa sia multiplice e submultiplice si diffinisce nella seconda diffinition del detto quinto. E però io eshorto ogni studente, che non perda tempo in uoler intender queste cose aggionte, impero che la maggior parte sono cose fruste, e che confondon l'intelletto del studente, & interrompon l'ordine dell'Autthore, ilqual è di non parlar d'alcuna cosa auanti la diffinitione di quella (come uuol il debito) similmẽte di non metter cosa alcuna superflua, cioè, che non sia bisogneuole in alcuna altra cosa nell'opera sua, e similmente di non essere diminuto, & se pur in alcun luoco pareua che fusse stato diminuto, la causa era processa dalli Scrittori & Copisti: che haueano interlasciato, et trasportato molte sue diffinitioni et propositioni, come in questa nostra tradottione (cauata delle due tradottioni) procedendo si potra uedere, Anchora è suo costume di arguire in ogni sua demostratione con le cose passate, & non con quelle, che hanno da uenire (come uuol il debito) perche in uero delle cose che hanno da uenire si debbe presupponere che il studente non habbia notitia alcuna: laqual cosa non è stata considerata dal Campano.

Hor per far fine a questi primi principij della scientia Geometrica, liquali si cognoscon (come è detto) per l'intelleto, mediante il senso, e non per demostratione, & uenir a quelle cose, che si cognoscon per demostrationi. Bisogna notar qualmente in piu modi si dice l'huomo saper una cosa: perche alcuna uolta dicemo saper quelle cose, dellequal n'habbiamo certezza simplicemente per alcun di nostri cinque sensi: esempli gratia; se io sento uno a cantare io dirò ch'io so che colui canta: & se io uedo uno che corra, io dirò che io so che colui corre, & s'io tocco una cosa dura, ouer molle calda, ouer fredda, io dirò ch'io so che quella cosa è dura, ouer molle, calda ouer fredda, e similmente s'io gusto una cosa dolce, ouer garba, io dirò, ch'io so che quella cosa è dolce, ouer garba, e similmente s'io odoro una cosa odorifera, ò puzzolente, io dirò ch'io so che quella cosa è odorifera, ouer puzzolente: alcuna uolta siamo certi d'alcuna cosa per longa esperientia, perilqual modo cognosciamo le cose medicinali, e questo anchor dicemo saper: Alcuna uolta dicemo saper quelle cose, dellequal ne habbiamo certezza per intelletto: talmente che l'intelletto nostro non puo credere il cõtrario: & questi sono li primi principij delle scientie: liquali, conosciuti li lor termini immediate sono conosciuti: esempli gratia: se alcuno cognosce che cosa sia il tutto, et che cosa sia la parte, egli non puo dubitare che ogni tutto non sia maggiore della sua parte: il medesimo seguita in tutti li altri: nientedimeno il proprio sapere (come afferma Aristotele nel primo della Posteriora) non è altro, che a intendere per demostratione:

Si conosce le cose medicinale e ancora le morale.

mostratione: e pero propriamente di quelle cose che intendiamo per demostratione, siamo detti hauer la scientia: & di questa sorte di sapere, e di questa scientia si raccoglie da Euclide sopra ogni sua propositione, come procedendo manifestamente, si potra uedere.

Problema prima. Propositione prima.

1/1 Posiamo sopra una data retta linea costituir un triangolo equilatero.

Sia la data retta linea.a.b. uoglio sopra di questa constituir uno triangolo equilatero. & per essequir tal cosa, io ponerò il piede immobile del mio compasso, ouer sesto, sopra l'uno delle estremità della linea, cioè, in ponto a. & l'altro piede mobile lo allargarò insino all'altra estremità, cioe, al ponto.b. & secondo la quantità di essa linea data per la terza petitione, descriuerò il cerchio.c.b.d.f. dapoi questo di nouo farò cētro l'altra estremità di essa linea, cioè, il ponto.b. & per la medesima petitione (secondo la quantità della medesima linea) linearò il cerchio.c.a.d.b. liquali cerchi se intersecaranno fra loro in duoi ponti, liquali sono.c. & .d. & l'uno de detti (poniamo il ponto,d.) cō tinuarò con ambedue le estremità della data linea, tirando per la prima petitione le due linee.d.a.b, & .d.b, et cosi sera constituido, il triangolo.d.a.b. ilqual dico esser equilatero: perche, dal ponto.a. ilqual è centro del cerchio.c.b.d.f. sono tirate le linee.a.d. & .a.b. per insino alla circonferentia di quello, perilche seranno equal, per la diffinitione del cerchio, similmente anchora: perche, dal ponto.b. che è centro del cerchio.c.a.d.b. sono tirate le linee.b.a. & .b.d. per insino alla circonferentia di quello, quelle medesimamente seranno fra loro equale. Adonque perche l'una e l'altra delle due linee.a. d. & .b,d. è equale alla linea a.b: (come di sopra fu approuato) quelle medesime seranno anchora fra loro equal, per la prima concettione. Adonque sopra la data retta linea habbiamo collocato un triangolo equilatero che è il proposito.

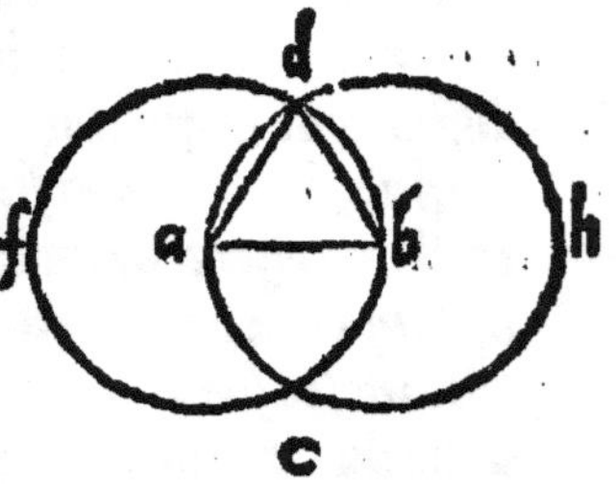

Il Tradottore.

Bisogna notar che quando occoresse di descriuere semplicemente il detto triāgolo equilatero sopra una data retta linea, cioè, che nō fusse dibisogno a far la demostratione di tal operar, non è necessario di descriuer integralmē te li detti duoi cerchi, ma basta solamente a designar quella poca parte doue fanno la intersecatione in ponto.d. (come appare nella seconda figura) & dal detto ponto d. tirar le due linee. d.a. & . d. b. & sera disignatto il detto triangolo: ma uolendo dimostrar, & assignar la causa che quel sia quilatero egli necessario a compire li detti duoi cerchi, & arguire come di sopra fu fatto: il medesimo si debbe intendere in molte delle sequente probleme.

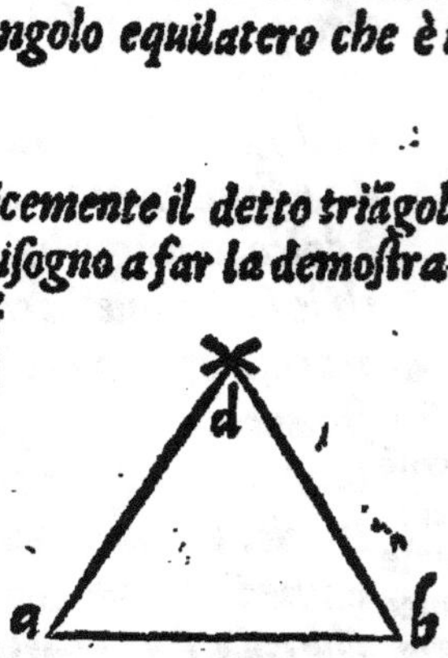

Il Tradottore.

Consequentemente a questa propositione nella prima tradottione, glie stato aggionto dal Campano il modo d' descriuer sopra la medesima linea le altre due specie de triangoli, cioè, il triangolo di duoi lati equali, & quello di tre lati inequali: la qual cosa, per esser superflua, & fuor di proposito, la habbiamo lasciata, perche, chi ben considera l'ordine di Euclide (come di sopra fu detto) trouerà lui non hauer posto alcuna propositione in tutta l'Opra sua in uano cioè, che nõ sia stata bisogneuole nella construttione, ouero speculatione di qualche altra di quelle, che seguitano. Adonque non trouandosi luoco in tutta l'Opra sua, doue sia bisogneuole tal propositione aggionta (maßime per quel modo) si puo dire lei eßer cosa superflua, et fuor di proposito, perilche la habbiamo lasciata, per non confonder il studente con tal propositione inutile. Et chi pur uolesse il modo di esequir un tal Problema, la uigesima seconda di questo primo Libro generalmente ce lo dimostra.

Problema.2. Propositione.2.

2 Da un dato ponto posſiamo condurre una linea retta equale a qua-
2 lunque proposta retta linea.

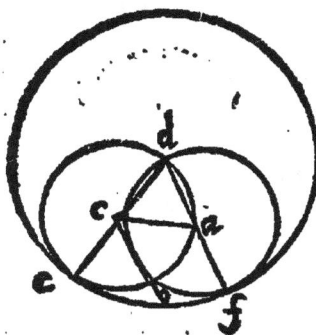

Sia il ponto dato.a. & la linea data.b.c. uoglio dal ponto.a.condurre una linea retta equale alla linea. b.c.(caschi in qual parte si uoglia.) per far adonque questo congiongerò il ponto.a. con una delle due estremità del la linea.c.b.(qual mi pare.) hor congiongasi il ponto.a.con la estremità.c. tirata la linea.a.c. sopra laqual linea cõstituirò un triangolo equilatero (secondo la dottrina della precedente) ilqual sia.a.c.d.et in quell'estremità della data linea, con laqual ho congionto il dato ponto, cioè, nella estremità.c.ponerò il piede immobile del mio compaßo, & descriuerò sopra di quello un cerchio secondo la quantità della data linea (ilqual sia il cerchio.e.b.) & allongarò il lato del triangolo equilatero che è opposito al ponto dato, cioè, il lato.d.c. per il centro del cerchio descritto per insino alla circonferentia di quello: & sia tutta la linea così, protratta la.d.e.et secondo la quantità di quella sopra il centro.d. linearò un cerchio, ilqual sia il cerchio.e.f.e dapoi questo slongarò il lato.d .a. per insino alla circonferentia di questo ultimo cerchio, & quello concorra nella circonferentia di quello in ponto.f. Dico adonque, che la linea, a.f.è equale alla.b.c. perche le due linee.b.c.& .c.e.sono fra loro equale, perche uanno dal centro del cerchio.e.b.alla circonferentia di quello. Similmente anchora le due.d.f.& .d.e. sono fra loro equale, perche etiam loro uanno dal centro del cerchio.e.f.alla circonferentia, & le due linee.d.a.et.d.c.sono etiam equal, perche sono li lati del triangolo equilatero. Adonque se le dette due linee d.

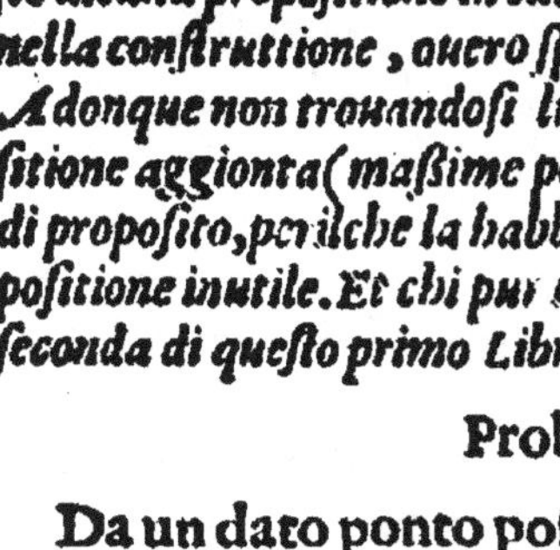

a.&.d.c. seranno leuate uia dalle due.d.e.&.d.f.che sono fra loro equal,li duoi residui, liquali sono.a.f.&.c.e.seranno etiam equali(per la terza commune sententia.) Adonque perche l'una e l'altra delle due linee.a.f.&.c.b.è equale alla.c.e. quelle medesime sono fra loro equal perlaqual cosa dal ponto.a.habbiamo tirata la linea.a.f.equale alla linea.b.c.che è il proposito.

Il Tradottore.

Molti principianti, che anchora non sanno che cosa sia il procedere scientifico demostratiuo, quasi si scandalizzano di questa soprascritta propositione (per la sua bassezza) parendogli (come è il uero) puotersi essequire tal problema per piu corta uia, cioè, pigliando diligentemente con un compasso la misura della data linea.b.c. & con tale appritura di compasso assignarne un'altra di tal quantità, che termini nel detto ponto.a. laqual cosa (per esser euidente al senso) pare a lui che non si debba, ne si posa negare. A questo se risponde, che eglie il uero che tal conclusione, per esser euidente al senso in materia, mal si puo negare: niente dimeno tal operare non seria demostartiuo, & l'Autthore è tenuto a demostar ogni sua propositione, si operatiua come speculatiua, eccetuando le sei petitioni a lui concesse nel principio: Ma alcuno potria dir che l'Autthore haueria fatto meglio a poner tal propositione per principio, ouero per petitione che per propositione: perche, in uero questa non è meno euidente, ouero concessibile: che il tirar una linea retta da un ponto a un'altro, ouero il slongar una data linea terminata. Cerca a quest'altra particolarità rispondo, che l'Autthore non ha adimandato la concessione delle sei petitioni per esser cose euidenti, ouero facili da conceder, anzi egli l'ha adimandata per esser impossibile a dimostrar alcuna di quelle: & quando egli hauesse possuto trouar modo de dimostrar alcuna di quelle, egli nō haueria posta quella tale per principio, ne adimãdato che gli fusse concessa, anzi egli la haueria posta per propositione, et quella dimostrata si come ha fatto di questa soprascritta: essendo adonque la soprascritta demistrabile (come di sopra appare) uergogna seria stata all'Autthore hauerla posta per petitione.

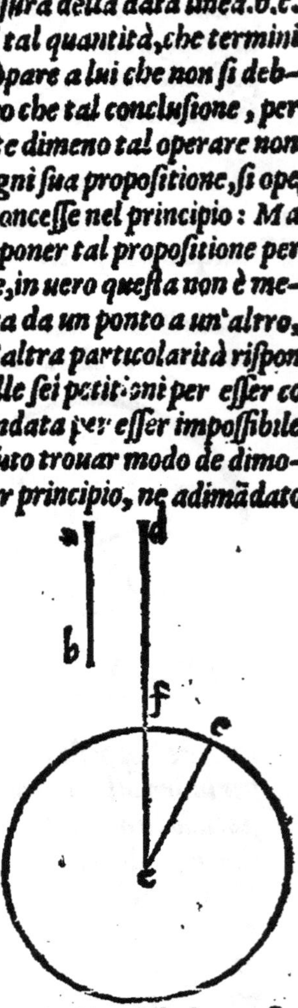

Problema.3. Propositione.3.

3/3 Proposte due linee rette inequal, dalla piu longa di quelle posiamo tagliarne una parte equale alla minore.

Siano le due linee.a.b.&.c.d. inequali, & sia la.a.b.minore, uoglio dalla.c.d.tagliarne una parte che sia equale alla.a.b. & per far questo, dal ponto.c. tiro una linea equale alla.a.b.(secondo che se insegna la precedente,) laqual sia la.c.e. farò adonque il ponto.c. centro, et destriuerò un cerchio secondo la quantità della e.c.

e.c.ilqual segarà la linea,c.d.in põto.f.dico adõque che la linea,c.f.sera equale alla linea.c.e. perche, ambedue uengono,dal centro.c. alla circonferentia del medesimo cerchio:e perche una e l'altra delle due linee.a.b.e.f.c.sono equal alla linea.c.e.quelle medesime seranno fra loro equal,che è il proposito.

Il Tradottore.

Smilmente di questa soprascritta propositione si come della passata, molti si suogliono scandalizare per le medesime ragioni della passata,perche in uero questa nõ è altro che il conuerso della seconda petitione,laquale dimanda che sia concesso che si possa slongare una data linea retta terminata direttamente in longo quanto ne pare:onde ad alcuno pareria che l'Autthore poteua similmente poner la soprascritta per petitione,cioè,adimandar che fusse concesso che de una data linea retta terminata se ne potesse tagliar quanto ci pare.Cerca à questo rispondo,che la detta seconda petitione è indemostrabile: e la soprascritta è demostrabile, e però uergogna seria stata all'Autthore a poner tal propositione per cosa indemostrabile,essendo demostrabile:e però niuno si debbe scandalizare di tali basse propositione:perche,con queste cose basse,& note,se dimostrerà,poi le cose piu alte,& manco note.

Theorema prima. Propositione.4.

4 De ogni duoi triãgoli,deliquali li duoi lati dell'uno serãno equal alli
4 duoi lati dell'altro: e li duoi angoli di quelli, contenuti da quelli lati equali, seranno equali l'uno all'altro; Anchora le base di quelli seranno equal: & li altri angoli dell'uno alli altri angoli dell'altro: & tutto il triangolo a tutto il triangolo sera equale.

Siano li duoi triãgoli.a.b.c.et.d.e.f.et sia il lato a.b.equale al lato.d.e. & il lato a.c.equale al lato.d.f.et l'ãgolo.a.equal all'ãgolo.d.hor dico che la basa.b.c.e equal all'angolo.f.laqual cosa si approba mettẽdo,mẽtalmente il triãgolo.a.b.c.sopra al triãgolo,d.e.f.talmente che l'angolo.a.caschi sopra all'angolo.d.et il lato.a.b.sopra il lato.d.e.& il lato.a.c.sopra il lato.d.f.& per il conuerso modo della penultima cõcettione,è manifesto,che neli angoli,ne etiam li lati si eccederanno fra loro,perche,l'angolo.a.e equale all'angolo.d.& li lati sopra posti sono equali a quelli doue sono sopra posti,dal presupposito.Adonque li duoi ponti.b.& .c.cadeno sopra li duoi ponti.e.& .f. Se adonque la linea.b.c.cade sopra la linea.e.f.è manifesto il proposito,perche quando la linea.b.c.sia posta sopra alla linea.e.f.& che la non ecceda la detta linea.e.f.ne che etiam lei sia ecceduta da quella,per la penultima concettione,e equale a quella, & per la medesima ragione l'angolo.b.serà equale all'angolo.

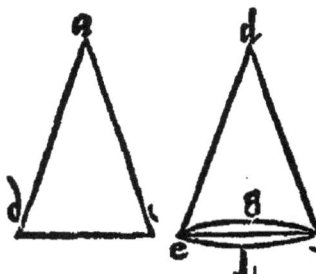

l'angolo.e.& l'angolo.c.all'angolo.f.& tutto il triangolo a tutto il triangolo. Ma se la linea.b.c. per lo auersario, non cade sopra la linea.e.f. necessariamente cadera. ouer di dentro del triangolo (si come fa la linea.e.g.f.) oueramente fuora del detto triangolo, secondo che fa la linea.e.b.f. ilche essendo, due linee rette chiuderiano superficie: laqual cosa è contra l'ultima petitione.

Adonque glie necessario che la linea.b.c.cada precise sopra la.e.f. perilche seguita il proposito.

Il Tradottore.

Bisogna notare, che ogni lato d'uno triangolo puo essere detto basa di quello triangolo.

Theorema.2. Propositione.5.

5 Li angoli che sono sopra la basa, de ogni triangolo de duoi lati equa
5 li, è necessario esser fra loro equali, & se li duoi lati equali siano protratti direttameute, faranno anchora sotto alla basa duoi angoli fra loro equali.

Sia il triangolo.a.b.c. delquale il lato.a.b. sia equale al lato.a.c.dico che l'angolo a.b.c.è equale all'angolo.a.c.b. & s'el sera protratti, ouer slongati li detti duoi lati, poniamo per fina al.d.& .e.farà etiam l'angolo.d.b.c. equale all'angolo:e.c.b. laqual cosa se approua in questo modo. Protratte che sia li duoi lati.a.b. & .a.c. per la terza propositione, farò la linea.a.d.equale alla linea.a.e. & tirarò le due linee.e.b.& .d.c. & intenderò li duoi triangoli.a.b.e.& .a.c.d.liquali io approuarò essere equali, & equilateri, & equiangoli, cioè, che li lati dell'uno son equali alli lati dell'altro, ciascaduno suo relatiuo, & similmente li angoli. Perche, li duoi lati.a.b. & .a.e.del triangolo.a.b.e. sono equali alli duoi lati.a.c.& .a.d. del triangolo.a.c.d.e l'angolo.a.è commune all'un e l'altro: Adonque, per la precedente propositione la basa.b.e. è equale a la basa.c.d. & l'angolo.e. è equale all'angolo.d. & l'angolo.a.b. è equale all'angolo.a.c.d. Intendo anchora li duoi triangoli.d.b.c.& .e.c.b.liquali similmente approuarò essere equilateri & equangoli, Perche li duoi lati.d.b.& .d.c.del triangolo.b.d.c.sono equali alli duoi lati.e.c.& .e.d.del triangolo.e.b.c. & l'angolo.d. è equale all'angolo.e. Adonque, per la precedente, la basa dell'un serà equale alla basa dell'altro, & li altri duoi angoli dell'uno alli altri duoi angoli dell'altro, Adonque l'angolo.d.b.c.è equal

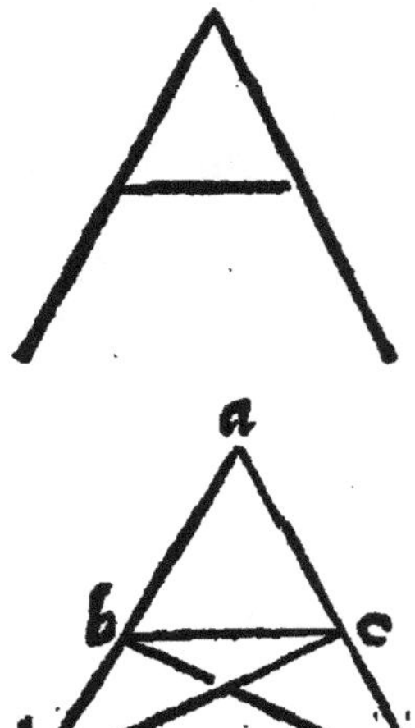

c.è equal all'angolo.e.c.b. & questo è il secondo proposito, cioè, che li angoli, che sono sotto alla basa sono equali, & l'angolo b.c.d.è equale all'angolo.e.b.c. Ma perche tutto l'angolo.a.b.e.è equale all'anggolo.a.c.d.(come di sopra fu approuato) adonque, per la terza concettione, l'angolo.a.b.c.(residuo) è equale all'angolo.a.c.b.(residuo) l'uno è l'altro di quelli è sopra la basa, che è il primo proposito.

Theorema.3. Propositione.6.

6 Se dui angoli de alcun triangolo saranno equali, etiam li dui lati ris-
6 guardante quelli angoli, saranno equali.

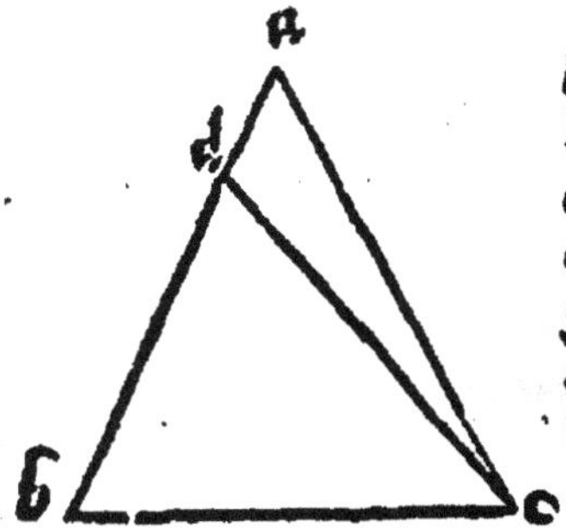

Questa è il conuerso della precedente inquanto alla prima parte di quella: perche essendo il triangolo.a.b.c. del quale li duoi angoli .b. & c. siano equali dico che il lato.a.b.è equale al lato.a.c. Perche se non sono equali, per l'aduersario, l'un di quelli necessita sia maggior dell'altro, hor poniamo, che possibile fusse, che il lato.a.b.sia maggiore. Adonque dal lato.a.b. maggiore ne segaremo una parte alla equalità del minore, per la terza propositione, talmente che il superfluo sia dalla banda uerso.a.hor sia resecato in ponto.d. & sia la.b.d.equale alla.a.c.& sia protratta la linea.c.d. Intē do adonque li duoi triangoli.a.b.c.& d.b.c.liquali prouerò esser equilateri & equiangoli. Perche li duoi lati.d.b.& b.c.del triangolo.d.b.c.sono equali alli duoi lati. a.c.& b.c.del triangolo a.b.c.e l'angolo.b.è equale all'angolo.c.totale per il presupposito: adunque la basa.d.c. è equale alla basa.b.a.& l'angolo.d.c.b.è equale all'angolo.a.c.b.cioè la parte è equale al tutto, che è impossibile.

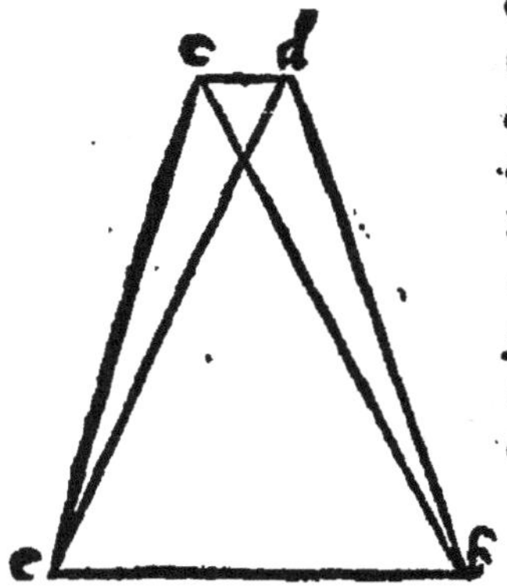

Il Tradottore.

Nota che l'angolo. d.c.b. uerria a esser equale allo angolo.b.ma perche l'angolo, a.c.b.è etiam lui equale al detto angolo . b. dal presupposito seguita per commune sententia l'angolo, d.c.b. esser equale all'angolo.a.c.b. la parte al tutto che è impossibile.

Theorema.4. Propositione.7.

7 Se dalli duoi ponti terminanti alcuna linea retta usciráno due linee
7 rette, lequale concorrino a uno medesimo ponto è impossibile dalli medesimi ponti esser dutte altre linee equale alle sue conterminale che concorrino ad altro ponto da quella medesima parte.

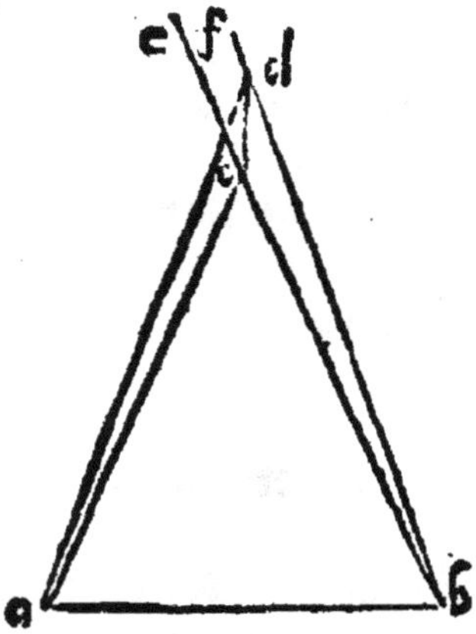

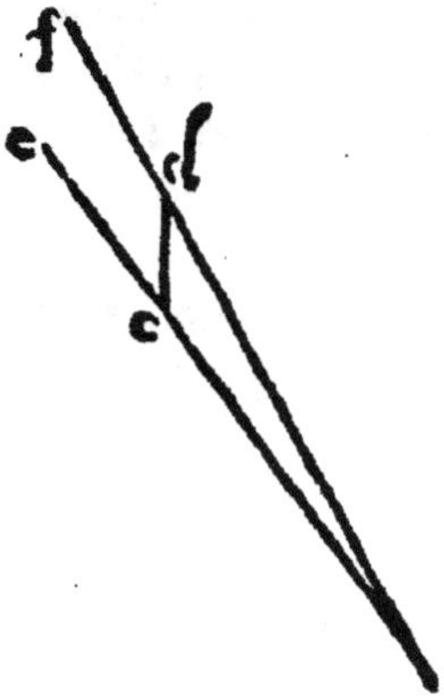

Sia la linea.a.b.dalle estremità dellaqual siano protratte da una medsiema parte due line rette, lequale concorrino in uno medesimo ponto, come saria la linea a.c.& la b.c. lequale concorrono nel ponto.c. Dico che in quella medesima parte, non potranno esser tirate dalle medesime estremità due altre linee, lequale concorrino ad altro ponto che nel ponto.c.domente che quella laquale serà tirata dal ponto.a.sia equale alla linea.a.c.& quella che serà tirata dal ponto.b.sia equale alla linea.b.c. laqual cosa, sel fusse possibile, per l'aduersario siano tirate due altre linee da quella medesima parte (cioè uerso.c.) lequale concorrino nel ponto.d. & sia la linea.a.d.equal alla.a.c. e la linea.b.d.equale alla linea.b.c. Adõque, ouer che'l ponto cade dentro del triangolo, ouer de fora, perche non puo caderne in l'uno & l'altro lato, perche all'hora la parte seria equale al suo tutto. Ma se quel cade di fora, ouer l'una delle due linee.a.d.e.b.d.segarà l'una dell'altra due linee.a.c.ouer.b.c.ouerамente che ne l'una ne l'altra seranno segate ne dall'una ne dall'altra; hor poniamo che l'una delle due seghi l'altra delle altre due, come apar in la prima figura e sia protratta la linea.c.d. Adõque pche li duoi lati.a.c.et a.d.del triãgolo.a.c.d. sono equali l'angolo.a.c.d. serà equale all'angolo.a.d.c. (per la quinta propositione) similmente perche nel triangolo.b.c.d. li duoi lati.b.c.&.b.d. sono equali li dui angoli.b.c.d.&.b.d.c. seranno similmente equali (per la medema propositione) & perche l'angolo.b.d.c.e maggiore dell'angolo.a.d.c. (sua parte) seguita che l'angolo.b.c.d. sia maggiore dell'angolo.a.c.d. donde che la parte seria maggiore del suo tutto laqual cosa è impossibile. Ma se'l ponto.d. cade de fora del triangolo.a.b.c. talmente che le linee non si seguino come nella seconda figura appare protrarò la linea .d. c.& allongarò le due linee. b.d.&. b.c.sotto alla basa per sina al.f.& al.e. & perche le linee.a.d.&.a.c. son equale li dui angoli.a.c.d.&.a.d.c. seranno equali (per la quinta) similmente perche, la.b.c.e la.b.d.son equale li angoli che sono sotto alla basa (liquali sono.c.d.f.&.d.c.e.) seranno equali (per la secõda parte della medema quinta) adonque perche l'angolo.e.c.d.e minor dell'angolo. a. c. d. seguita che l'angolo. f. d. c. sia minor dell'angolo. a. d. c. laqual cosa è impossibile, cioè ch'el tutto sia minor della parte, & per il medesimo modo se

vedurà

redurà l'aduersario al inconueniente quando che'l ponto. d.cadesse dentro del triangolo.a.b.c.

Theorema.5. Propositione. 8.

8 De ogni dui triangoli delli quali li dui lati di l'uno siano equali alli
8 duoi l'ati dell'altro & la basa dell'uno sia equale alla basa di l'altro,li angoli contenuti dalli lati equali è necessario esser equali.

Siano li dui triãgoli.a.b.c.d.e.f. e sia lo lato.a.c.equale allo lato.d.f. & lo.b. è equale allo.e.f. & la basa a.b.equale alla basa.d.e. Dico che l'angolo.c.è equale al l'angolo.f.e.l'angolo.a.all'angolo.d.& l'angolo.b . al l'angolo.e. & per dimostrar questo io ponerò mentalmente la basa.a.b. sopra la basa. d.e.& perche sono equal niuna di quelle eccederà l'altra(per lo conuerso modo della penultima concettione) adonque ouer che il ponto.c.cade sopra il ponto.f.ouer non,ma ponendo che il ge cada essendo adonque l'angolo.c.soprapos to all'angol.f. le due linee.a.c.& .b.c.se conuegneranno sopra al le due.d.f.& .e.f. per esser equale fra loro dal presupposito per lo conuerso modo della detta penultima concettione adonque perche l'angolo.c.non eccede ne si ecceduto dall'angolo.f.sono fra loro equali.(per la medesma concettione) similmente arguirai li altri angoli esser fra loro equali. Ma sel fusse possibile per l'aduersario chel ponto.c. non cadesse sopra al ponto.f. ma in altro loco come seria dire nel ponto g.hor perche la linea. a.c. (che ueria a esser la.g.d.) è equale alla.d.f.& la linea.b.c.(che ueria a esser la.e.g.) è equale alla linea. e.f.e quelle tirate da una medesima parte concorreno in duoi diuersi ponti cioè nel ponto.g. & nel ponto.f.la qual cosa è impoßibile per la precedente, adonque per forza el ponto.c.caderà sopra al ponto.f. & l'angolo.c. conuegneranno sopra l'angolo.f. & similmente li altri dui angoli conuegneranno sopra al suo corespondente, adonque seranno equali per la penultima concettione che è il proposito.

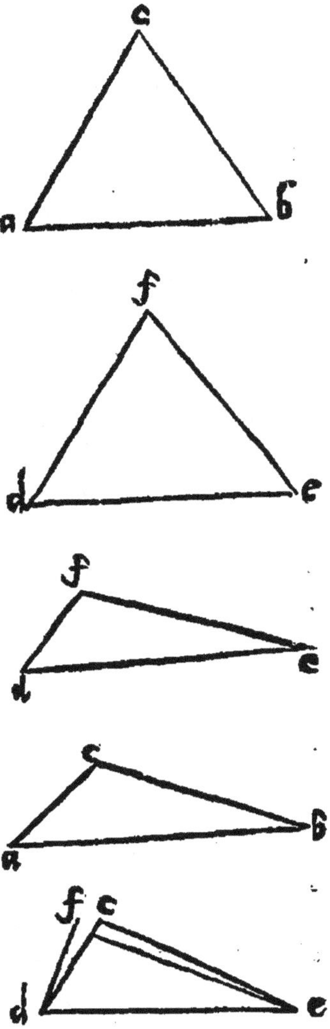

Problema.4. Propositione.9.

9 Puotemo diuidere uno dato angolo rettilineo in due parti equali.
9

Sia el dato angolo che bisogna diuidere:l'angol.a.b.c.io tagliarò dalle due linee. a.b.& .b.c. (che contengono il detto angolo) le due.b.d.& .d.e.(per la terza propositione)

sitione) fra loro equale, & si produrò la linea.d.e.sopra di laquale, costituerò il triangolo.d.f.e.equilatero (per la prima propositione) et tirarò la linea.b.f.hor dico che quella diuide il detto angolo dato in due parti equale, & per dimostrar questo io intendo li duoi triangoli.d.b.f.&.e.b.f. & perche li dui lati.b.d.&.b.f.del triangolo.d.b.f.sono equali alli duoi lati b.e.&.b.f.del triangolo.e.b.f.e la basa.d.f.alla basa.e.f.adonque (per la precedente) l'angolo.d.b.f.è equale all'angolo.e.b.f. che è il proposito.

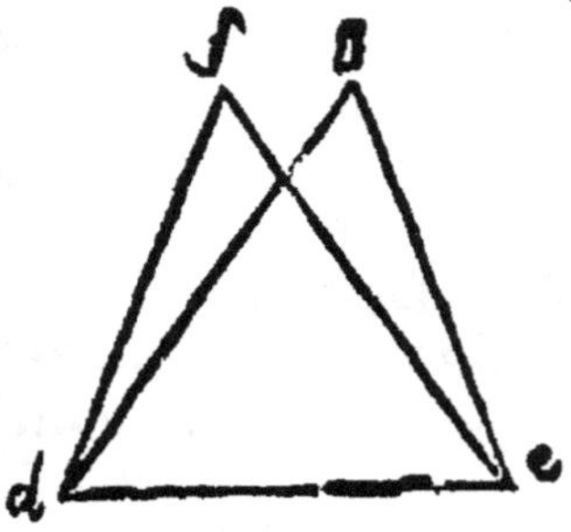

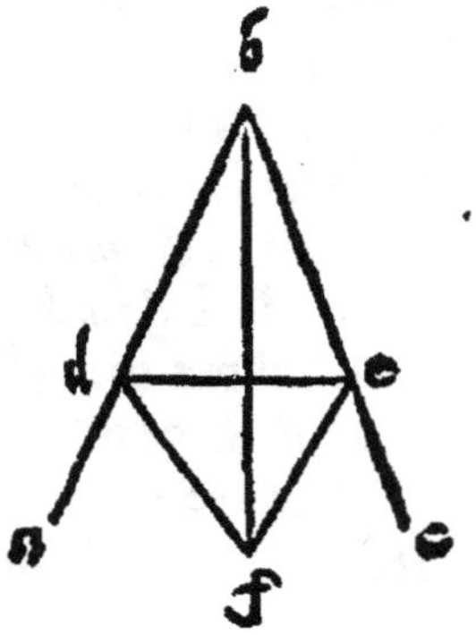

Il Tradottore.

In questa si come nella prima, bisogna notar che per diuidere simplicemente il detto angolo.a.b.c.in due parti equali, cioè non uolendo far la demostratian di tal operare nõ è necessario a disignare il triangolo.d.f.e.& manco a tirare la linea.d.e. ma basta solamente a trouar il ponto.f.per mezzo della intersecatione delle circonferentie di dui cerchi (come sopra la prima propositione fu detto) & dapoi tirare la linea.b.f.& serà esequido tal problema, & cosi aduertirai nelle altre che seguitano, perche molte cose se fa per poter far la demostratione.

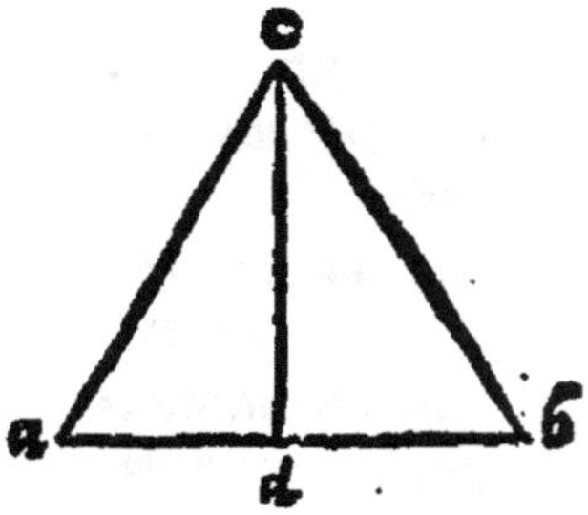

Problema.5. Propositione.10.

10 Puotemo diuidere una proposta retta linea in due parti equale.

Sia la proposta retta linea che è di bisogno diuidere in due parti equali la linea.a.b. sopra di quella costituerò il triangolo.a.b.c.equilatero, & dopo questo diuiderò l'angolo.c.in due parti equali per la dottrina della precedente con la linea.c.d.hor dico che la linea.c.d. diuide la data linea.a.b. in due parti equali in ponto.d. e per dimostrar questo intendo li dui triangoli.a.c.d.et. b.c.d. & arguisco in questo modo li dui lati.a.c.&.c.d.del triangolo.a.c.d.sono equali alli duoi lati. b.c. &. c.d.del triangolo.b.c.d. e l'angolo.c. del l'un è equal al l'angol.c.dell'altro adonque (per la quarta) la basa.a.d.serà equale alla basa, b.d. seguita adonque che la linea.a.b. sia diuisa in due parti equale nel ponto.d.che è il proposito.

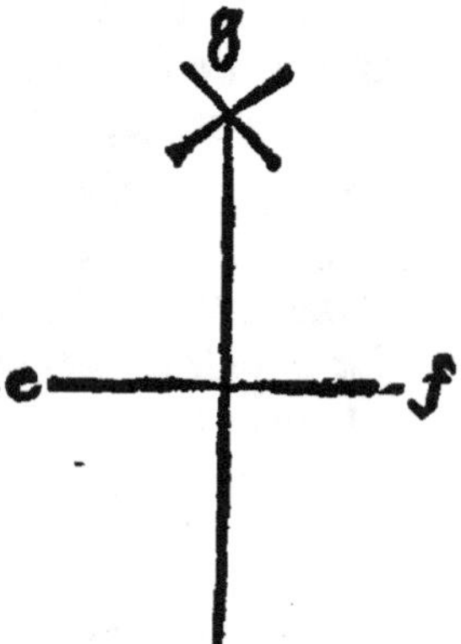

Il Tra-

Il Tradottore.

Anchora per diuidere simplicemente una data linea in due parti equale (poniamo la linea.e.f.) basta a trouar le due opposite intersecatiõe (quali sian g.e.h) di duoi cerchi che occoreno nel formar il triangolo equilatero e la linea.g.h.tirata dal l'una intersecatione all' altra farà il proposito.

Problema.6. Propositione.11.

11/11 Data una linea retta, da un ponto signato in quella potemo cauarui una perpẽdicolar sustentata dall'una è l'altra parte da dui angoli equali e retti.

Sia la data retta linea.a.b. nella qual sia dato il ponto.c. dalquale sia dibisogno tirar fora una perpendicolar. Adonque uolendo esequir tal effetto faccio la linea.b.c. equal alla linea.a.c. & sopra a tutta la.a.b.constituisco il triangolo a.b.d. equilatero: & dapoi tiro la lina.c.d.laquale dico esser perpendicolare sopra la detta linea.a.b.c.per dimostrar tal cosa intendo li dui triangoli.a,c.d.& .b.c.d.e perche li dui lati.a.c.& .c.d.del triangolo.a.c.d.sõn equali alli dui lati.c.b.et.c.d. del triangolo.b.c.d.et la basa.a.d. a la basa.b.d. adõque (p l'ottaua) l'angolo.a.c.d.serà equale all'angolo. b.c.d. per laqual cosa ciascun di loro serà retto (per la ottaua diffinitione) & la linea.d.c.serà prependicolar sopra la linea.a.b.che è il proposito.

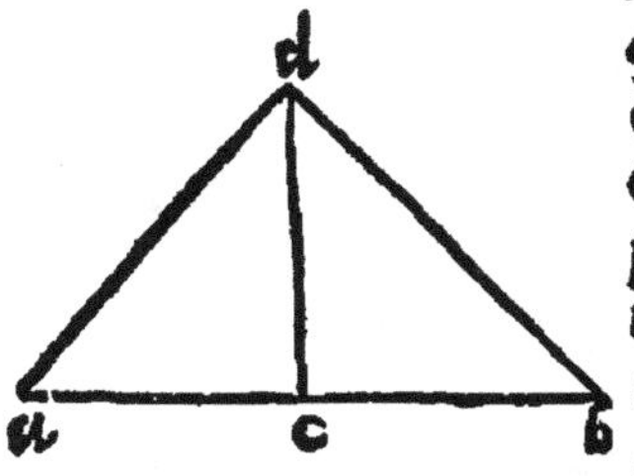

Problema. 7. Propositione. 12.

12/12 Puotemo condurre una perpendicolare a una data retta linea de indefinita quantità:da uno ponto signato fora di quella.

Interlasata dal cardano cautamẽte.

Sia il põto.a.signato fora della linea.b.c. dalqual bisogni condure una perpẽdicolare alla detta linea.b.c.adõque per esequir tal cosa allongarò la linea a.b.c. in l'una è l'altra parte quanto bisogna, & sopra al ponto.a. descriuerò un cerchio di tal grandezza che seghi la detta linea.a.c. in dui ponti ilqual pongo sia il cerchio.d.e. f.g. ilquale seghi la linea.b.c.nelli dui ponti.d. & .f.dapoi congiongerò il ponto.a.con li dui ponti.d.& .f.con le due linee.a.d. & .a.f.& dapoi diuiderò l'angolo.d.a.f. in due parti quali con la linea.a.h. (per la nona propositione) hor dico che la linea. a. h. e perpendicolare sopra la linea.b.c. & per dimostrar questo intendo li duoi triangoli.a.d.h.& .a.f.h. & perche li duoi lati:a.d.& .a.h.del triangolo.a.d. h.sono equali alli duoi lati.a.f. & .a.h. del triangolo.a.f.h. perche le due linee.a.d. & .a.f.

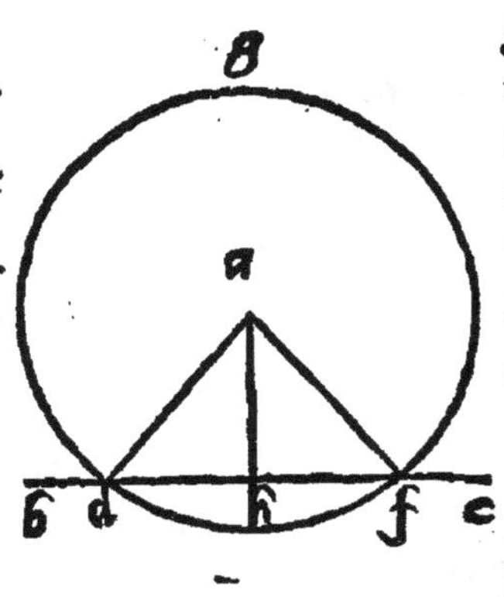

& .a.f. uengono dal centro alla circonferentia, lo lato.a.b.è cõmune ad ambiduoi, e l'angolo.a.dell'uno è equale all'angolo.a.dell'altro, & per la quarta propositione, la basa.d.b.serà equale alla basa.b.f.& l'angolo.a.b.d.all'angolo.a.b.f.per laqual cosa l'uno & l'altro serà retto, per la ottaua diffinitione, & per la nona, la linea.a. b.serà perpendicolare sopra la linea.b.c.che è il proposito.

Theorema.6. Propositione.13.

13/13 Li duoi angoli constituidi de ogni linea retta, che stia sopra a una linea retta, ouero che sono retti, ouero che son equali a duoi angoli retti.

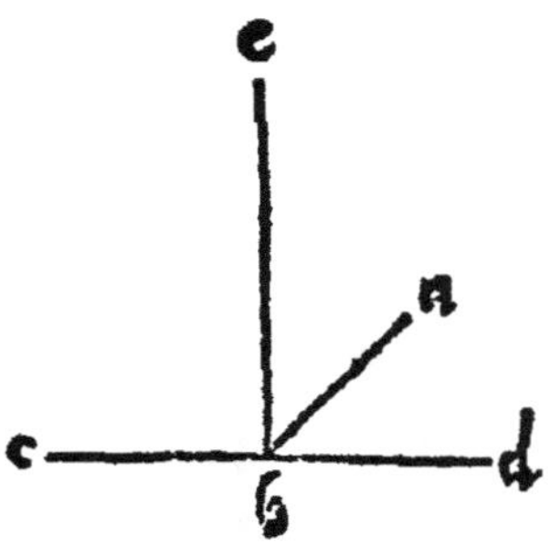

Sia che la linea.a.b.stia sopra alla linea.c.d.dico che li duoi angoli constituidi dalla detta linea.a.b.con la linea.c.d.ouer che sono ambiduoi retti.ouer che son equali a duoi angoli retti, liquali angoli l'uno è l'angolo.a.b. d.& l'altro è l'angolo.a.b.c.& per dimostrar questo arguirò in questo modo. Ouer che la linea.a.b.serà perpendicolare sopra la.c.d.ouer non: se la serà perpendicolare sopra la detta linea.c.d. constituerà duoi angoli equali è retti: per lo conuerso modo della ottaua diffinitione, che è il primo proposito. Ma se la non serà perpendicolare, ma che quella sia declināte sopra quella, poniamo uerso.d.all'hora la detta linea.a.b.constituerà duoi angoli, l'uno di quali serà acuto, cioè l'angolo.a.b.d. et l'altro serà ottuso cioè l'angolo. a.b.c.hor dico che questi duoi angoli insieme sono equali a duoi angoli retti, & per dimostrar questo, dal ponto.b.condurò la perpendicolare.b.e.per l'undecima propositione, sopra la linea.c.d. dellaquale li duoi angoli.e.b.c.& .e.b.d.sono retti, per lo conuerso modo della ottaua diffinitione, adonque perche li duoi angoli.d.b.a.et.a.b. e.se equaliano all'angolo.d.b.e. ilqual è retto, giontoli anchora l'angolo.c.b.e.che è retto, tutti tre seranno equali a duoi angoli retti, perche li duoi, cioe.d.b.a. et.a.b.e. sono equali all'angolo.d.b.e. che è retto: il terzo, cioe l'angolo.e.b.c.da si è retto, però tutti tre sono equali a duoi retti, ma l'angolo.a.b.c.ottuso è equale a duoi di quelli tre angoli, cioe all'angolo.c.b.e. che è retto etiam all'angolo. e.b. a. adonque li duoi angoli.a.b.c.& .a.b.d.sono equali a duoi angoli retti, che è il proposito. Et nota che per questa propositione si manifesta che tutto il spacio che circonda un ponto, in qual si uoglia superficie piana, sempre quello serà equale a quattro angoli retti.

Theorema.7. Propositione.14.

14/14 Se da uno ponto de una linea retta usciranno due linee rette in diuerse parti, & farà li duoi angoli attorno in se retti, ouero equali a duoi angoli retti, quelle due linee fra loro sono congionte direttamente, & sono una sol linea.

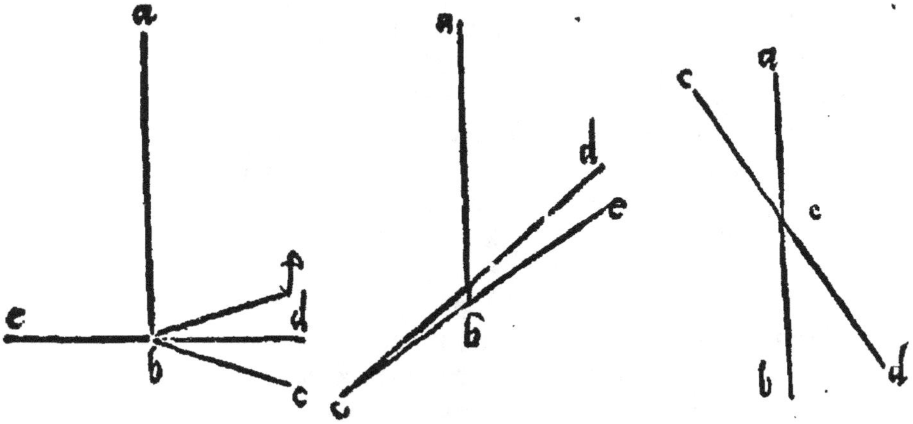

Sia la linea retta,a,b, & , dal ponto, b, usciano due linee rette in parte opposite , et l'una sia la linea.b.c. & dall'altra parte opposita, sia, la linea.b.d. lequal linee feciano li duoi angoli , liquali son,c,b,a,& ,d,b,a, equali a duoi angoli retti. hor dico che le due linee.c.b.&.d.b.sono congionte direttamente l'una & l'altra & sono una sol linea,laqual è la linea.c.b.d.& se la non serà una sol linea,per l'auersario , sia protratta la linea,c,b,in continuo & diretto, & per non esser una linea con la linea,b,d,transirà ouer di sopra della detta linea.b.d.come fa la,b,f, ouer di sotto come fa la.b.e. Adonque perche sopra della linea,c,b,f,gli cade la linea.a.b. li duoi angoli.a.b.c.&.a.b.f. per la precedente seran equali a duoi angoli retti , & perche li angoli retti sono equali fra loro , per la quarta petitione , anchora li duoi angoli.c.b.a. & .d.b.a.son equali a duoi angoli retti,dal presupposito, perilche li duoi angoli,a,b,c,&,a,b,f, seran equali alli duoi angoli,c,b,a,&,d,b,a, adonque cauando communemente l'angolo,c,b,a,li duoi rimanenti,per la terza cō cettione,seranno fra loro equali,cioè l'angolo.d.b.a.seria equal all'angolo,f,b,a laqual cosa è impossibile che la parte sia equale al tutto , & per la medesima uia tu approuerai,la linea.c.b.protratta per fina in.e.che l'angolo.a.b.d.serà equal all'an golo,a,b,e, che è pur impossibile,per laqual cosa serà constretto l'auersario a confir mare che protratta la linea,c,b,caderà precise in la linea,b,d,et la linea,c,b,d , esser nna sol linea, e non due,che è il proposito.

15/15

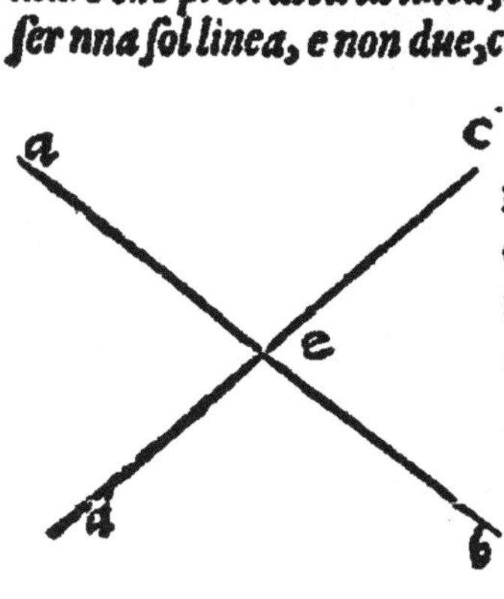

Theorema.8. Propositione.15.

Tutti li angoli cōtrapositi de ogni due linee rette che si seghino,fra loro sono equali , perilche eglie manifesto che quando due linee rette si seghino fra loro , li quattro angoli che fanno essere equali a quattro angoli retti .

Siano le due linee rette.a.b.&.c.d.lequali se seghino fra loro in ponto.e. Dico che l'angolo. d.e.b. è equal all'angolo.a.e.c.et l'angolo.b.e.c.è equal all'angolo. d. e.a.perche li duoi angoli.e.c.&.c.e.b.,son equali a duoi angoli

angoli retti, per la tertiadecima propositione, & similmente li duoi angoli. c. e. b. & d. e. b. sono pur equali a duoi angoli retti, per la medesima propositione. Adonque li duoi angoli. a. e. c. & . c. e. b. sono equali alli duoi angoli. c. e. b. & b. e. d. perche cosi li duoi primi come li duoi secondi sono equali a duoi angoli retti: hor se communamente leuaremo, cosi alli duoi primi come alli duoi secondi, l'angolo, c, e, b, li duoi rimanenti, che son li duoi angoli. a. e. c. & . b. e. d. seranno fra lor equali, per la tertiadecima concettione, & per lo medesimo modo se approua l'angolo. c. e. b. esser equale al l'angolo. d. e. a. che è il proposito.

Theorema. 9. Propositione. 16.

16/16 Essendo protratto direttamente un lato d'un triangolo, qual ne pare, quel farà l'angolo estrinsico maggiore dell'uno e dell'altro angolo intrinsico del triangolo a se opposito.

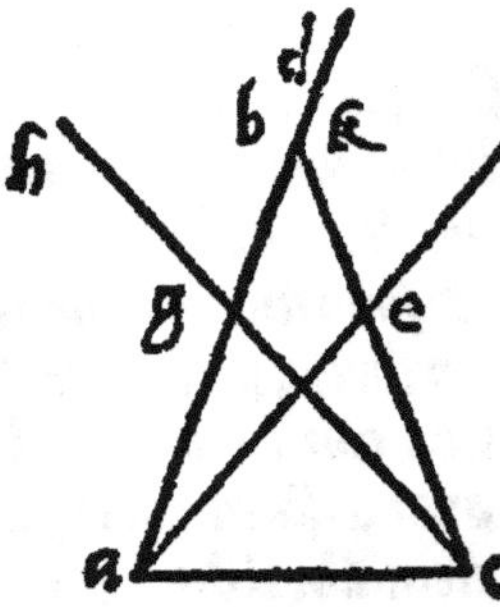

Sia che 'l triangolo. a. b. c. sia protratto el lato. a. b. per fina in d. Dico che l'angolo. d. b. c. è maggiore di l'uno & dell'altro di duoi angoli di dentro del triangolo a lui oppositi, delliquali l'un è l'angolo. b. a. c. e l'altro è l'angolo. b. c. a. & per dimostrar questo io diuiderò il lato. c. b. in due parti equali, per la dottrina della decima, in ponto. e. & protrarò la linea. a. e. per fin al ponto. f. talmente che la. f. e. sia equale alla. a. e. poi tirarò la linea. f. b. & fatto questo io intendo li duoi triangoli. c. e. a. & . b. e. f. & perche li duoi lati. a. e. & . e. c. del triangolo. a. e. c. sono equali alli duoi lati. f. e. & . e. b. del triangolo. f. e. b. & l'angolo. e. dell'uno si è equale all'angolo. e. dell'altro, per la precedente propositione, perche sono angoli contrapositi, & per la quarta propositione, l'angolo. e. c. a. serà equale all'angolo. e. b. f. e per tanto l'angolo. e. b. d. qual è maggiore dell'angolo. e. b. f. sua parte, serà etiam maggiore dell'angolo. a. c. e. per esser l'angolo. a. c. e. equal al. e. b. f. sua parte, & cosi hauemo dimostrato come l'angolo. c. b. d. de fuora del triangolo è maggiore dell'angolo. a. c. b. di dentro del triangolo a lui opposito. Similmente anchora se approua che lui è maggior dell'angolo. c. a. b. Perche diuiderò il lato. a. b. in due parti equale nel ponto. g. per la decima propositione, & protrarrò la linea. c. g. per fin in h. talmente che la. g. h. sia equale alla. g. c. per la tertia propositione, dapoi protrarrò la. h. b. k. poi intendo li duoi triangoli. a. c. g. & . g. b. h. che li duoi lati. a. g. & g. c. del triangolo. a. g. c. sono equali alli duoi lati. g. b. & . g. h. del triangolo. g. b. h. & l'angolo. g. dell'uno è equale all'angolo. g. dell'altro, per la precedente propositione, & per la quarta propositione, l'angolo. g. a. c. è equale all'angolo. g. b. h. hor perche l'angolo. k. b. d. è equale all'angolo contraposito. g. b. h. per la precedente propositione, serà etiam equale all'angolo. c. a. g. per la prima concettione, & perche l'angolo. c. b. d. è maggiore dell'angolo k. b. d. sua parte, serà etiã maggiore dell'angolo. g. a. c. a quello equale, che è il proposito.

Il Tradottore.

Bisogna aduertir che la linea. h. b. ptratta uerso. f. de necessità passa sopra alla linea b,f. perilche la linea,b,k, nõ se discerne dalla linea,b,f, per esser in quella medesima.

Theorema. 10. Propositione. 17.

17/17 Duoi angoli di ogni triangolo (tolti come si uoglia) sono minori de duoi angoli retti.

Sia il triangolo. a.b.c. Dico che qualunque duoi angoli di quello sono minori de duoi angoli retti, pche essendo protratto un lato di quello, come seria il lato,b,c, per fina al d. per la precedente, l'angolo,c, estrinsico seria maggiore del angolo a, etiam maggiore dell'angolo,b, ma l'angolo,c, estrinsico insieme con l'angolo,c, intrinsico sono equali a duoi angoli retti, per la tertiadecima. Adunque li duoi angoli,b, &,c, intrinsici seranno minori de duoi angoli retti, & similmente l'angolo.a. insieme cõ l'angolo. c.(intrinsico) seranno pur minori di duoi angoli retti, perche all'angolo,c, intrinsico uolendo equaliare a duoi angoli retti bisognaria accõpagnarlo con un'altro angolo che fusse equale all'angolo,a,c,d, estrinsico, dilche alcun di quelli duoi intrinsici (a lui oppositi) cioe a, & b, non sono sufficienti, per esser ciascun di loro minori del detto angolo,a,c,d, estrinsico. Similmente se'l serà protratto il lato,b,a, per il medesimo modo el si approuerà che li duoi angoli,a, &, b, sono minori de duoi angoli retti, che è il proposito.

Per la pced. Per la 13.

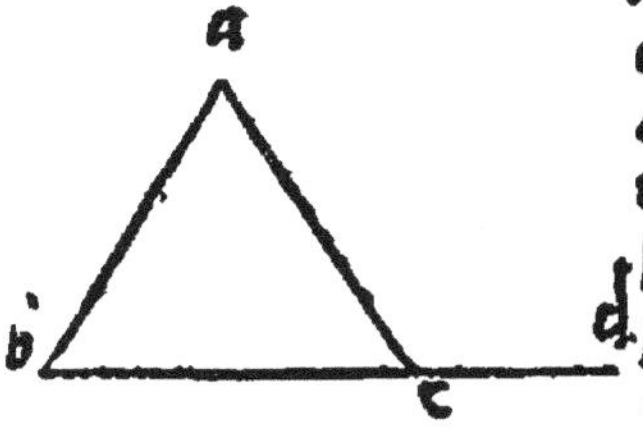

Theorema. 11. Propositione. 18.

18/18 Il lato piu longo de ogni triangolo è opposito al maggior angolo.

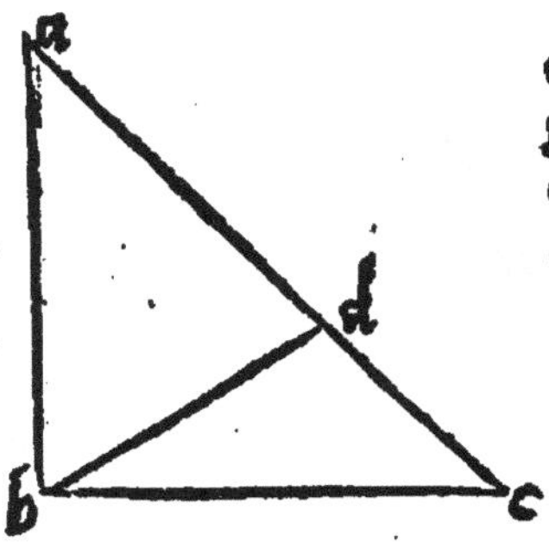

Per la 3. Per la 16. Per la 5.

Sia come in lo triangolo,a,b,c, ilquale ha il lato, a, c, maggiore del lato,a,b. Dico che l'angolo,a,b,c, è maggiore dell'angolo,b,c,a. Perche il lato,a,c, è maggiore del lato,a,b, della parte uerso,a, ne segaremo una parte equale al,a,b, per la tertia propositione, qual sia la, a,d, et produrrò la linea,b,d,(per la prima petitione.) Ma perche l'angolo,a,d,b, estrinsico del triangolo,b,d,c, per la sestadecima propositione, è maggior dell'angolo, b,c,d, intrinsico a lui opposito, & l'angolo,a,d,b, è equale all'angolo, a,b,d, per la quinta propositione, perche il lato,a,d, fu posto equale al lato,a,b. Adonque l'angolo,a,b,d, serà anchora lui maggiore del detto angolo,c, dilche se l'angolo,a,b,d, (per se solo) è maggior del c, molto piu tutto l'angolo,a,b,c, serà maggior del detto angolo,c, che è il nostro proposito. Anchora, perche il lato,a,b, è maggiore del lato,b, c, per lo modo dato di sopra, se potrà prouar che l'angolo,b,c,a, è maggior dell'angolo,b,a,c.

Theorema. 12. Propositione. 19.

19/19 Il maggior angolo de ogni triangolo, e opposito al piu longo lato.

Sia il triangolo,a,b,c, hauente l'angolo,a, b, c, maggior dell'angolo,b,c,a. Dico che il lato,a,c, è maggior del lato, a, b. Perche se'l detto lato, a, c, non è maggior del lato,a, b, per l'auersario, l'è necessario che'l sia adonque ouer equal a lui,

ouer

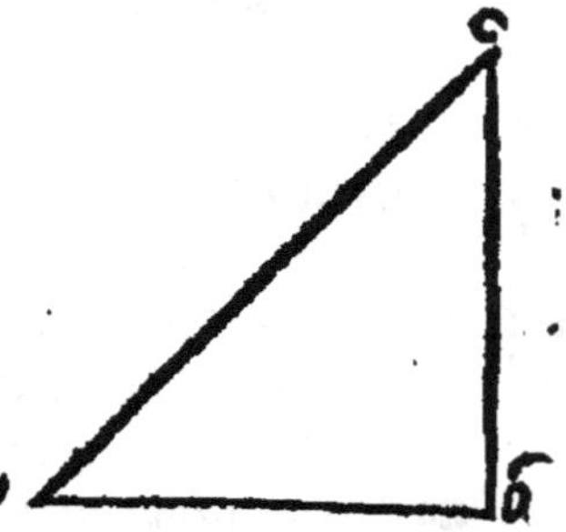

ouer minor di lui, se eglie equale a lui l'angolo, a, c, b, seria equale all'angolo, c, b, a, per la quinta propositione, che seria contra il presupposito nostro, ilqual fu che l'angolo, a, b, c, fusse maggior dell'angolo, b, c, a. Adonque lo lato, a, c, non puo esser equale al lato, a, b, Dico anchora che'l non puo esser minore, perche se'l lato a, c, fusse minore del lato, a, b, l'āgolo, a, b, c, seria minor dell'angolo, a, c, b, (per la precedende) che seria molto contrario al nostro presupposito, ilqual fu che l'angolo a, b, c, fusse maggiore dell'angolo, a, c, b. Adonque sel lato, a, c, non puo esser ne equale ne minore del lato, a, b, l'è necessario che'l sia maggiore, che è il proposito.

Theorema. 13. Propositione. 20.

20/20 Duoi lati di ogni triangolo (tolti come si uoglia) gionti insieme sono piu longhi del restante lato.

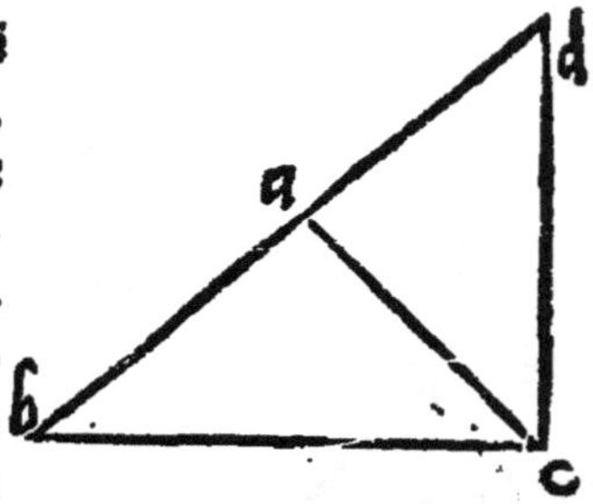

Sia il triangolo, a, b, c. Dico che li duoi lati, a, b, &, a, c, gionti insieme sono piu longhi del lato, b, c, & per dimostrar questo, sia protratto la linea, b, a, per una in, d, talmēte che la, a, d, sia equale alla, a, c, poi sia tirata la linea, c, d, Et per la quinta, l'angolo, a, c, d, serà equale all'angolo, d, & perche tutto l'angolo, b, c, d, è maggiore dell'angolo, a, c, d, (sua parte) serà etiam maggiore dell'angolo, d, Adonque, per la decimanona propositione, il lato, b, d, serà maggiore del lato, b, c, Ma il lato, b, d, è equale alli duoi lati, a, b, &, a, c, per laqual li duoi lati, a, b, &, a, c. gionti insieme sono maggiori del lato, b, c, che è il proposito.

Theorema. 14. Propositione. 21.

21/21 Se dalli duoi ponti terminanti un lato d'un triangolo usciranno due linee rette, & che quelle si congiongano in un ponto che sia di dentro del triangolo, quelle medeme due linee certamente seranno piu breue delle altre due linee del triangolo, e conteniranno maggior angolo.

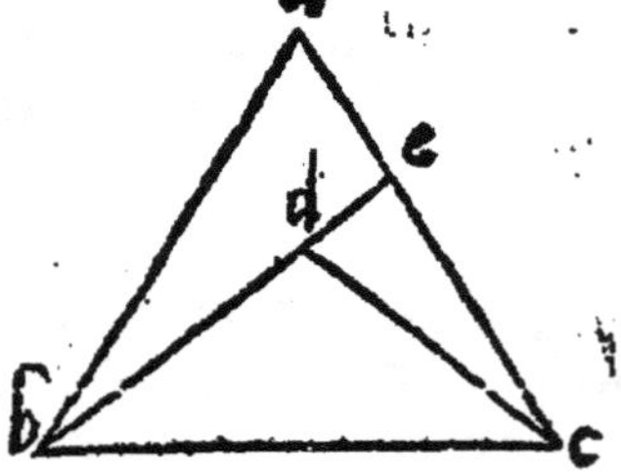

Sia come in questo triangolo, a, b, c, che dalle due estremità del lato, b, c, uscíscano le due linee, b, d, et, c, d, lequale concorrano de dentro del triangolo a, b, c, nel ponto, d, dico che le dette due linee, b, d, &, c, d, insieme gionti sono piu corte che le due linee, b, a, &, c, a, (lati del triangolo, a, b, c,) insieme gionti. Et che l'angolo, b, d, c, cōtenuto da quelle è maggiore dell'angolo b, a, c, cōtenuto dalli predetti duoi lati, & per dimostrar questo slōgarò il lato, b, d, p fin che seghi il lato, a, c, in pōto. e, hor dico che li duoi lati, a, b, e, et a, e, del triāgolo. a, b, e,

gionti insieme sono maggiori del lato.b.e.per la uigesima propositione, & giongendoui equalmente la parte, ouero linea.e.c.li duoi lati.a.b.& .a.c.seranno maggiori insieme gionti delli duoi lati.b.e. & .e.c.(per la quinta concettione) laqualcosa serba in mente, poi perche li duoi lati.d.e.& .e.c.del triangolo.c.d.e.gionti insieme sono maggiori del lato.d.c.(per la medesima uigesima propositione)giontogli communemente la linea.d.b.li duoi lati.b.e.& , e.c.serauno anchora maggiori delli duoi lati.b.d.& .d.c.(per la quinta concettione)donde se li duoi lati.b.e.& .e.c.sono maggiori delle due linee protratte.b.d.& .d.c. & che li duoi lati.a.b.& .a.c.sono maggiori delli ditti duoi lati.b.e.& .e.c,(come di sopra fu approuato, quando dissi,serba in mente)tanto maggiormente seranno maggiori delle dette due linee protratte.b.d.& .d.c.che è il proposito. Ma,perche l'angolo.b.d.c.e maggiore dell'angolo,d.e.c.(per la sestadecima propositione) & l'angolo.d.e.c.per la medesima decimasesta propositione, è maggior dell'angolo.e.a.b.adonque molto maggior serà l'angolo.b.d.c.del ditto angolo.b.a.c.che è il secondo proposito.

Problema.8. Propositione.22.

22/22 Proposte tre linee rette, dellequalli le due, quale si uogliano, gionte insieme sieno piu longhe dell'altra, puotemo,con altre tre linee,a quelle equale constituire un triangolo.

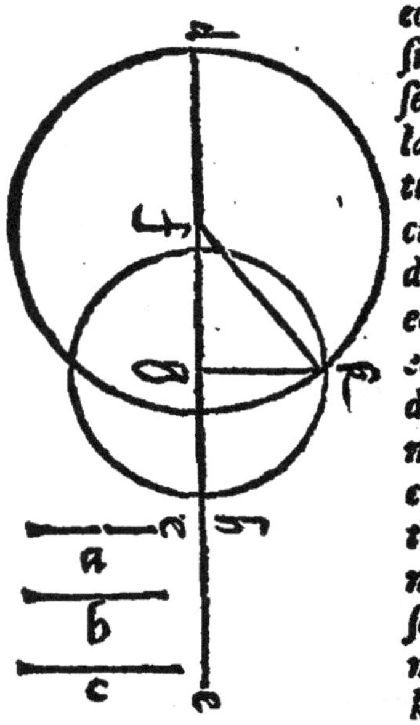

Siano le tre proposte linee.a.b.c.lequale siano cosi conditionate,che due,quale si uoglia di quelle,gionte insieme siano maggiore dell'altra, perche altramente nõ se potria di tre equale a quelle constituir triangolo (per la uigesima propositione.) adonque quando uorro cõstituir un triangolo di tre linee equale alle tre predette,facio la linea.d.e.allaquale dalla parte.e.non gli pono fin determinato,& dalla parte del.d.ne sego la parte.d.f. equale alla linea.c.(per la tertia propositione) & .f.g. equal al.b.& .g.h.equal al.a.& fatto il põto,f.centro descriuo il cerchio.d.K.secondo la quantità.f.d.et similmente fatto.g.cẽtro descriuo il cerchio.h.k,liquali duoi cerchi se intersegono in duoi ponti, l'uno di quelli è il põto.k.altramente seguiria che l'una delle tre linee seria maggiore,ouer equale alle altre due giõte insieme, che seria contra il presupposito.hor dal ponto.k,tiro la linea.K.f.& la linea.K.g.et serà costituido,il triangolo. k.f.g.de tre linee equale alle tre proposite.a.b.c.perche le due linee.f.d.& .f.k.sono equale, perche ambedue uanno dal centro alla circonferẽtia del cerchio.d.k,e. perche la linea.c.è equale alla.d.f. per la prima concettione,serà etiam equale alla.f,k, lato del triangolo,similmente,g,h,& .g.k.sono equale,perche uanno dal centro alla circonferentia del cerchio.h.k.& .g.h.fu posto equale alla linea.a.adonque.g.k.serà equale alla linea.a.per la detta prima commune sententia,

ſententia, ouero concettione, & perche, f, g, fu tolto equale alla linea, b, adonque li tre lati del triangolo, f, g, k, ſono equali alle tre date linee, a, b, c, che è il propoſito.

Problema. 9. Propoſitione. 23.

23/23 Data una linea retta, ſopra un termine di quella, potemo deſignare un angolo rettilineo equale a qualunque angolo rettilineo propoſto.

Sia data la linea, f, e, che è in la figura ſuperiore, & ſiano le due linee che contengono il dato angolo, a, & b, ſotto alqual angolo tirarò la baſa, c, deſiderando io di fare ſopra il ponto, f, della linea, e, f, uno angolo equale all'angolo dato. Agiongo alla linea, e, f, la linea, f, d, equale alla, a, & dalla linea, f, e, ſego, ouer aſſegno, f, g, equale alla, b, & dalla, g, e, aſſegno etiam la, g, h, equale alla baſa, c, & ſopra li duoi ponti, f, & g, deſcriuo li duoi cerchi, d, k, & k, h, ſecondo la quantità delle due linee, f, d, & g, h, liquali ſe interſeghano fra loro in ponto. K. ſi come moſtra la precedente, e dutte le linee, K, f, & k, g, ſeranno li duoi lati, k, f, & f, g, del triangolo, K, f, g, equali alli duoi lati, a, & b, del triangolo, a, b, c, & la baſa, g, K, equale alla baſa, c, Adonque, per la ottaua l'angolo, k, f, g, ſerà equale all'angolo contenuto dalle due linee, a, & b, che è il propoſito.

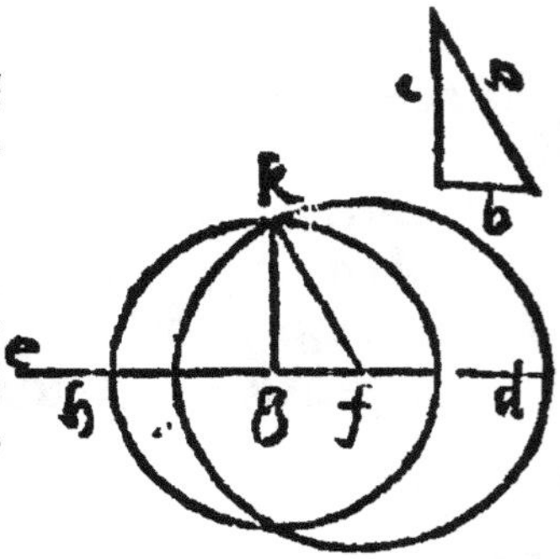

Theorema. 15. Propoſitione. 24.

24/24 De ogni duoi triangoli, di quali li duoi lati dell'uno ſeranno equali alli duoi lati dell'altro ſe l'uno di duoi angoli contenuti ſotto di quelli lati equali, ſerà maggiore dell'altro, Anchora la baſa del medeſimo ſerà maggiore della baſa dell'altro.

Siano li duoi triangoli, a, b, c, & d, e, f, & ſiano li duoi lati, a, b, & a, c, equali alli duoi lati, d, e, d, f, cioè ciaſcun al ſuo relatiuo, a, b, al, d, e, & a, c, al, d, f, & ſia l'angolo, a, maggior dell'angolo, e, d, f, Dico che la baſa, b, c, ſerà maggiore della baſa, e, f, & per dimoſtrar queſto farò l'angolo, e, d, g, per la dottrina della precedente equale all'angolo. a. (delqual l'angolo, e, d, f, ueraa eſſer ſua parte, per eſſer minor di lui) e ponerò, d, g, equal al, a, c, ouer, d, f, e tirarò la linea, e, g, laqual tranſirà di ſopra della linea, e, f, ſegando la linea. d. f. ouer ſopra la medema linea, e, f, facēdo con quella una medeſima linea, ouer di ſotto di quella, hor poniamo primamente che la tranſiſca di ſopra la, e, f, ſegando la linea, d, f, (come appar nella prima figura) tirarò la linea, f, g, e ſerà coſtituito il triangolo, d, f, g, de duoi lati equali, perche ciaſcun di quelli è equal al lato, a, c, dilche l'angolo, d, f, g, ſerà equale all'angolo, d, g, f, per la quinta propoſitione, per laqual coſa l'angolo, d, f, g, ſerà maggior dell'angolo, e, g, f, parte dell'angolo,

Pe
ce

d,g,f, a lui equale, delche se l'angolo.d.f.g. da si è maggior dell'angolo,e,g,f, molto piu maggior serà tutto l'angolo e.f.g.del ditto angolo,e,g, f.donde seguita che'l lato.e,g, sia maggior del lato.e,f, per la decimanona propositione, hor dico che'l lato, e.g. si è equale alla basa.b.c.perche li duoi lati.a.b. & a.c.del triangolo,a,b,c, sono equali alli duoi lati,d,e, & ,d,g, del triangolo,d,e,g, & l'angolo, e,d,g, fu posto equale all'angolo,b,a, c, onde, per la quarta propositione, la basa,e,g, serà equale alla basa,b,c, per laqual cosa se la.e.g.è maggiore alla,e, f, etiam la,b,c, a quella equale, serà maggiore della detta,e,f, che è il proposito.

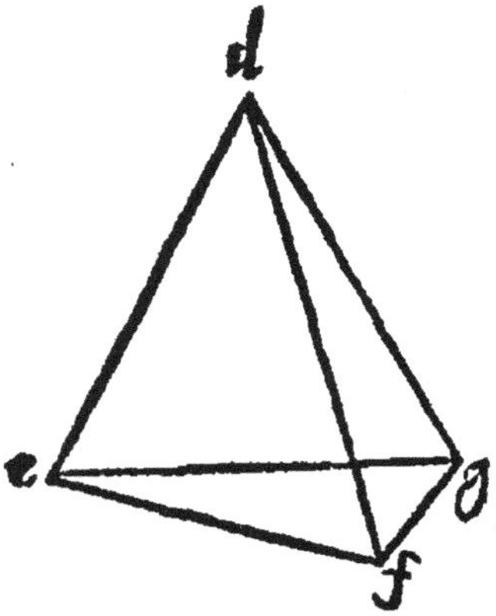

Ma se la, e,g, transirà sopra la medesima linea, e, f, (come in questa altra seconda figura appare) e siano insieme una medesima linea allhora la,e,f, serà parte della e,g, adonque, per la ultima concettione, la,e,f, serà minor del e,g, che è il proposito. Ma se la,e,g, transisse di sotto della,e,f, (come in questa altra figura appare) siano slongate le due linee. d,f, & ,d, g, (lequal sono equale) fina in K, & h, & per la seconda parte della quinta propositione, li duoi angoli che sono sotto alla basa,f,g, seranno equali, cioe lo angolo.K,f,g, serà equale all'angolo,f,g,h, del che tutto l'angolo,e,f,g, serà maggior del detto angolo,f,g,h, ma se l'angolo,e,f,g, è maggior del ditto, f, g, h, molto piu maggiore sera dell'angolo,f,g,e, parte di quello, adonque, per la decimaottaua propositione, il lato,e, g, serà maggior dell'ato, e, f. & per consequens, b,c, serà maggior de,e,f, che è il proposito.

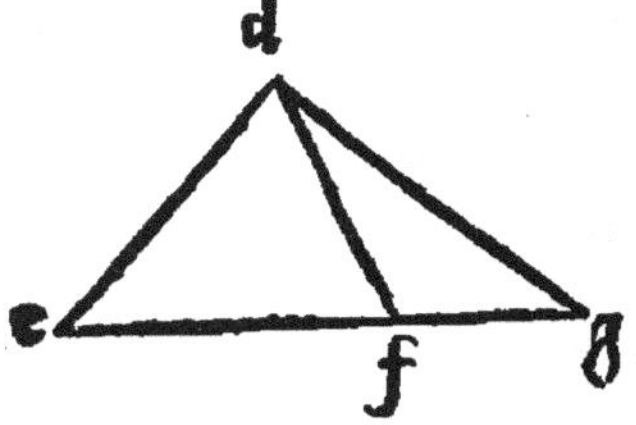

Questo ultimo membro si puoteua anchora prouare per la uigesimaprima, perche per quella in la dispositione della terza figura, le due linee.d,g, & ,e,g, seranno maggiora delle due linee.d.f. & .f. e. & perche la d.g.è equale alla, d,f, (per questo che ambedue sono equale alla,a,c,) serà la,g,e, maggiore della,e,f, per la qual cosa etiam la,b,c, serà maggiore della medesima, e, f, che è il proposito, tamen è meglio dimostrar per il primo modo, accioche in ogni disspositione sia arguito per la quinta.

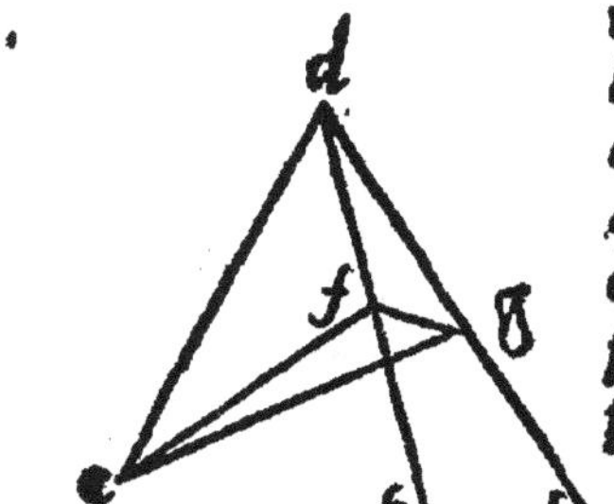

Theorema. 16. Propositione. 25.

25/25 D'ogni dui triangoli, di quali li dui lati dell'un siano equali alli duoi lati dall'altro, & che la basa dell'uno sia maggiore della basa dell'altro. Anchora l'angolo contenuto da quelli lati equali del detto triangolo (che ha la basa maggiore) serà maggior dell'angolo dell'altro triangolo contenuto delli medesimi lati.

Siano li duoi triangoli, a, b, c, & d, e, f, et siano li duoi lati, a, b, & , a, c, del primo equali

equali alli duoi lati,d,e,& ,d,f,del secondo,cioe ciascuno allo suo relatiuo, & sia la basa,b,c,maggiore della basa,e,f,dico che lo angolo a,serà maggiore dell'angolo d. questa è il conuerso della precedente, laqual cosa se dimostrerà in questo modo. Se l'angolo,a, non è maggiore, per l'aduersario, dell'angolo,d, serà adonque equale, ouer minor di lui, equale non puo essere,perche se cosi fusse,per la quarta,la basa,b,c,seria equale alla basa,e,f, che seria contra il presupposito, Ma dico che anchora el non puo essere minore, perche se l'angolo,a,fusse minore dell'angolo, d, la basa,b,c, seria, per la precedente,minor della basa,e.f. che seria molto contra il presupposito, adunque non possendo l'angolo, a, esser ne equale ne minor dell'angolo, d.glie necessario che sia maggiore,che è il proposito.

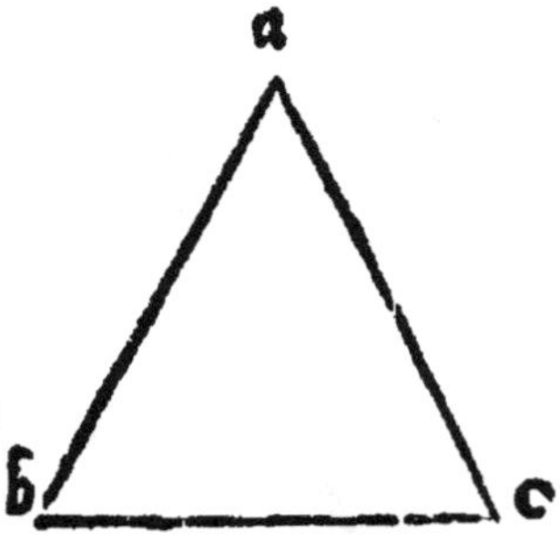

Theorema.17. Propositione.26.

26/26 De ogni duoi triangoli di quali li duoi angoli di l'uno seranō equali à duoi angoli di l'altro ciascuno al suo relatiuo,anchora che un lato dell'uno sia equale à un lato dell'altro, ò sia quel tal lato fra li duoi angoli equali oueramē te opposito à uno de quelli,anchora li duoi restanti lati di l'uno seranno equali alli duoi restanti lati dell'altro,ciascuno al suo risguardante,ouer relatiuo,& similmente l'altro angolo di l'uno serà equale à l'altro angolo dell'altro.

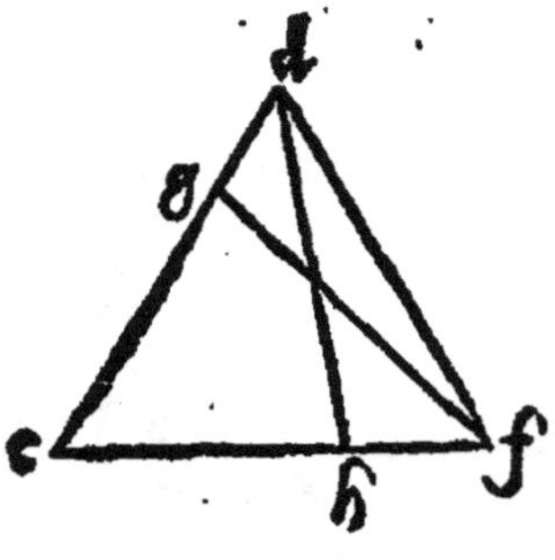

Siano li duoi triangoli,a.b,c,& ,d,e,f,& sia l'angolo,b,equale allo angolo,e,& l'angolo.c.equal all'angolo,f, & sia el lato,b,c,equale al lato,e,f,ouer l'uno delli altri duoi lati, a,b,& a,c, sia equal a uno delli altri duoi lati,d,e,et,d,f,cioe uno di loro al suo relatiuo, cioe che,a,b,sia equale al d,e,ouer,a, c,al,d,f. Dico che li altri duoi lati dell'uno seranno equali alli altri duoi lati dell'altro, & l'altro angolo dell'uno serà equal all'altro angolo dell'altro,cioe l'angolo,a, serà equale all'angolo,d. Ponerò adunque primamente che lo lato, b,c, (sopra delquale giaceno li duoi angoli,b,c,) sia equale al lato, e, f, sopra del quale giaceno li duoi angoli,e,f,liquali sono stati posti equali alli detti duoi angoli,b.c.hor dico che'l lato,a,b,serà equale al lato,d,e,il lato,a,c,al lato,d,f.& l'angolo,a, al l'āgolo.d.Perche,se possibil sia per l'aduersario,che'l lato,a,b,nō sia equale al lato d,e,l'uno di q̄lli serà adonque maggior,hor poniamo che'l lato,d,e,sia maggiore del lato,a,b,io segarò del lato,d,e,la parte,g,e, equali al lato,a,b,per la tertia propositione,e p̄durò la linea,g,f,li duoi lati adōque,e,g,et,e,f,del triāgolo,e,g,f, son equali duoi

li duoi lati.a.b. & .b.c. del triangolo.a.b.c. & l'angolo.a.b.c.è equale all'angolo g.e.f.dal prosupposito, per laqual cosa l'angolo.g.f.e.seria equale all'angolo.a.c. b. per la quarta propositione, & perche l'angolo.d.f.e.si è anchora lui equale al ditto angolo.a.c.b.dal prosupposito per la prima concettione, serà etiam equale all'angolo.g.f.e. sua parte, che è impossibile, per l'ultima concettione, adonque.d.e.serà equale al.a.b. per la quarta propositione, il lato.d.f.sera etiam equale al lato.a.c. & l'angolo.d.all'angolo.a.serà equale, che è il primo membro della diuision proposita, Sia anchora li duoi angoli.b. & .c.equali alli duoi angoli.e.f.come prima, & sia lo lato.a.b.ilquale è opposito all'angolo.c.equale al lato.d.e.ilqual è opposito all'angolo.f.ilqual è posto equale all'angolo.c.dico che lato.b.c.serà equal al lato.e.f.& il lato.a.c.al lato.d.f. & l'angolo.a.all'angolo.d. & sel lato.e.f. non fusse equale al lato.b.c. per l'aduersario l'uno di loro serà maggior dell'altro.sia adonque.e.f.maggior del.b.c.e per tanto ponerò.e.h. equale al.b.c.per la tertia propositione, & produrò la linea.d.h. & serà constituido il triangolo.d.e.h. che li duoi lati.e.d.& .e.h. son equali alli duoi lati.b.c.& .b.a. del triangolo.a.b.c.e.l'angolo.e. si è equale al- l'angolo.b. dal presupposito, dilche l'angolo.e.h.d.serià equale a l'angolo.b.c.a. per la quarta propositione, e langolo.f.per esser equale anchora all'angolo.c.serà etiam equale all'angolo.e.h.d.per la prima concettione, laqual cosa è impossibile, per la sestadecima propositione, che l'angolo.e.h.d.estrinsico del triangolo.d.h.f.sia equale allo angolo.h.f.d.intrinsico, & opposito, adonque il lato.e.f.serà equale al lato.b.c. & similmente, per la quarta propositione, il lato.d.f.al lato.a.c.serà equale, e l'angolo.e.d.f.all'angolo.b.a.c.che è il secondo membro della proposita diuisione, dilche tutto il proposito serà manifesto.

Theorema.18. Propositione.27.

27/27 Se una linea retta caderà sopra a due linee rette, & facia li duoi angoli coalterni fra loro equali, quelle due linee seranno equidistante.

Sia come è la linea.a.b. laqual cade sopra le due linee.c.d.& .e.f. & sega la linea c.d. in ponto.g.& la linea.e.f.in ponto.h. & sia l'angolo.d.g.h. equale all'angolo.e.h.g.Dico che le dette due linee.c.d.& .e.f.sono equidistante, ma se possibile è per lo aduersario, che non siano equidistante, poniamo che protratte dalla parte.c. e.concorrano nel ponto.K.ouero dalla parte.d.f. nel ponto.l. & sia pur come si uoglia, che accaderà lo impossibile, per la decimasesta propositione, perche l'angolo estrinseco seria equale allo intrinseco, & opposito, perche uno delli detti angoli alterni, liquali sono posti equali, serà lo estrinsico, & l'altro serà lo intrinseco, perche concorrendo le due linee. d.c. et.e.f.in ponto.K.seria formato uno triangolo, che seria.g.h.K.& seria prodotto il lato.K.g.fina in.d. facendo l'angolo.h.g.d.estrinseco, ilquale è posto equale all'angolo.e.h.g.intrinseco, & opposito, laqual cosa è impossibile per la sopralegata propositione: e perche l'è impossibile che le due linee, protratte da qual parte si uoglia, concorrano,

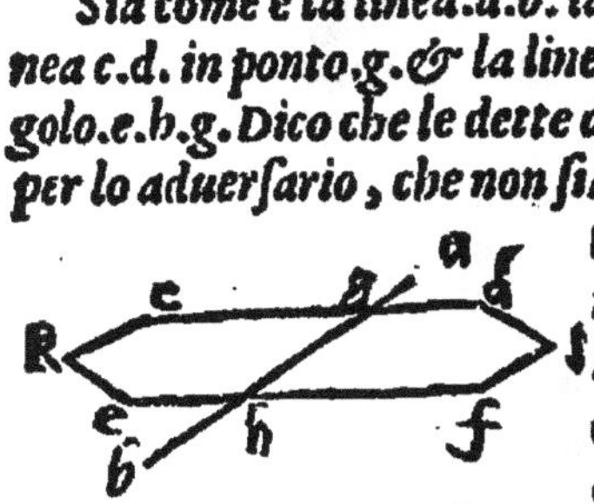

corrano, adonque seranno equidistante per la uigesima secunda diffinitione, che è il proposito.

Theorema. 19. Propositione. 28.

28/28 Se una linea retta uegnerà sopra a due linee rette, che l'angolo intrinseco causato da quella sia equal all'angolo estrinseco a se opposito, ouer che li duoi angoli intrinseci da una medesima parte siano equali a duoi angoli retti quelle due linee seranno equidistante.

Sia come la linea.a.b.laqual sega le due linee.c.d.&.e.f. nelli duoi ponti.g.h. & sia l'angolo. g.estrinseco equale all'angolo.h.intrinseco, dalla medesima parte uerso.d.f. ouer che li duoi angoli.g.&.h.intrinseci, tolti dalla medesima parte, siano equali a duoi angoli retti. Dico che le due linee.c.d.&.e.f.sono equidistante, hor sia primamente l'angolo.d.g.a.equale all'angolo.f.h.g. & perche l'angolo.c.g.h. per la quinta decima propositione serà anchora lui equale all'angolo.d.g.e. per la prima concettione, serà etiam equale all'angolo.g.h.f. per la qual cosa la linea.c.d.è equidistante alla linea.e. f.per la precedente propositione, perche li angoli.g.h.f.&.c.g.h.alterni sono equali.

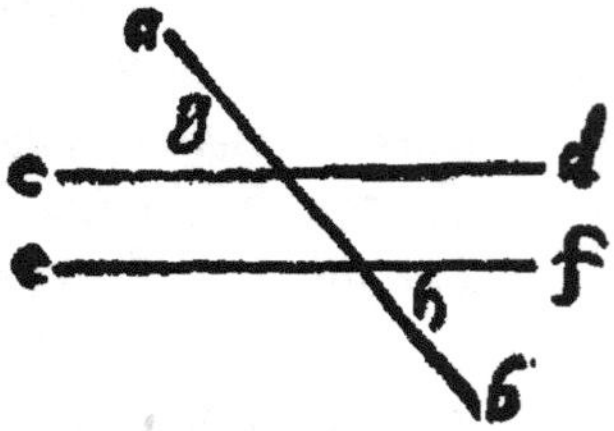

Anchora siano li duoi angoli, d, g, h, & , f, h, g, equali a duoi angoli retti, & perche li duoi angoli, d, g, h, &, c, g, h, similmēte sono equali a duoi angoli retti, per la tertia decima propositione, l'angolo e, g, h, serà equale all'angolo, f, h, g, per laqual cosa le dette due linee, c, d, &, e, f, per la detta propositione precedente, seranno equidistante, che è il proposito.

Theorema. 20. Propositione. 29.

29/29 Se una linea retta caderà sopra a due linee equidistante, li duoi angoli coalterni seranno equali, & l'angolo estrinseco serà equale allo angolo intrinseco a se opposito, & similmente li duoi angoli intrinseci constituidi dall'una e l'altra parte seranno equali a duoi angoli retti.

Siano le due linee.a, b, &, c, d, equidistante, sopra lequale cade la linea, e, f, segando quelle nelli duoi ponti, g, h, dico che li duoi angoli, g, h, coalterni sono equali, & che l'angolo, g, estrinsico si è equale all'angolo, h, intrinsico a se opposito tolto dalla medesima parte, & che li dui angoli, g, h, intrinsici tolti da una medesima parte sono equali, a duoi angoli retti, & questa è il conuerso delle due precedente, hor per dimostrar che l'angolo, b, g, h, è equale all'angolo, c, h, g, procederemo cosi, se l'angolo, b, g, h, non è equal all'angolo, c, h, g, l'uno de quelli serà maggiore, sia adonque maggiore lo angolo, c, h, g, & perche li dui angoli, c, h, g: g, h, d, sono equali

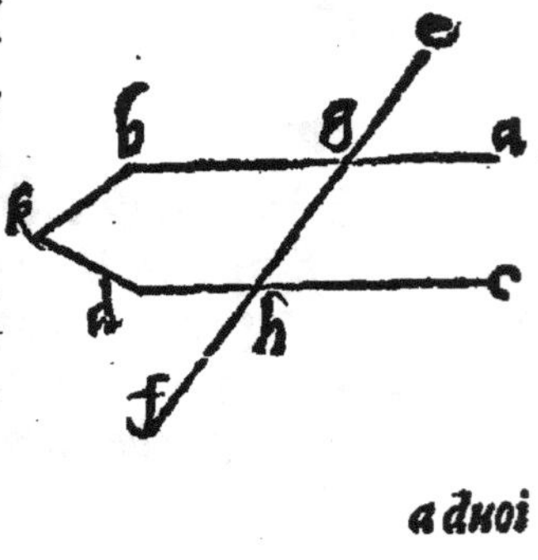

a duoi

a duoi angoli retti per la.13.propositione,& perche l'angolo,b,g,h, e minor del ditto angolo,c,h,g,ponendolo con lo angolo, d,h,g,in suma serano minori de duoi angoli retti, adonque se le dette due linee, a,b,&,c,d,seranno protratte dalla parte del,b,d,concorreranno ad alcuno ponto(per la quarta petitione)come seria al ponto,k,,adonque non seriano equidistante(per la uigesima seconda diffinitione) che è contra il proposito,& perche questo è impossibile,seranno adonque li detti dui angoli,b,g,h,&,c,h,g,coalterni equali che è il primo proposito,& da questo si manifesta anchora il secondo; perche l'angolo,b,g,h, si è equale all'angolo,a,g,e (per la quintadecima)adonque(per la prima concettione)l'angolo,a,g,e,serà etiam equale all'angolo,c,h,g,cioe lo estrinsico serà equale allo intrinsico a se opposito,ch'è il secondo proposito,dal qual similmente si manifesta il terzo,perche li dui angoli, a,g,e,&,c,h,g,sono equali,dandoli communemente l'angolo.a.g.h.la suma serà anchora equale,dilche li dui angoli.c.h.g.&.a.g.h.sono equali alli duoi angoli.a.g.h.&.a.g.e,& perche li dui angoli.a.g.e.&.a.g,h,(per la.13.) sono equali a dui angoli retti,adonque li dui angoli,a,g,h,&,c,h,g,seranno equali a dui angoli retti,che sono li duoi angoli intrinsici tolti dalla medesima parte uerso.e.a.che è el terzo proposito.

Theorema.21 Propositione.30.

30 Se due linee rette seranno equidistante a una medema linea, quelle
30 medesime seranno fra loro equidistante.

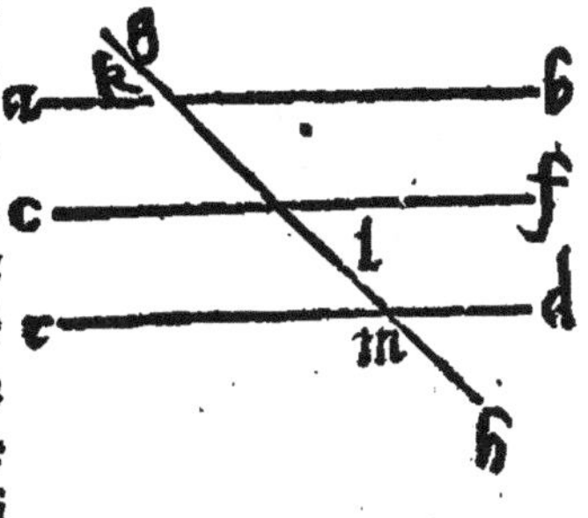

Siano le due linee.a.b.&.c.d.delle quale l'una & l'altra siano equidistante alla linea.e.f.Dico che queste due linee,cioe la,a.b.&.c.d.sono fra loro equidistante. Et questo è uero uniuersalmente, o siano le dette linee. a.b.&.c.d.in una medema superficie con la medesima linea.e.f.oueramente non (tamen in questo loco non se intende altramente, se non secondo che tutte siano in una superficie,& di quelle che sono in diuerse superficie si approua nella nona propositione del.11.che sono equidistante)hor adonque siano tutte tre in una superficie io tirarò la linea.g.h.segando le dette tre linee nelli tre ponti.k,l.m.& perche la.a.b.è equidistante alla.e.f.l'ãgolo.a.k,l.si è equale all'angolo.k.l.f.(per la prima parte della precedẽte pche sono coalterni)e perche la.c.d.è etiã equidistante alla.e.f.l'angolo.f.l.K.(estrinsico)serà equale all'angolo.l.m.d.(intrinsico a se opposito,per la seconda parte della precedẽte)dilche se li duoi angoli.l.m.d.&.a.K.l.ciascunè equale all'angolo.k,l.f.(per la prima concettione)seranno etiam fra loro equali,per laqual cosa se l'angolo.a.k.l. è equal allangolo.l.m.d.le dette due linee.a.b.&.c.d.sono equidistante(per la uigesima settima propositione)perche li detti dui angoli sono coalterni,ch'è el proposito.

Questa mãca nel Cardano.

Problema.10. Propositione.31.

31 Da uno ponto dato fora di una proposta retta linea potemo condur
31 re una linea retta equidistante a quella linea proposta.

Sia

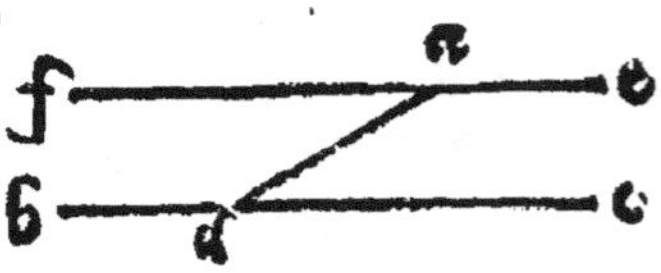

Sia il ponto.a. dato de fora della linea.b.c.dalquale bisogni tirare una linea equidistante alla linea.b.c. tirò la linea.a.d.cascante come si uoglia con la linea.b.c. cõstituendo l'angolo.a.d.c. & l'angolo.a.d.b. Et sopra el ponto.a. constituerò (per la dottrina della uigesima terza propositione) l'angolo.e.a.d.equale all'angolo.a.d.b.ouer l'angolo.f.a.d.equale all'angolo.a.d.c. (che darà quel medesimo) e perche li detti angoli sono coalterni, la linea.f.e.serà equidistante alla linea.b.c.(per la uigesima settima propositione) che è il proposito.

Theorema.22. Propositione.32.

31 L'angolo estrinsico di ogni triangolo: d'un lato produto, è equale al-
31 li duoi intrinsici a lui oppositi, Et tutti li tre angoli intrinsici di quello è necessario esser equali a duoi angoli retti.

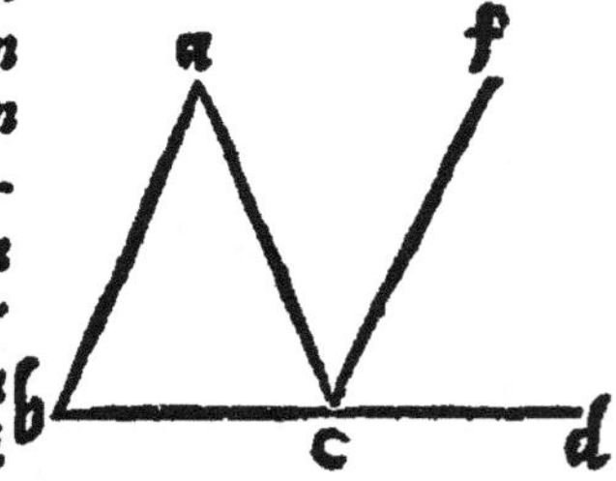

Sia el triangolo.a.b.c.e sia alongato el lato.b.c.fina in.d. dico che l'angolo a.c.d. estrinsico si è equale alli duoi angoli.a.&.b.intrinsici oppositi a se, insieme gionti, & che li tre angoli.a.b.c.del ditto triangolo.a.b.c.insieme gionti sono equali a duoi angoli retti e per dimostrar questo dal ponto.c. tirarò (per la dottrina della precedente) la linea.c.f.equidistante alla linea.a.b. & l'angolo.f.c.a.serà equale all'angolo,a, (per la prima parte della uigesima nona) perche sono coalterni, & l'ãgolo.f.c.d.estrinsico serà equale all'angolo.b.intrinsico (per la seconda parte della medesima uigesima nona propositione) perlaqual cosa tutto l'angolo.a.c.d.estrinsico si è equale alli duoi angoli.a.&.b.intrinsici a lui oppositi che el nostro primo proposito, & perche li duoi angoli.a.c.b.et.a.c.d.son equali a duoi angoli retti (per la terza decima propositione) adonque li tre angoli.a.b.et c.intrinsici del triangolo seranno equali a dui angoli retti che è il secondo proposito, et nota che per questa propositione è manifesto che tutti li angoli de ogni figura moltiangola tolti insieme sono equali a tanti angoli retti quanto è el numero ch'ella è distante dalla prima, duplicato uerbi gratia delle figure moltiangole, ouero poligonie la prima de tutte si è il triangolo, perche non si puo formar figura de rette linee de mancho de tre lati, perche con duoi linee rette non si puo constituire figura superficiale (per la ultima petitione) pero el triangolo è la prima figura de rette linee, la seconda figura si è il quadrilatero, la terza si è el penthagono, ouero figura de cinque lati & angoli & cosi ascendendo el numero delli lati ouero angoli a qual numero si uoglia; cauando di quello el numero binario el rimanente serà el numero dell'ordine della figura come esempli gratia de una figura da otto lati, & angoli per uoler el numero ordinario della detta figura caua de

otto

otto duoi, per regola ferma resta sei, per lo numero ordinario della figura predetta adonque sei serà la sesta figura & cosi se procederà in ciascuna altra, dico adonque chel triangolo qual è la prima figura tutti li suoi angoli sono equali a duoi angoli retti, cioè a tanti angoli retti quanto è el doppio del numero ordenario della figura, che è uno per essere la prima, li quattro angoli d'uno quadrangolo seranno equali a quattro angoli retti, cioè al doppio del numero ordenario della figura laquale è duoi per esser la seconda el doppio de duoi si è quattro & li cinque angoli del penthagono che è la terza seran equali a sei angoli retti cioè al doppio de tre che è el numero ordenario della figura de cinque angoli & li otto angoli de una figura de otto lati seranno equali a duodeci angoli retti cioè al doppio de sei ch'è el numero ordinario de detta figura come de sopra fu detto & cosi uscirà in ciascun'altra figura de molto numero de angoli laqual cosa se manifesta della infrascritta causa perche qualunche figura tale si e diuisibile & resolubile in tanti triangoli quanto distarà dalla prima ouer quanto è el suo numero ordinario tirando le rette linee da qual uoi de soi angoli alli angoli oppositi & tutti li tre angoli de ogni triangolo di quella resolutione sono equali a dui angoli retti però se indupla el numero ordinario della figura, elqual numero deriua del numero delli triangoli componenti essa figura, el qual numero de triangoli sempre serà duoi, cioè duoi manco chel numero delli angoli, ouer lati de ditta figura: esempli gratia. Sia el penthagono. a. b. c. d. e. da l'angolo. a. di quello produrò le linee. a. c. & . a. d. alli duoi angoli. c. & . d. oppositi al ditto angolo. a. e. serà el ditto penthagono tutto risolto in li triangoli. a. b. c. a. c. d. Et. a. d. e. liquali sono tre, si come è il numero ordinario della detta figura, laqual, come di sopra dissi, è la terza, et perche li tre angoli di ciascun de ditti tre triangoli sono equali a duoi angoli retti, però se indoppia el numero de ditti triangoli, cioè el numero ordinario della figura che tre farà sei per el numero deli angoli retti a che se equaliano li cinque angoli de detta figura che è il proposito. Anchora puotemo proponere la medesima materia in questo altro modo dicendo che tutti li angoli de ogni figura poligonia ouero moltiangola equalmente tolti insieme, sono equali a tanti angoli retti quanto è il doppio del numero delli suoi angoli, trattone sempre quattro per regola cioè trattone quattro del doppiamento fatto, laqual cosa se dimostra cosi da un ponto tolto dentro di detta figura, a ciascun angolo de detta figura, siano tirate linee, tutta la detta figura serà resoluta in tanti triangoli quanto seranno li suoi angoli, come appar in la figura de otto angoli che è qui dentro, laqual è risoluta in otto triangoli che li tre angoli de ca daun sono equali a duoi angoli retti, però fra loro otto triangoli conteneranno sedeci angoli retti, delliquali sedeci quattro ne formano fra loro otto atorno al ponto che è de

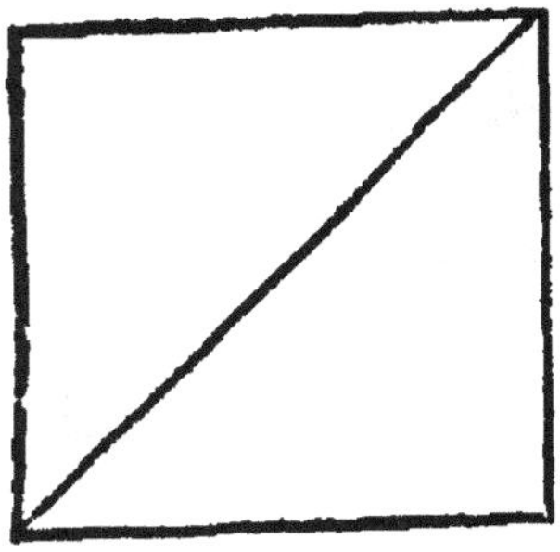

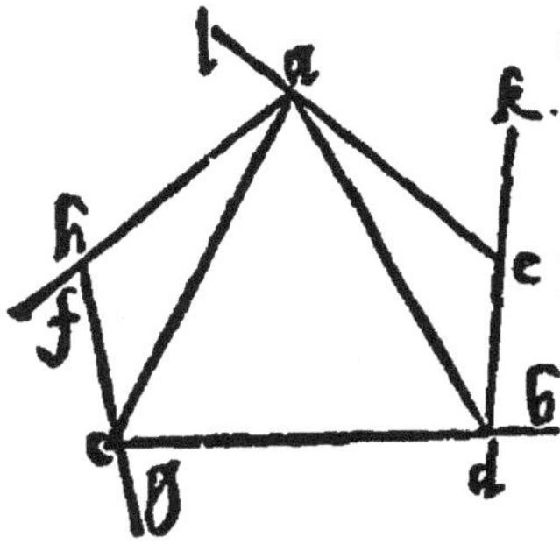

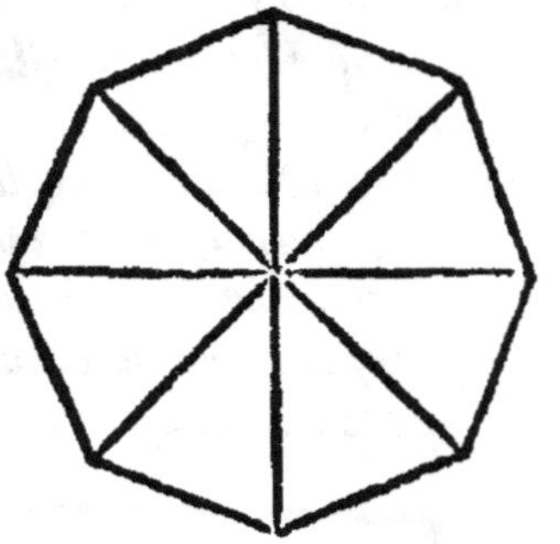

è de dentro della figura doue ciascun di loro terminano con uno angolo occupando tutto quello spacio che attorno al predetto ponto, ilquale spacio sempre se equalia a quattro angoli retti, come in fine della terciadecima propositione fu detto, & approuato adonque de quelli sedeci angoli retti ne caueremo quattro per regola, cioè per li quattro fatti attorno al ponto, resta duodeci per il numero dalli angoli retti a chi se equaliano li otto angoli della datta figura, che è il proposito. Anchora el se manifesta per le cose ditte che protrahendo ciascun lato d'una figura moltiangolo tutti li angoli estrinsici gionti insieme se equaliano a quattro angoli retti che cosi se dimostrarà, sopra il penthagono.a.b.c.d.e. protratto il lato.a.b. fina in f. il lato.b.c. fin a.g. il lato.c.d. fin in.h. il lato.d.e. fin in.k. il lato.e.a. fin.in.l. hor dico che tutto l'angolo.a. intrinsico del penthagono con l'angolo estrinco sono equale a duoi angoli retti per la tertiadecima propositione, & per la medesima ragione li duoi angoli.b. intrinsico. & .b. estrinsico, & cosi de tutti li altri, perlaqual cosa li angoli.a.b.c.d.e. intrinsici & estrinsici seranno fra tutti equali a diece angoli retti, ma perche li cinque angoli del ditto penthagono son è quali a sei angoli retti, come di sopra fu demostrato. Adonque se delli detti diece angoli retti a chi se equaliano li predetti angoli intrinsici & estrinsici del penthagone cauaremo li sei, a chi se equalia li cinque angoli intrinsici, cioè quelli del penthagono resteranno quattro per li angoli estrinseci, cioè li angoli.b.a.l.c.b.f.d.c.g.e.d.h.& .a.e.k, adonque tutti li ditti angoli estrinseci del predetto penthagono si equaliano a quattro angoli retti, & cosi riuscirà in ciascun'altra figura poligonia che è il proposito.

Anchora è manifesto, che di ogni penthagono, delqual caduno lato sega dui delli altri lati, ha cinque angoli equali a duoi angoli retti.

Sia il penthagono che se prepone.a.b.c.d.e. et conciosia chel lato.a.c. seghi lo lato.b.e. in ponto.g. & lo lato.a.d. seghi il medesimo in ponto.f. et l'angolo.a.f.g. serà equale alli duoi angoli.b.& d. conciosia che quello sia lo estrinseco a quelli, in lo triangolo.f.d.b. Similmente l'angolo.f.g.a. sarà equale alli duoi angoli.c.& .e. conciosia che quello sia lo estrinsico a quelli in lo triangolo.g.c.e. ma li dui angoli.a.f.g.& .f.g.a. insieme con l'angolo.a. sono equali a duoi angoli retti. Adonque li quattro angoli b.d. & .c.e. insieme con l'angolo.a. sono equali a duoi angoli retti che è il proposito.

Theorema.23. Propositione. 33.

33 Se in la sommità de due linee equidistante, & di equal quantità, sia
33 no congionte due altre linee, quelle medesime seranno anchora equale, & equidistante.

Siano

Siano le due linee.a.b. & .c.d.equidistante & equale , dellequale cõgiongerò le sue estremità per le linee.a.c. & . b.d. lequal dico esser equale, & equidistante. Et per dimostrar questo io tirarò la linea.a. d. & perche le due linee.a.b. & .c.d. sono equidistante, dal presupposito, l'angolo.b.a.d.serà equale allo angolo.a.d.c. per la prima parte della uigesimanona propositione: & li duoi lati.a.b. & .a.d.del triangolo.b.a.d.sono equali alli duoi lati.d.c.& .d.a.del triãgolo.d.c.a.et langolo.d.a.b.del primo si è equale all'angolo.a.d.c.del secondo. Adonque, per la quarta propositione, la basa.b.d.del primo è equale alla basa.a.c.del secondo, & l'angolo.a.d.b.del primo è equale all'angolo.d.a.c. del secondo, ma perche li ditti duoi angoli son coalterni, la linea.a.c.serà equidistante alla linea b.d.per la uigesima septima propositione, e perche prima fu approuato che le medesime due linee, ouer base.a.c.& .b.d.son equale.l'un e l'altro proposito è manifesto.

Theorema.24. Propositione.34.

34 Ogni superficie contenuta da lati equidistanti, ha le linee,& li ango
34 li contrapositi equali,& lo diametro diuide quella per mezzo.

Sia la superficie.a.b.c.d.de lati equidistanti , cioè che la linea.a.b.sia equidistante alla linea.c.d. similmente la linea.a.c. alla linea.b.d.hor dico che le due linee. a. b.& c.d.sono equale fra lor, similmente le due linee.a.c.& .b.d.sono etiam fra loro equale, cioe ciascun lato si è equale al suo opposito . Anchora dico che l'angolo.a.è equale all'angolo.d.a lui contraposito, similmente l'angolo.b.è equale all'angolo,c, io tirarò il diametro,a,d,ilquale etiam diuiderà quella detta superficie,a,b,c,d,per mezzo cioe in due parti equale, lequal cose demostrerò in questo modo, perche,a,b, & ,c,d,son equidistãte dal presupposito, li duoi angoli.b.a.d.et.c.d.a.son equali,p la prima parte della uigesima nona propositione, perche sono coalterni, ma perche anchora,a,c,&,b,d,sono equidistanti li duoi angoli,c,a,d,&,b,d,a,son equali,per la detta uigesimanona propositione, perche sono coalterni, hor intendo li duoi triangoli.a.d.b.& .d.a.c.& perche li duoi angoli,a,&,d,del triangolo,a,d,b,son equali al li duoi angoli.a.et.d.del triangolo d.a.c.& lo lato.a.d. sopra del quale giaceno quelli angoli equali , in l'uno e l'altro triangolo e commune. Adonque per la uigesima sesta propositione, lo lato.a.b.sarà equale al lato.c.d.et similmente lo lato,a,c, al lato,b,d,serà equale , etiam l'angolo.b.serà equale all'angolo.c.e perche li duoi angoli.a.sono equali alli duoi angoli.d. come è dimostrato di sopra adonque per la seconda concettione , tutto l'angolo.a. serà equale.a.tutto l'angolo.d.a lui contraposito.dico anchora che'l diametro.a.d.com'è detto di sopra, diuide ditta superficie in due parti equale perche.a.b.è equale al.c.d.& .a.d.è commune, adunque li duoi lati.a.b.et.a.d.del triangolo.a.b.d.sono equali alli duoi lati.

d.c.

d.c.&.d.a del triangolo.d.a.c. & l'angolo d.a.b.è equale all'angolo. a.d.c. adunque per la quarta propositione, la basa.a.c.serà equale alla basa.b.d. etiam tutto il triangolo.a.b.d.serà equale a tutto il triangolo.a.c.d.che è il proposito.

Il Tradottore.

Bisogna notare che ogni superficie contenuta da linee equidistante è detta parallelogramma, e le specie di queste figure parallellogramme, over de lati equidistanti, sono solamente quattro, & queste quattro son quelle che furno diffinite in la uigesima prima diffinitione, cioe il quadrato, il tetragon longo, il rhombo, et il rhomboide.

Theorema.25. Propositione. 35.

35/35 Tutte le superficie de lati equidistant i constituide sopra una medesima basa, & in medesime linee equidistante, sono fra loro equale.

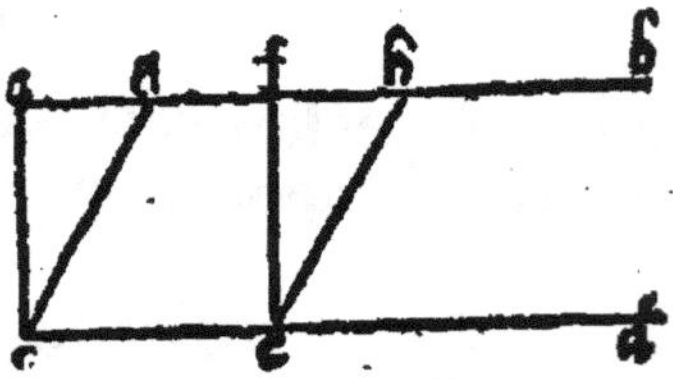

Siano le due linee. a. b. & c.d. equidistante intra lequale sia la superficie.a.c.f.e.de lati equidistanti, sopra la basa.c.e.& sopra la medesima basa & in tra le medesime linee sia l'altra superficie.g.c.h.e.similmente de lati equidistanti. Dico che le due predette superficie sono equale, laqual cosa se dimostrerà in questo modo. Perche l'una e l'altra delle due linee. a.f.& .g.h. sono equale alla linea.c.e. (per la precedente propositione) adonque per la prima concettione la linea.a.f.serà equale alla linea.g.h. dilche leuando, communemente ad ambedue la linea.g.f. remanerà le due linee.a.g.& .f.h.lequale seranno etiam fra loro equale (per la tertia concettione) anchora perche (per la precedente) il lato.a.c.è equale al lato f.e. & (per la seconda parte della uigesima nona propositione) l'angolo.h.f.e.è equale a l'angolo. g.a.c. cioe lo estrinsico allo intrinsico a se opposito, dilche li duoi lati.a.c. & .a.g. del triangolo.a.c.g.sono equali alli duoi lati.f. e.& .f.h.del triangolo.f.e.h.et l'angolo,c.a.g.dell'uno è equale a l'angolo e.f.h. adonque (per la quarta propositione) il triangolo,a,c,g,serà equale al triangolo.f. e.h. adonque giongendo a cadauno la irregular figura quadrilatera laquale è.g.c.f.e. (per la prima concettione) la superficie.a.c.f.e.serà equale alla superficie.g.c.h.e.che è il proposito, ma se la linea.c.g.della figura superiore andasse a terminare nel ponto.f.come in questa seconda figura appare.dico anchora che la superficie. f.c.h.e. è equale alla superficie.a.c.f.e, che con la medesima augumentatione di sopra fatta se dimostra, perche per la medesima uia li duoi triãgoli.f.a.c.& .f.e.h.sono fra loro equali, dilche aggiongendo a ciascun il triangolo.f. e.c, la superficie.a.c.f.e.serà equale alla superficie.f.c.e.h. che è il proposito. Ma se per caso la linea.c.g, della prima figura andasse a terminare intra.f.& .h.come in q̃sta tertia figura appar. Similmente dico che la sup̃ficie.g.c.e.h.è equale alla superficie.

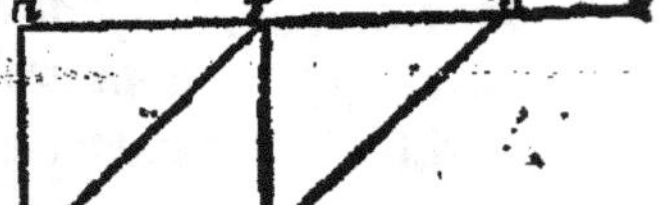

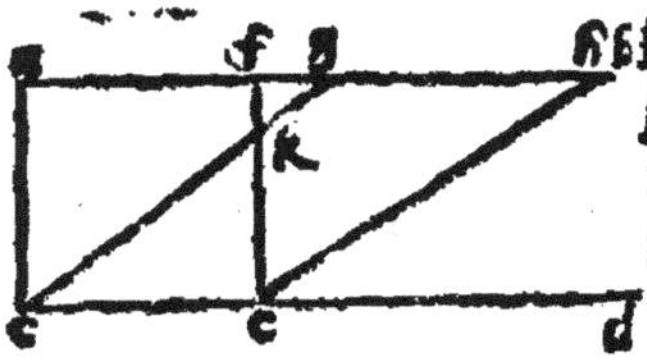

ficie,a.c.f.e.che cosi se dimostrerà perche (per la propositione precedente) argumẽtando come de sopra fu fatto, la linea.a.f.serà equale alla linea.g.b.dilche aggionto a l'una e l'altra linea.f.g.serà etiam tutta la linea.a.g.equale a tutta la linea b.f.& per le medesime rason de sopra adutte il triangolo.a.g.c.serà equal al triãgolo.f.e.b. adonque aggionto l'uno e l'altro il triangolo,c,k,e, & detrattone poi il triãgoletto.g.k.f.da l'uno e dall'altro resterà in ultima la superficie.g.c.b.e. equale alla superficie,a.c.f.e.che è il proposito.

Theorema.26. Propositione.36.

36/36 Tutte le superficie paralellogramme, costituide in base equale,& fra medesime linee paralelle, sono fra loro equale.

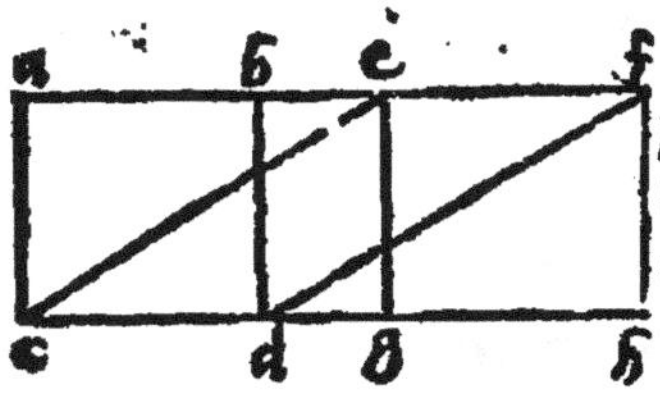

Siano adonque le due superficie.a.b.c.d.& .e.f.g.h. paralellogramme over de lati equidistanti costituide infra due linee equidistante, lequal son le due linee a.f.et c.h.e sopra equal base, lequal base son.c.d.& .g.h.dico che la superficie.a.b.c.d.le necessario che la sia equale alla superficie,e.f.g.h.laqual cosa se approverà in questo modo, io tirarò le due linee.c.e.& .d.f. donde (per la trigesima tertia propositione) la superficie.c.e.d.f.serà de lati equidistanti, per questa rasone, perche.e.f.è equale,& equidistante al.c.d.perche l'uno e l'altro è equale al.g.h.seguita adonque (per la precedente) che l'una e l'altra delle due superficie.a.b.c.d.& .e.f.g.h.è equale alla superfic.e.c.e.d.f. dilche per la prima concettione seranno etiam fra loro equale, che è il proposito.

Theorema.27. Propositione.37.

37/37 Tutti li triangoli liquali sono constituidi sopra una medesima basa fra due medesime linee equidistante sono fra loro equali.

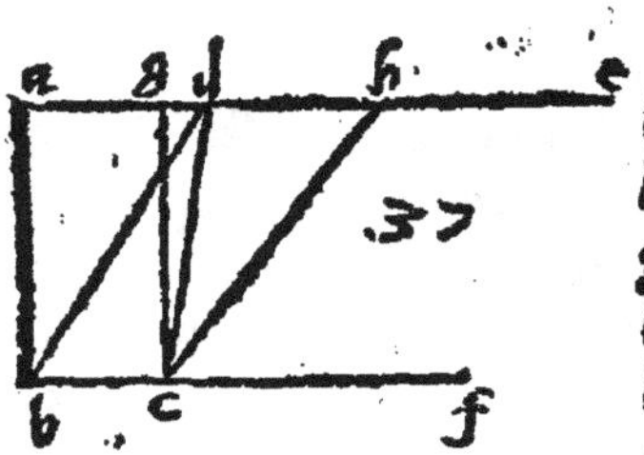

Siano li duoi triangoli.a.b.c.& .d.b.c.cõstituidi ambiduoi sopra la basa.b.c.& fra le due linee.a.e.& .b.f. lequal siano equidistante, hor dico che li ditti duoi triangoli.a.b.c.& .d.b.c.sono fra loro equali, perche tirarò la linea.c,g, equidistante alla linea.b.a. similmente la linea.c.h.equidistãte alla linea.b.d.per la dottrina della trigesima prima propositione, & per la trigesima quinta propositione, le due superficie.a.b.c.g.& .d.b.h.c.seranno equale, & perche li duoi triangoli.a.b.c.& .d.b.c.sono la mittade di ciascuna di quelle (per lo correlario della trigesima quarta propositione) adonque li detti duoi triangoli sono etiam fra loro equali (per la settima concettione) che è il proposito.

Theore-

Theorema.28. Propositione.38.

38 Se duoi triangoli seranno constituidi sopra base equale, & fra medesi
38 me linee equidistante, seranno fra loro equali.

Siano li duoi triangoli.a.b.c.& .d.e.f. cõstituidi sopra le base.b.c.& .f.e. equale & fra le linee.a.g.& .b.h. equidistante, hor dico che li detti duoi triangoli sono fra loro equali. Et per dimostrar questo io tirarò la linea.c.K.equidistante alla linea.a.b. (lato del triangolo.a.b.c.) & similmente la linea.f.l.equidistante al lato.e.d.& le due superficie.a.b.c.K. & .d.e.f.l. seranno equale (per la trigesima sesta proposition) & perche li detti duoi triangoli sono la mità di ciascuna di quelle (per lo correlario della trigesima quarta propositione) dilche (per commune sententia) li detti duoi triangoli seranno equali, che è il proposito.

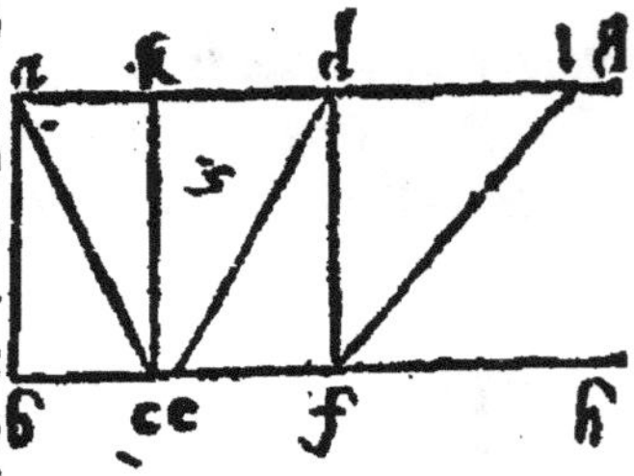

Theorema.29. Propositione.39.

39 Ogni duoi triangoli equali, se seranno constituidi sopra una medesi
39 ma basa, e da una medesima parte, seranno fra due linee equidistante.

Siano li duoi triangoli.a.b.c.& .d.b.c. cõstituidi sopra la basa.b.c.da una medesima parte, & siano equali. Hor dico che questi duoi triangoli sono fra due linee equidistante. Questo è il converso della trigesima settima. Dal ponto.a.tirarò una linea equidistante alla basa.b.c.laquale se quella transirà, per il ponto.d.è manifestò il proposito. Se non quella transirà di sopra, over di sotto, transisca prima di sopra, & sia la.a.e.& produrò la linea.b.d.per fina a tanto che seghi la linea.a.e. in ponto.e.& tirarò la linea.e.c. Et perche il triangolo.e.b.c. è equale al triangolo a.b.c.(& per la trigesima settima propositione) Etiam lo triangolo d.b.c.fu posto equale al ditto triangolo.a.b.c. Adonque (per la prima concettione) lo triangolo.b.d.c.serà equale al triangolo.b.e.c.laqual cosa è impossibile, che la parte sia equale al tutto (per l'ultima concettione) dilche tirando dal ponto.a.una linea equidistante alla basa.b.c.nõ puotrà transire di sopra dal ponto.d. Anchora dico che non pertransirà di sotto dal ditto ponto.d. & se pur fusse possibile (per l'adversario) poniamo sia la linea.a.f.segante la linea.d.b.in ponto.f.io tirarò adonque la linea.f.c.e perche il triangolo.f.b.c.(per la trigesima settima propositione) si è equale al triangolo.a.b.c.similmente il triangolo d.b.c.fu posto equale al ditto triangolo.a.b.c.donde (per la prima concettione) il triãgolo.b.f.c.seria equale al triangolo.d.b.c.cioè la parte seria equal al tutto che è impossibile (per l'ultima concettione) adonq; perche la linea protratta

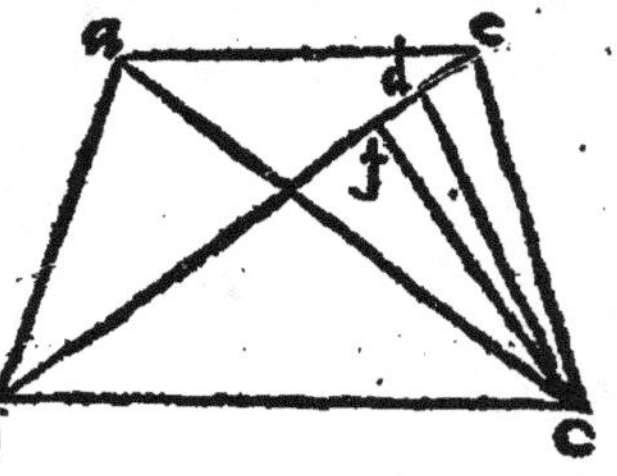

dal ponto.a.equidistante alla basa.b.c.non puo transire, ne di sopra, ne di sotto, dal lo ponto.d. seguita de necessitade, che quella trasisca per esso ponto d.ilquale è il proposito. Et tu debbi da notare che da questa, & dalla precedente ci manifesta che se

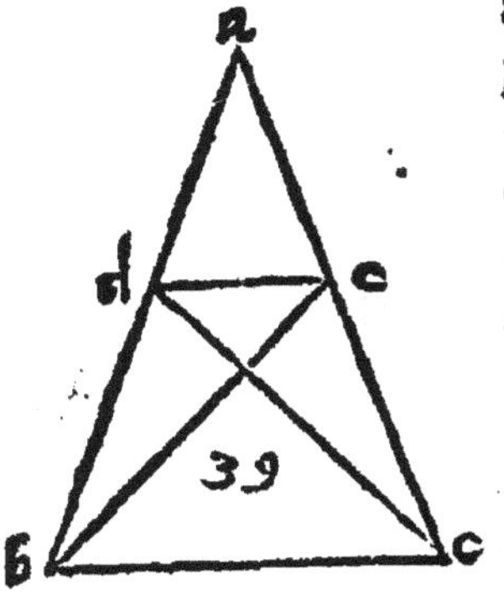

una linea retta segarà li duoi lati d'un triangolo in due parti equale quella tal linea serà equidistante al terzo lato, laquale cosa se dimostrarà in questo modo, sia il triangolo.a.b.c.che li duoi lati.a.b.&.a.c. di quello siano segati dalla linea. d.e. in due parti equale nelli duoi ponti,d.&.e. Dico che la linea.d.e.si è equidistante al. b.c.& per demostrar questo io tirarò nel quadrilatero. d.e.b.c. li duoi diametri. d. c.&.b.e.hor dico che'l triãgolo. d.e.b. per la trigesima ottaua propositione, serà equale al triangolo.a.d.e.perche sono sopra due base equale,perche la.d.b,è equale alla.d.a. dal prosupposito e ciascun di loro termina nel ponto.e.dal qual se puo tirar una linea che serà equidistante alla basa ouer linea.b.a.per la trigesima prima propositione,dilche se puo dir che sono etiam fra due linee equidistante,abenche la linea non gli sia tirata anchora per le medesime ragione il triangolo.c.e.d.serà equale al medesimo triangolo.a. d.e. dilche per la prima concettione, il triangolo.d.e.b.serà equale al triangolo.d. e.c. liquali sono cõstituidi sopra la medesima basa.d.e.donde per la presente trigesima nona propositione, seranno fra due linee equidistante, adonque la linea, d.e. è equidistante alla linea.b.c.che è il proposito.

Theorema.30. Propositione.40.

40/40 Se duoi triãgoli equali seranno cõstituidi sopra equal base d'una medesima linea,& da una medesima parte egli è necessario quelli esser contenuti fra due linee equidistante.

Siano li duoi triangoli.a.b.c.& .d.e.f.equali constituidi sopra le due base.b.c, & e.f.equale, lequal base sono d'una medesima linea,cioè b.f.& ambidui da una parte medesima,cioe uerso.a.et d.dico adonque li detti duoi triangoli esser fra due linee equidistante, e questa è il conuerso della trigesima ottaua,et se approua per quella medesima si come etiam la precedente per la trigesima settima,dal põto.a.sia tirata una linea equidistante alla.b.f.laquale se la transirà per il ponto.d. è manifestò il proposito,se nõ quella se la transirà di sopra,ouer di sotto come la.a.g.trãsisca prima di sopra, & sia produtta la.e.d. per fina a quella laqual sia .e.g. & sia tirata la linea .g.f. & per la trigesima ottaua, il triangolo. a. b. c. serà equale al triangolo.g. e. f. per la quale cosa il triangolo. d. e.f.

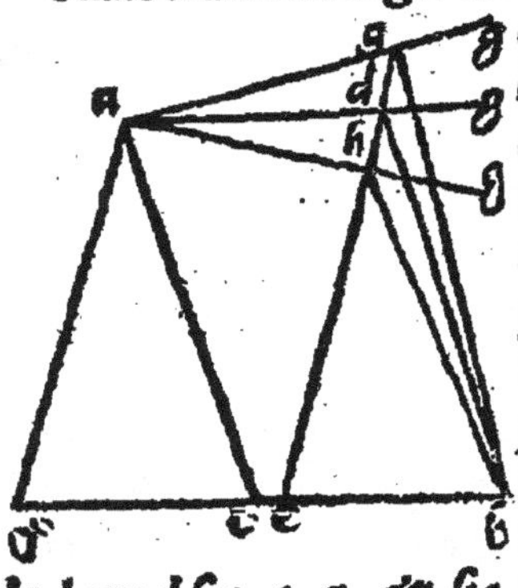

e.f.serà equale allo triangolo.g.e.f.cioe, la parte seria equale al tutto, laqualcosa è impossibile, adonque non transirà di sopra, transisca adunque di sotto, & seghi la linea.d.e, in ponto.h.& sia dutta la linea.f.h.& per la trigesimaottaua il triangolo.h.e.f.sirà equale al triangolo.a.b.c.per laqual cosa serà etiam equale al triangolo.d.e.f. cioe la parte al tutto, laqual cosa è impossibile.adonque perche quella non transirà se non per il ponto.d.è manifesto il proposito.

Theorema. 31. Propositione. 41.

41/41 Se uno paralellogrammo, & uno triangolo saranno constituidi in una medesima basa, & in medeme linee equidistante, el paralellogrammo conuien esser doppio al triangolo.

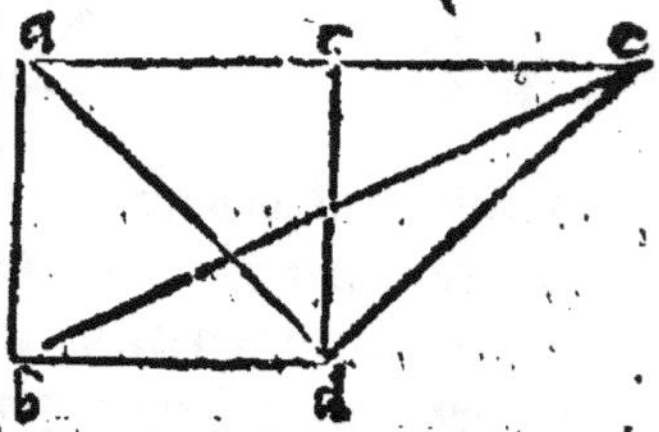

Sia il paralellogrammo.a.b.c.d.& lo triangolo.e.b.d.sopra la basa.d.fra le due linee.a.c.&.b.d.lequale siano equidistante. Dico che il paralellogrammo.a.b.c.d.è doppio al triangolo.e.b.d.& per questo io tirarò il diametro.a.d.ilquale diuide il detto paralellogrãmo in due parte equale, per lo correllario della trigesima quarta propositione, adonque il triangolo.a.b.d.serà la mitade del ditto paralellogrammo, & perche'l triangolo.e.b.d.è equale al triangolo.a.b.d.per la trigesima settima propositione, seguita adonque che'l triãgolo, e.b.d.sia etiam lui la mità del ditto paralellogrãmo.a.b.c.d.che è il proposito. Similmente tu potrai aprouare che se un paralellogrammo & uno triangolo seranno constituidi sopra equal base, & fra medesime linee equidistante, il paralellogrammo serà etiam doppio al detto triangolo, laqual cosa Euclide non ha posto, perche liggiermente è manifesta da questa precedente, et dal correlario della trigesima quarta, & per la trigesima ottaua. Diuiso il paralellogrammo, per il diametro in duoi triangoli, & sopra la basa del paralellogrammo, fra le medesime linee equidistante constituido il triangolo, alquale il paralellogrammo serà doppio per il detto corelario, et esso triangolo serà equale all'altro, per la trigesimaottaua.

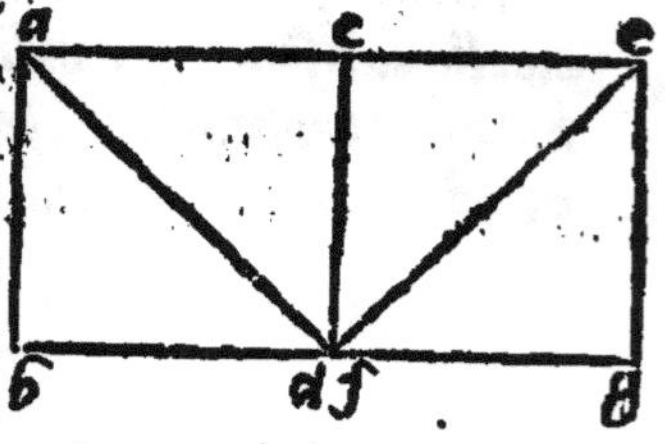

Problema. 11. Propositione. 42.

42/42 Puotemo designar una superficie de lati equidistanti, in un'angolo equale a un'angolo asignato, & ch'essa superficie sia equale a un triangolo asignato.

Sia lo assignato angolo.a.& lo assignato triangolo.b.c.d.uoglio descriuere una superficie de lati equidistanti, che sia equale al dato triangolo, b.c.d.& che duoi di suoi angoli contrapositi siano equali, al angolo, a, perche la non puo hauer uno angolo solo equale al angolo.a.(per la trigesima quarta propositione) diuido la basa.c.d.in due parti equale, per la decima propositione, in ponto.

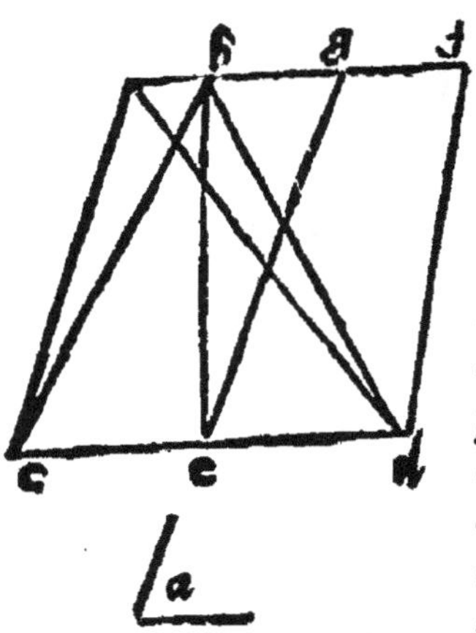

e.tiro la linea.b.e.& dal ponto.b.condurò la linea.b.f. equidistante alla linea.c.d. & sopra il ponto.e.della linea.d.e.constituisco l'angolo.d.e.g.equale a l'angolo,a. (per la uigesima tertia propositione) e dal ponto.d.tiro la linea.d.f.equidistante alla linea.e.g.e serà constituido il paralellogrammo. g. e. f. d. ilquale contiene in se tutte le cose adimandate, perche il triangolo , b, c, e, è equale al triangolo.b.e.d.per la trigesima ottaua propositione, per esser la.c.e.equale alla e.d.adunque tutto il triangolo , b.c.d. uerrà a esser doppio al triangolo. b.e.d.ma perche il paralellogrammo.g.e.f.d.è anchora lui doppio al medesimo triangolo.b.e.d.per la precedēte,perche ambiduoi sono sopra la basa.d.e.& in medesime linee equidistante,seguita adunque per la sista concettione , che'l ditto paralellogrammo sia equale al triangolo,b.c.d.per esser ciascun di loro doppi al triangolo. b.e.d.dilche hauemo descritto il paralellogrammo. g.e.f.d. equale al triangolo.b.c. d.assignato,& l'uno & l'altro di duoi angoli,g,e,d,&,f,g,di quello contrapositi sono equali all'angolo.a.assignato, che è il proposito.

Speculatione. 32. Propositione.43.

43/43 Li supplementi di quelli paralellogrammi che sono attorno del diametro di ogni paralellogrammo sono fra loro equali.

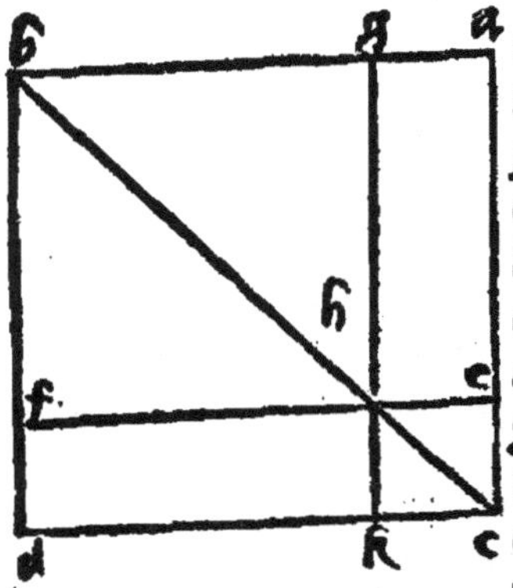

Sia il paralellogrammo,a, b,c,d, in lo quale tiro lo diametro,b,c,e similmente tiro la linea,e,f, equidistante a l'uno & l'altro delli duoi lati,a,b, &,c,d,laquale sega il diametro,b,c,in ponto,h,dal quale ponto,h,duco la linea.k.g.equidistante a l'un e l'altro lato, a,c,& b,d,talmente che quella sega l'uno & l'altro delli predetti lati,a,b,&,c,d,dilche tutto lo paralellogrammo, a,b,c,d,serà diuiso in quattro paralellogrammi,cioe,a, g, h, e : g,b,h.f: e,h.c,k: &,h,k,f,d, delli quali li duoi (cioe,e,c,k, h,&,g,b,h,f.) sono detti stare attorno il diametro,b,c,perche quello transisse per mezzo di loro , e pero sono attorno il diametro , li altri duoi paralellogrammi,cioe,a,e,g,h,& K,h,f,d,sono detti supplementi, & questi duoi supplementi sono equali l'uno & l'altro . Perche li duoi triangoli, a,b,c, &, c,d,b, sono equali per il correlario della trigesimaquarta . Similmente anchora li duoi triangoli,g,b,h,&,f,h,b,sono equali (per lo medesimo correlario della trigesima quarta propositione) & li duoi triangoli,h,c,e,&,k,h,c.Similmente sono equali per lo medesimo correlario. Adonque leuando uia li duoi triangoli,g,b,h,et,e,h,c, de tutto il triangolo,a,b,c,e similmente li duoi triangoli,b,f,h,& K,c,h,de tutto il triāgolo,

golo,b,c,d,seranno li duoi residui, per la tertia concettione, anchora fra loro equali,li quali residui sono li detti duoi supplementi,che è il proposito.

Problema.12. Propositione.44.

44/44 Proposta una linea retta, sopra quella puotemo designare una superficie de lati equidistanti, in uno angolo dato, & che essa superficie sia equale à uno triangolo assignato.

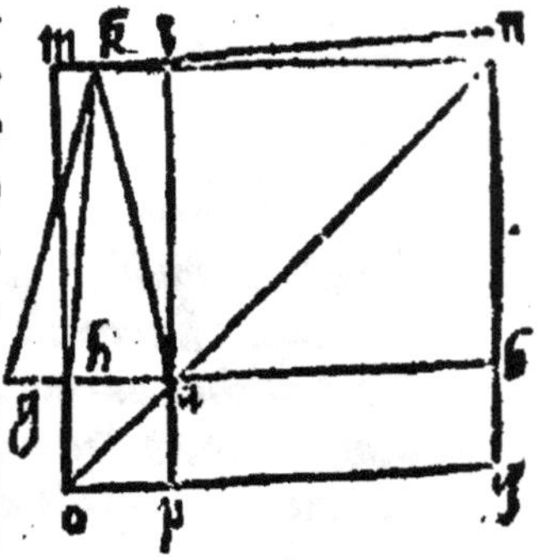

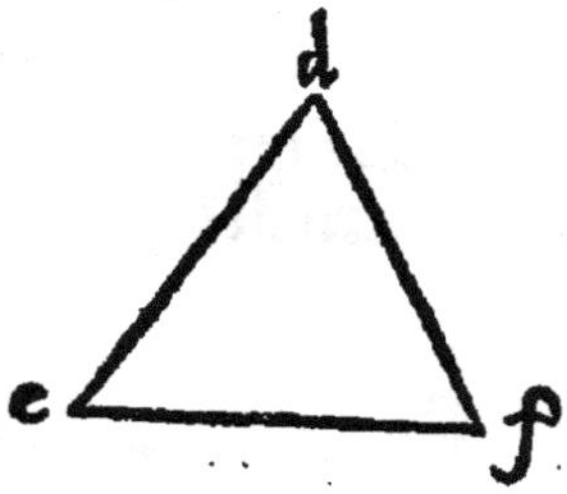

Sia la data linea,a,b,& il dato angolo,c,& lo dato triangolo,d,e,f,hor uoglio sopra la linea, a, b, designarli una superficie de lati equidistanti, talmente che la detta linea,a,b,sia un di lati di quella, & che l'uno e l'altro de duoi angoli contrapositi sieno equali all'angolo,c,dato, perche la non puo hauer un'angolo solo equale all'angolo, c,per la trigesima quarta propositione,& che tutta la predetta superficie sia equale al triãgolo,d,e,f. Questa tal propositione è differente dalla quadragesima seconda in questo, che qui si da uno lato della superficie che se ha da descriuere: cioe la linea, a, b.ma in la detta quadragesima seconda nõ se ne da niuno,quando adonque uorro descrinerò questa tal superficie sopra la detta linea,a,b, gli aggiongo la linea,a,g, ad essa linea,a,b,in diretto a quella laqual pongo equale alla basa, e,f,del triangolo dato,sopra dellaquale linea,a,g,constituisco uno triangolo equale al dato triãgole,d,e,f,et equilatero,laqual cosa faccio in questo modo. constituisco l'angolo,a,g,k,equale all'angolo, e, & l'angolo,g,a,k.equal all'angolo,f, (per la dottrina della uigesima tertia propositione) & perche la basa.g.a. fu posta equale alla basa,e,f,adonque il triangolo,g,a,k, per la uigesima sesta propositione,serà equale, & equilatero al triangolo,d,e,f,hor diuiderò la basa,g,a, in due parti equale in lo ponto,h, e tirarò la linea,K,h, & dal ponto,k,produrò la linea,m.k.n.equidistante alla linea.g.b. & per la trigesima ottaua propositione, il triangolo,a,h,k.serà equale al triangolo,g,h,K.hor sopra il ponto, a, con la linea, g,a,farò l'angolo,g,a,l,equale all'angolo,c, dato per la uigesima tertia propositione,& dal ponto,h,produrò,h,m,equidistante al,l,a,& serà cõstituido il paralellogrammo,m,h,l,a,fra le due linee,m,n,&,g,b,ilqual paralellogrammo, m, h,l,a, per la quadragesima prima propositione, serà doppio al triangolo, K, h, a, per laqualcosa serà etiam equale a tutto il triangolo,k.g.a.& similmente, al triangolo, d, e,f,proposto (per la prima concettione) tirarò adunque la linea,b,n,equidistante alla linea,l,a,per la trigesima prima propositione, constituendo il paralellogrãmo,l,a,n, b. Anchora produco il diametro,n,a,il quale tiro per fina a tanto che'l

concorra con la linea, m, b, anchora lei protratta in ponto, o, ilqual concorso approuaremo in fin di questa propositione, & dal ponto, o, tiro la linea, o, q, equidistante alla linea, b, b, & produco la linea, n, b, fina che la si intersegha con la linea, o, p, come fa in ponto. q. & serà constituido il paralellogrammo, m, o, n, q, hora slongarò la linea, l, a, per fin al ponto, p, dilche tutto il grande paralellogrammo serà diuiso in li quattro paralellogrammi, l, a, n, b, l, a, m, b, a, b, o, p, a, p, b, q. delli quali li duoi, l, a, n, b, & b, o, a, p, sono attorno al diametro, n, o, li altri duoi, m, b, l, a, & a, p, b, q, sono detti supplementi, liquali per la precedente propositione sono equali, & perche il triangolo, d, e, f, come di sopra fu dimostrato, si è anchora lui equale supplemente. m. b. l. a. serà etiam (per la prima concettione) equale all'altro supplemento. a. b. p. q. ilquale è cõstituido sopra la data linea. a. b. E perche l'angolo. b. a. p. per la quinta decima propositione, si è equale all'angolo. l. a. b. & l'angolo. c. dato si è equal al detto angolo. l. a. b. (perche cosi fu cõstituido) seguita adonque per la prima concettione, che l'angolo, b, a, p, sia equal al. c. dato. Eglie adonque manifesto, che sopra la linea, a, b, datta essergli descritta la superficie de lati equidistanti, a, b, p, q, equale al dato triangolo. d. e. f. & l'uno e l'altro di duoi angoli a, q, (contrapositi di quella) sono equali al dato angolo, c, come fu il proposito. Hor ci resta a prouar che producendo le due linee n. a. & . m. b. è necessario che se congiongano, come fu di sopra promesso, hor perche le due linee. n. b. & . m. b. l'una e l'altra è equidistante alla linea. l. a. seranno etiam per la trigesima propositione, fra loro equidistante, & per la tertia parte della uigesimanona, li duoi angoli. m. n. b. & . n. m. b. son equali a duoi angoli retti, & perche l'angolo. l. n. a. è menor de tutto l'angolo. m. n. b. per l'ultima concettione, adonque li dui angoli. n. m. b. & . m. n. a. gionti insieme seran minori di duoi angoli retti, seguita adõque per la quarta concettione, che slongarò le due linee. n. a. m. b. in quella parte l'è necessario che cõcorran insieme, laqual cosa era da demostrare.

Problema. 13. Propositione. 45.

o/45 Puotemo constituir un Paralellogrammo, equal a un dato rettilineo in un dato angolo rettilineo.

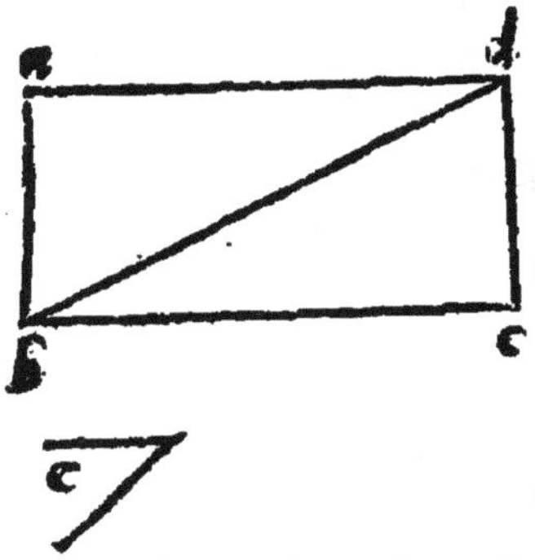

Siano il dato rettilineo, a, b, c, d, & lo dato angolo rettilineo, sia. e. hor bisogna costruere uno paralellogrãmo equal al predetto rettilineo, a, b, c, d, ma che sia cosi conditionato che habbiamo uno angolo equale allo angolo. e. ma perche lui non ne puo hauere uno senza duoi cioe duoi contrapositi, per la trigesima quarta propositione, diremo adonque che habbia duoi angoli contrapositi equali al ditto angolo, e, & per concludere questa cosa farò in questo modo, tiro la linea, d, b, diuidendo il detto rettilineo in li duoi triangoli, a, b, d, &, d, b, c, poi per la quadragesima seconda propositione, constituisco il paralellogrammo. f. k. h. g. equale al triangolo, a, b, d, hauente l'angolo. h. K. f. equale al dato angolo. e. & sopra

sopra la linea, ouer lato,h,g, per la precedente propositione,constituisco il paralellogrammo,h,g,m,l, equale all'altro triangolo,d,b,c,hauente l'angolo,m,h,g,equale al predetto angolo. e,dato. Et perche li duoi angoli.f.k.h. & .h.m.h.g.a uno per uno sono stati constituidi equali all'angolo.e.dato,dilche per la prima concettione,seranno etiam fra loro equali. Et aggiongendo communamente a ciascun di loro l'angolo.g.h.k, per la seconda concettione, li duoi angoli.f.k,h.&.g.h.k.seranno etiam equali alli duoi angoli.g.h.k,&.g.h.m.ma perche li duoi angoli.f.k.h.&.k.h.g.per la tertia parte della uigesimanona propositione sono equali a duoi angoli retti li duoi angoli adonque. k,h. g.&.g.h.m.seranno etiam equali a duoi angoli retti, seguita adonque per la quartadecima propositione, che la linea.k,h.&. la linea.h.m.siano direttamente congionte insieme et sieno insieme una sol linea. che seria la linea.K.m.hor perche in le due linee. k.m. & .f.g.(lequale sono equidistante) sono segate dalla linea. h.g.li duoi angoli.h.g.f.&.m.h.g. alterni sono equali (per la prima parte della uigesimanona propositione)giongendoli communemente, all'uno e l'altro, l'angolo.h.g.l.li duoi angoli adonque. m.h.g.&. h.g.l. sono equali alli duoi angoli.h.g.f.&.h.g.l.(per la prima cõcettione) et li duoi angoli.m.h.g.et.h.g.l. p la tertia parte della ditta uigesimanona Propositione, sono equali a duoi angoli retti, seguita adonque che li duoi angoli. h.g.l.&.h.g.f.siano equali a duoi angoli retti, dilche le due linee.f.g.&.g.l. sono indirette congionte,per la quarta decima propositione,& sono fatte una sol linea,che è la linea. f.l.Ma perche.f.k. (per la trigesima quarta propositione) è equale alla.h.g. etiam equidistante,similmente.m.l.è equale,& equidistãte alla medesima.h.g.(per la trigesima propositione).f.k,&.m.l.seranno etiam fra loro equale & equidistante,& le due linee.k.m.&.f.l.che le congiongano.(per la tregisimaterza propositione),sono equale, & equidistante. Adonque tutto.k.f.m.l.è paralellogrammo. Et perche il paralellogrammo.K.f.h.g. fu constituido equale al triangolo.a.b.d.& similmente il paralellogrammo.h.g.m.l.al triangolo.d.b.c. Adonque tutto il paralellogrammo.k.f.m.l. serà equale a tutto il rettilineo.a.b.c.d.& perche l'angolo.k.fu constituido equale all'angolo.e.dato, dilche hauemo constituido il paralellogrammo.k.f. m.l.equale al dato rettilineo a.b.c.d.etiam l'angolo.k.equal al dato angolo.e.che è il proposito.

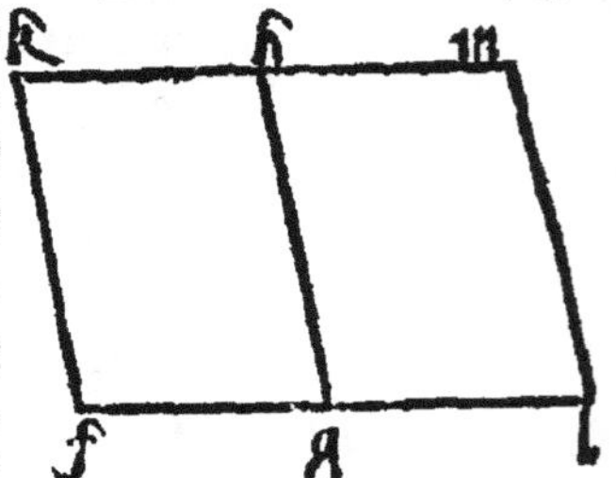

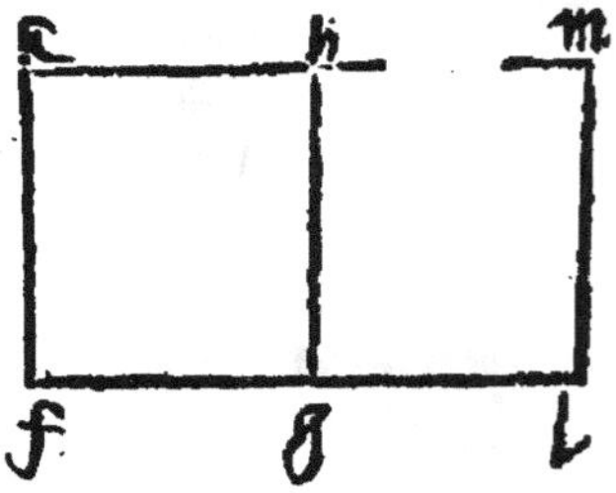

Il Tradottore.

Bisogna notare qualmente il dato rettilineo, a,b,c,d, puo essere contenuto da linee equidistante, & non equidistante, etiam de piu di quattro lati, perche questo nome rettilineo, è un nome generale, sotto alquale se intende ogni specie de figura contenuta da linee rette, per tanto se'l datto rettilineo fusse contenuto da

cinque

cinque lati quello se doueria risoluere in tre triangoli, & procedere come se fatto di sopra, cioè sopra la linea.l.m. cõstruerui il terzo triangolo (per la quadragesima quarta) & cosi se andaria procedendo quando che'l ditto rettilineo fusse contenuto da piu de cinque lati.

Problema.14. Propositione.46.

45/46 Da una data retta linea puotemò descriuere un quadrato.

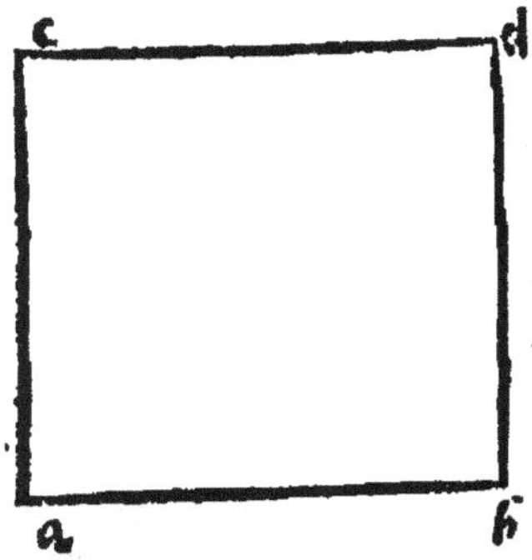

Sia la data retta linea.a.b.dellaquale uoglio descriuere il quadrato dalle due estremità, ouer ponti.a.&.b. della detta linea.a.b. per la undecima propositione, duco le due perpendicolare.a.c. &.b.d. sopra di quella laquale perpendicolare, per la ultima parte della uigesimaottaua propositione, sono equidistante, perche li duoi angoli.a.&.b. intrinsici sono ambiduoi retti (per la diffinitione ottaua,) hor facio l'una e l'altra di quelle, per la tertia propositione, equale alla medesima linea.a.b.poi tiro la linea.c.d. laqual serà ancor lei equale & equidistante alla linea.a.b.(per la trigesima tertia propositione) & perche li duoi angoli.a.&.b.sono retti,l'uno e l'altro delli altri duoi angoli.c.&.d. seranno etiam retti (per la ultima parte della uigesima nona propositione,ouer per la trigesima quarta propositione)adonque per la uigesima diffinitione.a.b.c.d.è quadrato che è il proposito. Anchora se poteua far in quest'altro modo, protratta che sia la linea.a.c.indefinita perpendicolare sopra.a.b.in ponto.a. et tagliata che sia la parte.a.c. (per la tertia propositione) equale alla ditta linea. a.b.tirando poi dal detto ponto.c.la linea indefinita.c.d.che sia equidistante alla linea.a.b.per la trigesima prima propositione,& di quella segarne la parte.c.d.(per la tertia propositione) equale alla linea.a.c. ouer.a.b. poi sia congionto il ponto.d. con lo põto.b.con la linea.d.b.laquale per la trigesimatertia propositione,serà equale alla linea.a.c. etiam equidistante, & tutti li angoli sono retti (per la trigesima quarta propositione)adonque la detta figura.a.b.c.d.si è quadrato,per la uigesima diffinitione che è il proposito.

Theorema.33. Propositione. 47.

46/47 In ogni triangolo rettangolo,lo quadrato che uien descritto dal lato opposito all'angolo retto,dutto in se medesimo,è equale alli duoi quadrati che uengono descritti delli altri duoi lati.

Sia il triangolo.a.b.c. dilquale l'angolo.a.sia retto, dico che'l quadrato del lato b.c.è equal al quadrato del,a.b.& al quadrato del.a.c.tolti insieme adonque quadrarò questi lati secondo la dottrina della precedente, e per il quadrato del.b.c.sia la superficie.b.c. d.e. & per il quadrato del.b.a.la superficie b.f.g.a.& per il quadrato

drato del a.c. la superficie.c.h.K.replico adonque & di co che il quadrato.b.c.d.e. è equale ad ambiduoi li quadrati.a.b.f.g.& .a.c.K.h.giõti insieme, e per dimostrar questo dall'angolo retto. a. produrò alla basa.d.e. del gran quadrato tre linee, cioe la linea.a.l. equidistãte al l'uno e l'altro lato.b.d.et.c.e.laqual segha il lato.b.c.in ponto.m. & la linea.a.e.& la linea.a.d. Anchora delli altri duoi angoli.b.& .c. tiro alli duoi angoli di duoi quadrati minore le due linee.b.k,et.c.f.lequale se intersegan fra loro dẽtro lo medesimo triangolo.a.b.c. E perche l'una e l'altra delli duoi angoli.b.a.c.et.b.a.g. è retto seranno adonque le due linee. c.a. & .a. g. in diretto congionte, per la quarta decima propositione, & seranno una linea sola, ch'è la linea.g.c.e per le medesime ragioni le due linee.b.a.& .a.h. seranno pur una sol linea, cioe la linea.b.h.perche li duoi angoli.c.a.b.& .c.a.h. son retti, perche adonque sopra la basa.b.f.et fra le due linee.f.b.et.g.c.è constituido il paralellogrammo, ouer quadrato.b.f.g.a.& il triangolo.b.c.f. per la.41.il paralellogrammo.b.f.g.a.serà doppio al ditto triangolo.b.f.c. & il triangolo.b.f.c. è equale al triangolo.b.a.d.per la quarta propositione,perche li duoi lati f,b,& ,b,c,del primo son equali alli duoi lati,a,b, & ,b,d,del secondo,perche,b,f,& ,b,a,ciascuno è lato del quadro.b.f.g.a.pero son equali,similmente, li altri duoi,cioe,b,c,& ,b,d, ciascuno è l'ato del gran quadrato,b,d,c,e, & per questo son anchora lor equali & l'angolo,b,del primo è equale all'angolo,b,del secondo perche l'uno e l'altro è composto d'un angolo retto, & dell'angolo,a,b,c,seguita adonque,per la ditta quarta propositione,che'l ditto triangolo.b.f.c.sia equal al ditto triangolo b,a,d, & perche il quadrato,b,f,g,a,è doppio (come è detto di sopra, al triangolo,b,f,c,)serà etiam doppia (per commune scientia) al triangolo.b.a.d, Ma perche il paralellogrammo,b,d,l,m,è anchora lui doppio al medesimo triãgolo,a,b,d,(per la quadragesima prima propositione)perche ambiduoi son cõstitui di sopra la basa,b,d,& fra le due linee,b,d,& ,a,l,equidistante, seguita adonque, per la sesta concettione, che'l paralellogrammo,b,f,g,a,sia equale al paralellogrãmo,b,d,l,m,per esser ciascun di loro doppio al triangolo,a,b,d,Et per questo medesimo modo, & con le medesime propositione prouaremo che li duoi triangoli. K.b.c,& ,a,e,c,sono equal fra loro,& lo paralellogrammo ouer quadrato, a, c, h, K, è doppio a l'un di loro, qual si uoglia, & similmente il paralellogrammo,c,e,l,m,serà pur doppio a qual si uoglia, seguiterà poi come di sopra, che'l paralellogrammo, c,e, l,m, serà equal al quadrato,a, c,K, dilche tutto il quadratto grande,b,c, d,e, per esser cõposto delli predetti duoi paralellogrammi,b,d,l,m,et,c,e,l,m,serà equale ad ambiduoi li predetti quadrati insieme gionti,che è il proposito.

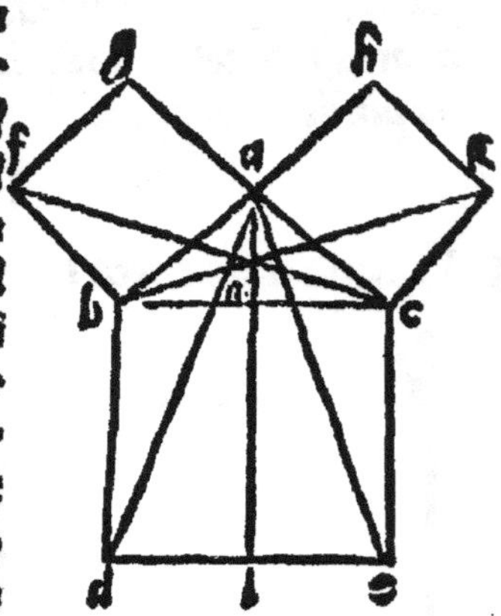

Il Tradottore.

Da questa popositione si manifesta, che il quadrato del diametro di ciascuno quadrato è doppio al quadrato della sua costa, come, uerbi gratia, sia il quadrato a,b,c,d,

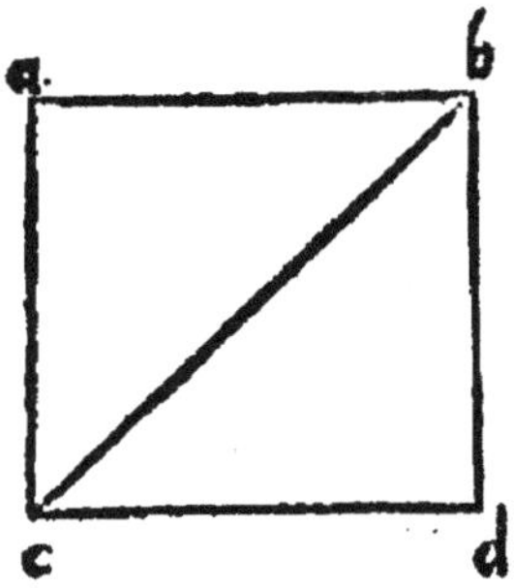

c,d, nelqual tiro il diametro,a,d, hor dico che'l quadrato descritto di sopra,a, d, per la precedente,serà doppio al quadrato descritto sopra la costa ouer lato,a,c, ouer sopra un delli altri tre lati, laqual cosa si dimostrerà in questo modo,perche il lato,a,c,è equal al lato,c,d, p la diffinitione del quadrato;et similmente l'angolo c, è retto adonque (per la presente propositiona) il quadrato del lato,a,d, del triangolo,a,d,c, per esser opposito al-l'angolo.c. che retto serà equale alli duoi quadrati delli duoi lati,a,c,et,c,d,liquali duoi quadrati seranno equali (per commune scientia) dilche essendo equale ad ambiduoi insieme (per cõmune scientia) serà doppia a un sol di quelli,perche uno uien a esser la mittà della somma de tutti duoi,per esser equali l'uno all'altro,e questo è quello che uuol inferire.

Theorema. 34. Propositione. 48.

47/47 Se il quadrato, che uien descritto da uno lato d'un triangolo, dutto in se medesimo serà equale alli duoi quadrati, che uengon descritti dalli dui restanti lati, l'angolo alqual è opposito quel tal lato è retto.

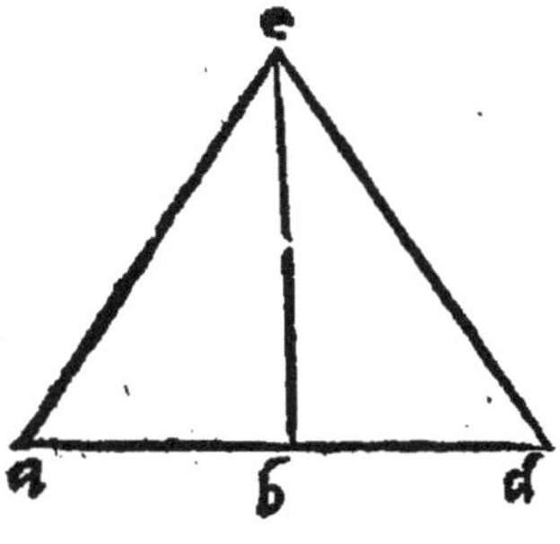

Sia il triangolo.a.b.c. & sia il quadrato del lato.a, c.equale alli duoi quadrati delli duoi lati.a.b.& .b.c.in insieme gionti. Dico che l'angolo.b.(alqual si oppone il detto lato.a.c.)è retto. E questa è il conuerso della precedente. Dal ponto.b.tiro la linea.b.d. per la undecima propositione,perpendicolare alla linea.b.c.e pongo quella equale alla linea.a.b.& produco la linea.c.d. Et perche l'angolo.d.b.c.è retto,il quadrato adonque del lato c.d.serà equale(per la precedente) alli duoi quadrati delli altri duoi lati.c.b. & .b.d. & perche.b.d. fu posta equale al.b.a.li loro quadrati(per commune scientia)seranno equali, perche sopra linee equale se descriueno quadrati equali,hor giongendo communemente a l'uno e l'altro delli detti duoi quadrati il quadrato della linea.c.b.due somme serãno equale,per la prima concettione,& perche una de queste due somme serà equale al quadrato della.a.c.l'altra serà equale al quadrato della.d.c. Adonque li quadrati delle due,a,c,& .d.c.seranno equali, & perche li quadrati equali sono contenuti de linee equale,per commune scientia,adonque la linea.c.serà equale alla linea.d.c.dil che li tre lati.a.b.a,c,& .c.b,del triangolo,a,b,c,sono equali alli tre lati.b,d,b,c,et c.d,del triangolo,d,b,c,seguita adonque,per l'ottaua propositione che l'angolo,a,b c,sia equale all'angolo,d,b,c, & perche l'angolo,d,b,c,è retto,serà etiam retto l'angolo.a.b.c.che è il proposito.

IL FINE DEL PRIMO LIBRO.

LIBRO SECONDO DI EVCLIDE.

1/1 Ogni paralellogrammo rettangolo è detto contenersi sotto alle due linee che circondano l'angolo retto.

Paralellogrãmo rettãgolo.

PER intelligentia di questa diffinitione, bisogna notare qualmẽte le specie principale di paralelligrammi sono due, cioe rettangolo, & non rettangolo: il rettãgolo è quello che ha tutti li suoi quattro angoli retti, Et il non rettangolo è quello, che non ha alcuno angolo, che sia retto, e l'una e l'altra di queste due specie si diuide in due altre specie. Le specie del rettangolo, l'una è il quadrato, & l'altra è il tetrangon longo, & le specie del paralellogrammo non rettangolo l'una è il rhombo, & l'altra è il rhomboide, & tutte queste specie furno diffinite in la uigesima prima diffinitione del primo, hor tornando a proposito, L'auttor per maggior nostra instruttione, et intelligẽtia delle cose che seguita, in questa diffinitione ci aduertisse qualmente il paralellogrãmo rettangolo è detto contenersi sotto a due di quelle linee che comprendono uno di suoi quattro angoli retti: & accio che meglio me intendi, sia il paralellogrammo .a.b.c.d. e sia rettangolo, dico che questo tal paralellogrammo, & altri simili, se dirà essere contenuto sotto alle due linee .a.b. & .a.c. che comprendono l'angolo .a. pur retto, lequale sono pur equale alle altre due opposite a quelle, per la trigesima quarta del primo. Et questa diffinitione, ouer suppositione deriua da questo. Perche la quantità di ogni figura superficiale, ò sia rettangola, ò non rettangola, paralellogramma o non paralellogrãma, sempre se apprende, ouer conosce la sua quantità per mezzo della quantità della sua uera longhezza, & larghezza, & sua uera longhezza, & larghezza non è semper equale a quelle due linee che circondano, ouer comprendano l'uno di suoi quattro angoli, saluo che nella figura paralellogramma rettangola, esempli gratia, la quantità della uera longhezza del proposto paralellogrammo rettangolo a.b.c.d. è tanto quanto la quantità dell'una delle due linee .a.b. ouer .c.d. & la quantità della sua uera larghezza è tanto quanto la quantità dell'una delle due linee .a.c. ouer .d.b. laqual cosa non seguita nelli altri paralellogrammi non rettangoli cioè nel rhombo, ouer nel rhomboide, ne etiam in altra figura, perche le due linee che contengono alcun delli angoli del rhombo, ouer del rhomboide, ouer d'altra figura, non se equalia l'una alla quantità della sua uera longhezza & l'altra alla quantità della sua uera larghezza, si come nel paralellogrammo rettangolo è detto, e pero non se dice, ne si puo dire rhombo, ouer il romboide, ouer altra figura non rettangola sia contenuta sotto ad alcune due di quelle linee, che contengono alcuno di suoi angoli, come nel paralellogrammo rettangolo è detto.

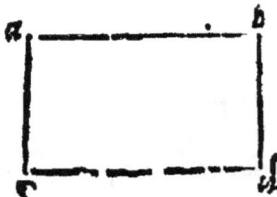

Ancho-

Anchora bisogna notare che questo parallellogrammo retrangolo si costuma a nominarlo sotto molti altri diuersi nomi, ouer parlari. E per essempio, sia le due linee. a. b. &. b. c. dico che tanto significa ouer importa a dire.

Quello che uien fatto del dutto della. a. b. in la. b. c.
El retrangolo della. a. b. in la. b. c.
El produtto che uiē fatto del dutto della. a. b. in la. b. c.
La moltiplicatione della. a. b. in la. b. c.
Quello che è contenuto sotto della, a, b, &, b, c.
La superficie rettangola contenuta sotto la. a. b. et. b. c.

Quanto che è a dire il paralellogrammo rettangolo descritto dalle dette due linee, ouer contenuto sotto di quelle, cioè ponendo la. b. c. orthogonalmente sopra l'una delle estremità della. a. b. poniamo in ponto. b. & dal ponto. c. tirare la linea. c. f. equidistante alla, a, b, et dal ponto. a. tirare la linea, a, d, equidistante alla, c, b, laqual se intersega con la. c. f. in ponto, d, & serà compito il paralellogrammo rettangolo. a. b. c. d. cōtenuto sotto le dette due linee. a. b. &. b. c. (o per dir meglio sotto di due altre equale a quelle,) & se le dette due linee fusser note per numero di qual che famosa misura, etiam il detto paralellogrammo seria noto per numero: esempli gratia, se la linea, a, b, fusse otto piedi di longhezza, & la. b. c. ne fusse cinque, dico che l'area superficiale del detto paralellogrammo seria quaranta piedi superficiali, cioe quaranta quadretti de un piede per fazza, et questo quaranta nasce dalla moltiplication della. b. c. fia la. a. b. cioe de cinque fiate otto fa quaranta, & con tal modo si cognosce la quantità superficiale di ogni paralellogrammo rettangolo, cioe se misura la sua longhezza & larghezza, dapoi il se moltiplica il numero delle misure della longhezza, fia il numero delle misure della sua larghezza, & il prodotto di tal moltiplicatione serà la quantità superficial di tal paralellogrammo, cioe serà tāti quadretti d'una di quelle misure cō che misurasti per fazza, o sieno piedi, o pertiche, o passa, & accio che meglio me intendi te uoglio dar un'altro esempio, sia il paralellogrammo rettangolo. g. h. i. K. & sia la linea. g. h. ouer. i. k. sette misure, poniamo sette pertiche, & la linea, g, i, sia cinque pertiche, come etiam per la sue diuisioni appare, hor dico che l'area superficiale di questo paralellogrammo serà trentacinque, ilqual trentacinque nasce della moltiplicatione di cinque fia sette, & questo trentacinque dico, che glie trentacinque quadretti di una pertica, per lato, laqual cosa se manifesta in questo modo tirando da ciascuna delle intermedie diuisione della linea, g, h, una linea equidistante all'una & l'altra, g, i, &, h, k, alla similitudine della linea. m. l. similmente de cadauna delle intermedie diuisioni della linea. g. i. tirando una linea equidistante

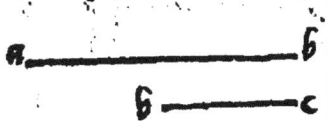

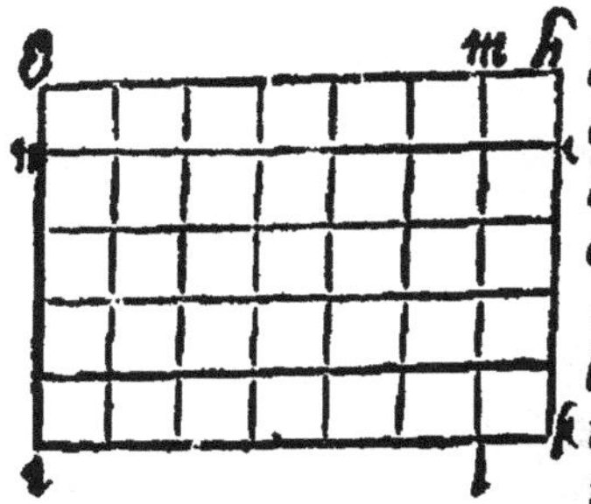

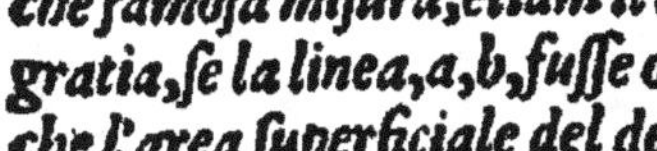

distante all'una e l'altra linea.g.h.& .i.K. alla similitudine della linea.n.o. & fatto questo serà diuiso il detto paralellogrammo in trentacinque quadretti, come sensibilmente puoi uedere, & etiam per la trigesima quarta del primo, approuare cadauno di quelli essere una perticha per faccia, cioe una di quelle sette diuisione della linea.g.h. quale supponemo sieno pertiche, & questo è quello che uolemo inferire.

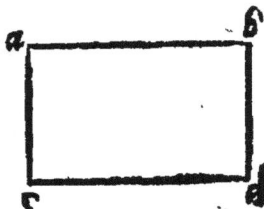

2/2 Quelli paralellogrammi che sega per mezzo il diametro di ogni spatio paralellagrammo, sono detti stare attorno al medesimo diametro, & qual si uoglia de quelli detti paralellogrammi che stanno attorno al detto diametro con li duoi supplementi è detto gnomone.

Quali sieno li paralelligrammi che stanno attorno del diametro, e quali sieno li supplementi fu dechiarato, sopra la demostratione della quadragesimatertia del primo.

Sia il paralellogrammo.a.b.c.d. & lo diametro di quello.a.d.ilqual diametro sia diuiso dalle due linee.e.f.& .g.h. dutte equidistante alli lati oppositi del ditto paralellogrãmo, lequal se seghino fra loro sopra il detto diametro.a.d. in ponto.k.dilche questo tal paralellogrammo serà diuiso in quattro paralelligrammi, & li duoi de quelli, cioè il paralellogrammi.a.g.e.K.& .k.f.h.d.liquali el diametro. a.d. li sega per mezzo, sono dette stare attorno al diametro come sopra alla detta quadragesima tertia propositione del primo etiam fu detto, & li altri duoi che non sono segati del detto diametro.a.d.sono detti supplimẽti, per la quadragesima tertia del primo, liquali duoi supplementi sono.e.k.c.h.& .g.k.b.f. hor dico che questi duoi supplementi gionti con un delli duoi paralellogrammi.a.e.g.k, ouer.k.h.f.d. che stanno attorno al diametro, insieme componeno una figura chiamata gnomone, uerbi gratia, tollendo il paralellogrammo.K.h.f.d.insieme con li duoi supplementi.e.k.c.h.& .g.K.b.f. formaranno una figura, come quì appare, laqual (come è detto di sopra) si chiamarà gnomone, ma che tolesse anchora l'altro paralellogrammo.a.e.g.K. con li predetti duoi supplimenti.e.k.c.h.& .g.K.b.f.formaranno etiam loro una figura, come quì appare; laquale, come è detto di sopra, si chiamerà similmente gnomone, e questo è quello che uolemo inferire. Onde seguita che

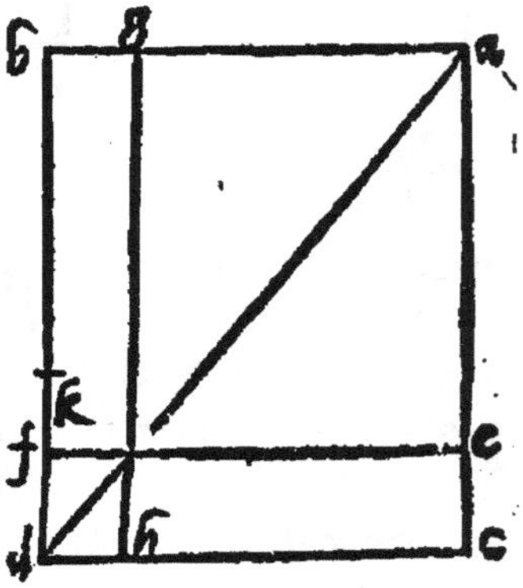

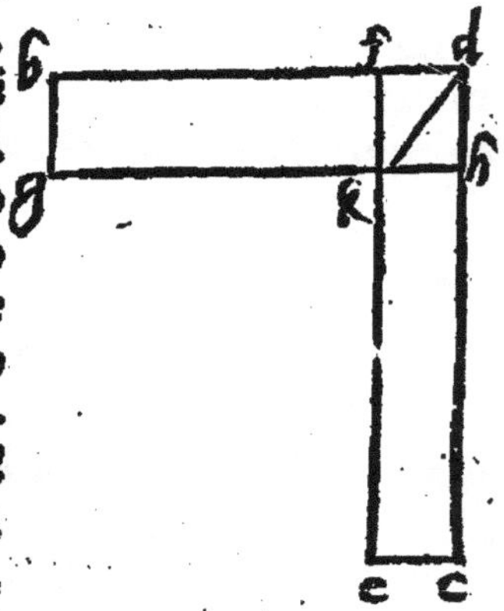

aggionto a cadauno di questi duoi gnomoni il paralellogrammo che gli manca refor mano un'altra uolta tutto il paralellogrammo, et a benche, il detto gnomone cresca di area, tamen il non se altera, ouer muta della sua circonferentia laterale, si come dice Aristotele nelli predicamenti.

Il Tradottore.

Gnomon

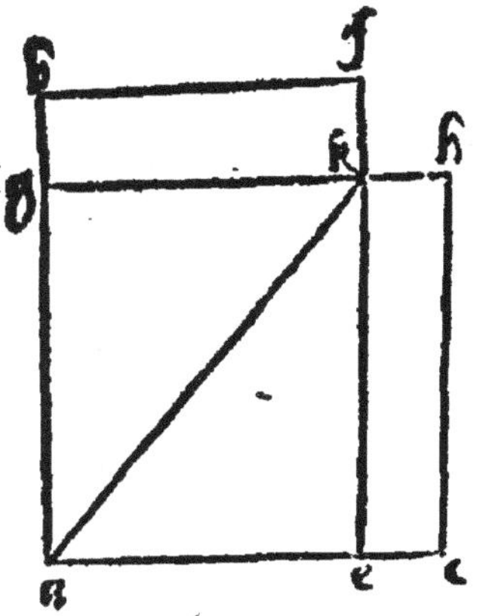

Questo sopra scritto correllario uol inferire che per l'aggiongere ouer cauare delli sopradetti paralellogrã mi sempre se cresce, ouer se sminuisce la superficie della figura, doue si aggionge ouer caua, & tamen mai gli cresce ouer sminuisce la circonferentia laterale, essempli gratia, se del paralellogrammo. a. b. c. d. ne cauaremo lo paralellogrammo. a. g. e. k, restarà lo primo gnomone, ilqual gnomone serà di minor superficie del paralellogrammo. a. b. c. d. tamen la sua circonferentia laterale serà equale alla circonferentia laterale del detto total paralellogrãmo, cioe che le sei linee. e. K: K. g: g. b: b. d: d. c. & . c. e. che circondano il detto gnomone, sono equale in summa alli quattro lati. a. b: b. d: c. e: a. che circondano il totale paralellogrammo, laqual cosa per te facilmente apprehenderai, senza altra dimostratione.

Theorema. 1. Propositione. 1.

Se seranno due linee rette delle quale una sia diuisa in quante parti si uoglia, Quello che uien fatto del dutto dell'una in l'altra serà equale à quelli rettangoli, che seranno produtti dal dutto della linea non diuisa in cadauna parte della linea particolarmente diuisa.

Siano le due linee. a. b. & . c. una dellequal, cioe. a. b. sia diuisa poniamo in tre parti l'una dellequal parte sia. a. d. la secunda. d. e. & la terza. e. b. hor dico che quel che uien fatto dal dutto della linea. c. in tutta la linea. a. b. serà equale a quelli paralellogrammi rettangoli (gionti insieme) che seran fatti della linea. c. in la. a. d. & in la. d. e. & in la. e. b. E per dimostrar questo sopra li duoi ponti. a. & . b. erigero le due linee. a. n. & . b. m. perpendicolare alla linea. a. b. (per la dottrina dell'undecima propositione del primo) dellequal perpendicolare ne segarò le duoi parti. a. f. & . b. g. che ciascuna sia equale alla linea. c. poi compirò il paralellogrammo. a. f. b. g. ducendo la linea. e. f. g. & questo tal rettangolo, ouer paralellogrammo è proprio il dutto de la linea. c. in tutta la linea. a. b. come di sopra fu detto. Anchora delli duoi ponti. d. & . e. tirarò le due linee. d. h. & . e. k. equidistante alli duoi lati. a. f. & . b. g. e l'una e l'altra di quelle seranno equale (per la trigesima quarta propositione del primo) similmente l'una e l'altra serà equal alla linea. a. f. & per la pri-

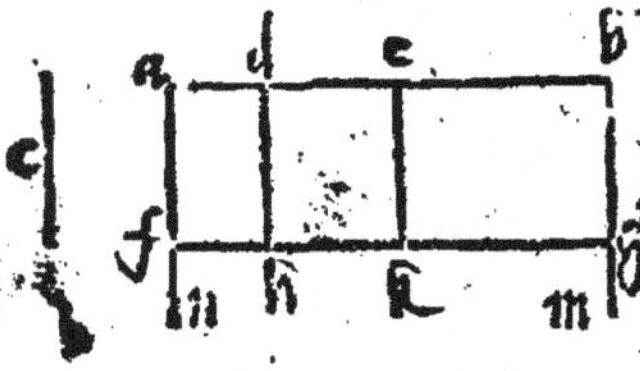

ma

ma concettione, alla linea.c. Adonque per le cose diffinite di sopra, il rettangolo.a.d.f.b. uien produtto dal dutto della linea.c.in la linea.a.d. & uien ditto esser contenuto sotto a quelle (come fu detto di sopra) & cosi il rettangolo, d, h, e, K, della detta linea, c, & della linea, d, e, serà contenuto, & similmente il rettangolo, e, k, b, g, uien pur fatto della linea, c, dutta in linea, e, b, & perche tutti questi tre rettangoli piccoli insieme gionti empieno totalmente tutto il gran rettangolo. a.f.b. g. pero tutti tre gionti insieme sono equali a quello, che è il proposito.

Theorema.2. Propositione.2.

2 Se una linea retta serà diuisa in parti, quello che è fatto dal dutto de
2 tutta la linea in se medesima, serà equale a quelli rettangoli che serāno fatti dal dutto della medesima in tutte le sue parti.

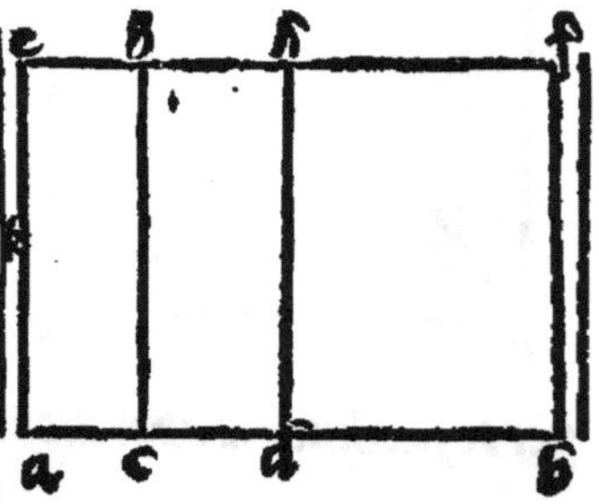

Sia la linea.a.b. laqual sia diuisa in quante parte si uoglia, ma per il presente sia diuisa in tre l'una sia.a.c. la seconda, c, d, la terza, d, b, hor dico che quello che uie fatto dal dutto di tutta la linea. a.b. in se medesima, che seria il quadrato di quella, serà equale a quelli tre rettangoli, che seranno fatti dal dutto de tutta la ditta linea, a, b, in ciascuna di quelle tre parti, cioe nelle tre linee.a.c. c. d. & d.b. & per dimostrar questo sopra la linea, a, b, per la quadragesima sesta proposition del primo descriuerò il quadrato, a, b, e, f, & dalli duoi ponti, c, et, d, produrro le due linee, c, g, &, d, h, equidistante alli duoi lati, a, e, et, b, f, dilche tutto il quadrato, a, e, f, b, serà diuiso in tre rettangoli, liquali son, a, e, g, c, g, c, h, d, &, h, d, f, b, & perche le due linee, c, g, &, d, h, sono equale, & cadauna di loro sono equale al lato a, e, che è quāto la, a, b, per la trigesima quarta propositione del primo, adonque li tre rettangoli sono contenuti sotto alla linea, a, b, per longhezza, & per larghezza l'uno è contenuto sotto alla parte, a, c, l'altro sotto alla parte, c, d, il tertio sotto alla parte, d, b, & perche li ditti tre rettāgoli empieno totalmente tutto il quadrato, a, b, e, f, il nostro preposito uien a esser manifesto. Anchora per la precedente se potea proceder in questo modo, sia tolto la linea, k, equale alla linea, a, b, & perche il rettangolo compreso sotto alla linea, K, & alla linea, a, b, diuisa serà equale, alli rettangoli fatti della linea, k, in le tre parti della, a, b, come nella precedente fu dimostrato, ma perche il rettangolo della, k, in la, a, b, è quanto il quadrato della, a, b, & li tre rettangoli della, k, in le parti de, a, b, è tanto quanto li tre rettangoli de, a, b, in le tre parti de lui medesimo, perche la, k, & la, a, b, sono equale seguita adonque la uerità del nostro proposito.

Theorema.3. Propositione.3.

3 Se una linea retta serà diuisa in due parti (come si uoglia.) Quello
3 che uien fatto dal dutto di tutta la linea, in l'una de dette due parti,

ferà eqnale al dutto della medesima parte in se medesima, & al dutto dell'una parte in l'altra.

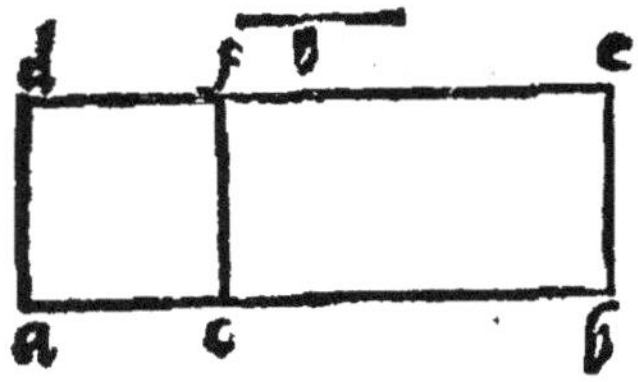

Sia la linea.a.b.diuisa in.a.c.& .b.c.dico che quello ch'è fatto da tutta la linea.a.b. in la sua parte.a.c.cioe rettangolo contenuto sotto a tutta la linea. a. b. & la sua parte.a.c. ferà equale al quadrato della medesima parte. a.c. insieme con lo rettangolo contenuto sotto al le due parti, cioè.a.c.& .c.b. E per dimostar questo co-stituerò sopra la linea.a.b. il rettangolo.a.b.d.e.talmē te che la sua larghezza. a.d. sia equale alla parte.a.c.& questo farò per la dottrina della prima propositione, poi dal ponto. c. produco la linea. c.f. equidistante alli duoi lati.a.d.& .b.e.laqual linea.c.f.ferà equale al lato. d. a. & al lato.b.e. per la trigesima quarta propositione, & per la prima concettione ferà etiam equale alla parte.a.c. dilche il rettãgolo a.c.d.f.ferà quadrato,et ferà quello della parte.a.c.et l'altro rettangolo.c.b.f.e. è quello ch'è fatto della parte.a.c. dutta in la parte. c. b. perche se uede che la sua larghezza. c. f. è equale alla parte. a.c. & la lõghezza è l'altra parte.c.b.& perche questi duoi rettangoli, cioe il quadrato.a.c.d.f. & lo rettangolo.c.b.f. e. empieno totalmente tutto il gran rettangolo.a.b.d.e.seguita adon que che lor duoi siano equali a quel solo, e perche questo grã rettangolo è contenuto sotto alle due linee.a.b.& .a.d.et.a.d.è equale alla parte,a,c,adõque il nostro proposito è manifestò.anchor per un'altro modo se poteua far questa demostratione, cioè tolendo la linea.g. equale alla linea.a.c. perche il rettangolo della linea.g. in tutta la linea.a.b. (per la prima propositione di questo) ferà equale alli duoi rettãgoli fatti della linea.g.indiuisa in le due parti.a.c.& .c.b. della linea.a.b.diuisa, & lo rettangolo della linea.g. in tutta la linea.a.b.è tanto quanto lo rettangolo della parte.a.c.in tutta la detta linea.a.b.perche,g, e tanto quanto.a.c.dal presuposito, similmente il rettangolo de.g.in.a.c. è tanto quanto il quadrato de.a.c. etiam il rettangolo de.g.in l'altra parte.c.b.e tanto quanto il retto angolo della parte.b.c.in l'altra parte.c.b.dilche per la detta prima propositione di questo feria delucidato il nostro proposito.

Theorema.4. Propositione.4.

4/4 Se una linea retta ferà diuisa in due parti come si uoglia, quel che uien fatto dal dutto de tutta la linea in se medesima, è equale alli quadrati che uengono fatti dal dutto dell'una è l'altra parte in se medesima e al dutto, dell'una parte in l'altra due uolte.

Corellario.

4/4 Da questo è manifesto che in ogni quadrato, le due superficie parallelogramme, che il diametro segha per mezzo son ambedue quadrate.

Sia

Sia la linea.a.b. diuisa in.a.c.& .b.c.dico chel quadrato de tutta la linea.a.b. e equale alli duoi quadrati delle due linee. a. c. & . b. c. & al doppio di quello che fatto dal dutto della linea.c.b.in la,a,c.(cioè del rettãgolo.de.c.b.in.a.c.) Et per dimostrar questo desriuerò sopra la linea.a.b. per la quadragesima sesta, del primo il quadrato.a.b.f.g.& tiro il diametro. f.b. & dal ponto.c.per la trigesima prima propositione del primo, duco la linea. c. h. equidistante alli duoi lati.b.g.& .a. f.laqual sega il diametro.f.b.nel ponto.d.dalqual ponto.d.tiro la linea. K.e.per la medesima trigesima prima del primo,equidistante alli duoi lati.a.b.& .f.g.& cosi tutto il quadrato.a.b.f. g.serà diuiso in quattro rettangoli delli quali li duoi,cioe,a,K,c,d,& ,b,d,g,e, sono li duoi supplemẽti,liquali sono equali fra loro per la quadragesima tertia propositione del primo,li altri duoi,cioè. K.d.f. h. & .c.d.b.e. sono quelli, che sono segati per mezzo dal diametro. f.b. & questi duoi sono quadrati laqual cosa se demostrerà in questo modo,perche.c.h.è equidistante al lato.a.f. & ambedue sono seghate della linea.f.b.dilche per la secõda parte della uigesimanona del primo l'angolo.b.d.c. intrinsico serà equale allo angolo.b.f.a. intrinsico a se opposito,& perche lo angolo.a. b.f.è equale anchora lui al ditto angolo.b.f.a.per la quinta propositione del primo, perche il lato.a.f.è equale al lato.a.b. del triangolo.a.f.b.dilche per la prima concetione l'angolo.c.d.b.serà equale all'angolo.c.b.d.seguita adonque per la sesta propositione del primo, che'l lato. c.d. sia equale al lato.c.b.del triangolo.c.b.d.& per la trigesima quarta propositione del primo, il lato.d.e.serà equale al lato.c.b.similmẽte il lato.e.b.al lato. c. d. seguita adonque per la prima concettione che'l paralellogrammo.c.d.b.e.sia di quattro lati equali,dico anchora etiam quel esser rettangolo, perche la linea.c.d.è equidistante alla linea.e.b.& ambedue sono segate della linea.a.b.d.dilche per la tertia parte della uigesima nona del primo,li duoi angoli.d. c.b.& .e.b.c.intrinsici sono equali a duoi angoli retti, & perche l'angolo.e.b.c.e retto per essere l'angolo del quadrato.a. b.f.g. è necessario che etiam l'angolo.d.c.b.sia retto & per la trigesima quarta del primo,li duoi angoli.c.d.e.& .b.e.d.contrapositi seranno retti,adonque. c. b. d.e. serà quadrato, & serà il quadrato della linea. c.b. & per lo medesimo modo e uia se approuerà. K. d.f. h. esser quadrato, dilche il correlario serà manifesto, & perche il lato. k. d. del quadrato K. d. f. h. (per la trigesima quarta del primo) è equale alla linea. a.c. seguita adonque che'l quadrato. k. d. f. h. sia il quadrato della linea. a. c. Adonque li duoi quadrati. c. b. d. e. & . k.d. f. h. sono li duoi quadrati delle due linee. a.c.& . c. b. & perche li duoi supplementi. a. c. k. d. & . b. d. g. e. sono equali, per la quadragesima tertia del primo, & lo supplemento. a.c.k.d. è contenuto sotto alla linea. a. c. & alla linea. c.b. (perche.c.d.è equale al.c.b.)adonque ambiduoi li supplementi.a.c.k,d.et b. d. g. e. gionti insieme seranno il doppio del produtto della parte. a. c. in la parte. c. b. & perche questi duoi supplementi insieme con li duoi quadrati de. a.

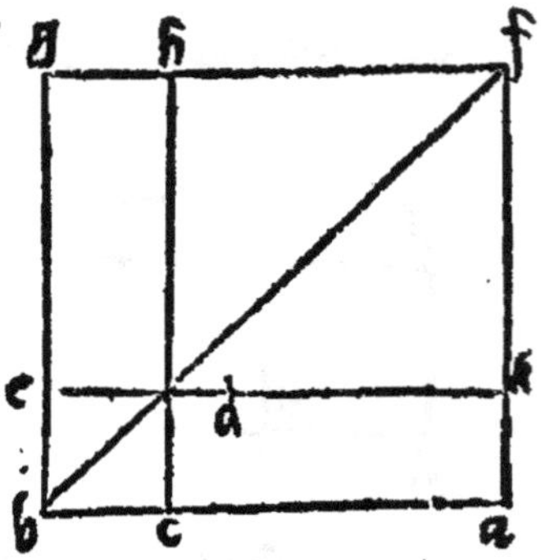

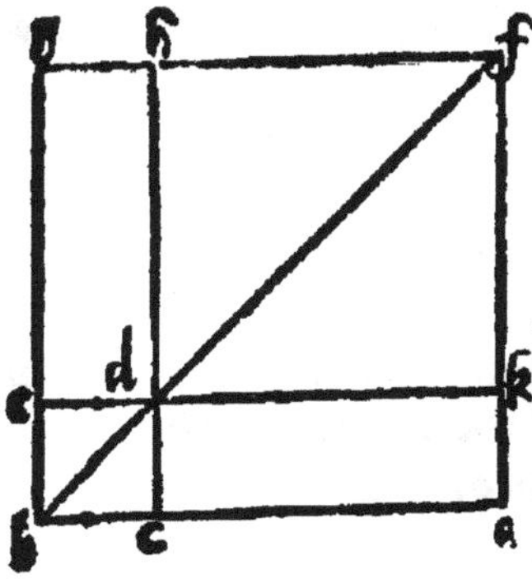

c.& .de. c. b. empieno precisamente il gran quadrato a. b. f. g. de tutta la linea.a.b. adonque tutti lor quatro sono equali a lui solo, che è il proposito. Nella prima tradottione se fa la dimostratione della presente quasi al opposito di questo, perche iui prima constituisce il quadrato.c.d.b.e.sopra la parte.c.b.poi gli aggiõgo el detto quadretto il gnomone secondo il dutto diretiuo dell'altra linea.a.c. ilquale se farà in questo modo, in lo quadretto.c.d.b.e.tiro il diametro.b.d.& dal ponto. a, duco la perpendicolare sopra la linea.a.b.laqual sia la linea.a.K.laqual.a.K.insieme col diametro d. b. produro fina a tanto che concorrano nel ponto. f. & dal ponto. f. produro. f. h. equidistante alla linea. a. b. laqual. f. h. insieme con. b. e. produro fina che concoranno in ponto. g. e produro. c. d. fina in.h.& .e.d. fina.K. & cosi serà constituido il gran paralellogrammo, a, f, b, g, diuiso in quattro paralellogrammi, come appare, hor ne bisogna dimostrar che lui sia quadrato insieme con lo parallelogrammo, k, f, d, h, & questo si farà mediante il presupposito quadretto, c, d, b, e, perche li duoi lati, e, d, & ,e, b, del triangolo, d, e, b, sono equali, li duoi angoli, e, d, b, & , e, b, d, sono etiam equali, per la quinta del primo., & perche l'angolo, e, è retto (dal prosupposito) dilche per la trigesima seconda del primo, li ditti duoi angoli, e, d, b, & , e, b, d, ciascun di loro sarà la mittà d'un angolo retto, & per le medesime ragion l'uno e l'altro delli altri duoi angoli, c, d, b, & , c, b, d, seranno la mittà d'un angolo retto, per laqual cosa li quattro angoli, cioe, h, f, d, & , h, d, f, & , k, f, d, & , k, d, f, ciascun di loro seranno la mittà d'un angolo retto, et questo se approuerà (per la seconda parte della uigesima nona del primo)perche la linea.b.f.sega le due linee.a.f. & .b.c.equidistante, e similmente le altre due.g.f.et. e.k.etiam.g.b.che sono pur equidistante, dilche l'angolo.h.f.d. serà equale all'angolo, e, d, b, che è la mittà d'un retto, et l'angolo. h. d. f. serà equale all'angolo, e, b, d, adõque li duoi angoli, h, d, f, & , h, f, d, sono equali perche ciascun è mezzo angolo retto, adonque li duoi lati, h, d, et h, f, del triangolo, d, h, f, per la sesta del primo, serã no equali similmente li duoi lati. k. d. & . K. f. del triangolo. K. d. f. per le medesime ragion seran equali, & per la trigesima quarta del primo, il paralellogrammo, K, f, d, h, serà de lati equali etiam rettangolo, perche li duoi angoli terminanti in . f. sono mezzo angolo retto per uno, adonque tutto l'angolo, g, f, a, serà retto, similmente l'angolo, h. d, k, & similmente per la tertia parte della uigesima nona del primo, l'angolo. a. & l'angolo. g. seranno retti, similmente li duoi lati. g. f. & . g. b. del triangolo. g. b. f. seranno equali (per la sesta del primo) & similmẽte li altri duoi lati. a. b, & , a, f, dell'altro triangolo, a, b, f, serã equali, Adonque li duoi paralellogrammi. a. f. b. g. & . k. f. d. h. seranno quadrati, per la trigesima quarta del primo, & perche il gran quadrato, a, f, b, g, è il quadrato di tutta la linea. a. b. & quello è diuiso in quattro rett angoli li duoi che sono attorno al diametro. f. b. sono li quadrati delle due linee. a. c. & . c. b. perche la linea

k. d. è

k,d, è equale alla linea,a,c,& li duoi supplementi sono equali fra loro (per la quadragesima tertia del primo) & l'uno di quelli, cioe,a,K,c,d, è contenuto sotto alle due linee.a.c.&.c.b.perche,c,d,è equale al detto,c,b. Adonque li duoi supplementi,a,k,,c,d,b,e,g,gionti insieme seranno il doppio di quello che è fatto della linea,a, c,in la linea.c. b. & perche li ditti duoi supplemēti insieme con li duoi quadretti delle due linee,a,c,&,c,b, impieno precisamente il gran quadrato.a, f.b.g. adonque tutti quattro se agualiano a lui solo,che è il proposito. Anchora per un'altro piu spedito modo se puo far questa demostratione,sia anchora la medesima linea.a.b.diuisa in,a,c,&,c,b,dico che'l quadrato de tutta la linea,a,b,è equale alli duoi quadrati delle due linee,a,c,&,c,b, insieme con il doppio del rettangolo compreso sotto alle due linee,a,c,et,c,b.

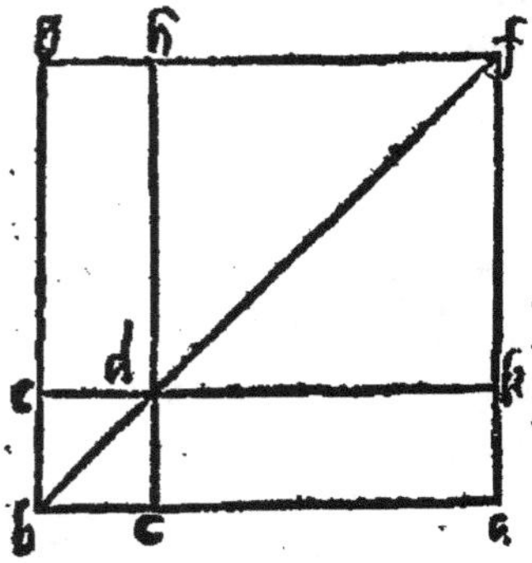

Che per questo altro modo lo dimostrarò sopra la linea, a,b,(per la quadragesima sesta del primo)cōstituisco il quadrato,a,f,b,g,in quello tiro tutte le linee, come di sopra fu fatto,cioe.f.b.c.b.k,e, & perche li tre angoli del triangolo,g,f,b,sono (per la trigesima seconda del primo)equali a duoi angoli retti, & perche l'angolo,g, è retto(dal presupposito)necessita adonque che li altri duoi(cioe l'angolo,g,f,b,& ,g,b,f,)insieme siano un sol angolo retto,& perche li duoi lati,g,f,&,g,b,del ditto triangolo,g,f,b,sono equali (dal presupposito per esser li lati del quadrato) li duoi angoli,g,f,b,&,g,b.f,(per la quinta del primo)serāno equali,& perche tutti duoi sono un sol angolo retto,adonque cadauno di loro serà un mezzo angolo retto, & perche la linea,a,b,sega le due linee,f,a,&,b,c,equidistante,l'angolo,d,c, b, estrinsico serà equale all'angolo,a,intrinsico,& perche l'angolo,a,è retto(per esser l'angolo del quadro)l'angolo,d,c,b,serà etiam retto, & perche li tre angoli del triangoletto,d,c,b,(per la detta trigesima seconda del primo)sono equali alli duoi angoli retti,e perche l'angolo,c,è retto li altri duoi insieme seranno un sol angolo retto,e perche l'angolo,d,b,c,è mezzo angolo retto (come se è prouato nel triāgolo,a,f,b.) adonque l'altro angolo,c,d,b, serà un'altro mezzo angolo retto. Adonque li duoi angoli,c,b,d,&,c,d,b,seranno equali(& per la sesta del primo)li duoi lati,c,d,& c,b,seranno etiam equali (& per la trigesima quarta del primo) il lato, d,e, serà equale al lato,c,b,& , lo lato,e, b , al lato,c,d, & l'angolo d,e,b,all'angolo,d, c, b, ch'è retto , similmente tutto l'angolo , b , è retto (ch'è l'angolo del gran quadro) retto serà etiam tutto l'angolo, d, a lui opposito , adonque, c, d, b, e,serà quadrato,(& della linea,c,b,come appare) & per la medesima ragione serà etiam quadrato, k, d,f,b, seguita adonque che li duoi paralellogrammi,c,d,b,e,& K, d, f,b, che sono intorno al diametro,f,b,sono quadrati,il correlario adonque serà manifesto , & perche, d, K, è equale al, c, a,il quadrato adonque, k, d, f, b, serà il quadrato della linea, a, c, & perche li duoi supplementi, a,k, c, &,d,b, e, g, sono equali (per la quadragesima tertia del primo) & perche il supplemento,a,c,k,d, è contenuto sotto alla linea, a, c, &, alla linea, c,b, (per esser,c,d,equale al ditto,c, b.)adon-

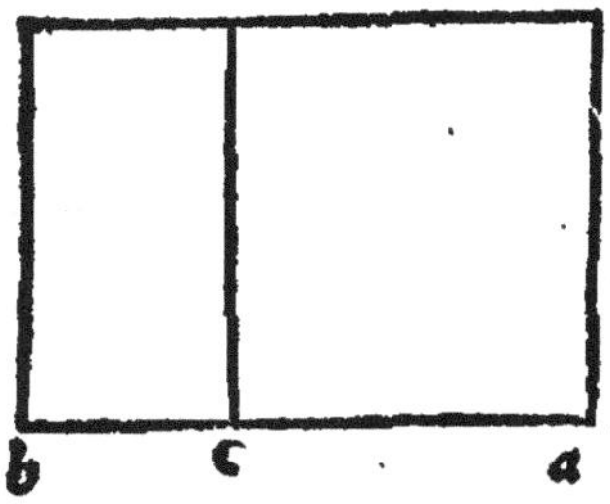

b.) adonque ambiduoi li ditti supplementi insieme, seranno il doppio del retangolo fatto della linea.a.c.in la linea.c.b. & perche li detti duoi supplementi insieme con li detti duo quadrati delle due linee.a.c.&.c.b.impieno precisamente il gran quadratto. a.f.b.g. della linea.a.b.adonque tutti quattro seranno equali a lui solo, che è il proposito. Anchora piu facilmente se poteua far la demostration della soprascritta propositione (per la seconda & terza propositione) esempli gratia, sia anchora la linea.a.b.diuisa in.a.c.&.c.b.dico che'l quadrato de tutta la linea.a.b. serà equale alli duoi quadratti delle dette due linee.a.c.b.& al doppio del rettangolo compreso sotto alle due parti.a.c.&.b.c.che per questo altro breue modo se dimostrerà. Perche il quadrato della linea.a.b.(diuisa in.c.)è equale (per la seconda propositione di questo) alli duoi rettangoli fatti di tutta la linea.a.b. in le sue due parti.a.c.&.c.b.ma perche ciascun di questi duoi rettangoli sono equali al rettangolo de l'una in l'altra & al quadrato di essa parte (per la tertia di questo) esempli gratia, il rettangolo de tutta la linea.a.b.in la parte.a.c.è equale al rettangolo della.a.c.in la.c.b.& al quadrato della detta.a.c.(per la tertia di questo) similmente

l'altro rettangolo della linea.a.b.in l'altra.c.b. è pur equale a un'altro rettangolo della ditta linea.c.b.in la detta linea.a.c.& al quadrato della detta linea.c.b.(come nella detta tertia questo fu dimostrato) e perche adonque questi duoi rettangoli della linea.a.b. in le due parti.a.c.&.c.b.uno di loro è composto del quadrato della parte.a.c.& d'un rettāgolo della.c.b.in la.a.c.& l'altro è composto il quadrato dell'altra parte.c.b.e d'un altro rettangolo pur della.c.b.in la.a.c.dilche tra tutti duoi li detti rettangoli de,a. b.in le due parti.a.c.&.c.b.conteneranno li dui quadrati de le due parti,a,c,&,c, b,etiam due uolte el rettangolo della,c,b,in la,a,c,& perche li detti dui rettangoli de,a,b,in le due parti,a,c,et,c,b, sono equali al quadrato della detta linea,a,b,(come è detto di sopra) seguita adonque (per la prima concettione) che li dui quadrati de le due linee.a.c.et.c.b.con lo doppio del rettangolo della,b,c,in la,a,c,esser equali al detto quadrato de la detta linea,a,b,che è il proposito.ma procedendo per questo modo non se uerria a delucidar il correllario, cioe che le superficie che sono seghate dal diametro ambedue siano quadrate, pero è meglio ciascun delli altri tre modi di sopra posti, ma non uolendo approuar il correllario questo seria piu breue.

Theorema. 5. Propositione. 5.

5 Se'l serà segata una linea retta in due parti equali,& in due altre non
5 equale, il rettangolo che è contenuto sotto alle settioni inequali, di tutta la linea, con il quadrato che uien descritto da quella linea che è fra l'una,& l'altra settione, è equale al quadrato che uien descritto dalla mità di tutta la linea dutta in se medesima.

Sia

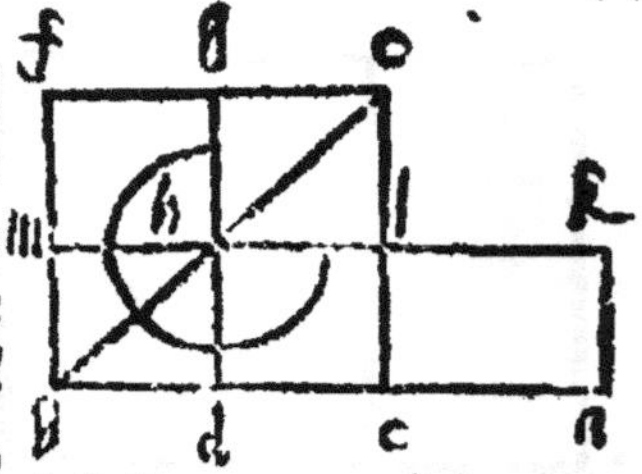

Sia la linea, a, b, diuisa in due parte equale nel ponto, c, & in due parti inequale, nel ponto, d, dico che'l quadrato della linea, c, b, è equale a quello che uien fatto dal, a, d, in, d, b, & del quadrato de, c, d, et per dimostrar questo io descriuerò sopra la linea, c, b, (per la quadragesima sesta del primo) il quadrato, c, e, b, f, nel quale tiro il diametro, e, b, & dal pōto, d, tiro la linea, d, g, equidistante alli duoi lati, c, e, & b, f, laqual segarà il diametro, e, b, in ponto, h, & dal ponto, h, tiro una linea equidistante alla linea, a, b, laqual sia, h, k, laqual segarà la linea, b, f, in ponto, m, & la linea, c, e, in ponto, l, & tirarò la linea, a, k, equidistante alla linea, c, e, hor dico che l'una e l'altra delle due superficie, l, g, & d, m, (per lo correlario della precedente) serà quadrata (e per la quadragesima terza del primo) li dui supplementi, c, h, & , h, f, sono equali, giongendo adunque equalmente a ciascuno il quadrato, d, m, (per la seconda concettione) il paralellogrammo, c, m, serà equale al paralellogrammo, d, f, & perche il paralellogrammo, a, l, è equale al paralellogrammo, c, m, (per la trigesima sesta del primo) per esser la basa, a, c, equal alla basa, c, b, & (per la prima concettione) serà etiam equale al paralellogrammo, d, f. Adonque se del paralellogrammo, a, h, m, la sua parte, a, l, è equale al paralellogrammo, d, f, tutto il ditto paralellogrammo, a, h, serà equal al gnomone, che circonsta al quadrato, l, g, & perche

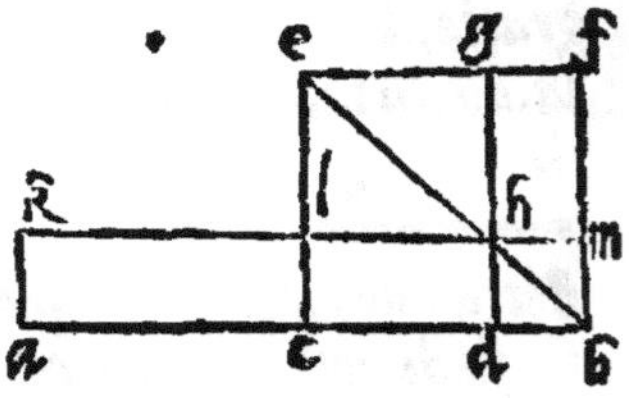

il ditto gnomone insieme con lo quadrato, l, g, (ilquale uien a esser il quadrato della linea, c, d, per esser, l, h, equale alla ditta, c, d, impieno precisamente tutto il quadrato, c, f, della linea, c, b, seguita adonque che'l ditto gnomone insieme col quadrato della linea, c, d, sian equali al quadrato della linea, c, b, & perche il detto gnomone è equale (come è detto) al paralellogrammo, a, h, ilquale è contenuto sotto alle due parti, a, d, & d, b, mequale (per esser, d, h, equale alla detta, d, b,) per esser ciascun lato del quadrato, d, m, adonque il paralellogrammo, a, h, insieme con lo quadrato della linea, c, d, serà equali al quadrato della linea, c, b, che è il proposito.

Il Tradottore.

Nota che per le due superficie, l, g, & d, m, se die intendere le due superficie, l, e, h, g, & d, h, b, m, perche in nominar una superficie quadrangola, in la seconda traduttione se costuma à nominarla solamente cō due lettere diametralmēte opposite, come di sopra si è fatto, e pero di questo bisogna aduertire in le cose che seguita.

Theorema. 6. Propositione. 6.

6/69 Se una linea retta sia diuisa in due parti equali, & che à quella sia aggionto in longo un'altra linea, quello che uien fatto dal dutto di tutta la linea cosi composta, in quella che gia è stata aggionta cō quello, che uien fatto dal dutto della mità della linea in se medesima: è equale al quadrato descritto dal dutto di quella linea che è composta da quella linea aggionta, & dalla mità, in se medesima.

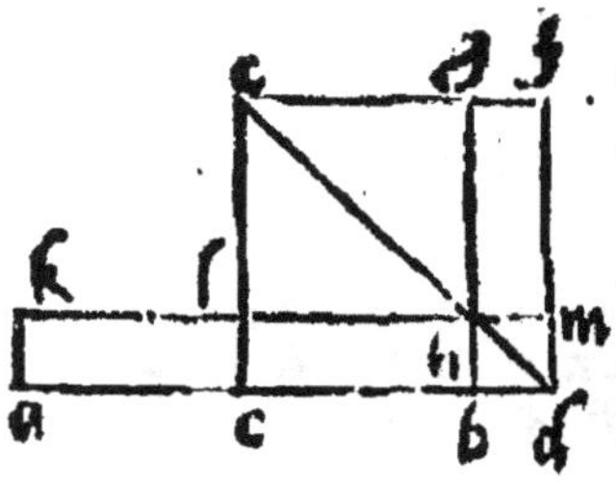

Sia la linea.a.b. diuisa in due parti equale in ponto. c.et a quella che gli sia aggiunta la linea.b.d.dico che'l quadrato della linea.c.d. (ilqual sia.c.d.e.f.)è equale al rettangolo fatto da tutta la linea. a.d.in.la.b.d. & al quadrato della linea. c. b. Et per dimostrar questo produro nel quadrato predetto il diametro, d, & dal ponto. b. tiro la linea.b.g.equidistante alla linea.d.f.la qual segarà il diametro e.d.nel ponto.h.dalqual ponto. h.tiro la linea.h.K.equidistante alla linea a.d.laqual sega la linea.f.d. in ponto.m. & la linea.c.e.in ponto.l.& produrò la.a.k,equidistante alla.c.l.dilche il paralellogrammo.a.l. serà equal al paralellogrammo.c.h.(per la trigesima quinta del primo) per esser la.a.c.equale alla.c.b.& lo supplemento.c.h.serà equale al supplemẽto.h.f.(per la quadragesima tertia del primo)per la qual cosa.a.l.serà etiam equale al ditto supplemento.h.f.dilche aggiungendo equalmente a ciascun di loro lo paralellogrammo.c.m.la summa serà ancor equal(per la seconda concettione) adonque il gnomone.f.b.l.serà equale alla superficie. a.m.aggiungendoli etiam equalmẽte. l.g. (qual è quadrato)per lo correlario della quarta, serà pur le ditte due summe anchor equale,et perche il ditto gnomone.f.b.l.con lo quadrato l.g.se equalia al quadrato. c.f. adonque il rettangolo. a.m. con lo detto quadrato.l.g.serà equale al ditto quadrato.c.f. ilquale è il quadrato della linea. c.d. & perche il quadrato.l.g. è il quadrato della linea.c.b.per esser.l.h.equale al.c.b. & lo rettangolo.a.m.è contenuto sotto a tutta la linea.a.d. e alla linea.d.b.(per esser.d.m.equale al.b.d.)per esser ciascun lato del quadrato.b.m.seguita adonque che'l rettangolo fatto della linea. a.d. in la linea. b.d. con lo quadrato della linea. c. b. esser equali al quadrato della linea.c.d.che è il proposito.

Theorema. 7. Propositione. 7.

7/7 Se una linea retta sia diuisa in due parti, come si uoglia, quello che uien fatto dal dutto di tutta la linea in se medesima con quella, che uiẽ fatto dal dutto di l'una di dette parti in se medesima, è equale a quelli rettangoli che uengono fatti da tutta la linea in la medesima parte due uolte, & al quadrato dell'altra parte in se medesima.

Sia la linea. a.b. diuisa in due parti in ponto. c. dico che'l quadrato de tutta la linea. a. b. con lo quadrato della linea. c.b. è equale a quello che uien fatto dalla linea. a.b. due uolte in la.c.b.insieme con lo quadrato della linea.a.c. Et per dimostrar tal cosa descriuerò il quadrato della linea. a. b. (per la quadragesima sesta del

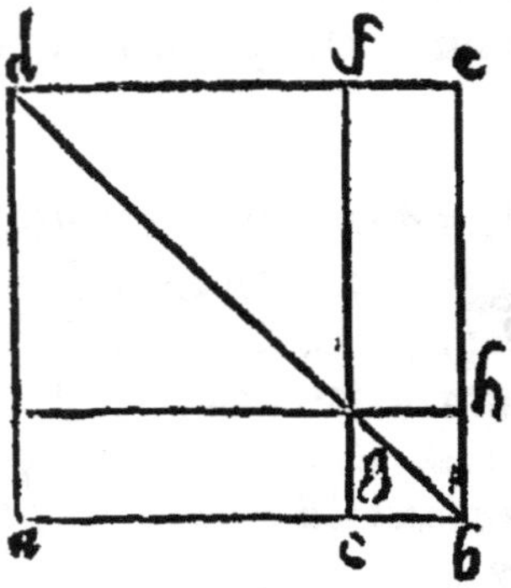

del primo) qual sia il quadrato, a, b, d, e, & protrarò il diametro. d. b. dal ponto c. tirarò la linea, c, f, equidistã te alla linea. b. e. laqual sega il diametro. d. b. in lo ponto. g. et dal ponto. g. tiro la linea. K. g. h. equidistante al la linea. a. b. & perche il quadrato a. e cõ lo quadrato c. h. sono tanto quanto il quadrato. k. f. con le due super ficie a. b. c. e. & perche le due superficie. a. h. & . c. e. sono de piu del gnomone. a. b. f. tanto quanto è il quadrato, c, h, per esser il detto quadrato computà due fiade, cioè una in la superficie. a. h. & l'altra in l'altra superficie. c. e. & perche queste due superficie. a. h. & . c. e. sono equale (come per la 43. del primo se puo prouare) & l'una di quelle, cioe a. h. è contenuta sotto a tutta la linea. a. b. & alla linea. c. b. per essere. b. h. equale alla b. c. (per esser ciascuna lato de. c. h. ilquale è quadro insieme con. K. f. per il correlario della quarta di questo, adonque le due superficie. a. h. & . c. e. insieme sono il doppio de. a. h. agiunto a quelle il quadrato. k. f. (ilqual uien a esser il quadrato della. a. c. per esser la. k. g. equal alla detta. a. c. tutta questa summa serà equal a tutto il quadrato. a. e. insieme con lo quadrato. c. h. che è il proposito.

Theorema. 8. Propositione. 8.

8/8 Se una linea retta sia diuisa in due parti come si uoglia, & à quella gli sia aggionto in longo un'altra linea equale a una di quelle parti, Quello che uien fatto dal dutto di tutta la linea cosi composta in se medesima, serà equale al rettangolo fatto dal dutto della prima linea in quella agionta quattro uolte, & al quadrato de l'altra parte.

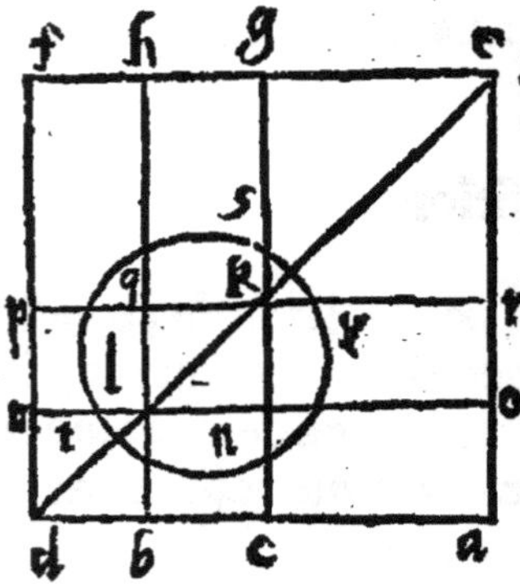

Sia la linea. a. b. diuisa in ponto. c. allaquale sia aggiunto in longo la linea. b. d. equale alla parte. c. b. dico che'l quadrato de tutta la linea. a. d. (ilquale sia. a. d. e. f.) è equale a quattro rettangoli fatti della linea. a. b. in la linea. b. d. & al quadrato della linea. a. c. Et questo serà manifesto dutto il diametro. e. d. e dalli duoi ponti, c, & , b, dutte le due linee, c, g, & , b, h, equidistante alla linea d, f, laquale segano il diametro, e, d, nelli duoi ponti, l, & , k, dalliquali ponti tiro le due linee, p, q, K, r, & , m, l, n, o, equidistante alla linea, a, d, dilche tutto il quadrato della. a. d. serà diuiso in noue superficie dellequale la superficie, r, g, e tutta la superficie. c. p. sono quadrate (per lo correlario della quarta di questo) & perche il quadrato, c, p, è diuiso in le quattro superficie, c, l, b, m, n, q, & , l, p, di le quale le due cioe b, m, & , n, q, son etiam quadrate (per lo detto correlario della quarta di questo) & perche, b, d, è equale al, b, c, il supplemento, c, l, serà (per la trigesima sesta del primo)

primo) equale al quadretto.b.m.& perche il supplemento. l.p. equale al ditto supplemẽto.c.l.(per la quadragesima tertia del primo) serà etiam equale al ditto quadretto. b.m. (per la prima concettione) e perche il lato del quadretto. n.q.cioe. n.l. (per la trigesima tertia del primo) è equal'al.c.b.& .c.b.è equale (com'è detto) al lato.b.d.(seguita per la prima cõcettione) che'l lato.n.l.sia equale al lato.b.d.(per communa scientia) il quadretto.n.q. serà equale al quadretto. b.m. dilche tutto il quadretto. c.p. nien esser diuiso in quattro parte equali,cioè in li quattro quadretti predetti.e perche li duoi supplementi.a.K.& .k.f. del quadrato.a.f.son equali (per la quadragesima tertia del primo) & perche.n.c.è equale al.b.l.lato del quadretto.b.m.(per la trigesima tertia del primo)similmente il lato.K.n.del quadretto.n.q.è equale al detto lato.b.l.(per esser li detti quadrati equali)adonque(per la prima concetione).k.n.serà equale al.n.c. (& per la trigesima sesta del primo)il paralellogrammo. c.o. serà equale al paralellogrammo. n.r. & perche li duoi supplementi.n.r.&.k.b.del quadrato.l.e.sono equali(per la ditta.43 .del primo)cauandoli delli duoi primi supplementi, cioè de.a.k.& .k.f.li duoi rimanenti,cioe a.n.& .q.f.(per la tertia cõcettione)seran equali,e perche.k.b.è equale(come è detto) al, n.r.& .n.r.è equal al.a.n.seguita adonque che le quattro superficie,cioè.a.n.n.r.k, b.et.q.f.siano equale,per esser ciascaduna equale alla superficie.a.n.ouero.c.o.(che è la medesima) & perche la detta superficie. a.n. giungendo il quadrato.c.l. tutta la summa cosi composita (che seria il rettangolo.a.l.) sarà il rettangolo compreso sotto la linea. a.b. & alla linea.b.d.(per esser.b.l.equale alla linea. b.d.) adonque le quattro superficie.a.n.o.K:K.b.& .q.f. insieme con li quattro quadretti. c.l.b. m.n.q.l.p.seranno in summa quattro superficie.a.l.laqual summa seria il gnomõ. s. t.y.ouer.g.p.a.che è el medesimo,& perche il quadrato.r.g.è il quadrato della linea.a.c.(per esser.r.k,equale al.a.c. per la trigesima quarta del primo) e il detto quadrato.r.g.insieme con lo detto gnomone,se equaliano al quadrato de la linea.a. d.cioè,al quadrato.a.f.seguita adonque che il quadreto della linea,a,c,insieme con li quattro rettangoli fatti della linea.a,b,in la linea.b,d,se equaliano al quadrato della linea,a,d,che è il proposito.

Theorema.9. Propositione.9.

9/9 Se una linea retta sia diuisa in due parti equale & in due non equali li quadrati , che uengono fatti dal dutto delle sectioni non equali in se medesme tolti insieme,son doppii alli quadrati descritti della mità della linea,& da quella linea che giace fra una e l'altra sectiõ tolti insieme.

Sia la linea,a,b,diuisa in due parti equale in ponto,c,& in duoi parti non equale in ponto,d,dico che'l quadrato della linea,a,d,giunto con lo quadrato della linea d,b,sono doppii al quadrato della linea.a,c,gionto con lo quadrato della linea, c, d. Et per dimostrar questo,dal ponto,c,tiro la linea,c,e,perpendicolare alla linea.a.b. e quella faccio equal a l'una e alll'altra delle due linee a, c, & ,c,b, & produco le due linee, e,a,& ,e,b, & serà cõstituido il triangolo,a,e,b,elquale è diuiso in duoi trian-

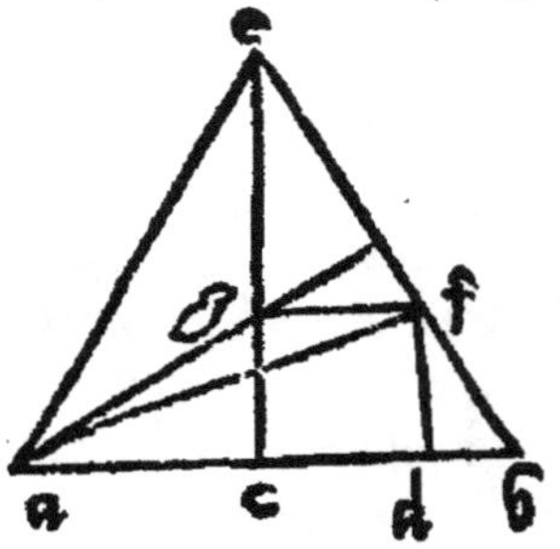

triangoli, c, e, b, & , c, e, a, (dalla perpendicolare, e, c,) & perche el lato, c, e, è equale al lato, c, b, (del triangolo, c, e, b,) li duoi angoli, c, e, b, & , c, b, è, (per la quinta del primo) sono equali, & per esser l'angolo, e, c, b, retto l'uno e l'altro delli duoi angoli, c, e, b, & , c, b, e, (per la trigesima seconda del primo) sarà la mità d'un angolo retto, & per le medesime ragione li duoi angoli, c, a, e, & , c, e, a, ciascun di loro serà la mità d'un angolo retto dilche tutto l'angolo, e, sarà retto (per esser composto de duoi mezzi angoli retti) hor dal ponto, d, produco la linea, d, f, equidistante alla, c, e, & perpendicolare sopra la linea, a, b, dilche l'un, e l'altro delli duoi angoli. d, serà retto, & perche l'angolo, d, b, f, (come è detto) e mezzo angolo retto, et perche l'angolo, b, d, f, è retto necessita (per la trigesima seconda del primo) che l'angolo, d, f, b, sia mezzo angolo retto (& per la sesta del primo) il lato, d, f, serà equale al lato, d, b, hor dil ponto, f, conduco la linea, f, g, equidistante alla linea, a, b, dilche li duoi angoli che sono al, g, (per la seconda parte della uigesima nona del primo) l'uno e l'altro serà retto, & l'angolo, e, f, g, (per la ditta trigesima seconda del primo) serà la mità d'un angolo retto, per laqual cosa li duoi lati, g, e, & , g, f, (per la sesta del primo) seranno equali (& per la penultima del primo) il quadrato de, e, f, è equal al quadrato de, e, g, & al quadrato de, g, f, per laqual cosa il quadrato del ditto, e, f, serà doppio al quadrato solo, de, g, f, & per esser, g, f, equale al, c, d, (per la trigesima quarta del primo) seguita adonque chel quadrato de. e. f. sia doppio al quadrato de. c. d. hor tiro la. f. a. & perche il quadrato de, e, a, è equale al quadrato de, a, c, & al quadrato de, c, e, (per la detta penultima del primo) & perche, a, c, è equale al, c, e, seguita che'l quadrato de a, e, sia doppio al quadrato de, a, c, & perche il quadrato de, a, f, è equale al, c, e, seguita che'l quadrato de, a, e, & , de, e, f, (per la detta penultima del primo) adonque il quadrato de, a, f, serà doppio al quadrato de, a, c, & al quadrato, de, c, d, & perche il quadrato del detto, a, f, (per la detta penultima del primo) anchora lui è equal al quadrato della, a, d, & al quadrato della, d, f, seguita adonque che'l quadrato della, a, d, et lo quadrato della, d, f, gionti insieme sono doppij al quadrato della, a, c, & al quadrato della, c, d, tolti insieme, & perche il quadrato della, d, f, è equale al quadrato della, d, b, adonque li quadrati delle due linee, a, d, & , d, b, seranno doppij alli quadrati delle due linee, a, c, & , c, d, che è il proposito.

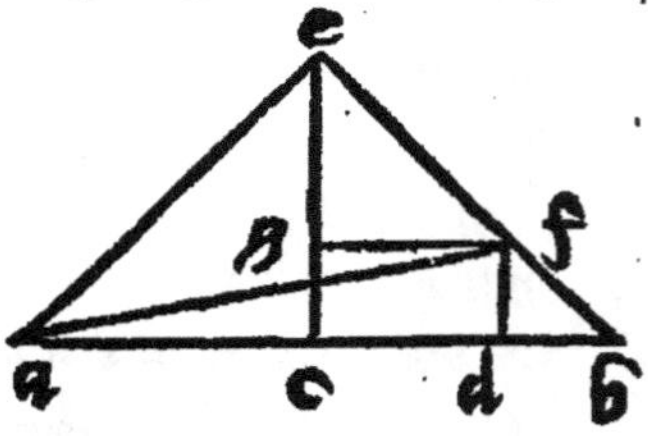

Theorema. 10. Propositione. 10.

10 / 10 Se una linea retta serà diuisa in due parti equali, & che a quella sia aggionto in longo un'altra linea, il quadrato, che uien descritto de tutta con la aggionta, & il quadrato, che uien descritto da quella, che è aggionta l'un e l'altro di questi duoi quadrati tolti insieme è necessario essere

ſere doppii, al quadrato che uiē deſcritto dalla mità della prima linea, & a quello che uien produtto da quella, che è compoſta della mità, & dall'aggionta, cioe di quelli duoi quadrati tolti inſieme.

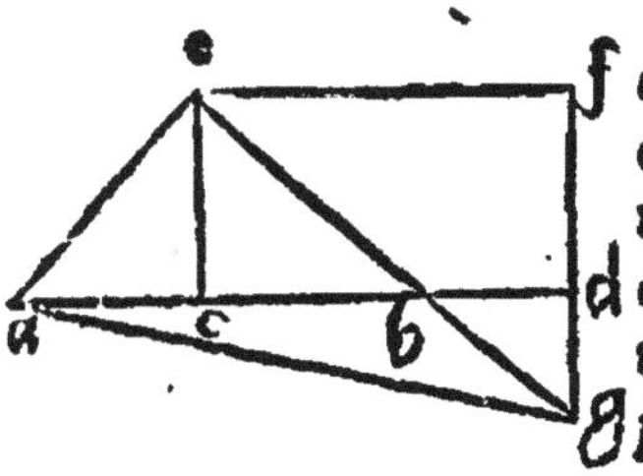

Sia la linea.a. b. diuiſa in due parti equali in ponto c. & a quella ſia agiunta la linea.b.d. dico che'l quadrato della linea.a.d.inſieme con lo quadrato della linea.b. d. ambidui coſi inſieme ſono doppij alli duoi quadrati delle due linee.a.c. & .c. d. tolti ambiduoi inſieme, & per dimoſtrar queſto dal pōto.c. (per la.11.del primo) rigo la linea.c. e. perpendicolar alla linea.a. d. & quella (per la.3. del primo) pongo equale all'una e l'altra delle due.a.c. & .c.b. & dal ponto.e. (per la prima petitiō) duco le due linee. e.a. & .e.b. e ſerà conſtituido il triangol.e. a. b. delche l'un e l'altro de dui angoli.a. et.b. per le ragione adutte nella precedente, ſerà la mità d'un angolo retto, & ſimilmente l'uno & l'altro delli duoi angoli che ſono al.e. ſeran pur la mità d'un angolo retto, dilche tutto l'angolo.e. uerra eſſer retto (per eſſer compoſto de duoi mezzi angoli retti) & dal ponto. e. (per la trigeſima prima del primo) produco la linea.e.f. equidiſtāte alla linea.a.d. & equale alla linea.c.d. & produco.f.d. poi ſlongo le due linee.e.b. & .f.d. per fina a tanto che lor concorrano in ponto g. & produco la linea a.g. (& per la ultima parte della uigeſima nona del primo) l'angolo.c.e.f. ſerà retto & perche l'angolo.c.e.b. è mezzo angolo retto, adonque l'angolo.b.e.f. ſerà etiā lui mezzo angolo retto, & perche (per la trigeſima tertia del primo).f.d. è equidiſtante al.c.e. ſerà l'angolo.f. (per la trigeſima quarta del primo) retto, & (per la trigeſima ſeconda del medeſimo) l'angolo.e.g.f. ſerà la mità d'un angolo retto, & perche li duoi angoli.g.e.f. & . f. g. e. (del triangolo. f. e. g.) ſono equali, per eſſer ciaſcun mezzo angolo retto ſeguita (per la ſeſta del primo) ch'l lato. e. f. ſia equal al lato.f.g. & perche l'angolo.g.d.b. (per la ſeconda parte della uigeſima nona del primo) e retto & l'angolo.d.g.b. e la mità d'un retto (come prouato habbiamo) adōque per la detta trigeſima ſeconda del primo l'angolo.d.b.g. ſerà etiam lui la mità d'un retto (& per la ſeſta del primo) il lato. b. d. ſerà equale al.d.g. Adonque per la penultima del primo, il quadrato de.e.g. è doppio al quadrato de.e.f. ſimilmente ſerà etiam doppio al quadrato de.c.d. per eſſer.c.d. equal al.e.f. (per la detta trigeſima quarta del primo) anchora per la detta penultima del primo, il quadrato de a.e. ſerà doppio al quadrato del. a. c. & perche il quadrato de.e.g. è doppio (com'è detto) al quadrato de.c.d. adonque li duoi quadrati delle due linee.a.e. & ,e,g, tolti inſieme ſeranno doppij alli duoi quadrati delle due linee,a,c, & ,c,d, tolti inſieme & perche il quadratto de,a,g, ſi è tanto quanto li detti duoi quadrati de, a, e, & de. e. g. (per la detta penultima del primo) ſeguita adonque che'l quadrato ſolo della linea.a.g. ſia doppio alli detti duoi quadrati de, a, c, & , c, d, tolti inſieme, & perche il quadrato, de, a, g, ſi è tanto quanto, li duoi quadrati de, a, d, & de.d.g. (per la detta penultima del primo) ſeguita adonque che li detti duoi quadrati de, a. d. & .d.

d, & , d, g, ſiano in ſumma doppij alli detti duoi quadrati de, a, c, et, c, d, pur gionti inſieme, & perche, d, b, è equale al, d, g, il quadrato de, d, b, (per commune ſciẽtia) ſerà etiam equale al quadrato de, d, g, ſeguita adonque che li duoi quadrati de, a, d, & , b, d, gionti inſieme ſiano doppij alli duoi quadrati de, a, c, & , c, d, pur giõti inſieme, che è il propoſito.

Problema. 1. Propoſitione. 11.

11 Puotemo ſegare una data retta linea ſi conditionatamente che il ret
11 tangolo che è contenuto ſotto di tutta la linea, & di una parte, ſia equale al quadrato che uien fatto dell'altra parte.

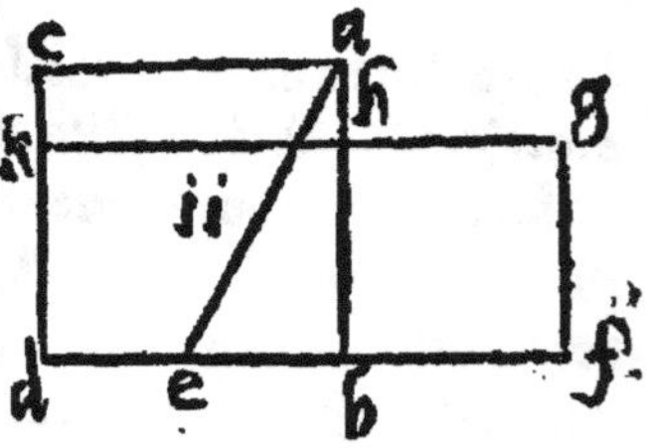

Sia la data linea, a, b, laqual uolemo diuidere coſi cõditionatamente che quel che uien produtto da tutta la linea in la ſua menor parte ſia equale al quadrato del l'altra maggior parte, & per far tal coſa deſcriuerò il quadrato ſopra la detta linea. a. b. (per la quadrageſima ſeſta del primo) ilqual, ſia, a, b, c, d, & diuido il lato, b, d, in due parti equale in ponto, e, et produco la, a, e, & ſlongo etiam la, e, b, ſina in ponto, f, talmente che la, e, f, ſia equale alla, a, e, et ſopra la parte iſtrinſica, b, f, deſcriuo (per la quadrageſima ſeſta del primo) il quadrato, b, f, g, h, ilquale ſega dalla linea, a, b, la parte, b, h, equale alla parte, b, f, hor dico che la linea, a, b, è diuiſa talmente in ponto, h, che quello che è fatto da tutta la linea, a, b, in la ſua minor parte, a, h, è equale al quadrato dalla parte, b, h. Et per dimoſtrar queſto ſlongo la, g, h, per fin al k, laqual ſerà equidiſtante al, a, c. perche adonque la linea, d, b, è diuiſa in due parti equale in ponto, e, & a quella gliè aggiũta la linea, b, f. Il rettangolo compreſo ſotto a tutta la linea, d, f, & alla linea, b, f, col quadrato della e. b. per la ſeſta di queſto, ſerà equale al quadrato della, e, f, & perche. e. f. ſi è equale alla. e. a. il rettangolo adonque fatto della, d, f, in la, b, f, con lo quadrato della, e, b, ſerà equale al quadrato della. e. a. & perche il quadrato della, e. a. (per la penultima del primo) ſi è equale alli duoi quadrati delle due linee. e. b. & . a. b. ſeguita adunque che'l rettangolo della. d. f. in la. b. f. con lo quadrato della. e. b. ſia equale al medeſimo quadrato della. e. b. inſieme con lo quadrato della, a, b, leuando uia da l'una & l'altra ſumma il quadrato della ditta. e. b. li duoi rimanenti (per la tertia concettione) ſeranno fra loro equali, delli quali rimanenti l'uno ſerà il rettangolo fatto della d. f. nella. b. f. & l'altro è il quadrato della. a. b. & perche il rettangolo fatto della d. f. nella. b. f. ſi è la ſuperficie, d, g, perche. f. g. è equale al. b. f. (per eſſer ciaſcun di loro lato del quadrato. b. f. g. h.) adonque la ſuperficie. d. g. ſerà equale al quadrato della. a. b. cioè al quadrato. a. d. hor ſe communamente ne cauamo la ſuperficie. d. h. li duoi rimanenti ſeranno anchora equali (per la detta tertia concettione) l'uno di quali rimanenti è la ſuperficie. a. k. l'altro ſerà il quadrato. b. f. g. h. & perche la ſuperficie. a. k. è contenuta ſotto a tutta la linea. a. b. & alla ſua minor parte. a. h. (per eſſere. a. c. equale à. a. b.) & lo quadrato. b. f. h. g. è il

quadrato

quadrato de,b,b,cioe de l'altra ſua maggior parte,adonque la linea,a,b,ſerà diuiſa ſecondo il propoſito nel ponto,b,perche la ſuperficie, ouer rettangolo de tutta la linea,a,b,in la ſua minor parte.a.b.è equale al quadrato dell'altra ſua maggior parte,b,b,Et nota che non biſogna afaticarſi in uoler diuidere in queſto modo un numero perche è impoſſibile,come in la uigeſima nona del ſeſto ſi manifeſtarà.

Il Tradottore.

La uigeſima nona del ſeſto non dimoſtra quel che dice il cõmentatore, cioe che'l non ſi poſſa diuidere un numero ſotto la detta conditione, anci la dimoſtra in la ſeſta del tertiodecimo.

Theorema. 11. Propoſitione. 12.

12/12 In li triangoli che hanno un'angolo ottuſo tanto è piu potente quella linea che ſotto tende a l'angolo ottuſo, de ambi li altri duoi lati che contengono l'angolo ottuſo, quanto è quello che è cõtenuto ſotto uno di quelli lati, & quella linea a ſe direttamente congionta a l'angolo ottuſo tagliata dalla perpendicolare di fora del triangolo due uolte.

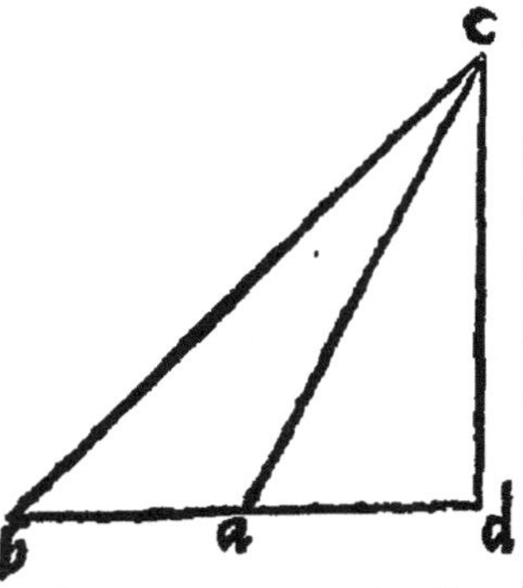

Sia il triãgolo,a,b,c,elquale habbia l'angolo,a,ottuſo dal ponto,c,ſia dutta una linea perpendicolare al la linea.a.b.laqual de neceſſita cade fuora del triangolo,a,b,c,altramente l'angolo,a,ſeria retto,ouer minor d'un retto(per la ſeſtadecima del primo)laqual coſa ſeria contra il preſuppoſito, ouer che cadendo di dentro del triangolo ſopra la linea,a,b, cõſtituerà il triangolo uerſo,a,che li duoi angoli di quello ſerian maggiori de duoi angoli retti, cioe l'angolo,a, inſieme con l'angolo retto(che faria la perpendicolare)la qual coſa è impoſſibile,(per la trigeſima ſeconda del primo)ſiche adonque la detta perpendicolare caderà de fuora del detto triangolo a,b,c,laqual poniamo ſia la linea,c,d,ma perche la linea,b,a,non arriua fina al ponto del cadimento della detta perpendicolare,pero ſlongaremo quella per fina al detto ponto ilquale ſia il ponto,d,hor dico che'l quadrato del lato,b,c,(ilquale ſotto tende all'angolo.a ottuſo)è tanto mazzor delli duoi quadrati delle due linee,a,b,&,a,c,(circondante il detto angolo,a,ottuſo)quanto è il doppio di quello,che uien fatto dal,a,b,in,a,d,ma inanti che uegnamo alla demoſtratione biſogna notare qualmente la poſſanza di una linea,è in reſpetto dil ſuo quadrato. Onde tanto ſe dice poter una linea quanto è il quadrato deſcritto ſopra a quella,ouer quanto è il produtto di quella duta in ſi medeſima,hor uegniamo alla dimoſtratione dalla propoſta propoſition. Perche la linea,b,d,è diuiſa in due parti in ponto,a,dilche il quadrato de tutta la linea b,d,ſerà equal(per la.4.di queſto)alli dui quadrati delle due linee,b,a,&,a,d,& al doppio di quello che uien fatto della,a,b,in la,a,d,& perche il quadrato della.b c,(per *c, (per la penultima del primo) è equale al quadrato della, b, d, & al quadrato della, a, d, c, adonque il quadrato di questa, b, c, serà equale alli quadrati delle tre linee b, a, a, d, &, d, c, & al doppio di quello che uien fatto dal, a, b, in, a, d, ma (per la medesima penultima del primo) il quadrato della, a, c, è equal alli dui quadrati delle due linee, a, d, &, d, c, adonque il quadrato della, b, c, è equal alli doi quadrati delle due linee, b, a, &, c, a, & al doppio di quello che uien fatto della, b, a, in, a, d, per la qual cosa il lato, b, c, puo piu delle due linee, b, a, a, c, tanto quanto è il doppio di quello che uien fatto dal, a, b, in, a, d, perche gia hauemo detto che tãto se dice poter qualunque linea quanto quello che la produce dutta in se medesima, che è il proposito.*

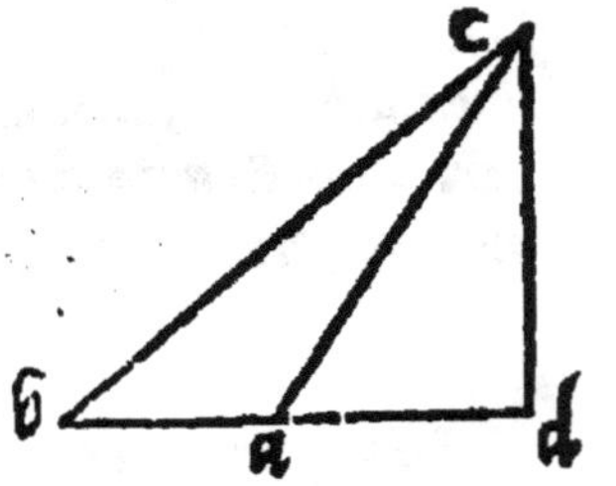

Theorema. 12. Propositione. 13.

13/13 Quella linea che risguarda un angolo acuto di ogni triangolo ossigonio, puo tanto meno de ambiduoi li altri lati, che contengono quel angolo acuto, quanto è quello che è contenuto due uolte sotto de quello lato alquale sta sopra la perpendicolare di dentro, & a quella sua parte che giace fra quel angolo acuto & la perpendicolare.

Quello che quiui se prepone del lato risguardante alcun angolo acuto in el triãgolo ossigonio se uerifica del lato riguardãte qual si uoglia angolo acuto in ogni triãgolo, o sia orthogonio, ouer ambligonio, ouer ossigonio.

Sia adonque il triangolo, a, b, c, & sia qual triangolo si uoglia che habbia lo angolo, c, acuto sel serà ossigonio ducẽdo la perpendicolare dallo angolo, a, ouero dello angolo, b, al suo lato opposito, la detta perpendicolare sempre caderà di dentro del triangolo (come sotto si demostrarà) ma se il ditto triangolo, a, b, c, serà ambligonio, ouer orthogonio ducendo la perpendicolare dall'angolo ottuso (ouer dal retto) allato opposito è necessario che quella cada di dentro del triangolo (e questo di sotto se demostrarà) siando adonque l'angolo, a, retto ouer ottuso ouer acuto per lo triangolo ossigonio producendo da quello la perpendicolar al lato, b, c, opposito caderà dentro del triangolo sopra la detta linea, ouer lato, b, c, quella poniamo sia la linea, a, d, & perche in ogni triangolo è necessario che gli sia duoi angoli acuti (per la trigesima seconda del primo) dilche stante il presupposito l'angolo, b, seria etiã acuto si come e l'angolo, c, dico adonque chel quadrato de, a, b, (che opposito all'angolo, c, acuto) è tanto minor delli duoi quadrati delle due linee, a, c, &, b, c, quanto è il doppio di quello che uien fatto della, b, c, in la, d, c, ouer dico che'l quadrato della, a, c, (ilquale etiam è opposito all'angolo, b, ilquale ponessemo etiam acuto) e tanto minor delli duoi quadrati delle due linee, a, b, &, b, c, quanto è il doppio di quello che uien fatto della, c, b, in la, d, b, perche la linea, b, c, diuisa in due parti nel põto, d, il quadra-

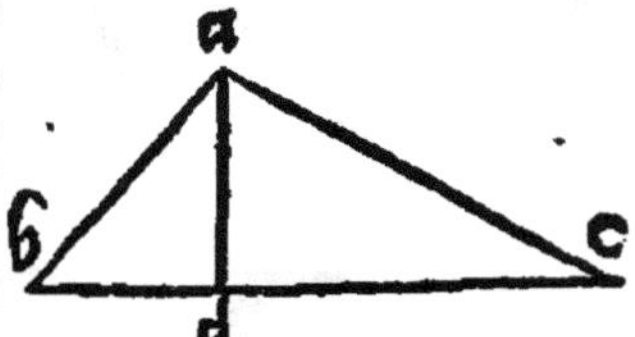

quadrato di tutta la linea,b,c,cō lo quadrato della parte,d,c, (ꝑ la 7.di q̃sto) serà equal a quello che uien fatto della.b.c.in la.d.c.due uolte & al quadrato dell'altra parte (cioe della,b,d,) dilche agiungendo a l'un e l'altro il quadrato della,a,d,serà etiam il quadrato della, b,c, con li duoi quadrali delle due linee,a,d,&,d,c,equale alli duoi quadrati delle due linee, a,d,&,d,b, & al doppio di quello che uien fatto della,b,c,in la,c,d, & perche (per la penultima del primo)il quadrato della,a,c,è equale alli quadrati delle due linee,a,d,&,d,c,adonque il quadrato della,b,c, con lo quadrato della,a,c,è equal alli quadrati delle due linee,a,d,et.b,d, & al doppio di quello rettangolo che uien fatto della.b.c.in la,c,d,(ma per la medesima penultima del primo)il quadrato de,a,b, è equal alli dui quadrati delle due linee,a,d,&, b,d , Adonque il quadrato della,b,c, con lo quadrato della,a,c,si è equal al quadrato della,a,b, & al doppio di quel che uiē fatto della,b,c,in la,c,d,per laqual cosa il quadrato solo della,a,b,seria minor delli detti duo quadrati de b, c,&, a,c, quanto seria il doppio di quel che uien fatto della detta,b,c, in la,c,d,che è il proposito , per simil modo tu approuerai , che'l quadrato del lato,a,c,che opposito all'angolo,b,acuto,esser tanto minor delli quadrati delle due linee, a,b,&, b,c, quanto è il doppio di quello che uien fatto della,c,b,in la la,b,d, Et è da notar che per questa,& per la precedente,e per la penultima del primo,che conosciuto che hauemo li lati di ogni triangolo se conosce la area superficial di quello , & con lo agiutto delle tauole de corda,& arco,se conosce ogni angolo di quello.

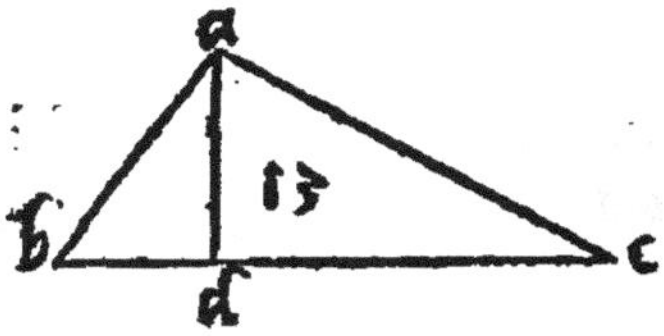

Il Tradottore.

Hora per approuare che tirando del l'angolo,a,del proposto triangolo.a.b.c.una perpendicolare al lato. b. c. opposito come le necessario (essendo l'angolo. a. obtuso, ouer retto , ouer acuto d'un triangolo ossigonio) che lei cada di dentro del triangolo, poneremo il medesimo triangolo,a,b,c,& prosuponeremo(che tirando al detto angolo.a. una perpēdicolare alla linea.b.c.) che'l sia possibile (per l'aduersario) che la cada de fuora del triangolo nel ponto d. & alongarò la linea.c.b.per fin al detto ponto.d.& serà costituido il triangolo a.b.d. de fora del proposto triangolo.a.b.c.& perche li duoi angoli.a. b.c.&.a.c.b.stante l'angolo.a. secondo il prosupposito (per la trigesima seconda del primo) sono acuti, adonque se l'angolo.a.b. c. è acuto l'angolo.a.b.d. del triangolo.a.b.d.(per la tertia decima del primo)serà obtuso & l'altro angolo.a.d.b. (per esser costituido della perpendicolare.a.d.) serà retto, adō que li duoi angoli.a.b.d.et.a.d.b.(del triangolo.a.b.d.)giunti insieme seriano maggiori de duoi angoli retti, laqual cosa è impossibile (per la decima settima del primo) seguita adonque che la detta perpendicolar debba cader di dentro del triangolo de necessità,che è il proposito .

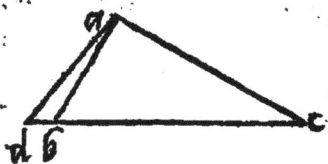

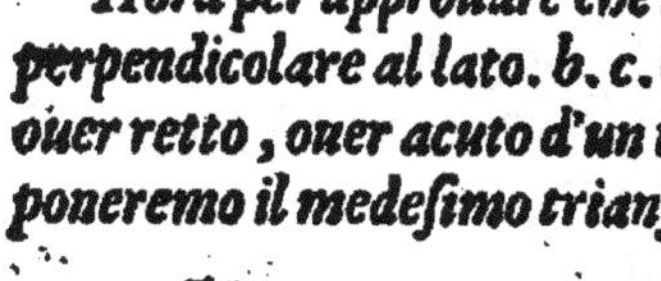

Proble-

Problema.2. Propositione. 14.

Proposti duoi quadrati, come si uoglia, a l'uno di quelli puotemo de
o scriuere un gnomone equale all'altro.

Il Tradottore.

Questa propositione in la prima tradottione fu posta in fine del primo libro, ma per non esser iui suo condecente loco, la hauemo quiui assettata.

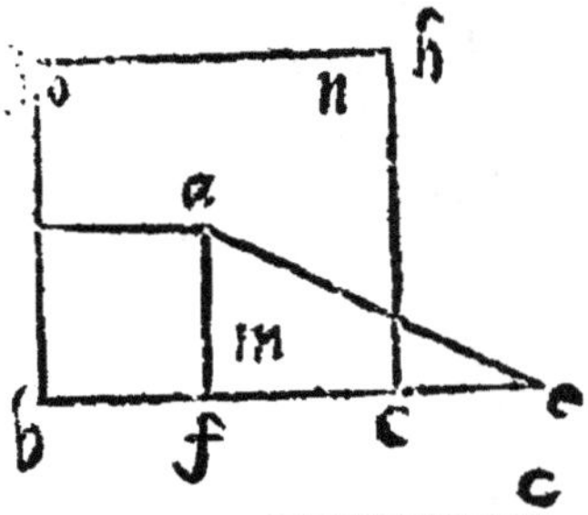

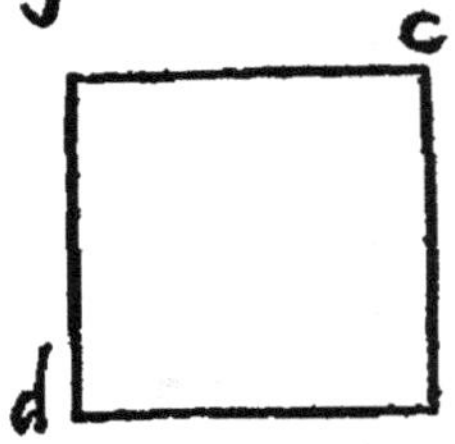

Siano adonque proposti li duoi quadrati.a.b.&.c.d.& sia il proposito de descriuere attorno il quadrato.a.b.un gnomone, che sia equale a l'altro quadrato.c.d. Per tanto sia alongato uno di lati del quadrato.a.b. direttamente, per fina alla equalità d'uno di lati del quadrato.c.d.e sia.f.e.cioe che.f.e.sia equale a uno de lati del quadrato.c.d.& dal ponto.e.sia tirata una linea al ponto.a.(angolo del quadrato.a.b.)& serà constituido il triãgolo.a.f.e.orthonio (per esser l'angolo.a.f.e.retto)& perche il quadrato de.a.e.si è tanto quanto li duoi quadrati delle due linee.a.f.&.f.e.(per la penultima del primo,)ma il quadrato della.f.e.è equale al quadrato.c.d.& lo quadrato della.a.f.è equale al quadrato.a.b.adonque il quadrato della.a.e.si è equale alli duoi quadrati.a.b.&.c.d.Et perche li duoi lati.a.f.&.f.e.sono maggiori(per la uigesima del primo) del lato.a.e.& perche la b.f.si è equale alla.f.a.tutta la linea.b.e.serà maggiore del ditto lato.a.e. Adõque della linea.b.e.sia resegata la parte.b.c.(per la tertia del primo) equale al lato.a.e.talmente che la.b.c.sia equale alla ditta.a.e.& sopra la linea.b.c.(per la quadragesima sesta del primo) sia constituido il quadrato.b.c.g.h.ilqual quadrato, b.c.g.h.è equale al quadrato della.a.e.(come di sopra fu approuato) si è equale alli duoi quadrati.a.b.&.c.d.adonque il quadrato.b.c.g.h.(per la prima concettione) serà equale alli duoi quadrati.a.b.&.c.d.ma il quadrato.b.c.g.h.soprabunda il quadrato.a.b.nel gnomone.m.n.o.ilqual gnomone.m.n.o.uerra a esser equale al quadrato.c.d.adonque attorno il quadrato.a.b.hauemo descritto il gnomone.m.n.o.equale a l'altro quadrato.c.d.che è il proposito.

Problema.3. Propositione.15.

14 Puotemo descriuere un quadrato equale a uno dato triangolo.

14 *Sia il dato triangolo.a.alquale noi uolemo descriuere uno quadrato equale, designarò una superficie de lati equidistanti, & de angoli retti (per la quadragesima seconda del primo) equale al dato triangolo.a.laqual pongo sia la superficie.b.c.d.e.& se per caso li lati di quella fusseno equali, cioe, che lo lato.b.d.fusse equale al lato.d.e.noi haueressimo quello che cercamo, perche la detta superficie*

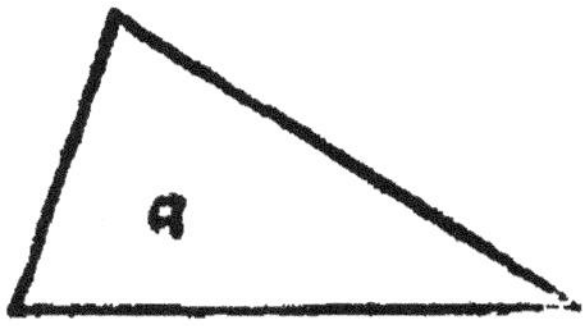

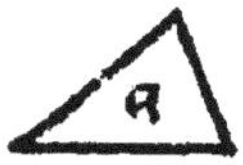

perficie per la diffinitione saria un quadrato, come se adimanda, ma se li lati seranno inequali all'hora agiungerò il lato minore, al lato maggiore in diretto, & sia c.f. cioè che, c, f, sia equale al, c, e, suo minor lato, il quale è agiunto indiretto al b. c. suo maggior lato secondo la rettitudine, hor tutta questa linea. b. f. dividerò in due parti equale in ponto.g. & fatto.g. centro sopra la linea.b.f. secondo la quantità della linea.g.b. descriverò il mezzo cerchio. b.h.f. & lo lato.e.c. allongarò per fina a tanto che'l seghi la circonferentia in ponto.h. hor dico che'l quadrato della linea.c.h. è equal al ditto triãgolo dato. Et per dimostrar questo io tirarò la linea.g. h. & perche la linea.f.b. divisa in due parti equali in põto.g. et in due parti inequali in ponto.c. quello che vien fatto del dutto della b. c. in la c.f. con lo quadrato della, c, g, (per la quinta di questo) è equale al quadrato della.g.f. & perche.g.h. è equale alla.g.f. (per la quartadecima diffinitione del primo) perche ambedue se parteno dal centro, g, è vanno alla circonferentia, adonque quello che vien fatto dal dutto della, b, c, in la, c, f, con lo quadrato della, g, c, serà equale al quadrato della, g.h. & perche il quadrato della.g.h. si è equale (per la penultima del primo) alli duoi quadrati delle due linee, g, c, & , c, h, adonque li detti duoi quadrati de, g, c, et, c, h, seranno equali al detto quadrato, de, g, c, insieme con quello ch'è fatto dal dutto della, b, c, in la, c, f, levando adonque communamente da l'una e l'altra parte il quadrato della, c, g, restarà il quadrato solo della, c, h, equale a quello che vien fatto dal dutto della, b, c, in la, c, f, & perche il dutto della, b, c, in la, c, f, è equalle alla superficie, b, c, d, e, perche, c, e, è equale alla, c, f, adonque il quadrato della linea.c.h. serà

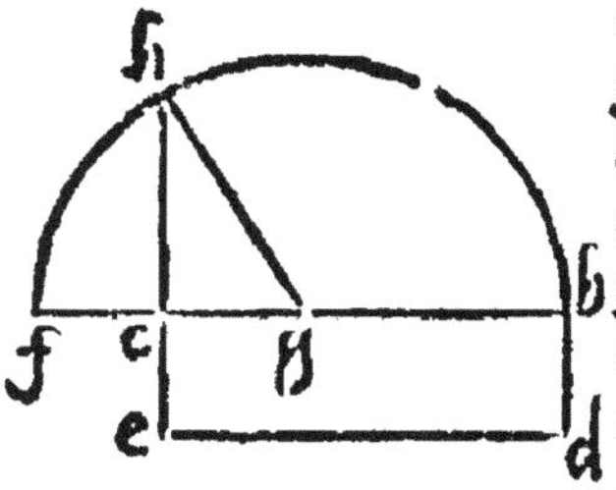

equale alla superficie, b, c, d, e, e perche la superficie, b, c, d, e, è equale al triangolo.a. adonque il quadrato della linea, c, h, serà equale (per la prima concettione) al triangolo, a, che è il proposito. Et nota che per questo modo se trova il lato tetragonico de qual si voglia figura piu longa da una banda che dall'altra, & simplicemẽte d'ogni figura contenuta da linee rette sia come si voglia, Perche ogni tal figura la resolvemo in triangoli, & de cadauno di quegli triangoli, trovamo il lato tetragonico secondo la dottrina di questa propositione, et dapoi trovamo (per la penultima del primo) una linea la qual possi in tutti quei lati tetragonici trovati, essempli gratia, voglio al presente trovar il lato tetragonico della figura irregulare, a, b, c, d, e, f, resolvo quella in tre triangoli, quali sono, a, b, f, c, d, e, & , c, f, e, Anchora secõdo la dottrina di questa ritrovò li lati tetragonici di questi tre triangoli, quali siano, g, h: h.K. et k.l. et rigo la.h.k. perpendicolarmente sopra la.g.h. & tiro la.g.k. onde

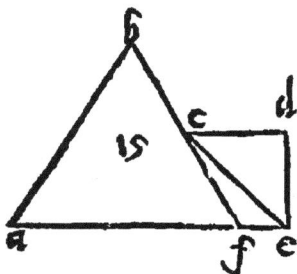

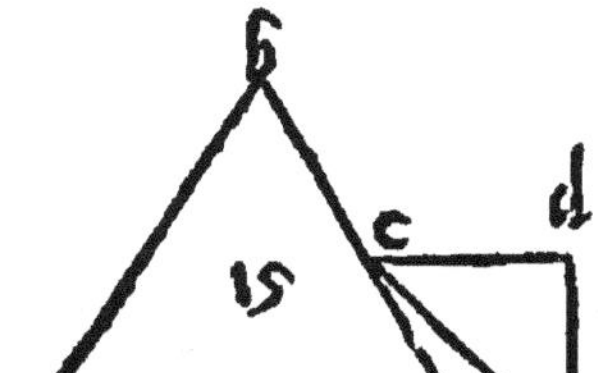

onde (per la penultima del primo) il quadrato della .g. k. ſerà equale alli quadrati delle due linee .g.h. & .h. k. & lo terzo lato .k.l. conſtituiſco perpendicolarmente ſopra la linea .g.k. & tiro la linea .g.l. e la linea .g.l. (per la detta penultima del primo) ſerà il lato tetragonico di tutta la figura rettilinea propoſta, ch'è il noſtro propoſito.

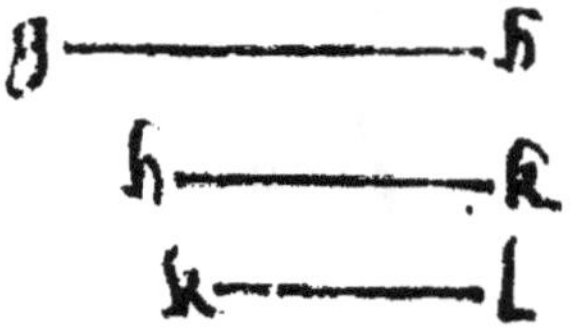

Il Tradottore.

El teſto di queſta ultima propoſitione di queſto ſecondo libro in la ſeconda tradottione dice in queſta forma.

Puotemo conſtituir un quadrato equale a un dato rettilineo.

Laqual propoſitione è piu generale della ſopraſcritta, perche lei propone tutto quello, che agionge il commentatore nella ſopraſcritta, ma non la conclude, per il modo dato di ſopra anci la conclude per la quadrigeſima quinta del primo (dellaqual māca la prima tradottione) cioe lui uol che ſia conſtituido uno paralellogrāmo rettāgolo equal al dato rettilineo (per la detta quadrageſima quinta del primo) dapoi precede come di ſopra ſi fece del paralellogrammo, b, d, c, e.

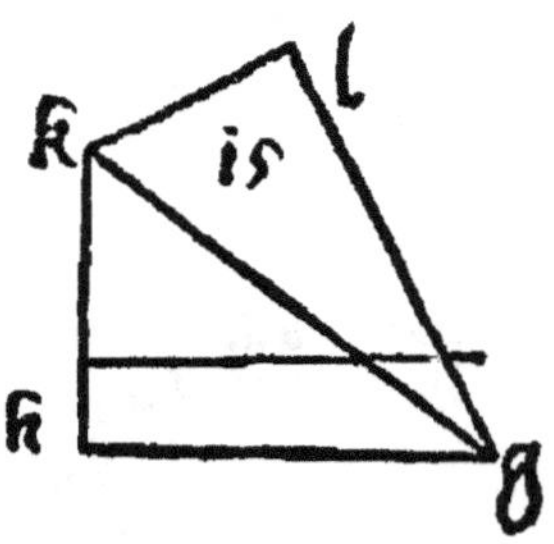

LIBRO TERZO DI EVCLIDE.

Diffinitione prima.

1/1 Li cerchi ſe dicono eſſere equali, quando li diametri, ouer li mezzi diametri di quelli ſono equali, & maggiori quelli di quali li detti diametri, ouer mezzi diametri ſono maggiori, & minori quelli di quali ſono minori.

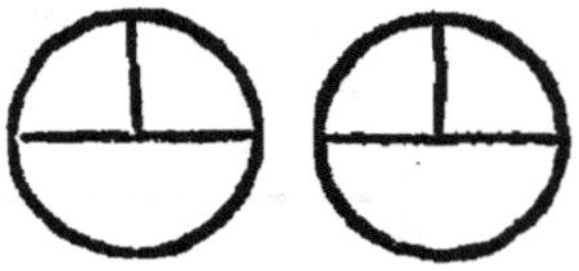

Il Tradottore.

Questa diffinitione, ouer ſuppoſitione è aſſai manifeſta da ſe, cioe che li cerchi che hanno li lor diametri, ouer li lor mezzi diametri equali ſono fra loro equa-

 li, &

li, & quelli che li hanno maggiori sono maggiori, & econuerso, e questo basta senza addur essempio, pero è che questa è piu presto supposítione, ouer petitione che diffinitione.

2/2

Diffinitione. 2.

Vna linea se dice toccare un cerchio, quando che la tocc.. il cerchio, talmente che alongandola da l'una e l'altra parte quella non segha il cerchio.

Il Tradottore.

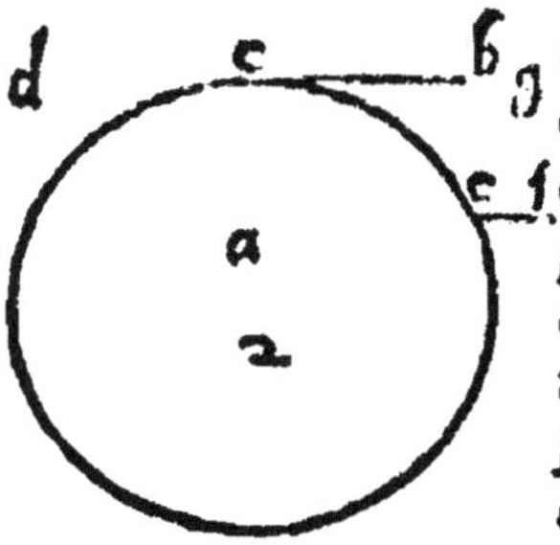

In la presente diffinitione uien notificato come una linea uien detta toccare un cerchio quando quella tocca il detto cerchio talmente che alongandola da l'una e l'altra parte la non segha il detto cerchio, per essempio, sia il detto cerchio. a. toccado dalla linea. b.c. in in ponto.c. & dalla linea.c.f.in ponto. c. & perche chi menassi, ouer producessi la linea.b.c.dalla parte.c. uerso.d.ouer dalla parte.b.uerso.g. lei non segarà il detto cerchio, come al senso si puo considerare, pero se dirà, che la detta linea. b.c. tocca il detto cerchio in lo detto ponto. c.laqual cosa non si puo dire della linea. e. f. perche chi ducesse quella dalla parte.e. inuerso.a.senza dubbio lei segaria il detto cerchio come da te puoi considerar, pero non si intenderà che essa linea,e.f.sia toccante il cerchio.a.anzi serà segãte il detto cerchio.& la.b.c.serà toccante il detto cerchio.

Diffinitione. 3.

3 Quelli cerchi si dicono toccarse insieme liquali toccandosi fra loro
3 non si seghano.

Il Tradottore.

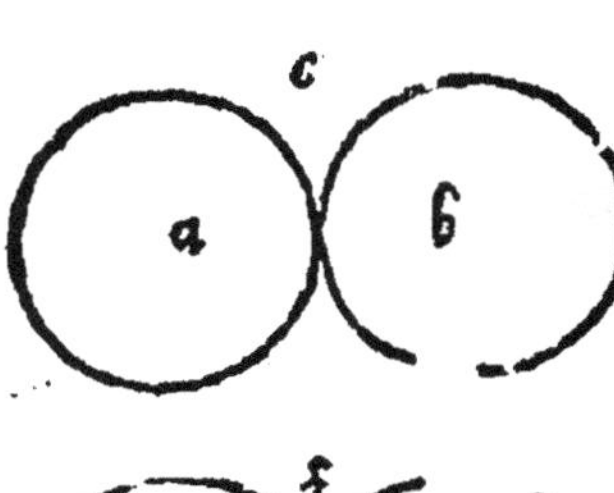

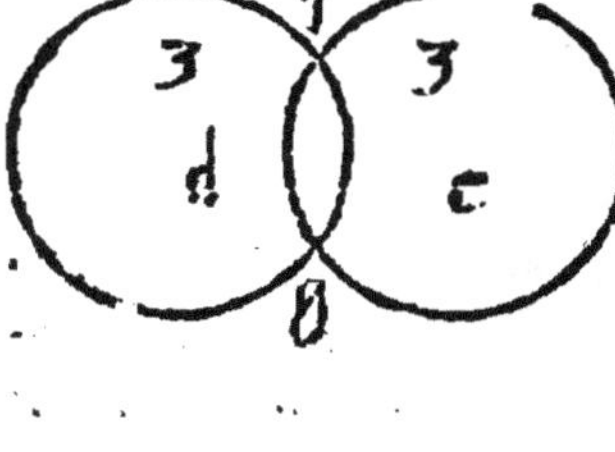

In questa diffinitione uien dechiarido come li cerchi sono detti toccarsi fra loro quando quelli si toccano l'uno con l'altro, e non si segano, essempio, siano li duoi cerchi a.& .b.liquali si toccano nel ponto. c. & li duoi altri.d.& .e.liquali si toccano etiam loro, ma si seghano nelli duoi ponti.f.& .g.dilche li duoi cerchi.a, & .b.perche si toccano, & non si seghano nel ponto.c.se diranno toccanti fra loro nel ponto.c. laqual cosa non si dirà delli duoi cerchi. d. & .e.abenche anchora loro si toccano, perche nel toccar che fanno si seghano nelli duoi ponti. f.g.anzi se diranno seganti, fra loro & li duoi, a.b. & . h.toccanti & similmente li duoi.h.& .k.in ponto.m.

Diffi-

Diſſinitione. 4.

4/4 Le linee rette in un cerchio ſono dette equalmente diſtante dal centro, quando le perpendicolare dutte dal centro a quelle ſerāno equale.

Il Tradottore.

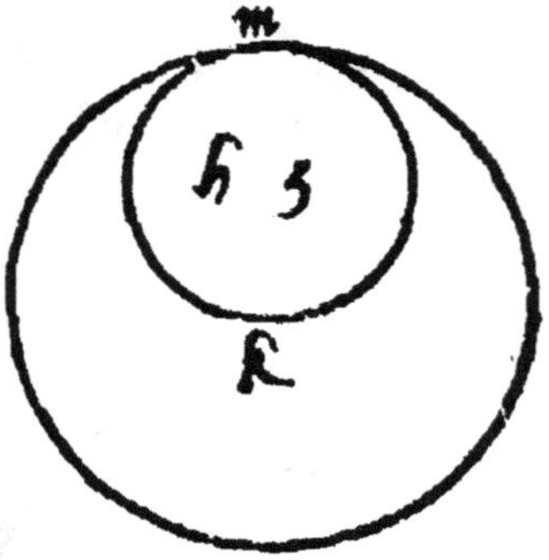

El ſe dechiara in queſta diffinitione che le linee rette tirate in qualche cerchi ſono dette equalmente diſtare dal centro del detto cerchio, quando le perpendicolare del detto centro a ciaſcuna di quelle ſeranno equali, eſſempio, ſiano le due linee, b, c, & , d, e, nel cerchio, a, & ſopra ciaſcuna di loro (dal centro. a.) ſiano dutte le perpendicolare. a. f. et. a. g. ſe per caſo le dette due perpendicolare, cioe, a, f, & , a, g, ſeranno equale le dette due linee, b, c, & , d, e, ſe diranno equalmente diſtare dal centro ideo &c.

Diſſinitione. 5.

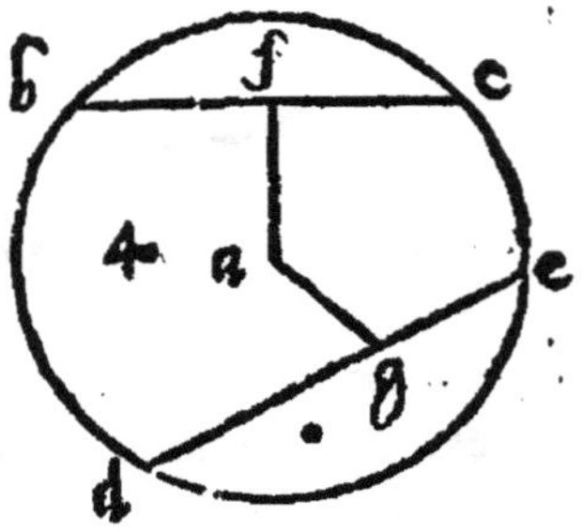

5/4 Et piu diſtare dal centro è detta quella in la quale cade piu longa la detta perpendicolare.

Il Tradottore.

Queſta diffinitione abenche la ſia diſgiunta dalla paſſata, tamen la ſe die intendere congionta con quella, perche dice che le linee pur deſcritte in qualche cerchio, quella è detta piu diſtāte dal centro del detto cerchio, in laqual cade la perpendicolare piu longa, eſſempio, ſiano le due linee. h. i. & . k. l. in lo cerchio. m. ſopra dellequale dal centro. m. ſiano tirate per la duodecima del primo, le due perpendicolare. m. n & . m. o. & perche la perpendicolare. m. n. è piu longa della perpendicolar. m. o. ſe dirà che la linea. h. i. è piu diſtante dal centro. m. che non è la linea. k. l. & queſto è quello, che ſe uuol inferire.

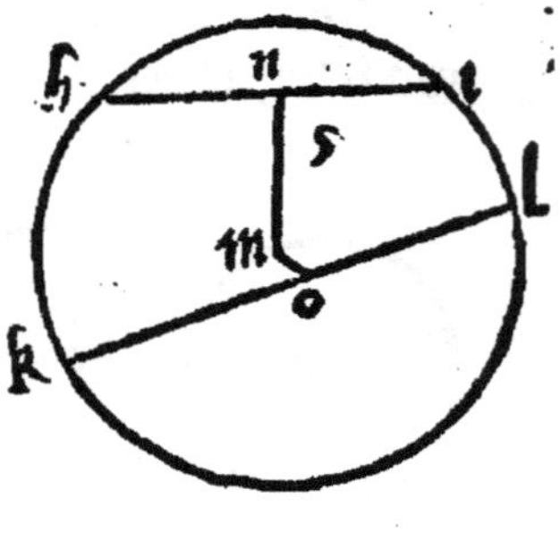

Diffinitione. 6.

6/0 Quella linea retta che contiene la parte d'un cerchio è detta corda.

Il Tradottore.

La preſente diffinitione ne aduertiſſe come quella linea retta che contiene la parte d'un cerchio è nominata ꝫ corda, eſſempio, ſia la parte del cerchio. a. b. c.

contenuta dalla linea curua.a.b.c.& dalla linea retta.a.c. dice che la linea. a.c. è detta corda.

Diffinitione. 7.

7 Et la parte della circunferentia se chiama arco.
0

Il Tradottore.

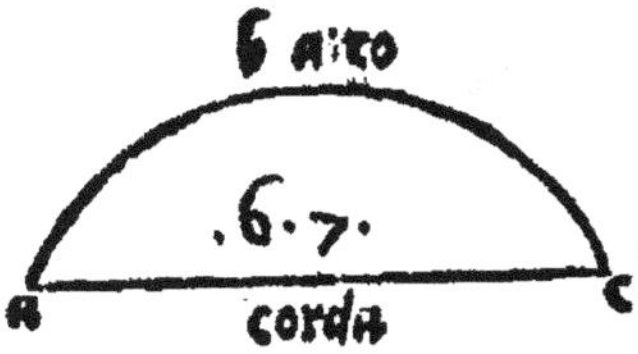

La presente diffinitione seguitando le parole della precedente dice che quella parte di circonferentia che contiene la detta parte di cerchio è chiamato arco, che seria la linea curua.a. b.c.della figura superiore laquale satisfa, etiam per lo essempio di questa.

Diffinitione. 8.

8 Et l'angolo che è contenuto dalla corda e dal arco è detto angolo del
6 la portione.

Il Tradottore.

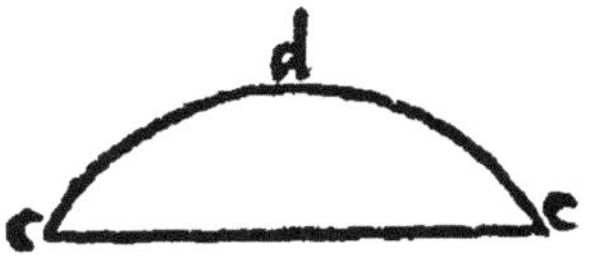

La presente diffinitione dice che l'angolo che è contenuto dalla corda & dallo arco d'una portione è detto angolo della portione, essempio, sia la portione.c.d.e.dico che ciascuno delli duoi angoli contenuti dalla corda. c.e.& dal arco.c.d.e.sono detti angoli della portione, liquali angoli l'uno è l'angolo.c.& l'altro è l'angolo.e. &c.

Diffinitione. 9.

9 L'angolo, che è contenuto da due linee rette che uscissano da qua-
7 lunque ponto che sia in l'arco,& uadino alli termini della corda,è detto stare sopra l'arco.

Il Tradottore.

Questa diffinitione admonisce, che quel angolo è detto stare sopra de l'arco, ilquale è contenuto da due linee rette dutte di qual si uoglia ponto, che sia in l'arco alli duoi termini della corda, essempio, sia la portione. a.b.c.& sopra de l'arco sia tolto il ponto.b.dal quale tirando le due linee.a.b.et.c.b. alli duoi termini della corda.a.c.serà constituido l'angolo.a.b.c.ilqual angolo.a.b.c. è detto stare sopra l'arco a.b.c.ideo,&c.

Diffinitione 10.

9 Sector del cerchio è una figura, che è contenuta sotto a due linee ret
10 te,dutte dal centro,& sotto a l'arco comprehenso da quelle.

Il Tra-

Il Tradottore.

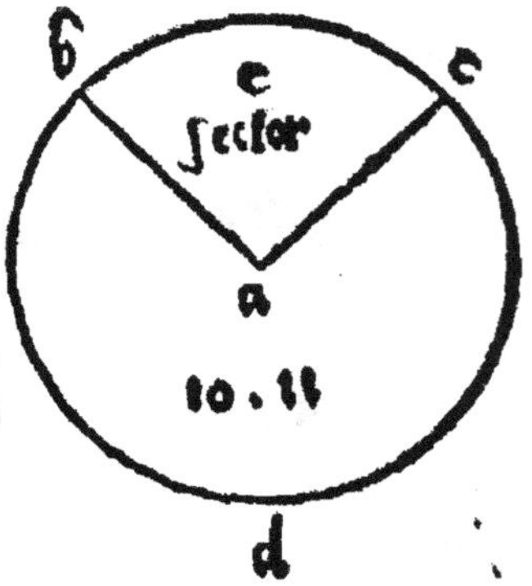

La presente diffinitione ne da intendere come il sector di cerchio è una figura laquale è contenuta sotto a due linee rette dutte dal centro, & sotto a l'arco cöprehesso da quello, essempio, sia il cerchio. b.c.d. descritto sopra il centro . a. dal qual centro. a. dutte le due linee. a.b. & . a.c. dice che la figura che è contenuta dalle due linee rette. a.b. & .a.c. & dallo arco. b.c. se chiama sector di cerchio.

Diffinitione. 10.

10/0 Et l'angolo contenuto da quelle due linee è detto stare sopra il centro.

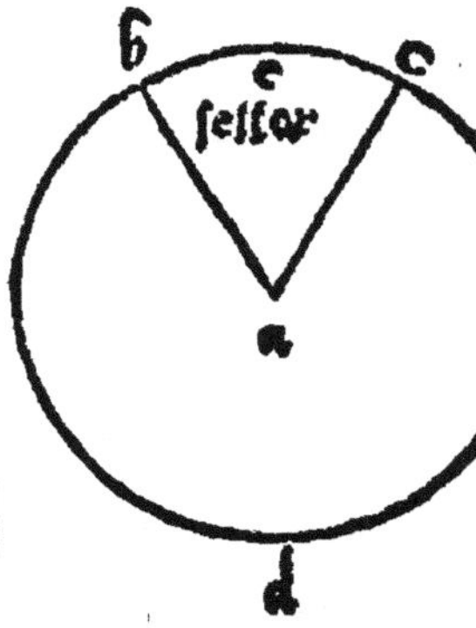

Il Tradottore.

La presente diffinitione (seguitano la precedente) dechiara l'angolo circondato, ouer contenuto da quelle due linee rette, dutte dal centro del detto cerchio è detto stare sopra il centro del detto cerchio, ilqual angolo seria quello che è contenuto dalle due linee. a.b. & a.c. sopra il centro. a. della figura circular della diffinitione precedente, laqual satisfa per lo essempio etiam di questa.

Diffinitione. 12.

12/10 Le portioni di cerchi sono dette simile, in lequal li angoli che stanno sopra l'archo sono fra loro equali.

Il Tradottore.

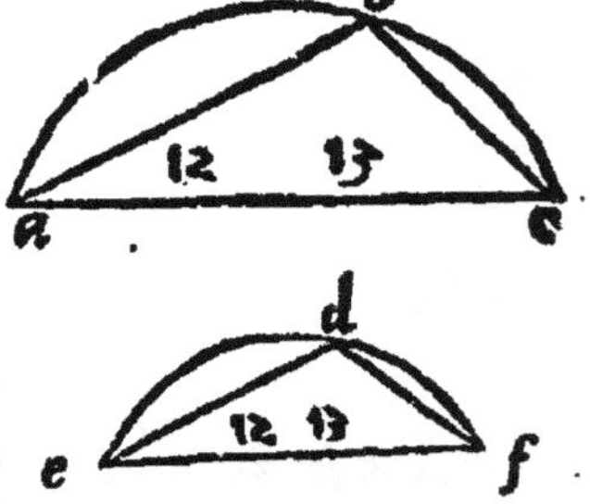

La presente diffinitione ne aduertisse come le portioni, ouer parti di cerchi sono dette simile, in lequali li angoli che stanno sopra l'arco sono equali fra loro, essempio, siano le due portioni. a.b.c. & e.d.f. hauente ciascuna di loro uno angolo sopra dil suo arco, liquali angoli l'uno sia l'angolo. b. (contenuto dalle due linee rette. a. b. & .c. b. sopra l'arco. a.b.c. nel detto ponto. b.) l'altro sia lo angolo. d. (contenuto dalle due linee rette. e.d. & f.d. sopra l'arco. e.d.f. nel detto ponto. d.) dice adonque che se l'angolo. b. (che è sopra l'arco. a.b.c.) serà equal al'angolo. d. (che è sopra l'arco. e.d.f.) la portion. a.b.c. serà simile alla portion. e.d. f. aben che l'una sia de maggior cerchio che l'altra.

Diffinitione. 13.

13/0 Anchora li archi sono simili, liquali al predetto modo riceueno equali angoli.

Il Tradottore.

La presente diffinitione seguitando il parlar della precedente dice che anchora li archi delle dette portioni sono simili, quando che receueno al predetto modo li angoli equali, cioè al modo della precedẽte, essempio, se l'angolo b. contenuto dalle due linee.a.b.& .c.b.(della precedente) sopra l'arco,a,b,c, serà equale all'angolo.d.contenuto dalle due rette,e,d,& .f,d, sopra dell'arco,e,d,f,(pur della figura della precedente) all'hora l'arco,a,b,c, serà simile a l'arco,e,d,f, abenche l'uno sia maggior di l'altro & questo è quello che se uuol inferire.

Problema. 1. Propositione. 1.

1/1 Puotemo ritrouare el centro d'un proposto cerchio.

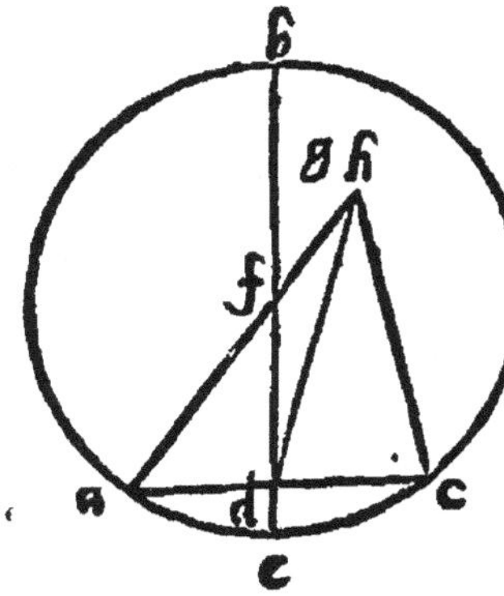

Sia il proposto cerchio,a,b,c, dilquale uolemo ritrouare il suo centro tiro nel detto cerchio la linea, a, c, la qual termini oue si uoglia nella circonferentia di esso cerchio, la qual linea.a.c.(per la decima del primo) diuido in due parte equali nel ponto,d, dalquale ponto.d. (per la undecima del primo) conducono una perpendicolare alla detta linea, a, c, & quella produco da ambe le parti fin che la se applica alla circonferentia quale sia la linea. b. d. e. laquale linea.b.e. pur diuido in due parti equali in põto. f. (per la detta decima del primo) il qual ponto.f. dico esser il centro del detto cerchio, per che se quello non è il centro del detto cerchio (per lo aduersario) quel serà adonque ouer in la linea, b, e, ouer che farà di fora di quella hor dico che'l non puo esser nella detta linea, b, e, & se pur il fusse possibile per l'aduersario poniamo che'l sia il ponto, g, essendo adonque il ponto,g, il centro del detto cerchio la linea,g,b, seria (per la diffinition quartadecima del primo) equale alla linea,g,e,(perche ciascuna se parte dal centro e ua alla circonferentia) e perche la,f,e, è etiam equale alla. f.b. (per commune scientia) la,f,b, serà maggior della parte, g,b, e cõsequentemente la,e,f, seria etiam maggior della,g,e,(per esser la,g,e, equale alla detta,g,b,) laqual cosa è impossibile (per la ultima concettione) che la parte, f,e, sia maggior del tutto cioè della.g.e. seguita adonque che'l detto centro nõ puo esser nella detta linea.b.e. eccetto che nel ponto.f. Anchora dico che'l non puo essere de fuora della detta linea.b.e.e se pur fusse possibile (per lo detto aduersario) poniamo che'l sia il ponto.h. siano tirate le linee.h.a.h.d.h.c.& serà costituido li duoi triãgoli.h.a.d.& h.d.c. et perche li duoi lati.h.d.& .d.a. del triangolo.h.a.d. sono equali alla

li alli duoi lati. b.d. & .d.c. del triangolo. b.d.c. & similmente la basa. b.a. dell'uno seria equal alla basa. b.c. dell'altro (pche ambe si parteno del centro. b. et hãno alla circonferentia) seguiteria adonque (per la ottaua del primo) che'l angolo. b.d.c. de l'uno seria equale all'angolo, b, d, a, dell'altro, & perche questi duoi angoli. b. d. a. et. b.d.c. sono causati della linea. b.d. cadente sopra la linea, a, c, dilche essendo li detti duoi angoli, equali, ciascun di loro seria retto (per la ottaua diffinitione del primo) e perche l'angolo, a, d, b, fu constituido retto adonque l'angolo, a, d, b, seria equale all'angolo, a, d, b, (per la tertia, petitione per esser ambiduoi retti laqual cosa è impossibile, per la ultima concettione) che la parte se equali al tutto, seguita adonque che'l centro del dato cerchio, non possendo esser in alcun loco de fuora del ponto. f. che quel sia nel proprio ponto, f, che è il proposito.

Corellario.

1 Onde egliè manifesto che due linee rette in un medesimo cerchio
1 che terminano in la circõferentia, niuna di quelle segharà l'altro orthogonalmente in due parti equale, se quella non transisse sopra il centro.

Il Tradottore.

In questo correlario se conclude che per le cose dette & dimostrate di sopra egli è manifesto che se due linee rette seranno in un cerchio terminante nella circonferentia di quello mai l'una segharà l'altra orthogonalmente in due parti equale se quella non passa per il centro di esso cerchio, si come di sopra si è uisto nella linea. b. e. laquale sega la linea, a, c, orthogonalmente in due parti equale in ponto, d, & quella passar per lo ponto. f. centro del detto cerchio a. b. c. e questo è quello che nel correlario se uol inferire.

Theorema. 1. Propositione. 2.

2 Se si menarà una linea retta, da uno a l'altro de duoi ponti signati in
2 su la circõferentia d'un cerchio è necessario che quella seghi il cerchio.

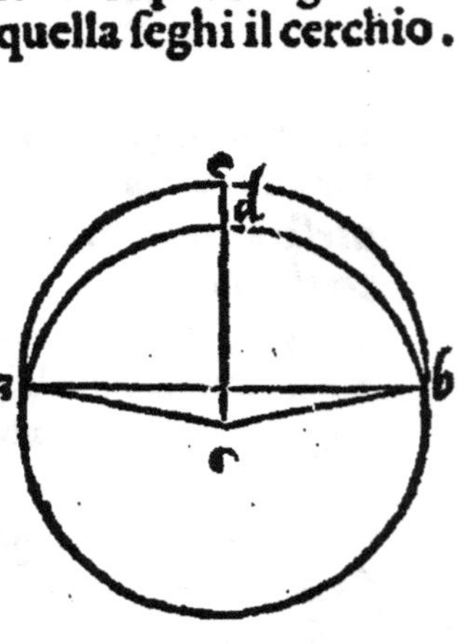

Sia il cerchio. a. b. il centro dil qual sia il ponto, c, sopra della circonferentia di quello sian li duoi ponti. a. & . b. Dico che ducendo una linea retta dal ponto. a. al ponto. b. le necessario che quella seghi il detto cerchio. a. b. & se possibil fusse per l'aduersario ch'ella non lo seghi, ma che quella transisca di fuora del detto cerchio, poniamo sia la linea, a, e, b, & che sia retta per satisfar lo detto aduersario dal centro, c, produrò le due linee. c. a. et. c. b. & serà costituido il triangolo delle tre linee. c. a. c. b. & della linea. a. e. b. dilquale li duoi lati. c. a. et. c. b. sono equali perche ambiduoi ueneno dal centro alla circonferentia, adonque (per la quinta del primo) l'angolo, c, a, b, serà equal all'angolo, c, b, a, tirarò anchora la linea, c, e, sopra

pra la detta linea.a.e.b. laqual sega la circonferentia nel ponto.d. & diuide il detto triangolo.a.b.c.in li duoi triangoli.c.e.b.& c.e.a.& perche l'angolo.c.e.a.estrinsico (per la sesta decima del primo) e maggior dell'angolo.c.b.e.intrinsico a se opposito, & perche l'angolo.c.a.b. è equale al detto angolo.c.b.e.seguita adonque (per communa scientia) che'l detto angolo.c.e.a.sia etiam maggiore del detto angolo.e.a.c. (& per la decima nona del primo) il lato.a.c.serà maggiore del lato.c.e.& perche.c.d.è equal (per la decima quarta diffinition del primo) al detto lato.c.a.seguita adonque (per communa scientia) che la detta linea.c.d. sia maggiore della detta linea.c.e.laqual cosa è impossibile, cioe che la parte sia maggiore de tutto (per la ultima concettione) perche adonque la detta linea congiongente li detti duoi ponti.a.& b.non puo transire de fuora del detto cerchio, de necessità transirà di dentro, & transiendo di dentro segharà quello, che è il proposito.

Theorema. 2. Propositione. 3.

3 Se serà una linea retta collocata dentro a un cerchio, laqual non pas-
3 si per il centro, & che un'altra che uenga dal centro seghi quella in due parti equali, eglie necessario che la stia sopra a quello orthogonalmente, & se lei starà sopra a quella orthogonalmente è necessario che la diuida quella in due parti equali.

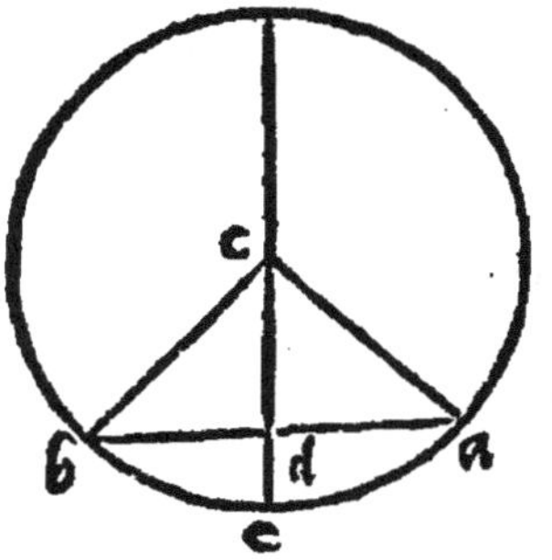

Sia la linea.a.b. collocata dentro dal cerchio a.b. il centro dalqual sia il ponto c. & la linea. c.d. che uien dal centro.c. quella diuida la linea.b.a. in due parti equali nel ponto.d. dico che la detta linea.c.d. diuide la detta linea.b.a. orthogonalmente, cioe che la, c, d, è perpendicolare sopra la.b.a.& è conuerso, cioe che se la linea.c.d. diuide la detta linea.b.a. orthogonalmente dico che lei diuide la detta linea.b.a.in due parti equale. Et per dimostrar questo produrò dal ponto. c. le due linee. c. b.& .c.a. constituendo il triangolo, c, b, a, diuiso in duoi triangolli dalla linea, c, d, hor poneremo prima che la detta linea, c, d, diuida in due parti equali la detta linea.a.b. adonque li duoi lati, c, d, &, d, a, del triangolo, c, d, a, seranno equali alli duoi lati, c, d, &, d, b, del triangolo, c, d, b, & la basa, c, a, alla basa, c, b, serà equale (perche ambe uengon dal centro, c, & uanno alla circonferentia) adõque (per la ottaua del primo) l'angolo, d, dell'uno serà equale all'angolo, d, dell'altro, dil che (per la ottaua diffinitione del primo) ciascun di loro serà retto (& per la nona diffinition del detto) la linea, c, d, serà perpendicolare sopra della detta linea. b. a. che è il primo proposito, hor uegniamo al secondo ponendo che la, c, d, sia perpendicolare sopra la, b, a, dimostrarò che la detta, c, d, diuide la detta, b, a, in due parti equali, in questo modo perche la, c, d, è perpẽdicolare sopra la, b, a, seranno li duoi angoli quali sono al ponto, d, ambiduoi retti, dilche l'una serà equale all'altra, & perche lo angolo, c, a, d, è etiam equale,

(per

(per la quinta del primo) all'angolo, c, b, d, per esser tutto il triangolo, c, b, a, de duoi lati equali, adonque li duoi angoli, c, d, b, & , c, b, d, del triangolo, c, d, b, sono equali alli duoi angoli, c, d, a, & , c, a, d, del triangolo, c, a, d, & il lato, c, a, dell'uno è equale al lato, c, b, dell'altro, dilche (per la uigesima sesta del primo) il lato, b, d, serà equale al lato, a, d, adonque la linea, b, a, uerra a essere diuisa in due parti equale nel ponto, d, che è il secondo proposito.

Theorema. 3. Propositione. 4.

4 Se due linee rette se segaranno fra loro dentro d'un cerchio, & che
4 ambedue non transiscono sopra il centro, le necessario che quelle non si seghino fra loro in parti equale.

Sia il cerchio. a. b. c. d. il centro delqual sia il ponto. e. nel quale siano le due linee. a. c. & . b. d. lequal si seghino fra loro nel ponto. f. & l'una e l'altra, ouer una di quelle non passi per lo centro. e. Dico che in tra loro non si diuideno in parti equali, cioè che l'una e l'altra sia diuisa dall'altra in due parti equali, & quando questo fusse possibile per l'aduersario, poniamo prima che ne l'una ne l'altra passi per lo centro e. & che si diuideno ambedue in parti equale (per l'aduersario) in ponto. f. tirarò la linea. e. f. & perche. e. f. uien dal centro. e. & diuide le due linee dette in duoi parti equale nel detto ponto. f. dilche (per la prima parte della precedẽte) seria perpẽdicola sopra di ciascuna di quelle & li duoi angoli. a. f. e. & . e. f. c. fatti sopra la. a. c. saria ciascun di loro retto & similmente l'uno e l'altro delli altri dui angoli. e. f. d. & . e. f. b. (fatti sopra la linea. b. d.) seria etiam retto, & perche li angoli retti son equali (per la tertia petition) adonque l'angolo. e. f. c. saria equale all'angolo. e. f. d. laqualcosa è impossibile che l'angolo. e. f. c. minore sia equale all'angolo. e. f. d. maggiore; adonque le dette due linee. a. c. & . b. d. non se ponno diuidere fra loro in parti equale, similmente se una transirà per lo centro. e. & l'altra non, le pur necessario che le non se possano diuidere fra loro in parti equale. & se possibile fusse (per l'aduersario) poniamo che la. b. d. passi per lo centro. e. & la. a. c. nõ, & che pur ambe se diuidano in parti equali, adonque se la. b. d. (che uiene dal centro. e.) diuide la linea. a. c. in due parti equali, e necessario (per lo correlario della prima di questo) che la. b. d. sia perpendicolare sopra la. a. c. & se la. b. d. segha la. a. c. perpendicolarmente similmente la, a, c, segharà etiam la, b, d, perpendicolarmente, & se la, a, c, segha la b, d, perpendicolarmente, et in due parti equale (per l'aduersario) è necessario per lo detto correllario della prima di questo, che la, a, c, passi per lo centro, e, che seria contra il presupposito, seguita adonque che se in un circolo seranno due linee che si seghan ambedue non serãno seghate in parti equal se ambedue non passano sopra il centro, che è il proposito.

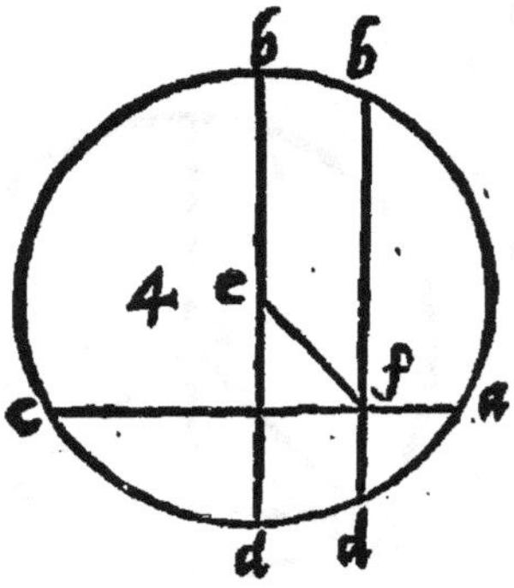

Theo-

Theorema.4. Propositione.5.

5/5 Li centri di cerchi, che fra loro si segano, è necessario esser diuersi.

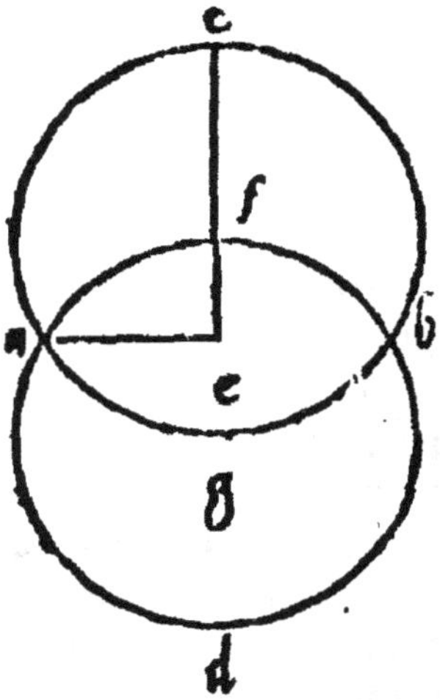

Siano li duoi cerchi.a.c.b.&.a.d.b. liquali si seghino fra loro nelli duoi ponti.a.&.b. Dico che li centri di questi tal cerchi sono diuersi, cioe che sono in diuersi lochi, ouer che non ponno esser descritti questi duoi cerchi sopra uno medesimo centro ma in diuersi centri: ma se possibil fusse (per l'aduersario) che ambiduoi hauessino uno medesimo centro, poniamo che quello sia il ponto e. cioè che ponto. e. sia commun centro di ambiduoi li detti cerchi, produro le due linee.e.a.&. e.f.c. & per che le due linee.e.a.&.e.f. si parteno dal centro. e. & uanno alla circonferentia del cerchio.a.f. b. d. seranno equali (per la decimaquarta diffinitione del primo) & similmente la linea. e. c. seria etiam lei equale alla linea. e. a. perche anchora loro uanno da ditto centro.e. alla circōferentia del cerchio. a.c.b.g. & perche le due linee, cioe.e. c. & la parte.e.f.ambe sono equale alla linea. e. a. (per la prima concettione) sariano etiam fra loro equale: laqual cosa è impossibile (per la ultima concettione) che la parte sia equale al tutto, seguita adonque che li detti duoi cerchi nō ponno hauer in uno medesimo centro che gli sia commun ad ambiduoi: ma diuersi che è il proposito.

Theorema.5. Propositione.6.

6/6 El centro di cerchi che fra loro si toccano, l'è necessaria che non sia un medesimo.

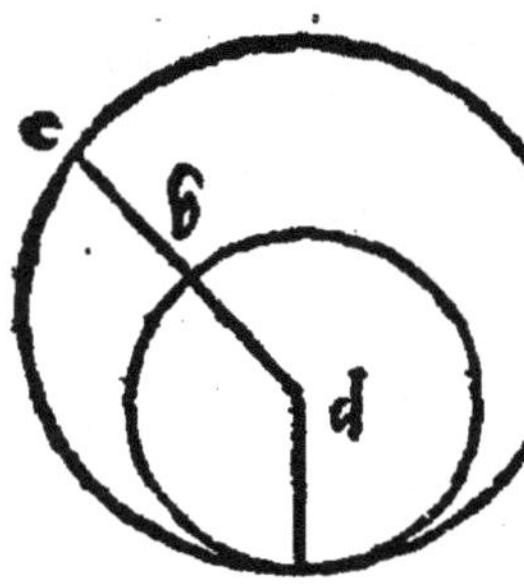

Siano li duoi cerchi.a.b.&. a. c. che si tocchino fra loro nel ponto.a. Dico che li centri de questi duoi cerchi sono diuersi, cioe che non puonno hauer uno centro che gli sia commun ad ambiduoi, & se pur il fusse possibile (per l'aduersario) che ambiduoi li detti cerchi habbiano uno sol centro che gli sia commune a tutti duoi, quello sarà nel cerchio minore, qual ponemo sia il ponto.d. hor dal centro.d. produrro le due linee.d.a.&. d. b. c. & perche le due linee.c.d.&.d.a. uanno dal centro al la circōferentia del cerchio.a. c. sarian pur equale (per la decima quarta diffinitione del primo) similmente la linea.d.b. seria pur equale alla linea. d. a. (per la ditta decima quarta diffinitione del primo) perche ambedue ueneno dal centro alla circonferentia del cerchio. a. b.

per

per esser a lūque le due linee (cioè. d. c. & la parte. b. d.) ciascuna equale alla linea. d. a. seranno etiam fra loro equale (per la prima concettione) laqual cosa è impossibile che la parte. d. b. sia equale al tutto, cioè alla. d. c. (per la ultima concettione) adonque li detti duoi cerchi non puono hauer un medesimo centro, seguita adonque che sian diversi, che è il proposito, & se li detti cerchi fussino congionti dalla parte di fuora il proposito seria da se manifesto, perche ciascun haueria il suo centro in mezzo per la diffinitione del centro dilche non haueranno un medesimo centro anzi ciascun di loro hauerà il suo dentro di se.

Theorema. 6. Propositione. 7.

7/7 Se in el diametro d'un cerchio sia signato un ponto, ilqual non sia il centro, & da quello siano dutte piu linee rette alla circonferentia, quella che transirà sopra il centro serà piu longhissima de tutte le altre, & quella che compirà il diametro serà piu breuissima di tutte le altre, e quella che serà piu propinqua al cētro serà piu longa delle altre che manco se egli accostano, & quanto piu seranno remote dal centro, tanto piu conuengono esser piu corte, anchora le due linee colaterale equalmente distante alla breuissima cioe equalmente distanti con l'istremità alla istremità della breuissima, ouer longhissima è necessario essere equale.

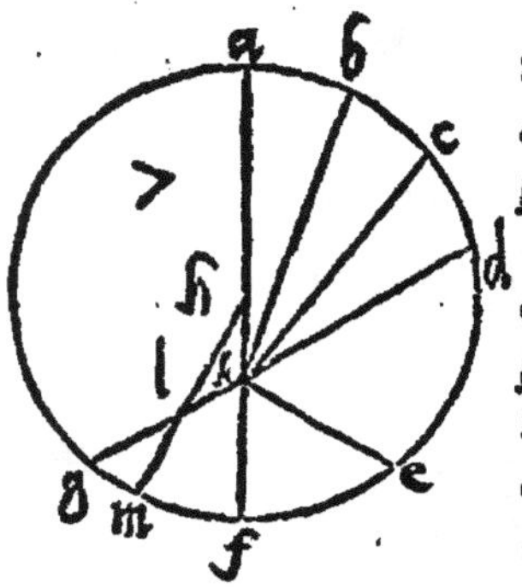

Sia il cerchio. a. c. d. il diametro dilquale sia la linea, a, f, & il centro di quello sia il ponto, h, & sopra, a. f. sia signato, il ponto. k. fuora del centro, h, dal quale siano dutte piu linee lequal siano. k. a. k. b. k. c. k. d. k. e. k. f. k. g. alla circonferentia, et la. k. a. transisca sopra il centro, h, & la. k. f. sia il compimento del diametro, & sia. k. e. & . k. g. equidistante a. k. f. cioè che li duoi ponti. e. & . g. siano equalmente distanti dal ponto, f, ouer che l'angolo. e. k. f. sia equale al angolo. f. k. g. Dico che la. k. a. è piu longhissima di ciascuna delle altre (per esser quella che passa sopra il centro, h,) & la. k. f. è la piu breuissima di cadauna delle altre per esser quella che compisse il diametro. a. k. f. le altre linee tanto son piu longhe quanto son piu propinque al centro. h. uerbi gratia la. k. b, è piu longa de. k. c. & . k. c. è piu longo de, k, d, & , k, d, è piu longa de, k, e, & , k, e, & , k, g, sono equale. Et per dimostrar queste cose io tirarò dal cētro. h. le linee. h. b. h. c. h. d. h. e. e pche li duoi lati. b. h. et. h. k. del triāgolo. b. h. k. sono maggiori (per la 20. del primo) del lato. b. k. e perche. b. h. è equal al, a, h, (pche ambe ueneno dal cētro. h. alla circonferētia) giuntoli cōmunamēte il lato. h. k. tutta la linea. a. K. serà equal alli deti duoi lati, b, h, et, h, k, et pche li detti dui lati, b, h, et, h, k, son maggiori (com'è detto) del lato. b. K. seguita adōq; che tutta la linea, a, k, (p cōmuna sciētia) sia maggiore della linea, b, K, & per la medesima ragione serà maggiore etiam

de

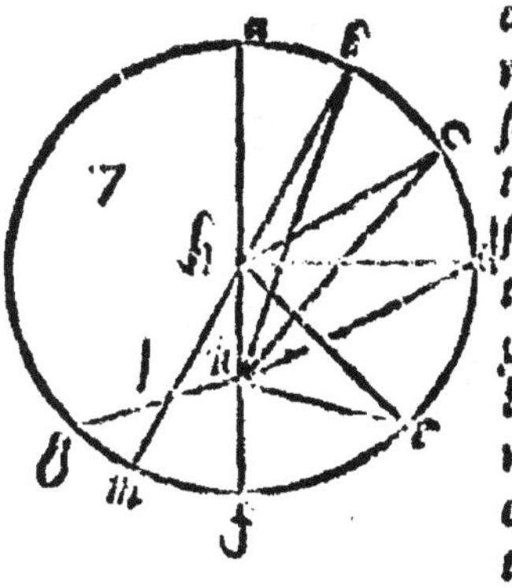

de cadauna delle altre, che è il primo proposito. Anchora perche li duoi lati.b.k. & .k.e. (del triãgolo.b.k.e.) sono maggiori (per la detta uigesima del primo) del lato.b.e. & perche il detto lato.b.e. è equale alla linea.b.f. (per la quartadecima del primo) adonque li duoi lati.K.b. & .k.e. (per commune scientia) seranno maggiori della detta linea.b.f. cauando communamente il lato.b.k. (per la quarta concettione) il lato solo.K.e. serà etiam maggiore dell'altro rimanente, cioe de.K.f. et con la medesima ragione se dimostra ciascuna delle altre linee esser maggiore della medesima linea. K.f. & questo è il secondo proposito. Anchora perche li duoi lati.b.b. & .b.K. del triangolo.b.b.k. sono equali alli duoi lati.c.b. & .b.k. del triangolo.c.b.k. & l'angolo.b.b.k. è maggiore dell'angolo.c.b.k. (per la uigesima quarta del primo) la basa.b.k. serà maggiore della basa.c.k. & per la medesima ragione.k.c. serà maggiore de.k.d. & .K.d. serà maggiore de.K.e. & questo è il tertio proposito. Anchora se le due linee.K.e. & .K.g. non sono equale (per l'aduersario) l'una serà maggiore dell'altra. hor poniamo che la. K.g. sia maggiore della.k.e. & della detta.K.g. ne segharemo la parte. k.l. (per la tertia del primo) equale alla. K.e. & produrò la.b.l. fina ch'ella segha la circonferentia in ponto.m. & perche l'angolo.g.K.f. è equal all'angolo.f.k.e. (dal presupposito) & (per la tertiadecima del primo) l'angolo.l.k.b. è equale all'angolo.e.k.b. & li duoi lati.l.k. & .K.b. del triangolo.l.K.b. sono equali alli duoi lati.e.k. & k.b. del triangolo.e.K.b. adonque (per la quarta del primo) la basa.b.l. è equale alla basa.b.e. & perche la.b.m. è etiam lei equale alla detta.b.e. (per la quartadecima diffinitione del primo,) seguita adonque (per la prima concettione) che la.b.l. sia equale alla.b.m. laqual cosa è impossibile, sono adonque le due linee.K.g. & .k.e. equale, che è il quarto proposito, & questa tal figura dal uulgo è chiamata pe di occha.

Theorema.7. Propositione. 8.

8 Se fuora d'un cerchio sia signato un ponto, & da quello alla circonfe
8 rentia siano dutte piu linee segando il cerchio, quella che transirà sopra il centro serà piu longha de ciascaduna delle altre, & le piu propinque al centro seranno piu longhe delle altre piu remote. Et quelle linee partiale applicate alla circonferentia di fuora uia quella, che giace in diretto con lo diametro sia minore di ciascaduna delle altre, & le piu propinque a quella seranno piu corte delle piu lontane. Et le due linee che dall'una banda, e l'altra equalmente se appropinquano alla breuissima sono equale.

Sia il ponto.a. signato di fuora del cerchio.b.c.d.e.f. il centro dilquale sia il ponto.n. & dal ponto.a. siano dutte piu linee alla circonferentia seghando il detto cerchio,

chio, lequal siano. a. K. n. b. a. b. c. a. g. d. & . a. f. e. dico che la. a. b. che transisse sopra il centro. n. serà longhissima de tutte le altre a una per una: anchora dico che la a. c. è maggiore della. a. d. per esser piu propinqua al cẽtro. n. & similmente la. a. d. serà maggiore delle. a. e. oltra di questo dico che delle linee partiale di fuora del cerchio la linea. a. K. serà piu breue de tutte le altre a una per una per esser quella che giace in diretto con lo diametro. k, b. & dico che la. a. b. è minore della. a. g. (per esser piu propinqua alla detta minima. a. k.) similmente. a. g. serà minor della. a. f. Dico anchora che se'l sarà dutta la. a. l. talmente che quella, & la a. b. equalmẽte disteno dalla. a. k. cioe che l'angolo. k. a. b. sia equale all'angolo. l. a. k. seranno equale, & per dimostrar questo io produrò dal centro. n. le linee. n. e: n. d: n. c: n. f: n. g: n. b. Et perche li duoi lati. a. n. & . n. c. dal triangolo. a. n. c. (per la uigesima del primo) sono maggiori del lato. a. c. ma perche li detti duoi lati. a. n. & . n. c. sono equali alla linea. a. b. per esser la. n. c. equale alla. n. b. (per la quartadecima diffinitione del primo) seguita adonque che la linea. a. b. sia etiam maggior del detto lato, a, c, & per la medesima ragione sarà maggior de tutte le altre a una per una, che è il primo proposito. Anchora perche li duoi lati. a. n. & . n. c. del triangolo. a. n. c. sono equali alli duoi lati. a. n. & . n. d. del triangolo. a. n. d. (per la decimaquarta diffinitione del primo) & l'angolo. a. n. c. è maggiore dell'angolo. a. n. d. dilche la basa. a. c. serà maggiore (per la uigesimaquarta del primo) della basa. a. d. & per la medesima ragione la. a. d. sarà maggior della. a. e. che è il secondo proposito. E anchora perche li duoi lati. a. b. & . n. b. (del triãgolo. a. n. b.) sono maggiori (per la uigesima del primo) del lato. a. n. & per essere la parte. n. k. equale al lato. n. b. lo lato solo. a. b. (per communa scientia) sarà maggiore dell'altro residuo. a. k. & per la medesima ragione ciascuna delle altre linee partiale di fuora serà maggiore della linea. a. k. che è il terzo proposito. Anchora perche le due linee. a. b. & . b. n. sono minore (per la uigesima prima del primo) delle due linee. a. g. & . g. n. & la. b. n. si è equale (per la quartadecima diffinitione del primo) alla. g. n. serà adonque (per communa scientia) la. a. g. maggiore della a. b. & per la medesima ragione la. a. f. serà maggiore della. a. g. che è il quarto proposito. Anchora se la. a. l. non è equale al. a. b. (conciosia che lor sian equalmente distãte dal. a. k.) l'una serà maggior dell'altro (p l'aduersario) hor poniamo che la, a, l, sia maggior della, a, b, io ponerò adonque la, a, m, equale alla, a, b, & produrò la, n, o, m, perche adonque li duoi lati, m, a, & , a, n, (del triangolo, m, a, n,)

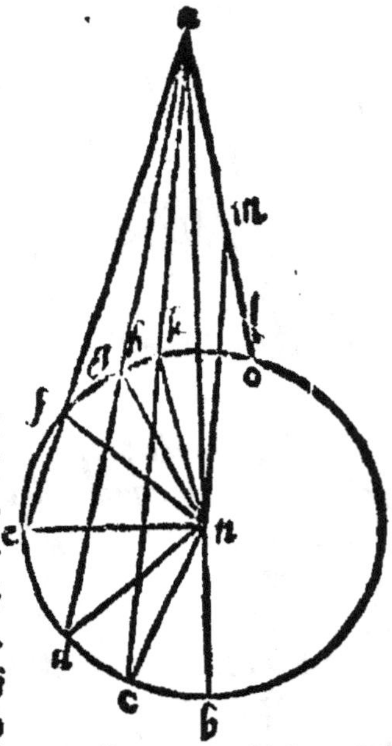

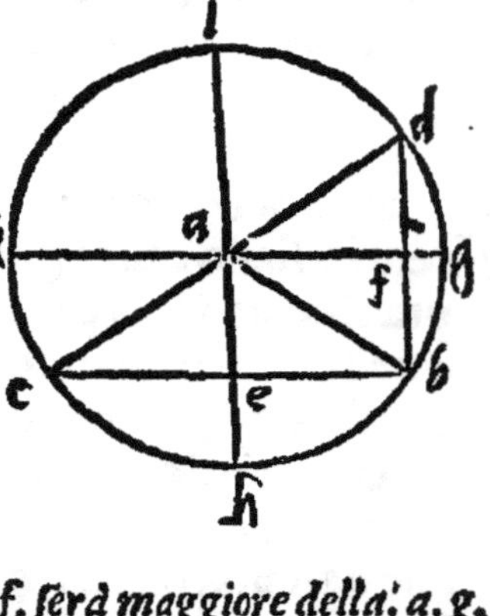

m.a.n.) sono equali alli duoi lati. b. a. & .a. n. (del triangolo. b.a.n.) & l'angolo.m.a.n. è equal all'angolo. b. a. n. dilche (per la quarta del primo) la basa.m.n. serà equale alla basa.n.b. & perche la.n.o. è anchor lei equal alla detta basa. n. b. (per la quartadecima diffinition del primo) adōq; la.n.o. (per la prima cōcettione) seria etiā equal alla detta basa.n.m. laqual cosa è impossibile che la parte sia equale al tutto, adonque le dette due linee.a.l. & .a.b. niuna puo essere maggior di l'altra, seguitarà adonque che l'una sia equale all'altra che è il quinto proposito, e sappi che la figura de questa propositione è detta dal uulgo coda di pauone.

Theorema.8. Propositione.9.

Se dentro a un cerchio sia signato un ponto, & da quello siano dutte
9 più che due linee alla circonferentia equale, quel ponto è necessario esser centro di quel cerchio.

Sia il ponto.a. signato dentro del cerchio.b.c.d. dal qual siano dutte le tre linee. a.b.a.c. & .a.d. alla circonferentia, lequale pongo, che siano equale. Dico che'l ponto.a. è necessario che lui sia il centro del ditto cerchio, & per dimostrar questo io produrò le due linee.c.b. & .b.d. & dividerò l'una e l'altra in due parti equale (per la decima del primo) cioè.d.b.in ponto.f. & .c.b. in ponto.e. & produrò.e.a. & .f.a.le quale applico dall'una e l'altra parte alla circonferentia, & perche li duoi lati.a.e. & .e.c.del triangolo.a.e.c.sono equale alli duoi lati. a..e. & . e.b. del triangolo.a.e.b. & la basa.a.c. è equal alla basa.a.b. (dal prosupposito) dilche (per la ottaua del primo) l'angolo.e. dell'uno serà equale all'angolo.e.dell'altro (& per la 13 .diffinition del primo) li detti duoi angoli quali terminano nel ponto.e. ciascun di loro serà retto similmente ancor l'un e l'altro delli duoi angoli che son al ponto.f.è retto, adōque perche.l.b. divide la.c.b. orthogonalmente & in due parti equale nel ponto.e. quella per (lo correlario della prima di questo) transirà per lo centro del dato cerchio.d.c.b. similmente anchora la.x.g. per lo medesimo correlario, transirà per lo medesimo centro del dato cerchio, adonque sel centro del cerchio.b.c.d.è nella linea l.b. & nella linea.x.g.le necessario che quel sia il ponto della intersegatione delle dette due linee (cioe il ponto.a.per esser un ponto commune in l'una e l'altra linea) che è il proposito. Anchora per un'altro modo se potria far questa demostratione, hor sia il cerchio, a,b, c, nel quale sia tolto in ponto,d, & dal detto ponto, d, pono che ne cada le tre linee,d,a,d,b,et,d,c,equale. Dico che'l detto ponto,d, si è il centro del dato cerchio a, b,c, & se possibile fusse (per l'aduersario) che'l detto pōto. d. non sia il detto centro, è necessario adonque che lui sia in qualche altro loco. hor poniamo che sia il ponto.e. io tirarò dal ponto.d. al ponto,e,la linea,d,e, & quella slongarò in diretto da ambe le parti fina alla circonferentia, toccando quella nelli duoi ponti.f. & .g. adonque,

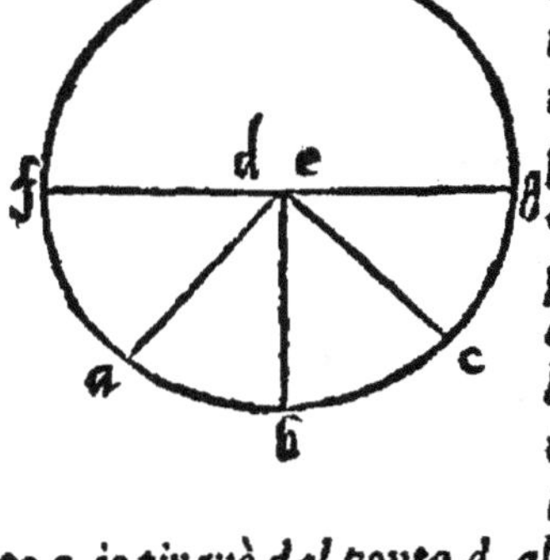

que,f,g,serà il diametro del cerchio,a,b,c,& perche nel diametro,f,g,è tolto il ponto, d, ilquale non è il centro del detto cerchio (per satisfattione del aduersario,) & dal detto ponto,d,sono tirate le linee,d,a,d,b,d,c,d,g,delle quale,d,g,(per la settima di questo)serà la piu longha de tutte le altre,e la linea, d, c, serà maggior della d,b, & la,d,b,serà maggior della,d,a.laqual cosa seria contra il presupposito,perche fu prosupposto che le,d,a.d,b.d,c.fussero equale , dilche seria impossibile che essendo equale l'una possa esser maggiore dell'altra,seguita adonque che'l detto centro (non possendo esser in altro loco fuora del ponto. d.) sia il proprio ponto,d, che è il proposito.

Theorema.9. Propositione.10.

10/10 Se uno cerchio segha un'altro cerchio, egli è necessario che quello lo seghi solamente in duoi luoghi.

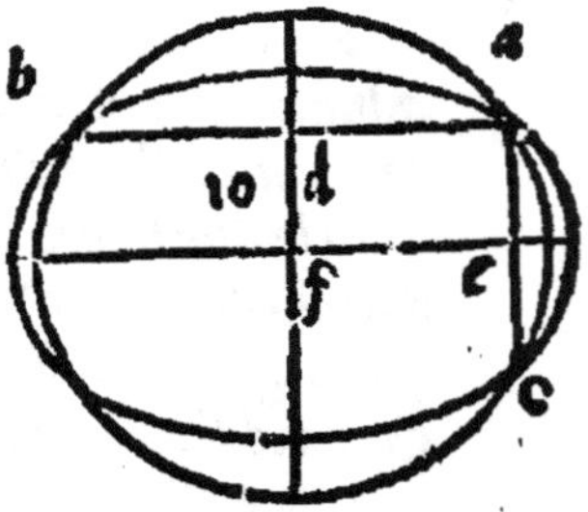

Siano (se gli è possibile)per l'aduersario li duoi cerchij che si seghino in piu che in duoi luoghi,poniamo sopra li tre ponti,a,b,c,io produrò le due linee.a.b. & .a.c. lequale diuiderò in due parti equali in li ponti, d,& e, & dal ponto,e,produrò la linea,e, f, perpendicolare sopra la linea,a,c,& dal ponto,d,la linea,d,f,perpendicolare sopra la linea,a,b,& seghansi le due linee,e,f, &,d,f,in ponto,f,& (per lo correllario della prima di questo) il ponto, f , serà il centro dell'uno e l'altro cerchio , laqual cosa è impossibile (per la quinta di questo .)

Theorema.10. Propositione.11.

11/11 Se uno cerchio toccarà di dentro da se un'altro cerchio,& che da l'un centro all'altro sia condutta una linea retta, alongando quella drettamente uerso la parte doue si toccano , le necessario che quella transisca per il ponto del toccamento.

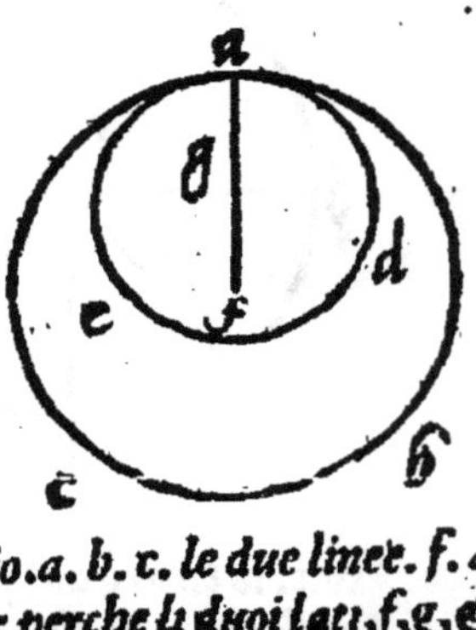

Sian li duoi cerchij.a.b.c.& .a.d.e.liquali si tocchino fra loro di dentro uia nel ponto. a. & sia.f. il centro dil cerchio.a.b.c.& .g.sia il centro dil cerchio. a.d. e.et sia dutto dal centro. f.al centro.g.la linea.f.g. Dico che alongando la detta linea.f.g.uerso.a. le necessario che quella transisca per lo ponto. a. & se possibile fosse(per l'aduersario) che quella non transisca per lo detto ponto . a. poniamo che quella possa transire come fa la linea . f. g . h. (della seconda figura) produrò le due linee.a.g.& a.f.& perche il ponto.f.e il centro del cerchio.a. b. c. le due linee. f. a. & .f.h.(per la diffinitione del cerchio)seranno equale, & perche li duoi lati,f,g,& g.a.del

H g.a.del

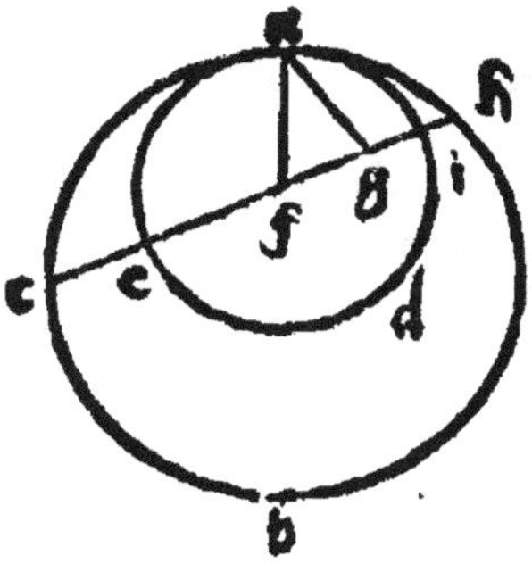

g.a.del triangolo.a.f.g.(per la uigesima del primo) son piu lõghi del lato.f.a.serãno etiam piu longhi (per communa scientia) della linea.f.h.hor leuando communamente lo lato, f,g, lo lato solo.g.a.per communa scientia seriа̀ etiam piu longho del residuo,g,h, & perche la g.i. è equale (per la diffinitione del cerchio) alla,g.a. dilche la,g.a,è maggior della, g, h, seguiria (per communa scientia) che la,g, i, sia maggior etiam lei della g,h, laqual cosa è impossibile che la parte sia maggiore del tutto. Adõque se la linea.f.g. slongandola uerso a, non puo transire per ponto alcuno che sia de fuora del detto ponto.a.de necessità adonque transirà per quello,che è il proposito.

Theorema. 11. Propositione. 12.

11/12 Se seranno duoi cerchij che si tocchino fra lor della parte di fuora conducendo una linea retta da l'un centro all'altro quella tal linea trãsirà per il ponto del toccamento.

Siano li duoi cerchii,a, b,c,&, a. d, e, contingenti fra loro de fuora uia nel ponto, a, & il centro del cerchio,a,b,c,sia il ponto,f,& il centro del cerchio,a,d,e, sia il ponto.g. Dico che conducendo dal centro,f, al centro,g, la linea,f,g, quella de necessità transirà per lo ponto,a, & se possibile fusse(per l'aduersario) che quella transisca come fa la linea,f,c,d,g, dal ponto,a, siano tirate le due linee, a, f, & a,g, costituendo il triangolo, a, f, g, adonque perche il ponto,f, è il centro del cerchio, a, b, c, la linea,f,a,serà equale alla linea,f, c, (per la diffinitione dil cerchio) similmente perche il ponto, g,si è il centro dil cerchio, a, d, e, la linea, a, g, serà equale alla linea,g,d, dilche le due linee, f, c,& g,d, sariano equale alli duoi lati.f. a,&,g,a, del triangolo,a,f,g,& perche tuttò il lato,f,c,d,g,è maggior delle dette due linee,f,c,&,g,d, serà etiam (per communa scientia) maggiore delli duoi lati a,g, &, a, f, laqual cosa è impossibile(per la uigesima del primo)che un lato d'un triangolo sia maggior delli altri duoi lati, immo sempre bisogna che sia minor, come nella detta uigesima del primo se dimostra. Seguita adonque che tirando dal centro,f, al centro,g, la linea,f,g, non puo transire per altro loco che per lo ponto, a,che è il proposito.

Theorema. 12. Propositione. 13.

12/13 Se uno cerchio toccarà un altro cerchio,di dentro,ouer di fuora, lo toccherà solamente in un luogo.

Ma se pur fusse possibile che un cerchio tocchi un'altro cerchio di dentro, ouer' di fuora in duoi luoghi,poniamo primamente che'l cerchio.a,b,c,d,sia toccado dal cerchio,

chio, e, b, f, d, nelli duo ponti, b, &, d, tirando adonque dal ponto, d, al ponto, b, la linea, b, d, laqual linea, b, d, per la seconda di questo caderà di dentro di ambiduoi li detti cerchij, & diuidendola in due parti equali nel ponto g, & dal ponto, g, tirando la linea, a, g, c, orthogonalmente sopra la detta linea, b, d, quella (per lo correlario della prima di questo) transirà per ambiduoi li centri delli detti duoi cerchij, adonque la linea, a, g, c, transirà per li duoi centri delli detti duoi cerchij contingenti, & non passaria per alcun delli duoi ponti, b, &, d, laqual cosa è impossibile (per la precedente propositione) seguita adonque che uno cerchio non puo esser toccado d'alcun altro cerchio di dentro uia in piu de uno luogo solo, che è il primo proposito, hor ueniamo alla demostratione del secondo, & poniamo che'l cerchio. a, b, c, d, (se possibile è per l'aduersario) sia toccado dal cerchio, a, k, c, de fuora via nelli duoi ponti, a, &, c, tirando adõque dal ponto, a, al ponto, c, la linea, a, c, quella caderia fuora del cerchio, a, K, c, laqual cosa è impossibile (per la secõda di questo.) adõque seguita il proposito. Anchora per questo altro modo se fusse possibile che un cerchio possa tocar di dentro uia uno altro cerchio in duoi luoghi, ouer in duoi ponti, poniamo che'l cerchio, a, b, c, d, sia toccado dal cerchio, e, b, f, d, nelli duoi ponti b, &, d, & poniamo che'l ponto, g, sia il centro del cerchio, a, b, c, d, & lo ponto, h, sia il centro di l'altro cerchio, e, b, f, d, hor tirando dal centro. g, al centro. h, la linea, g, h, & quella produr indiretto da ambedue le parti quella passerà (per la precedente) per duoi ponti. b, &, d, come se uede far alla linea, b, d, adonque perche la, b, g, è maggior della, b, h, (sua parte) & la, g, d, è equal (per la diffinitione del cerchio) alla g, b, adõque (per communa sciẽtia la, g, d, serà maggior della detta b, h, & se la, g, d, è maggior della detta, b, h, molto piu maggiore serà tutta la, h, d, della ditta, b, h, & pche il ponto, h, è centro dil cerchio, e, b, f, d, dilche la linea, h, d, seria equal (per la diffinitione del cerchio) alla linea, b, h, & gia hauemo prouato che la è molto maggiore, adõque è impossibile che la, h, d, possa esser maggiore, & equale alla, b, h, seguita adonque che'l cerchio, e, b, f, d, non puo toccare il cerchio, a, b, c, d, saluo che in uno ponto solo, che è il proposito.

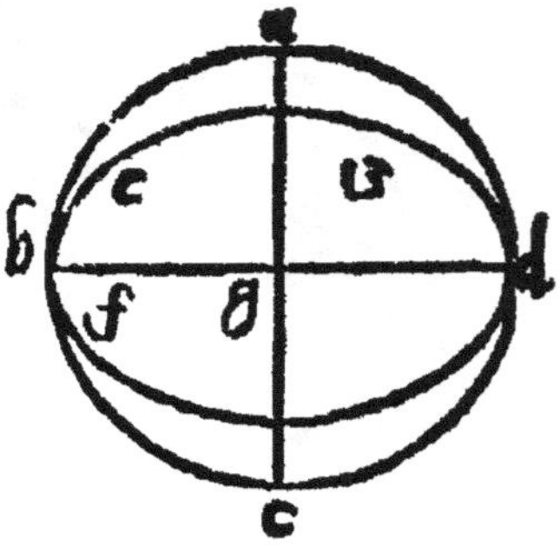

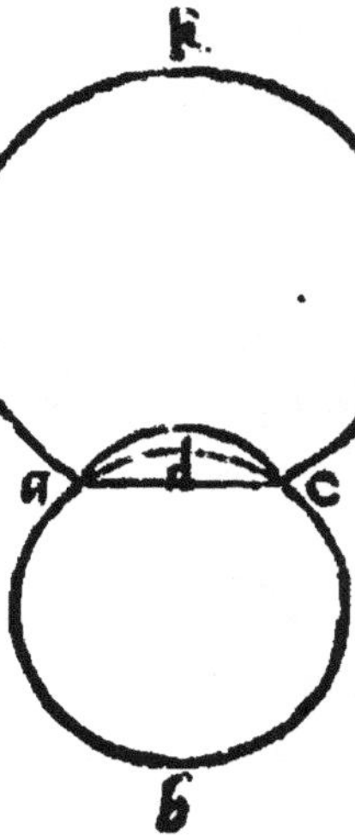

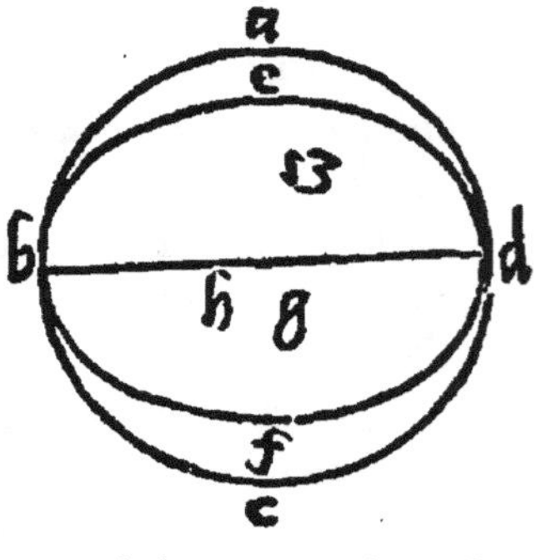

13/14 Theorema. 13. Propositione. 12.

Se in un cerchio seranno piu linee rette, che siano equal fra loro, le

 necessario

necessario che quelle siano equalmente distante dal centtro, & se quelle seran equalmente distante dal centro, e necessario che siano fra loro equale.

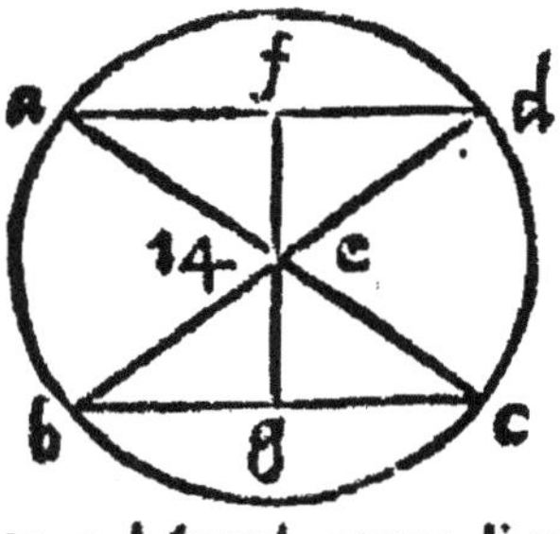

Sia il cerchio. a.b.c. d. il centro dil qual sia il ponto. e. nel qual cerchio siano le due linee.a.d. & .c.b. lequal se seranno equale fra loro, dico che seranno equalmente distante dal centro.e. & per lo contrario se le dette due linee serãno equalmente distante dal centro.e. dico che fra lor seranno equale, perche se noi poniamo prima che lor sian equale produrò dal centro.e.le due linee.e.f.& e.g.perpendicolare sopra alla.a.d. & .b.c. dilche la linea.a.d.(per la terza di questo)serà diuisa in due parti equali nel ponto.f. similmẽte la linea.b.c. nel ponto.g.anchora dal centro.e. io tirarò le quattro linee.e.a.e.d. e.b.e.c.& serà costituido li duoi triangoli.e.a.d.& .e.b.c.& perche li duoi lati.e.d. & .a.d.del triangolo.e.a.d.sono equali alli duoi lati,e,c,& ,b,c, del triangolo,e,b, c,(per la diffinitione del cerchio) & la basa.a.e.serà etiam equal alla, e, b, dilche (p la ottaua del primo) l'angolo,a,d,e,serà equale all'angolo. b, c, e, & perche li duoi lati,e,d,& ,d,f,del triãgolo,e,d,f,sono equali alli duoi lati,e,c,et,c,g, del triãgolo,e,c,g,(perche la,d,f,è equal alla,c,g,perche tutta,a,d,fu posta equale alla,b, c,però la mità de,a,d,(che è,d,f,)serà equal alla mità de,b,c,(che è,g,c,) et l'ãgolo.d.è equal all'angolo,c,dilche la basa.e.f.(per la quarta del primo) serà equal alla basa.e,g,& perche queste due base uenenо dal centro, & sono perpendicolare sopra le dette du. .inee,a,d,& ,b,c,seguita adonque(per la quarta diffinitione di questo)che le dette due linee,a,d,et,b,c,siano equalmente discoste dal centro,che seria la prima parte del proposito.

Anchora per un'altro modo la puotemo dimostrar dicendo il quadrato della,e, d. (per la penultima del primo) ual tanto quanto li duoi quadrati delle due linee, e, f, & ,f, d,& similmente il quadrato della,e,c,ual tanto quanto li quadrati delle due linee, e, g, & ,c,g, & perche il quadrato della,d,e,è equale al quadrato della, e, c, & lo quadrato dello, d, f, al quadrato della, c,g,seguita adonque che'l quadrato della,e,f,sia etiam equale al quadrato della,e,g, & (per communa scientia)la,e,f, seria equale alla,e,g, & cosi è manifesta la medesima prima parte. hor ueniamo alla soconda ponendo che le due linee, a, d, & , b,c,siano equalmente discoste dal centro, cioe che la, e, f, sia equale alla, e, g,(come uuole la quarta diffinitione di questo,) dico che la, a, d, è equale alla, b, c, perche le due linee, e, d, & , e, c, sono equale (per la diffinitione dil cerchio) li loro quadrati seranno etiã equali,similmente li duoi quadrati delle due linee,e,f,& ,e,g,seran etiã equali(per esser le dette due linee equal dal presupposito) cauando adonque del quadrato della e,d,il quadrato della,e,f,et del quadrato della,e,c,il quadrato della,e,g,li duoi rimanenti (per la tertia concettione) seranno etiam equali liquali duoi rimanenti l'uno sera (per la penultima del primo) il quadrato della linea, d, f, l'altro serà il quadratto della linea,c,g,dilche se'l quadrato della, d, f, è equale al quadrato della.c.

la.c.g.seguita che la.d.f. sia equale alla.c.g. & se la.d.f.è equale alla.c.g. il doppio della.d.f.(cioe la.d.a.)serà equale al doppio della.c.g. (cioe alla.c.b.)e questa è la seconda parte del proposito.

Theorema.14. Propositione.15.

14/15 Se in un dato cerchio seranno piu linee rette il diametro serà maggior de ciascuna delle altre, & quelle che seranno piu propinque al detto diametro seranno piu longhe di quelle che gli seranno piu lontane.

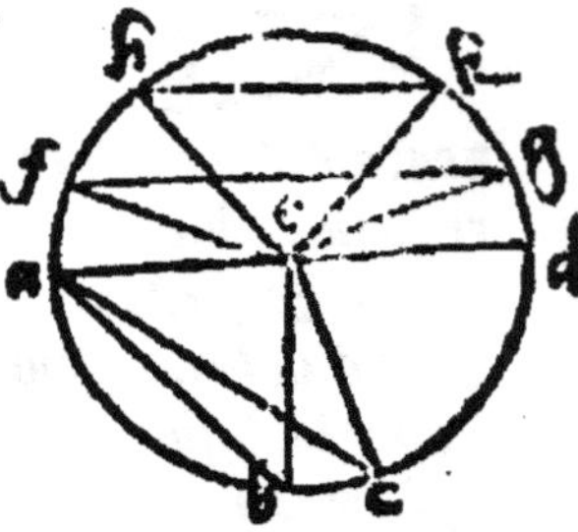

Sia come in lo cerchio.a.b.c.d.il centro dilquale sia il ponto.e. nel qual caschino piu linnee lequale siano.a.b.a.c.a.d.f.g.h.K.et sia la linea a.e.d.del diametro del del detto cerchio. dico la detta linea.a.e.d. essere la piu longhissima de cadauna delle altre,& la linea.f.g.esser piu longha della linea.h.k. per essere piu propinqua al detto diametro.a.e.d. et similmente la linea,a,c,è maggiore (per la medesima causa) della linea.a.b. Et per dimostrar questo dal centro.e.alla estremità delle dette linee,io tirerò le linee.e.b.e.c.e.f.e.g.e.h.e.k.& perche li duoi lati.e.f.et.e.g.del triãgolo.e.f.g.sono maggiori(per la uigesima del primo)del lato.f.g. & li predetti duoi lati insieme sono equali al diametro.a.e.d.perche ciascuno di loro sono la mita del diametro(per la diffinitione dil cerchio)adõque il diametro.a.d.(per communa sciẽtia)serà etiam lui maggiore del ditto lato.f.g. & per la medesima ragione serà etiã maggiore della.a.c.& cosi anchora serà maggior.de h,K.etiam de.a.b.ma che.f.g.sia maggior de.h.K.&.a.c.de.a.b.se manifestarà in questo modo,perche li duoi lati e.f.&.e.g.del triangolo.e.f.g.sono equali alli duoi lati.e.h.e.k,del triangolo.e.h.k,(perche tutte uanno dal centro alla circonferentia)et l'angolo.f.e.g.è maggiore del l'angolo.h.e.k.la basa.f.g.(per la uigesima quarta del primo)serà maggiore della basa.k.h.similmente anchora li duoi lati,a,e,&,e,c, del triangolo.a,e,c,sono equali alli duoi lati, a, e, & , e , b , del triangolo,a,e,b,& l'angolo,a, e, c, è maggiore del angolo,a,e,b,dilche la basa,a,c,serà maggior(per la detta uigesima quarta del primo)della basa,a,b,& cosi il proposito uien a esser concluso.

Theorema.15. Propositione.16.

15/16 Se dall'un di termini del diametro de alcun cerchio serà dutta orthogonalmẽte una linea retta le necessario che quella cada di fuora del detto cerchio,& fra quella è il cerchio le impossibile che gli possa capire altra linea retta.E l'angolo contenuto de quella, & dalla circonferentia è piu acuto de tutti li angoli acuti contenuti da linee rette, e l'angolo fatto di dentro dal diametro, e dalla circonferantia e maggiore de tutti li angoli acuti contenuti da linee rette.

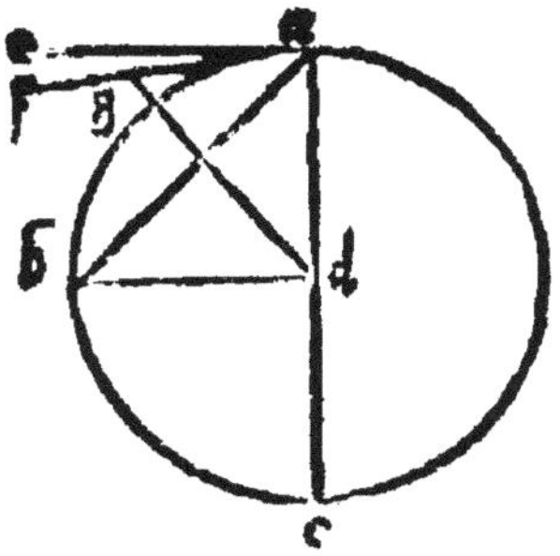

Sia il cerchio.a.b.c.descritto sopra il centro.d. il diametro dil quale sia la linea.a.c. Dico che tirando dal ponto.a. una linea che sia perpendicolare alla linea.a.c.quella tal perpendicolare de necessita caderà de fuora del detto cerchio, & fra quella linea, ouer perpendicolare, e la circonferentia del detto cerchio nō è possibile che gli possa capire alcun'altra linea retta. E l'angolo contenuto dalla detta linea, ouer perpendicolare, & dalla circonferentia del detto cerchio è minore de ogni angolo rettilineo, (cioè che sia contenuto da due linee rette) & quello angolo contenuto dal diametro (del detto cerchio) & dalla circonferentia è maggiore de ogni angolo acuto contenuto pur da linee rette. lequalcose se dimostranno a una per una. hor comminciando dalla prima dico che tirando dal ponto.a. una linea retta perpendicolare al diametro.a.c. de necessita caderà de fuora del detto cerchio, & se pur fusse possibile (per l'aduersario) che potesse cadere di dentro poniamo che quella cada come fa la linea.a.b. dal centro.d. produro la linea.d.b, & serà costituido il triangolo.d.a.b. dil quale li duoi lati.d.a.&.d.b.sono equali (perche uanno dal centro alla circonferentia) dilche li duoi angoli.d.a.b.&.d.b.a. (per la quinta del primo) seran equali, & per esser la linea.b.a.perpendicolare sopra.a.c. (per il presupposito) l'angolo.b.a.d. serebbe retto dilche anchora l'angolo.d.b.a.seria pur retto, donde il triangolo.a.b.d. haueria dui angoli retti, laqual cosa è impossibile (per la trigesima seconda del primo) seguita adonque che tirando dal ponto.a.una perpendicolare al diametro.a.b.quella de necessita caderà de fuora. hor poniamo che quella tal perpendicolare sia la linea.a.e. hor dico che fra la detta linea.a.e.& la circonferentia non è possibile che gli possa capire alcuna linea retta, & se pur fusse possibile (per l'aduersario) poniamo che gli capisca la linea.a.f. alla qual linea.a.f.dal centro.d. produremo una perpendicolare laqual poniamo (se possibile è) che quella sia la linea.d.g. & perche l'angolo.d.g.a. (del triangolo.d.a.g.) seria retto donde l'angolo,g,a,d, (per la trigesima seconda del primo) ueria a esser menor d'un angolo retto dilche il lato,a,d, (per la decima nona del primo) seria maggiore del lato,d,g, (per esser opposito a maggior angolo) laqualcosa è impossibile, anci la detta,d,g, seria maggior di lei per quella parte che passa di fuora dil cerchio, cioe dalla circonferentia al ponto,g, per laqual cosa seguita che fra la detta linea,a,e, & la circonferentia,a,b,non puo capirli alcuna linea retta, & per questo se manifesta che l'angolo contenuto dalla circonferentia,a,b, & dalla linea retta,a,e,(ilquale è detto angolo della contingentia) è minore de ogni angolo contenuto da due linee rette. ma se alcun angolo rettilineo potesse essere equale, ouer minor dell'angolo della contingentia quello tal angolo se potria diuidere (per la nona del primo) in due parti equale, dilche seguiria che fra la linea,a,e, & la circonferentia,a,b,potesse capirli una linea retta, laqual cosa è impossibile, come de sopra è sta dimostrato per laqual cosa se manifesta che l'angolo contenuto dal diametro,a,c, & dalla circonferentia retta esser maggior de tutti li angoli acuti contenuti de due linee rette perche non è differente dell'angolo retto se non in l'angolo della contingentia ilquale havemo dimostrato esser minore de ogni angolo rettilineo.

Correlario.

15 Donde el se manifesta anchora che ogni linea retta dutta da l'un di
16 termini del diametro de alcun cerchio orthogonalmente quella esser contingente con lo detto cerchio, & che la detta linea retta tocca il detto cerchio solamente in un ponto, perche eglie dimostr... nella seconda de questo, che una linea tirata dall'un all'altro de duoi ponti posti in la circonferentia d'un cerchio quella cade di dentro segando quello, laqual cosa bisognaua dimostrare.

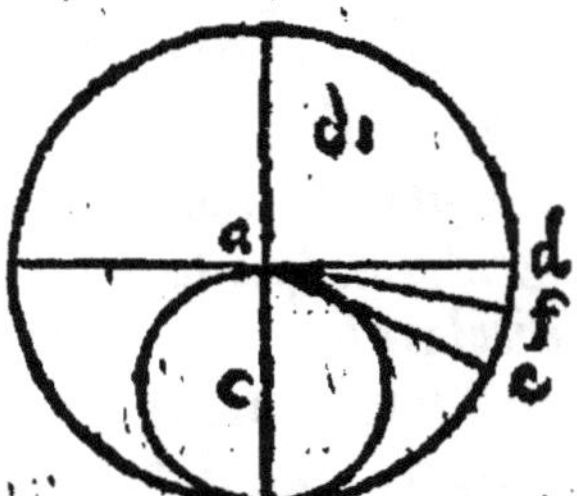

Anchora per cose dette di sopra le da esser notado che'l non uale questa argumentatione che dice questo transisce dal minore al maggiore & per tutti li mezzi. Adonque transisce etiam per lo equale. Ne anchora quest'altra che dice trouandosi il minor & lo maggior d'una cosa, è possibile trouar etiā lo equale laqual cosa se manifesta in questo modo, sia il cerchio, a, b, descritto sopra il centro, c, il diametro delquale sia la linea, a, c, b, & dal suo termine, a, sia dutta la linea a, d, ortogonalmente laqual sarà (per lo corellario di questa) contingente con lo cerchio, a, b, nel ponto, a, sia anchora descritto sopra il ponto, a, secondo la quantità del diametro, a, b, il cerchio, b, e, d, & sia imaginato la linea retta, a. b, essere monesta sopra il ponto, a, per la circonferentia dell'arco, b, e, d, talmente che'l ponto, b, numeri tutti li ponti dell'arco, b, e, d, per fina a tanto che quella peruēga alla linea, a, d, cuoprendo quella, & perche l'angolo, b, a, d, è retto il serà come il non sia possibile pigliar alcuno angolo acuto che la linea, a, b, non habbia fatto uno (con lo diametro del cerchio minore) cioè con la linea retta, a, c, b, stabile a lui equale, perche quella ha transito all'angolo retto numerando il sito del tutti li angoli acuti di quali è manifesto alcuni essere minori dell'angolo de mezzo cerchio (contenuto dalla circonferentia, a, b, & dal diametro, a, c, b,) e l'angolo retto le manifesto esser maggiore de quello medesimo. Dico che nel transito fatto dalli angoli acuti minori all'angolo retto maggiore nessuno fra mezzo ne sta fatto che sia a quello equale, & se pur fusse possibile ch'ella ne habbia costituido alcuno poniamo che'l sia quello che habbia fatto la linea. a. b. mobile quando il ponto b, è gionto sopra il ponto, e, dall'arco, b, e, d, perche adonque l'angolo, e, a, b, è equale all'angolo del detto semicerchio, ma l'angolo del detto semicerchio è lo ampissimo de tutti li angoli acuti contenuti da linee rette (per l'ultima parte di questa) dilche l'angolo, e, a, b, seria etiam lui ampissimo de tutti li angoli acuti contenuti da linee rette. Sia adonque diuiso l'angolo. e. a. d. in

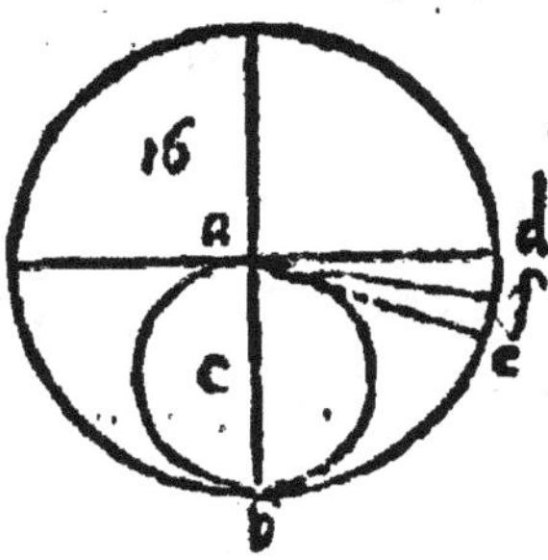

due parti equale (per la nona del primo) per la linea, a, f, dilche (per communa scientia) l'angolo, f, a, b, serà piu ampio dell'angolo, e, a, b, per laqual cosa seguiria che al cun angolo acuto rettilineo serà piu ampio del ampissimo, laqual cosa è impossibile, anchora se puo procedere in quest'altro modo ponendo pur che l'angolo, e, a, b, sia equale all'angolo del semicerchio, & perche l'angolo del semicerchio con l'angolo della contingentia sono equali all'angolo retto similmente l'angolo, e, a, b, con l'angolo e. a. d. è equale a uno angolo retto dilche l'angolo. e, a, d, (per communa scientia) saria equale all'angolo della contingẽtia, & perche l'angolo della contingentia è acutissimo de tutti li angoli acuti contenudi da linee rette (per la tertia parte di questa) l'angolo adonque. e, a, d, a lui equale serà etiam acutissimo de tutti li angoli acuti contenuti da linee rette. Ma l'angolo, e, a, f, (per communa scientia) è molto piu acuto di lui, adonque il saria alcun angolo rettilineo piu acuto de l'acutissimo cioe di quel della contingentia, laqualcosa è impossibile, come di sopra in questa fu dimostrato. Adonque non serà alcun angolo rettilineo equale all'angolo del semicerchio contenuto dalla mità della circonferenta, a, b, & dal diametro, a, c, b, et perche la linea. a. b. mobile transisce dal minore al maggiore & per tutti li mezzi & nõ per lo equale, similmente perche il se puo trouare un'angolo maggior etiam minor (del detto angolo del mezzo cerchio) contenuto de linee rette et tamen nõ se ne puo ritrouare un che gli sia equale, egli manifesta la oppositione cõtra all'una e l'altra argumentatione predetta. Onde a quello è da essere resposto per destruttione.

Problema. 2. Propositione. 17.

16/17 Da un dato ponto, a un dato cerchio puotemo menare una linea retta toccante.

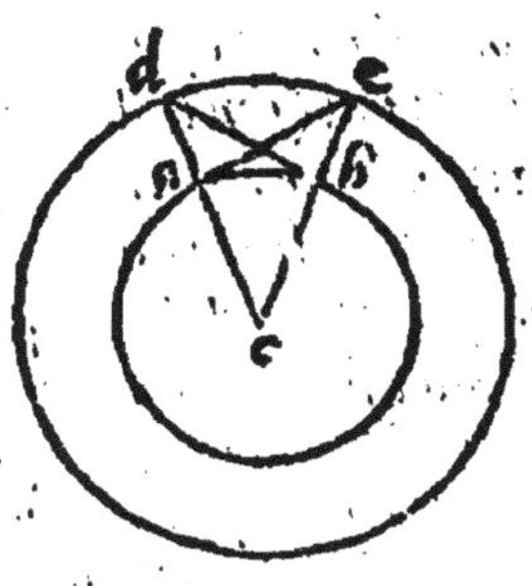

Come sia il dato ponto, d, e il dato cerchio, a, b, il centro dilqual sia il ponto, c, uoglio dal ponto, d, menare una linea retta che tocchi il cerchio, a, b, produco la linea, d, c, laqual seghará la circonferentia del detto cerchio, a, b, nel ponto. a. sopra laquale descriuo il cerchio, d, e, secondo la quantità della linea, d, c, sopra il medesimo centro. c. & dal ponto, a, produco la linea, a, e, perpendicolare alla linea, d, c, laqual segha la circonferentia dil cerchio. d. e. in lo ponto, e, & produco la linea, e, c, seghante la circonferentia dil cerchio, a, b, in lo ponto, b, e, dipoi produco la linea, d b, laqual serà toccante il cerchio, a, b, nel detto ponto, b, perche li duoi lati, a, c, & c. e. del triangolo, a, c, e, sono equale alli duoi lati, b, c, & , c, d, del triangolo, b, c, d, et l'angolo, c, è commun all'un e l'altro, dilche (per la quarta del primo) l'angolo, e, a, c, serà equale all'angolo, d, b, c, ma l'angolo, e, a, c, è retto, per laqualcosa l'angolo, d, b, c, serà *b,c, serà etiam retto. Adonque per lo correlario della precedente la linea, d, b, serà toccante il cerchio, a, b, che è il proposito.*

Theorema. 16. Propositione. 18.

17
18 Se una linea retta tocca un cerchio, e dal toccamento al centro si meni una linea retta è necessario che la sia perpendicolar sopra quella che tocca.

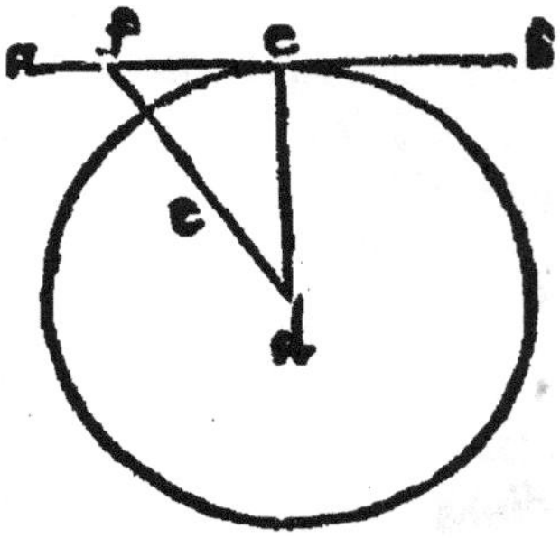

Sia la linea, a, b, laqual tocchi il cerchio, c, e, nel ponto, c, il centro dilquale cerchio sia il ponto, d, & sia congionto il detto ponto, c, con lo centro, d, per la linea, c, d. Dico questa tal linea, d, c, essere perpendicolare sopra la linea, a, b, che tocca, & se quella non fusse perpendicolare sopra la detta linea, a, b, (per l'aduersario) poniamo adonque che quella sia la linea, d, f, cioe che la linea, d, f, sia perpendicolare sopra la detta linea, a, b, laqual segharà la circonferentia del cerchio in ponto, e, dilche l'uno e l'altro delli duoi angoli, che sono al. f. son retti, adonque l'angolo. f. c. d. (per la trigesima seconda del primo) serà minor d'un retto, dilche serà etiam minor dell'angolo. d. f. c, seguita adonque che'l lato. d. c. (per la decima nona del primo) sia maggior del lato, d, f, laqual cosa è impossibile che'l minor sia maggior del maggior donde el si manifesta, d, c, esser perpendicolare sopra della, a, b, che è il proposito.

Theorema. 17. Propositione. 19.

18
19 Se una linea retta toccarà uno cerchio, & dal ponto del toccamento nel detto cerchio si meni orthogonalmente una linea retta in quella medesima è necessario esser il centro.

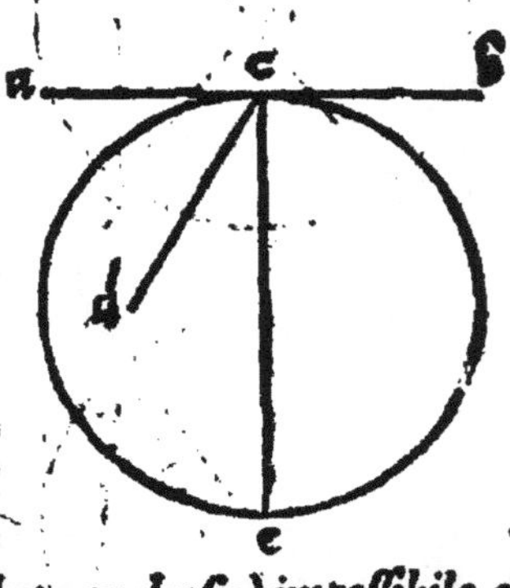

Come sia la linea, a, b, toccante il cerchio, c, e, nel ponto, c, & dal ponto, c, sia dutto dentro del detto cerchio, c. e. una perpendicolare alla linea, a, b, laqual sia la linea, c, e, dico che'l centro del detto cerchio, c, e, è nella linea, c, e, (questa è al contrario della precedente) e se possibile è che il detto centro non sia in la detta linea, c, e, de necessità serà in qualch'altro loco de fuora di essa linea, c, e, poniamo adonque che'l sia il ponto, d, io produrò la linea, d, c, laqual linea, d, c, (per la precedente) seria perpendicolare sopra alla linea, a, b, laqualcosa è impossibile cõciosia che la linea, c, e, sia posta perpendicolar sopra di detta linea, a, b, dilche non è possibile che ambedue possano esser perpendicolare sopra di quella nel medesimo ponto, c, perche il seguiria questo disconueniente che l'angolo, d, c, a, fusse

equale

equale all'angolo. e. c. a. perche ambidui fariano retti, seguita adonque che'l centro del detto cerchio. c. e. (non possando esser fuora della linea. c. e.) sia in essa linea, c. e. che è il proposito.

Theorema. 8. Propositione. 20.

19 Se in un cerchio serà constituido uno angolo sopra il centro, & uno
20 altro sopra la circonferentia liquali habbino una medesima basa de circonferentia l'angolo dil cétro serà doppio all'angol della circonferētia.

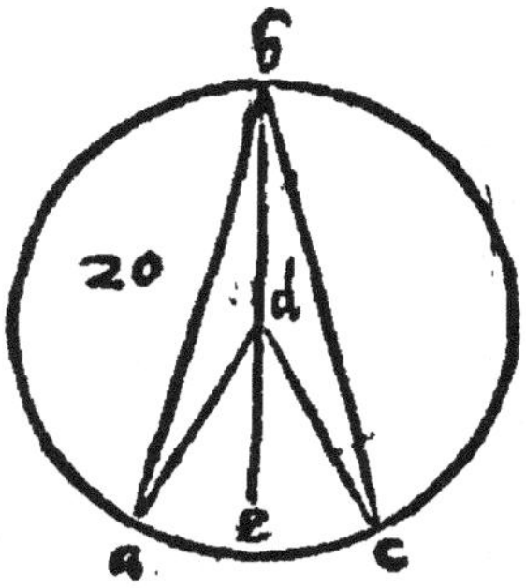

Come sia il cerchio. a. b. c. il centro dilquale sia il ponto. d. nelquale sia l'angolo. a. d. c. sopra il centro & l'angolo. a. b. c. sopra la circonferentia & sia l'un & l'altro de detti angoli sopra la medesima basa laqual è la circonferentia. a. c. Dico che l'angolo. a. d. c. e doppio allo angolo. a. b. c. la qual cosa se approuerà in questo modo. perche le due linee. a. b. & . b. c. ouero inchiudeno di dentro da loro le due linee. a. d. & d. c. ouer che una di quelle passerà sopra l'una di loro facendosi con quella una sol linea, ouer che una delle dette due linee. a. b. & . b. c. segarà una delle dette due linee, cioè. a. d. ouer. c. d. Sia adonque primamente che le due linee. a. b. & b. c. inchiudeno di dentro da loro le due linee. a. d. & d. c. come in la prima figuratione appare. & sia produtto la linea. b. d. e. (& per la. 32. del primo) l'angolo. a. d. e. di fuora è equale alli duoi angoli di dentro liquali sono. b. a. d. & . a. b. d. (del triangolo. a. b. d.) & perche li detti duoi angoli. d. a. b. & . d. b. a. sono equali fra loro (per la quinta del primo) l'ãgolo. a. d. e serà doppio all'angolo. a. b. d. similmente anchora l'angolo. e. d. c. serà doppio all'angolo, d, b, c, per laqual cosa tutto l'angolo, a, d, c, è doppio a tutto l'angolo. a. b. c. che è il proposito. Ma se una delle due linee. a. b. & . b. c. passasse sopra una delle due linee. a. d. & . c. d. talmente che facessino insieme una linea sola (come nella seconda figuratione appare) dico anchora che l'angolo, a, d, c, è doppio all'angolo, b, (per la detta quinta & trigesima seconda del primo) pur se manifesta, perche l'angolo a. d. c. di fuora è equale alli duoi angoli. d. b. c. & . d. c. b. di dentro liquali sono equali (per la detta quinta) però l'angolo, a, d, c, serà doppio all'angolo, d, b, c, che è il proposito. Ma se una delle due linee, a, b, & , c, b. segarà una delle due linee. a. d. & c. d. (come nella tertia figuration appare doue la linea, a, b, sega la linea, d, c,) sia produtta la linea, b, d, e, donde per le ragion dette nella seconda figuratione l'angolo, e, d, a, è doppio all'angolo, d, b, a, similmente tutto

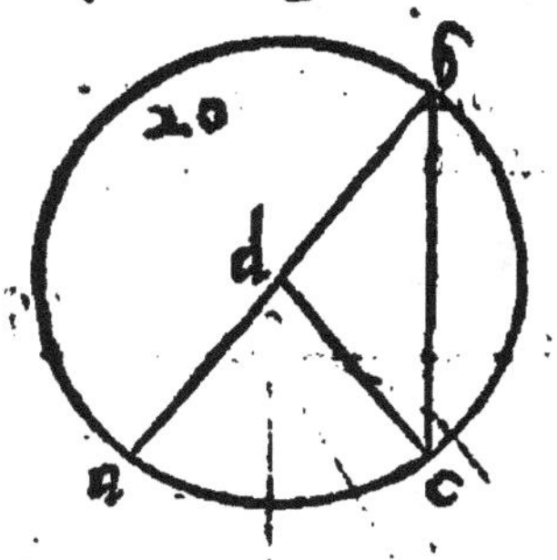

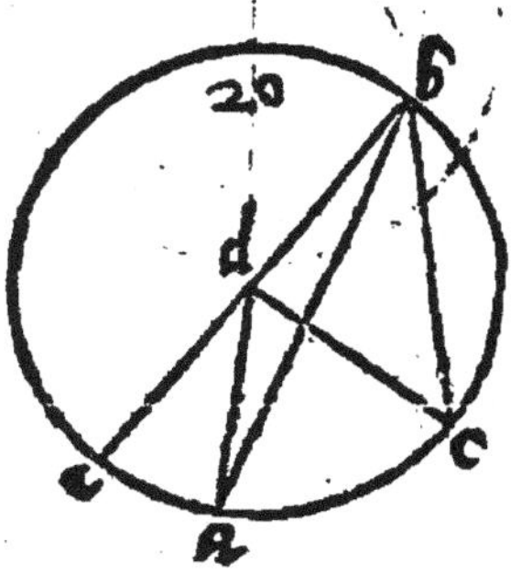

te tutto l'angolo, e, d, c, e pur doppio a tutto l'angolo, d, b, c, per laqual cosa l'angolo, a, d, c, è doppio all'angolo, a, cioe, a, b, c, se tutto l'angolo, e, d, c, e doppio a tutto l'angolo, e, b, c, & che l'angolo, e, d, a, (parte di tutto l'angolo, e, d, c.) e doppio all'angolo, d, b, a, ch'è parte de tutto l'angolo, d, b, c, (per communa scientia) e il residuo, a, d. c. sera etiã doppio al residuo, a, b, c, ch'è il proposito.

Il Tradottore.

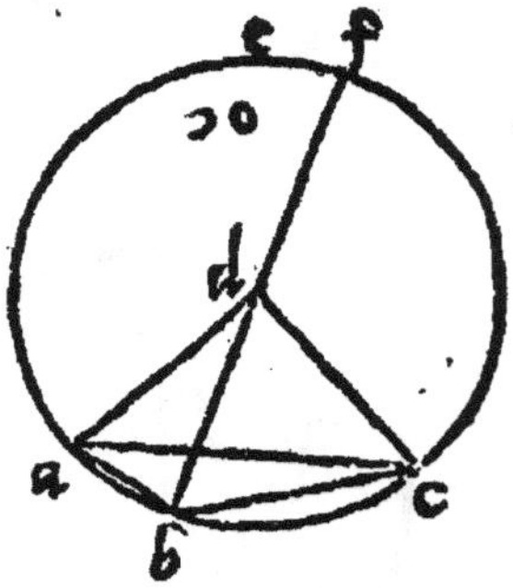

El testo di questa soprascritta propositione, tolto secondo che parla la prima tradottione pateria oppositioni assai. perche lui dice che se in un cerchio sia constituido un'angolo sopra il centro, & un'altro sopra la circonferentia liquali habbiano una medesima basa lo inferiore serà doppio al superiore, laqualcosa non seguitarà se in un cerchio (qual sia il cerchio, a, b, c, di questa quarta figuratione) sia tirata una linea retta, qual sia la, a, c, & congiongendo le due estremità di quella con il cẽtro, d, etiam con un ponto tolto nel arco, a, b, c, (qual sia il ponto, b,) serà constituido li duoi angoli, cioe l'angolo, a, d, c, sopra il centro, & l'angolo, a, b, c, sopra la circonferentia liquali hanno una medesima basa che è la detta linea, a, c, e nientedimeno l'angolo, a, d, c, sopra il centro non è doppio all'angolo, a, b, c. sopra la circonferentia, come facilmente si puo prouare, & pero piu correttamente parla il testo della secõda tradottione, qual uol che li detti angoli habbiano equal circonferentia, cioè equal basa de circonferentia e non de linea retta. e però tutto quel spacio, che è attorno all'angolo, a, d, c, è doppio all'angolo, a, b, a, perche hanno una medesima basa di circonferentia che è la circonferentia, a, e, c, & per dimostrarlo io tirarò la linea. b. d, & quella alongarò per fina alla circonferentia in ponto, f, & perche l'angolo, c, d, f, (per la prima parte della trigesima seconda del primo) è equale alli duoi angoli d, b, c, & , d, c, b, liquali sono equali (per la quinta del primo) e pero uerrà a esser doppio all'angolo, d, b, c, e per le medesime ragione l'angolo, f, d, a, sera etiã doppio al angolo, a, b, d, e pero tutto il spacio cõposto delli detti duoi angoli, c, d, f, & , f, d, a, serà doppio a tutto l'angolo, a, b, c, che è il proposito.

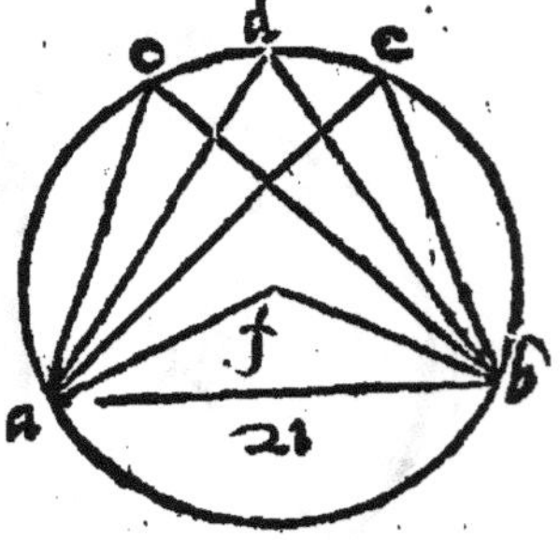

Theorema. 19. Propositione. 21.

20/21 Se in una portione di cerchio fieno molti angoli sopra dil arco constituidi, fieno infra loro equali.

Come sia in la portione, a, d, b, del cerchio, a, d, b, il centro dil qual sia il ponto. f. sieno molti angoli sopra l'arco, a, d, b, della portion maggior liquali sono, c, d, & e, quelli dico esser equali fra loro, & per dimostrare questo sia tirata la corda, a, b, & dalle

dalle sue due estremità siano dutte al centro.f.le due linee.a.f. & b.f.dilche l'angolo.a.f.b.constituido sopra il centro (per la precedente) serà doppio a cadauno di loro, seguita adonque che cadauno delli detti tre angoli,c.d.& .e.sia la mita de l'angolo.f.dilche (per la 7.concettione) seranno equali, che è il proposito.

Il Tradottore.

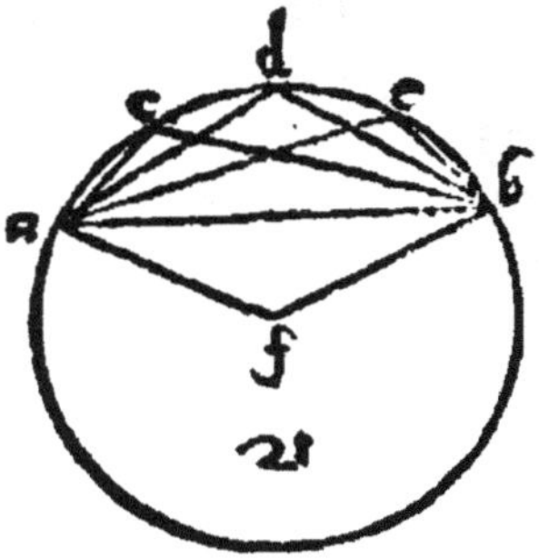

Per le demostrationi disopra adutte è manifesto il proposito, in quanto alla portion maggiore, ma se li detti angoli seranno sopra l'arco della portione menore, come in la seconda figura appare (per quel che demostrassimo sopra la precedête è manifesto il proposito) perche cadauno delli detti angoli è la mitade di quella qualità di spatio che circonda l'angolo f.onde per la settima concettione seguita il detto proposito.

Theorema. 20. Propositione. 22.

21 / 22 Se dentro a uno cerchio serà descritto uno quadrilatero, qualunque duoi angoli contrapositi di quello è necessario esser equali a duoi angoli retti.

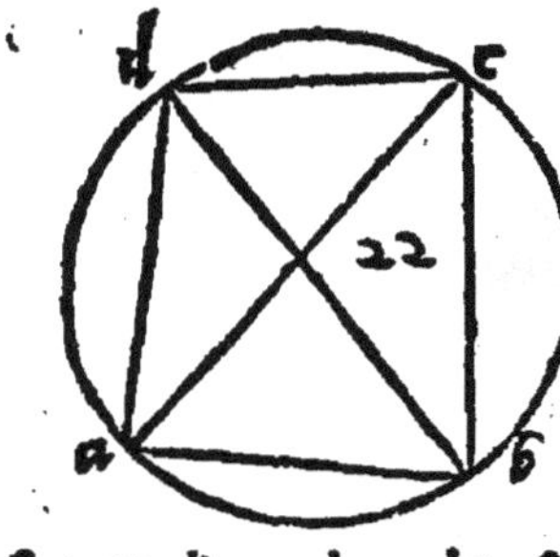

Sia il quadrilatero,a,b,c,descritto di dentro dal cerchio.a,b,c,d, qual sia cosi conditionato che tutti li suoi quattro angoli termini a ponto in la circonferentia del detto cerchio. Dico che qualunque duoi angoli contrapositi di quello, sono equali a duoi angoli retti. E per dimostrar questo tirarò li duoi diametri del detto quadrilatero, cioe,a,c,& ,d,b,(& per la precedête) l'angolo, c,b,d,sarà equale all'angolo, c,a,d,& l'angolo,a,b,d, similmente serà equale all'angolo,a,c,d, per laqual cosa tutto l'angolo,a, b,c,serà equale alli duoi angoli, a, c,d,& c,a,d, del triangolo. a,d,c,& perche li ditti duoi angoli insieme con altro angolo,a,d,c, (per la trigesima seconda del primo) sono equali a duoi angoli retti, seguita adõque che tutto l'angolo,a,b,c,insieme con tutto l'angolo,a,d,c, (a lui opposito) sono equali a duoi angoli retti, che è il proposito, similmente anchora se approuerà li duoi angoli, d,a,b, & d,c,b,(contrapositi) esse equali a doi angoli retti.

Theorema.20. Propositione.23.

22 / 23 Egli è impossibile a cõstituire due portioni di cerchio simile, & inequale sopra una assignata linea retta da una medesima parte.

Sia la assignata retta linea,a, b, sopra dellaquale sia fatta la portion di cerchio a.b.c.

a.b.c. Dico che sopra la medesima linea dalla medesima parte non si potrà costituire un'altra portione di cerchio, che sia simile a questa, & che sia maggiore, ouero minore di lei. Ma se questo fusse possibile sia fatto adonque la portion, a,d,b, maggiore di quella, tamen sia simile a lei, sia fatto anchora l'angolo, a,c,b, in la portion minore, & l'angolo, a,d,b, in la portion maggiore, serà adonque che le due linee, a, d, & ,b,d, inchiudeno di dentro da loro le due linee. a. c. & .b.c. come appare in la prima figuratione, ouer che una delle due prime se farà una medesima linea con una delle seconde, come in la seconda figuratione si manifesta, ouer che una segarà l'altra (come in la terza figuration si dimostra) ma sel serà al primo modo l'angolo.c. (per la uigesima prima del primo) serà maggior dell'angolo.d. adonque (per la duodecima diffinition di questo) nõ son simile, ma sel serà al secondo modo, al presente l'angolo, c, (per la sesta decima del primo) serà maggiore dell'angolo, d, ne cosi adonque le dette due portioni seranno simile (per la detta duodecima diffinition di questo) ma se sarà al. 3. modo, cioe che la linea.a.d. seghi la linea. c. b. & seghi la circonferentia della portion minore nel ponto.e.e sia dutta la linea.b.e.l'angolo, a, e, b, (per la medesima decima sesta del primo) e maggiore dell'angolo, d, et per che l'angolo.e.è nella medesima portion minore doue è etiam l'angolo, c, dilche (per la uigesima prima di questo) serà equale al detto angolo, c, seguita adonque che se l'angolo.e.è maggiore dell'angolo.d. similmente l'angolo.c. serà etiam maggiore del ditto angolo.d. per laqualcosa a niun modo le dette duoi portioni sono simile, per questo medesimo modo anchora tu approuerai che sopra la linea, a, b, non puo esser fatto una portione simile alla portione, a, c, b, menore de quella, ponendo, c, in lo loco del, d, &, el, d, in lo loco del, c, in le predette figuratione. l'angolo. d. (per la detta. 21. & .16. del primo procedendo per lo modo fatto di sopra, serà in tutte le dette tre figuratione maggiore dell'angolo, c, per laqual cosa le dette, portioni non seranno simile. Et nota che abenche sia proposto sopra una medesima linea non posser esser fatto due portion simile inequale da una medesima parte, nientedimeno seguita la uerità che le non puon anchor esser fatte da diuerse parte, cioe una da una parte de detta linea, e l'altra dall'altra, per che eglie licito prouar come la minore (la qual è da una parte) soprapost a alla maggiore (laqual è dall'altra parte) il sarà necessario (per lo conuerso modo della ottaua concettione) quella esser ecceduta dalla maggiore. adonque per la presente. 23. non seranno simile, che è il proposito.

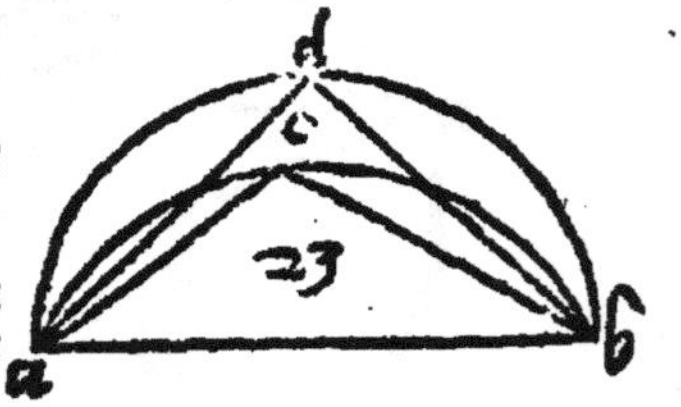

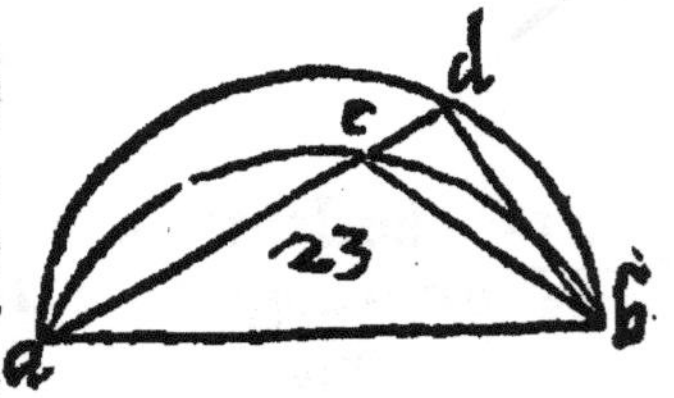

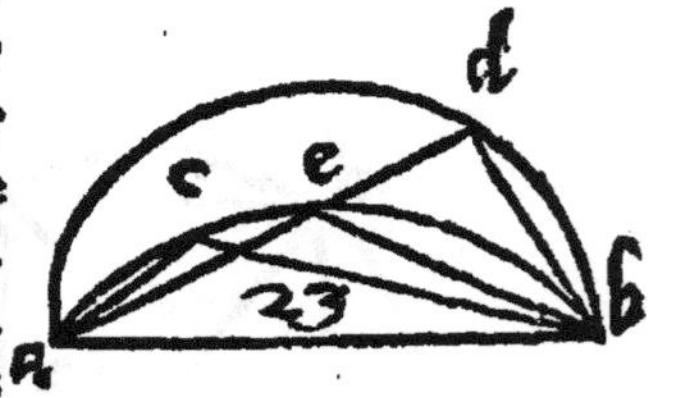

Theorema. 22. Propositione. 24.

23 — 24 Se simile portioni di cerchij sono sopra linee equale, quelle portioni è necessario che sieno equali.

Siano

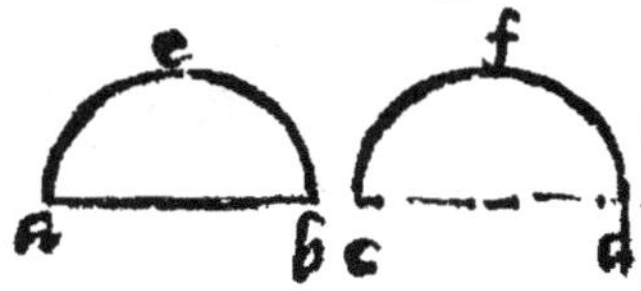

Siano le due linee. a. b. & .c. d. equal sopra lequale sieno le duoi portioni di cerchij.a.e.b. & .c.f. d.lequale sieno simili. Dico quelle medesime esser equale. & se possibile è che nõ siano equali una di quelle posta sopra all'altra la maggiore eccederà la minor (per lo conuerso modo della penultima concettione) ma la linea a.b.non eccede la linea.c.d.ne quella è ecceduta da lei (conciosia che sono equale dal presupposito) perlaqual cosa seguiria il contrario della precedente, che è impossibile.seguita adõque che le dette portioni siano equale, che è il proposito.

Problema.3. Propositione.25.

24
25 Puotemo compire il cerchio de una data portione, o sia maggiore, ouer minore d'un mezzo cerchio.

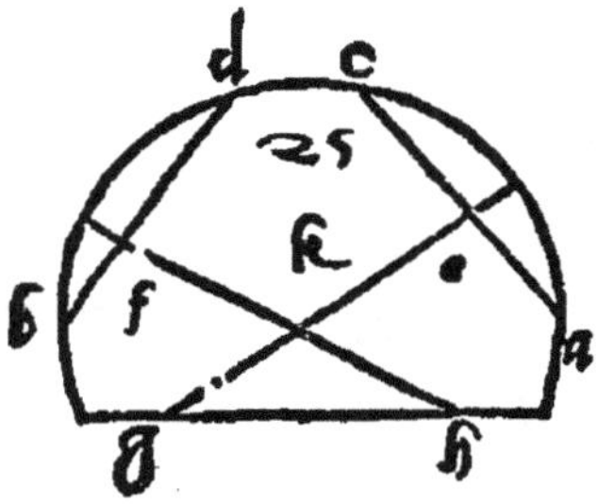

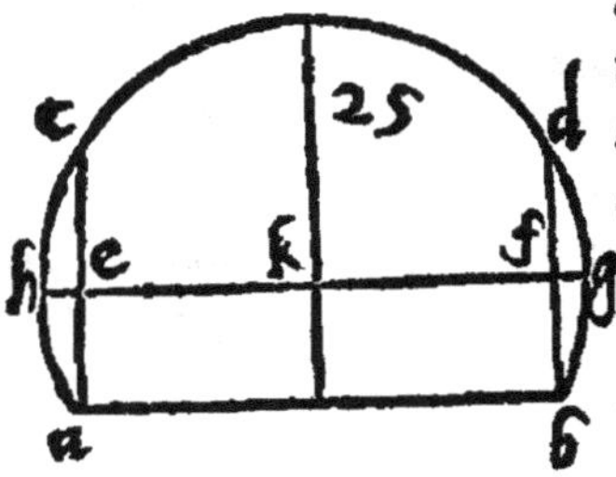

Per questa conclusione, la intentione è questa, de ogni dato arco, ouer de ogni data parte de cerchio compire il cerchio. Sia adonque.a.b. c. qual si uoglia arco, del qual uoglio compire il circolo, tirarò in quello due linee caschuno come si uoglia, lequali sieno.a.c.& .b.d. lequali diuidendo io in due parti equali, cioe la.a. c.in ponto.e.& la.b.d.in ponto.f.& tirando la.e.g. perpendicolare alla.a.c. & la f.h.perpendicolare alla.b.d.lequali si seghono fra loro in ponto.K. (& per lo correlario della prima di questo) il centro del cerchio serà in l'una & l'altra delle due linee.e.g.& .f.h.per laqualcosa il ponto.k.e il centro, ma se la.e.g. nõ segha la.f.h. ma siano una sol linea, si come sarà se le due linee.a.c. & .b.d.siano equidistante, allhora quella se applicarà alla circonferentia del dato arco dall'una e l'altra parte.adonque diuisa quella per mitade in ponto.k.iui serà il centro del dato cerchio (per il detto correlario) anchora le dette due linee.e.g.& . f.h.non puon esser equidistante, perche conciosia che il centro del detto cerchio sia in l'una e l'altra (per il detto correlario) seriano duoi centri del medesimo cerchio, & cosi per questo modo tu puoi de ogni arco, ouer de ogni portione, communamẽte demostrare qualmente se compisse il suo cerchio, tamen perche il si uede l'authore in questa conclusione uariare secondo le diuerse specie delli archi di tutte le portioni, numerando le specie, demostraremo diuisamente per le specie, qualmente se compisse il cerchio di ogni data portione.sia adonque primamẽte la data portione a.b.un mezzo cerchio (& per la diffinitione del mezzo cerchio) la linea.a.b. serà il diametro, diuisa adonque quella per mezzo in ponto.c.il detto ponto. c. serà il centro del

del cerchio: sia anchora la portion.a.c.b, maggior del mezzo cerchio la corda della qual sia la linea.a.b. laqual diuido in due parti equali in ponto.d. dalqual conduco la.d.c. perpendicolar a quella (conciosia che la portion.a.c.b. sia maggior del mezzo cerchio) la.a.d. serà minor del mezzo diametro, & la.d.c. è maggiore del mezzo diametro. adonque la.d.c. è maggior che la.a.d. adonque (per la. 19. del primo) l'angolo.c.a.d. è maggiore dell'angolo.a.c.d. sia adonque fatto l'angolo.c.a.e. (per la uigesima tertia del primo) è equal all'angolo.a.c.e. produtta la linea.a.e. laqual seghi la linea.c.d. in ponto.e. & (per la sesta del primo) la linea.a.e. serà equale alla linea e.c. sia adonque tirata la linea.e.b. & (per la quarta del primo) la linea.e.b. serà equale alla linea a.e. per la qualcosa le tre linee.a.e.e.b.e.c. sono equale, adõque (per la nona di questo il ponto.e. è il centro del cerchio. sia anchora la portione a.c.b. menore del mezzo cerchio, dellaquale la corda sia la.a.b. laquale diuido in due parti equali in ponto. d. dal qual conduco la linea.c.d.f. perpendicolare alla linea.a.b. laqual seghi la circonferentia in ponto.c. & è manifesto questa transire per il centro (per il correlario della prima di questo) anchora tiro la linea.a.c. e langolo.a.c.d. serà maggiore di l'angolo.c.a.d. perche sel fusse equale seria la portione.a.c.b. un mezzo cerchio, & sel fusse menore seria maggiore d'un mezzo cerchio, & è posto che sia menore, adonque tiro la linea.a.e. che faccia con la linea.a.c. un angolo equale al angolo.c. & seghi la linea. c.f. in ponto. e. & è manifesto che il pronto.e. cade di fuora della portion, & tiro la linea. e. b. & perche lo angolo total. a. è equale al angolo. c. (per la sesta del primo) la linea, e, a, è equale alla linea, e, c, & perche (per la quarta del primo) la linea. e. b. è equale alla linea. e. a. (per la nona di questo) il ponto. e. è centro del cerchio, per laqual cosa è manifesto il proposito secondo tutte le specie delle portioni di cerchi.

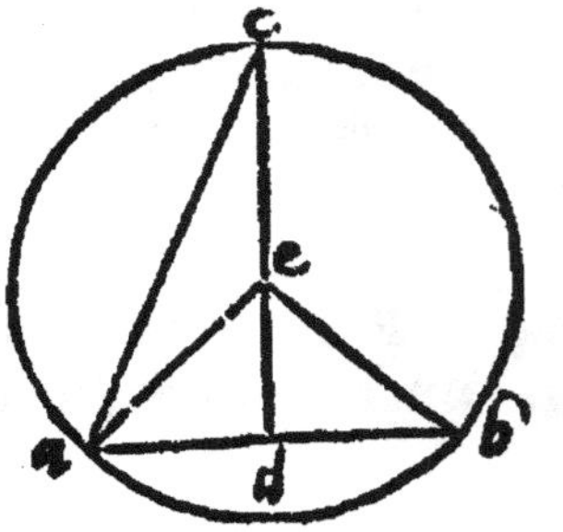

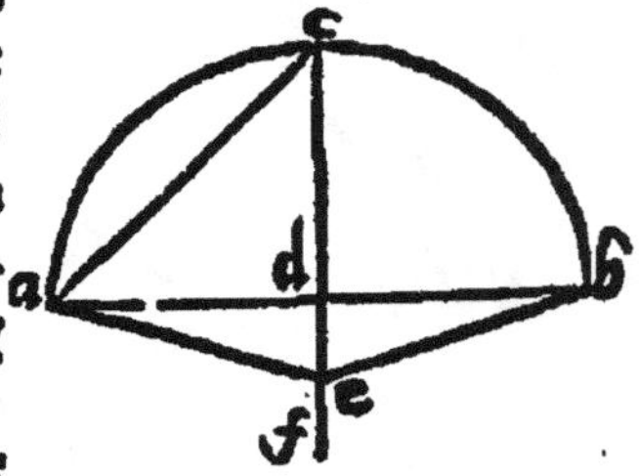

Theorema.23. Propositione.26.

25/26 Se in cerchi equali ouer sopra il centro, ouer sopra la circõferentia stiano angoli equali è necessario quelli cascare sopra archi equali.

Siano duoi cerchij equali, cioe il cerchio.a.b.c. (il centro dilqual sia il ponto.d.) & il cerchio. e.f.g. il centro dilquale sia il ponto. h. & sopra li centri de quelli siano fatti li duoi angoli.a. d. c. & .e. h. g. liquali siano posti equali. dico che li duoi archi.a.b.c. & .e.f.g. sono equali fra loro, la qual cosa se dimostra in questo modo. Siano tirate le due linee.a. c. & .e.g. et sian fatti li duoi angoli in

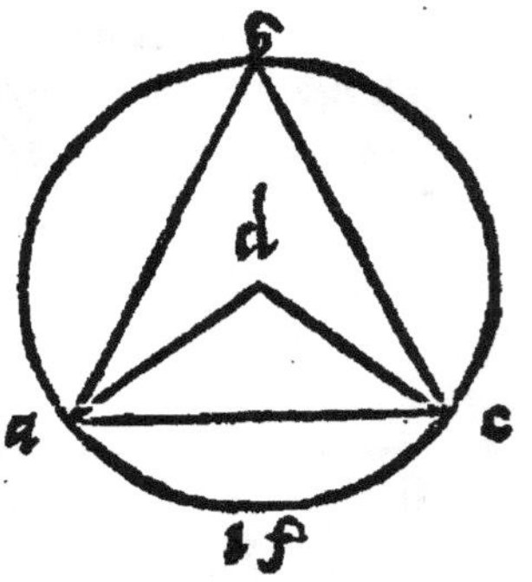

li in la circonferentia de quelli che stiano sopra li predetti archi, liquali siano l'angolo.a.b.c. et l'angolo. e. f. g.perche adonque li detti duoi cerchij sono equali li suoi mezzi diametri(per la prima diffinitione) sono equali. & perche li duoi angoli.d. & .h.sono equali le due linee a. c. & . e. g.(per la quarta del primo)sono equali, & (per la uigesima di questo) l'angolo.b.serà equale all'ā golo.f.(conciosia che l'angolo.d.si è equal all'angolo. h. & l'uno e l'altro e doppio a quello che è constituido sopra della circonferentia del suo arco,pero l'angolo . b . (per communa sententia) serà equale all'angolo. f. adonque (per la penultima diffinitione di questo)le due portioni.

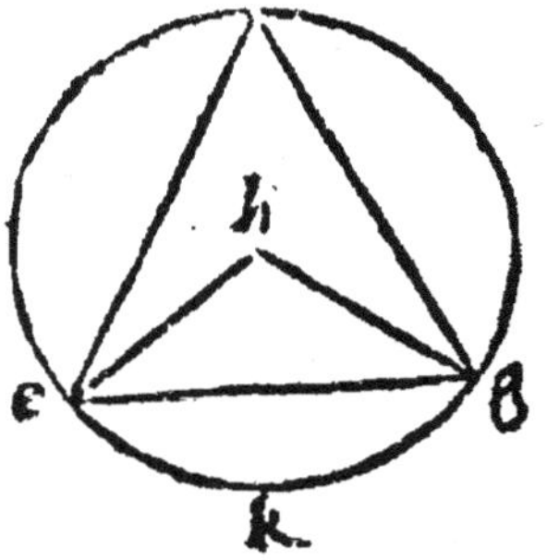

a.b.c.& e.f.g.sono simili,& perche sono sopra le due linee.a,c,& ,e,g,equale quelle seranno(per la uigesima quarta di questo)equale fra loro,per laqual cosa l'arco.a.b. c.serà equale all'arco,e,f,g. Ma se li duoi angoli.b.& .f. (liquali sono sopra della circonferantia)seran posti equali(per la detta diffinitione) le dette portioni seranno simili,& l'angolo,d,serà pur(per la detta uigesima) equale all'angolo.h.& perche li cerchi sono posti equali(per la quarta del primo)le due linee.a, c, & , e, g, serranno equale,per laqual cosa le due portioni,a,b,c,& ,e,f,g,per esser simile et sopra le due linee, a, c, & , e, g, equale seranno(per la detta uigesima quarta di questo)etiā fra loro equale si come prima,& l'arco,a,b, c,serà pur equale all'arco,e,f,g,(& per la terza communa sententia,)l'arco,a, i,c, serà etiam equale all'arco, e, k, g, che è il proposito della seconda tradottione,perche in quella solum conclude che l'arco,a,i,c, è equale all'arco,e,k,g,tamen per questo modo se uerifica l'una e l'altra.

Theorema.24. Propositione.27. conuersa della precedente.

26/27 Se in cerchij equali si toglie archi equali li angoli formati sotto quelli, o siano costituidi sopra li centri de quelli, ouer sopra le circonferētie le necessario che siano equali.

Siano li duoi cerchi equali.l'uno sia il cerchio. a.b.c. (il centro dilquale sia il ponto. d.) l'altro sia il cerchio. e. f. g. (il centro dilquale sia il ponto. h.) & sia li doi archi.a.b.c.& .e.f.g.equali,& siano fatti sopra alli detti archi duoi angoli sopra il centro liquali siano.d.h.dutte le linee,a, d.c,d.e,h.g,h. Et anchora sopra li medesimi archi siano fatti duoi altri angoli in la circonferentia liquali siano,b,& ,f,dutte le linee,a,b,c. b, e, f, & g,f. Dico li duoi angoli,d, & ,h,esser fra loro equali,et ancor li duoi altri angoli.b.et.f. esser pur fra loro equali

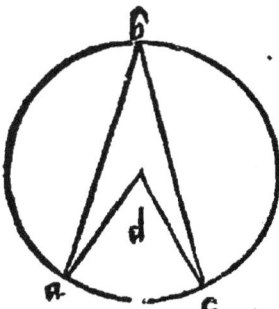

laqual cosa se dimostra in questo modo.Se li detti duoi angoli,d, & ,h,non sono fra loro equali (per l'aduersario) l'un serà maggior dell'altro. hor poniamo che l'angolo. h.(se possibile è)sia maggior dell'angolo.d.del angolo.h.ne sia tagliato,ouer segnato l'angolo

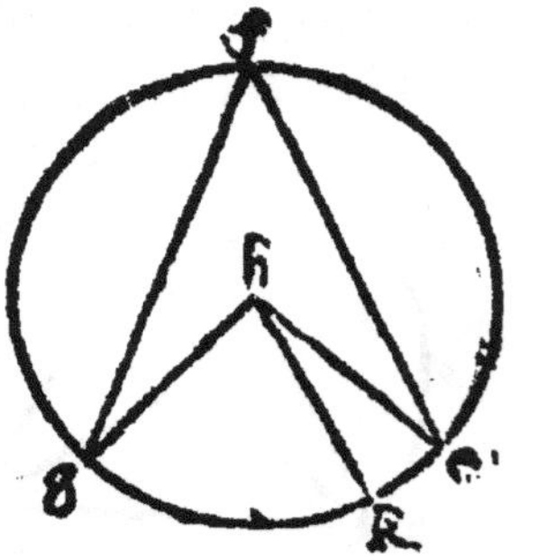

l'angolo. k.b.g. ilqual sia equal all'angolo.d.cioe sopra il põto.b.sia fatto l'angolo. K.b.g.(per la uigesima tertia del primo)equale al angolo. d. (& per la precedente)l'arco.K.e.f.g.serà equale all'arco.a.b.c.ma li duoi archi.a.b.c.& . e. f. g. sono posti equali,seguiria adonque (per la prima communa sententia)che l'arco.e.f.g. fusse equale all'arco. k.e. f. g. laqual cosa è impossibile (per l'ultima communa sententia,) seguita adonque che li duoi angoli. d. & . e. b.g. siano equali. Anchora per simel modo tu approuerai li duoi angoli. b. & .f. esser equali, ouero hauendo prouato che li duoi angoli.d.& .b.son equali seguita(per la uigesima de questo)li duoi angoli.b.& .f.esser equali,& econuerso. Anchora cõ simile proceder se approua quello che dice la presente propositione in la seconda traduttione, cioe che se in cerchij equali li angoli che sono dedutti sopra equale circonferentie sono fra loro equali o siano al centro,ouer alla circonferentia, cioe se la circonferentia.a.c.sia posta equale alla circonferentia.e.g. delli detti duoi cerchij equali li angoli.d.e.b. fatti sopra il centro (dedutti sopra le dette due circonferentie equale) seranno equali (e se non fusseno equali per l'aduersario) l'uno seria maggiore di l'altro,& ponendo pur che l'angolo.b.fusse maggiore dell'angolo. d . & segado pur da l'angolo.b.lo angolo.k.b.g. equale all'angolo d.seguiria (per quello fu cõcluso in fin della precedẽte)che la circonferentia.K.g.fusse equale alla circonferentia.a.c. (& per la prima communa sententia)la circonferentia. k.g. seria equale alla circonferentia.e.g. che è impossibile(per la ultima communa sententia)si che ambedue hanno uno medesimo procedere, abenche l'una concluda diuersamente di l'altra, tamẽ prouando una uien a esser prouata etiam l'altra.

Theorema.25. Propositione.28.

27/28 Se in cerchij equali,li[illegible]ette equale,raseghino archi. anchora que li archi è necessario esser equali cioe il maggiore al maggiore il minore al minore.

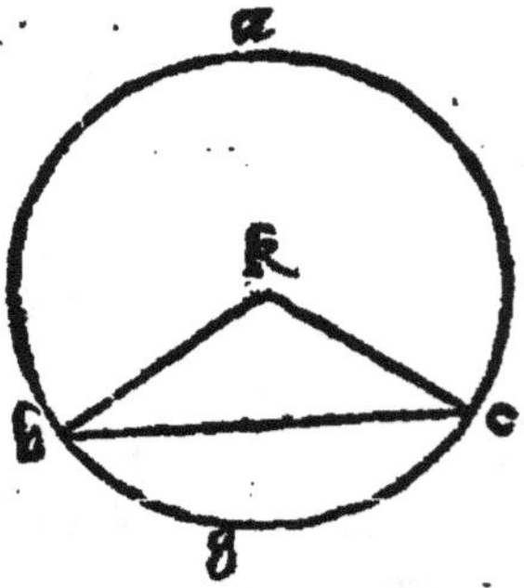

Siano li dui cerchij equali.a.b.c.et.d. e.f.et in qlli siano le due linee rette.b.c.et e.f. equale,lequal seghino li duoi archi.(b.a.c.& .e.d.f.)maggiori,& li duoi archi. b.g.c.& .e.h.f.menori,dico che l'arco.b.a.c. maggiore è equale all'arco.e.d.f. maggiore & l'arco. b.g.c.minore & equal all'arco.e.h.f. perche essendo ritrouati li cẽtri de detti cerchij(per la prima di questo) liquali siano K.l.& siano congionti. k.b. K.c.l.e.& l.f.et perche di cerchij equali li suoi semidiametri sono anchora equali (per la prima diffinitione di q̃sto) adõq; le due linee.b. k.et, k.c.son equale alle due linee.l.e.et l.f.e la basa.b.c.(p il p̃suppofito)equale alla basa.

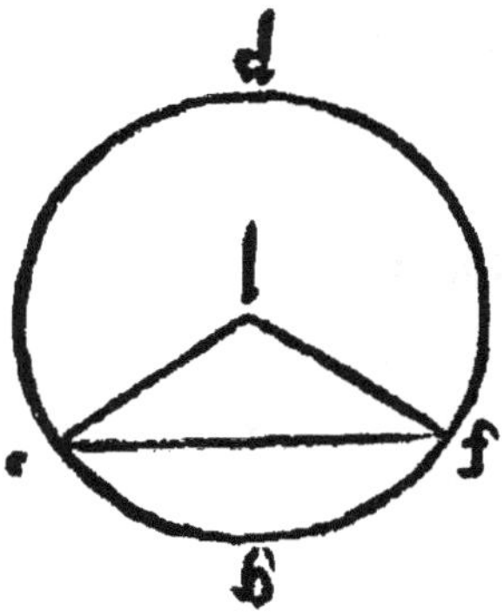

basa.e.f.adõque l'angolo.b.k.c. (per la.8. del primo) è equal a l'angolo.e.l.f.et.li angoli equali (per la.26. di questo) cadeno sopra archi equali, adonque l'arco.b.g.c.e.equale all'arco.e.h.f. & tutto il cerchio.a.b.c. è equale tutto il cerchio.d.e.f. adonque il rimanente arco.b.a.c.(per la.3.commuma sententia) è equale al rimanente arco.e.d.f.adonque in li cerchi equali se linee rette equale seghin li archi li detti archi seranno de necessità equali, cioe il maggiore al maggiore, il minore al minore, che è il proposito.

Il Tradottore.

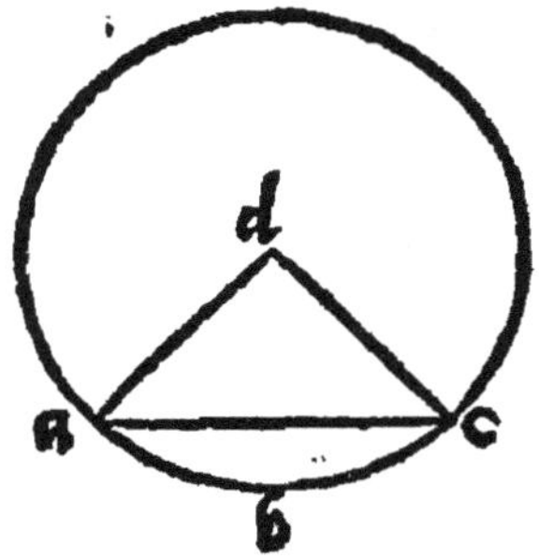

El testo di questa soprascritta propositione in la prima tradottione è tutto corotto emendosamente parla, come in essa appare.

Theorema.26. Propositione.29.

28/29 Li archi equali de cerchij equali è necessario c'habiano corde equale.

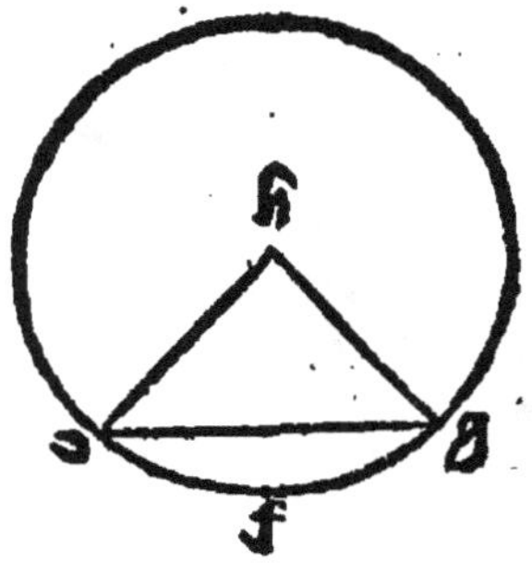

Siano li duoi cerchij equali.a.b.c. il centro dilquale è il ponto.d.& .f.g.il centro dilqual è il ponto.h. & sia l'arco.a.b.c.equale all'arco.e.f.g.dico che la corda.a.c. è equale alla corda.e.g. & per dimostrar questo siano tirate le linee.d.a.d.c.e.h.g.et (per la uigesima settima di questo) l'angolo.d.serà equale all'angolo.h. per laqualcosa la basa, ouer corda.a.c. (per la quarta del primo) serà equale alla basa, ouer cordà.e.g.che è il proposito, e nota che tutte le passioni che hauemo approuate de diuersi cerchij equali quelle piu fortamente intenderai esser uere de uno medesimo cerchio.

Problema.4. Propositione.30.

29/30 Puotemo diuidere uno arco dato in due parti equali.

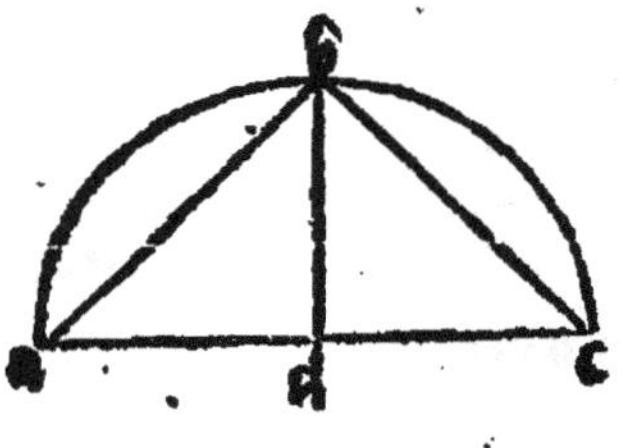

Sia dato l'arco ouero circonferentia.a.b.c.qual sia di bisogno da diuidere in due parti equale, sia tirata la corda.a.c.& quella sia diuisa in due parti equali in ponto.d.& dal ponto.d.(per la undecima del primo) sia tirata la perpendicolar.d.b.laqual sega la circonferentia del dato arco in ponto.b.ilqual ponto.b.dico che

diuide

diuide il dato arco in due parti equali, & per dimostrare questo sia tirate la due linee. b. a. b. c. lequale seranno equale (per la quarta del primo) laqualcosa l'arco. a. b. (per la prima parte della uigesima ottaua di questo) serà equale all'arco. b. c. che è il proposito.

Theorema. 27. Propositione. 31.

30 31 Se uno angolo de linee rette è fatto nel mezzo cerchio ilquale stia sopra l'arco, certo quello angolo è retto. Ma se la portione del cerchio doue è l'angolo e maggior del mezzo cerchio, all'hora quel angolo sia menore che'l retto. E se la portione del cerchio, doue è l'angolo è menore del mezzo cerchio, allhora quello angolo è maggior del retto. E anchora ogni angolo della portione maggior del mezzo cerchio è maggior che'l retto, & ogni angolo della portione menore del mezzo cerchio è menor del retto.

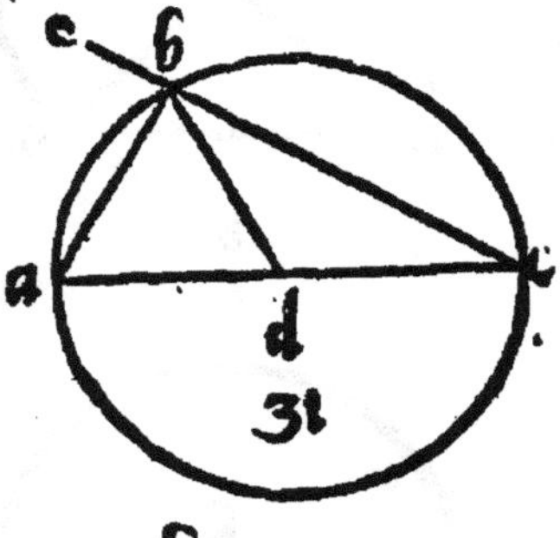

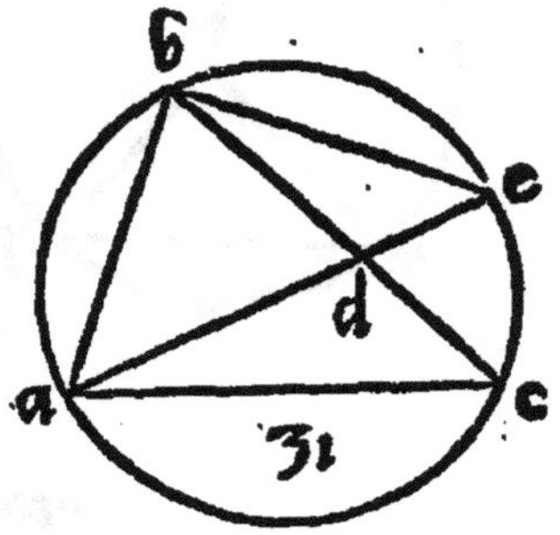

Sia il cerchio. a. b. c. (il centro del qual sia il ponto. d. è il diametro. a. d. c.) e faciase nel mezzo cerchio. a. b. c. insu la circonferentia l'angolo. a. b. c. (menate le linee. a. b. et b. c.) dico l'angolo. a. b. c. essere retto, & per dimostrar tale cosa, sia tirato dal l'angolo. b. al centro. d. la linea. b. d. & perche le due linee. d. a. & . d. b. (del triãgolo. a. b. d.) sono equale (per la diffinition del cerchio) l'angolo. a. (per la quinta del primo) serà equale all'angolo. a. b. d. & per le medesime ragione l'angolo. c. serà equale all'angolo. d. b. c. & perche l'angolo. c. d. b. per la. 32. del primo, e equale al li duoi angoli. a. & . a. b. d. dilche (per communa scientia) serà doppio all'angolo. a. b. d. & per le medesime ragione l'angolo. a. d. b. serà etiam doppio all'angolo. d. b. c. adonque li duoi angoli. c. d. b. & . a. d. b. insieme son doppij a tutto l'angolo. a. b. c. & perche li detti duoi angoli. a. d. b. & . c. d. b. (per la tertiadecima del primo) sono equali a duoi angoli retti adonque tutto l'angolo. a. b. c. serà la mità di duoi angoli retti, per laqualcosa serà retto che è il primo proposito. Anchora per quest'altro modo se puo dimostrare il detto angolo. a. b. c. esser retto, sia produtta la linea. c. b. fina al ponto. e. l'angolo, a, b, e, estrinsico (per la detta trigesima seconda del primo) serà equale alli duoi angoli, a, & c, & perche l'angolo. a. è equale all'angolo, a, b, d, & l'angolo, c, all'angolo, d, b, c, l'angolo adonque, a, b, e, uerra a esser equale a tutto l'angolo, a, b, c, adonque l'uno e l'altro (per la ottaua diffinitione del primo) serà retto. El secondo proposito se manifesta in questo modo. sia il cerchio. a. b. c. (il centro dil quale sia il ponto. d.) nelqual sia la portion. a. b. c. maggiore del mezzo cerchio, la corda dellaquale sia la linea. a. c. & sia fatto sopra la circonferentia di

quella l'angolo,a,b,c,(dutte le linee,a,b,et,b,c,) dico quello tal angolo esser minor d'un retto,& per dimostrar questo sia tirato il diametro.a.d.e.& la linea,e,b,hor dico che l'angolo,a,b,e,(per la prima parte di questa) e retto,per laqual cosa l'angolo, a, b, c, serà minor del retto (per la ultima communa scientia) conciosia che quello è parte del retto,e cosi è manifesto il secondo proposito. El tertio se delucide rà in questo modo sia un altra fiada in lo cerchio,a,b,c,(il centro dilqual sia il ponto,',)la portione, a,b,c, la corda dellaquale sia la linea,a,c,laqual portione è mi ce del mezzo cerchio, & sia fatto sopra la circonserentia di quella l'angolo a,b, c,(dutte le linee,b,a,et,b,c,)dico quest'āgolo,a,b,c,esser maggior del retto,laqual

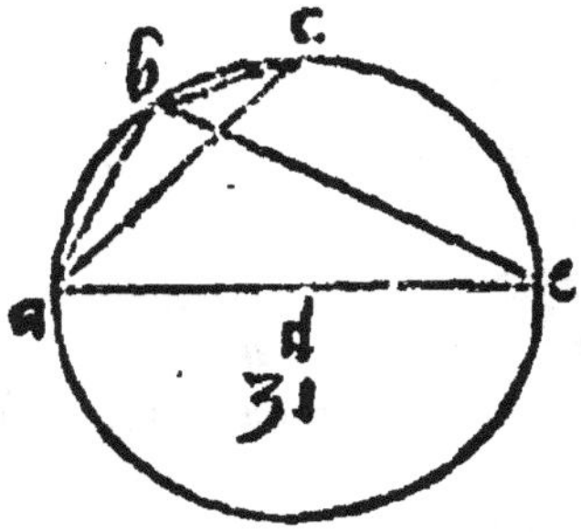

cosa se dimostra in questo modo. Sia produtto dal ponto,a,il diametro, a, d,e, & dal ponto, e, la linea, e,b, l'angolo,a,b,e, (per la prima parte di questa) e retto, per laqual cosa l'angolo, a,b,c, e maggiore di lui, e pero il nostro tertio proposito serà manifesto , el 4.el.5. se approuarà in questo modo,siano in lo cerchio, a,b,c,d, (il centro dilquale è il ponto,e,) le portione,a,b,c,maggiore del mezzo cerchio la corda della quale è la linea, a,c, & la portione,a,d,c, minor del mezzo cerchio,la corda delquale è la medesima linea retta, a, c, dico l'angolo contenuto dall'arco, b, a, & dalla corda, a,c, esser maggior del retto, & l'angolo contenuto dal l'arco,d,a,& dalla corda,a,c,essere minor del retto,et per dimostrar questo,dal ponto,c,si è dutto il diametro c,e,b,& dal ponto,b,la linea,b,a,fina al,f,dilche l'angolo,b,a,c,(per la prima parte di questa)serà retto,et (per la tertia decima del primo) l'angolo, f,a,c, similmente serà retto, perchè adonque l'angolo b,a,c,è parte dell'angolo contenuto dall'arco,a,b, & dalla corda. a,c,però è menor di lui (per la ultima concettione) che'l quarto proposito, Et perche l'angolo contenuto dall'arco,d,a,& dalla corda,a,c,è parte dell'angolo,f,a,c, (che è retto) adonque serà minor di lui,per laqual cosa è manifesta tutta questa cōclusione de cinque membri.

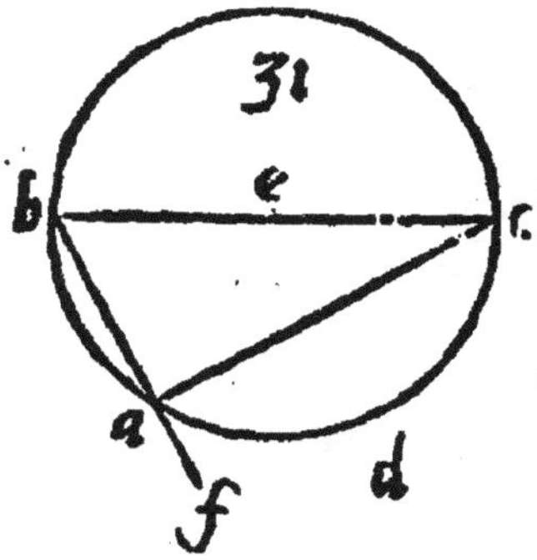

Correlario.

0 Da qui è manifesto che se un angolo d'un triangolo serà equal alli al
31 tri duoi angoli del detto triangolo queì angolo è retto , & è conuerso quādo li duoi angoli d'un triangolo seranno equali all'altro terzo quelli seranno equali a un angolo retto.

Anchora dalle due ultime parti della soprascritta propositione si manifesta la instantia , ouer oppositione contra quelle due argumentationi , allequale demostrassimo anchora la istantia , ouer oppositione in la sesta decima di questo , pero che el che el se transisse dall'angolo della portione minore del mezzo cerchio il quale è minor del retto (per la ultima parte di questa) all'angolo della portione maggiore del mezzo cerchio, il quale è maggiore del retto (per la penultima parte di questa) non dimeno el non se transisse per lo equale, conciosia che ogni portione del cerchio sia ouer mezzo cerchio, ouer minore, ouer maggiore del mezzo cerchio, ma conciosia che l'angolo del mezzo cerchio sia tanto quanto l'angolo della portione minore (per la prima parte della sestadecima di questo) cioe minor del retto (per la ultima parte di questa) & l'angolo della portione maggiore sia maggiore del retto: & niente dimeno el non serà angolo de alcuna portione, ne simplicemente alcuno contenuto dalla circonferentia & da una linea retta, ne retto, ne equale a uno retto. Ma accio che questo piu chiaro sia manifesto sia in lo cerchio. a. b. c. il centro delquale sia il ponto. d. la linea. a. b. alla quale non sia determinato fine della parte. b. segliando dal medesimo cerchio la portione minore & l'angolo di quella serà (per la ultima parte di questa) minor del retto. sia il diametro di questo cerchio la linea. a. d. c. & sia immaginato la linea. a. b. esser mouesta verso la parte. c. sopra il ponto. a. laquale tanto quanto che la serà de qua dal ponto. c. ouero in lo medesimo ponto. c. comprendo il diametro. a. d. c. quella farà con l'arco l'angolo menor del retto, ma in ogni ponto oltra il ponto. c. come seria in ponto. e. quella farà (per la penultima parte di questa) l'angolo maggior del retto. adonque el se transisse dal minore al maggiore, e non per lo equale, e secondo che in li angoli de rette linee el se puo trouar un'angolo maggiore dell'angogo del mezzo cerchio & uno minore, e tamen non se puo trouare lo equale (come fu dimostrato in la sesta decima di questo) similmente in li angoli delle portioni el se puo trouare il maggiore, etiam il minore del retto, & nientedimeno el non se puo ritrouare lo equale, come se manifesta in questa demostratione.

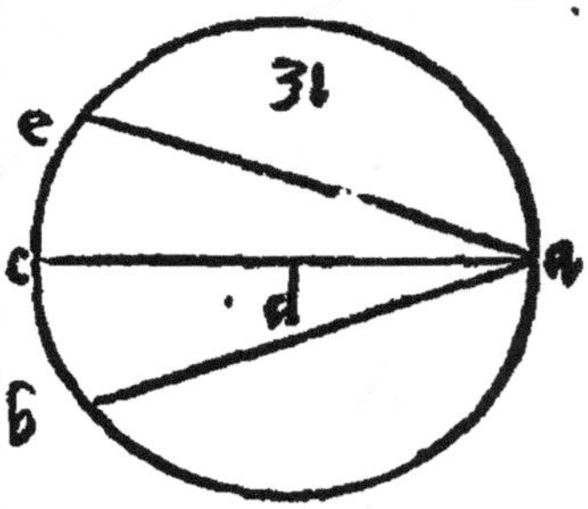

Theorema. 28. Propositione. 32.

31/32 Se una linea retta toccara un cerchio, & dal ponto del toccamento sia tirata una linea retta nel detto cerchio laquale seghi il detto cerchio, e non passi per lo centro di quello, quella fa duoi angoli con la linea che tocca che ciascun di quelli sono equali alli duoi angoli che stanno sopra l'arco in le portioni alterne.

Sia la linea retta. a. b. laqual tocchi il cerchio. c. d. e. f. in ponto. b. il centro delqual cerchio sia il ponto. g. & dal ponto. d. sia dutta la linea. d. f. nel detto cerchio segante quello, e non passi per lo centro. g. & siano fatti l'angolo. d. e. f. sopra la portion. d. e. f. (dutte le linee. e. d. & e. f.) & l'angolo. d. c. f. che stia sopra l'arco della portione. d. c. f. (dutte le linee. c. d. & c. f.) dico l'angolo. c. esser equale al-

I 3 l'angolo

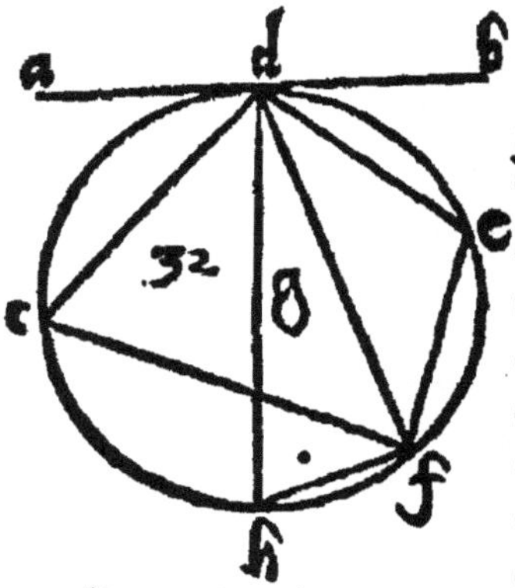

l'angolo.b.d.f.& l'angolo.e.all'angolo.a.d.f. Et per di mostrare questo sia dutto il diametro.d.g.h.et la linea. f.h. (e per la decima ottaua di questo) la linea.d.h.serà perpendicolare sopra de.a.b.(& per la prima parte della precedente) l'angolo.d.f.h.serà retto, per laqual cosa li duoi angoli.a.d.h.&.d.f.h.sono equali, giontoli adonque communamente lo angolo.h.d.f. tutto l'angolo.a.d.f.serà equale alli duoi angoli liquali sono.d.f.h. &.h.d.f.ma questi duoi con l'angolo.b.sono equali a duoi angoli retti (per la trigesima seconda del primo) adōque l'angolo a.d.f.cō l'angolo.b.sono equali a duoi angoli retti, ma l'angolo.a.d.f.con l'angolo,b,d,f, sono similmente equali a duoi angoli retti (per la tertiadecima del primo) adonque l'angolo.b.d.f.è equale all'angolo,b, & perche l'angolo, c, (per la uigesima prima di questo) e similmente equale all'angolo,b, seguita adonque (per la prima cōmuna sciētia) l'angolo,b,d,f,esser equale all'angolo,c, che è il primo proposito,& perche li angoli,c,&,e,sono equali a duoi angoli retti (per la uigesima seconda di questo) & similmente li duoi angoli.a.d.f.&.b.d.f.sono (p la tertiadecima del primo) etiam loro equali a duoi angoli retti dilche (per communa scientia) l'angolo.e. serà equal al angolo.a, d.f.ch'è il secondo proposito anchora questo secondo se puo dimostrar in quest'altro modo se l'āgolo,a,d,f, con l'angolo, b,sono equali a duoi angoli retti (come di sopra fu dimostrato) et l'angolo,e,cō l'angolo,b,similmēte sono equali a duoi angoli retti (per la uigesimaseconda di questo) adonque l'angolo.e.(per cōmuna sciētia) è equal all'angolo.a.d.f.che è il proposito.

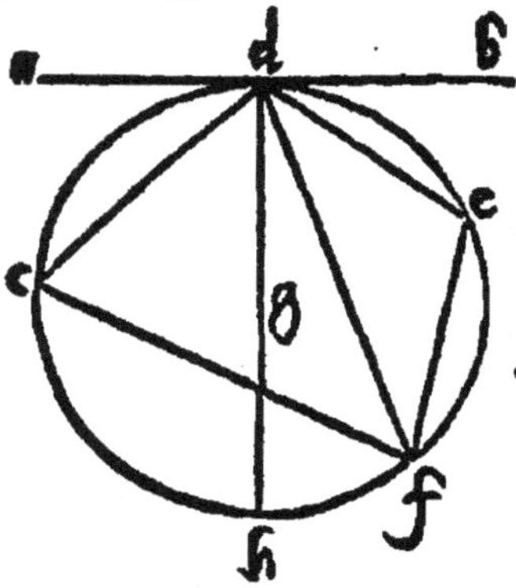

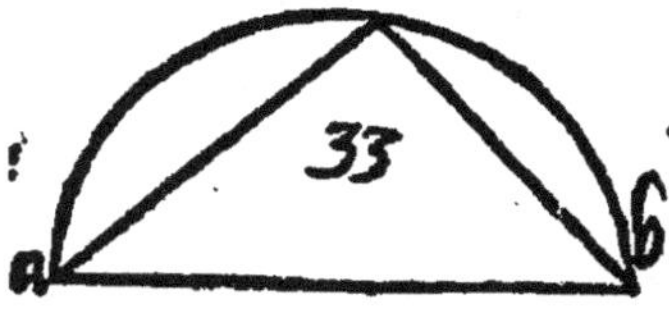

Problema.5. Propositione.33.

Sopra una data rettilinea puotemo descriuere una portione di cerchio recipiente un'angolo equale a uno angolo dato rettilineo.

32
33

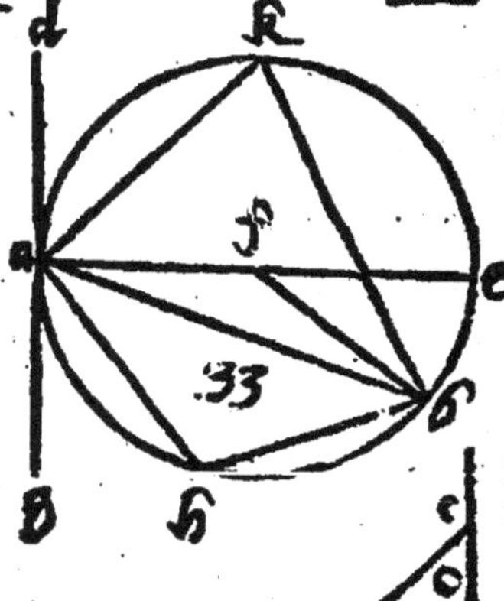

Sia la data retta linea,a,b,et,c,il ditto angolo, sopra la linea,a,b, uoglio descriuer una portione del cerchio che riceua in la circonferentia uno angolo de rette linee equale all'angolo.c. adonque l'angolo c, ouer che lui è retto ouer che lui è maggiore del retto, ouer che lui è minore del retto hor sia primamente retto. Io diuiderò la linea, a,b,in due parti equali & descriuerò sopra di quella

di quella il mezzo cerchio (& per la trigesima prima di q̃sto) serà fatto il preposito.
ma sel serà ottuso produrò la linea,d,a,con la linea,b,a, continente l'angolo,b,a,d,
equal all'angolo,c, e dal ponto a.condurò la linea,a,e,perpẽdicolare sopra la linea.
a.d.et sopra il ponto,b,farò un'angolo (per la 23.del primo) equal all'angolo,e,a.b,
(nelquale lo ottuso eccede el retto) dutta la linea.b.f. p fina alla perpendicolar,a,e,
(et per la sesta del primo) li duoi lati,f,a,f,b, (del triãgolo,f,a,b,) sono equali et per
tanto farò il ponto,f, centro d'un cerchio & sopra di quello descriuerò secondo la
quantità della linea,f,a, il cerchio,a,b,b, la circonferentia dil quale passarà etiam
per lo ponto.b. (per esser la b,f, equale alla,f,a.) (& per lo correlario della sestadecima di questo) la linea,a,d,serà contingente il cer-
chio, per laqualcosa l'angolo ilquale sia fatto in la por
tione.a,b,b, (per la precedente) è equale all'angolo,d,
a,b, (& per la prima communa sententia) serà etiam
equale all'angolo,c, che è il proposito, ma essendo l'angolo,c, acuto produrò la linea, a,g, continente con la linea,a,b, un'angolo equale a l'angolo.c.& dal ponto.a.
produrò la linea,a,c,perpendicolare alla linea,a,g, &
sopra il ponto, b, farò un'angolo equale all'angolo,e,a,
b, (in lo qual l'angolo retto eccede l'angolo acuto) dut
ta la linea,b,f,fina alla perpendicolare, a, e, onde (per
la sesta del primo) le due linee,f,a,&,f,b,seranno equa
le, e per tanto fatto il ponto.f. centro di cerchio descriuerò secondo la quantità della linea.f.a. lo cerchio.a.K.b. la circonferentia dilquale transirà etiam per lo pon-
to.b.(per esser la,f,b,equale alla.f.a.) & per lo correlario della sestadecima di que
sto,la linea,a,g,serà continente il cerchio, per laqualcosa l'angolo il quale è fatto in
la portione.a.k.b. è equale a l'angolo,g,a,b, (per la precedente) (& per la prima
concettione) serà etiam equale all'angolo,c, che è il proposito. Anchora se possena
procedere per quest'altro modo, cioe costituendo pur con la linea,a,b, ñel ponto,a,
(per la uigesima tertia del primo) l'angolo,g,a,b,è equale all'angolo,c,& dal pon
to,a, tirare la linea.a.e.(per la undecima del primo) perpendicolare alla linea,a,g,
(& per la decima del primo) diuidere la linea,a,b, in due parti equale in ponto.f.
& dal ponto,f,produre la linea,f,b,(per la undecima del primo) perpendicolare al
la linea.a.b.& dal ponto.b.(doue la detta perpendicolare,f,b,segha la linea,a,e,)
produre la linea,b,b,& perche le due linee,a,f,&,f,b, sono equale, & la linea,f,
b.è communa al triangolo,a,f,b, & al triangolo,f,b,b,adonque le due linee,a,f,et
f,b,del triangolo, a, f, b, sono equale alle due linee,f,b,&,f,b,del triangolo,f,b,b,
& l'angolo a,f,b,è equal all'angolo,b,f,b,(per esser ciascun di loro retto dal presup
posito) dilche la basa.a.b.de l'uno serà equal alla basa,b,b,dell'altro (per la quarta
del primo) adonque facendo il ponto,b, centro di cerchio, & sopra quello descritto
uno cerchio secondo la quantità de,b,a,la circonferentia di quello passerà per lo põ
to,b, (per esser la,b,b,equale alla,b,a,) il qual fia il cerchio,a,b,e,& per lo correlario della detta sesta decima di questo,la linea,a,g,tocca il cerchio nel ponto.a. per

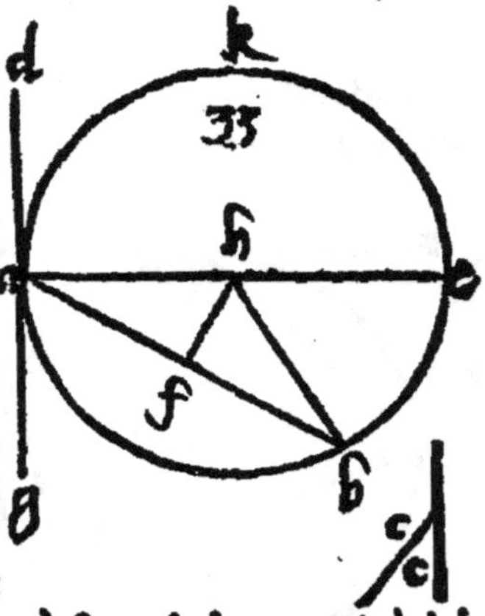

laqual cosa ogni angolo qual sia fatto in la portione.a.x.c.b.serà equale all'angolo. g,a,b, (per la precedente) & perche l'angolo,g,a,b,fu descritto equale all'angolo,c,seguita adúque che ogni angolo descritto in la detta portion.a.x.c.b. serà equale all'angolo.c.che è il proposito, & cosi se potria procedere quando l'angolo,c,fusse maggior del retto,ideo.

Problema.6. Propositione.34.

33/34 Da uno dato cerchio puotemo tagliare una portione recipiente un' angolo equale a uno dato angolo rettilineo.

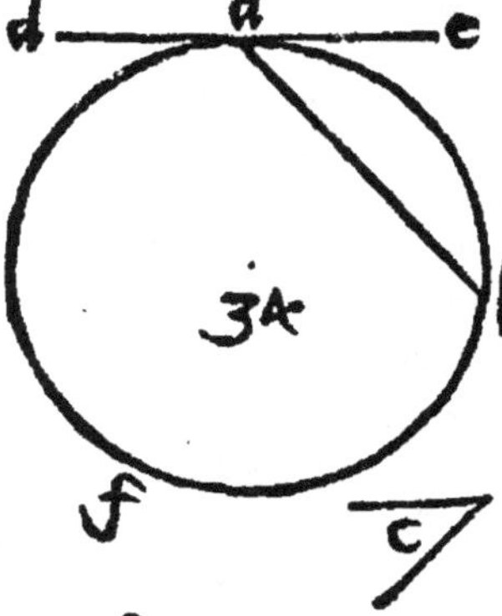

Sia il dato cerchio,a,b,f,&,c, il dato angolo rettilineo,uoglio dal cerchio,a,b,f, seghare una portione la quale receua uno angolo equale all'angolo, c, produrò la linea, d, a, e, (per la decima settima di questo) che tocchi il dato cerchio in ponto. a. dal quale produco la linea, a, b, (in lo detto cerchio) continente con la linea, a, e, l'angolo, e, a, b, equale all'angolo,c, dil che la portione, a,f,b, (per la trigesima seconda di questo) serà recipiente uno angolo equale all'angolo, e, a, b,et perche l'angolo,e,a,b,fu posto equal all'angolo,c, adonque la portione.a.f.b. (per communa scientia) serà recipiente un'angolo equale all'angolo,c,che è il proposito.

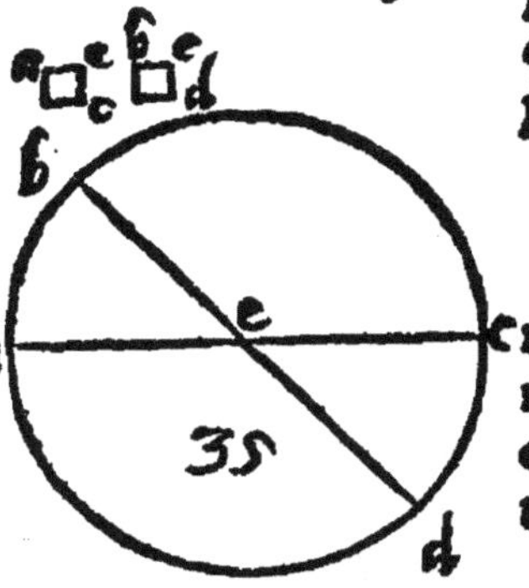

Theorema.29. Propositione.35.

34/35 Se in uno cerchio due rette linee si seghano fra lor quello che procede da una parte d'una de dette linee nell'altra parte de quella medesima è equal a quello rettangolo che è contenuto sotto alle due parti dell'altra linea.

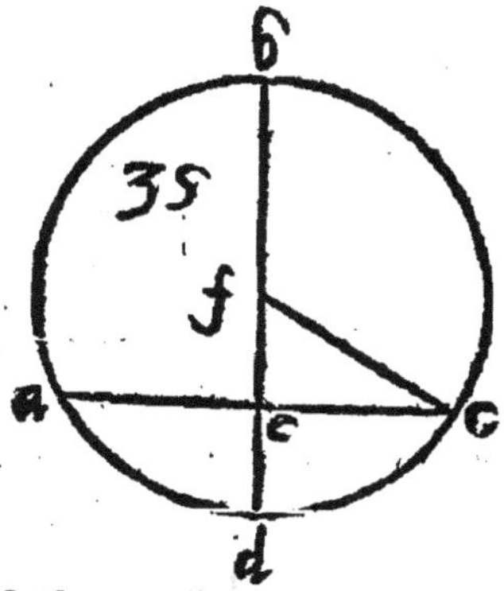

Siano le due linee,a,c,et,b,d,lequal se seghan fra lor in lo cerchio,a,b,c,d,sopra il ponto,e,dico che lo rettangolo che uien fatto dalla parte. a. e. in la parte, e, c, è equale a quello che uiene fatto della parte, b, e, in la parte,e,d, perche ouer che ambedue le dette linee transiranno per lo centro del cerchio , ouer solamente una di quelle , ouero niuna. hor poniamo primamente che ambedue passino per lo centro come in la prima figura appare . Adonque il ponto, e, serà il centro del cerchio,& tutte le quattro linee, e,b:e,d:e,a:e,c, seranno equale (per la diffinitione del cerchio) per laqual cosa il proposito è manifesto. ma se una sola de quelle passerà per lo centro et sia quella la,

la la,b,d, & il centro del cerchio sia il ponto,f. ouer amente la,b,d, seghar à la,a,c, in due parti equali, ouer in due parti non equali poniamo prima che quella la seghi in due parti equali serà adonque (per la prima parte della tertia di questo) la linea. a,c, seghata orthogonalmente della detta linea,b,d, per tanto sia, dutta la linea, f, c,(& per la quinta del secondo) quello che vien fatto della,b,e, in la,e,d, con lo quadrato della,e,f, serà equale al quadrato della linea,f,d, cioe al quadrato della linea, f.c, & perche il quadrato dalla detta linea,f,c, è equale (per la penultima del primo) alli duoi quadrati delle due linee,e,f,&,e,c, adonque quel che è fatto della,b,e, in la,e,d, con lo quadrato della.e.f. serà equale alli duoi quadrati delle dette due linee,e,f,&,e,c, adõque leuando communamente da l'una e l'altra parte il quadrato della e,f, (per la tertia communa sententia) li duoi rimanenti seranno etiam equali, cioe quello che è fatto della. b, e, in la e,d. serà equale al quadrato della linea, e, c, & perche la, e. c, è equalle alla, a, e, il proposito è manifesto, ma se la, b, d,(laquale transisce per lo centro) seghará la, a, c, in due parti non equale, come in questa tertia figuratione appare, dal centro. f. sia dutta la, f, g, perpendicolare sopra la, a, c, dilche la a, g, (per la, 2. parte della tertia di questo) serà equale alla, g, c, sia dutta anchora la linea, f, c, onde (per la detta quinta del secondo) quello che è fatto della, b, e, in la, e, d, col quadrato della, e, f, serà equale al quadrato della, f, d. cioè al quadrato della,f,c, & perche il quadrato della detta linea,f,c, (per la penultima del primo) è equale alli duoi quadrati delle due linee. f. g. & . g. c. seguita adonque che quello che è fatto della. b.e. in la,e,d, co'l quadrato della linea,f,e, equal alli duoi quadrati delle due linee ,f,g, & g,c, & perche il quadrato della detta linea. f, e, è equale alli duoi quadrati delle due linee,f,g, & ,g,e,(per la detta penultima del primo per esser l'angolo,e,g,f, retto) adonque quello ch'è fatto della, b, e, in la,e,d, cõ li duoi quadrati delle due linee, f, g, & , g, e, serà equale alli duoi quadrati delle due linee,g,c, & ,g,f, tolendo adonque communamẽte dell'una e l'altra parte il quadrato della linea, g, f, resterà quello che è fatto della,b,e. in la,e,d, col quadrato solo della linea. g. e. equale al quadrato della linea, g, c. ma (per la quinta del secondo) quel che è fatto della,a,e, in la,e,c, col quadrato della linea, g, è anchora lui equal al medesimo quadrato della, g, c, seguita adonque (per commuma sententia) che quello che è fatto della,b,e, in la,e,d, co'l quadrato della linea,g, e, è equale a quello che è fatto della, a,e, in la,e,c, co'l quadrato della linea,g,e, tolendo adonque dall'una e l'altra parte il quadrato della linea, g, e, restarà (per la tertia communa sententia) quello che è fatto della, b, e, in la, e,d, equale a quello che

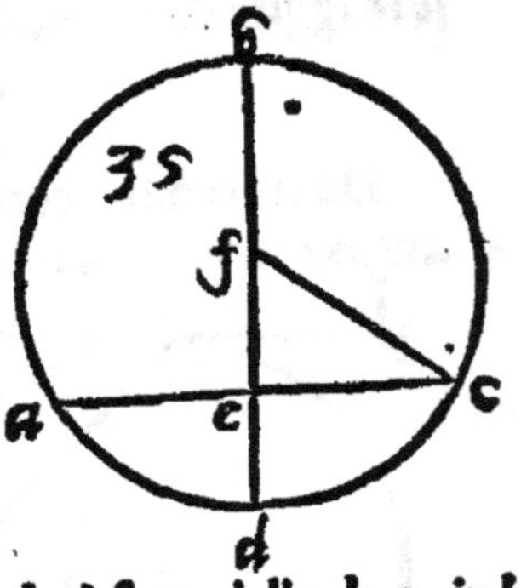

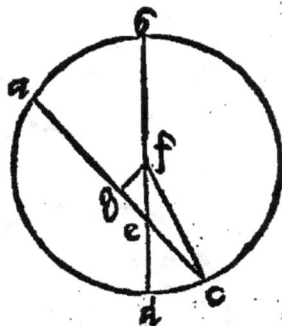

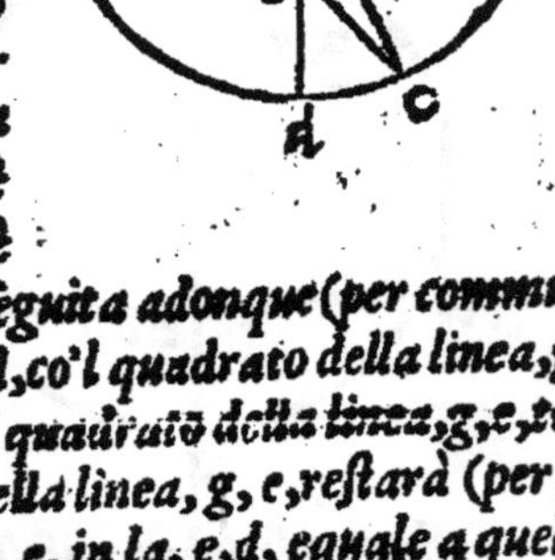

che uien fatto della, a, e, in la, e, c, che è il proposito. Ma se ne l'una ne l'altra de quelle transisse sopra il centro, ouerramente che una di quelle diuiderà l'altra in due

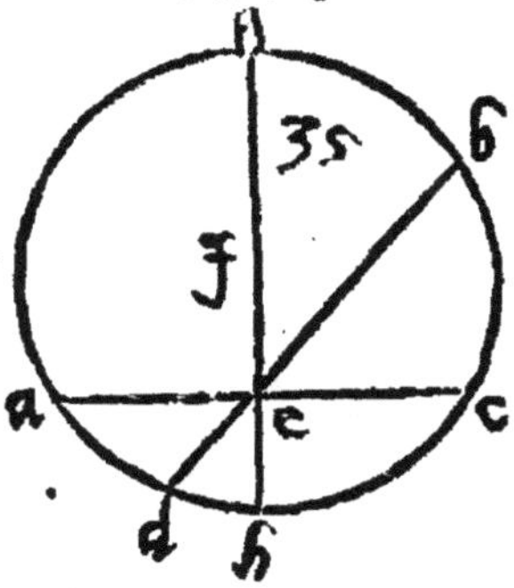

parti equali, ouer in due parti non equali, hor poniamo primamēte che la linea, b, d, diuida la linea, a, c, in due parti equali in ponto, e, come in questa quarta figuratione appare. produrro la linea, g, f, e, h, diametro del cerchio che transisca per il ponto della diuision di quelle, cioe per lo ponto, e, & perche la linea. g. h. (laqual transisce per lo centro del cerchio) diuide la linea, a, c, in due parti equali nel ponto. e. quello che è fatto della g, e, in la, e, h. è equale (per lo secondo modo di questa conclusione) a quello ch'e fatto della, a, e, in la, e, c, & perche la, g, h, diuide la, b, d, in due parti non equali, per lo tertio modo di questa medesima conclusione, quello che è fatto della, b, e, in la, e, d, serà etiam lui equal a quello ch'è fatto della, g, e, in la, e, h, adonque quello che uiè fatto della, b, e, in la, c, d, è equale a quello che è fatto della, a, e, in la, e, c, che è il proposito, ma se niuna de loro non diuide l'altra in due parti equali, come in questa ultima figuration appare, tirata pur la linea, g, f, e, h, diametro del cerchio che transisca pur per lo ponto, e, quello ch'è fatto della g, e, in la, e, h, serà equal (per lo tertio modo di questa) a quel che è fatto della, b, e, in la, e, d, & per lo medesimo serà etiam equale a quello che è fatto della, a, e, in la e, c, dilche (per communa sententia) quello ch'e fatto della, b, e, in la, e, d, seria etiam equale a quello ch'è fatto della, a, e, in la, e, c, che è il proposito.

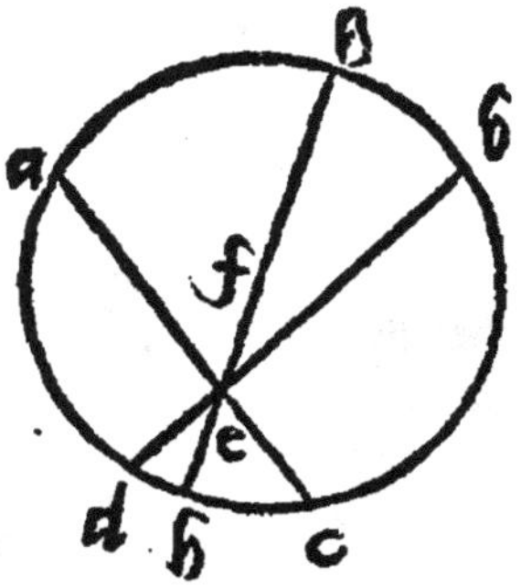

Theorema. 30. Propositione. 36.

35 Sel se signarà uno ponto fuora d'un cerchio, & da quello si meni due
36 linee rette, al cerchio, l'una che seghi, & l'altra che tocchi il detto cerchio, quello che se contenerà sotto di tutta la linea seghante, & della parte estrinsica, serà equale al quadrato che se descriuerà della linea che tocca.

Sia il ponto, a, signato di fuora del cerchio, b, c, d, (il centro dilquale è il ponto e.) dal qual sieno dutte al cerchio le due linee. a. b. toccante & la. a. c. seghante il detto cerchio dico che quello che uien fatto de tutta la. a. c. in la parte. a. d. equale al quadrato della. a. b. perche, ouer che la. a. d. c. passa per lo centro, ouero non poniamo prima che quella passi per il centro (che è il ponto. e.) & sia dutta la linea. e. b. laquale (per la decimaottaua di questo) serà perpendicolare sopra la linea. a. b. & perche la linea. d. c. è diuisa in due parti equali nel ponto. e. & a quella è aggionta la linea. d. a. (serà per la sesta del secondo) quello che è fatto della. c. a. in la a. d.

col

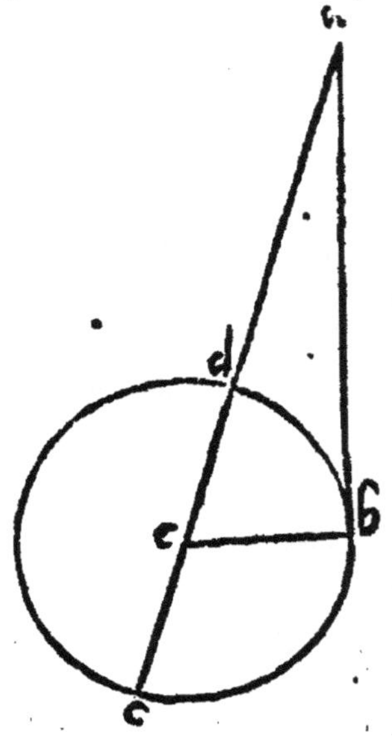

col quadrato della linea. e.d. serà equale al quadrato della linea.e. a. & il quadrato della linea.e.a.(per la penultima del primo) è quanto li duoi quadrati delle due linee.a.b.& .e.b. (per esser l'angolo.a. b.e. retto) adonque quello che è fatto della linea.c. a. in la parte. a.d.col quadrato della linea. e. d. serà equale alli duoi quadrati delle due linee.a.b. & b.e.& perche la e.d.è equale alla . e.b. (per la diffinitione dil cerchio) li loro quadrati seranno etiam equali, adonque quel che è fatto della.a.c.in la.a.d.col quadrato della.b.e.serà equale alli duoi quadrati delle due linee.a.b.&.b.e.tolendo adonque communamente dall'una e dall'altra parte il quadrato della.b.e.restarà (per la tertia concettione) quel che è fatto della.c.a.in la.a.d.equale al quadrato della linea.a.b.che è il proposito : ma se la linea.a.d.c. non transisce per lo centro, come in questa seconda figura appare, sia tirata la linea.a.f.e.g. sopra il centro. e. & siano dutte le due linee,e, d,&,e,h, & sia,e, h , perpendicolare sopra alla linea.a.d.c. (& per la tertia di questo) la,d,h, serà equale alla.c,h,perche adonque la linea. d, c , e diuisa per equale parti nel ponto.h.& à quella è aggionto la linea.a.d. (per la sesta del secondo) quel che è fatto della, c,a, in la, a, d, col quadrato della , d, h,serà equale al quadrato della linea, a,b, onde aggionto a ciascuno il quadrato dela,h,e, quello che è fatto della,c,a,in la,a,d, con li quadrati delle due linee,d,b,& h.e. (cioe col quadrato della,d,e,)impero che il quadrato della,d,e,è quanto li duoi quadrati delle due linee,d,h,&,h,e,(per la penultima del primo,perche l'angolo,e,h,d,è retto) serà equali alli duoi quadrati delledue linee,a,b, &, h.e, cioè al quadrato della linea,a,e,(per la penultima del primo) & il quadrato della,e,d, è equale al quadrato della,e, f, (per la diffinitione del cerchio) adonque quello che è fatto della,c,a,in la,a,d, col quadrato della,e,f,è equale al quadrato della,e,a, anchora(per la detta sesta del secondo)quello che è fatto della.g.a.in la..a.f. col quadrato della linea.f.è equale al quadrato della linea . a. e.per la qualcosa cadauno de essi rettangoli fatti della, c,a. in la.a. d. & della.g.a.in la.a.f.col quadrato della linea.e.f.è equale al quadrato della linea,a,c,e, pero seranno equali fra loro, tratto adonque di ciascuno il quadrato della linea,e,f,serà quello che è fatto della.c.a. in la.a.d.equale a quello ch'è fatto della.g.a.in la,a,f,ma

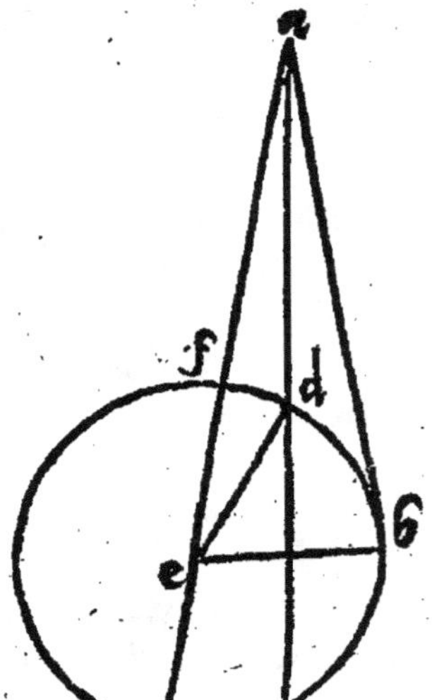

quel

quel che è fatto della.g.a.in la.f.a.è equale al quadrato della linea.a.b.(per lo primo modo di questa) adonque quello che è fatto della.c.a.in la.a.d.è equale al quadrato della.a.b. che è il proposito. Da questa propositione si manifesta che quanto uno ponto è dato fuora d'un cerchio e da quello molte linee si menino nel cerchio segandolo, quello che è fatto de tutte le linee nella parte di fuora sian fra loro equali, perche ciascuno di quelli rettangoli sono equali al quadrato della linea che tocca, e anchora menando da quel ponto due linee che tocchino il detto cerchio de necessità quelle seranno fra loro equale, impero che'l quadrato di ciascuno serà equale al rettangolo fatto de tutta la linea sighante in la parte di fuora, & questo piu euidentemente si manifesta (per la penultima del primo) sia il ponto.a. signato fuora del cerchio. b. c.d.(il centro dilquale sia il ponto.e.) & da quello sian dutte le due linee.a.b.& .a.d. che tocchino li cerchi in li duoi ponti. b.d.dico le dette due linee esser fra loro equale, & per dimostrar questo produrò le linee.e.a.e.b.c.d.onde per la decima ottaua di questo, l'uno e l'altro di duoi angoli.b.& .d.serà retto e (per la penultima del primo) il quadrato della.a.e.serà equale alli duoi quadrati delle due linee.a.b.& b.e.similmente anchora alli duoi quadrati delle due linee.a.d. & .d.e.per laqual cosa li quadrati delle due linee.a.b.et.b.e.sono equali alli quadrati delle due linee a,d,& ,d,e,& perche li quadrati delle due linee,e,b,& ,e,d,(per communa scientia) sono equali (per esser le due linee,e,b,et e,d,)(per la diffinitione del cerchio) dilche li duoi quadrati delle due linee,a,b,et,a,d,(per la tertia concettione) seranno equali, adũque (per communa scientia) la.a.b.è equale alla.a.d.che è il proposito, anchora per quest'altra uia, sia dutta la linea, b, d. per la quinta del primo) l'angolo,e,b,d,serà equale all'angolo,e,d,b,(per esser la,e.b.equale alla.e.d.) & perche l'uno e l'altro di duoi angoli.b.& .d.è retto serà (per communa scientia) l'angolo,a,b,d,(residuo) equale a'll angolo,a,d,b,(residuo) adonque per (la sesta del primo) la linea.a.b.è equale alla linea,a,d, che è il medesimo proposito.

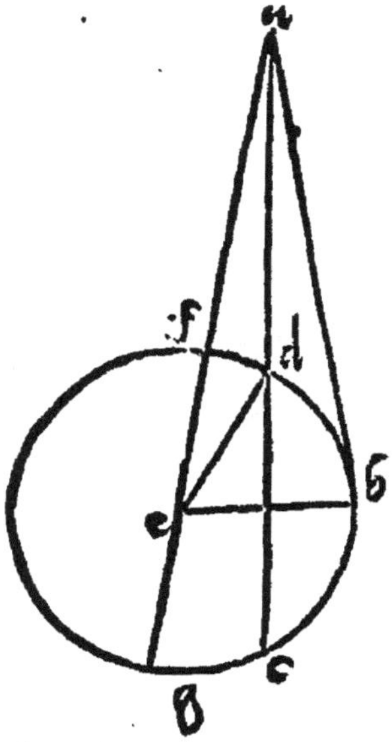

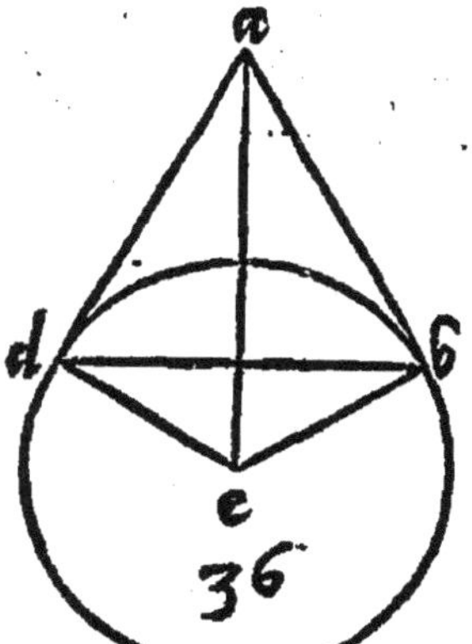

Theorema.31. Propositione.37.

36 Se'l serà signato uno ponto fuor d'un cerchio dalqual sian dutte due
37 linee rette alla circonferentia una segante l'altra alla circonferentia applicata,

plicata, e sia il dutto di tutta la linea seganta nella parte di fuora, equale al quadrato della linea applicata, di necessità quella linea applicata toccarà il cerchio.

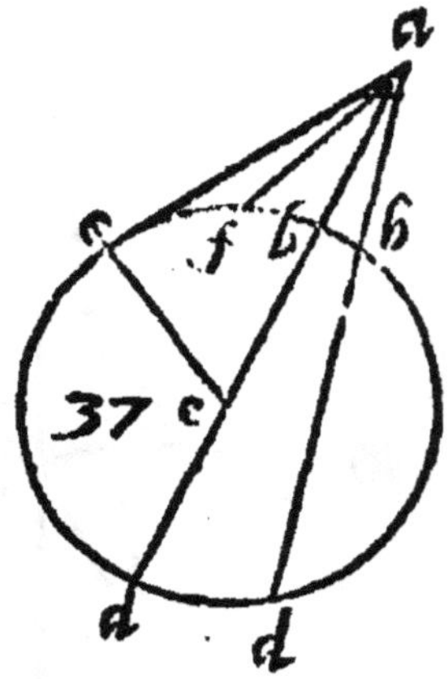

Sia il ponto.a.signato fuora del cerchio. b.c.d.(il cētro dilquale sia il ponto e.) dal quale siano dutte al cerchio la linea.a.b.d.seghante quello, & la linea a,c,applicata alla circonferentia e sia quel che è fatto della.d.a.in la.a.b.equale al quadrato della.a.c. dico la linea.a.c.esser toccante, & questa è il conuerso della precedente. perche se la non è toccante (per l'aduersario) sia adonque la.a.f.& (per la precedēte) quello che è fatto della.d.a.in la.a.b. serà equale al quadrato della.a.f.onde il quadrato della linea, a.f. seria equale al quadrato della linea a.c. (per esser ciascun di lor equal a quello che è fatto de tutta.a.d. i la parte.a.b.) adonque la, a, c, (per communa scientia) seria equale alla, a, f, laqual cosa è impossibile (per l'ottaua di questo, adonque la, a, c, serà toccante, che è il proposito) questo medesimo se approuera anchora demostratiuamente, stia la superior dispositione & il presupposito, & se la linea.a.b.d. trāsisce per lo centro sia dutta la linea.c.e.serà (per la.6.del secondo) quel che e fatto della.d.a.in la.a.b, col quadrato della, e, b, equal, al quadrato della, a, e, ma per esser la, e, b, equal alla, c, e, (per la diffinitione dil cerchio) serà quello che e fatto della, a, d, in la, a, b, col quadrato della c, e, equale al quadrato della, a, e, ma quel che e fatto della, a, d, in la, a, b, è posto equale al quadrato della, a, c, adonque il quadrato della, a, c, col quadrato della, c, e, e equale al quadrato della, a, e, adonque (per la ultima del primo) l'angolo. c. è retto, onde (per lo correlario della sestadecima di questo) la linea, a, c, sera toccante il cerchio che e il proposito, ma se la, a.b, d, non transisce per lo centro sia dutta dal ponto.a, una linea transiente per lo centro, & perche quello che e fatto de tutta questa in la parte de fuora de essa linea e equale a quello ch'e fatto della.d.a, in la, a, b, (di quella che non passa per lo centro) (per la precedente) & perche quello che e fatto de tutta la linea, a. b, d, (che non passa per lo centro) in la parte a, b, e equale al quadrato della, a, c, (dal presupposito) serà etiā (per communa scientia) quel che e fatto della linea, a, d, (transiente per lo centro) in la parte, a, b, equale al quadrato della, a, c, dilche la.a, c, (per le ragione dette) serà toccante il cerchio.

IL FINE DEL TERZO LIBRO.

LIBRO QVARTO DI EVCLIDE.

Diffinitione prima.

1/1 VNA figura rettilinea uiene detta esser descritta in un'altra figura rettilinea, quando ciascun'angolo della figura inscritta tocca ciascun lato de quella in laquale è descritta.

Sia il triangolo, a, b, c, descritto di dentro del triangolo, d, e, f, talmente che ciascun angolo del triangolo, a, b, c, tocca ciascun lato del triangolo, d, e, f, (in li tre ponti, a, b, c,) hor dico che'l triãgolo, a, b, c, uien detto esser inscritto in lo triãgolo, d, e, f, similmente sel fusse il quadrato, a, b, c, d, descritto di dentro dil quadrato, e, f, g, h, talmente che ciascun angolo del quadrato, a, b, c, d, tocchi ciascũ lato del quadrato, e, f, g, h, (nelli quattro ponti, a, b, c, d,) dico che il quadrato, a, b, c, d, uien detto esser inscritto di dentro del quadrato, e, f, g, h, et cosi si deue intendere de ogni altra sorte de figura contenuta de linee rette.

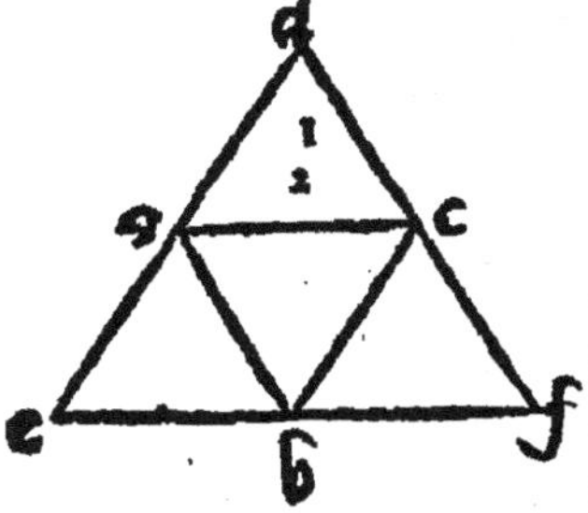

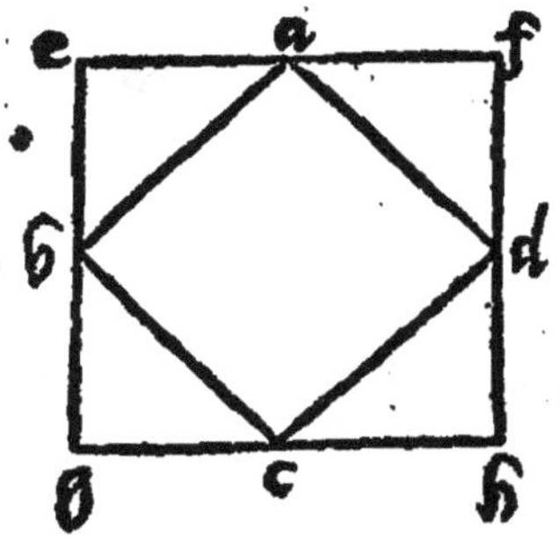

Diffinitione. 2.

2/2 Simelmente una figura uien detta esser descrita cerca a un'altra figura, quando ciascuno lato della circonscritta tocca ciascun angolo de quella cerca laquale è descritta.

Sia come è il triangolo, d, e, f, (della precedente) che ciascun lato di quella tocca ciascun angolo del triãgolo, a, b, c. per laqualcosa il triangolo. d. e. f. uien detto esser descritto attorno al triangolo, a, b, c, & similmente il quadrato, e, f, g, h, uien detto esser descritto cerca al quadrato, a, b, c, d, perche ciascuno lato di quello tocca ciascuno angolo del detto quadrato, a, b, c, d.

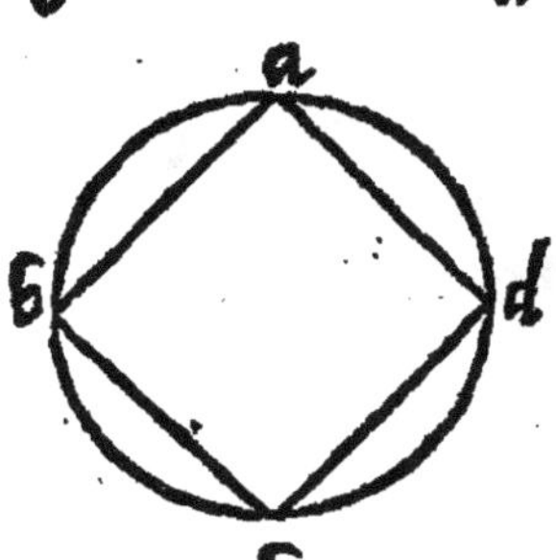

Diffinitione. 3.

0/3 Vna figura rettilinea uien detta esser descritta in uno cerchio, quando ciascaduno angolo della inscritta tocca la circonferentia dello cerchio.

Si come

Si come appare in lo quadrato, a, b, c. d, che ciascuno angolo di esso quadrato tocca la circõferentia del cerchio, a, b, c, d, (in li quattro ponti, a, b, c, d,) per laqual cosa il detto quadrato uien detto esser descritto in lo detto cerchio & cosi uerria detta ogni altra figura rettilinea.

Diffinitione. 4.

o/4 Ma una figura rettilinea uien detta esser descritta cerca a un cerchio quando ciscun lato della circonscritta tocca la circonferentia del cerchio.

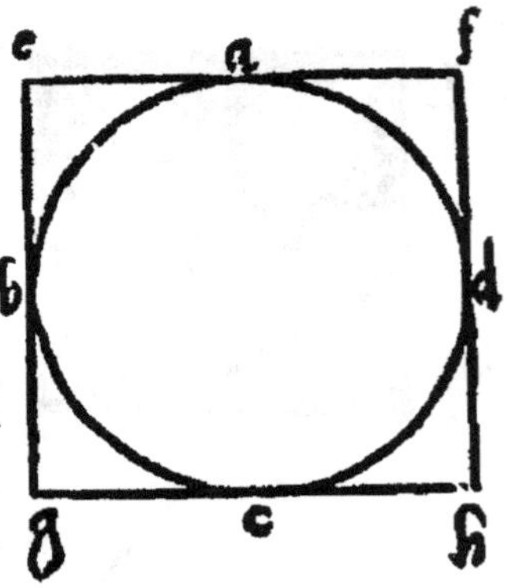

Si come accade al quadrato. e. f. g. h. ilquale (perche ciascun lato di quello tocca la circonferẽtia del cerchio. a. b. c. d.) in li quattro ponti. a. b. c. d. uien detto essere descritto cerca al detto cerchio. a. b. c. d. et cosi ueria detta ogni altra figura rettilinea.

Diffinitione. 5.

o/5 Similmente uno cerchio uien detto esser descritto in una figura rettilinea, quando la circonferentia del detto cerchio tocca ciascun lato de quella tal figura in la qual è descritto.

Si come accade al cerchio. a. b. c. d. (della figura precedente) ilqual uien detto esser descritto in le quadrate. e. f. g. h. (perche la circonferentia di quello tocca ciascun lato del detto quadrato. e. f. g. h. & cosi ueria detto quando cosi fusse in ogni altra figura rettilinea.

Diffinitione. 6.

o/6 Vno cerchio uien detto esser descritto cerca a una figura rettilinea quando la circonferentia del detto cerchio tocca ciascuno angolo de quella tal figura cerca laquale è descritto.

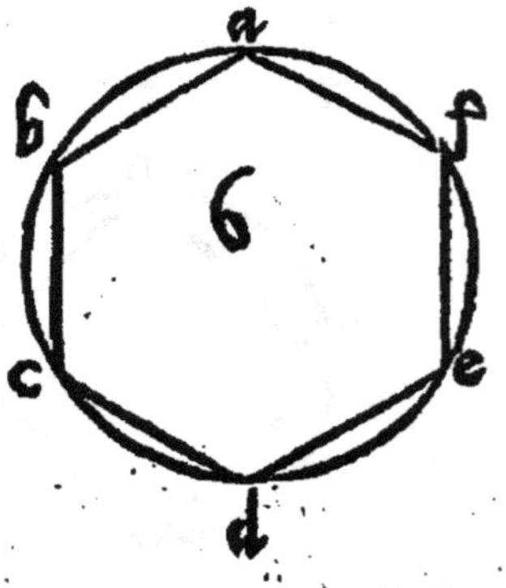

Si come interuien al cerchio. a. b. c. d. ilquale (perche la sua circonferentia tocca ciascuno angolo della figura a. b. c. d. e. f. rettilinea) uien detto esser descritto cerca a essa figura rettilinea.

Diffinitione. 7.

o/7 Vna retta linea uien detta conuegnire in un cerchio quando li estremi di quella cadeno in la circonferentia del detto cerchio.

Si come appare alla linea. a. b. laquale uien detta conuegnire in lo cerchio. a. b. e. (perche

(perche li suoi duoi estremi, cioe li duoi pōti, a, et, b, che sono il fine di quella) cadeno precisamente in la circonferentia del detto cerchio, a, b, c.

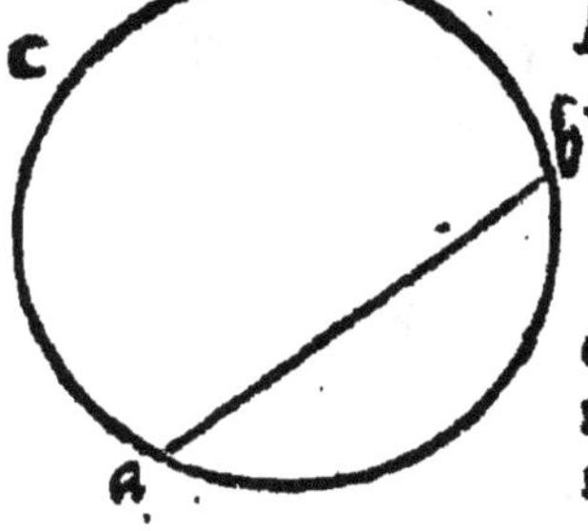

Problema prima. Propositione prima.

1/1 Dentro a uno dato cerchio puotemo accommodare una linea retta equale a una data retta linea laquale non sia maggiore del diametro.

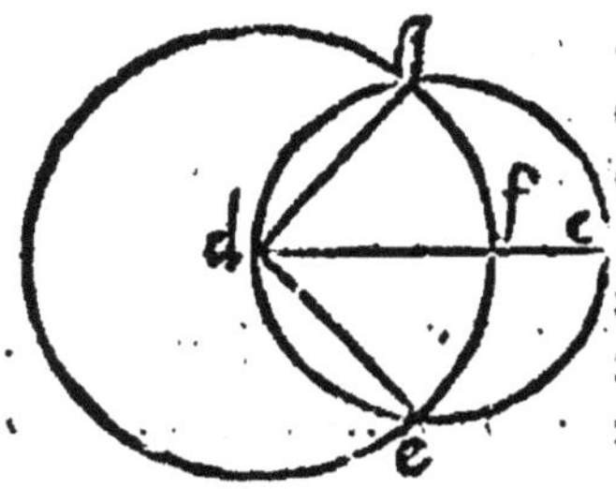

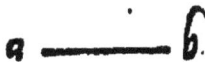

Sia il dato cerchio, c, d, e, (il diametro del quale è la, d, c,) e la linea data, a, b, laqual non è maggior del diametro, d, c, uoglio dentro del dato cerchio accommodare una linea equale alla linea, a, b, laqual se la serà equale al diametro, d, c, gia è fatto quello ch'è proposto (perche in lo cerchio, d, e, c, è stata adattata la linea retta, d, c, equale alla data linea, a, b, ma sel diamettro, d, e, è maggiore di essa linea. b. sia tolto dal diametro, d, c, la parte, d, f, (per la tertia del primo) equal alla linea, a, b, è sopra il ponto, d, secondo la quantità della, d, f, sia descritto il cerchio f, e, g, seghante il detto cerchio in li duoi ponti, g, & , e, all'uno di quali sia dutta (dal ponto, d,) una linea retta come la, d, e, ouer, d, g, & l'una e l'altra di quelle serà equale alla linea, a, b, (perche l'una e l'altra de esse linee, d, e, et, d, g,) (per la diffinition del cerchio) sono equal alla linea, d, f, laqual fu posta equale alla detta linea, a, b, per laqual cosa hauemo il proposito.

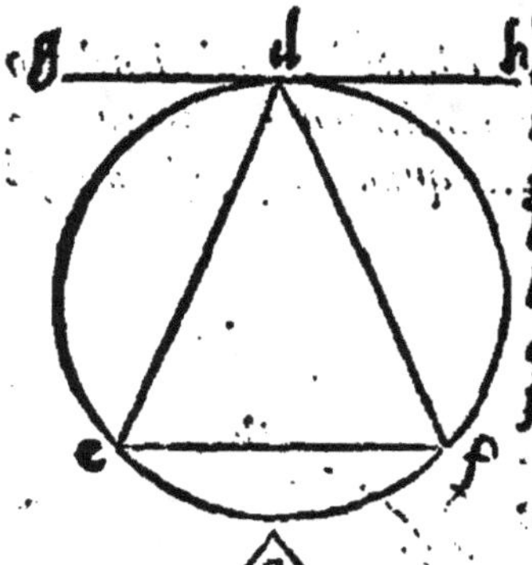

Problema. 2. Propositione. 2.

2/2 Dentro a un dato cerchio puotemo collocare un triangolo equiangolo a un triangolo assignato.

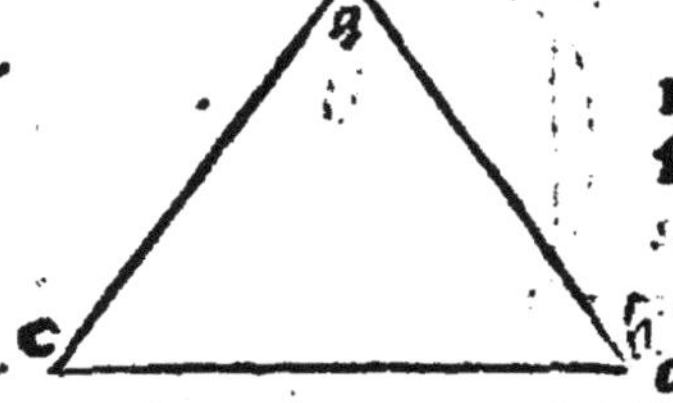

Sia lo assignato triangolo, a, b, c, & lo assignato cerchio, d, e, f, uoglio dentro a questo cerchio collocare uno triangolo equiangolo. al triangolo, a, b, c, (non è necessario essere equilatero, ma è ben possibile a essere.) produro la linea, g, d, h. toccante il cerchio in ponto, d, sopra ilqual facio l'angolo, h, d, f, (dutta la linea. d. f.) (per la uigesima tertia del primo) equale all'angolo, c, & similmente l'angolo g, d, e, dutta la linea, d, e, equale all'angolo, b, & tiro la linea, e, f, & (per la trigesima seconda del tertio) l'angolo, e, serà equale all'angolo. h. d. f. & l'angolo, h, d, f, fu constituido equale all'angolo. c. adonque

c. adonque (per communa scientia) l'angolo.e.serà equale all'angolo.c.& (per le medesime ragione l'angolo,f, serà equale all'angolo, b, (per la qual cosa l'angolo, d,)tertio del triãgolo,e,d,f,serà equale (per la trigesima seconda del primo) all'an golo, a, ch'è similmente il tertio,del triangolo a.b.c.per laqual cosa hauemo il proposito,cioe in lo cerchio d,e,f,hauemo collocato il triangolo,d,e,f,che li suoi tre angoli sono equali alli tre angoli del triangolo, a,b,c,cioe ciascuno al suo correspondente come uoleuamo.

Problema.3. Propositione.3.

3/3 Intorno a uno assignato cerchio,puotemo descriuere uno triangolo equiangolo a uno triangolo dato.

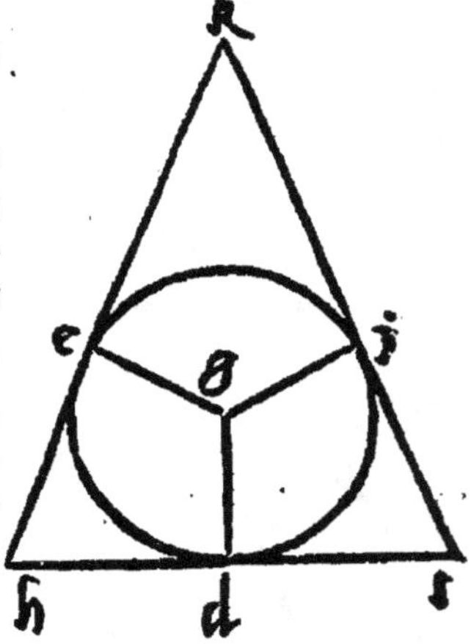

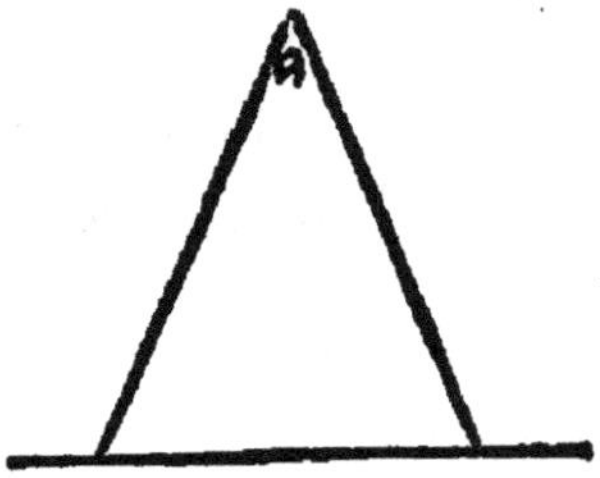

Sia lo assignato triangolo,a,b,c,& lo assignato cerchio, d, e,f, (il centro dilquale è il ponto,g,) intorno a questo cerchio uoglio descriuere uno triangolo equiangolo al triangolo, a, b, c, (equilatero non è necessario ma è possibile) produco la basa,b,c, dall'una e l'altra parte acciochè siano fatti li duoi angoli estrinsici , & dal centro,g,produco la linea,g,d, fina alla circonferẽtia & constituisco l'angolo,d,g,e(dutta la linea,g,e,) equal all'angolo,b, estrinsico & similmente l'angolo. d.g.f. (dutta la linea,g,f,)equale all'angolo,c,estrinsico & dalli ponti,d,e,f,produco in l'una e l'altra parte le linee orthogonalmente le quale (per lo correlario della sesta decima del tertio) seranno toccante il cerchio lequale linee toccanti produco da ciascuna parte fina a tanto che concorrano in li ponti.h. k. l. (il qual concorso approueremo di sotto) perche adonque in lo quadrilatero,h,d,e,g,li duoi angoli, d, & e, sono retti seranno li duoi altri angoli, g, &, h, equali a duoi angoli retti conciosia che li quattro angoli di ciascun quadrilatero sono equali a quattro angoli retti (come è dimostrato sopra la trigesima seconda del primo) & perche li duoi angoli,b, cioe lo intrinsico e lo intrinsico sono similmente equali a duoi angoli retti(per la tertiadecima del primo) ma l'angolo,b,estrinsico fu posto equal a l'angolo,d,g,e, serà adonque l'angolo,b, intrisico (per communa scientia) equale all'angolo,b, anchora per simile ragione l'angolo. c,intrinsico è equale all'angolo.l.essendo adonque li duoi angoli,h, & l,del triangolo,h,l,k, equali alli duoi angoli, b, & c, del triangolo, a, b, c, de necessità anchor l'angolo,K,(per la.32. del primo)serà equale all'angolo,a,equiangoli,adonque sono li duoi triangoli,a,b,c, &,h,l,k, dilche attorno al cerchio,d,e,f, hauemo descritto il triangolo,h,l,k,equiangolo al triangolo,a,b,c,che è il proposito.

K Hora

Hora ci resta a prouare come le tre linee contingenti in li detti tre ponti, d,f,e, protrate da ciascaduna parte di necessità concorreranno, perche li duoi angoli che sono al ponto, e, l'uno e l'altro è retto, e similmente l'uno e l'altro de quelli che sono al ponto,d,e,pur retto se'l sarà inteso con la mente esser tirata una linea dal,d, al,e,li duoi angoli liquali sono alla parte, b, seranno minori de duoi angoli retti, per laqual cosa protrate in quella parte le due linee, l, d, b, & ,K,e,b,(per la penultima petitione) concorrerano, & per la medesima ragion concorreranno,etiã le due linee,b,d,l,&,k,f,l,& similmente le due,l,f,K,et,b,e,K, che è il ꝓposito.

Problema.4. Propositione.4.

4/4 In uno dato triangolo puotemo descriuere uno cerchio.

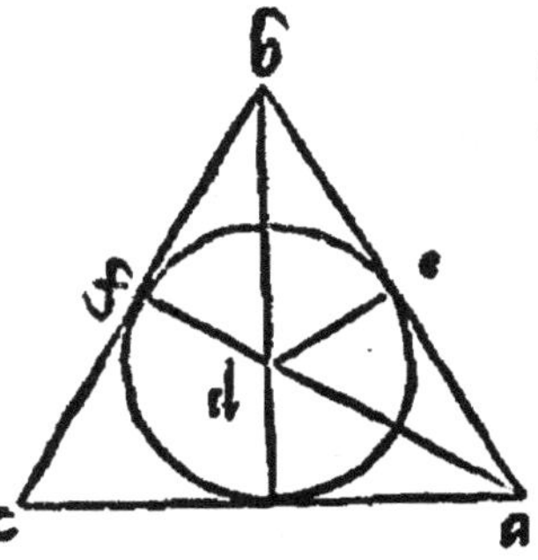

Sia lo assignato triangolo, a,b,c,uoglio di dentro di questo triangolo descriuere uno cerchio, diuido li duoi angoli,a,&,b, di questo triangolo (per la nona del primo)in due parti equali dutta la linea,a,d,& la linea. b.d. lequali concorrano in lo ponto. d. dal qual ponto. d.duco le perpendicolare (per la duodecima del primo) alli tre lati del detto triangolo, liquali sono, d, e, d,f,&,d,g, & perche l'angolo, a,de uno di duoi triangoli,e,d,a, &,g,a,d, è equale all'angolo,a,dell'altro, e l'uno e l'altro di duoi angoli,e, &,g, è retto, e lo lato,a,d,e, commune, dilche la linea,d,e,(per la uigesima sesta del primo)serà equale alla linea,d,g, per la medesima ragione l'angolo,b, dell'uno de duoi triangoli,e, b,d,&,f,b,d,è equale all'angolo,b, dell'altro, e l'uno e l'altro delli duoi angoli.e. &,f,è retto, e anchora il lato,d,b, è commune,dilche (per la medesima uigesima sesta del primo) la linea,e,d,serà equale alla linea,d,f,per laqual cosa le tre linee. d,e,d,f,d,g, sono equale, fatto adonque il centro in ponto,d, & descritto il cerchio secondo la quantità de una de dette tre linee transirà (per la nona del tertio) per le altre due estremità, & perche ciascuna delle tre linee, a,b, b,c,&,c,a,(per lo correlario della sestadecima del.3.)serà toccante il cerchio descirtto il proposito niẽ esser manifesto.

Problema.5. Propositione.5.

5/5 Cerca a uno triangolo asignato, sia quello orthogonio,ouer ambligonio,ouer osigonio,puotemo descriuere un cerchio.

Sia il triangolo assignato,a,b,c, uoglio cerca di lui descriuere uno cerchio, Diuido li suoi duoi lati,a, b,&,a,c,(per la decima del primo)in due parti equali, cioe. a.b. in ponto.d.& .a.c. in ponto.e. dalli quali ponti produco le perpendicolare(per la undecima del primo) alle linee.a.b.a.c.lequale all'ongo fina tanto che quelle concoranno insieme in lo ponto.f. & siano.d.f.e.f. & quelle concoranno, perche l'un

e l'altro

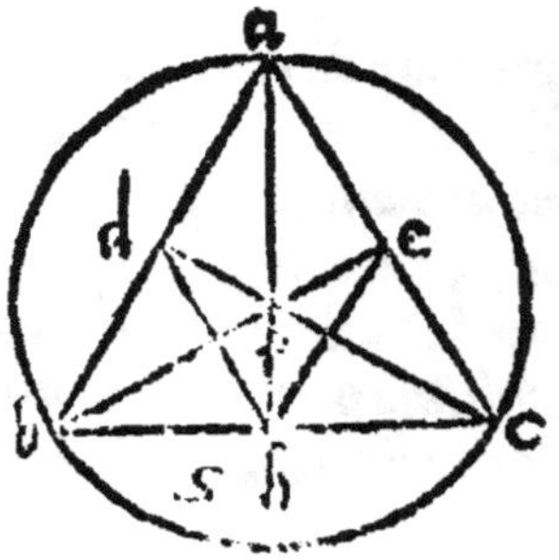

e l'altro delli duoi angoli.d. & .e. è retto s'el serà inteso esser tirata una linea.dal.d.a.al.e. li duoi angoli che se ranno fatti (alla parte doue seranno tirate) seranno mi nori duoi angoli retti, per la qual cosa quelle concorano (per la penultima petitione) adonque dal ponto.f. (ilquale è il ponto del concorso) il qual dico esser il centro del quesito cerchio tiro le linee a ciascun angolo le qual sono f.a.f.b.f.c. & perche in lo triangolo, a,d,f, li duoi lati.a.d.d.f. sono equali alli duoi lati. b.d. & .d.f. del triangolo.b.d.f. & l'angolo.d.dell'uno è equale all'angolo. d.dell'altro (perche l'uno, e l'altro e retto, dilche (per la quarta del primo) la linea a.f. serà equale alla linea.f.b. (& per la medesima ragione la linea.f.a. serà equale alla linea f.c. per esser similmente li duoi lati.a.e. & .e.f. del triangolo.a.e.f. equale alli duoi lati f.e.et e.c. del triangolo.c.e.f. è l'angolo.e.dell'uno all'angolo.e. dell'altro, adonque (per la nona del tertio) il ponto.f. serà il centro del quesito cerchio, questa uniuersal demostratione a ogni specie di triangolo. tamen perche il se uede autthore nel mezzo uoler uariare disgiongendo intra lo triangolo orthogonio, lo ambligonio, & lossigonio, dilche l'è da esser dimostrato di ciascun de quelli qual ne piace da per si. sia adō que il trigono proposito orthogonio, e sia lo angolo a. retto, il lato, b, c, opposito al detto angolo retto diuido in due parti equali in ponto.f. ilqual ponto.f. dico essere il centro del quesito cerchio, & per dimostrare questo dal ponto.f. al mezzo dell'uno delli duoi altri lati ilqual sia il ponto.d. duco la linea. f. d. & perche la linea.f. d. diuide li duoi lati. a. b. & b.c. del triangolo a.b. c. in due parti equali la detta linea.f.d. serà equidistante al tertio lato, cioe alla linea. a.c. (& questo fu demostrato sopra la trigesima nona del primo) & perche l'angolo. a. è posto retto serà (per la seconda e tertia parte della uigesima nona del primo) l'un e l'altro di duoi angoli che sono al ponto. d. serà retto, sia adonque dutta la linea. f. a. & perche li duoi lati. a.d. & .d.f. del triangolo.a.d.f. sono equali alli duoi lati. d. b. & d. f. del triangolo.d.b.f. & l'angolo.d. de l'uno è equale all'angolo. d. dell'altro la basa.b.f. dell'uno (per la quarta del primo) serà equale alla basa.f.a. dell'altro, & perche la linea.b.f. sia equale alla linea.f.c. (dal presupposito) seranno (per communa sententia) le tre linee.b.f.a f.c.f. fra loro equal, per laqual cosa il ponto.f. (per la nona del tertio) serà il centro del quesito cerchio. anchor sia il dato triangolo, a, b, c, ambligonio & sia l'angolo, a, ottuso il lato, b, c, che risguarda questo angolo ottuso diuido in due parti equali in ponto, h, dal qual alli ponti di mezzo delli altri duoi lati quali son. d. & e, duco le linee. h. d. & h. e. (e per

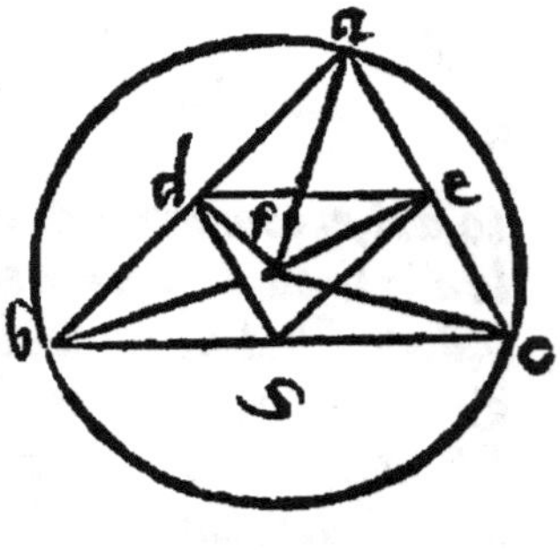

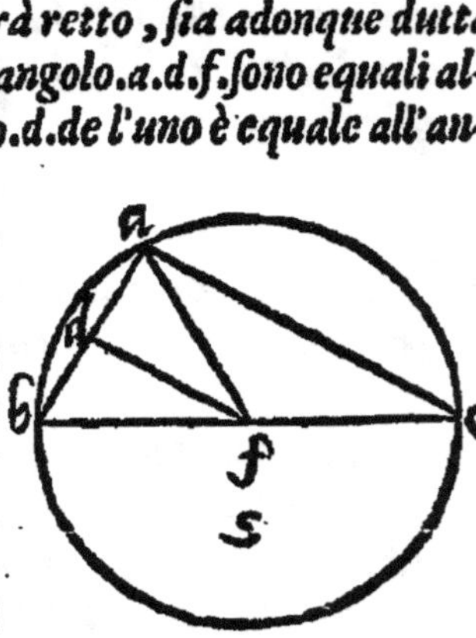

quello che fu demostrato sopra la trigesima nona del primo) la linea.b.d.serà equidistante al lato, a, c, & la linea,b,e,el lato,a,b,per laqual cosa l'uno e l'altro delli duoi angoli,b, d,h, &,c,e,h, (per la uigesima nona del primo) seranno equali all'angolo, a, & per tanto l'uno e l'altro de quelli serà ottuso,dutte adonque la perpendicolare,d,f, alla linea,a,b,& e,f, alla linea,a,c, sin a tanto che quelli concorrano in ponto f, (ilquale dico esser il centro del cerchio quesito) ilqual concorso è manifesto per le ragione di sopra adutte & l'una e l'altra de quelle segar la linea,b, c,che risguarda l'angolo, a,ottuso,& quelle concorrere de fuora del triangolo,a,b, c,(per lo conuerso modo della trigesima prima del tertio) altramente l'angolo retto seria equale al ottuso, adonque dal ponto,f, il quale il ponto del concorso de quelle produco le linee,f,a,f,b,f,c, & perche li duoi lati,a,d,& d,f,del triangolo,a,d,

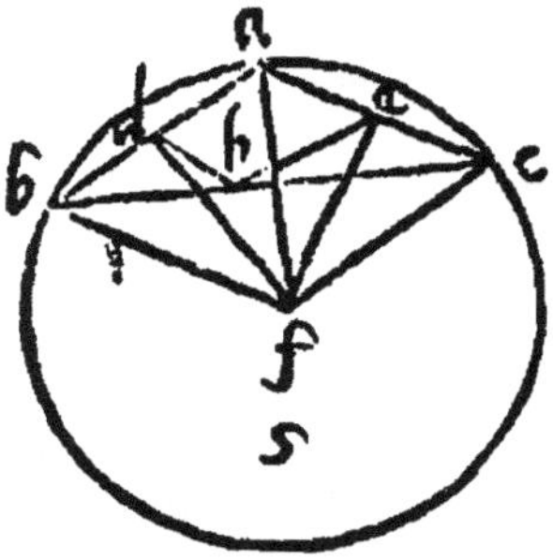

f,sono equali alli duoi lati, d,b, &,d,f, dello triangolo.d.b.f.d.f.e l'angolo.d. dell'uno è equale allo angolo. d. dell'altro(per esser ciascaduno de loro retto) la basa.f.b. dell'uno (per la quarta del primo) serà equale alla basa.a.f. dell'altro,& per le medesime ragione la basa. f.c. (del triangolo.e.f.c.) serà equale alla basa. a.f.(del triangolo.a.e,f.) dilche (per la prima communa sententia) le tre linee. f. b. f.a.f.c. seranno fra loro equale, onde (per la nona del tertio) il ponto.f.serà il centro del quesito cerchio, sia de nouo che il triangolo a, b, c, sia ossigonio diuisi tutti li lati di quello in duoi parte equali, cioè il lato.a.b.in ponto.d.& la lato,a,c, in ponto,e,&,b,c,in ponto,h,tiro le linee. d.e.d.h, & e.h.(& per quello che fu demostrato sopra la trigesima nona del primo) d.h.serà equidistante al,a,c,& e, h.al.a.b.per laqual cosa l'un e l'altro delli duoi angoli.b.d.h.& c.e.h.(per la seconda parte della uigesima nona del primo) serà equale all'angolo, a. e, per tanto l'uno e laltro serà acuto, dutte adonque le perpendicolar cioe.d.f. alla linea,a,b, & e,f,alla linea,a,c,e manifesto quelle concorrere dentro il triangolo,a,b,c,(altramente l'angolo retto se equaliaria allo acuto, ouer che seria minor de quello) e sia il ponto del concorso, f. ilquale dico essere il centro del cerchio,& per dimostrar questo,produco le linee,f,a,f,b,f,c,& perche li duoi lati. a.d.& d.f.del triangolo,a,d,f,sono equali alli duoi lati,b,d,&,d,f, del triangolo. b,d,f.& l'angolo.d. dell'uno equale all'angolo,d,dell'altro,onde(per la.4.propositione del 1.) la linea,b,f,serà equal alla linea,a,f, similmente perche li duoi lati a,e,&,e,f,del triangolo,a,e,f,e, son equali alli duoi lati,c,e,& e,f,del triangolo, c,e,f,et l'angolo,e,de l'un equal all'angolo del'altro,dilche(per la medesima quarta del primo) la basa,f,c, serà equale alla basa,f,a,onde (per la prima communa sententia) le tre linee.b.f:f.a.f.c.seranno fra loro equale,per la qual cosa il ponto.f. (per la nona del tertio) serà il centro del cerchio quesito.

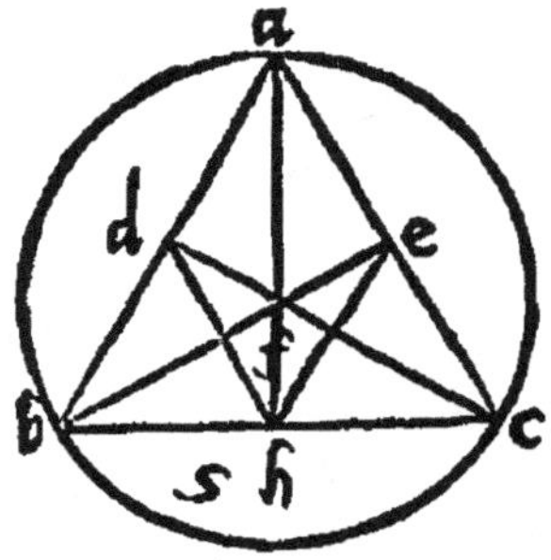

Correlario.

Correlario.

5/5 Per le cose dette è manifesto che se il triangolo serà orthogonio il cẽtro del cerchio da circonscriuere cade in mezzo del lato che è opposito all'angolo retto se quel serà ambligonio il centro cade di fuora del triã golo. Ma se quello serà ossigonio cade dentro del triangolo, & è conuerso, quando il centro del cerchio cade sopra il lato. b. c. l'angolo che sta nel mezzo cerchio (cioè l'angolo.a.) è retto, & se il detto centro cade de fuora del triangolo è ambligonio, ma sel cade di dentro il serà ossigonio.

Il Tradottore.

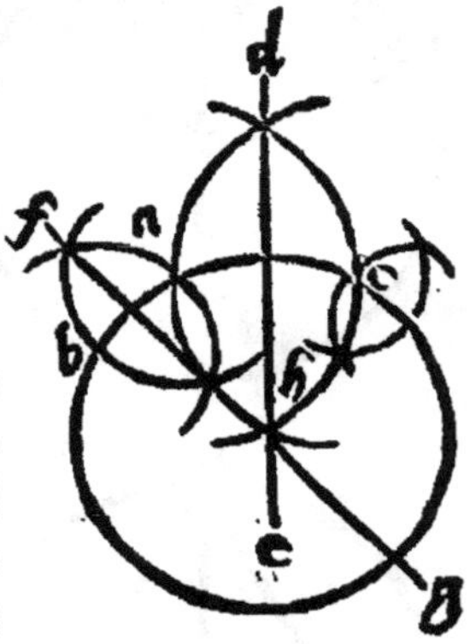

Da questa quinta el se ne caua il modo de trouar il centro de uno cerchio che la sua circonferentia passi per tre ponti propositi ad bene placitum, domente che non siano in linea retta, esempio, siano li tre ponti, a, b, c, uoglio trouare il centro d'un cerchio che la sua circonferẽtia transisca per cadauno delli predetti tre ponti. a. b. c. immagino che li detti tre ponti siano li tre angoli d'un triangolo, & che le tre differentie delli detti ponti siano li tre lati del detto triangolo, & con questa immaginatione diuido la differentia che è dal ponto. a. al ponto. c. in duoi parti equali orthogonalmente con la linea retta. d. e. (per la decima & undecima del primo) & quel medesimo faccio della differentia che è dal ponto. a. al ponto. b. cioè la diuido pur in due parti equali orthogonalmente con la linea. f. g. lequal due linee. d. e. & f. g. se intersegano in lo ponto. h. il qual ponto. h. dico essere il centro del quesito cerchio che per li modi sopra posti in lo primo modo chiaro appare, adonque descriuendo sopra il centro. h. uno cerchio secondo la quantità de. h. b. ouer. h. a. la circonferentia di quello transirà per cadauno delli altri ponti, che è il proposito.

Problema. 6. Propositione. 6.

Dentro de uno dato cerchio puotemo descriuere uno quadrato.

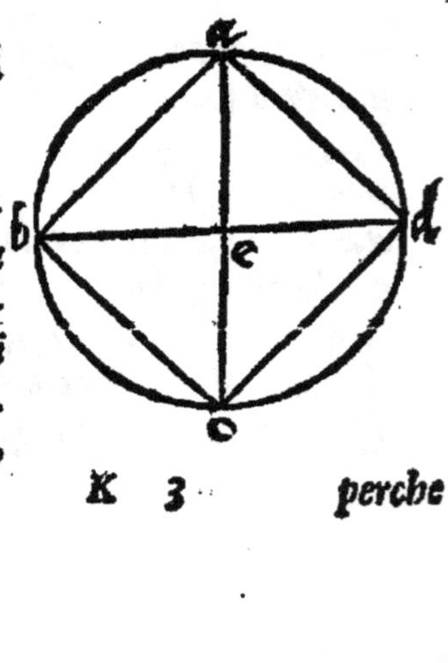

6/6 *Sia il dato cerchio. a. b. c. d. il centro dilquale è il põto. e. uoglio dentro di esso cerchio descriuer uno quadrato tiro in detto cerchio li duoi diametri. a. c. & . b. d. segandose orthogonalmente sopra il centro. e. di quali congiungo le estremità, tirando le linee. a. b: b. c: c. d. & d. a. lequale dico contener il quesito quadrato,*

perche le quattro linee, e, a, e, b, e, c, & ,e,d, (per la diffinitione del cerchio) sono equale fra loro & li quattro angoli che sono al centro, e, sono equali fra loro per esser ciascun di loro retto, dilche (per la quarta del primo) le quattro linee, a, b: b, c: c, d, & , d, a, sono etiam fra loro equale, & cadauno di quattro angoli a, b, c, & d, e retto (per la prima parte della trigesima prima del tertio) perche ciascun de quelli è nel mezzo cerchio, adonque il quadrilatero, a, b, c, d, (per esser de quattro lati equali & de angoli retti e quadrato (per la. 2 1. diffinition del primo) che è il proposito.

Problema.7. Propositione.7.

7/7 Cerca a uno dato cerchio puotemo descriuere un quadrato.

Sia il preposto cerchio, a, b, c, d, il centro dilquale è il ponto. e. uoglio d'intorno a questo cerchio descriuere uno quadrato tiro in lui li duoi diametri, a, c, & , b, d, seguita fra loro orthogonalmente sopra il centro. e. alle estremità delli quali con duco in l'una & l'altra parte le linee orthogonalmente fina a tutto che ciascuna di quelle concorrano insieme & siano li ponti del concorso de quelle, f, h, k, & per lo correlario della sesta decima del tertio, ciascuna delle predette quattro linee cosi tirate seranno toccante il detto cerchio, perche adonque in lo quadrilatero, a, f, b, e, li tre angoli, a, b, & , e, sono retti il quatro angolo (il quale, e, f,) serà anchora lui retto, perche li quatro angoli de cadauno quadrilatero sono equali a quattro angoli retti, come fu dimostrato sopra la trigesima seconda del primo & per la medesima ragione ciascaduno delli altri angoli, g, h, & , k, serà retto, adonque (per la seconda parte della uigesima ottaua del primo) le due linee e, f, g, & , k, h, etiam le due, f, k, & , g, h, sono equidistante, adõque, f, k (per la 34. del primo) è equale al. g. h. & . f. g. al k, h. (& per la medesima 34. del 1.) f. k. è equale al, b, d, & , f, g, al. a, c, ma, b, d, è equale al, a, c, (per esser ciascun di loro diametro del cerchio) onde (per la prima concettione) le quattro linee, f, k, g, h, f, g, & , h, k, sono equale, & li quattro angoli, f, g, K, h, sono retti, come di sopra fu approuato, adonque il quadrilatero, f, g, K, h, (per la diffinitione) è quadrato, che è proposito.

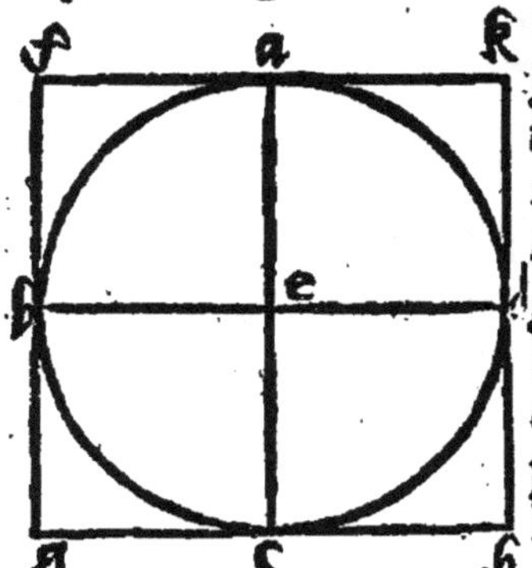

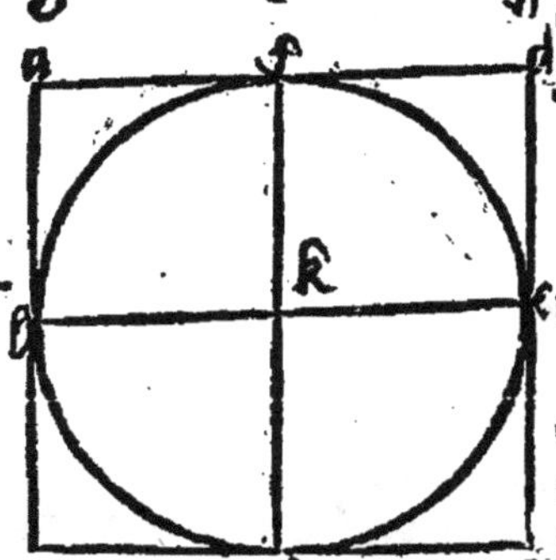

Problema.8. Propositione.8.

8/8 In uno dato quadrato puotemo descriuere uno cerchio.

Sia lo dato quadrato, a, b, c, d, uoglio dentro di lui descriuere un cerchio diuido cadauno lato di quello in due parti equali (per la decima del primo) cioe, a, d, in ponto, f, b, a, in ponto, g, c, b, in ponto, h, & , d, c, in ponto. e.

to,e, & produce le linee,e,g,& ,f,h,lequali si seghano fra loro in ponto.k.ilqual dico esser il centro del cerchio,perche la linea,f,h,(per la trigesima tertia del primo) serà equale & equidistante alla linea,a,b,(per questo che la,a,f, & ,b,h,son equale & equidistante, similmente (per la medesima) la detta,f,h,serà equale & equidistante al lato,d,c, & per le medesime ragione, g, e, serà equale & equidistante al,a,d,et similmente al.b.c.et perche tutte le mitade di quattro lati del detto quadrato (per la communa scientia) son fra loro equali dilche le quattro linee. K. g.k.h.k,e.et.k.f.(per la trigesima quarta del primo) seranno equale fra loro,adonque descriuendo sopra il centro, k, il cerchio secondo la quantità de.k.g. ouer de.k. f.ouer de.K.e.ouer de.K.h. transisse etiam per li altri tre ponti, & serà toccante le quattro linee,ouer lati dil quadro cioe.a.b:b.c:c.d.& .d.a.& lo ponto.k. serà (per la nona del tertio)il centro del quesito cerchio,che è il proposito.

Pobleina.9. Propositione.9.

9/9 Cerca uno asignato quadrato puotemo descriuere uno cerchio.

Sia il quadrato, a, b, c, d, uoglio cerca di lui descriuere un cerchio tiro in lui li duoi diametri, a,c,& ,b,d, seganti fra loro in ponto. e.equal dico esser el centro del circulo(conciosia che le due linee,a,b,et,a,d,siano equale (li duoi angoli a.d.b.& . a,b,d, (per la quinta del primo) saran equali. & perche l'angolo, d,a,b,e retto. (per la.32.del primo)l'uno, et l'altro de quelli sarà la mitade di un retto. Anchora con simel modo el se prouarà ciascun delli altri angoli portiali contenuti dalli preditti diametri, & dalli lati del proposto quadrato esser la mità d'un retto. Perche adonque lo angolo, e, a, d, è equale allo angolo,e,d,a, (per la sesta del primo)la linea, e, a, sarà equale alla linea, e, d, (per la medema ragione,e,a, sarà etiam equal al,e,b,& ,e c,sarà equale al,e,d,) dilche descrinendo sopra el ponto, e, el circulo secondo la quantità de una delle quatro linee, e, a, e, b, e, c, ouer,e,d,transirà etiam per li altri tre ponti, & (per la nona,del tertio) el ponto,e, sarà el centro del detto circulo,che è il proposito.

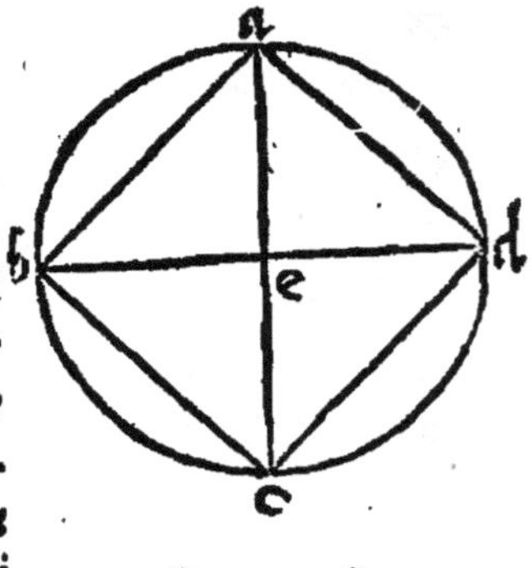

Problema.10. Propositione.10.

10/10 Puotemo designare uno triangolo de duoi lati equali del quale l'un e l'altro di duoi angoli, che sono sopra la basa sia doppio dell'altro.

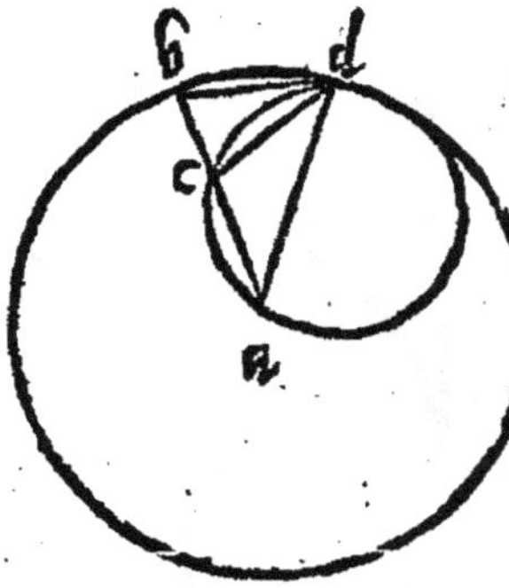

La intentione e da descriuere uno triangolo de duoi lati equali & del tertio non equale , del quale l'uno e l'altro delli duoi angoli che sono sopra il lato che non è equale alli altri duoi sia doppio al tertio. Et per far questo sia

sto sia tolto a beneplacito una linea retta laqual sia.a.b.laqual sia divisa secõdo che ne insegna la undecima del secondo in ponto. c. talmente che quello ch'è fatto della a.b.in la.b.c.sia equale al quadrato della. a.c. & fatto il ponto.a.centro sia descritto (secondo la quantità della detta linea.a.b.) il cerchio,b,d,e, drento dilquale sia accommodata la linea. b. d. (per la prima di questo) equale alla linea, a,c, & siano produtte le due linee. d. a: d. c.dico il triangolo, a, b, esser tal qual è stato proposto & per dimostrar questo sia circonscritto un cerchio , ilqual sia,d,c,a, (per la quinta di questo) al triangolo, d, c, a, perche adonque la linea, d, b, è equale alla linea,a,c, serà quello che uien fatto della, a, b, in, b, c,equale al quadrato della linea, b. d, per laqual cosa la linea, b, d, (per la ultima del tertio)e toccante il cerchio,d,c,a,(& per la trigesima seconda del medesimo) l'angolo,c,d,b, è equale al angolo,c,a,d, gionto adonque communamente l'angolo,c,d,a, tutto l'angolo,b,d, a.(per la secõda concettione) serà equal alli duoi angoli,c,a,d,&,c,d,a,ma(per la trigesima seconda del primo) l'angolo, b, c, d, è equale alli medesimi duoi angoli c,a,d,&,c,d,a,(perch'è estrinsico a quelli)adonque l'angolo,b,d,a, è equale all'ã

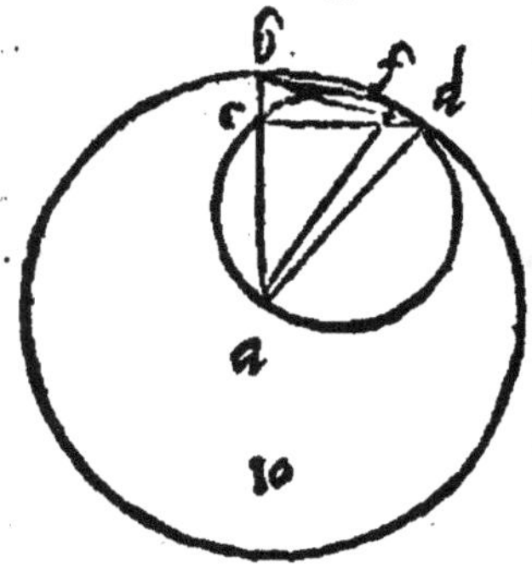

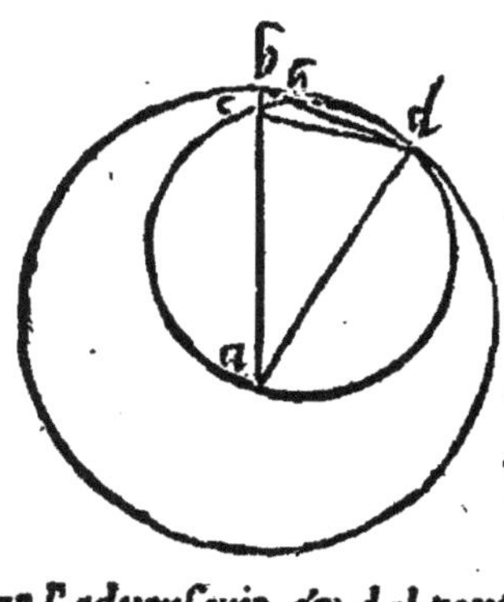

golo,b,c,d, & perche l'angolo,a,d,b, è equale all'angolo,a,b,d,(e per la quinta del primo) per essere li doi lati,a,b,&,a,d,equali(per la diffinitione del cerchio) l'angolo, b,c, d, (per la prima concettione)serà equale all'angolo,c,b,d,adonque(per la sesta del primo)la linea,c,d, è equale alla linea,b,d, & perche la linea,b, d. fu posta equale alla linea,c,a, seguita adonque (per la prima commune sententia)che la linea,c,d,sia equale alla linea, c, a, adonque (per la quinta del primo) l'angolo,c,a,d,è equale all'angolo,c,d,a,perche adonque l'uno e l'altro di duoi angoli,c,d,b,et,c,d,a,è equale all'angolo,c,a,d, tutto l'angolo, b, d, a, serà doppio all'angolo, d, a, b, & per tanto l'angolo, a, b, d, a lui equale è anchora lui doppio al medesimo angolo, b, a, d,che è il proposito.Forsi l'aduersario dice il cerchio,d, c,a, circonscritto al triangolo partiale segharà il cerchio,b,d,e,in alcun ponto dell'arco, b, d, siche insieme segharà la linea,b,d,onde quella non serà applicata al cerchio(si come se suppone in la demostratione)ma serà seghante quello, sia adonque (se possibile è)come pone l'aduersario, & dal ponto,b, sia dutto al detto cerchio minor la linea, b, f, (per la.17.del tertio) toccante quello sian dutte le linee f, a,f,d,serà(per la penultima del tertio) quello che uien fatto della, a, b, in la,b.c,equale al quadrato della,b,f, adonque la,b,f,è equale alla,b,d.per laqual cosa l'angolo,b,f,d,(per la quinta del primo)serà equale all' angolo,b,d,f, & perche l'angolo,a,f,a,è equale (per la trigesima seconda del tertio)all'angolo, a,d,f,& perche tutto l'angolo,b,f,d,(per la ultima concettione)è maggior dell'angolo,b,f,a,serà etiam maggiore dell'angolo. f.d.a.

f.d.a.(a quello equale) & perche l'angolo, f, d, b, è equal al detto angolo, b, f, d, seguiria (per communa scientia) che l'angolo f, d, b, fusse maggiore dell'angolo. f. d. a. laqual cosa è impossibile (per la ultima concettione) che la parte sia maggior del tutto, adonque il cerchio. d. a. c. non seghará in alcuno ponto l'arco. b. d. anchora per uno altro modo possiamo dimostrar questo che il cerchio minor per modo alcuno seghará la linea. b. d. perche il detto aduersario forse dirà che seghará quella non seghando l'arco. d. b. del maggior cerchio, se pur possibil è che seghi quella sia questo in ponto. h. & serà quello che è fatto della. a, b. in. b. c. equale a quel che uien fatto della. d. b. in b. h. Perche'l fu dimostrato di sopra nella penultima del tertio che se da alcuno ponto signato fuora d'un cerchio siano dutte quante linee si uoglia al detto cerchio segante quella tutti li rettangoli contenuti sotto a cadauna di esse linee in le sue parti estrinsice. sono equali fra lo ro, & perche quello che uien fatto della. a. b. in. b. c. è equale al quadrato della. b. d. (dal prosupposito) seguiria adonque che quello che uien fatto della. b. d. in. b. h. esser equale al quadrato della. d. b. laqual cosa è impossibile (per la seconda del secondo) per laqual cosa il proposito è manifesto. E nota che'l minor cerchio de necessità seghará il maggiore & taglia da quello uno arco equale al arco, b, d, & lo maggiore similmente taglia dal medesimo uno arco equale allo arco, d, c, laquale cosa se approuerà cosi. Se il minore non segha il maggiore adonque il tocca quello in ponto. d. & perche (per la undecima del tertio) li cētri di cerchij che si toccano & il ponto del toccamento sono in una linea, serà il centro dello minore cerchio in la linea, a, d, per questo che in quella è il centro del maggiore, & il ponto del toccamento, adonque (per la decima ottaua del tertio) l'angolo, a, d, b, è retto, dilche similmente l'angolo, a, b. d, (a lui equale) è retto, onde seguiria che li tre angoli del triangolo, a, b, d, fusseno maggiori de duoi angoli retti, laqual cosa è impossibile (per la trigesima seconda del primo.) Adonque lui segha quello in li duoi ponti, e, &, d, dico l'arco, e, d, del maggiore essere equale all'arco, d, b, & l'arco, d, e, del minore essere equale all'arco, d, c, produco le linee, d, e, c, e, &, e, a, & (per la uigesima settima del tertio) ciascuno di quattro angoli liquali sono, d, e, c: c, e, a, d, a, c, &, a, d, c, serā no equali perche li duoi archi, d, c, &, c, a, sono equali perche (per la prima dispositione di questa la, d, c, fu trouata equale alla, d, b, laqual, d, b, fu posta equale alla, a, c, e per tanto le, d, c, &, c, a, sono equali, & pero li duoi archi (per la uigesima ottaua del tertio) sono, equali per laqual cosa tutto l'angolo, a, e, d, è doppio all'angolo. b. a. d. & per tanto serà etiam equale all'uno e l'altro di duoi angoli, a, b, d, &, a, d, b, & perche l'angolo, a, e, d, è equale all'angolo, a, d, e, (per la quinta

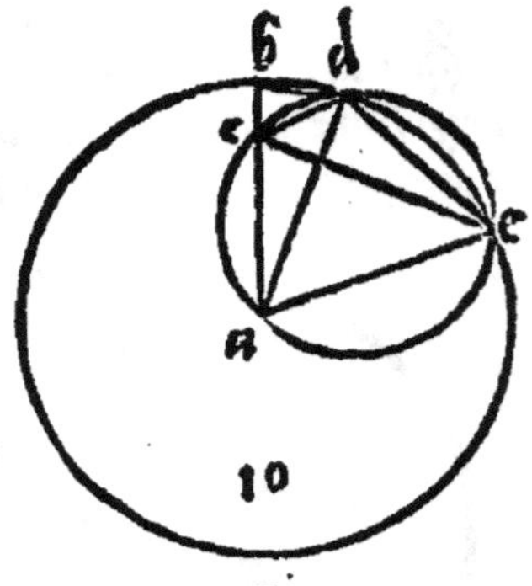

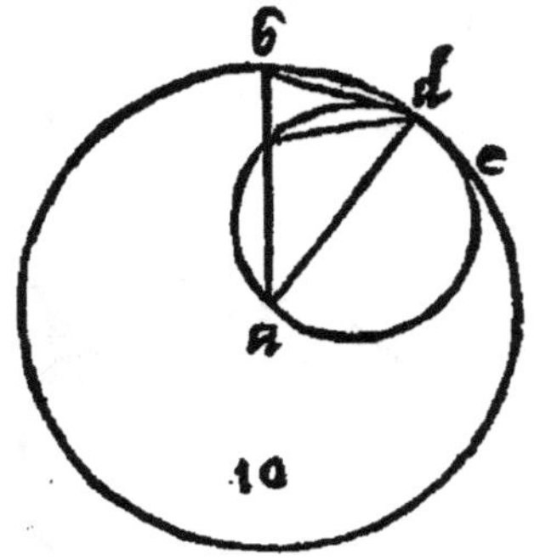

del

del primo) perche, a, e, & a, d, sono equale (per la diffinitione del cerchio, perche hanno dal centro alla circonferentia) seranno li duoi angoli, e, d, del triangolo, a, e, d, equali alli duoi angoli. d. & b. del triangolo, a, d, b, adonque (per la trigesima seconda del primo) l'altro angolo, a, dell'uno serà equale all'altro angolo. a. dell'altro, adunque (per la uigesima sesta del tertio) l'arco, e, d, del maggiore è equale all'arco, d, b, & per la medesima l'arco, e, d, del minore è equale all'arco, d, c, & questo è quello, che hauemo proposto.

Problema. 11. Propositione. 11.

11 In un dato cerchio puotemo descriuere uno penthagono equilatero, & equiangolo.
11

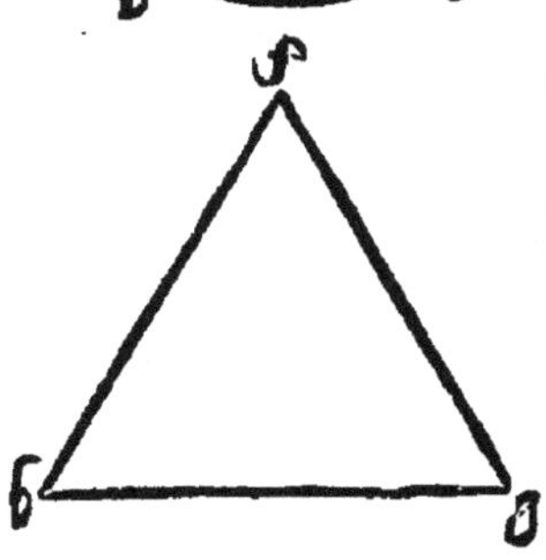

Sia il dato cerchio. a. b. c. uoglio di dentro di lui descriuere uno penthagono equilatero et equiangolo desegno un triangolo (per la precedente) il qual sia. f. g. h. che habbia ciascun di duoi angoli che sono sopra la basa. g. h. doppio all'angolo, f, & descriuo (per la seconda di questo) in lo cerchio, a, b, c, il triangolo, a, c, b, equiangolo al triangolo, f, g, h, & sia l'uno e l'altro di duoi angoli, a, b, c, & a, c, b, doppio all'angolo, c, a, b. Diuido l'uno è l'altro de quelli (per la nona del primo) in due parti equali dutte le due linee. b. e. & . c. d. (e per la uigesima sesta del tertio) li cinque archi in liquali li cinque ponti, a, d, b, c, e, diuideno il cerchio seranno equali fra loro per questo li cinque angoli che cadeno in li detti archi sono equali fra loro, adonque per le linee rette continuate da quelli cinque ponti lequal sono, a, d. d, b. b, c. c, e, & e, a, serà il penthagono, a, d, b, c, e, in scritto in lo dato cerchio tal qual è sta proposto (per la uigesima nona del tertio) quel è equilatero conciosia che li cinque archi li quali li cinque lati di quello son corde sono equali fra loro. anchora dico quel esser equiangolo perche la circonferentia, a, e, è equale alla circonferentia. d. b. giongendo a cadauna di quelle la circonferentia, e, c, b, (per la seconda communa sententia) tutta la circonferentia, a, e, c, b, è equale a tutta la circonferentia. d. b. c. e. adonque li duoi angoli, a, d, b, & d, a, e, (per esser dedutti sopra le dette due circonferentie equale) (per la uigesima settima del tertio) seranno equali fra loro, e per questa medesima ragion cadauno di quelli angoli che sono sotto. a. e. c. & . e. c. b. & . c. b. d. seranno equali a cadauno di quelli angoli che sono sotto. e. a. d. & a. d. b. adonque il penthagono, a, d, b, c, è equiangolo, & di sopra hauemo dimostrato come egliè equilatero, adunque in lo dato cerchio, a, b, c, hauemo descritto il penthagono, a, d, b, c, e, equilatero, & equiangolo che è il proposito.

Pro-

Problema. 12. Propositione. 12.

13 Cerca a uno dato cerchio puotemo descriuere uno penthagono, e-
12 quilatero, & equiangolo.

Sta il preposto cerchio. a.b.c.il centro dilquale è il ponto.f.uoglio cerca di lui descriuere uno penthagono equilatero & equiangolo sopra la circonferentia del detto cerchio se:ondo la dottrina della precedente notarò li cinque ponti angulari quasi come hauesse inscritto un penthagono, liquali siano.a.d.b.c.e.alliquali (dal centro) tirarò le linee.f.a.f.d.f.b.f.c.f.e. & dalli medesimi ponti produro le perpendicolare a queste linee, & quelle slongarò in l'una e l'altra parte fina a tanto che quelle concorrano in li cinque ponti.g.h.k.l.m.& queste linee seranno (per lo correlario della decimasesta del tertio) toccante il cerchio, & a questi ponti del concorso (dal centro.f.) condurò le linee.f.g.f.h.f.k.f.l.f.m. (& perche fu dimostrato sopra la penultima del tertio che se d'alcun ponto signato fuora d'un cerchio sian dutte due linee al detto cerchio toccante quello che quelle seranno equale) serà la linea.g.a. equale alla linea.g.d. & la.h.d.alla h.b.& cosi de tutte le altre. Ma perche li cinque archi in liquali li cinque ponti.a.d.b.c.e.diuideno il cerchio sono equali fra loro (per la uigesima settima del tertio) li cinque angoli.a.f.d:d.f.b:b.f.c:c.f.e:e.f.a. (liquali sono dedutti sopra a questi archi in lo centro.f.seranno fra loro equali, ma li duoi lati,a.g. & f.a. del triangolo.f.a.g.sono equali a duoi lati.d.g.& f.d.del triangolo.f.g.d.& il lato.g.f.è commune, adonque (per la ottaua del primo) li duoi angoli de quelli liquali sono al centro.f.e similmente li duoi angoli che sono al.g.sono equali fra loro, & per la medesima ragione li duoi angoli liquali sono al centro.f.in li triangoli,d.f.h.& h.f.b.e anchora li duoi che sono al ponto.h.sono equali. Similmente anchora cadauno delli altri tre angoli liquali sono.b.f.c:c.f.e:e.f.a. & cadauno di tre liquali sono.k.l.m.sono diuisi in due parti equali li primi per la linea.f.k.li secondi per la linea f.l. li tertij per la linea.f.m. & perche questi tre angoli liquali sono.b.f.c:c.f.e. & e.f.a.sono equali a se medesimi etiam alli altri duoi (liquali sono.a.f.d.& .d.f.b.sono pur equali. seranno le diece mitade de quelli liquali sono diece angoli fatti in lo centro.f.equali fra loro. perche adonque li duoi angoli.a.& f. del triangolo.g.a.f.sono equali alli duoi angoli.a.& .f.del triangolo.m.a.f.et lo lato.a.f.e commune (per la.26. del primo) l'angolo.g.de l'uno serà equale all'angolo.m. dell'altro & lo lato.g.a.al lato.a.m.per la medesima ragione serà l'angolo.g.(nel triangolo.g.f.d.) equale al angolo.h. in lo triangolo.d.f.h.& lo lato.g.d.serà equale al lato.d.h. per laqual cosa perche.g.a. è la mità de.g.m.& .g.d. è la mità de.g.h.& .g.a.& .g.d. sono equali seranno (per communa scientia).g.m.& .g.h.(che sono il doppio di quelle) equali fra loro, similmente anchora haueremo prouato.g.m.essere equale al.m.l.&

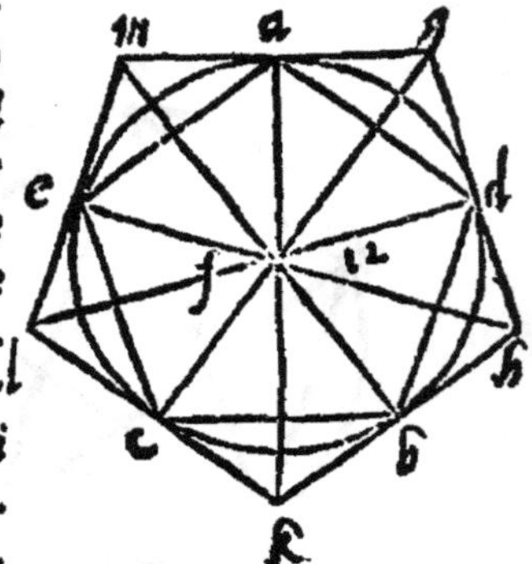

l.&.m.l.al.l.k.&.l.k.al.K.b.per laqual cosa il pētagono.g.h.k.l.m.è equilatero. ma dico anchora quello esser equiangolo, conciosia che li duoi angoli che sono al.g. siano fra loro equali & li duoi che sono al.m.similmente equali fra loro &.g.partiale al.m.partiale, l'uno e l'altro di sopra fu approuato esser equali, cioe che l'angolo.f.g.a.è equale all'angolo.f.m.a.dilche (per la medesima communa scientia) tutto l'angolo.g.è equale a tutto l'angolo.m. & per la medesima ragione tu approuerai la equalità in tutti li altri angoli, per laqual cosa è equiangolo, e cosi il proposito è manifesto.

Problema.13. Propositione.13.

13 Dentro a uno assignato penthagono equilatero,& equiangolo puo-
13 temo descriuere uno cerchio.

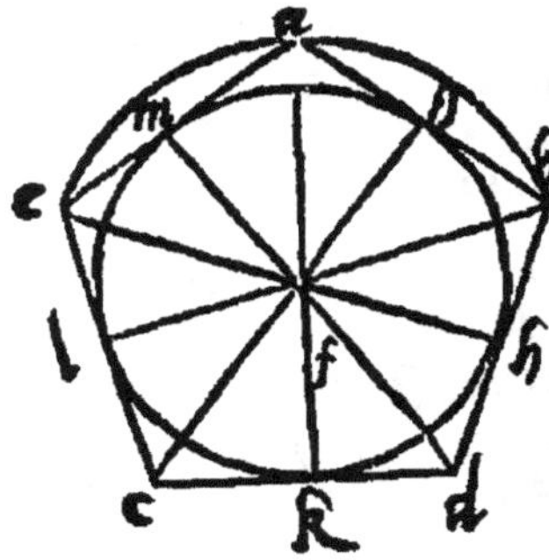

Sia lo assignato penthagono equilatero, & equiangolo (perche delli altri non è necessario questo essere possibile) a.b.c.d.e. uoglio dentro di lui descriuere uno cerchio diuido li suoi duoi propinqui angoli liquali sono.a.&.e (per la.9.del primo) in due parti equali dutte le linee.a.f.&.e.f.sin a tanto che quelle concorrano in lo ponto.f.de dentro del penthagono, il qual dico esser il centro del detto cerchio, e questo de sotto se dimostrerà, ma prima uogliamo chiarire doi dubbij, cioè qualmēte è necessario che le due linee,a,f,et,e,f,concorrano insieme,et di dentro del pēthagono, perche adonque li 5.angoli del dato penthagono, come fu demostrato sopra la.32.del primo, sono equali a.6.angoli retti, adonque ciascun angol del penthagono serà equal a un angolo retto, & a un quinto de angolo retto, similmente duoi mezzi angoli del detto penthagono sono equali pur a uno angolo retto, & a un quinto de retto, & perche la linea.a.e.cade sopra le due linee.a.f.et.e.f.& li duoi mezzi angoli.f.e.a.&.f.a.e.sono minori de duoi angoli retti (per la.5.petitione) protratte in q̄lla parte concorrerāno. ancor dico che concorrerāno di dētro del penthagono, e se possibile fusse (per l'aduersario) che nō cōcorresseno di dētro del pēthagono, cōcorerāno, ouer de fuora del detto penthagono, ouer in lo lato di esso penthagono, ouer in l'angolo di q̄llo, che è l'opposito all'un e l'altro delli angoli diuisi, hor poniamo primamente che quelle cōcorrano di fuora in ponto.f.& sia dutta la linea.b.f.& perche li duoi lati.e.a.&.a.f.del triangolo.e.a.f.sono equali alli duoi lati.a.b.&.a.f.del triangolo.b.a.f.& l'angolo.a.dell'un all'angolo.a.dell'altro (per la quarta del primo) la basa.e.f.serà equale alla basa.f.b.e p che l'angolo.a.partiale e equal all'āgolo.e.partiale (perche tutto l'angolo a.(dal presupposito) è equal a tutto l'angolo è sarà (per la sesta del primo).f.a.equale al.f.e.per la qual cosa.f.a.(per la prima concettione) seria etiam equale al.f.b.adonque (per la.5.del primo) li duoi angoli.f.b.a.&.f.a.b.serian equali, & perche l'angolo,f,b,a,è maggior dell'āgolo,c,b,a,(del penthagono) similmente l'angolo.

golo. f.a.b,(per communa sententia)serà maggiore del detto angolo,c,b, a, & per che lo angol,c,b,a,è equale all'angolo,b,a,e,l'angolo,f, a, b, uerra a esser maggiore(per communa scientia)del detto angolo,b,a, e, laqual cosa è impossibile (per la ultima concettione) che la parte sia maggior del tutto,adonque non ponno concorrer de fuora del penthagono : hor poniamo adunque che quelle (se possibile è per l'aduersario)concorrano sopra il lato,b,c,in ponto,f,arguendo per le precedente,et per il precedente modo serà l'angolo. a. partiale equale a tutto l'angolo,b,a,e, laqual cosa è impossibile , ma se per caso l'aduersario dicesse forsi che quelle concorrano in l'angolo, c,serà(per le medesime,& per il medesimo modo.)c.b.equale al. a,c,& per tanto a questo come prima l'angolo,c,'a, b, seria equale all'angoto, b,a,c,ma perche questo nõ puo esser (per la ultima concettione) sia adonque il ponto del concorso (ilqual è.f.) dentro del penthagono dal qual conduco cinque perpendicolare alli cinque lati di quello lequale sono,f,g,f,h,f,k,f,l,f,m, & alli duoi anguli di quello propinqui (dal lato destro & sinistro)alli duoi angoli diuisi in due parti equali, liquali sono,b,& d.conduco le due linee,f,b,f,d,& perche li duoi angoli. a,&,m,del triangolo,a,f,m,sono equali alli duoi angoli,a,&,g,dello triangolo,a,f,g, & lo lato,a,f, commune serà (per la 26.del primo) la.f.m. equale alla, f, g, anchora per la medesima ragione tu approuerai la,f.l. esser equale alla,f.m. tolti dalli duoi triangoli, e, f, m, & e.f.l.perche da principio li duoi lati,a,f, & a,b, del triangolo,a,f,b,sono equali alli duoi lati.a.f. & a.e.del triangolo,a,f,e,& l'angolo,a,dell'un all'angolo,a,dell'altro serà (per la quarta del primo) l'angolo,b,partiale equale all'angolo,e,partiale, & perche tutto l'angolo,b, è equale a tutto l'angolo,e,(dal presupposito) & tutto l'angolo.e. è diuiso in due parti equali serà etiã tutto l'angolo,b,diuiso in due parti equali,per lo medesimo modo tu approuerai tutto l'angolo,d,esser diuiso in due parti equal per la equalità del angolo , d, partiale, & ,a,partiali tolti per li triangoli,e,a,f,& e,d,f, perche adonque li duoi angoli,g, &,b, del triangolo,g,f,b,sono equali alli duoi angoli, h,& b, del triangolo, h,f,b, & lo lato,f,b,è commune serà(per la.26.del primo)la,f,h,equal alla , f, g, per lo medesimo tu approuerai la,f, K,esser equale alla,f,l,tolte dalli triangoli, l,f,d, & k.f.d.perche adonque le cinque linee,f,g,f,h,f,k,f,l,& f,m,sono equale serà il ponto,f,(per la 9.del tertio)centro del cerchio, ilqual descriuemo secondo la quantità de una de quelle,e q̃llo tocca tutti li lati del penthagono per la equalità delle linee) et non segarà alcuno de quelli (per la 16 . del tertio)e cosi il proposito è manifesto.

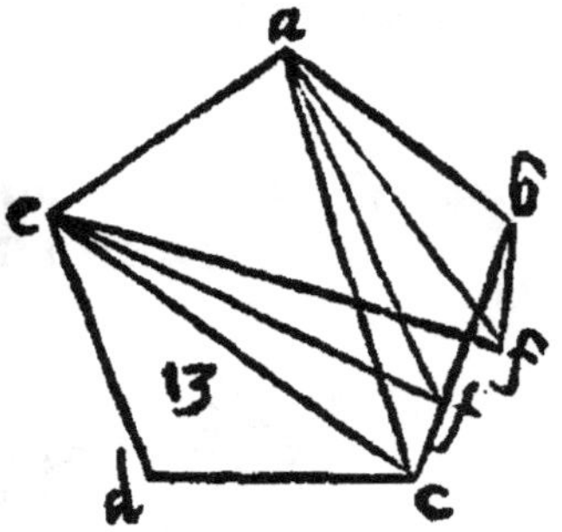

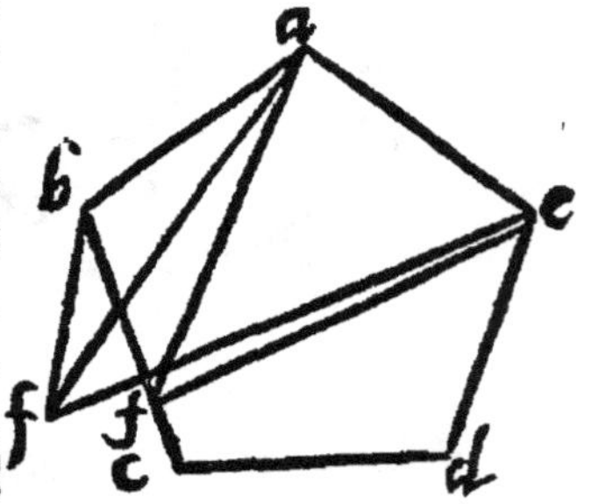

Problema.14. Propositione.14.

14/14 Cerca a uno dato penthagono equilatero & equiangolo puotemo descriuere uno cerchio.

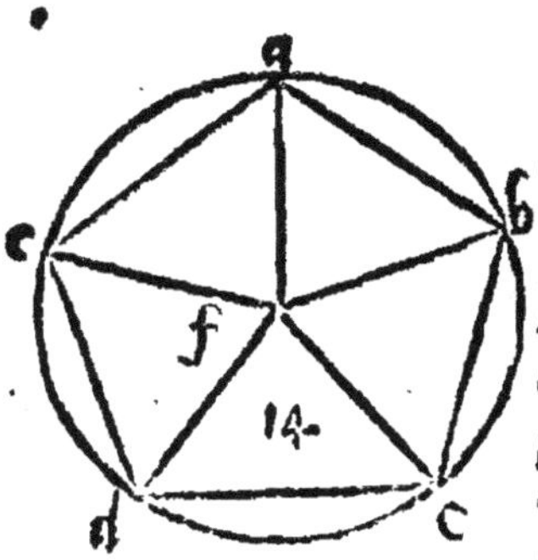

Sia come in prima il penthagono equilatero et equi angolo (perche delli altri questo non è necessario esser possibile). a.b.c.d.e. uoglio di lui descriuere uno cerchio (questa è quasi cõuersa della. 12.) diuido li duoi propinqui angoli di quello (liquali sono. a. et e.) in due parti equali (per la 9. del primo) dutte le linee. a.f. & .e.f. dutte fin a tanto che quelle concorrano di dentro di esso penthagono in ponto. f. & quelle concorreno, & dentro del penthagono (come fu approuato in la precedente) & dal ponto del concorso conduco alli altri angoli le linee lequal siano. f.b. f.c. f.d. & perche li duoi lati. a.f. & .a. b. del triangolo. a. f. b. son equali alli duoi lati. a.f. & a.e. del triangolo. a.f.e. & l'angolo. a. dell'un all'angolo. a. dell'altro (per la 4. del primo) la. f.b. serà equale alla. f.e. & l'angolo. b. partiale all'angolo, e, partiale, & perche tutto l'angolo. b. è equal a tutto l'angolo. e. et tutto l'angolo. e. è diuiso in due parti equali, serà similmente tutto l'angolo. b. diuiso in due parti equali, & per questo modo anchora tu prouarai l'uno e l'altro delli angoli. c. & d. esser diuiso in due parti equali, & le cinque linee. f.a. f.b. f.c. f.d. f.e. esser equali, per laqual cosa (per la 9. del tertio) il ponto f. serà il centro del cerchio, & cosi il proposito è manifesto.

Problema. 15. Propositione. 15.

15 In un dato cerchio possiamo descriuere uno essagono equilatero &
15 equiangolo.

Sia il proposto cerchio, a, b, c, d, il centro dilquale sia il ponto, e, uoglio dentro di lui descriuere uno essagono equilatero & equiangolo, produco il diametro a.e.c. & secondo la quantità del mezzo diametro, e, c, (fatto centro il ponto, c,) descriuo il cerchio, e, b, d, seghante il primo in li duoi ponti, b, d, dalli quali produco li duoi diametri nel cerchio primo, liquali sono, b, e, g, & d, e, f, congiungo adonque le estremità di detti tre diametri con sei linee lequale sono, a, f: f, b: b, c: c, d: d, g, &, g, a, lequali dico contener lo essagono quesito, perche (come dimostra la prima del primo) l'un e l'altro di duoi triangoli, b, e, c, &, c, e, d, serà equilatero, per laqual cosa serà etiam equiãgolo (per la. 5. del medesimo) (adunque per la. 32. del primo) li duoi angoli, b, e, c, & c, e, d, con un'altro insieme che sia equale a uno de quelli, sono equali a duoi angoli retti, per questo che ciascun de loro è il tertio de duoi angoli retti, ma quelli con l'angolo, d, e, g, (per la tertiadecima del primo) son pur equali a duoi angoli retti, adonque l'angolo, d, e, g, (per commmuna scientia) è equale all'uno et l'altro de quelli, per laqual cosa li sei angoli che son al centro, e, (per la 15. del primo)

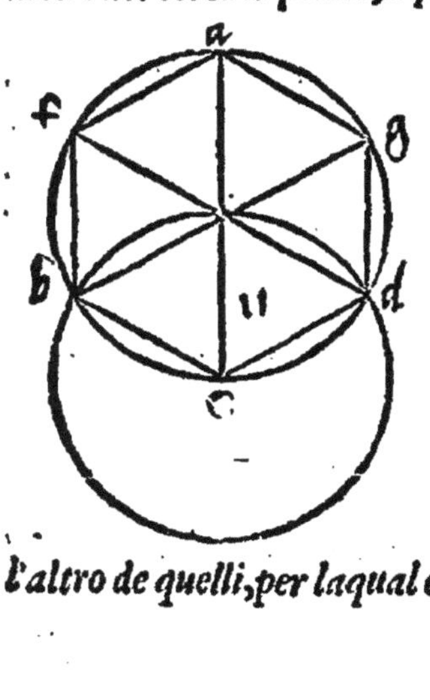

mo) sono fra loro equali, adonque (per la 26. del tertio) li archi in liquali cadeno sono equali, per laqual cosa & le corde de quelli (per la 29. del medesimo) lequal sono li lati del esagono, adonque eglie equilatero, ma etiam (per la 27. del tertio) gliè equiangolo per questo che li si i archi in li quali le ponte angulare del esagono diuidendo il cerchio tolti a duoi a duoi sono equali fra loro (come l'arco, a, f, h, all'arco, f, b, c,) & per tanto l'angolo, f, ilquale sta in lo primo è equale all'angolo, b. ilquale sta in lo secondo, il medesimo accade in tutti li altri, dilche il proposito è manifesto.

Correlario.

15 **Da qui è manifesto che il lato del esagono è equale alla mita del**
15 **diametro del cerchio al qual e inscritto.**

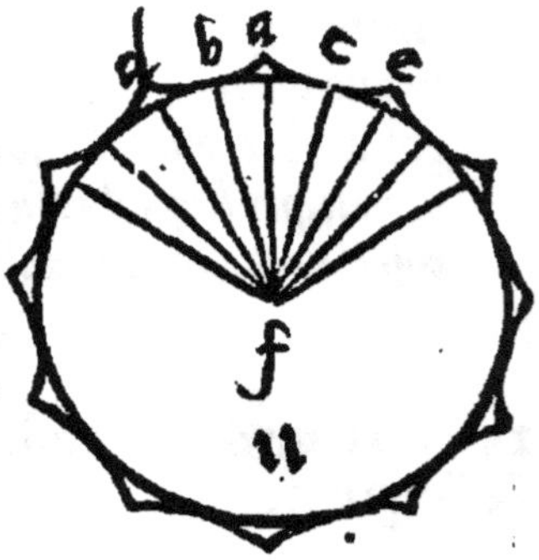

Perche la mita del diametro del cerchio, & il lato esagono sono li lati del medesimo triangolo equilatero come.e.c.& .e.b.& .c.b. & nota che'l non se propone qualmente puotemo designare cerca a uno dato cerchio uno esagono equilatero et equiangolo, ne che puotemo dentro a tal esagono ne cerca a tal esagono descriuere un cerchio si come fu fatto del triangolo quadrato & penthagono. Non perche questo non sia necessario esser possibile, ma perche queste tre per li medesimi precetti, che son fatti in lo penthagono equilatero et equiangolo si fanno in ogni altra figura equilatera & equiangola onde ciascuna figura equilatera & equiangola laqual sapiamo inscriuere in un cerchio quella medesima descriueremo de fuora del cerchio, etiam dascriuemo il cerchio dentro & di fuora di quella, con li medesimi mezzi & modi che hauemo fatti in le penthagono. Nota anchora che ogni figura equilatera al cerchio inscritta, ouer circonscritta, e anchora necessario che quella sia equiangola della inscritta el se manifesta (per la.27.e.28.del tertio) per li archi del cerchio delli quali li lati della figura inscritta sono corde tolti a duoi a duoi, in questi archi cadeno li angoli della detta figura & della circonscritta, facile lo approuerai per le linee dutte dal centro del cerchio a tutti li angoli di quella, & alli ponti del toccamento si come appare in la figura.a. d.e. descritta a torno al cerchio.b.c. (il cētro dilqual è il pōto. f.) laqual essendo equilatera tu approuerai q̄lla esser etiā equiangola in q̄sto modo protrarai dal cētro. f. a cadaū angolo de detta figura una linea retta si com'è la linea.f.a.e la linea.f.d.f.e.e similmente del detto cētro.f. tu condurai una linea retta a cadaū ponto del toccamento si come e la linea.f. b. et f.c.poi argumentarai in q̄sto modo, la linea.b.a.(p quello che fu demostrato sopra la.36.del tertio) e equale alla linea. a.c. (perche ciascun uien dal pōto.a. e tocca il cerchio in li duoi ponti.b.et c.) adonque li duoi lati.a.b. & b.f. del triangolo.a.b.f. sono equali alli duoi lati.a.c. & c.f.del triangolo.a.f.c.e la basa.a.f.e communa, adonque (per la.8.del primo) l'angolo.

golo.f.a.b.serà equal all'angolo,f,a,c,(per la qual cosa l'angolo,b,a,c,)cioe e tutto l'angolo,a,nerà a esser diuiso in due parti equali dalla linea,f,a, & cosi se approueranno tutti li altri angoli di essa figura esser diuisi in due parti equali dalle linee che a loro nengon dal centro,perche adonque li duoi lati,a,f,& a,e, del triangolo, a,e,f,sono equali alli duoi lati,a,d,& ,a,f,del triangolo,a,f,d, & l'angolo, a, del-'uno all'angolo.a.dell'altro serà la basa,d,f, dell'uno equale(per la quarta del primo)alla basa,f,e,dell'altro & l'angolo,a,d,f,all'angol,a,e,f,& perche l'angolo,a d,f,la mità de tutto l'angolo,d, (de detta figura) similmente l'angolo,a,e,f, e la mità de tutto l'angolo,e,(per communa scientia)tutto l'angolo, d,serà equal a tutto l'angolo e, & per le medesime ragione se approuano tutti li altri angoli di essa figura essere fra loro equali,& cosi se procederia in cadauna altra figura equilatera che fusse circonscritta a uno cerchio,che è il proposito.

Problema.16. Propositione.16.

16 In uno dato cerchio puotemo designar un quindecagono equilatero & equiangolo . Oltra di questo puotemo cerca a qualunque cerchio
16 asignato descriuer un quindecagono equilatero, & equiangolo, & in un dato quindecagono descriuer uno cerchio .

Sia il dato cerchio, a,b,c,uoglio a lui inscriuer un quindecagono equilatero & equiangolo & dapoi etiam il uoglio circonscriuere anchora dentro a tal quindecano proposito uoglio descriuere uno cerchio, ma il non propone di uoler cerca a tal quindecagono descriuere uno cerchio, perche per le altre che quel propone a sufficiētia nel da ad intendere,in lo dato cerchio(secondo la dottrina della seconda di questo) tiro il lato del triangolo equilatero ilqual sia,a,c , & secondo la dottrina della undecima di questo , tiro etiam il lato del penthagono equilatero, & equiangolo il qual sia,a,b,& perche lo arco,a,c,e la tertia parte de tutta la circonferentia de laquale l'arco, a, b,e la quinta parte,serà il superfluo, ouer differentia che fra questi duoi archi(laqual è l'arco,b,c,) li duoi tertij dell'arco, a, b, ouer li duoi quinti dell'arco,a,c, siue li duoi quintodecimi de tutta la circonferentia, perche in ogni tutto la tertia parte eccede la quinta in duoi tertij di essa quinta parte ouer in duoi quinti di essa tertia parte,ouer in duoi quintodecimi dil tutto,e questo è manifesto in la quinta e tertia parte del primo numero che ha parte quinta e tertia ilqual è.15.la parte tertia di quello(laqual e.5.) eccede la quinta parte de quello(laqual e.3.)in due unitade liquali sono li duoi tertij del medesimo ternario (ilqual è la quinta parte del detto.15.)ouer li duoi quinti del medesimo quinario(ilqual è la tertia)ouer li duoi quintodecimi del medesimo.15. ilquale è il tutto diuiso adonque l'arco,b,c,in due parte equale (per la.30.del tertio)in pōto d, le manifesto l'uno e l'altro di duoi archi, c,d, & d,b,esser la tertia parte dello

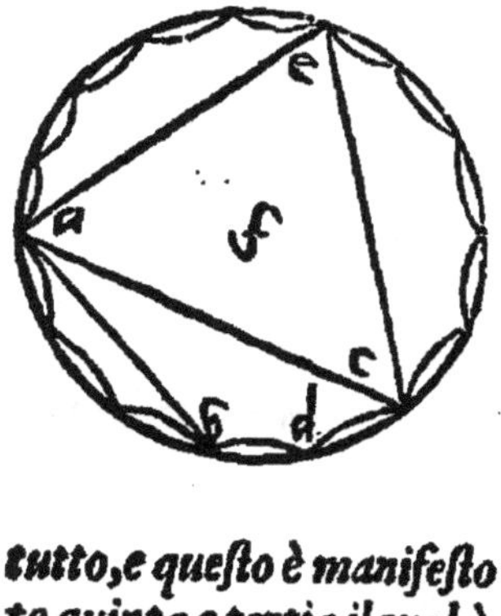

arco,

arco.a.b.ouer la quinta dell'arco,a,c,ouer lati.15.de tutta la circōferentia tirādo adonq; le corde.c.d.et d.b.di quelli,et(p la prima di questo) accōmodando cōtinuatamente dentro dal dato cerchio altre corde a quelle equale (che in tutto seranno 15.)serà cōpita la figura ꝓposita,le altre due che esso author propone con la tertia che per le altre il ne da ad intēdere, cioè de circonscriuer uno quindecano a uno cerchio,& descriuere in uno quindecagono uno cerchio, & anchor circonscriuer, facilmente cōcluderai p il modo della.12.13.&.14.di questo,e nota che cadauna figura equilatera laqual sapiamo descriuere in uno cerchio in lo medesimo cerchio sapemo etiā inscriuerne & circonscriuerne un'altra del doppio piu lati,et quella medesima saperemo inscriuer & circonscriuer il cerchio p li archi alliquali se sottosten de li lati di quella figura,diuisi p la.30.del.3 .in due parti equali e p le linee tirate dalli pōti di mezzo,cioe di lor diuisione,dalle estremità di lati della medesima figura serà fatto di dētro di esso cerchio una figura del doppio piu lati della prima laql serà eqlatera,p la.29.del.3.adōq; serà eqangolo,pche sopra la.15.di qsto,eglie sta dimostrato qsto,che in ogni figura eqlatera inscritta in un cerchio e etiā eqangolo, e pche qsta la sapemo inscriuer in lo cerchio,sapemo etiā cōcluder le altre.3.p la.12.13.&.14.di questo,adonq; pche sapemo inscriuer un triāgolo eqlatero.sapemo per qsto descriuer lo esagono,e pche lo esagono lo duodecagono, e p lo duodecagono una figura di.24.lati,e cosi in infinito dopiando,benche per il triāgolo lo esagono (come hauemo detto)puo esser inscritto,tamē quel ha posto la ꝓpria demostration di quella dallaqual ne seguita grandamēte utile , e similmente pche sapemo etiā inscriuer il quadrato sapemo p qsto inscriuer ogni figura che'l numero di lati di qlla e equalmēte paro,per lo pēthagono anchora sapemo inscriuer un decagono,e una figura de 20.lati,e cosi continuatamente dopiando quel medesimo,anchora intende del quindecagono,pche per qllo son cognite le figure del.30.&.60.& de tutte cōtinuamēte de lati dopiati:ma delle altre figure dellequal questa nō insegna,ouer qlle che per qste non hauerāno:la sciētia è difficile,& di puoca utilità,come son la settagona,nonagona,undecagona,ma se noi saperemo designar un triāgol de duoi lati equali che l'uno e l'altro di duoi angoli che sono sopra la basa di quello sia treppio all'altro saperemo descriuer lo settagono in un cerchio,come di sopra fu fatto il penthagono , ma se l'un e l'altro de detti duoi angoli fusse quadruplo all'altro saperemo descriuer la figura nonangola, e sel fusse, quincuplo la figura undecagona, & quel medesimo in le altre figure de lati dispari, posto l'un e l'altro di angoli alla basa multiplice l'altro per quel numero, ilqual è la mittà del mazzor numero paro contenuto sotto al numero disparo di lati della detta figura.

Il Tradottore.

In questo loco, in la prima tradottione eglie stato aggionto un modo da diuidere uno angolo in tre parti equali,& consequentemente a descriuere una figura nonangola equilatera & equiangola in uno dato cerchio, ma perche tal suo procedere nō è demostratiuo lo hauemo interlassato come cosa inutile.

IL FINE DEL QVARTO LIBRO.

LIBRO QVINTO DI EVCLIDE.

Diffinitione prima.

1/1 **Vna quantità minore è parte d'una quantità maggiore quando che la minore numera, ouer misura la maggiore.**

La parte alcuna uolta se piglia propriamente, & è quella laqual è tolta per un certo numero de uolte, quella constituisse precisamente il suo tutto, senza alcuna diminutione, ouer augumento, et quella è detta numerare il suo tutto per quel numero, secondo ilquale la uien tolta alla constitutione di esso tutto, & tal parte (laqual chiamamo multiplicatiua) l'auttor la diffiuisse in questo loco, & alcuna uolta la se piglia communamente, & questa è qualunque quãtità minore, laqual è tolta quãte uolte si uoglia quella constituisse men, ouer piu del suo tutto, laqual dicemo parte aggregatiua, imperoche con altra quantità diuersa constituisse il suo tutto, ma per se tolte quante uolte si uoglia quella non lo produce.

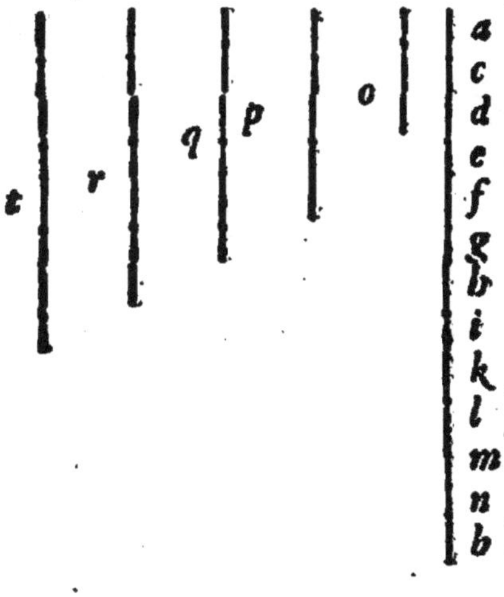

Il Tradottore.

Per essempio di questa diffinitione, sia la infrascritta linea. a. b. diuisa in duodeci parti lequal parti sono. a. c: c. d: d. e: e. f: f. g: g. h: h. i: i. k: k. l: l: m. m. n: n. b. della qual linea toltone la quautità. a. c. (laqual pongo che la sia la quantità. o.) & quella referta, ouer comparata a tutta la linea. a. b. diremo che quella serà propriamente parte di tutta la linea. a. b. per la diffinition di l'Auttore, perche tal quantità minore, numero ouer misura precisamente la quantità maggiore, cioe la detta. a. b. duodeci uolte, & questa tal parte a differẽtia della parte communamente detta, se chiama parte aliquota, ouer multiplicatiua, similmente tolendo la quantità. p. equale alla quantità. a. d. et quella referta, ouer comparata a tutta la quantita. a. b. (per la detta diffinitione) serà parte propria, ouer multiplicatiua de tutta la detta quantità. a. b. perche quella la numera, ouer misura precisamente sei uolte. Similmente tolendo la quantità. q. equal alla quantità. a. e. ouer la quantita. r. equal alla quantità. a. f. cadauna di loro ueria esser parte de tutta la quantità. a. b. perche la quantità. q. ueria numerare ouer misurar quella precisamente quattro uolte, & la quantità. r. tre uolte, et queste tal parti sono denominate dal numero delle uolte che quella tal parte misura il suo tutto, esempli gratia la quantità. a. c. ouer. o. dirasse la duodecima parte de tutta la ta la quantità.a.b.et la quantità.a.d.ouer.p. serà la sesta, & la quantità.a.e.ouer q.la quarta, & la quantità. a.f.ouer.r.la tertia.lequal parti preclaramente se de scriueno in questo modo † . . . . & li numeri che sono sotto alle uirgule sono detti denominatori de dette parti, ma se della detta quantità, ouer linea.a.b.ne toremo la quantità.a.s. qual poniamo che la sia la quantità.t. dico che questa quã tità.t. non seria parte propria ouer multiplicatiua della quantità.a.b.perche quel la non misura, ouer numera la quantità. a.b. precisamente, perche in due uolte la non puo compire de misurarla, ouer de numerarla, & in tre la soprabonda, & questa è quella che è detta parte aggregatiua, ouer communamente detta. Alcuno potria adimandar sopra qual sorte parte si debbe intendere la nona commu na sententia, io rispondo che la si debbe intendere largamente sopra l'una & l'al tra in genere.

† $\frac{1}{12}$ $\frac{1}{6}$ $\frac{1}{4}$

Diffinitione. 2.

1/2 Multiplice è la maggior della minore quando la minor misura quella.

La parte uien detta relatiuamente al tutto, & in questi duoi estremi consiste la relatione di quelle fra loro, et per tanto hauendo diffinito lo minor estremo, in questo luoco diffinisse il maggiore e chiama questo maggior multiplice per questa causa che il minor tolto un certo numero de uolte constituisse il detto maggiore, seranno adonque relatiuamente detti fra lor e multiplice perche ogni parte è submultiplice, come se manifesta per la diffinition di quella.

Il Tradottore

Per essempio di questa diffinitione toremo pur la quantità, ouer linea . a. b. della diffinition precedente laqual linea.a.b. in comparatione a cadauna de qlle sue parti, cioe delle quattro linee.o.p.q.r.uien detta multiplice, & la sua multiplicità serà denominata dal medesimo numero che denomina la medesima parte.esempli gratia in comparatione della linea. o. serà detta dodecupla, et in comparatione della linea. p.serà detta sescupla, & in comparatione della linea q. quadrupla, & della linea.r. tripla, ma della linea ouer quantità. t. non serà multiplice perche la detta quantità.t. non numera ouer misura la detta quantità.a.b.

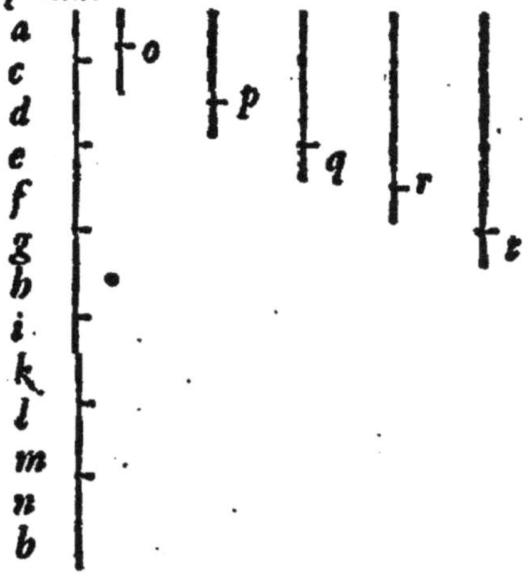

Diffinitione. 3.

3/3 La proportione e la conuenientia certa de due quantità de uno medesimo genere dell'una all'altra siano de quanta grandezza si uoglia.

La proportione & la conuenientia de due cose d'un medesimo genere fra loro, in questo che una de quelle è maggiore, ouer minore dell'altra, ouer equale, per-

le, perche non solamente in le quantità se ritroua la proportione, ma in li pesi potentie, & soni. Platone nel Timeo doue dimostra del numero delli elementi, uole che in li pesi & in le potentie sia proportione, ma liquidamente appare dalla musica esser proportione in li soni, perche come uuol Boetio nel quarto, se qualunque neruo serà diuiso in due inequale parti, la proportione delle parti & di soni serà una medesima, contrario modo, ma in quelle cose in lequal uien trouata la proportione quelle participano la natura, & la proprietà della quantità, perche la non uien trouata in alcune due cose se non in questo che una de quelle è maggiore, ouer minore dell'altra, ouer equale; il proprio della quantità è esser detta secondo quella equal ouer inequale, come uuol Aristotile in li predicamenti, onde è manifesto la proportione primamente essere trouata in la quantità, & per quella in tutte le altre cose. Ne puo esser proportioue in alcune cose alla quale simile non sia in alcune quantità, per laqual cosa ben ha detto Euclide la proportione simplicemente esser in la quantità, conciosia che lui a diffinido quella per conuenientia di due quantità fra loro d'un medesimo genere. Lo intelletto dellaquale diffinitione è che la proportione & la conuenientia de due quantità fra loro alla quale il se aduertisse in questo che una de quelle è maggiore ouer minor dell'altra, ouer equale, per laqual cosa è manifesto che'l bisogna quelle esser d'un medesimo genere, come duoi numeri, ouer due linee, ouer due superficie, ouero duoi corpi, ouer duoi luochi, ouer duoi tempi, perche il non puo essere detto che la linea sia maggiore, ouer minore della superficie, ouer del corpo, ne il tempo de luocho, ma la linea della linea, & la superficie della superficie, perche solamente le cose uniuoce sono comparabile, ma quello che dice certa conuenientia non intendere cosi, come conuenientia nota ouer cognita, ma si come determinata, il sentimento della quale è questo, la proportione & la determinata conuenientia di due quantità, io dico cosi determinata, che la sia questa & non altra perche non è necessario che ogni conuenientia de due quantità sia cognita di duoi, ne anchora dalla natura, perche alcuna proportione è di discretti come de numeri, & alcuna de continui, ma in li numeri il minor è parte, ouer parti del maggiore, come se demostra nel settimo, per laqual cosa & in tutti quelli la conuenientia è certa & nota, ma in li continui la proportione è piu larga, perche in quelli è doue la minor quantità e parte, ouer parti della maggiore, & de tutti questi tali per mezzo de numeri la proportione è nota laqual uien detta rationale, & tutte queste tal quantità sono dette communicante, perche quelle una medesima quantità necessariamente li misura, onde & tutti li numeri sono communicanti, perche la unità misura tutti quelli, eglie anchora doue che la minore non è parte, ouer parti della maggior, & in questi tali non è nota la proportione ne a noi ne alla natura, et questa proportione uien detta irrationale, & queste quantità incommunicante, onde si fa che ciascaduna proportione, laqual se troui in li numeri quella se troua etiam in ogni genere de continui come in le linee, superficie, corpi, & tempi, ma non è econuerso, perche infinite proportioni se tronano in li continui lequali la natura di numeri nol patisse, ma ciascuna proportione laqual sia trouata in uno genere

di

di continui la medesima uien trouata in tutti li altri, perche a qualunque modo se ritroua alcuna linea a qualunque altra se ritroua, cosi qualunque superficie ad alcuna altra, & qualunque corpo ad alcun altro, similmente il tempo, ma non cosi qualunque numero ad alcun altro, onde piu è larga la proportione in li continui che in li discreti, per ilche è manifesto la proportione geometrica essere de maggior abstratione, che la proportione arithmetica, perche in ogni proportione cerca laquale uersa la arithmetica e rationale, ma la geometrica equalmente considera la rationale, & la irrationale.

Diffinitione. 4.

La proportionalità & la similitudine delle proportioni.

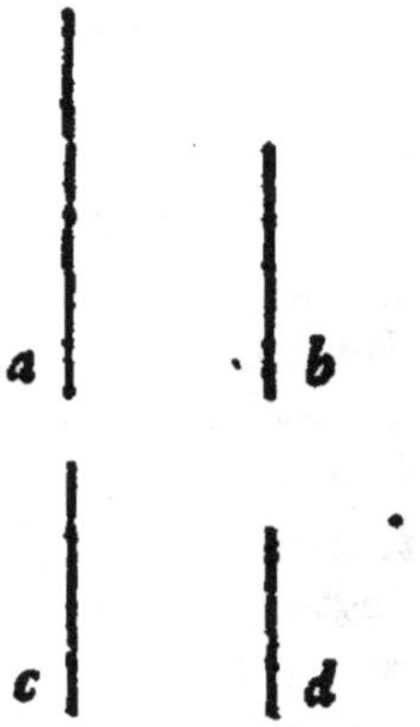

Come se noi dicessimo che la proportione che è della.a.alla b.quella è anchora della.c. alla.d.la proportione che è fra la. a.& la.b.e simile a quella che è fra la,c, &,la,d, & questa similitudine che resulta da queste proportioni uien detta proportionalità.

Diffinitione. 5.

Le magnitudine sono dette hauer proportione fra loro lequali multiplicate se possono l'una e l'altra eccedere.

Il Tradottore.

Questa diffinitione se ritroua solamente in la seconda tradottione, il senso della quale è questo che le magnitudine se dicono hauere porportione insieme, lequale multiplicate se possono eccedere l'una & l'altra, perilche il seguita che fra qualunque due quantità (ouer magnitudine) terminate, che siano de uno medesimo genere è semper qualche specie de proportione perche semper se po multiplicare una di quelle talmente che la eccederà, ouer auanzarà l'altra ma quando l'una fusse terminata, & l'altra infinita all'hora non seria fra l'una & l'altra alcuna specie di porportione perche la terminata non se potria multiplicare talmente che potesse eccedere la infinita, e pero dice Aristotile in lo primo de cœlo & mundo textu quinquagesimo secondo, proportio nulla est infiniti ad infinitum, cioe che de una cosa infinita a una finita & terminata non glie proportione alcuna, perilche concesso, ouero presupposto che due quantità habbiano proportione fra loro, ne seguita per questa diffinitione che si possa multiplicare la minore talmente che eccederà la maggiore, come accade sopra la ottaua di questo etiam nella prima del decimo & similmente cõcesso in due quãtità inequale che la minor multiplicata secondo il bisogno la eccederia la maggior, seguiria q̃lle due quãtità hauer proportion fra loro, esempli gratia concesso che il quadrupio del diametro d'uno cerchio ecceda la circonferentia seguita il diamerro dil cerchio hauer proportione cõ la circonferentia quantunque la ne sia incognita per fina a questa hora.

Diffinitione. 6.

Le quantità lequale sono dette hauer la proportionalità continua, sono quelle delle quale li multiplici equalmente tolti, ouero che sono equali, ouero che equalmente senza interruptione se soprauanzano, ouero sminuiscono.

Supposta la diuisione delle proportionalità, per continua & discontinua l'Auttor diffinisce li membri che diuideno, et primamente la continua, o per dire meglio supposta la diuisione delle quantità proportionale, per continue & discontinue proportionale, lui non diffinisse la continua proportionalità, ne la discontinua, ma le quantità continue proportionale, & le discontinue, ma la diffinitione della continua proportionalità, & della discontinua assai è manifesta per la diffinitione delle quantità continue proportionale, & delle discontinue. ma la continua proportionalità è quando in qual proportione la prima (de quante quantità si uoglia de uno medesimo genere) antecede la seconda in la medesima, la prossima consequente antecede una delle altre, come esempli gratia quando dicessimo si come è della. a. alla. b. cosi è della b. alla. c. & della c, alla, d, & ciascuna di quella serà antecedente, & consequente eccetto la prima laquale è solamente antecedente, & la ultima laquale è solamente consequente. & in questa proportionalità è necessario tutte le quantità esser de uno medesimo genere per la continuatione delle proportione (impero che'l non è proportione in fra le quantità de diuersi genere) & questa serà al manco in tre termini constituida, ma la discontinua è quādo de quattro quantità (ouer seranno tutte de uno medesimo genere, ouer le due prime de uno, & le due ultime de un'altro,) in qual proportione la prima antecede la seconda in quella medesima la tertia antecede la quarta come quando dicessimo si come è della. a. alla. b. cosi è della, c, alla. d. et serà qualunque di quelle, ouer solamente antecedente, ouer solamente consequente ne etiam è necessario che sian tutte quattro de uno medesimo genere, si come in la proportionalità continua, imperoche il consequente della prima proportione non è continuado allo antecedente della seconda, ma è possibile che siano de uno medesimo genere, & è possibile che siano de diuersi perche si come accade trouarse una linea doppia a un'altra, ouero treppia, cosi accade trouarse una superficie ad un'altra superficie, & un corpo ad un'altro corpo, & cosi un tempo a un tempo, & un numero ad un numero.

Vista che cosa sia la ꝓportionalità cōtinua, et la discontinua espianamo la soprascritta diffinitione delle quantità continue proportionale, la qual dice che la quantità continue proportionale sono quelle, delle quale li multiplici tolti equalmente, ouer che sono tra loro equali, ouer che senza interrumpimento equalmente si sopra uanzano, ouer manchino, esempli gratia, siano le tre quantità d'un medesimo genere

nere.a.b.c.allequale siano tolte le.d.e.f.equalmente multiplice, cioe che si come la. d. è multiplice alla . a. che cosi la. e. sia multiplice alla.b.& la.f.alla.c.& seranno tutto in el medesimo genere (perche li multiplici, & li submultiplici sono in uno me desimo genere, & sia che le.d.e.f.ouer che le siano equale fra loro, ouer che le siano simile nel sopranauanzare, ouer mancare, cioe che si come la.d.auanza sopra alla. e. ouer manchi da quella, cosi la.e.auanzi sopra alla. f. ouer manchi da quella, dico che quando questi multiplici seranno a questo modo le tre quantità. a. b. c. seranno continue proportionale. ma nõ intendere li multiplici esser simili nel soprabondare, ouero nel mancare in quanto alla quantità delli eccesi, ma in quanto alla proportione, perche altramente la diffinitione seria falsa, perche di qualunque quantità (di uno medesimo genere che si eccedino per differentie equale tolto li multiplici equalmente, anchora li multiplici se eccedeno per differentie equale onde similmente sono simili, nel suprabondare & nel minuire, ouer mancare in quanto alla quantità delli eccesi, ouer differentie nientedimeno le prime quantità non sono continue proportionale, anci sempre delle minore quantità, è maggior la proportione, & questo aduiene perche li multiplici di quelle non se eccedeno similmente inquanto alla proportione, ma solamente in quãto alla quantità delle differentie perche etiam in li minori multiplici e la proportione maggiore esempli gratia siano tolti tre numeri che se eccedino per differentie equale immediatamente cioe arithmetice come. 2.3.4.tutti multiplici questi.3.numeri tolti equalmente si eccedeno fra loro, li doppi se eccedeno per il binario & li treppij per il ternario & cosi li altri nientedimeno li tre numeri.2.3.4. non sono continui proportionali anci di duoi minori è maggiore la proportione, perche la proportione di quelli è sesquialtera & di duoi maggiori è sesquitertia. adonque perche fra quelli non è similitudine di proportione, & pero fra quelli non serà proportionalità ne continua ne discontinua adunque è manifesto che quella similitudine di sopragiongere ouer di diminuire ouer mancare non se intende in quanto alla quantità delle differentie, ma in quã to alla proportione, e per tanto il senso della soprascritta diffinitione serà in questo modo: le quantità continue proportionale son quelle delle quali tutti li multiplici equalmente tolti, sono continui proportionali: ma il non uolse ponere essa diffinitione sotto questa forma: perche all'hora se diffineria tal cosa per quella medesima, ma quãto aspetta alla cosa, questo è conuertibile con la sua diffinitione: ma le tre quantità, a, b, c, bisogna esser d'un medesimo genere, ꝑ questo che li multiplici di quelle fra loro siano equali, ouer che siano simili in soprabondare, ouer in mancare perche se.a. & .b. fusseno di diuersi generi seriano etiam. d.et.e.(multiplici di essi. a.et b.) di medesimi diuersi generi per questa causa che li multiplici, e li submultiplici sono d'uno medesimo genere, per laqual cosa.d.non seria equale ne maggiore ne minore di.e.perche le quantità di diuersi generi non sono comparabile fra loro.

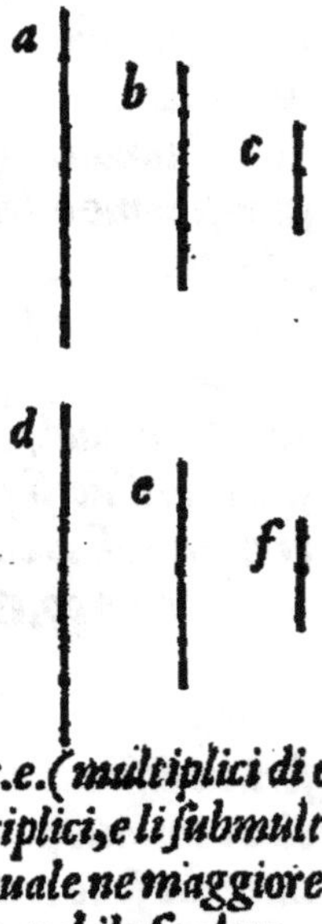

Il Tradottore.

Queſta ſopraſcritta diffinitione ſe ritroua ſolamente in la prima tradottione la quale diffinitione, penſo queſto & tengo per fermo che la non ſia di Euclide, per le tre ragioni. Prima perche tal diffinitione non ha in ſe alcuna ragione de diffinitione, perche ne ſecondo il modo chi parla tal diffinitione, ne ſecondo che dice lo eſpoſitore di quella puotemo conoſcere, ouer dimoſtrar tre quantità continue, eſſer continue proportionale, & molto mi marauiglio dil commentatore che uol diffinire tre quantità continue proportionale per tre quantità continue proportionale, cioe per li lor multiplici, ma uoria ſaper da lui come potro io conoſcer, ouer dimoſtrar che li multiplici ſiano continui proportionali in le quantità continue non ſapendo qual ſieno le quantità continue proportionale, adonque non aſſignandone un proprio accidente di conoſcer le quantità continue proportionali, non ſapremo conoſcer che li multiplici che ſon pur quantità ſiano continui proportionali adonque tal diffinition non manifeſta la coſa diffinità, la ſeconda ragione che la non ſia di Euclide è che di tal diffinitione non ſe ne ſerue in loco alcuno per tutta l'opera ſua, perilche tal diffinitione (quando che bene fuſſe bona) ſeria coſa fruſtra, & il coſtume di Euclide (come piu uolte e ſtato detto) non è di mettere coſa alcuna fruſtatoria, la tertia ragione e che tal diffinitione non ſi ritroua nella ſeconda tradottione, per ilche tengo che la ſia ſtata aggionta d'alcuno che ſi perſumeua di ſapere, ma alcuno potria dire tal diffinitione eſſer pur dell'Autore, ma che la non ſi puo diffinire altramente, io riſpondo che quando tal diffinitione gli fuſſe ſta biſognoſa in qualche propoſitione, ben l'haueria ſaputa rettamente porre, come in fine della ſequente ſe dirà.

Diffinitione. 7.

6/6 Le quantità lequale ſono dette eſſer ſecondo una proportione, cioe la prima alla ſeconda, come la tertia alla quarta, ſono quelle delle quale li multiplici equalmente tolti alla prima & tertia, comparati alli multiplici equalmente tolti alla ſeconda & quarta, ſeranno ſimili ouer in eccedere, ouer mancare, ouer in equaliarſe tolti in quel medeſimo ordine.

Poſta diſopra la, diffinitione delle quantità continue proportionale quiui pone la diffinitione delle proportionale diſcontinue, & è che di qualunque quattro quãtità delle quale ſeranno tolti li multiplici equalmẽte alla prima, & tertia, e ſimilmẽte li multiplici equalmente alla ſeconda, & quarta, & ſerà che il multiplice della prima ſia coſi al multiplice della ſeconda (in quãto al eccedere ouer manchare, ouer alla equalità) ſi come il multiplice della tertia al multiplice della quarta, la proportione della prima di quelle alla ſeconda ſerà ſi come della tertia alla quarta, eſempli gratia ſiano le

no le quattro quantità.a.b,c.d. & siano tolti, alla prima & tertia (lequale sono. a. &.c.)li multiplici equalmente (come seria a dire doppij) liquali siano, e, &, f, & similmente alla seconda & quarta (lequali sono, b, &, d,) siano tolti li multiplici equalmente (come seria a dire treppij) liquali siano, g, & h, & sia che questi quattro multiplici cosi tolti (comparati fra loro secondo l'ordine delle prime quattro quanità, cioe che la, e, sia comparata alla, g, & la, f, alla.h, & non la, e, alla, f, ouer la, g, alla, h, siano simile nel auanzare, diminuire & equaliare, cioè che se la. e, eccede la, g, che similmente la, f, ecceda la, h, ouero che se la, e, minuisse della, g, similmente la, f, minuisca della, h, ouer che se la, e, è equale alla, g, che similmente la, f, sia equale alla, h, all'hora la proportione della, a, alla, b, è si come della, c, alla.d.

† Ma la simllitudine del sopra aggionger, ouer diminuir, sia inteso in questo loco si come in la diffinitione delle quantità continue proportionale, cioe non inquanto alla quantita delli eccessi, ma inquanto alla proportione, & quella parte che dice tolte in quel medesimo ordine, sia intesa si come è stato esposto, cioe che li multiplici non siano refferti insieme secondo l'ordine di quella quantità dalle quale seranno stati tolti multiplici equalmente, cioè che'l multiplice della prima non sia refferto al multiplice della tertia, ouer il multiplice della seconda al multiplice della quarta, ma siano referti secondo il primo ordine di quelle quattro quantità, cioe il multiplice della prima al multiplice della seconda, & lo multiplice della tertia al multiplice della quarta, serà adonque il senso di questa diffinitione in questa forma. quattro quantità son proportionale discontinue, cioe la proportione della prima alla seconda, & si come della tertia alla quarta quando che li multiplici tolti equalmente alla prima & tertia, & similmente li multiplici tolti equalmente alla seconda, & quarta, serà la proportione del multiplice della prima al multiplice della seconda si come è del multiplice della tertia alla multiplica della quarta: ma non ha uoluto diffinire sotto questa forma per la causa predetta, auenga che quanto aspetta alla cosa sia el medesimo, ma non e necessario che le quattro quantità. a. b. c.d. siano d'un medesimo genere: impero che la. b. non e continuata in proportione con la. c. ma puo esser le due prime d'un genere, & le due seguente d'un altro. per laqual cosa è manifesto che glie necessario eßer referto lo multiplice della prima allo multiplice della seconda, & lo multiplice della terza al multiplice della quarta, & non lo multiplice della prima allo multiplice della terza, ouer il multiplice della seconda al multiplice della quarta, perche lo multiplice della prima & della terza non sono sempre d'un medesimo genere, ne etiam il multiplice della seconda & della quarta, ma el fu necessario torre li multiplici equalmente alla prima & terza, & similmente li multiplici equalmente alla secõda & quarta, et non li multiplici equalmente alla prima & seconda, ne anchora li multiplici equalmente alla terza & quarta, perche per il tuor de multiplici non è continuati

continuati li termini della prima proportione con li termini della seconda non serà perche cosa sia la proportione della.a.alla.b.si come della.c.alla.d.

Il Tradottore.

La soprascritta espositione senza dubbio è uno misto de dui varii Comentatori, perilche la voglio diuidere in due parti, la prima parte serà dal principio di tal espositione, per fin a questo segno † & la seconda serà dal medesimo segno per fin al fin di detta espositione. hor dico che colui che descrisse la prima parte ueramente intédeua Euclide, perche in essa espiana benissimo & sufficientemente il uero senso di tal diffinitione, & non accade intendere nelli multiplici niune di quelle conditioni che si narra nella seconda parte, ma bisogna intenderle largo modo, come in essa prima parte se dechiara, laqual cosa se manifesta per tutti li lochi doue che Euclide si serue di questa tal diffinitione, cioe nella quarta, settima, & undecima propositione di questo quinto libro, similmente nella prima del sesto & nella.25. dello undecimo. ma la seconda parte (quale credo sia una gionta del Campano) non solamente inturbida il uero senso di tal diffinitione, ma confonde totalmente lo studente che'l non sa doue il sia con tante sue conditioni & articuli di puoca uerità, & acciochè questo liquidamente appara, indurremo in campo sotto breuità la prima parte della prima propositione dil sesto libro (per esser molto a proposito per dar ad intendere bene questa diffinitione) cioe siano li duoi parallelogrammi.a.b.c.et d.e.f. de equal altezze, & fra le due linee equidistante.g.h. & .i.K.hor concludo che queste quattro, quantità, cioe li duoi parallogrammi.a.b.c.& d.e.f.& le sue due base.b.c.& f.e. sono in una proportione perche li multiplici tolti & comparati secondo l'ordine di questa soprascritta settima diffinitione hanno quella similitudine & conditione che in essa si ricerca, laqual cosa dimostreremo in questo modo. Batezaremo primamente la basa.b.c.per prima, quantità, & la basa, f, e, per seconda, & lo paralellogrammo.a.b.c.per tertia & lo.d.e.f.per quarta & procederemo in questo modo, pigliarò della linea.b.l.una parte che sia multiplice alla basa.b.c. in che numero me piace, ma per il presente la toremo doppia, & sia la linea.b.l.& quella diuiderò in parti equali alla basa.b.c.in ponto.m. & dalli duoi ponti. l. & . m. condurò le equidistante alla, a, b, le quale siano, l, n, &, m, o, & compirò le superficie de equidistanti lati.n.m.& o.b.& serà ciascuna de quelle (per la trigesima sesta del primo) equale alla superficie.a.c.per laqual cosa si come la linea. b. l. multiplice alla.b.c. cosi la superficie.n.b.è multiplice alla superficie.a.c.cioe che l'una e l'altra è doppia & cosi uenimo hauer tolti li multiplici equalmente alla prima & tertia. Similmente anchora pigliarò una parte della linea.f.k.che sia multiplice alla basa.f.e.secondo che numero me piace, ma per el presente la toremo treppia, & sia la linea. f.p.laqual diuiderò pur in parte equale alla linea.f, e, nelli duoi ponti.q.r.& tirarò dalli tre ponti.p.q.r. tre linee equidistante alla linea. d. f. le quale siano.r.s.q.t. & .p.u.et cadauna delle tre superficie.d. r.s.q.& .t.p.serà equal alla superficie.d. e.(per

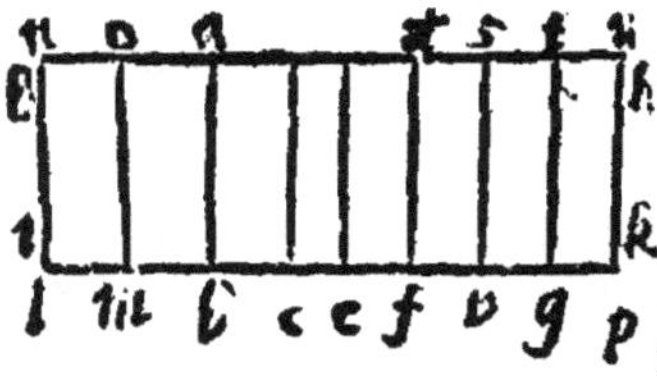

e. (per la detta trigesima sesta del primo) dilche tutta la superficie. d. p. serà cosi multiplice alla superficie.d.e. si come la linea.f p.alla linea.f.e.cioe treppia,& cosi uenimo hauer tolti li multiplici equalmente alla seconda & quarta. Hor comparando il multiplice della prima (cioe la linea,l,b,)al multiplice della seconda(cioe alla linea,f,p,& lo multiplice della tertia(cioè la superficie n,b,) al multiplice della 4.(cioè alla superficie.d.p.)hãno qlla similitudine che recerca la soprascritta diffinition,cioe che se la linea.b.l.è maggior della linea.f.p. etiã la superficie.n.b.(per la trigesima sesta del primo) de necessità serà maggiore della superficie. d. p.& se la è minore, minore.& se la è equale,equale, perilche seguita che le due base.b.c. & c.f. & le due superficie.a.b.c. & d.e.f. siano in una proportione(per questa soprascritta diffinitione) che è il proposito. Si uede adonque che quella similitudine di eccedere, diminuire, & equaliare se piglia, largo modo, & non se ha rispetto che tal eccedere,ouer diminuire sia ne secondo la quantità del eccesso,ne secondo la proportione,come vuol la seconda parte,ne etiam si debbe, ne si puo dar a tal diffinitione quel senso che in la detta seconda parte se conclude (qual dice cosi) discontinue proportionale sono quattro quantità, & la proportion della prima alla seconda e si come della tertia alla quarta quando li moltiplici tolti come se propone, serà la proportione del multiplice della prima al multiplice della seconda si come del multiplice della tertia al multiplice della quarta. Perche il se diffineria tal cosa per quella istessa, per il che la cosa diffinita insieme con la diffinitione ueriano a restar equalmente ignote. esempli gratia, se io non so conoscer in le quattro proposte quantità se quelle siano proportionale,manco saprò io conoscer ne dimostrar tal cosa nel li quattro multiplici che son pur quattro quantità, uero è che uno tal senso potria admettere per propositione (per esser demostrabile)& seria il conuerso della quarta propositione di questo, & se dimostraria per mezzo di questa settima diffinition procedendo per lo conuerso modo della quarta di questo, reducendo lo aduersario allo impossibile, ma per diffinitione non è a proposito. Et nota che questa settima diffinitione parla alquanto piu corretamente nella seconda tradottione qual dice in questa forma.

Le grandezze se dicono esser in una proportione,cioè la prima alla seconda, & la tertia alla quarta quando li multiplici tolti equalmente alla prima & tertia cõparati alli multiplici tolti equalmente alla seconda & quarta che insieme si eccedino, ouer che insieme siano equali, ouer che insieme manchino,nientedimeno,in sostantia son conforme.

Il Tradottore.

Quando che al Auttore fusse stato necessario a diffinire le quantità de continua proportionalità facilmente lui li poteua diffinire in questo luoco rettamente, cioè,per accidenti proprij in questo modo.

Tre quantità si dicono hauere proportionalità continua,quando che li duoi multiplici equalmente tolti alla prima & alla seconda comparati altri dui multiplici

equalmente

equalmente tolti alla medesima seconda & alla tertia, siano simili in quanto allo auanzare diminuire & equaliare.

In questa diffinitione se potria chiamar propositione perche quello che hauemo detto se potria dimostrare per la precedente diffinitione pigliando la seconda in loco di seconda e tertia, ma l'Auttor non l'ha posta, o per non hauerne dibisogno, ouer perche la precedente satisfa per l'una e per l'altra.

Diffinitione. 8.

7/7 Le quantità, che hanno una medesima proportione sono dette proportionale.

Il Tradottore.

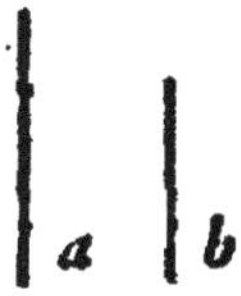

Esempli gratia, se la proportione della quantità, a, alla quantità, b. fusse si come della quantità. c. alla quantità. d. le dette quattro quantità seriano dette proportionale.

Diffinitione. 9.

8/8 Quando che seranno tolti li moltiplici equalmente alla prima & tertia, & similmente li multiplici equalmente alla seconda & quarta, & che'l multiplice della prima soprauanzarà il multiplice della seconda, e che lo multiplice della tertia non soprauanzarà il multiplice della quarta, all'hora la prima se dirà hauere maggiore proportione alla seconda, che la tertia alla quarta.

Il Tradottore.

Sopra a questa nona diffinitione (in la prima tradottione) se ritroua una espositione, laqual è pur uno misto de duoi uarij commentatori (si come era etiam sopra la settima) perche in quella son alcune parti che bene esplicano il senso di tal diffinitione, ma poi ue ne sono state interposte, ouer mescolate con quelle tante altre piene di zanze inutile e fuora di proposito che non solamente occultano le dette parti bone, ma acciecano talmente il studente che'l non sa doue el se sia, per tanto acciò che il detto studente non entri in tal errore haueмo separato la luce dalle tenebre, cioè le parti che rettamente parlano da quelle che non rettamente diçono.

Diffinite le quantità proportionale il diffinisse le quantità disproportionale, ma le disproportionale sono quelle fra lequale è la dissimilitudine delle proportioni, laqual cosa puo accadere in duoi modi, ouero perche maggiore è la proportione della prima alla seconda, che della tertia alla quarta, ouer perche è minore, e però di quelle ne sono due specie, la prima quando egliè maggiore la proportione della prima alla seconda che della tertia alla quarta, & questa è detta disproportionalità maggiore, & la seconda è quando che egliè minore la proportione della prima alla seconda che della terza alla quarta, & questa è detta disproportionalità minore, el diffinisce adonque quelle quantità, fra lequale è maggiore la proportione della prima

prima alla seconda, che della tertia alla quarta laqual è la maggiore disproportionalità, ma la diffinitione di quelle fra lequale è minor la proportione della prima alla seconda che della tertia alla quarta lui non l'ha posto, perche quella è manifesta per l'altra.

Quando adonque seranno quattro quantità dellequal siã tolti multiplici equalmente alla prima, & tertia, & li multiplici equalmente alla seconda & .4. et che li multiplici della.1.&.2.comparati insieme non seran simili nel ecceder, diminuir & equaliare alli moltiplici della tertia & della quarta quelle quattro quantità seranno disproportionale, & se'l multiplice della prima serà maggiore del multiplice della seconda, et che'l non sia necessario che'l multiplice della tertia sia maggiore del multiplice della quarta all'hora serà maggiore la proportione della prima alla secõda che della tertia alla quarta, perche in niun loco è maggiore la proportione della prima (di quattro quantità) alla seconda che della tertia alla quarta, che'l nõ acaschi sempre a trouarse alcuni multiplici equalmente tolti alla prima & alla tertia liquali quando seranno comparati ad alcuni multiplici equalmente tolti alla seconda e quarta, se ritrouerà il moltiplice della prima sopravanzare il moltiplice della seconda, & lo moltiplice della tertia nõ sopravanzarà il moltiplice della quarta, ne in loco alcuno accasca ritrouar questo, che'l non sia maggiore la proportione della prima alla seconda, che della tertia alla quarta, come dimostraremo di sotto sopra la duodecima di questo, & queste quantità disproportionale possono essere de diuersi generi, si come anchor le quãtità proportionale discontinue, come se'l se dicesse la proportione della. a. alla. b. è maggiore che della, c, allo, d, ma se la disproportionalità serà continua di necessità seranno tutte d'un medesimo genere (si come nella continua proportionalità) come se'l se dicesse maggiore è la proportione della.a.alla.b.che della.b.alla.c.

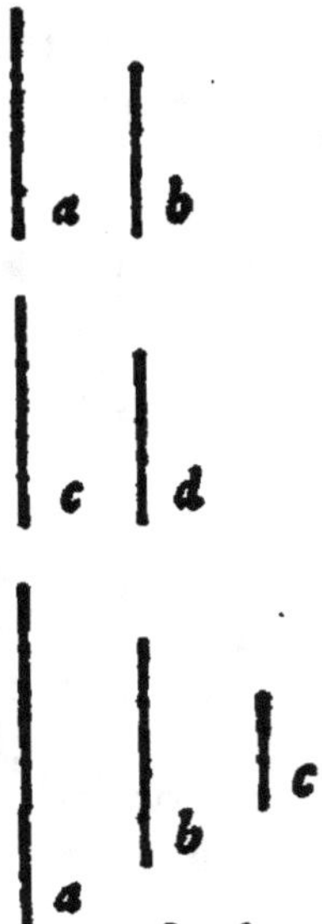

Il Tradottore.

Le soprascritte sono le parti che ben esplicano il senso della soprascritta diffinitione, & non accade di descriuere le parti che non rettamente parlano, perche uolendole narrare a una per una, & uolendole poi riprobrare gli andaria da dire assai, ma se pur alcuno hauerà accaro di uederle, potrà satisfarse in essa prima tradottione Latina.

Diffinitione. 10.

9/9 Ma la proportionalità è constituita almanco fra tre termini.

Dapoi che l'Auttor ha diffinito la proportione, & proportionalità & le quantità proportionale, el ne dimostra il minimo numero di termini fra liquali puo star la proportionalità et non mette il massimo, perche quello non si puo assignare, perche

che qualunque proportione puo essere continuata in infiniti termini o sia proportione rationale, ouer irrationale, ma alla proportionalità è necessario almanco due proportioni simile, imperoche la proportionlità è similitudine di proportione, & qualunque proportione ha lo antecedente & lo consequente, adonque qualunque proportionalità ha al manco doi antecedenti & duoi consequenti, laqual cosa è impossibile farse in manco di tre termini in liquali il medio di quelli uien a esser antecedente & consequente, & pero la proportionalità serà continua, per laqual cosa la proportionalità continua è costituida al manco fra tre termini, ma la discontinua nõ serà in manco di quattro, imperoche in quella qualunque termine è solamente antecedente, ouer consequente, il medesimo se intende del minor numero di termini della disproportionalità, perche se la serà continua serà almanco fra tre termini, se la serà discontinua almanco fra quattro.

Diffinitione. 11.

10 Se seranno tre quantità continue proportionale, la proportione della prima alla tertia se dirà proportione duplicata della prima alla seconda.
10

L'Auttor diffinisse la proportione che è fra li estremi termini della continua proportionalità constituida in tre termini, & dice che se'l serà la proportione dello primo termine allo secondo, si com'è dello secondo allo tertio, che la proportione del primo al tertio serà si come è dal primo al secondo duplicata, cioè composta di due tali, ouer (che è quel medesimo) la proportione dal primo al tertio serà si come dal primo al secondo dupplicata, cioe in se multiplicata, esempli gratia, in numeri, siano tre numeri continui proportionali, et siano continuatamente doppij com. 2.4.8. la proportione del primo al tertio serà si come la proportione del primo al socondo in se moltiplicata, & la proportione del primo al secondo è duppla, & la duppla in se moltiplicata produce una quadrupla, onde la proportione delli estremi è quadrupla, cioè il doppio del doppio, ouer (secondo la prima espositione) la proportione delli estremi è si come la proportione del primo al secondo dupplicata, perche la quadrupla è composta de due dupple.

Il Tradottore.

El Campano nella soprascritta espositione (se tal espositione è del Campano) commette piu errori, l'uno de quali è questo, che de diffinitione lui la retira in propositione, perche lui dice che Euclide dice che se la proportione del primo termine al secondo serà si come del secondo al tertio, che la proportione del primo al tertio serà doppia a quella che è fra il primo e il secondo, & io dico che Euclide non dice, che la sia doppia a quella, anzi lui diffinisse che la se dirà doppia a quella, cioe che nelle cose sequente, ouer che per l'aduenire il doppio d'una proportione si debbe intendere secondo che lui diffenisce in questa diffinitione e non altramente, ma se lui concludesse che la fusse il doppio di quella (come uuol il Campano) la non seria diffinitione

nitione anci seria una propositione, & bisognaria che lui demostrasse che la fusse il doppio di quella, & uolendola dimostrare, bisognaria prima sapere, ouer diffinire che cosa sia il doppio d'una proportione, perche non seria possibile a dimostrare che una proportione fusse doppia a un'altra che non sapesse prima come se intēda il doppio d'una proportione. Alcuno potria dire che eglie cosa notissima, che cosa sia il doppio d'una cosa. io rispondo che eglie il uero in le quantitade: ma non gia in le proportioni, perche il doppiare delle proportioni, non seguita ne risona al audito, secondo l'ordine del doppiare delle quantità (massime de numeri) eccetto che nella proportione duppla, cioè che il doppio d'una proportione duppla fa una quadrupla, si come anchora il doppio di.2.(numero) fa.4.ma el non seguita questo in alcun'altra specie di proportione, perche il doppio di una tripla non fa una sexcupla (si come che il doppio di tre fa sei) anci fa una nonupla, & similmente il doppio di una quadrupla non fa una ottupla anci fa una sedescupla, & tutto questo se trouerà cosi esser per la sopradetta diffinitione, e per tanto fu necessario a diffinire come si debba intendere il doppio d'una proportione nelle cose che seguita, ouer che se hanno da dire, perche inuero se l'Auttor non hauesse diffinito tal cosa, lo studente se potria ingannar grandamente, cioe pigliar tal doppiar secondo lo indoppiare di numeri, cioe pigliar, ouer intender che il doppio d'una tripla fusse una sexcupla, laqual cosa non seguita, come di sopra è detto, anchora per un'altra ragione fu necessario a Euclide diffinire tal cosa perche senza tal diffinitione il non se haueria potuto dimostrare la decima ottaua del sesto, laquale dice che sel serà duoi triangoli simili che la proportione di l'uno all'altro e si come la proportione duplicata di qual si uoglia lato di l'uno al suo relatiuo lato di l'altro, laqual cosa se dimostrarà per mezzo di questa soprascritta diffinitione.

Anchora bisogna notare equalmente questa & quasi tutte le altre diffinitioni di questo quinto libro. Euclide le ha poste in specialità per le quantità continue e nō per li numeri, & se cosi non fusse Euclide non haueria replicato questa & molte altre nel settimo, nelli numeri, e pero queste non si deueriano esemplificare con numeri, ma con quantità continue, cioe con linee, uero è che lo esemplificare con numeri molte uolte gioua, & fa capire la cosa, ma molte uolte è nociuo nelle propositioni et demostrationi geometrice, perche spesse uolte il studente che uede con la esperientia de numeri uerificarse la propositione preposta, non si cura de intendere quella per demostratione, & non aduertisse ne considera che'l non se intende che l'huomo sappia quelle cose che non intende per demostrationi (come fu detto in principio) l'altra, spesse uolte l'huomo che in tutte le cose se uol fondare sopra la esperientia de numeri, molte uolte, ouero che'l si confonde, ouero che el se inganna, massime in quelle cose, che si dicono in specialità per le quantità continue, & questo è interuenuto al Campano sopra la settima & nona diffinitione di questo (se tal ispositioni son del Campano: perche el non trouaua nelle sue esperientie de numeri uerificarsi sempre nelli moltiplici, quello che lui pensaua che uolesse dire Euclide, (ma non quello che Euclide diceua, perche se hauesse isperimentato secondo, che

Euclide

Euclide diceua lui haueria trouato quello che il detto Euclide diceua,) per ilche ui sopragiunse tante uarie conditioni, nel sopraauanzare e diminuire di multiplici, & massime sopra la nona, similmente per fondarse totalmente sopra la esperientia & accidenti de numeri non puol tolerare, che la proportione della prima alla tertia di tre quantità continue proportionale, se dica dupplicata alla proportione che è dalla prima alla seconda (come di sopra appare) perche la denominatione di tal propositione, nelli numeri non risuona allo audito si come il doppiamento di numeri, & pero uuole che la se dica in se moltiplicata , & non considera che nelle quantità continue non hauemo sempre notitia delle denominationi delle lor proportioni, perilche non se potemo gouernare in quelle per le sue denominationi, come se manifesta sopra la dett... decimaottaua del sisto & in molti altri lochi, ideo.

Diffinitione. 12.

11/10 Quando seranno quattro quantità continue proportionale, la proportione della prima alla quarta se dirà proportione della prima alla seconda triplicata.

Il Tradottore.

El Campano similmente nel esponere questa diffinitione incorre nelli medesimi errori della passata, cioe de diffinitione la retira in propositione, & similmente per fondarse sopra il treplicare de numeri pare a lui che tal diffinitione nõ ben suoni a chiamarla treplicata, anci pare a lui che responderia meglio a dire che la proportione della prima alla quarta sia si come quella della prima alla seconda in se dapoi nel produtto multiplicata, ma uorria saper da lui con che gratia di parlare (con tal sorte di diffinitione) se potria dittare la trigesima sesta propositione del undecimo, ma per non abondare in scrittura (troncando le cose superflue) esponeremo simplicemente la soprascritta diffinitione, dico adonque che hauẽdo Euclide nella precedente diffinito come si debba intendere il doppio, ouer il dopplicare d'una proportione nelle quãtità continue, al presente in questa diffinisse, come si debbia intendere il treppio, ouer il treplicare d'una proportione , & dice come di sopra le sue parole sonano, cioe che'l serà quattro quantità continue proportionale che la proportione della prima alla quarta se dirà treppia a quella che è dalla prima alla seconda, esempli gratia, siano le quattro quantità continue proportionale a.b.c.d. & sia supposta la.a. prima. b. seconda.c.tertia.d.quarta dice che la proportione della.a. alla.d.se dirà per l'auenire il treppio della proportione che è dalla.a.alla.b. cioe treppiata a quella , & cosi si debbe intendere il treplicare, ouer il treppio d'una proportione, perche secondo questo modo, & secondo questa diffinitione se intende, & se dimostra la trigesima sesta propositione del undecimo libro.

Diffi-

Diffinitione. 13.

12 Le quantità che sono in una ꝓportione, lo antecedente al consequē-
11.12 te, & lo antecedente al consequente, se dirà è contrario, si come lo con-
13. sequente allo antecedente, cosi lo consequente allo antecedente: similmente permutatamente, si come lo antecedente allo antecedente, cosi anchora lo consequente al consequente.

Il Tradottore.

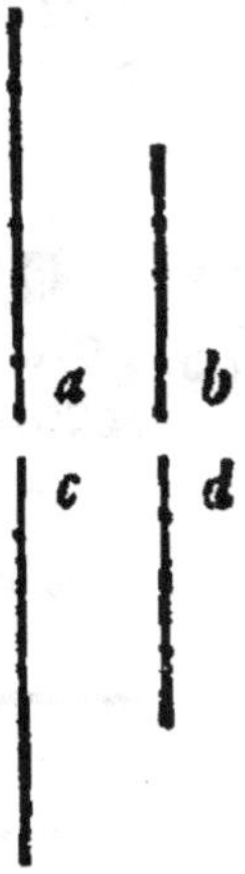

Quiui l'Auttor ne incomincia a diffinire le specie della proportionalità, lequale nella prima tradottione sono sette (aben che il Cãpano dica sei) ma nella seconda tradottione sono undeci, la prima dellequale è detta (semplicemente) proportionalità: le altre dieci se dicono proportionalità, conuersa, permutata, cõgiũta, disgiõta, euersa, equa, ordinata, inordinata, distesa, & perturbata, come nelle sequente diffinitione appare, el diffinisse adonque sotto breuita la prima, seconda, & tertia specie, & dice che le quantità che sono in una proportione (cioe semplicemente proportionale) se intende lo antecedente al consequente, si come lo antecedente al consequente, cioe la prima alla seconda, si come la tertia alla quarta, perche il primo termine della proportione se chiama antecedente, & lo secondo consequente: ma accio meglio mi intendi, siano li quattro quantità .a.b.c.d. & sia supposto la .a. prima .b. seconda .c. tertia & .d. quarta, hor dico che sel si concludesse (semplicemente) tai quantità esser proportionale, l'Auttor uol che tal conclusione se intenda che lo antecedente .a. al suo consequente. b. sia si come lo antecedente. c. al suo consequente .d. (cioe la prima alla seconda esser si come la tertia alla quarta) & questa tal similitudine di proportione e detta semplicemente proportionalità; ma quãdo che il se concludesse (come si fa nel correlario della quarta propositione di questo) che le dette quattro quantità fusseno proportionale al contrario. l'Auttor diffinisse che tal conclusione si debba intendere che lo consequente. b. allo suo antecedente .a. sia si come lo consequente .d. al suo antecedente. c. cioe dalla seconda alla prima come dalla quarta alla tertia, & tal similitudine di proportioni, (a differentia dell'altra di sopra detta) se adimanda proportionalità cõuersa, ouero al contrario, ma quando che il concludesse (come si fa nella sestadecima di questo) che le dette quattro quantità fusseno permutatamente proportionale, lo Auttor diffinisse che tal conclusione si debba intendere che lo antecedente. a. allo antecedente. c. sia si come il consequente. b. al consequente. d. cioe della prima alla tertia, esser si come della seconda alla quarta, & tal similitudine di proportioni. (a differentia delle altre specie) è detta proportionalità permutata.

Diffinitione. 14.

13
14 Ma ogni uolta che si come lo antecedente con il consequente al con

M sequente

sequente cosi sia anchora lo antecedente con il consequente al consequente se dice proportionalità congionta.

Il Tradottore.

Quivi l'Auttor diffinisse che ogni uolta che'l congionto del antecedente con il consequente al consequente, habbia tal proportione come lo congionto d'un altro antecedente con el suo consequente, al ditto suo consequente (cioe che il congionto della prima quantità con la seconda habbia tal proportione alla seconda si come lo congionto della terza & quarta alla quarta) tal similitudine di proportioni se dice proportionalità congionta, e pero quando che'l si concludesse (come si fa nella decimaottaua di questo) che le sopra date quattro quantità .a.b.c.d. fusseno congiõtamente proportionale, tal conclusion si debbe intender che il congionto della .a. & .b. (insieme) alla .b. hauere tal proportione, come il congionto della .c. & .d. alla .d.

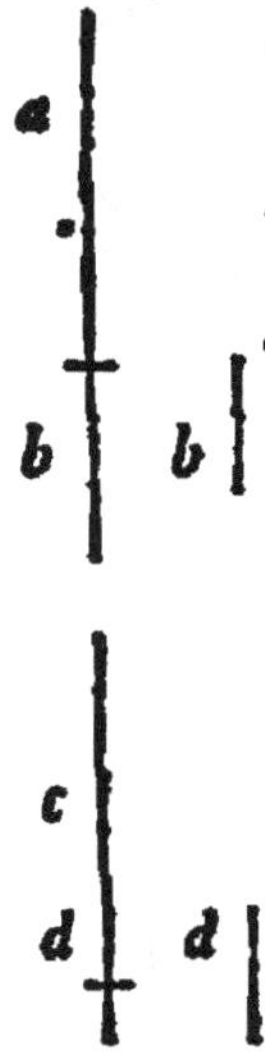

Diffinitione. 15.

14/15 Ma la equal comparatione delli augmenti delli antecedẽti sopra li consequenti a esi consequenti se dice proportionalità disgionta.

Il Tradottore.

Questa è quasi al contrario della precedente, perche in quella se compone, & in questa se discompone, esempli gratia, se per caso fusse quattro quantità .a.b. prima .b. seconda .c.d. tertia & ,d, quarta, et che la proportione della .a.b. alla .b. fusse si come della .c.d. alla .d. & che da questo il si concludesse (come si fa nella decima settima di questo) tai quantità essere disgiontamente proportionale, l'auttor uuole che tal conclusione se intenda che la differentia che e dal antecedente ,a,b, al suo consequente .b. (cioe la semplice .a.) a esso cõsequente .b. esser si come la differentia che e dal antecedente .c.d. al suo consequente .d. (cioe la semplice .c.) a esso consequente .d. tal similitudine di proportioni se dice proportionalità disgionta.

Diffinitione. 16.

15/16 La similitudine delle proportioni di qual si uoglia antecedenti alli suoi augmenti sopra li suoi consequẽti, se dice proportionalità euersa.

Il Tradottore.

Esempli gratia, se la proportione della .a.b. alla ,b, fusse si come della ,c,d, alla .d. & che da questo il se concludesse tai quantità esser euersamẽte proportionale, l'auttor

tor uuole che tal conclusione se intenda che la proportione dello antecedente.a.b.alla semplice.a.(cioe alla differẽtia che e dalla.a.b.alla semplice.b.)esser si come la proportione dello antecedente, c, d, alla simplice.c.(cioe alla differentia che e dalla,c,d,alla semplice.d.)& tal similitudine di proportioni,se chiama proportionalità euersa.

Diffinitione.17.

16
—
17 Proposte piu quantità,& altre secondo il medesimo numero,applicate a due a due in una proportione, e remosso equal numero di termini di mezzo,la similitudine delle proportioni dell'uno, e l'altro di duoi è duoi estremi,se dice proportionalità equa.

Il Tradottore.

L'Auttor dice che quando fussseno proposte piu quantità dall'un lato,(come seria a dire per essempio le tre. a.b.c.)& altretante dall'altro (come seria a dire le altre tre.d.e.f.o siano del medesimo genere, ouer d'un altro non importa)& che le seconde siano applicate a due a due in una medesima proportione con le prime, o siano in quel medesimo ordine(come se prepone nella uigesima seconda di questo) cioe che dalla. d. alla.e.fusse si come dalla.a.alla.b.et dalla.e.alla.f.si come dalla.b.alla.c.ouer per ordine contrario (come se propone in la uigesima tertia di questo)cioe che la proportione della.d.alla.e. fusse si come della. b.alla.c.& dalla.e. alla.f.si come dalla.a. alla. b. & che da questo se concludesse(come si conclude in la detta uigesima seconda & uigesima tertia di questo) che le dette quantità fusseno proportionale in la equa proportionalità,l'Auttor uuole tal conclusione se intenda, che li estremi sono proportionali,cioe la proportione dalla.a.alla.c. esser si come dalla.d.alla.f.

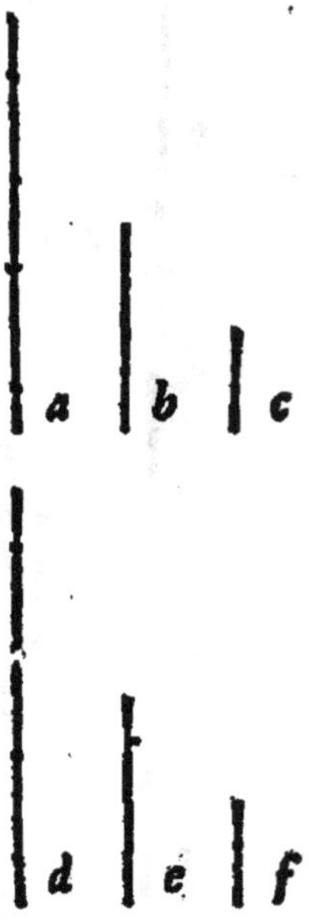

Diffinitione.18.

0
—
18 La proportionalità è ordinata quando che lo antecedente al consequente serà si come lo antecedente al consequente, & lo consequente a un'altra cosa,come il consequente a un'altra cosa.

Il Tradottore.

L'Auttore ne aduertisse come si debba intendere la proportionalità ordinata in duoi ordini di quantità, esempli gratia, se la proportionalità della.a.alla b.serà

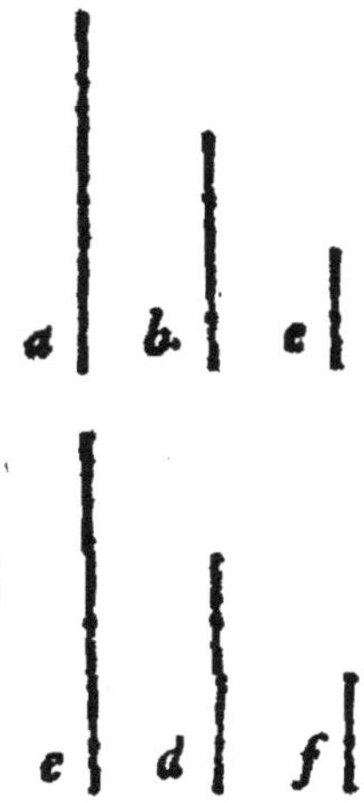

si come della.c.alla.d.(cioe lo antecedente.a.al suo consequente.b.si come lo antecedente.c.al suo consequente.d.)& che lo cõsequente.b.habbia tal proportione a unaltra cosa(poniamo alla. e.) si come lo consequente. d. a unaltra (poniamo alla. f.) il uuole che questa specie di proportionalità sia intesa ordinata.

o
19

Diffinitione. 19.

La proportionalità inordinata e quando l'antecedente al consequente serà come l'antecedente al consequente,& il consequente a unaltra cosa,come unaltra cosa all'antecedente.

Il Tradottore.

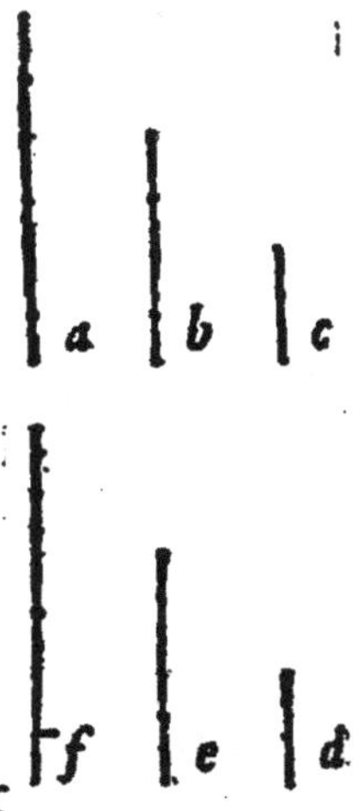

Esempli gratia', essendo le quattro quantitità.a.b.c.d.& che la.a. fusse supposta prima.b.seconda.c. terza e.d. quarta, et che la proportione della antecedente.a. al suo consequente. b.fusse si come quella del antecedente.c.al suo consequente.d. & che da poi il se trouasse, ouer approuasse che lo consequente.b.hauesse tal proportione a unaltra cosa(poniamo alla.e.) si come hauesse unaltra cosa(poniamo.f.) allo antecedente.c. tal proportionalità è detta inordinata.

o
20

Diffinitione. 20.

La proportionalità distesa e quando uno antecedente a un consequente serà si come uno antecedente a uno consequente,ma serà si come lo consequente a un'altra cosa cosi lo consequente a una altra.

Il Tradottore

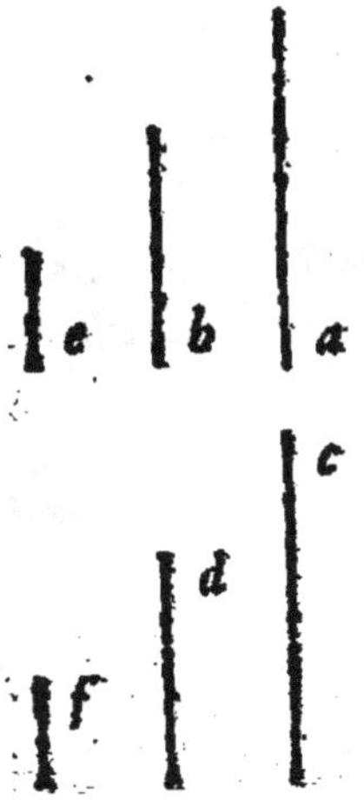

Questa diffinitione pare in sostantia simile alla decimaottaua (cioe alla proportionalità ordinata,) perche l'una . e l'altra uole che la proportion d'uno antecedente al suo consequente sia si come d'un altro antecedente a uno altro consequente, & che il consequente primo sia a un'altra cosa, si come lo secondo a un'altra cosa, che in uero el non uuol dire altro che se la proportione del antecedente.a. al suo consequente.b. serà si come lo antecedente. c. al suo consequente. d.ma

d.ma seria si come lo consequente.b. a unaltra cosa (poniamo al.e.) si come lo consequente. d. a. unaltra cosa (poniamo al.f.) come fu essemplicato sopra la decima ottaua, non dimeno la decima ottaua parla in genere, & questa, in specie, perche in la proportionalità distesa non solamente se intende che la proportione della a. alla.b. sia si come.c. della.d. ma se intende che la sia anchora si come della. b. alla. e. & similmente della.d. alla. f. cioe che le due prime proportioni siano simili alle seconde, laqual cosa inuero non uuol dire altro saluo che siano continue proportionale si le tre.a.b.c. come le tre.c.d.f. ma in una medesima proportione & in la proportionalità ordinata, le due prime proportioni puonno esser, & non esser simile alle due seconde.

Diffinitione. 21.

o 21

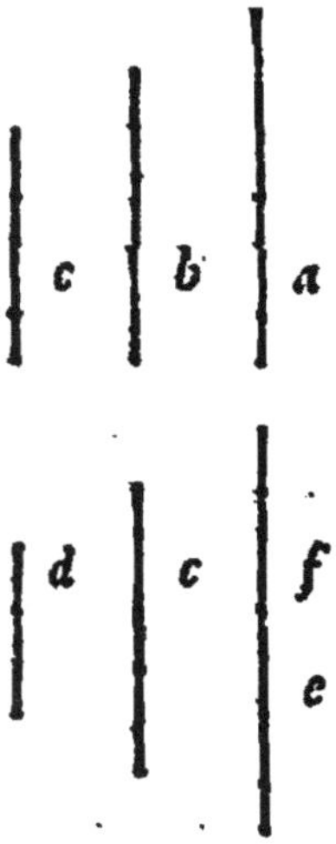

Ma la proportionalità perturbata, e quando che sia tre grandezze da una banda, & altre tante dall'altra, & che si come nelle prime grandezze sia lo antecedente al consequente cosi nelle seconde grandezze sia lo antecedente al consequente, & si come nelle prime grandezze è il consequente a un'altra cosa cosi nelle seconde e una altra cosa all'antecedente.

Il Tradottore.

Questa diffinitione della proportionalità perturbata pare in sostantia simile alla decima nona, cioe alla proportionalità inordinata, perche l'una e l'altra dice, che quando che sia si come lo antecedente al consequente (in tre quantità, ouer grandezze) cosi sia lo antecedente al consequente in tre altre, & si come sia il consequente (in le prime) a un'altra cosa, cosi sia un'altra cosa (in le secunde) all'antecedente, laqual cosa in uero non uuol dire altro in l'una e l'altra saluo, che se la proportione della, a, alla, b, sia si come della.c. alla.d. & che dal consequente, b. a un'altra cosa (poniamo alla. e.) sia si come un'altra cosa (poniamo.f.) all'antecedente.c. come fu esemplificado anchora sopra la detta decima nona, nientedimeno la proportionalità inordinata e differente dalla perturbata, si come è della ordinata, alla distesa, cioe la inordinata, parla in genere, o siano le due seconde proportioni simile, ouer diuerse dalle due prime, & la perturbata se intende che le due seconde siano non solamente simile fra loro ma che siano anchora simile alle due prime, cioe che la proportione dal.b.al.e. non basta che sia equale a quella che è dal.f. al.c. ma bisogna sia anchora equal a quella ch'è dal.a.al. b. ouer dal.c.al.d. (che è il medesimo) ma nella inordinata se intẽde largamente o siano simile, ouer diuerse.

Il Tradottore.

Alcuno potria dire che fra la proportionalità distesa, & la pertubata non glie differentia alcuna, perche tutte le proportioni sono equale fra loro, io rispon-

do che inquanto alla similitudine delle proportioni non glie differentia alcuna, perche le tre prime, & le tre seconde quantità sono in l'una e l'altra continue proportionale, & in simile proportioni, nientedimeno lo argumentare per il modo della distesa è differente da quello dalla perturbata, perche il modo del dire è del argumentare della distesa procede rettamente secondo l'ordine delle prime supposte quãtità, & la perturbata non procede cosi come per li suoi essempij appare.

Il Tradottore.

Anchora bisogna aduertire qualmente quelli modi di dire usitati nelle soprascritte specie di proportionalità, cioe conuersamente, permutatamente, congiontamente, disgiontamente, euersamente, equalmente ordinatamente, inordinatamente, & c. se applicano & usano anchora alla quantità disproportionale, & questo se manifesta dall' Auttore nella uigesima sesta propositione di questo, & nelle altre sequente, perche nella detta uigesima sesta l' Auttor conclude che le quattro quãtità proposte in quella seranno conuersamente disproportionale, & nella uigesima settima conclude il medesimo permutatamente, & nella uigesima ottaua conclude pur il medesimo congiontamente, & nella uigesima nona disgiontamente, & nella trigesima euersamente, & nella trigesima prima equalmente nelle quantità ordinatamente disproportionale (quantunque l' Auttor nol dica) & nella trigesima seconda nelle quantità inordinatamente disproportionale, come al suo loco si potrà uedere.

Il Tradottore.

Anchora bisogna notare qualmente tutte le propositioni di questo quinto libro nella prima tradottione. nel dire sono differente a tutte quelle della seconda, in questo che doue nella prima dice quantità, nella seconda dice grandezza, ouer grandezze, la differentia di quali uocaboli, ouer nomi è questa, che questo nome quantità è nome generale per ilqual se intende ogni specie, di quantità o sia continua, ouer discreta, & questo nome grandezza, e nome speciale ilquale se aspetta solamente alla quantità continua, & aben che credo che tutto quello che l' Auttor propone in questo quinto libro, lui lo propone semplicemente per le quantità continue (benche il medesimo se uerifichi nelle discrete) & se cosi non fusse, superflue seriano state molte propositioni che ha proposte, ouer replicate nel settimo, nientedimeno per esser questo nome quantità piu usitato tra uulgari che grandezza, quantità e non grãdezza, nella nostra tradottione hauemo tradoto, ouer detto, cioè hauemo usato piu li uocaboli, cioe il dir, ouer il proferir della prima tradottione che della seconda.

Theorema prima. Propositione prima.

I Se seranno quante quantità si uoglia equalmente multiplice de altre
I tante, ouer de una in una equale, eglie necessario si come è una di quelle alla sua compagna cosi esser anchora tutto lo aggregato da queste, a tutte quelle pur aggregate insieme.

Siano

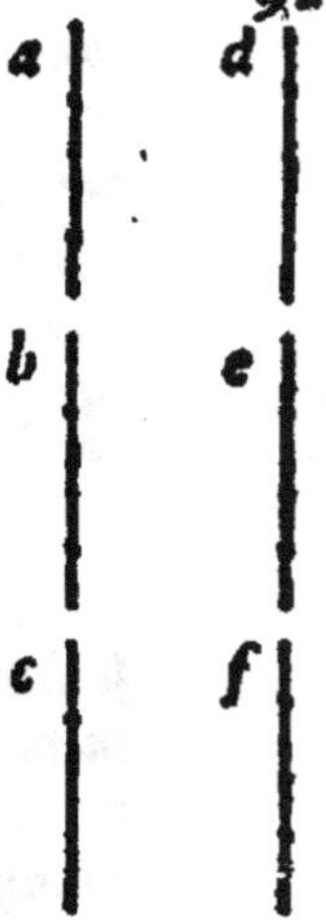

Siano quante si voglia quantila (poniamo,a,b,c,) dell'altre tan te (lequale siano.d.e.f.) equalmente multiplice (ciascuna alla sua compagna) ouero che a una per una sian equale,cioe in questo modo,che si come la.a.e multiplice alla d.cosi sia la.b.multiplice alla. e.similmente la.c.multiplice alla.f.ouer che se la. a. è equale alla. d.che similmente la.b.sia equale alla.e.& similmente la. c. alla. f. dico che si come che è la.a. alla.d, cosi serà lo aggregato de tutte le prime(lequale sono.a.b.c.) allo aggregato de tutte le secõde lequal sono.d.e.f.& se a una per una sono equale eglie manifesto il proposito per questa communa scientia, se a cose equale serà aggionto cose equale,le summe seranno anchora equale; ma essendo tutte alle sue compagne equalmente multiplice diuise quelle secondo la quantità delle sue submultiplice, lo aggregato della prima parte della. a. & della prima parte della.b. & della prima parte della.c.serà equale allo aggregato delle,d,e,f,(per la predetta communa scientia agiutando con questa altra, quelle cose che a una medesima cosa sono equale fra loro sono equale, similmente anchora lo aggregato delle seconde parti delle quantità. a. b. c. serà pur equale allo medesimo aggregato delle.d.e.f.& cosi delle altre,& perche questo potra esser fatto tante uolte, quante che la.d.sia contenuta in la a.seguira, che lo aggregato della.d.e.f. tante uolte sia contenuto in lo aggregato delle. a. b.c.quante uolte la.d. sia contenuta dalla. a. perche adonque quante uolte la,d,numera la. a. tante uolte lo aggregato delle,d,e,f, numera lo aggregato delle.a.b.c. eglie manifesto che si come la.a.è multiplice alla.d.cosi è lo aggregato delle.a.b.c.allo aggregato delle.d.e.f.che è il proposito.

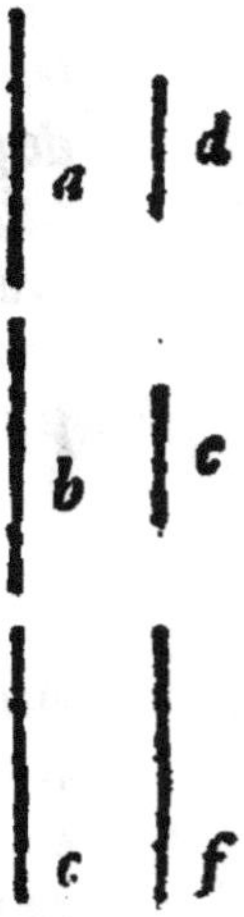

Theorema.2. Propositione.2.

2 Se seranno sei quantità delle quale la prima alla seconda, & la terza
2 alla quarta siano equalmẽte multiplice,e la quinta alla seconda, & la sesta alla quarta siano pur equalmente multiplice, il composto della prima,& della quinta alla seconda,& il composto della terza,& della sesta alla quarta conuien esser equalmente multiplici.

Siano sei quantità.a.prima.b.seconda.c. terza, d.quarta. e. quinta.f.sesta,& sian la.a.& la.c.equalmente multiplice alla. b.& alla,d.& anchora la.e. & la.f.sian equalmente multiplice alle medesime,dico che si come che tutto lo aggregato della.a. &.e. è multiplice alla quantità.b.cosi tutto lo aggregato della. c.&.f.è multiplice alla quantità.d.perche il numero secondo ilquale la.b.è contenuta dalla. a. è equale al numero secondo ilquale la.d.è contenuta dalla. c.similmente anchora,il numero secondo ilquale la. b.è con-

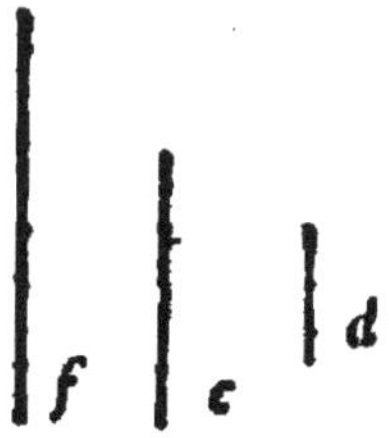

b.e contenuta dalla.e.equale al numero secondo il quale la. d. è contenuta dalla.f. (per communa scientia, che è se a cose equale siano aggionte cose equale &c.) il numero secondo il quale la, d, è contenuta dallo aggregato della, a, & e, serà equale al numero secondo il quale la. d. è contenuta dallo aggregato della.c.&.f. per laqual cosa si come che lo aggregato della.a.& e. è multiplice alla, b, cosi e lo aggregato della.c.et f. multiplice alla.d. che è il proposito.

Theorema. 3. Propositione. 3.

3 Se il primo termine del secondo, & il terzo del quarto seranno equal
3 mente multiplici, & siano tolti li multiplici equalmente al primo e al terzo, il multiplice del primo al secondo, & il multiplice del terzo al quarto seranno equalmente multiplici.

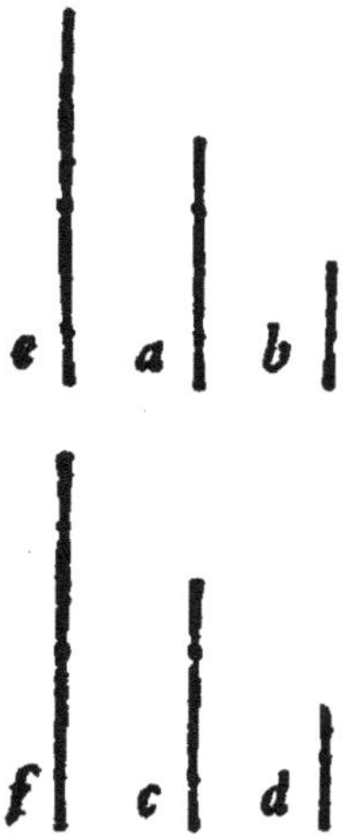

Siano sei quantità .a. prima .b. seconda, c, terza, d, quarta, e, quinta, f. sesta, e sian la, a, alla, b, & la, c, alla, d, equalmente multiplice, & anchora la, e, alla, a, & la, f, alla, c, equalmente multiplice, dico che si come che la, e. è multiplice alla, b, cosi è la, f, alla, d, perche se'l serà diuisa la, e, secondo la quãtità della, a, suo submultiplice et la, f, secondo la quantita della. c. & (per la equalità delle parti della, e, alla, a, & delle parti della, f, alla, c,) serà che quala si uoglia delle parti della, e, sia cosi multiplice alla, b, si come quale si uoglia delle parti della, f, alla, d, perche adonque si come che la prima parte della, e, e multiplice alla. b. come la prima parte della f, multiplice alla, d, & anchora si come che la seconda parte della, e, e multiplice alla, b, cosi è la seconda della, f, alla, d, adonque (per la precedente) lo aggregato delle due prime parti della, e, seran cosi multiplice alla, b, si come lo aggregato delle due prime parti della, f, alla, d, & perche anchora la parte terza della, e, (segli serà alcuna terza parte) e cosi multiplice alla, b, si, come che la terza della, f, alla, d, (p la medesima precedente) seguita che tutto lo aggregato delle tre prime parti della, e, sia cosi multiplice alla, b, si come tutto lo aggregato delle tre prime parti della, f, alla, d, & cosi se fusseno piu parti della, e, e della, f, componendo sempre le sequente con lo aggregato delle prime, concludendo che si come che è la, e, multiplice alla, b, cosi è la, f, alla, d, (per la precedente) tolta tante uolte quante parti siano state nella, e, ouero nella. f, manco una, & cosi è manifesto il proposito.

Il Tradottore.

Anchora per un'altro modo sia il primo termine, a, del secondo, b, & similmente il terzo, c, del quarto, d, equalmente multiplice (hor poniamo doppio) &

siano

siano tolti li duoi termini, e, f, & ,g,h, equalmente multi plici del,a, & del,c,(hor poniamo treppij) dico che il termine,e,f,del,b, & lo,g,h,del,d,sono equalmente multiplici,perche lo,e,f,del,a, & lo,g,h,del,c, son equalmente multiplici, adonque quante quantità sono nel, e,f, equale alla quantità,a, tante anchora ne sono nella quantità,g, h,equale alla quantità,c, sia adonque diuiso,f,e.in quantità equale alla,a, cioe in,e,i:i,k,& ,k,f,(perche fu presupposto che fusse treppio) & similmente,g,h,in quantità equale alla,c,cioe in,g,l:l,m,& m,h,che seranno pur per numero tre si come quelle della,f,e,(per esser presupposte equalmente multiplici) & perche la quantità,a,della, b, & la quantità,c,della,d, sono equalmente multiplice,& perche la,e,i,è equale alla,a,& la,g,l,alla,c,adonque la e,i,della,b,& la,g,l,della,d,sono equalmente multiplice & per questa medesima ragione la,i,k,alla,b,& la,l,m, alla,d,seranno equalmente multiplice,& similmente la. k,f,.& la,m, h, adonque queste sei quantità seranno, e,l, prima,b,seconda,g,l,terza,d,quarta,i,K,quinta et,l,m, sesta delle quale la prima,e,l,alla seconda,b,& la terza, g,l,alla quarta,d,sono equalmente multiplice,& la quinta,i,K, alla seconda,b, & la sesta,l,m,alla quarta,d,sono similmente equalmente multiplice,adonque il congionto della prima & della quinta (cioe tutta la quantità,e,k,) alla seconda,b, & lo congionto della terza & della sesta (cioe tutta la quantita,g,m,) alla quarta,d, seranno equalmente multiplice (per la precedente propositione) anchora haueremo sei quantità , cioe, e, k, prima alla,b,seconda,& la,g,m,terza alla,d,quarta equalmente multiplice, & la, k,f, quinta alla,b,seconda,& la,m,h,sesta alla,d, quarta,pur equalmente multiplice,tutto il congionto della prima & della quinta (cioe tutto,e,f,)alla,b,& tutto il congionto della terza & della sesta (cioe tutta la,g,h,)alla,d,(per la medesima precedente)seranno equalmente multiplice , & cosi se andaria procedendo quando che gli fusse piu parti,cioe che la,e,f,alla, a, & la,g,h,alla,c, fusseno stati equalmente quadrupli , ouero quincupli, ouero di altra multiplicità,che è il proposito.

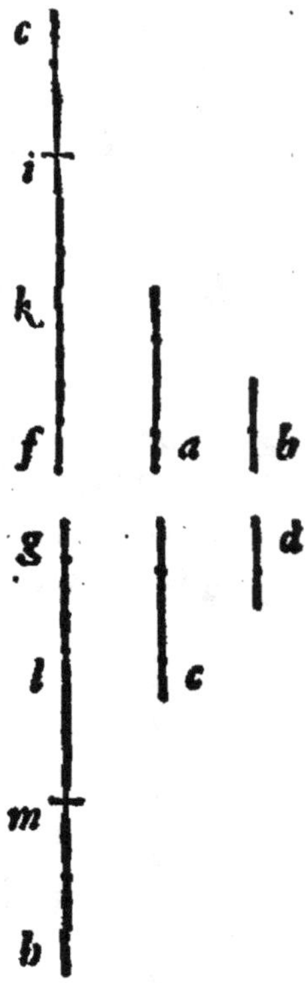

Theorema.4. Propositione.4.

$\frac{4}{4}$ Se la proportion del primo al secõdo serà si come del terzo al quarto, & sian asignati li multiplici tolti equalmente al primo & al terzo, & similmente li multiplici tolti equalmente al secondo e al quarto, serãno li asignati multiplici nel medesimo ordine proportionali.

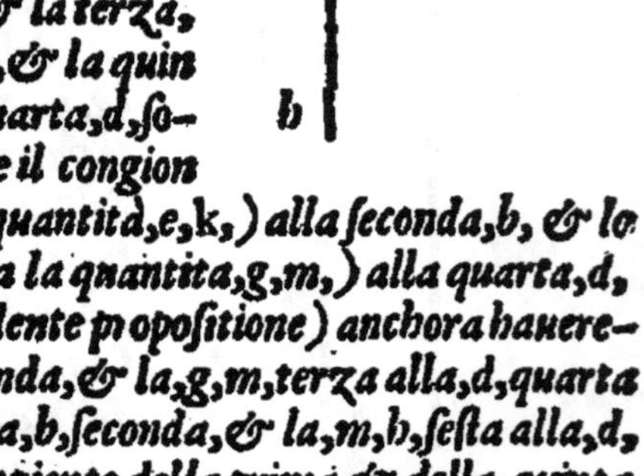

Sia

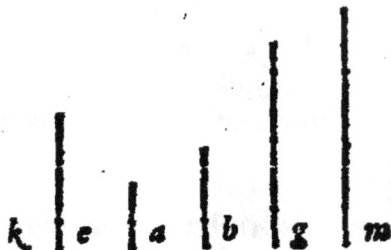

Sia la proportione del.a.primo al.b.secondo si come del.c.terzo al.d.quarto, & siano tolti.e.al.a.& f.al.c.equalmente multiplici, & anchora.g.al.b.&.h.al.d.equalmente multiplici, dico che la proportione dal.e.al.g.e si come dal.f.al.h.siano tolti.K.al.e.&.l.al.f.equalmente multiplici, & anchora.m.al.g.&.n.al.h.equalmente multiplici, et per che.e.&.f.sono equalmente multiplici.al.a.& al.c.& similmente.K.&.l.equalmente multiplici al.e.&.al f.(per la precedente).k.&.l.seranno equalmente multiplici al.a.&.al.c.(per la medesima)anchora.m.&.n.seranno equalmente multiplici al.b.&.d.per laqual cosa el.k.al.m.&.l.al.n.(per il conuerso della diffinitione della proportionalità discontinua)quelli seranno simili nel aggiongere, sminuire & equaliare, adonque perche.k.&.l.sono equalmente multiplici al.e.&.al.f.& anchora.m.&.n.sono pur equalmente multiplici al.g.&.h.(per la diffinitione della proportionalità discõtinua)la proportione del.e.al.g.è si come del.f.al.h.che è il proposito.

Lema, ouero assumptione.

o/4 Adonque per essere stato dimostrato che se la.K.eccede la.m.similmente la.l.eccede la.n.& se è equale, è equale:& se è minore è minore, e per questo dalla.g.alla.e.serà cosi come dalla.h.alla.f.

Correlario.

o/4 Da qui e manifesto che se quattro grandezze seranno proportionale anchora al contrario seranno proportionale.

Theorema.5. Propositione.5.

o/4 Se seranno due quantità dellequale una sia parte dell'altro, et sia sminuido dall'una & l'altra medesima parte, il rimanente al rimanẽte, & il tutto al tutto, seranno equalmente multiplici, ouero, in questo altro modo, se la serà aliquota il restante del restante, serà tale parte quale è il tutto del tutto.

Sia la quantità.a.b.tal parte della quantità.c.d.qual è la.e.b.della medesima a.b.& sia cauata la quantità.a.b.dalla quantità.c.d.& sia il residuo la.f.c.onde la.f.d.serà equale alla.a.b.sia anchora similmente cauata la.e.b.dalla quantità a.b.& sia il residuo la.e.a.dico che qual parte è la quantità.a.b.della quantità.c.d.tal e la quantità.a.e.della quantità.c.f.perche conciosia che la.f.d.sia equale alla.a.b.la detta.f.d.serà cosi multiplice alla.e.b si come che è la.c.d.multiplice alla.a.b.ponerò adonque la.d.g.cosi multiplice alla.a.e.si come che la.f.d.è multiplice alla.e.b.(& per la prima di questo)la quantità.f.g.serà cosi multiplice alla.a.

la.a.b. si come che la.f.d. è multiplice alla.e.b.& perche la.c.d.fu supposta cosi multiplice alla.a.b.si come la.f.d.fu multiplice alla.e.b. l'una e l'altra delle due quantità.c.d.&.f.g.serà equalmente multiplice della quantità.a.b. per la qual cosa (per communa scientia) le due quantità.c.d.&.f.g.sono equale fra loro, adonque leuado uia dall'una & dall'altra di quelle la quantità.f.d.restarà la.c.f.equale alla.d.g.e perche la.d.g.fu cosi multiplice alla.a.e. si come che è la.f.d.alla.e.b.e pero è si come la.a.b.alla e.b.per laqual cosa, & si come la.c.d.alla.a.b.serà adonque la.c.f. cosi multiplice alla.a.c.si come che è tutta la.c.d.di tutta la.a.b.che è il proposito.

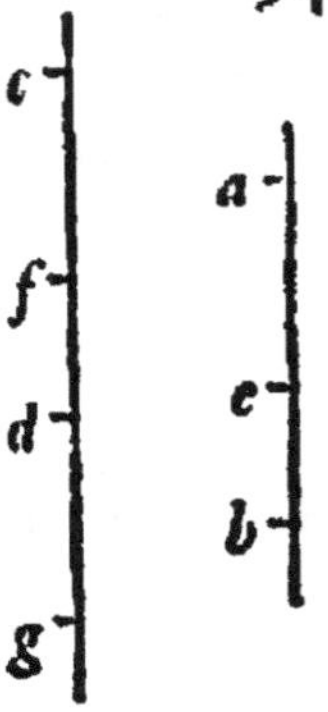

Il Tradottore.

El testo di questa quinta propositione in la seconda tradottione, dice in questo modo se una magnitudine de un'altra magnitudine serà equalmente multiplice, si come una parte tolta a una parte tolta, il residuo al residuo serà cosi multiplice come è il tutto, al tutto laqual propositione e piu generale della sopra scritta, per che quella non astringe che la.e.b. sia la medesima parte de.a.b. quale è la.a.b. della.c.d. pur che la detta.e.b. sia tal parte della parte.f.d. quale è tutta la.a.b.di la tutta.c.d.conclude che'l residuo.e.a.serà medesima parte del risiduo.f.c. laqual cosa medesimamente se demostra tollendo pur la.g.d.come di sopra, & arguire (per la prima di questo) se concluderà la.g.d.essere equale alla.c.f.

Theorema.6 Propositione.6.

6 Se seranno due quantità equalmente multiplice a due altre, & siano
6 sottrate le due minore dalle due maggior, cioe l'una & l'altra dalla sua multiplice, li duoi rimanenti seranno de quelle medesime parti, ouero equalmente multiplici, ouero a quelle equali.

Siano le quantità, cioe la.a.b.alla.c.& la.d.e.alla.f.equalmente multiplice & siano sotratte la.c. dalla.a.b.& la.f. dalla.d.e.& siano li residui della.a.b.la.a.g. & (della.d.e.) la.d.b.per il che.la.g.b.serà equale alla.c.& la.h.e.equale alla.f. dico che li duoi residui.a.g.&.d.h.ouero che seranno equali alle due quantità.c.& f.ouero che seranno a quelle equalmente multiplice, sia adonque primamente la.a.g.equale alla.c.dico che la.d.h.è equale alla.f. & per dimostrare questo io torò la quantità.e.K. equale alla.f.et per li precedenti pre suppositi seguiria che tante uolte la.f.sia in la.k.h.quante uolte la.c.e in la.a.b.per laqual cosa si come che la.a.b.e multiplice alla.c. cosi la.h.K. e multiplice alla.f. & cosi anchora la.d.e.era multiplice della medesima.f.adonque (per communa scientia) la.h.k.sera equale alla.d.e.adonque tolta communamente all'una e l'altra la quantità.h.e.restarà la.d.h.equale alla.e.K.per laqual cosa serà equale alla.f.che è il proposito.ma se la.a.g.serà multiplice alla.c.

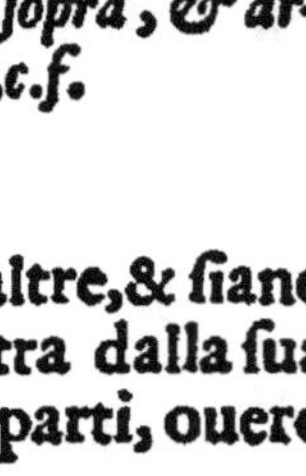

ponerò

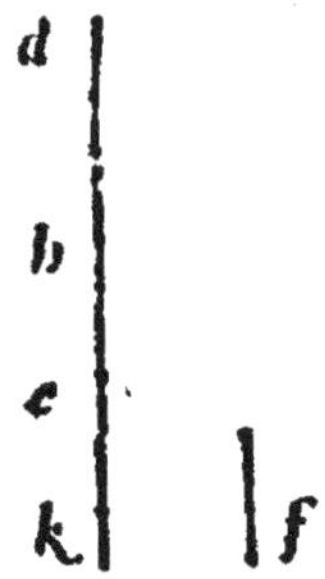

ponerò la.e.K.che sia similmente equalmente multiplice alla.f.& seguirà come prima che tante uolte la f.sia in la.h.k.quante uolte la c.sia in la.a.b.& tante uolte era anchora in la.d.e.adonque come prima serà la.d.e.equale alla.h.k.& la.d.h. alla e.k. per laqual cosa si come che la.a.g.è multiplice alla.c.cosi e la.d.h.multiplice alla.f. che è lo proposito, a demostrare il medesimo altramente, conciosia che la quantità.a.b.contenga la quantità.c.per quel medesimo numero secondo ilquale la quantità.d.e. contiene la quantità.f.leuando adonque uia da quel tal numero la unità,remanerà ouer la unità, ouer il numero secondo che la.a.g.contiene la.c.& che la.d.h.contiene la.f.adonque eglie manifesto le quantità,a,g,& d,h,ouero essere equale, ouero equalmente multiplice alle quantità,c,& f.

Il Tradottore.

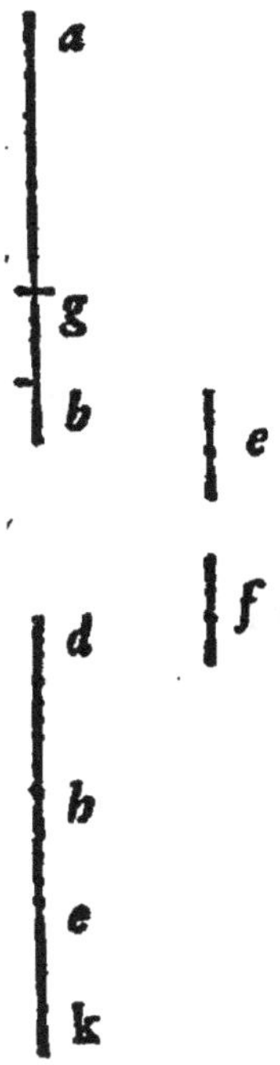

Se le due quantità. a. b. & d.e. seranno equalmente doppie alle due quantità.c. & f. (come nel primo essempio appare) sotratto le due minore dalle due maggiore (cioe la. c.dalla.a.b.& la.f. dalla. d.e.li duoi rimanenti, cioe.a.g.& d.h.seran equali alle dette parti, cioe lo rimanente. a.g.serà equali alla quantità.c. & lo.d.h.alla.f. ma se le dette due quantità. a. b. & d. e. seranno pur equalmente multiplice alle dette. c. & f.ma in altra maggiore multiplicità che doppia, sotratte le minore dalle maggiore li duoi rimanenti sempre seranno equalmente multiplici alle dette due parti,esempli gratia, se le dette due quantità. a.b.& d.e. fusseno state equalmente tripple alle dette due. c.& .f. (come nella seconda figuratione appare) sotratte le dette due minore dalle dette due maggiore li duoi residui seranno equalmente doppij, alle dette due parti, cioe lo residuo,a, g,serà doppio alla c.& lo.d.h.alla.f. (come nella detta seconda figuratione appare) & conseguiria in ogni altra maggiore multiplica, esempli gratia,se le dette quantità.a.b. & d.e.fesseno state equalmente quadruple alle dette due. c.& .f.li duoi rimanenti.a.g.& .d. h.seriano stati equalmente trippli alle dette.c.& .f.& se fusseno stati quincupli li detti rimanenti seriano stati quadrupli.

Theorema.7. Propositione.7.

7/7 Se due quantità equale seranno,comparate a quale si uoglia quantità, di quelle a quella serà una medesima proportione,& similmente da quella a quelle serà una medesima proportione.

Siano le due quantità. a. & .b. equale lequal siano comparate a qual si uoglia terza (come seria alla.c.) dico che la proportion ch'è dalla. a.alla.c. e la medesima che è dalla. b. alla. c. & similmente la proportione che è dalla.c. alla.a.è simile a quella

quella che è dalla. c. alla. b. la prima parte si approua in questo modo, conciosia che la.c.sia conseguente alla. a.(prima) & alla,b,(terza)quella serà in ragione de seconda e quarta pigliarò adonque la.d.alla.a.prima e la.e.alla.b.terza equalmente multiplice,e pigliarò la. f. per quale multiplice mi pare di multiplici della. c. laquale è seconda & quarta,& perche la. a. & la,b, (della quale li suoi multiplici tolti equalmente sono. d,&,e,) sono posti equale,seguiria questo che se la,d,serà diuisa secondo la quantita della.a.& similmente la e.secondo la quantita della.b.che le parti dell'una e dell'altra siano di numero e di quantità equale,di numero per il presupposito per la equalità della multiplication dell'una e l'altra, ma di quãtità (per questa communa sententia repetita tãte uolte quante bisogna) quelle cose che a una medesima cosa sono equal fra loro son equale, perche adonque la prima delle parti della.d. è equal alla prima delle parti,della,e,& la seconda, alla seconda, & le altre alle altre,& sono tante parti in la. d. quante son in la.e.(per la prima di questo)la,d,serà equale alla,e, per laqual cosa se due quantità equale seranno comparate a unaltra terza quantità(per communa scientia)ouer che ambedue le quantità,d,&,e,son maggiore della.f. ouer minore,ouer equale,adonque(per la settima diffinitione)la proportione della. a. prima alla,c,seconda serà come quella che è dalla.b.terza alla.c.quarta,che è il proposito,la seconda parte tu la approuerai per l'ordine conuerso in questo modo, sia posta la,c,come prima & terza & la.a.seconda & la.b.quarta,e conciosia che la quãtita f.laqual è equalmẽte multiplice alla prima e alla terza sia simile nel auanzare ouer in mancare,ouer in equaliare delle quantità,d,&,e,lequale sono equalmente multiplice alla seconda e quarta, seguira(per la medesima diffinitione)che la proportione della.c. prima alla.a.seconda sia si come della. c.terza alla.b.quarta,che è il secondo proposito.

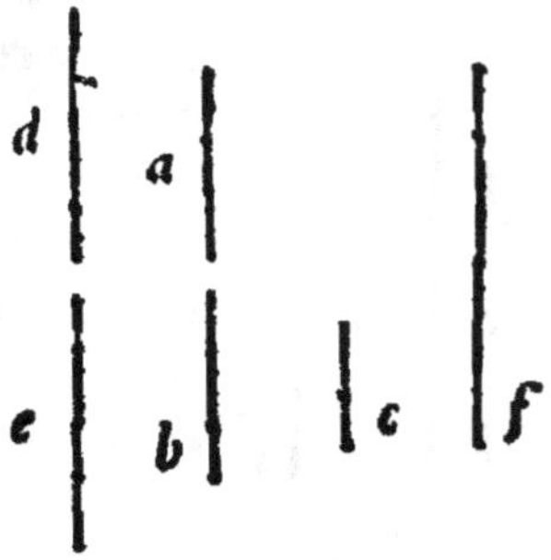

Theorema.8. Propositione.8.

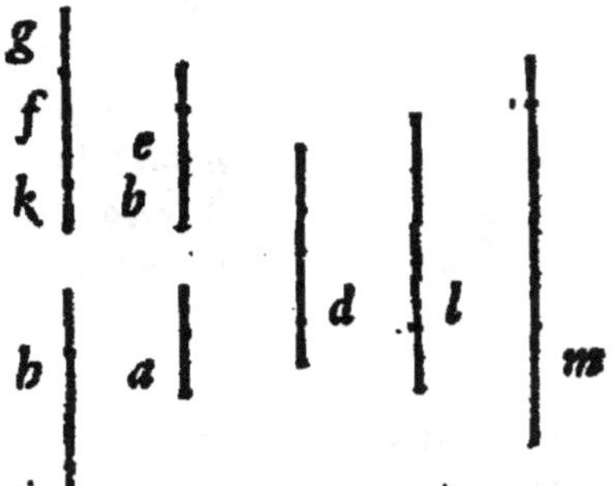

8/8 Se due quantità inequale seranno proportionale a una quantità, certamente la maggior ottignarà maggior proportion, e la minore, minore, ma la proportione di quella a quelle certamente alla minore sarà maggior, e alla maggior serà minor.

Siano due quãtità inequale,a,& b,c,& sia maggior la,b,c,e sian proportionate a una medema quantità laqual sia.d.dico che la proportione della.b.c.alla. d.è maggior di quella che è dalla.a. alla.d. et per il cõtrario maggior è quella della.d. alla.a.che della.d.alla. b.c. & p approuar la prima parte io ponerò la.e.b. equale alla.a.e multiplicarò tante uolte la.e.c.che ne peruenga una quãtità maggior della.d.

la. d. & quella sia la. f.g. & torò la.k.f.cosi multiplice alla.b.c.similmente la.b. cosi multiplice alla. a. si come la.f.g. è multiplice alla.e.c.& (per la prima di questo) la. b. serà cosi multiplice alla. a. si come che la. k. g. e multiplice alla. b.c.serà anchora la.b. equale alla.k.f.per questa causa che le submultiplice di quello (lequale sono,a,&,b,c,) sono state poste equale,anchora ponerò che la.b.non sia minore della.d. ma equale, ouer maggiore,perche multiplicarò tante uolte cadauna delle tre quantità.e.c.b.e.&.a.equalmente che la,f,g,(multiplice della.e.c.)peruenga maggior della.d. questo bisogna osseruar nelli primi multiplici cioe che el multiplice,f,g, hauesse queste due conditione cioe che fusse talmente multiplice alla.e.c. prima che la fusse maggior della.d et oltra di questo che la.b.tolta in tal multiplicità alla.a tal.b.non sia menor della.d.ma o equale ouer maggiore,& che la.b.(multiplice della.a.)non peruenga minore della medesima, & dapoi questo multiplicarò tante uolte la,d,che ne peruenga quantità maggior della. b. & sia la.m.la prima quantità di multiplici della.d. che è maggior della, b,sotto dellaquale torò l'altra maggiore multiplice della.d. (ouero la equale a quella se per caso la.m. fusse la prima in l'ordine di multiplici della.d.) la quale sia la. l. & seguirà che la. l. non sia maggiore della.b. & la,m, serà composta della.d. &.l.per questa causa che ogni multiplice è composto del prossimo precedente multiplice , & del sempio(com'è il treppio,elqual è composto del doppio et dal sempio) eccetto il primo multiplice(cioe il doppio)ilqual è solamente composto da duoi sempij,perche,adonque la,b,e equale alla.k.f.la detta. k,f.nõ serà minore della, l, adonque la,k,f,insieme con la. d.non fanno meno che la,l, & d, per laqual cosa nõ fanno meno che.m.& perche la.f.g.è maggiore della.d.la k.g. serà maggiore della.m.adonque intenderò la quantità, b,c,prima,la,d,seconda,la,a,terza,& la,d,quarta,et perche alla prima & terza son tolti li multiplici equalmente,cioe la.k,g. & la.b. similmente anchora alla seconda & quarta sono pur tolti li multiplici equalmente,anci è uno medesimo in ragione de duoi ilquale è la.m. & la.k.g. (multiplicè della prima)soprauanza,ouero eccede la.m.multiplice della seconda , & la.b. (multiplice della terza) non soprauanza, ouer eccede la.m. multiplice della quarta,(per la diffinitione della maggiore disproportionalità) la proportione della.b.c.prima alla.d.seconda serà maggiore che della. a.terza. alla.d. quarta,che è il primo proposito.il secondo tu lo approuerai per la medesima diffinitione,per contrario ordine intendendo che la.d.sia prima & terza,& la.a.seconda,& la.b.c.quarta , & perche la.m. (multiplice della prima) eccede , ouer soprauanza la.b. (multiplice della seconda) & la.m.(multiplice della terza) non soprauanza la.k,g.(multiplice della quarta)per laqual cosa maggior proportione è dalla.d.alla.a.che dalla. d. alla,b,c,che è il secondo proposito,et dal modo di questa dimostratione si manifesta la suffi-

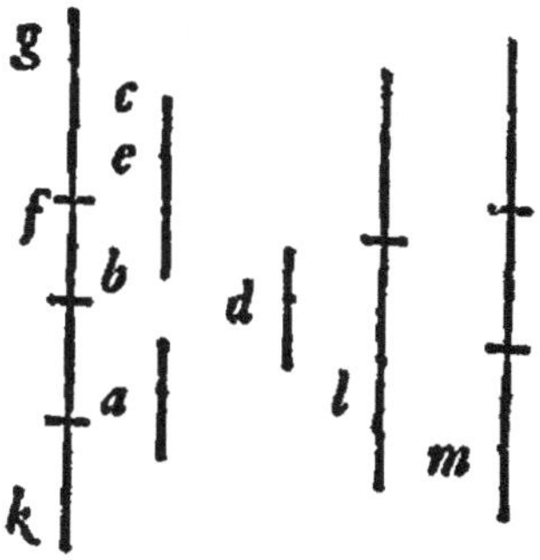

la sufficientia della diffinitione della maggiore disproportionalità posta dall' Auttore in principio di questo quinto libro, perche in niun luoco è maggior la proportione della prima (di quattro quantità) alla seconda che della terza alla quarta che'l non accascbi sempre ritrouarse alcuni multiplici tolti equalmente alla prima et alla terza, liquali quando seranno comparadi ad alcuni multiplici tolti equalmente alla seconda & quarta se trouerà lo multiplice della prima sopra auanzare lo multiplice della seconda, & lo multiplice della terza non sopra auanzare lo multiplice della quarta, e questi multiplici li ritrouaremo per il modo che dimostraremo di sotto sopra la duodecima di questo.

Il Tradottore.

Per intelligentia delle cose dette di sopra bisogna notare che se la quinta. d. fusse tre, & che la quantità. b. fusse. 14. el primo multiplice della. d. che eccedesse la. b. (cioe la. m.) seria il quintuplo (cioe quindeci) & la. l. seria il quadruplo (cioe duodeci) ma se la. b. fusse solamente cinque la. m. seria il doppio della, d, (cioe sei) & la. l. seria equale alla. d. anchora bisogna notare che'l primo di multiplici d'una quantità se intende il doppio, & lo secondo se intende il treppio, & il terzo il quadruplo, & cosi discorrendo, et essa prima quantita se chiama il sempio.

Theorema. 9. Propositione. 9.

9 Se la proportione di alcune quantità a una quantità
9 serà una medesima, eglie necessario quelle quantità esser equal, & se la proportione dell'una a quelle serà una medesima similmente eglie necessario quelle esser equale.

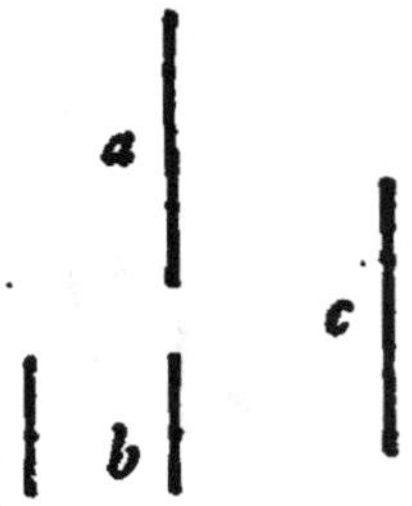

Sia la proportione delle due quantità. a. & b. alla quantità. c. una medesima, dico che quelle esser equale, & al contrario se la proportione della. c. all'una e l'altra di quelle serà una medesima, dico similmente quelle esser equale, questa è al contrario della settima il primo proposito si approua in questo modo, se quelle non sono equale (per l'aduersario) poniamo se possibile è che una di quelle sia maggiore poniamo la. a. (per la prima parte della precedente) la proportione della. a. alla. c. serà maggiore che quella della. b. alla, c, che è contra il presupposito, il secondo anchora è manifesto, perche se la, a, è maggiore della. b. (per la seconda parte della precedente) la proportione della. c. alla. b. serà maggiore che alla. a. laqual cosa è anchora contra il presupposito.

Theorema. 10. Propositione. 10.

10 Se la proportione dell'una di due quantità ad alcuna quantità sarà
10 maggiore, quella quantità è necessario esser maggiore, ma se la proportione della una alla medesima serà maggiore eglie necessario quella esser minore.

Se la

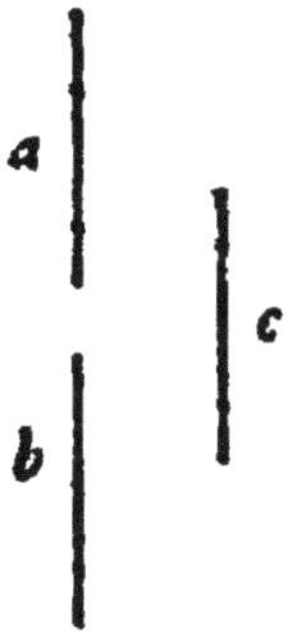

Se la proportione della. a. alla. c. serà maggiore di quella che è dalla.b.alla.c.dico la.a.esser maggiore della.b.& se la proportione della.c.alla,b.serà maggiore di quella che è della detta, c,alla,a,al l'hora dico la,c, esser maggior della. b.(questa è al contrario della ottaua)il primo proposito è manifesto(per la prima parte della settima,e per la prima parte della ottaua) perche(per la prima parte della settima) la.a.non serà equale alla.b. ne anchora minore (per la prima parte della ottaua) il secõdo è manifesto dalle seconde parti delle medesime propositioni.

Theorema. 11. Propositione. 11.

11 Quelle proportioni che a una medesima proportion seranno equa-
11 le eglie necessario che fra loro siano equale.

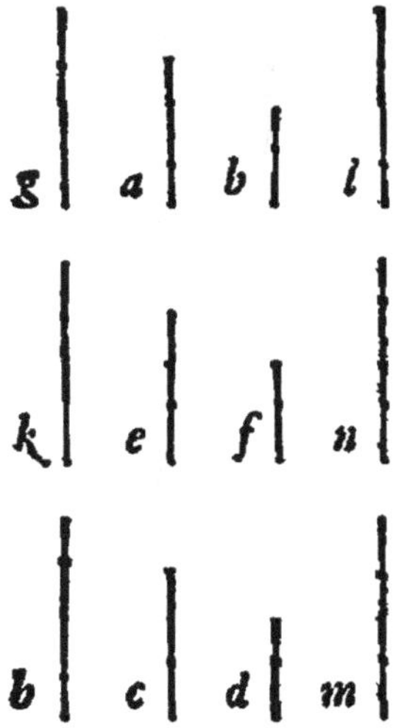

Questa proposition (che Euclide nel principio del primo libro la connumerò fra le commune sententie) quelle cose che a una medesima cosa son equale anchora fra loro sono equal (come se intende nella quãtita,) in questo loco lui dimostra come la se accommoda in le proportioni. sia adonque l'una e l'altra delle due proportioni, che sono dalla,a, alla,b,& dalla,c,alla,d,equal alla proportione che è dalla. e. alla. f.dico le proportioni che son dalla,a,alla,b,& dalla,c,alla,d, esser fra loro equale, & per dimostrar questo io torò la.g.alla,a,& la,h,alla,c, & la,k,alla,e,equalmente multiplice,e anchora la.l.alla.b.& la.m.alla.d.& la.n.alla.f. equalmente multiplice,& perche(per il presupposito)la proportione dalla.e.alla.f.è si come dalla,a,alla,b,et similmente si come dalla,c,alla,d,seguiria(per la conuersione della settima diffinitione tolta due uolte)che se la.k. eccede la. n.che la, g, ecceda la,l,& la,h, la,m,& se la. k. manca della, n, che la, g, mancarà dalla l,& la,h,dalla,m,& se la, k,è equale alla, n, che la,g,serà equale alla,l,& la, h, alla,m,perche adonque la,g,alla,l,& la,h,alla,m, sono simile nel aggionger,diminuire & equaliare per mezzo della,k,&,n, (per la settima diffinitione)la proportione della,a,alla,b,serà si come della,c,alla, d,che è il proposito.

Theorema. 12. Propositione. 12.

12 Se la proportione del primo termine al secondo serà si come del ter-
12 zo al quarto, & del terzo al quarto maggiore che dal quinto al sesto, la proportione del primo al secondo serà maggiore che dal quinto al sesto.

Similmente

Similmente (come in la precedente) quel che quiui dimostra in le proportioni in le quantita e concessibile, cioe che se due quantità seranno fra loro equal, di qualunq; quantità che l'una di quelle serà maggior anchora l'altra serà maggior di quella medesima, nientedimeno questo se dimostra in le proportioni, come, essempli gratia, se la proportion della, a, alla, b, sia si come della, c, alla, d, & che la proportion della. c. alla. d. sia maggior di quella che della, e, alla, f, anchor la proportione che è della, a, alla, b, serà maggior di quella che è dalla, e, alla, f, & per dimostrar questo io torò la. g. alla, a, & la, h, alla, c, & la, k, alla, e, equalmente multiplice & anchora la, l, alla, b, & la, m, alla, d, e la, n. alla, f, equalmente multiplice, e perche per il presupposito la proportion della, c, alla, d, e si come della, a, alla, b, e maggior di quella della, e, alla, f, (per il conuerso del la settima diffinition) seguiria che se la, h, sopravanza la, m, che anchora la, g, sopravanzarà la, l, & per il cõuerso della diffinitione della maggiore disproportionalità non è necessario che la, k, sopravanci la, n, adonque perche (per il mezzo della, h, &, m,) se la, g, sopravanza la, l, non è necessario che la, k, sopravanzi la, n, (per la diffinitione della maggiore disproportionalità) serà maggior proportion della, a, alla, b, che della, e, alla, f, che è il proposito, anchora per simel modo tu approuerai che se la proportione della, a, alla, b, sia si come della, c, alla, d, & della, c, alla, d, minore che della e, alla, f, similmente della, a, alla, b, serà minor che del la, e, alla, f, conciosia che dalla, c, alla, d, sia minor proportione che dalla. e. alla. f. serà adonque la proportione dalla. e. alla. f. maggiore che dalla. c. alla. d. adonque (per la conuersione della diffinitione della maggiore disoproportionalità) se la. k. eccede la. n. non è necessario che la. h. ecceda la. m. & se la. h. non eccede. la m. la. g. non ecceda la. l. adonque se la. k. ecceda la. n. non è necessario che la. g. ecceda la. l. adõque (per la diffinitione della maggiore disproportionalità) la proportione della. e. alla. f. serà maggiore che della. a. alla. b. (per il contrario) adonque la proportione della. a. alla. b. serà minore che della. e. alla. f. che è il proposito (et per il modo della demostration della ottaua di questo,) & da questa serà manifesto che se la proportione

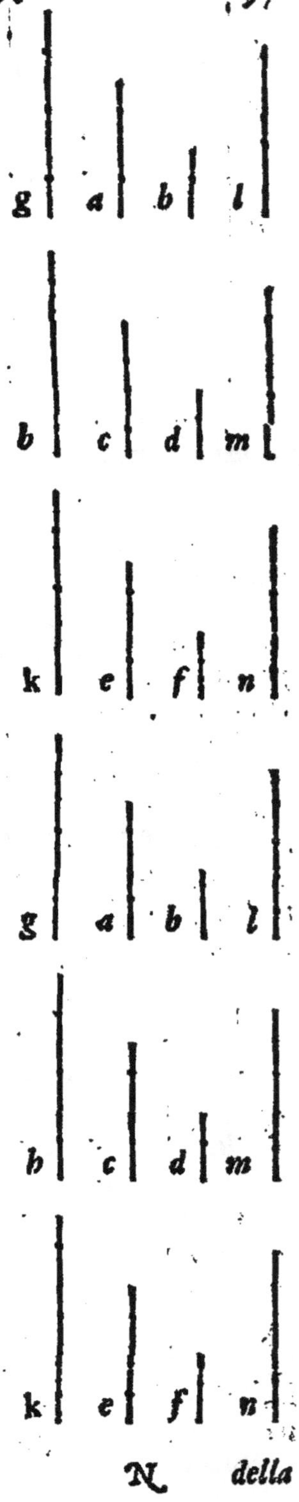

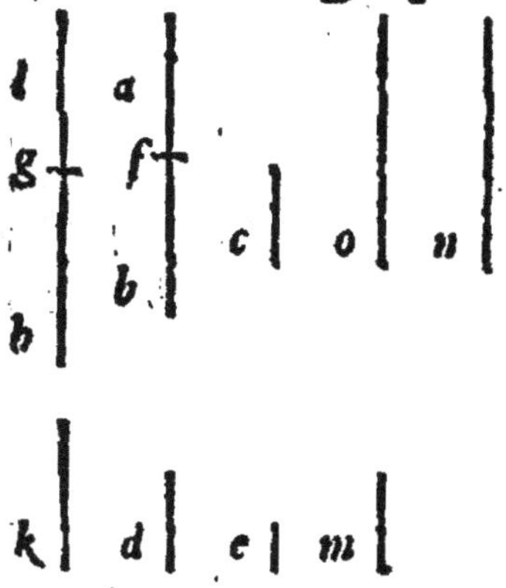

della prima (di quattro quantità) alla seconda serà maggiore che della terza alla quarta, gli casca sempre ritrouarse alcuni multiplici equalmente tolti alla prima. & alla terza, liquali quando serãno comparati ad alcuni multiplici tolti equalmente alla seconda & quarta, se trouerà il multiplice della prima soprauãzare il multiplice della seconda, e lo multiplice della tertia non soprauãzare il multiplice della quarta, la qual cosa se manifesta in questo modo, sia la proportione della a.b. alla. c. maggiore che della. d. alla. e. io ponerò adonque che la proportione della. a. f. alla. c. sia si come della. d. alla. c. (per questa duodecima & per la decima) la. a. f. serà minore della. a. b. hor poniamo che la sia minore in la quantità. f. b. la qual multiplicarò tãte uolte che ne peruenga una quantità maggiore della. c. la qual sia la. g. h. con questa conditione che la. d. multiplicata tante uolte produca una quantità non minore della. e. (laqual sia la. K.) hor ponerò che la. l. g. sia cosi multiplice alla. a. f. si come che. la. g. h. e multiplice alla. f. b. ouero la. K. alla. d. (per la prima di questo) la. l. h. serà cosi multiplice della. a. b. si come che è la. K. alla. d. da poi ponero che la. m. sia la prima quantità multiplice alla. e. che sia maggior della. K. & ponerò la. n. cosi multiplice alla. c. si come che la. m. è multiplice alla. e. (per li precedenti presuppositi, & per la cõuersione della discontinua proportionalità) la quantità. n. serà la prima di multiplici della. c. che serà maggiore della. l. g. ne la. l. g. serà minore della. d. adonque torò sotto alla. n. la massima della multiplice della. c. ouer a se equale (se per sorte la. n. fusse la prima di multiplici di quella) la qual sia la. o. & la. n. serà composta della. o. & dalla. c. adonque perche la. l. g. non e minore della. o. & la. g. h. e maggiore della, c, la, l, h, serà maggiore della. n. per laqual cosa essendo la, k, minore della. m. è manifesto li proposito.

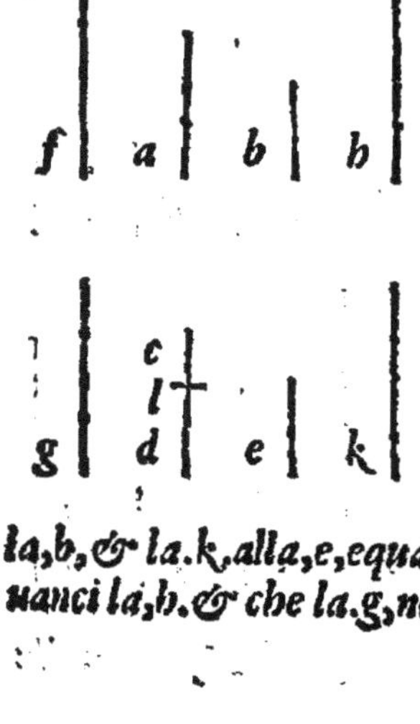

Puotemo anchora dimostrare il conuerso di questa, cioe che se'l casca trouarse alcuni multiplici tolti equalmente alla prima & alla tertia (di quattro quantità) liquali essendo cõparati ad alcuni multiplici tolti equalmente alla seconda e quarta, & che lo multiplice della prima eccedi lo multiplice della seconda, & che il multiplice della tertia non ecceda il multiplice della quarta, la proportione della prima alla seconda serà maggiore che della terza alla quarta, laqual cosa si approua in questo modo, siano le quattro quantità. a. prima. b. seconda. c. d. terza e. quarta & sia la. f. alla. a. & la. g. alla. c. d. equalmente multiplice, similmente siano la. h. alla, b, & la. k, alla, e, equalmente multiplice, & poniamo che la. f. ecceda ouer soprauanci la, b, & che la. g, non soprauanci la. k. dico che la proportione della. a. alla. b.

è maggior

e maggior che della.c.d.alla.e.& se fusse possibile (per l'aduersario) esser altramente, ouer che la seria equal, ouer minore: equal non pol esser, perche se la fusse equale (per la conuersione della settima diffinitione) la.g.eccederia la.k.laqual cosa seria contra il presupposito, & se la fusse minore, sia della.c.l.alla.e.si come della.a.alla b.& (per la decima di questo) la.c.l.serà minore della.c.d.hor sia minor in la quantità.l.d.adonque ponero la.m.n.che sia cosi multiplice alla.c.l.& la.n.p.cosi multiplice alla.l.d.si come che la.f.è multiplice della,a, (& per la prima di questo) la.m.p.serà cosi multiplice alla.c.d. si come che la.f. e multiplice della.a.adonque l'una e l'altra delle due quantità.m.p.&.g.e equalmente multiplice alla quantità.c.d.adonque quelle sono equale (perche questa se quella fu dimostrata in la settima di questo) & perche la.g.non e maggiore della.k.la.m.p.non serà maggiore della medesima.k.& (per la medesima conuersione della diffinitione della discontinua proportionalità) la.n.p.e maggiore della.k.impero che la.f.e maggiore della.b. adonque la n.p.e maggiore della.m.p.che è impossibile, per laqual cosa rimane il proposito.

Theorema.13. Propositione.13.

13 Se de quante si uoglia quantità ad altre tante a una per una, serà una
13 medesima proportione, tal proportione qual serà dell'una all'una quel la medesima anchora serà de tutte quāte le prime gionte insieme, a tutte quante le seconde gionte insieme.

Quello che nella prima propose di multiplici, in questo loco lui propone di ogni proportione, onde questa e piu communa di quella, perche ogni multiplicita e proportione. ma non e conuerso, cioe che ogni proportione non è multiplicità. sia adonque della.a.alla.b.et della.c.alla.d.& della.e.alla.f.una proportione, dico che qual proportione e della.a.allà.b.la medesima e del cōposto delle.a.c.e.al composto delle.b.d.f.& per dimostrar questo io toro la.g.alla.a.& la.h.alla.c.& la.k, alla.e.equalmente multiplice e similmēte la.l.alla.b.& la.m.alla.d.& la.n.alla.f.equalmente multiplice & serà (per la prima di questo) il composito delle.g.h.K.e cosi multiplice al composito delle.a.c.e.si come la, g, è multiplice alla.a, similmente (per la medesima) il composito delle,l,m,n, serà cosi multiplice al composito delle,b,d,f, si come la,l,e multiplice alla,b,& (per la conuersione della diffinitione della incontinua proportionalità (tolta due uolte) se la,g, aggionge sopra la.l.la.b. aggiongerà sopra la,m,& la,k, sopra la,n, e se la minuisse, & se la se equalia, s'equalia, adonque (per communa scientia) se la,g, aggionge

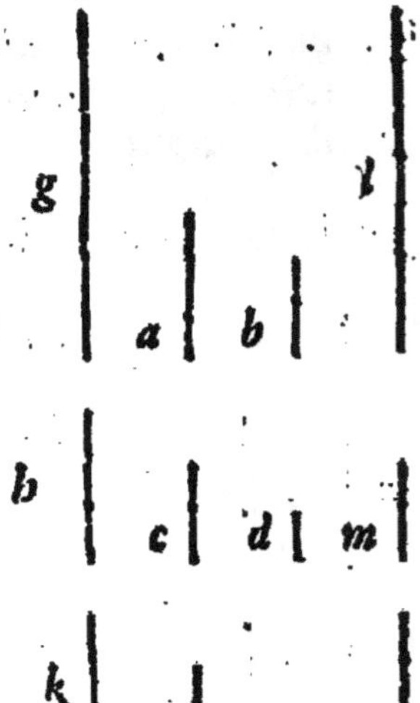

gionge sopra la.l.il composito delle,g,h,K,aggiongerà sopra il composito delle.l.m.n.& s'el minuisse minuisse,& s'el se equalia se equalia,adonque(per la diffinitiõ della incontinua proportionalità)la proportione della.a.alla.b.e si come del composito delle,a,c,e,al composito delle,b,d,f,che è il proposito.

Theorema, 14. Propositione. 14.

14/14 Se quattro quantità saranno proportionale, & che la prima sia maggior della terza, e necessario la seconda esser maggior della quarta ma se la serà minore e necessario esser minore, & se serà equale equale.

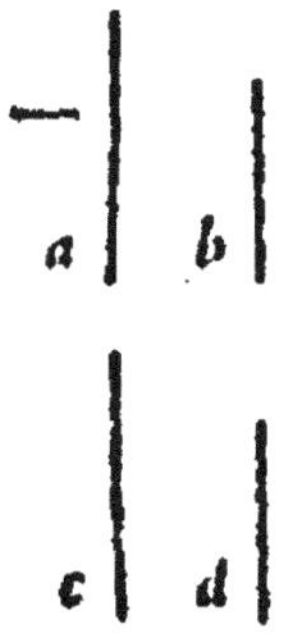

Sia la proportion della,a,alla,b, si come della.c.alla.d.dico che se la,a,è maggiore della c,la,b,serà maggior della.d.& se la è minor serà minor & se la è equale serà equale,perche se la,a,sia maggiore della c.serà (per la prima parte della ottaua di questo) maggior la proportione della,a,alla,d,che della.c, alla, d.per laqual cosa maggiore serà della,a,alla.b,adonque(per la seconda parte della decima di questo) la, b, serà maggior della,d,che è il proposito, ma se la,a,sia minor della,c,serà(per la prima parte della ottaua) minore proportione della, a, alla, d,che della,c,alla,d, per laqual cosa maggiore serà della. a.alla, b, che alla,d,adonque (per la seconda parte della decima)la.b,serà minor della,d,ma si la,a,sia equale alla,c,serà(per la prima parte della settima) della,a,alla,d,si come della,c,alla,d, per laqual cosa della,a,alla,d,è si come alla,b, adonque (per la seconda parte della nona)la,b.serà equale alla,d,& cosi è manifesto il proposito.

Theorema. 15. Propositione. 15.

15/15 Se ad alcune quantità saranno tolti li multiplici equalmente, la proportione di multiplici,& quella di submultiplice serà una medesima.

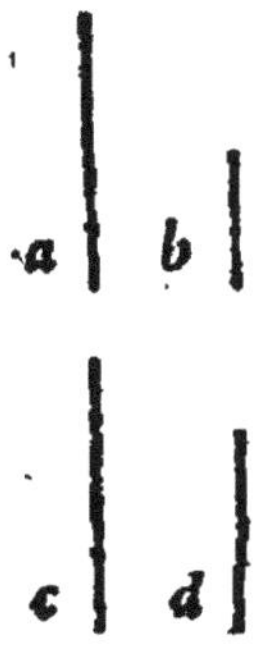

Siano la.e.alla,a, & la,d,alla, b, equalmente multiplici, dico che la proportione laquale è della,a,alla,b,quella medesima e della,c,alla,d,sia diuisa la,c,secondo la quantità della,a,& la,d,secõdo la quantità della,b,& son tante le parte della, c,quante quelle della,d,e tante parte son in,c. quante in,d,et perche qual parte tu uuoi della,c, a qual parte tu uuoi della,d,è si come della,a, alla,b, serà(per la tertia decima di questo) della, c, alla, d, si come della a, alla,b,che è il proposito.

Theorema. 16. Propositione. 16.

16/16 Se quattro quantità seranno proportionale, anchora permutatamente seranno proportionale.

Sia la

Sia la proportione della.a.alla.b.si come della.c.alla.d.dico che della.a.alla.c.serà si come della.b.alla.d. & questo è il modo de arguir, ilqual è detto proportione permutata, la demostratione della quale cosi è manifesta: io torò la.e.alla.a. & la.f.alla . b. equalmente multiplice & serà (per la precedente)della,e,alla,f,si come della,g,alla,h,per laqual cosa (per la quartadecima) se la.e.aggionge sopra.g. & la.f. aggionge sopra la.h.& se la minuisse,la minuisse, & se la se equalia, la se equalia, adonque (per la diffinitione della incontinua proportionalità)serà della,a,alla,c,si,come della,b,alla,d, che è il proposito. ma le necessario che in la permutata proportionalità tutte le quantità siano de uno medesimo genere.

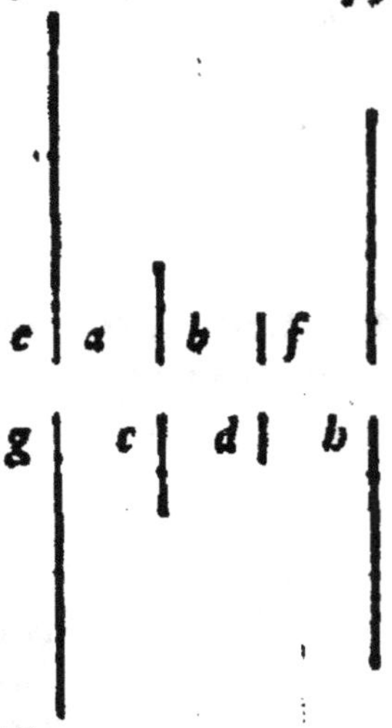

Theorema.17. Propositione.17.

17 Se la quantità congiontamente seranno proportionale quelle mede-
17 sime anchora è necessario disgiontamente esser proportionale.

Demostrato el modo di arguire elqual se dice proportionalità permutata, hor dimostra quello che se dice proportionalità disgionta,sia anchora la proportione della,a,b,alla,b,c,si come della,d,e,alla,e,f,dico che della,a, c, alla,c, b, serà si come della,d,f,alla,f,c,& per dimostrare questo io torò la,g,h,alla,a,c, & la, h, K,alla,c,b,& similmente la,l,m,alla,d,f, & la m,n,alla, f,e, equalmente multiplice , adonque (per la prima di questo)la.g.k.e cosi multiplice alla,a,b,si come la,g,h, è multiplice alla,a,c,& la,n,l,cosi è multiplice alla,d, e,si come la,l,m,è multiplice alla,d,f, & per tãto(per li precedenti presuppositi)la.g.k. è cosi multiplice alla a.b.si come è la.l.n.alla, d, e,ponerò anchora la. K. p. alla.c.b.& la.n.q.alla.f.e.equalmente multiplice , & seranno(per la seconda)la.h.p.alla.c.b.& la.m.q.alla.f.e.equalmente multiplice, adonque(per la conuersione della diffinitione della incontinua proportionalità)se la.g.k. aggionge sopra la.h.p. la.l.n. aggiongerà sopra la.m.q.& se la minuisse quella minuisse , & se la se equalia quella se equalia,e per tanto leuate communamente la.h.K.& m.n. (per cõmuna sententia)serà che se la.g.h.eccede la.K.p.(cioè che la sia maggiore di quella) che ancora la. l. m.eccederà la.n.q.& se la manca(cioè che la sia minore di quella) la serà minore, & se quella se equalia quella se equalia,adonque(per la settima diffinition) la proportione della.a.c.alla.c.b.serà si come della.d.f.alla.f.e.che è il proposito.

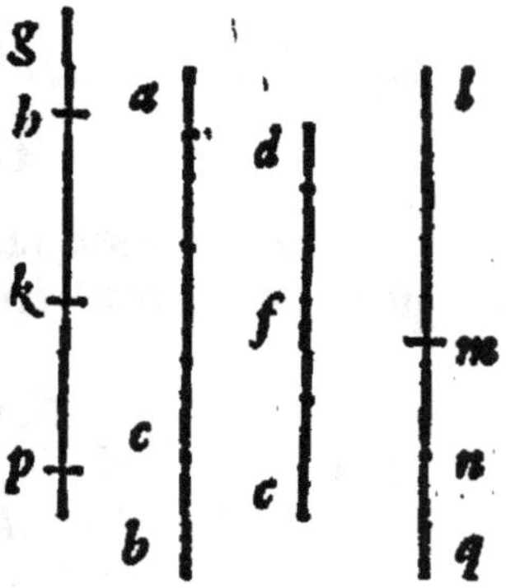

Theorema.18. Propositione.18.

18 Se la quantità seranno disgiuntamente proportionale anchora con-
18 giontamente seranno proportionale.

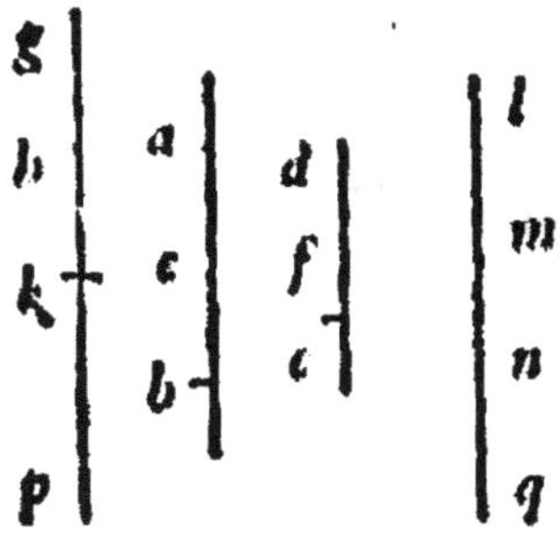

El se dimostra il modo di arguire, ilquale se dice proportionalità congionta, & è el modo conuerso della precedente, e pero alla demostratione di quella sia repigliata la dispositione della detta precedente, cioe rimangano tutti li presuppositi di quella eccetto che'l se suppone la proportion della.a.c.alla.c.b. essere si come della.d.f.alla.f.e.due la proportione della.a.b.alla.b.c.essere si come della.d.e.alla.f.e.perche da questo presupposito & dalli presuppositi della precedente (di multiplici equalmente tolti) il seguita (per la conuersione della diffinitione della discontinua proportionalità) che se la.g.h.soprauanza la.k.p. che la.l.m.soprauanzarà la.n.q. & se la minuisse (ouero manca di quella) quella minuirà, & se la se equalia quella se equaliarà, adonque giontoui communamente la h. K.& la. m.n.seguita (per communa scientia) che se la. g.k. soprauanza la.h.p. che la.l.n.soprauanci la.m.q. & se quella minuisse quella minuisse.& se la se equalia quella se equalia, per laqual cosa (per la settima diffinitione) la proportione della, a, b, alla, b, c, serà si come della. d.e. alla.e.f. che è il proposito.

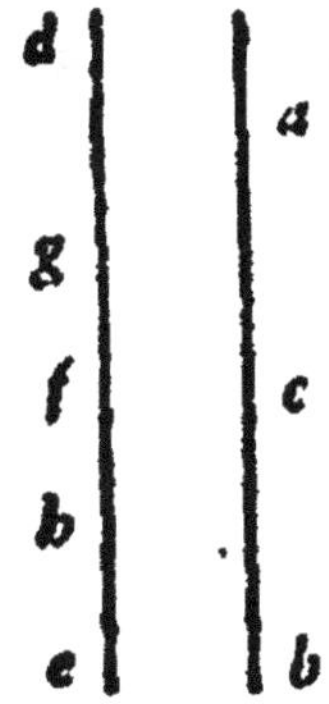

Anchora se pol dimostrare il medesimo indirettamente in questo modo, conciosia cosa che la proportione della, a, c, alla, c, b, sia si come della, d, f, alla, f, e, hor se possibile (per l'aduersario) non sia della, a, b, alla, b, c, si come della, d, e, alla, e, f. sia adonque la proportione della, d, e, ad alcuna altra quantità si come della, a, b, alla, b, c, laquale, ouer che la serà maggiore della.e.f. ouero minore, perche se la fusse a quella equale seria manifesto il proposito, per tanto sia primamẽte maggiore & sia, e, g, & sera (per la precedente) della, a, c, alla, c, b, si come della.d.g.alla.g.e.per laqual cosa (per la undecima) della.d.g.alla.g.e.è si come della, d, f, alla, f, e, seguita adonque (per la quartadecima) che quando la, d, g, prima sia minore della, d, f, terza, la, g, e, seconda serà minore della, e, f, quarta, ma il proposito era che quella fusse maggiore, sia adonque la proportione della.d.e.à quantità minore della.e.f. (laqual sia.e.h.) si come della.a.b.alla.b.c.& (per la precedẽte) serà della.a.c.alla c.b.si come della.d.h.alla, h, e, per laqual cosa (per la undecima) della, d, h, alla, h, e, serà si come della, d, f, alla, f, e, & perche la, d, h, prima è maggiore della, d, f, terza serà (per la quartadecima) la, e, h, seconda maggiore della, e, f, quarta, & perche questo è impossibile, seguita il proposito.

Theorema.19. Propositione.19.

19 Se da duoi tutti seranno tagliate due parti, & che il tutto al tutto sia
19 si come la parte tagliata alla parte tagliata, il rimanente al rimanente serà si come il tutto al tutto.

Quello che propone la quinta di multiplici questa propone uniuersalmente de ogni

ogni proportione, donde questa è tanto piu communa de quella, quanto è la proportione della multiplicità, siano adonque le due quantità, a, b, & c, d, dallequale sian tagliate due parti lequali siano, b, e, & d, f, & sia la proportion de tutta la. a. b. a tutta la c. d. si come la tagliata. b. e. alla tagliata, d, f, dico che la medesima proportione serà del residuo, a, e, al residuo, c, f, che è de tutta la. a. b. a tutta la, c, d, perche essendo la, a, b, alla, c, d, si come la, b, e, alla, d, f, serà permutatamente la, a, b, alla, b, e, si come la c. d. alla, d, f, & disgiontamente la, a, e, alla, e, b, si come la, c, f, alla, f, d, & anchora permutatamente la, a, e, alla, c, f, si come la, e, b, alla, f, d, & perche cosi era la, a, b, alla, c, d, è manifesto il proposito.

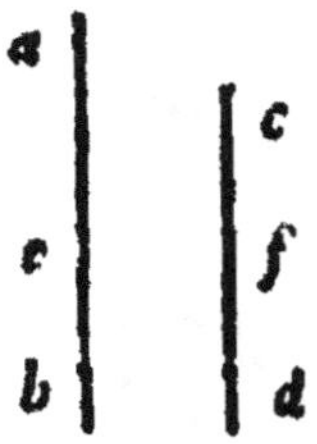

Correlario.

19 Da qui se manifesta che se le magnitudine composite seranno proportionale euersamente etiam seranno proportionale.

Il Tradottore.

Questo soprascritto Correlario in fine della espositione della soprascritta propositione il Campano lo aggiunge come cosa sua, dicendo da questa decimanona & dalla permutata proportionalità uien dimostrato il modo de arguire elqual se dice proportionalità euersa, esempli gratia, sia la, a, b, alla, b, e, si come la, c, d, alla, d, f, dico che la, b, a, alla, a, e, serà si come la, c, d, alla, c, f, perche essendo la, a, b, alla, b, e, si come che è la, c, d, alla, d, f, serà permutatamente la, a, b, alla, c, d, si come la, b, e, alla, d, f, per laqual cosa (per questa decima nona) la, b, a, alla, d, c, e si come la, a, e, alla, c, f. adonque permutatamente la, b, a, alla, a, e, è si come la, c, d, alla, c, f, che è il proposito. Anchora la conuersa proportionalità, laquale (dalla diffinitione della incontinua proportionalità,) hauemo dimostrato in esponere li principij di questo quinto, la puo anchora in questo loco esser demostrata indirettamente dalla permutata proportionalità, & dalla nona di questo, come sel sia la proportione dalla, a, alla, b, si come della, c, alla, d, dico che della, b, alla, a, serà si come della d. alla, c, essendo altramente sia della, d, alla, e, si come della, b, alla, a, & perche della, a, alla, b, è si come della, c, alla, d, serà permutatamente della, a, alla, c, si come della, b, alla, d, & perche anchora della, b, alla, a, si come della, d, alla, e, serà anchora permutatamente della, b, alla, d, si come della, a, alla, e, per laqual cosa serà della, a, alla, e, si come della, a, alla, c, se adonque la, e, non è equale alla, c, accade lo impossibile & contrario della seconda parte della nona, ma se la è equale serà della, b, alla, a, si come della, d, alla, c, che è il proposito.

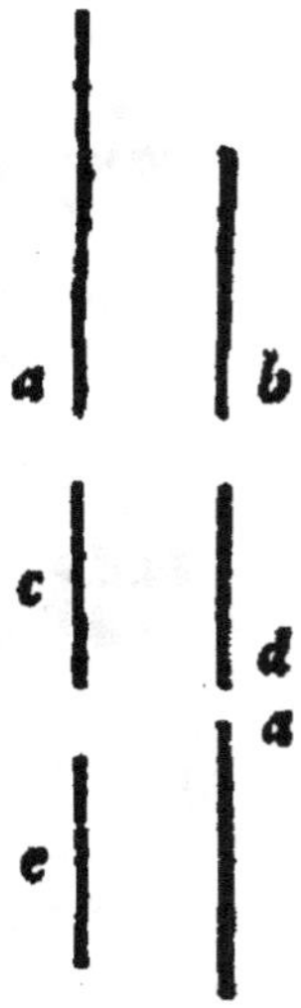

Theorema. 20. Propositione. 20.

20 Se seranno tre quantità dall'un lato prese & altre tante ne siano pre-
20 se dall'altro lato delle quale le prime a due a due siano secondo la proportione delle ultime eglie necessario in la proportione della equalità che se la prima delle prime serà maggiore della ultima, anchora la prima delle ultime de necesita serà maggior della ultima, & se la serà minore, minore, e se la serà equale equale.

Essendo per dimostrare Euclide il modo di arguire, ilquale se dice equa proportionalità, ouero le quantità de duoi ordini rettamente, ouer peruersamente proportionate, el prepone duoi antecedenti necessarij a demostrare il preposito, per il primo di quali se dimostra la equa proportionalità, con le quantità de duoi ordeni direttamente proportoinate, & per il secondo quando quelle seranno proportionate peruersamente, siano adonque le tre quantità, a, b, c, & siano tolte le tre altre lequale siano, c, d, f, & si la proportione della, a, alla, b, si come della. c. alla. d. & della. b. alla, c, si come della, d. alla. f. dico che se la. a. è maggior della. c. che etiam la, c, serà maggiore della, f, & sella è minore, minore, & se la è equale, equale, per che se la è maggiore serà (per la prima parte della ottaua) maggiore la proportione della. a. alla. b. che della. c. alla. b. per laqual cosa (per la duodecima) serà etiam maggiore della. c. alla. d. che della. c. alla. b. & perche, (per la conuersa proportionalità) della, c, alla, b, è si come della, f, alla, d, serà della, c, alla, d, maggior che della. f, alla, d, adonque (per la prima parte della decima) la, c, è maggiore della, f, che è il proposito. ma se la. a. sia minore della, c, per le medesime & al medesimo modo se approua la, c, esser minore della, f, perche serà minore proportione della, a, alla, b, che dell c. e. alla. b. (per la prima parte della ottaua) e pero (per la duodecima & per la conuersa proportionalità) serà minore della, c, alla, d, che della, f, alla, d, e pero (per la prima parte della decima) la, c, serà minore della, f, che è il proposito. ma se la. a. sia equale alla. c. serà (per la prima parte della settima) la proportione della. a. alla. b. si come della. c. alla. b. e pero (per la undecima, & conuersa proportionalità) serà della. c. alla. d. si come della. f. alla. d. per laqual cosa (per la prima parte della nona) la. c. è equale alla, f. che è il proposito, ma questa conclusione alcuni l'hanno demostrata per la proportionalità permutata in questo modo, la proportione della. a. alla. b. e si come della. c. alla. d. adonque permutatamente. della. a. alla. c. e si come della. b. alla. d. un'altra uolta, & perche della. b. alla. c. e si come della. d. alla, f, serà permutatamente della. b. alla. d. si come della. c. alla. f. ma quella della, b, alla. d. era si come della. a. alla. c. adonque (per la undecima di questo) serà della, a, alla, c, si come della. c. alla. f. adonque (per la quartadecima) se la. a. prima è

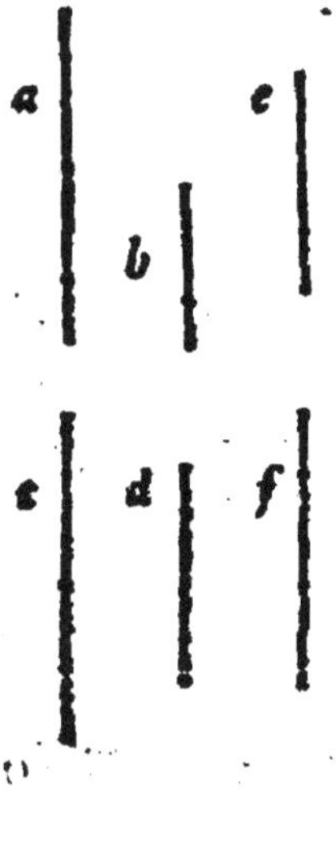

ma è maggiore della.e. terza serà la.c. seconda maggior della.f. quarta, & se la e menor serà menore, & se la è equa serà equale, che è il proposito, ma questi tali hanno errato in la sua dimostratione, perche se la intentione de Euclide fusse de demostrarla in questo modo il non bisognarebbe preponere questa conclusione per antecedente alla equa proportionalità, perche se un'altra uolta sia fatta una permutatione della proportionalità allaquale siamo peruenuto, laqual è esser della.c. si come della.e. alla.f. el seguita che'l sia della.a. alla.e. si come della.c. alla.f. e questo è la equa proportionalità, oltra di questo se le quantità de ambiduoi ordini non seranno tutte d'un medesimo genere, perche se le.a.b.e. fusseno linee & c.d.f. superficie, ouer corpi, ouer tempi, all'hora la conclusione de quelli non seguita de permutare le proportioni, peccano adonque quelli che dimostrano il detto uniuersale particularmente.

Theorema.21. Propositione.21.

21 Se seranno tre quantità dall'uno de lati prese, & altre tante dell'altro
21 dellequale le prime siano tolte a due a due secondo la proportione delle ultime, ma sia perturbata la proportionalità di quelle, anchora eglie necessario nella equa, proportione che se la prima delle prime serà maggiore della ultima. etiam la prima delle posteriore serà maggiore della ultima, & se la serà minore, minore, se la serà equale equale.

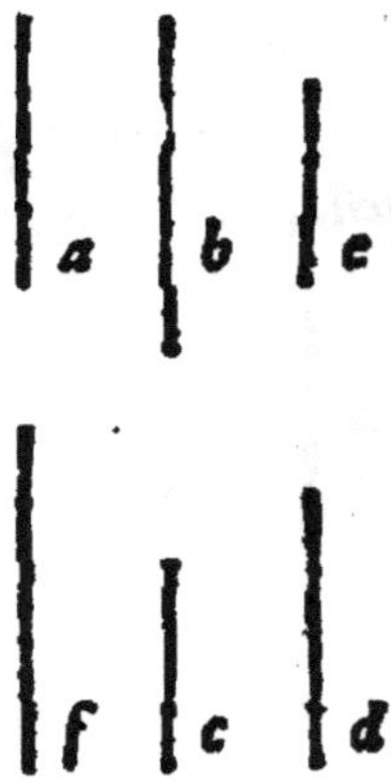

Lo secondo antecedente siano le tre quantità.a.b.e. & ne siano tolte altre tre lequale siano. f. c.d. & sia la proportione della.a.alla.b. si come della.c.alla.d. & della.b. alla.e. si come della.f.alla.c. dico che se la.a. è maggiore della. e. la.f. serà maggiore della.d. & se la è minore serà minore, & se la.e. è equale serà equal, & queste se approua per le medesime uie, & per il medesimo modo con equale fu prouata la precedente, perche se la.a. è maggior della.e. serà maggiore proportione della.a.alla.b. che della.e.alla.b. per laqual cosa serà etiam maggior della.c. alla.d. che della.e.alla.b. e per tanto serà etiam maggior che della.c.alla.f. adonque serà maggior la.f. che la.d. (per la seconda parte della decima,) che è il proposito, ma se la.a. sia minore della.e. serà finalmente minor della.c. alla.d. che alla.f. per laqual cosa (per la medesima parte della medesima) la.f. serà menor della.d. ma se la.a. sia equale alla.e. seguita che'l sia la proportione della.c. alla.d. si come della.c. alla.f. adonque (per la seconda parte della nona) serà la.f. equale alla.d. che è il proposito.

Theo-

Theorema.22. Propositione.22.

22 Se seranno quante quantità si uoglia dall'un lato & altre tante dal
22 l'altro delle quale le ultime a due a due siano secondo la proportione delle prime, in la equa proportionalità seranno proportionali.

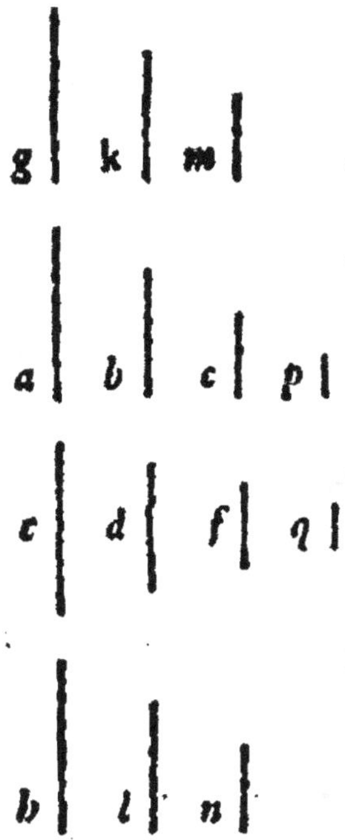

Demostrati li antecedenti alla equa proportionalità, in questo luoco dimostra essa equa proportionalità, e primamente quando le quantità delli dui ordini sono direttamente proportionale, & non è necessario che la sia demostrata, se non quando in l'uno e l'altro di duoi ordeni sono solamente tre quantità, perche per questo siguita euidentemente quando che in l'uno e l'altro ordene seranno quattro, ouero piu quantità, e pero non è stato bisogno de dimostrare li suoi antecedenti saluo quando in l'un e l'altro ordine sian tre quantità, siano adonque le tre quantità, a, b, e, & ne sian tolte tre altre lequale siano, c, d, f, & sia la proportione della, a, alla, b, si come della, c, alla, d, & della, b, alla, e, si come della, d, alla, f, dico che della, a, alla, e, serà si come della, c, alla, f, perche pigliando la, g, alla, a, & la, h, alla, c, equalmente multiplici, & similmente la, k, alla, b, & la, l, alla, d, equalmente multiplici, & unaltra uolta la, m, alla, e, & la, n, alla, f, equalmente multiplici, & serà (per la quarta) la, g, alla, K, si come la, h, alla, l, & la, K, alla, m, si come la l, alla, n, per laqual cosa (per la uigesima) se la, g, è maggior della, m, serà la, h, maggior della, n, & se è minore serà minore, & se è equal serà equale, adonque (per la diffinitione della incontinua proportionalità) della, a, alla, e, è si come della, c, alla, f, che è il proposito. anchora questo puo esser dimostrato (per la quintadecima di questo) tolte le, g, k, m, alla, a, b, e, & le, h, l, n, alle, c, d, f, equalmente multiplice, perche serà (per la quintadecima) la, g, alla, K, si come la, h, alla l, & la, k, alla, m, si come la, l, alla, n, tutte le altre cose trattãdo come prima, ma se le quãtità seranno più di tre in l'uno e l'altro ordine poniamo quattro, giontoli, la, p, & la, q, cosi che la, e, sia alla, p, si come la, f, alla, q, serà unaltra uolta della, a, alla, p, si come della, c, alla, q, perche serà della, a, alla, e, si come della, c, alla, f, perche questo è stato dimostrato di sopra, adonque leuade uia la, b, &, d, seranno le tre quantita, a, e, p, & le altre tre, c, f, q, come se prepone, per laqual cosa della, a, alla, p, serà si come della, c, alla, q, & cosi uien dimostrato de quattro quantità per le tre (leuado uno mezzo) & per il medesimo modo tu demostrerai de cinque per le quattro leuando uia li duoi mezzi & de sei per le cinque leuando uia le tre, & cosi de altre.

Theorema.23. Propositione.23.

23 / 23 Se seranno quante quantità si uoglia dall'un lato, & altre tante dell'altro,

l'altro, dellequale le seconde siano tolte a due a due, secondo la proportione delle prime, ma indirettamente proportionate, in la equa proportionalita' seranno proportionale.

Quiui l'Auttor dimostra la equa proportionalità in le quantità de duoi ordini indirettamẽte, ouer peruersamente proportionate, ne è necessario che sia demostrato se non quando in l'uno e l'altro di duoi ordeni sono solamente tre quantità, perche questo euidentemente seguita di quante quantità ui siano poste in l'uno e l'altro ordine, si come in la precedente è stato demostrato delle quantità diretamente proportionate, sia adõque tre quantità, a, b, e, e siano pigliate altre tre liquali siano, f, c, d, & sia la proportione della, a, alla, b, si come della, c, alla, d, & della, b, alla, e, si come della, f, alla, c, dico che della, a, alla, e, serà si come della. f. alla. d. perche pigliaro la. g. alla, a, e la, h, alla, c, e la, k, alla f, equalmente multiplice & similmente la, l, alla, b, & la, m, alla, e, & la, n, alla, d, equalmente, multiplice & sera (per la quarta) la, g, alla, l, si come la, h, alla, n, & (per la quintadecima) la. l. alla, m, si come la, k, alla, h, per laqual cosa (per la uigesima pirma) se la, g, aggionge sopra la, m, & la, k, aggionge sopra la, n, & se la menuisse la menuisse, & se la se equalia la se equalia, adonque (per la diffinitione della incontinua proportionalità, la proportione della, a, alla, e, è si come della, f, alla, d, che è il proposito, questo anchora puo esser demostrato per la quintadecima di questo, tolte le, g, l, m, alle, a, b, e, & le, k, h, n, alle, f, c, d, equalmẽte multiplice, perche serà (per la quintadecima) della, g, l, si, come della, h, alla, n. & della, l, alla, m, si come della, k, alla, h, tutte le altre cose trattale come prima, tamen piu conuenientemense (questa & la precedente) uengono demostrate secondo il primo modo, ma se in l'uno & l'altro ordine seranno piu di tre quantità, poniamo quattro, giontoli la, p, & la, q, in questo modo che sia della, a, alla, b, si come della, d, alla q, & della, b, alla, c, si come della, c, alla, d, & della, e, alla, p, si come della, f, alla, c, serà unaltra uolta della, a, alla, p, si come della, f, alla, q, (perche per le cose auanti demostrate) serà della, a, alla, e, si come della, c, alla, q, leuade adonque uia la, b, e la, d, seranno le tre quantità, a, e, p, e altre tre, f, c, q, come se prepone per laqual cosa della, a, alla, p, serà si come della, f, alla, q, & cosi uien demostrato delle quattro quantita per le tre leuado uia un mezzo, per il medesimo modo tu demostrarai delle cinque per le quattro leuado uia duoi, mezzi, & de sei per le cinque leuado uia tre, & cosi de altre.

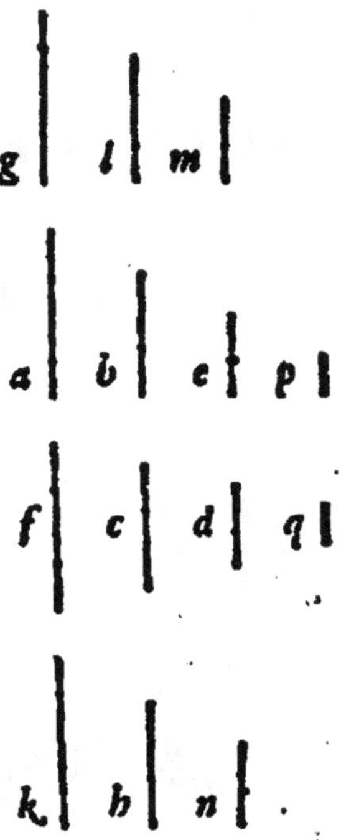

24/24 Theorema. 24. Propositione. 24.

Se la proportione del primo termine al secondo serà si come del terzo al zo al quarto e la proportione del quinto al secondo serà si come del sesto al quarto, la proportione del primo & quinto tolti insieme al secondo serà si come del sesto e terzo tolti insieme al quarto.

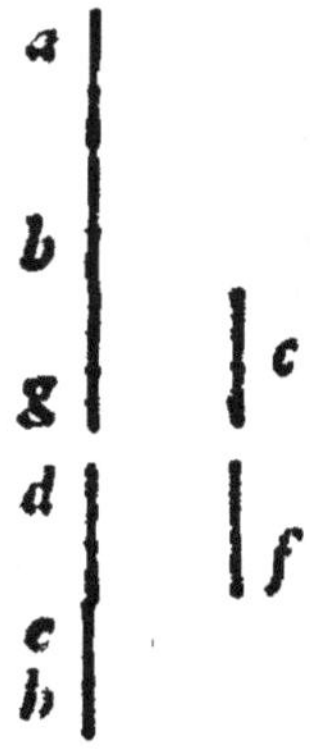

Quello che proposse la seconda di multiplici, questa propone universalmente de ogni proportione, onde è tãto piu communa de quella quanto che è la proportione della multiplicità, & è a quella si come la tertia decima alla prima. sia adonque la proportione della.a.b.alla.c.si come della.d.e.alla.f.& della.b.g.alla.c.si come della.e.h.alla.f.dico che la proportione della.a.g.alla.c.e si come della.d.h.alla.f. perche il serà (per la conversa proportionalità) della.c. alle.b.g.si come della.f.alla.e.h.per laqual cosa (per la uigesima seconda) serà in la equa proportionalità della.a.b.alla.b.g.si come della.e.d.alla.e.h.adonque congiuntamente (per la decimaottava) della.a.g.alla.g.b.serà si come della.d.h.alle.h.e.adonque (per la uigesima seconda) serà in la equa proportionalità della.a g.alla.c. si come della.d.h.alla f.che è il proposito.

Theorema. 25. Propositione. 25.

25/25 Se seranno quattro quantità proportionale, & la prima sia la maggiore di quelle, & la ultima sia la minima, la prima, & la ultima tolte insieme, se approua de necessità esser maggiori delle altre due.

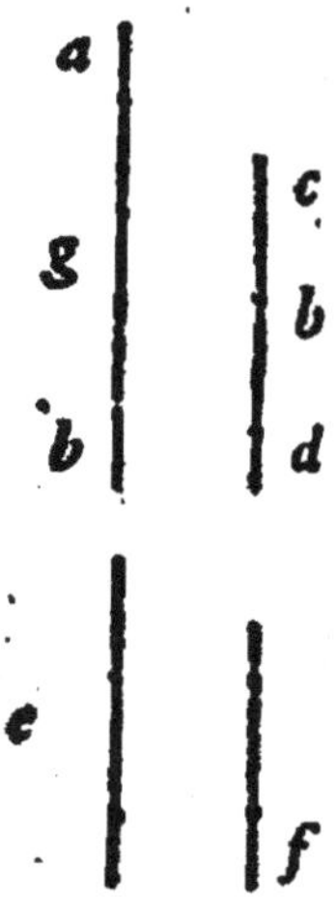

Quello che se prepone in questo luoco non ha loco se non quando tutte le quattro quantità siano d'uno medesimo genere, siano adonque (de quattro quantità de uno medesimo genere) la proportione della.a.b.alla.c.d.si come della.e.alla.f.& sia la.a.b.la piu granda (& non bisogna poner che la. f.sia la minima) perche quello seguita da questo che la.a.b.è posta la piu granda, onde l'Auttor non ha posto questo in conclusione si come positione, ma piu tosto si come conclusione della precedente positione, dico che essendo cosi serà maggiore lo aggregato della. a.b.& .f.che quello della.c.d.& .e.perche essendo maggior la.a.b.della.e.tagliarò dalla.b.a. la. b.g.equale alla.e.similmente anchora perche la.c.d.è maggiore della. f.tagliarò della.c.d.la.h.d.equale alla. f. & (per il presupposito) serà della.a.b.alla.c.d.si come della.g.b.alla.h.d.per laqual cosa (per la decima nona) lo residuo.a.g.al residuo.c.h.serà si come tutta la.a.b.a tutta la.c.d.cioe la.a.b.alla.c.d.conciosia adonque che la.a.g.e alla.c.h.si come la.a.b.alla.c.d.ma la.a.b.è maggiore della.c.d.per laqual cosa la. a.g.è maggiore della.c.h.aggiontoli adonque all'una e all'altra le due quantità.g.b. & .h.d. serà (per communa scientia) lo aggregato della.a.b.& .h.d.maggiore dello aggregato della.c.d.& .g.b.& perche la.d.h.è posta equale alla.f.& la.g.b. alla.e.serà

maggiore

maggiore lo aggregato della. a. b. & f. che lo aggregato della. c. d. & e. che è il proposito.

Il Tradottore.

Tutte le sequente noue propositioni mancano in la seconda tradottione.

Theorema. 26. Propositione. 26.

Se la proportione della prima, de quattro quantità alla seconda serà maggiore che della terza alla quarta, conuersamente serà al contrario, cioe la proportione della seconda alla prima serà minore che della quarta alla terza.

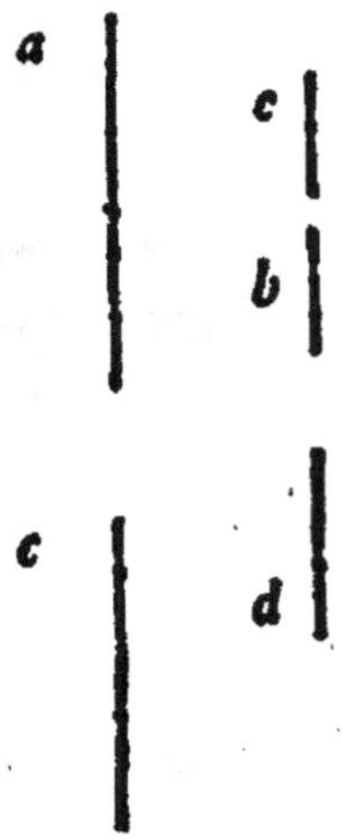

Sia la proportione della. a. alla. b. maggiore che della. c. alla. d. dico che per il modo conuerso, ouero econtrario, la proportione della. b. alla. a. serà minore che della. d. alla. c. essendo altramente per l'aduersario o che la serà quella medesima ò che la serà maggiore, ma se possibile fosse che la proportione della. b. alla. a. fusse si come della. d. alla. c. seguita al contrario che la proportione della. a. alla. b. sia si come della. c. alla. d. laqual cosa non è, anci è maggiore dal presupposito, anchora se possibile è per l'aduersario che la proportione della. b. alla. a. sia maggiore che della. d. alla. c. sia della. e. alla. a. si come della. d. alla. c. & (per la duodecima) la proportione della. e. alla. a. serà minor che della. b. alla. a. per laqualcosa (per la prima parte della decima) la. e. serà minore della. b. e pero (per la seconda parte della ottaua) la proportione della. a. alla. e. serà maggiore che della. a. alla. b. & perche (per la conuersa proportionalità) della. a. alla. e, è si come della. c. alla. d. serà (per la duodecima) la proportione della. c. alla. d. maggiore che della. a. alla. b. & era minore, rimane adonque il proposito, puotemo anchora se'l ne piace arguire il proposito demonstratiuamente, perche è manifesto (per la prima parte della decima) che quella quantità qual alla. b. è quella medesima proportione che è della. c. alla. d. è minore della. a. (imperoche el se pone maggiore la proportione della. a. alla. b. che della. c. alla. d.) adõque quella quantità sia. e. essendo adonque la proportione della, e, alla, b, come della. c. alla. d. serà al contrario della. b. alla. e. come della. d. alla. c. & è manifesto (per la seconda parte della ottaua) che la proportione della. b. alla. a. è minore che la proportione della. b. alla. e. adõque (per la duodecima) la proportione della. b. alla. a. è minore che della. d. alla. c. che è quello che uoleuamo.

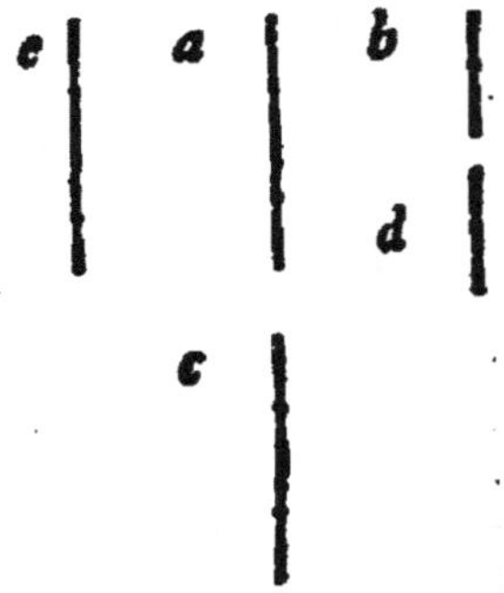

Theo-

Theorema.27. Propositione.27.

27 0 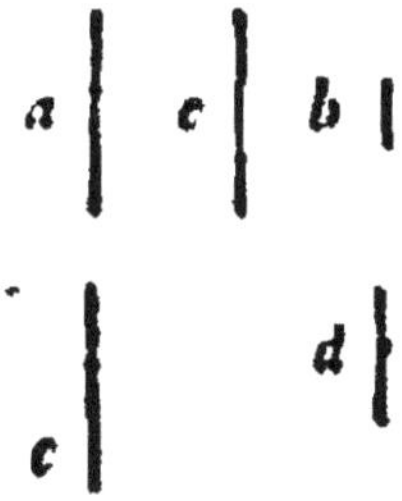

Se'l ferà de quattro quantità maggior proportione della prima alla feconda che della terza alla quarta, ferà permutatamente maggior proportione della prima alla terza che della feconda alla quarta.

Sia anchora in quefto luoco la proportione della. a. alla. b.maggior che della. c.alla.d. dico che ferà permutatamente maggior proportione della.a. alla.c.che della.b. alla.d.perche non ferà la medefima(perche all'hora anchora farebbe permutatamente della.a.alla.b.fi come della.c. alla.d.) & non ferà minore, perche fe quefto fia pofto, fia adonque della,e, alla,c,come della,b,alla,d, & ferà(per la duodecima)maggior proportione della,c, alla,c,che della, e, alla, c, per laqual cofa(per la prima parte della decima)la,e,feria maggiore della,a,adonque(per la prima parte della ottaua)la proportione della, e, alla, b, ferà maggiore che della,a,alla,b,& perche è ftato pofto che'l fia della, e,alla,c, fi come della,b,alla, d,ferà permutatamente della, e,alla,b,fi come della,c,alla, d,(per la duodecima) adonque maggior ferà la proportione della,c,alla,d, che della.a.alla.b. ma era pofto lo contrario, adonque è uero il propofito, oftenfiuamente anchora quello inftesso fecondo che in la precedente, perche è tolta la,e,alla, b,come,la,c,alla,d,ferà(per la prima parte della decima)la. e.minore della.a.per laqual cofa (per la prima parte, della ottaua)maggiore ferà della,a, alla,c,che della,e, alla,c,ma per la premutata proportionalità e della,e, alla,c,come della,b,alla,d,adonque(per la duodecima)della,a,alla,c,è maggiore che della,b,alla,d,che è il propofito.

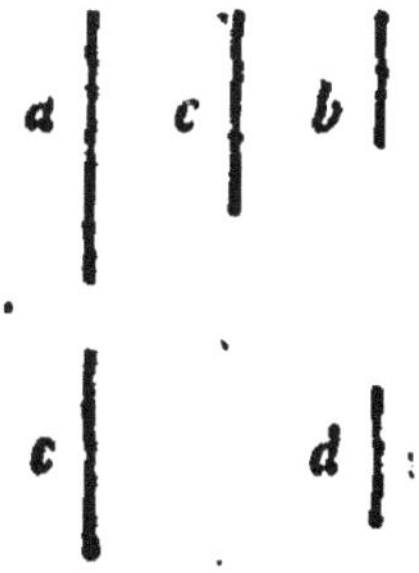

Theorema.28. Propofitione.28.

28 0 Se feranno quattro quantità della quale la prima alla feconda fia maggior proportione che della terza alla quarra ferà anchora congiuntamente maggior proportione della prima e feconda alla feconda che della terza,& quarta alla quarta.

Sia maggiore la proportion della,a,alla,b,che della,c,alla,d,dico che ferà maggiore, propofitione de tutta la,a,b,alla,b,che de tutta la,c,d,alla,d,perche quella (per l'aduerfario)non ferà equale & non ferà minore,perche fella è equal,all'hora ferà difgiuntamente della,a,alla,b,come della,c,alla,d, contra al prefuppofito ma fe la è minore fia della,e,b,alla,b,come della,c,d,alla,d,& ferà(per la duodecima)maggiore proportione della,e,b,alla,b,che della,a,b,alla,b,adonque (per la prima parte della decima) la,e,b, è maggiore che la,a,b, & (per la concettione) la.

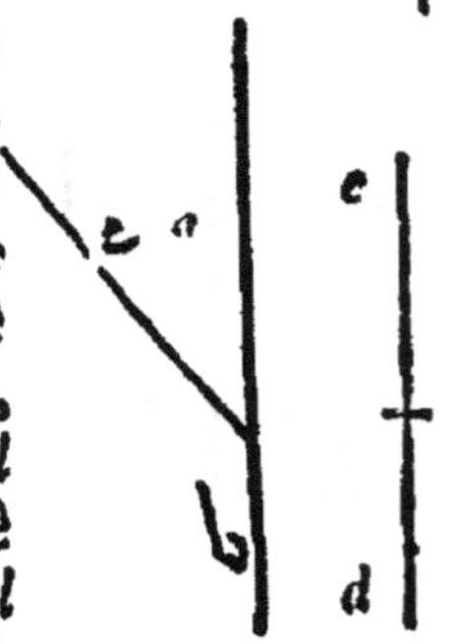

la. e. è maggiore che la. a. per laqual cosa (per la prima parte della ottaua) maggiore e la proportione della, e, alla, b, che della, a, alla, b, ma della, e, alla, b, è come della c. alla. d. (per la disgiunta proportionalità) impero che era della, e, b, alla, b, come della, c, d, alla, d, adonque (per la duodecima) della, c, alla, d, è maggiore che della, a, alla, b, ma questo è contra al presupposito, quel medesimo anchora demostratiuamente, perche quando il preposito sia che maggior sia la proportion della, a, alla, b, che è della, c, alla, d, sia la proportione della, e, alla, b, come della, c, al la, d, & serà (per la prima parte della decima) la, e, minore della. a. adonque (per communa scientia) la, e, b, serà minore che la, a, b, per laqual cosa (per la prima parte della ottaua) maggiore serà la proportione della, a, b, alla, b, che della, e, b, alla, b, ma la proportione della, e, b, alla, b, è (per la congiunta proportionalità) si come della. c. d. alla. d. perche è posto che'l sia della, e, alla, b, come della, c, alla, d, adonque (per la duodecima) maggiore è della, a, b, alla, b. che della. c. d. alla. d. che è il proposito.

Theorema. 29. Propositione. 29.

29/0 Se seranno quattro quantità, delle quale della prima & seconda alla seconda sia maggiore, proportione che della terza & quarta alla quarta, serà anchora disgiuntamente la proportione della prima alla seconda maggiore che della terza & quarta.

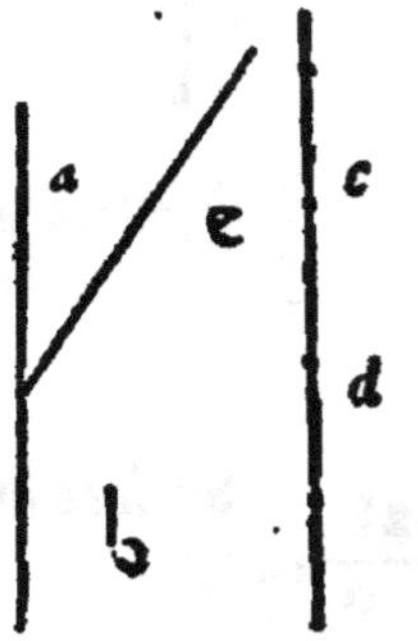

Sia la proportione della. a. b. alla. b. maggiore che della. c. d. alla. d. dico che serà disgiuntamente la proportione della. a. alla. b. maggiore che della. c. alla. d. altramente serà equale. ouero minore, ma se è equale serà (per la congiunta proportionalità) della. a. b. alla. b. come della. c. d. alla. d. laqual cosa è contra il prosupposito, ma se è minore serà maggiore della. c. alla. d. che della. a. alla. b. adonque (per la precedente) serà maggiore della, c, d, alla, d, che della, a, b, alla, b, che è inconueniente perche è stata posta minore, adonque, è uero quello che uien detto laqual cosa anchora demostratiuamente la demostremo in questo modo, perche ponemo che la proportione, della, e, b, alla, b, sia come la proportione della, c, d, alla. d. & serà (per la prima parte della decima) la, e, b, minor che la. a. b. per laqual cosa (per communa scientia) la, e, è minore che la, a, minore è adonque (per la prima della ottaua) la proportione della. e. alla. b. che è della. a. alla. b. ma la proportione della, e, alla, b, è si come della, c, alla, d, (p la disgiunta proportionalità) adonque (per la duodecima) la proportione della, a, alla, b, è maggiore che della, c, alla, d, che è il proposito.

Theorema. 30. Propositione. 30.

30/0 Se seranno quattro quantità, dellequale della prima e seconda alla seconda

seconda sia maggior proportione, che della terza e quarta alla quarta serà euersamente minor proportione che della prima e secōda alla prima che della terza e quarta alla terza.

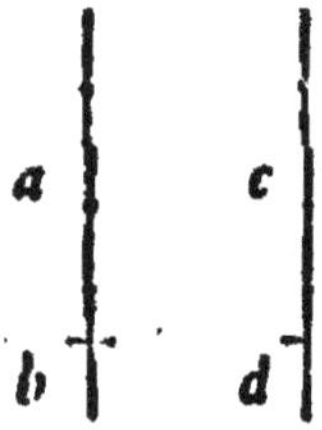

Sia maggiore la proportion della.a.b.alla.b.che della.c.d.alla.d.dico che euersamente minor serà la proportione della.a.b.alla.a.che della.c.d.alla.c.perche serà disgiuntamente (per la precedente) maggior proportione della.a.alla,b.che della,c.alla d.adonque(per la uigesima sesta) serà econuersò minor della.b.alla.a,che della.d.alla.c.per laqual cosa (per la auante alla precedente) congiuntamente serà minore della.b.a.alla.a.che della,d,c,alla,c,che è il proposito.

Theorema.31. Propositione.31.

31 Se seran tre quantità in uno ordine, & anchora tre in uno altro & serà della prima delle priore alla seconda maggior proportione che della prima delle posteriore alla seconda, & similmente della seconda delle priore alla terza maggiore che della seconda delle posteriore alla terza, serà anchora della prima delle priore alla terza maggior proportione, che della prima delle posteriore alla terza.

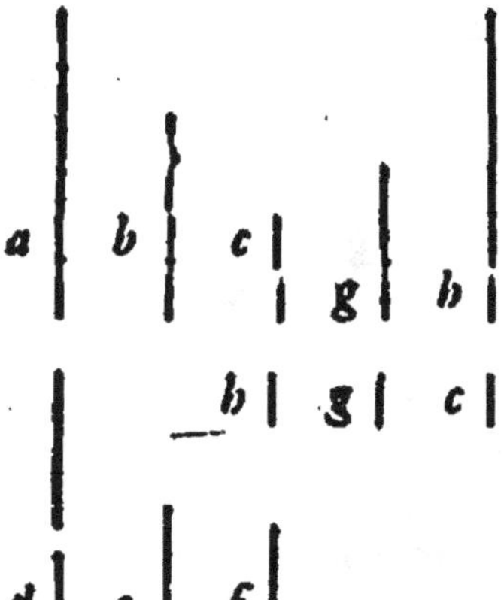

Siano le tre quantità,a,b,c,& similmente altre tre,d,e,f,& sia maggiore proportione della.a,alla,b, che della,d,alla,e, & similmente maggiore della.b.alla,c,che della,e,alla,f,dico, che maggiore serà la proportione della,a,alla,c,che della,d,alla,f,perche sia la,g,alla,c, come la,e,alla.f.& serà (per la prima parte della decima) la.g.minore della.h.per laqual cosa (per la seconda parte della ottaua) la proportione della,a,alla,g,è maggiore che della,a,alla,h, molto maggiore adōque è la proportione della.a.alla.g.che della,d,alla,e,sia adonque della.h.alla,g,come della,d,alla,e, & serà (per la prima parte della decima) la.a.maggiore della,h,per laqual cosa (per la prima parte della ottaua) la proportion della,a,alla,c,è maggiore che la proportion della,h,alla,c,ma la proportione della,h,alla,c,e (per la equa proportionalità) si come della,d,alla,f, perche è della,h,alla,g,come della,d,alla,e, & della,g,alla,c,come della,e,alla,f, adonque (per la duodecima) la proportion della,a,alla,c,è maggior che della,d,alla,f,per laqual cosa è manifesto il proposito.

Theorema.32. Propositione.32.

32 Se seranno tre quantità in uno ordine, & similmente tre in uno altro & serà

& serà la proportione della seconda delle priore alla terza maggiore, che della prima delle posteriore alla seconda: similmente della prima delle priore alla seconda maggiore che della seconda delle posteriore alla terza, serà maggiore la proportion della prima delle priore alla terza che della prima delle posteriore alla terza.

Perche siano tre quantità in uno ordine. a. b. c. & similmente tre in uno altro. d.e.f. secondo che in la precedente. & sia maggiore la proportion della.b.alla.c.che della.d.alla.e.& maggior della. a. alla. b. che della.e.alla.f.dico che maggior serà la proportion della.a.alla.c.che della. d. alla.f.perche sia la.g. alla.c.come la.d.alla.e.& serà la. g. minor della. b.(per la prima parte della decima) per la qual cosa maggior serà la proportion della. a. alla.g. che alla.b.(per la seconda parte della ottaua) adonque molto maggior è della. a.alla.g.che della.c.alla.f.sia adonque della. b. alla. g. come della. e. alla.f.& serà la. a. maggiore della.b.(per la prima parte della decima) per laqual cosa la proportion della . a . alla . c . è maggiore che della.b.alla.c. (per la prima parte della ottaua) ma (per la uigesima tertia) la proportion della.b.alla.c.è come della.d.alla.f.imperoche è della. g.alla.c.come della.d.alla.e.& della.b.alla. g. come della.e.alla.f.adonque (per la. 12.) maggior è la proportione della.a.alla.c.che della.d.alla.f.che è il proposito.

Theorema.33. Propositione.33.

33 Se la proportione del tutto al tutto serà maggiore, che del tagliato
o al tagliato, serà del residuo al residuo maggior proportione che del tutto al tutto.

Siano le due quãtità. a. & . b. dalle quale siano tagliate le.c. & .d.& li residui siano.e. & .f.& sia maggior proportione della.a.alla.b.che della.c.alla.d. dico che maggior serà la proportione della.e.alla.f.che della.a.alla.b. perche serà (per la uigesima settima) permutatamente maggior proportione della. a. alla. c. che della. b.alla. d. per laqual cosa (per la trigesima) serà euersamente minor proportione della.a.alla.e che della.b.alla.f. adõque un'altra uolta (per la uigesima settima) permutatamente dalla.b.alla.a.sarà maggior che dalla.f.a'la.e.per la qual cosa (per la.26.) minor serà della.a.alla.b.che della.e.alla.f.che è il proposito.

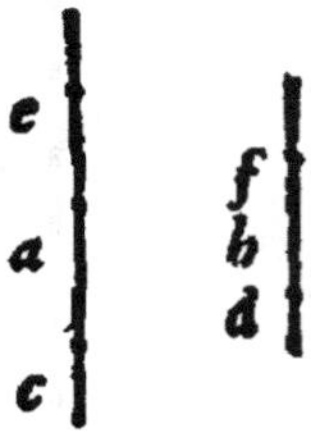

Theorema.34. Propositione. 34.

34 Se quante si uoglia quantità seranno comparate a altratante altre,
o & serà de qualunque precedente alla sua relatiua maggior proportione che de alcuna subsequente alla sua, serà de tutte queste tolte insieme a tutte quelle tolte insieme maggior proportione, che de alcuna

cuna, non di cadauna di quelle non di alcuna di loro delle subsequente alla sua comparata,& anchora che de tutte tolte insieme a tutte tolte insieme, ma menor che della prima alla prima.

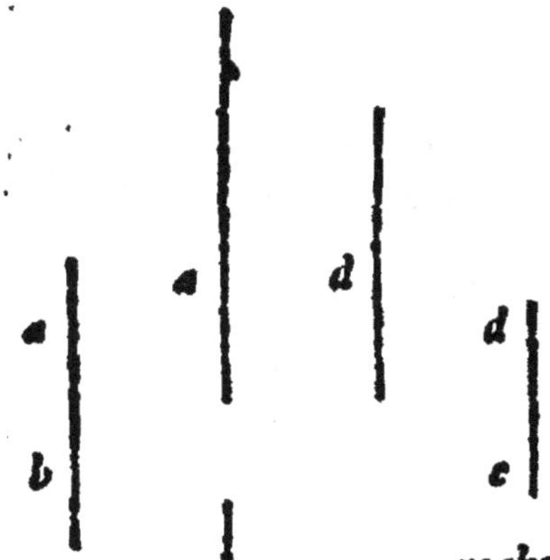

Siano le tre quantità, a, b, c, referte a altretante lequale siano, d, e, f, & sia maggiore la proportione della, a, alla, d, che della, b, alla, e, & della, b, alla, e, sia maggiore che della c, alla, f, dico che la proportione delle, a, b, c, tolte insieme alle d, e, f, tolte insieme è maggiore proportione che della, b, alla, e, overo maggiore che della, c, alla, f, & etiam maggiore che delle, b, &, c, tolte insieme alle, e, &, f, tolte insieme, et che quella è minore che della, a, alla, d, perche essendo della, a, alla, d, maggiore che della, b, alla, e, serà permutatamente della, a, alla, b, maggiore che della, d, alla, e, & congiuntamente delle, a, b, alla, b, maggiore che delle, d, e, alla, e, & un'altra uolta permutatamente delle, a, b, alle, d, e, maggiore che della, b, alla, e, per laqual cosa (per la precedente) della, a, alla, d, è maggiore che delle, a, b, alle, d, e. & per il medesimo modo se approua esser maggiore della, b, alla, e, che delle, b, c, alle, e, f, adonque maggiore proportione è della, a, alla, d, che delle, b, c, alle, e, f, per laqual cosa permutatamente maggiore è della, a, alle, b, c, che della, d, alle, e, f, & congiuntamente maggiore delle, a, b, c, alle, b, c, che delle, d, e, f, alle, e, f, & un'altra uolta, permutatamente maggiore delle, a, b, c, alle, d, e, f, che delle, c, b, alle, e, f. per laqual cosa (per la precedente) maggiore è della. a. alla. d. che delle, a, b, c, alla, d, e, f, che è il proposito.

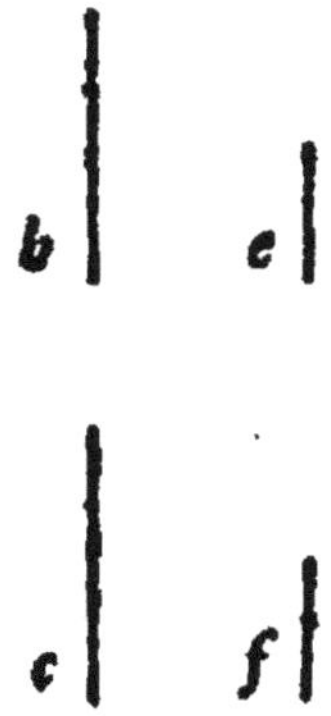

IL FINE DEL QVINTO LIBRO.

LIBRO SEXTO DI EVCLIDE.

Diffinitione prima.

1/1 Le figure rettiline simile, sono quelle che hanno li angoli a uno per uno equali, & li lati che sono cerca alli angoli equali, proportionali.

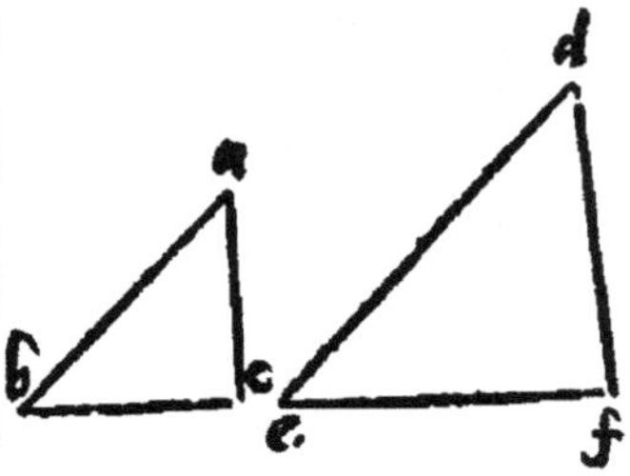

Come se'l triangolo. a. b. c. serà equiangolo al triangolo, d, e, f, cioe che l'angolo. a. sie equale al l'angolo, d, & l'angolo, b, equale all'angolo, e, & l'angolo, c, al l'angolo. f. & che la proportione del lato, a, b, al lato, d, e, sia si come del lato, a, c, al lato, d, f, & del lato, b, c, al lato e, f, essi seranno simili, il medesimo si debbe intendere in ogni altra specie di figura, si paralellogramma come non paralellogramma.

Diffinitione. 2.

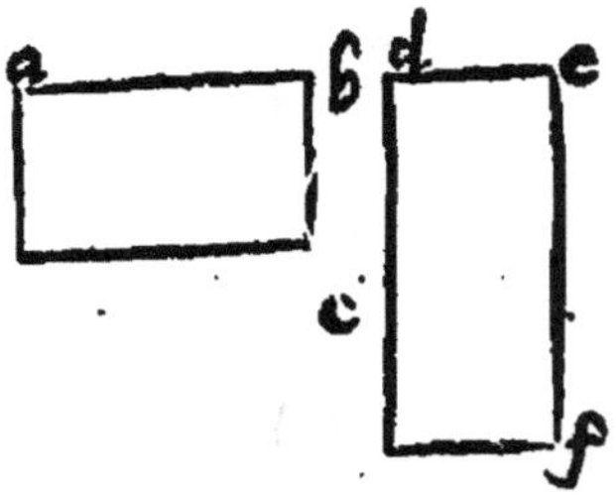

2/2 Le superficie de lati mutui, ouero reciproce, sono quelle in tra li lati dellequale se hauerà la proportionalità retransitiuamente.

Come se delli duoi quadrilateri. a. b. c. & d. e. f. la proportione del a. a. b. (lato del primo) al. d. e. (lato del secondo) serà si come la proportione del. e, f. (lato del secondo) al. b. c. (lato del primo) essi duoi quadrilateri se diranno de lati mutui ouer mute. che sia, ouer secondo la seconda tradottione figure reciproce.

Diffinitione. 3.

3/3 Vna linea se dice esser diuisa seconda la proportione hauente il mezzo, & duoi estremi quando che egliè quella medesima proportione di tutta la linea alla sua maggiore sectione che è della maggior sectione alla minore.

Il Tradottore.

Esempli gratia, quando che la proportione di tutta la linea, a, b, alla sua maggiore parte, a, c, fusse si come della detta parte, a, c, all'altra parte, c, b, tal linea se diria esser diuisa secondo la proportione hauente il mezzo & duoi estremi in ponto. c.

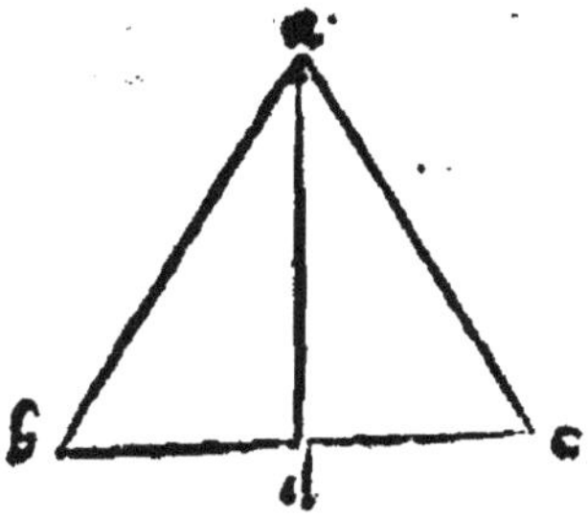

Diffinitione. 4.

o/4 L'altezza di ciascuna figura è la perpendicolare dutta dalla uertice ouer cima di quella alla basa.

Il Tradottore.

Essempli gratia, la altezza del triangolo, a, b, c, non se intende esser la linea. a. b. ne anchora la linea, a, c, ma solamente la perpendicolare dutta dalla uertice, ouer cima di quella, cioe dal ponto, a, alla basa, b, c, cioe la linea, a, d.

Diffinitione. 5.

o/5 Vna proportione se dice esser composta da due proportioni, ouero piu, quando le quantità de alcune proportioni multiplicate fanno la quantità di detta proportione.

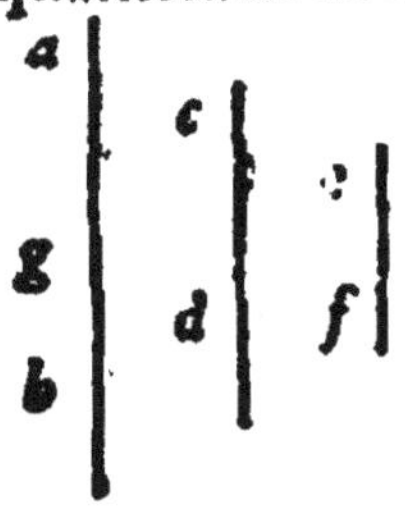

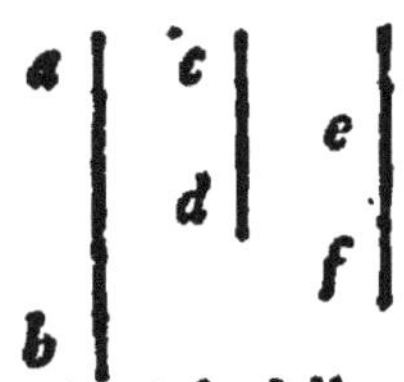

Sia che la quantità. a. b. habbia una data proportione alla quantità. c. d. (come seria dupla, ouero tripla, ouero qualunque altra) & la. c. d. alla. e. f. habbia medesimamente una data proportione, dico che la proportione della. a. b. alla e. f. e cōposta della proportione della. a. b. alla. c. d. & della. c. d. alla. e. f. ouero se la quātità della proportione della. a. b. alla. c. d. multiplicata in la quantità della proportione della. c. d. alla, e, f, fa la quantità della proportione della, a, b, alla, e, f. similmente dico che la proportion della detta, a, b, alla, e, f, se dice esser composta della proportione della detta, a, b, alla, c, d, & della, c, d, alla, e, f, & sia primamente la, a, b, maggiore della, c, d, & la, c, d, della, e, f, & sia la, a, b, doppia della, c, d, & la c. d. tripla della. e. f. perche adonque la. c. d. è tripla della. e. f. & la. a. b. è doppia della. c. d. adonque la. a. b. è sexupla della. e. f. & se dupplicamo alcuno triplo se fa sesuplo, & questo dico essere propriamente la cōpositione, ouer in questo altro modo pche la, a, b, è doppia alla, c, d, sia diuisa la, a, b, in parti equali alla, c, d, e q̄ste siano a. g. & g. b. & pche la. c. d. è tripla alla. e. f. & la. a. g. è equal alla. c. d. adūque e la. a. g. e tripla alla. e. f. p laqualcosa ancor la. g. b. è similmēte tripla alla. e. f. adūq; tutta la. a. b. è sesupla alla medesima. e. f. adōque la proportione della. a. b. alla. e. f. (cōposta dalla proportion della. a. b. alla. c. d. et della. c. d. alla. e. f.) uiē colligata dal termine di mezzo, cioe dalla, c, d. e similmēte se la. c. d. serà minor di l'una e di l'altra delle medesime, a, b, & e, f, q̄l medemo se trouarà, e p dilucidare q̄sto (de nouo) sia la. a. b. tripla allo. c. d. et che la. c. d. sia la mità della. e. f. e pche la. c. d. è la mità della e. f. et la. a. b. e tripla alla, c, d, adōque la. a. b. è sesquialtera della. e. f. (cioe uno tāto e mezzo) e se treplicamo alcun mezzo farà pur uno e mezzo, e pche la. a. b. è tripla alla, c, d, & la, c, d, è la mità della, e, f, di quella quātità (equal alla, c, d,) della quale la.

le la, a, b, è di tre tale de due tale è la, e, f, per laqual cosa la, a, b, è sesquialtera della, e, f, adonque la proportione della, a, b, alla, e, f, (composta della proportione) della, a, b, alla, c, d, et della, c, d, alla, e, f, uien colligata per la, c, d, (termine di mezzo) ma poniamo anchora che la, c, d, sia maggiore di l'una & di l'altra delle due, a, b, & , e, f, & sia che la, a, b, sia la mitade di essa, c, d, & la c, d, sia sesquitertia alla, e, f, adonque perche di quella tal quantità che la, a, b, è due tale, di quattro tale è la, c, d, & quella tal quantità che la detta, c, d, è quattro tale la, e, f, è di tre tale, adonque di qual quantità la, a, b, è di due tale la, e, f, è di tre tale, adõque un'altra uolta la proportione della, a, b, alla, e, f, (laqual è come di duoi a tre) uien colligata dal termine di mezzo, il medesimo anchora seguirà in piu proportioni & in altri casi, & è manifesto che se da una composta proportione sia cauata ciascuna delle componẽte, gettato uia uno delli estremi restarà l'altro estremo delle componente.

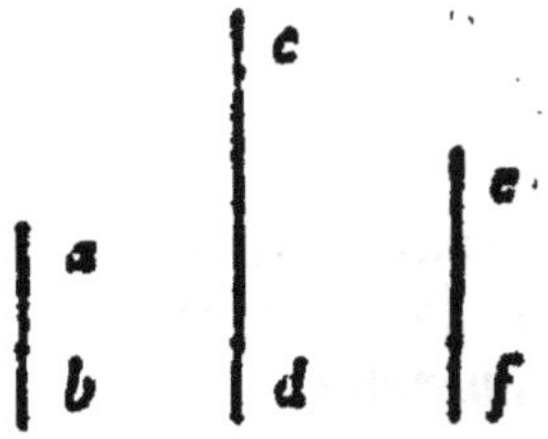

Il Tradottore.

Per intelligentia delle cose dette nella soprascritta diffinitione bisogna notare, che la quantità di una proportione si debbe intendere la denomination di q̃lla, esempli gratia, la quantità, ouer denominatione de ogni proportion dupla è dui, e di ogni tripla e tre, & di ogni quadrupla è quattro, e cosi discorrendo in ogni altra proportione multiplice, & similmente la quantità, ouer denominatione de ogni sesquialtera è uno e mezzo, & di ogni sesquitertia è uno e uno terzo, & di una sesquiquarta è uno e uno quarto, & cosi discorrendo in ogni altra superparticulare, & similmente la quantità, ouer denominatione di ogni superbipartiens tertias è uno e duoi tertij, e de ogni supertrepartiens quartas è uno e tre quarti similmente di ogni dupla sesquialtera è duoi e mezzo, e d'una tripla sesquialtera è tre e mezzo, et d'una quadrupla superbipartiens tertias e quattro e duoi tertij, & una quadrupla supertripartiens quartas è quattro e tre quarti, & cosi discorrendo in ogni altra qualità di multiplice superparticolare & di ogni multiplice superpatiente, & queste tal quantità, ouero denominationi si trouano per regola generale, partendo ogni antecedente per il suo consequente, o sia della maggior inequalità, ouer della minore, esempli gratia, la denominatione di duoi a uno (che è dupla) e duoi, & la denominatione di una a duoi (che è una subdupla) e mezzo, lequal denominatione si trouano partendo l'antecedente per il consequente, & cosi seguita nelle altre specie, adonque una proportione sesupla (la denominatione della quale e. 6.) se dirà esser composta da una dupla, & da una tripla, perche multiplcando le lor denominationi, ouer quantità (che è duoi & tre) fanno sei, cioe la quantinà di detta sesupla, & similmente una proportione uintiquadrupla (la denominatione della quale è uintiquattro) se dirà esser composta da una dupla, & da una dodecupla, ouero da una quadrupla & da una sesupla, perche le dette denominationi multiplicate fanno uintiquattro, anchora se pol dire che sia composta da tre propor-

 tioni,

tioni, cioè da una dupla & da una tripla & da una quadrupla, perche le lor quantità, ouero denominationi multiplicate l'una fia l'altra, & quel produtto fia l'altra fa pur uintiquattro, & questo è quello che in la diffinitione se uol inserire.

Theorema prima. Propositione prima.

1/1 Se l'altezza de due superficie rettilinee de lati equidistanti, ouero de duoi triangoli serà una medesima, la proportione dall'una all'altra di quelle serà si come la basa di l'una alla basa di l'altra.

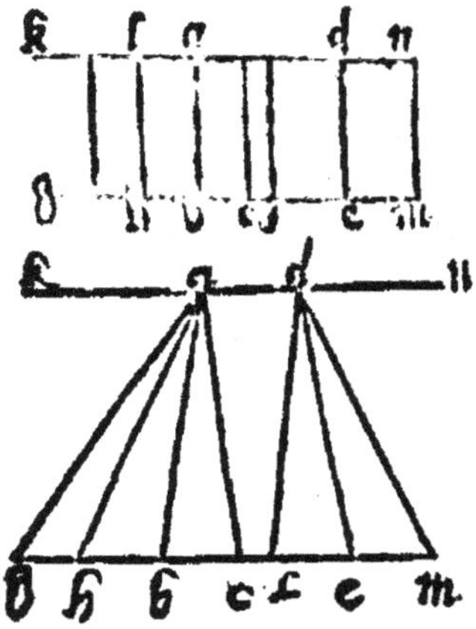

Siano li duoi parallelogrammi, a,b, c, d,e, f, de equal altezza, dico la proportione de quelli esser si come, la.b.c. alla.e.f. ponerò quelli duoi parallelogrammi sopra una linea, laqual sia la, g, m, & seranno (perche sono de equal altezza) fra linee equidistante, delle quale l'altra sia la.k.n. dapoi dalla linea, g, m, torò la.g.c. multiplice alla, b, c, (secondo che numero uorò) e dividerò quella in parti equali alla.b.c. in li ponti.h.e b. dalli quali & dal ponto, g, condurò le linee equidistante alla linea, a, b, lequale sono.g.k, & .h.l. & compirò le superficie de equidistanti lati.k.h. & .l.b. & serà ciascuna di quelle (per la trigesima sesta del primo) equale alla, a, c, per laqual cosa si come che la linea.g.c. è multiplice alla linea, b, c, cosi è la superficie.c.k. alla sup̃ficie.a.c. similmẽte alla linea, e, f, torò dalla linea, g, m, la linea, f, m, multiplice (secondo che numero uorò) alla.e.f. & compirò la superficie de equidistanti lati dutta la linea.m.n. equidistante alla linea.d.e. & serà la superficie.n.f. cosi multiplice alla superficie, d, f, si come la linea.m.f. alla linea.e.f. & perche (per la.36.del primo) se la linea.g.c. è maggiore della.f.m. la superficie.k.c. è maggiore della superficie.n.f. & se minore minore, & se equale equale, serà (per la diffinitione della incontinua proportionalità) la medesima proportione della basa.b.c. alla basa.e.f. ch'è della superficie.a.c. alla superficie.d.f. che è il proposito, delli triãgoli de equal altezza il medesimo tu approuerai, & per il medesimo modo (per la trigesimaottaua del primo) dutte le linee dalle estremità de quelle linee che tu torai multiplice alle base, alle uertice de triangoli.

Theorema.2. Propositione.2.

2/2 Se una linea retta segante li doi lati d'un triãgolo, serà equidistante all'altro lato, & necessario che quella seghi quelli duoi lati proportionalmente, et per il contrario, se quella linea segha quelli lati proportionalmente necessariamente quella serà equidistante all'altro lato.

Sia il

Sia il triangolo.a.b.c.del quale la linea.d.e.seghi li duoi lati,a,b,& ,a,e,equidistantamente al terzo lato,ilquale è.b.c.dico che la proportione del.a.d.al.d.b.serà si come del.a.e.al.e.c. & per auerso,se'l serà la proportione del.a.d.al.d.b. si come del.a.e.al.e.c.la linea.d.e.serà equidistante alla linea.b. c.perche protarò le due linee.e,b.&.d.c.et serà(per la trigesima settima del primo)il triangolo,e,b,d,equale al triangolo,e,d,c,per questo che ambiduoi quelli sono sopra la linea.d.e. & fra le linee equidistante, e per tanto (per la seconda parte della settima del quinto) la proportione del triangolo. a.d.c. all'uno e l'altro de quelli serà una medesima, ma la proportione de quello(per la precedente)al triangolo,e,d,b,è si come della linea a.d. alla linea. d.b.& al triangolo.d.e.c.si come la linea.a.e.alla linea.e.c.perche quello con l'uno e l'altro de quelli è de equal altezza.per laqual cosa la proportione delle.a.d.al.d.b.serà si come del.a.e.al.e.c.che è il proposito prima:e se questo serà(per la precedente) serà del triangolo. a.d.e. all'uno e l'altro de quelli una proportion, per laqual cosa(per la seconda parte della nona del quinto)quelli sono fra lor equali:& perche quegli sono sopra una medesima basa,cioe sopra la linea. d.e. & da una medesima parte serà(per la trigesima nona del primo)la linea.d.e.equidistante alla linea.b.c.che è il secondo proposito.

Theorema.3. Propositione.3.

3 Se una linea dutta d'alcun deli angoli d'un triangolo alla basa seghi
3 quello angolo in due parti equali,le due parti della basa se approua esser proportionale alli altri duoi lati del medesimo triangolo,e se le due parti della basa lequale distingue la linea dutta dall'angolo seran proportionale alli altri duoi lati il se approua quella linea necessariamente diuidere quel angolo in due equale.

Sia il triangolo.a.b.c.del quale la linea.a.d. diuida l'angolo.a.in due parti equale,dico che la proportione della.b.d. alla.d.c.è si come del lato. b.al lato.a.c. & e conuerso,et per dimostrare questo tirarò la. b.e. equidistante alla.a.d.& produrò la.c.a.fina a tanto che la cōcorra con la.b.e.nel ponto.e.e serà(per la prima parte della uigesima nona del primo)l'angolo.e.b.a.equale all'angolo.b.a.d.(& per la seconda parte della medesima) l'angolo.e. all'angolo.d.a.c.per la qual cosa lo angolo.e. è equal all'angolo.e.b.a.adonque (per la sesta del primo)la.e.a.è equal alla.a.b.e però (per la prima parte della settima del quinto)la proportion della. e.a.alla.a.c. è si come della.b.a. alla.a.c.ma per la premessa della.e.a.alla.a.c.è si come della.b.d.alla.d.c.adonque della.b.a.alla.a.c.è si come della.b. d. alla. d. c. che è il primo proposito.la seconda parte,laquale conuersa della prima se aprouerà per lo conuerso modo, perche stante la medema dispositione sel serà la proportion

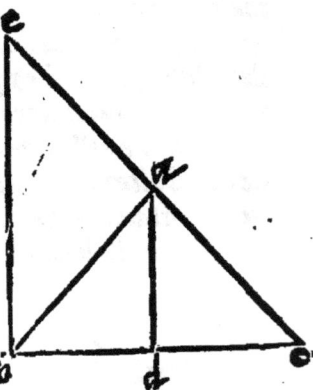

della.b.a.alla.a c.si come della.b.d.alla.d.c.perche(per la precedente)della.e.a.alla.a.c.si come della.b.d.alla.d.c.serà la medesima proportione della.e.a.alla.a.c.che è della.b.a.alla.a.c.adonque(per la prima parte della nona del quinto)la.e.a.et.a.b.son equale,per laqual cosa(per la quinta del primo)li duoi angoli.e.&.e.b,a.son equali,adonque(per la prima e seconda parte della uigesima nona del primo) lo angolo,b,a,d,è equale all'angolo,d,a,c,che è il secondo proposito.

Il Tradottore.

El concorso della protratta linea.a.e.con la linea.b.e.ilqual dall'aduersario potria esser negato, se dimostra in questo modo, perche la linea.c.b.cade sopra le due paralelle.d.a.&.b.e.l'angolo,e.b.d.intrinsico(per la seconda parte della uigesima nona del primo)è equale all'angolo,a,d,c, estrinsico, giongendo adonque al l'uno e l'altro l'angolo, a,c,d,(per la seconda communa sententia)li duoi angoli,e,b.c.&.q.c.b.seranno equali alli duoi angoli.a.c.d.&.a.d.c.del triangolo.a.d.c.& perche li duoi angoli.a.d.c.&.a.c.d.del triangolo,a,d,c,(per la decima settima del primo) sono minori de duoi angoli retti, seguita adonque che li duoi angoli.e.b.c.&.a.c.b.sono etiam minori de duoi angoli retti, adonque protrahendo da quella parte le due linee.e.a.&.b.c.(per la quarta petitione)è necessario che quelle concorrano insieme,che è il proposito.

Theorema.4. Propositione.4.

4 D'ogni triangoli di quali li angoli dell'un a li angoli di l'altro son e-
4 quali,li lati che risguadano li angoli equali sono proportionali.

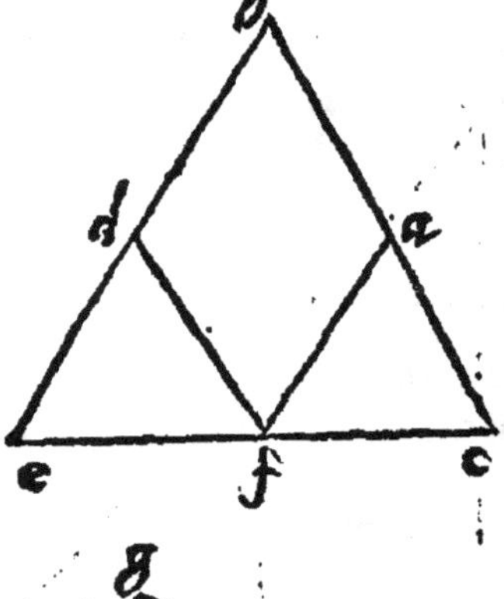

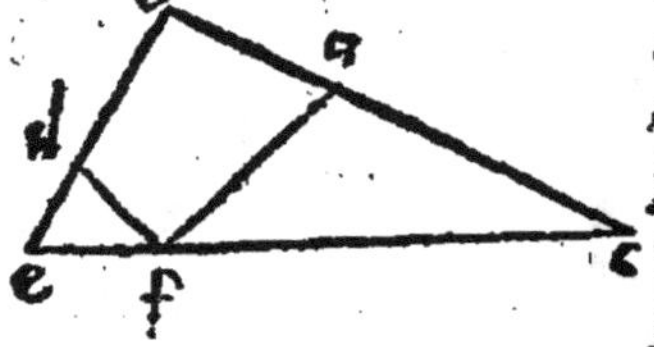

Siano li duoi triangoli,a,b,c,d,e,f,equiangoli & sia l'angolo,a,equale all'angolo,d,& l'angolo,b,al l'angolo,e,& l'angolo,c,all'angolo,f,dico che la proportione del lato,d,e,al,a,b,& del,d,f,al,a,c,è si come del,e,f,al,b,c,e per dimostrare questo ponerò ambi dui li triangoli sopra una linea (laqual sia,e,c,) in tal modo che li duoi angoli de uno, liquali seranno sopra questa linea sian equali alli duoi angoli dell'altro liquali seranno sopra la medesima linea,non il medio al medio, ouero lo estremo al estremo, ma il medio dell'uno allo estremo dell'altro, & ponerò li duoi medij angoli de quelli congiungersi in uno medesimo ponto, & sia.a,f,c,quel medesimo triangolo ilqual era.a.b.c,& perche l'angolo,a,f,c,è equale all'angolo.e.& l'angolo.d.f.e.all'angolo,c,(per il presupposito)serà (per la prima parte della uigesima ottaua del primo) la linea,a,f,equidistante alla,d,e,& la,d,f,equidistate alla.a.c.compirò adonque la superficie de equidistanti lati laqual sia,g,f,serà (per la trigesima

sima quarta del primo) la, g, a, equale alla, d, f, & la, g, d, equale alla, a, f, perche adonque (per la seconda di questo) la, g, a, è alla. a. c. si come la, e, f, alla, f, c, et (per la medesima) la, e, f, alla, f, c, è si come la, c, d, alla, d, g, serà (per la settima del quinto) la, d, f, alla, a, c, & (per la medesima) la. c. d. alla. f. a. si come la. c. f. alla. f. c. che è il proposito.

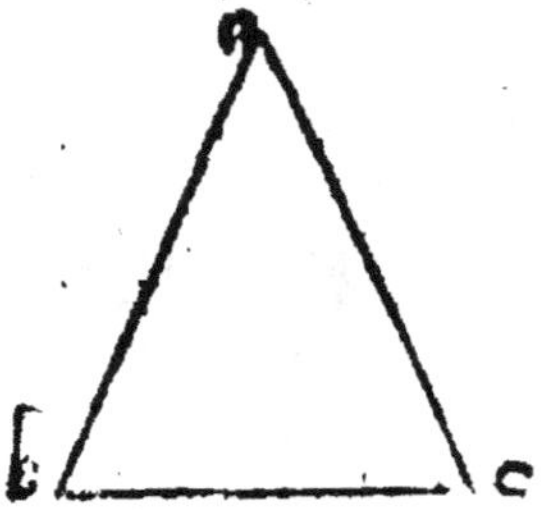

Theorema. 5. Propositione. 5.

5/5 Se duoi triangoli haueranno li lati proportionali, li detti triangoli seranno equiangoli, & quelli angoli contenuti dalli lati relatiui proportionali se prouano esser fra loro equali.

Questa il conuerso della precedente, e non ha fatto di questa et della precedēte una conclusion si come se fece in la seconda et terza di questo, perche la non se dimostra con la medesima figuratione ne con li medesimi mezzi con liquali se dimostra la precedente, siano adonque li duoi triangoli, a, b, c, & , d, e, f, & sia la proportione del lato, a, b, al lato, d, e, & del lato. a. c. al lato. d. f. si come del lato, b, c, al lato. e. f. dico che l'angolo. a. e. è equale all'angolo. d. & l'angolo. b. all'angolo. e. & l'angolo, c, all'angolo, f, & per dimostrare questo costituerò sopra la linea. e. f. in la parte opposita del triangolo. d. e. f. l'angolo, f. e. g. equale all'angolo, b, & l'angolo, e, f, g, equale all'angolo, c, onde (per la trigesima seconda del primo) l'angolo, g, serà equale all'angolo, a, adonque (per la precedente) la proportione della. a. b. al. e, g, & del, a, c, al, f, g, serà si come del lato, b, c, al, e, f, per laqual cosa del lato, a, b, al, d, e, si come al, e, g, & del, a, c, al, d, f, si come al, f, g, adonque (per la seconda parte della nona del quinto) lo dato, d. e, è equal allo, e, g, & (per la medesima) lo. d. f. è equale allo. f. g. (per laqual cosa per la ottaua del primo) li duoi triangoli, d, e, f, & . g. e. f. son equiangoli (per laqual cosa adonque lo triangolo, d, e, f, è anchora equi angolo al triangolo, a, b, c, il proposito è manifesto.

Theorema. 6. Propositione. 6.

6/6 Ogni duoi triangoli, di quali uno angolo de uno sia equale a un angolo dell'altro, & li lati continenti quelli duoi angoli equali proportionali, sono fra loro equiangoli.

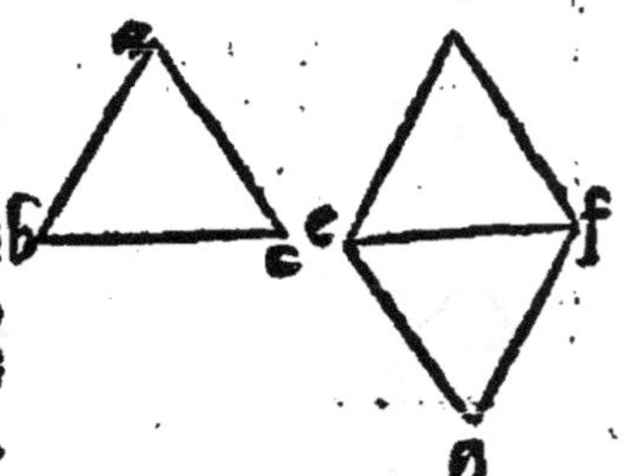

Rimāga la superior dispositione, e sia solamente l'angolo, b, equale all'angolo, d, e, f, e la proportion del, a, b, al, d, e, si come del, b, c, al, e, f, dico anchora li duoi triangoli. a. b. c. d. e. f. esser equiangoli, perche essendo (p la. 4. del primo, e p il presupposito della premessa cōclusiō) del, a, b, al, e, g, si come del, b, c, al, e, f, serà del. a, b, al, d, e, si come del, a, b, al, e, g, p laqual cosa (per la

seconda parte della nona del quinto) lo lato. d.e. è equale al.e. g. perche adonque li duoi lati d.e. & .e.f. del triangolo.d.e.f. sono equali alli duoi lati.e.g. & .e.f. dello triangolo.g. e.f. & l'angolo. e. dell'uno all'angolo. e. dell'altro, perche l'uno e l'altro è equale all'angolo.b. questi seranno (per la quarta del primo) equiangoli, & perche il triangolo.e.g.f.e etiam equiangolo al.a.b.c.è manifesto il proposito.

Theorema.7. Propositione.7.

7 Se seranno duoi triangoli, di quali un angolo dell'uno sia equale a
7 uno angolo dell'altro, & l'uno di duoi suoi restanti angoli siano contenuti da lati proportionali, & finalmente l'uno e l'altro di restanti angoli sia minore dell'angolo retto, ouero che ne l'un ne l'altro sia minor, è necessario quelli duoi triangoli cõ tutti li suoi angoli esser equiangoli.

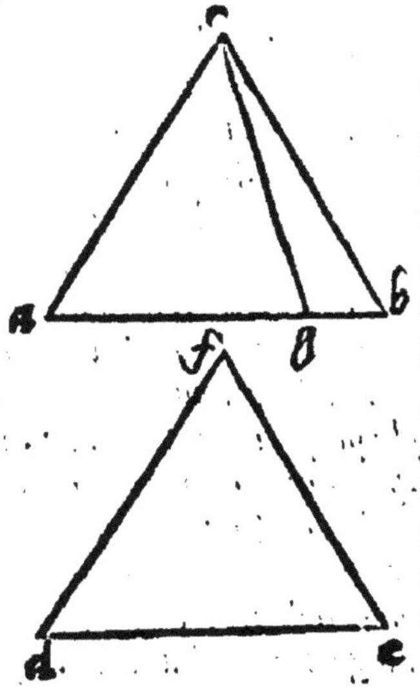

Siano li duoi triangoli.a.b.c.d.e.f. & l'angolo.a. sia equale all'angolo. d. & la proportion del. a. c. al d. f. si come del.c. b. al. f. e. & l'uno e l'altro di duoi angoli.b. & .e. sia minor del retto, ouer ne l'un ne l'altro sia minor del retto, dico quelli esser equiangoli, perche se l'angolo. c. dell'uno è equale all'angolo. f. dell'altro, è manifesto il proposito (per la precedente) ma se non seranno equali sia l'angolo.c. maggiore & sia fatto l'angolo.a. c. g. equale al medesimo, serà (per la trigesima seconda del primo) il triangolo . a . g . c . equiangolo al triangolo. d.e.f. per la qual cosa (per la quarta de questo) la proportione del. a.c. al. d. f. serà si come del.g.c. al.e.f. ma cosi fu lo. b.c. al.e.f. adõque (per la nona del quinto) lo.g.c. & .b.c. sono equali, adõque (per la 5. del 1) l'angolo. b. è equal all'angolo, b, g, c, adonque se ne l'un ne l'altro di duoi angoli, b, & , e, serà minor del retto, accade li duoi angoli d'un triangolo non esser minori de duoi retti, laqual cosa nõ puo essere (per la 32. & 17. del primo) ma se l'uno, & l'altro serà minor del retto serà l'angolo, a, g, c, maggior del retto (per la tertiadecima del primo) per laqual cosa & l'angolo e, (a se equale) serà anchora maggiore del retto, che è contra il presupposito, per laqual cosa destrutto lo opposito remane il proposito, ma il bisogna che l'un e l'altro di duoi restanti angoli esser minori del retto, ouer ne l'uno ne l'altro esser minore del retto, perche egliè possibile nel medesimo triangolo.a.b.c. la linea. g. c. esser equale alla. b.c. è però serà della. a.c. all'una e l'altra de quelle una proportione (per la settima del quinto) ne tamen seranno li triangoli.a.g. c. & .a. b.c. equiangoli, abenche un angolo dell'uno sia equale a un angolo dell'altro (immo è quel medesimo come l'angolo, a,) & la proportione della linea , a, c, (come lato del grande) alla.a.c. (come lato del piccolo) e si come della, b, c, (lato del grande) alla.g.c. (lato del piccolo) perche l'una e l'altra è equale, e questo è per questo, che

l'angolo

l'angolo, g, del minore è maggior del retto, & l'angolo, b, del maggiore è minore, perche in ogni triangolo de duoi lati equali l'un e l'altro di duoi angoli che sono alla basa è minor del retto.

Theorema.8. Propositione.8.

8 Essendo dutta una linea perpendicolare dal angolo retto del trian-
8 golo orthogonio alla basa seranno fatti duoi triangoli simili a tutto il triangolo etiam fra loro.

Sia il triangolo. a. b. c. orthogonio & l'angolo. a. di quello sia retto dal qual sia dutta la perpendicolare. a. d. alla basa, dico che l'uno e l'altro di duoi triangoli partiali quai sono. a. b. d. & a. d. c. è simile al total triangolo. a. b. c. & l'uno de quegli all'altro, perche l'uno e l'altro de quegli è equiangolo al totale (per la trigesima seconda del primo) imperoche l'uno e l'altro è orthogonio & communicano in un'angolo con il totale, per laqual cosa etiam fra loro sono equiangoli, cosi che l'angolo. b. è equale all'angolo, d, a, c, & l'angolo, b, a, d, all'angolo, c, & li duoi angoli che sono al. d. sono equali fra loro etiam all'angolo, a, totale, per laqual cosa (per la quarta de questo) li lati risguardanti li equali angoli de quegli sono proportionali, adonque per la diffinitione sono simili che è il proposito.

Il Tradottore.

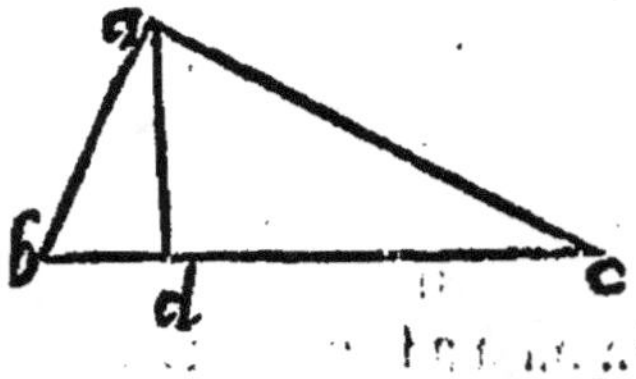

Bisogna aduertire nella demostratione fatta di sopra che ogni uolta che li dui angoli d'un triangolo sono equali alli duoi angoli d'un triangolo seguita de necessita che il terzo angolo del detto triãgolo sia equal al terzo angolo de quello altro triangolo, essempli gratia, se l'angolo. b. a. c. del total triangolo. b. a. c. (per la terza petitione) è equale all'angolo. a. d. c. del triangolo. a. d. c. partiale (per esser ciascun retto) et l'angolo. c. è commun all'un e l'altro, dico che l'altro terzo angolo del triangolo. a. b. c. è equale all'altro terzo angolo del triangolo. a. d. c. cioe che l'angolo, a, b, c, è equale all'angolo, d, a, c, laqual cosa se uerifica per la seconda parte della trigesima seconda del primo, perche se li tre angoli de cadauno triangolo sono equali a duoi angoli retti, seguita adonque che tutti tre li angoli del triangolo, a, b, c, insieme sono equali a tutti tre li angoli del triangolo, a, d, c, (per essere quelli equalmente equali a duoi angoli retti) tolendo adunque da l'una e l'altra parte angoli equali (per la terza communa sententia) li duoi rimanenti serãno equali, cioe l'angolo, a, b, c, all'angolo, d, a, c, et per li medesimi modi e uie se approuarà del triãgolo, a, b, d, esser equiangolo al total triangolo, a, b, c, etiam al triangolo, a, d, c, partiale, onde per la quarta de questo li lati che risguardano li angoli equali sono proportionali, adonque si come è lo lato. b. d. del triangolo, a, b, d, (risguardante lo angolo che sotto, b, a, d,) al, d, a, del triangolo, a, d, c. (risguardãte lo angolo che al. c.) cosi è la medesima, a, d, del triangolo, a. b, d, (risguardante lo angolo che al. b.) alla d. c.

d.c.risguardante lo angolo che sotto.d.a.c.del triangolo.a.d.c.(equale a quello che al.b.)et oltra di questo lo lato.b.a.al.a.c.è si come lo.a.c. al.b.c.perche tutti tre soe totēdono ouer risguardano li angoli retti, adonque per la prima diffinitione li duoi triangoli.a.b.d.& .a.d.c.partiali sono simili al total triangolo.a.b.c.etiam fra loro che è il proposito. Alcun se potria admirar di quel che è detto di sopra in fine della espositione di questa ottaua propositione etiam da noi replicato di sopra doue uien cō clusa (per la quarta di questo) li lati di quelli triangoli risguardanti li equali angoli esser proportionali e da questo (per la diffinitione delle superficie simile) se conclude quelli triangoli esser simili laqual cōclusion par fatta indirettamente atento che la diffinition non dice che li lati risguardanti li equali angoli sia proportionali, ma dice che li lati continenti equali angoli sian proportionali perilche bisogna aduertire che nelli triangoli eglie una cosa istessa a dire li lati risguardanti equali angoli essere proportionali, & li lati continenti equali angoli esser proportionali la qual cosa è manifesta in li duoi triangoli.a.b.d.& .a.d.c.di quali li duoi lati. b. d.& . a. d.del triangolo.a.b.d.sono proportionali alli duoi lati. a.d.& .d.c.del triangolo.a.d.c.come di sopra fu dimostrato (per la quarta di questo) perche risguardando angoli equal.hor dico che li medesimi lati contengono etiam angoli equali,cioe l'angolo contenuto dalli duoi lati.a.d.& .b.d.del triangolo.a.b.d.è equale all'angolo contenuto dalli duoi lati, a,d,& ,d,c, del triangolo,a,d,c,perche ciascun e retto & cosi se puo arguire delli altri & dapoi per la diffinitione concludere &c.

Correlario.

8/8 Vnde anchora è manifesto, che ogni triangolo rettangolo se da l'angolo retto de quello alla basa serà dutta una perpendicolare, serà quella tal perpendicolar media proportional fra le due sectione della detta basa, & similmente l'un e l'altro lato, fra tutta la basa & la portione della basa a se conterminale.

Il Tradottore.

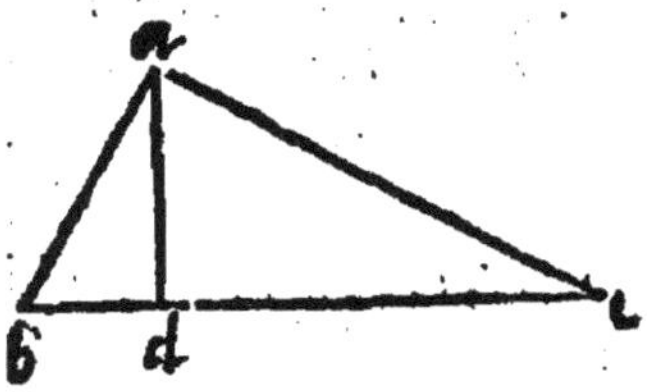

El senso del soprascritto correlario è questo che per le cose dette & dimostrate di sopra eglie manifesto che in ogni triangolo rettangolo, se da l'angolo retto alla basa di questo serà dutta una perpendicolare, che quel la tal perpendicolare serà media proportionale fra le due settioni della basa, esempli gratia che la perpendicolare. a. d.(del soprascritto triangolo, a,b,c,)e media proportionale fra le due settioni.b.d.& .d.c.cioe che tal proportione e dalla portione.b.d.alla perpendicolare. a.d.qual è della perpendicolare,a,d,all'altra settione.d.c.come di sopra hauemo dimostrato. Oltra di questo dice che l'uno e l'altro lato de detto triangolo e medio proportionale fra tutta la basa e la settion a se conterminale,cioe che lo lato. a. c. (del medesimo triangolo,a,b,c,)e medio proportionale fra tutta la basa,b,c,& la settione,d,c,a se conterminale in ponto.c.cioe tal proportione è de tutta la basa. b. c.al lato.a.c.

to,a,c,qual è dal lato, a,c.alla settione.d.c,e similmẽte lo lato.a.b.è medio proportionale fra la detta basa, b,c,& l'altra settione.b.d.a se cõterminale laqual cosa è manifesta per la similitudine di triangoli, perche essendo lo triangolo, a,b,c, simile al triangolo,a,d,c,li lati conteneuti li equali angoli sono proportionali uerbi gratia li duoi lati. b.c. & .a.c.del triangolo,a,b,c,sono proportionali alli duoi lati.a.c. & .d.c.del triangolo,a,d,c,(cioe cadauno al suo relatiuo)perche contengono equali angoli, into uno medesimo angolo che è l'angolo. c.adonque tal proportione è dal lato maggior,b,c, (del triangolo,a,b,c,) al lato maggior.a.c. del triangolo,a,d,c. qual è del lato mezzan. a.c.del triangolo,a,b,c,al lato mezzan,d,c,del triangolo,a,d,c, si che si uede apertamente lo lato,c,esser medio proportionale fra la basa, b.c.e la settion.d.c. a se conterminale in ponto.c.elqual lato.a.c.si come lato maggior del triangolo.a.d.c.uien a esser consequente della prima proportione, & come lato mezzano del triangolo.a.b.c.uien a esser antecedente della seconda proportione,e per li medesimi modi e uie se manifesta l'altro lato.a.b.esser similmente medio proportionale fra la basa. b.c. & la settione.b.d.a se conterminale in ponto.b.perche li duoi lati.b.c.&.a.b.del triangolo.a.b.c.sono proportionali alli duoi lati,a,b, &,b,d,del triangolo,a,b, d,(cioe ciascun al suo relatiuo)perche contengon un medesimo angolo, che è l'angolo,b, adonque tal proportione è del lato maggiore, b,c, del triangolo,a,b,c,al lato maggior.a.b.(del triangolo,a,b,d,)qual è dal lato menor.a.b. (del triangolo,a.b,c,) al lato minor,b,d,del triangolo,a,b,d,onde si uede che il lato, a, b, si come lato maggior del triangolo,a,b,d, uien a esser consequente della prima proportione, & come lo lato minor del triangolo, a,b,c,uien a esser antecedente della seconda proportione,che è il proposito.

Problema primo. Propositione.9.

9 A due proposte rette linee puotemo trouar
13 una media proportionale.

nel Cardano.39.& è falsa.

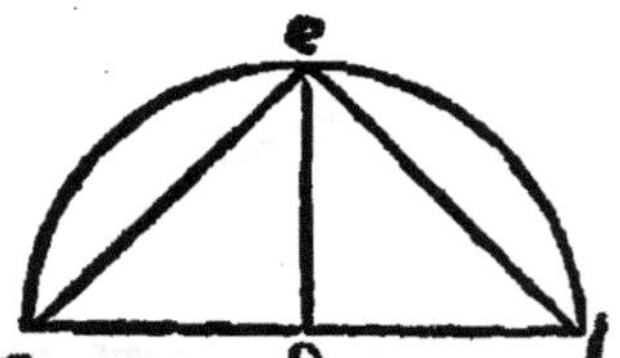

Siano le due linee proposite,a,b,et,c, fra lequal uoglio,trouar una media proportionale aggiongerò l'una di quelle con l'altra & sia tutta la composta da queste la, a, d, cioe che la,b,d,sia equale alla. c. & sopra tutta descriuo il semicercolo.a.d.e. e produco la.e.b.fina alla circonferentia perpendicolare alla linea. a. d. dico la linea.b. e. esser quella che adimandamo, e per dimostrare questo produco le linee.e.a.& .e.d. & serà(per la trigesima prima del terzo)lo angolo.e. totale retto,per laqual cosa (per la prima parte del correlario della premessa)la proportione della.a.b.alla.b.e.è si come della.b.e.alla.b.d. che è il proposito.

Il Tradottore.

Questa soprascritta nona propositione in la secõda tradottion è la terza decima niente nientedimeno a me par questo esser piu suo condecente loco, pche le se demostra im mediatamēte dalla prima parte del correlario della precedente, uero è che ho tra dutto el testo della detta seconda tradution è parendomi assai piu intelligibile di quello di la tradottione del Campano.

Problema.2. Propositione.10.

10 A due date rette linee puotemo trouare una terza a quelle in conti-
11 nua proportionalità.

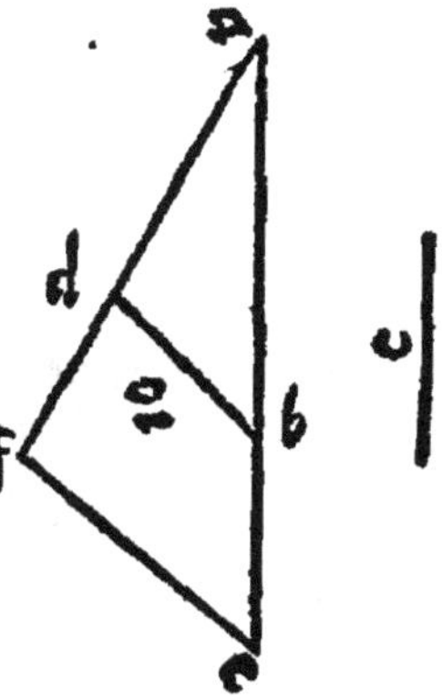

Siano le due linee proposte. a. b. & . c. alle quale uoglio sottogiongere una terza in cōtinua proportionalità congiō go la linea, c, angularmente (come si uoglia) con la linea. a.b. & sia la. a. d. (a se equale) & produco la linea, a, b, fina al, e, fina tanto che la, b, e, sia fatta equale alla, a. d, & protratta la linea, b, d, dal ponto, e, duco una linea equi distante a essa linea. b. d. & produco la linea, a, d, fina a tanto che concorrano in ponto, f, dico adonque la linea, d, f, esser quella che cercamo, perche (per la seconda di questo) la proportione della, a, b, alla, b, e, è si come della. a. d. alla, d, f, ma della, a, b, alla, b, e, è si come della, a, b, alla, a, d. (per la secōda parte della settima del quinto) per laqual cosa della. a, b, alla, a, d, è si come della, a, d, alla, d, f, che è il proposito, ma se a tre rettelinee uolemo trouar una quarta alla qual sia la proportione della terza si come della prima alla seconda sia fatto una linea della prima & seconda e a tutta la linea composta sia aggiunta la terza angularmente, & dal commun termine della prima, & della seconda sia dutta una linea alla estremità della terza, & dall'altro termine della seconda, sia dutto a questa linea una equidistante, fina a tanto che quella concorra con la terza protratta in continuo, & retto, & serà (per la seconda di questo) la linea che taglia questa equidistante quella che uien cercata, si come se in questa figura serà la prima, a, b, la seconda, b, e, la terza, a, d, serà la quarta. d. f.

Il Tradottore.

Bisogna aduertire in la soprascritta propositione che a uoler trouar una terza linea proportionale alle due date linee. a. b. & . c. se puo intendere in duoi modi cioe trouar una consequente alla, c, ouer consequente alla, a, b, uolendola consequente alla, c, se die procedere come di sopra è stato fatto, ma uolendola consequente alla, a, b, se debbono congiongere pur angularmente come di sopra & dal ponto. d. al ponto. b. protrahere la linea. b. d. & produr la linea. a. d. fin al ponto. f. talmente che la, d, f, sia equale alla, a, b, & dal ponto, f, ducere una linea equidistante alla. b. d. & produr la. a. b. fina a tanto che la concorra con quella in ponto, e, hor dico la linea. b. e. esser quella che cercamo, laqual cosa se dimostra per li medesimi modi e uie di l'altra.

Proble-

Problema.3. Propositione.11.

10 A tre date rette linee, puotemo trouare una quarta proportionale.
12

Siano le tre date rette linee. a.b.c. uoglio a essi, a, b, c, trouar una quarta propotionale congiongo due linee rette, d, e, & , e, f, angularmente & taglio della linea. d. e. (per la terza del primo) la linea. d. g. equale alla linea. a. & la. g. e. equale alla, a, & oltra di questo la. d. h. equale alla. c. & dal ponto. g. al ponto. h. io tiro la linea, g. h. & dal ponto, e. duco la linea, e, f, equidistante alla. g. h. & concorrente con la. d. f. in ponto, f, perche adonque del triangolo, d, e, f, a uno lato di quello (che è, e, f,) e protratta la equidistante, g, h, adonque per (la seconda di questo) è si come della, d, g, alla, g, e, cosi della, d, h, alla, h, f. ma la, d, g, è equale alla a, et la, g, e, alla, b, et la, d, h, alla, c, adonque è si come della, a, alla, b, cosi della, c, alle, h, f, adõque alle tre date rette linee, a, b, c, è trouata la quarta proportionale, h, f, qual cosa bisogna fare.

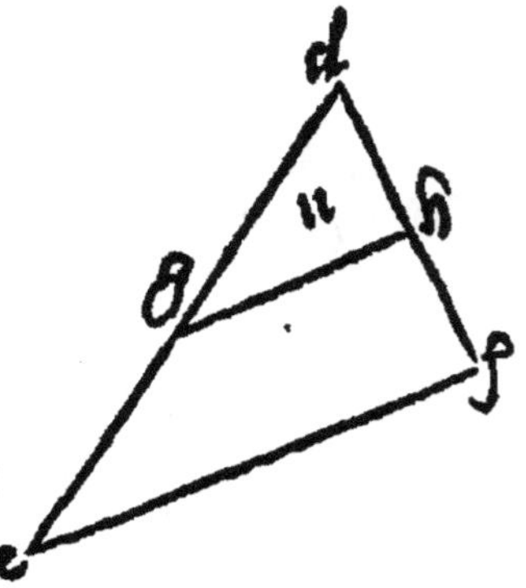

Il Tradottore.

Bisogna aduertir che a uoler trouar una quarta linea proportionale alle tre date rette linee. a. b. c. se puo intendere in duoi modi come etiam sopra la passata fu detto, cioe trouar una consequente alla, c, ouer una consequente alla, a, uolendola trouar consequente alla, c, se procederia come è stato fatto di sopra, ponendo la, d, g, equal alla, a, & la, g, e, al, a, b, & la, d, h, alla, c, & procedere come è stato detto ma uolendola trouar consequente alla, a, se haueria tolto la, d, g, equale alla, c, & la, g, e, equale alla, b, & la, d, h, equale alla, a, & procedere ut supra, & nota che le tre date linee pono esser & non esser continue proportionale anchora nota qualmente questa soprascritta propositione si ritroua solamente in la seconda tradottione, uero è che in fin della espositione della passata è stato aggionto (sotto breuità) il medesimo, tamen non ho uoluto restar di porui la propositione di l'Auttor hauendola trouata.

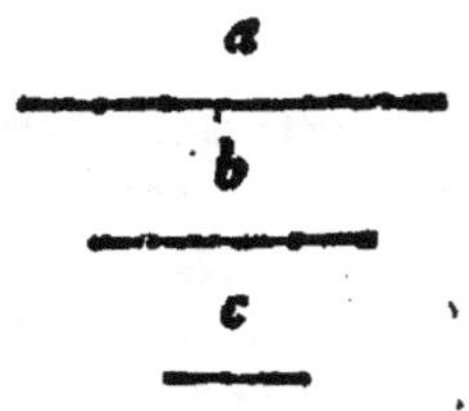

Problema.4. Propositione.12.

11 Da una asignata retta linea puotemo tagliare una ordinata parte.
9

Sia la assignata linea. a. b. io uoglio da quella tagliare una ordinata parte alliquota, come a dir il terzo, congiongo a quella angularmente (come uiene) una linea de indefinita quantità, laqual sia, a, c, dalla qualle reseco tre equal portioni, lequale siano. a. d. d. e. & . e. c, & produco le linee. c. b. & . d. f. fra loro equidistante dico la. a. f. esser la terza parte della. a. b. perche le proportione della, c, d, alla, d, a. (per

12/10

a. (per la seconda di questo) è si come della.b.f.alla.f.a.per laqual cosa congiuntamente della.c.a.alla.d.a.è si come della.b.a.alla.f.a.conciosia adonque che la.c.a.sia tripla alla.d.a.eglie manifesto la,a,f,esser la terza parte della,a,b,che è il proposito.

Problema.5. Propositione.13.

De due linee proposite l'una indiuisa l'altra diuisa in parti, potemo diuidere la indiuisa al modo della diuisa.

Siano le due linee (lequale congiungerò angularmente come uengono).a.b. & .a.c.e sia.a.b.diuisa in tre,ouero qual si uoglia portioni, signati in quella li ponti.d. & .e.uoglio secondo le medesime portioni diuidere la linea.a.c.quando adonque hauerò congiunte quelle angularmente, come è detto, tirarò la linea.b.c. & equidistante a quella la. d.f. & .e.g.dico queste equidistante diuidere la linea.a.c.in parti proportionale alle parti della.a.b. perche menando la.f.h.equidistante alla.a.b.laquale segha la,e,g,in ponto.k. & serà (per la seconda di questo) la proportione della.g.f.alla.f.a.si come della, e,d,alla, d, a, & dalla,c,g,alla,g,f,si come della,b,k, alla, k,f, per laqual cosa è si come della,b,e,alla,e,d, (per la trigesima quarta del primo, & per la seconda parte della settima del quinto)che è il proposito.ma il bisogna tante uolte repetere la seconda de questo quante, parti seranno in la linea.a.b.manco una, e la trigesima quarta del primo & la settima del quinto mancho due.

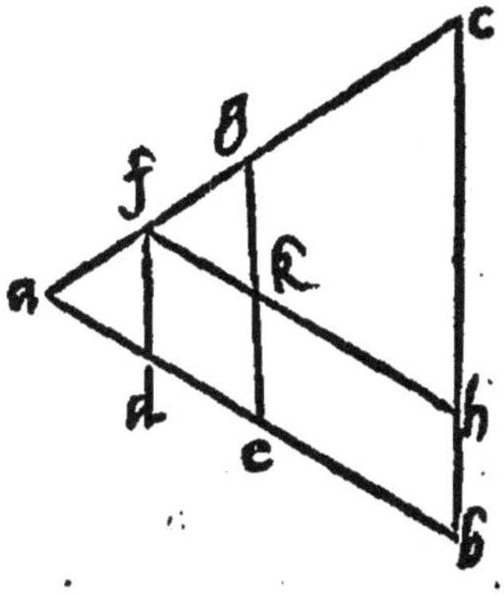

Theorema.9. Propositione.14.

14/14

Se seranno due superficie equali de lati equidistāti dellequale un'angolo dell'una sia equal a un'angolo dell'altra. li lati continenti li duoi angoli equali, e necessario esser mutekesia, e se li lati continenti li duoi angoli equali seranno mutekesia, le due superficie è necessario esser equale.

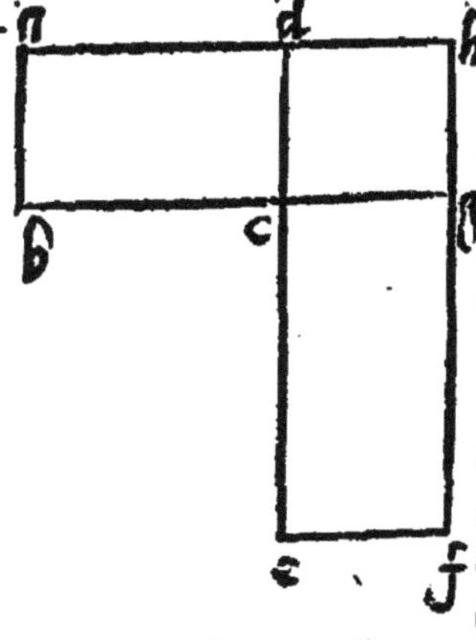

Siano le due superficie.a.b.c.d. & ,c,e,f,g,de equidistanti lati & equal,e sia l'angolo. c.dell'una equale all'angolo,c, dell'altra,dico la proportione del lato,b,c.al,c,g,esser si come del.e.c.al.c.d. e se la proportione del lato,b,c,al,c,g,serà si come del.e.c.al.c.d.et li predetti angoli siano anchora equali, dico quelle due superficie de lati equidistanti esser equale

ser equale, perche congiungendo io quelle angularmente, cioe l'angolo, c, dell'una con l'angolo, c, dell'altra così che li duoi lati de quelle liquali sono, b, c, &, c, g, facciano una linea, & seranno similmente li altri duoi lati, d, c, &, c, e, una linea altramente seguiria (per lo precedente presupposito) elquale che l'angolo, c, dell'una esser equale all'angolo, c, dell'altra, (& per la quartadecima del primo) la parte esser equale al tutto, adonque compirò la superficie de equidistanti lati produtte le linee, a, d, &, f, g, per fina a tanto che concoranno in, b, & serà (per la prima parte della settima del quinto) de l'una & l'altra delle superficie, a, c, &, c, f, alla superficie, c, b, una medesima proportione, & perche (per la prima di questo) la proportione della superficie, a, c, alla superficie, c, b, è si come della linea, b, c, alla linea, c, g, & della superficie, c, f, alla medesima superficie, c, b, si come della, e, c, alla, c, d, & è manifesta la prima parte della proposta conclusione, la seconda parte anchora è manifesta perche (per la prima di questo) la proportione della, b, c, alla, c, g, è si come della, a, c, alla, c, b, & della, e c, alla, c, d, si come della, c, f, alla medesima, c, b, & perche eglie sta supposto che la proportione della, b, c, alla, c, g, è si come della, e, c, alla, c, d, serà dell'una & dell'altra delle due superficie. a. c. &, e, g, alla superficie, c, b, una proportion, adonque (per la prima parte della nona del quinto) la, a, c, è equale alla, c, f, & così è manifesta la seconda parte.

Theorema. 10. Propositione. 15.

14/15 Se seranno duoi triangoli equali delliquali uno angolo dell'uno, sia equale a uno angolo dell'altro, li lati continenti li duoi angoli equali seranno mutekesia, & se li lati continenti li duoi angoli equali seranno mutekesia, li duoi triangoli se approuano essere equali.

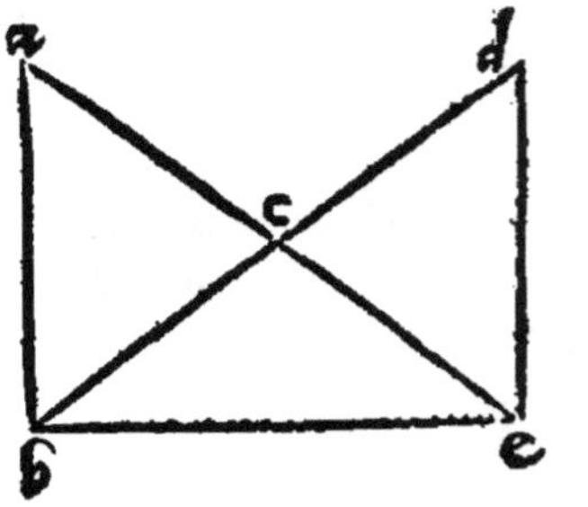

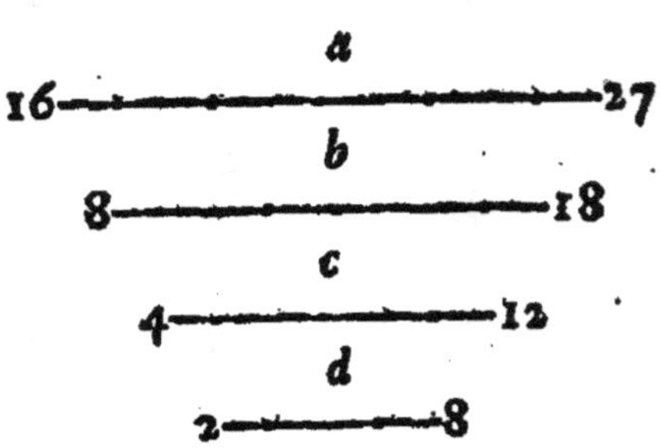

Siano duoi triangoli, a, b, c: c, d, e, equali & sia l'angolo, c, dell'uno equale all'angolo, c, dell'altro dico la proportione del lato, a, c, al, c, e, esser si come del, d, c, al, c, b, & sel serà la proportion del, a, c, al, c, e, si come del, d, c, al, c, b, et li predetti angoli siano anchora equali, dico quelli duoi triangoli esser equali, perche congiungendo io quelli angularmente così che li lati, a, c, &, c, e, sian fatti una linea seranno similmente, b, c, &, c, d, una linea altramente seguiria la parte esser equale al tutto (per la quinta decima del primo) & tirarò la linea, b, e, & serà (per la prima parte della settima del quinto) dell'uno e dell'altro de ditti triangoli al triangolo,

golo. c. b. e. una proportione, & perche (per la prima di questo) del primo de quelli a quello è si come del. a. c. al. c. e. & del secondo de quelli al medesimo è si come del.d.c.al.c.b.è manifesta le prima parte della proposta conclusione. La secon da parte se proua al contrario perche della, a,c,alla, c,e,è si come del primo triangolo al triangolo. b. c. e.& del, d,c, al, c,b,si come del secondo al medesimo(per la prima di questo)& perche le stato posto che'l sia del, a,c,al,c,e,si come del, d,c,al, c,b,serà dell'uno & dell'altro de ditti triangoli al triangolo, b,c,e, una proportione, per laqual cosa per la prima parte della nona del quinto quegli sono equali & cosi manifesta la seconda parte.

15
16

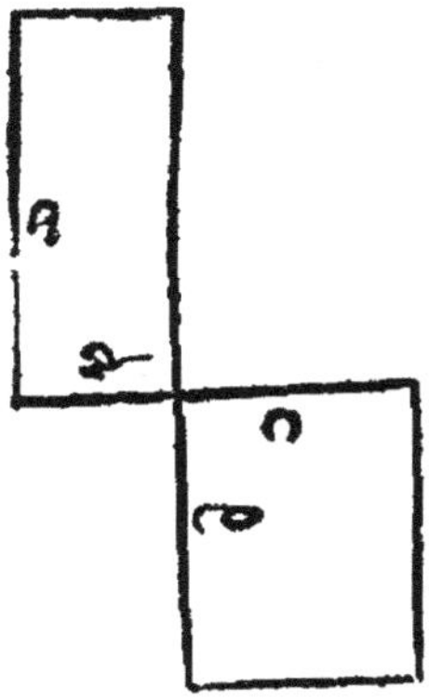

Theorema.11. Propositione.16.

Se seranno quattro linee proportionale, lo rettangolo che serà contenuto sotto la prima & la ultima, serà equale a quello, che serà contenuto sotto alle altre due, & se'l rettangolo che serà contenuto sotto la prima & la ultima, serà equale a quello che serà contenuto sotto alle altre due, le quattro linee conuiene esser proportionale.

Siano le quattro linee, a, b,c,d,proportionale,& sia la proportione della,a,alla,b,si come della,c, alla,d,dico che la superficie contenuta sotto della,a, & della, d,è equale alla superficie contenuta sotto della,b,& della, c,& se la superficie contenuta sotto della,a,& della,d,è equale alla superficie contenuta sotto della,b,& della, c, dico che la proportione della, a,alla,b,è si come della,c,alla,d,perche essendo fatte la superficie contenuta sotto della, a, & della,d,& la superficie contenuta sotto della, b, & della, c,se la proportione adonque della, a,alla, b, è si come della, c, alla, d, li lati di quelle superficie seranno mutekesia & li angoli contenuti da quelle equale,perche l'una e l'altra e di angoli retti,per laqual cosa (per la seconda parte della quartadecima di questo) esse sono equale,che è il primo proposito. El secondo è manifesto (per la prima parte della medesima) perche se esse sono equale (perche tutti li angoli de quelle sono retti) li lati di quello seranno mutekesia perilche la proportione della, a, alla, b, è si come della, c, alla, d, che è il secondo proposito.

Theorema.12. Propositione. 17.

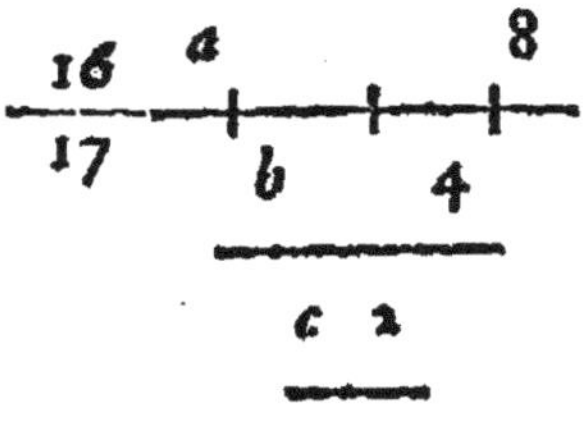

Se seranno tre linee proportionali, lo rettangolo, che serà contenuto sotto la prima & terza, serà equale al quadrato della seconda descritto, ma se quello che serà contenuto sotto la prima & terza è equale a quello quadrato che uien prodotto dalla seconda, quelle tre linee seranno proportionale.

Sia

Sia la proportion della linea.a.alla linea.b.si come della linea. b.alla linea.c. dico che la superficie contenuta sotto della.a. & dello. c. è equale al quadrato della. b.& se la superficie contenuta sotto della.a.& della.c.è equale al quadrato della. b.dico che la proportione della,a,alla,b,è si come della.b.alla.c.ma questo è euidente per la precedente posta una linea, laquale sia equale alla.b. talmente che la. b. sia in ragione de seconda & de terza.

Il Tradottore.

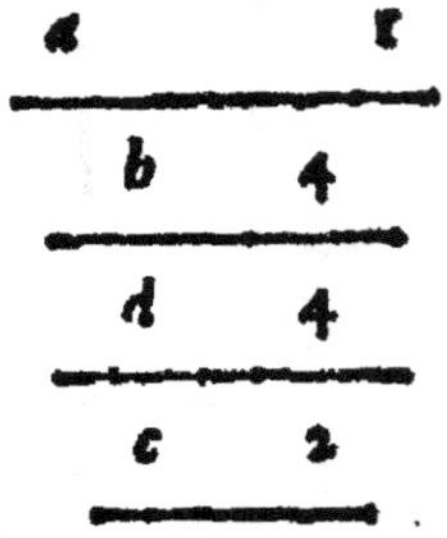

Verbi gratia, ponendo la.d.equale alla.b.(come in la seconda figuratione appare) hauremo poi quattro linee proportionale,cioe,a,b,d,c,cioe che la proportione della, a,alla, b,è si come della,d,alla,c,onde (per la precedente) lo rettangolo che serà contenuto sotto della.a.& della.c.serà equale a quello che serà contenuto sotto della. b.& della.d. & perche il rettangolo contenuto sotto de la.b.& della.d.è equale e simile al quadrato della.b.(per esser la.d.equale alla b.)seguita adonque il rettangolo contenuto sotto della. a. & della. c. essere equale al quadrato della.b.che è il primo proposito, il secondo similmente se manifesta per la seconda parte della precedente.

Theroema.13. Propositione.18.

17/19 Se seranno duoi triangoli simili, la proportione dell'uno all'altro è come la proportione de qual suo lato ne piace al suo relatiuo lato dell'altro duplicata.

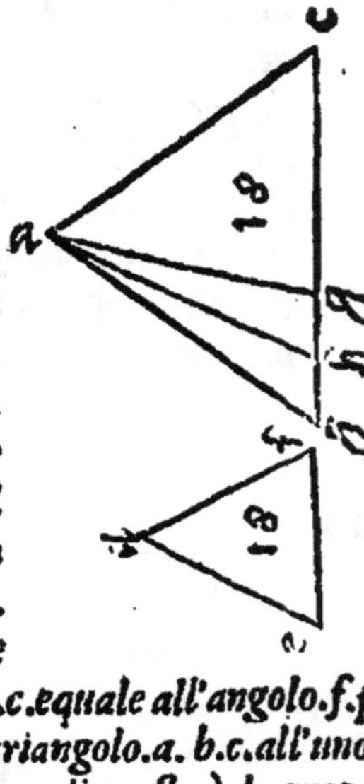

Siano li duoi triangoli.a.b.c.& d.e.f. simili & (per la diffinitione)seranno equiangoli & de lati proportionali, sia adonque l'angolo.a.equale [all'an]*golo.d.& l'angolo.b. all'angolo,e,& l'angolo,c,all'angolo,f,& serà la proportione del lato.a.b.al.d.e.& del.a.c.al.d.f.si come del.b.c. al.e.f.dico che la proportion del triangolo,a,b,c,al triangolo,d,e,f,è si come la proportione del.b.c.al.e.f.duplicata, perche essendo sottogiunta (secondo la dottrina della decima di questo) alle due linee. b. c. & e.f.una terza in continua proportionalità laqual sia.c. g. protratta, ouer resecata la.c.b.(se la.c.g.serà maggior ouer minor di quella) & essendo produtta la linea.g.a.& serà(per la seconda parte della decima quinta di questo) el triangolo. a.g. c. equale al triangolo. d.e.f. per questo che la proportione della.a.c.alla.d.f.è si come della.e.f.alla.c.g.& l'angolo.c.equale all'angolo.f.per laqual cosa(per la seconda parte della settima del 5.)lo triangolo.a. b.c.all'uno et l'altro de quegli hauerà una proportione, & (per la prima di questo) la proportione*

tione del triangolo, a, b, c, al triangolo, a, g, c, è si come della, b, c, alla, g, c, & la proportione della, b, c, alla, g, c, è si come della, b, c, alla, e, f, duplicata (per la undecima diffinition del quinto) adonque la proportion del triangolo, a, b, c, al triangolo d, e, f, è si come la proportione della, b, c, alla, e, f, duplicata che è il proposito, ma se per caso la, c, g, sia equale alla, b, c, serà (per la seconda parte della quintadecima di questo) il triangolo, a, b, c, equale al triangolo, d, e, f, & la equal proportion è composta dalla equal duplicata, ouer treplicata, ouer quante uolte si uoglia. Questa medesima positione possemo per il medesimo modo & per li medesimi mezzi demostrare delle superficie simile de lati equidistanti tolta solamente la quartadecima del presente in loco della quintadecima, ma il non demostra quella, perche per la sequente el se dimostra uniuersalmēte de tutte le superficie simile, per laqual cosa (per il correlario che uniuersalmente è proposto de tutte le superficie simile) non solamente è manifesto nelli triangoli, ma demostra la sequente serà manifestante de tutte, ma lui pose quello in questa & non in la sequente, perche il correlario de questa è non della sequente, perche dal modo della demostratione de questa è manifesta la sua uerità e non dal modo di quella.

Correlario della prima tradottione.

Et da questo anchora è manifesto che di ogni tre linee continue pro-
o/17 portionale quanta è la prima alla terza, tanta serà una superficie constituida sopra la prima a una superficie constituida sopra la seconda, essendo simile in lineatione & creatione.

Correlario della seconda tradottione.

Anchora da questo è manifesto che de ogni tre linee continue pro-
19/o portionale, quanta è la prima alla terza, tanta serà la superficie rettangola costituta sopra la prima alla superficie rettangola costituta sopra la seconda quando serà a quella simile in lineatione & creatione.

Il Tradottore.

El primo delli soprascritti duoi correlarij conclude generalmente che per le cose dette, & dimostrate di sopra eglie manifesto che de ogni tre linee continue proportionale tal proportione serà della prima alla terza, quale serà de una superficie constituida sopra alla prima linea, a una superficie constituta sopra alla seconda linea, domente che le dette due superficie siano simile in lineatione & creatione. Il secondo, cioe quello della seconda tradottione, conclude il medesimo solamente delle superficie rettangole simile, & circa cio io dico che eglie ben il uero che disopra eglie stato demostrato delle tre linee. c. b. f. e. c. g. continue proportionale, che tale proportione e dalla prima. c. b. alla terza. c. g. qual è dallo triangolo. a. b. c. (constituito sopra alla prima linea) allo triangolo. d. e. f. (constituido sopra alla seconda) ma per questo non se uerifica totalmente il detto correlario della prima tradottione, ilquale conclude generalmente de tutte le super-

le superficie simili, & manco si uerifica quello della seconda tradottione: ma eglie ben il uero che quello della seconda tradottione si potria dimostrare facilmente (come dice etiam il Commentatore) cioe usando nella argumentatione la decimaquarta propositione di questo in luoco della decimaquinta. Perilche (secondo il mio giuditio,) il suo proprio & condecente luoco dell'uno & dell'altro credo, che sia dapoi la demostratione della sequente propositione, perche in tale luocho (mediante le cose demostrate in la precedente, & etiam nella sequente propositione) uerria ad essere uerificato totalmente quello che conclude l'uno & l'altro delli predetti duoi correlarij, ma perche in l'una e l'altra tradottione sono poste drieto a questa propositione, & in tal luocho li hauemo lassati, & perche il secondo Correlario posto in fine della sequente propositione è simile in conclusione al sopraserito della prima tradottione mi fa credere questo essere uno espresso errore delli tradottori, & se cosi non fusse lo sopradetto primo Correlario, cioè quello della prima tradottione seria stato superfluamente posto dallo Autthore, ilche non è da credere.

Theorema. 14. Propositione. 19.

18
20 Ogni due superficie simili multiangule sono diuisibile in triangoli simili & in numero equali, & la proportione dell'una di quelle all'altra è si come, la proportione dupplicata de qualunque suo lato al suo relatiuo lato dell'altra.

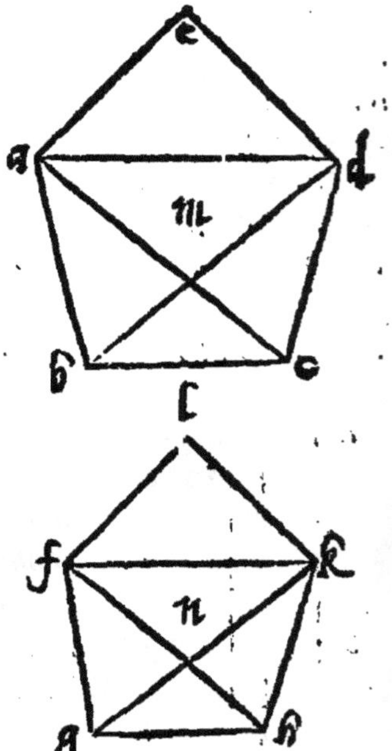

Siano esempli gratia li duoi penthagoni. a. c. d. f. h. k. simili. Dico che essi sono diuisibili in triangoli simili & in numero equali, & che la proportione de l'uno di quegli all'altro è si come la proportione dupplicata del, a, b, al, f, g, perche essendo dutte le due linee. a. c. et a, d, è similmente la, f, h, & f, k. & serà (per lo precedente presupposito, & per la sesta di questo) lo triangolo, a, b, c, equiangolo al triangolo, f, g, h, & lo triãgolo, a, e, d, al triangolo, f, l, k. similmente anchora (per questa communa scientia se da cose equale se toglie cose equale li rimanenti sono equali) serà lo triangolo, a, c, d, equiangolo al triangolo. f. h, k. perche li detti penthagoni sono sta posti equiangoli & similmente de lati proportionali. Et perche li triangoli in liquali sono diuisi, sono fra loro equiangoli (come è sta prouato) seranno etiam simili (per la quarta di questo) & per la diffinitione delle superficie simili, per laqual cosa conciosia che essi sono equali in numero è manifesto il primo proposito, per lo secondo sia protratta la, b, d, laqual segharà la, a, c, in ponto. m. & la. g. k. laqual segharà la. f. h. in ponto. n. & serà lo triangolo

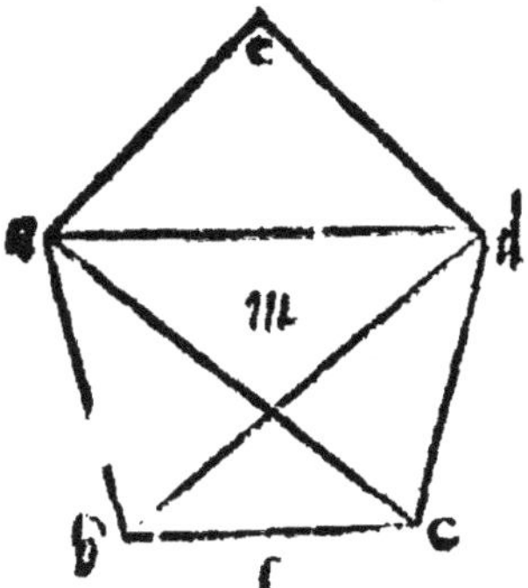

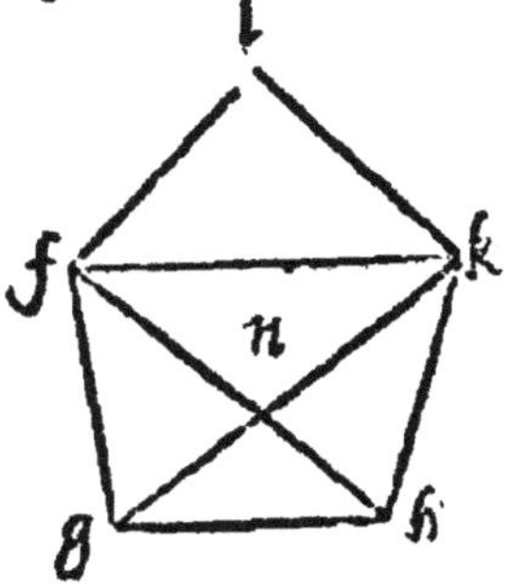

b. c. d. equiangolo al triangolo.g. h. K. (per la sesta di questo, & per lo presente presupposito) per laqual cosa è lo triangolo. a. b. m. al triangolo.f.g. n.& lo.a. m. d. al. f. n. k. adonque (per la quarta di questo) la proportion della.b.m.alla.g.n.è si come della a.m.alla.f.n. & della.a.m.alla.f.n.si come della.m. d.alla. n. k. per la qual cosa (per la undecima del quinto) della . b . m . alla.g.n.è si come della.m.d.alla.n.k,adonque permutatamente della,b,m,alla,m,d,è si come della.g.n.alla.n. K. ma (per la 1. di qsto) del triangolo, a,b, m. al triangolo.a.m.d.e del. b.c.m.al c. m. d.è si come della. b. m.alla.m. d. & (per la medesima) del.f.g.n. al.f.n. K.& del.g.n.h.al,h, n, k, si come della.g. n. alla.n.k, adonque (per la tertiadecima del quinto) del triangolo.a. b. c. al triangolo. a. c. d. è si come del triangolo.f. g.h.al triangolo.f.h. K. per laqual cosa premutatamente del,a, b,c, al,f,g,h, è si come del,a,c,d,al,f,h,k,con la medesima ragione tu approuerai che & si come del a.e.d.al.f.K. l. adonque (per la tertiadecima del quinto) de tutto il penthagono a tutto il penthagono è si come del. a. b.c. al.f.g.h.adonque (per la precedente) la proportione del penthagono,a,c,d,al penthagono,f,h,k, è si come la proportione della, a,b, alla, f, g, duplicata,che è il proposito , dal qual un'altra uolta è manifesto il correlario della precedente,altramente tu puoi demostrare il secondo , perche essendo li triangoli , in liquali li penthagoni sono diuisi fra loro simili,serà (per la precedente) la proportione del, a,b,c,al,f, g,h,si come della. b.c.alla.g.h.duplicata, & del,a,c,d,al,f,h,K,si come della,c,d,alla,h,k, duplicata,et del,a,e,d,al,f,l,K,si come della,d,e,alla k,l,duplicata,perche adonque tutte qste proportioni duplicate sono equale per questo che'l fu posto le sempre esser equal serà (per la tertiadecima del quinto) de tutto il penthagono a tutto il penthagono si come dello lato di l'uno al suo relatiuo lato dell'altro la proportione duplicata.

Correlario.

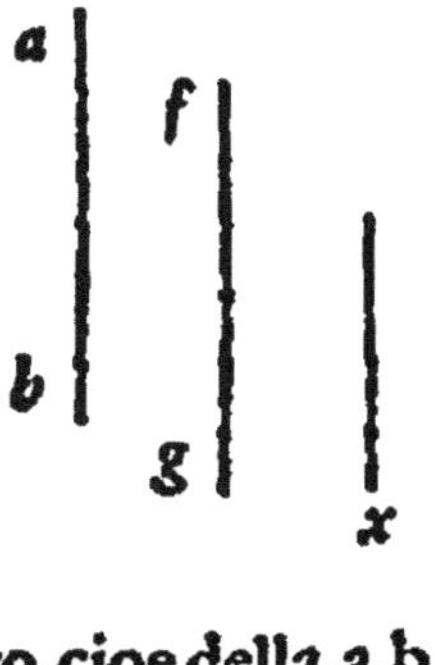

o/20 E per questo uniuersalmente è manifesto,che le simile figure rettelinee , fra loro sono in doppia proportione delle simile proportione di lati , perche se de essi medesimi. a. b. &.f.g.togliemo la proportional.x.essa.a. b.alla. x. ha doppia proportione che la . b.alla.f.g.ueramente, & il polygonio al polygonio , ouero il quadrato al quadrato hanno doppia proportione , che della simile proportione del lato al lato,cioe della.a.b.alla.f.g.& questo anchora è manifesto in li triangoli.

Correlario

Correlario secondo.

0/10 Per tanto anchora uniuersalmente è manifesto che se tre rette linee seranno proportionale si come la prima alla terza, cosi serà la specie, che è descritta dalla prima a quella laquale è similmente descritta simi le dalla seconda.

Il Tradottore.

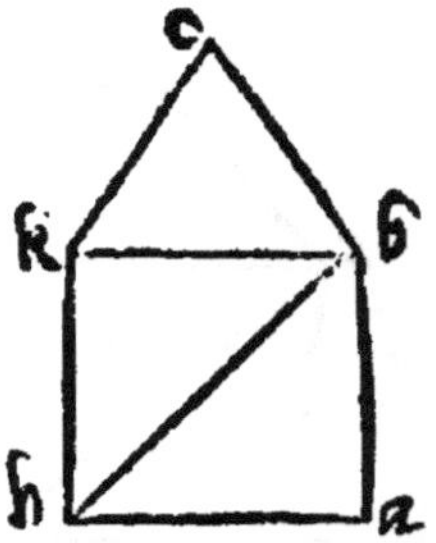

Questi soprascritti duoi Correlarij se trouano solamente in la seconda tradottione, il primo di quali conclude il conuerso dello correlario della precedente etiã de questo, secondo, perche questo secondo correlario in sostantia conclude il medesimo che conclude il correlario della precedẽte, secondo la tradottione del Campano, qual conclude che de ogni tre linee continue proportionale tal proportion ha la prima alla terza quel ha una superficie costituta sopra la prima a una superficie costituta sopra alla seconda quã do la serà a quella simile in lineatione & creatione, & perche el non specifica (rettangola) come fa quello di la noua tradottione. se die intendere de ogni specie superficie simili, come conclude etiam il secondo di questa dezima nona propositione, perilche a me par che questo secondo sia quel instesso della precedente secondo la tradottione del Campano. Onde penso che questo sia un errore de scrittori, altramente il correlario della precedente seria superfluo, perche il secondo di questa satisfa per quello, o sia di la noua tradottione, o sia di quella dil Campano.

Problema. 6. Propositione. 20.

18/19 Sopra una data retta linea possemo descriuer uno rettilineo simile e similmente posto a uno dato rettilineo.

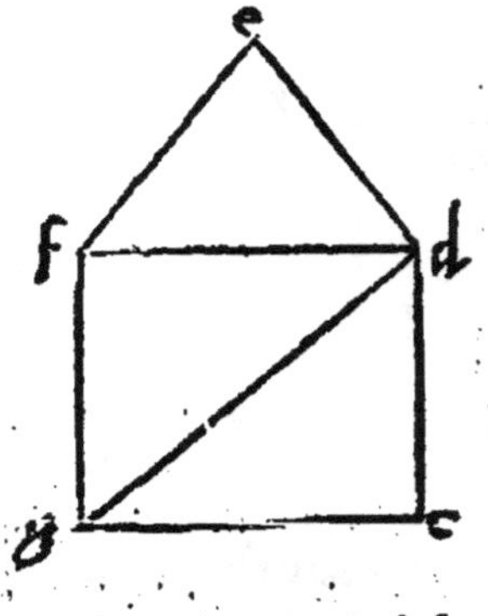

Sia la data linea. a. b. sopra laquale uoglio costituire una superficie, rettilnea simile & similmente posta a data superficie, che sia penthagona, & sia. c. d. e. f. g. diuido questo penthagono in triangoli, dutte le linee. d. f. & . d. g. & sopra il ponto. a. costituisco uno angolo equale all'angolo. c. (dutta la linea. a. b.) & sopra il ponto. b. costituisco un altro angolo (ilquale sia. a. b. h.) equale all'angolo. c. d. g. protratta la linea. b. h. fina a tãto che quella concorra con la. a. b. in ponto. h. & serà (per la trigesima seconda dei primo) l'angolo. a. h. b. equal all'ãgolo. c. g. d. e pero (per la quarta di questo) li lati di duoi triangoli. g. c. d. & . h. a. b. seranno proportionali. faccio anchora lo angolo. h. b. K.

 (dutta

(dutta la linea,b,x,)equal all'angolo,g,d,f,et l'angolo.k.b.l,(dutta la linea.b.l.) equale all'angolo,f,d,e,& l'angolo,b,h,k,(dutta la linea,x,b,)equale all'angolo. d,g,f,& l'angolo,b,k,l,(dutta la linea,k,l,)equale all'angolo,d,f,e,& serà perfetto il pēthagono che era da esser costituido sopra la linea,a,b,perche quello è equiangolo al dato penthagono per la equalità di angoli di triangoli in liquali l'uno & l'altro è diuiso,& etiam è de lati proportionali per la proportionalità di lati de essi triangoli,laqual cosa dalla quarta di questo euidentemente appareno,perilche(per la diffinitione delle superficie simile) lo penthagono constituido sopra la linea, a, b, è simile al penthagono dato,che è il proposito.

Il Tradottore.

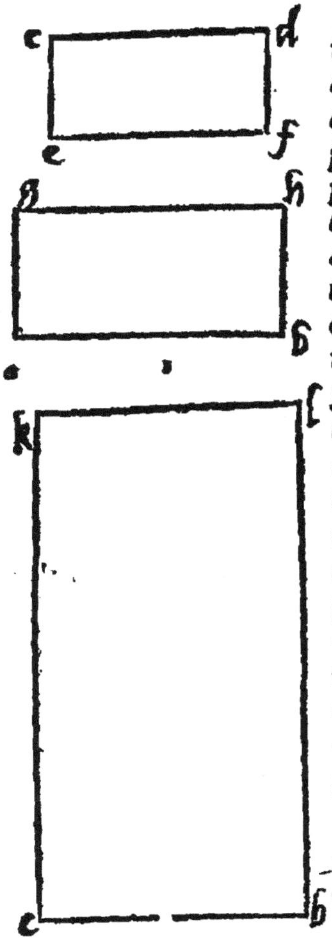

El testo di questa soprascritta propositione lo hauemo tradotto la maggiore parte secondo la seconda traduttione,perche quello della tradottion dil Campano è diminuto assai, perche il prepone di uoler construere sopra una data linea una superficie simile a una data superficie,& doueria dire una superficie rettilinea simile & similmente posta a una data superficie rettilinea altramente la superficie proposta potria esser cosi conditionata che sopra alla data linea se potra descriuere due è piu superficie simile alla data superficie & fra loro seranno differente in quantità, come serebbe uerbi gratia, sia la data superficie,c,d,e,f, & per piu facile intelligenza,sia rettangola, & la longhezza, c, d, di quella sia doppia alla larghezza,c,e,& sian date due linee equale, cioe,a,b,prima &,a,b, seconda hor dico che sopra alla linea,a,b,se puo descriuere due superficie simile alla data, c,d,e,f, & differente in quantità, perche se io ponerò la data linea per longhezza la me darà minor figura che a ponerla per larghazza come appar in le due superficie, a, b,g,c, & a,b,k,l. che cadauna è fatta simile alla,c,e,d,f, cioe la longhezza de cadauna e doppia alla sua larghezza,e sono rettangole & nientedimeno la,a,b,k,l, (per lo primo correlario della decima nona di questo) e quadrupla alla,a, b,g,h. & questo procede che la prima linea.a. b. è posta per longhezza & la seconda per larghezza de detta superficie descritta, & se per caso la data superficie fusse de tre lati diuersi sopra alla data linea se potera descriuere tre superficie simile alla data e diuerse fra loro in quantità, cioe una tolendo la data linea per il lato minor de detta figura, l'altra tolendola per il lato mezzano, e l'altra tolendola per il lato maggiore, & cosi se la data superficie fusse de quatde quattro lati inequali sene potra descriuere quattro & se de cinque cinque, e cosi discorrendo in sei sette otto &c. Se uede adonque che la propositione (senza quel-la conditione che dice & similmente posta) seria mendosa & haueria piu risposte, ma con la detta conditione non puo hauere saluo che una risposta sola, e non piu, perche la figura che se hauerà a designar bisogna che la sia non solamēte simile alla data, ma che la sia similmente posta, cioe che la se ripossa sul medesimo lato doue se ripossa la data, onde la superficie, a, b, k, l. quantunque la sia simile alla data, c, d, e, f, tamen la non è similmente posta, perche la data, c, d, e, f, se ripossa & tien per basa il maggior lato di quella, cioe, e, f, & la, a, b, k, l, se ripossa & per basa il lato minore, cioe, a, b, ma la superficie, a, b, g, h, è ueramente descritta sopra alla linea a, b, con la conditione, che se receerca in la soprascritta propositione, cioe simile & similmente posta alla data superficie, c, d, e, f, perche la se ripossa & tien per basa il maggior lato, e questo è quello che uolemo inferire.

Theorema. 15. Propositione. 21.

20/21 Se seranno due, ouer piu superficie simili a una superficie quelle è necessario fra loro esser simili.

Sia l'un e l'altro di penthagoni. a.b.c.d.e.f. simili al penthagono, g, h, k, dico quelli esser fra loro simili, perche l'un e l'altro de quegli è equiangolo al penthagono. g, h, k, (per la conuersione della diffinitione della superficie simili) per il che sono fra loro equiangoli, similmente anchora per la conuersione della medesima diffinitione, la proportion del. a. b. al. g. h, è si come del, a, c, al, g, k, & del, g, h, al, d, e, si come del, g, k. al, d, f, adonque per la equa proportionalità del, a, b, al, d, e, è si come del, a, c, al, d, f, per lo medesimo modo tu approuerai li altri lati di penthagoni, a, b, c, & d, e, f, (continenti li equali angoli) esser proportionali adonque (per la diffinitione delle superficie simili) essi sono fra loro simili, che è il proposito.

Theorema. 16. Propositione. 22.

21/22 Se seranno quattro rette linee proportionale, & essendo designato sopra due, & due superficie rette linee simile, & similmente descritte anchora esse superficie seranno proportionale, ma se li simili superficie constitutte sopra due & due linee seranno proportionale, anchora esse linee necessario esser proportionale.

Siano quattro linee proportionale, a, b, c, d, & sia la proportione della, a, alla, b, si come della, c, alla, d, dico che essendo constituide superficie simile sopra la, a, & b. (come duoi penthagoni simili) & altre simile constituide sopra la, c, & d, (come duoi triangoli simili) serà la proportione di penthagoni si come di triangoli, ma essendo li penthagoni simili & similmente etiam li triangoli simili, & essendo la proportione

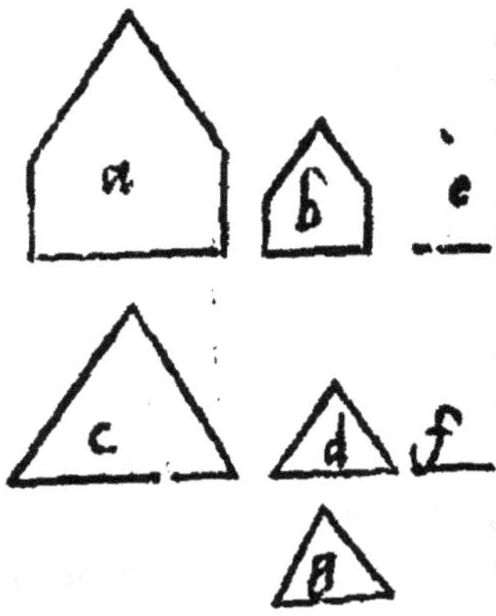

proportione del penthagono al penthagono, ſi come del triangolo, al triangolo dico che la proportione della, a, alla, b, ſerà ſi come della, c, alla, d, perche eſſendo ſottogiunto alle linee, a, & , b, la, e, & alle linee, c, & , d, la, f, in continua proportionalità, ſi come amaiſtra la decima di queſto, & ſerà (per la uigeſima ſeconda del quinto & per la equa poportionalità) della. a. alla. e. ſi come della, c, alla, f, perche adonque (per lo correlario ſecondo della decima nona di queſto) la proportione di penthagoni è ſi come della, a, alla, e, et di triangoli ſi come della, c, alla, f, ſerà adonque la proportion di penthagoni ſi come di triangoli, & queſto il primo propoſito, il ſecondo coſi è manifeſto, ſiano li duoi penthagoni ſimili & li dui triangoli ſimili, & ſia la proportione di penthagoni ſi come di triangoli, dico che la proportione della, a, alla, b, è ſi come della, c, alla, d, perche ſia fatto della, c, alla. g. ſi. come della. a. alla. b. (& come queſto ſi debbia fare è detto di ſopra la undecima di queſto (& ſopra la, g, ſia fatto (ſi come inſegna la uigeſima di queſto) una ſuperficie ſimile a quella, che è conſtituta ſopra la linea. c. & ſerà (per la precedente ſimile a quella) che è conſtitua ſopra la linea. d. & ſerà anchora (per la prima parte de queſta uigeſima ſeconda) qual proportione del penthagono, a, al penthagono, b, quella medeſima del triangolo, c, al triangolo, g, ma la medeſima era etiam del triangolo. c. al triangolo, d, adonque (per la ſeconda parte della nona del quinto) lo triangolo, d, è equale al triangolo, g, & perche ſono ſimili; ſerà la linea, g, equale alla linea. d. (per la prima parte della decima ottaua di queſto) quando che ſopra le linee, c, d, & , g, ſiano triangoli, ouer (per la ſeconda parte della decima nona) quando fuſſeno ſtati qualunque altre figure multiangole, perche la equalità non è produtta da alcuna proportione duplicata, ouer triplicata, ouer pigliata quante uolte ſi uoglia ſe non dalla equale, adonque della. c. alla. d. ſerà ſi come della, a, alla, b, che è il propoſito.

Il Tradottore.

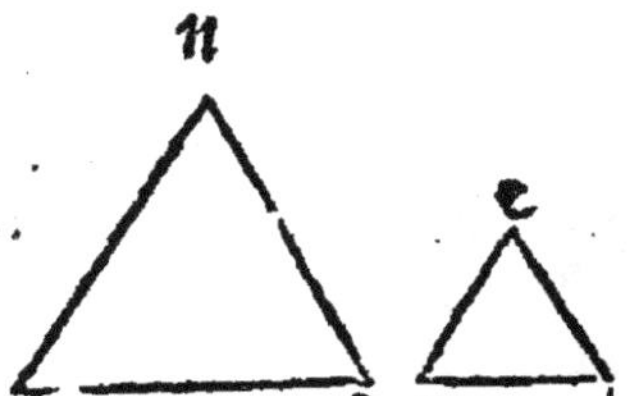

Quella particula, cioe in el ſopraſcritto teſto dice, & ſimilmente deſcritte ſe troua ſolum in la ſeconda tradottione, ſenza lequale il teſto di la tradottione dil Campano pateria opoſitione ſi come nella paſſata, perche eſſendo quattro rettelinee proportionale, ſe potrà deſcriuere, ſopra due, & due ſuperficie rettilinee ſimili lequali ſeran coſi conditionate che (non eſſendo ſimilmente deſcritte) non ſeranno proportionale, eſempli gratia, ſiano le quattro linee. a. b. c. d: e. f: g. h. proportionale & per maggior intelligentia ſia la. a. b. dupla alla. c. d. è ſimilmente la, e, f, alla, g, h, & ſopra le due. a. b. & . c. d. ſiano deſcritti duoi triangoli equilateri, & ſopra le due, e, f, & , g, h. ſian deſcritti

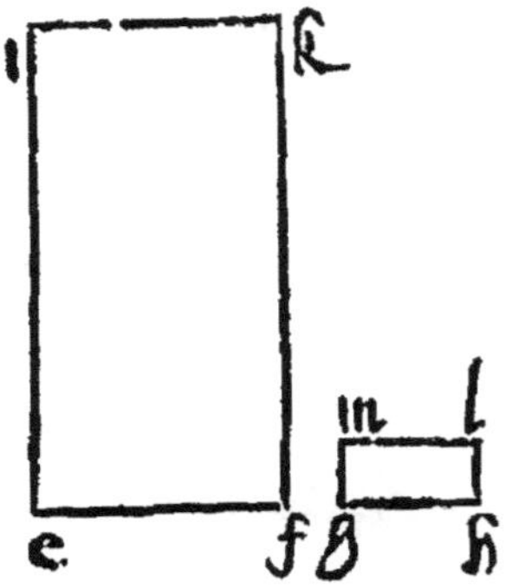

deſcritti due ſuperficie retangole che la longhezza de ca daũ ſia doppia alla larghezza e ſian coſi conditionata mente deſcritte che la linea.e.f. uenga a eſſer larghezza de l'una(cioe di quella deſcritta ſopra di ſe)et la linea.g.h.uenga a eſſer longhezza dell'altra(come appare in le ditte due ſuperficie.e.f.i.k.& .g.h.l.m.)Hor ſi uede che le quattro linee.a.b.c.d.e.f.g.h.ſono proportionale,& ſopra le due.a.b.& .c.d.ſono deſcritti li dui triangoli a.b.n.& .c.d.o.liquali per eſſer equilateri ſono ſimili (per la quinta di queſto) & ſopra le altre.z.e.f.& .g.h.ſon deſcritte le due ſuperficie.e.f.i.k.& .g.h.l.m. lequale ſon etiã ſimili(per la diffinitione)& tamen queſte quattro ſuperficie non ſono proportionale, immo el triangolo,a,b,n,è quadruplo al triangolo,c,d,o.(per la decima ottaua di queſto)& la ſuperficie.f.i.k.è ſedecupla alla ſuperficie. g.h.l.m.(p la decima nona di queſto)e queſta diſproportionalita procede perche le due ſuperficie.e.f.i.k.& g.h.l.m. non ſono ſimilmente deſcritte, & queſto è quello che uolemo inferire,e di queſto molto biſogna aduertir in la deſcrittione de ſuperficie ſimili de molti lati inequali, perche in tanti modi ſi puonno uariar quanto è il numero della diuerſità di lati,come etiam fu detto ſopra la precedente.

Theorema.17. Propoſitione.23.

22 Tutte le ſuperficie de equidiſtanti lati che ſtanno intorno al diame-
24 tro de ogni paralellogrammo ſono ſimile a tutto el paralellogrammo anchora fra loro.

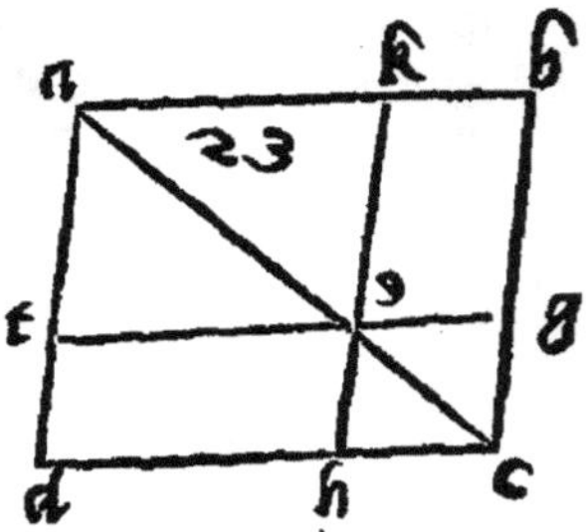

Come ſia in lo paralellogrammo.b.d.delquale lo diametro è.a.c.ſtando le ſuperficie,g,h,& ,f,K, de equidiſtanti lati intorno al diametro, dico quelle eſſere ſimile a tutte il paralellogrammo,& ſimilmente fra loro, perche(per la ſeconda de queſto)della.b.g.alla.g.c. & della.d.h.alla.h.c.è ſi come della,a,e,alla,e,c, adõque cõgiuntamẽte della,b,c,alla,c,g, e della,d,c,alla,c,h, ſerà ſi come della , a, c,alla,c,e,per laqual coſa(per la undecima del 5.)della.b.c.alla.c.g.ſerà ſi come della.d.c.alla.c.h.e ſimilmẽte ſerà ſi come della a.b.alla.e.g.concioſia che la.a.b.è equal alla.d.c.e la.e.g.alla,b,c,per lo medemo modo ſerà della.a.d.alla.e.h.ſi come della.a.b.alla.e.g.e della.d.c. alla b,c,perche adonque queſti paralellogrammi ſono equiangoli eglie manifeſto(per la diffinitione delle ſuperficie.ſimili) lo.g.h.eſſer ſimile al.b.d.anchora per ſimil modo ſe approua lo,f,k,eſſer ſimile al medeſimo per queſto che della. b.a.alla.a.k.& della.d.a.alla.a.f.è ſi come,della.c.a.alla.e.(per la ſeconda de queſto) e per la congiunta proportionlità per laqual coſa)per la uigeſima prima di queſto) lo,f,k,è anchora ſimile al,g,h,& coſi è manifeſto il tutto.

Theo-

Theorema.18. Propositione.24.

23 Se da uno paralellogrammo in el suo spatio sia sta distinto uno para
26 lellogrammo partiale simile al tutto, & similmente posto hauente uno angolo commune con quello, quel se riposa intorno al diametro del medesimo.

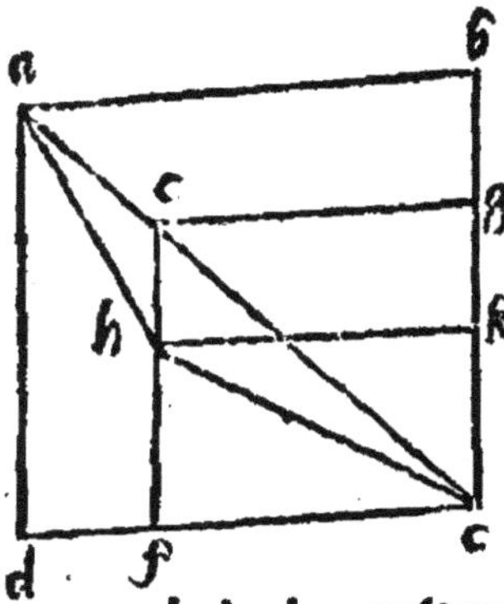

Come se in lo paralellogrammo.b, d, sia distinto lo paralellogrammo,f,g,che sia simil a quello, & similmente posto & participante con quello in l'angolo,c,di co chel paralellogrammo.f,g, sta intorno al diametro del paralellogrammo,b,d, & questa e al contrario della precedente,& per dimostrare questo io produro la,a c,e,laquale se la serà cōcessa esser lo diametro del paralellogrammo b,d,e manifesto il proposito,ma se possibile è per l'aduersario sia,a,h,c,lo diametro de quello & sia dutta la,h,K,equidistante alla,f,c,& (per la precedente)lo paralellogrammo,f,k,serà simile al paralellogrammo,b,d,adonque(per la conuersione della diffinitione delle superficie simili)la proportione della.b,c,alla,k,c,e si come della,d,c,alla,f,c,ma(per la medesima conuersione della detta diffinitione)la proportione della,b,c,alla,g,c,è si come della,d.c,alla,f,c,per questo che lo paralellogrammo,f,g,e stato posto simile al paralellogrammo,b,d,adonque(per la undecima del quinto)la proportione della,b,c, alla,g,c,è si come,della,b,c,alla,K,c,(perche l'una e l'altra e si come della,d, c, alla,f,c,)per laqualcosa(per la seconda parte della nona del quinto)la,g,c,è equale alla.k,c,cioe la parte al tutto.che è impossibile,adonque la,a, e,c, serà lo diametro del paralellogrammo,b,d,che è il proposito.

Il Tradottore.

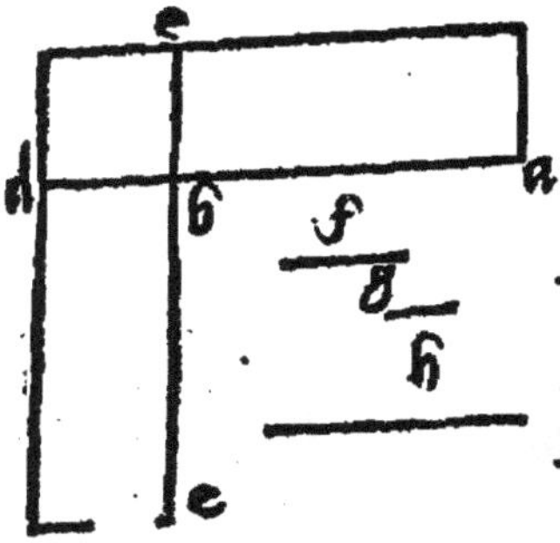

Di quelle tre conditioni che bisogna hauer lo paralellogrammo partiale douendo essere intorno allo diametro del totale(lequal sono queste,) che sia simile al tutto & che sia similmente posto, & che habbia un di suoi angoli che sia commun all'un e l'altro,due sole sene troua nella tradottion del Campano & una di quelle è alquanto ambigua,cioe quella che dice, & secondo l'esser suo di quello,perche lo commentatore lo espone cosi idest participante con quello in un angolo,& io tengo, che uoglia dire che sia similmente posto, tamen pigliasi come si uoglia mancandoui una di quelle tre conditioni la propositíon pateria oppositione perche mancando una di quelle in lo paralellogrammo partiale non seria necessario che stesse intorno al diametro del totale.

Theore-

Theorema. 19. Propoſitione. 25.

14/23 D'ogni due ſuperficie de equidiſtanti lati, delle quali uno angolo dell'una all'uno angolo dell'altra è equale, la proportione dell'una all'altra è quella ch'è produtta dalle due proportioni di ſuoi lati contiuẽti li duoi angoli equali.

Siano due ſuperficie de equidiſtanti lati. a. c. & . e. d. & ſia l'angolo. b. dell'una equale all'angolo. b. dell'altra, dico che la proportione dell'una all'altra e produta, ouer compoſta dalla proportione dalla. a. b. alla. b. d. & dalla. c. b. alla. b. e. perche diſponendo io queſte due ſuperficie al tutto ſi come fu diſpoſto quelle in la quartadecima de queſto aggiunto all'una & l'altra lo paralellogrammo. c. d. & ponendo io che la proportione della linea. f. alla linea. g. ſia ſi come della. a. b. alla b. d. & della. g. alla. h. ſi come della. c. b. alla. b. e. (& come ſi debbia procedere in far queſto è detto ſopra la decima di queſto) & ſerà (per la prima di queſto & la undecima del quinto) della. a. c. alla. c. d. ſi come della. f. alla. g. & della. c. d. alla. d. e. ſi come della. g. alla h. per laqual coſa (per la uigeſimaſeconda del quinto) ſerà in la equa proportionalità della. a. c. alla. d. e. ſi come della. f. alla h. & perche la proportione della. f. alla. h. è produtta, ouer compoſta della proportione dalla. f. alla. g. & dalla. g. alla. h. (per la quinta diffinitione di queſto) ſeguirà che la proportione della, a, c, alla d, e, ſia compoſta dalle medeſime, per laqualcoſa è maniſeſto il propoſito.

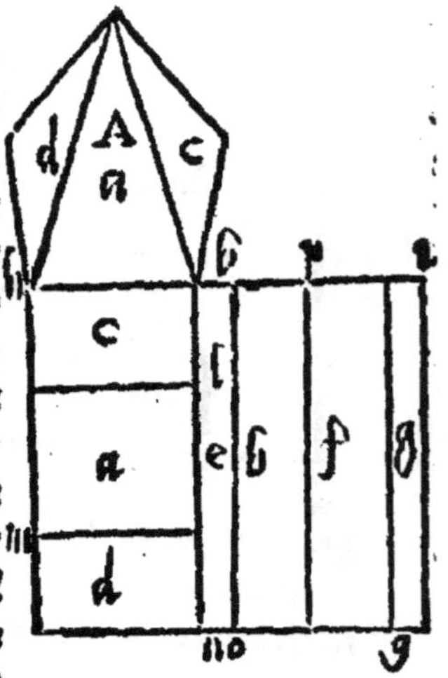

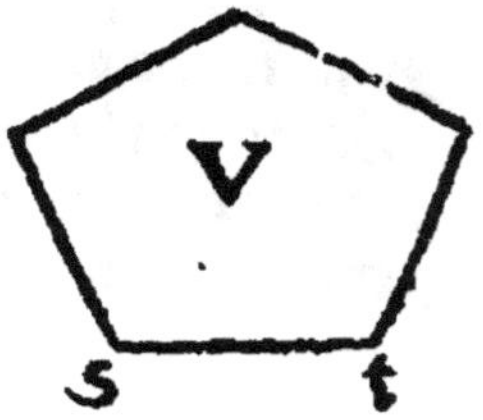

Problema. 7. Propoſitione. 26.

25/25 Puotemo deſignare una ſuperficie ſimile a una data ſuperficie rettilinea & a un'altra propoſta equale.

Siano propoſte due ſuperficie rettilinee. A. penthagona. B. exagona uoglio fare una ſuperficie ſimile alla. a. & equale alla. b. l'una & l'altra delle propoſte ſuperficie riſoluo in triangoli la. A. in li triangoli. c. a. d. & la. B. in li triangoli. e. b. f. g. & ſopra la baſa della ſuperficie. a. laqual ſia. h. K. coſtituiſco (ſecondo la dottrina della 44. del 1.) una ſuperficie de equidiſtanti lati rettangola equale al triangolo. c. (laqual ſia. h. l.) & la. l. m. equale al a. & la m. n. equal al d. acciochè tutta la ſuperficie de equidiſtanti lati h. n. (coſtituta ſopra la baſa.

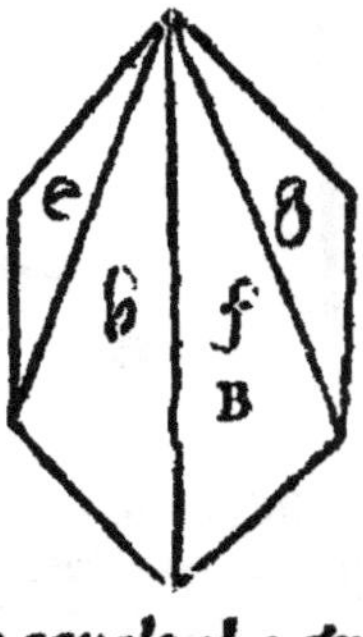

basa. b. k.) sia equale al penthagono. A. & per lo medesimo modo sopra la linea k, n. (laquale è il secondo lato de questa superficie) constituisco un altra superficie rettangola equale allo esagono. b. cioe faccio la superficie. k. o. equale al triangolo. c & la. o. p. equale al. b. & la. p. q. equale al. f. & la. q. r. equale al. g. acciochè tutta la superficie rettangola. n. r. sia equale allo esagono. B. & toglio (per la nona di questo) la linea. s. t. proportionale fra la linea. b. k, & la linea. K. r. & sopra quella (secondo la dottrina delle uigesima di questo) costituisco la superficie. u. simile alla superficie. a. laqual dico esser quella che cerchamo & equale alla superficie. b. perche essendo le tre linee. b. K. s. t. & . k. r. continue proportionale, & essendo sopra la prima & la seconda costituide le superficie simile, cioe la. a. & . u. serà (per lo correllario della decima nona di questo) della. a. alla. u. si come della. b. k. alla. k. r. per laqual cosa (per la prima di questo) serà si come della. b. n. alla. n. r. e pero (per la prima parte della settima del quinto) si come della. a. alla. n. r. e per questo (per la seconda parte della medesima) serà si come della. a. alla. b. adonque (per la seconda parte della nona del quinto) la. u. è equale alla. b. che è il proposito, laqual cosa anchora possemo facilmente prouar per la permutata proportionalità, perche essendo della. a. alla. u. si come della. b. n. alla. n. r. serà permutatamente della. a. alla. b. n. si come dalla. u. alla. n. r. & perche la. a. è equale alla. b. n. serà la. u. equale alla. n. r. per laqual cosa la. u. è etiam equale alla. b. (per questa commune sententia) quelle cose che a una medesima cosa sono equale sono fra loro equale, ma non è necessario che le superficie. b. l: l. m. & m. n. de lati equidistanti (equali alli tre angoli. c. a. d.) ouer le superficie. k. o: o. p: p. q. & . q. r. (equal alli triangoli. e. b. f. g.) sian rettangole, ma che l'angolo estrinsico della superficie. l. m. sia equal all'angolo intrinsico delle superficie. l. b. & lo estrinsico della. m. n. all'intrinsico della. m. l. similmente anchora che lo estrinsico della superficie. k. o. sia equal all'intrinsico della superficie. b. n. et l'estrinsico della. o. p. allo intrinsico della. K. o. e cosi delle altre, perche essendo cosi serà cadauna delle linee. k. n. & . b. m. a se opposite & similmente. b. r. & . n. q. a se opposita una linea (per l'ultima parte della uigesimanona del primo) e per la quartadecima del medesimo equalmente repetita quante uolte serà de bisogno. per questa causa che tutte le superficie. b. l: l. m. n. & similmente le. K. o: o. p: p. q. & . q. r. sono de equidistanti lati & l'angolo estrinsico de cadauna seguente è equal all'intrinsico de quella precedente, per laqual cosa le due superficie. b. n. & . n. r. seranno di equidistanti lati & fra linee equidistante & de equal altezza, in le altre adonque arguisse come auanti.

Theorema. 20. Propositione. 27.

26 Lo paralellogrammo designato sopra la mità de una data linea, è
27 maggior di qualunque paralellogrammo applicato alla data linea al qual manchi al compimento della linea uno simile, & che stia sopra il diametro del collocato sopra la mità.

Sia data la linea. a. b. sopra la mità dellaquale, cioe sopra la. c. b. sia constituido lo pa-

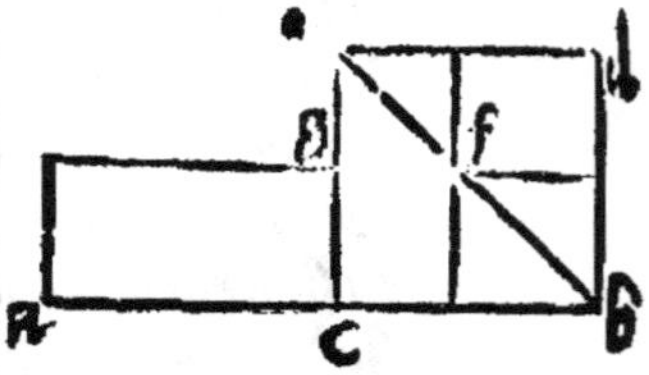

lo paralellogrammo, c, d, el diametro del quale è.b.e. & sia applicato alla linea. a.b.lo paralellogrammo, a, f, delquale uno lato seghi lo, e, c, in ponto, g, cosi che al compimento de tutta la linea. a.b.manchi la superficie, f, b, laqual sia simile alla superficie, c, d, & che stia intorno al diametro di quello, hor dico che il paralellogrammo.c.d.è maggior del paralellogrammo, a, f, perche (per la prima di questo) lo, a, g, è equale allo, g, b, & (per la quadragesima terza del primo) lo, c, f, è equale allo, f, d, adonque (per questa communa scientia) se a cose equale tu aggiungi cose equale &c. serà lo gnomone composto dalli tre paralellogrammi liquali sono, c, f. f.b. & f.d. equale al paralellogrammo, a, f, per laqual cosa lo paralellogrammo, c, d, è maggiore del paralellogrammo. a.f. in lo paralellogrammo e, f, che il proposito, il medesimo etiam seria se la superficie, a, f, fusse fatto piu alta della superficie, c, d, come tu puoi uedere in la seconda figura, in laquale etiam (per la prima di questo) lo, a, g, è equale allo, g, b, leuade uia adonque l'uno & l'altro di duoi supplementi della superficie. f. b. lo paralellogrammo, c, d, eccederà lo paralellogrammo, a, f, in lo paralellogrammo, f, e.

Il Tradottore.

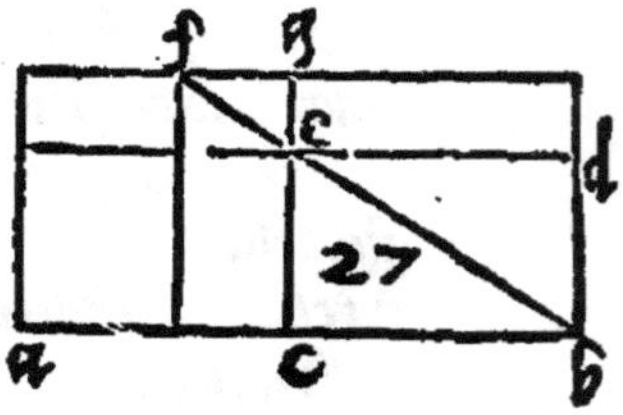

Quella particula che nel soprascritto testo dice uno simile, & stante sopra lo diametro del collocato sopra la mità della linea, non uol dire altro che un simile è similmente posto al collocato sopra la mità della linea che cosi dice etiã in la seconda tradottione & è piu corretto dir perche in la seconda figura fatta di sopra lo paralellogrammo, f, b, non sta sopra lo diametro del paralellogrammo, d, c, collocato sopra la mità della linea, anci al contrario che il paralellogrammo, d, c, sta sopra il diametro del paralellogrammo, f, b.

Problema.8. Propositione.28.

27/28 Proposta una superficie trilatera puotemo designare sopra qualunque asignata retta linea uno paralellogrammo equale a quella alqual manchi a compir la linea uno paralellogrammo simile a un'altro paralellogrammo proposto gia il bisogna che la proposta superficie trilatera non sia maggiore del paralellogrammo collocato sopra la mità della data linea, simile al proposto & secondo l'esser suo.

Sia assignata la linea, a, b, & proposto lo triangolo, c, & proposto lo paralellogrammo, d, uoglio sopra la linea, a, b, designare un paralellogrammo equale al triangolo, c, cosi fatto che manchi a compir la linea, a, b, un paralellogrammo simile al, d, & sia cosi conditionato che lo triangolo, c, non sia maggiore del paralellogrammo simile al. d. collocato sopra la mità della linea altramente se lauoraria

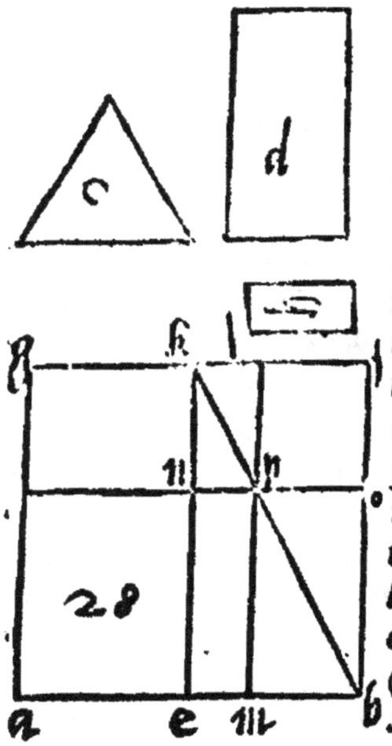

ria al impossibile (per la precedente) adonque diuido la linea, a, b, in due parti equali in ponto, e, & (secondo la dottrina della uigesima di questo) sopra, e, b, (mità di quella) constituisco lo paralellogrammo. e. f. simile al. d. & compirò sopra tutta la linea. a. b. lo paralellogrä mo. b. g. adonque perche lo triangolo. c. non è maggiore del paralellogrammo. e. f. ma equale a quello, ouero minore si come è stato posto, se'l serà a quello equale serà lo paralellogrammo, e, g, quello che se intende (per la trigesima sesta del primo agiutando con la prima parte della nona del quinto, & per la diffinitione delle simile superficie della uigesima prima di questo) ma se è minore, sia minore in alcune superficie alla quale ne sia fatta una equale, et simile alla. d. (secondo la dottrina della 26. di questo) laquale sia. h. & sarà h. simile al. e. f. (per la uigesima prima di questo) per laqual cosa (per la conuersione della diffinitione) serà equiangola a quello et de lati proportionali tiraro adonque in lo paralellogrammo. e. f. lo diametro. b. k. & resegaro li lati. k. f. & . e. k. della superficie. e. f. alla misura di lati della superficie. h. tirate le linee. l. m. & . n. o. equidistanti alli lati della superficie. e. f. segandose in ponto. p. tal che la superficie. K. p. sia equale e simile alla superficie. h. & serà (per la uigesima quarta de questo) il ponto. p. in lo diametro. k. b. tirata adonque la. o. n. fina alla. a. g. Dico lo paralellogrammo. a. p. esser quello che è sta proposto, perche a quel mancha al compimento della linea. a. b. lo paralellogrammo. p. b. ilquale (per la uigesima terza & uigesima prima di questo) è simile al paralellogrammo. d. & anchora esso paralellogrammo. a. p. è equale, al triangolo. c. perche (per la prima di questo) lo. a. n. è equal allo. n. b. adonque (per la quadragesima terza del primo & questa communa sententia, se a cose equale tu agiungi cose equale &c.) lo paralellogrammo. a. p. è equale al gnomone, n, b, l, & perche questo gnomone è equale al triangolo, c, (per questa causa che lo paralellogrammo, e, f, fu posto essere maggiore del triangolo. c. in lo paralellogrammo. h. ilquale è equale al paralellogrammo. k. p.) è manifesto il proposito.

Il Tradottore.

Quella particula che in fine del soprascritto testo, dice simile al proposto & secondo l'esser suo, uol inferire che'l sia simile al proposto & similmente descritto, della qual cosa nella resolutione di tal problemi bisogna molto aduertire altramente se potria tal uolta concludere indirettamente, perche tal hor uno tal problema se potra concludere in duoi diuersi modi, & tal hor per uno modo serà solubile, & per l'altro impossibile, come uerbi gratia, se'l dato triangolo. c. fusse de superficie piedi uinti duoi superficiali & la datta linea. a. b. fusse piedi duodeci lineali & lo proposto

sto parallelogrammo. d. fusse rettangolo & che la longhezza di quello fusse doppia alla larghezza: & uolendo concludere il soprascritto problema dico che descriuendo sopra la mità della data linea. a. b. (cioe sopra. b. e.) uno parallelogrammo simile al. d. & ponendo la detta linea. b. e. per longhezza di quello, seria impossibile a concludere tal problema (per la precedente propositione) perche essendo la sua longhezza la linea. b. e. laquale è piedi sei (dal presupposito) la sua larghezza bisognaria essere piedi tre douendo essere simile al. d. onde l'area sua ueria a essere deciotto laquale seria minore di quella del triangolo. c. laquale è uintiduoi (dal presuposito) ma ponendo la detta linea. b. e. per larghezza del detto paralello grammo ben si potra concludere tal problema, perche essendo la sua larghezza pie di sei la sua longhezza bisognaria esser piedi duodeci (douendo esser simile al. d.) onde l'area sua ueria essere piedi settanta duoi superficiali, laqual seria molto maggiore de l'area del dato triangolo, c, come si conuiene, & concludendo tal problema per li modi dati di sopra la superficie. b. ueria a esser cinquanta cioe longa piedi dieci & larga cinque perche. k. l. ueria etiam lui a esser pur piedi cinque, &. K. n. piedi dieci: & perche. c. m. è equale al. k. l. per la trigesima quarta del primo) seguiria che. a. m. seria piedi undeci &. m. p. ueria a restar piedi duoi & l'area del parallelogrammo. a. p. ueria esser uintiduoi che seria equale all'area del triangolo. c. si come fu proposto di fare, e però in la resolutione di tal problemi (uolendo concludere rettamente) bisogna che il parallelogrammo che se descriue sopra la mitta della linea data, non solum sia simile al dato, ma bisogna che sia etiam similmente posto, altramente la conclusione seria falsa massime quando il dato paralellogrammo fusse de duoi lati inequali, anchora bisogna aduertire se ben ho essemplificato il soprascritto problema con numeri (laqual cosa ho fatto per far conoscere sotto breuità la uariatione, che è da una descrittione all'altra) niente dimeno uolendo procedere rettamente bisogna ratiocinar & concludere ogni cosa geometrice, si come si mostra in lo commento, alcun potria dire come saperò io realmente geometrice (nel concludere tal problema, & altri simili) che la superficie, e, f, descritta sopra la mità della linea a. b. (cioe sopra la. b. e.) sia maggiore, ouero minore, ouero equale triangolo, c, & se serà maggiore (come se presuppone) come saprò io tor realmente la lor differenza per formare la superficie, b, simile alla superficie paralellogramma. d. attento che l'Autthor fin hora non me pare che me habbia proposto ne mostrato una tal propositione, io rispondo che tal cosa si sapra descriuendo (per la ultima del secondo) un quadrato equal al triangolo, c, (qual poniamo che sia il quadrato, a, b, c, d,) & similmente un'altro che sia equale al paralellogrammo, e, f, (qual poniamo che'l sia il quadrato, g, h, i, k, hor dico che se'l lato, g, h, serà maggiore del lato, a, b, (per communa scientia) il quadrato, g, h, i, k, serà maggiore del quadrato.

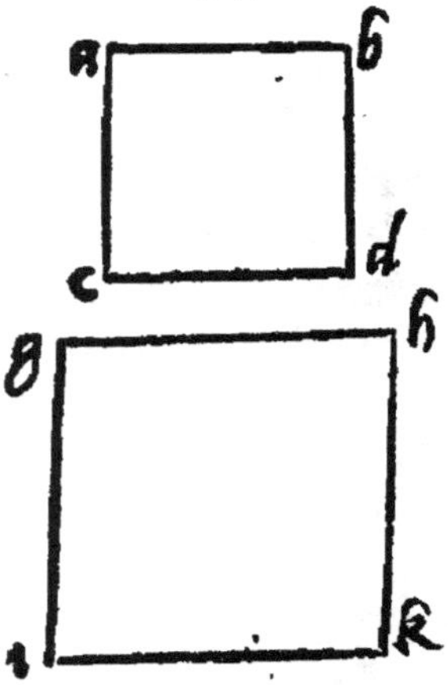

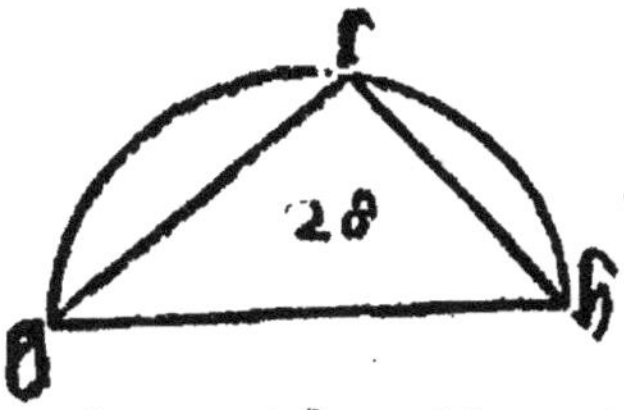

drato, a,b,c,d, e conseguentemente lo paralellogrammo,e,f,serà maggior del triangolo,c, & sel detto lato. g.h. serà minore ouero equale a quello lo detto paralellogrammo,e,f,serà minore ouero equale al detto triangolo, c, hora essendo maggiore per trouare la loro differentia sopra il detto lato, g, h, descriuerò uno mezzo cerchio qual sia,g,l,h,& in quello (per la prima del quarto) coaptaro la linea,h,l,equale al lato, a,b,& tirarò la linea,l,g,hor dico che'l quadrato descritto dalla,l,g, (per la penultima del primo) serà equale alla differentia che serà fra il paralellogrammo,e,f,& lo triangolo,c,onde descriuendo la superficie,h,(per la uigesima sesta de questo)simile alla superficie,d,& equale al quadrato della,g,l,se hauerà lo intento suo, ancor bisogna notare che doue che il testo della soprascritta propositione dice proposta una superficie trilatera,nella seconda tradottione dice, una figura rettilinea,cioe è propositione piu generale & se conclude per li medesimi modi & mezzi di sopra detti.

Problema. 9. Propositione.29.

Sopra una data retta linea puotemo constituir uno paralellogrammo
28/29 equale a una data superficie trilatera elqual aggiunga sopra al compimento della data linea una superficie de equidistanti lati simil a una superficie de equidistanti lati.

Questa proposition in pratica de numeri(uolendo , che il paralello grammo.d. sia quadrato) non uuol dir altro, che di saper aggiongere una linea tale, che il □ di quella insieme con il dutto di quella nella. a.b.faccia la quantità del triangolo.c.che con algebra facilmẽte si farà.

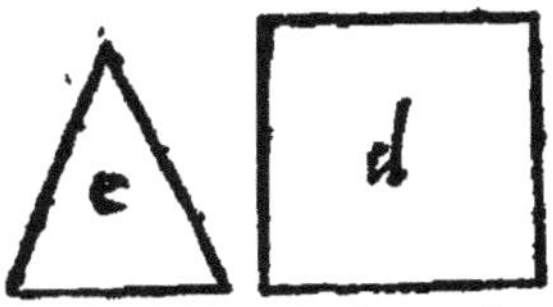

Sia come prima la data linea,a,b,& dato lo triangolo,c,& dato lo paralellogrammo,d,uoglio sopra la linea,a,b, constituire uno paralellogrammo equale allo triangolo, c, elquale aggiunga ouer che soprabonda a tutta la linea,a,b, uno paralellogrammo simile al.d.diuido la linea,a,b, in due parti equali in ponto,e,& sopra,e,b,mità di quella,faccio lo paralellogrammo,e,f,simile,al,d,secondo che insegna la uigesima di questo,e secondo la dottrina della uigesima sesta di questo faccio lo paralellogrammo.k.l.(del quale lo diametro,e,g,h,)simile al,d,& equale alle due superficie,e,f,&,c, & serà (per la uigesima prima di questo).k.l.simile,al,e,f,soprapoſta adonque la superficie.k.l.alla superficie.e.f.talmente che ambedue communicano in lo angolo,g,serà (per la uigesima quarta di questo) la superficie.e.f. stante intorno al diametro della superficie.K.l.onde il pũto.b.è in lo diametro,g,h,compirò adõque lo paralellogrammo,a,b,elqual dico esser q̃llo che è sta proposto laqual cosa è manifesta protratta la linea,f,b,fina al,m,& la linea,e,b,fin al.n.perche(per la prima de questo &

sto & per la trigesima sesta del primo) a,k,è equal al, K, b, & pero (per la 43. del primo) e anchora equale al,n,f, giunto adonque all'uno, e l'altro,e,b,serà (per communa scientia) a.b.equale al gnomone.e. b. f. ma questo gnomone è equale al triangolo,c,perche lo parallelogrammo, k,l,è sta posto equale alle due superficie, c, & e.f. adonque lo paralellogrammo,a,b, è equale al, c,& aggiunge al compimento della linea.a.b.lo paralellogrammo,m,n,ilquale (per la uigesimaterza & uigesima prima di questo) è simile al paralellogrammo d.per laqual cosa è manifesto essere perfetto quello che uolemo,puotemo anchora a una data linea aggiungere uno paralellogrammo equale, non solamente a una proposta superficie trilatera, ma a qualunque proposta figura rettilinea,(sia come si uoglia) alquale manchi a compire la data linea una superficie simile a una proposta superficie de equidistanti lati, si come insegna la precedente, osseruata la conditione di quella, accio non sia lauorato all'impossibile (per la auanti alla precedente) ouero che la aggiunga al compimeeto della linea una soperficie de equidistanti lati simile a una superficie proposta, si come propone la presente conclusione, perche la proposta superficie (allaqual debbe esser agiunto a una data retta linea un paralellogrammo equale elqual aggiũga ouer diminuisca al cõpimẽco della linea un parallelogrãmo simile a un dato paralellogrammo) resoluemo in triangoli & per mezzo di quelli descriuemo una superficie de equidistanti lati equal alla total superficie proposta, & se uorai saper il modo da far questo riccorri alla uigesima sesta di questo, dapoi sopra il doppio della basa de quella costruemo uno triangolo de equal altezza ilqual se diligentemente risguardarai la quadragesima prima del primo tul trouarai essere equal al paralellogrammo auanti designato per laqual cosa & alla superficie proposta adonque se tu aggiungerai alla data linea uno paralellogrammo equal a questo triangolo ilqual aggiunga al compimento della linea ouer minuisca un paralellogrammo simile al dato paralellogrammo secõdo che insegna questa e la precedente, tu non dubitarai hauere perfettamente compito quello che era il proposito.

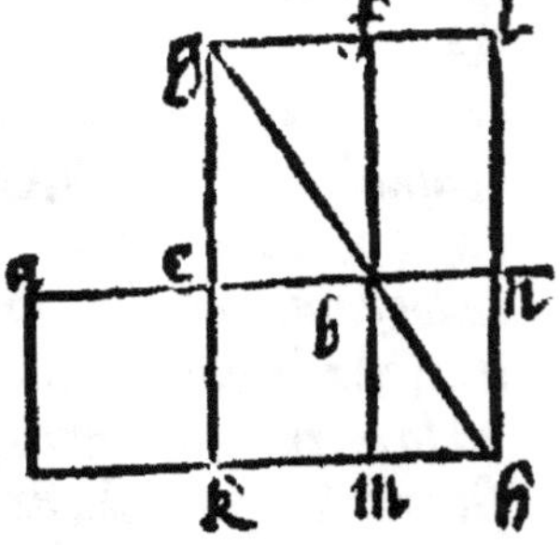

Il Tradottore.

Per far lo paralellogrammo. k. l. che sia equale al triangolo. c. & al parallelogrammo.e. f.prima descriuero (per la ultima del secondo) uno quadrato equale al triangolo, c, & un'altro equale al paralellogrammo, e, f, dapoi formarò uno triangolo orthogonio che li duoi lati che contiene l'angolo retto l'uno sia equale al lato dell'uno de detti duoi quadrati, & l'altro sia equale all'altro lato dapoi sopra il lato opposito al angolo retto, descriuero uno quadrato ilquale per la penultima del primo serà equale a quelli duoi quadrati, & consequentemente serà equale al triangolo, c, & alla superficie, e, f, dapoi (per la uigesima & uigesima

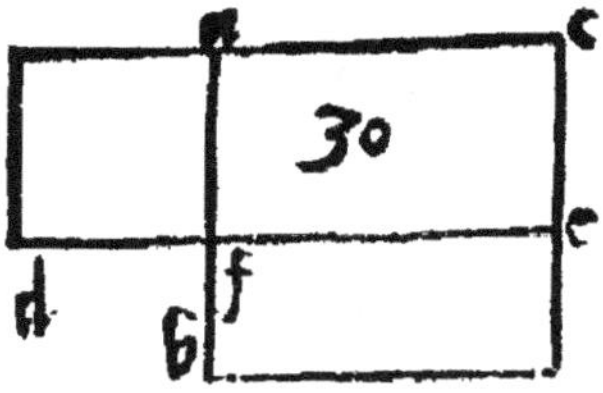

ſima ſiſta di queſto) farò la ſuperficie. K.l.ſimile al.d. & equale al detto quadrato & ſeguir come di ſopra, anchora biſogna notare che doue che il teſto della ſopra ſcritta propoſitione, dice equale a una ſuperficie trilatera, nella ſeconda tradottione dice equale a uno dato rettilineo, laqual propoſitione è piu generale della ſopraſcritta, e ſe conclude per il modo che dice lo eſpoſitore della ſopraſcritta.

Problema. 10. Propoſitione. 30.

29/30 Puotemo ſeghare qualunque propoſta retta linea terminata ſecondo la proportione hauente il mezzo & duoi eſtremi.

Sia propoſta la linea. a.b. laqual uoglio diuidere ſecondo la propornione hauenre il mezzo, & duoi eſtremi ſopra quella deſcriuerò il quadrato, b, c, et al lato, a, c, de quello aggiongo (ſecondo che inſegna la paſſata) lo paralellogrammo. c. d. equale al quadrato, b, c, elquale aggionga, ouero ſopraauanci al compimento della linea, a, c, lo paralellogrammo, a, d, elqual ſia ſimile al, b, c, e ſia lo lato del paralello grammo, c, d, che equidiſta al lato a, c, lo, d, e, & seghi la linea, a, b, in ponto, f, dico la linea, a, b, eſſere diuiſa in ponto, f, come era propoſto perche, a, d, è quadrato per queſta cauſa che quello è ſimile al, b, c, onde lo lato, a, f, è equale al, f, d, & lo lato, f, e, è equale al a, b, per queſto che eglie equale al, a, c, (per la trigeſima quarta del primo) & perche, c, d, è equale al, b, c, leuado uia a l'uno e l'altro lo, c, f, ſerà lo, a, d, equale, al, e, b, & l'angolo, f, de l'uno all'angolo, f, dell'altro adonque (per la quartadecima di queſto) li lati ſono mutui àdonque del, e, f, al, f, d, ſerà ſi come del. a, f, al, f, b, & perche lo, e, f, è equale al, a, b, & lo, f, d, al, a, f, ſerà del, a, b. al, a, f, ſi come del, a, f, al, f, b, adonque per la diffinitione è diuiſa come ſe propone, el medeſimo anchora puo eſſer demoſtrato (per la undecima del ſecondo) perche eſſendo diuiſa la, a, b, in ponto, f, (ſecondo che inſegna la undecima del ſecondo) et ſia la ſuperficie, e, b, quella che è contenuta ſotto a tutta la, a, b, & alla parte, f, b, de quella cioe che la, e, f, ſia equale al, a, b, &, a, d, ſia il quadrato de. a. f. adonque (per la predetta undecima del ſecondo) la, e, b, è equale al, a, d. Quello che reſta arguiſſe come prima (per la quartadecima di queſto) ouer in queſto modo conciosia coſa che la, a, b, ſia diuiſa in ponto, f, ſecondo che inſegna la undecima del ſecondo, quello che, uien fatto della, a, b, prima in la, f, b, terza è equale al quadrato della, a, f, ſeconda adonque (per la ſeconda parte della decima ſettima di queſto) la proportione della, a, b, prima alla, a, f, ſeconda è ſi come della, a, f, ſeconda alla, f, b, terza è per tanto la, a, b, (per la diffinitione) è diuiſa come ſe prepone.

Theorema. 21. Propoſitione. 31.

30/32 Se ſeranno duoi triangoli coſtituti ſopra uno angolo di quali li duoi

lati

lati che cõtengono quell'angolo alli altri duoi lati de quelli sieno equidistanti,& sieno quelli quattro lati, referti secondo la equidistantia, proportionali quelli duoi triangoli è necessario esser constitute sopra una retta linea.

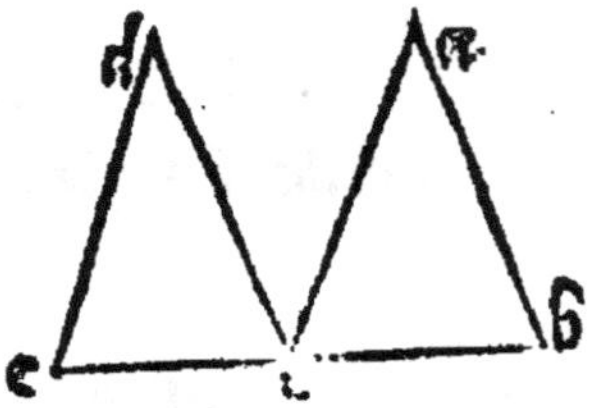

Siano li duoi triangoli.a.b.c.& d.c.e.constituidi sopra l'angolo,a,c,d,& sia a,c,equidistanti al.d.e.& d.c. al.a. b. & sia la proportione del. a.c.al.d.e. si come del.a. b.al.d.c.dico che le due base de quelli (cioe.b. c. &.c.e.) sono una sol linea, perche lo angolo.a.è equale all'angolo.d. (perche l'uno e l'altro de quelli è equale all'angolo, a,c,d,) (per la prima parte della uigesima nona dello primo) adonque (per lo presente presupposito,& per la sesta di questo) essi triangoli sono equiangoli,& l'angolo. b.è equale all'angolo,d,e,c, & l'angolo , a.c.b.all'angolo.e. onde (per la trigesima seconda del primo)li tre angoli che sono al.c.sono equali a duoi retti perche essi se equaliano alli tre angoli de qual si uoglia di duoi triangoli, adunque(per la quartadecima del primo) la.b.e.è una sola linea, che è il proposito.

Theorema. 22. Propositione.32.

31 In ogni triangolo rettangolo, la superficie laterata descritta sopra
31 il lato che sottotende all'angolo retto, e equal alle superficie descritte sopra delli duoi lati,che contengono l'angolo retto, insieme prese quãdo seranno simili a quella, in lineatione & creatione.

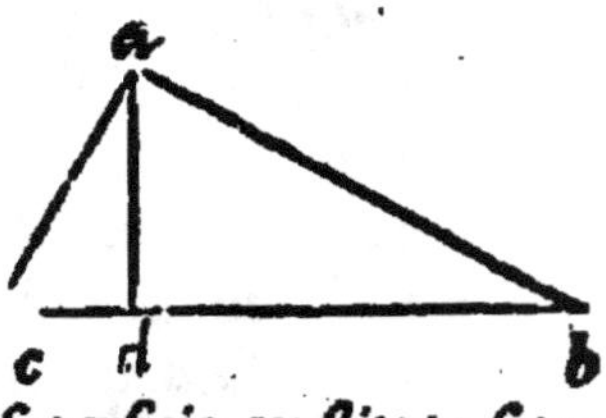

Quello che prepone la penultima del primo delle superficie quadrate, questa penultima del sesto propone de tutte le superficie simili, onde questa è tanto piu uniuersale de quella, quanto che è la superficie laterata,del quadrato,e per tanto sia lo triangolo rettangolo. a. b. c. delquale all'angolo. a. sia retto, dico che la superficie constituta sopra lo lato. b. c.è equale alle due superficie constitute sopra. a. b. & a. c. quando che tutte tre le superficie seranno simile in figura, & similmente poste,& per dimostrar questo tirarò le perpendicular. a. d. alla linea. b.c. & serà (per la seconda parte del correllario della ottaua di questo) la proportione del lato. b.c. al.c.a. si come del.c.a. al. d. c. & del. c. b. al. b. a. si come del.b. a. al.d. b. adonque se sopra cadauna delle tre linee.b.c. c.a.& a.b.sian fatte superficie simile in lineatione & sito serà (per lo secondo Correlario della decima nona de questo) la proportione della superficie constituta sopra la. b. c. prima alla constituta sopra la. c. a. seconda, si come della. b. c. prima alla. d. c. terza, & similmente della medesima superficie constituta sopra la. b.c. prima alla constituta sopra la. a. b. seconda si come della. b. c. prima alla. d. b.

terza (per lo medesimo correlario) onde per la conversa proportionalità della superficie, a, c, alla superficie, c, b, serà si come della, c, d, alla, c, b, & similmente della superficie, a, b, alla superficie, b, c, si come della, b, d, alla, b, c, & sia posta la superficie. a. c. prima, & la, c, b, seconda & la linea, c, d, terza & la, c, b, quarta & la superficie, a, b, quinta & la linea, d, b, sesta & sia arguito (per la uigesima quarta del quinto) che la proportione della superficie constituta sopra la, b, c, alle due superficie constitute sopra della, a, c, &, a, b, insieme e cosi come della linea. b. c. alle due linee, c, d, &, d, b, insieme perche adonque la linea, b, c, è equale alle due linee, c, d, &, d, b, tolte insieme serà la superficie constituta sopra la, b, c, è equale alle due superficie constitute sopra la, e, &, a, b, tolte insieme che è il proposito, anchor possemo facilmente, dimostrar la conversa di questa, per il modo della demostration della ultima del primo, e sia esempli gratia, il triangolo, a, b, c, & sia la superficie constituta sopra, b, c, equale alle due superficie constituta sopra le due linee, a, b, &, a, c, a se simile dico che l'angolo, a, è retto, & per dimostrare questo ponerò lo angolo, c, a, d, retto & la linea. a. d. equal alla linea. a. b. e claudo la superficie triangolare, (dutta la linea, d, c,) e serà (per questa trigesima seconda) la superficie constituta sopra alla linea, c, d, equal alle due constitute sopra le due linee. a. c. &. a. d. simile a se onde etiam alla constituta sopra la. b. c. simile a se, perche questa è sta posta equale alle due constitute sopra, a, b, &, a, c, simile a se, serà adonque la linea, b, c, equal alla, c, d, onde (per la ottaua del primo) l'angolo, a, è retto che è il proposito.

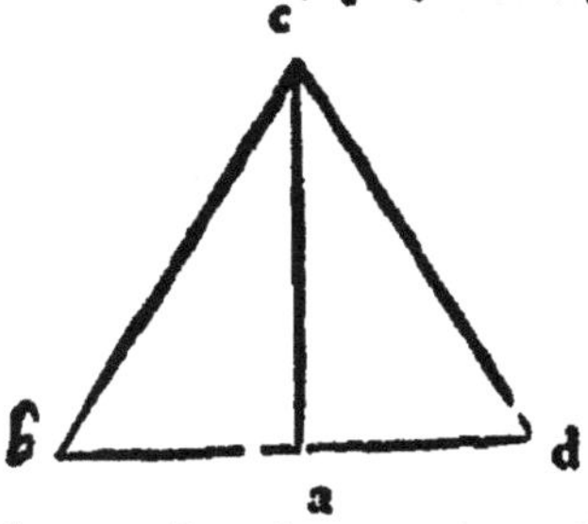

A demostrar altramente la soprascritta. Propositione. 32.

o/31 Perche (per lo primo correlario della decimanona di questo) le simile figure sono in doppia proportione della simile proportione de lati, adonque la superficie laterata che è descritta sopra. b. c. a quella che è descritta sopra. b. a. ha doppia proportione che la linea. b. c. alla linea. b. a. & lo quadrato fatto sopra alla linea. c. b. al quadrato fatto sopra alla linea. b. a. ha similmẽte doppia proportion che la. c. b. alla. b. a. adonque si come la superficie laterata che fatta sopra la. c. b. a quella che fatta sopra la. b. a. cosi è il quadrato fatto sopra la. c. b. al quadrato fatto sopra la. b. a. per laqual cosa & si come la superficie laterata descritta sopra la. b. c. a. quella che è fatta sopra la. c. a. cosi è il quadrato descritto sopra la. b. c. al quadrato descritto sopra la. c. a. per laqual cosa & si come la superficie laterata descritta sopra la. b. c. alle due descritte sopra. b. a. &. a. c. poste insieme cosi serà il quadrato descritto sopra la. b. c. alli duoi

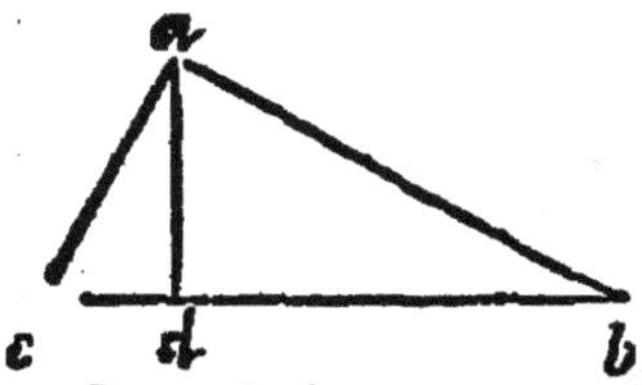

duoi quadrati deſcritti ſopra la.b.a.&.a.c.ma il quadrato deſcritto ſopra la.b.c.è equale per la penultima del primo, a quelli duoi quadrati deſcritti ſopra le dette due linee.b.a.&.a.c. adonque la ſuperficie laterata deſcritta ſopra la.b.c.è equal a quelle due ſimile e ſimilmente deſcritte ſopra le dette due linee.b.a.&.a.c.che è il propoſito.

Il Tradottore.

La ſopraſcritta demoſtratione ſe uerifica mediante la conuerſa proportionalità & la uigeſima quarta del quinto, ponendo la ſuperficie laterata deſcritta ſopra la, b, a, per il primo termine della proportione & quella che è deſcritta ſopra, b, c, per il ſecondo & lo quadratto deſcritto ſopra la detta, a, b, per il terzo, & quello che è deſcritto ſopra la, b, c, per il quarto, & la ſuperficie laterata deſcritta ſopra la, a, c, per il quinto & lo quadrato deſcritto ſopra la detta, a, c, per il ſeſto, & poi ſe conclude (per la detta uigeſima quarta del quinto) che la proportione del primo et quinto (tolti inſieme) al ſecondo ſerà ſi come del ſeſto è terzo (tolti inſieme) al quarto.

Theroema.22. Propoſitione.33.

33 Se in cerchii equali ſtiano angoli ſopra il centro, ouero ſopra la circonferentia, la proportione delli angoli ſerà ſi come la proportione delli archi, che riceueno quelli angoli & ſimilmente li ſectori conſtituti alli centri.

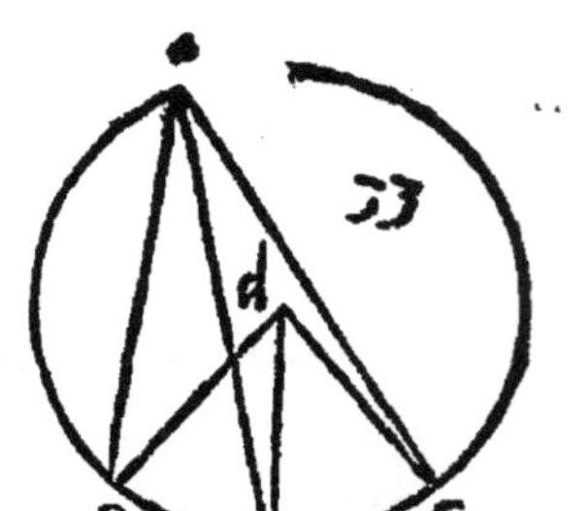

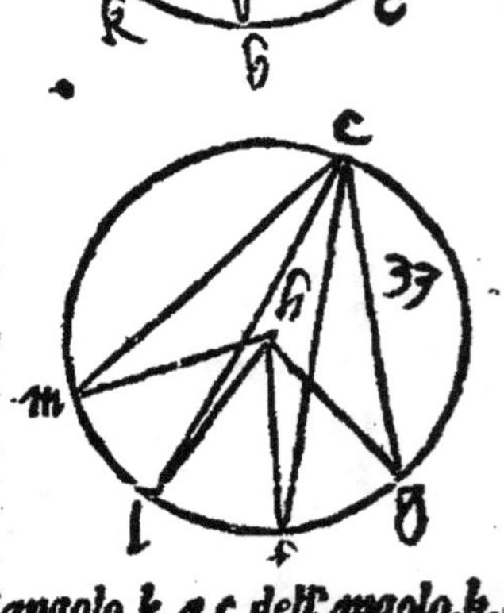

Siano li cerchij.a.b.c.(il centro dil quale ſia.d.) & e.f.g. (il centro dil quale ſia.h.) equali, ſopra li centri di quali ſiano fatti li duoi angoli. b.d.c.& f.h.g.& ſopra le circonferentie de quelli altri duoi, liquali ſieno. b.a.c.& .f.e.g.dico che la proportione delli angoli, ſi de quelli che ſono ſopra li centri come de quelli che ſono ſopra le circonferentie è ſi come l'arco.b.c.all'arco.f.g. et oltra di queſto ſi come lo ſector.d.b.c.al ſector.h.f.g.& per dimoſtrar queſto continuarò in quelli duoi altri archi equali, ouero ſecondo un medeſimo numero, ouero ſecondo diuerſo. & ſia l'archo. K.b. equale al. b. c. & l'uno & l'altro di duoi archi.l.m.& f.l. equale al.f.g. & produrò le linee. k, d: K. a:m.h.l.h:m.e.& l.e. & (per la uigeſima ſettima del terzo) li angoli che ſono al, d, ſeranno fra loro equali ſimilmente anchora quelli che ſono al.b.ſeranno fra loro equali. Quel medeſimo anchora de quelli che ſono al.a. & de quelli che ſono.al.e. Adonque ſi come l'arco. k.c.è multiplice dell'arco, b, c, coſi è l'angolo.k, d.c. dell'angolo.b.d.c.& l'angolo.k.a.c.dell'angolo.b.a.c.ſimil-

a,c, similmente si come l'arco, m, g, è multiplice dell'arco, f, g, cosi è l'angolo, m, h, g, dell'angolo, f, h, g, & l'angolo, m, e, g, dell'angolo, f, e, g, & se l'arco, k, c, è equale al l'arco, m, g, l'angolo, k, d, c, è equale all'angolo, m, h, g, & l'angolo, k, a, c, all'angolo, m, e, g, & se è maggior maggiore, & se è minor minore (per la uigesima settima del terzo) adonque (per la diffinitione della discontinua proportionalità) la proportione dell'arco, b, c, all'arco, f, g, è si come dell'angolo, b, d, c, all'angolo, f, h, g, & si come l'angolo, b, a, c, all'angolo, f, e, g, che è il proposito. quel medesimo intende in uno medesimo cerchio.

Dico anchora che si come l'arco, b, c, all'arco, f, g, cosi è lo settore, d, b, c, al settore, b, f, g, siano ligadi insieme, b, c, & , b, k, & pigliati sopra li archi, b, c, & , b, k, li ponti, x, o, & sian ligadi. b. x: x. c: b. o. & . o. k. & perche (per la diffinitione del cerchio) le due linee. b. d. & . d. c. son equali alle due. b. d. & . d. K. & comprehendono equali angoli adonque (per la quarta del primo) la basa, b, c, alla basa, b, K, è equale, & lo triangolo. d. b. c. al triangolo. d. b. K. è equale & perche l'archo, b, c, è equale all'arco, b, k, adonque & la restante circonferentia (laqual è in tutto il cerchio. a. b. c. è equal alla restante circonferentia laqual è in tutto lo medesimo cerchio. a. b. c. per laqual

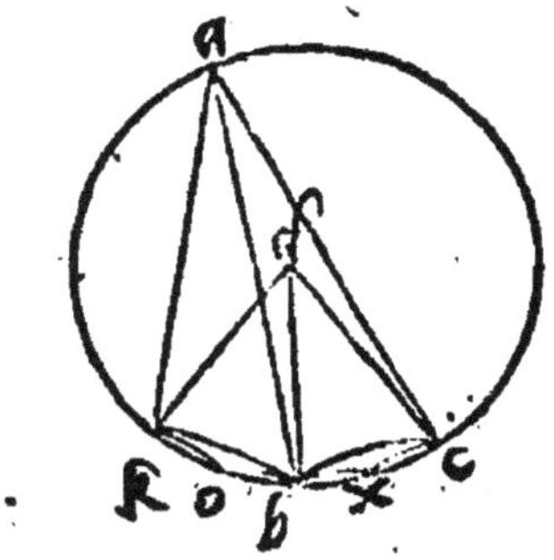

cosa & l'angolo. b. x. c. (per la uigesima settima del terzo) è equale all'angolo, b, o, k. adonque (per la duodecima diffinitione del terzo) la portione, b, x, c, è simile alla proportione. b. o. k. & sono sopra le linee. b. c. & . b. K. equale. & le portioni di cerchij simile, descritte sopra equale linee (per la uigesima quarta del terzo) sono fra loro equale adonque la portione. b. x. c. è equale alla portione. b. o. k. & lo triangolo. d. b. c. è equale al triangolo. d. b. k. adonque tutto lo settore. d. b. c. è equale a tutto lo settore. d. b. k. & per la medesima causa & li settori. b. g. f: b. f. l. & . b. l. m. sono fra loro equali, adonque si come che l'arco. c. k. e multiplice dell'arco. b. c. cosi è lo settore. d. k. c. del settore. d. b. c. & per questa causa si come che l'arco. m. g. è multiplice dell'arco. f. g. cosi è lo settore. b. g. m. del settore. b. g. f. ma se l'arco. k. c. è equale al l'arco. m. g. & lo settore. d. c. k. è equale allo settore. b. m. g. & se è maggiore, maggiore, & se minore, minore, onde alle quattro stante magnitudine, dico alli duoi archi. b. c. & . f. g. & alli duoi sectori. d. b. c. & . b. f. g. sono pigliati li multiplici equalmente de esso arco. b. c. & de esso settore. d. b. c. & questo è l'arco. k. c. & lo settore. d. k. c. & del arco. f. g. & del settore. b. g. f. l'arco. m. g. & lo settore. h. m. g. & è stato demostrato che se l'arco. K. c. eccede esso arco. m. g. anchora & lo settore. d. k. c. eccede esso settore. b. g. m. & se è equale,

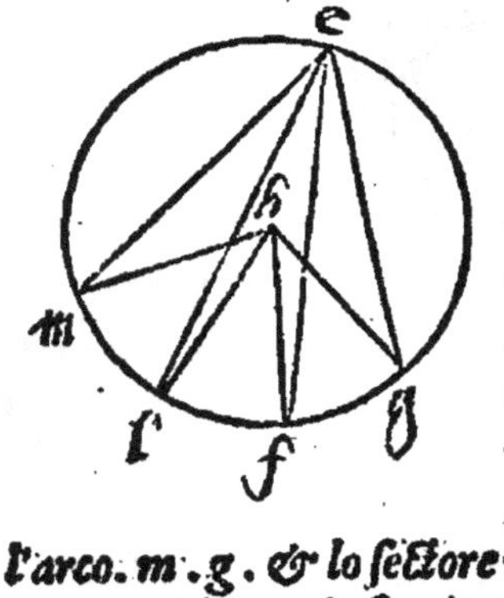

le, equale, & se manca, manca, adonque (per la conuersione della settima diffinitione del quinto) si come l'arco. b. c. all'arco. f. g. cosi è lo settore. d. b. c. al settore. b. g. f.

Correlario.

0/33 Et è manifesto, che si come lo settore, al settore, cosi è l'angolo all'angolo.

IL FINE DEL SEXTO LIBRO.

LIBRO SETTIMO DI EVCLIDE.

Diffinitione prima.

1/1 La unità è ciascuna cosa dalla qual uien detto una.

Il Tradottore.

QVIVI l'Auttor ne diffinisse la fontana, ouero matre & origine de numeri, & principio & fine de tutte le cose, che è la unitade, & dice che la unitade è cadauna cosa che se dica, una, ouero uno (perche è maschio è femina) dalla qual unita de ogni cosa se crea, lei sola è seminaria de tutti li numeri (come detto di sopra) lei sola è causa della misura, lei sola è causa delli incrementi e delli detrimenti, liquali in ogni loco è tutto, & in ogni loco è parte, perche tutte le cose appetiscono in tanto la unitade, che non solamente una semplice & sola cosa uol esser detta una, ma etiam quelle cose che sono molte uogliono esser dette una, ouero uno, esempli gratia diece cose uogliono esser dette una decena, & cosi. 100. *uno centenaro.* 1000. *uno mearo, & cosi discorrendo in tutte le cose numerabile se trouerà che gionto a un certo termine le molte cose piccole se ristringono in una unità granda, esempli gratia parlando naturalmentte dodeci denari fanno un soldo, uenti soldi fanno una libra il medesimo seguita nelli pesi & nelle misure, anchora dico che non solamente le molte cose uogliono essere dette una, ouer uno, ma etiam le parti de una cosa uogliono essere dette una, ouero uno, ouer piu di uno, esempli gratia la mità di una cosa uol essere detta uno mezzo, ouero una mezza & similmente uno terzo d'una cosa uol essere detto uno terzo, & li duoi terzi uuol essere dette duoi terzi & cosi uno quarto, duoi quarti, tre quarti, un quinto, duoi quinti & cetera. per laqual cosa seguita che ogni cosa che è in rerum natura o che le uno, ouer che le piu di uno, & in niuna cosa puol essere meno di uno perche il meno di uno è niente, uero è che uno integro in quanto alla grandezza è maggiore della mità, ouero d'un terzo di quello, perche ogni tutto è maggiore della sua parte,*

ma

ma inquanto al numero sono equale perche niun di loro e piu di uno, alla similitudine d'un boue e d'una pecora che in quanto al numero sono equale perche cadauno di loro e uno, & niun di loro e piu di uno ma inquanto alla magnitudine, ouero grandezza senza dubio il boue e maggiore della pecora & cosi un ducato e maggior d'un soldo.

Diffinitione. 2.

2/2 El numero è una multitudine composta de unitade.

Il Tradottore.

Quiui l'Auttore ne da a conoscere qualmente il numero non è altro che una cohadunatione, ouer multitudine di unitade insieme aggregate, lequale unitade se le seranno disgregate fanno moltitudine, se anche le seranno continue in materia fanno magnitudine, per laqual cosa fra le unitade della quantità discreta e le unitade della quantità continua subsistenti in materia non gliè differentia alcuna, peroche quelle sono disgregate e queste continue, onde il genere continuo non è se non in el discreto, perche l'intelletto della continuità non è in el continuo se non per continuatione de disgregati, e cosi per questo è necessario che la quantità continua non auenga in sostantia se non per le unitade, certamente quando hauerai signato la parte della quantità e le necessario che la sia uno, ouer piu (come fu detto) ma ogni pluralitade (come è detto) si è dalle unitade onde appertamente ne da intendere, che la quãtità cosi discreta come continua hanno una sola radice, pero che sono composite d'una sola cosa.

Diffinitione. 3.

3/0 L'ordine naturale de numeri se dice quello in loquale la computatione de quelli fatta secondo che è lo aggiungimento della unità.

Il Tradottore.

Come questo. 1. 2. 3. 4. 5. 6. 7. 8. 9. 10. 11. 12. & cosi procedendo, e questo ordine è detto naturale, perche etiam nel numerare le cose naturalmente procedemo, secondo tal ordine, cioe dicendo, uno, e duoi, e tre, e quattro &c.

Diffinitione. 4.

4/0 La differentia di numeri, se dice quel numero inelquale el maggiore abunda sopra il minore.

Il Tradottore.

Questa diffinitione da se è manifesta perche communamente cadauno sa quello che lei dice, perche cadauno saperia dire, che la dfferentia di 5. a. 3. è duoi, & cosi de. 12. a 7. che la è. 5. & da. 20. a 13. che la è. 7. & cosi nelli altri.

Diffi-

Diffinitione. 5.

9/6 Quel numero se dice esser multiplicato per un'altro, ilquale si è assũ nato tante uolte, quante unità è in lo multiplicante.

Il Tradottore.

Per questa diffinitione se manifesta qualmente il multiplicare non è altro in sostantia che il sommare abenche in atto parano diuersi & molti mal esperti del mul tiplicare se seruano del sommare in le sue occorrentie, uerbi gratia occorrendogli a 26
multiplicare (poniamo) 5. fia. 26. lor mettaranno quel uintisei cinque uolte, cioe 26
l'uno sotto all'altro (come appar in margine) & poi li assimarono insieme secondo 26
l'atto del sommare & cosi haueranno multiplicato il detto uintisei per cinque per 26
hauerlo assunnato, ouero tolto tante uolte quante sono le unità del multiplicante è 26
questo e quello che se uol inferire, alcũ potria imputare de audacia per hauer io pre Sõma
terito in queste diffinitioni l'ordine della tradottione dil Campano ilqual mette in 130.
questo locho la diffinitione de numeri primi in lì. 3. sequenti quella di compositi & ouer, dutto.
quella di contra se primi & quella de communicanti, lequale da noi sono state poste in fine, io rispondo che tal suo ordine mi par corrotto & non credo che Euclide cosi le assettasse: la ragione è questa, come intenderà uno niune di quelle quattro dif finitioni (da noi poste in fine) se prima el non ha notitia come se intenda un numero misurare unaltro laqual cosa se diffinisse in la sequente settima diffinition, ne etiam la detta settima diffinitione se prima il non ha notitia che cosa sia multiplicare uno numero per un'altro laqual cosa se diffinisse in questa quinta, adonque quelle debbeno esser posposte a queste che cosi è il costume di Euclide.

Diffinitione. 6.

10/0 Et quello che cresce dalla multiplicatione de quelli se dice produtto.

Il Tradottore.

Aben che questa diffinitione si ponga disgiunta, la si die intendere continuatim alla precedente, successiuamente, perche in questa si conclude che quello accressimento che resulta della multiplicatione de quelli duoi numeri (detti in la precedente) se dice produtto.

Diffinitione. 7.

Vn numero se dice numerare un'altro, ilquale multiplicato secondo
51/0 alcun numero produce quel medesimo.

Il Tradottore.

Verbi gratia dirasse che 8. numera. 24. perche multiplicato il detto. 8. per. 3. produce quel. 24. & similmente se dirà che. 6. misura ouero numerà il medesimo. 24. perche multiplicato il detto. 6. per. 4. produce esso. 24. ma il non se dirà che. 5. misuri

misuri ouer numeri il detto. 24. perche il detto. 5. non si puo multiplicar per alcun numero che faccia. 24. ne similmente. 7. ne. 9. ne. 10. ma si il. 12. perche multiplica so per. 2. fa pur. 24. & cosi si deue intendere in ogni altra qualità de numeri, & bisogna notare che tanto è a dire un numero numera uno altro quanto che un numero misura un'altro, uero è che parlando de numeri è piu conueniente a dire numerare perche piu uocabulo de aritmetico ma parlando de quantità continue è piu cõueniente a dire misurare per esser uocabolo piu geometrico.

Diffinitione. 8.

12 Il numero minore è parte dil maggiore, quando che il minore nu-
34 mera il maggiore, & quello che uien numerato se chiama multiplice al numerante ma quando che il minore non numera il maggiore, il minore è parti del maggiore.

Il Tradottore.

Questa diffinition è quasi simile alla prima del quinto, ma quella del quinto è per la quantità continua & questa è per la discretta, lo essempio di questa è questo che. 8. è parte de. 24. perche il detto. 8. numera il detto. 24. & questo. 24. è chiamato multiplice del detto. 8. (sua parte) è cosi il. 3. & similmente il. 4. è il. 6. è parte de. 24. per la medesima ragione, & il detto. 24. se chiama multiplice di ciascun di loro, ma ne. 5. ne. 7. ne. 9. e parte del detto. 24. ne etiam il. 24. se chiama multiplice de alcun di loro, ma quando che il minore non numera il maggiore el detto minore non è piu parte del maggiore come è detto ma ben è parti come uerbi gratia. 4. non è parte de. 6. (per la prima parte di questa diffinitione) ma ben è parti del detto. 6. cioe è li duoi terzi di quello & nota che questa ultima particula è solamente in la seconda tradottione.

Diffinitione. 9.

13 Denominante e quel numero secondo ilquale la parte uien tolta in
0 lo suo tutto.

Il Tradottore.

Verbi gratia. 8. e parte de. 24. & lo denominator di questa parte. e. 3. ilquale. 3. nasse dal numero delle uolte che la detta parte (cioe. 8.) intra nel suo tutto (cioe in. 24.) lequale sono tre onde diremo che. 8. e il terzo ouer la terza parte de. 24. & cosi. 4. serà lo dominante la parte che è. 6. de. 24. perche la detta parte (cioe. 6.) in tra. 4. uolte in el suo tutto (cioe in. 24.) e però diremo che il. 6. è un quarto, ouer la quarta parte de. 24. & cosi si debbe intendere in ogni altro numero, anchora bisogna notare che quelli uocabuli che usiamo in proferir le parti se togliemo dalli numeri denominati, uerbi gratia la mità, ouer mezzo uien detto da. 2. un terzo da. 3. un quattro da quattro un quinto da cinque & cosi discorrendo.

Diffi-

Diſſinitione. 10.

14 Quelle parti ſono dette ſimile, lequali ſono denominate da uno me
0 deſimo numero.

Il Tradottore.

Eſſempio, tal parte, ouero ſimil parte ſe dirà eſſer.3.di.12. qual è.8.di.32.perche l'una e l'altra è denominata da uno medemo numer o che.4.cioe che cadauna è il quarto del ſuo tutto ſimilmente tal parte ſe dirà eſſere.5. de 15.qual è.9.de 27. ouero.8.de 24.perche tutte ſon denominate da uno medeſimo numero che è 3. cioe che cadauna è il terzo del ſuo tutto.

Diſſinitione. 11.

15 La prima ſemplice parte d'un numero è la unità.

0

Il Tradottore.

Perche ſono alcuni numeri che ſono miſurati da piu numeri perilche hanno piu parti come eſempli gratia il 12. ilquale è miſurato da queſti quattro numeri. 2.3.4.6. & ſimilmente è miſurato dalla unità, adonque cadauno de loro inſieme con la unità ueria a eſſer parte del detto. 12.perilche el detto.12. haueria. 5. ſpecie di parti delle quali la prima ſimplice parte di quello (& d'altri ſimili) dice queſta diffinitione che è la unità laqual unità ueria a eſſer la duodecima parte di eſſo.12. e queſto è quello che in queſta diffinitione ſe uol inferire.

Diffinitione. 12.

16 Quando duoi numeri haueranno una parte communa, tante parti
0 ſe dice eſſer il minore del maggiore, quante uolte la medeſima parte ſerà in lo minore, de tante quante la medeſima parte ſerà in lo maggiore.

Il Tradottore.

Eſempli gratia. 18. & 24.hanno piu parti commune, ma la piu granda (che coſi ſi debbe intendere) ſi è il 6. hor dico che (per queſta diffinitione) tante parti ſe dice eſſer. 18.de 24.quante uolte è il 6. nel detto. 18. cioe quante uolte il detto 6. intra, ouer numera il detto 18. (lequale ſono 3.) de tante quante il detto.6.ſerà ouero intrarà nel.24.(lequale ſono quattro) per ilche ſe dirà.18.eſſere li.3.quarti de.24.& da pratici ſe depinge in queſto modo $\frac{3}{4}$.

Diffinitione. 13.

17 La proportione d'uno numero minore a uno numero maggiore ſe
0 dice in quello che lui è parte, ouer parti del detto maggiore, ma del maggiore al minore ſe dice in quel ſecondo che il maggiore contiene eſſo minore e parte, ouer parti di quello.

Il Tra-

Il Tradottore.

Quivi l'Auttore ne diffinisse dove se piglia il nome delle proportioni de numeri secondo li duoi modi, che si puol far la comparatione, cioe comparando il numero minore al numero maggior, over comparando il maggior al minor & dice che la proportion d'un numero minor a un numero maggior se dice in quella parte, over parti che il detto numero minore è del maggiore, esempli gratia, la proportione di 6. a 12. se dice esser il mezzo overo la mitade, & perche tal parte se dipinge in questo modo $\frac{1}{2}$ Bouetio Seuerino chiama tal specie di proportione subdupla per esser il numero di sotto la virgula duplo a quel di sopra, & cosi la proportione di. 4. a 12. secondo Euclide dirassi esser il terzo, & secondo Bouetio, subtripla, & cosi da. 3. a. 12. secondo Euclide dirassi esser il quarto & secondo Bouetio, subquadrupla & cosi discorrendo in le altre specie di parti cioe quella, che secondo Euclide se dirà esser uno quinto over sesto, over un settimo, over un ottavo, &c. secondo Bouetio se dirà sub quincupla, sub sexupla, sub settupla, sub ottupla, &c. similmente la proportione di 8. a 12. secondo Euclide se dirà esser duoi terzi, ma secondo Bouetio tal specie di proportione se dirà subsexquialtera, perche il numero sotto alla virgula contien una volta & mezza quel di sopra & cosi la proportione di. 9. a 12. secondo Euclide se dirà esser tre quarti & secondo Bouetio se dirà sub sesquitertia, & cosi quelle secondo Euclide se diran essere $\frac{4}{5}$ $\frac{5}{6}$ $\frac{6}{7}$ &c. secondo Bouetio se diran sub sexquiquarta, sub sexquiquinta, sub sexquisesta et cosi discorrendo in le altre specie de parti, ma quando che la comparatione se fa d'uno numero maggiore a un minore dice l'Auttor che tal proportioni se dice in quello numero secondo ilqual, il numero maggiore contien il minore, & parte overo parti di quello, esempli gratia la proportione di. 24. a. 12. secondo Euclide se dirà essere. 2. cioe duoi tali come. 12. cioe che il 24. contiene due volte il 12. & secondo Bouetio se dirà proportione dupla, & tal specie di proportione secondo Bouetio & altri se depinge cosi $\frac{2}{1}$ laqualcosa non vuol dire altro che duoi integri comparati a uno & cosi la proportion di. 24. a 8. secondo Euclide se dirà esser 3. cioe che. 24. è tre tali come. 8. overo che. 24. contien. 3. volte. 8. ma secondo Bouetio se dirà tripla, & depingesi cosi $\frac{3}{1}$ & cosi quelle, che secondo Euclide se denominarono da. 4. 5. 6. &c. secondo Bouetio se diran quadrupla, quincupla, sexupla & cosi discorrendo similmente la proportione di. 24. 16. secondo Euclide se dirà esser uno e mezzo, perche il numero maggior contiene il minore una volta & mezza: ma tal proportione secondo Bouetio se dirà sexquialtera, & cosi la proportione de. 24. a. 18. secondo Euclide se dirà esser uno & un terzo, & secondo Bouetio se dirà sexquitertia & cosi quelle proportioni che secondo Euclide se denominarono da un & un quarto, da un & un quinto da un & un sesto, secondo Bouetio se diran sexquiquarta sexquiquinta, sexquisesta, & cosi discorrendo, & similmente la proportione da. 10. a. 6. secondo Euclide se dirà esser un e duoi terzi & quella da. 14. a. 8. se dirà esser un e tre quarti ma secondo Bouetio la prima se dirà superbipartiēs la seconda supertripartiens & cosi discorrendo in le altre simile anchor a la proportione

tione di.5.a.2.secondo Euclide se dirà esser duoi e un mezzo & quella di. 10.a.3. esser tre e un terzo & quella di. 14.a.3.esser quattro e duoi terzi & quella che è da.23.a.5.essere quattro è tre quinti la prima dellequal proportioni secondo Boetio se dirà duppla sesquialtera, la seconda tripla sequiterza la terza quadrupla superbipartiens la quarta quadrupla supertripartiens quintas, & cosi si ua procedendo in le altre parti che longo seria a uoler dar essempio a cadauna anci dubito di nõ esser ripreso per essermi alquanto discostato dal testo. ma il tutto ho fatto accio che siano intesi tutti li modi & uarietade delli uocabuli usitati nel denominare le specie di proportioni de numeri liquali che ben li considera se conformano in sostantia con la diffinitione di Euclide.ideo,&c.

Diffinitione.14.

Quando seranno quanti numeri si uoglia, continuamente propor-
18/0 tionali, la proportione del primo al terzo se dirà si come del primo al secondo duplicata,& al quarto treplicata.

Il Tradottore.

Questa diffinitione è simile alla. 11. & 12. del quinto, ma quella del quinto parlano in genere delle quantità continue, & questa parla in specialità di numeri, e pero lo essempio di quelle se pol accommodar a questa, ma con numeri esempli gratia, siano quattro numeri continuatamente proportionali, & siano in la proportionalità tripla come cinquantaquattro. deciotto.sei. & duoi. dice l'author che la proportione del primo (che è cinquanta quattro) al terzo che è sei se dirà duppli cata a quella che è de. 54.a.18.et quella che è dal detto.54.al quarto(cioe al.2.) dice che se dirà treplicata alla medesima che è da. 54. a. 18.perilche ne manifesta il duplicare & treplicare delle portioni,non esser simile al duplicar, & treplicare de numeri perche di sopra se uede che il doppio de una tripla non se intende essere sesupla, ma una nonupla, & similmente il treppio de una tripla non se intende essere una nonupla anci se intende una uintisettupla come di sopra appare, cioe che la proportione di. 54. a.2. uintisettupla & è detta il triplo di quella che è da cinquanta quattro a diciotto d'una tripla, il medesimo si debbe intendere in ogni altra specie di proportionalità continua, & bisogna notare che da questa diffinitione, non solamente se apprende il modo di saper duplicare, & treplicare ogni specie di proportione, ma anchora si caua il modo di sapere sommare insieme due, ouero tre proportioni equale, perche in uero(come dissi sopra la quinta diffinitione) il multitiplicare in sostantia non è altro che uno summare di quantità equale.

Diffinitione. 15.

19/0 Quando seranno continuate medesime, ouero diuerse proportioni, la proportion del primo al ultimo se dirà composta di tutte quelle.

Il Tradottore.

Hauendone l'Auttor nella precedente diffinito come si debba intendere il doppio,

pio, ouero il treppio d'ogni specie di proportione (fra numeri) dellaqual diffinitione (come sopra di quella dissi) se apprende solamente il modo di saper dupplicare, ouero treplicare ogni specie di proportione, ouero di sapere sommare insieme solamente due ouero tre proportioni equale, hor in questa sostantia ne diffinisse non solamente come si debba intendere, la multiplicità, ouero il multiplicare (di ogni specie di proportioni) generalmente per qualunque numero ne pare, & similmente come si debba intendere il componere, ouer sumare insieme piu proportioni equale, ma anchora di sommare generalmente insieme ogni quantità di proportioni siano equale, ouero, inequale perche dice che quando seranno continuate simili, ouero diuerse proportion che la proportione del primo al ultimo se debba intendere composta di tutte quelle proportioni intermedie, esempli gratia se seranno cinque termini de numeri continui proportionali la proportione del primo al ultimo se dirà quadrupla a quella che serà dal primo al secondo, ouero che la detta proportione del primo al ultimo se dirà essere composto, di tutte quelle intermedie, lequale seranno quattro proportioni, & per esser tutte equale la detta summa uera a essere quattro tale quale è dal primo termine al secondo, il medesimo si debbe intendere in ogni altro numero de termini, similmente quando le proportioni non fussero equali ma diuersi purche siano continuate l'una consequente drieto all'altra & accio meglio me intendi, siano cinque termini de numeri cioe. 24. 16. 8. 2. 3. fra liquali sono continuate. 4. specie di proportioni quella che fra il primo e lo secondo è sesquialtera (cioe fra 24. e. 16.) & quella che è del secondo al terzo (cioe la. 16. a. 8.) e dupla & quella che è dal terzo al quarto (cioe da. 8. a. 2.) è quadrupla e quella che è dal quarto al quinto (cioe da. 2. a. 3.) è una subsesquialtera, hor dico che la proportione del primo termine al ultimo cioe da. 24. a. 3. (che è una ottupla) se dirà esser composta di tutte quelle quattro specie di proportioni intermedie cioe che lei sola se dirà essere tanto quanto e tutte quelle quattro insieme, il medesimo si dirà in piu termini & in altre specie di proportioni e però chi uolesse saper che cosa resulti ouer facia una dupla gionta con una tripla quelle siano continuate in tre termini (come si uoglia) dapoi tor la proportione del primo al terzo (quale si trouerà esser una sesupla) & tanto dirassi che faccia una dupla gionta con una tripla e cosi farassi in ogni altra specie & quantità di proportioni accadenti in numeri.

Diffinitione. 16.

20/o La dominatione d'una proportione d'un numero minore a uno numero maggiore se dirà la parte, ouero parti di esso minore, che sono in el maggiore, ma dal maggiore al minore se dirà il tutto, e la parte ouer parti in che il maggiore soprabonda il minore.

Il Tradottore.

In questa l'Auttor ne diffinsce quasi il conuerso della tertiadecima diffinitione perche in quella dice che la proportione d'un numero minore a uno numero maggiore se dice in quella parte, ouero parti che il minore è del maggiore, & quiui dice il conuerso,

conuerso, cioe che la denominatione d'una proportione d'un numero minore a uno numero maggior se dirà la parte ouer parti che esso minore del maggiore, esempli gratia la denominatione della proportione che è da duodeci a uinti quattro è un mezzo e da sei a deciotto e un terzo e da deciotto a uinti sette è duoi terzi e da duodeci a sedeci e tre quarti & cosi discorrendo in tutti li altri ma la denominatione della proportione del uintiquattro a duodeci (cioe del maggiore al minore) è duoi & da deciotto a sei tre & da uinti sette a decidotto è uno mezzo & da sedeci a.12.è un e un terzo e da uinti a quattro e cinque è tre quarti & cosi discorrendo lequale denominatione si truouano tutte partendo lo antecedente per il consequente, cioe che l'aduenimēto di tai partiri sempre sei à la denominatione di quella tal proportione.

Diffinitione.17.

21 Le proportioni che hanno una medesima denomination, se dicono
0 simile, ouer una, ouer quella medesima, & quelle che l'hanno maggior si dicono maggiore, & minore quelle che l'hanno minore.

Il Tradottore.

Esempli gratia la proportione che è da deciotto uintiquattro se dirà esser simile ouer quella instessa che è da sei a otto perche hanno una medesima denominatione che è tre quarti similmente quella che è da quarantaquatro, a duodeci se dirà esser, una ouero simile, ouero quella istessa che è da uinti duoi a sei perche, hanno medesima denominatione laquale è tre & dui terzi, ma la proportione che è da noue a duodeci se dirà maggiore di quella che è da sedeci a uintiquattro per esser la denomination da noue a duodeci (laquale è tre quarti) maggior di quella che è da. 16.a.24. (laqual è duoi terzi) & similmente la proportione de.27.a.4.se dirà esser maggior di quella che è da.22.a.5.perche la denominatione di quella che è da. 27.a.4. (laquale è sei tre quarti) è maggiore di quella che è da.22.a.5.(laquale è quattro e duoi quinti) & è conuerso.

Diffinitione.18.

22 Ma li numeri che la proportione de quelli e una sono detti propor-
21 tionali.

Il Tradottore.

Esempli gratia per essere la proportione di.9.a.3. simile a quella che è da.12.a 4.(per le ragioni dette ne la precedente) li detti quattro numeri se diranno proportionali, il medesimo si deue intendere in altre specie di proportioni simile.

Diffinitione.19.

23 Quelli numeri se dicono termini, ouero radice de una proportio-
0 ne, alli quali è imposibile essere tolti minori in quella medesima proportione.

R *Il Tra-*

Il Tradottore.

Esempli gratia, questi duoi numeri. 3. e. 2. se diranno termini, ouero radici della proportione sesquialtera per esser impossibile a poterne trouare duoi altri minor de quelli in la medema proportione sesquialtera, uero è che de maggiori se ne puol trouar infiniti in tal proportione come. 6. e. 4. 9. e. 6. & cosi discorrendo in infinito, et se dicono termine, ouer radici di detta proportione sesquialtera per esser in quelli duoi il principio di tal proportione & da quelli dui tutti li altri (di tal proportione) deriuano, il medesimo si debbe intendere in le altre specie di proportioni.

Diffinitione. 20.

5/12 Numero primo, se dice quello, che della sola unità è misurato.

Il Tradottore.

Si come. 2. 3. 5. 7. 11. 13. 17. 19. 23. 29. & infiniti altri simili liquali sono misurai ouer numerati solamente dalla unitade è per questo cadauno di loro è detto numero primo.

Diffinitione. 21.

6/14 Numero composito se dice quello, che dall'altro numero è misurato.

Il Tradottore.

Si come. 15. ilquale per esser misurato dal. 5. ouer dal. 3. se dice numero composito perche il uien a esser composto da tre numeri quinari, ouero da cinque numeri ternari, & cosi si deue intendere ogni altro numero che sia numerato, ouer misurato da qual si uoglia altro da lui diuerso, dico diuerso perche ogni numero è misurato da se medesimo, ouero da uno equale a se medesimo cioe il sette è misurato dal sette una uolta & similmente il. 13. da. 13. & nientedimeno ciascun di loro è numero primo e non composito.

Diffinitione. 22.

7/13 Numeri contra se primi, se dicono quelli che da niun numero, eccetto dalla sola unità, sono numerati.

Il Tradottore.

Esempli gratia considerato. 25. secondo se è numero composito (per la precedente) & similmente. 9. ma comparati questi duoi numeri insieme se diranno contra se primi, perche da niun numero son communamente misurati eccetto che della unitade, cioe che'l non si troua alcuno numero che li misuri ambidui. le ben il uero che il ternario numera il. 9. ma quello non numera poi il. 25. & similmente il quinario misura il. 25. ma non misura poi il. 9. onde questi duoi numeri cioe. 25. e. 9. &

altri simili che non hanno alcun numero che gli sia communa misura, eccetto che la unitade se dicono contra se primi.

Diffinitione.23.

8/15 Numeri fra loro compositi, ouero communicanti, se dicono quegli liquali altro numero, che la unità li misura, cioe che niun de quegli è a l'altro primo.

Il Tradottore.

Esempli gratia. 27.e. 15. perche il numero ternario (cioe il.3.) numera, ouero misura cadaun de loro se diranno numeri fra lor composti, ouer communicanti, cioe che niun di loro è primo all'altro (per la precedente diffinitione,) il medesimo si de ue intendere in tutti li altri che non sono contra se primi.

Il Tradottore.

Nanti che procedamo piu oltra bisogna notare (come disse anchora in el principio del primo libro) qualmente, li primi principij di cadauna scientia, non si conoscono per demostrationi, ne alcuna scientia è tenuta a prouare li suoi primi principij, perche bisognaria procedere in infinito ma quelli tai primi principij communamente si conoscono per intelletto ouer per i sensi perilche sono suppositi in tal scientia, & con quelli se dimostra & sustenta tutta la scientia, dico adonque che li primi principij di questa scientia, ouer disciplina de numeri (detta arithmetica) sono quatordeci delli quali quattro sono suoi proprij cioe che si conuengono solamente a essa arithmetica, & dieci sono communi cioe che si conuiengono a diuerse altre scientie, & perche la intentione di l'Auttore è di uolere disputare questa scientia arithmetica, & quella sostentare con demonstrationi, onde per procedere rettamente, e schiffare oppositione & litigij primamente lui adimanda, che gli sia concessi li detti suoi proprij principij, liquali (come detto) sono quattro come nel processo si uedrà. & per questo se chiamano petitioni, ma li altri dieci per esser cose commune & concesse in altre scientie, se chiamano commune conceptioni del animo, ouero commune sententie come appare in fine delle quattro petitioni.

Petitione prima.

1/0 Adimandamo che ne sia concesso di poter tore, ouer pigliare quanti numeri mi pare equali ouer multiplici a qual numero si uoglia.

Il Tradottore.

Esempli gratia se fusse un numero dato poniamo. 16. & che per qualche nostro negotio che bisognasse tore, ouer assignare uno altro numero, equale, ouer doppio, ouer treppio, ouer quadruplo a esso. 16. ouer in qual si uoglia, altra multiplicità, l'Auttore adimanda che gli sia concesso di potersi fare tal cosa per-

che.che negasse tal atto al non seria possibile a demostrarlo con ragioni demostratiue, ma perche di questo lo intelletto nostro non puol dubitare in cosa alcuna, per essere una cosa notissima al senso, & alla esperientia, tale petitione non si puo negare.

Petitione. 2.

2 Anchora adimandamo che ne sia concesso di poter pigliare un nu-
o mero maggiore quanto ne pare, di qual si uoglia numero.

Il Tradottore.

Esempli gratia se'l fusse uno numero dato (ouer proposto) poniamo. 24. & che'l ne occorresse per qualche nostro negotio a douerne tore uno altro maggiore di lui in una ouero due, ouer piu unità l'Auttor similmente adimanda che tal cosa gli sia concessa, laqual per esser al intelletto euidente non si de negare.

Petitione. 3.

3 Similmente adimandamo che ne sia concesso di poter proceder in
o infinito l'ordine de numeri.

Il Tradottore.

Li ordini de numeri sono infiniti delli quali uno solo (dall'Auttore è detto naturale) & questo è quello che fu diffinito in la terza diffinitione, cioe quello che li termini si uano eccedendo per una unità (come. 1. 2. 3. 4. &c. delli altri alcuni se uanno eccedendo per. 2. come. 1. 3. 5. 7. & cosi procedendo in infinito, alcuni per. 3. come. 1. 4. 7. 10. alcuni per. 4. come. 1. 5. 9. 13. alcuni per. 5. alcuni per. 6. alcuni per. 7. & cosi discorrendo per ogni qualità di numero, alcuni altri si uano argumentando in qualche specie di multiplicità come in dupla, ouer tripla, ouer in qualunque altra, l'Auttor adonque adimanda che gli sia concesso di poter procedere, cioe cressere, ouer alongare l'ordine de numeri in infinito, & abenche tal cosa se uerifichi in tutti li ordeni detti di sopra, tamen in questa diffinitione si debbe intender del ordine naturale diffinito di sopra in la terza diffinitione, perche dalla concessione di quello tutti li altri si approuano perche tutti deriuano da quello, laqual cosa per esser euidentemente all'intelletto non si po negare.

Petitione. 4.

4 Anchora se adimanda che sia concesso niuno numero poter esser di
o minuito in infinito.

Il Tradottore.

Quiui l'Auttor dimanda che gli sia concesso chi niuno numero (per grando che'l sia) poterse diminuire in infinito, perche in uero chi andasse continuamente cauandone solamente una unità finalmente se peruenerà alla unità, la-

tà, laqual cauandola anchora lei ſerà diſtrutto, ouer anichilato quel tal numero talmente che piu non ſe potrà ſeguire tal diminutione, & ſe tal atto è terminato, diminuendo ſolamente per unità molto piu preſto tal atto ſe terminarà diminuendo per qualche numero & però tal petitione non è da negare.

Le commune conceptioni dell'animo ſono. 10.

Prima.

1/0 Ogni parte è minore del ſuo tutto.

Il Tradottore.

Queſta è ſimile alla ultima conceptione, del primo, ma quella del primo parla in genere, cioe in ogni ſpecie di quantità, ma queſta parla in ſpecialità del numero, cioe che tolta una parte di qual ſi uoglia numero, o ſia granda ouer piccola ſe ſuppone che la ſia minore del ſuo tutto, cioe del total numero doue ſu tolta, ouer aſsignata, & queſta è conceſſa per communa ſententia.

Seconda.

2/0 Tutti quelli numeri che ſeranno equalmente multiplici a uno medeſimo numero, ouero a numeri equali, quelli medeſimi ſeranno anchora fra loro equali.

Il Tradottore.

Queſta da ſe è euidente & è quaſi ſimile alla ſeſta concettione del primo, cioe che tutti quelli numeri, che ſerano equalmente doppij, ouer trepij ouer quadrupli a un medemo numero (poniamo al quinario) (cioè al. 5.) ouero a numeri equali (poniamo a piu quinarij, cioe cadauno al ſuo relatiuo) eglie manifeſto che quelli ſeranno fra loro equali.

Terza.

3/0 Tutti quelli numeri alli quali, uno medeſimo numero ſerà equalmente multiplice, ouer che li multiplici tolti equalmente a cadaun de quelli, ſeranno equali: eſsi numeri ſeranno anchora equali.

Il Tradottore.

Eſempli gratia ſe'l fuſſe dui, ouer piu termini de numeri, & che ſe il demoſtraſe, che un medemo numero (poniamo. 24.) fuſſe doppio a cadauno de detti duoi ouer piu termini, eglie manifeſto che li detti termini ſeriano fra loro equali perche cadauno de loro ueria a eſſer. 12. il medeſimo ſi deue intendere quando, che il detto. 24. fuſſe equalmente treppio, ouer quadruplo, ouer in qual ſi uoglia altra moltiplicità, a cadauno de loro, ſimilmente quando che'l fuſſe duoi, ouero piu termini de numeri, & che li multiplici tolti equalmente a cadauno di eſſi termini

mini fussено equali (poniamo che cadauno fusse uintiquattro) le cosa manifesta, che quelli tali numeri seranno fra loro equali.

Quarta.

$\frac{4}{0}$ La unità è parte de ogni numero, denominata da quel medesimo.

Il Tradottore.

Esempli gratia la unità è parte de 2. & è denominata da esso. 2. (per la nona diffinitione) & tal parte se dice media, ouer la mita, alcuni la chiamano una seconda, ouer secondo & discriuessi in questa forma $\frac{1}{2}$ *& il numero che è sotto alla uirgula (cioè il 2.) se dice denominatore per esser quello (com'è detto) che denomina la parte cioe quella unità posta sopra la uirgula, laquale se dice numerator, similmente la detta unità è parte di 3. & denominata da esso. 3. & chiamasse parte terza, ouer un terzo, & descriuasi in questo modo* $\frac{1}{3}$ *& per simil modo la uiene a esser parte di ogni altro numero, & denominata de essi medesimi, & tutte se descriuono secondo l'ordine detto, cioe ponendo la detta unità sopra la uirgula, & quel tal numero sotto in questo modo.* $\frac{1}{2}$ $\frac{1}{3}$ $\frac{1}{4}$ $\frac{1}{5}$ $\frac{1}{6}$ $\frac{1}{7}$ -- $\frac{1}{8}$ *& cosi discorrendo.*

Quinta.

$\frac{5}{0}$ Quella parte è minore, laquale ha maggiore denominatione, & maggiore quella che la ha minore.

Il Tradottore.

Esempli gratia un quarto è minore d'un terzo per esser la denominatione de un quarto (quale è quattro) maggiore della denominatione de un terzo (quale è. 3.) & per le medesime ragioni un quinto è minor de uno quarto e un sesto de uno quinto & è conuerso.

Sesta.

$\frac{6}{0}$ Qual si uoglia numero tal è dalla unità, qual parte è la unità di quel medesimo.

Il Tradottore.

Cioe che ogni numero in tal numero lui è multiplice della unità, in qual la unità è denominata parte di quel medesimo, esempli gratia il 2. in comparatione della unità se dirà doppio la qual multiplicità è denominata da. 2. in elqual. 2. medesimamente è denominata la parte che la detta unità è dil detto. 2. & da qui se manifesta che ogni numero è detto dalla unità cioè dal numero che denomina la multiplicità in che lui è in comparatione della unità, ilquale è esso medesimo numero, perche esso medesimo è quello che denomina la parte, che è la unità di lui come è detto in la nona diffinitione.

Setti-

Settima.

7/o Qualunque numero che sia duto in la unità produce se medemo an chora la unità duta in qual si uoglia numero produce quel medemo.

Il Tradottore.

Esempli gratia multiplicando. 2. fia la unità (per communa sententia) farà esso. 2. & cosi. 3. fia. 1. produrà esso 3. & cosi. 4. fia. 1. farà esso. 4. & cosi discorrendo in ogni altro numero, anchor la unità moltiplicata fia. 2. farà pur il medemo. 2. & cosi. 1. fia. 3. farà quel medesimo. 3. & cosi fia. 4. fara. 4. & cosi discorrendo in ogni altro numero.

Ottaua.

8/o Qualunque numero che numeri, duoi numeri numera anchora el composto de quegli.

Il Tradottore.

In questa ottaua concettione el se suppone che cadauno numero che numeri duoi numeri, che quel numeri anchora il composto, ouer la summa de ambiduoi quelli insieme, & di questo la esperientia ne certifica lo intelletto, perche se il 3. numera il. 9. & anchora il 12. sensibilmente uedemo, che il medesimo. 3. numera il composto, ouero la summa di 9. & 12. qual è 21. il medesimo si truouerà in tutti li altri.

Nona.

Qualunque numero che numera alcun numero, numera anchora ogni numero numerato da quello.

Il Tradottore.

Esempli gratia se uno numero (poniamo. 3.) numera alcun numero (poniamo. 9.) & che quel numero numerato (cioe. 9.) numeri un'altro numero (poniamo. 36.) per communa openione dice che il detto. 3. numera anchora il detto trenta sei laqual cosa per la settima diffinitione euidentemente appare, il medesimo se trouerà seguire in tutti li altri simili.

Decima, & ultima.

Qualunque numero, che numeri, il tutto, anchora detratto numera il residuo.

Il Tradottore.

Esempli gratia, se uno numero (poniamo 7.) numera qualche numero (poniamo. 35.) sottratto il detto numero (cioe. 7.) dal detto numero numerato, (cioe d.1.35.) uol che per communa sententia il detto numero (cioe.7.) numeri anchora il rimanente, ilqual rimanente, ueria a esser.28. laqual cosa (per la settima diffinitione) sensibilmente se manifesta.

Theorema prima. Propositione prima.

Se dal maggiore de duoi numeri inequali sia detratto il minore per fin a tanto che rimanga men di lui & da poi, detratto quel residuo da numero minore per fin a tanto che rimanga men di lui, & similmente detratto il residuo secondo del residuo primo pur per fin a tanto che resti men di lui, & che dalla continua detrattione fatta in tal modo, sia che'l non si troui alcun residuo che numeri lo ante residuo per fin alla unità quelli duoi numeri è necessario esser contra se primi.

Siano li duoi numeri inequali.a.b.& .c.d.& sia il.c.d.minore & sia detratto il c.d. dal. a. b. quante uolte tu poi, & sia lo residuo.e.b.ilquale residuo serà minore del,c,d,(altramente el se potria anchora dettahere) & sia detratto esso.e.b.dal.c. d.quante uolte tu poi, & sia il residuo, f, d, & sia detratto lo, f,d,dal,e,b,quante uolte tu poi, & sia lo residuo. g.b. elqual sia la unità.hor dico li detti duoi numeri.

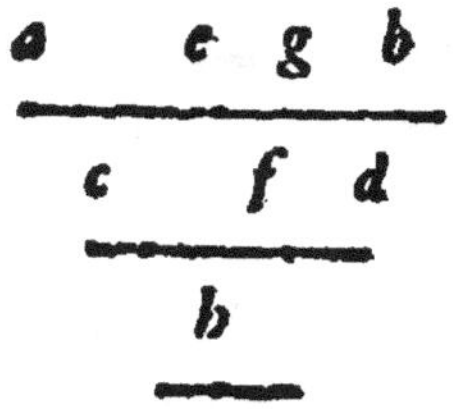

a.b.& .c.d. esser contra se primi,perche se possibil è (per l'aduersario) che sian compositi,alcun numero oltra la unità numerarà communamente quegli, (per la uigesima prima diffinitione) ilqual poniamo che sia,h,hor perche,h, numera il,c, d,(per la penultima concettione) numerarà anchora lo, a, e, & perche el medesimo,h,numera tutto lo. a. b. (per la ultima concetione) numerarà anchora lo.e.b.adonque (per la penultima) numerarà lo,c,f,per laqual cosa (per la ultima numerarà lo,f,d, adonque (per la penultima) numerarà anchora lo,g,e,& (per la ultima) numerarà lo,g,b, & perche lo,g,b,e la unità seguitaria il numero esser parte della unità,ouer a quella equale,laqual cosa è impossibile, adonque li duoi numeri.a.b.& .c.d.seranno contra se primi che è il proposito.

Ma se li duoi numeri. a. b. & . c. d. siano contra se primi, il non si trouarà stato, ouer riposso,in questa mutata detrattione auanti che si peruenga alla unità & questa è il conuerso di quello che l' Auttor propone, & se in questa mutua detrattione, (per l'aduersario) serà stato, ouer riposso, auanti che si peruenga alla unità, sia che, g,b, sia numero il quale sia detratto dal,f,d,& niente sia il residuo adonque il,g,b, numera,f,d, adonque (per la penultima concettione) numera anchora,e,g,& perche anchora numera se medesimo, per la antepenultima concettione, numerarà tutto lo, e, b, adonque per la penultima, numera lo,c,f,ma per auanti è sta dimostrato che numera lo, f, d, adonque (per la auanti la penultima) numera tutto lo c, d, per laqual cosa (per la penultima) numera lo, a, e, & perche fu demostrado prima che anchora numera lo,e,b,seguita (per la auanti alla penultima) che anchora numeri, a, b, adonque perche il numero,b,g,numera l'uno & l'altro di duoi numeri.

numeri. a.b. & .c. d. li duoi numeri.a. b. & .c.d. sono composti, adonque non sono contra se primi, laqual cosa è contra il presupposito, adonque per questa nia proposti qualunque dui numeri inuestigamo se quelli sono contra se primi ouer no, perche fatta la mutua detrattione de tali se'l si peruiene alla unità quelli sono contra se primi ma essendo stato, ouero ripossso auanti che se peruenga alla unità quelli sono composti.

Problema. 1. Propositione. 2.

2 Proposti dui numeri fra loro composti, puotemo trouare il maggio
2 re numero che numera communamente quelli.

Siano li duoi numeri fra loro composti, a,b, & ,c,d, sia, c, d, minore, adonque alcun numero (per la diffinitione) numera communamente, quelli uoglio trouare il massimo numero che numera communamente quelli, secondo il modo & similitudine della precedente, minuisco, ouero detrago il minore dal maggiore per fina a tanto che posso, cioe il.c.d.dal.a.b. & sia il residuo. e. b. & similmente lo, e,b, del, c,d, per fina a tanto che posso & sia il residuo lo, f, d, & perche la diminutione di questo non pol esser fatta in infinito (per la ultima petitione) anchora in il proposito il non si pol peruenire alla unità (per la precedente) perche all'hora li duoi proposti numeri seriano contra se primi laqual cosa seria contra il presupposito, sia adonque che quando hauerò detratto lo,f,d, dal, e, b, per fina che potero che il residuo sia niente, hor dico il numero, f, d, esser il magggiore che numeri communamente li duoi proposti numeri, a,b, & ,c,d, la causa che lui li numeri è manifesta (per la penultima et antepenultima concetione repetita) hor l'una, hor l'altra quante uolte bisogna, si come in la demostratione del conuerso della precedente (perche lo,f,d, numera lo,e,b,) perche quando che lui fu detratto da quello per fina a tanto che se posse non ui fu fatto niente di residuo (adonque) (per la penultima cõcettione) numera & .c.f. adonque (per la ante penultima) & .c. d. per laqual cosa (per la penultima) numera & .a.e. adonque (per l'ante penultima) &, a, b, ma che niun maggiore de, f, d, numeri.a.b. & .c.d. cosi è manifesto, perche se questo potesse esser fatto (per l'aduersario) sia il numero, g, maggiore del, f, d, ilqual numeri l'un e l'altro di duoi numeri.a.b. & c.d. perche adonque, g, numera, c, d, numerarà (per la penultima concettione) a. e. & perche numera, a, b, numerarà (per la ultima). e.b. adonque (per la penultima) numera, c, f, & perche etiam numera, c, d, numerarà (per la ultima). f.d. cioe il maggiore numeraria il minore, laqual cosa è impossibile.

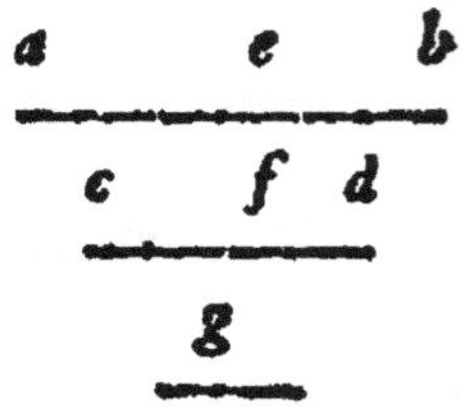

Correlario.

Da questo è manifesto, che ogni numero che numeri duoi numeri numera anchora, il masimo numero, numerante ambiduoi quelli.

Il Tra-

Il Tradottore.

Per intelligentia di questo correlario bisogna notare qualmente che il si troua molte uolte alcuni numeri fra loro compositi che sono numerati da piu numeri (uno maggior dell'altro) come esempli gratia se'l.a.b.fusse.150.& lo.c.d.90.questi dui tali sono numerati (cioe partiti senza alcun sopra uanzo) communamente.da.2.da.3.da.5.da.6.e da molti altri, tamẽ inuestigando p lo modo dato di sopra si trouarà che il primo residuo, cioe.e.b.serà.60. & lo secondo cioe.e.f.d.serà.30. ilqual.30. subtratto dal.e.b.fin che si pol il residuo serà nulla, onde il detto.30.uerra a esser il massimo (per le ragion assignate) che numeri communamente li detti duoi numeri. a.b. & .c.d. Ma supponendo che il.g. numeri anchora lui communamente li detti duoi numeri.a.b.et.c.d. (cioe che lui sia l'uno delli lati detti di sopra, poniamo.5.per le argumentatione fatti di sopra il si manifesta qualmente il detto.g. a fortiore numera lo.f.d.cioe il massimo & questo è quello che nel correlario si uol inferire.

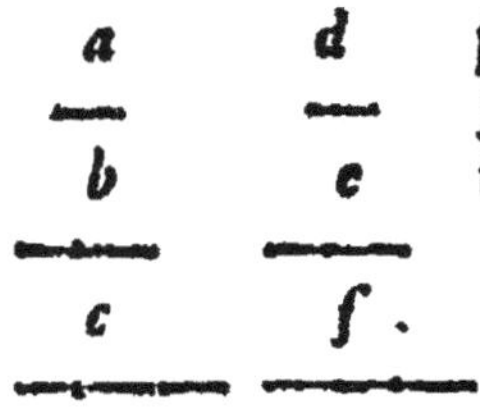

Problema.2. Propositione.3.

3/3 Proposti tre numeri fra lor compositi puotemo ritrouare il massimo di numeri che numerano communamente quelli.

Auanti che dimostramo questa terza conclusione hauemo pensado di dimostrare uno antecedente di essa conclusione cioe qualmente, proposti tre numeri potemo certificarse se essi siano fra lor compositi, E per tanto siano li tre numeri. a. b. c. di quali uoglio uedere se essi sono fra lor compositi, ouer non (per la prima adonque inuestigo se li duoi primi) liquali sono.a. & .b.sono fra lor primi laqual cosa essendo cosi non seranno.a.b.c.fra loro compositi (per la diffinitione) ma se.a.& .b. sono fra loro compositi, siano (per la precedente). d.il massimo numero numerante quelli, ilqual se'l numera. c. seranno.a. b. c. (per la diffinitione) fra loro compositi, ma se quello non lo numera, ma essi. c. & .d. siano contra se primi non seranno.a.b.c.fra loro compositi, perche qualunque numero ilquale numerarà quelli numerarà ancora il d. (per il correlario della precedente) & cosi, d, & . c. seriano compositi, laqual cosa seria contra al presupposito, ma se, c, & d, sono compositi seranno etiam a,b,c, fra lor compositi, perche essendo per la precedente, e, il massimo numerante, c, & , d, ilquale etiam (per la penultima concettione) numerara, a, & , b, per laqual cosa (per la diffinitione.a.b.c.sono fra loro compositi anchora per simil modo il se sa però de quanti si uoglia piu di tre) se tutti siano fra lor compositi. (E per tanto a tre proposti numeri che siano fra loro compositi) liquali etiam siano, a, b, c, uoglio trouare il massimo numero il qual li numeri tutti, piglio per la dottrina della precedente. d. massimo numer ante, a, & , b, ilqual se'l numera.c.esso è quello che cercamo altramente per il correllario della precedente, seguiria il maggiore numerare il minore, Ma se'l non numera.c. tamen seranno, c, & , d, fra lor compositi per il presupposito, & correllario della precedente, & per la diffinitione, sia adonque i' massimo numerante quelli, e, dico, e, esser il massimo numerãte.a.b.c. la causa perche il numerà

merà quelli è manifesta, per questo ultimo presupposito, il quale è esso, esser il massimo numerante, c, & , d, & per la penultima concettione ma la causa che niun maggiore di quello numeri quelli cosi è manifesta perche se questo fusse possibile, per l'aduersario, sia, f, maggior de, c, ilqual numeri, a, b, c, ilqual conciosia che'l numeri. a. & , b, numerara, per il correllario della precedente, d, & perche ancora il numera, c, numerara, per il medesimo correlario, c, cioe il maggiore numeraria il menore laqual cosa è impossibile, adonque non serà alcun numero maggior de, c, numerante, a, b, c, che è il proposito, anchora per simil modo si puol inuestigare el massimo numero numerante. quanti si uoglia numeri piu di tre (fra loro compositi) onde il non fu de bisogno a Euclide insegnare questo in piu di tre perche il modo & arte in tre è il medesimo in piu di tre, & dal ultimo processo di questa demostratione, puotemo anchora aggiongere a questa terza conclusione questo Correlario, onde è manifesto che ogni numero numerante quanti si uoglia numeri fra loro compositi, numera il massimo numeranti tutti quelli, & etiam li massimi numeranti li duoi, & duoi di quelli.

Theorema. 2. Propositione. 4.

4/4 El minore de ogni duoi numeri inequali, ouer che egliè parte, ouero parti del maggiore.

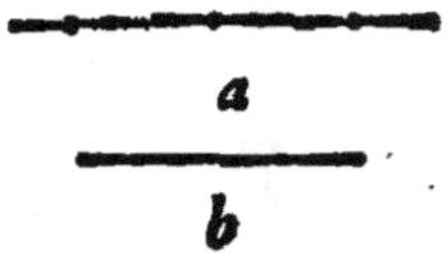

Siano duoi numeri. a. & . b. minor. b. dico che. b. e parte, ouer parti del. a. perche ouero che. b. numera. a. ouer non, se'l lo numera egliè parte di quello (per la diffinitione) se'l non numera quello adonque, ouer che sono fra lor primi ouero non, se non fra lor primi haueremo (per la diffinitione) una parte communa laquale quante uolte la serà in. b. tante parti serà detto esser il. b. del. a. (per la duodecima diffinitione) ma essendo fra loro primi nientedimeno perche la unità è parte de ogni numero da esso denominata (per la quarta concettione) è manifesto il medesimo per le unità.

Theorema. 3. Propositione. 5.

5/5 Se seranno quatro numeri di quali il primo sia tal parte del secondo, quale è il terzo del quarto, seranno il primo & terzo tolti insieme tal parte del secondo e quarto tolti insieme qual è il primo del secōdo.

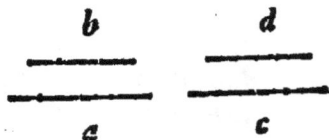

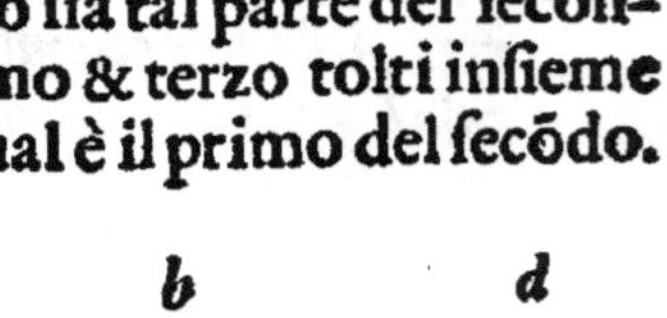

Volendo Euclide demostrare qualmente questi libri de numeri non hauere debisogno de alcuni delli precedenti, Ma per se medesimi stare, parte di quello che proposse in la prima del quinto delle quantità in genere, propone in questa quinta del settimo de numeri, Siano adonque li quattro numeri, a, b, c, d, & sia, b, tal parte de, a, quale e, d, del, c, dico che, b, & , d, tolti insieme sono tal parte de, a, & , c, tolti insieme quale è

le è il, b.del.a.perche diuisi, a,& ,c,secondo la quantità de,b,& ,d,& argumentare si come in la prima del quinto, perche serà che tanto son le parte del. a. quante quelle del. c.per la positione, & che lo aggregato dalla prima parte de.a. & dalla prima del.c.sia equale allo agregato del. b. & .d.similmente anchora & lo aggregato della seconda parte del.a.& della seconda del.c.& perche questa aggregatione tante uolte se puol fare quante uolte uien contenuto il.b.in.a.seguita, che il numero equale allo agregato del b. & .d.tante uolte sia contenuto in lo aggregato de a.& .c. quãte uolte.b.uiene contenuto in.a.per laqual cosa è manifesto il proposito.

Theorema.4. Propositione.6.

6 Se seranno quattro numeri di quali, il primo sia tal parti del secon-
6 do quale è il terzo del quarto, il primo è il terzo tolti insieme seranno tal parti del secondo, & quarto tolti insieme quale è il primo del secondo.

Quello che proposse la precedente de una parte, questa propone di piu parti. E per tanto siano come prima li quattro numeri,a,b,c,d, & sia che,b,sia tal parti de a.quante & quale è il,d,del,c,dico che b.& .d.tolti insieme seranno tante, & tale parti de, a, & c,tolti insieme quante & quale è il, b, del, a,& dico tante & tale perche la pluralità delle parti uien diffinita da duoi numeri di quali l'uno uien detto numeratore, & l'atro denominatore come quando dicemo tre quinti,il ternario numera,e il quinario denomina, perche adonque, b, è parti del, a,sia, che sian le parti de quello numerate dal.h.& denominate dal. k. & similmente (per la positione) serà il.d.parti del.c. numerate dal.h.& denominate dal k.e.per tanto una delle parti del. b.sia.e.& una delle parti del. d. sia.f.(& per il presupposito), e, serà parte del. b.denominata dal,h,& parte del,a,denominata dal. k.similmente anchora & .f. serà parte del.d.secondo,h,& ,parte del,c,secondo,k,adonque il composito de, e,& ,f,sia,g, & , (per la premessa) g.serà parte del. b.& .d.tolti insieme secondo.h.& anchora (per la medesima) serà parte de,a, & ,c,tolti insieme secondo,k,per laqual cosa (per la duodecima diffinitione) b,& ,d,tolti insieme seranno parti de, a, & ,c,tolti insieme numerate dal,h, & denominate dal. k, imperoche il,g,è parte communa de quelli,del minore secondo.h.& del maggiore secondo,K, e perche cosi è il,b,del,a,è manifesto il proposito.

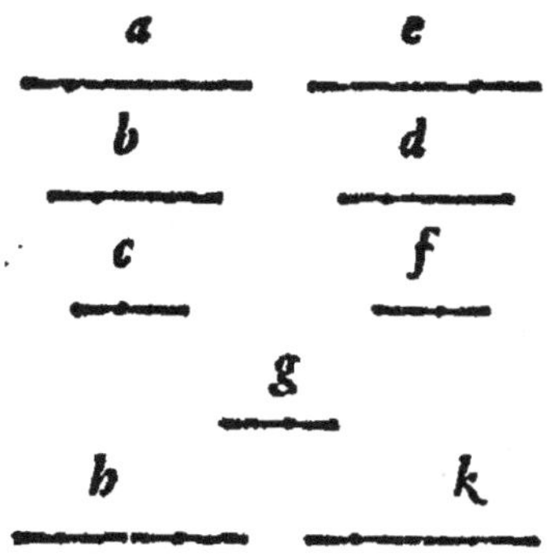

Theorema.5. Propositione.7.

7 Se seranno duoi numeri de quali un sia parte de l'altro et sia detratta
7 da tutti duoi la medesima parte tal parte serà il remanente,al remanente,quale è il tutto del tutto.

Quel

Quel che qui propone Euclide de numeri, fu proposto de sopra in la quinta del quinto delle quantità in genere, & pero sia che qual parte è tutto il numero. a. de tutto il numero. b. tal sia la parte. c. (detratta dal. a.) alla parte. d. (detratta dal. b.) dico che tal parte serà. e. (residuo de a.) del. f. (residuo del. b.) qual è tutto il numero. a. di tutto il numero. b. (& questa è quasi il conuerso della quinta) & per dimostrare questo sia (per la prima petitione). e. tal parte de. g. qual è il c. del. d. & (per la quinta tal parte serà. a. del composito de. g. & . d. qual è il c. del. d. per laqualcosa & quale è. a. del. b. adonque (per la seconda concettione) il composito de. g. & . d. è equale al. b. leuando uia da l'uno, & dall'altro il d. serà. g. equal al. f. per laqual cosa tal parte serà. e. del. f. qual è. a. del. b. perche tal era e. del. g. che è il proposito.

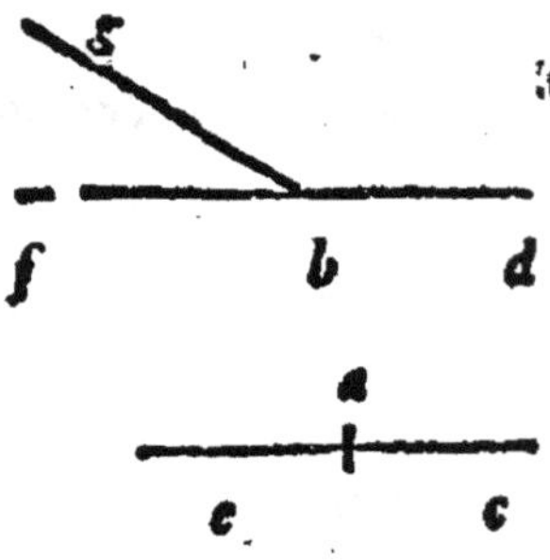

Il Tradottore.

Questa settima propositione in la seconda tradottione dice in questa forma.

Se uno numero sarà tal parte d'un altro, qual serà una parte tolta dall'uno a una parte tolta dall'altro, il residuo di l'uno serà tal parte del residuo di l'altro, qual è il tutto del tutto, laqual differentia è come quella della quinta del quinto. Ma in questa la espositione non se accorda con il testo della prima tradottione di sopra posto anci se accorda con il testo della secõda quiui di sopra posto, perche il si suppone in detta espositione, che qual parte è tutto il numero. a. de tutto il numero. b. tal sia la parte. c. (detratta dal. a.) alla parte. d. (detratta dal. b.) & conclude che il residuo. e. al residuo, f, serà tal parte, qual e tutto il numero. a. de tutto il numero. b. si come propone la detta seconda tradottione, anchora bisogna notare che la parte, c, in respetto del numero, a, & la parte. d. in rispetto del numero. b. si intende largo modo cioe aliquota o non aliquota.

Theorema. 6. Propositione. 8.

8/8 Se da duoi numeri, di quali l'uno sia parti dell'altro, siano sottratte quelle proposte parti, il rimanente del rimanente, serà quelle medesime parti, che è il tutto del tutto.

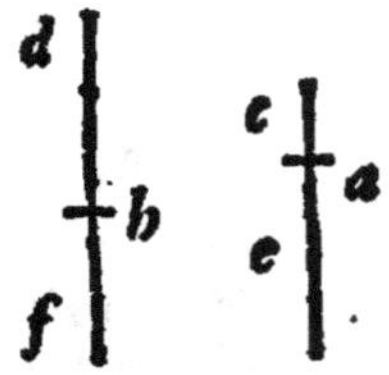

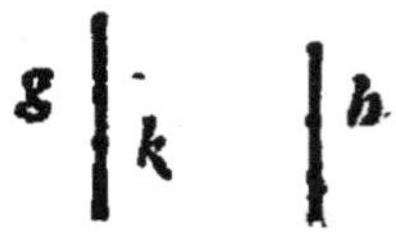

Questa è quasi il conuerso della sesta, come exempli gratia sel fusse che quante, & quale parti e tutto. a. di tutto il. b. tante & tale sia il, c, (detratto dal a.) del. d. (detrratto dal. b.) dico che lo. e. (residuo del. a.) serà tante, & tale parti del f. (residuo del b.) quante & qual è lo. a. del. b. e per dimostrar questo sia. g. una delle parti del a. & . h. una delle parti del c. & (per il presupposito) g. serà tal parte del. a. qual e. h. del. c. è tala del. b. quala è. h. del. d. adõque sia detratta. h.

ta.h.del.g.& rimanga.K.et.k.(per la precedente)serà tale parte del.e.quala è.g. del.a.& tale del.f.(per la medesima)quala,è,g,del, b,adonque perche,e,et,f,hanno una parte communa laquale è, k, (per la duodecima diffinitione), e, serà tante parte del, f,qual parte è,k. del,e,& tale quale è,k, del,f, & perche tante & tale era,a,del,b,è manifesto il proposito.

Il Tradottore.

El testo di questa soprascritta propositione in la seconda tradottione dice in questa forma.

Se uno numero serà tal parti d'un altro, qual sia una portione tolta da l'uno di una portione tolta dall'altro, lo rimanente del rimanente serà le medesime parti quale è il tutto del tutto. Et questo è molto concordante con la soprascritta argumentatione.

Il Tradottore.

Anchora bisogna notare (per intelligentia della soprascritta argumentatione) che se lo numero,a,fusse li cinque sesti del,b, & similmente la parte,c,della parte, d,il numero, g,ueria a esser un quinto del, a,& un sesto del,b,& similmente,h,ueria a esser pur un quinto del,c, & un sesto del,d, onde(per la precedente,)k, ueria a esser similmente un quinto del,e,& un sesto del,f,si come,g, del,a,& del,b,onde il detto,e,(per la duodecima diffinitione)ueria a esser tante parti del,f,quante uolte che,K,numera,e,(che sono cinque)de tale quante il detto,K,numera,f,(che sono sei)cioe cinque sesti che è il proposito.

Theorema. 7. Propositione. 9.

9 Se seranno quattro numeri di quali il primo sia tal parte del secon-
9 do, quale è il terzo del quarto, permutatamente serà tal parte, ouero parti il primo del terzo qual parte, ouer parti e il secondo del quarto.

Sia.a.primo tal parte del,b,secondo quala è il c.terzo del,d,quarto,e sia, a, & b,minori del,c,et,d,perche essendo altramente seria il contrario di quello che se propone,dico che qual parte,ouer parti e.a.del.c.tal ouer tale è il b.del.d.perche essendo diuiso. b.secondo la quantità de.a.& d.secondo. c. (& per lo presente presupposito) tanti parti seranno quelle del. b.quante quelle del.d.& perche ciascaduna delle parti del.b.è equale al. a. & ciascaduna del. d.al.c. & .a.e parte, ouero parti del.c.(per lo presente presupposito, & per la quarta) serà ciascaduna

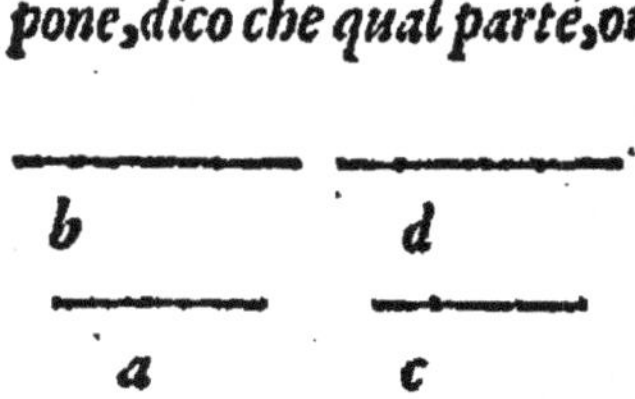

delle parti del b.della sua comparata delle parti del.d.(come la prima della prima, la seconda della seconda, & cosi de tutte le altre)tal parte, ouer parti,quale ouero quale è a. del.c.adonque(per la quinta,ouer sesta sotto la disiuntione repetita quante uolte bisognarà)serà tal parte ouer parti.b.del.d.quale ouer quale è.a.del.c.che è il proposito.

Theo-

Theorema. 8. Propositione. 10.

10/10 Se seranno quattro numeri, il primo di quali sia tal parti del secondo, quale è il terzo del quarto, serà permutatamente il primo tal parte, ouero parti del terzo, quala, ouero quale è il secondo del quarto.

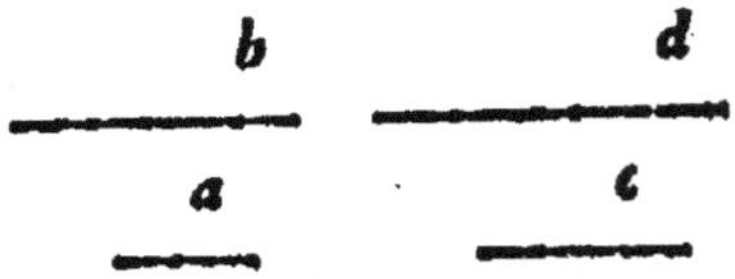

Siano li quattro numeri come prima, di quali similmente sian minori. a. & b. & sia. a. tai parti del. b. quala e. c. del. d. dico che qual parte, ouer parti è, a, del. c. tala, ouer tale è il b. del. d. perche siando diuise le minore in quelle parte che sono. a. & . c. & (per lo presente presupposito) seranno tante le parti del. a. quante quelle del. c. & perche ciascaduna delle parti del. a. è tal parte del. b. qual ciascaduna delle parti del. c. è del. d. perche questo lo hauemo dal nostro presupposito. Sera permutatamente (per la precedente) che qual parte, ouer parti è. b. del, d, tal, ouer tale sia ciascaduna delle parti del. a. della sua comparata delle parti del. c. adonque (per la quinta, ouer sesta sotto la disiuntione repetita quante uolte bisognarà) serà. b. tal parte, ouer parti del d. quala, ouer quale è, a, del, c, che è il proposito.

Theorema. 9. Propositione. 11.

11/0 Se seranno quattro numeri proportionali di quali il primo sia maggior del secondo, & il terzo del quarto, il secondo serà tal parte, ouero parti del primo quali, ouer quale è il quarto del terzo, ma se il secondo serà tal parte, ouer parti del primo quala, ouero qual è il quarto del terzo, li quattro numeri conuien esser proportionali.

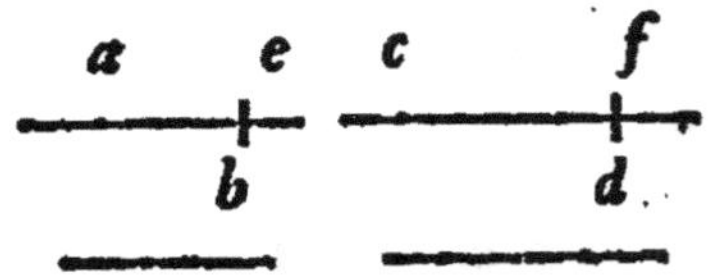

Sia la proportione dal. a. al. b. si come dal. c. al. d. & sia maggiori. a. et. c. dico che qual parte, ouer parti è. b. del. a. tala ouer tale è il d. del. c. & econuerso perche (per la conuersione della diffinitione delle proportione simili) serà che quante uolte il. b. è in, a, tante uolte sia il. d. in el. c. & se alcuna parte, ouer parti del. b. soprabondano in. a. tal parte, ouer parti del, d, soprabondano in el, c, è per tanto se'l, b, serà contenuto in. a. senza superfluità de parte, tante uolte senza superfluità serà contenuto il. d. in. c. (per la diffinitione delle parte simili) qual parte serà il. b. del. a. tal serà il, d, del, c, ma sel, b, sia contenuto in, a, (quante uolte si uoglia) con la superfluità de parte & tante uolte se contenerà, il, d, in el, c, con la supefluità de simel parte, diuiso, a, secondo, b, acciochè sopra uanci, e, &, c, secondo, d, accio che sopra uanci, f, serà tal parte, e, del, b, qual è, f, del, d, ma perche tante uolte se conterà il, b, in la differentia del, a, al, e, quante uolte il, d, in la differentia del, c, al, f, serà (per communa scientia) tante uolte, e, in, a, quante uolte è, f, in, c, conciosia cosa adonque che, a, &, b, habbiano, e, parte communa & similmente, c, &, d, habbiano, f, e per tanto, e, è in,

e.è in.b.tante uolte quante e lo,f,in.d. & similmente.e.in. a.tante uolte quante.f. in.c.serà(per la duodecima diffinitione)il. b. tante & tale parti del. a. quante & quale serà il.d.del.c. ma si el.b.sia contenuto(quante uolte si uoglia)in.a.con super fluità de quante si uoglia parti,anchora tante uolte se contenerà il.d.inel.c.con superfluità de tante & simile parti diuiso. a. secondo.b. acciochè sopra uanci. e.similmente. c.secondo. d.acciochè sopra uanci.f.serà. e. tante & tale parti del.b.quante & quale serà, f, del, d, & cosi tolta una de quelle argumentando come prima,& cosi è manifesto il primo proposito il secondo se dimostra in questo modo, sia . b . tal parte,ouer parti del a.qual a, ouer quale è il,d, del,c,dico che la proportione del,a, al,b,serà si come del,c, al, d,perche se è tal parte è manifesto il proposito,ma se egli è tale parti diuisi quegli secondo quelle parti se manifestarà tante uolte essere il, b , in a,quante uolte è il,d,in,c,& tal parte,ouer parti del,b,sopra auanzare in, a,qua la ouer quale del, d,sopra auanzano inel.c.& cosi(per la diffinitione)la proportione del,a,al,b,e si come del,c,al,d,& cosi è manifesto il tutto.

Theorema.10. Propositione.12.

12 Se da duoi numeri, seranno detratti duoi numeri, secondo la pro-
11 portione de quelli la proportione del rimanente allo rimanente serà si come dal tutto al tutto.

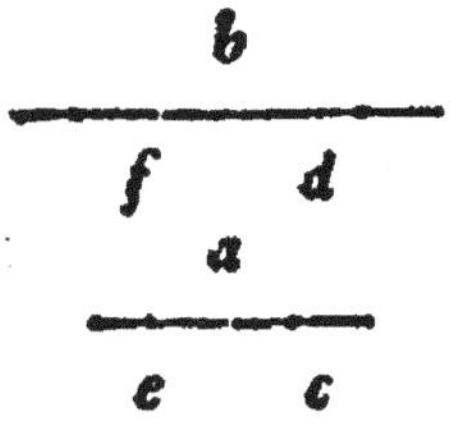

Quello che proposse Euclide in la decimanona del quinto delle quantità in genere quel medesimo propone qua da numeri, esempli gratia sia la proportione de tutto, a,a tutto, b, si come del, c,(detratto dal, a,)al, d, (detratto dal,b,)dico che dal,e,risiduo del,a,al,f,(residuo del,d,)serà si come dal, a, al,b,perche se,a,sia minor de,b,serà(per lo precedente pre supposito) & per la conuersione della diffinitione) tal parte, ouer parti,c,del,d,quale,ouer quale e,a,del,b,(per la settima adonque, ouero ottaua)serà,e,tal parte,ouer parti del,f,quala ouer quale è,a,del,b, adõque(per la diffinitione) serà una medesima proportione che è il proposito, ma se, a, sia maggiore del,b,serà(per la prima parte della precedente)qual parte,ouero parti,b,del,a,ta la,ouero tale serà il, d,del,c,per laqual cosa(per la settima,ouer ottaua)tala,ouer tale serà,f,del,e,e cosi(per la seconda parte della precedente)del. e. al,f,serà si come dal,a,al,b,per laqual cosa è manifesto il proposito. ma la settima et ottaua dan no luoco a questa duodecima perche questa duodecima sola contiene quanto ambedue quella,ma alcuni uoleno prouare la seconda parte de questa per la duodecimanona del quinto , ma se Euclide intendesse questo , conciosia che lui propona questa particularmente & quella uniuersalmente demostrata quella in nel quinto,uanamente haueria proposta questa quiui in el settimo , e però nõ debeno dimostrare questa una altra uolta per la decimanona del quinto,ne anchora possono adatare il mo do della demostratione di quella alla demostratione di questa conciosia che quella se demostra in le quantità cõtinue in genere (per la proportionalità permutata laquale de

quale de sotto se dimostra in numeri, ma io penso, & ragioneuolmente si uede esser stretto Euclide de usare le argumentationi del dimostrator arithmetico per causa del decimo libro ilquale, è manifesto non poterse transire senza la cognitione di numeri, e per tanto molte di quelle propositioni che ha dimostrate nel quinto delle quātità in genere, lui le ha uoleste repetere un'altra uolta da esser dimostrate, in questo settimo de numeri perche intende de dimostrare quelli per altri principij proprij cioe de numeri liquali sono piu noti al intelletto di quelli per liquali fu processo nel quinto, perche li principij del quinto libro sono piu difficili per la malitia delle quantità incommunicante, & li principij di numeri molto piu oltra se applicano allo intelletto, & piu facili de quelli perche quelli hanno de bisogno de intelletto piu disposto.

Theorema. 11. Propositione. 13.

13/12 Se seranno quanti numeri si uoglia proportionali si come serà uno antecedente al suo consequente cosi seranno tutti li antecedenti tolti insieme, a tutti li consequenti tolti insieme.

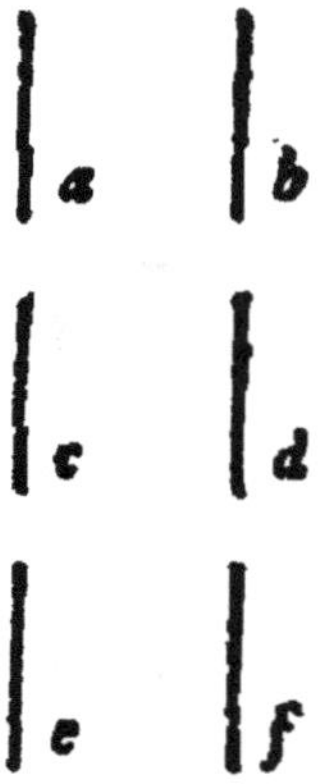

Quello che propone Euclide per la tertia decima del quinto delle quantità in genere per questa propone de numeri, come esempli gratia sian, a, b, &, c, d, &, e, f, proportionali dico che la proportione che è dal. a. al. b. è quella medesima che è dalli. a. c. e. tolti insieme alli. b. d. f. tolti insieme perche se, a, c, è, siano mino ri delli. b. d. f. (per la conuersione della diffinitione) qual parte, ouer parti serà. a. del. b. tala, ouer tale serà. c. d. del. d. & . e. del. f. adonque (per la quinta ouer per la sesta repetita quante uolte bisognarà) qual parte, ouer parti serà, a, del, b, tala, ouer tale seranno li, a, c, e, tolti insieme delli, b, d, f, tolti insieme, per laqual cosa (per la diffinition) la proportion serà una medesima ma se li. a, c, e, siano maggiori delli, b, d, f, (per la prima parte della undecima) qual parte, ouer parti sera. il. b. del. a. tala ouer tal serà, il, d, del, c, et, f, del, e, adonque (per la quinta, ouer sesta repetite quante uolte bisogna) qual parte ouer parti serà il. b. del. a. tala ouer tale saran li. b. d. f. tolti insieme delli, a, c, e, tolti insieme, e cosi per la seconda parte della undecima, la proportion del, a, al, b, serà si come delli. a. c. e. tolti insieme alla, b, d, f, tolti insieme che è il proposito.

Theorema. 12. Propositione. 14.

14/13 Se seranno quattro numeri proportionali, anchora permutatiuamente seranno proportionali.

El modo di arguir ilqual se dice proportionalità permutata, laqual ha demostrato Euclide per la sesta decima del quinto in le quantità in genere in questo luoco

S propone

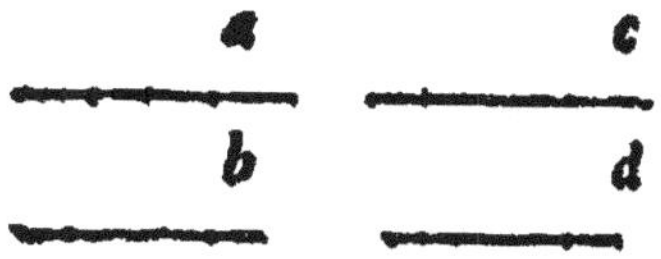

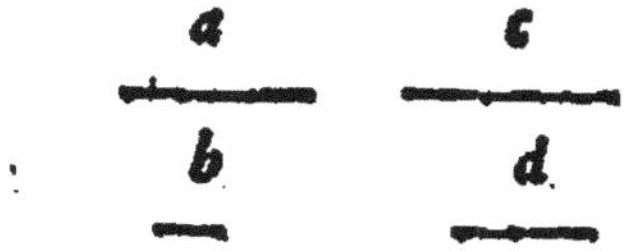

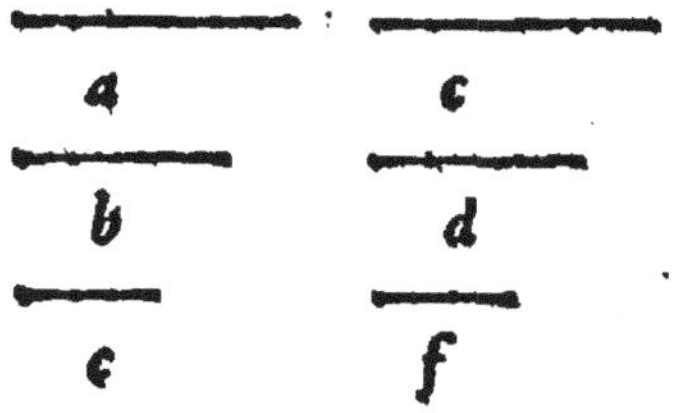

propone da esser demostrato in numeri, come se sia ia proportionale del,a,al,b,si come del,c,al,d,permutatamẽte serà del,a,al,c,si come del,b,al,d, perche lo.a.serà maggiore,ouer minore del.b.similmente anchora & maggiore,ouer minore del.c.sia adõque primamente minore dell'uno et l'altro serà adõque(per lo presente presupposito & per la cõuersione della diffinitione,)lo,a, tal,parte,ouer parti del, b, quala, ouero quale serà lo, c,del, d, adonque per la nona ouer decima lo,a,permutatamente serà tal parte ouer parti del, c, quala, ouer quale serà il, b, del,d,per laqual cosa(per la diffinitione)la proportion serà una medesima, sia adonque, a, maggiore dell'uno & dell'altro, & (per la prima parte della undecima)serà che tal parte, ouer parti che è il, b, del, a, tala, ouer tale serà il, d, del, c, (per la nona ouer decima)tal parte, ouer parti serà il, d, del, b, quala,ouer quale serà il,c,del,a,adonque per la seconda parte della undecima)serà del, a, al, c,si come del, b,al, d,terzo sia,a,maggiore del,b, minore del, c, & serà(per la prima parte della undecima) tal parte, ouer parti il,b,del,a,quala ouer quale,sarà il,d,del,c,per laqual cosa(per la nona ouer decima)quala ouer quale è la,a,del,c, tala ouer tale serà la. b. del. d. (per la diffinitione) adonque la proportione è una,ultimamente e anchora sia.a. minor del.b.& maggior del. c. & serà che tal parte ouero parti sia il.c.del.d.quala, ouero quale è.a.del.b.(per la nona)adonque (ouero decima)serà tal parte, ouer parti el.d.del.b. quala ouero quale il c.del.a.per laqual cosa,per la seconda parte del undecima. del.b. al. d. serà si come del.a.al. c.cosi è manifesto il proposito & a questa cedeno la nona & la decima perche questa sola propone quello che propone ambedue quelle.

Theorema. 13. Propositione. 15.

15/14 Se feranno quanti si uoglia numeri, & altri secondo il numero de quelli & ogni duoi termini delli primi siano secondo la proportione de ogni duoi delli secondi in la proportione della equalità seranno proportionali.

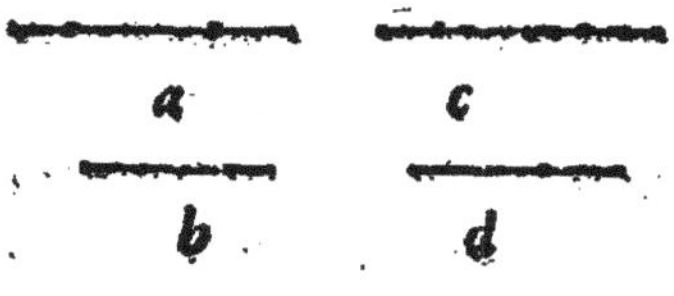

Quel modo di arguir elqual se dice equa proportionalità che dimostrette Euclide per la uigesima seconda del quinto delle quantità in genere, se propone in questo luoco da dimostrar in numeri nella proportionalità direttamẽte: ma la equa proportionalità

lità laqual demostrette per la uigesimaterza del quinto della proportionalità delle quantità indirettamente proportionale el non propone de dimostrarla in numeri, ma quella demostraremo noi qui de sotto sopra la decimanona di questo, ne è necessario che dimostremo in numeri quello che fu demostrato (per la undecima del quinto delle quantità in genere) cioe se quante si uoglia proportione (in numeri) seranno equale a una medesima proportione che sia necessario quelle esser fra loro equale perche questo è manifesto per la diffinitione che se del, a, al, c, & dal, e, al, f, sia si come del, b, al, d, serà lo numero, a, del, c, & lo numero, e, del, f, tal parte, ouer parti, quala, ouero quale è il, b, del, d, ouer tante uolte lo, a, contegnarà il, c, & , e, lo, f, quante uolte il. b. contegnarà il, d, & tal parte, ouer parti del, c, soprauanzaranno in, a, & dello f, in, e, quala ouer quale del. d. in el. b. perche adonque qual parte ouero parti è lo, a, del, c, tala ouer tale è lo, e, del, f, ouero quante uolte lo. a. contien el. c. tante uolte lo, e, contien lo, f, & qual parte ouer parti del, c, soprauanzano in, a, tala ouer tale, del f, soprauanzano in, e, serà (per la diffinitione) del, a, al, c, si come del e, al, f.

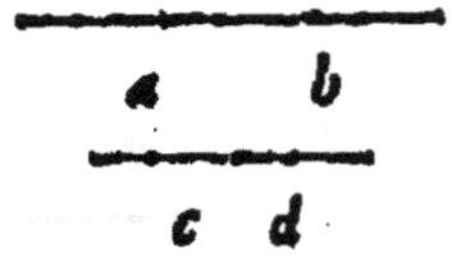

Siano adonque (come se propone) li numeri, a, b, e, & li altri, tanti altri, c, d, f, & sia del, a, al, b, si come del, c, al, d, & del, b, al, e, si come del, d, al, f, dico che in la equa proportionalità serà del, a, al, e, si come del, c, al, f, perche (per la precedente) serà del, a, al, c, si come del, b, al, d, ma & del, b, al, d, si come del, e, al, f, per laqualcosa del. a. al. c. serà si come del. e. al. f. adonque (per la medesima) del. a. al. e. serà si come del. c. al. f. il medesimo serà togliendone de piu & cosi è manifesto il proposito, ma perche Euclide non propone da dimostrare in numeri le altre quattro specie della proportionalità lequale sono la conuersa, la congiunta, la disgiunta, & la euersa, pensamo esser conueniente demostrare quelle cose che l'Auttore ha lassate come cose facile da demostrare. adonque primamente demostraremo la conuersa, esempli gratia essendo dal. a. al. b. si come dal. c. al. d. dico che al contrario dal. b. al. a. serà si come dal. d. al. c. perche se. a. serà minor del. b. anchora. c. serà minor del. d. & tal parte, ouer parti serà. a. del. b. quala ouer quale serà. c. del d. per laqualcosa (per la seconda parte della undecima) serà del. b. al. a. si come del. d. al. c. ma se. a. serà maggiore del. b. anchora il. c. serà maggiore del. d. & (per la prima parte della undecima) tal parte, ouer parti serà il. b. del. a. quala, ouero quale serà. d. del c. adonque (per la diffinitione) serà del. b. al. a. si come del. d. al. c.

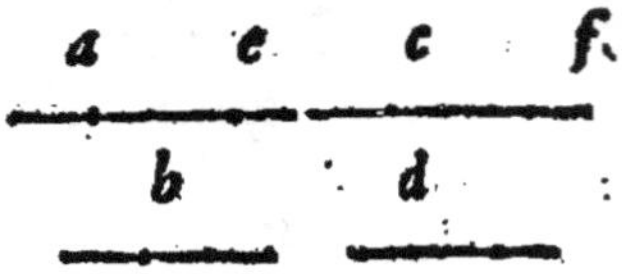

Voglio dimostrare la disgiunta proportionalità.

Esempli gratia sia del. a. b. al. b. si. come del. c. d. al. d. dico che dal. a. al. b. serà si come del. c. al. d. perche permutatamente del. a. b. al. c. d. serà si come dal. b. al. d. & (per la duodecima) si come dal. a. al. c. perche adonque del. a. al. c. è si come del. b. al. d. serà permutatamente del, a, al, b, si come dal, c, al, d.

Voglio dar la demostratione della congiunta proportionalità.

Come se sia dal.a.al. b.si come dal.c.al.d.dico che dal.a.b. al. b.serà si come dal c. d.al.d.perche permutatamente serà dal,a,al.c.si come dal.b.al.d.per laqual cosa(per la tertiadecima)dal. a. b. al. c. d.serà si come dal. b.al.d. permutatamente adonque serà dal.a.b.al b.si come dal.c.d.al.d.

Resta a stabilire la euersa proportionalità in numeri.

Come se sia del.a.b.al.b.si come dal.c.d.al.d.dico che dal.a.b.al.a.serà si come dal c. d.al.c.perche permutatamente serà dal.a.b.al.c.d.si come dal,b,al.d.per laqual cosa(per la duodecima)serà si come dal. a.al.c.permutatamente,adonque serà dal a.b.al.a.si come del.c.d.al.c.e per tanto è manifesto il tutto.

Anchora da queste egliè lieue cosa a dimostrare in numeri quello che propone Euclide in la penultima del quinto delle quantità in genere cioe, che se la proportion del primo termine al secondo serà si come del terzo al quarto, anchora dal quinto al secondo serà si come dal sesto al quarto, serà la proportione del primo & quinto tolto insieme al secondo, si come del terzo e sesto al quarto.

Esempli gratia essendo dal. a.al.b.si come dal.c.al.d.similmente dal.e.al.b.si come dal.f.al. d.dico che dal.a.& .e.tolti insieme al.b.serà si come dal.c.& .f. tolti insieme al.d.perche per la conuersa proportionalita serà dal. b. al.e.si come dal.d.al. f.per laqual cosa per la equa proportionalità dal. a.al.e.serà si come dal.c.al.f.adõque congiuntamente dal. a.& .e. al.e.serà si come dal. c.& .f. al.f. adonque per la equa proportionalità dal.a. & . e.al.b.serà si come dal.c.& .f.al.d.che è il proposito,& per lo medesimo modo tu approuerai il conuerso. Se sia del.b.al.a.si come dal d. al.c.& similmente dal.b.al.e.si come dal.d.al.f.dico che dal.b.al.a.& al.e.serà si come dal.d. al.c.& al,f,perche serà(per la conuersa proportionalità)dal.a.al,b, si come dal.c.al.d.per laqualcosa(per la equa proportionalità)dal. a.al. e.sera si come dal.e.al.f.& congiunamente dal.a.& .e. al.e.si come dal. c. & .f.al.f.adonque al contrario dal.e.al.a.& .e.serà si come dal.f.al.c, & .f. adonque(per la equa proportionalità)serà dal.b.al.a.et.e.si come dal,d,al,c,et,f,ch'era il proposito. Da questo anchora è manifesto che se'l serà la proportione de quanti si uoglia numeri al primo si come de altri tanti al secondo. Serà del aggregato de tutti li antecedenti al primo a esso primo si come dello aggregato de tutti li antecedenti al secondo a esso secõdo. Similmente al contrario se'l serà la proportione del primo a quanti si uoglia, numeri si come del secondo a altretanti altri serà del primo aggregato de tutti li consequenti a esso medemo si come del secondo allo aggregato da tutti li consequenti a esso medemo.

Theorema. 14. Propositione. 16.

16/15 Se la unità numerarà alcun numero tante uolte quante qualunque

terzo

terzo numerarà alcun quarto, ferà anchora permutatamente che quãte uolte la unità numerarà il terzo tante uolte il secondo numerarà il quarto.

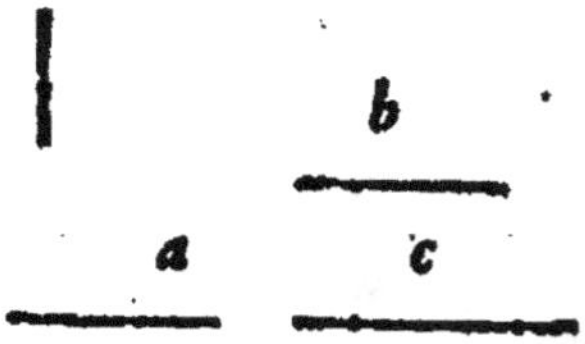

Come se sia la unità al. a. si come il. b. al. c. serà permutatamente la unità al. b. si come la. a. al. c. et questa non è superflua dalla demostrata proportione permutata, perche non puo esser cõcluso da quella quello che qui se propone. Perche quella fu demostrata in quattro numeri proportionali. Ma la unità non e numero per la diffinitione adonque per questo modo manifesta il proposito. sia diuiso. a. per le unità &, c, secondo la quantità de, b, seranno (per lo presente presupposito) tanti parti in, a, quante in, c, & perche ciascuna delle parti de, a, è la unità & ciascuna delle parti de, c, è equale al, b, serà che quante uolte la unità sia in. b. tante uolte ciascuna delle parti de, a, sia in la sua comparata delle parti del, c, adonque (per il modo della demostratione quinta seguita tante uolte essere, a, in, c, quante uolte è la unità in el, b, che è il proposito.

Theorema. 25. Propositione. 27.

17/16 Se l'uno e l'altro de duoi numeri sia dutto in l'altro quelli che da quelli uien produtti seranno equali.

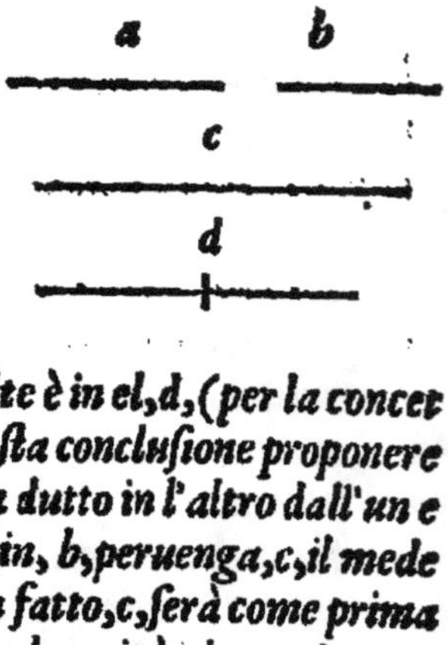

Si come se dal, a, in, b, peruenga. c. & dal, b, in, a, peruenga, d, dico che, c, &, d, seran equali. Perche conciosia che, b, multiplicato per, a, produca, c, (per la conuersione della diffinitione) serà il, b, tante uolte in, c, quante che la unità e in, a, adonque (per la precedente) serà lo, a, in, c, quante uolte e la unità in el, b, & perche tante uolte e la, a, etiam in el, d, (perche del, b, in, a, e fatto il, d,) seguita che tante uolte sia lo, a, in el, c, quante uolte è in el, d, (per la concettione) adonque, c, &, d, sono equali, possemo anchora questa conclusione proponere per questo altro modo. Se l'uno e l'altro de duoi numeri sia dutto in l'altro dall'un e l'altro dutto peruien un medesimo numero come se dal, a, in, b, peruenga, c, il medesimo peruenirà del, b, in, a, perche in uero del, a, in, b, uien fatto, c, serà come prima (per la conclusione della diffinitione) il, b, in, c, quante uolte la unità e in, a, & permutatamente (per la precedente) serà, a, in, c, quante uolte la unità e in, b, perche adonque, a, tante uolte uien contenuto in, c, quante unità e in, b, seguita per la diffinitione che dal, b, in, a, uien fatto, c.

Theorema. 16. Propositione. 18.

18/17 Se uno numero serà dutto, ouero multiplicato in duoi altri la pro-

 portione

portione delli duoi produtti, cioe dall'uno all'altro, serà si come quella delli duoi multiplicati, l'uno all'alrro.

Esempli gratia sia multiplicado il numero, a, in l'uno e l'altro de duoi numeri, b, &, c, et di tal multiplicatione peruengi, d, &, e, dico che la proportion del. d. al. e. serà si come quella che è dal, b, al, c, perche il seguita (per la conuersione della diffinitione del multiplicare) che'l, b, sia tante uolte in el, d, & similmente il, a, in el, e, quante e la unità nel. a. per laqual cosa la proportione del, d, el, b, è si come del, e, al, c, (perche contengono quelli equalmente, che è quante uolte che'l, a, contien la unità) adonque permutatamẽte dal, d, al, e, serà si come dal, b, al, c, che è il proposito.

Theorema. 17. Propositione. 19.

19/18 Se duoi numeri se multiplicaranno in uno altro numero, la proportione de quelli duoi produtti serà si come quella delli duoi multiplicanti.

Questa (per la conuersion della antecedente della precedente) conclude la medema passione che è in la promessa come se l'uno & l'altro di dui numeri. b. & . c. multiplichino lo numero. a. & peruenghi, d, &, e, dico che dal, d, al, e, serà si come dal, b, al, c, perche (per la antecedente della precedente) serà che dal, a, in, b, &, c, uien fatti, d, &, e, per laqual cosa (per la precedente) del. d. al. e. serà si come dal, b, al, c, che è il proposito. Et nota che quello che se propone per questa e per la precedente de duoi numeri tu'l puoi applicare a quanti numeri te pare, perche se uno numero multiplica quanti si uoglian numeri serà la proportione di produtti & di multiplicati una medesima, similmente anchora se quanti si uoglian numeri multiplicano uno numero la proportion di produtti, e multiplicanti serà una. laqual cosa per questa & per la precedente repetite quante uolte bisognarà facilmente tu approuarai ma in questo luoco (come habbiamo promesso sopra la quintadecima propositione.) uolemo dimostrare la equa proportionalità in quanti si uoglia numeri de duoi ordeni della proportionalità indirettamente laqual demostra Euclide, per la uigesima terza del quinto in le quantità in genere, dicemo adonque perche.

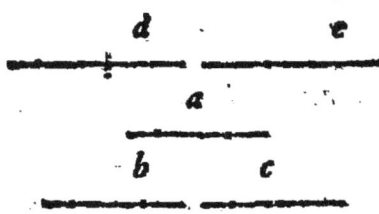

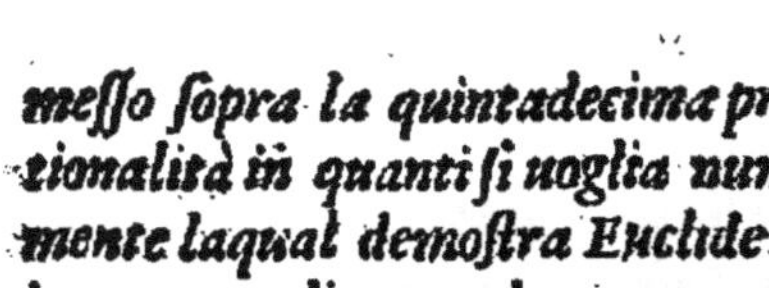

Se quanti si uoglian numeri seranno de altri tanti indirettamente proportionali, li estremi anchora in medesima proportione seranno proportionali.

Esempli

Esempli gratia essendo dal, a, al, b, si come dal, d, al, f, & dal, h, al, e, si come dal, c, al, d, dico che dal, a, al, e, serà si come dal, c, al, f, & per dimostrare questo sia dutto, c, in, d, & f, & peruēga, g, & h, & serà (per la precedente) dal. g. al. h. si come dal. d. al. f. (per laqual cosa) & si come dal. a. al. b. anchora sia dutto. f. in. d. & peruenga. K. & (per questa decima nona propositione) serà dal. g. al. k. si come dal. c. al. f. & perche dal. f. in. d. e fatto. k. farà il medesimo al contrario (per la decima settima propositione) dal. d. in. f. perche adonque dal. c. & d. in. f. sono fatti. h. & k. serà (per questa decima nona propositione) dal. h. al. K. si come dal. c. al. d. per laqual cosa è si come dal. b. al. e. Et perche eglie stato dimostrato che dal, g, al, h, è si come dal, a, al, b, (per la quintadecima propositione) serà dal. a. al. e. si come dal. g. al. k. Et cosi era anchora dal. c. al. f. adonque dal. a. al. e. è si come dal. c. al. f. che è il proposito. Il medesimo tu approuerai se in l'uno & l'altro ordine seranno piu di tre numeri, procedendo come in la uigesima terza del quinto fu prouado di piu di tre quantità.

Theorema. 18. Propositione. 20.

20/19 Se seranno quattro numeri proportionali quello che uien produtto dal primo in l'ultimo, serà equale a quello che uien produtto dal dutto del secondo in el terzo, Ma se quello che è produtto dal primo in el ultimo è equale a quello, che è produtto dal secondo nel terzo quelli quattro numeri sono proportionali.

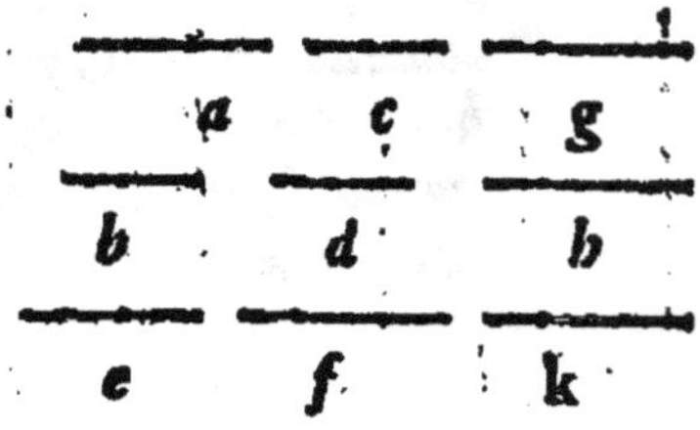

Quello che proposse Euclide in la quintadecima del sesto de quatro linee proportionale, in questo luoco propone de quattro numeri proportionali uerbi gratia, sia la proportione dal, a, al, b, si come dal. c. al. d. & sia il produtto del. a. in el. d. e. & del, b, in el, c, f, dico che, e, &, f, sono equali, & è conuerso, & per dimostrar questo sia dutto. a. in. b. & sia fatto. g. & serà (per la decima ottaua propositione) dal, g, al, e, si come dal, b, al, d, & perche (per la decima settima propositione) dal, b, in, a, è fatto, g, & dal medesimo, b, in, c, e fatto, f, serà (per la decimaottaua propositione) dal, g, al, f, si come dal, a, al, c, ma per la quartadecima e dal, a, al, c, si come dal, b, al, d, adonque dal. g. al. f. serà si come dal, g, al, e, Adonque, f. & , e, sono equali che è il primo proposito. Ne bisogna dimostrare se da un numero a duoi sia una proportione che essi sono equali, ouer se essi sono equali che dall'uno a essi sia una proportione perche se da, g, al, e, & al, f, e una proportion esso serà tal parte, ouer parti del e, quala, ouer quale il medesimo e del, f, & per tanto (per la concettione) è manifesto, e, & , f, esser equali, ouer che tante uolte, g, contenera, e, quante uolte contenerà, f, & superfluano in quello tal parte, ouer parti del, e,

quala, ouero quale in el medesimo superfluano del,f, & per tanto anchora (per la cõcettione) è manifesto quelli esser equali. Ma se essi serãno equali è manifesto (per la concettione) che, ouer,g. serà tal parte, ouer parti del,c, quala, ouero quale serà del,f, & al presente (per la diffinitione) serà de esso,g, all'uno e l'altro de quelli una proportione, ouero equalmente contenerà l'uno e l'altro con superfluità de simile e tanto numero de parti, & per tanto anchora (per la diffinitione serà de quello al l'un e l'altro una proportione, el secondo proposito cosi è manifesto, sia,e, (produtto dal,a,in,d,) equale al,f, (produtto dal,b,in,c,) Dico che la proportione del,a,al,b, è si come del,c,al,d, & questa è al contrario della prima parte, perche sia come prima, g, ilquale è fatto dal,a,in b, & perche,e, & ,f, sono equali serà dal,g, all'uno e l'altro de quelli una proportione, & perche come prima (per la decima ottaua propositione) del,g,al,f, è si come del,a,al,c, & al,e, si come del,b,al,d, serà del,a,al,c, si come del,b,al,d, per laqual cosa permutatamente del, a,al,b, serà si come del,c, al,d, che è il proposito.

Theorema.19. Propositione.21.

o
20 Se tre numeri seranno proportionali il produtto delli estremi serà equale al produtto del medio in se medesimo, e se'l produtto delli estremi serà equale al produtto del medio in se medesimo, quelli tre numeri seranno proportionali.

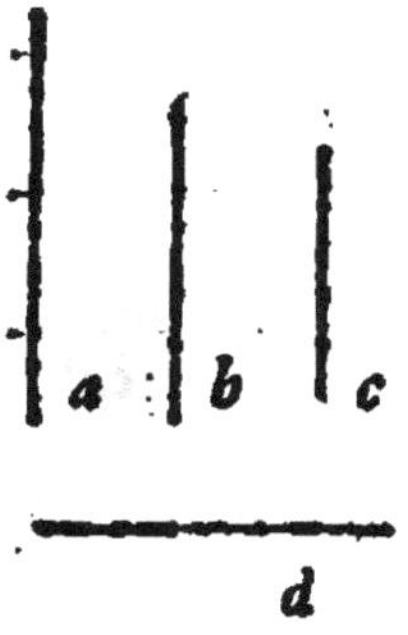

Sian li tre numeri proportionali, a, b, c, si come dal, al,b, cosi sia dal,b,al,c, Dico che il produtto del, a,in,c, è equale al produtto del, b, in se medesimo & per dimostrare questo sia posto,d, equale al,b, adonque si come dal a, al,b, cosi è dal,d, al,c, adonque quello che uien fatto dal,a,in,c, è equale a quello che uien fatto dal,b,in,d, (per la precedente) ma quel che uien fatto del,b,in,d, è equale al dutto del,b,in se (per esser il b, equale a esso,d,) adonque quello che uien fatto del, a,in,c, è equale a quello che uien fatto del.b.in se. Ma supponendo che'l dutto del.a.in.c. sia equal al dutto del .b.in se medesimo. Dico si come è dal.a.al.b. cosi è del.b.al.c. perche quel che uiẽ fatto del.a.in.c. è equale a quello che uien fatto del. b.in se & quello che uien fatto del.b.in se è equale al dutto del.b.in.d. adonque (per la undecima del. 5. si come è dal.a.al.b. cosi è dal.d.al.c. & il.b. è equale al.d. adonque si) come dal.a.al.b. cosi è dal.b.al.c. laqual cosa era da demostrare.

Theorema.20. Propositione.22.

21
21 Li numeri secondo qual si uoglia proportione minimi, numerano quai si uoglian in quella medesima proportione, equalmente, el minor el minor, & lo maggior el maggior.

Siano.

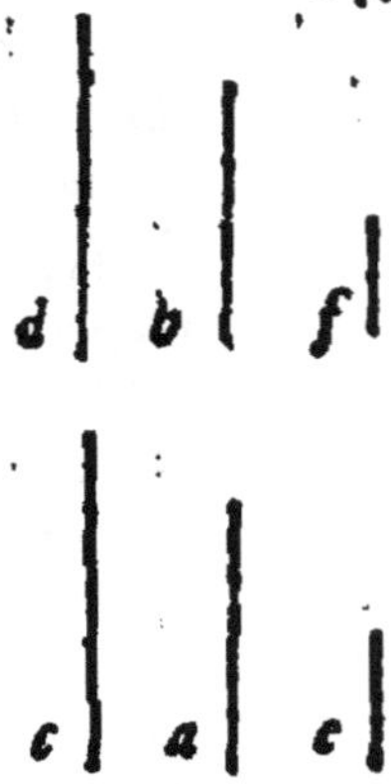

Siano.a.& .b. li minimi numeri in la sua proportione, & dal.c.al.d. si come dal. a.al.b. dico che'l.a.numera il.c.& il. b.equalmente. Perche essendo del.a.al.b.come dal. c. al. d.serà permutatamente dal. a.al.c.si come dal.b.al.d. Adonque tal parte ouer parti serà.a.de.c.quala ouer quale è il.b.del.d. Adõque se serà parte è manifesto il proposito. Ma se serà parti sia.e.una delle parti de.a.& f. una delle parti de.b.et pche tal parte è. e. de.c.per il presupposito, quala è.f. del. d. serà (per la diffinitione) la proportione del e.al.c.si come del. f. al. d. Per laqual cosa permutatamente del. e. al. f. serà si come del.c.al.d.per laqual cosa etiam serà si come del. a.al.b. adonque.a.& .b. non sono li minimi della sua proportion laqual cosa è il contrario de quello che stato posto, similmente anchora.

Quanti si uoglia numeri, ouer in una medesima proportione ouero in diuerse minimi numeranno tutti in la medesima proportione ciascaduno il suo correlatiuo equalmente.

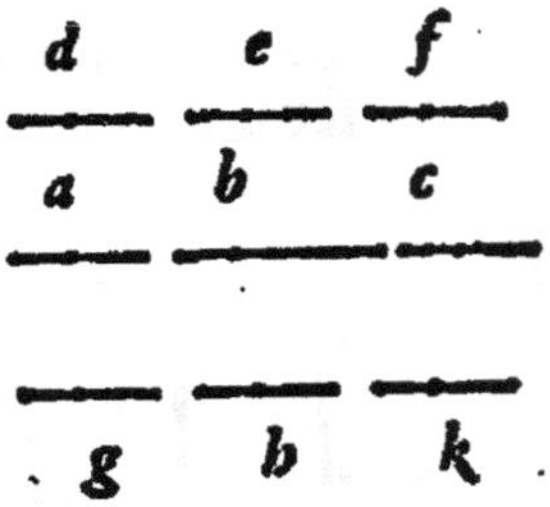

Come se siano, a,b,c, minimi in una medesima proportione, ouer in diuerse, e siano in la medesima, ouer medesime, d,e,f, cosi che sia dal.d.al.e.come dal. a.al b.& dal, e, al, f, come del, b, al, c, Dico che. a. numera.d. & .b.numera.e. & . c. numera. f. equalmente, perche dal.a.al.b.è come del.d.al.e. permutatamente serà del, a, al, d, come del, b, al, e, & perche del.b.al c. è come del, e, al, f, serà anchora permutatamente del, b, al, e, come del, c, al, f, per laqual cosa dal, b, al, e, & dal, c, al, f, serà si come dal, a, al, d, & perche, a, b, c, sono minori de.d.e.f. serà il.b.del.e.& .c.del.f.tal parte, ouero parti quala, ouero quale è.a.del.d. Adonque se son parte è manifesto il proposito. Ma se son parti sia, g, una delle parti de, a, & , h, una delle parti de, b, & , K, una di quelle del, c, & per lo presente presupposito, tal parte serà, h, dal, e, & , k, del, f, quala, g, del, d, per laqual cosa (per la diffinitione del, h, al, e. & del, k, al, f,) serà si come del, g, al, d, permutatamente, adonque serà del, g, al, h, come del, d, al, e, & del, h, al, k, come del, e, al, f, per laqual cosa del, g, al, h, come del, a, al, b, & del, h, al, k, come del, b, al, c, perche adonque, g, h, k, sono minori de, a, b, c, & in la medesima proportione seguita il contrario di quello che è stato supposto.

Theorema.21. Propositione.23.

22 Se seranno duoi numeri secondo la sua proportione minimi essi se-
24 ranno fra loro primi.

Sia

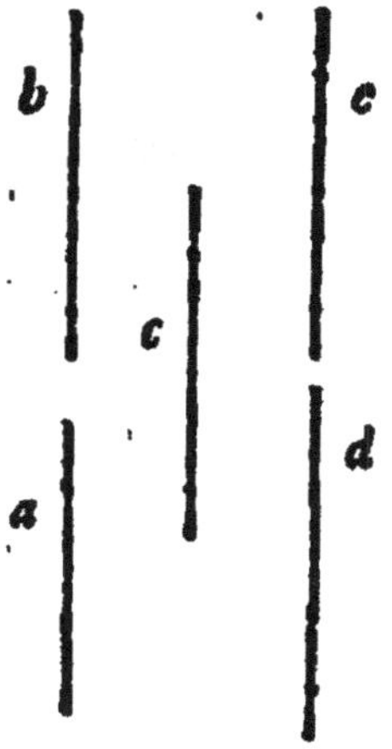

Sia li duoi numeri. a. & . b. secondo la sua proportione minimi. Dico che essi sono contra se primi perche se non sono primi (per l'aduersario) poniamo che, c, numeri quelli secondo. d. & .e. & serà (per la decima ottaua propositione) del. d. al. e. si come del. a. al. b. & perche. d. & .e. sono minori de. a. & b. seguita. a. & .b. non esser li minimi in la sua proportione, che è il contrario della positione similmente anchora.

Se quanti si uoglian numeri in continuatione delle sue proportioni o sian una medesima, ouer sian diuerse seranno li minimi niun numero li numerarà tutti.

Come se sian. a. b. c. li minimi in la continuatione delle sue proportioni. Dico che niun numero li numerarà tutti. Ma se possibel sia (per l'aduersario) poniamo che, d. numeri tutti quelli & numeri. a. secondo. e. & . b. secondo. f. & . c. secondo. g. & (per la decima ottaua) serà del. e. al. f. si come del. a. al. b. & . del f. al. g. si come del. b. al. c. Perche adonque. e. f. g. sono minori de. a. b. c. & secondo la proportione de quelli non erano. a. b. c. come sono stati posti che è inconueniente. Ma abẽ che niun numero numeri. a. b. c. (essendo li minimi) come di sopra se è demostrato tamen il puo esser che un numero numeri duoi de quelli qual si uoglia. Perche qualunque numero dutto in alcun a se primo et l'uno e l'altro de quelli in alcun terzo primo all'un e l'altro perueniranno tre numeri di quali ciascuni duoi seranno compositi, tamen niun li numerarà tutti. Et per dimostrare questo siano. a. b. c. li tre numeri di quali ciascuno sia primo alli altri & sia dutto. a. in. b. & . c. & peruenga. d. & . e. & similmente. b. in. c. & peruenga. f. Dico che ciascuni duoi de. d. e. f. esser fra loro compositi, tamen niun numero li numerarà tutti, perche le manifesto ciascuni dui essere compositi. Perche. a. numera. d. & . e. & . b. numera. d. & . f. & . c. numera. e. et. f. ma che niun li numeri tutti tre, se manifestarà demostrato prima che. a. e il massimo numerante. d. & . e. & anchora. b. il massimo numerante. d. & . f. & . c. il massimo numerante. e. & . f. Et questo così se manifesta, perche se. a. non e il massimo numerante. d. & . e. Sia adonque. g. & numeri. d. secondo. h. & . e. secondo. k. & per la seconda parte della uigesima) serà del. a. al. g. si come del. h. al. b. et similmẽte (per la medesima del. a. al. g. si come del. k. al. c.) Perche adonque, a, è minore del, g, serà, h, minore del, b, & , k, minor del, c, & perche del, h, al, k, e si come del, b, al, c, perche l'uno e l'altro e si come del, d, al, e, (per la decima ottaua) tolta due uolte. Et h, & , k, sono minori del, b, & , c, seguirà

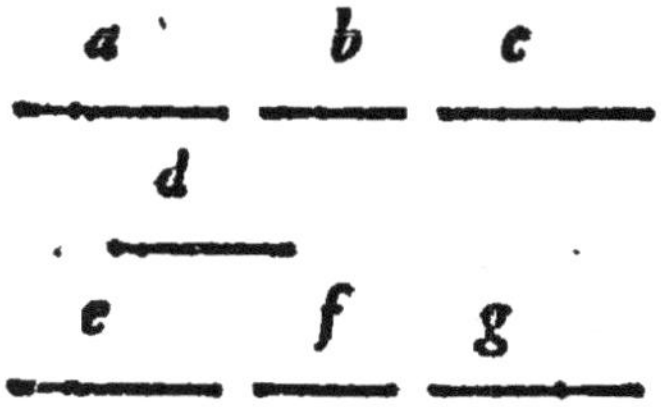

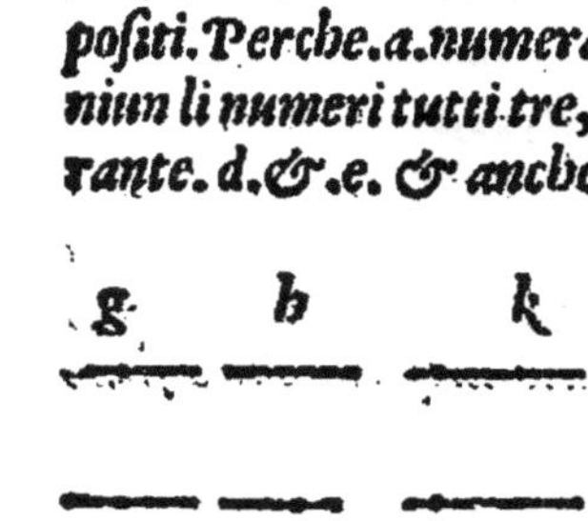

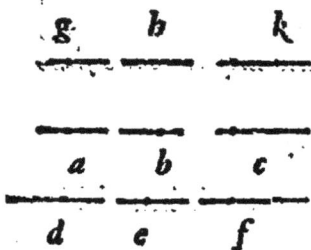

gura (per quella che seguita da poi la sequente, cioe per la uigesima quinta & per il presupposito) che.b.&.c. siano anchor loro li minimi, & perche tal cosa è impossibile, cioe ritrouarse numeri minori di minimi. E per tanto seguita il numero, a, esser il massimo che numeri li detti duoi numeri. d.&. e. & per lo medesimo modo se prouerà che, b, sia il massimo numerante.d.&.f.&.c.il massimo numerante.e. &. f. Adonque se alcuno numero numera, d, e, f, (per il correlario della seconda tolto tre uolte) esso numerarà, a, b, c, Ma ciascun de quelli era primo alli altri, accade adonque lo impossibile similmente anchora.

Quanti si uoglian numeri liquali un numero non li numera, secondo la continuatione delle sue proportioni sono minimi.

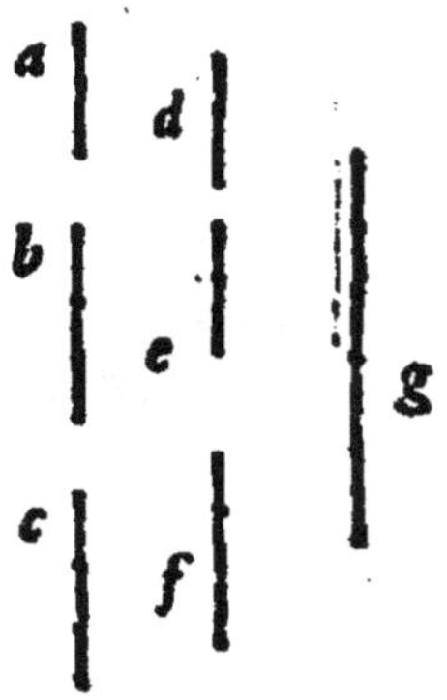

Come se siano, a, b, c, qual si uoglian numeri, liquali niuno numero li numera tutti. Dico che essi sono minimi in la continuatione delle sue proportioni. Altramente se egliè possibile (per l'aduersario) siano li minimi, d, e, f, liquali per la uigesima prima numeranno, a, b, c, ciascun il suo relatiuo equalmente. Sia adonque che secondo, g, & serà (per la decima settima) che uice uersa, g, numerasse, a, b, c, secondo, d, e, f, per laqual cosa accade il cōtrario della positione.

Theorema. 22. Propositione. 24.

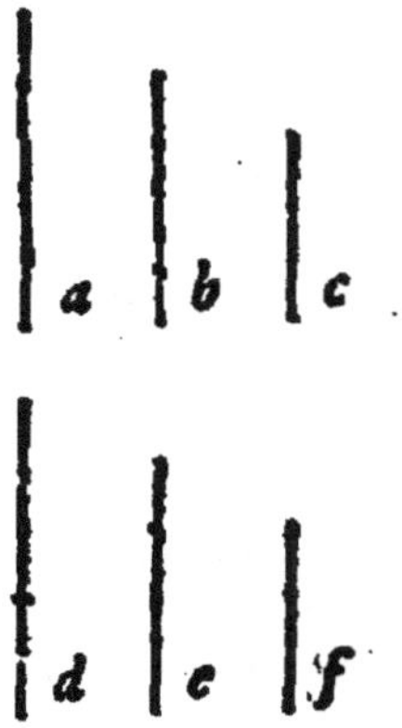

o/22 Se seranno tre numeri, da l'un lato, & altri tre dell'altro delli quali li secondi a duoi a duoi siano secondo la proportione de primi & che sia perturbata la propertionalità de quelli, essi in la equa proportionalità seranno proportionali.

Siano li tre numeri, a, b, c, & altri tre, d, e, f, che a duoi a duoi siano tolti secondo la proportion di primi, ma sia perturbata la proportionalità di quegli, cioe che si come e, a, al, b, così sia, e, al, f, & si come, b, al, c, così sia, d, al. e. Dico che in la equa proportionalità sono proporrionali. cioe si come, a, al, c, così e, d, al, f, perche dal. a. al.b.e.si come dal.e.al.f. Adonque quello che uien fatto dal, a, in, f, (per la uigesima prima di questo) è eqnale a quello che uien fatto dal, b, in, e, un'altra uolta perche si come è dal.b.al.c.così è dal.d.al.e. Adonque quello che uien produtto dal.d.in.c. è equal a quello che uien produtto dal, b, in, e, & è stato demostrato che quello che uien produtto dal, a, in, f, e, equale a quello che uien produtto dal, b, in, e, Adonque, quello che uien produtto dal, a, in, f, (per la uigesima prima di questo) è equale a quello che uien produtto dal, d, in, c. Adonque per la uigesima di questo) si come, a, al, c, così e.d.al.f. che bisogna dimostrare.

Theo-

Theorema.23. Propositione.25.

23/23 Qualunque duoi numeri contra se primi sono li minimi secondo la sua proportione.

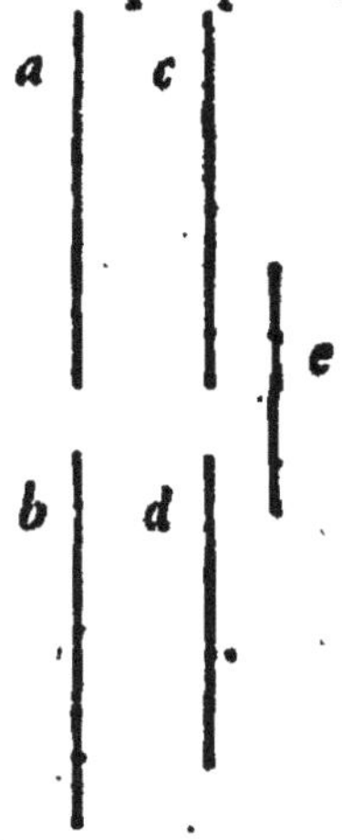

Questa è conuersa della auāti la precedente come se siano a,&,b, contra se primi essi seranno secondo la sua proportione minimi. Ma se non sono le minimi (per l'aduersario) in quella medesima proportione sia si è possibile. c.&. d. Adonque è manifesto (per la uigesima prima) che, c, numera, a, &, d, il, b, equalmente, sia adonque come secondo, e, serà (per la decima settima) che uicceuersa, e, numera, a, &, b, numera, a, secō do, c, &, b, secondo, d, non sono adonque, a, &, b, contra se primi che è contra il presupposito.

Theorema.24. Propositione.26.

24/25 Se seranno dui numeri contra se primi, se alcun numero numerarà un de quelli, il se approua necessariamente quel esser primo all'altro.

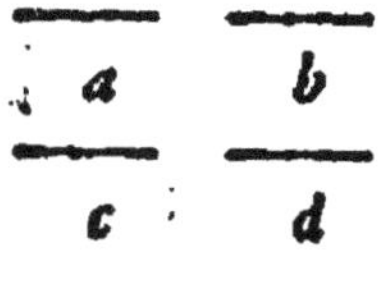

Siano.a.&.b.contra se primi &. c. numeri, a, dico che, c, e primo al, b, & se egliè possibile esser altramente (per l'aduersario) poniamo che l.d.numeri quelli, elquale (per la penultima concettione) numerarà etiam, a, non sono adonque, a, &, b, contra se primi perche, d, li numera ambiduoi.

Theorema.25. Propositione.27.

25/26 Se seranno dui numeri, a qualunque altro primo quello numero che uien produtto dal dutto dell'un in l'altro al medesimo sarà primo.

Sia l'uno e l'altro di duoi numeri. a. &. b. primo al, c, & lo produtto dal, a, in b, sia, d, dico che. d. è primo al, c, & se egliè possibile esser altramente poniamo che, e, li numeri ambiduoi & che numeri. d. secondo. f. hora (per la seconda parte della uigesima) del. a. al, e, serà si come del, f, al, b, & perche, a, &, c, sono primi &, e, numera, c, esso serà (per la uigesima sesta) primo al, a, per laqual cosa (per la uigesima quinta. a. &. e. sono secondo la sua proportion minimi. Seguita adonque (per la uigesima seconda) che, e, numeri, b, & perche è stato posto che esso numeri, c, non seranno, b, &, c, contra se primi laqual cosa è contra il presupposito.

Theorema.26. Propositione.28.

26/27 Se seranno duoi numeri contra se primi, quello che se produce da un de loro in se medesimo è primo all'altro.

Siano.

Siano.a.&.b.contra se primi & dal.a.in se medemo sia fatto.c. dico che.c.è primo al.b.perche essendo.d.equal al.a. Sarà ancor.d.primo al.b. & dal.a.in d.si è fatto.c. (per la precedente) adonque è manifesto el.c. esser primo al.b.come hauemo proposto.

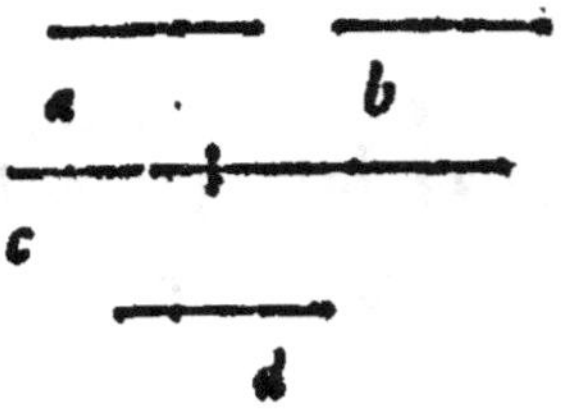

Theorema. 27. Propositione. 29.

27/28 Se l'uno e l'altro de duoi numeri comparati a altri duoi serà primo all'uno e l'altro, quello che serà produtto dalli duoi priori serà primo a quello che serà produtto dalli duoi posteriori.

Essendo.a.&.b.priori, & .c.d.posteriori & essendo l'uno e l'altro di duoi.a.&.b.primo all'uno e l'altro di duoi.c.et.d. & lo produtto del.a.in b.sia.e.& dal.c.in d.sia.f. dico che.e. è primo al f. Et questo la uigesima seria tolta tre uolte euidentemente cõclude, perche essendo.e.fatto dal.a.in b.di quali l'uno e l'altro è primo al.c. & al d.serà (per essa uigesima settima).e.primo al.c. & anchora (per essa) primo al.d. Anchora perche essendo fatto.f.dal.c.in d.di quali l'uno e l'altro è primo al.e.serà un'altra uolta (per essa uigesima settima) f.primo al.e.che è il proposito.

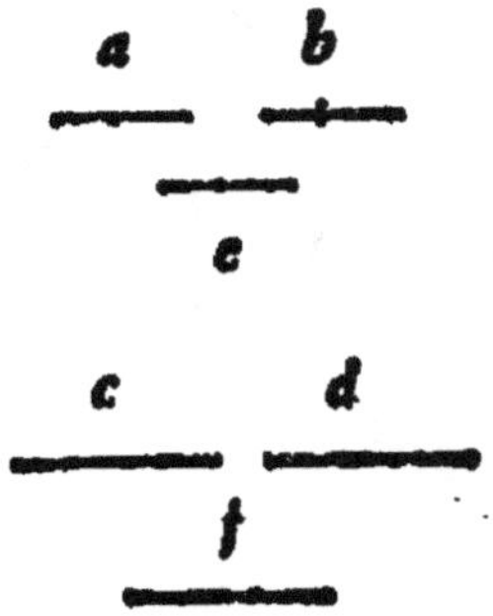

Theorema. 28. Propositione. 30.

28/29 Se seranno duoi proposti numeri contra se primi, & sia dutto l'uno e l'altro de quelli in se medesimo seranno li produtti da quelli contra se primi, & similmente se l'uno e l'altro di produtti sia dutto inel suo principio, seranno anchora li produtti contra se primi.

Siano.a.&.b.contra se primi, & sia dutto l'uno e l'altro in se medesimo & peruengano dal.a.el.c.& dal.b.el d.& similmente sia duto.a.in c.& peruenga.e.&.b.in d, & peruenga.f. Dico,c,&,d,esser contra se primi & similmente,e,&f,contra se primi, perche,c,(per la uigesima ottaua propositione) e primo al.b. per la medesima adonque serà,d,primo al,a,& al,c,& cosi è manifesto el primo proposito ilqual è,c,&,d,esser contra se primi, l'altro se dimostra cosi perche l'uno e l'altro di duoi numeri.a.&.c.è primo all'uno & l'altro di dui,b,&, d. adonque (per la uigesimanona) serà,e,primo al,f,che è l'altro proposito. Ma non solamente serà,e,primo al,f, ma etiam (per la uigesimasettima) al b.& al.d.& similmente,(per la medesima) lo.f.al.a.et al,c,et cosi se infini-

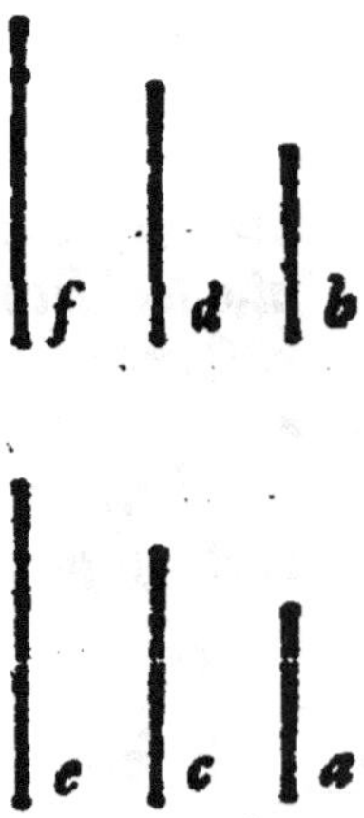

te uolte

te uolte serà dutto l'uno e l'altro di produtti in lo suo principio tutti li produtti serà contra se primi, & non solamente questo ma qual si uoglia dutto dal, a, qual si uoglia dutto dal, b.

29/31

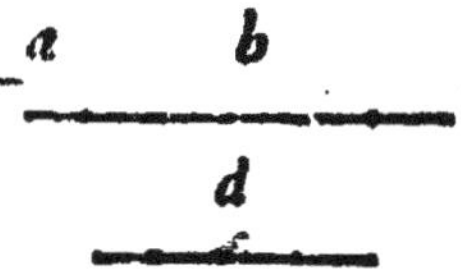

Theorema. 29. Propositione. 31.

Se seranno duoi numeri contra se primi lo aggregato de ambiduoi, all'uno e l'altro de quelli serà primo. Et se lo aggregato de ambiduoi all'uno e l'altro serà primo, li duoi numeri anchora fra loro seranno primi.

Siano. a. & . b. contra se primi. Dico che il composito de. a. b. all'uno & l'altro de quegli serà primo & è conuerso. perche se. d. numera tutto. a. b. & l'uno de quegli numerarà (per la communa scientia) etiam lo rimanente per laqual cosa non seranno contra se primi. Ma questo era stato posto, adonque è manifesto il primo proposito. El secondo cosi se dimostra, sia, a, b, primo all'uno & l'altro di suoi componenti, liquali sono, a, & , b. Dico che, a, & , b, sono contra se primi, perche posto che. d. numerasse l'uno e l'altro di duoi numeri. a. & . b. seguiria (per communa scientia) che etiã numerasse, a, b, composito da quelli per laqual cosa, a, b, non serà primo all'un e l'altro di duoi numeri. a. & . b. ma era posto che'l fusse all'un e l'altro seguita adonque lo impossibile. Anchora per lo medesimo modo se lo aggregato da ambiduoi serà primo all'uno serà anchora primo all'altro, e pero & li aggregato fra loro perche essendo il composto de, a, & b. primo al. a. dico che serà etiam primo al. b. essendo. altramente per l'aduersario poniamo che, d, numeri quegli alqual. d. (per la concettion) numerarà etiam. a: conciosia che numera il tutto & lo detratto ma perche questo è inconueniente serà il composito de, a, & , b, primo al, b.

Theorema. 30. Propositione. 32.

30/33 Ogni numero composito è numerato da alcuno numero primo.

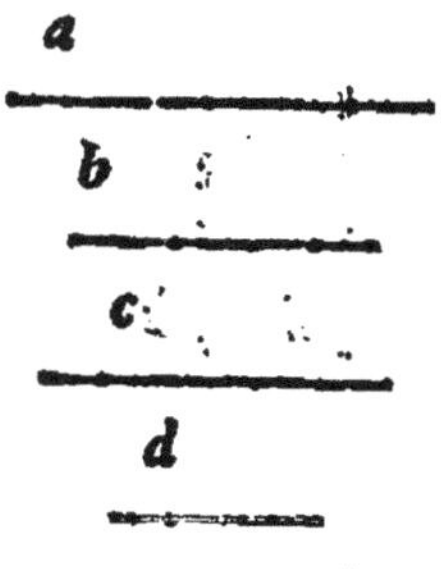

Sia. a. qual si uoglia numero composito, dico che alcun numero primo numera quello, perche è composito serà numerato da alcun numero. ilqual poniamo sia. b. ilqual. b. se serà primo serà il uero quello che è stato detto, ma se serà composito. Sia. c. quel numero elqual numera quello elqual etiam (per communa scientia) numerarà. a. adonque se esso serà primo è manifesto quello che stato detto. Ma se serà composito necessariamente altro numero numerarà quello ilqual (poniamo) sia, d, elqual etiam (per communa scientia) numerarà, a, del qual se die ratiocinare come prima. Perche adonque quante uolte occorre il cõposito è necessario pigliare uno numero minore elqual numeri lo occorrente composito seguita che finalmente se deuenga ad alcun numero primo altramente accade lo impossibile, & contrario alla quarta petitione cioe il numero decresse in infinito.

Theore-

Theorema.31. Propositione.33.

31/34 Ogni numero ouer che eglie primo ouer che egliè numerato da numero primo.

Sia.a.qual si uoglia numero: dico che glie primo o numerato da un primo: perche se'l non è primo sarà composito: & qualunque tale è numerato (per la precedente) da alcun primo. Adonque.a. ouer che glie primo: ouer che glie numerato da un primo: come si propone.

Theorema.32. Propositione.34.

32/31 Ogni numero primo a ogni numero che lui non numera è primo.

Sia.a.numero primo non numerante.b.dico che.a.&.b.sono contra se primi perche se,c,numera quegli non è il uero che.a.sia primo.

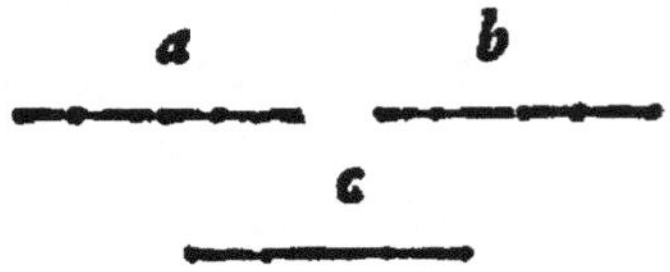

Theorema.33. Propositione.35.

33/32 Se un numero produtto da dui, serà numerato d'alcun numero primo.le necessario lo medesimo primo numerare uno de quelli duoi.

Sia.c.produto dal.a.in.b.& sia.d.numero primo ilqual sia posto numerar,c,dico che,d,numera,a,ouer,b.Perche numerando.c.secondo.e.adonque se'l non nume va,a,serà primo a esso (per la precedente) è pero seranno secondo la sua proportion minimi(per la uigesima terza) & perche del.a.al.d.è si come del.e.al.b.(per la seconda parte della uigesima) seguitarà adonque(per la uigesima seconda propositione) che'l.d.numeri.b.che è il proposito.

Correlario.

Onde è manifesto che se alcun numero, numera el produtto de duoi numeri, ouer che a quel medesimo sia comensurabile, serà anchora comensurabile a uno de quelli.

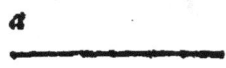

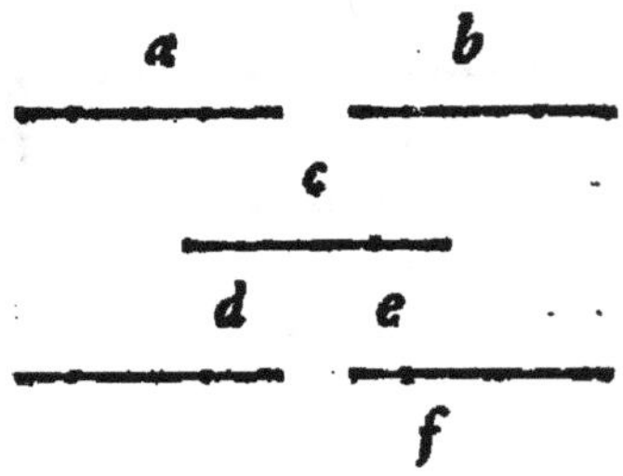

Il Tradottore.

Lo soprascritto correlario conclude che per le cose dette & dimostrate di sopra esser manifesto che se alcun numero (o sia primo o non primo) numera il produtto de duoi numeri, ouero che a quello sia communicante, ouero commensurabile, che quel serà anchora commensurabile a uno de duoi producenti, laqual cosa quantunque sia uera per le cose dette di sopra non è molto chiara (massime la seconda parte) anci ha de bisogno de demostra-

demostratione. Sia adonque, c, produtto del, a, in, b, & sia, d, commensurabile con il detto, c. dico che il medesimo, d, serà comensurabile cō, a, ouer, b, perche essendo, c, la communa misura de, d, & , c, il detto, c, serà numero primo, ouer che lui serà (per la trigesima seconda) numerato da numero primo. Se eglie primo numerando, c, (come è sta posto) numerarà etiam (per questa trigesima quinta propositione) a. ouero. b. & perche numera etiam. d. (dal presupposito) adonque il detto, d, (per la uigesima terza diffinitione) serà communicante con, a, ouero con, b. Ma se'l detto, c, non serà numero primo serà (come è detto) numerato da numero primo qual pongo sia, f, ilqual, f, numerando, c, (per la nona concettione) numerarà etiam il d, & , c, onde numerando, c, (per questa trigesima quinta propositione) numerarà etiam. a. ouero. b. Seguiria adonque (per la uigesima terza diffinitione). d. esser communicante con, a, ouer con, b, & , f, seria la lor communa misura che è il proposito.

Problema. 3. Propositione. 36.

34
35 Puotemo ritrouare li minimi numeri secondo la proportione de quai numeri dati si uoglia.

Siano, a, & , b, li numeri proposti, Secondo la proportione di quali uolemo ritrouare li minimi. Adonque se seranno contra se primi sono quelli che cercamo (per la uigesima quinta propositione.) Ma se seranno compositi essendo tolto (come insegna la seconda propositione) il massimo numerante communamente quelli, ilqual sia, c. Et numerando quelli secondo, d, & , c, & essi, d, & , e, seramo in la medesima proportione (per la decima ottaua propositione) liquali dico essere quegli che cercamo. Et se non sono quegli (per l'aduersario) poniamo se possibile è che siano, f, & , g, liquali (per la uigesima seconda propositione) numeraranno. a. & . b. equalmente. Sia adonque che secondo, h, & serà (per la seconda parte della uigesima propositione) del, c, al, h, si come del, f. al, d, ouer si come del, g, al, e. Per laqual cosa, c, e, minore del, h, Et per tanto conciosia che, h, numera, a, & , b. Adonque, c, non fu il massimo numerante quelli. Ma cosi era posto adonque & similmente anchora.

Correlario.

Onde egliè manifesto il massimo numero numerante communamente duoi numeri numerar quelli secondo li minimi di quella proportione.

Potemo

Potemo ritrouare li minimi numeri secondo la continuatione delle proportioni de numeri asignati.

Come se siano, a,b,c, secondo le proportioni di quali uolemo retrouare li minimi o siano in una medesima proportione, ouer in diuerse. Se niuno numero numera tutti quelli, essi sono quelli che cercamo (per la uigesima quinta perche questo in quel luoco è stato demostrato) Ma se uno li numera tutti pigliando (come insegna la terza) il massimo numerante communamente quegli, ilqual sia, d, & numeri quelli secondo, e, f, g, liquali seranno in la medesima proportione (per la decima ottaua) Dico quelli esser che domandamo, & se possibile è esser altramente (per l'aduersario) sian. h. k, l. liquali (per la uigesima seconda) numeraranno, a, b, c, equalmēte. Sia che secondo. m. & (per la seconda parte della uigesima) serà del, d, al, m, come del, h, al, e, ouer del. k. al. f. ouer del. l. al. g. Adonque. d. è minor che. m. per laqual cosa conciosia che. m. numera. a. b. c. non fu. d. il massimo numerante communamente quelli, per la qual cosa seguita lo impossibile, perche il, d, fu posto esser il massimo numerante. a. b. c.

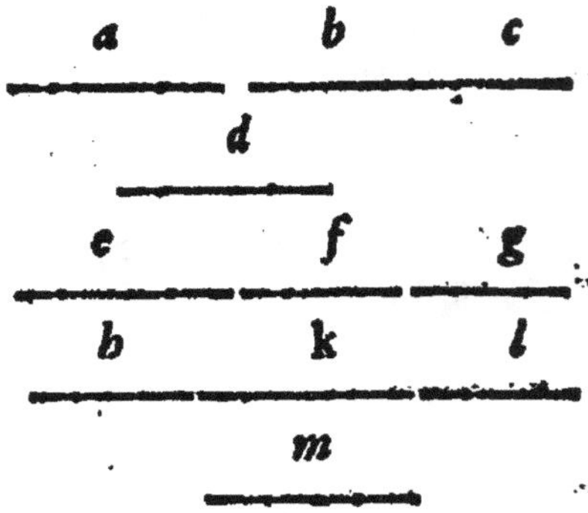

Correlario.

Onde anchora è manifesto il massimo numero numerante communamente quai si uoglia numeri, numerar quegli secondo li minimi numeri della proportione de quegli.

Theorema. 34. Propositione. 37.

35 Qualunque duoi numeri multiplicati in li minimi numeri della
o sua proportione il maggior nel minore ouer lo minor nel maggior producano il minimo da questi numerato.

Siano duoi numeri. a. & . b. et li minimi in la proportione de quelli, c, & , d, & serà per la prima parte della uigesima) che dal. a. in. d. & dal. b. in. c. uien produtto un medesimo numero, qual sia, e, il qual dico esser il minimo numerato dal, a, & , b, Altramēte se possibil fusse per l'aduersario quel sia, f, ilquale sia numerato dal, a, & , b, secondo, g, & , h, & (per la seconda parte della uigesima) serà del. h. al. g. si come del, a, al, b, & si come del, c, al, d, & (per la decimaottaua propositione) serà del, c, al, h, si come del, e, al, f, adonque conciosia che (per la uigesima seconda propositione), c, numeri, h, perilche, e, numerarà, f, cioe il maggiore numeraria il minore, adonque per questo è impossibile è manifesto esser il uero quello ch'è stato detto.

Correlario.

53 Onde egliè manifesto che il minimo numero numerato da dui nu-
o meri numera qual si uoglia altro da quelli numerato.

Il Tradottore.

Questo correlario per le cose dette è manifesto, cioe che'l numero.e.minimo numerato da.a.& b.numeraria.f.& per le medesime ragioni seguirà, che lui numeri qual si uoglia altro numerato da.a. &.b.

Problema.4. Propositione.38.

36 / 36.37 38. De quanti proposti numeri si uoglia, puotemo ritrouare il minimo numero numerato da quegli.

Siano li proposti numeri. a. b.c.d. uoglio ritrouare il minimo numero numerato da quegli, Ritrouo adonque primamente il minimo numerato da. a. &. b. ma se per caso. a.numera.b. il non serà altro che.b. Ma se'l non numera quello ne al contrario (cioe che. b.non numeri.a.) se essi sono contra se primi, quello che peruien del l'uno in l'altro serà il minimo (per la uigesima quinta, & per la precedente.) Ma se sono communicanti, essendo tolti li minimi in la proportione de quelli (come insegna la trigesima sesta propositione) & dal maggiore multiplicato nel minor de quegli peruenga.e.ilquale serà il minimo numerato da quegli (per la precedente.) Anchora per simel modo sia trouato il minimo numerato dal.e.& c.ilqual sia.f. & .f.serà il minimo numerato dal.a.b.c.& similmente sia trouato il minimo numerato dal.f. &. d. & sia. g.& g.serà il minimo numerato dalli proposti numeri perche (per la concettione) è manifesto che tutti numeranno esso.g. Ma se'l non è il minimo (per l'aduersario) poniamo se possibile è che sia.h.perche adonque.a.& b.numeranno quello (per il correlario della precedente) esso.h.serà numerato etiam dal.e. Anchora (per il medesimo correlario) serà numerato etiam dal.f.& similmente dal. g. Adonque il maggior numeraria il minore che è impossibile.

Questa & la precedente sono proposte in altro luoco sotto de tre conclusioni dellequale la prima è equiualēte alla premessa, la seconda è composta delli soprascritti duoi correllari, la terza propone de tre numeri, & questa propone de quanti si uoglian numeri adonque la prima è &c.

Dati duoi numeri puotemo truouare il minimo numerato da quelli.

Siano li dati numeri.a.& .b. diquali se'l minore numera il maggiore, il maggiore è quello che cercamo. Altramente il maggiore numeraria un minore di se. Ma se ne l'uno ne l'altro misurara ne l'uno ne l'altro. Se essi sono contra se primi. Quello che peruiene dal.a.in b. (qual sia.c.) serà il minimo numerato da quelli, perche se fosse

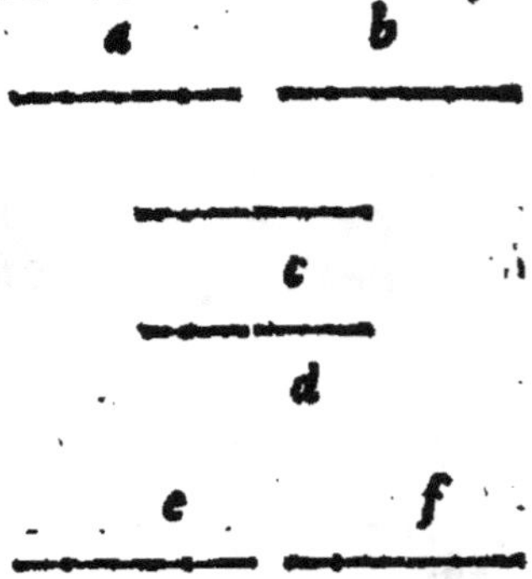

se fosse possibile (per l'aduersario) che misurasseno uno minore de quello sia. d. & che numerasseno quello secõdo, e, &, f, (per la seconda parte della uigesima propositione) serà dal. a. al. b. si come dal. f. al. e. & perche. a. & . b. sono li minimi della sua proportione (per la uigesima quinta propositione) a. numerarà. f. (per la uigesima seconda propositione) & perche (per la decima ottaua propositione) dal. c. al d. e si come del. a. al. f. (perche dal. b. in. a. & in f. uien fatti. c. & . d.) seguita. c. numerare il d. Ma il d. era minore del. c. per laqual cosa seguita lo impossibile. Ma se. a. & b. fusse communicanti bisogna negociare il proposito come in la trigesima settima.

La seconda delle tre conclusioni è composta da ambiduoi di sopra scritti correlarij.

Se piu numeri numerarà uno numero. le necessario che il minimo numero numerato da quelli numerare quello medesimo numero.

Come se'l sia. d. qual si uoglia numero, ilquale sia numerato da. a. & b. & sia, c, il minimo numerato da quelli. Dico che il detto. c. numererà il. d. Perche essendo. d. maggiore. del, c, se'l, c, non numera esso, d, tamen numerarà alcuna parte de quello, & sia, e, il piu. che numera e sia, f, il residuo &, f, sera minore de, c, perche adõque, a, et, b, numeranno, c, numeraranno (per cõmuna scientia) etiam, e, ma numerauano, d, adonque (per l'altra cõmuna scientia) numeranno, f, Seguita adonque lo inconueniente, cioe che, c, non fu il minimo numerato da, a, &, b, El medesimo tu conuincerai (et per lo medesimo modo) de qual si uoglia numerato da quanti piu numeri si uoglia, cioe che'l minimo numerato da quelli tali numerarà il medesimo.

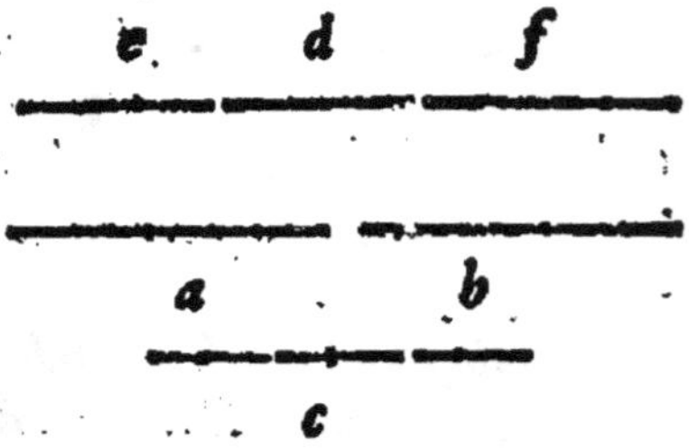

La ultima delle tre conclusioni è questa.

Proposti tre numeri uogliono trouar il minimo di numeri numerati da quelli.

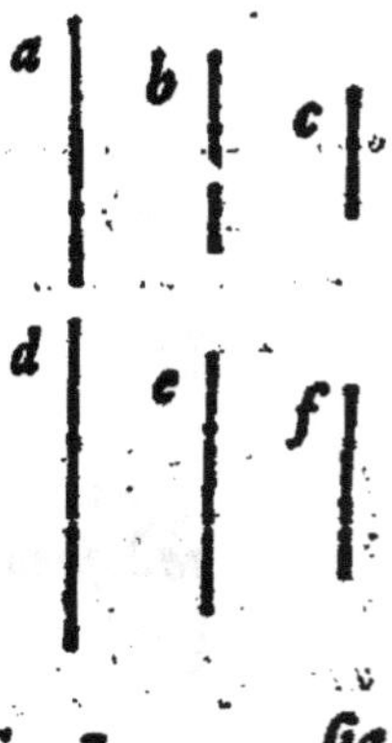

Siano li proposti tre numeri, a, b, c, & il minimo numero che numeranno, a, et, b, sia, d, ilqual sia tolto come insegna la prima delle. 3. conclusioni. Se adonque, c, numera, d, tu saperai, d, esser quello che cercamo, perche se, a, b, c, numerano un minore de quello qual sia, e, ilquale per la precedente conclusione seria numerato dal, d, che è impossibile. Ma se. d. non è numerato dal, c,

sia tolto.e.minimo numerato da quelli. Ma che è sia numerato da.a.b.c.è manifesto perche.c.numera esso & similmente.d.adonque & .a.b. liquali numeranno, d, per laqual cosa,c,serà numerato dal,a,b,c,&,e,serà il minimo numerato da,a,b, c,ma se fusse possibile esser altramente per l'aduersario poniamo che sia,f,ilqual per la precedente conclusione serà numerato dal,d,&,c,numera,f,(perche,a,b,c,numeranno quello)per laqual cosa,c,d,numeranno quello,per laqual cosa (per la precedente,c,numerarà quello & è maggiore di quello adonque il maggiore numeraria il minore laqual cosa non puo essere, quel medesimo, & per lo medesimo modo tu trouerai de quanti proposti numeri si uogliano.

Theorema. 35. Propositione. 39.

37/39 Se alcun numero numerarà un altro numero, serà in el numerato, parte denominata dal numerante.

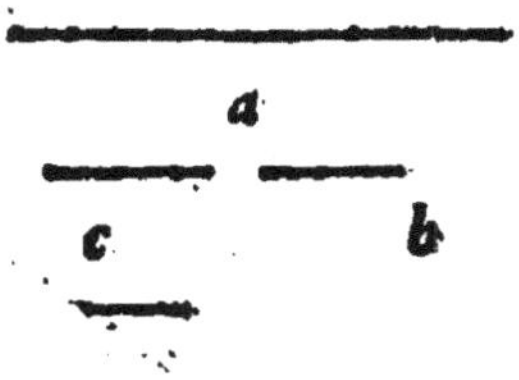

El senso de questa è che ogni numero numerato dal ternario habbia parte terza, & lo numerato dal quinario habbia quinta & cosi de tutti li altri, come se.b.numerarà, a,serà in,a,parte denominata dal.b.Hor poniamo che il numeri quello quante uolte è la unità in, c,&(per la sestadecima propositione) serà anchora che,c, numerarà,a, quante uolte è la unità in ,b, per laqual cosa tal parte è il c. del.a.quala è la unità del,b, & perche la unità è parte de ogni numero denominata da esso numero(per communa scientia serà,c,parte del,a, denominata dal, b, che è il proposito.

Theorema.36. Propositione.40.

38/40 Se alcun numero hauerà qual si uoglia parte, il numero detto da quella parte,numerarà quello.

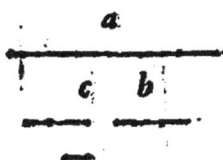

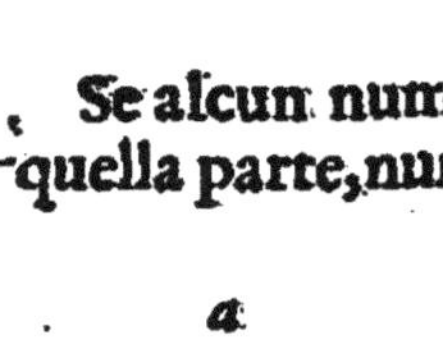

Questa è conuersa della precedente, la intentione della quala è che ogni numero che habbia parte terza sia numerato dal ternario, & quello che habbia quinta dal quinario,& cosi de tutti li altri, come b, sia parte de, a,denominata dal, c,seguirà che, c, numera, a, perche, b, c,parte de,a,denominata dal,c, et la unità è parte del, c, denominata da esso, c, (per la cõcettione)seguita che quante uolte la unità numeri.c,tante uolte,b,numeri,a,adonque(per la 17.propositione) quante uolte la unità è in.b.tante uolte, c, numera.a.per laqual cosa è manifesto il proposito, A demostrare il medesimo altramẽte essendo,b,parte de,a, se tala è la unità del,c,serà (per questa cõmuna scientia la

la unità essere parte de ogni numero, da esso denominata.). c. in denominatione. b. in. a. & perche. b. è in. a. tante uolte quante è la unità in c. euidentemente seguita il proposito.

Problema. 5. Propositione. 41.

39/41 Puotemo trouare il minimo numero che habbia le parti di piu proposte denominationi.

Siano, a, b, c, d, li numeri denominanti le parti proposte, & . e. sia il minimo numerato da quelli (tolto secondo la trigesima ottaua) dico esso. e. esser quello che cercamo. & per dimostrare questo sia. f. g. h. k, quelli numeri secondo liquali essi numerano il detto, e, (& per la sestadecima & questa communa scientia, la unità e parte de ogni numero, da esso denominata) serà uice uersa che, f. g, h, k. numeranno, e secondo, a, b, c, d, perlaqual cosa sono parti di quello dette da quelli adonque. e. è quello che ha le parti delle proposte denominationi. Anchora eglie il minimo, perche essendo possibile che sia uno altro poniamo che sia. l. e sian le parti de. l. dette da quelli, m, n. p. q. & seranno (per la sestadecima & la predetta communa scientia) a. b. c. d. uiceuersa parti de. l. dette da. m. n. p. q. perlaqualcosa. e. non era il minimo che numerano. a. b. c. d. che è inconueniente. Hor che hai hauuto il primo se tu uorai per quello hauere il secondo. ouero quanto grande te piace, per il secondo torai il doppio del minimo & se uorai il terzo torai il triplo, & a questo modo seguirai in li altri, pche cõciosia che ogni multiplice de, e, è numerato da, a, b, c, d, (per q̃sta cõmuna sciẽtia, ogni numero numerante un altro quel numera ogni altro numerato da quello) le necessario (per la trigesima nona) che ogni multiplice de. e. habbia parti denominate da. a. b. c. d. adonque se il doppio de, e, non sarà il secondo che habbia le parti delle proposte denominationi, serà un'altro il quale si come seguita essere maggior del. e. cosi seguita esser minor del doppio, & perche. a. b. c. d. numeranno quello (per la quadragesima) seguita (per il correlario della trigesima ottaua) che. e. numeri il medesimo laqualcosa è impossibile, perche conciosia che'l numeri se medesimo numeraria (per questa communa scientia ogni numero numerante il tutto & lo detratto, quel numera il residuo) la differentia di quello a se laqual conciosia che la sia menore, di lui il maggiore numeraria il minore, laqual cosa non puo essere, adonque seguita il doppio de. e. esser il secondo numero, che habbia le parti delle proposte denominatione, similmente anchora tu

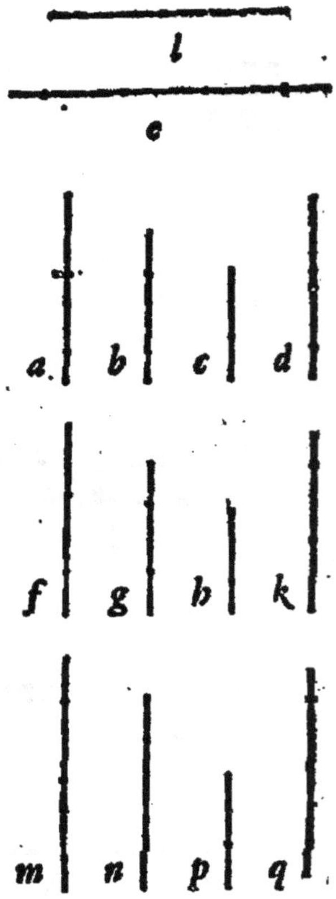

arguirai il trepplo de,e, esser il terzo prouato il doppio esser il secondo, altramente perche essendo quello minore del treppio, & minor del doppio, seguiria,e, numerare alcun fra il doppio & il treppio di esso,e, laqual cosa come prima è manifesto esser impossibile, ma prouato il treppio essere il terzo alla similitudine de quello tu approuerà il quadruplo essere il quarto & cosi in delli altri.

Correllario.

39 Dalle qual cose è manifesto che il minimo numero numerato da quanti si uoglian numeri, & il minimo che habbi parti denominate da essi numeri.

Potemo ritrouare il minimo numero, che habbia le parti de piu proposte denominationi tolti continuamente come seria a dire trouar minimo numero, che habbia parte terza laqual terza habbia parte quarta, laqual quarta habbia parte quinta, ouero settima ouero qualunque altra che accadarà essere denominata dalle medesime, ouero da diuerse. Bisogna multiplicare el denominator della prima parte inel denominator della seconda, & lo produtto da questi nel denominatore della terza, & anchora quello produtto in el denominatore della quarta, & cosi de tutte le altre dalla prima per fina all'ultima, ouer dalla ultima per fin alla prima, & quello che peruenerà serà quello che se recerca che nel proposito seria. 60. ouer. 84. ma questo cosi esser tu l'hauerai demostratiuamente in questo modo, siano li numeri denominanti le proposte parti. a. b. c. d. uolemo trouar il minimo numero ilquale habbia una parte denominata dal,a, in tal modo che quella parte habbia una parte denominata dal. b. & quella un'altra denominata dal. c. & questa un'altra detta dal.d. adonque sia dutto.d.in.c.& peruenga.e.&.e.in.b.& peruenga.f.anchora.f.sia dutto in.a.& peruenga.g.ilquale dico esser quello che cercamo, perche conciosia che esso. g. peruenga dal,a,in,f, etiam (per la 17.) serà, f, parte de,g, detta dal,a, ma perche,f, peruiene dal, b, in,e,(per la medema),e,serà parte de,f, detta dal,b,& per la medesima ragione il,d, serà parte del, e, detta dal,c,& perche la unità e parte del. d. detta da esso, d,è manifesto,g, hauer le parti come se propone. adonque se'l non serà il minimo (per l'aduersario) poniamo che è sia, h, et sia,k, la parte di quello detta dal, a, &,l, la parte del,k, detta dal,b,&,m, la parte del,l, detta dal,c, anchor,n, la parte del,m, detta dal, d, et (per la decima ottaua & decimaquarta) serà del,g, al,f, come del,h,al,k,& dal,f,al,e, come dal,k,al,l, & dal,e,al,d, come del,l,al,m, et dal, d, alla unità come dal,m,al,n, adonque (per la quintadecima) serà in la proportione de equalità il, g, alla unità come, h, al, n, adonque permutatamente serà,g,al,h, come la unità al,n, per laqual cosa essendo, h, minor del,g, serà,n, minor della unità, seguita adōque lo impossibile la parte del numero esser minora dalla unità, adonque, g, serà il minimo hauente le parti come se propone, qual trouato che serà, se hauerai uolūta hauere il secondo, ouero in qual altro ordine che te pare seranno da esser tolti per li multiplici del minimo come è stato detto per auanti. Ma questa quadragesima prima in altro luoco è proposta secondo

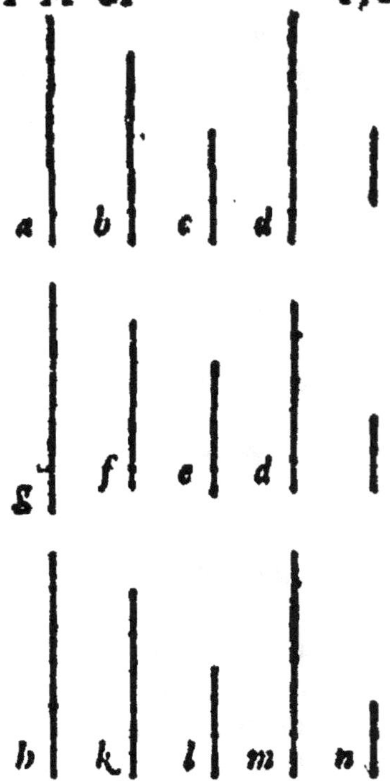

condo questo modo. Nota che alle 3. multiplicationi, ouer produti, e, f, g, lo numero della denominatiō. d. uenirà a esser parte del. e. denominata dal, c, perche il detto. e. è il produtto uelli duoi denominatori, c, in, d, & pero bisogna che la parte, d, habbia parte denominata da lui proposto, d, che si troua in ogni numero esser la unità, si che la ultima parte uien per forza a essere la unità nelli minimi. n.

Proposte quante se uoglian parti, puotemo trouare il minimo numero continente quelle.

Come se le proposte parti siano, a, b, c, et siano li numeri denominanti quelle, d, e, f, & sia tolto il minimo che sia numerato da, d, e, f, ilqual sia g, questo dico esser quello che cercamo, pche in quello seranno le proposte parti (per la trigesima nona) ilqual se'l non serà il minimo continente quelle, sia adonque h. ilqual, h, serà numerato da, d, e, f, (per la 38.) adonque, g, non serà il minimo numerato da quelli laqualcosa è inconueniente perche quel era posto essere il minimo. Ma io intendo le parti. a. b. c. esser poste indeterminatamente & non sotto de quantità certa, perche altramente non seria necessario che il minimo numero che numerãno. d. e. f, fusse il minimo continente quelle parti proposite, perche el si puo retrouar piu parti, lequale il numero numerato dalli denominatori de quelle non le contenerà, Esempli gratia li tre numeri, liquali sono. 120. 90. & 72. sono parti de un medesimo numero il primo è la terza & lo secondo è la quarta & lo terzo è la quinta tamen il minimo che numeranno li denominatori de quelle parti ilqual è. 60. non contien queste parti adonque le da esser opposto se le parti sono poste sotto quantità certa della prima consequentia de questa demostratione, perche non seguiria come uien arguido (per la trigesima nona) se il ternario numera questo adonque questo numero posto, è la terza parte di quello, Ma solamente che ha parte terza, per laqual causa il medesimo è quello che se propone secondo l'uno e l'altro modo ma secondo il primo piu conuenientemente si uede quello che se intende esser proposto. Ma bisogna aduertire che conciosia che ogni parte habbia in lei quantita & si puol mettere quante & qual si uoglia parti secondo la quantità, & recercare qual sia il minimo numero che contiene quelle tai parti & sotto quai denominationi, & il minimo che contiene quelle è manifesto esser il mini

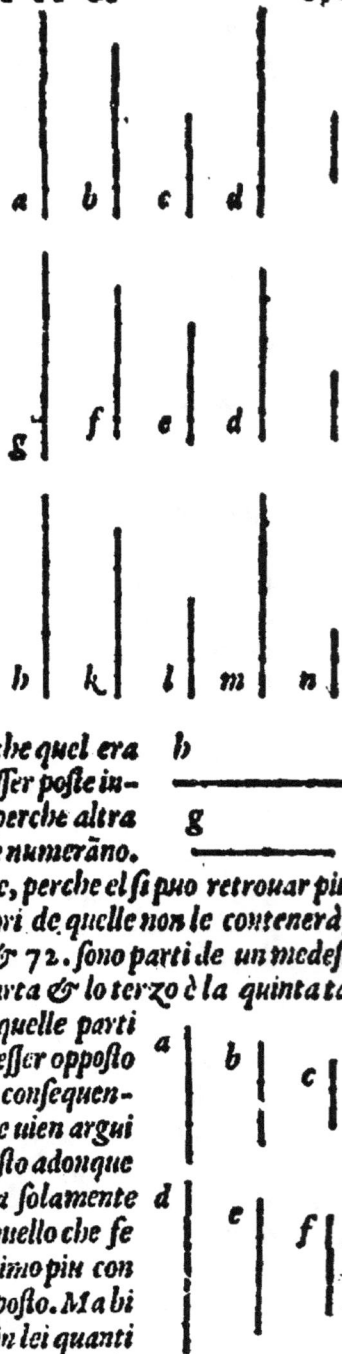

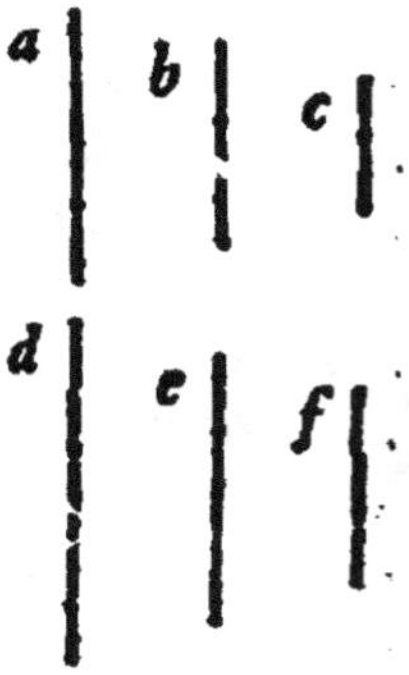

mo numerato da quelle e quelli numeri secondo liquali numerarãno sono quelli che denominano quelle parti in quello anchora el se puol ponere quante e qual si uoglia denominationi e recercar in qual minimo se trouano queste denominationi, e secondo qual quantità. El minimo che contien quelle similmente è manifesto essere il minimo numerato da quelle, e li numeri secondo quali numerarãno sono quelli liquali determinano le quantita. Ma in l'uno e l'altro luoco se recerca el minimo per questo, perche infiniti sono li numeri che conteneno queste parti. et quelli in li quali se ritrouano queste denominationi, el si puol anchora poner quanti parti si uoglia, e altre denominationi ouer quante si uoglian denominationi, & altre tante parti. Ma non quale ne parte con quali ne pare. Ma le certe con le certe. Perche ponendo io tue quattro, cinque parti, e li denominatori de quelle. 6. 7. 8. & cercando io qual numero contien queste parti sotto queste denominationi. Io serò simile allo inquisitore cercante uanamente lo impossibile. Adonque ci si conuien poner le parti certe con le denominatione certe (& non come accade) & cercar, qual numero contien le parti poste sotto alle poste denominationi. Ma non liquali, perche il minimo è uno solo. Perche, ouero che serà proposta una parte & una denominatione, ouero piu & piu ne se potra pigliare piu numeri, che contengono quelle parti di quello serà il proposito. Perche solo è uno numero del qual el ternario e la parte quinta, & non piu. Anchora solo è quello del quale il ternario e la ottaua, & lo senario la quarta è non piu. E per tanto colui che propone le parti et le denominationi de quelle in el tutto non è da cercare quale minimo contiene quelle parti sotto quelle denominationi. ma qual uno li contiene. Ma colui che propone solamente le parti, gli conuien cercar qual minimo cõtien quelle, e da quali son denominate in quello. Anchora colui che propone le sole denominationi conuien cercar le parti che sono dette da quelle denominationi, et in qual minimo sono trouate. Ma el si uede esser piu conueniente cercar le parti per le denominatione, che le denominationi per le parti. Certamente la diuersità delle denominationi non delle parti compagna la diuersità delle proportioni.

Il Tradottore.

A me pare che la espositiõ di questa ultima parte, non si accordi cõ la proposition, perche la propositione dice, che proposte quatro parti si uoglia che puotemo ritrouare il minimo numero che contenga quelle laqual propositione in sostantia non uol dire altro che dato che sia piu numeri, puotemo ritrouare il minimo numero che cadauno de essi numeri dati sia parte di quello, Elqual uera a esser il minimo numerato da quelli, ilquale trouandolo per il modo che insegna la trigesima ottaua, hauueremo concluso il proposito, Ma lo espositore uol che date che siano le dette parte che'l sia anchora date le denominationi & da poi per la notitia delle denominationi uol ritrouare il minimo che habbia le parte delle dette denominationi, che è quello medesimo che propone la. 41. cioe lui suppone note le denominationi & incogniti le quantità delle parti, si come propone la detta. 41. & questa uol al contrario, cioè uole che siano note solamente le quantità delle parte, & per la notitia di quelle uol che trouiamo il minimo che contenga quelle come detto di sopra, tamen queste

ste interpositione io tengo che non siano cose de Euclide per piu ragioni ma cose aggionte da altri, & non credo che'l comento di Euclide ne etiam le interpositione di quelli, siano d'un solo comentatore ma de piu comentatori come fu anchora detto sopra le diffinitione del quinto, immo che io tengo che le bone sostantie delli comēti fussero di Euclide proprio perche il costume de boni & famosi Mathematici è da to che hanno la propositione immediate sotto giongono la sua isspositione & questo se verifica in Archimede Siracusano. Appolloneo Pergeo Iordano & molti altri, perche se cosi non facessero, seria giudicato maggiore intelligentia nelli comentatori che interpretasse quegli, che nelli proprij Auttori, perche egliè piu facile cosa a proponere una cosa vera, che a dimostrare la verità di quello. esempli gratia, egliè piu facil cosa a proponere (etiam a credere) che li duoi angoli che sono sopra la basa del triangolo de duoi lati equali, siano fra loro equali (come propone la quinta propositione del primo) che a dimostrare la verità di quella, il medesimo se verifica in tutte le altre propositioni, cioe il suco della propositione consiste nella demostratione di quella & non nella simplice propositione.

LIBRO OTTAVO

DI EVCLIDE, DE NVMERI simili & delle denominationi de quelli, alla similitudine della quantità continua, & delle proportioni de essi insieme.

Diffinitione prima.

1/17 Li numeri sono detti lati delli numeri produtti dalla lor multiplicatione.

Il Tradottore.

ESEMPLI *gratia.3.et.4.sono detti lati del.12. cioe del produtto della multiplicatione de.3.fia.4.et similmente.2.et.6.se diranno lati del detto.12.& cosi.3.&.5.se diranno lati del.15.per le dette ragoni.*

Diffinitione.2.

2/17 Lo numero che è contenuto da duoi lati è detto numero superficiale.

Il Tradottore.

Esempli gratia.12. serà detto numero superficiale per essere contenuto da duoi lati liquali sono.3.e.4.overo.2.e.6.& similmente il.15.& li suoi lati sono.3.

no.3.e.5.ma alcuni dicono che ne.13.ne.17.ne.19.ne alcuno altro numero primo se pono dire realmente numeri superficiali perche non sono contenuti da duoi lati ouer da dui numeri, ideo &c. Ma questi tali se inganano perche in uero, ogni numero primo e superficiale, & l'un di suoi lati e la unità & l'altro e il medesimo numero primo.

Diffinitione.3.

3 Ma quel numero che è contenuto sotto de tre lati, diquali uien a
18 procrearse dalla continua multiplicatione de quelli è detto numero
solido.

Il Tradottore.

Quiui l'Auttor ne diffinisse qualmente il numero solido e quello che uiè contenuto sotto de tre lati, ouero de tre numeri, & che se procrei dalla continua multiplicatione de quegli esempli gratia siano deposti tre numeri cioe.2.3.&.5.hor multiplicando il primo fia el secondo & quella multiplicatione, ouer quel produtto multiplicato consequentemente fia il terzo (cioe.2.fia.3.fa.6.&.6.fia.5.fa.30.) questo ultimo produtto (cioe.30.) se chiamarà numero solido, & li lati di numero solido seranno li detti tre numeri che fur multiplicati insieme (cioe.2.3.&.5.) Ma bisogna aduertire che infiniti numeri sono superficiali etiam solidi esempli gratia el. 30.considerando che sia produtto dalli soprascritti tre numeri cioe. 2.3.& 5.serà solido per esser contenuto & compreso sotto de tre lati, ouero produtto da tre numeri. Ma pigliandolo come numero produtto da. 2. e da.15.serà superficiale per esser compreso sotto da duoi lati, ouero produtto da duoi numeri, il medesimo seguiria che'l comprendesse esser produtto da. 3. & da. 10.ouer da.5.da.6.e pero bisogna aduertire.

Diffinitione.4.

4 El numero quadratto è numero superficiale contenuto da lati equali.
19

Il Tradottore.

Li numeri superficiali per la seconda diffinitione sono contenuti da duoi lati o siano equali, ouero inequali, ma quando li detti duoi lati sono equali tai numeri superficiali per specificarli delli altri se chiamano numeri quadrati come è.4. elquale è produtto, ouer contenuto da duoi numeri equali cioe da.2.fia.2.& similmente 9. e numero quadrato per esser pur contenuto da duoi lati equali che son.3.&.3. multiplicati l'un fia l'altro & similmente.16.25.36.49.64.81.100.et.144.son tutti numeri quadrati per le ragion dette. Et nota che ogni numero quadrato è etiam numero superficiale, ma ogni numero superficiale non è quadrato.

Diffinitione.5.

5
20 El numero cubo, è numero solido contenuto da lati equali.

Il Tra-

Il Tradottore.

Per la terza diffinitione el numero solido è quello che è contenuto sotto de.3. numeri ouer lati o siano tutti.3.equali ouer.2.equale & l'altro inequale ouer de tutti.3.inequali, ma quando li detti tre lati ouer numeri sono tutti equali per specificare tai solidi dalli altri se chiamano numeri cubi come è. 8.el quale è contenuto sotto de tre lati equali liquali sono.2.e.2.e.2. liquali multiplicati l'uno fia l'altro et quel produtto fia l'altro farà. 8. e cosi.27.serà numero cubo per essere contenuto similmente sotto de. 3. lati equali liquali sono.3.e.3.e.3.multiplicati come detto fanno. 27.& similmente. 64.125.216.343. sono tutti numeri cubi per le ragioni sopra dette & bisogna auertire che ogni numero cubo è anchora numero solido ma ogni numero solido non è numero cubo.

Diffinitione.6.

6/12 Li numeri superficiali, ouero solidi di quali li lati sono proportionali sono detti simile.

Il Tradottore.

Esempli gratia. 32.& 18. ambiduoi pono essere superficiali etiam solidi secondo che uien considerata ouero tolta la continentia loro ma pigliandoli per superficiali, li duoi lati di l'uno, & li duoi lati dill'altro ponno esser considerati in uarij modi secondo la varietà de numeri che multiplicati l'uno fia l'altro pono produr cadaun de loro. ma pigliando per li duoi lati del.32.4.e.8.& per li duoi lati del. 18. pigliando. 3. &. 6. hora per esser li detti dui lati del.32. (cioe). 4. e. 8. proportionali alli duoi lati del. 18. (cioe) a.3.&.6.(cioe) che tal proportione è da.4.a. 8. come da.3.a.6. li detti duoi numeri superficiali (cioe.32.&.18.) seranno detti simili. Similmente de questi duoi numeri. 216.&. 1728. pigliandoli per solidi, & pigliandoli per tre lati de.216.4.e.6. e.9.& per li tre lati de.1728.8.e.12.e.18.et per che li tre lati di l'uno (cioe.4.6.e.9.) sono proportionali alli tre lati di l'altro (cioe a.8.12.&.18. perche tal proportione e da. 4.a.6. qual è da.8.a. 12. & da.6.a.9.quala è da.12.a.18.) li detti duoi numeri solidi se diranno simili. Ma bisogna aduertire che'l non è necessario che li lati de numeri solidi simili siano sempre continui proportionali come sono li soprapposti ma ponno essere continui & discontinui esempli gratia sian li duoi numeri.24.&.192.liquali pigliandoli per solidi e pigliando per

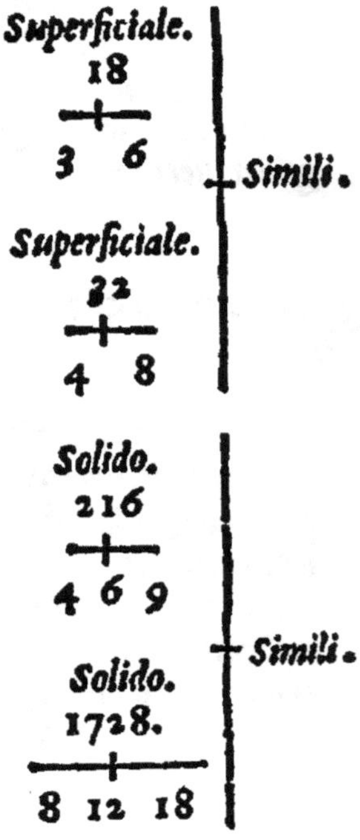

do per li tre lati del. 24. 2.e.3.e.4.& per li tre lati del. 192.4.e.6.e.8.& perche li detti tre lati dell'uno (cioe. 2.3.e.4.) son proportionali alli. 3.lati dell'altro (cioe a.4.6.e.8.cioe che tal proportione e da.2.a.3.quala e da 4.a.6.& tala e da. 3. a. 4.quala è da.6.a.8.) li detti duoi numeri solidi seranno detti simil, abenche li. 3.lati di l'uno & di l'altro non siano continuati in una proportione.

Theorema prima. Propositione prima.

1 Se li estremi, de quanti numeri si uoglian di continua proportiona-
1 lità, seranno contra se primi, tutti quelli è necessario secondo la sua proportione esser li minimi.

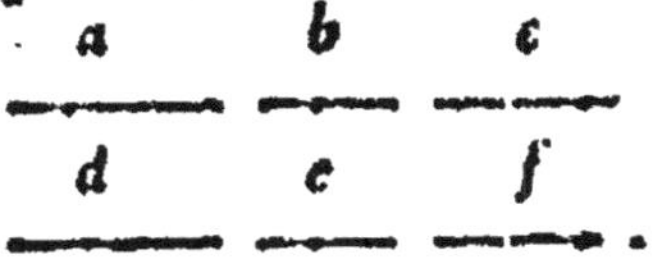

Siano. a.b.c.continui proportionali e li duoi estremi (liquali sono.a.c.) siano contra se primi. dico che in la medesima proportione non se ne trouerà tanti similmēte minori, ma se questo potesse accadere per l'aduersario siano, d, e, f,& (per la quintadecima propositione del settimo) serà del, a, al, c, si come del, d, al, f,& perche, a,&, c, sono li minimi in la sua proportione (per la uigesima quinta del medesimo) seguitaria (per la uigesima seconda) che, a, numerasse, d,&, c, numerasse, f, cioe che li maggiori numerasse li minori laqual cosa esser non puo.

Problema. 1. Propositione. 2.

2 Puotemo trouare quanti numeri si uoglia de continua proportiona-
2 lità, secondo una data proportione minimi.

Siano, a,&, b, li minimi de la data proportione. et sia dutto in, a, in se medesimo & faccia, c, & dutto in, b, faccia, d, anchora dutto il, b, in se & peruenga.e.&.c.d,e, seranno continui proportionali in la proportione del, a, al, b, (per la decima ottaua et decima nona del settimo) & perche, c, &, e, sono contra se primi (per la trigesima del medesimo) seranno, c, d, e, li minimi secondo la data proportione (per la precedente) anchora sia dutto.a.in tutti quelli et peruengano, f, g, h, & b, in, e, peruenga, k, seranno etiam, f, g, h, k, continui proportionali in la proportione del, a, al, b, (per la decima ottaua et decima nona del settimo.) Anchora minimi (per la trigesima del medesimo,) (& p la precedente) e per questa uia è ragione se ne trouerà. 5. ouer. 6. quanti si uoglia.

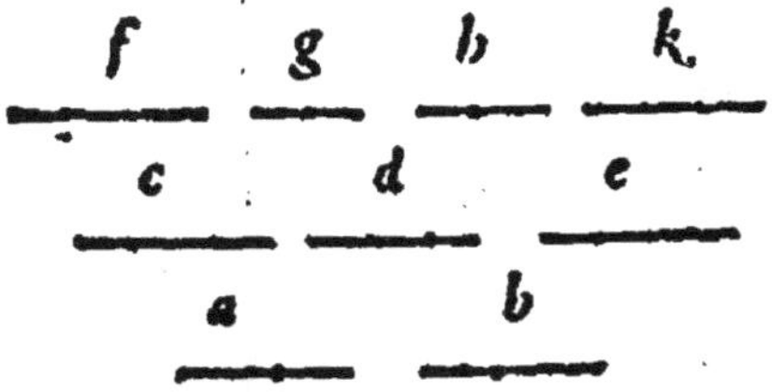

Correlario.

2 Onde serà manifesto, che se seranno tre numeri de continua propor-
2 tionalità minimi secondo quella, li duoi estremi seranno quadrati, &
2 se seranno quattro li estremi seranno cubi.

Il Tra-

Il Tradottore.

Lo soprascritto correlario conclude che per il processo delle cose fatte & dimostrate di sopra serà manifesto, che se seranno tre numeri de continua proportionalità secondo quella, minimi li duoi estremi seranno quadrati & se seranno quattro le estremi seranno cubi, perche el si vede nel processo di sopra qualmente li duoi estremi. c. & .e. esser peruenuti dal dutto de. a. & del. b. in se medesimi però uengono a esser quadrati, similmente si uede li duoi estremi. f. & . x. esser produtti l'uno dal dutto de. a. inel suo quadrato, c, & l'altro del. b. nel suo quadrato, e, perilche uengono a esser ambiduoi cubi & li lati del. f. uien a essere. a. ouero tre numeri equali al. a. & similmente li lati del. k. uengono a essere. b. ouero tre numeri equali al. b. & c.

Theorema. 2. Propositione. 3.

3 Se quanti si uoglian numeri continuamente proportionali seranno
3 secondo la sua proportione minimi, el se approua li duoi estremi de quelli necessariamente esser contra se primi.

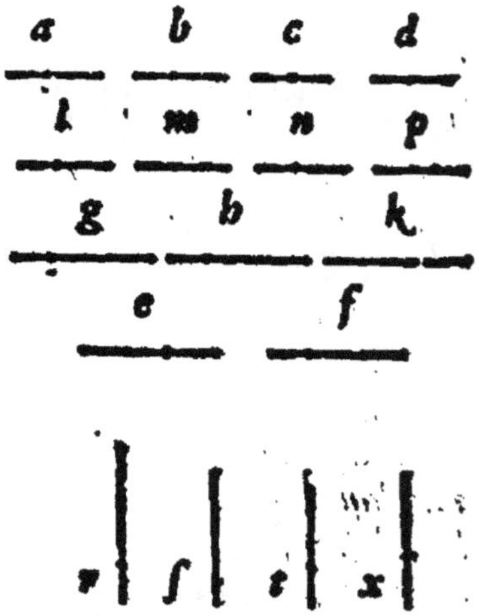

Questa terza è al contrario della prima. perche siando, a, b, c, d, continuamente proportionali, & li minimi secondo la sua proportione. Dico che li duoi estremi. a. & . d. seranno fra loro primi. perche li duoi minimi secondo la proportione del. a. al. b. siano. e. & . f. & (per la uigesima terza del settimo) serano contra se primi. Adonque per questi duoi (secondo la dottrina della precedente) sian trouati similmente tanti continuamente proportionali & minimi quanti sono li numeri propositi. primamente tre liquali sono. g. h. k. dapoi quattro liquali sono. l. m. n. p. & a questo modo continuamente per lo aggiongimento de uno per fina a tanto che ne siano fatti tanti quanti sono li numeri propositi come in questo loco sono. l. m. n. p. Seguita adonque. l. m. n. p. esser equali à a. b. c. d. per questa causa che in la medesma proportione l'uno & li altri sono li minimi & perche. l. & . p. sono contra se primi (per la trigesima del settimo) seranno anchora, a, &, d, (a quelli equali) contra se primi che è il proposito.

Problema. 2. Propositione. 4.

4 Puotemo trouare la similitudine de piu proportioni asignate in li
4 minimi

minimi numeri secondo quelle proportioni continuatamente proportionale.

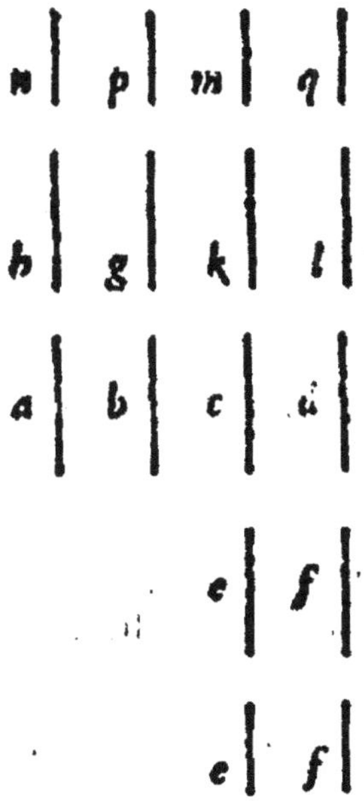

Siano prima trouate le assignate proportioni in li minimi termini come insegna la trigesima sesta del settimo & siano la prima fra.a. &.b.la seconda fra. c.& d. la terza fra. e.&.f.& cosi anchora de piu se seranno piu,hor uoglio cōtinuar queste proportioni in li quattro minimi numeri. Piglio adonque.g. minimo numerato dal.b.&.c. & quante uolte,b,numera.esso.g.tante uolte faccio che a.numera.h.Et anchora che'l.d.numeri tante uolte il. k. quante uolte. c.numera g. Et se per caso. e. numera. k.faccio che.f.tante uolte numeri. l. & cosi li quattro numeri h.g. k.l. seranno quelli che cercamo. Perche è manifesto (per la decima ottaua del settimo)che'l sia del. h.al. g. si come del.a.al.b & del.g.al. k.si come del.c.al.d. & del.k al.l.si come del. e,al,f. Anchora è manifesto quelli esser li minimi, perche se possibile fusse esser altri minimi come, n, p, m, q, bisognarà(per la. 22. del settimo tolta due uolte) che l'uno & l'altro di duoi.b.&.c. numeri il.p. per laqual cosa &.g. numerarà il medesimo(per lo correlario della trigesima settima del settimo)che è inconueniente. Sono adonque,h,g,k.l. li minimi; ma se per sorte, e, non numera. k. sia tolto,m, il minimo numerato da quelli (cioe da.e.&.K.(el qual.m.quante uolte è numerato dal.k.tante uolte,h,numeri, n,&,g,tante uolte numeri il.p.& seranno (per la decima ottaua del settimo)n.p. m.in la proportione de,h,g,k.per laqual cosa del.n.al.p.serà come del.a.al.b.et del p.al.m.come del.c.al.d.& quātē uolte.e.numera.m.faccio che tante uolte,f,numeri.q. & serà(per la medesima)del,m,al,q, si come del,e,al,f,adonque è manifesto che le assignate proportioni sono continuate in le quattro numeri liquali sono. n.p. m.q.liquali se non seranno li minimi (per l'aduersario) siano se egliè possibile altri liquali sian, r, s, t, x, adonque perche (per la uigesima seconda del settimo tolta due uolte) l'uno & l'altro di duoi , numeri, b, &, c, numera,s,(per il correlario della trigesima quinta del settimo)seguitaria che,g,numerasse il medesimo per laqual cosa etiam. k,numeraria,t,ma perche(per la uigesima seconda del settimo, è, numerà il medesimo.t, non sera,m,lo minimo numerato dal.k.& dal.e.per questa ragione tu potrai continuare a quelle un'altra quarta e quanti si uoglian altre senza impedimento.

Theorema.3. Propositione.5.

5 La proportione de tutti li nnmeri compositi dell'uno all'altro,e composta delle proportioni di suoi lati.

5

Quello che popone la uigesima quinta del sesto delle superficie de equidistanti lati,

lati, questa propone di numeri composti, siano li duoi numeri compositi. a. b. li lati de, a, siau, c, &, d, li lati del, b, siau, e, &, f, dico adonque che la proportione del, a, al, b, è composta de quella che è dal, c, al, e, & de quella che è del, d, al, f, Et per dimostrar questo sia che dal, d, in, e, sia fatto, g, perche adonque del, d, in, c, uien fatto, a, & dal, f, in, e, uien fatto, b, (per la conuersione della diffinitione di lati) serà (per la decima ottaua del settimo) del, a, al, g, si come del, c, al e, & (per la decima nona del medesimo) serà del, g, al, b, si come del, d, al f, per laqual cosa (per la diffinition) la proportione del, a, al, b, composito de quella che è del, c, al, e, & de quella che è del d, al f, che è il proposito, ne è necessario che cõtinuemo le proportioni di lati (cioe quella che è del, c, al, e, & quella che è del, d, al, f,) in li minimi numeri trouati secondo la dottrina della precedente come insegnano alcuni pche questo è proposito nõ necessario, e quelli arguiscono, posto che quelli minimi siano, h, K, l, in questo modo che sia del, h, al, K, si come del, c, al, e, & del, K, al, l, si come del, d, al, f, & la proportione del, h, al, l, esser composta dalle proportioni delli proposti lati & tolto, g, esser fatto del, d, in, e, arguiscono dal, a, al, g, esser come del, h, al, k, (perche eglie come del, c, al, e,) & del g, al b, come del k, al l, (perche eglie come del d, al, f,) e per tanto secondo la equa proportionalita, & del, a, al, b, serà come del, h, al, l, concludeno adonque la proportione del, a, al, b, esser composta de quelle che è composte, h, &, l, che è uero ma non necessariamente tolto.

Il Tradottore.

El testo di questa quinta propositione in la secõda tradottione dice in questa forma.

Li numeri piani, cioe superficiali, fra loro hanno la proportione composta dalli lati.

Laqual propositione è piu generale, e piu conueniente, & piu corretta che quella della prima tradottione perche li numeri primi come dissi sopra la seconda diffinitione sono anchora loro superficiale, abenche alcuni ispositori di Euclide habbiano contraria openione come sopra il decimo se potra uedere, Ma bisogna notare che la ispositione per noi addutta sopra la diffinitione di numeri superficiali, cioe sopra la seconda diffinitione di questo (per errore di stampa) par che mi contradica, perche in quella la scrittura dice in questa forma, ma. 13. ne. 17. ne. 19. ne alcun'altro numero primo se pono dire realmente numeri superficiali &c. laqual scrittura uol stare, ouero dire in questo modo. Ma alcuni dicono che ne. 13. ne. 17. ne. 19. ne alcuno altro numero primo se puonno dire realmente numeri superficiali.

Theorema. 4. Propositione. 6.

6/6 Se'l primo, de quanti si uoglian numeri continuamente proportionali non numera il secondo niuno delli altri numerarà l'ultimo.

Siano

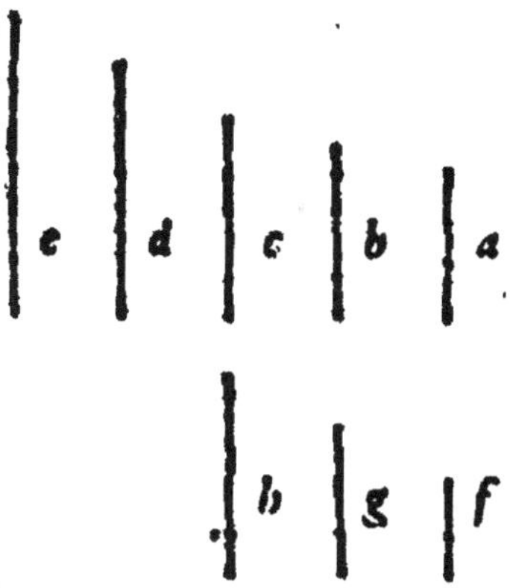

Siano. a.b.c.d.e. conuenient e proportionali. dico che se.a.non numera.b.niun delli altri numerarà,e, perche eglie manifesto che se, a, numera esso, b, che tutti li altri numeranno, e, & simplicemente qual si uoglia precedente numerarà qual si uoglia consequente.ma se, a, non numera esso,b,è manifesto che d,non numerarà, e, ne simplicemente alcun de loro numerarà il proßimo sequente, perche sono sta posti continuamente proportionali, ma che nullo altro come seria a dire,c, numeri esso, e,se demostra in questo modo siano tolti(secondo la dottrina della seconda di questo) tanti altri similmente continuamente proportionali minimi in la medesima proportione. quanti sono esso, c, & tutti li altri sequenti. liquali siano, f, g,h,& (per la terza di questo),f,&,h,seranno contra se primi. Et perche (per la equa proportionalità) del c,al,e,e come del,f,al,h,conciosia che,f,non numera,h,nel,c,numerarà,e,ne per il medesimo modo alcun delli altri numerarà esso, e, per laqual cosa e chiaro quello che fu proposto.

Il Tradottore.

El testo di questa sesta propositione,nella seconda tradottione parla in questa forma cioe.

Se seranno quanti si uogliano numeri continuamente proportionali & che il primo non misura il secondo & niun altro misurarà niuno altro.

Il Tradottore.

La qual propositione pur se dimostra si come la precedente, esempli gratia uolendo dimostrare che, a, non misuri alcun altro (poniamo,) c,pigliaremo similmente tanti termini come è, a, b, c, continuamente proportionali minimi in quella proportione quali siano pur,f,g,h, &,se procederà come di sopra fu fatto,cioe che se,f,non misura,h,ne anchora,a,misura.c.

Theorema. 5. Propositione.7.

7 Se'l primo di numeri continuatamente proportionali, numera l'ulti
7 mo quel medesimo numera il secondo.

Siano quelli posti per auanti continuatamente proportionali dico se.a.numera e. esso,a,numerarà il.b.altramente(per la precedente)non numeraria. e. che è il contrario & impoßibile. Et non solamente numerarà. b. ma etiam li numerarà tutti & similmente ciascun de loro numerarà qual si uoglia delli sequenti.

Theo-

Theorema.6. Propositione.8.

8 Se fra duoi numeri, cascaranno quanti si voglian numeri in conti-
8 nua proportionalità similmente tanti è necessario caschar fra ogni duoi referti in la medesima proportione.

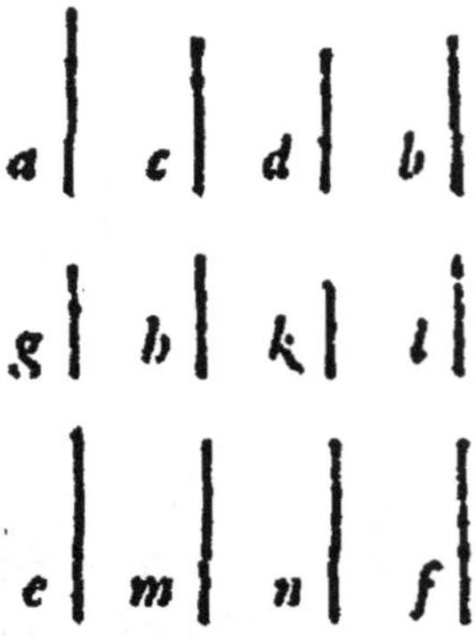

Siano.a.et.b.fra liquali cadeno.c.&.d. in continua proportione liquali sian in proportione com'è.e.al.f. Dico che sim lmente tanti termini cadeno fra, e, &, f, & in quella medesima proportione quanti cadeno fra, a, &, b, perche essendo, g, h, K, l, similmente tanti minimi quanti sono, a, &, b, quelli liquali cadeno fra quelli tolti si come insegna la seconda di questo continuamente proportionali in quella proportione & (per la terza di questo), g. & .l. seranno contra se primi, & (per la equa proportionalità) serà del, g, al, l, si come del, a, al, b, & però è si come dal, e, al, f, & perche essi sono in la sua proportione minimi (per la uigesima terza del settimo) seguita (per la uigesima prima del medesimo) che, g, numeri, e, &, l, f, equalmente tante uolte adonque, h, numeri, m, &, K, n, & posti, m, &, n, fra, e, &, f, (per la decima ottaua del settimo) è m anifesto, e, m, n, f, essere continuamente proportionali, si come sono, g, h, k, l, & pero si come, a, b, c, d, per laqual cosa è manifesto quello che stato detto. Da questa propositione è manifesto niuna superparticulare poter esser diuisa in due parti equale. perche se questo fusse possibile bisognaria fra duoi numeri de una sola unità distanti cascar un numero medio, laqual cosa non puo ess r, e per tanto il tono in la musica elqual contien una sesquiottaua proportione in duoi ueri semitoni non puo esser diuiso, ma necessariamente uien diuiso in semiton minore, & in semiton maggiore.

Theorema.7. Propositione.9.

9 Se fra duoi numeri contra se primi cascaranno quanti numeri si uo-
9 glian in continua proportionalità, similmente tanti è necessario cadere fra l'uno & l'altro de quelli & la unita, in continua proportionalità.

Siano.a.&.b.contra se primi fra liquali cada in continua proportione.c. &.d. dico che tanti similmente seranno continuamente proportionali fra, a, & la unità, & anchora similmente fra, b, &, la unità, perche essendo li minimi in quella proportione e, &, f, tolti come insegna la trigesima sesta propositione del 7. libro dalli quali essendo tolti tre cõtinuamẽte proportionali e minimi in la proportion de quelli come insegna la seconda di questo liquali siano, g, h, K, et dapoi quattro liquali siano.l.m.n.p. e questo sia fatto tãte uolte per fin a tãto che li tolti cosi sian fatti tãti

 simil-

similmente quanti sono li numeri proposti, come in questo luoco sono. l.m.n.p. le manifesto adonque essendo.a.c.d.b.in la sua proportione minimi(per la prima di questo, & essendo. l. m.n.p. tanti similmente & minimi in la medesima, & non essendo possibile,essere alcuno minore del minimo che li numeri.l.m.n.p.seranno equali alli numeri. a.c.d.b. cadauno al suo relatiuo adonque. l.è equale al.a.&.il.p. al. b. & è manifesto dalla seconda de questo che del. f. in se medesimo uien fatto il. k. & del medesimo.f.in.k.uien fatto.p.(per la diffinitione adonque de quella diffinitione che cosa è esser multiplicato)serà lo.f.in.k.anchora il.k.in.p.quãte uolte è la unità in. f. adonque la unità.f.k.p. sono continuamente proportionali, & similmente & la unita. e. g. l. tolti adonque.a.&.b.in luoco del.l.&.p.(a quelli equali seranno fra. a. et la unità.g.et.e.et fra b.& la unità.k.&.f.continuamente proportionali tanti similmente quanti sono fra. a.&.b.che è il proposito.

Theorema.8. Propositione.10.

10 Se fra l'uno e l'altro de quelli, & la unità cascharanno quanti si uo-
10 glian numeri in continua proportionalità, tanti similmente è necessario esser fra li detti duoi numeri in continua proportionalità.

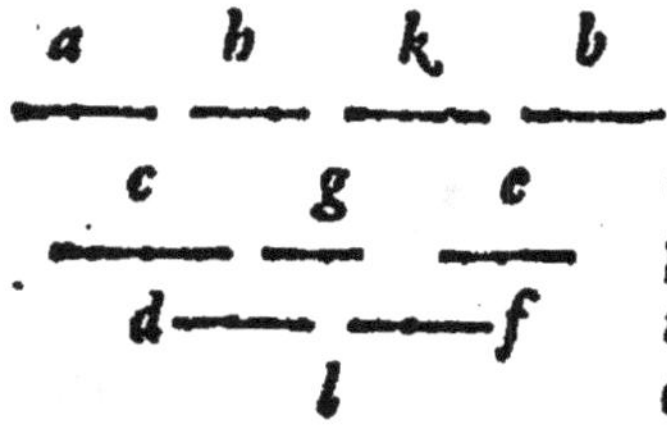

Siano li duoi numeri. a. & . b. & siano.c.&.d.fra. a. & la unità.anchora.e.&.f.fra.b.& la unità,continuamente proportionali. Dico tanti similmente esser fra.a.&.b.continuamente proportionali. Questa è cõuersa della precedente eccetto che al suggetto della precedente fu posto.a.&.b.esser contra se primi, che non uien posto in questo luoco per laqual causa lo suggetto questa è piu uniuersale del suggetto di quella, perche adonque quante uolte la unità e in.d. tante uolte è il.d. in el.c.& tante uolte il. c. in.a. è manifesto che dal. d. in se uien fatto il. c. & dal medesima. d. in. c.uien fatto.a.Similmente anchora dal,f,in se, & in.e.sono fatti.c.&.b. essendo adonque dutto.d.in.f.lo produtto sia. g, & similmente el medesimo. d. essendo dutto in.g.&.e.& essendo li produtti.h. &.k.è manifesto adonque(dalla decima ottaua del settimo)che del.c.al.g.e come del,d,al,f,& (dalla decima nona) che del,g,al,e,è come del,d,al,f,per laqual cosa,c,e,g,son cõtinuamente proportionali la proportione del,d,al,f. Anchora un'altra uolta per la decima ottaua)sono del,a,al,h, si come del,c,al,g,& del,h,al,K.

si come

si come del,g,al,e,& (per la decima nona) del.k.al.b.si come del,d,al,f, adonque a,h,k,b, son continuamente proportionali, per laqual cosa è manifesto il proposito.

Theorema.9. Propositione.11.

11 Se seranno duoi numeri ambiduoi quadrati la proportione dell'uno all'altro, de quelli serà come la proportione del lato dell'uno al lato dell'altro duplicata, & se ambi seranno cubi la proportione dell'uno al l'altro, serà come la proportione del lato dell'uno all'altro treplicata.

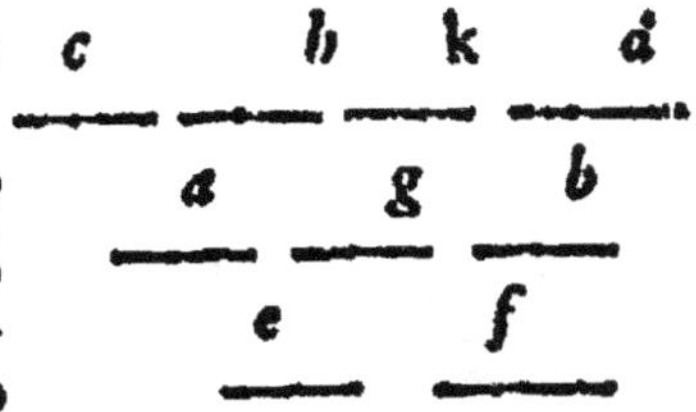

Siano li duoi numeri quadrati. a.& .b.li duoi cubi,c,&,d,li lati si di quadrati come di cubi siano.e. (del,a,&,del,c,) &,f,(del,b,&,del,d,) dico che la proportione del, a, al, b, serà si come del, e,al,f, duplicata, & del,c,al,d, si come la medesima treplicata, perche è manifesto che dal.e.in se medesimo uien fatto,a,& da esso,e,in,a,uien fatto,c,cosi anchora dal,f,in se uien fatto,b,& da esso.f.in.b.uien fatto, d, adonque sia dutto, e, in,f, & peruenga,g,& sia dutto in,g,&,b,&,peruengano,h,&,k,et(per la decima ottaua del settimo) serà del, a.al.g.si come del e, al,f,(e per la decima nona) del,g,al,b, serà si come del,e,al,f, adonque (dalla diffinitione) dal,a,al,b, serà si come del,e,al,f, duplicata che è il primo proposito. El secondo per lo medesimo modo è manifesto, (perche per la decima ottaua un'altra uolta) del,c,al,h, si come del, a,al,g,& del,h,al,K, si come del,g, al,b,&, (per la decima nona) del,K.al,d, si come del,e,al,f, per laqual cosa, c,h, k,d.sono etiam continuamente proportionali, in la proportione del,e,al,f, adonque (per la diffinitione) sera del, c, al, d, si come del, e, al,f, treplicata che è il secondo proposito.

Il Tradottore.

Questa soprascritta propositione in la seconda tradottione è diuisa in due propositioni & in quelle propone due particule di piu della presente perche la prima dice in questa forma uidelicet.

Vno medio proportionale de duoi numeri quadrati è numero, & lo quadrato al quadratto ha doppia proportione che'l lato al lato.

Et la seconda dice a questo modo.

Li duoi medij proportionali, de duoi numeri cubi sono numeri, & il cubo al cubo ha trepia proportione, come ha il lato al lato lequal particole se uedeno cosi esser per le demostrationi fatte di sopra cioe che il medio proportionale fra li duoi quadrati,a,&,b, (elqual,e,g,) è numero per esser produtto del, e, in,f, & similmente li duoi medij proportionali fra li duoi numeri cubici, c,&,d,(cioe,h,&,k.) sono etiam numeri per esser produtti della multiplicatione del numero e nelli duoi numeri,g,&,b, che è il proposito.

Theorema. 10. Propositione. 12.

12/13 Se ciascun di numeri de continua proportionalità sia multiplicato in se medesimo, quelli numeri che da quelli saran produtti è necessario esser sotto continua proportionalità, & se li suoi principii sian anchora multiplicati in essi produtti anchora li produti da quelli è necessario esser de continua proportionalità, & il medesimo aduchera in tutte le estremità produtte per questo modo.

Siano, a, b, c, continuamente proportionali di quali ciascũ sia multiplicato in se medesimo & peruengano dal, a, il, d, et dal, b, lo, e, & dal, c, lo, f, dico che d. e, f, sono continuamente proportionali, & se anchora sia multiplicato, a, in, d, & peruenga, g, anchor, b, in, e, & peruenga, h, & c, in, f, & peruenga, k, dico anchora che, g, h, k, sarãno continuamente proportionali, perche essendo, l, produtto dal. a. in. b. & m. il produtto dal, c, in quel medesimo & (per la decima ottaua & decima nona del settimo) seranno. d. l. e. m. f. continuamente proportionali in la proportione de, a, b, c, Adonque per la equa proportionalità arguisse del, d, al, e, esser si come del, e, al, f, che è il primo proposito, lo rimanente uien demostrato, cosi sia moltiplicato, a, in l, & , e, & peruengano, n, & p, ancora sia moltiplicato, c, in. e. & . m. & peruengano, q, & r, & (per la medesima) seranno, g, n, p, h, q, r, K, anchora continuamente proportionali in la proportione di primi adonque per la equa proportionalità conclude, g, al, h, esser si come, h, al, k. che, e, lo rimanente la medema ragione serà quante uolte che li primi siano multiplicati in li produtti.

Theorema. 11. Propositione. 13.

13/14 Se alcun numero quadrato, numerarà un'altro numero quadrato, el se approua anchora el suo lato numerar il lato di quello, et se'l suo lato numerarà il lato de quello, il quadrato numerà il quadrato.

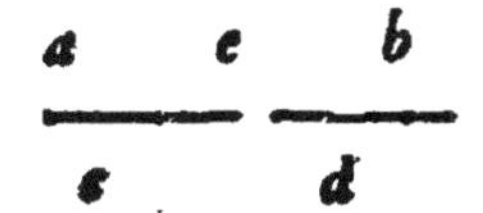

Siano li duoi numeri quadrati. a. & . b. & li lati de quelli. c. & . d. Dico che se. a. numera. b. il. c. numerarà il. d. & è conuerso. perche le manifesto che dal dutto del. c. in se medesimo uien fatto, a, & del, d, in se medesimo uien fatto, b, essendo adonque fatto, e, dalla multiplicatione del, c. in, d, per la decima ottaua & decima nona propositione, del settimo libro, seranno, a, e, b, continuamente proportionali in la proportione del. c, al, d. Se adõque, a, numera, b, quello medesimo (per la settima propositione de questo) numerarà, e, per laqual cosa, & , c, numerarà il. d. che è il proposito primo, la parte

la parte conuersa cosi è manifesta.se.e.numera.d.lo a. numerarà,c , per questo che la proportione del.a.al.c.è si come del,c,al,d,et se'l numera,c,esso numerarà,b,per questa causa che sono continuamente proportionali .

Theorema. 12. Propositione. 14.

Se un numero cubo numerarà un'altro numero cubo. Anchora il suo
14/15 **lato numerarà il lato dell'altro , & se'l suo lato numerarà il lato dell'altro , il cubo numerarà il cubo .**

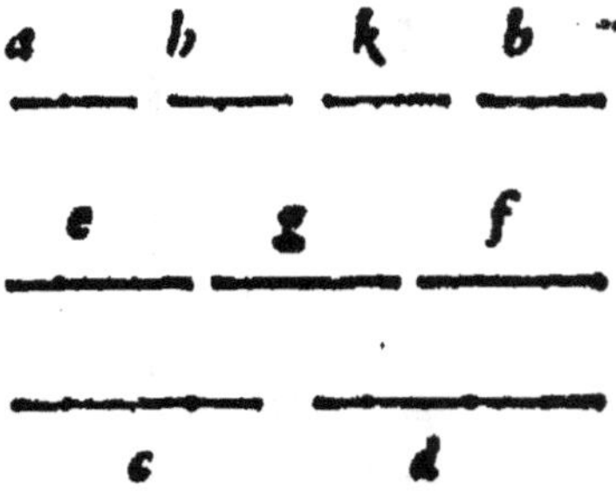

Siano duoi numeri cubi,a,&,b,li lati di quelli.c. &.d. Dico che se.a.numera.b.anchora il c.numerarà il.d.& è conuerso (per dimostrar questo sia moltiplicato. c. in se & sia fatto.e,anchora il d.in sè & sia fatto. f. adonque è manifesto che dal.c.in.e. uien fatto,a,& dal,d,in,f,uien fatto,b,adonque il,g,uiē fatto dal c,in d,& (per la decima ottaua et decima nona del settimo)e.g.f.seranno continuamente proportionali in la proportione del,c,al,d, Ma,b, & k. peruengono dal,c,in g, & f. Adonque (per le medesime propositioni) a.b.k.b.serano anchora continuamente proportionali in la medesima proportione . Adonque se,a,numera, b, el medesimo(per la settima di questo) numerarà.b.per laqual cosa &, c, numerarà il d, perche dal,c,al,d,e si come del,a, al,b,adonque è manifesta la prima parte . La parte conuersa è manifesta si come la conuersa della prima. perche se.c.numera.d.anchora.a.numera.b. laqual se la numera e necessario che la numeri.b.

Theorema. 13. Propositione. 15.

15 **Se un numero quadrato non numerarà alcun'altro numero quadra-**
16 **to, ne il suo lato numerarà il lato de quello . Et se'l lato suo non numerarà il lato de quello , el se conuence de necessità quel quadrato non numerarà quell'altro quadrato .**

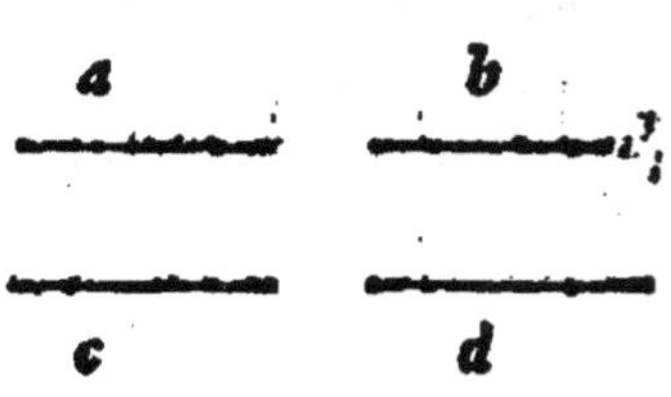

Siano li duoi numeri quadrati.a. &. b. li lati di quali siano,c,&,d.se,a, non numerarà. b. dico che anchora,c,non numerarà,d,& è conuerso se,c, non numera,d,ne,a,numerarà.b . Hor sia primamente che,a,non numeri, b,se adonque c , (per l'aduersario)numera il d.(per la seconda parte della tertiadecima di questo) &,a,numerarà, b, laqualcosa è contraria alla positione , & cosi è manifesto il primo proposito . Anchora il secondo se manifesta in questo modo. Sia che, c,non numeri,d, adonque se possibile è per l'aduersario che,a,numeri,b, (per la prima parte della tertiadecima) è necessario che,c,numeri,d.adonque egliè necessario che lui numeri quello & gia fu supposto che'l non lo numeri laqual cosa è impossibile .

Theorema. 14. Propositione. 16.

0/17 Se un numero cubo non misura un'altro numero cubo, ne il lato de quello misurarà el lato de quello altro, & se'l lato non misura il lato ne etiam il cubo misurarà il cubo.

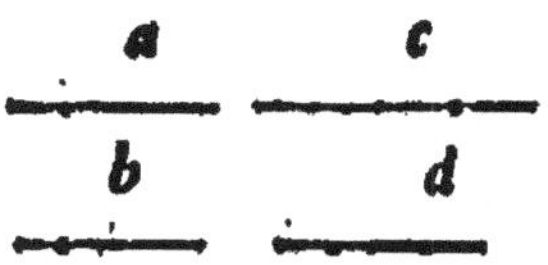

Sia che'l numero cubo. a. non misuri il numero cubo. b. & il lato di questo, a, sia, c, & del, b, sia, d, dico che, c, non misura esso. d. perche se, c, misura esso, d, etiam, a, misura, b, (per la quartadecima propositione dell'ottauo libro) ma, a, non misura, b, per il presupposito, adonque nel, c, mi surarà esso, d. Ma supposto che'l, c, non misura, d, dico che, a, non misuri, b, per se, a, misurasse, b, et, c, misuraria. d. (per la decima quarta de questo, ma il. c.) dal presupposito non misura, d, adonque ne etiam, a, misurarà esso, b, laqual cosa bisognaua dimostrare.

Theorema. 15. Propositione. 17.

16/18 Se duoi numeri superficiali seranno simili è necessario esser fra quelli un terzo numero secondo la proportionalità continua, & la proportione de un numero all'altro a lui simile serà come la proportione duplicata de un di suoi lati al lato dell'altro a lui risguardãte.

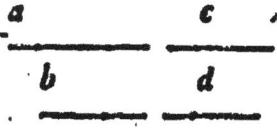

Siano li duoi numeri, a, &, b, superficiali & simili. Dico che fra essi cade un numero in continua proportione, & per dimostrar questo sian li lati del, a, c, & d, et li lati del. b. sian. e. et. f. & (per la conuersione della diffinitione di numeri simili) serà del. c. al. e. si come del. d. al. f. & è manifesto che dal, c, in, d, uien fatto, a, & dal, e, in, f, uien fatto, b, adõque sia fatto, g, dal, e, in, d, & (per la decima nona del settimo) serà del, a, al, g, si come del, c, al, e, & (per la decima ottaua) del medesimo del, g, al, b, serà si come del, d, al, f, per laqual cosa, del, a, al, g, serà si come del, g, al, b. Adonque, g, è medio fra. a. et b, in continua proportionalità che è il proposito. Ma il correlario è manifesto essendo del, a, al, b, (per la diffinitione) si come del, a, al, g, duplicata laquale è a quella medesima che è dal, c, al, e.

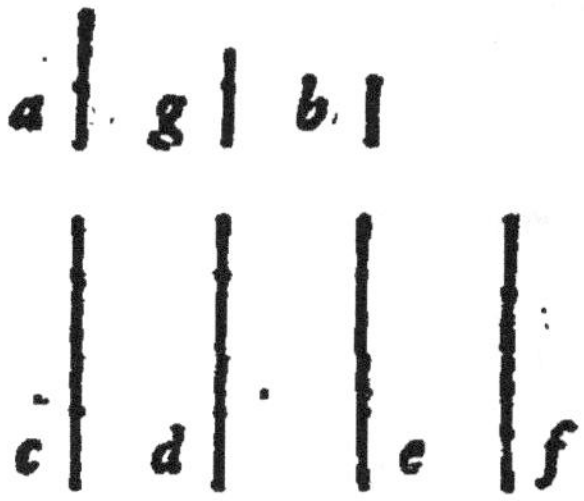

Theorema. 16. Propositione. 18.

17/20 Se un terzo numero caschará fra duoi numeri secondo la continua proportionalità quelli duoi numeri seranno superficiali & simili.

Questa è conuersa della precedente cioe che se fra, a, &, b, sia, c, constituito sotto continua proportionalità. Dico che, a, &, b, seranno ambiduoi numeri superficiali &

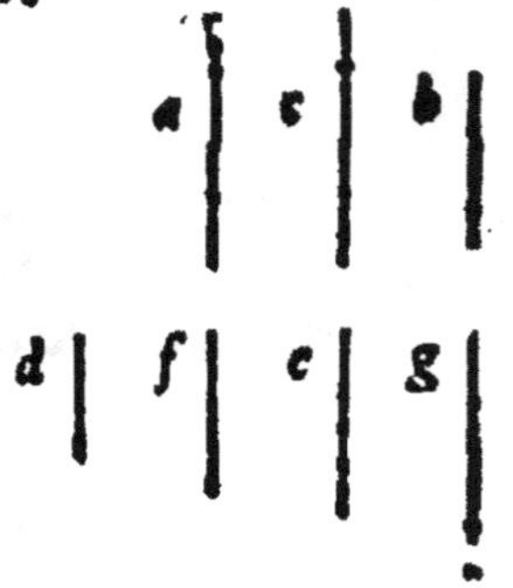

li & simili perche se seranno tolti.d.& .e.minimi in quella proportion in laquale sono continuadi. a.c.b. quelli (per la uigesima seconda del settimo) numeraranno. a. & . c. equalmente et sia che li numerarāno secondo,f,& ,(per la medesima). c.& .b.equalmente et sia che li numerarāno secondo,g,seranno adonque (per la diffinitione) a.& .b.superficiali, & seranno anchora (per la diffinitione.) d.& . f.lati del numero. a. anchora . e. & .g.lati del numero. b. ma che essi siano simili tu l'hauerai in questo modo. Perche essendo,c,produtto dal, d, in,g,& similmente essendo il medesimo,c,il produtto del,e,in,f,(per la seconda parte della uigesima del settimo)serà del, d,al,e, si come del,f,al,g, (per la diffinitione) adonque,a,& ,b,sono simili che è il proposito. Et questo ultimo proposito ilqual è. a.& .b. esser simili tul puoi hauere(per la decima nona & decima ottaua del settimo)& per questo presupposito che.a.c.b. sono continuamente proportionali in la proportione del. d.al.e. de minimi numeranti.a.& c.secondo,f,& ,c,& ,b,secondo,g.

Theorema.17. Propositione.19.

18/19 Se seranno duoi numeri solidi simili, e necessario fra quelli esser dui numeri secondo la continua proportionalità, & la proportione de l'uno solido all'altro a lui simile, serà come la proportione treplicata de qual si uoglia suo lato al lato dell'altro a lui risguardante proportionalmente.

Siano li duoi numeri,a, & , b, solidi simili, Dico che fra essi cadono duoi numeri in continua proportione, & per dimostrar questo siano li lati del numero a,li numeri,c,d,e, & li lati del, b, siano,f,g,h,& (per la conuersione delle diffinitione di numeri solidi simili) serà del,c,al,f,& del,d,al,g,si come del,e,al,h,sia adonque.k.il produtto del,c,in,d,& ,l,lo produtto del, f, in,g, l, & (per la diffinitione)seranno.k.& ,l,superficiali & simili p laqual cosa (per la decima settima di q̄sto)fra quelli cade un numero medio proportionale secondo la proportione del,c,al,f,qual sia,m, Ma è manifesto che dal e.in.k.uien fatto,a,& dal,h,in,l,uien fatto.b.Se adonque dal, e, in, m, & ,l, sono fatto,n,& ,p,seranno(per la.18.del.settimo)del,a,al,n,si come del. k. al. m. & n.al.p.si come del.m.al.l.per laqual cosa.a.n.p. son continuamente proportionali in la proportione del, c, al,f, & perche(per la decima nona del medesimo)del,p,al, b,e, si come del,e,al,h, & pero si come del,c,al,f,seguita che li quattro numeri.a.n.p.b.sian cōtinuamēte proportionali secondo la proportione del, c,al,f, Adonque

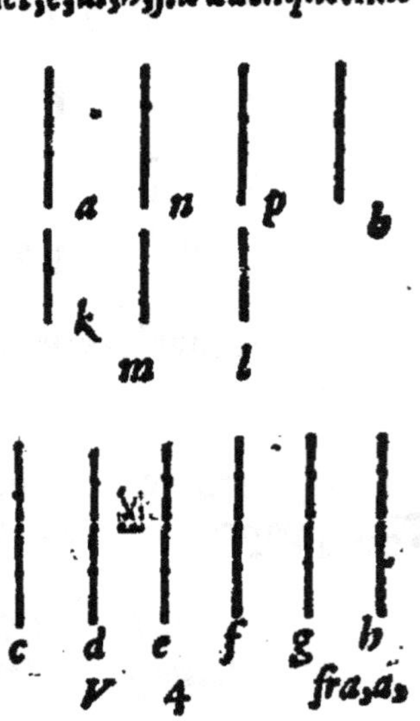

fra,a,

fra, a, & ,b, sono li duoi numeri, n, & , p, medij in continua proportionalità de suoi lati interposti, che è il proposito, & lo correlario è manifesto conciosia che le proportione del, a, al, b, sia (per la diffinitione) si come del, a, al, n, treplicata laquale è simile ouer equale a quella che è dal, c, al, f.

Theorema. 18. Propositione. 20.

19 Se seranno dupi numeri & che fra quelli cascheno, ouero intergiace
21 no duoi numeri secondo la continua proportionalità, quelli dui numeri sono solidi & simili.

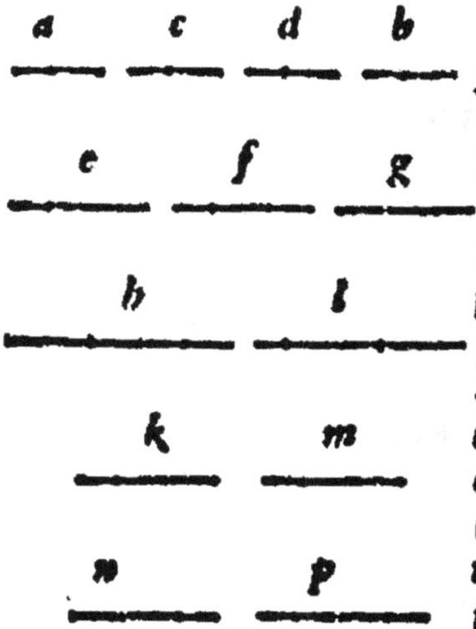

Questa è il conuerso della precedente, come se fra. a. & .b. siano li duoi numeri. c. & .d. medij in cõtinua proportionalità, seranno li detti duoi numeri, cioe, a, & , b, solidi & simili. Et per dimostrar questo siã tolti li tre minimi in la medesima proportione, continuamente proportionali, liquali sian, e, f, g, & (per la decima ottaua) seranno, e, & , g, superficiali & simili. Siano adonque. h. & . k. li lati del. e. & .l. et. m. li lati. d. g. & (per lo correlario della decima settima di questo) serà del, e, al, f, si come del, h, al, l, ouer si come del. k. al. m. & è manifesto (dalla terza) che. e. & . g. sono contra se primi e però (per la uigesima quinta del settimo) in la sua proportione son minimi. Et perche (per la equa proportionalità) dal. a. al. d. & . c. al. b. è si come dal, e, al, g. seguirà (per la uigesima seconda del settimo) che essi numerarãno. a. & . d. equalmente, laqual numeratione sia secondo, n, & anchora, c, & , b, equalmente laqual sia secondo. p. perche adonque dal. h. in. k. uien fatto. e. & da. e. in. n. uien fatto, a, seguita (per la diffinitione) che. a. sia solido & li lati di quello sono. h. k. n. Similmente perche dal, l, in, m, uien fatto, g, & dal, g, in, p, uien fatto, b, seguita anchora che, b, sia solido & li lati di quello sono. l. m. p. Ma che essi sian simili cosi se manifestarà conciosia che dal g. in. n. uien fatto, d, & dal medesimo in. p. uien fatto, b, e (per la decima ottaua del settimo) serà del. n. al. p. si come del, d, al, b, & per che cosi erano del. h. al. l. & del. k. al. m. (per la diffinitione è manifesto, a, & , b, esser simili che è il proposito.

Theorema. 19. Propositione. 21.

20 Se de tre numeri continuamente proportionali el primo serà qua-
22 drato. Anchora il terzo è necessario esser quadrato.

Siano li tre numeri continuamente proportionali, a, b, c, & sia a. quadrato dico che, c, e etiam quadrato. Perche sono (per la decima ottaua propositione) a. & . c. superficiali & simili essendo adonque. a. quadrato (per il presupposito), c, serà etiam quadrato che è il proposito.

Theo-

Theorema. 20. Propositione. 22.

21 Se'l primo de quattro numeri continuamente proportionali, serà
23 cubo, il quarto è necessario esser cubo.

Siano li quattro numeri continuamente proportionali. a. b. c. d. & sia, a, cubo. Dico che, d, e, anchora cubo perche è manifesto (per la uigesima) che, a, &, d, sono solidi simili, & perche, a, è cubo (per il presupposito. d. serà anchora cubo.

Theorema. 21. Propositione. 23.

22 Se de duoi numeri, di quali la proportione sia si co-
24 me d'uno numero quadrato, a uno numero quadrato, uno serà quadrato, anchora l'altro è necessario essere quadrato.

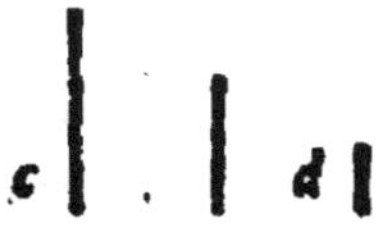

Siano li duoi numeri, a, & b, in la proportione de duoi quadrati liquali siano, c. & d. & sia, a, ouer. b. quadrato. Dico lo restante esser quadrato, perche essendo. c. & . d. quadrati seguita quelli essere superficiali simili. Adonque (per la decima settima) fra loro cade un medio in continua proportione, per laqual cosa (per la ottaua) & fra. a. & . b. adonque (per la uigesima prima poposition è manifesto il proposito.

Theorema. 22. Propositione. 24.

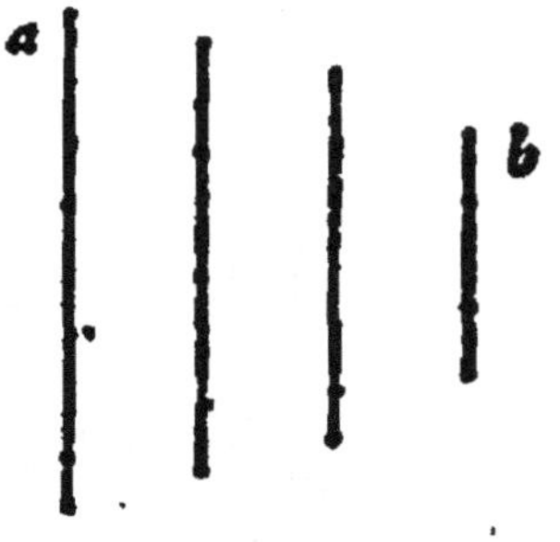

23 Se de dui uumeri di quali la proportione del
25 l'uno a l'altro sia come de uno cubo a uno cubo & che l'uno de quelli sia cubo, Anchora l'al tro è necessario esser cubo.

Siano li dooi numeri. a. & . b. in la proportione di duoi numeri cubi liquali siano. c. & . d. & sia. a. ouer. b. cubo. Dico lo rimanẽte esser cubo. Perche è necessario che. c. & . d. siano solidi simili. Certamente tutti li cubi sono simili & solidi, adonque (per la decimanona) fra quegli cadono duoi mezzi in continua proportione, tan ti similmente (per la ottaua) cadeno fra, a, &, b, adon que (per la uigesima seconda) è manifesto il proposito.

Theorema. 23 Propositione. 25.

24 La proportione dell'uno all'altro di numeri superficiali simili, è si
26 come la proportione de un numero quadraro a un numero quadrato.

Siano, a, &, b, superficiali simili dico che la proportione dell'uno all'altro è si come d'un numero quadrato a un numero quadrato pche (per la decimaottaua) serà un

un numero medio in continua proportione qual sia.c.tolti adonque li tre minimi in la proportione de qlli liquali siano.d.e.f. (per lo correlario della seconda).d.&.f.seranno quadrati, & perche (per la equa proportionalità) del.a.al.b. e si come del.d. al.f. E manifesto esser uero quello che è proposto.

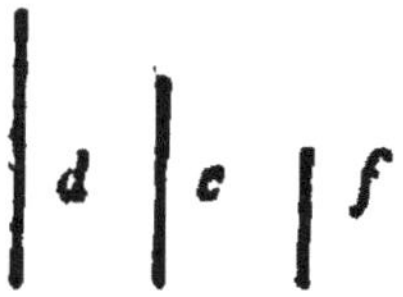

Theorema.24. Propositione.26.

25/27 La proportione dell'uno all'altro de duoi numeri solidi simili, e si come d'un cubo ad alcun cubo.

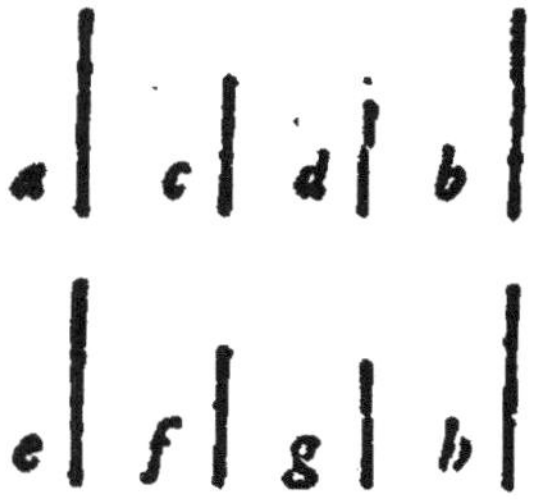

Siano.a.&.b.solidi simili. Dico che la proportione dell'uno all'altro e,si come quella d'un cubo ad alcun altro cubo,certamente (per la decima nona propositione)sono fra quelli duoi numeri medii secondo la continua proportione liquali sian.c.&.d. Siano li quattro minimi in la proportione de quelli.e.f.g.h.di quali.e.& h.seranno cubi (per lo correlario della seconda di questo)perche adonque(per la equa proportionalità)del.a al.b.è si come del.e.al.h.il proposito è chiaro.

IL FINE DEL OTTAVO LIBRO.

LIBRO NONO
DI EVCLIDE.

Diffinitione prima.

1/6 El numero paro è quello che puo esser diuiso in due parti equale.

Il Tradottore.

SI COME *sono.2.4.6.8.10.12.& altri simili che se pono diuidere in due parti equale senza rompere la unità. Questa & le sei sequente diffinitione nella seconda tradottione sono poste nel settimo libro come per li numeri appar.*

Diffinitione. 2.

2/7 El numero disparo è quello che non puo esser diuiso in due parti equali,& sopravanza il paro in la unità.

Il Tradottore.

La ultima parte de questa diffinitione ne aduertisse qualmente la unità non uiē con-

connumerata fra li numeri dispari quantunque la non possa esser diuisa in due parte equale a tento che lei non ha quella ultima conditione di sopraua nzare alcuno numero paro in una unità, per la qual cosa el numero ternario uien a esser il primo & il minimo de tutti li numeri dispari.

Diffinitione. 3.

3/8 El numero parimente paro, e quello che tutti li numeri pari che lo numeranno lo numeranno per uolte pare.

Il Tradottore.

Verbi gratia el. 32. numerato da quattro numeri pari cioe da. 2. dal. 4. da. 8. da. 16. & non d'altri & perche cadauno de detti numeri lo numeranno per uolte pare cioe el. 2. lo numera. 16. uolte el qual. 16. e pur paro & lo. 4. lo numera. 8. uolte, & lo. 8. lo numera. 4. uolte & lo. 16. due uolte perilche il detto. 32. e numero parimente paro perche tutti li numeri pari che lo numeranno lo numeranno per uolte pare il medesimo se trouerà esser. 64. e. 128. etiam. 16. 8. & . 4. ideo &c.

Diffinitione. 4.

4/9 Lo numero parimente disparo e quello che tutti li numeri pari che lo numeranno lo numeranno per uolte dispare.

Il Tradottore.

Si come sono. 6. 10. 14. 18. 22. 26. 30. & altri simili che tutti li numeri pari che li numeranno li numeranno per uolte dispare. Verbi gratia il. 30. e numerato da tre numeri pari, cioe da. 2. da. 6. & da. 10. dal. 2. e numerato. 15. uolte & dal. 6. è numerato. 5. uolte & da. 10. 3. uolte liquali numeri de uolte per esser tutti dispare el detto. 30. serà detto numero parimente disparo, & questa specie di numeri nasceno dal duplato de ogni numero disparo.

Diffinitione. 5.

6/10 El numero parimente & disparimente paro e quello che li numeri pari che lo numeranno, alcuni lo numeranno per uolte pare, & alcuni per uolte dispare.

Il Tradottore.

Si come sono. 24. 28. 36. 40. & altri simili, liquali sono numerati da alcuni numeri pari per uolte pare & da alcuni per uolte dispare, esempli gratia. 40. e numerato da. 2. da. 4. da. 10. da. 20. per uolte pare e poi è misurato da. 8. per uolte dispare. cioe per. 5. uolte perilche se dirà che. 40. e numero parimente, & disparimente paro & queste specie de numeri participano del numero parimente paro, & del numero parimente disparo.

Diffini-

Diffinitione. 6.

6 Lo numero disparmente disparo è quello che tutti li dispari che lo
11 numeranno, lo numeranno per uolte dispare.

Il Tradottore.

Si come e.15.21.27.33.35.39.45.& altri simili che tutti li numeri dispari che li numeranno li numeranno per uolte dispare, esempli gratia.45.e numerato da quattro numeri dispari (cioe da.3.da.5.da.9.et da.15.) per uolte dispare (cioe da.3.e numerato.15.uolte & da.5.nuoue uolte, & da.9.5.uolte, & da.15.tre uolte perilche serà detto numero disparmente disparo per la presente diffinitione.

Diffinitione.7.

7 Numero perfetto se adimanda quello che è equale a tutte le sue par-
23 ti delle quale è numerato.

Il Tradottore.

Si come sono.6.28.496.& altri simili che sono equall a tutte le sue parti che le numeranno, esempio le parti del.6.sono tre cioe la mità che è.3.la terza che è.2. la sesta che è.1.lequal parte summate insieme fanno apponto.6.pero il.6.è numero perfetto per questa diffinitione il medesimo seguirà inel.28.&.496.se con diligentia trouerai tutte le sue parti che li numeranno & questi tal numeri perfetti sono piu rari de ogni altra specie di numeri, pero che da uno insino a cento non se ne troua altri che duoi cioe.6.&.28.& da 100.assendēdo gradatim per fin a.1000. se troua solamēte.496.et da.1000 per fina a.10000.se troua solamente. 8128.

Diffinitione.8.

8 Numero habondante è detto qnello che è minore de tutte le sue
0 parte.

Il Tradottore.

Si come sono. 12. 24. 36. 48. & altri simili che tutte le sue parti gionte insieme sopraauanzono il detto numero come appare in el.12.elquale ha la mità (che è. 6.) ha la terza (che è.4.) ha la quarta (che è.3.) ma la sesta (che è.2.) etiam ha la duodecima (che è.1.) lequal parte gionti insieme sono apponto. 16.laqual summa per esser maggior del detto. 12. tal numero serà detto habondante il medesimo se dirà delli altri simili.

Diffinitione.9.

9 Et numero dimenuto è detto quello che è maggiore de tutte le sue
0 parti.

Il Tra-

Il Tradottore.

Si come sono.8.10.14.16.& altri simili che tutte le sue parti gionte insieme sono minore del detto numero, cioe al contrario del numero habondante come appare in.8.elqual ha la mità(che e.4.) ha la quarta(ch'è.2.)e ha la ottaua(che e.1.) lequal parti gionti insieme fanno apponto.7. laquale summa de parti e minora del detto.8.il medesimo si deue intendere in qualunque altro simile.

Theorema primo. Propositione prima.

1/1 Se seranno duoi numeri superficiali simili,quello che uien produtto dal dutto dell'uno in l'altro è necessario esser numero quadrato.

Siano,a,&,b,superficiali simili della multiplicatione di quali peruenga, c.dico, c,esser numero quadrato, e per dimostrar questo sia dutto, a,in se & peruenga, d,(et per la decima ottaua del settimo) serà del,d,al,c,si come del, a.al.b. & perche fra,a,&,b, cade un mezzo secondo la continua proportionalità (per la decima settima del ottauo) seguita (per la ottaua del medesimo) che anchora uno ne cada fra. d. & .c. adonque conciosia che, d.sia quadrato (per la uigesima prima del medesimo) serà, c, anchora quadrato, che è il proposito.

Theorema.2. Propositione.2.

2/2 Qualunque duoi numeri,che dalla multiplicatione di l'uno in l'altro si produca numero quadrato,sono superficiali simili.

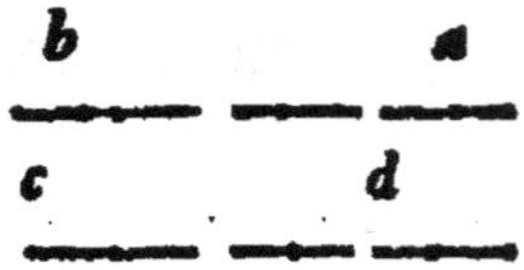

Questa è conuersa della prima, cioe che se dal,a,in b,sia fatto, c,& che,c,sia quadrato seranno, a,&,b, superficiali simili. Hor sia.d.il dutto dal.a.in se e (per la decima ottaua propositione del settimo libro) serà del,d,al,c,si come del, a,al,b, (per la decima setttima propositione del ottauo libro) conciosia che,d,&,c.siano superficiali simili (impero che sono ambiduoi quadrati) serà fra quelli uno numero medio secondo la continua proportione adonque(per la ottaua propositione del medesimo) el ne serà anchora uno fra.a.&.b.adonque(per la decima ottaua propositione del medesimo)a.&.b. sono superficiali simili,che è il proposito.

Correlario.

2/0 Adonque per queste dimostrationi fatte è manifesto che se un numero quadrato sia dutto in un numero quadrato quello che da que-

gli

gli serà produtto è necessario essere quadrato. Ma se del dutto d'un quadrato in alcuno numero, sia produtto numero quadrato, quello tale numero è necessario essere quadrato. Et anchora se dal dutto d'uno numero quadrato in alcuno numero, non sia produtto numero quadrato, quel tal numero è necessario essere non quadrato. Ma se un numero quadrato sia dutto in alcuno numero non quadrato quello che da quelli serà produtto è necessario esser non quadrato.

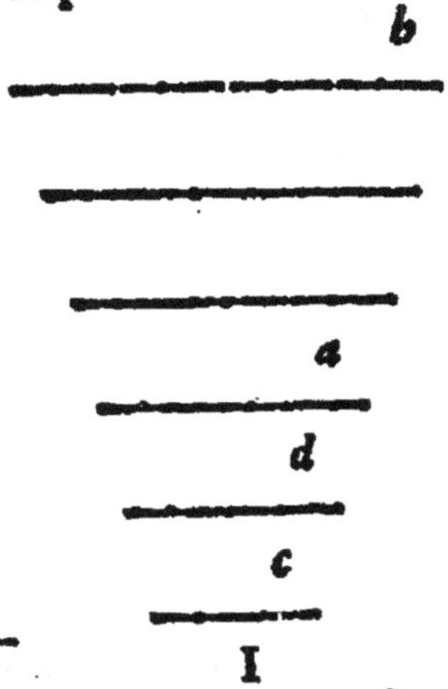

La prima parte de questo correlario è manifesta (per la premessa,) perche tutti li quadrati sono superficiali simili. La seconda è manifesta da questa, conciosia che solo il quadrato è simile al quadrato. La terza parte è manifesta dalla prima parte de esso correlario, per destruttione del consequente. Et la quarta è manifesta per la seconda parte del medesimo anchora per destruttione del consequente.

Theorema.3. Propositione.3.

3/3 Se un numero cubo sia dutto in se medesimo, quello che serà produtto da quello serà cubo.

Sia, a, numero cubo dal qual dutto in se sia fatto, b, dico, b, esser cubo perche essendo, c, il lato cubico de a. & dal, c, in se, sia fatto, d, è manifesto adonque che dal, c, in d, uien fatto, a, sono adonque la unità, c, d, a, continuamente proportionali, laqualcosa (per la decima ottaua propositione del settimo libro & per li presenti presuppositi) è manifesto. Et perche dal. a. al. b. e si come dalla unità al. a. imperoche quante uolte è la unità in. a. tante uolte serà, a, in, b, seranno fra, a, &, b, duoi numeri medij secondo la proportionalità continua (per la ottaua propositione dello ottauo libro) conciosia adonque che, a, sia cubo (dallo presupposito) serà anchora (per la uigesima prima del medesimo), b, cubo che bisognaua dimostrare.

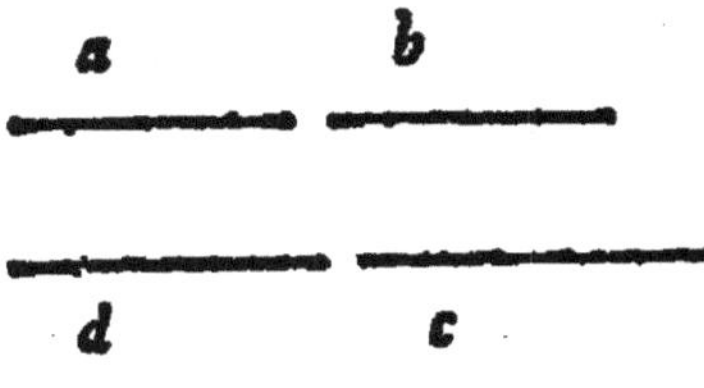

Theorema.4. Propositione.4.

4/4 Se un cubo sia dutto in un'altro cubo, quello che da tal multiplicatione serà produtto serà cubo.

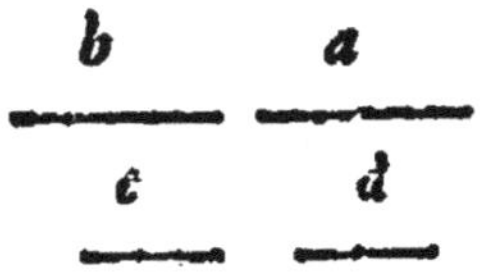

Sian. a. & . b. cubi, et dal, a, in, b, sia fatto, c, dico, c, esser cubo, & per dimostrar tal cosa, sia dutto, a, in se medesimo e sia fatto, d, (per la precedente) el detto, d, serà cubo, & (perche per la decima ottaua propositione del settimo) del, a, al, b, e si come del, d, al, c, (per la uigesima quarta del ottauo) è manifesto, c, esser cubo che è il proposito.

Theo-

Theorema. 5. Propositione. 5.

5/5 Se uno numero cubo ferà dutto in un'altro numero, & che lo produtto sia cubo, lo numero in elqual è stato dutto è necessario esser cubo.

Esempli gratia sia, a, numero cubo. e quel dutto nel numero, b, produchi. c. qual c, sia numero cubo. dico, b, esser cubo. Et per dimostrare questo sia fatto, d, dal dutto del, a, in se elqual (per la auante della precedẽte) ferà cubo, perche adonque (per la decima ottaua propositione del settimo), a, al, b, e si come, d, al, c, &, a, e cubo & d, &, c, sono cubi (per la 24. del ottauo libro), b, ferà cubo che è il proposito.

Correlario.

5/0 Onde è manifesto che dal dutto di uno numero cubo in uno numero non cubo uien produtto numero non cubo, Et dutto il cubo in alcuno numero se quello che uien produtto da quelli ferà non cubo, quel numero in elquale ferà stato dutto è necessario esser non cubo.

La prima parte del correlario è manifesta per questa quinta dalla destrutione del consequente. La seconda per la premessa similmente dalla destruttione del consequente.

Theorema. 6. Propositione. 6.

6/6 Se dal dutto de qualche numero in se medesimo sia produtto numero cubo el se approua quel numero necessariamente esser cubo.

Sia che dal, a, in se medesimo sia fatto, b, & sia, b, cubo. hor dico necessariamente, a, esser cubo. & per dimostrar questo sia fatto, c, dal, a, in, b, & (per la diffinitione), c, ferà cubo, & perche è manifesto (dalla decima ottaua propositione del settimo) che sia del, a, al, b, si come del. b. al, c, & conciosia che, b, &, c, sian cubi, seguita (per la uigesima quarta propositione del ottauo libro), a, esser cubo che è il proposito.

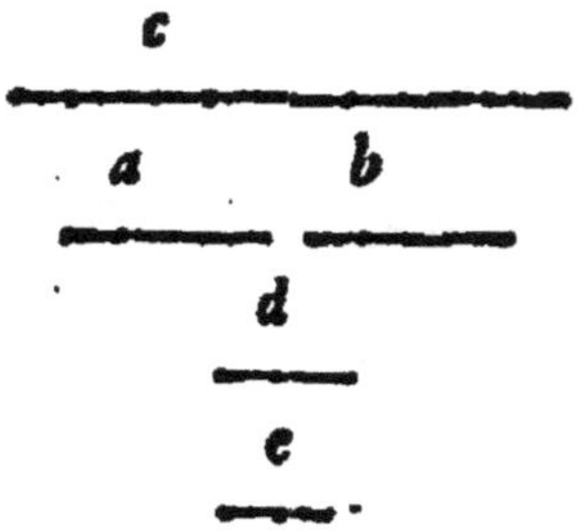

Theorema. 7. Propositione. 7.

7/7 Se un numero composito sia dutto in qual numero si uoglia, quello che da tal multiplicatione ferà produtto ferà solido.

Sia, a, numero composito, elqual sia dutto in, b, & peruenga, c, dico, c, esser numero solido perche conciosia che, a, sia numero composito uien numerato da alcun

numero

numero elqual sia, d, & numeri quello secondo, e, perche adonque dal, e, in, d, uien fatto, a, & dal, a, in, b, uien fatto, c, (per la diffinitione di solidi) serà, c, solido & li lati di quello seranno, e, d, b, che è il proposito.

Theorema.8. Propositione..8.

8 Se seranno piu numeri dalla unità continuamente proportionali, el
8 terzo della unità serà quadrato, e da li in dietro sempre intermesso uno, & il quarto dalla unità serà cubo, & da li in dietro sempre intermessi duoi & anchora il settimo dalla unità è quadrato cubico & da li in dietro sempre itermessi cinque seguitarà cõtinuamente quadrato cubico.

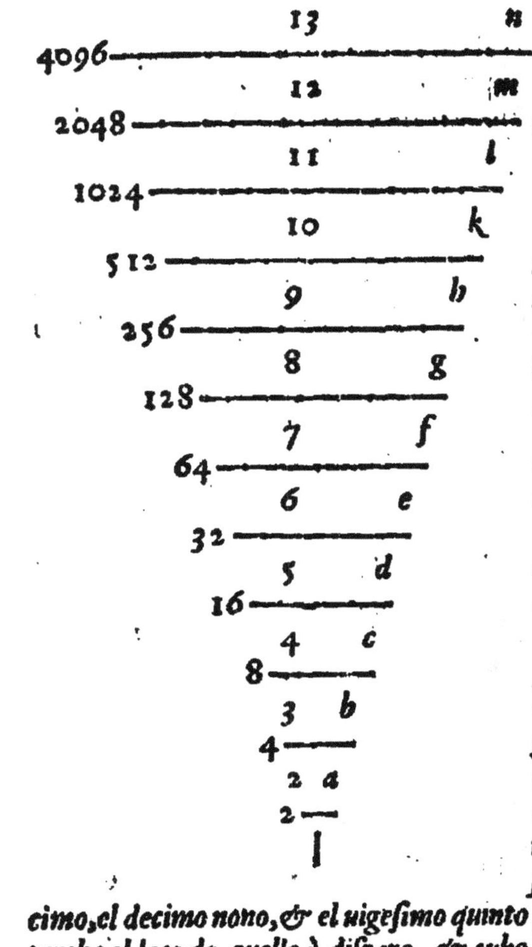

Siano dalla unità, a, b, c, d, e, f, g, h, k, l, m, n. continuamente proportionali dico. b. esser quadrato et el. d. (interlassando el, c,) et cosi li altri sempre interlasando uno, onde semplicemente tutti quelli che stanno in li luochi dispari sono quadrati, come el terzo el quinto, el settimo. Anchora dico. c. essere cubo & similmente. f. (cioe interlassando duoi) & cosi in tutti li altri, & ogn'uno semplicemente e cubo, el luoco del quale soprabõda della unità per il ternario, ouero qual si uoglia multiplice de esso ternario, sopra la unità come sono, el quarto, el settimo, el decimo, el terzo decimo & il sestodecimo, perche in questi conuengono tutti quelli, che interlassano li duoi. Et anchora dico, f, dalla unità, settimo, essere quadrato cubico. Perche et similmente ui e intermessi. ouero interlassadi cinque numeri. Il medesimo seguita nelli altri & semplicemente dico quello el luocho del quale soprabonda dalla unità per el numero senario (oue ro per qual si uoglia multiplice di esso senario) come sono el settimo el terzo decimo, el decimo nono, & el uigesimo quinto, esser quadrato cubico, eglie quadrato perche el loco de quello è disparo, & cubo perche sopra el multiplice del ternario auanza la unità certamente tutti li multiplici del senario è necessario esser anchora multiplice del ternario. Et tutte queste cose che son state proposte se manifestano in questo modo. perche (dal presupposito). a. e in. b. quante uolte e la unità in. a. adon-

a.adonque.b. (per la diffinitione) è quadrato, perche adonque, b, c, d, sono continuamente proportionali essendo, b, quadrato è manifesto (per la decima ottaua propositione, ouero uigesima prima del ottauo libro). d. essere quadrato & per la medesima ragione, f, perche, d, e, f, sono continuamente proportionali & .d. è quadrato el medesimo in tutti li altri dall'uno intermesso, adonque il primo proposito è manifesto. El secondo cosi se manifesta essendo, b, in, c, quante uolte è, a, in, b, (dal presupposito) seguita (per la diffinitione) che dal, a, in el suo quadrato, b, sia fatto, c, adonque (per la diffinitione di numeri cubi), c, e cubo, & perche, c, d, e, f, sono continuamente proportionali, & similmente, f, g, h, k. &, c, e cubo è necessario (per la uigesima & uigesima seconda propositione del ottauo libro) che, f, anchora sia cubo e pero etiam. K. & el medesimo in tutti li altri da duoi interlassadi, per laqual cosa è manifesto el secondo proposito. Et perche in el settimo termine, f, & in el tertiodecimo n. & li altri interlassando li cinque medij & simplicimente in tutti quelli diquali el luoco sopra qual si uoglia moltiplice del senario aggionge la unità le computationi sono terminate de quadrati & de cubi. de quadrati per la intermissione di uno termine de cubi per la intermissione, de doi seguita adonque quelli esser quadrati (per la prima parte de questa) & cubici (per la seconda) per laqual cosa le dette computationi sono terminati di quadrato cubico Adonque tutto quello che è detto è manifesto.

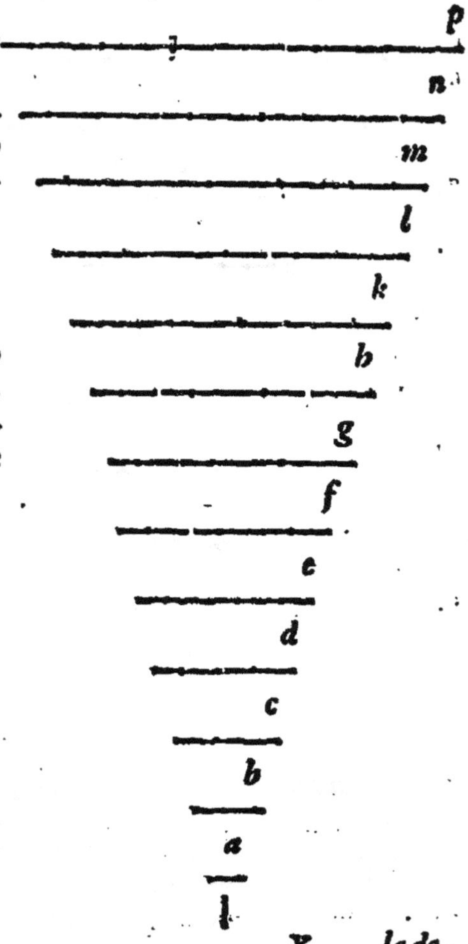

Theorema.9. Propositione.9.

9 9 Se dalla unità seran dispositi quanti numeri si uoglian di continua proportionalità, se quello che seguita la unità sarà quadrato, tutti li altri anchora saranno quadrati: & se quello che seguira la unità sarà cubo, tutti li altri anchota saranno cubi.

Siano quelli medesimi per auanti posti dalla unità continuamente proportionali. & sia, a, quadrato, dico tutti li altri essere quadrati, ouer se el medemo sarà cubo similmente, dico tutti li altri essere cubi, perche egliè manifesto, b, esser quadrato (per la precedente) perche adonque del. a. al. b. e si come del, b, al, c, (per la uigesima prima dell'ottauo) seguita, c, esser quadrato, el medemo anchora (per

X la de-

la decimaottaua & uigesimaprima del medemo) tu puoi arguire, delli seguenti il medemo, & per il medemo modo, per laqual cosa è manifesto il primo proposito, & lo secondo se manifesta in questo modo, conciosia che, b, sia fatto del, a, in se medesimo, se, a, sarà cubo esso anchora (per la terza sarà cubo) et (per la premessa) e manifesto. c. esser cubo, adonque (per la uigesimaquarta del ottauo) tu approuarai. d. & tutti li altri seguenti essere cubi. perche è del, a, al, b, si come del, c, al, d, el medemo anchora tu puoi arguire (per la uigesima ouer uigesimaseconda del medesimo) perche, a, b, c, d, & b, c, d, e, & tolti cadauno a quattro continuamente, sono continuamente proportionali.

Theorema. 10. Propositione. 10.

10/10 Se dalla unità saranno dispositi qnanti si uogliano numeri de continua proportionalità, se quello che seguita la unità non sarà quadrato, alcuno delli altri non sarà quadrato, eccetto el terzo dalla unità, & da quelli che da li in dietro da uno intermesso si trouano quadrati. & se el secondo dalla unità non serà cubo niuno delli altri sarà cubo. eccetto el quarto dalla unità, et da li in dietro quelli che dalla intermission de duoi sono formati cubi.

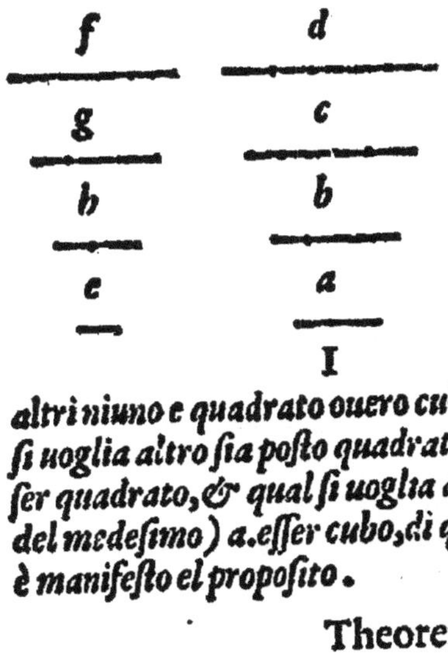

Questa (dal opposito subietto della precedente) introdusse la parte della opposita passione, & dico parte, perche dalla ottaua è manifesto tutti li luochi dispari esser quadrati, & tutti quelli di quali el luoco sopra el ternario, ouer qual si uoglia multiplice di quello auanza la unità esser cubi, siano adonque quelli medesimi per auanti posti continuamente proportionali, & non sia. a. quadrato, ne etiam cubo. hor dico che de tutti li altri niuno e quadrato ouero cubico se nõ quelli che propone la ottaua, perche qual si uoglia altro sia posto quadrato. seguita (per la uigesimatertia dell'ottauo). a. esser quadrato, & qual si uoglia altro sia posto cubo. seguita (per la uigesimaquarta del medesimo) a. esser cubo, di quali l'uno e l'altro è contra al presupposito, adõque è manifesto el proposito.

Theorema. 21. Propositione. 21.

11/12 Se alcuno numero primo numerarà l'ultimo de quanti numeri si uoglia dalla unità dispositi di continua proportionalità, e necessario anchora numerare quello che seguita la unità.

Siano dalla unità per fin al, d, continuamente proportionali, & sia, e, numero primo, el qual sia posto numerare, d, dico che el medesimo, e, numerarà, a, perche se non lo numera sarà, e, esso primo (per la trigesimaquarta del settimo libro) e perche

che dal, a, in se uien fatto. b. seguita (per la uigesima ottaua del medesimo libro) che esso anchora sia primo al, b, & (per la uigesima settima del medesimo) seguita quello essere primo al, c, & al, d, impero che da, a, in, b, uien fatto, c, et dal medesimo in, c, uien fatto, d, adōque qual non numera. d, essendo primo a esso, d, per laqual cosa accade el contrario del presupposito. A demostrare el medesimo altramente, essendo, e, primo se'l nō numera, a, serà primo a esso (per la trigesima quarta del settimo) adonque (per la uigesima quinta del medesimo) seranno minimi in la sua proportione. ma perche, e, (dal presupposito) numera, d, sia che lo numeri secondo, f, ueramente è manifesto che dal, a, in, c, uien fatto, d, (per la seconda parte della uigesima del settimo) serà del, a, al, e, si come del, f, al, c, per laqual cosa (per la uigesima seconda del medesimo), e, numerarà, c, & sia che'l lo numeri secondo, g, & perche dal, a, in, b, uien fatto, c, seguita anchora (per le medesime & per el medesimo modo che el medesimo, e, numeri, el, b, hor sia adonque che lo numeri secondo, h, et perche un'altra uolta dal, a, in se uien fatto, b, un'altra uolta è necessario (per le medesime propositioni) che el detto, e, numeri esso, a, & gia è stato supposto che'l non lo numeri adonque seguita lo impossibile.

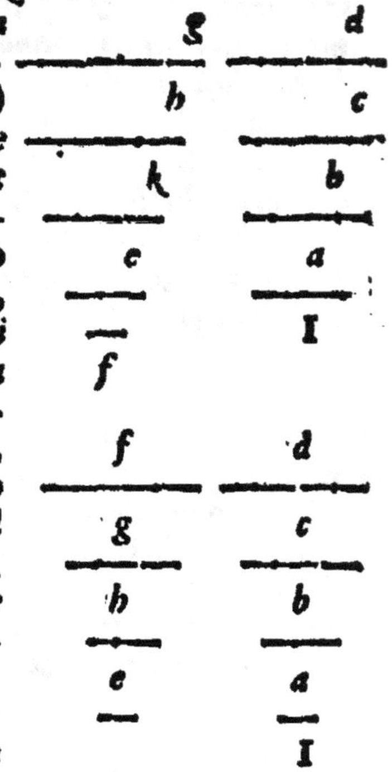

Theorema. 12. Propositione. 12.

11/12 In li numeri della unità continuamente proprotionali el minore numerarà el maggiore secondo alcuno numero disposito in quella proportionalità.

Siano termini dalla unità per fin al, f, continuamente proportionali dico nium de essi poter numerare, f, se non secondo alcun delli altri, perche egliè manifesto che, e, numera esso, f, secondo, a, perche dal, e, al, f, e si come della unità al, a, &, d, numera el medemo, f, secondo, b, perche (per la equa proportionalità) el, d, al, f, e si come la unità al, b, del, c, anchora è manifesto per el medesimo modo che numeri quello secondo se medesimo. permutatamēte, anchora, a, numera esso, f, secondo, e, imperoche si come la unità al, e, cosi è, a, al, f, et, b, lo numera secondo, d, perche si come la unità al, d, cosi e, b, al, f, uero è adonque quello che è sta proposto. Certamente ciascaduno termine che se prepona numerare l'ultimo de quāti termini serà sotto l'ultimo el se conuēce (per la equa proportionalità, & per la diffinitione) numerate quello per el numero de quel termine, che per altri tanti termini serà sopra alla unità.

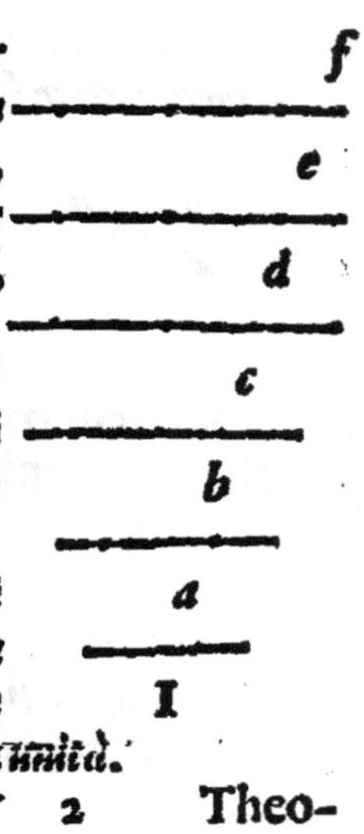

Theorema.13. Propoſitione.13.

13 Se quello numero che ſeguita la unità, de quanti numeri ſi uoglia
13 dalla unità continuamente proportionali, ſerà numero primo, niuno numero numerarà el maſsimo de quelli ſe non de numeri diſpoſti in quella proportionalità.

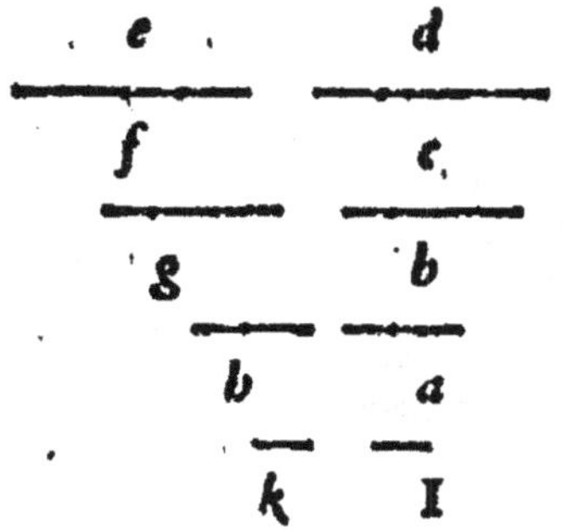

Siano come per auanti li medeſimi termini continuamente proportionali dalla unità per fina al, d, et ſia, a, numero primo. dico che niuno numero numerarà l'ultimo ne ſimplicemente alcuno de quelli ſaluo alcuno de quelli che antecede l'ultimo, ouero quello che ſia ſta poſto eſſer numerato perche ſe poſſibile fuſſe eſſer altramente (per l'aduerſario) poniamo che ſia, e, diuerſo da quegli che numeri el, d, el qual, e, ſe ſerà primo (per la undecima numerarà, a,) adonque, a, non è primo che contra il preſuppoſito. Ma ſe eſſo ſerà compoſito è neceſſario (per la trigeſima ſeconda del ſettimo) che alcun numero primo numeri quello elqual non puol eſſer niuno altro ſaluo, a, perche ſe eglie altro che, a, (per l'aduerſario) come ſeria a dire, f, & concioſia che'l ſia neceſſario quello numerar. d. ſe arguirà, el medeſimo numerar, a, (per la undecima) e coſi anchora, a, non ſeria primo. adonque, a, e, primo numerante, e, ma perche e, numera, d, ſia che'l lo numeri ſecondo, g, & (per la ſeconda parte della uigeſima del ſettimo libro) ſerà, a, al, e, ſi come, g, al, c, (perche, d, uien fatto dal, a, in, c,) per laqual coſa, a, numerando, e, &, g, numerar. c. & ſia che'l lo numeri ſecondo. h. & ſeguita che, a, numeri, g, per quelle ragioni, per lequale ſeguitaua che numeraua, e, altramente ſe, g, e primo numerãdo, c, ſeguita (per la undecima) eſſo numerar, a, et ſe glie compoſito (per la medeſima) ſeguita el numero primo numerante, g, numerare etiam a che è inconueniente. Adonque. a. numera quello ſeguita adonque (per la ſeconda parte della uigeſima del ſettimo) che, h, numeri anchora, b, impero che è manifeſto, c, eſſer produtto ſi dal, a, in, b, come del, g, in, h, adonque eſſo, h, numeri eſſo, b, ſecondo. k. Et è manifeſto (come per auanti del, g,) che. a, numeri, h, perche ſe non lo numera non ſera, a, primo. Adonque (per la ſeconda parte della uigeſima prima del ſettimo) ſeguita che. k. numeri. a. perche, b, e fatto ſi dal, a, in ſe medeſimo come del, h, in, k, & è manifeſto, k. non eſſer, a, perche niuno di numeri. g. h. k. e alcuno delli. a. b. c. d. perche ſe, g, fuſſe alcun de quelli, conciosia che eſſo numeri, d, ſecondo, e, ſeria (per la precedente) anchora, e, alcuno de quegli & quel non era dal preſuppoſito, adonque ne etiam el, g, ne ſerà, ſimilmente conciosia che, h, numeri, c, ſecondo, g, non ſerà, h, alcun di, a, b, c, perche el ne ſeria (per la precedente) etiam, g, & è ſtato dimoſtrato qualmente el non è. Adõque per la medeſima ragione ne, h, ne, k, conciosia che eſſo numeri, b, ſecondo, h, ſe quel fuſſe, a, ſe conuenceria (per la precedente) anchora, b, eſſer, a, & gia non era ne. k.

ne, k, adonque serà, a, & numera quello adonque, a, non è primo laqualcosa è impossibile. A demostrare il medesimo altramente se, e, diverso da, a, b, c, d, numera, d, sia che'l lo numeri secondo, f, & perche, a, numero primo numera, d, produtto dal, e, in, f, seguita per la trigesima quinta del settimo, che quel numeri. e, overo, f, numeri adonque, e, perche adonque si del, a, in, e, come del, e, in f, vien fatto. d. per la seconda parte della uigesima del settimo, serà del, a, al, e, si come del, f, al, c, adõque, f, numera, c, sia che, f, lo numeri secondo, g, & per la trigesima quinta del settimo serà anchora che, a, numeri, f, over, g, & sia che numeri, f, & seguita, per la seconda parte della uigesima del medesimo che, g, numeri, b, & sia che lo numeri secondo, b, come per avanti adonque, a, numerarà, g, over, b, & sia che numeri, g, adonque, b, per la seconda parte della uigesima prima del settimo numerarà, a, adõque se, b, non è equale al, a, adunque, a, non serà primo, che è contra il presupposito. Ma se la serà equale al, a, ciascaduno, di numeri, g, f, e, seran alcuno di, a, b, c, d, per la precedente, tolta quante uolte bisogna. Adonque, e, non è diverso da quelli laqualcosa è anchora contra al presupposito, per tanto è manifesto esser el vero quello ch'è sta proposto.

Theorema. 14. Propositione. 14.

14/14 Se serà proposto el minimo numero, numerato da piu numeri primi assignati, niun'altro numero primo, numerarà quello eccetto, che quelli assignati.

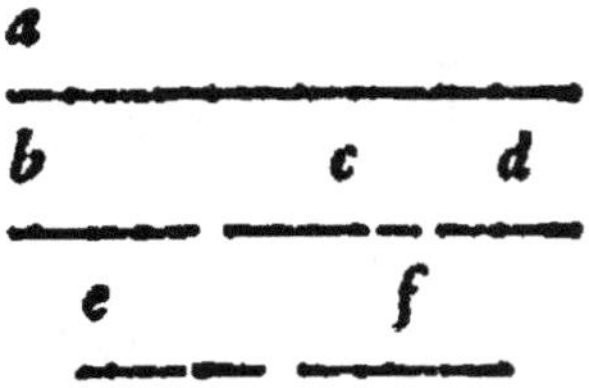

Sia. a. el minimo numero numerato dalli numeri primi, che sono, b, c, d. Dico che altro numero primo, eccetto che quelli non numerarà, a, & se possibil fusse per l'aduersario che un'altro numero primo lo numerasse, poniamo che sia, e, elquale numeri quello secondo. f. adõque perche cadaun o di numeri, b, c, d, numera, a, produtto de, e, in, f, & cadauno de quelli è primo, seguita (per la trigesimaquinta propositione del settimo libro,) che ciascaduno de quelli numeri, e, overo, f, ma perche nissuno numera, e, conciosia che egliè primo, adonque ciascaduno di quelli numera, f, conciosia adonque che, f, sia minore de a, (perche lui numera quello secondo, e,) a. non sarà el minimo numerato da quelli, laqualcosa è inconueniente.

Theorema. 15. Propositione. 15.

15/0 Se quanti numeri si uoglia, continuamente proportionali, seranno li minimi secondo la sua proportione, ciascuno numero, che numeri alcuno de quelli, sarà commensurabile a l'altro di termini di quella proportione.

Se siano, a, b, c, d, e, continuamente proportionali, & li minimi secondo la proportione de, f, al, g, liquali siano pur in la sua proportione minimi, & essendo posto, b, numerare.

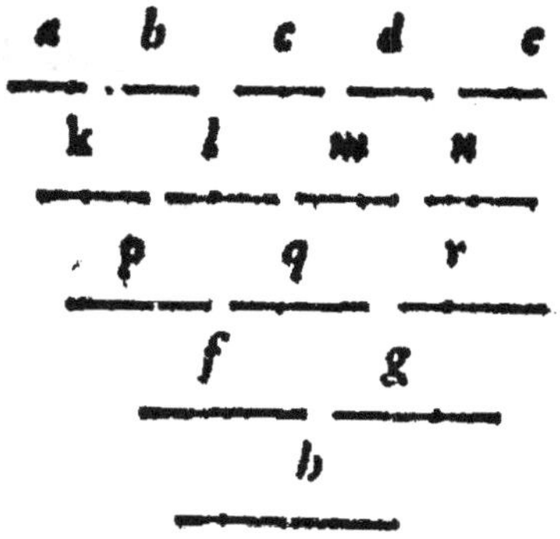

numerare.c. dico che.h. è commensurabile al .f. ouero al.g. perche essendo tolti li quattro minimi in quella proportione, liquali siano.k.l.n. m. etiã è manifesto (per la seconda propositione dello ottauo libro) che dallo.f.in.m.uiene fatto,c,altramente, accaderia essere uno minore del minimo, laqual cosa essere non puo. adonque (per il correlario della trigesimaquinta propositione del settimo libro) h.sarà commensurabile allo,f,ouero allo,m,ma se sarà commensurabile allo,f,è manifesto el proposito, ma se sarà commensurabile allo,m, siano tolti li tre termini minimi in quella proportione, liquali siano.p.q.r.& (per la seconda propositione dello ottauo libro) sarà che.m.sia fatto de.f.in r.accio che non siamo constretti a conceder essere alcuno minore del minimo, per laqual cosa (per il predetto correlario.).h.è commensurabile allo.f.ouero allo.r. ma perche non era commensurabile allo.f. perche essendo cosi si manifestaua il proposito, adonque è commensurabile allo.r.elquale per essere fatto (per la seconda propositione dello ottauo libro) dal.g.in se seguita (per il detto correlario) che h. sia commensurabile al.g.che è il proposito.

Theorema.16. Propositione.16.

16 / 15 Se seranno quanti numeri si uoglia continuamente proportionali, minimi in la sua proportione, qual si uoglia di quelli, se approua necessariamente essere primo al composito delli rimanenti.

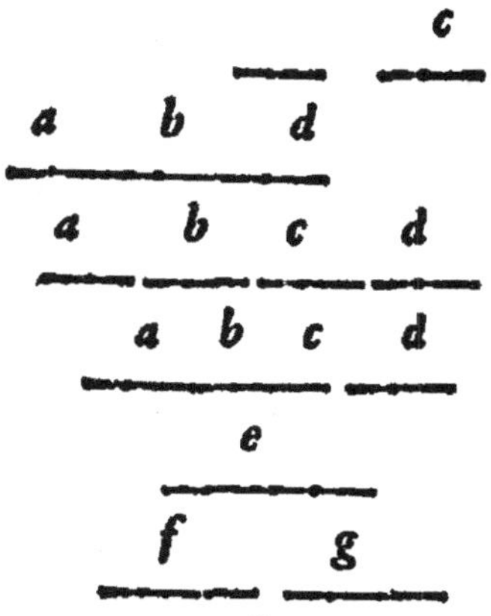

Siano,a,b,c,d,continuamente proportionali, & minimi, dico che el composito de,a,b,c,essere primo al. d. perche se'l non sarà primo (per l'aduersario) alcuno numero numerarà el detto cõposito de. a.b.c. & d.elqual sia.e.per la precedente propositione) adonque, e, sarà communicante a uno de duoi termini di quella proportione, liquali siano.f.& g.adonque sarà alcuno numero numerante.e. & l'uno delli detti duoi termini. f. g. elquale sia. h.perche adonque.h.numera.e.numerarà.d. & el composito de.a.b.c.& perche numera.f. ouero.g. l'uno & l'altro de quali numera l'uno et l'altro di duoi termini di mezzo, & simplicemente tutti se saranno, piu de duoi (per la seconda dell'ottauo) seguita che esso numeri.b.& e.adõque numera ancor.a.pche numera tutto.a.b.c.adõq;.a.&.d.nõ sono contra se primi, laqualcosa non è conueniente (per la terza dell'ottauo) similmente anchora si manifestarà el composito de,a,b,d,esser primo al,c,perche se (come

me per auanti,)e,li numera ambiduoi,seguita(per la precedente) che alcun numero, elqual sia anchora.b.numeri.e.& l'un di duoi.f.g.adonque,b,numera,e,& tutto, a, b, d, & etiam.b.(conciosia che l'una e l'altra radice numera tutti li termini di mezzo, adonque numera etiam il composito de,a,&,d,& perche necessariamẽte numera l'un di doi,a,ouer,d,conciosia che(per la precedente lui numera o l'un o l'altro di dui termini.f.ouer.g.)numerarà il rimanente, Adonque.a.&.d.non sono contra se primi & cosi serà il medesimo inconueniente come per auanti. Ma alcuni demostrano il medesimo de tre quantità continuamente proportionale,& minime senza ausilio della precedente,perche approuano el composito de qualunque duoi esser primo al rimanente. Siano adonque li tre numeri continuamente proportionali,& minimi.a. b.c,li termini diquali siano.d.et.e. Dico al presente che el composito del.a.&.b.esser primo al.c.& el composito de.b.et.c.esser primo al.a.e anchora il composito del. a.&.c.esser primo al.b. perche eglie manifesto (per la seconda propositione del ottauo) che dal.d.in se uien fatto.a.& dal dutto del medesimo in.e.uien fatto.b. & dal e.in se uien fatto.c. & (per la uigesima terza del settimo) e manifesto che.d. &.e.sono contra se primi adonque (per la prima parte della trigesima prima del medesimo)tutto.d.e.serà primo all'uno, e l'altro de quelli perche adonque l'uno,e l'altro di duoi numeri .d. & .d.e.e primo al.e. & (p la uigesima settima del medesimo)quello che uiẽ produtto dal,d.in.d.e.(et quello e il composito de.a.&,b,per la.5.delle sequente)serà primo al.e.seguita adonque(per la uigesima ottaua del medesimo)che anchora il composito de.a. &.b. sia primo al.c.perche.c.uien fatto dal.e.in se. Anchora con simil demostratione tu approuerai il composito de.b.&.c.esser primo al.a. Ma che il composto del.a.&.c. sia primo al.b.se demostra in questo modo.Conciosia che l'un, e l'altro di duoi numeri.d.&.e.sia primi a tutto el.d.e(per la uigesima settima del.7.)serà che quello che uiene produtto del.d.in.e.(elquale e.b.) esser primo al.d.e.adonque (per la uigesima ottaua del medesimo)quello che peruien dal.d.e.in se ilquale(per la quarta del secondo per la.6.delle sequente) e tanto quanto el composto del.a.&.c.et del doppio del.b.serà primo al.b. Seguita adonque el composito de.a.&.c.esser primo al.b.perche eglie necessario che sel composto de duoi termini è primo a uno di quelli dalli quali è composto,sia primo al restante,etiã li componenti fra loro e questo è stato dimostrato sopra la trigesima prima del settimo. Ma bisogna stabilire a fortificatione de questa demostratione el composito del.a.&.b.esser produtto dal.d. in el composito del.d.&.e.supposto che dal.d.in se sia fatto.a.& dal medesimo in.e.sia fatto.b.& anchora che dal.d.e.in se sia produtto il composito del. a.&.c.& del doppio del.b.soppotto quello che per auanti, etiam che dal.e.in se sia fatto.c. Adonque per rispetto de questo preponemo da demostrare le sottoscritte.

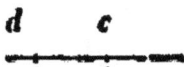

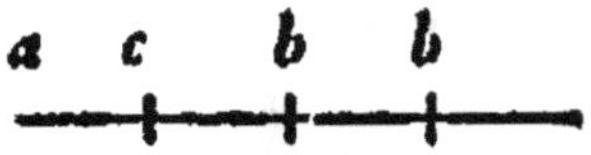

1 Quello che uien fatto dal dutto de uno numero in quanti numeri ſi uoglia è tanto quanto quello che uiene fatto del medeſimo in el compoſito di quelli.

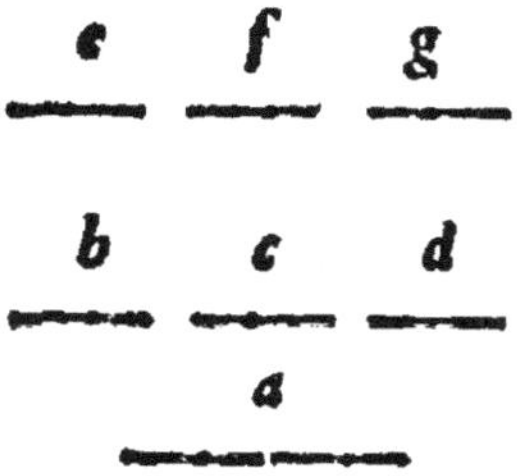

Il medeſimo propone la prima del ſecondo de linee.hor ſia che dal.a.in.b. & in.c.& in.d.peruenga.e.& .f.& .g. Dico che dal. a. in el compoſito de. b.& .c.& .d.peruien il compoſito de.e.& .f.& .g. perche el ſeguita (per la conuer ſione de quello numero, che ſia multiplicado) che tal parte ſia.b.del.e.& tala. c. del.f. etiam tala.d.del.g.quala è la unità del.a.(per la quinta del ſettimo) adonque, tal parte anchora ſerà il compoſito de.b. & . c. & . d. del compoſito del.e.et.f.& .g. quala è la unità del.a.adonque (per la diffinitione) dal.a.in el compoſito de.b.& .c.& .d.uien fatto il compoſito de.e.& .f.& .g.che è il propoſito.

2 Quello che uien fatto dal dutto de quanti numeri ſi uoglian in uno numero, è equale a quello che uiene fatto dal compoſito de quelli, in el medeſimo.

Queſto è il conuerſo modo de quello che è ſtato demoſtrato.

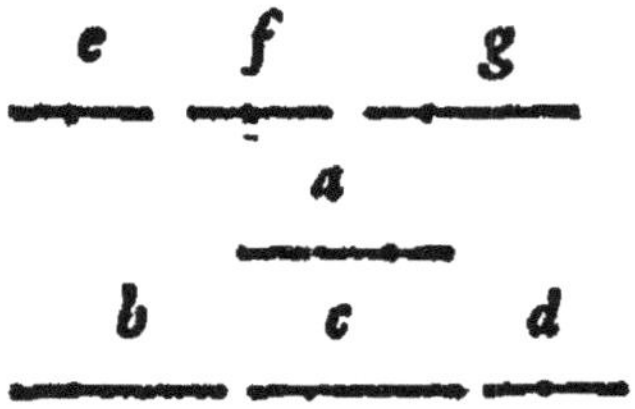

Come ſe dal.b.& .c.et d. in.a.ſian fatti.e.et.f.& .g. el compoſito anchora uien fatto dal compoſito in quel medeſimo laqual coſa (per quello che demoſtrato dalla decima ſettima propoſitione del ſettimo libro) uien concluſo facilmente el propoſito.

3 Quel produtto che uien fatto dal dutto de quanti numeri ſi uoglia in quanti altri ſi uoglia, è equale a quello che uien fatto dal compoſito de queſti in el compoſito de quelli.

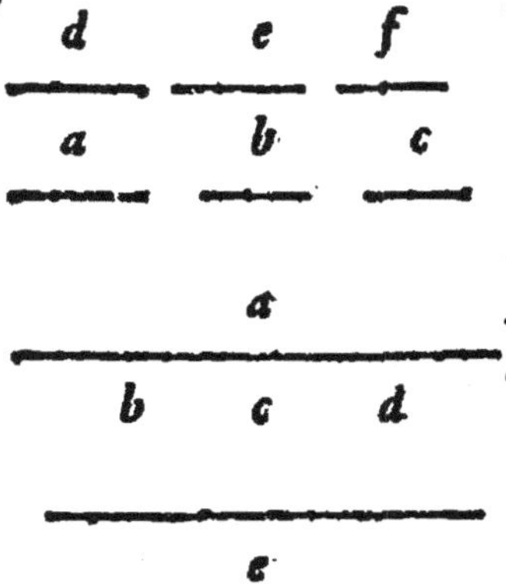

Come ſe. a. b.c. multiplichino.d.e.f.cioe cadauno de loro in cadauno de quelli & ſiano azonti li produtti inſieme dico lo aggregatto dalli produtti, eſſer equale al produtto del compoſito de.a.& .b.& .c.in el compoſito de. d.& .e. & .f. perche (per la precedente) il produtto che uien fatto dal compoſito de. a. b. c. in. d. è quanto quello che uien fatto a uno per uno in eſſo . d. & coſi in e.& .in.f. & del compoſito de queſti. a.b.c. in cadauno de quelli.d.e.f.(per auanti la precedente) fa quanto che del compoſito in el compoſito. Adonque è manifeſto il propoſito.

4 Diuiſo che ſia un numero in quanti parti ſi uoglia, tanto ſerà quel pro-

produtto che uien fatto de tutto quello in se medesimo quanto quello che uien fatto de quello in tutte le sue parti.

Il medesimo propone la. 2. del secondo de linee come se. a. fusse diuiso in. b. & .c. & .d. dico che tanto uien fatto dal. a. in se quanto in tutti quelli. b. c. d. perche posto. e. equale al. a. è manifesto (per la prima di queste incidente) tanto esser fatto del. e. in. a. quanto in tutte le parti de. a. Ma (per la concettione) del. e. in. a. uien fatto quanto del. a. in se & del. e. in se parti de. a. quanto del. a. in el medesimo. e. adonque è manifesto esser il uero quello ch'e sta detto.

5 D'ogni numero diuiso in duoi quel produtto che uien fatto del tutto, in l'uno di diuidenti, è tanto quanto quello che uien fatto del medesimo diuidenti in se, & in l'altro.

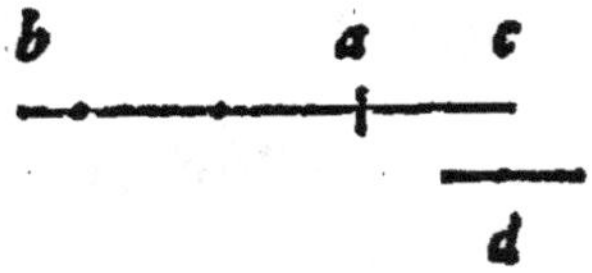

Il medesimo propone de linee la terza del secondo in linee esempli gratia, Sia. a. diuiso in. b. & .c. dico produrse tanto del. a. in. c. quanto che del. c. in se. & in. b. perche quello che uien fatto del. a. in. c. e quanto quello che uien fatto del. c. in. a. (per la decima settima del settimo) adonque tolto. d. equal al. c. serà tanto del. a. in. c. quanto del. d. in. a. Ma (per la prima di queste) tanto è del. d. in a. quanto che in. b. & .c. perche adonque. d. in. a. & in. b. & . in. c. è quanto. c. in. a. & . in. b. & in se per la equalità del. c. & de. d. è manifesto il proposito.

6 D'ogni numero in duoi diuiso lo produtto che uien fatto del durto del tutto in se è quanto quello che uien fatto del dutto dell'uno e l'altro di diuidenti in se, & dell'uno de quelli, due uolte in l'altro.

Il medemo in linee propone la quarta del secondo, come se. a. sia diuiso in. b. & . c. dico tanto essere fatto del. a. in se quanto del. b. in se & del. c. in. se & del. b. due uolte in. c. perche (per la quarta de queste) quello che uien fatto dal. a. in se è quanto quello che uien fatto de quel medesimo in. b. & . in. c. ma quello che è fatto di quello in. b. (per la precedente) è quanto quello del. b. in. se & in. c. & del. a. in. c. (per la medesima) e quanto del, c, in se & in. b. & perche del, c, in, b, e tanto quanto del, b, in, c, (per la decima settima del settimo) le chiaro esser el uero quello che se propone.

7 D'ogni numero diuiso in due parti equale, & in due inequale lo produtto che uien fatto della maggiore delle inequale in la minor, con lo quadrato dello intermedio è equale al quadrato della mitade del tutto.

Questo medesimo de linee propone la quinta del secondo, come se. a. b. sia diuiso in dui numeri equali liquali siano. a. c. & . c. b. & ancbora in dui inequali diquali il mag-

il maggiore sia, a, d, & minore, d, b. Dico che quel produtto che uien fatto de tutto. a, d, in, d, b, cõ il quadrato de, c, d, è equale al quadrato de, c. b. Perche (per la precedente) il quadrato de, c. b, è equale al quadrato de, c, d, e al quadrato de, d, b, & a quelle che uien fatto del, b, d, in, c, d, due uolte. Ma il dutto del, b, d, in se medesimo, e in, c, d, (per la prima propositione de queste) fa tanto quanto il dutto di quello medesimo in, c, b, e pero quanto che in, a, c, adonque del, b, d, in se & in, c, d, due uolte fa tanto quãto del medesimo, b, d, in, a, d, (per la medesima) adonque il quadrato de, c, b, supera quello che uien fatto del b, d, in, a, d, in el quadrato de, c, d, per ilche è manifesto il proposito.

8 Quando serà un numero diuiso in due parti equali, & che a quello serà aggiunto uno altro numero, lo produtto che uien fatto dello dutto de tutto il composito, in lo numero aggiunto, con il quadrato della mitade, equale al quadrato della mità, dello aggionto insieme.

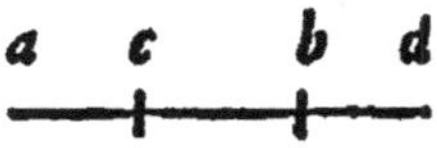

Questo medesimo de linee propone la sesta del secondo hor sia il numero, a, b, diuiso in duoi numeri equali liquali siano, a, c, & , c, b, & sia aggionto a quello il numero, b, d, dico quello produtto che uien fatto de tutto. a. d. in. d. b. cõ il quadrato de, c, b, esser equale al quadrato de, c, d, (per la sesta propositione de queste) el quadrato di, c, d, è equale al quadrato de, d, b, & al quadrato de, b, c, & a quello che uien fatto de, b, d, due uolte in, b, c, ma (per la prima de queste) del, b, d, in se & in, b, c, due uolte è quanto del, b, d, in, d, a, (perche, a, c, & , c, b, sono equali) adonque il quadratto de, c, d, supera quel produtto che uien fatto del, b, d, in, d, a, in el quadrato de. c. b. che è il proposito.

9 Quando uno numero sia diuiso in duoi numeri quel produtto che uien fatto, del tutto in se insieme con quello che uien fatto dell'uno di diuidenti se è equale a quello che uien fatto del tutto in el medesimo due uolte insieme, con quello che uien fatto dall'altro diuidenti in se.

El medesimo propone la settima del secondo de linee, perche se sia il numero diuiso in, b, & , d. Dico lo quadrato de, a, con lo quadrato del, d, esser tanto quanto quello che uien fatto dal, a, in, d, due uolte con lo quadrato del, b, perche egliè manifesto (per la sesta propositione de queste) che'l quadrato de, a, e, tanto quanto il quadrato de, d, & il quadrato de, b, & quello che uien fatto del, d, due uolte in. b. Adonque il quadrato de. a. con il quadrato de, d, e, tanto quanto quel che uien fatto del, d, due uolte in se & due uolte in, b, con il quadrato de, b. Ma quello che uien fatto del, d, due uolte in se & due uolte in. b. e quanto quello del, d, due uolte in, a, (per la prima de queste) adonque quello che uien fatto del, d. due uolte in, a, con il quadrato de, b, e quanto il quadrato de, a, con il quadrato de, d, per laqual cosa è manifesto il proposito.

Quando

10 Quando uno numero serà diuiso in duoi parti, & a quello sia aggiunto un numero equale a uno di diuidenti, el quadrato de tutto il composito è equale al quadruplo de quello che uien fatto del primo in lo aggiunto con il quadrato dell'altro.

Questo medesimo propone la ottaua del secondo de linee hor sia il numero, a, b, diuiso in, a, c, &, c, b, al qual sia aggionto, b, d, elqual sia posto equale al, c, b, dico il quadrato de, a, d, esser tanto quanto è quello che uien fatto dal, a, b, in, b, d, quattro uolte gionto con il quadrato de. a. c. impero che (per la sesta propositione de queste) il quadrato de. a. d. è equale al quadrato de. a. b. & al quadrato de, b, d, & a quello che uien fatto del. a. b. in b. d. due uolte, et perche il quadrato de. b. d. è equale al quadrato de. b. c. serà il quadrato de. a. d. equale al quadrato de. a. b, & al quadrato de. c. b. & a quello che uiē fatto dal, a, b, in, b, d, due uolte, ma (per la precedente) il quadrato de, a, b, con il quadrato de, c, b, è tanto quanto il quadrato de, a, c, con quello che uien fatto dal. a. b. due uolte. in. b. c. adonque il quadrato de. a. d. è tanto quanto quello che uien fatto del, a. b, in, b, d, due uolte & dal, a, b, in, b, c, due uolte con il quadrato de, a, c, et perche del, a, b, in, b, c, fa tanto quanto in, b, d, è manifesto esser il uero quello che stato proposto.

11 Quando un numero serà diuiso in due parti eqnali & in due inequale, li quadrati de ambedue le inequale tolti insieme sono il doppio del quadrato della mità, & del quadrato de quello che se intende dalla parte inequale alla equale tolti insieme,

Questo medesimo propone la nona del secondo de linee. hor sia il numero. a. b. diuiso in duoi numeri equali (liquali siano, a, c, &, c, b,) & in duoi inequali, liquali siano, a, d, &, d, b, dico che li quadrati di duoi numeri, a, d, &, b, d, tolti insieme, sono el doppio delli duoi quadrati delli duoi numeri. a. c. & . c. d. tolti insieme, perche (per la sesta di questo) il quadrato de, a, d, e quanto il quadrato de, a, c, & il quadrato de. c. d. & il doppio de quello che uien fatto de, a, c, in, c. d. ma perche. a. c. è equale al. c. b. serà il quadrato de. a. d. quanto il quadrato de. b. c. & il quadrato de. c. d. & il doppio de quello che uien fatto dal. b. c. in. c. d. Adonque il quadrato de. a. d. con il quadrato de. b. d. sono quanto il quadrato de. b. c. & il quadrato de. c. d. & il doppio de quello che fatto dal. b. c. in. c. d. & il quadrato de. b. d. Ma il doppio di quello che uiē fatto dal. b. c. in. c. d. con il quadrato de. b. d. è equale al quadrato de. b. c. & al quadrato de. c. d. (per la nona de queste) adonqne li qudrati delli duoi numeri. a. d. & . d. b. sono quanto li quadrati delli duoi numeri. b. c. & . c. d. duplicati, & perche. b. c. & . c. a. sono equali è manifesto il proposito.

12 Quando un numero serà diuiso in due parti equali & che a quello ne sia aggiunto un altro, El quadrato de tutto il composto cō il quadrato del-

to dello aggionto, sono doppij al quadrato della mità de quello, con il quadrato del composito, della mità, & dello aggionto.

El medesimo propone la decima del secondo de linee. Hor sia il numero.a.b.diuiso in le due parti equale a.c.& .c.b.& sia aggiunto a quello il numero.b.d.Dico il quadrato de.a.d.con il quadrato de.b.d.esser doppio al quadrato de.a.c. insieme con il quadrato de. c. d. perche essendo il numero. c. d. diuiso in due parti & a quel e aggiunto.a.c.equal a uno de diuidēti, (p la decima de questo) serà il quadrato de.a.d.quanto quello che uien fatto del.c.d.in.c.a.quattro uolte & poi aggionto con il quadrato de.b.d.& perche.a.c.è equale al.c.b.il quadrato de.a.d.serà quanto quello che uien fatto del.d.c.in c.b.quattro uolte gionto con il quadrato del.b.d. adonque il quadrato de.a.d.con il quadrato de.d.b.serà quanto quello che uien fatto del. d. c.in.c.b.quattro uolte.insieme con il doppio del quadrato de.b.d.& questo(per la nona propositione de queste) e doppio al quadrato de. c. d. insieme con il quadrato de. c.b.adonque contiosia che il quadrato de. c. b.sia equale al quadrato de.a.c.è manifesto il proposito.

13 Eglie impossibile a diuidere alcun numero talmente che quello che uien contenuto sotto dil tutto,& una delle parti di quello sia equale al quadrato di l'altra parte.

Quello che propone la undecima del secondo de far in linee, l'Author demostra questo esser impossibile i numeri, hor sia. a.b.qual si uoglia numero. Dico esser impossibile quello esser diuiso co si come se propone, perche essendo cosi seria diuiso secondo la proportione hauente il mezzo e duoi estremi, come è manifesto per la diffinitione, & per la trigesima propositione del sesto . Et se questo po esser(per l'aduersario)sia diuiso in. c. & sia del. a. b.al.b.c.si come del.b.c.al.c.a.adonque.a.c.serà minore del.c.b.sia adonque detratto da quello uno equale a lui, elquale sia.c.d.adonque perche la proportione de tutto. a. b. a tutto il.b.c.è si come del.b.c.(detratto dal.a.b.)al.c.d.(detratto dal. b.c.)la medesima serà per la. 12. del. a.c.(residuo del.a.b.)al.b.d.(residuo del.b. c.)per laqual cosa del.b.c.al.c.d.serà si come del.c.d.al.d.b.adonque.c.d.serà maggior del. b. d. Adonque detratto. d. e.de.c.d.(cioe che.d.e.sia equale al.d.b.)serà etiam la proportione de. b.c.al.c.d. si come del,c,d,al,d,e,per laqual cosa cosi serà de, d,b,(residuo de.c.b.)al,c,e,(residuo del,c,d,)adonque tu poi detraher,c,e,dal e,d,e per tanto el non si trouarà il fine di questa detrattione laqual cosa è impossibile.Hora ritornamo al nostro proposito.

Theorema.17. Propositione.17.

17 Se seranno duoi numeri contra se primi quanto che è il primo de
16 quelli al secondo, è impossibile esser tanto il secondo ad alcuno terzo.

Siano

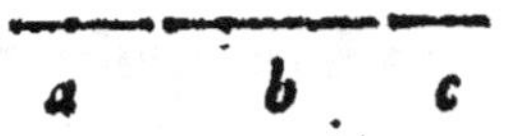

Siano.a. & .b.contra se primi. Dico essere impossibile di aggiongere a quelli alcuno altro numero in continua proportionalità. Perche se questo fusse possibile (per l'aduersario) sia.c.perche adonque.a.al.b.e si come del.b.al.c. & .a. & .b. sono minimi in la sua proportione (per la uigesima quinta propositione del settimo) seguita (per la uigesima seconda propositione del medesimo) che,a,numeri,b,ilquale conciosia, anchora che'l numeri se medemo.a. & b. non seranno contra se primi laqualcosa è il contrario di quello che è stato supposto.

Theorema. 18. Propositione. 18.

18/17 Se li duoi estremi de quanti si uoglian numeri continuamente proportionali, seranno contra se primi, e impossibile esser tanto l'ultimo ad alcun altro quanto è il primo al secondo.

Siano.a.b.c.continuamente proportionali, & siano,a,&,c,contra se primi, dico che non li puo essere aggiunto, a quelli un'altro numero in quella medesima proportione, perche se questo potesse esser (per l'aduersario) sia,d, perche adonque del,a,al,b, e si come del,c,al,d,permutatamente del,a,al,c,serà si come del.b. al.d. Ma.a. & .c.sono in la sua proportione minimi (per la uigesima quinta del settimo) adonque per la uigesima seconda del medesimo.a. numera.b.per laqualcosa etiam numera,c,perche di numeri continuamente proportionali, se'l primo numera il secondo, quel medesimo li numera tutti, & simplicemente qual si uoglia precedente numera qual si uoglia sequente, ma perche etiam numera se medemo, non serãno,a.&,c,contra se primi laqualcosa è inconueniente.

Theorema. 19. Propositione. 19.

19/18 Proposti duoi numeri puotemo considerare se possibile a quelli sia trouarui un terzo continuamente proportionale.

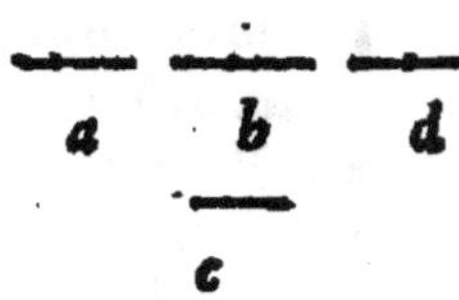

Siano.a. & .b.li duoi numeri proposti, uoglio cercar se a quelli pol esser aggiunto un terzo sotto continua proportionalità. Adonque se essi sono contra se primi e impossibile (per la decima settima.) Ma se sono compositi sia dutto. b.in se medesimo & peruenga.c.ilquale,a.lo numera sarani un terzo continuamente proportionale. Ma sel non lo numera non gli serà un terzo continuamente proportionale.perche numerãno quel lo secondo.d.serà quello che cercamo (per la seconda parte della uigesima del settimo) sia adonque che'l non numeri quello e che tamen (per l'aduersario) sia del a.al. b.si come del.b.al.d. Adonque perche dal.b.in se uien fatto.c.seguita (per la prima parte della uigesima del settimo) che dal.a.in.d.sia fatto il medesimo.c.adonque.a. numera.c.secondo.d. & era posto che'l non lo numeraua per laqual cosa seguita lo impossibile.

Theo-

Theorema.20. Propositione.20.

20 Dati tre numeri continuamente proportionali, puotemo cercare se
19 gli sia alcun quarto a quelli continuamente proportionale.

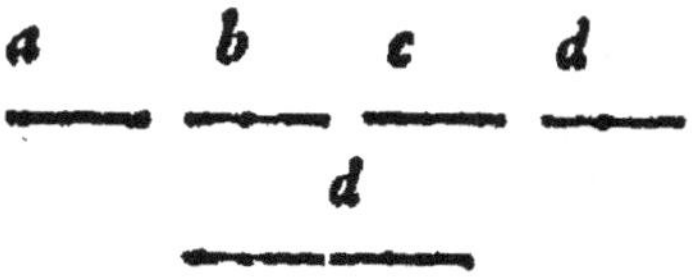

Siano.a.b.c.continuamente proportionali uoglio cercare se un'altro puol esser aggiunto, a quelli sotto continua proportionalità. adonque se. a.& .c.sono contra se primi, e impossibile (per la decimaottaua propositione) se sono compositi, sia. d.quello che peruiene dal, b, in, c, elquale, d,se, a, lo numera serà possibile esserui aggiunto un quarto, ma se'l non lo numera non serà possibile, perche numeranno quello secondo, e,elqual, e,serà quello elqual cercamo (per la seconda parte della uigesima del settimo) sia adonque che'l non numeri quello è niente di manco (per l'aduersario) che dal,a,al,b,sia si come dal,c,al,e. Adonque perche dal b,in c,uien fatto,d,seguita (per la prima parte della uigesima del settimo) che dal,a,in,e,sia fatto il medesimo,d,adonque,a,numera,d,secondo,c,& era posto che'l non lo numeraua.el medesimo tu puoi inuestigare in quanti proposti numeri si uoglia continuamente proportionali, perche se li duoi estremi siano contra se primi la intentione ha fine (per la decima ottaua) ma se siano compositi se'l primo numera el produtto del dutto del secondo in el ultimo. quel numero secondo elqual lui lo numera è quello che cercamo (per la seconda parte della uigesima del settimo) ma se'l primo non numera il detto produtto niun serà che possa esser posto perche posto qual si uoglia (per la prima parte del medesimo) secondo esso posto el primo numerarà el produtto equal era posto che'l non lo numeraua che è inconueniente.

Theorema.21. Propositione.21.

21 Dati quanti numeri primi si uoglia, è necessario esser alcuno nume-
20 ro primo da quelli diuerso.

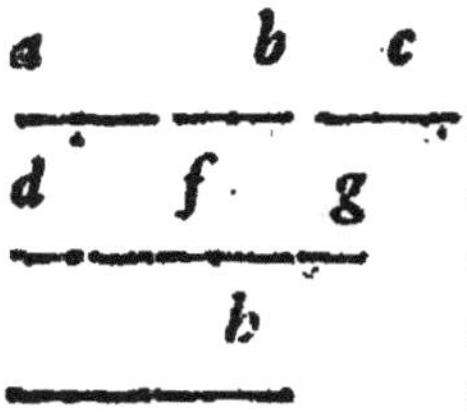

Niente altro se intẽde de demostrare saluo che li numeri primi siano infiniti, perche se siano, a,b,c,numeri primi, dico esser alcuno altro numero primo diuerso da quelli, perche se sia,d,f, el minimo numero che numerano li predetti numeri primi, al qual aggionta la unità sia fatto,d,g, elqual,d,g,o che egliè numero primo, ouer composito, se egliè primo è manifesto el preposito, se egliè composito alcun numero primo numera quello elqual sia.h.elqual.h. non è possibile esser alcun di primi proposti, perche se quello fusse alcun de quelli conciosia che qual si uoglia de essi numera, d,f, esso anchora numeraria el medesimo, & perche lui numera, d,g, bisognaria esso numerare,f,g,elqual è la unità laqual cosa è impossibile, el medesimo seguita posto,d,f,qual numero si uoglia che sia numerato da,a,b,c,per laqual cosa è manifesto il proposito.

Theo-

Theorema. 22. Propositione. 22.

22/21 Se seranno congregati insieme quanti numeri pari si uoglia, anchora tutto lo aggregato da quelli serà paro.

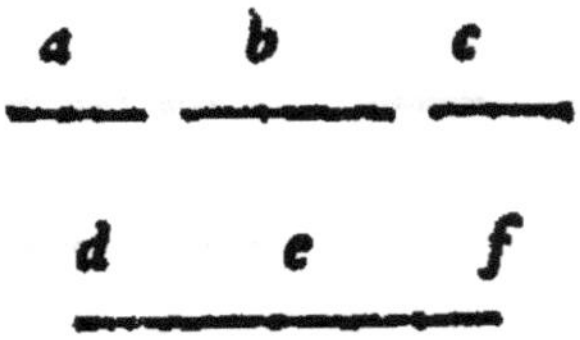

Sia cadauno di tre numeri. a. b. c. paro dico el composito da quelli esser paro perche (per la conuersione della diffinition) ciascaduno da quelli ha la mitade, Siano adonque le mitade de quelli, d, e, f, perche adonque si come del, a, al, d, cosi serà del, b, al, e, & del, c, al, f, adonque (per la tertiadecima del settimo) si come del. a, al, d, cosi serà tutto el composto de, a, b, c, a tutto el composto de, d, e, f, adonque, d, e, f, e la mità de, a, b, c, adonque, a, b, c, (per la diffinitione) e paro che è il proposito.

Theorema. 23. Propositione. 23.

23/22 Se numeri dispari, pari di moltitudine, seranno congregati insieme anchora tutto lo aggregato da quelli serà paro.

Sia cadauno di numeri, a, b, c, d, disparo, dico el composito de quegli essere numero paro, perche leuando uia a cadauno la unità è manifesto li residui esser pari, & perche quelle unitade leuade uia componeno numero paro (conciosia che sian de numero pare) è manifesto il proposito per la precedente.

Theorema. 24. Propositione. 24.

24/23 Se seranno congregati insieme numeri dispari, de moltitudine dispara, Anchora tutto lo aggregato da quelli è necessario essere disparo.

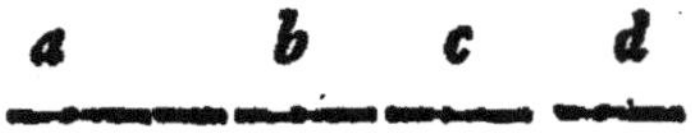

Sia cadauno di numeri. a. b. c. disparo. dico tutto il composito da questi esser disparo, perche el composito de, a, &, b, (per la precedente serà) paro & perche. c. leuata uia la unità è paro (per la auanti della precedente) tutto, a, b, c, leuata uia la unità serà paro, adonque (per la diffinition) è manifesto el tutto esser disparo.

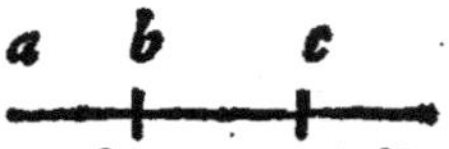

Theorema. 25. Propositione. 25.

25/24 Se da un numero paro, sia detratto uno numero paro, lo rimanente serà paro.

Sia. a. numero paro, dal quale sia detratto. b. elqual anchora sia paro, & lo residuo sia. c. dico, c, necessariamente esser paro, perche essendo, d, la mità de, a, & ancora, e, la mità de, b, & detratto, e, de, d, sia el rimanente, f,

te.f.(per la duodecima del settimo)serà del.c.al.f.si come del.a.al.d.perlaqual co sa,f,e la mità de.c.adonque.c,e paro che è il proposito.

Theorema.26. Propositione.26.

26/26 Se da un numero disparo sia detratto un numero disparo, lo rimanente serà paro.

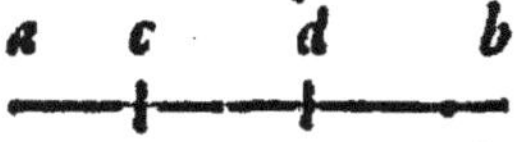

Sia.a.b.numero disparo dal qual sia detratto.b.c. elqual anchora sia disparo;dico lo rimanente(elqual e.a.c.) esser paro perche essendo detratto dall'uno e l'altro di duoi numeri.a.b.& .b.c,la unità,laqual sia.d.b.& l'uno e l'altro di duoi residui(liquali sono.a,d,&,d,c,)serà paro adonque(per la precedente)e manifesto,a,c,esser paro,che è el proposito.

Theorema.27. Propositione.27.

27/27 Se da un numero disparo serà sottratto un numero paro, quello che rimanerà serà disparo.

Sia,a,b,disparo,dalqual sia detratto,a,c,elqual sia paro,dico el residuo,c,b,esser disparo,& per dimostrar questo sia dettratta la unità,b,d,perilche,a,d,restarà paro,et perche,a,c,è paro (per la uigesimaquinta) c,d,serà paro adonque essendo,d, b, la unità serà.c.b.disparo che è il proposito.

Theorema.28. Propositione.28.

28/0 Se da un numero paro tu cauarai un numero disparo quello che rimanerà serà disparo.

Sia,a,b,numero paro, dalquale sia tolto.a.c, elquale sia numero disparo dico lo residuo,c,b,esser disparo & per dimostrar questo sia sottratta la unità de.a.c,(laqual sia, c,d,)&,a,d,serà paro adonque(per la uigesima quinta) anchora d,b, serà paro, adonque perche,d,c,e la unità seguita,c,b,esser disparo che è il proposito.

Theorema.29. Propositione.29.

29/28 Sel sera multiplicato uno numero disparo in un numero paro quel che se produrà da quelli serà paro.

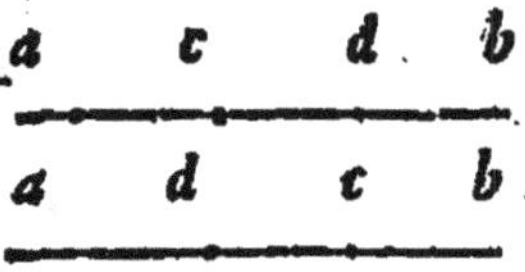

Per la uigesima terza è manifesto quello che se dice in questa propositione.

Theorema.30. Propositione.30.

30/29 Se serà multiplicato un numero disparo in un numero disparo quello che produrà serà disparo.

Anchora questa(per la uigesimaquarta è manifesta.

Theo-

Theorema.31. Propositione.31.

31/0 Se un numero disparo, numerarà un numero paro, numerarà quello per numero paro.

Perche s'el numerasse quello per numero disparo dal dutto del numero disparo in lo numero disparo se produria paro laqual cosa è inconueniente per la precedente.

Theorema.32. Propositione.32.

32/0 Se un numero disparo numerarà un numero disparo lui numerarà quello disparmente.

Perche s'el lo numerasse parimente seguiria che del numero disparo in numero paro fosse fatto disparo, laqual cosa è inconueniente per la.29.

Theorema.33. Propositione.33.

33/30 Se un numero disparo misurerà un numero paro, le necessario quel misurare anchora la mitade del medesimo.

Sia.a. numero paro, la mità del quale sia,b,& sia c.un numero disparo, elqual numeri,a,dico che,c,numerarà. b. Hor poniamo che lui numeri. a. secondo. d. & (per la trigesima prima),d,serà numero paro adonque sia, c,la mità di quello & sia dutto,c,in,c,& peruenga, f, & (per la decima ottaua del settimo) del,a, al,f,serà si come del, d,al,e,et perche anchora del,a,al b,e si come del,d,al,e,seguita esser,b,& f,equali adonque conciosia che, c, numeri,f.el medesimo numerarà, b,che è il proposito.

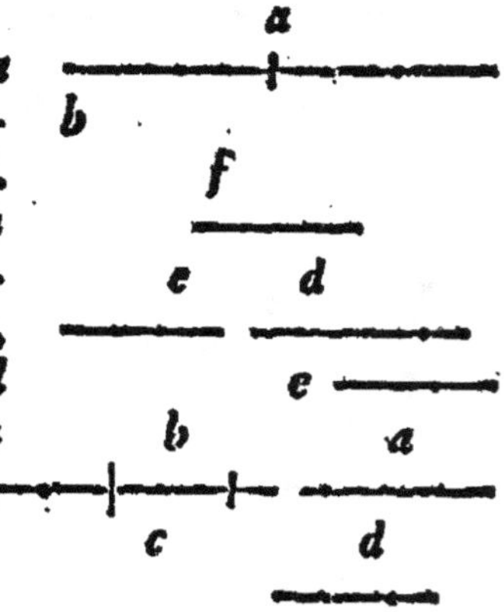

Theorema.34. Propositione.34.

34/31 Se un numero disparo, serà primo ad alcun numero, el medesimo disparo serà primo al doppio del medesimo numero.

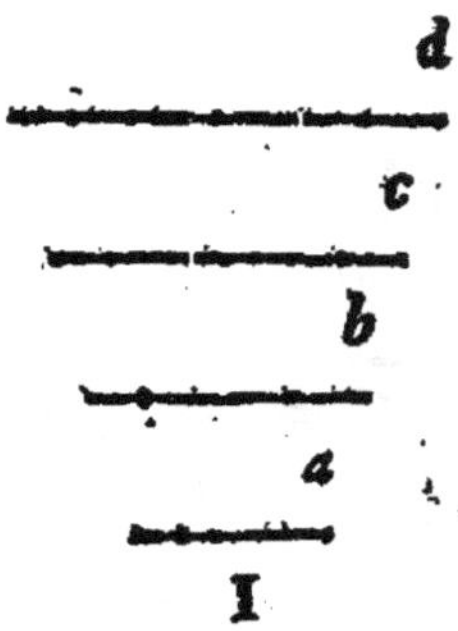

Sia,a,numero disparo primo al.b.el doppio del quale sia.c.dico che.a. e primo al,c,ma essendo altramente (per l'aduersario) poniamo che,d,numeri quelli et conciosia che,a, sia disparo seguita, d,esser disparo (perche ciascuno numero elqual numera un numero disparo è disparo) per la precedente adonque d. numerarà el.b.adonque.a.& b.non son contra se primi laqual cosa è contra el presupposito.

Theorema.35. Propositione.35.

35/32 **Solamente li numeri dal binario doppii sono parimente pari.**

Siano li numeri, a,b,c,d, dalla unità continuamente proportionali, & sia,a,el numero binario. dico tutti li detti numeri esser parimente parti,& niun altro puol esser parimente paro eccetto quelli che pono crescere in infinito secondo questa proportione. che q..esti siano parimente pari,egliè manifesto(per la diffinitioue)conciosia che (per la duodecima)qualunque precedente numera qualunque sequente per alcun de quelli liquali tutti bisogna esser pari & niun altro numera alcun de loro (per la terciadecima)imperoche,a,elqual è el binario che seguita la unità e primo. Ma che niun altro for de quelli sia parimente paro se manifesta in questo modo, perche suppostone alcuno (per l'aduersario) sia diuiso in due mità, & la mità di quello in due altre mità, & questo sia fatto per fina a tanto che un numero,ouero la unità impedisca la diuisione laqual cosa è necessario uenire(per la ultima petitione) ma se un numero probibira questa diuision esso serà disparo elqual conciosia che lui numeraria el numero posto parimente paro. Adonque lo numero supposto parimente paro non seria parimente paro che è inconueniente. Ma se serà la unità che probibisca la diuisione (per la. 13. ouer. 15.)non serà altro fora delli continua mente doppij dalla unità.

Theorema.36. Propositione.36.

36/33 **Lo numero,del quale la mitade è disparo è parimente disparo.**

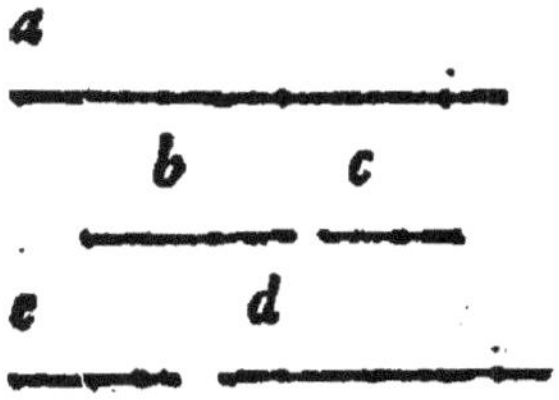

Sia, a, un numero la mitade del quale (laqual sia,b,) sia disparo. dico, a, esser numero parimente disparo, & per dimostaar questo sia,c,el numero binario, adonque è manifesto che dal,c,in,b,uien fatto.a. Hor sia.d.qual si uoglia numero paro numerante, a,elqual numeri quello secondo,e,&(per la seconda parte della uigesima del settimo)serà del,e,al,b,si come del, c,al,d, adonque,e,numera,b,perche etiam,c,numera,d,(perche el binario numera tutti numeri pari)serà adouque,e,numero disparo perche etiam;b,era numero disparo adonque per la diffinitione,a,e parimente disparo,che è il proposito.

Theorema.37. Propositione.37.

37/34 **Ogni numero non di doppi dal binario, che la mità di quello sia paro e parimente, & disparimēte paro.**

Sia el numero, a, non doppio da duoi, del quale la mità(laqual sia, b,) sia posta paro,dico esso esser parimente & disparmente paro. Hor per dimostrar questa, sia,c,el binario delquale è

le è manifeſto che eſſo numera, a, ſecondo, b, & perche a, non è doppio da dui, è neceſſario ſe la mità di quello (laqual e, b,) uenga diuiſa in altre due mità, & la mità della mità in altre due che finalmente occorra un numero impediente la diuiſione, elqual ſerà diſparo (per queſto che'l non receue la diuiſione) & ſia quello inequale reſta la diuiſione, d. certamente è neceſſario la detta diuiſione reſtare in numero perche ſe la perueniſſe per fina alla unità ſeria, a, di numeri doppij dal binario, diquali (per el preſuppoſito) non è ma del, d, e manifeſto che eſſo numera, a, (per queſta ſcientia, ogni numero numerante un'altro numera. ogn'uno numerato da quello) numeri adonque quel ſecondo, e, & , e, ſerà paro. Altramente conciosia che, d, ſia numero diſparo ſeguiria (per la trigeſima), a, eſſer diſparo adonque perche, b, (numero paro) numera, a, ſecondo, c, elquale anchora è paro (perche è el binario) & .e. numero paro numera el medeſimo ſecondo, d, elqual è diſparo è manifeſto (per la diffinitione) el numero .a. eſſer parimente & diſparmente paro che è el propoſito.

Theorema. 38. Propoſitione. 38.

38
35 Se del ſecondo etiam del ultimo di numeri continuamente proportionali ſia cauado fora el primo, quanto è el rimanente del ſecondo al primo el ſe approua neceſſariamente eſſer tanto lo rimanente del ultimo allo aggregato de tutti li precedenti.

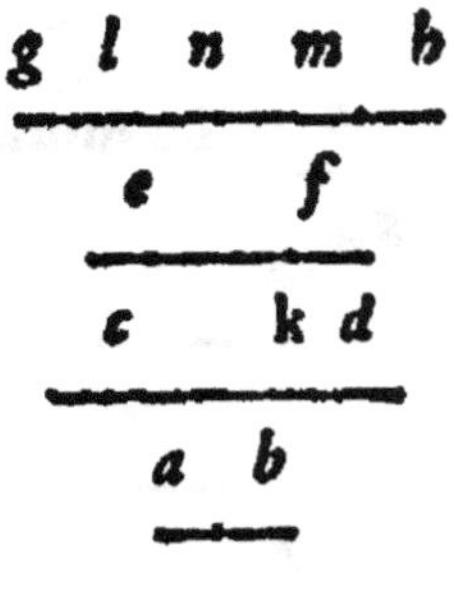

Siano continuamente proportionali, a, b, c, d, e, f, g, h, et ſia leuado dal, c, d, una parte equal al, a, b, laqual ſia, c, k, e ſimilmente dal, g, h, laqual ſia, g, l. Al preſente dico che la proportione del, k. d, al, a, b, e ſi come de, l, h, al compoſito de, e, f, c, d, &, a, b, & per dimoſtrar queſto ſia tolto dal, g, h, una parte equala al, e, f, (laqual ſia, g, m,) & ſimilmente una equale al, c, d, (laqual ſia, g, n,) onde, l, n, ſerà equale al, k. d, & è manifeſto (per la duodecima, del ſettimo conciosia coſa che ſia del, g, h, al, g, m, ſi come del, g, m, al, g, n,) che el reſiduo, h, m, al reſiduo m, n, ſerà ſi come, g, h, al, g, m, e pero & ſi come, e, f, al, c, d, anchora per ſimel modo lo, m, n, al, l, n, ſerà ſi come, c, d, al, a, b, adonque permutatamēte del h, m, al, e, f, & del, m, n, al, c, d, ſerà ſi come del, n, l, al, a, b, adonque congiuntamente (per la tertiadecima del ſettimo) del, l, h, (cōpoſito del, h, m, m, n, & del, l, n,) al compoſito de, e, f, c, d, &, a, b, ſera ſi come del, l, n, al, a, b. e pero e ſi come del, k. d, al a. b. che è il propoſito.

Theorema. 39. Propoſitione. 39.

39
36 Quando ſeranno aſſettati numeri dalla unità continuamente doppii, liquali congiunti facciano numero primo, multiplicato l'ultimo de quelli in lo aggregato de quelli produce numero perfetto.

Siano, a, b, c, dalla unita continuamente doppij, & sia, e, lo aggregato de quegli & della unità elquale sia posto esser numero primo in el quale, e, sia multiplicato, d, & peruenga, f, g, dico, f, g, esser numero perfetto sian adonque tolti. h. k. l. continuamente doppij al. e, talmente che tanti termini siano. e. h. k. l. quanti sono li tolti continuamente doppij dalla unita, & (per la equa proportionalità) serà de. l. al. e. si come del. d. al. a. per laqual cosa (per la prima parte della uigesima del settimo) del, a, in, l, peruien, f, g, perche esso, f, g, perviene del, d, in, e, et perche, a, è el binario, f, g, uien a esser doppio al. l. Adonque. e. h. k. l. & . f. g. sono continuamente proportionali, sia adonque leuado uia dal. h. un numero equale al. e. elqual sia. m. h. & lo residuo. h. n. (elquale anchora serà equale al, e,) & similmente dal, f, g, sia leuado uia un numero pur equale al medemo. e. elqual sia. f. n. & (per la precedente). n. g. serà quanto lo aggregato del. e. & del. h. & del. k. & del. l. & conciosia che. f. n. sia equale al. e. è quãto lo aggregato del, a, &, b, &, c, &, d, e della unità. Et similmẽte tutto, f, g, è quãto lo aggregato de tutti questi cioe a. b. c. d. & della unita, & de quelli. e. h. k. l. delli quali tutti è manifesto che numeranno el detto. f. g. & che. c. lo numera secondo. h. & . b. secondo. k. laqual cosa uien conuenta (per la prima parte della uigesima del settimo adiutante per la equa proportionalità se in alcun luoco serà bisogno) perche come del. d. al. c. cosi è del. h. al. e. & come del, d, al, b, cosi è del. k. al. e. (per la equa proportionalità) per laqual cosa, & dal. c. in. h. & dal. b. in. k. e necessario peruenire. f. g. elqual per el passato fu produtto dal. d. in. e. adonque prouando che niun altro (fuor de quelli) numera, f, g, (per la diffinitione) serà numero perfetto. Ma che niuno altro numeri quello se manifesta in questo modo. perche se questo è possibile (per l'aduersario) sia. p. elqual numeri quello secondo. q. & (per la trigesima quinta propositione del settimo) serà che, e, numeri l'uno de lor duoi, & sia posto che'l numeri, p, & perche (per la seconda parte della uigesima propositione del settimo) del, q, al, d, e si come del, e, al, p, seguita che, q, numeri, d, per laqual cosa conciosia che, a, (elqual seguita la unità) sia primo (perche è el binario) per la tertiadecima di questo, el, q, serà ouer, a, ouer, b, ouer, c, & essendo el, q, uno de quelli. El. p. serà ouer. l. ouer. k. ouer. h. perche se. q. serà. a. e manifesto che, p, serà. l. & se'l serà. b. el. p. serà. k. & se'l serà. c. anchora. p. serà. h. Adonque el. p. non è diuerso da quelli come era stato posto, rimane adonque, che. f. g. sia numero perfetto come fu proposto da demostrare.

IL FINE DEL NONO LIBRO.

LIBRO DECIMO DI EVCLIDE.

Diffinitione prima.

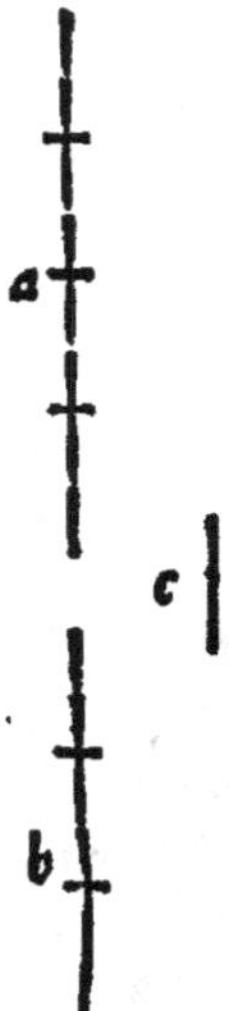

1/1.2 Quelle quantità, seranno dette communicante, ouero commensurabile, alle quale serà una quantità numerãte communamente quelle. Et quelle alle quale non serà una quantità numerante communamente quelle seranno dette incommensurabile.

Il Tradottore.

Esempli gratia se'l fusse le due linee, a, & b. & che el se truouasse qualche altra linea, ouero misura che numerasse, ouero misurasse cadauna di quelle (poniamo.c.) le dette due linee seranno dette communicãte, ouero commensurabile. Ma quando el non si truouasse alcuna sorte de linea che numerasse, ouero misurasse communamente le dette due proposte linee quelle seriano dette incommunicante, ouero incommensurabile, El medesimo si debbe intendere nelle superficie, & corpi.

Diffinitione. 2.

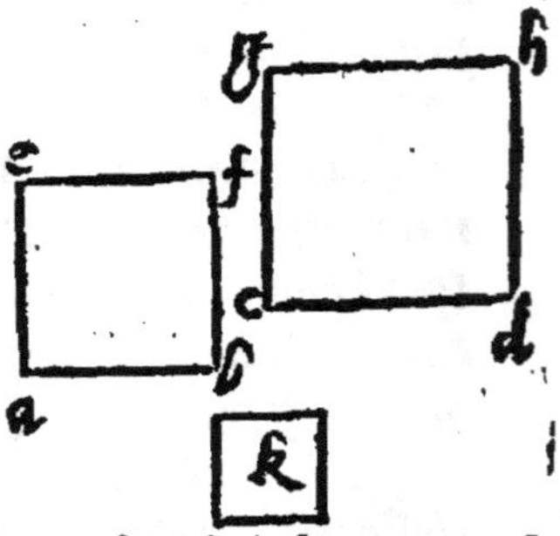

2/3 Le linee rette sono dette in potentia communicante, quando una superficie communa numera le superficie quadrate di quelle.

Il Tradottore.

Esempli gratia se'l fusse le due linee rette, a, b, & c, d, & le superficie quadrate di quelle, a, b, e, f, & c, d, g, h. Et che el si truouasse qualche superficie (poniamo la superficie. k.) che numerasse ouero misurasse cadauna di quelle, le dette due linee seriano dette communicante, ouero commensurabili in potentia.

Diffinitione. 3.

3/4 Le linee sono dette incommensurabile in potentia quando che non gli serà alcuna communa superficie che numeri le superficie quadrate di quelle.

Il Tradottore.

Questa diffinitione facilmente se apprehende dal conuerso della precedente, cioe, che quando non serà alcuna superficie communa, che numeri, ouero misuri le super-

le superficie quadrate de due proposte linee, quelle tal linee se diranno incommensurabile in potentia. Lequal cose essendo come è sta esposto egliè manifesto che a ogni proposta linea retta (cioe a quella con laquale pigliamo le misure di cubiti, palmi, & dedi, ouero pedi,) sono infinita moltitudine de linee rette a quella commensurabile & incommensurabile, altre in longhezza, & in potentia, & altre solamente in potentia.

Diffinitione. 4.

4 Ma ogni proposta retta linea con laquale raciocinamo, serà detta
4 rationale.

Il Tradottore.

In questa diffinitione l'Auttore ne aduertisse come che quella misura materiale laquale operaremo nelle nostre commensurationi (o sia pertica, ouer, passo, ouero piede, ouer brazzo, ouer altra misura formata a nostro piacere) serà detta ratiocinale, per esser una quantità a noi cognita, e familiare.

Diffinitione. 5.

5 Et le linee a quella communicante sono dette rationale.
4

Il Tradottore.

Quantunque questa diffinitione sia posta disgionta dalla precedente la si debbe intendere congionta con quella successiuamente; perche in questa copulatiuamente diffinisse che tutte quelle linee che seranno commensurabile a quella proposta linea (cioe a quella misura con laquale mesuraremo, sia pertica, o passo, o piede, o brazzo, ouero altra misura formata a nostro piacere) sono detta rationale, esempli gratia poniamo che la nostra proposta linea (con laquale mesuramo, ouero intendemo di mesurare le nostre cose occurente) sia quella misura materiale che se chiama passo, diuisa in piedi cinque, & cadauno piede secondo il costume moderno, in once duodeci, hor dico che non solamente al detto passo, serà linea rationale (per la precedente diffinitione) ma anchora tutte le linee misurate con el detto passo, & con le sue parti seranno dette rationale per la presente diffinitione, perche tutte le dette linee ueranno a essere commensurabili con la nostra proposta rationale, cioe con el nostro passo. Et acciochc meglio me intendi poniamo che sia una linea, ouero longhezza longa passa sei, piedi quattro, once sette e mezza, dico la detta linea, ouero longhezza esser auanti rationale (per la precedente diffinitione) per esser commensurabile con el nostro passo (per la prima diffinitione) & la loro commune misura uerià a essere la mezza onza cioe che una linea longha mezza onza misurarà la proposta longhezza precisamente. 831. uolta & misurarà anchora el nostro passo precisamente. 120. uolte onde per la detta prima diffinitione seranno commensurabile & per la precedente, & presente diffinitione, l'una e l'altra serà rationale che è il proposito.

Ma

Ma bisogna notare che questa medesima diffinitione in la seconda tradottione parla in questa altra forma.

5/4 Et quelle linee che a questa seranno commensurabile in longhezza e in potentia, & anchora solamente in potentia, sono dette rationale.

Il Tradottore.

Laqual diffinitione è assai piu largha & generale di l'altra, perche questa uole che anchora quelle linee che sono commensurabile solamente in potentia con la nostra proposta rationale (cioe con la nostra misura di passo, ouer pertica ouero altra sorte di misura) siano chiamate rationale, perilche seguita che quelle quantità che communamente da prattici sono dette radice sorde, & irrationale (come seria la radice quadrata di diece ouero di duodeci & di ogni altro numero non quadrato) l'Auttore uole che essendo tal quantità linee siano dette rationale (per esser el suo quadrato rationale) & se cosi non fusse seguiria gran discordantia nelle diffinitioni de binomi, & residui, & in altre propositioni di questo decimo, come procedendo se potrà facilmente conoscere, uero è che se tal quantità seranno superficie seranno pur dette irrationale è mediale come nella terza decima propositione di questo si potrà uedere.

Diffinitione. 6.

6/4 Et quelle linee che seranno alla medesima incommunicante sono dette irrationale, ouero sorde.

Il Tradottore.

Anchora questa diffinitione si debbe intendere congionta successiuamente alla precedente della prima tradottione perche in questa lui diffinisse che tutte quelle linee che non seranno communicante alla medema nostra proposta retta linea (cioe alla nostra proposta misura materiale) sono dette linee irrationale, ouero sorde, tamen questa medesima diffinitione in la seconda tradottione parla in questo altro modo uidelicet.

Et quelle linee che seranno a quella incommensurabile per l'uno & l'altro modo, cioe in longhezza, & in potentia sono chiamate irrationale.

Laquale diffinitione intendendola congionta successiuamente con la precedente (pur della seconda tradottione) uien a conformarsi con il conuerso di quella, cioe che una linea incommensurabile solamente in longhezza con la nostra misura non se debbe chiamare ne intender irrationale (come sopra la precedente fu detto) anci lui uole che la se intenda rationale per esser il suo quadrato rationale e pero bisogna notare che il uulgo di prattici fin al presente (seguendo la tradottione dil Cāpano) le radici de tutti li numeri non quadrati (si essendo linee come essendo superficie) li chiamano irrationale & sorde, nientedimeno le si debbeno intendere rationale essendo linee come parla la seconda tradottione altramente seguiria (come di sopra dissi) grande discordantia nelle cose che seguitano in questo decimo ideo &c.

Diffinitione. 7.

7/0 Ma ogni quadrata superficie con laquale per el presupposito ratiocinamo è detta rationale.

Il Tradottore.

Per maggiore intelligentia di questa diffinitione bisogna notare che quando noi desideramo di saper la quantità di alcuna superficie inuestigamo in che proportione la sia con el quadrato di qualche nostra famosa, & cognita misura come seria a dire quanti passa quadri è, ouero piedi, pertiche, o altra misura formata a nostro piacere (ilche si troua multiplicando le misure di la larghezza di detta superficie, fia le misure della sua longhezza (come fu detto nel principio del secondo libro) & lo produtto di tal multiplicatione serà la quantità de quante superficiette quadrate (di la misura gia operata,) serà la detta superficie, & per superficietta quadrata si debbe intendere uno quadretto d'una misura per faccia, cioe di quella che gia hauemo operata a misurare, o sia passo, o pie, o pertica, o altra misura formata a nostro piacere, hor ritornando al nostro proposito l'Auttore diffinisse che ogni superficie quadrata cō laquale per el presupposito ratiocinamo (o sia d'un passo, ouero d'un piede, ouero di qual si uoglia altra misura granda, ouer piccola) è detta rationale per esser una superficie a noi cognita e familiare.

Diffinitione. 8.

8/0 Et le superficie a quella communicante sono dette rationale.

Il Tradottore.

Cioe che tutte quelle superficie che seranno communicante, ouero commensurabile a quella nostra superficie quadrata (detta di sopra) son dette rationale, ma bisogna notare che se la nostra quadrata superficie serà d'un passo non solamente un'altra superficie de piu passa integri superficiali (come seria de passa. 450.) serà detta rationale, ma anchora de passa pie e once, e mezze once serà pur detto rationale (si come delle linee sopra la quinta diffinitione fu detto) per esser commensurabile con la detta nostra superficie quadrata d'uno passo & la lor communa misura sempre serà la minima parte del passo che si trouarà esser denominata in detta superficie, & accio meglio me intendi poniamo che una misurata superficie sia passa uinticinque è uno terzo superficiali dico la detta superficie essere commensurabile con la nostra superficie d'un passo & la lor communa misura serà un terzo de passo superficiale similmente se la detta misurata superficie fusse passa trenta sei piedi cinque once sette tre quarte de onza superficiale la lor communa misura serà infa-

lante un quarto de onza superficiale, e pero l'una & l'altra serà rationale, el medesimo si trouerà in ogni altra specie di rotto & nota che un passo superficiale è piedi.25.superficiali & un piede superficiale è once.144.superficiale et con ques 'euidentia potrai sapere in ogni altra sorte di misura (diuisa come si uoglia) quante superficiette de una delle sue parti andarà a formare il tutto perche molti si credeno che si come un passo lineale e cinque piedi lineali che similmente un passo superficiale sia medesimamente cinque piedi superficiali anci e il quadrato de cinque, cioe unticinque come detto di sopra & similmente perche un piede lineale è diuiso in once.12.credono che similmente once.12. superficiale facciano un piede superficiale per ilche non puoco errano nelle sue resolutioni per che come di sopra è detto un piede superficiale e once. 144. superficiale, & tutto questo (per le ragioni adutte sopra la prima diffinitione, ouer suppositione del secondo serà manifesto, & non solamente nelle parti del passo: & del piede ma anchora nelle parti della pertica & della cana, & del cauezzo, ouer d'una misura formata a nostro piacere, perche quello che è detto del passo, & pie, con la medesima euidentia se procederà nelle parti di qual si uoglia misura diuisa come se uoglia, perche ogni famosa città forma & diuide, & da il nome alle sue famose misure secondo il loro parere ideo aduerte.

Diffinitione. 9.

9 Et le superficie a quella medesima incommunicante sono dette irrationale, ouero sorde.

Il Tradottore.

Hauendo l'Auttore nella precedente diffinito quale siano le superficie dette rationale, hora in questa copulatiuamente ne diffinisse il conuerso, cioe che tutte quelle superficie che non seranno commensurabile a quella medesima nostra quadrata superficie (detta di sopra) seranno dette irrationale, ouero sorde.

Diffinitione. 10.

0 Et quelle che ad alcuna di quelle (irrationale seranno communican
5 te seranno dette irrationale.

Il Tradottore.

Questa diffinitione ne aduertisse come tutte quelle superficie che sono ouero seranno communicante ad alcuna superficie irrationale, seranno medesimamente dette irrationale.

Diffinitione. 11.

10 Et li lati potenti in quelle superficie, quadrate sono detti irratio
4 nali.

Il Tra-

Il Tradottore.

Cioe che li lati potenti in quelle tal superficie irrationale, quadrate similmente sono dette irrationali, lo lato potente in una superficie (essendo quella tal superficie quadrata) se intende lo proprio lato di quella tal superficie, ma se la non fusse quadrata se intende pur per el lato de una superficie quadrata equale a quella, ouero di quella istessa redutta in quadro che è il medesimo.

Suppositione, ouero petitione prima.

11/0 Qualunque quantità tante uolte puo essere multiplicata che la ecceda qualunque proposta quantità del medesimo genere.

Il Tradottore.

Questa suppositione, ouero petitione se ritroua solamente in la prima tradottione & è connumerata fra le diffinitioni, ma perche secondo il mio giuditio è piu presto suppositione, ouero petitione, che diffinitione e però suppositione, ouero petitione la chiamamo, nellaquala se suppone che date due quantità inequale sempre se puo multiplicare talmēte la minore che tal multiplicatione ecceda la quātità maggior.

Theorema. 1. Propositione. 1.

1/1 Se da due proposte quantità inequale, dalla maggiore sia detratto piu della mita, & del rimanente anchora sia leuado uia piu della mita, & da li indietro seguitando per el medesimo modo, finalmente è necessario che rimanga una quantità minore, della proposta minore.

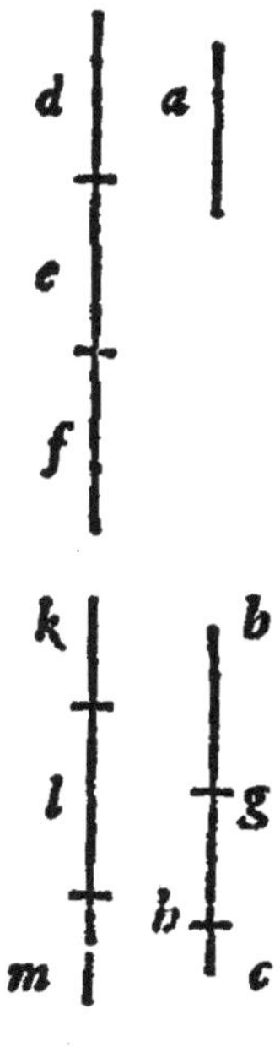

Siano le due quantità inequale, a, & b, c, & sia b, c, la maggiore. Dico che tante uolte puol essere detratto piu della mità della. b. c. (ouero del residuo di quello) che serà necessario che rimāga una quantità minore de. a. Et per dimostrare questo sia multiplicato, a, tante uolte cioe per tal numero che quel ecceda, b, c, & sia il multiplice di quello, d, e, f, maggiore de, b, c, adonque sia dettratto dal, b, c, piu della mità laquale sia, b, g, & anchora del residuo (elquale è g. c.) sia detratto piu della mità laqual sia, g, h, & questo anchora sia fatto tante uolte per fina a tanto che, b, c, sia diuisa in tante parte quante uolte, a, e cōtenuto in d, e, f, hora dico che l'ultimo residuo (che in questo luoco e, h, c,) e minore del. a. Et per chiarire questo sia multiplicato, h, c, per tanto quanto che, a, è contenuto in d, e, f, & sia el multiplice di quella, k. l. m. perche adonque cadauna delle parti. ouero quantità de. k. l. m. è equale al. h. c. seguita che. k. sia minore de, b, g, & l, minore de, g, h, ma perche. m. è equale al, h, c, (per la concettione) k. l. m. serà minore de, b, c, per laqual cosa serà etiam minore de. d. e. f. conciosia adonque che, d, e, f. sia al, a, si come k. l. m. al. h. c. & essendo, d, e, f, maggiore de k. l. m. seguita (per la decima

decima quarta propoſitione del quinto libro) che, a, ſia maggiore de, b, c, che è il propoſito. Et el medeſimo ſeguita ſe della maggiore ſia detratto la mità, & ancho ra del rimanente la mità, & coſi procedere tãte uolte per fina a tanto che la mag giore ſia diuiſa in tante parti quante uolte è contenuta la minore in qualunque ſuo multiplice eccedente quanto ſi uoglia la maggiore delle propoſte. Ma biſogna aduertire che in queſta ſi uede contradire alla ſeſtadecima propoſitione del terzo libro laquale propone l'angolo della contingentia eſſer minore de qualunque propoſto angolo contenuto da due linee rette, perche poſte qualunque angolo contenuto de linee rette, ſe da quello leuaremo uia piu della mità, & ſimilmente del reſiduo leuaremo piu della mità el ſi uede eſſere neceſſario poterſi fare queſto tante uolte, che rimanga un'angolo rettilineo minore dell'angolo della contingentia, della qual coſa la ſeſtadecima propoſitione del terzo libro conclude lo oppoſito, ma quelli angoli non ſono uniuoce, perche el curuo el retto non ſono ſimplicemente d'uno medeſimo genere, Ne anchora puol occorrere eſſer tolto tante uolte l'angolo della contingentia, che quello ecceda qual ſi uoglia angolo rettilineo. laqualcoſa è neceſſaria, come ſi manifeſta per la demoſtratione hauuta di ſopra, adonque a queſto eglie anchora chiaro (acciochè el conſequente ſia ſeguido dal antecedente) qualunque angolo rettilineo eſſer maggiore de infiniti angoli della contingentia.

Il Tradottore.

A uoler dimoſtrare per uno altro modo piu breue che el reſiduo, b, c, ſia minore della quantità, a, (ſtante che el multiplice, d, e, f, ſia maggiore di la quantità, b, c, tolendo della, b, c, piu della mità (quala ſia. b. g.) & della. d. e. f. manco della mità (quala ſia ſemplice. d.) lo reſiduo. e. f. (per communa ſententia) ſerà maggiore del reſiduo. g. c. anchora tolendo del detto reſiduo. g. c. piu della mità) quala ſia. g. h.) & del reſiduo. e. f. tolendo ſolamente la mità (quala ſia. e.) lo reſiduo. f. (per communa ſententia) ſerà maggiore del reſiduo. h. c. & perche. f. è equale alla. a. ſeguita che el reſiduo. h. c. ſia minore della quantità. a. che è il propoſito & queſta demoſtratione cauamo della ſeconda tradottione.

Theorema. 2. Propoſitione. 2.

2 Se ſerãno due quantità inequale, & dalla maggiore ſia detratto una
2 quantità equale alla minore, per fin a tanto che ſopra auanzi una quantità minore de eſſa minore, & dapoi dalla minore ſia detratto una quãtità equale, de eſſo rimanente, per fina a tanto che rimanga quantità minore di quello rimanente, ancor de nuouo dal rimanente primo ſia detratto una quantità equale al rimanente ſecondo per fina a tanto, che rimanga quantità minore di quello, & che dalla continua detrattione fatta in queſto modo non ſia truouato alcuno rimanente che numeri lo rimanente reſtato per auanti, quelle due quantità è neceſſario eſſer incommenſurabile.

Vna ſimile a queſta propoſſe la prima del ſettimo in numeri.

Siano,

Siano le due quantità inequale.a.& .b. & sia.a.la maggiore dalle quale essendo fatta la reciproca detratione per fin a tanto che si possa, & che la sia fatta per infinite uolte, & che non occorra alcuna quantità che impedisca la detrattione (cioe che numeri, ouer misuri, lo rimanente restato per auanti) dico quelle due quantità esser incommensurabile & se possibile è esser altramente (per l'aduersario) sia posto che la communa misura di quelle sia. c. & sia detratto la quantità. b. dalla. a. quante uolte se puol. et sia el residuo.d.elqual residuo sia detratto dal.b.quante uolte se puol & sia e residuo.e.& sia fatta tante uolte questa detrattione per fina a tanto che dall'una . o l'altra delle due quantità.a.& .b.rimanga una quantità minora de.c.& questo e necessario esser possibile per la precedente. & sia in questo luoco. e.minore de.c.conciosia adonque che.c.misuri.b. (detratto dal.a.)& anchora. a. (per la concettione)misurarà el residuo.d.e però conciosia che'l misuri. d.(detratto dal.b.)e anchora esso.b. misurarà el residuo. e. Ma.e.era minore de. c.adonque la quantità maggiore misura la minore laqual cosa è impossibile.

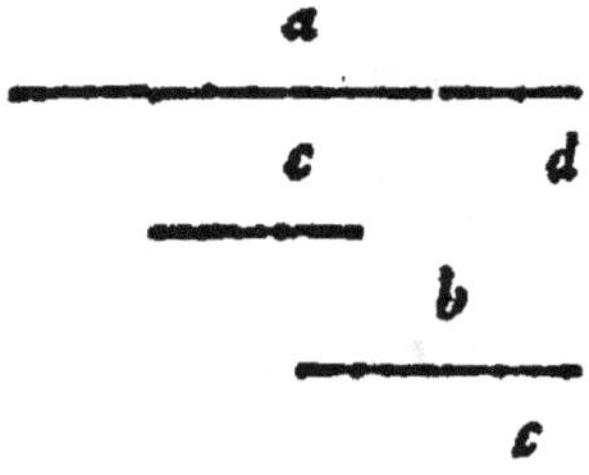

Problema.1. Propositione.3.

3/3 Proposte due quantità inequale, communicante puotemo ritrouare la massima quantità numerante communamente quelle.

La demostratione di questa se non ignori la seconda propositione del settimo libro tu non la poi ignorare, perche el processo dell'una, et dell'altra è uno medesimo.

Correlario.

3/3 Adonque da questo, eglie manifesto che qualunque quantità, laquale misuri due quantità, quella anchora misurarà la massima quantità misurante communamente quelle.

Il Tradottore.

Lo soprascritto correlario conclude che dal processo & demostratione fatta della propositione soprascritta (proceddendo si come fu fatto in la seconda propositione dello settimo libro) esser manifesto che ciascaduna quantità laqual misuri due proposte quantità, quella medesima misurare anchora la massima quantità, che misuri communamente quelle.

Problema.2. Propositione.4.

4/4 Proposte tre quantità communicante puotemo trouare la massima quantità numerante communamente quelle.

Cosi questa è manifesta dalla terza del settimo si come la precedente dalla seconda del detto settimo.

Correla-

Correlario.

0 E pero da questo è manifesto che se una quantità misurarà tre quan-
4 tità, misurara anchora la massima communa misurarà de quelle & similmente de piu quantità date se trouarà la massima quantità numerante quelle & dapoi succedere el correlario.

Il Tradottore.

Questo correlario se ritrova solamente in la seconda tradottione elqual conclude (si come el precedente) che dal processo seguido nella demostratione della presente propositione (procedendo si come fu fatto in la terza del settimo) esser manifesto che se una quantità misura tre quantità quella misurare anchora la massima misura di quelle, & che per lo medesimo proceder fatto in la presente problema de tre quantità a trouar la lor massima misura che similmente operando si puol trouare la detta massima misura de piu quantità proposte, & dapoi succedere similmente el correlario.

Theorema. 3. Propositione. 5.

5 La proportione de ogni due quantità communicante è si come de
5 numero a numero.

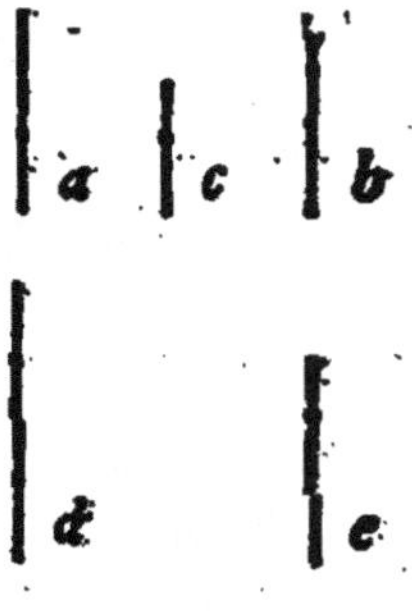

Siano le due quantità communicante, a, & . b. dico che la proportione de quelle è si come de alcun numero a un'altro numero, & per dimostrar questo sia, c, la massima quantità misurante communamente, a, & , b, (truouata come insegna la terzà propositione de questo) laquale misuri. a. secondo el numero, d, & b, secondo el numero, e, & serà del, a, al, c, come del, d, alla unità imperoche si come, a, è multiplice del, c, cosi el, d, è multiplice della unità, &, c, al, b, è si come la unità al. e, perche si come, c, è sotto multiplice al, b, cosi la unità è sotto multiplice al. e. Adonque per la equa proportionalità del, a, al, b, e come del, d, al, e, che è il proposito.

Theorema. 4. Propositione. 6.

6 Se seranno due quantità delle quale la proportione dell'una all'altra
6 sia si come de numero a numero, quelle due quantità è necessario essere communicante.

Questa è il conuerso della precedente, esempli gratia essendo, a, al, b, si come el numero, c, al numero, d, dico le due quantita, a, & , b, esser communicante. Perche essendo tolto, e, misurante tante uolte, b, quãte uolte che la unità è in el, d, & tante uolte misurante, f, quante uolte che la unità e in, c, conciosia adonque che il sia. f. al. e. come el. c. alla unità &, e. al. b. come la unità al. d. per la equa proportionalità serà. f. al. b. come. c. al. d. per laqual cosa etiã come del. a. al. b. Adõque (per la

prima

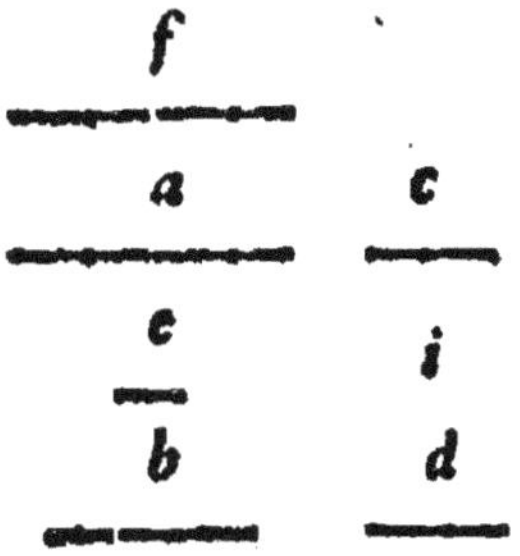

prima parte della nona del quinto)f, è equale al, a, concio sia adunque che.e.misuri.f.(per la concettione)mesurarà. a.adonque, a, & b, sono communicanti perche mesuraua etiam,b,che è il proposito. A demostrare la medesima per un'altro uerso siano le due quantità, a, &, b, che fra loro habbiano la proportione come ha el numero, c, al numero, d, dico che quelle due quantità sono commensurabile et per dimostrar questo sia diuisa la quantità , a, in tante parte quante unità è nel . c. & sia tolta la quantita.e.equale a una di quelle parti, & sia, e, la unità adonque si come è la unità al numero, c, cosi è la quantità, e, alla quantità, a, & come è el numero, c, al numero, d, cosi è la quantità, a, alla quantità, b, adonque (per la equa proportionalità , cioe per la uigesimaseconda propositione del quinto libro) si come è la unità al numero, d, cosi è la quantità, e, alla quantità, b, & la unità misura el numero , d , adonque & la quantità, e, misura la quantità b, & misura anchora la quantità, a, (perche la unita misura anchora lo numero, c ,) adonque la quantità.e.misura l'una e l'altra delle due quantità, a, &, b. E per tanto le dette due quantità.a.& b.sono commensurabile & la quantità, e, è la communa misura di quelle.

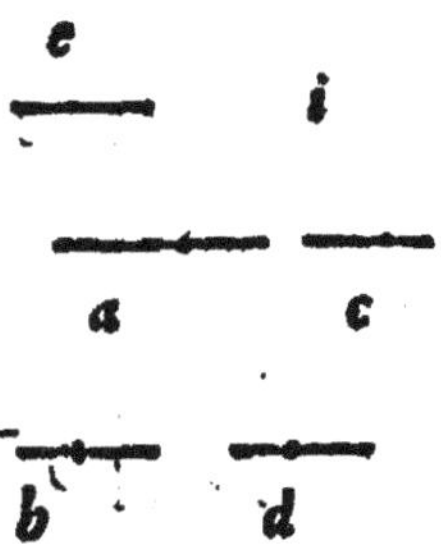

6

Correlario.

Per queste cose dimostrate eglie manifesto che sel serà duoi numeri (poniamo, d,) &, e, & una data retta linea (poniamo la.a.) che si come è il numero al numero eglie possibile cosi essere la detta retta linea a. a un'altra retta linea quala poniamo che quella sia . f. & se serà tolta , ouer trouata la media proportionale fra, a, &, f, (quala poniamo che sia la.b.) serà si come la.a.alla.f.cosi el quadrato della medema a.al quadrato della.b.cioe si come è la, a, alla, f, cosi è la figura rettangola descritta dalla prima linea, alla figura simile & similmente descritta sopra la seconda (per lo correlario della decima ottaua propositione del sesto libro) ma si come la, a, alla, f, cosi è el numero, d, al numeto, e. Adonque el uien fatto si come è el numero, d, al numero, e, cosi è el quadrato della linea retta, a, al quadrato della linea retta.b.

7

Theorema . 5. Propositione. 7.

Le quantità incommensurabile fra loro non hanno proportione come da numero a numero .

Siano le due quantità , a , & . b . incommensurabile , dico che la proportione

tione della.a.alla.b.nõ è si come da numero a numero,pche se la,a, alla.b.hauesse proportione come da numero a numero seguiria per la sesta che la detta,a,fusse commensurabile con la detta.b. & gia non e(dal presupposito) adonque la.a.alla.b,non ha proportione co me da numero a numero,e per tanto le quantità incommensurabile fra loro non hã no proportione come da numero a numero laqualcosa bisognaua dimostrare.

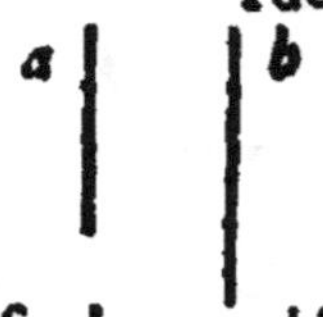

Theorema .6. Propositione. 8.

o/8 Se due quantità non haueranno fra loro proportione, come da numero a numero quelle tal quantità seranno incommensurabile.

Siano le due quantità.a.& .b.lequale non habbiano proportione insieme come da numero a numero.dico che dette quantità sono incommensurabile.perche se le fussено commensurabile(per laduersario) la quantità.a.alla quantità.b.haueria proportione come numero a numero(per la quinta di questo)& gia dal presupposito non ha tal proportione,adonque le dette quantità,a,&,b,sono incommensurabile, laqual cosa era da demostrare.

Theorema.7. Propositione. 9.

7/9 D'ogni due superficie quadrate delle quale li lati communicano in longhezza,la proportione di l'una all'altra e come di numero quadrato a numero quadrato. Et se la proportion di una superficie quadrata a una superficie quadrata serà si come la proportion d'un numero quadrato a un numero quadrato. Li lati di quelle seranno communicanti in longhezza, & se li lati di due superficie quadrate seranno in commensurabili in longhezza le dette superficie fra loro non haueranno proportione come di numero quadrato a numero quadrato, & se la proportion di una superficie quadrata a una superficie quadrata nõ serà come di numero quadrato a numero quadrato li lati di quelle seranno incommensurabili in longhezza.

Siano le due linee quadrate.a.& .b.li quadrati delle quale siano,c,&,d,dico che se le linee,a,&,b,communicano in lõghezza,la proportiõ della superficie. c. alla superficie.d.sera si come di numero quadrato a numero quadrato,& e conuerso & se li duoi lati.a.& .b. saranno incommensurabili in longhezza la proportione della superficie.c.alla superficie.d.non serà si come di numero quadrato a numero quadrato & è conuerso. El primo argomento se manifesta in questo modo.Se le due linee,a,&,b, communicano in longhezza quelle (per la quinta) seranno in la proportione di duoi numeri, liquali siano,e,&,f,li quadrati delli quali siano, g, & .h.

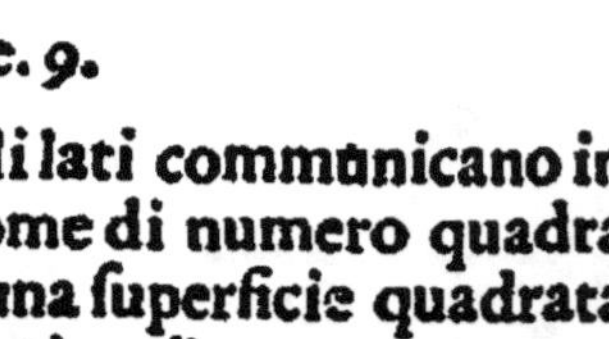

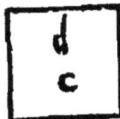

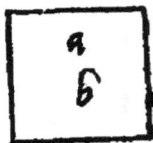

&.b. adonque perche la proportione della superficie. c. alla superficie. d. è si come quella della linea.a.alla linea.b.dupplicata(per la decimaottaua del sesto)seguita anchora che la proportione della superficie.c.alla superficie.d.sia si come quella del numero.c.al numero.f.duplicata,& anchora (per la undecima propositione del ottauo libro)la proportione del.g.al.b.è si come quella del.c. al f.duplicata, E per tanto la proportione del. c. al. d.è si como del numero quadrato. g. al. numero quadrato.b.che è il primo proposito. El secondo se manifesta in questo modo.essendo la superficie. c. alla superficie. d.si come el numero quadrato. g. al numero quadrato.b. dico che le due linee.a.&.b.seranno commensurabil in longhezza perche conciosia che la proportione del. c.al. d.sia si come quella che è dal.a.al.b.duplicata(per la decima ottaua del sesto)& dal.g. al.b.(per la undecima del ottauo)sia si come quella del.c.al.f.duplicata,per laqual cosa anchora la sempia del. a. al. b.serà si come la sempia del. c. al.f.(per la sesta) adonque le due linee. a. &.b.sono communicante che è il secondo proposito. El terzo se manifesta dal secondo per la destrutione del consequente. Similmente el quarto è manifesto dal primo pur dalla destruttione del consequente, & nota che dalla quarta parte di questa è manifesto el diametro di cadaun quadrato esser incommensurabile alla sua costa, perche conciosia che il quadrato del diametro sia doppio al quadrato della sua costa, & la proportione doppia non sia si come de numeri quadrati seguita el diametro esser incommensurabile alla costa in longhezza. Altramente conciosia ehe el quaternario sia numero quadrato tutti li numeri equalmente pari seriano quadrati & altri infiniti liquali non sono quadrati. Et Aristotile primo priorum duce a questo incōueniente, che se'l diametro sia posto esser commensurabile alla costa, che'l numero disparo serà equale al paro,laqual cosa cosi è manifesta,perche essendo al diametro.a.b.commensurabile al lato.a.c.(per la quinta) etiam.a.b.al.a.c.serà si come alcun numero a un'altro Sian adonque questi numeri.e.&.f.liquali siano li minimi in la sua proportione, & per questo l'uno di loro serà disparo perche essendo l'uno e l'altro paro non serāno li minimi in la sua proportione anchora sia li quadrati di quelli.g. &.b. adonque se.e.e disparo anchora (per la trigesima del nono). g. serà disparo, sia adonque. k. doppio al.b.&(per la diffinitione).k.serà paro perche adonque.a.b. al.a.c. e come. e. al.f.(per la decima ottaua del sesto & per la undecima del ottauo) el quadrato del. a. b. al quadrato del. a.c.serà come del.g.al.b.adonque. g.e doppio al.b.perche cosi e il quadrato de. a. b. al quadrato de. a.c.(per la penultima del primo)& perche etiam.k.e doppio al.b.seguita(per la nona del quinto)che.g.numero disparo sia equale al.k.numero paro. Ma se. e.sia posto paro & .f.disparo la proportione de.f.alla mità de.e.laqual sia.l.serà si come del. a.c.alla mità de.a.b.laquale sia.a.d.e pero la proportione del quadrato de. a.c.al quadrato de. a.d.serà si come la proportione del numero.b.el-quale

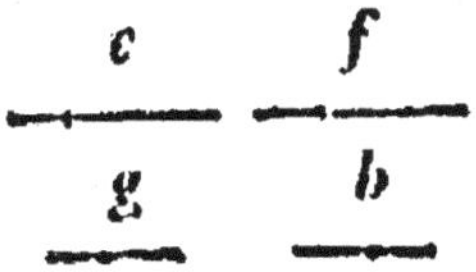

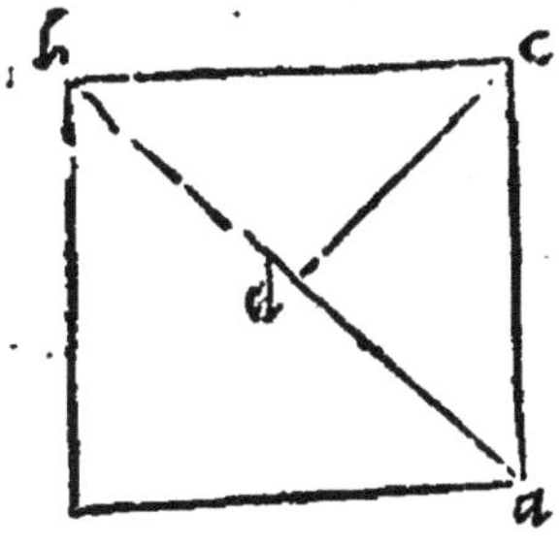

quale è disparo per la trigesima del nono al quadrato del numero. l. elqual sia. m. alqual. k. sia posto esser el doppio, elqual. k. (per la diffinitione) serà paro, & perche el quadrato di a, c, e doppio al quadrato di. a. d. (per la penultima del primo) lo numero. h. serà doppio al numero. m. & conciosia che el numero. k, sia anchora lui doppio al medesimo numero. m. (per la nona del quinto) lo numero. h. numero disparo serà equale al numero K. numero paro che è il proposito.

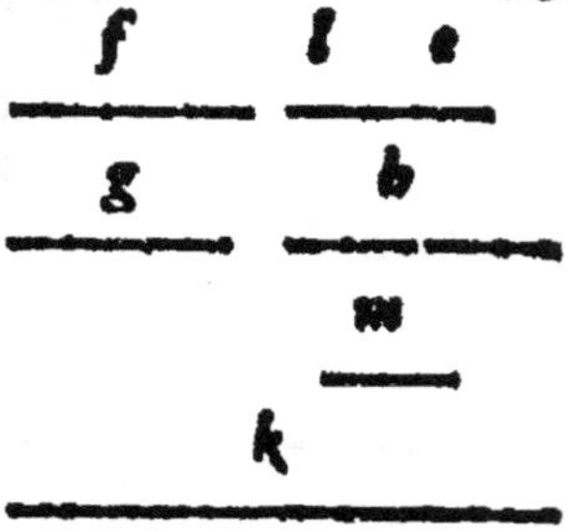

Il Tradottore.

Questa ultima parte che se dimostra, cioe che'l diametro del quadrato sia incommensurabile alla costa in la seconda tradottione se dimostra in l'ultima di questo decimo come al suo loco si potra uedere.

Correlario.

o/9 Et da queste cose dimostrate egliè manifesto che le linee cõmensurabile in longhezza necessariamente sono commensurabile anchora in potentia, & quelle che sono commensurabile in potentia non sono necessariamente commensurabile in longhezza, perche li quadrati delle linee rette commensurabile in longhezza, hanno la proportione come da numero quadrato a numero quadrato, & quelle quãtità che hanno la proportione come de numero a numero per la sesta de questo decimo, sono commensurabili, per laqual cosa le linee rette commensurabile, non solamente sono commensurabile in longhezza ma etiam in potentia, Anchora perche tutti li quadrati che fra loro hanno proportione come de numero quadrato a numero quadrato è stato dimostrato come li lati sono commensurabili in longhezza, & in potentia conciosia che li quadrati habbiano quella proportione come di numero quadrato a numero quadrato, adonque ogni duoi quadrati, liquali non hanno proportione come numero quadrato a numero quadrato. ma simplicimente come alcun altro numero a numero. essi quadrati sono commensurabili, cioe essi rette linee (dalle quale sono descritti) son cõmensurabile in potentia ma non in longhezza, per laqual cosa le linee commensurabile in longhezza necessariamente sono etiam commensurabile in potentia, ma quelle che sono commensurabile in potentia non è necessario esser commensurabile in longhezza, saluo se non seranno come numero quadrato a numero quadrato, e per tanto dico, che quelle linee lequale sono incommensurabile in longhezza non è necessario esser quelle incommensurabile in potentia, perche le commensurabile in potentia, pono hauere & non hauere la proportione come numero quadrato a numero quadrato, & per questo quelle che ſono commenſurabile in potentia pono eſſer & non eſſer commenſurabile in longhezza, per laqual coſa quelle che ſono incommenſurabili in longhezza non è neceſſario eſſer in incommenſurabili in potentia, ma quelle che ſono incommenſurabile in longhezza pono etiam in potentia eſſer incommenſurabile, ma quelle che ſono incommenſurabile in potentia neceſſariamente ſono etiam incommenſurabile in longhezza, perche ſe ſeranno commenſurabile in longhezza (per l'aduerſario) ſeranno anchora in potentia commenſurabile, & ſono ſtate ſuppoſte incommenſurabile che è una coſa abſorda, adõque quelle linee che ſon incommenſurabile in potentia, neceſſariamente ſono etiam incommenſurabile in longhezza.

Lemma.

o/9 Et in le coſe Arithmetice (per la uigeſima quinta del ottauo) è ſtato dimoſtrato, che li numeri ſuperficiali ſimili fra loro hanno proportione come numero quadrato a numero quadrato, & che ſe dui numeri fra lor haueranno proportione come numero quadrato a numero quadrato, detti numeri ſono ſuperficiali ſimili, da queſte coſe è manifeſto che li numeri ſuperficiali diſsimili cioe quelli che nõ hanno li lati proportionali, non hanno proportione come numero quadrato a numero quadrato, perche ſe hauerãno tal proportione per l'aduerſario, quelli ſeranno ſuperficiali ſimili, laqual coſa non ſe ſuppone, adonque li numeri ſuperficiali diſsimili, fra loro non hanno proportione come numero quadrato a numero quadrato.

o/9

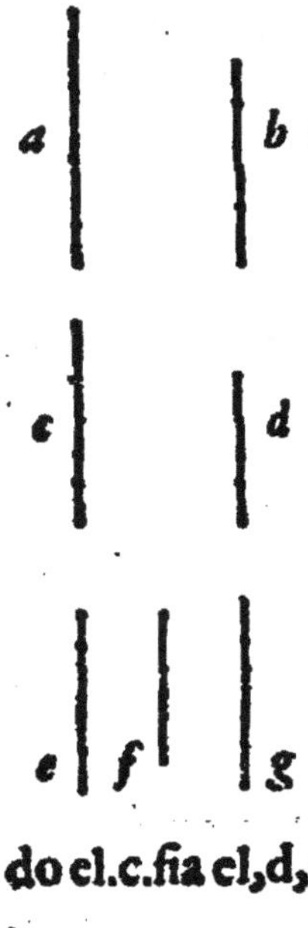

Puotemo dimoſtrare la precedente nona propoſitione per queſto altro modo. Et perche egliè commenſurabile la linea.a.alla linea.b.per la quinta di queſto, hãno la proportione come da numero a numero, habbiano adonque quella ſi come el numero. c. al numero. d. & multiplicando.c.in ſe medemo poniamo che faccia. e. & multiplicando el detto, c, contra, d, poniamo che faccia, f, & multiplicado, d, in ſe medeſimo poniamo che faccia, g, adonque perche al. c, multiplicado in ſe ha fatto.e, et multiplicado ſia el.d. ha fatto f, adonque ſi come è dal.c, al, d, quale ſi come dal, a, al, b, coſi è dal, e.al.f.ma ſi come dal, a, al, b, coſi è quello che uien fatto dal.a.in ſe medeſimo a quello che uien fatto del, a, nel b, egliè adonque ſi come el quadrato del.a.al rettangolo del. a.in.b.coſi è lo, e, al, f. Anchora perche multiplicado el.d. in ſe medeſimo uien fatto el.g.& mutiplicado el.c.fia el, d, uien fatto, f, adonque (per la undecima del quinto) ſi come è me è il.c.al.d. cioe si come lo.a.al.b.cosi lo,f,al,g,ma si com'è lo,a,al, b, cosi è quello rettangolo che uien fatto, ouero contenuto sotto del.a.&. b,al quadrato del,b,adonque si com'è quello che uien fatto del,a, in,b, a quello che uiē fatto del, b, in se medesimo,cosi è lo,f,al,g, ma si come è el quadrato del a. al rettangolo del, a,in,b, cosi era lo,e,al,f,adonque (per la equa proportionalità, cioe per la uigesima seconda del quinto) si come è il quadrato del, a, al quadrato del,b, cosi è lo,e,al,g, & l'uno e l'altro cioe, e, &, g, e numero quadrato cioe lo,e,è el quadrato de,c,& lo,g,e lo quadrato del, d,adonque el quadrato de,a,al quadrato del, b, hanno la proportione come da numero quadrato a numero quadrato laqual cosa bisognaua dimostrare.

o/9 Hor poniamo che il quadrato del,a,al quadrato del,b,habbia quella proportione che ha el numero quadrato, e, al numero quadrato g. Dico che la linea,a,è commēsurabile alla linea,b,e per dimostrare questo sia,c, el lato del,e,&,d, el lato del,g, & multiplicado,c,contra,d,facciano,f, adonque li tre numeri,e,f,g,son cōtinui proportionali in quella proportione che è el, c, al, d, (per la decima ottaua & decima nona del settimo) & perche el rettangolo del, a,in,b, e medio proportionale fra el quadrato del,a,& el quadrato del,b,& fra li duoi numeri quadrati,e,&,g, el suo medio proportionale,c,f, adonque si come è il quadrato del,a,al rettangolo del,a,in,b,cosi è il numero,e,al numero,f,& cosi è il rettangolo del detto a, in,b,al, quadrato de, b,cosi è lo numero,f,al numero,g,ma si come è il quadrato de,a,al rettangolo del, a,in,b, cosi è la linea,a,alla linea,b,adonque,a,&, b , sono commensurabili perche hanno proportione si come el numero, e, al numero,f,laqual e si come del,c,al,d,cioè si come del,c,al,d, cosi è del,e,al,f,perche multiplicado c,in se medesimo quel fece,e,& quel medemo multiplicado nel,d,quel fece,f,adonque si come è il,c,al,d,cosi è lo,e,al,f.

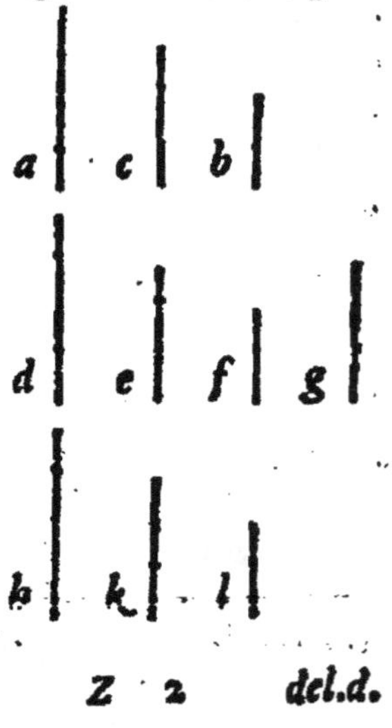

Theorema.8. Propositione.10.

8/12 Se seranno due quantità communicante a una quantità anchora quelle quantità è necessario esser fra loro commensurabile.

Siano l'una e l'altra delle due quantità, a,&,b, communicante alla quantità c. Dico.a.&.b. esser commensurabile perche la, a, alla,c,(per la quinta) e come numero a numero,similmente anchora (per la medesima) la.c.alla,b,e si come numero a numero , adonque sia il numero, d,al,numero,e,si come la,a,alla,c,& lo numero,f,al numero,g,sia come è la,c,alla,b, & le proportioni che sono del. d.al. e.& del.f.al.g.sian continuate in tre termini, liquali sian.b.k.l.(come in segna la quarta propositione del ottauo) & (per la equa proportionalità) la. a.alla b.serà si come lo numero. b.al numero.l.adonque(per la sesta di questo.) a.& .b.so no communicante che è il proposito.

Lemma.

o/13 Se seranno due magnitudine, & l'una sia commensurabile & l'altra incommensurabile a una medesima magnitudine, dette magnitudine seranno incommensurabile.

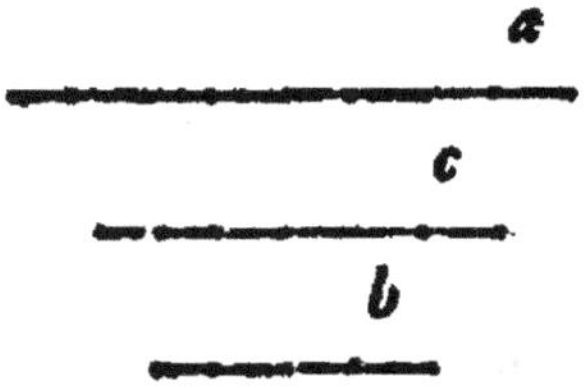

Siano le due magnitudine. a. b.& l'altra. c. & sia la.a.commensurabile alla. c.& la.b.sia in commensurabile alla medesima. c. Dico che. a. & .b.sono incommensurabile perche se. a. fusse commensurabile alla.b. per lo conuerso della precedẽte seguiria che.b.fusse commensurabile con.c.laqual cosa non se suppone.

Theorema.9. Propositione.11.

o/13 Se seranno due quantità fra loro communicante, a qualunque quantità, che una di quelle communichi, Anchora l'altra gli communicarà, & a qualunque una di quelle non communichi, ne etiam l'altra gli communicarà.

Siano le due quantita.a.& .b.communicante, & sia posta qual si uoglia quantità(poniamo. c.)con laquale communichi.a.Dico che la.b.communicara con la medesima, laqual cosa(per la decima di questo) è manifesto cõciosia che l'una e l'altra communica con la quantità.a.ma se un'altra uolta sia posto che. a.& .b.siano communicante come prima, & sia pur posto una quantità (poniamo. c.) con laquala non communichi. a. Dico che. b. non communicarà con la medesima.c. perche se.c. communicasse con. b. conciosia che, a, communica anchora con el medesimo. b. (dal presupposito) seriano (per la detta decima). a. & . e. communicante, & era posto, che non erano communicante per laqual cosa è manifesto quello che hauemo detto.

Il Tradottore.

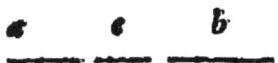

Questa propositione in la prima tradottione se ispone mescolatamente con la precedente, ma tale propositione se ritroua solamente in la seconda tradottione &c.

Theorema. 10. Propositione. 12.

o/15 Se seranno due quantità communicante anchora tutto el composto de ambedue all'una e l'altra de quelle serà communicante, & se

tutto

tutto el composito serà all'una e l'altra de quelle commensurabile, ambedue seranno commensurabile.

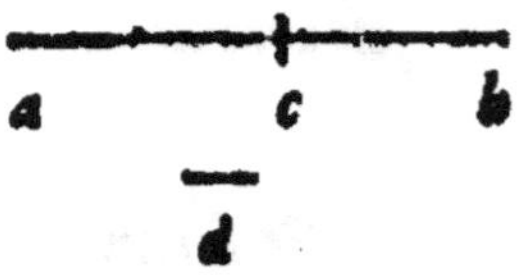

Siano le due quantità, a, & b, commensurabile. Dico che tutto el composito da quelle (elquale sia, c,) esser commensurabile all'una e l'altra di quelle, (& è converso) similmente dico che se tutto el composito da quelle communica. a. una di quelle che quel medesimo communicarà anchora l'altra, & quelle similmente seranno commensurabile fra loro, il medesimo segnita nel conversò cioe che se, a, & b, sian supposti incommensurabili dico che il lato composto (cioe, c, serà incommunicante all'una e l'altra di quelle, & al contrario se il composto, c, serà incommunicante all'una di quelle. anchora serà communicante all'altra, & quelle anchora seranno incommunicante fra loro. Siano adõque primamente a, &, b, communicante & sia la communa misura de quelle, d, laquale conciosia che la numeri l'una e l'altra di quelle (per la cõcettione simile alla auãti la penultima del settimo) numerarà etiam, c, per laqualcosa (per la diffinitione) c. communicara all'una e l'altra di quelle (cioe al, a, &, b,) & al contrario anchora se, c, communichi l'una e l'altra de quelle, sia la communa misura de tutte, d, adonque è manifesto per la diffinitione, a, &, b, esser communicanti. Ma essendo posto che, c, communichi con l'una di quelle (qual sia. a.) dico che communicarà anchora con. b, etiam, a, &, b, communicano insieme, & per dimostrar questo sia, d, la quantità che misura communamente, c, &, a, perche adonque, d, misura il tutto etiam el detratto (per la concettione) quella misurarà el residuo cioe, b, adonque per la diffinitione, anchora, c, communica con b, &, a, communica anchora con, b, che è il proposito, ma se, a, & b, siano supposti incommunicanti el composito, c, serà incommunicante all'una e l'altra di quelle perche se'l communicasse con l'una & l'altra di quelle, ouero con una di quelle, & quelle (per le cose dimostrate di sopra) communicaranno fra loro insieme, laqualcosa seria contra il presupposito, similmente per il conuerso sel, c, è incommunicante all'una & l'altra di quelle, ouero all'una di qlle serà anchora incommunicante all'altra & quelle medesime fra loro laqualcosa è manifesta per le cose dimostrate per la destruttione del consequente.

Il Tradottore.

Il conuerso della soprascritta propositione nella prima tradottione se dimostra insieme con la soprascritta come di sopra appare niente di meno nella seconda ui è la propositione distinta laquale è la sequente.

Theorema. 11. Propositione. 13.

o Se due grandezze incommensurabile seranno compositi insieme, el
16 tutto serà incommensurabile all'una e l'altra di quelle, & se'l tutto serà incommensurabile a una di quelle, etiam quelle due grandezze poste in principio seranno incommensurabile.

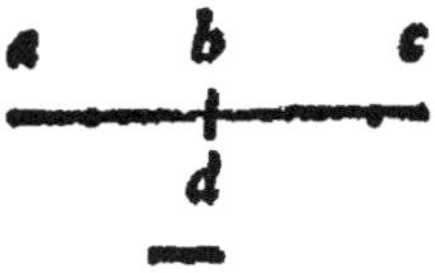

Siano le due grandezze incommensurabile, a, b, &, b, c, siano composte insieme. Dico che tutta, a, c, serà incommensurabile all'una e l'altra di quelle, perche se la, c, a, &, a, b, non sono incommensurabile (per l'aduersario) adonque (per la diffinitione) alcuna grandezza li misura ambedue, hor se egliè possibile sia che. d. misuri quelle adonque perche, d, misura le dette. c. a. & . a. b. misurarà etiam el rimanente, b, c, & gia misura, a, b, adonque el, d, misura le dette. a. b. & . b. c. e per tanto (per la prima diffinitione del. 10.) dette. a. b. et. b. c. sono commensurabile, & sono supposte incommensurabile laqual cosa è impossibile, adonque alcuna grandezza non misurarà le dette. a. b. & . c. a. e per tanto quelle sono incommensurabile. Ma supponendo al presente che la detta. a. c. sia incommensurabile a una delle dette. a. b. & . b. c. similmente demostreremo anchor che le dette due grandezze. a. b. & . b. c. sono incommensurabile, hor sia primamente alla. a. b. Dico che dette, a, b, &, b, c, sono incommensurabile, perche se sono commensurabile (per l'aduersario) alcuna grandezza (per la diffinitione) misurarà quelle, & sia quella tal grandezza (se possibile è). d. adonque perche. d. misura dette. a. b. & . b. c. adonque misurarà etiam tutta. a. c. & misura etiam. a. b. adonque. d. misura dette. c. a. & . a. b. e per tanto le dette. c. a. & . a. b. sono commensurabile & sono supposte incommensurabile laqual cosa è impossibile adonque alcuna grandezza non misurarà le dette. a. b. & . b. c. e per tanto dette. a. b. & . b. c. sono incommensurabile, similmente se demostrarà che la, a, c, alla rimanente, b, c, è incommensurabile, adonque se due grandezze & el rimanente che seguita, laquale cosa era da demostrare.

Theorema. 12. Propositione. 14.

10/11 Se la prima (de ogni quattro quantità proportionale) serà commensurabile alla seconda, anchora la terza serà commensurabile alla quarta, & se la prima serà incommensurabile alla seconda, anchora la terza serà inconmensurabile alla quarta.

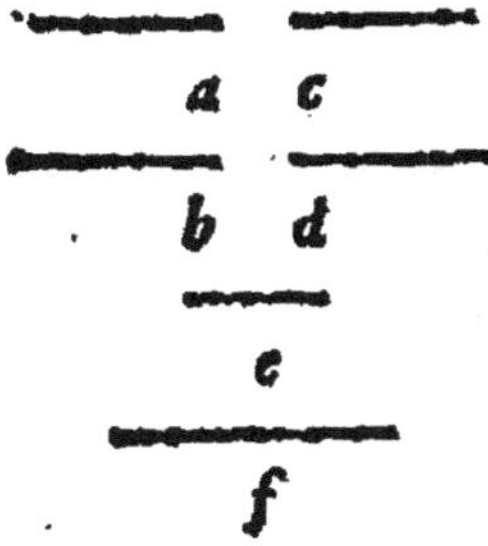

Siano le quattro quantità proportionale. a. b. c. d. Dico che se. a. communica con. b. anchora. c. communicarà cō d, & se, a, e incommensurabile con, b, anchora, c, serà incōmensurabile con, d, & se, a, communica con b, in potentia solamente. anchora. c. communicarà con, d, in potentia solamente niente di manco l'Auttor non propone questo perche facilmente è manifesto per la demostratione delle prime parte, lequale se demostremo in questo modo, se, a, communica con. b. (per la quinta di questo) serà, a, al, b, si come numero, a numero sia adonque si come, e, al, f, ma perche (per el presupposito). a. al. b. e si come, c, al, d, serà c, al, d, si come el numero, e, al numero, f, adonque (per la sesta), c, e, communicante con, d, che è il primo proposito

sito, el secondo è manifesto dal primo dalla destruttione del consequente, perche se, a, e incommensurabile con. b. le necessario. c. esser in commensurabile con. d. perche se'l fusse a quello commensurabile (conciosia che sia come, c. al. d. cosi. a. al. b. (per el presupposito) seria (per la prima parte, a, communicante con. b. & non era communicante, per laqual cosa è manifesto tutto quello che ha proposto l'Auttore ma quella parte che gli hauemo aggiunto (cioe che se, a, communica con, b, solamente in potentia. c. communica con, d, solamente in potentia) e manifesto in questo modo cōciosia che, a, non communichi con. b. in longhezza ne el, c, (per la seconda parte de questa) communichi con el d, in longhezza & conciosia che'l quadrato de, a, communichi con el quadrato de, b, (dal presupposito) serà (per la quinta) el quadrato della linea, a, al quadrato della linea, b, si come numero a numero liquali siano, e, & , f, & perche el quadrato de, c, al, quadrato de, d, e si come el quadrato de, a, al quadrato de, b, serà etiam el quadrato de, c, al quadrato de, d, si come el numero, e, al numero, f, adonque (per la sesta), c, &, d, communicano in potentia, e perche non communicano in longhezza, el proposito è manifesto.

Problema. 3. Propositione. 15.

11
10 A qualunque proposta retta linea puotemo trouare due rette linee quella incommensurabile, l'una solamente in longhezza, & l'altra in longhezza & in potentia.

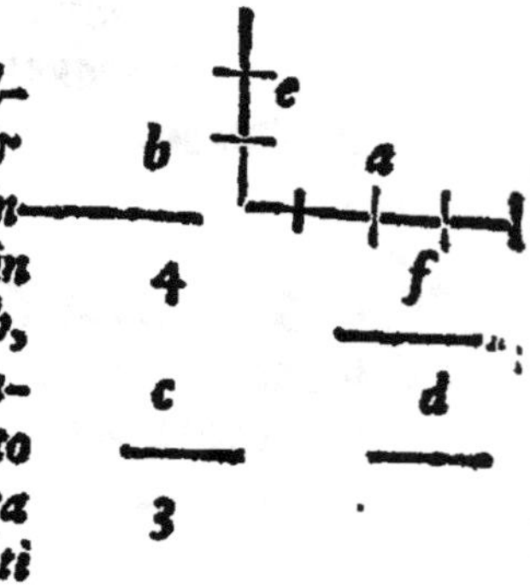

Sia la proposta linea. a. uoglio ritrouare due linee dellequale una communichi con. a. in potentia solamente: & l'altra sia incommensurabile a quella in longhezza & in potentia: adonque piglio duoi numeri liquali non siano in proportione de alcuni numeri quadrati, & siano questi, b, & . c. liquali è facil cosa da trouare, conciosia che qualunque numero quadrato a qualunque numero non quadrato ha quella proportione laqual nō ha alcuni numeri quadrati (questo conferma la uigesima seconda del ottauo) tolti questi tali numeri trouo la linea. d. al. quadrato dellaquale sia el quadrato della linea. a. si come el numero. b. al numero, c, & questa tale linea ritrouo, in questo modo diuido la linea. a. in tante parti quante unità sono in el numero, b, laqual cosa facio facilmente, con lo agiuto della undecima ouero duodecima del sesto, & dapoi sopra la estremità della linea. a. erigo la linea. e. perpendicolarmente, in laqual tante uolte sia contenuta una delle parti de. a. quante uolte è la unità in. c. perche, adonque (per la prima del sesto) la proportione del quadrato della linea. a. alla superficie che uien fatta dal. a. in e. e si come la linea. a. alla linea. e. e pero si come del numero. b. al. numero. c. hor sia posto. d. nel luoco di mezzo proportionale fra. a. & . e. (si come insegna la nona del sesto all'hora (per la prima parte della decima sesta del medesimo) el quadrato de. d. sarà eguale alla superficie produtto dal. a. in. e. & sarà la proportione del quadrato della linea. a. al quadrato della linea. d. si come del nume-

ro.b. al numero.c. per laqual cosa.a.& .d. sono commensurabili in potentia (per la sesta di questo) & (per la ultima parte della nona) quelle incommensurabile in longhezza adonque retrouata e la prima linea, d, laquale era el proposito de cercar, l'altra la retrouo in questo modo interpongo (come insegna la nona del sesto) la linea f, nel luoco di mezzo proportionale fra, a, &, d, & (per lo correlario della decima ottaua del sesto) el quadrato de, a, al quadrato de, f, serà si come, a, al, d, adonque (per la seconda parte della nona) el quadrato de, a, e incommensurabile al quadrato de, f, adonque la linea, f, e incommensurabile in potentia alla linea, a, per laqual coso è etiam incommensurabile in longhezza, e per tanto la linea, f, e la seconda linea, laquale el proposito era de ritrouar, & cosi è manifesto il proposito.

a / 6

se.4. 3. 36.
108.
R. 27.

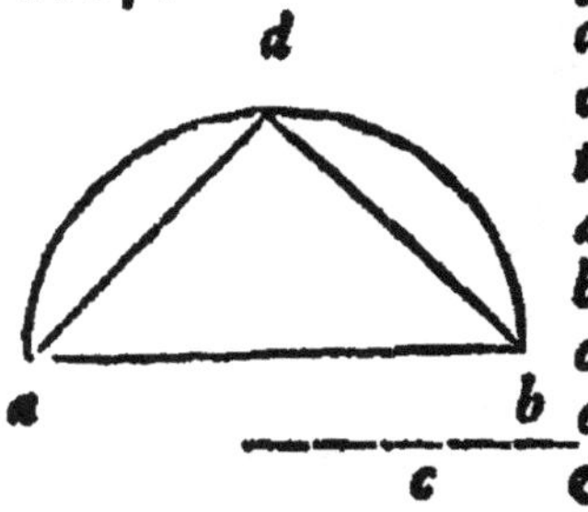

Lemma.

0 / 14 Date due linee rette ineguale, puotemo ritrouare quanto piu puo la maggiore della minore.

Volendo saper quanto piu possa. 6. de R. 12.
36
12
24 *tanto puo piu.*

Siano le due date linee rette, a, b, &, c, dellequale la maggiore sia la, a, b, hor bisogna trouar quanto puo piu la. a.b. della, c, sia descritto sopra la, a, b, el semicerchio, a, d, b, & in quello (per la prima del quarto) sia coattada la, a, d, eguale alla c, & sia tirata la, d, b. Al presente è manifesto che l'angolo, a, d, b, e retto, & che la a, b, puo piu della, a, d, (che è eguale alla, c,) in el quadrato della, d, b, e similmente, date due linee rette puotemo ritrouar una linea che possa tanto quanto, quelle due, laqual cosa cosi lo ritroua. Siano le due date rette linee, a, d, &, d, b, allequale sia debisogno trouar una linea potente in quelle. sia posto che, a, d, d, b, cōprendano l'angolo retto, e sia tirata la, a, b, et un'altra uolta (per la quadragesima settima del primo) è manifesto quella esser la. a. b.

Theorema. 13. Propositione. 16.

12 / 14 Se la prima, de ogni quattro linee proportionale puo piu della seconda tanto quanto è el quadrato di alcuna linea a se communicante in longhezza, anchora la terza è necessario posser tanto piu della quarta quanto è el quadrato de alcuna linea a se communicante in longhezza & se la prima serà piu potente della seconda in el quadrato de alcuna linea a se incommensurabile in longhezza, anchora la terza serà piu potente della quarta in el quadrato de alcuna linea a se incommensurabile in longhezza.

Hor siano le quattro linee proportionale. a. b. c. d. & sia la. a. maggiore della, b. &

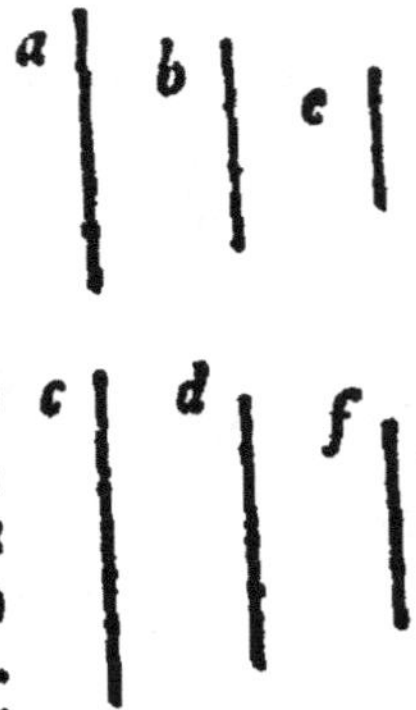

b,& la,c, della,d,& anchora sia la, a, piu potente della , b , in el quadrato della linea, e,&, c, sia piu potente della linea, d,in el quadrato della linea,f,dico che se,a,communicha con,e,in longhezza anchora, c, communicarà con, f, in longhezza & se.a. non communica con, e,in longhezza ne etiam la,c, communicarà con,f, in longhezza & se, a, communica consolamente, e,in potentia,anchora,c, communicarà con,f,solamente in potentia, niente di manco l' Auttore non propone questo ultimo perche facilmente è manifesto dalla demostratione di primi perche concio sia che la proportione de, a, al,b, sia si come del,c,al,d,del quadrato de, a, al quadrato de, b,serà si come del quadrato de,c,al quadrato de,d,& perche el quadrato de,a,e equale alli quadrati delle due linee,b &,e, similmente al quadrato de, c, è equale alli quadrati delle due linee, d,&,f, la proportione di quadrati delle due linee, b,&,e,al quadrato de,e,serà si come di quadrati delle due linee, d,&,f, al quadrato de,f,adonque disgiuntamente el quadrato de,b, al quadrato de,e,serà si come el quadrato de,d,al quadrato de,f,adonque del,b,al,e,serà si come del,d,al,f,anchora per la equa proportionalità serà del a,al,e, si come del, c,al,f, adonque(per la prima parte della decima quarta)è manifesta la prima parte de questa e (per la seconda)la seconda e(per la terza in quel luoco aggiunta)questa parte aggiunta.

Il Tradottore.

Che la proportione di quadrati delle due linee, b, &, e, al quadrato della,e,sia si come quella di quadrati delle due linee, d, &,f, al quadrato della,f,è manifesto per la decima nona del quinto.

Lemma.

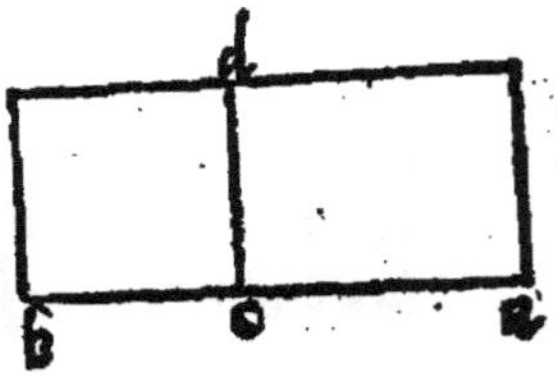

0 17 Se sopra ad alcuna linea retta serà posto, ouero descritto uno paralellogrammo alquale (a compire la detta linea) manchi uno quadrato, el detto paralellogrammo descritto,serà equale a quello che uien fatto sotto alla positione di fragmenti di detta linea.

Sia posto sopra ad alcuna retta linea (poniamo alla, a, b,) lo paralellogrammo a,d,alquale manchi a compire la detta linea la superficie, d,b,quadrata dico che'l paralellogrammo,a,d,è equale a quello che uien contenuto sotto de, a, c, &, c, b, & questo per se istesso è manifesto , perche la superficie, d, b, e quadrata el lato, d,c,è equale al,c,b,& lo paralellogrammo,a,d,e quello che fatto ouero contenuto sotto di, a,c,&,c,d, & questo è quello che fatto ouer contenuto sotto di, a,c,&,c, b,perilche seguita el proposito.

Il Tra

Il Tradottore.

Il soprascritto lemma se ritruoua solamente nella seconda tradottione, elquale e molto al proposito per le due propositioni che seguitano, & la demostratione di quello e assai facile, ma il modo di costruere lo paralellogrammo.a.d.sopra la data linea b.con la sopradetta conditione, cioe che manchi a compir la detta linea.a.b. un quadrato cioe el quadrato.d.b. Et che sia equale a qualche data superficie (come occorre nelle due sequente propositioni,) non e molto facile massime per quelli che non hãno molto familiare la uigesima ottaua propositione dil sesto libro, ma a che hauera ben in memoria il procedere generale della detta uigesima ottaua dil detto sesto, nõ hauerà alcuna difficultà nelle due sequente propositioni, adonque se per caso, la te fusse uscita di memoria di nouo a lei reccorri che ti serà di utile. ma auertisse che se bene la detta uigesima ottaua del sesto non dice precisamente quello che si suppone nel soprascritto lemma, ouero quello che nelle due sequente propositioni occorrerà di fare, cioe de aggiungere ouero designare sopra una data rettalinea una superficie equale alla quarta parte del quadrato d'unaltra linea (minore di lei) talmente che manchi al compimento della data linea, una superficie quadrata niente dimeno se tu ben considererai il procedere generale di q̃lla tu non hauerai alcuna difficultà in questa particulare, perche la maggiore differentia che sia di quella a questa e che in luoco dil triangolo.c.(in quel loco addutto) in questa tu hai la quarta parte del quadrato della minore linea, laquale quarta parte (uolendo) tu la puoi retirare in uno triangolo (come sopra la uigesima nona dil ditto sesto fu mostrato) abenche senza retirarla in triangolo potrai essequire il tuo intento se ben considerarai quella parte addutta sopra la detta uigesima ottaua dil detto sesto. Della superficie.d.in la detta uigesima ottaua addutta, puo essere quadrata e non quadrata e pero quella non te altera (nelle sequente) il tuo operare. Anchora un'altro piu espedito modo da essequir tal effetto senza agiutto della detta uigesima ottaua del sesto, se aduce dal cõmentatore nella prima tradottione come in fine della sequente appare.

Theorema. 14. Propositione. 17.

13/17 Se seranno due rette linee inequale delle quale la superficie equale al la quarta parte del quadrato della minor, aggionta, ouero posta sopra alla maggiore talmente che manchi a compire tutta la linea una superficie, quadrara, diuida la piu longa in due parti communicante, eglie necessario detta linea piu longa poter tanto piu della linea piu corta quanto e el quadrato de alcuna linea communicante in longhezza a detta linea piu longha, & se la piu longha serà piu potente della piu corta per accresimento del quadrato d'una linea a lei medesima communicante in longhezza, & che a quella sia aggiunta una superficie equale alla quarta parte del quadrato della piu corta linea alla qual manchi una superficie quadrata, la superficie sopra a quella aggiunta e necessario diuidere la medesima linea piu longha in due parti cõmensurabile.

Se siano

Se siano le due linee, a, b, &, c, & sia, a, b, maggiore & sia aggiunta alla linea. a, b, una superficie equale alla quarta parte del quadrato della linea, c, talmente che manchi a compire la linea, a, b, una superficie quadrata, perche questo e possibile a fare per la uigesima ottaua del sesto laqual cosa facilmente uien fatta in questo modo, sia diuisa, a, b, in le due linee, a, d, &, d, b, talmente che fra queste cada la mità della linea, c, continuamente proportionale (& qualmente se debbia far questo lo insegnaremo in fine della demostratione di questa) & (per la decima settima del sesto) la superficie de, a, d, in, d, b, (laquale sia, d, e,) serà equale al quadrato della mità della linea, c, per laqual cosa (per la quarta del secondo) la medesima serà subquadrupla al quadrato della linea, c, anchora mancha a compire la linea. a. b. una superficie quadrata, conciosia cosa che et a, d, sia equale al, d, g, &, d, b, sia equale al, g, e, e pertanto dico che se la superficie, d, e, diuide la linea, a, b, in due parti communicanti la linea, a, b, serà piu potente della linea, c, inel quadrato de alcuna linea communicante con lei in longhezza & e conuerso, & conciosia che la linea, a, b, sia maggiore della linea, c, la parte, a, d, nõ serà equale alla parte, d, b, perche se la fusse equale la superficie, d, e, seria quadrata, & perche essa superficie è equale al quadrato della mità della linea, c, seria. a, d, equale alla mità de, c, & tutta, a, b, seria equale a tutta la, c, laqualcosa seria contra el presupposito. adonque la, a, d, non è equale alla, d, b, adonque della maggiore de quelle (laqual sia, d, b,) sia tagliato la parte, d, f, equale alla, a, d, & (per la ottaua propositione del secondo) el quadrato de tutta la, a, b, serà equale a quelli rettangoli fatti de, d, b, in, d, a, quattro uolte & al quadrato de, f, b, per laqual cosa la linea, a, b, serà piu potente della linea, c, inel quadrato della linea, f, b, laquale è necessario communicare a tutta la, a, b, se la linea, a, d, e communicante alla linea, d, b, perche se questo serà la, d, b, serà communicante alla, d, f, sua equale per laqualcosa (per la duodecima propositione), b, f, communicha con, f, d, è però communica etiam a tutta la, b, d, & per questa causa communica etiam con tutta la, a, f, adonque communica etiam con tutta la, a, b, & cosi è manifesto el primo proposito, el conuerso di questa è manifesto in questo, sia la, a, b, piu potente della, c, inel quadrato della linea, f, b, laqual communichi con lei medesima in lõghezza, dico al presente che la superficie equale alla quarta parte del quadrato della linea, c, aggiunta sopra alla linea, a, b, (talmente che manchi una superficie quadrata) diuide la linea, a, b, in due parti communicanti, perche se sia diuisa, f, a, in due parti equali in, d, & sia fatta la superficie, d, e, del, d, b, in, d, a, & mancarà a compire la linea, a, b, la superficie quadrata, & (per la ottaua propositione del secondo libro) el quadrato de. a. b. serà equale al quadruplo della superficie. d. e. & al quadrato de, f, b, Adonque el quadruplo della superficie de. d. e. è equale al quadrato della, c, per laqual cosa la superficie. d. e. sie equale alla quarta parte del quadrato della, c, dico

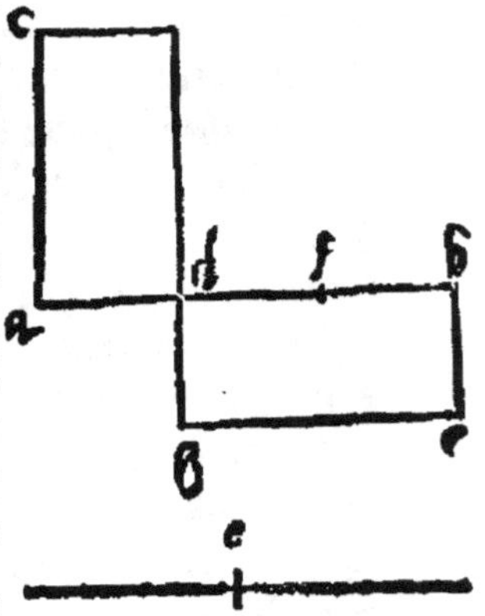

adonque

adonque che la,d,b,è communicante con la,a,d, stante,che,f,b, sia communicante con,a,b,perche se questo serà che,f,b,sia communicante con, a,b,serà anchora communicante con,a,f, (per la duodecima propositione)per laqual cosa serà etiam con a,d, & con,d,f,a quella equale e per tanto etiam, d,b,serà communicante con , a, d, che è il secondo proposito , ma al presente è da demostrare qualmente la linea,a, b,quando che essa serà posta maggiore della linea,c, possa esser diuisa talmente che fra le parti di quella caschi la mità della linea,c,continuamente proportionale, perche quando la serà cosi diuisa , la superficie che serà fatta dall'una parte in l'altra serà equal al quadrato della mita della linea,c,& essa superficie equale alla quarta parte del quadrato della linea,c,aggiunta alla linea,a,b,talmente che mancha una superficie quadrato , perche questo serà fatto in questo modo, diuisa,a,b, in due parti equali in ponto,d,& sia lineato sopra quella lo semicerchio, a,f, b , & similmente sia lineata la linea, b,e, perpendicolare alla , a, b, laquale sia posta equale alla mità della linea , c, & sia dutta la, e, f, equidistante alla.a.b.per fina a tanto che la seghi la circonferentia del semicerchio in ponto.f. perche è necessario che seghi quella(conciosia che la linea, a,b,sia maggiore della linea,c.)& sia dutta la.f. g.perpendicolare alla,a,b,laquale conciosia cosa che la sia equale alla linea.e.b.(per la trigesima quarta propositione del primo) serà anchora equale alla mità della linea,c,sia adonque dutte le linee, f, a, e (per la prima parte della trigesima prima propositione del terzo) l'angolo a,f,b, serà retto e pero(per la prima parte del correllario della ottaua del sesto)l a linea.f.g.serà nel mezzo luoco proportionale fra,a,g,et,g,b, per laqual cosa la mità della linea, c,(laquale è equale a quella) serà etiam media proportionale fra le medesime che è el nostro proposito.

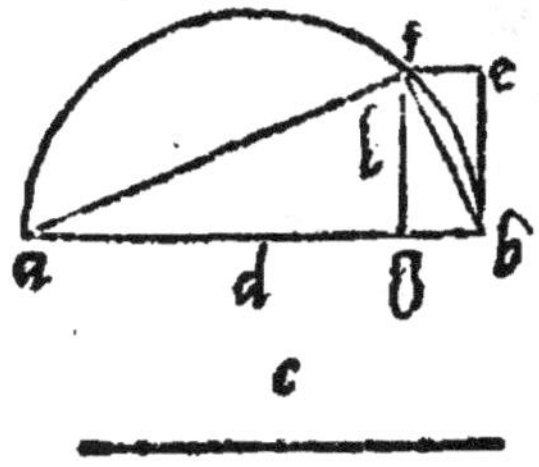

Theorema.15. Propositione.18.

14/18

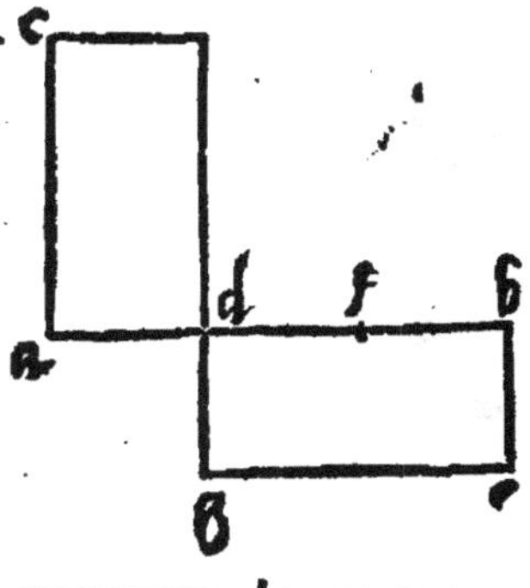

Se seranno due linee inequale delle quale se la superficie equale alla quarta parte del quadrato della piu corta posta sopra alla piu longha talmente che manchi al compimento di quella una superficie quadrata , diuida quella in due parti incommensurabile , la piu longha serà piu potente della piu corta in lo augumento del quadrato d'una linea incommensurabile in longhezza a essa linea piu longha & se la piu longha serà piu potente della piu corta in el quadrato d'una linea incommensurabile in longhezza , a essa linea piu longha,& sia posto , ouer aggiunto sopra a essa una superficie equale alla quarta parte del quadrato della piu corta & manchi a cōpire la re la più longha una superficie quadrata, le necessario che essa superficie posta ouero aggiunta sopra essa linea, diuida essa linea piu longha in due parti incommensurabile.

Questa decima ottaua mette el contrario dello antecedente & del consequente della precedente, & la dispositione in questa non diffinisse dalla dispositione di quella, e el modo de argumentare dell'una & dell'altra e uno medesimo, perche, se a,d, non communica con, d,b, ne etiam, d,f, (a lei equale) communicarà con la medesima, d,b, adonque (per la 13. propositione). d.f. non communicarà con f, b, per laqual cosa manco con, a,f, perche. a.f. & ,d,f, sono cõmunicante si come el numerãte & el numerato, e pero ne etiam a,b, communicarà con la linea, f,b, ma se questo serà (per la seconda parte) cioe se, a, b, non communica con, f,b, non communicarà con, a,f, per laqual cosa non communicarà etiam con, a, d, ouero con, d,f, adonque ne, d, b, communicarà con, d,a, anchora tu puoi demostrare questa decima ottaua propositione per la premessa la prima parte de questa per la seconda de quella & la seconda per la prima per la destruttione nel consequente, perche se, a,d, & ,d,b, non communicano ne etiam, a,b, & ,f,b, communicaranno, perche se, a,b, & ,b,f, communicasseno bisognaria (per la secõda parte della premessa) che, a,d, communicasse con, d,b, & era posto che'l non communicasse, per lo medesimo modo se procederà della seconda parte perche se, b,a, & ,b,f, nõ communicano ne etiam, a,d, & ,d, b, communicaranno, perche communicando seguiria per la prima parte della premessa che, a,b, & ,b,f, communicasseno liquali non communicanno per laqual cosa è manifesto el proposito.

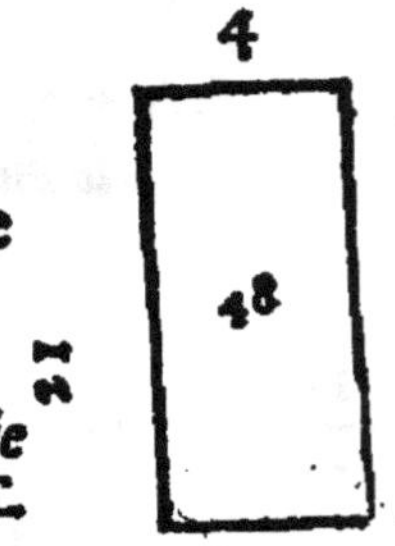

Theorema. 16. Propositione. 19.

15/19 Ogni superficie rettangola che contengono due linee rationale in longhezza se proua esser rationale.

Siano le due linee. a.b. & .b.c. (lequale contengano la superficie rettangola. a.c.) rationale in longhezza: dico la superficie. a.c. essere rationale: perche descritto il quadrato de quale si uoglia di quelle come il quadrato. c.d. della linea. b.c. sarà (per la prima del sesto) la proportione del quadrato c.d. alla superficie. a.c. come la linea. b.d. alla linea. a.b. perche adonque. b. d. communica in longhezza con. a. b. (dal presupposito) però che la. b. c. (sua eguale) communica con essa (per la prima parte della decimaquarta). c.d. sarà communicante con. a.c. adonque conciosia che. c.d. sia rationale (per la diffinitione) etiam. a.c. sarà ra[tion]ale: che è il proposito.

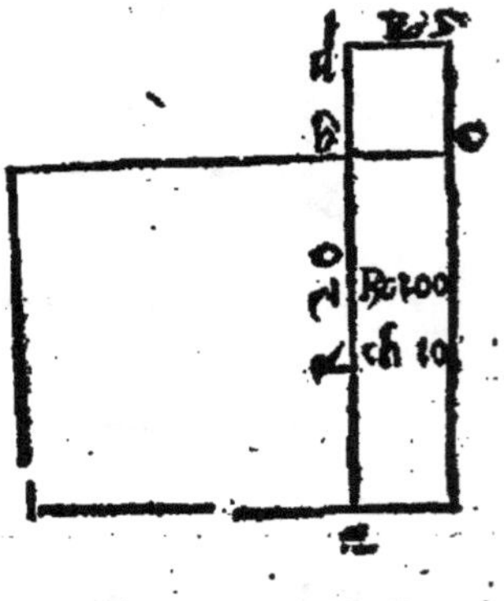

Il Tra-

Il Tradottore.

El teſto di queſta decimanona propoſitione in la ſeconda tradottione dice in queſta forma.

15/19 Ogni rettangolo compreſo ſotto di due linee rationale (ſecondo alcuno di predetti modi) commenſurabile in longhezza è rationale.

Laqual propoſitione non aſtringe che le dette due linee ſiano rationale in longhezza: ma ponno eſſer rationale etiam ſolamente in potentia. pur che ſiano commenſurabile in longhezza. laqual coſa ſe dimoſtra per li medeſimi modi e uie di ſopra addutte, perche el quadrato di qual ſi uoglia di quelle ſarà rationale (eſſendo cadauna di quelle rationale in potentia) onde ſeguitando ſe concluderà el propoſito come in altro modo: & queſta è molto piu generale dell'altra.

Theorema. 17. Propoſitione. 20.

16/20 Quando che ſopra a una linea rationale in longhezza ſarà poſta una ſuperficie rationale rettangola, lo ſecondo lato di quella ſarà rationale in longhezza & commenſurabile co'l primo in longhezza.

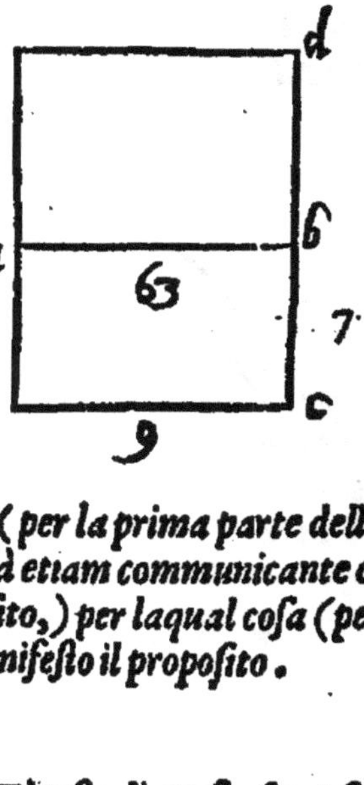

Queſta è quaſi el conuerſo della precedente, come ſe la ſuperficie, a,c, (aggionta ouero poſta ſopra alla linea, a,b, rationale in longhezza) ſarà rationale: dico che il ſecondo lato di quella (elquale e,b,c,) ſarà anchora rationale in longhezza & communicante al primo lato: perche ſe ſia, a,d, el quadrato de, a,b, & ſarà rationale (per la diffinitione) & per queſta cauſa ſerà cõmunicante con la ſuperficie, a,c, rationale, perche adonque (per la prima del ſiſto) ſi come è la ſuperficie, a,d, alla ſuperficie, a,c, coſi è anchora la linea. b.d. alla linea, b,c, & la ſuperficie, a,d, communica con la, a,c, ſarà (per la prima parte della decimaquarta) d.b. communicante con, b,c, adonque ſarà etiam communicante con la, b,a, (ſua eguale) & b.a. è rationale (dal preſuppoſito,) per laqual coſa (per la diffinitione) etiam, b,c, ſarà rationale, adonque è manifeſto il propoſito.

Il Tradottore.

El teſto di queſta ſopraſcritta propoſitione in la ſeconda tradottione dice in queſta forma.

16/20 Se una ſuperficie rationale ſerà poſta ſopra una linea rationale farà la larghezza rationale, commenſurabile in longhezza all'altra cioe a quella ſopra laquale fu poſta la ſuperficie.

Onde

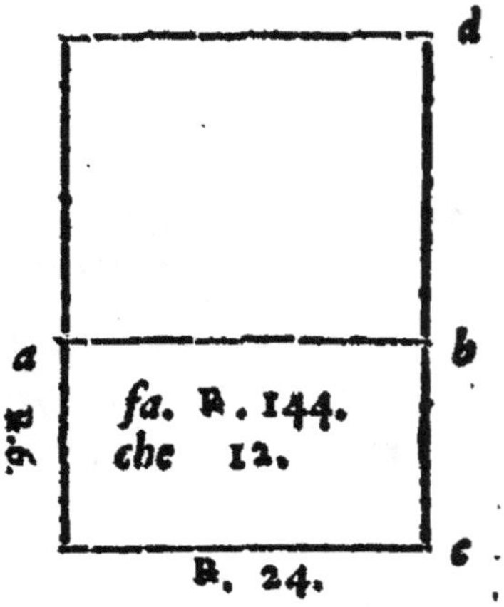

Onde questa è assai piu generale di quella posta di sopra, perche questa non astringe che la data linea sia rationale in longhezza ma basta che sia rationale onde tal linea puol esser etiam rationale solamente in potentia, perche una linea rationale solamente in potentia e detta rationale (per la diffinitione) & tutto questo lo uerifica per le medesime argumentationi usate di sopra, perche ponendo che la superficie.a. c.rationale, sia posta sopra la linea.a.b. rationale solamente in potentia, dico che il medesimo secondo lato cioe.b.c.serà rationale solamente in potentia, & commensurabile in longhezza con la. a.b.per le medesime ragioni nell'altra demostratione addutte perche el medesimo quadrato de,a,b,serà rationale (per esser la,a,b,rationale abenche sia solamente in potentia) non resta che il detto quadrato non sia rationale & commensurabile alla superficie,a,c,& cetera.

Problema.4. Propositione.21.

17/29 Puotemo trouare due linee rationale solamente in potentia communicante, delle quale la piu longha possa piu della piu corta in el quadrato d'una linea a se commensurabile in longhezza.

El proposito è di trouare due linee rationale in potentia solamente communicante delle quale la piu longha sia piu potente della corta in el quadrato d'una linea a se commensurabile in longhezza, e per tanto toglio alcuna linea rationale, laqual sia,a,b, sopra laquale descriuo lo mezzo cerchio,a,c,b, & tolto alcun numero (come.d,e.) diuido quello in li duoi numeri,d,f,et f,e, talmente che la proportione de.d.e.al. d.f. sia come de numero quadrato a numero quadrato, & che la proportione del. d.e.al.f.e.non sia come de numero quadrato a numero quadrato, & tal numero e qualunque numero quadrato diuisibile in un numero quadrato & in uno che non sia quadrato come.e. 9. elquale se diuide in.4.e.5.& tutti li equalmente multiplici de questi. & truouo una linea al quadrato della quale el quadrato della linea.a.b.sia si come el numero.d.e.al numero. d.f.(& qualmente essa se ritroui è stato detto in la demostratione della decimaquinta de questo) truouata questa linea (~~laquale necessariamente è minore de. a. b.~~) la accomodo (per la prima del quarto) dentro del

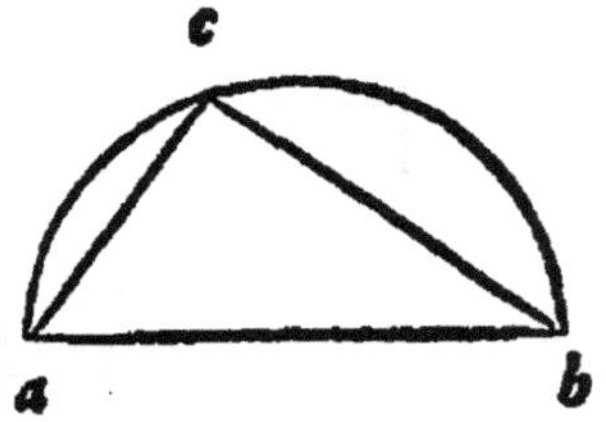

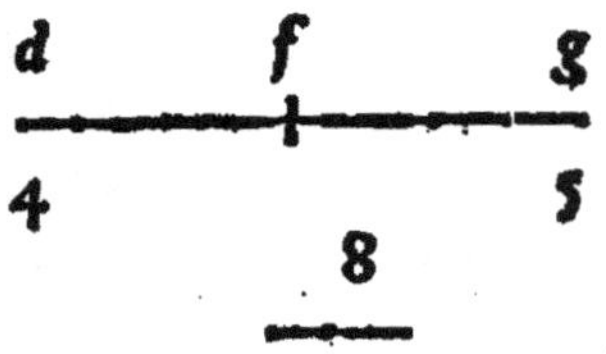

Se 9. me da 5. che me darà poniamo 16. 256

5

Se la 1280

16 R. 142. $\frac{2}{9}$

mezzo

Anchora.

Se 9. 5. R. 12 / 12

60

6 6/9

R 12. p̃ R 6 2/3

mezzo cerchio.a.c.b.& sia.a.c.& subtenderò la linea.c.b.dico le due linee.a.b.&.c.b.essere quelle che cercamo, perche (per la trigesima prima propositione del terzo) lo angolo,c,serà retto,e pero (per la penultima del primo) lo quadrato de.a.b.è equale alli quadrati delle due linee,a,c,&,c,b,& perche la proportione del quadrato della linea.a.b.al quadrato della linea.a.c.è si come del.d.e.al.d.f. (per el presupposito) (per la euersa proportionalità) la proportione del quadrato della linea.a.b.al quadrato della linea,c,b,serà si come del.d.e.al.f.e.adõque el quadrato de.c.b.cõmunica con el quadraro de,a,b,(p la.6.propositione di questo) adonque el quadrato de.c.b.serà rationale (per la diffinitione) conciosia che'l communica con una superficie rationale, & perche.c.b.&.a.b.sono incommensurabile (per la ultima parte della nona propositione) è manifesto le due linee.a.b.&.c.b.esser rationale in potentia solamente communicante, ma perche la linea.a.b.e piu potente della linea.c.b.inel quadrato della linea.a.c.laquale (per la seconda parte della nona) communica con seco in longhezza è manifesto essere satisfatto el proposito, Ma se tu desideri de ritrouarne piu de due rationale in potentia solamente communicante delle quale una sia piu potente de quala si uoglia delle altre inel quadrato de alcuna linea communicante con seco in longhezza, sia come per auanti la linea.a.b.rationale in longhezza, sopra laquale sia descritto el mezzo cerchio.a.c.b.& sia tolto lo numero.d.quadrato quale sia diuisibile in molti quadrati & non quadrati, di quali non quadrati.la proportione non sia si come de alcuni di numeri quadrati, & tali numeri che oltra se danno come el.36.elquale è diuisibile in.25.e.11.e anchora in.16.e.20.& similmente in.9.e.27.e anchora in.4.e.32.& de questi nõ quadrati liquali sono.11.20.27.32.fra loro non e proportione si come de alcuno numero quadrato a un'altro sia adonque che'l numero.d.quadrato sia diuiso in.e.quadrato et in.f.non quadrato & sia el quadrato della linea,a,b,al quadrato della linea,a,c,si come el numero.d.al numero.e.& sia dutta la linea.c.b.& è manifesto el proposito, come per auanti è stato dimostrato.a.b.&.b.c.esser le due tal linee, che cercamo, similmente anchora diuiderò.d.in.g.quadrato & in.h.non quadrato, & sia el quadrato della linea.a.b. al quadrato della linea.a.k.si come del.d.al.g.& sia dutta la linea.k.b.& seranno come prima le due linee.a.b.&.b.k.quelle che cercamo per lo medemo modo se sia diuiso un'altra uolta.d.in.l.quadrato & in.m.non quadrato,& sia posto la proportione del quadrato della linea.a.b.al quadrato della linea.a.n.si come del.d.al.l.& sia produtto la.n.b.serãno le due linee,a,b,&.b.n.quale cercamo

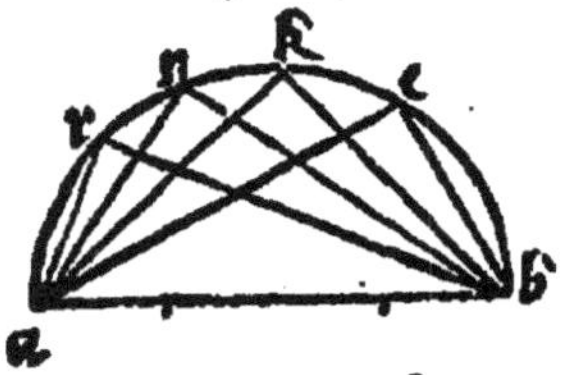

25 d.11.

e 16 d.20. f

g 9 d 27. h

l m

4 d 32.

p q

cemo & se un'altra uolta sia diuiso. d. in. p. quadrato & in. q. non quadrato, & la proportione del quadrato della linea, a, b, al quadrato della linea, a, r, sirà si come del, d, al, p, & sia protratta la linea, r, b, ser anno anchora le due linee, a, b, &, b, r, quale cercamo, e per tanto le linee, a, b, b, c, b, k. b, u, b, r, sono rationale in potentia solamente communicante una delle quale (cioe, a, b,) e piu potente de quala si uoglia delle altre in el quadrato d'una linea commensurabile con seco in longhezza: se adunque niuna delle quattro linee, b, c, b, K, b, u, b, r, communica con le altre in longhezza è manifesto el proposito & questo se approua in questo modo, perche le manifesto dalle precedente che'l quadrato della linea, b, c, al quadrato della linea, a, b, e si come el numero, f, al numero, d, & lo quadrato della linea, a, b, al quadrato della linea, b, k, e si come el numero, d, al numero, b, adonque per la equa proportionalità el quadrato della linea, b, c, al quadrato della linea. b. k. è si come el numero, f, al numero, b, & niun di quattro numeri, f, b, m, q, sono (dal presupposito) si come numero quadrato a numero quadrato; per laqualcosa (p la quarta parte della nona) le due linee. b. c. b. K. sono incommensurabile in longhezza, & per la medesima ragione, due quale si uoglia di quelle quattro sono incommensurabile in longhezza adonque è manifesto quello che uolemo.

Nota che a trouar praticalmente l'antecedente a ogni numero rationale formãte un binomio. 1. 2. & 3. lo puoi trouar con ogni num. [] diuisibile in un nume. [] & in uno non [], come 9. come qui appare, & è regola generale & se'l 3. numero sarà [] ne uenirà binomio primo, & sel sarà num. non [] ne potrà uenir binomio terzo, ma uolendo trouar el secondo, alla prima uoltarai 9 & 5. digando se 5 me da 9. che me darà el [] de quello num. che uoglio che sia consequente, pongo che uoglia 6. per consequente dirò se 5 me da 9. che me darà 36. opera che ne uenirà $\frac{3}{\ }\ \frac{2}{3}\ \frac{4}{\ }$ et la ℞ $\frac{3}{\ }\ \frac{2}{3}\ \frac{4}{\ }$ p̃ ℞ 36 che 6. & cosi ℞ 64 $\frac{4}{5}$ p̃ 6 sarà binomio 3. Vero è che l'Auttor procede digando se 36. da 25. che me darà lo [] della, a. b. (rationale largo modo) e da, c, a, et. la, c, b, sarà poi il secõdo nome.

9	5	36.
		5
		180
		℞ 36 p̃ ℞ 20

Il Tradottore.

Bisogna notare che la linea, a, b, se puol tore rationale in longhezza & anchora solamente rationali in potentia, perche in l'uno e l'altro modo se intende rationale per la quinta diffinitione (secondo la seconda tradottione) & per tanto le dette due linee ponno essere ambedue rationale solamente in potentia, ouero l'una rationale in longhezza & l'altra solamente in potentia, uero è che non possono esser ambedue rationale in longhezza perche seriano commensurabile in detta longhezza che seria contra il presupposito, ideo &c.

Problema. 5. Propositione. 14.

18/30 Puotemo trouare due linee rationale solamente in potentia communicante, dellequale la piu longha possi piu della piu corta quanto è il quadrato d'una linea a se incommensurabile in longhezza.

A a In questa

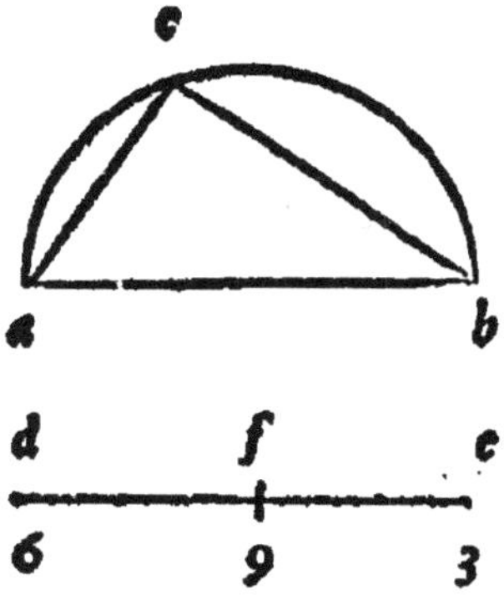

In questa anchora rimanga la medesima dispositione & li medesimi presuppositi che sono in la precedente, mutato solamente questo che la proportione del numero.d. e.a niuno di duoi numeri.d.f.& .f.e.sia si come de numero quadrato a numero quadrato,& questo uiē fatto facilmente posto,d,e, qual si uoglia numero quadrato diuiso in duoi numeri non quadrati come se, d, e, sia nuoue & d. f.sei,et f,e,tre argumentando come per auanti eccetto solamente questo che, a, b, & a, c, sono incommensurabili in longhezza (per la ultima parte della nona propositione) & è da saper che le due linee, che insegnano di truouare questa & la premessa componeno el binomio, & la minore de quelle, tagliata dalla maggiore quella che rimane è detta residuo, anchora nota che le linee rationale solamente in potentia cōmunicante ponno esser una rationale & l'altra irrationale,si come li lati tetragonici de due superficie delle quale una sia uinticinque piedi & l'altra uintiquattro sono rationali in potentia solamente communicante, perche el lato della prima superficie è cinque & el lato della seconda non uien numerato. Et ponno esser ambedue irrationale come li lati tetragonici delle due superficie delle quale una sia uinti quattro piedi & l'altra 23 . perche el lato ne dell'una ne dell'altra uien numerato & sono incommensurabile in longhezza(per la ultima parte della nona) & se tu desiderasse anchora de trouare piu de due linee rationale in potentia solamente cōmunicante delle quale una sia piu potente de quala si uoglia delle altre in el quadrato d'una linea non communicante con seco in longhezza sia tolto tal numero el quale possa esser cosi diuiso in piu parti, che la proportione de quello a niuna delle sue parti ne d'alcuna parte a alcuna delle altre,sia come de numero quadrato a numero quadrato come uinticinque elqual tu'l poi diuidere in duoi e uintitre,anchora in cinque & uinti & similmente in sette è deciotto & el processo sia el medesimo che è stato fatto in la premessa.

Per trouar el.4. binomio, ponendo per suo antecedente.6. dirai se.9. me da.6. (ouer.3.)che me darà.36.opera che uenirà p̃ ℞24.e per el 3.daria.6.p̃ ℞12.

Et per trouar el quinto dato per suo consequente 8. dirai, se 3. me da 9.che me darà 64. opera che te darà ℞ 192 p̃ 8. tu poteui anchor dire se 6. me da. 9. che me darà 64. opera che te dara. ℞ 96. p̃ 8.

Per trouar el.6. binomio a. ℞ 18. per antecedente dirai, se 9.me da. 6. che me darà ℞ 18. opera con il □ de ℞ 18 ch'è 18. & te uenirà ℞ 18 p̃ ℞ 12. & cosi discorrendo.

Lemma, ouero assumptione.

o/21 La linea potente in una area irrationale è irrationale.

Perche se la linea, a, puol in una area irrationale cioe che quel quadrato qual uien

a

uien fatto della linea, a, sia equale a una area ouer superficie irrationale, dico che la linea, a, è irrationale, perche se possibil fusse (per l'aduersario) che la ditta linea. a. fusse rationale, anchora el quadrato che fusse fatto della linea. a. seria per la diffinitione rationale, & (dal presupposito) e irrationale, adonque la linea, a, è irrationale seguita adunque il proposito.

Il Tradottore.

Questo lemma ouero assumptione se ritroua solamente in la seconda tradottione, elquale lemma dimostra quello che se diffinisse in la ultima diffinitione di questo decimo libro, cioe che la linea potente in una superficie irrationale è irrationale per laqual cosa seguiria la detta ultima diffinitione essere superflua.

Theorema. 18. Propositione. 23.

19/31 Ogni superficie che contẽgano due linee rational solamente potentialmente communicante, è irrationale, è detta superficie mediale, & lo suo lato tetragonico, cioe quello lato che puol in quella, è irrationale & è detto linea mediale.

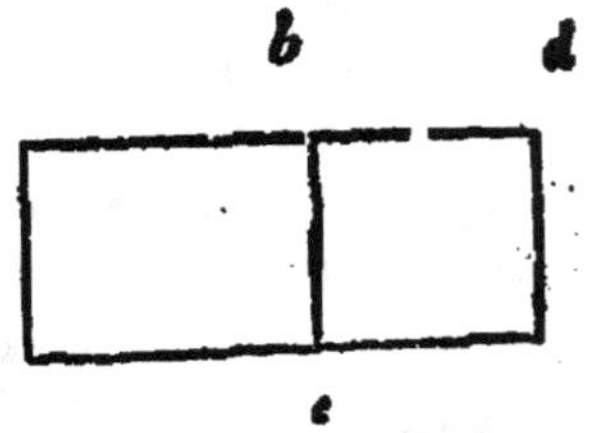

Siano le due linee. a. b. b. c. (continente la superficie a a. c.) rationali solamente in potentia communicante, lequale qualmente se trouano della premessa & dalla auanti la premessa è manifesto. Dico la superficie. a. c. esser irrationale. Et per dimostrar questo sia. c. d. quadrato de. b. c. & serà rationale (per el presupposito) imperoche la linea. b. c. è rationale in potentia, et perche (per la prima del sesto) la proportione del. a. c. al. c. d. è si come della. a. b. alla. b. d. & la. a. b. non communica con la. b. d. perche (dal presupposito) la non communica con la sua equale (laquale. e. b. c.) seguita (per la seconda parte della decimaquarta) che etiam, a, c, non communichi con. c. d. per laqualcosa (per la diffinitione) la superficie. a. c. è irrationale adonque el suo lato tetragonico (per lo soprascritto lemma) e irrationale, & questa superficie è chiamata superficie mediale perche è nel mezzo loco proportionale fra le due superficie rationale, cioe fra li quadrati delle due linee che contengono essa superficie, & la linea potente in essa superficie è detta linea mediale perche anchora lei è nel mezzo loco proportionale fra due linee rationale communicanti solamẽte in potentia, & queste due linee sono li lati della detta superficie & questo è quello che uolemo.

Lemma.

0/22 Se seranno due linee rette, si come la prima alla seconda, cosi è quello che uien fatto della prima a quello che contenuto sotto alle due rette linee.

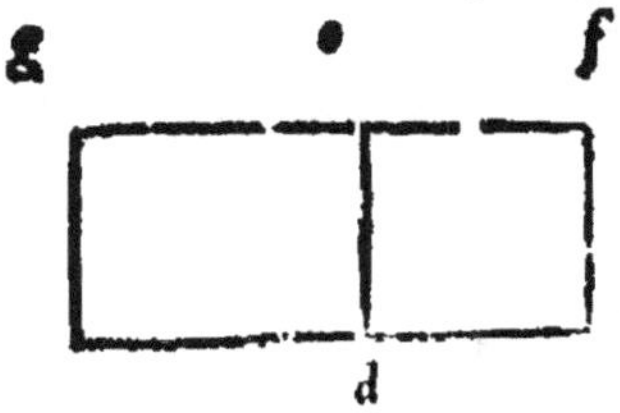

Siano le due rette linee .f. e. g. Dico che si come. e.f. al. e. g. cosi è il quadrato de .f. e. alla superficie contenuta sotto da .f. e. & .e. g. & per dimostrare questo sia descritto per la quadragesima sesta del primo el quadrato, d, f, & sia compito, d, g, adonque perche si come e, f, al, e, g, cosi e, f, d, al, d, g, & , d, g, e quella superficie contenuta dal, f, e, & , e, g, adonque si come e, f, e, al, e, g, cosi e quello che uien fatto del, f, e, a quello che contenuto sotto del, f, e, et, e, g, similmente anchora si come quel lo che contenuto sotto de, g, e, & , e, f, a quello che uien fatto dal, e, f, cioe si come, g, f al, d. f, cosi è, e, g, al, e, f,

Theorema. 19. Propositione. 24.

20/22 Quando che sopra a una linea rationale in longhezza serà posta una superficie equale al quadrato d'una linea mediale, el secondo lato di quela serà rationale solamente potentialmente & incommensurabile al primo lato in longhezza.

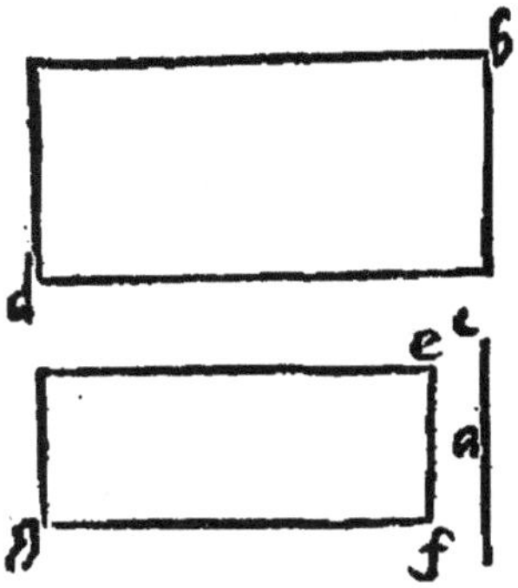

Questa è quasi il converso della premessa. Sia, a, una linea mediale & sia la linea, b, c, rationale in longhezza sopra alla quale sia posto ouero aggiunta la superficie, b, d, equale al quadrato della linea, a, laqual cosa se fa in questo modo, sia sotto aggiunto alle due linee, b, c, & , a, la linea, c, d, in continua proportionalità come insegna la decima del sesto, & la superficie della, b, c, in, c, d, serà equale al quadrato della linea. a. (per la sestadecima del medesimo) dico el secondo lato de quella elquale e, d, c, esser rationale solamente in potentia & incommensurabile in longhezza al lato, b, c, & ferà (per la precedēte) (per la diffinitione della linea mediale) che la linea, a, possi in alcuna superficie contenuta da due linee rationale solamente in potentia communicanti, laqual sia la superficie, e, g, li lati dellaquale sian, e, f, & , f, g, & le due superficie, b, d, & , e, g, (per la prima parte della decima quarta del sesto) seranno de lati mutui, per questo che esse sono equale, & rettangole adonque la proportione de, b, c, al, e, f, e si come del. f, g, al, c, d, per laqualcosa conciosia che, b, c, communichi in potentia con, e, f, (impe- roche li quadrati dell'una & dell'altra de quelle sono rationali (dal presupposito,) f, g, (per la decimaquarta) communicarà in potentia con, c, d, conciosia adonque che'l quadrato de, f, g, sia rationale (per el presupposito) anchora el quadrato de, c, d, (per la diffinitione) serà rationale, & perchè la superficie, b, d, è irrationale si come la sua equale, e, g, (per la premessa) seguita che'l quadrato della linea, c, d, non communichi con la superficie, b, d, & perche el quadrato della linea, c, d, alla superficie, b, d, (per la prima del sesto) e si come lo lato, c, d, allo lato, c, b, (per la seconda parte della decima quarta) serà che, c, d, non communichi con, b, c,

con,b,c,per laqualcosa conciosia che la,b,c,sia rationale in longhezza (dal presup posito) la.c.d.serà irrationale in longhezza cioè rationale solamente in potentia; adonque è manifesto la proposta conclusione.

Il Tradottore.

Il testo della soprascritta propositione in la seconda tradottione parla in questa forma uidelicet.

20 Il quadrato de una linea media, posto sopra a una linea rationale fa
22 la larghezza rationale & incommensurabile in lõghezza a quella linea alla quale fu sopraposto.

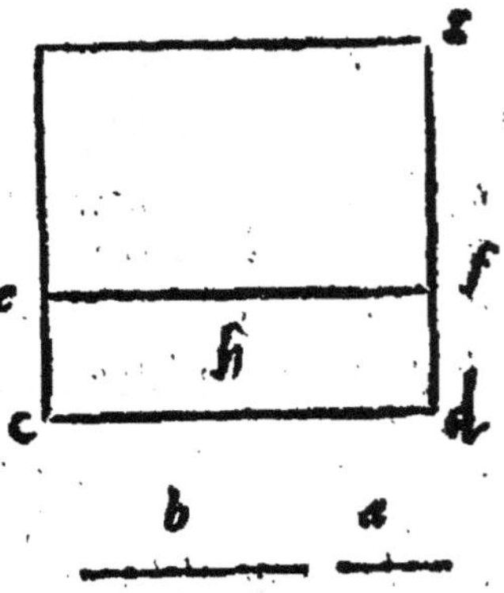

Laqual propositione e piu generale che la soprapofta perche questa non astringe che la linea,b,c,sia rationale in longhezza, ma basta che sia rationale o in longhezza o in potentia solamente & per li medesimi argumentationi se trouarà seguire il proposito & quello, che di sopra se conclude per la prima del sesto nella seconda tradottione se conclude per la soprascritta lẽma, cioe che il quadrato della linea.c.d.alla superficie.b.d.e si come lo lato.c.d.allo lato.c.b.

Questa propositione 25.non se conuertisse, cioe che ogni linea, che non sia communicante a una linea mediale in longhezza ouer in potentia non seguita, che quella tale non possa esser mediale, perche ui son alcune linee mediale, che tra loro non sono communicante ne in longhezza, ne in potentia, come ℞ ℞ 7 a ℞ ℞ 5 & di queste niente ha parlato Euclide. Et però le specie delle mediale comparatiuamente sono 6. Primo, comensurabile in longhezza, quale conteneno sempre superficie mediale. Quarto, comensurabile solamente in potentia cioe, due continente superficie mediale, & due continente superficie rationale. La 6.quella pretermessa da Euclide, e però son 6.specie de binomij mediali.

Theorema.20. Propositione.25.

21 Ogni linea communicante a una mediale è mediale.

23 *Sia la linea,a, mediale alla quale sia posto la linea,b,esser communicante ouero in longhezza, ouero solamente in potentia. dico che etiam la linea.b.è mediale, & per dimostrare questo sia la linea,c,d,rationale in longhezza sopra laquale sia posta la superficie,c,f,equale al quadrato della linea,a,& anchora la superficie,e,g,equale al quadrato della linea,b,(& a qual modo questo si debba far è stato detto in la premessa demostratione.) & (per la precedente) la linea,d,f,serà rationale solamente in potentia & incommensurabile alla linea,c,d,& perche (per la prima del sesto) del,e,g,al,c,f,e si come del,f,g,al,d,f,& la superficie,e,g, communica con la,c,f,imperoche el quadrato de,b,communica con lo quadrato de.a.*

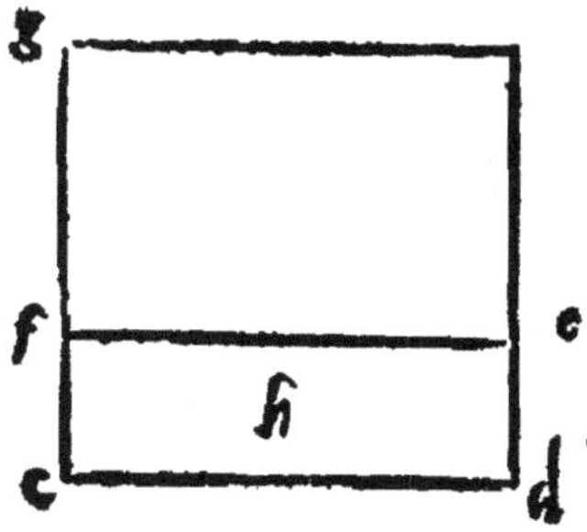

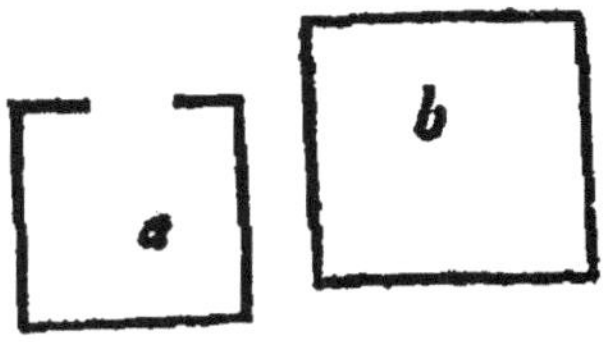

to de, a, (per el presupposito) alli quai quadrati le dette superficie sono poste equale, seguita (per la prima parte della decima quarta) che la linea, f, g, communichi con la linea, d, f, per laqual cosa, f, g, e rationale solamẽte in potentia, si come è, d, f, & incommensurabile in longhezza alla linea, e, f, conciosia che la linea d, f, (a se communicante) sia incommensurabile al medesimo, e, f, impero che è in commensurabile alla sua equale, perche questo fu prouato in la undecima che se'l serà due quantità communicante a qualũque quantità una di quelle non communica ne etiam l'altra gli communicarà, adonque (per la uigesima terza) la superficie, e, g, serà mediale, & lo lato tetragonico di quella elquale è, b, serà mediale che è il proposito, similmente anchora ogni sup erficie communicante a una superficie mediale è necessario esser mediale, perche se sia la superficie, a, mediale alla quale sia posta la superficie, b, esser communicãte. dico la superficie, b, esser mediale laqual cosa in questo modo serà manifesta, sia la linea, c, d, rationale in longhezza & sopra a quella sia aggiunta, ouero posta la superficie, c, e, laquale sia equale alla superficie, a, laqual cosa se fa in questo modo, sia trouata la linea, c, f, alla quale sia proportionale uno di lati della superficie, a, si come sia la linea, c, d, all' altro lato (et come questa linea se ritroua e stato detto in la decima del sesto) & (per la quinta decima del medesimo) la superficie, d, f, serà equale al, a, & anchora per el medesimo modo sopra alla linea, e, f, sia aggionto, ouero posto la superficie, e, g, laquale sia equale alla, b, adonque (per la uigesima quarta) la linea, c, f, serà rationale solamente in potentia & anchora serà incommensurabile in longhezza alla linea, c, d, & perche, a, &, b, erano communicanti (dal presupposito) seranno anchora, c, e, &, e, g, (a quelle equale) communicante, adonque (per la prima del sesto) & (per la prima parte della decima quarta) de questo seranno le due linee, c, f, &, f, g, communicante in longhezza, adonque la linea, f, g, è rationale solamente in potentia: & incommensurabile in longhezza alla linea, e, f, per laqual cosa (per la uigesima terza) la superficie, e, g, serà mediale, conciosia che la linea, e, f, sia rationale in longhezza si come, c, d, a lei equale (conciosia adonque che, b, sia equale al, e, g, anchora. b. serà mediale che è il proposito. Et nota che tutte le superficie mediale communicanti componeno superficie mediale, onde tutta la superficie, d, g, è mediale, perche conciosia che le due linee, e, f, &, f, g, sian rationale in potentia solamente, & non communicante in longhezza seguita che tutta la, c, g, sia rationale solamente in potentia & non communicante con la, c, d, in longhezza, adonque (per la uigesima terza), d, g, è mediale e per lo medesimo modo se procederia essendo piu.

Il Tradottore.

Questa ultima parte prouata di sopra, cioe che ogni superficie communicante a

te a una superficie mediale e mediale, nella seconda tradottione se ne fa uno correlario ma per esser assai piu chiara questa del ditto correlario hauemo posposto el detto correlario.

Theorema.21. Propositione.26.

22/26 Ogni differentia in laquale habundi una mediale da una mediale se proua essere irrationale.

Sia l'una & l'altra delle due superficie, a,b,&,a, mediale, Dico che la superficie b, (laquale è la differentia di quelle) è irrationale, e per dimostrar questo sia la linea,c,d,rationale in longhezza sopra alla quale sia posta ouer agiunta la superficie,d,e,equale alla superficie.a.& la superficie, d,f,equale alla total superficie,a,b, & come questo se debbia fare lo hauemo insegnato in la precedente, adonque perche,d,f,è equale al,a,b,&,d,e,è equale al,a, (per la cõcettione) g,f,serà equale al,b,se adonque la superficie,b, non è irrationale ma rationale (per l'aduersario) serà etiam la,f,g,(sua equale) rationale & conciosia che la linea, e, g, sia rationale in longhezza si come la sua equale, c, d, (per la.20.) la linea. e.f.serà rationale in longhezza è communicãte con la linea,e,g,& (per la.24.) l'una e l'altra delle due linee, c, e, &, c, f, è solamente potentialmente rationale & incommensurabile in longhezza alla linea,c,d,adõque la linea,e,f,è incommensurabile alla linea, c,e,in longhezza & perche (per la prima del. 6.) el quadrato della linea, e,f,alla superficie che uien fatta della, e, f, in la,c,e, e si come la,e,f,alla,c,e,seguita (per la secõda parte della.14.) che el quadrato della linea, e, f, sia incommensurabile alla superficie fatta del, e,f,in, c, e, per laqual cosa & esso quadrato serà incommensurabile al doppio della superficie del, e,f,in,c,e,& lo quadrato de,c,e,conciosia che'l sia rationale è communicante al quadrato de. e,f,adõque tutto el composito de ambidui (per la.12.) serà communicante al quadrato de, e,f, e pero sera incommensurabile al doppio della superficie del, e,f,in,c,e, & perche (per la quarta del secondo) el quadrato della linea, c,f,e equale alli duoi quadrati delle due linee. c,e,&,e,f,& al doppio della superficie de, c,e,in,e,f, & lo doppio della superficie de,c,e,in,e,f. e incomensurabile allo aggregato delli duoi quadrati delle due linee. c. e. &. e. f. seguita per la. 13. che el quadrato de. c. f. sia incommensurabile allo aggregato di duoi quadrati delle due linee.c.e.&.e.f.& conciosia che lo aggregato de questi quadrati sia rationale, seguita el quadrato della linea.c.f.non esser rationale e pero la linea.c.f. non è rationale in potentia & per questo la superficie,d. f.non serà mediale ne etiam la superficie.a.b.a lei equale laqual cosa è inconuenien

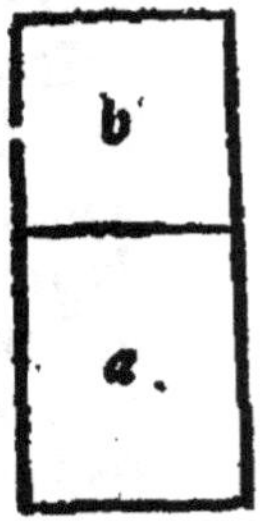

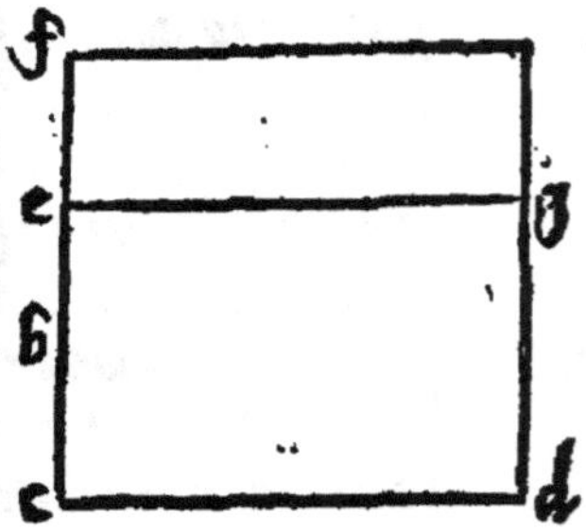

te per esser il contrario di quello che stato posto, rimane adonque che la superficie, b, e irrational che è il proposito.

Il Tradottore.

Il medesimo seguiria che tolesse la linea. c. d. rationale solamente in potētia, cioe che'l non è necessario che la sia rationale in longhezza come propone il commentatore anci puol esser anchor come detto rationale solamente in potentia et supponendo poi per (l'aduersario) che la superficie, g, f, sia rationale seguirà (per la uigesima di questo tolta dalla seconda tradottione) che la, e, f, sia rationale (largo modo) è commensurabile in longhezza con la, e, g, seguendo poi come segue se conchiuderà il proposito.

Theorema. 22. Propositione. 27.

o
24 Il rettangolo compreso sotto a due linee mediale commensurabile in longhezza mediale.

Dico se sotto alle due rette linee mediale, a, b, & , b, c, commensurabili in longhezza serà compreso il rettangolo. a. c. Dico che'l detto rettangolo. a. c. e mediale, e per dimostrar questo sia descritto (per la quadragesima sesta del primo) lo quadrato. a. d. dalla linea, a, b, adonque lo quadrato, a, d, e mediale & perche la, a, b, è commensurabile alla, b, c, in longhezza & la, a, b, è equale alla, d, b, adonque la, d, b, è commensurabile alla, b, c, in longhezza per laqual cosa & lo quadrato, a, d, serà commensurabile alla superficie. a. c. adonque (per la uigesima quinta) la superficie, a, c, è mediale cioe per la parte aggionta sopra la detta. 25.

23
25

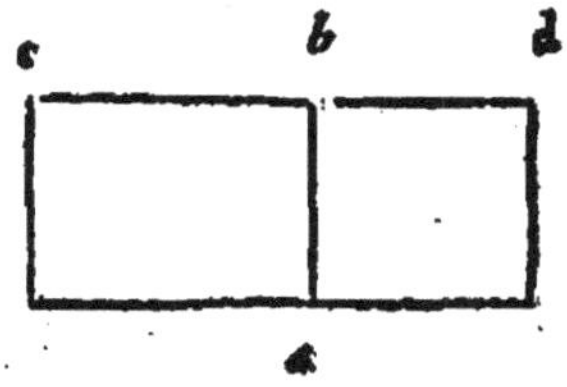

Theorema. 24. Propositione. 28.

Ogni superficie che sia contenuta da due linee mediale solamente communicante potentialmēte, ouer che la è rationale, ouer mediale.

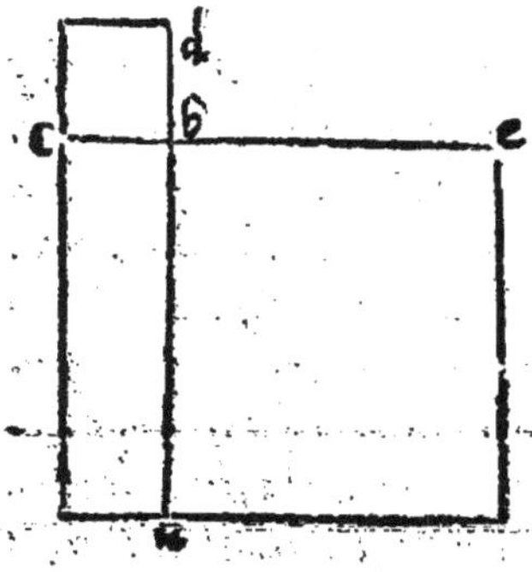

Siano le due linee, a, b, & , b, c, mediale solamente in potentia communicante, dico che la superficie. a. c. (da quelle contenuta) ouer che la è rationale ouer mediale, & per dimostrare questo siano. d. c. el quadrato della linea. b. c. & . a. e. el quadrato della linea. a. b. & (dal presupposito) questi duoi quadrati seranno communicanti & la superficie. a. c. (per la prima del 6.) serà mediale in el mezzo loco proportionale fra essi quadrati, sia tolto adōque la linea. f. g. laqual sia rationale in longhezza sopra alla quale sia agionto

ouer

ouer posta la superficie. f.h. equal al quadrato a.e.& .k.h.equale alla superficie.a. c.& .k.l. equale al quadrato. d. c. & queste tre superficie. f.h.h.k. & .k.l. seranno continuamente proportionali, si come sono le sue equale.a.e.a.c.& .d.c.per laqual cosa(per la prima del.6.) etiam le tre linee. g.h.h.m.& .m.l.(lequale sono base de quelle)seranno continuamente proportionale, & conciosia che le superficie.f.h.& . k.l.siano communicante,si come li duoi quadrati. a.e.& .c.d.a quelle equali seguita(per la prima del.6.)& (per la.14.di questo)che la linea.g.h.sia communicante con la. m.l. & l'una & l'altra de quelle è rationale in potentia (per la. 24. de questo) adonque la superficie dell'una di quelle in l'altra è rationale perche ogni superficie laqual che contenuta da due linee rationale in potentia, communicante in longhezza necessariamente è rationale(come è manifesto) (per la prima del.6.)& (p la prima parte della. 14. de questo)& per la diffinitione delle superficie rationale,et perche(per la prima parte della.17.del.6.) lo quadrato della linea.h.m.e equale alla superficie del la.g.h.in.m.l.el quadrato della linea.h.m.serà rationale,adonque se la linea.h.m. è rationale in longhezza, ouer communicante alla linea. k.m. laquale è equale alla linea.f.g.(per la.19.) la superficie.h.K.serà rationale, e pero etiam la sua equale, a,c, ma se la linea.h. m. sia irrationale in longhezza. ouer incommensurabile alla linea.k.m. laqual è equale alla linea. f.g.conciosia che essa sia rationale al manco in potentia imperoche el suo quadrato è rationale la superficie. h. k. (per la.23.) serà mediale, per laqual cosa etiam la sua equale.a.c.adonque è manifesto el proposito. & nota che se le due linee.a.b.& .b.c. fusseno mediale communicante in longhezza la superficie.a.c.seria solamente mediale perche la superficie. a.c.seria communicante all'uno e l'altro di duoi quadrati.a. e.& .c.d.(per la 1. del.6.)& per lo presente presupposito,e per la.14. di questo la linea.h.m.seria cõmunicante all'una e l'altra delle due linee.g.h.& .l.m.& perche ambedue queste sono rationale solamẽte in potẽtia non cõmunicante in lõghezza al la linea.f.g. anchora la.h.m.seria rationale in potentia solamente non communicã te in longhezza alla linea.f.g. & pero ne communicãte alla linea.h.p.(per laqual cosa per la. 23.)la superficie.h.k.serà solamente mediale e pero etiam la.a.c.a lei equale,serà mediale, ma se le due linee.a.b.& .b.c.fusseno mediale ne in longhezza ne in potentia communicante la superficie. a.c. non saria rationale ne mediale, perche se fosse cosi,cioe che le due linee.a.b.& .b.c.fusseno mediale ne in longhezza ne in potentia communicante li dui quadrati. a.e.& .c.d.seriano incommunicanti, adõque & le due superficie.f.h.& .k.l.a quelle equale anchor seriano incõmunicanti per laqual cosa & le due linee. g.h.& .m.l.seranno incõmensurabile(per la prima del.6.)e per la seconda parte della. 14.de questo e perche l'una e l'altra de q̃lle è rationale solamẽte in potẽtia(p la.24.)la supficie dell'una in l'altra seria medial (per la.23.)conciosia adonque che'l quadrato della linea.h.m.sia equal alla detta

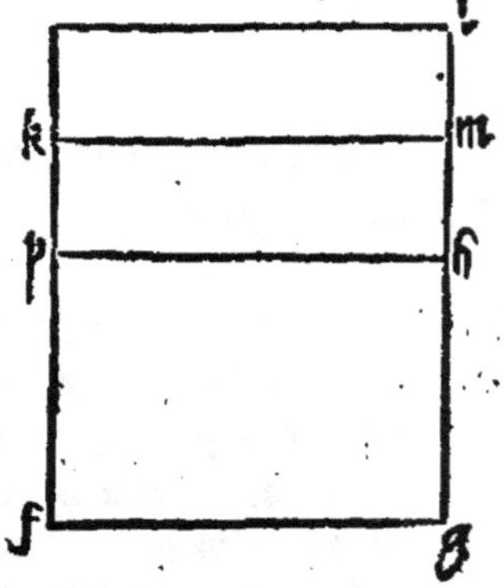

super-

superficie che uien fatta del.g.h. in.m.l.(per la prima parte della.16.del.6.)seria per la.23.de questo la linea.h.m.linea mediale, adonque(per la.19.)la superficie. b.k.non seria rationale ne etiam mediale (per la uigesima quarta)per laqualcosa, ne etiam la sua equale serà rationale ne mediale.

Il Tradottore.

In questa soprascritta ispositione doue se conclude(per la prima del.6.& per la prima parte della.14. di questo & per la diffinitione delle superficie rationale) che la superficie della linea.g. h. in la.l.m.e rationali, il medemo se uerifica per la sola. 19.de questo (della seconda tradottione)cioè che ogni rettangolo ouer superficie cõtenuta da due linee rationale (o siano in longhezza, ouer solamente in potentia) commensurabile in longhezza è rationale, anchora bisogna notare che non è necessario (per demostrar questa propositione)a tor la linea,g.f, rationale in longhezza, perche il medesimo se conchiuderà pigliandola rationale solamente in potentia & arguire come di sopra se fatto.

Problema.6. Propositione.19.

24 ℞ ℞
31 ℞ ℞ 125 p̄ ℞ ℞ 5
℞ ℞ 27 p̄ ℞ ℞ 3

38 *Bumedial* 1.
℞ ℞ 432 p̄ ℞ ℞ 48

Bumedial 2.
℞℞ 200 p̄ ℞℞ 18.

Puotemo trouar due linee mediale communicanti solamente in potentia lequale contengano superficie rationale, delle quale la piu longa sia piu potente della piu corta, per acressimento, d'un quadrato d'una linea communicante, alla medesima piu longha in longhezza.

Conciosia che ogni due linee medial communicante solamente in potentia contengano superficie rationale, ouer mediale, come è manifesto per la precedente, hor consequentemente insegna a trouar quelle due lequale contengano superficie rationale & poi quelle che contengono superficie mediale, onde el proposito è di trouare due linee mediale solamente in potentia communicante, delle quale la piu longa possi piu della piu breue inel quadrato de alcuna linea communicante in longhezza a essa linea piu longa lequale contengano superficie rationale, a questo secondo la dottrina del. 21. toglio le due linee.a, & .b.solamente in potentia rationale communicante delle quale la piu longa (laqual sia . a .) possi piu della piu breue (laquale sia.b.)inel quadrato de alcuna linea communicante con seco in longhezza, & mettarò la linea.c.(secõdo la dottrina della.9.del.6.) inel mezzo loco proportionale fra. a. & . b. & ponerò che la proportione del.a.al.b.sia si come del.c. al.d. & come questo se faccia è detto nella. 10 del 6. al presente dico le due linee,c, & d.esser quelle che cercamo, perche le manifesto(per la.23 .)

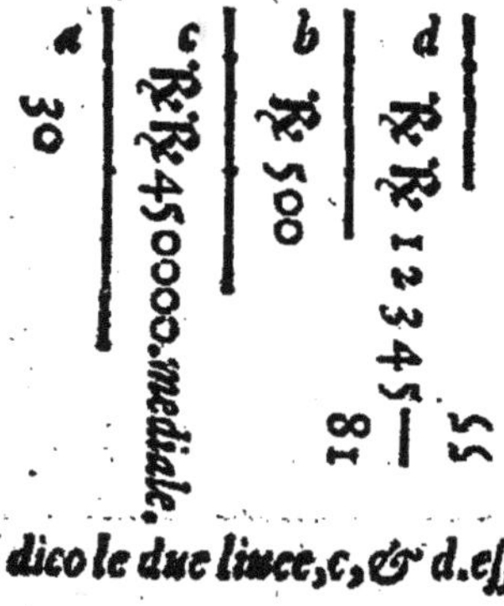

che

che la superficie, che contengono le due linee.a. & .b.è mediale, & perche (per la prima parte della 17.del.6.) el quadrato della linea.c.e equale alla detta superficie adonque (per la.23.) la linea.c.serà mediale, & conciosia che'l sia del.a.al.b.si come del.c.al.d. & .b.communica con.a.in potentia solamente (per el presupposito) perche sia,a,quanto.b.e rationale in potentia.seguita (per la.14.che.c.anchor cōmunichi con.d.in potentia solamente adonque (per la.25.) conciosia che.c.sia linea mediale etiam.d.serà mediale & (per la prima parte della.16.) la linea.c.sera piu potente della linea.d.inel quadrato d'una linea communicante con seco in longezza, adonque se le due linee.c. & .d. contēgono superficie rationale esse sono quelle che cercamo, ma che quelle contenghino superficie rationale tu l'hauerai in questo modo, conciosia che sia del, a,al, b, si come del, c,al,d, permutatamente del,a, al,c, serà si come del,b,al,d, ma del,a, al, c, era si come del, c, al, b, adonque del, c,al,b,e si come del,b, al,d, adonque (per la prima parte della. 17. del sesto) la superficie che conteneno le due linee, c, &,d,è equale al quadrato de, b,et lo quadrato del, b,e rationale (per el presupposito) conciosia che essa sia rationale in potentia, adonque le superficie che conteneno le due linee, c, &, d,e rationale per laqual cosa è manifesto el proposite.

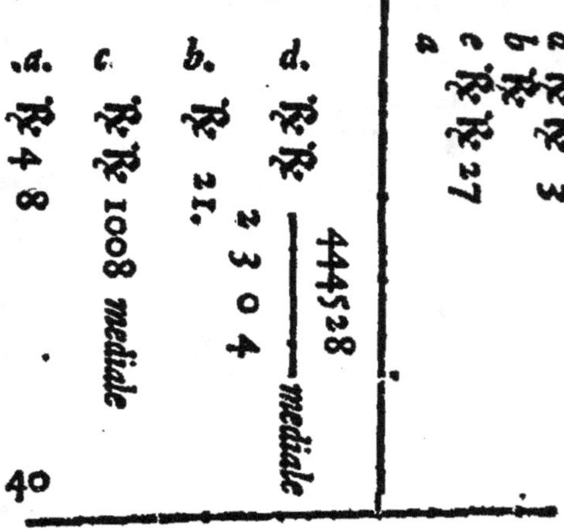

Problema.7. Propositione.3.

25/27 Puotemo trouare due linee mediale solamente in potentia communicanti, lequale contengano superficie rationale, delle quale la piu longa sia piu potente della piu breue in el quadrato d'una linea incommēsurabile in longhezza alla medesima linea piu longha.

Poste le due linee, a, &, b, rationale solamente in potentia communicante, delle quale la piu longha possi piu della piu breue in el quadrato d'una linea non communicante con seco in longhezza, lequale se ritrouano secōdo la dottrina della uigesima seconda & stante tutte le altre positioni si come in la precedente argumentando con simel modo, se manifestarà le due linee, c, &, d, esser quelle che cercamo, & nota che le due linee che insegnano questa è la precedente de trouare componeno lo bimediale primo, & la menore de quelle tagliata dalla maggior quella che rimane uien detta residuo medial primo.

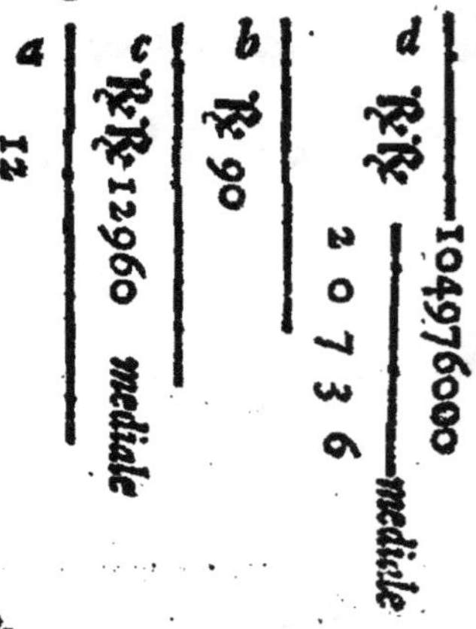

Lemma.

Lemma.

o/29 Puotemo truouare duoi numeri quadrati, che el composito de quegli sia quadrato.

Siano posti fora duoi numeri, a, b, & , b, c, & siano ouer pari, ouer dispari & perche (per la. 25. del nono) se dal numero paro sia sottratto numero paro, & se dal numero disparo sia sottratto numero disparo (per la. 26. dil nono) lo rimanente serà paro adonque lo rimanente, a, c, serà paro, sia segato, a, c, in due parti equale (p la decima del 1.) in põto, d, e siano essi uumeri. a, b, & , b, c, ouer superficiali simili, ouer quadrati, e se sono superficiali simili adonque el produtto de, a, b, in, b, c, gionto con el quadrato del, c, d, è equale al quadrato de, b, d, & lo produtto de, a, b, in, b, c, e quadrato, perche le manifesto (per la prima del nono) che se duoi numeri superficiali simili el dutto dell'uno in l'altro è nunero quadrato adonque sono trouati li dui numeri quadrati cioe quello che è produtto de, a, b, in, b, c, & lo quadrato de, d, c, liquali gionti ouer cõposti insieme fano el quadrato de. b. d.

Correlario.

o/29 Et per questo è manifesto che similmente sono trouati duoi numeri quadrati (l'uno di quali è el quadrato de. b. d. l'altro è el quadrato de c. d.) lo eccesso di quali e quadrato che è el dutto de. a. b. in. b. c. Quando che essi. a. b. & . b. c. seranno superficiali simili, ma quando non seranno superficiali simili sono trouati duoi numeri quadrati l'uno di quali è el quadrato de. b. d. l'altro è el quadrato de. d. c. lo eccesso di quali (el quale è quel che contenuto sotto de. a. b. & . b. c.) non è quadrato.

Il Tradottore.

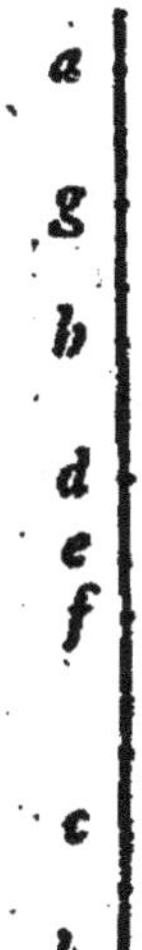

Questo correlario se ritroua solamente in la seconda tradottione, elqual cõclude che per le cose dimostrate nel soprascritto lemma uien etiam a esser manifesto el medemo di trouare dui numeri quadrati la differentia dell'uno all'altro sia numero quadrato, et similmente de trouarne dui che la detta differentia non sia numero quadrato, cioe che quando li dui numeri. a. b. & . b. c. (prima tolti pari ouero dispari) se seranno superficiali simili la differentia del quadrato de, b, d, al quadrato de, d, c, (laqual differẽtia serà la multiplicatione del, a, b, in, b, c,) serà numero quadrato ma se li detti dui numeri, a, b, & , b, c, non seranno superficiali simili la detta differentia nõ serà numero quadrato, perche el dutto de, a, b, in, b, c, (qual serà la detta differentia) nõ serà numero quadrato, per conuerso della prima del nono.

Lemma, opposito del precedente.

o/29 Puotemo trouare duoi numeri quadrati che'l composito de quelli non sia quadrato.

Anchora

Anchora sia il produtto de, a, b, in, b, c. (come hauemo detto) quadrato & .a. a, numero paro & sia segato, c, a, per la. 10. del primo, in due parti equali in ponto. d. al presente è manifesto che el quadrato che uien fatto del, a, b. in, b, c, insieme con el quadrato de, c, d, è equale al quadrato de, b, d, sia cauato del, c. d, la unità qual sia, d, e, adonque quello che uien fatto del, a, b, in, b, c, insieme con el quadrato de, c, e, è minor del quadrato che uien fatto del, b, d. Dico adōque che quello quadrato che uien fatto del, a, b, in, b, c, insieme con el quadrato che uien fatto del. c. e. non è quadrato, perche sel è quadrato (per l'aduersario) ouer che le equale a quello che uien fatto dal, b, e, ouer che è menore, ma maggiore non è accio che quello non si ghi la unità, ne anchora che quello che fatto del, a, b, in, b, c, insieme con el quadrato che uien fatto dal, c, d, (che è equal al quadrato che uien fatto dal, b, d,) sia equale a quello che uien fatto del, a, b, in, b, c, insieme con el quadrato che uien fatto dal, c, e, ma se possibile è (per l'aduersario) sia prima che quello che uien fatto del, a, b, in, b, c, insieme con el quadrato che uien fatto dal, c, e, equal a quello che uien fatto del, b, e, & sia, g, a, el doppio di essa unità, d, e. perche adonque tutto, a, c, de tutto el, c, d, e doppio, & , a, g, e doppio de esso, d, c, adonque & lo rimanente, g, c, (per la settima del. 7.) al rimanente, e, c, e doppio, adonque il detto ponto, e, diuide esso, g, c, in due parti equale adonque quello che uien fatto del, g. b, in, b, c, insieme con el quadrato che uien fatto dal, c, e, è equale al quadrato che uien fatto dal, b, e, & quello produtto che uien fatto dal, b, in, b, c, insieme con el quadrato che uien fatto dal, c, e, el se suppone essere equale al quadrato del, b, e, adonque quello che uien fatto del, g, b, in, b, c, insieme con el quadrato che uien fatto dal, c, e, è equale a quello che, uien fatto del, a, b, in, b, c, insieme con el quadrato del, c, e, leuado uia communamente da l'una banda & l'altra el quadrato del, c, e, seguita per commuma scientia, che quello che uien fatto del, a, b, in, b, c, sia equale a quello che uiē fatto del, g, b, in, b, c, adonque, a, b, seria equale al, g, b, laqual cosa è impossibile, adonque quello che uiē fatto del, a, b, in, b, c, insieme con el quadrato de, c, e, non è equale al quadrato del, b, e, anchor dico che'l non po esser minor del ditto quadrato de, b, e, perche se questo fosse possibile sia el quadrato del, b, f, equale a quello & sia, a, b. el doppio de esso, d, f, & sia condutto un'altra uolta l'aduersario che, b, c, (per la settima del. 7.) è el doppio de, c, f, et che, f, seghi il detto. b. c. in due parti equali e per q̄sto quello che uiē fatto del. b. b. in. b. c. insieme con el quadrato de. f. c. (per la sesta del. 2.) è equal al quadrato del. b. f. ma el se suppone che quello che uiē fatto del. a. b. in. b. c. insieme cō el quadrato del, c, e, sia equale al quadrato de. b. f. sia adonque condutto l'aduersario che q̄llo che uiē fatto del. a. b. in. b. c. insieme cō el quadrato de, c, e, è equal a quello che uien fatto del, b, b, in, b, c, insieme cō el quadrato de. c, f, che è una cosa absorda adonque quello che uien fatto dal, a, b, in, b, c, insieme con el quadrato del, c, e, nō è minore del quadrato del, b, e, & è stato prouato che'l non è equale a quello ne etiam maggiore di quello adōque quello che uien fatto del, a, b, in, b, c, insieme con el qua-

el quadrato de. c. e. non è numero quadrato, et conciosia che'l sia possibile dimostrar la predetta propositione per piu modi tamen li predetti seranno sufficienti a noi accio che la materia da se longa non sia piu longamente protratta.

Problema. 8. Propositione. 31.

26 Puotemo trouare due linee mediale solamente in potentia commu
28 nicante lequale contengano superficie mediale delle quale la piu lon
32 ga possa tanto piu della piu breue, quanto è il quadrato de alcuna linea incommensurabile in longhezza a detta linea piu longa.

Conciosia che l'Auttore habbia insignato a trouar due linee mediale solamente in potentia communicanti lequale contengano superficie rationale dellequale la piu longha possa piu della piu breue in el quadrato d'una linea communicante con seco in longhezza etiam incommensurabile con seco in longhezza. Al presente insegna a trouar due linee mediale solamente in potentia communicante continente superficie mediale, delle quale la piu longha sia piu potente della piu breue non in el quadrato d'una linea communicante con seco in longhezza, ma solamente le incommensurabile in longhezza perche quella se ha facilmente per questa, adonque siano le tre linee (tolte secondo la dottrina della uigesima seconda.) a. b. c. in potentia solamente rationale & in quella solamente communicante & sia. a. piu potente della. b. & . c. in el quadrato d'una linea se incommensurabile in longhezza & sia posto. d. nel mezzo loco proportionale fra, a. & . b. (come insegna la nona del sesto) & sia del. d. al. e. si come del. a. al. c. dico le due linee. d. & . e. esser quelle che cercamo laqual cosa se demostra in questo modo conciosia che'l quadrato della linea. d. sia equale alla superficie che è contenuta sotto de. a. & . b. (per la prima parte della decima settima del sesto) & la superficie contenuta sotto de. a. & . b. è mediale (per la uigesima terza) conciosia che. a. & . b. sono in potentia solamente rationale communicante (per la medesima) la linea. d. serà mediale & perche del. a. al. c. è si come del. d. al. e. & . a. communica con. c. in potentia solamente (dal presupposito) seguita (per la decima quarta) che. e. anchora communichi con. d. solamente in potentia, adonque per la uigesima quinta la linea. e. serà linea mediale & etiam perche. a. e. piu potente della. c. in el quadrato d'una linea a se incommensurabile in longhezza, anchora la, d, (per la sestadecima) serà piu potente della. e. in el quadrato d'una linea a se incommensurabile in longhezza, adonque se le due linee. d. & . e. conteneno superficie mediale le manifesto quelle esser quelle che cercamo, ma quelle contener superficie mediale se hauerà in questo modo, conciosia (per el presupposito) che del. a. al. c. sia si come del. d. al. e. permutatamente del. a. al. d. serà si come del. c. al. e. ma del. a. al. d. e si come del. d. al. b. (per el presupposito) adonque

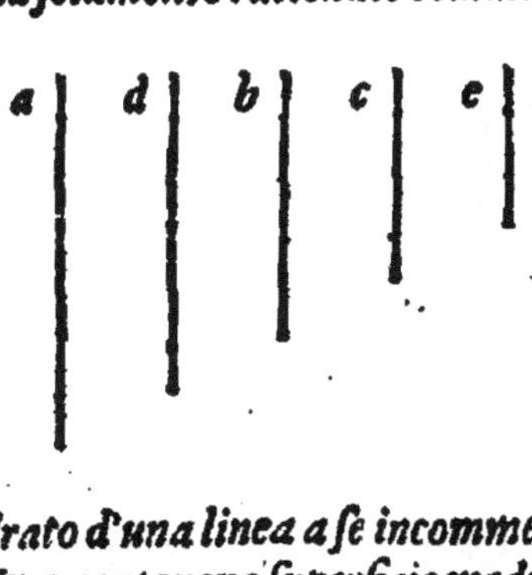

dei

del.d.al.b.e si come del.c.al.e. adonque (per la prima parte della decima sesta del sesto) la superficie che conteneno, d, &, e, è equale a quella che conteneno, c, &, b, Ma. b. &. c. conteneno superficie mediale (per la uigesima terza) conciosia che esse siano rationale in potentia solamente communicante (per el presupposito) adonque, d, &, e, conteneno superficie mediale che è el proposito. Et se tu hauesse cura di trouare due linee mediale solamente in potentia communicante contenente superficie mediale delle quale la piu longa sia piu potente della piu breue in el quadrato d'una linea communicante con seco in longhezza, toremo tre linee (secondo la dottrina della uigesima prima). a, b, c. in potentia solamente rationale et in quella solamente communicante, & poneremo la linea, a, esser piu potente della linea. c. in el quadrato de alcuna linea a se communicante in longhezza, & tutte le altre positioni remaneranno come per auanti & con simil argumentationi conchiuderemo le due linee, d, &, e, esser quelle che se propone de trouare, & nota che le due linee che questa trigesima insegna di trouare componeno la bimediale seconda, & la minore de quelle tagliata dalla maggiore quella parte che rimane è detta residuo mediale secondo.

Il Tradottore.

Questa ultima parte aggiunta de trouare le dette due linee mediale che la piu longha sia piu potête della piu breue in el quadrato d'una linea a se commensurabile in longhezza, nella seconda tradottione se da la propositione & è la trigesima seconda & nella ispositione nel fine ui se aggionge la presente cioe la seconda parte della presente propositione e della prima parte se ne fa un'altra propositione laqual è la uigesima ottaua cioe ne fa due propositioni.

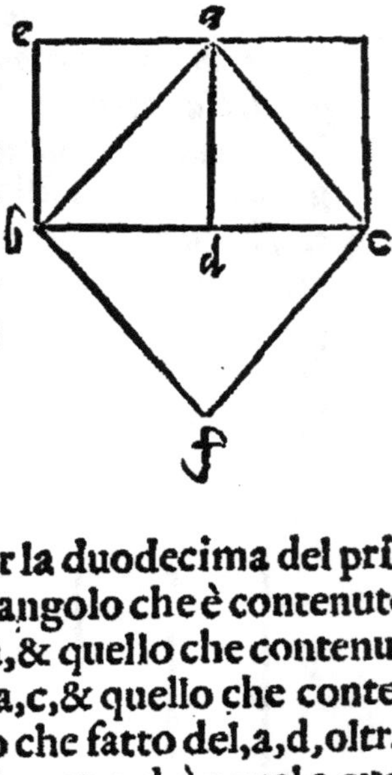

Lemma.

Sia lo triangolo rettangolo, a, b, c, elquale
33 habbia l'angolo, b, a, c, retto, & sia dedutta (per la duodecima del primo) la perpendicolare a, d, dico che quello rettangolo che è contenuto sotto de, c, b, &, d, b, è equale al quadrato de, b, a, & quello che contenuto sotto de, b, c, &, c, d, è equale al quadrato del, a, c, & quello che contenuto sotto de, d, b, &, d, c, è equale al quadrato che fatto del, a, d, oltra di questo quello che uien contenuto sotto, de, b, c, et, a, d, è equal a quello che uien fatto sotto del, b, a, &, a, c, hora in le prime che quello che cõtenuto sotto del, c, b, &, b, d, sia equale al quadrato del, a, b, perche in el triangolo rettangolo dall'angolo retto in la basa è dutta la perpendicolare, a, d, adonque (per la ottaua del sesto) li triangoli, a, b, d, &, a, d, c, sono simili al tutto etiam fra loro, & perche (per la conuersione della diffinitione del sesto) lo triãgolo, a, b, c, e simile al triangolo, a, d, b, adõque

que si come è del,c,b,al,b,a,cosi è del,a,b,al,b,d,adonque quello rettã golo che contenuto sotto del, c,b,&,b,d, è equale al quadrato del, a,b, per laqual cosa anchora quello che contenuto sotto del, b, c, &, c, d, è equale al quadrato de,a,c,& perche se in el triangolo rettangolo dal angolo retto in la basa sia dutta la perpendicolare la detta perpendicolare è media proportionale fra li duoi secmenti della basa (per el corrolario della ottaua del sesto) adonque si come,b,d,al,d,a,cosi è,a,d,al,d, c,adonque(per la decima settima del sesto)quello che contenuto sotto del,b,d,&,d,c,è equal al quadrato de,a,d,anchora dico che quello che contenuto sotto de, b, c, &,a,d,è equale a quello che è contenuto sotto del,b,a,&,a,c,perche come hauemo detto lo triangolo, a, b, c, e simile al triangolo,a,c,d, adonque si come è el, b,c, al,c,a,cosi è el,b,a,al,a,d, & se seranno quattro linee rette proportionale quello che è contenuto sotto alli estremi per la sestadecima del sesto, e equale a quello che è cõtenuto sotto alli medij adonque quello che contenuto sotto de, b,c, &, a, d, è equale a quello che contenuto sotto de, b,a,&,a,c, ouer quando anchora circonscriuemo lo paralellogrammo rettangolo,e,c,& che cõpiemo lo, a,f,anchora lo,e,c,per la quadragesima prima del primo,serà equale a esso,a,f,perche l'uno e l'altro de quelli è doppio de esso triangolo,a,b,c,&lo,c,e,è quello che uiẽ fatto del,a,d,in,b,c,& lo,a,f,e quello che contenuto sotto del, b, a, &,a, c, adonque quello che contenuto sotto de,b,c,&,a,d,è equale a quello che contenuto sotto de,b,a,&,a,c, perche,a,d,è equale al,e,b.

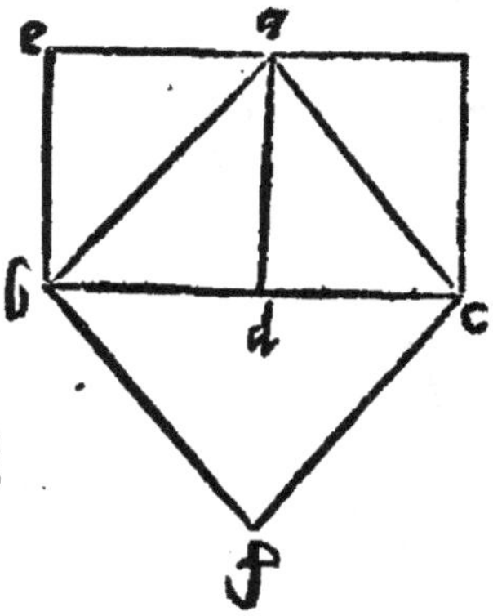

27
8

Il Tradottore.

Questo lemma se ritroua solamente nella seconda tradottione & è molto al proposito per dimostrare la proposition che seguita,cioe doue se arguisse per la quarta & sesta decima del sesto se uerifica per lo presente lemma.

Problema.9. Propositione.32.

Puotemo trouare due linee potentialmente incommensurabile & che contengano superficie mediale, delle quale li duoi quadrati tolti insieme siano rationale.

El proposito è di trouare due linee incommensurabile si in potentia come in longhezza lequale contengano superficie mediale & li quadrati de ambedue tolti insieme facciano superficie rationale & a questo toglio (per la uigesima seconda) le due linee,a.b,&,c,d,rationale solamente in potentia communicante delle quale la piu longa (qual sia, a,b,)sia piu potente de,c,d, in el quadrato de alcuna linea incommen-

commensurabile con seco in longhezza oportet esse binomium. 4. siue. 5. siue. 6. & sopra la linea, a, b, descriuo el mezzo cerchio, a, e, b, & diuido la linea, c, d, in due parti equali in ponto, f, & diuido la linea, a, b, al ponto, g, talmente che la linea, c, f, cada nel mezzo luoco, proportionale fra la, a, g, & la, g, b, & qualmente questo si faccia e stato detto in la decima settima & pongo che la superficie, h, h, sia fatta del, a, g, in, g, b, & (per la prima parte della decima settima del sesto) el quadrato della, c, f, serà equale alla superficie, h, h, & perche el quadrato della, c, f, è equale alla quarta parte del quadrato della, c, d, (per la quarta del secondo) & perche la superficie, h, h, mancha a compir la linea, a, b, una superficie quadrata, conciosia che, a, g, sia equale al, g, h, & perche la linea, a, b, e piu potente della linea, c, d, in el quadrato d'una linea a se incommensurabile in longhezza (dal presupposito) la linea, a, g, (per la seconda parte della decima ottaua) serà incommensurabile alla linea. g, b, adonque dal ponto, g, conduco una perpendicolare sopra la linea, a, b, per fina alla circonferentia del mezzo cerchio laqual sia, g, e, & protrago le linee, e, a, et, e, b, lequale dico esser quelle che cercamo, perche la, e, g, serà equale alla, c, f, imperoche l'una & l'altra cade nel mezzo luoco proportionale fra la, a, g, &, g, b. La prima (per la prima parte del correlario della ottaua del sesto) & la seconda (per el presupposito) per laqual cosa, el quadrato dell'una & dell'altra de quelle (per la prima parte della decima settima del sesto) è equale al la superficie del, a, g, in, g, b, laquale è, h, h, adonque essi sono equali, ma perche (per la quarta del sesto) la proportione della, a, e, alla, e, b, e si come della, a, g, al, g, e, &, a, g, &, g, e, &, g, b, sono continuamente proportione perilche serà la proportione della, a, g, alla, g, b, si come quella della, a, e, alla, e, b, dupplicata, per laqual cosa (per la decima ottaua del sesto) el quadrato della linea, a, e, al quadrato della linea, e, b, serà sicome la, a, g, alla, g, b, essendo adonque la, a, g, incommunicāte alla, g, b, (per la seconda parte della decima quarta) el quadrato della, a. e, serà incommunicante al quadrato della, e, b, per laqual cosa le due linee, a, e, &, e, b, sono incommensurabile in potentia, & perche (p la penultima del primo) el quadrato della, a, b, è equale alli quadrati delle due linee, a, e, &, e, b, tolti insieme & lo quadrato della. a. b. e rationale, conciosia che la, a, b, e rationale in potentia (per el presupposito) anchora li quadrati delle due linee, a, e, &, e, b, tolti insieme seranno rationale & se queste due linee conteneno superficie mediale haremo hauuto el proposito & perche la linea, c, d, era rationale in potentia & in quella solamente communicante alla linea, a, b, per laqual cosa etiam la linea, c, f, (e pero etiam la linea, g, e, a se equale) serà rationale, & solamente in potentia communicante con la, a, b, e per tanto (per la uigesima terza propositione) la superficie della, a, b, in, g, e, e mediale, adonque perche (per la quarta propositione del sesto libro) & (per la

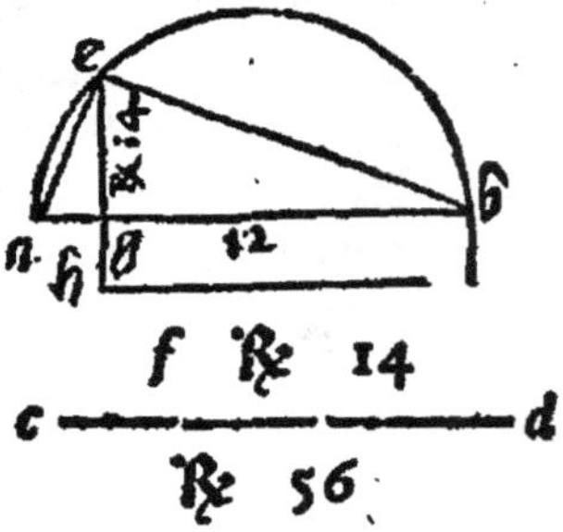

a. g. 6. mē R 22
g. b. piu R 22

e. b. R v 72 p R 3 168
e. a. R v 72 mē R 3 168

prima parte della sestadecima propositione del medesimo) la superficie della, a, e, in, e, b, e a quella (cioe alla superficie della, a, b, in, g, e,) equale. Le due linee, a, e, & , e, b, è manifesto, esser quelle che volemo, & nota che le due linee che insegna di truouare questa trigesima seconda propositione componeno la linea maggiore, & la minore de quelle tagliata dalla maggiore quella che rimane se dice linea minore.

Il Tradottore.

Che la superficie della, a, e, in la, e, b, sia equal alla superficie della, a, b, in la, g, e, è manifesto per lo soprascritto lemma, ma perche il commentatore della prima tradottione non lo trouo fu sforzato a concluder tal cosa (per la quarta del sesto) e per la sestadecima del medesimo come di sopra appare.

Problema. 10. Propositione. 33.

28/34 Puotemo trouare due linee potentialmente incommensurabile & che contenghino superficie rationale delle quale li duoi quadrati tolti insieme siano mediale.

Sia in questo luoco in tutto la medesima dispositione che è in la precedente, & siano le due linee, a, b, & , c, d, quale propone la trigesima & con le simlie argumentationi della precedente le due linee, a, e, & , e, b, seranno quelle che propone questa trigesima terza perche conciosia che la linea, a, b, sia mediale el quadrato de quella (per la uigesima terza) serà mediale e pero li quadrati delle due linee, a, e, & , e, b, sono mediale (per la penultima del primo) & perche, a, b, & , c, d, conteneno superficie rationale, seguita anchora che della, a, b, in, c, f, (e pero etiam in, g, e, a se equal) cõtenerà superficie rationale, e per tãto etiã la, a, e, in, e, b, adonque è manifesto quello che se cerca, onde le due linee che insegna di trouar questa trigesima terza componeno la linea potente in rationale e mediale, e la minor di quelle tagliata dalla maggiore quella che rimane è detta linea che gionta con rationale compone il tutto mediale.

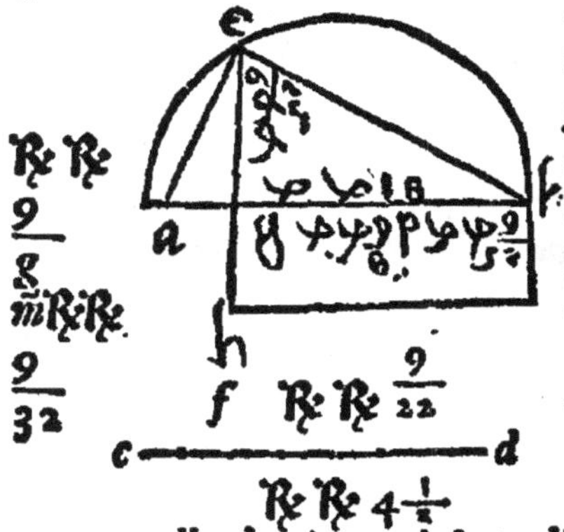

Problema. 11. Propositione. 34.

29/35 Puotemo ritrouare due linee potentialmente incommensurabile, & che contengano superficie mediale, delle quale li duoi quadrati tolti insieme siano mediale, incommensurabil al doppio delle superficie dell'una in l'altra.

Anchora la dispositione di questa non sia in cosa alcuna diuersa della dispositione delle due precedente, & siano le due linee, a, b, & , c, d, (della figura della precedente)

dente) quale propone la.3 1.& per la precedente argumentatione le due linee, a, e, &, e, b, seranno quelle che cercamo, perche conciosia che la, a, b, sia linea mediale li quadrati delle due linee, a, e, &, e, b, tolti insieme seranno mediale, & conciosia che la, a, b, &, c, d, contengano superficie mediale. seguita che la, a, b, in, c, f, (e pero etiã in, e, g, a quella equale) conteneno superficie mediale, perche ogni superficie communicante una mediale è necessario esser mediale come è stato dimostrato in la uigesima quinta adonque la superficie de, a, e, in, e, b, e mediale conciosia che essa sia equale alla superficie de, a, b, in, g, e, & perche la linea, a, b, e incommensurabile alla linea, c, d, serà etiam incommensurabile alla linea, c, f, per laqual cosa etiam alla linea, e, g, per laqual cosa (per la prima del sesto & per la seconda parte della decima quarta de questo) la superficie de, a, b, in, e, g, (laquale è equale alla superficie della, a, e, in, e. b,) serà incommensurabile al quadrato della linea, a, b, adonque etiam alli quadrati delle due linee, a, e, &, e, b, tolti insieme, laqual cosa essendo cosi seguita anchora che el doppio della superficie de, a, e, in, e, b, sia incommensurabile alli quadrati delle predette due linee, a, e, &, e, b, tolti insieme & questo era da demostrar. Le due linee lequale insegna de trouare questa trigesima quarta componeno la linea potente in due mediale & la minore di quelle tagliata dalla maggiore quella che rimane è detta la linea laquale gionta con mediale fa el tutto mediale.

Theorema.24. Propositione.35.

30/36 Se seranno due linee rationale solamente potentialmente communicante, & siano congiunte direttamente in longo, tutta la linea composita da quelle serà irrationale, & è detta binomio.

Siano le due linee, a, b, &, b, c, rationale solamente in potentia communicante congionte incontinuo & diretto (lequale tu le trouerai (per la.2 1.& uigesima 2.) dico che tutta la linea, a, c, composta da quelle essere irrationale & essa e detta binomio, perche (per la quarta del secondo) el quadrato de, a, c, è equale alli quadrati delle due linee, a, b, &, b, c, & al doppio della superficie dell'una di quelle in l'altra, & li quadrati de ambedue fanno superficie rationale (per el presupposito) & el doppio della superficie dell'una di quelle in l'altra fa superficie mediale (per la uigesima terza) adonque li quadrati de ambedue tolti insieme fanno superficie, incommensurabile alla superficie de una di quelle in l'altra, adonque (per la tertiadecima) el quadrato de, a, c, e incommensurabile alli duoi quadrati delle due linee, a, b, &, b, c, tolti insieme per laqual cosa è irrationale (per la diffinitione) conciosia che quelli doi quadrati fanno superficie rationale, e pero el suo lato tetragonico (el quale è, a, c,) e anchora irrationale (per la diffinitione) adonque è manifesto el proposito.

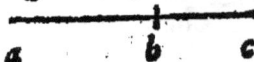

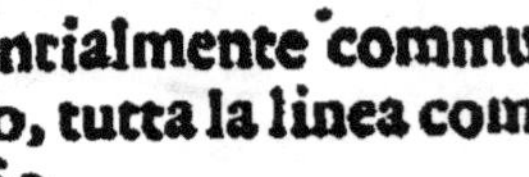

Theorema.25. Propositione.36.

31/37 Se due linee mediale solamente in potentia communicante, & continčti superficie rationale, fiano congiunte direttamente, tutta la linea composta da queste serà irrationale, & serà detta bimedial primo.

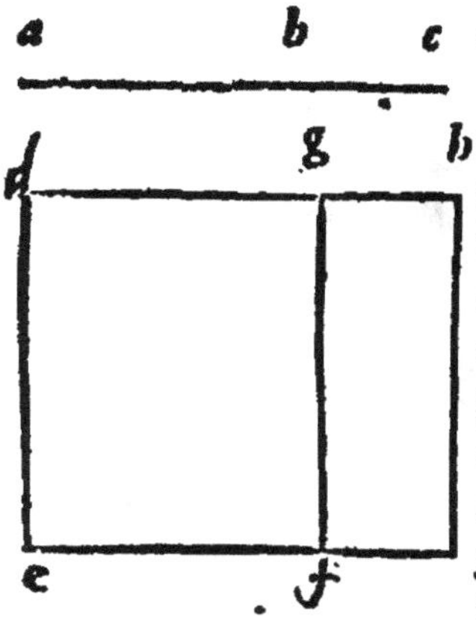

Siano le due linee, a, b, & , b, c, congiunte in continuo & diretamente (quale uien proposto) lequal trouarai (per la uigesima nona & trigesima) dico tutta la linea, a, c, esser irrationale, & è chiamata bimedial primo, perche el doppio della superficie de, a, b, in, b, c, e rationale (per el presupposito) & li duoi quadrati delle due linee. a.b. & .b.c. tolti insieme fano mediale, conciosia che l'uno & l'altro quadrato sia mediale (per el presupposito) & uno de quelli communicante all'altro, adonque el doppio della superficie de una di quelle in l'altra e incommunicante alli duoi quadrati tolti insieme adonque tutto lo aggregato del doppio della superficie e di duoi quadrati (e questo è il quadrato de tutta la, a, c, per la quarta del secondo) è incommeusurabile al doppio della superficie de una di quelle in l'altra (per la tertiadecima di questo) conciosia adonque che il doppio della superficie sia rationale, lo quadrato della, a, c, serà irrationale & pero etiam la linea a, c, che è el proposito.

A demostrare el medesimo altramente, sia la linea, d, e, rationale in longhezza sopra alla quale sia aggionto ouer posto la superficie, d, f, equale alli duoi quadrati delle due linee. a.b. & .b.c. & questa superficie, d, f, serà mediale conciosia che l'uno & l'altro di duoi quadrati sia mediale (per el presupposito) & l'uno di quelli è communicante all'altro per laqual cosa (per la uigesima quarta) la linea. d.g. e rationale solamente in potentia, non communicante in longhezza alla linea, d, e. un'altra uolta sopra alla linea. f.g. (laquale è equale alla. d.e.) sia aggionto ouer posto la superficie, f, h, equale al doppio della superficie della. a.b. in. b.c. & la detta superficie. f.h. serà rationale (per el presupposito) per laqual cosa (per la uigesima) la linea. g.h. serà rationale in longhezza adonque le due linee. d.g. & .g.h. sono potentialmente rationale & in quella solamente communicante, adonque (per la trigesima quinta) tutta la linea da quelle composta, laquale è. d.h. e binomio & irrationale, per laqual cosa (per la uigesima per destruttion del consequente,) la superficie. e.h. e irrationale, & perche (per la quarta del secondo) lo lato tetragonico di quella e la linea. a.c. laquale serà irrationale (per la diffinitione laqual cosa bisognaua dimostrare.

Il Tradottore.

Il medesimo seguiria tolendo la linea, d, e, rationale solamente in potentia, cioe che'l non necessita a torla rationale in longhezza perche argumentando come nel l'altra se trouerà la linea. d.b. esser medesimamente binomio.

Theorema. 26. Propositione. 37.

32/38 Se due linee mediali solamente potentialmente communicante & conti-

continente superficie mediale sian congionte direttamente, tutta la linea serà irrationale & serà detta bimedial secondo.

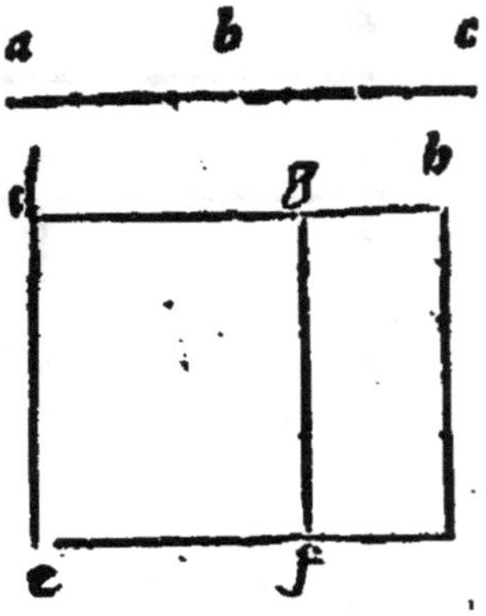

Siano le due linee .a.b. & .b.c. mediale congionte in continuo et diretto come se propone lequale (p la.31.) accade esser trovate. dico tutta la linea .a.c. da quelle composta esser irrationale, & quella e chiamata bimedial secondo, e per dimostrar questo sia la linea .d.e. rationale in lõghezza sopra alla quale sia posta over agiõta la superficie .d.f. equale alli duoi quadrati delle due linee .a.b. & .b.c. tolti insieme, & perche (dal presupposito) quelli dui quadrati sono communicante (che l'un e l'altro e mediale) la superficie .d.f. sera mediale, per laqual cosa (per la.24) la linea .d.g. (laqnale e el secondo lato di quella) e rationale solamente in potentia & incommensurabile in lõghezza alla linea .d.e. un'altra uolta sia agionto alla linea .g.f. (laquele e equale alla linea .d.e.) la superficie .f.h. equal al doppio della superficie de .a.b. in .b.c. & serà etiam la superficie .f.h. mediale, perche (per el presupposito) la superficie de .a.b. in .b.c. era mediale, adonque el doppio di quella (al quale e equale la .f.h.) sera mediale (per la 24.) adonque la linea .g.h. e rationale in potentia solamente & incommensurabile in lõghezza alla linea .g.f. & perche .a.b. & .b.c. son solamente in potentia communicante (per la prima del.6. & per la seconda parte della.14. de questo) la superficie dell'una in l'altra sera incommensurabile al quadrato dell'una & dell'altra. ma perche li quadrati de quelle communicano (per el presupposito) serà la detta superficie (per laqual cosa) & el doppio di quella serà incommunicante alli dui quadrati de quelle tolti insieme, adonque le due superficie .d.f. & .f.h. sono incommẽsurabili, adonque (per la prima del.6. & per la seconda parte della.14. de questo) la linea .d.g. serà incommensurabile alla linea .g.h. laquale conciosia che la sia rationale in potentia (per la trigesima quinta) tutta la linea .d.h. sera binomio et irrationale adonque (per la uigesima dalla destruttione del consequente) la superficie .e.h. serà irrationale, & perche lo lato tetragonico di quella (per la quarta del secondo) e la linea .a.c. seguita (per la diffinitione) che la linea .a.c. sia irrationale che era el proposito da demostrare.

Il Tradottore.

Similmente in questa come fu detto sopra la precedente el non e necessario a tor la linea .d.e. rationale in lõghezza anci basta a torla (largo modo) rationale & arguendo come di sopra seguirà medemamente la linea .d.h. esser binomio.

Theorema.27. Propositione.38.

33 Quando seranno congiunte due linee potentialmente incommen-
39 surabile, & che contengano superficie mediale, delle quale ambidui

li quadrati tolti insieme siano rationale, tutta la linea serà irrationale, & quella serà detta linea maggiore.

Siano le due linee.a.b.& .b.c. congionte in continuo et direttosi come se propone, lequale se trouano(per la trigesima seconda) dico la.a.c.de quelle composta esser linea irrationale & esser chiamata linea maggiore, perche conciosia, che ambi li quadrati tolti insieme siano rationale, & la superficie dell'una in l'altra superficie mediale(per el presupposito) per laqual cosa etiam el doppio di quella serà mediale, el tutto di duoi quadrati tolti insieme serà incommunicante, al doppio della superficie dell'una in l'altra, adonque tutto lo aggregato dalli dui quadrati & dal doppio della superficie)& questo è equale al quadrato de,a,c, (per la quarta del secondo)serà(per la 13.de questo)incommensurabile alli duoi quadrati delle due linee, a,b,et b,c, tolti insieme, adonque (per la diffinitione) el quadrato della linea,a,c,è irrationale etiam la linea,a,c,irrationale, che è il proposito, a demostrare el medesimo altramente si come in la precedente, alla linea,d,e,(laquale sia rationale solamente in longhezza(sia aggiunta la superficie,d,f, laqual sia equale alli dui quadrati delle due linee.a.b.& .b.c.tolti insieme, et serà rationale (per el presupposito) per laqual cosa (per la.20.) el secondo lato di quella, elqual,e,d,g, serà anchora rationale in longhezza, & communicante alla linea.d.e.anchor sopra al la linea.f.g.sia aggiunta la superficie.f.h. equale al doppio della superficie de.a.b.in b.c.& serà mediale (per el presupposito) per laqual cosa (per la 24.) la linea.g. h.laquale è el secondo lato di quella è rationale solamente in potentia adonque(per la 35.) la linea. d.h. è bmomio & irrationale, e però(per la 20.dalla destruttione del consequente) la superficie.e.h. è irrationale per laqual cosa lo lato tetragonico di quella, elqual (per la 4.del.2.è la linea.a.c.)e irrationale(per la diffinitione,) laqualcosa uoleuamo dimostrare.

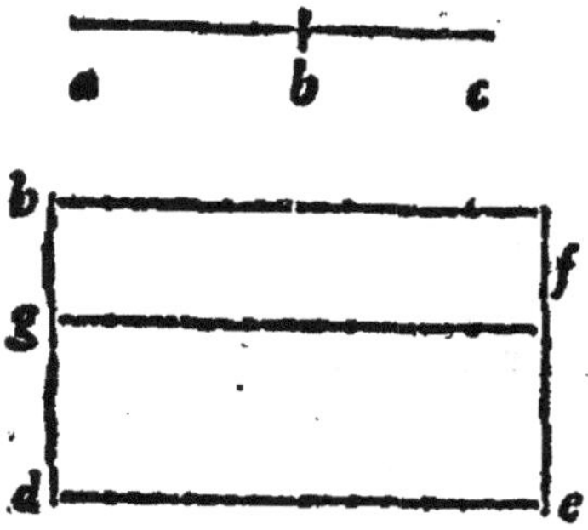

Il Tradottore.

Medemamente come nelle altre è stato detto el non è necessario in questa a tor la linea.d.e.rationale in longhezza, ma basta che sia rationale & conchiuderasse il medemo.

Theorema. 28. Propositione. 39.

34/40 Quando seranno congiunte due linee potentialmente incommensurabile, & continenti superficie rationale delle quale ambi li quadrati tolti insieme siano mediale tutta la linea serà irrationale & serà detta potente in rationale e mediale.

Siano come in la precedente le due linee.a.b.& .b.c.in continuo & diretto congionte

gionte come se propone & queste sono da esser trouate (per la. 33.) Dico che tutta la linea. a.c. (da quelle composta) serà irrationale & quella è chiamata linea potente in rationale e mediale, perche conciosia che la superficie de. a.b. in. b.c. sia rationale (per el presupposito) e però etiam el doppio de quella, & ambi li quadrati tolti insieme sono mediale seguita (per la. 4. del secondo & per la terza decima de questo si come in la precedēte) che'l quadrato di tutta la. a. c. sia incommunicante al doppio della superficie de. a in. b. c. adonque (per la diffinitione) quello è irrationale & la linea. a. c. irrationale che è el proposito, a demostrar el medemo per un'altro modo, sia come in la precedente la linea. d. e. rationale in longhezza, & a

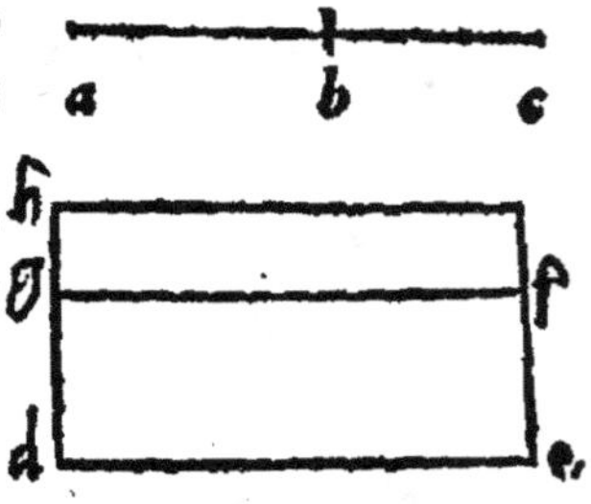

quella sia agionta la superficie. d. f. equale alli duoi quadrati delle due linee. a. b. & b.c. tolti insieme & serà mediale (dal presupposito) adonque per la. 24. la linea. d. g. serà rationale solamente in potentia, non communicante in longhezza alla linea d, e, Et sia la superficie, f, h, agionta alla linea, g, f, equal al doppio della. superficie del. a. b. in. b. c. & serà rationale (per el presupposito) & però (per la. 20.) lo secondo lato di quella (elquale e. g. b.) serà rationale in longhezza per laqual cosa (per la. 34.) la linea, d, h, e binomio & irrationale, & la superficie, e, h, (per la. 20. dalla destrutione del consequente) e irrationale adonque conciosia che la linea, a, c, sia il lato tetragonico di quella per la. 4. del. 2. seguita che la. a. c. sia irrationale per la diffinitione adonque è manifesto il proposito.

Il Tradottore.

Quel medesimo che è detto della linea, d, e, sopra le passate il medesimo si debbe intendere in questa & nella sequente.

Theorema. 29. Propositione. 40.

35/41 Quando seranno congionte due linee potentialmente incommensurabili & continente superficie mediale delle quale ambi li quadrati tolti insieme sia mediale, incommensurabile al doppio della superficie dell'una in l'altra, tutta la linea serà irrationale & serà detta potente in due mediale.

Sian anchor le due linee. a. b. & . b. c. in continuo & direttamente congiunte, come se propone (lequale sono da esser tolte per la. 34.) dico che la linea, a, c, composta da quelle, è irrationale & quella è detta potente in due mediale & per dimostrar questo sia aggionto alla linea, d, e, (laqual sia rationale in longhezza) la superficie, d, f, equale alli duoi quadrati delle due linee. a. b. & . b. c. tolti insieme & serà mediale (per el presupposito) per laqual cosa per la. 24. la linea, d, g, serà rationale in potētia solamente, & incommensurabile alla linea, d, e, rationale in lōghezza, un'altra uolta alla linea, g, f, laquale è equale alla, d, e, sia aggionto la superficie. f. h.

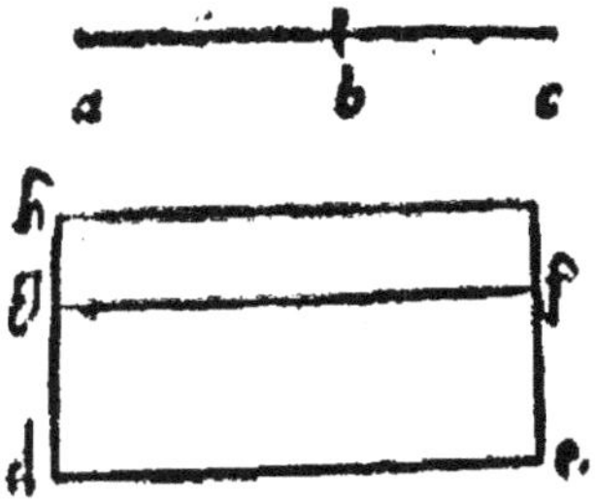

cie.f.b. laqual sia equale al doppio della superficie del l'una in l'altra, serà anchor dal presupposito, mediale per laqual cosa (per la.24.) la linea.g.b. serà rationale solamente in potentia, ma perche per el presupposito, ambidui li quadrati tolti insieme sono incommensurabili al doppio della superficie dell'una in l'altra el seguita che d.f. sia incommensurabile al.f.b. per laqual cosa (per la prima del.6. & per la seconda parte della.14. de questo) la linea.d.g.è incommensurabile alla,g,b, adonque (per la.35.) la linea,d,b,e binomio & irrationale, adonque la superficie,e,b,e irrationale & similmente lo lato tetragonico di quella elquale a.c. come in la precedente per laqual cosa è manifesto el proposito, ma se il doppio della superficie della,a,b,in,b,c, non fusse incommensurabile a ambiduoi li quadrati tolti insieme, seria la linea.a.c.mediale, perche la superficie.d.f.seria commensurabile alla.f.b.e pero & la linea.d.g.alla linea.g.b.adonque tutta la.d.b.seria rationale solamente in potentia & incommensurabile in longhezza alla linea.d.e.adonque per la.24. la superficie.e.b.seria mediale lo lato tetragonico di quella elqual è la.a.c.seria linea mediale che è il proposito e acciocbe la dottrina delle cose che sequitano si faccia piu facile hauemo pensato de demostrare prima duoi antecedenti delli quali el primo è questo.

Antecedente primo.

36 Se alcuna linea sia diuisa in due parti inequali li quadrati de ambe
o le sectioni, tolti insieme, sono tanto piu del doppio della superficie del l'una in laltra quãto è il quadrato de quella linea in laqual la maggior eccede la minore.

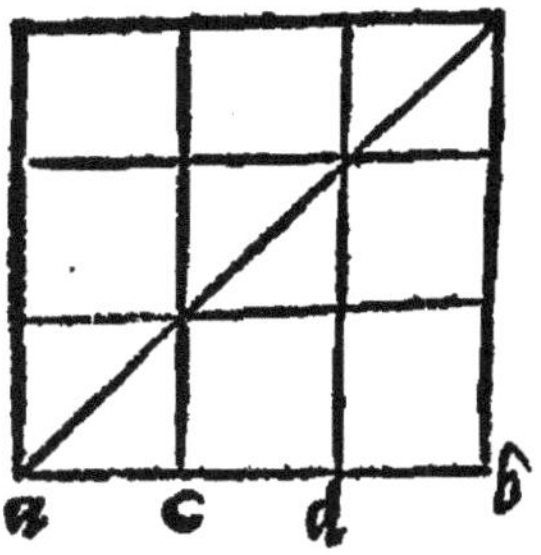

Hor sia la linea. a. b. diuisa in due parti equali in in ponto.c.& sia la parte maggiore.c.b.dalla qual sia tolto la.c.d.equale alla. a. c. Dico che li quadrati delle due linee. a. c. &. c.b. sono piu del doppio della superficie dell'una in l'altra in el quadrato della linea d. b.perche quello che uien fatto dalla.a.c.in la. c. b. due uolte, con li quadrati delle due linee.a.c.&.c.b.è equale a quello che uien fatto dal.a.c.in.c.b. quattro uolte, con el quadrato della.d.b. imperoche l'una e l'altra de questi sume sono equale al quadrato della linea.a.b. el primo (per la.4.del secondo) e lo secondo (per la ottaua del medesimo) adõque leuando uia dall'una e dall'altra suma cose equale, cioe quello che uien fatto dal, a, c, in, c,b, due uolte li residui liquali sono del primo, li quadrati delle due linee.a.c.&.c.b. e del secondo quello che uien fatto dal,a,c.in,c,b, due uolte con el quadrato della,d, b, seranno equali per laqual cosa è manifesto el proposito, adonque da questo è manifesto

festo che se alcuna linea serà diuisa in due parti inequali li quadrati d'ambe le parti tolti insieme seranno piu del doppio della superficie dell'una di quelle in l'altra, & per questa causa lo hauemo proposto.

36/42 Se alcuna linea ha diuisa in due parti inequali, & anchora in altre due parti inequali li duoi quadrati delle due parti piu inequali tolti insieme son tanto piu delli dui quadrati delle due parti men inequali tolti insieme quanto è el doppio del quadrato de quella linea, laquale e tra l'una & l'altra sectione, & lo quadruppio de quello che uien fatto dalla medesima linea in quella che è fra'l ponto della section delle parti men inequali è il ponto che diuide tutta la linea in due parti equali.

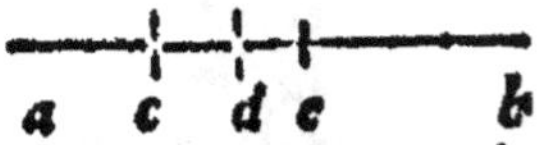

Sia la linea.a.b.diuisa in due parti inequali in ponto.c. e anchora in altre due parti inequali in ponto,d,e un'altra uolta in due parti equali in ponto.e.dico che li quadrati delle due parti piu inequale (lequal son. a.c.& .c.d.) son tanto piu delli duoi quadrati delle due linee meno in equal(lequal son. a.d.& .d.b.)quanto è il doppio del quadrato della linea. c.d.e lo quadruppio de quello che uiē fatto dalla.c.d.in la.d.e.perche(per la.9.del secondo) li quadrati delle due linee.a. c. & .c. b. tolti insieme sono doppij alli quadrati delle due linee.b.e.& .e.c.tolti insieme,e(p la medesima.9.del secōdo) li quadrati delle due linee.a.d.& d.b.tolti insieme,sono doppij alli quadrati delle due linee.b.e.et e.d.tolti insieme.adonque li quadrati delle due linee.a.c.& .c.b.tolti insieme,eccedeno li quadrati delle due linee.a.d.& .d.b.tolti insieme in quello che il doppio del quadraeo della linea.c.e.eccede el doppio del quadrato della linea.d.e.e questo(per la quarta del secondo) è tanto quanto che è il doppio del quadrato della linea. c.d. & lo quadruplo de quello che uien fatto dalla,c,d,in la,d,e,per laqual cosa è manifesto il proposito, per questo è manifesto che quanto piu seranno le sectione de alcuna linea inequale, tanto piu seranno maggiori li quadrati di quelle tolti insieme & questo è quello per ilquale hauemo premesso questo.

Il Tradottore.

Che la differentia del doppio del quadrato della,c,e al doppio del quadrato della,d,e,sia tanto quanto il doppio del quadrato della, c,d,& il quadruplo del dutto della,c,d,in la,d,e, (per la.4.del.2.)le manifesta in questo modo perche un sol quadrato della,c,e,è maggiore d'un sol quadrato della, d, e, in un quadrato dell'altra parte. d.c. & in el doppio della superficie della,c,d, in le,d,e, adonque duplicando l'un & l'altro quadrato se duplicarà la lor diffierentia, cioe che li duoi quadrati della,c,e, eccederāno li dui quadrati della. d.e. nel doppio del quadrato dall'altra parte.c.d. & nel quadruplo della superficie della.c.d.in la.d.e.come di sopra si conclude che è il proposito.

Theorema.30. Propositione.41.

36/42 Eglie imposibile esser diuiso un binomio in altre due linee sotto el termine, di quelle, dalle quale è congionto, & nominato.

Sia

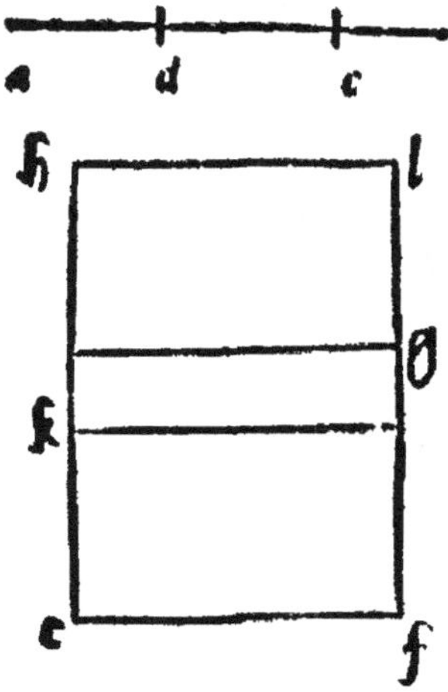

Sia la linea. a.b. binomio & (per la. 35.) serà composta da due linee in potentia solamente rationale communicante, lequale siano. a.c. & .c.b. dico che egliè impossibile quella esser diuisa in altre due linee sotto questa diffinitione, cioe che esse siano rationale & in potentia solamente communicante, perche segliè possibile (per l'aduersario) sia diuisa in. a.d. & . d.b. lequale siano rationale solamente in potentia communicante sia anchora la linea. e. f. rationale in longhezza alla quale sia aiunta la superficie. e.g. laqual sia equale alli quadrati delle due linee. a.c. & .c.b. tolte insieme, & la superficie. f.h. laqual sia equale al quadrato della linea. a.b. & la superficie. e.g. serà rationale imperoche l'uno e l'altro di quadrati delle linee. a.c. & .c. b. tolti insieme è rationale (p el presupposito) et la superficie g.h. serà mediale (per la. 23.) perche essa è equale al doppio della superficie della. a. c. in la. c.b. (per la. 4. del. 2.) adonque sia un'altra uolta la superficie. f. K. equal alli quadrati delle due linee. a.d. & .d.b. tolti insieme, liquali conciosia che siano diuerse dalle due linee. a.c. & .c.b. (per lo. 2. di antecedenti auanti demostrati) la superficie, f, k, serà diuersa dalla superficie, e, g, adonque la differentia de quelle sia la k, g. & (per la quarta del secondo) lo eccesso della superficie, f, h, sopra la, f, k, (laqual sia. k.l.) serà equale al doppio de quello che uien fatto dalla, a, d, in, d, b, & per questo etiam la superficie, f, k, serà rationale, e la superficie. k. l, serà mediale, adonque la superficie, k, g, (conciosia che la sia la differentia delle due superficie rationali) lequale sono, e, g, & , f, k, serà rationale perche la rationale non è differente dal rationale se nō in quantità rationale, & questo dico dalla diffinitione & dalla duodecima di questo, lequale confirmano questo, anchora la medesima, conciosia che quella sia la differentia delle due superficie mediale, lequale sono, g, h, & , k, l, (per la uigesima sesta) serà irrationale, laqual cosa è impossibile.

Theorema. 31. Propositione. 42.

37 La bimediale prima, diuisa (secondo el suo termine) in due linee me-
43 diale, le impossibile a diuidere la medesima in altre due mediale, sotto el termine di quelle.

Sia anchora in questo luoco la linea, a, b, bimedial prima diuisa in due linee mediale solamente in potentia communicante, & che contengano superficie rationale (dalle quale la trigesima sesta affirma quella esser composto) lequale siano, a, c, & , c, b. Dico che è impossibile quella esser diuisa in altre due linee, sotto la diffinitione di quelle, laqual cosa, se serà possibile (per l'aduersario) diuiderò quella in ponto. d. e tolta la linea, e, f, rationale & sia aggionto a quella la superficie, e, g, equale alli doi quadrati delle due linee, a, c, & , c, b, & la superficie, f, h, equale al quadrato della, a, b. &

a,b, & la superficie.f,k, equale alli quadrati delle due linee,a,d,& d,b,et (per la quarta del secondo) la superfi.ie.g,h,serà equale al doppio della superficie della, a, c,in,c,b,e (per la medesima) la superficie.k.l.serà equale al doppio della superficie della, a,d,in la,d,b, (per el presupposito) anchora l'una e l'altra delle due superficie.e,g.&.K.f.serà mediale e l'una e l'altra delle due, g,h,&,k,l,serà rationale,e questo è impossibile,perche per el primo la superficie.k,g.seria irrationale(per la uigesima sesta) e per el secondo,la medesima seria rationale(per la diffinition e per la duodecima)laqual cosa è inconueniente.

Theorema.32. Propositione.43.

38 El bimedial secondo,non puol esser diuiso se non solamẽte in le due
44 linee sotto el suo termine.

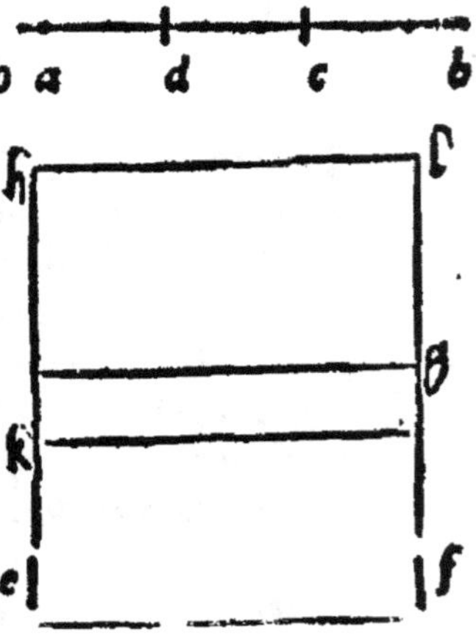

Sia come per auanti la linea, a,b, bimedial secondo diuisa in le due linee. a.c.& .c. b. mediale, solamente in potentia communicante, & continenti superficie mediale, dalle quale (la trigesima settima propone quella esser composta.) Dico che egliè impossibile quella esser diuisa in altre due linee sotto la diffinitione di quelle, & essendo altramente, sia diuisa in,d, & siano come per auanti la superficie.e.g.f.h.& .f.k.aggionte alle linee,e,f, rationale & (per lo presente presupposito) le superficie, e,g,&,g,h, l'una & l'altra serà mediale, per laqual cosa (per la uigesima quarta) l'una & l'altra delle due linee,f,g,&,g,l, serà raionale in potentia solamente non communicante in longhezza alla linea, e, f, ma perche le due linee,a,c,&,c,b,erano incommensurabile in longhezza seguita (per la prima del sesto) & per la seconda parte della decima quarta de questo che l'uno & l'altro di quadrati delle linee,a,c,&,c,b,sia incommensurabile alla superficie dell'una in l'altra conciosia che li detti quadrati communicano (dal presupposito) seguita che ambiduoi li quadrati tolti insieme sian incommensurabile alla superficie dell'una in l'altra e pero etiam al doppio de quella per laqual cosa la superficie, e, g,e incommensurabile alla superficie, g,h,& la linea,g,f,alla linea,g,l,(per la prima del sesto & per la seconda parte della decima quarta) adonque per la trigesima quinta la linea,f,l,e binomio diuisa secondo el suo termine in ponto,g, & per el medesimo modo se approuerà quella esser binomio (per mezzo delle superficie, e, m.& .m.h.) diuisa secondo el suo termine in ponto,m.laqual cosa è impossibile(per la quadragesima prima)perche el non puo esser detto che la linea.f.l.sia diuisa alli duoi ponti.g.& .m.in parti cõsimili, perche essendo cosi seria la linea.f.m.equale alla,g,l,ma quella è maggiore della linea, m,l, come è manifesto dal primo di premessi antecedenti de queste (& per la prima del sesto) conciosia che la superficie, e, m,sia maggiore della superficie.h.m. & il modo della demostratione di questa puo

esser

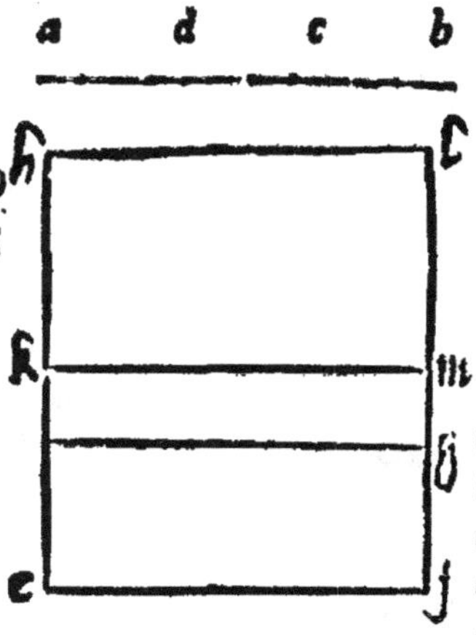

esser commune alla quadragesima seconda & alle altre che seguitano quella.

Theorema. 33. Propositione. 44.

39 45 La linea maggiore se nõ solamente in le due linee dalle quale è composta sotto al termine di quelle, non puo esser diuisa.

Sia anchora questa linea maggiore. a. b. diuisa in põto. c. in due linee potentialmente incommensurabili cõtinenti superficie, mediale delle quale ambidui li quadrati tolti insieme siano rationale, perche da tale linee è composta come afferma la trigesima ottaua, dico che egliè impossibile ad altro ponto essere diuisa quella in altre due linee, sotto quella diffinitione & se questo è possibile, sia diuisa al ponto. d. rimangano sotto a questa la medesima figura et li medesimi presuppositi come per auanti et arguisse (come in la quadragesima prima) la superficie. g. K. esser rationale & irrationale laqual cosa è impossibile.

Theorema. 34. Propositione. 45.

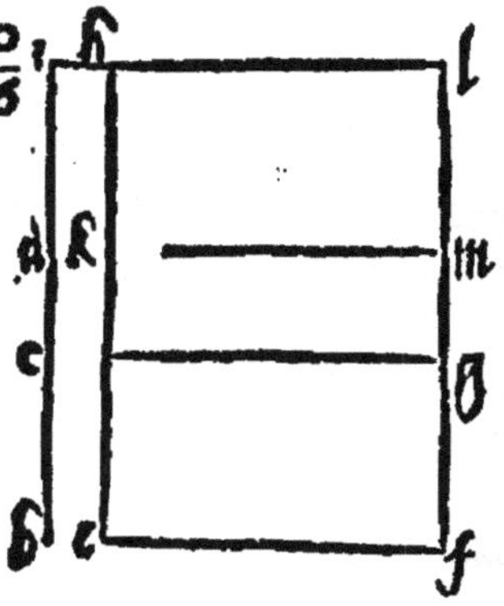

40/46 La linea potente in rationale & mediale, nõ se diuide sotto el suo termine, se non solamente in le sue due linee.

Anchora questa quadragesima quinta stãte la prima figura & position eccetto che detta linea. a. b. sia diuisa in ponto. c. in quelle due linee dalle quale la trigesima nona dice quella esser cõposta, se approua si come in la quadragesima seconda, & essendo altramente di quello che'l propone, serà la superficie. k. g. rationale & irrationale, laqual cosa non puol esser.

Theorema. 35. Propositione. 46.

41/47 La linea potente in due mediale non puol esser diuisa in altre due linee sotto el termine di quelle dalle quale è congiunta, ma solamente è diuisibile in le sue due dalle qualle è composta.

Perche questa quadragesima sesta diuisa linea. a. b. al ponto. c. quelle linee dalle quale la quadragesima dimostra quella esser composta, & stante tutte le altre cose come di sopra, si la figura come le positioni se approua si come la quadragesima terza, perche dato el contrario del proposito, seguita il contrario della quadragesima prima laqual cosa è impossibile.

Secon-

Seconde diffinitioni.

Se la parte piu longa del binomio, serà piu potente della piu breue per accrescimẽto del quadrato d'una linea communicante in longhezza alla medesima parte piu longa, & se dapoi la medesima parte piu longa, serà communicante a una linea posta rationale, quello se chiamarà binomio primo, Ma se serà la parte piu corta che communichi con la detta linea posta rationale se dirà binomio secondo & se ne l'uno ne l'altra delle dette parti di quello communicharà con la detta linea posta rationale se chiamarà binomio terzo.

Il Tradottore.

In le soprascritte diffinitioni & in quelle che seguitano l'Auttore ne da a cognoscere le specie di binomij lequale sono sei & in questa prima parte sotto breuità ne diffinisse il primo secondo & terzo, & perche le due linee che componeno el binomio in genere (per la trigesima quinta) sono rationale & solamente in potentia communicante. onde seguita che cadauna di quelle (per lo conuerso della quinta diffinitione della seconda tradottione) a fortiore serà commensurabile in potentia con la nostra proposta rationale (cioe con la nostra pertica, ouer piede, o passo, o onza, ouer altra misura formata a nostro piacere con laquale ratiocinamo) perche se quelle non communicasseno ne in longhezza ne in potentia con la nostra proposta rationale, le non seriano rationale (che seria contra al presupposito) uero è che ambedue non possono esser commensurabile in longhezza con detta nostra proposta rationale, perche (per la decima) seriano fra loro commensurabile in longhezza che seria contra la trigesima quinta, ma solamente una, ouer niuna serà commensurabile in lõghezza cõ la detta nostra proposta rationale, anchor dico che la dette due linee che cõponeno el binomio in genere, ouer che la piu longha e piu potente della piu breue inel quadrato duna linea commensurabile in longhezza con la medesima linea piu longha, ouer incõmẽsurabile. Tornando adonque al proposito quando la parte piu lõga del binomio serà piu potẽte della piu breue in el quadrato d'una linea commensurabile in longhezza con la detta parte piu longa quel tal binomio serà ouer il primo, ouer il secondo ouer il terzo, perche ouer che una delle dette parti (ouer linee) serà communicante in longhezza con la nostra proposta misura rationale, ouer niuna, segli ne serà una ouer che serà la piu longa, ouer la piu corta, se la serà la piu longa serà detto binomio primo, se la serà la piu corta serà chiamato binomio secondo & se niune di quelle serà communicante in longhezza alla detta nostra misura serà nominato binomio terzo, ma bisogna notare che quella parte che serà cõminicãte in longhezza con la nostra misura serà numerabile in lõghezza, cioe, che la serà un numero di quella misura che operaremo, o sia passo, o pie o altra misura formata a nostro piacere. Et quella parte che non serà cõmunicante in longhezza cõ la detta nostra misura nõ serà numerabile in longhezza, cioe che la sua longhezza non si potrà dar ne assignare per numero, ma solamente la sua poten-

tia cioe il suo quadrato serà rationale, & queste tale da prattici sono dette radice sorde (come fu detto sopra la quinta diffinitione tratta dalla seconda tradottione) niente di meno tali quantita essendo linee, come piu uolte e stato detto, sono chiamate rationale per esser la sua possanza rationale, uero e che se tai radice, ouer quantità seranno superficie ben seranno dette irrationale per la uigesima terza & chiamanse superficie mediale & questo credo serà bastante per la dechiaratione del primo, secondo, & terzo binomio, hor ueniamo alla seconda parte.

Diffinitioni successiue alle precedente.

Anchora se la parte piu longa puol tanto piu della piu breue quanto e il quadrato de alcuna linea incommensurabile in longhezza alla detta parte piu longa, & se la piu longa poi delle dette parti sera communicante in longhezza a una posta rationale quella se chiamara binomio quarto. Ma se sera la piu breue che communichi in longhezza con detta posta rationale se nominare binomio quinto, & se serà che ne l'una ne l'altra delle dette portion di quello communichi con la detta posta rationale serà detto binomio sesto.

Il Tradottore.

Questa seconda parte de diffinitioni quantunque la sia posta disgiunta dalla precedente tu l'hauerai a intendere congionta con la prima successiuamente, nella qual seconda parte se manifesta quando che la maggiore (delle due linee componenti el binomio in genere) serà piu potente della piu breue inel quadrato de alcuna linea incommensurabile in longhezza a detta linea piu longa quel tal binomio serà, ouer el quarto, ouer il quinto, ouer il sesto, perche ouero una delle due linee componente quello serà communicante in longhezza con la nostra presupposta misura, ouer niuna se gli ne serà una, ouer che la serà la piu longa, ouer che la serà piu breue, se la serà la piu longa serà detto binomio quarto, se la serà la piu corta serà chiamato binomio quinto, & se niuna serà detto binomio sesto, si uede adonque che el primo binomio non è differente dal quarto, ne el secondo dal quinto, ne el terzo dal sesto, saluo che la linea piu longa (delle due componente quello) e piu potente della piu corta inel quadrato de alcuna linea communicante in longhezza a detta linea piu longa & questo credo sia bastante a delucidatione delle soprascritte diffinitioni.

Problema. 12. Propositione. 47.

42/48 Puotemo trouare el primo binomio. Nella traduttion seconda è piu breue & ne pone il b.

Sia la linea. a. la posta rationale, et sia tolti duoi numeri quadrati, b, &, c, di quali. c. sia diuisibile in un numero quadrato (qual sia. d.) & in uno non quadrato (qual sia. e.) & sia posto la proportione del quadrato della linea. a. al quadrato della linea. f. g. si come del numero. b. al numero. c. & (per la seconda parte della nona)

la linea

la linea. f. g. serà communicante alla linea. a. (posta rationale) in longhezza sopra a quella adonque sia lineato el mezzo cerchio. f. g. h. & sia la proportione del quadrato della linea. f. g. al quadrato della linea. f. h. si come del. c. al. d. & sia dutta la linea. g. h. dico adonque le due linee. f. g. & g. h. congionte direttamente (compone re el binomio primo perche la linea. f. g. laquale è la piu longa) e piu potente della linea. g. h. (laquale è la piu corta) in el quadrato della linea. f. h. (per la trigesima prima del terzo & per la penultima del primo) & la linea. f. h. communica alla linea. f. g. in longhezza (per la seconda parte della nona) conciosia che la proportion di quadrati de dette, f, g, & , f, h, sia si come di duoi numeri quadrati liquali sono, c, & , d, & la linea, g, h, se conuence esser rationale in potentia solamente non communicante alla linea, f, g, in longhezza e pero ne etiam alla linea, a, posta rationale, perche conciosia che el quadrato della linea, f, g, al quadrato della linea, f, h, sia si come el numero, c, al numero, d, (per la euersa proportionalità) el quadrato della linea, f, g, al quadrato della linea, g, h, serà si come el numero, c, al numero, e, conciosia adonque che, c, sia numero quadrato & , e, non quadrato, seguita per la ultima parte della nona) che la linea, g, h, sia incommensurabile alla linea, f, g, in longhezza rimane adonque essa linea, g, h, esser rationale solamente in potentia & (per la diffinitione) le linee, f, g, & , g, h, componere binomio primo che era da trouare.

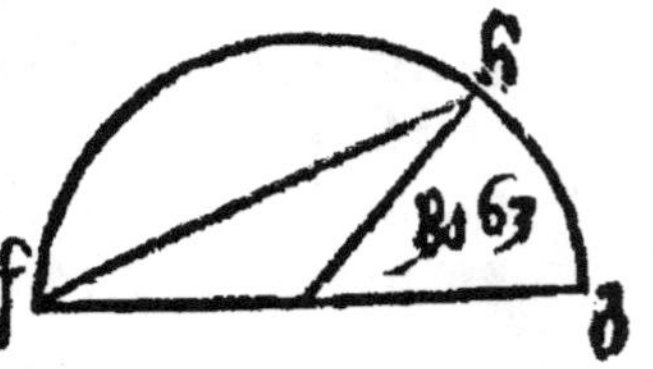

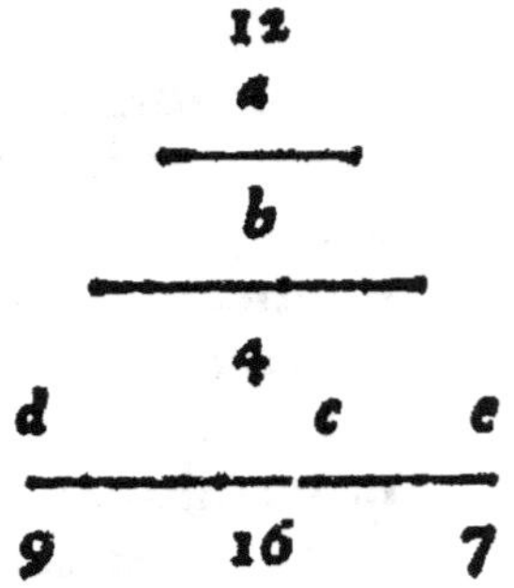

Per trouarlo praticalmente piglia la. a. per una misura. Onde lo quadrato della. f. g. in tal supposito saria. 4. poi perseguirai come di sotto uedi. Se. 16. mi da 9. che darà [] f. g. 4. opera che in tal supposito te daria 2 $\frac{1}{4}$ per il [] della. f. h. qual tratto del [] f. g. che 4. restaria 1 $\frac{3}{4}$ per il []. della. h. g. onde con tal positione tal binomio saria. 2. p̄ ℞ 1 $\frac{3}{4}$. Ma supponendo la misura. a. piedi. 6. il [] della. f. g. ueneria a esser piedi 144. superficiali & il []. della. f. h. saria. 81. & il []. della. h. g. 63. & la simplice. h. g. saria ℞ 63. & la. f. g. 12. el binomio saria. 12. p̄ ℞ 63.

Supponēdo la. a. per una misura simplice v3 p. 1.
la. b. — 4. nu. quadrato.
la c. per 16.
la d. per 9.
la e. per. 7.

Il Tradottore.

Se per caso la nostra misura, a, fusse quella che se chiama pertica diuisa in piedi sei et che il numero, b, fusse quattro & il numero, c, sedeci diuiso in, d, & , e, & , d, sia noue & , e, sette la linea, f, g, ueria a esser piedi duodeci & la linea, f, h, piedi noue & la linea, h, g, ueria a esser la radice quadrata de sesanta tre piedi superficiali cioe che il quadrato della detta, h, g, seria sesanta tre piedi superficiali cioe sesanta tre quadretti d'un pie non sezza come fu detto sopra la prima diffinitione del secādo

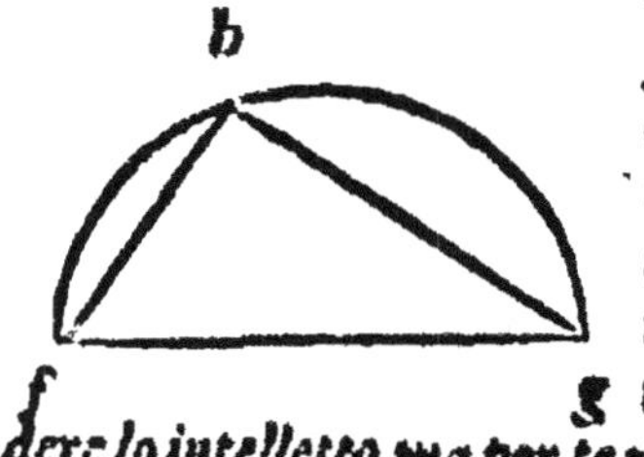

do adunque la linea.f.g.gionta con la.g.h.da prattici se descriuera in questa forma.12.piu R.63.& questo composto serà binomio primo per la diffinitione del binomio primo. Et questo essempio lo ho posto per aprirti li occhi al redur queste cose alla prattica si in questa come nelle sequente si che notala bene perche per l'aduenire piu non adurò essempio in numeri per non confondere lo intelletto ma per te medesimo supponendo la linea.a.diuisa secondo che ti parerà per schiuar rotti.& bisogna notare che si potea senza trouare la linea.f.h. trouar prima la.h.g.cioe che il quadrato della.f.g.al quadrato dalla.h.g.sia si come il numero.c.al numero e.

Problema.13. Propositione.48.

43/49 Puotemo inuestigare il secondo binomio.

Questa operatione è molto longa,ma quella di Theõ e assai piu breue e chiara.

a
4
b
d
c
e
3
18
9
a
b
4
3
d
e
12
9
d
f
e
c
12
48
36
30

Sia come per auanti la linea posta rationale, a, & lo numero.b.quadrato &.c.sia numero non quadrato diuisibile in.d.non quadrato & in.e.quadrato, tamen in tal modo che la proportione de tutto el.c.(elquale e numero non quadrato)al.d. (elqual e anchora numero non quadrato)sia si come de duoi numeri quadrati, & tal numero e.12.&.48. perche el.12.e diuisibile in.9.(numero quadrato)& in.3.numero non quadrato & la proportione de.12.a.3.e si come.16.a.4. diquali l'uno e l'altro e numero quadrato (per lo medesimo modo.48.e diuisibile in.36.e.12.& tai numeri cosi li trouerai.Sia.a.numero quadrato & sia anchor.b. minore de una unità del ditto.a. el quadrato del quale sia.c.& dal.b.in.a.peruenga.d.& (per la prima delli incidenti la sesta decima del nono) el numero b.serà la differentia del.d.al.c.sia dutto el medesimo,a,in,c, & peruenga.e.& (per la prima parte del correlario della seconda del nono.) e.serà quadrato impero che l'uno e l'altro di numeri.a.&.c.e quadrato (per el presupposito)sia fatto una altra uolta.f.dal.a.in.d.et.f.serà quello el qual cercamo perche(per la ultima parte del detto correlario) lo numero.f.serà non quadrato impero che'l numero.d.si è non quadrato, perche se'l numero.d. fusse quadrato anchora el.b.seria quadrato(per la seconda parte del medesimo correlario della seconda del nono & per la uigesimaterza del ottauo) & perche.a.e numero quadrato cascaria (per la decima settima del medesimo) un terzo cõtinuamente proportionale fra.a.&.b.laqual cosa è impossibile conciosia che sono distanti per

ti per

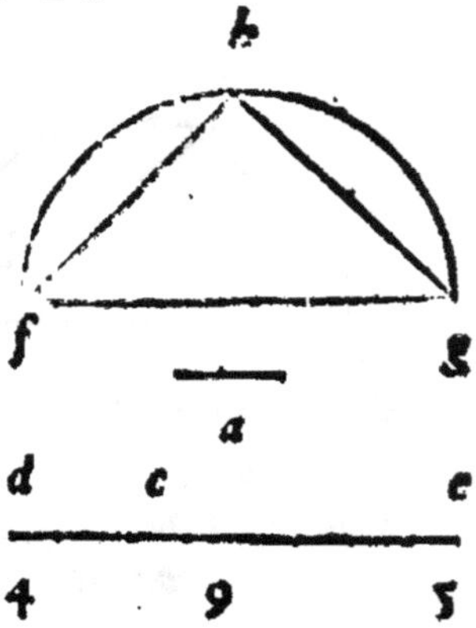

ti per una sola unità adonque el.d.non è quadrato perlaqualcosa ne etiam.f.è quadrato, & .f. è equale al, d, & al.e. perche conciosia che.b.sia la differentia del, d, al.c.(come è manifesto per le cose precedente) serà (per la prima delli incidenti sopra la sestadecima del nono) quello che vien fatto del,a, in d, è equale a quelli duoi produtti che vengano fatti dal,a,in,b,& in,c,& perche dal,a,in,b, vien fatto el,d,& in c.vien fatto,e,seguita che, d,sia la differentia del,f,al,e,& perche (per la decima ottaua del settimo) del,f,al,e,e si come del, d,al,c,permutatamente del,f,al,d, serà si come del, e, al, c, & conciosia che l'uno e l'altro di duoi numeri.e. & .c.sia quadrato è manifesto lo numero,f,esser tal qual uolemo, perche è numero non quadrato diuisibile in d. non quadrato et in.e. quadrato, la proportione de quello al,d,e si come de quadrato a quadrato cioe come del, e,al,c,tutte le altre cose siano come per auanti. Dico che le linee,f,g,& ,g,h, componeno el secondo binomio perche conciosia che el quadrato de,a, al quadrato de,f,g,sia si come del,b,al,c,& un'altra uolta lo quadrato de, f,g, al quadrato,de,g,h,sia si come del,c,al,c, (per la equa proportionalità) el quadrato del, a, al quadrato de,g,h,serà si come el,b, al.c.adonque conciosia che l'uno e l'altro di duoi numeri.b.& .c.sia quadrato (per la seconda parte della nona) & la linea,g,h,serà communicante in longhezza alla linea.a. posta rationale,& della linea,f,g, è manifesto che essa sia rationale solamente in potentia non communicante alla linea, a, posta rationale in longhezza, (per la ultima parte della nona) laquale conciosia che la sia piu potente della linea.g.h. inel quadrato della linea.f.h.(per la trigesima prima del terzo & per la penultima del primo) & la linea.f.h.communichi alla linea.f.g.in longhezza (per la seconda parte della nona) imperoche li loro quadrati sono in la proportione delli numeri, c, & d, la proportione di quali è si come de duoi numeri quadrati (per el presupposito) e manifesto il proposito. A demostrare el medesimo altramente, sia la linea .g.h.communicante alla linea.a. (posta rationale in longhezza) laqual è facile de truouare & sia .c. numero quadrato diuisibile in d. quadrato, & in e. non quadrato, & sia la proportione del quadrato della linea.g.h.al quadrato della linea.f.g.si come el numero.e.al numero.c.& la.f.g. serà incommensurabile alla linea,g.h. in longhezza (per la ultima parte della nona) & piu potente di quella in el quadrato della linea .f.h. (alla qual communica in longhezza primamente per la conuersa dapoi per la euersa proportionalità, & per la seconda parte della nona) adonque (per la diffinitione) le linee.f.g.& .g.h. componeno el secondo binomio.

Piu facilmente se troua il detto numero non quadrato diuisibile in un numero □ & in un'altro non □, & che il non □ habbia proportion al tutto come de nume. □ a nu.□ per quest'altro modo piglia qual si uoglia nu.□ qual pongo sia.a.

cc cauane

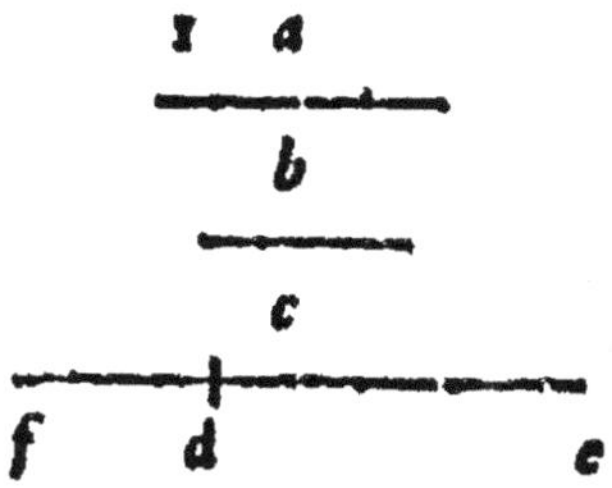

cauane sempre. 1. & resti.b.fatto questo multiplica.a. sia.b.& faccia.c. dico.c.esser il numero ricercato, cioe non □ (per . . . del . .) & il dutto del .b. in se sia,d,e,& il dutto de b.nella.1.facia.f.d.il qual.f.d. non sarà □ &, d,e,sarà □ & la proportion de.f.d. al.c.sarà come la unità al.a, (nume. □) adonque la proportion de.c.al.f.d.sarà come de nu.□ a num. □ (per esser come del.a.alla.1.)

Problema. 14. Propositione.49.

44/50 **Puotemo inuestigare,el terzo binomio.**

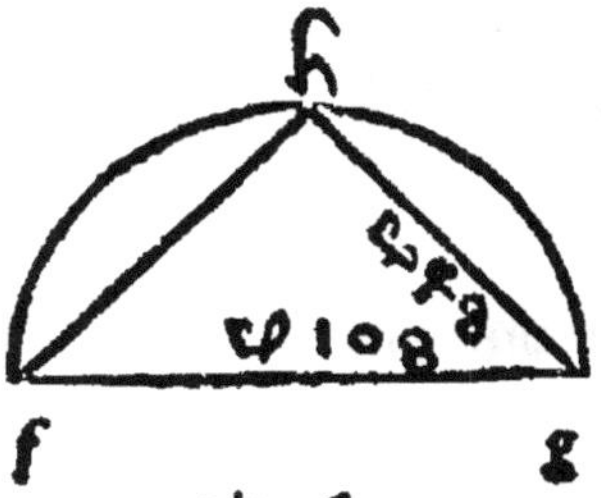

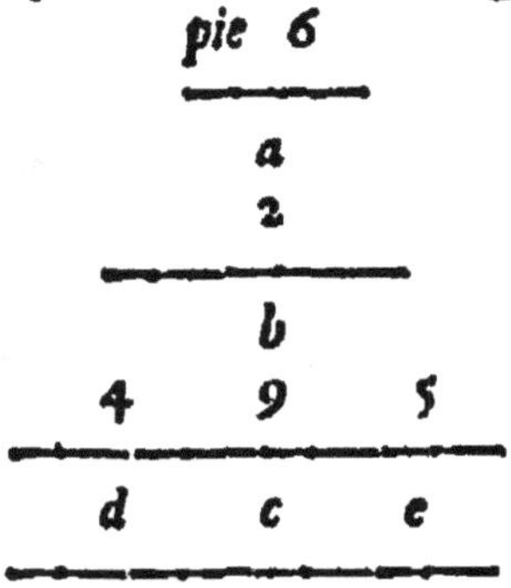

Stante li suppositi sopra notati dirai se ℞ 9 me da ℞ 4 che me darà ℞ 108

432
℞ 48

3. bino. ℞ 108 p ℞ 48

Anchora el terzo binomio cosi se ritroua, posta (come per auanti) la linea, a, rationale in longhezza sia el, b, numero primo, &, c, numero quadrato diuisione in d, quadrato & in, e, non quadrato tutte le altre cose siano come per auanti. Dico che le due linee, f, g, & g, h, cõponeno el terzo binomio, perche ne l'una ne l'altra di quelle è commensurabile in longhezza alla linea a, posta rationale, ma l'una e l'altra gli è incommensurabile in longhezza la, f, g, (per la ultima parte della nona propositione) & la, h, g, (per la equa proportionalità, & per la ultima parte della nona) perche (per la equa proportionalità) el quadrato della linea, a, al quadrato della linea, g, h, e si come lo numero, b, al numero, e, l'una per mezzo del quadrato della linea, f, g, & l'altro per mezzo del numero, c, & li numeri, b, &, e, non sono in proportione de alcuni numeri quadrati conciosia che, b, sia numero primo, perche se i fusseno in la proportione de numeri quadrati seria necessario (per la decima settima del 8.) et per la ottaua del medemo fra quelli star uno terzo in continua proportionalità adonque (per la 18. del medesimo) el numero, b, seria superficiale laqualcosa è impossibile, cõciosia che quel sia primo (dal presupposito) adonque la linea, g, h, e incommensurabile alla linea, a, posta rationale (per la ultima parte della nona) adonque perche la linea, f, g, e piu potente della linea, g, h, in el quadrato della linea, f, h, (per la trigesima prima del terzo, & per la penultima del primo) laqual communica a quella in longhezza (per la seconda parte della nona propositione) & per la euersa proportionalità, & per la diffinitione del terzo binomio, e manifesto la nostra intentione.

Il Tra-

Il Tradottore.

Nella espositione di questa soprascritta propositione il commentatore se ingana grandemente si nel proceder come nella demostratione perche el non necessita che la proportione, del numero.b. (quantunque sia numero primo) al numero. e. non possi esser come di numero quadrato a numero quadrato & che'l sia il uero per non abbondare in parole adduremo solamente la isperentia per testimonio perche se'l detto numero. b. fusse. 5. (che è numero primo) & lo numero. c. trenta sei & il numero. d. sedeci & lo numero, e, uinti si uede espressamente che la proportione de cinque a uinti esser si come de numero quadrato a numero quadrato cioe quadrupla, perilche si uede che anchora se ingana a dire che li numeri primi non sono superficiali anci sono superficiali (per la decimaottaua del ottauo) ma uolendo concludere la soprascritta propositione senza oppositione bisogna tor il detto numero. b. di tal conditione, prima ch'el non sia quadrato secondario che la proportione di quello al numero. c. non sia come di numero quadrato a numero quadrato (laquale cosa è facile) dapoi arguite come di sopra è fatto.

Problema. 15. Propositione. 50.

45 Puotemo ritrouare il quarto binomio.
51

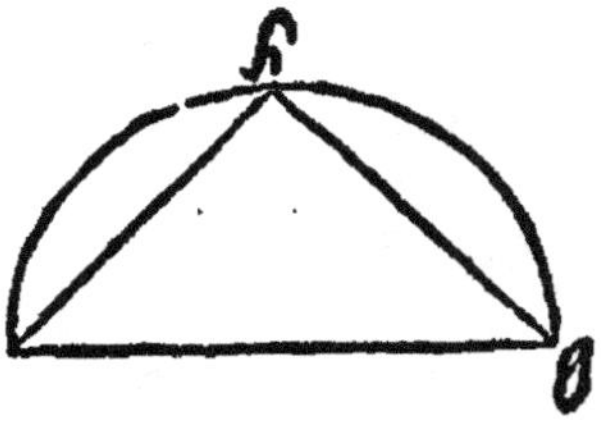

Nella inuentione del quarto binomio le da procedere per il medesimo modo si come nella inuentione del primo eccetto che el numero quadrato. c. sia diuiso in duoi numeri non quadrati, liquali siano. d. & . e. tutte le altre cose in questo loco sono da esser negotiate, dalla diffinitione del quarto binomio, si come in quel luoco se negotiò dalla diffinition del primo binomio.

Problema. 16. Propositione. 51.

46 Puotemo recercare el quinto binomio.
52

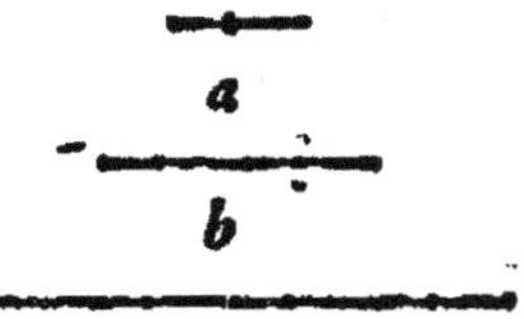

La inuentione di questo è si come quella del secondo binomio eccetto che lo numero. c. (non quadrato) se diuide in. d. non quadrato, et in. c. quadrato tamen in tal modo che la proportione del c, al, d, non sia si come de numero quadrato a numero quadrato, tutte le altre cose in questo luoco sono da esser cercate secondo le cose dimadante per la diffinitione del quinto binomio, si come in quel luoco sono ricercate secondo le cose adimandate per la diffinitione del secondo binomio, ouero pone che la linea, g, h, sia commmunicante alla linea, a, posta rationale in longhezza & mette el numero. c. quadrato diuiso in duoi numeri non quadrati qual siano, d, &, e, adonque mette la proportione del quadrato della linea, g, h, al quadrato della f, g, si come del numero, e, al, numero, c, dapoi concluda il proposito per la ultima parte della nona & per li presenti presup-

Cc 2 positi,

positi, & per la conuersa & euersa proportionalità, & un'altra uolta per la ultima parte della nona & per la diffinitione del quinto binomio.

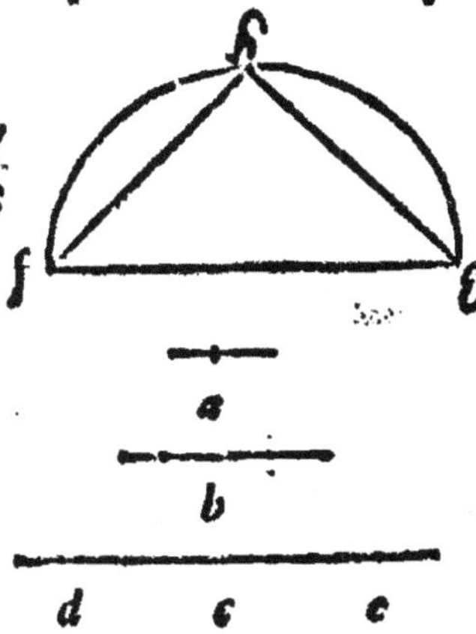

Problema. 17. Propositione. 52.

47
53

Puotemo finalmente trouare el sesto binomio.

El sesto binomio è da trouar si come el terzo & tamen in questo lo numero. c. quadrato debbe esser diuiso in duoi numeri non quadrati. d. & e. & tutte le altre cose come in quello & per la diffinitione del sesto binomio la linea (che componeno le due linee. f. g. & g. h. cõgionte fra loro direttamente serà binomio sesto che è il proposito de trouare.

Il Tradottore.

Nella inuentione di questo sesto binomio bisogna aduertire di quello che fu detto sopra la inuentione dil terzo cioe che'l non bisogna fondarse a tore simplicemente il numero. b. numero primo, perche tal instruttion è falsa. anci bisogna torlo secondo che sopra la inuention dil terzo fu detto cioe cosi conditionato che'l non sia quadrato & che la proportion di quello al numero. e. non sia come de numero quadrato a numero quadrato poi seguir come nelle altre se fatto.

Lemma.

Siano li duoi quadrati, a, b, & b, c, & siano assettati, ouer posti (per la decima quarta del primo) talmente che il lato, d, b, al lato, b, e, sia in retta linea, adonque & lo lato, f, b, al lato, b, g, serà in retta linea, & sia compito lo paralellogrammo, a, c, dico che, a, c, è quadrato, & che, d, g, delli detti quadrati, a, b, & b, c, è medio proportionale, & oltra di questo il d, c, delli duoi quadrati, a, c, c, b, è medio proportionale, perche, b, d, è equale al, b, f, & b, e, al, b, g, adonque tutto il d, e, serà equale a tutto lo, f, g, & d, c, è equale all'uno e l'altro delli duoi lati, a, h, k, c, &, g, f, è equale all'uno e l'altro delli duoi lati, a, k, c, h, & l'uno e l'altro adonque delli duoi, a, k, k, c, è equale all'un e l'altro delli duoi lati, a, h, h, c, adonque (per la trigesima terza del primo) lo paralellogrammo, a, c, è equilatero & anchora e retrangolo, adonque lo detto paralellogrammo, a, c, (per la quadragesima sesta del primo) è quadrato & perche si come del, f, b, al, b, g, cosi è del, d, b, al, b, e, & si come del, f, b, al, b, g, (per la prima del sesto) cosi è del, a, b, al, d, g, & si come

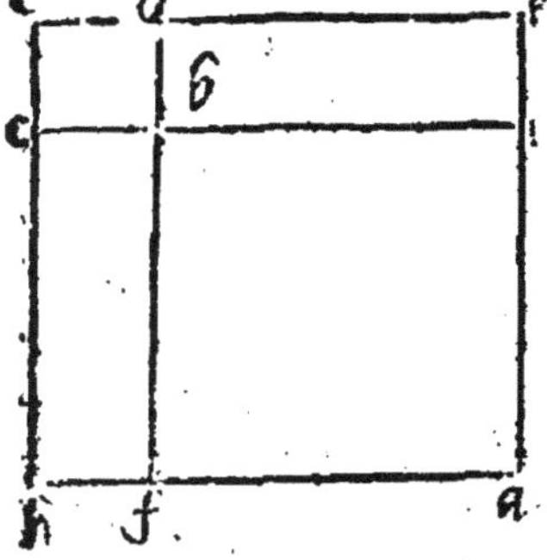

ſi come del.d.b.al.b.e.coſi e del.d.g.al.b. c, adonque & ſi come del.a.b. al. d. g.coſi è del.d. g.al.b.c.adonque.d. g.è medio proportionale delli duoi quadrati.a. b b.c.ſimilmente dico che anchora.d.c.è medio proportionale delli duoi quadrati.a. c. c. b. perche ſi come del. a.d.al.d.k. coſi è del.K.g. al.g.c.perche l'una è equale all'altra adonque componendoli,per la decima ottaua del quinto,ſi come.a. k. al. K. d.coſi e.K.c.al. c. g. ma ſi come. a.K. al.K.d.coſi e.a.c.al.c.d.& ſi come.k.c.al.c.g.per la prima del ſeſto , coſi e.d.c.al c.b.adonque.d.c.è medio proportionale fra li duoi quadrati.a.c.c.b.che è il propoſito.

Il Tradottore.

Queſto lemma ſe ritroua ſolamente in la ſeconda tradottione ilquale è molto al propoſito per le demoſtratione delle coſe ſequēte quantunque ſe dimoſtrano etiā ſenza eſſo lemma come procedēdo uederai,ma tal demoſtration ſon piu oſcure .

Theorema.36. Propoſitione.53.

48/54 Se una ſuperficie ſerà contenuta da un binomio primo, & da una linea rationale , lo lato che puo ſopra di qlla è neceſſario eſſer binomio.

Come che la ℞ del binomio primo è neceſſario eſſer binomio .

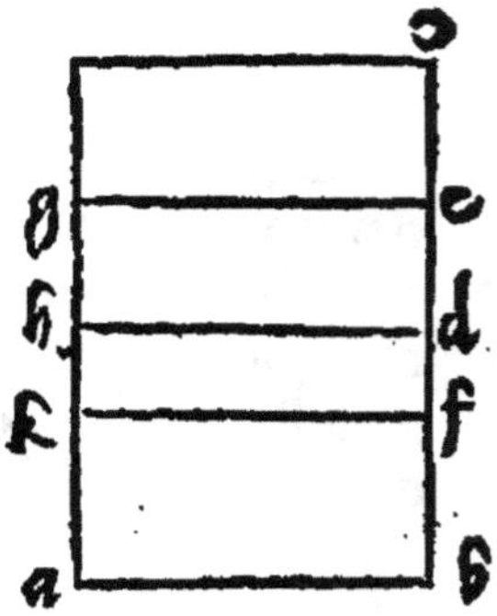

Sia la ſuperficie. a. c.contenuta dalla linea.a.b.rationale & da un binomio primo elqual ſia . b . c . Dico che'l lato tetragonico della ſuperficie. a. c . è binomio è per dimoſtrare queſto ſia il ponto.d. il commun termine delle due portioni del binomio primo.b.c.delquale la maggior parte ſia.b.d.& ſerà rationale in longhezza (per la diffinitione)et commenſurabile alla linea.a. b. poſta rationale anchora ſia diuiſa la minor portione(la qual e.d.c.)in due parte equale al ponto.e.& la linea. d. b. ſia diuiſa(ſotto queſta conditione) al ponto. f. che fra le parti di quello(laqual ſen.b.f.& .f.d.)cada.d.e. nel medio loco proportionale, & come queſto ſi debba far fu detto in la.17.& ſian dutte le linee.e.g. d.h.f.k.equidiſtante alla linea. a.b.& perche (per la diffinitione del primo binomio la linea. d.b.è piu potente della linea.d.c.in el quadrato d'una linea a ſe cōmunicante in longhezza,ſeguita anchora (per la ſeconda parte della decima ſettima)che le due linee.b.f.f.d.ſiano communicante adonque(per la duodecima)l'una e l'altra de quelle è communicante a tutta la linea.b.d.per laqual coſa (per la diffinitione)ambedue ſono rationale in longhezza e però (per la decimanona)l'una e l'altra delle due ſuperficie. a.f.& .f.b.è rationale, adonque ſia deſcritto lo quadrato. l.m.(el lato del quale e.l.r.)equale alla ſuperficie. a.f.al quale ſia circōponendo un gnomone protratta la dyagonale.l.m. n.a quella quātita che el quadrato de eſſo gnomone(qual ſia.m. n.)ſia equale alla ſuperficie.f.b.et li duoi ſupplimenti

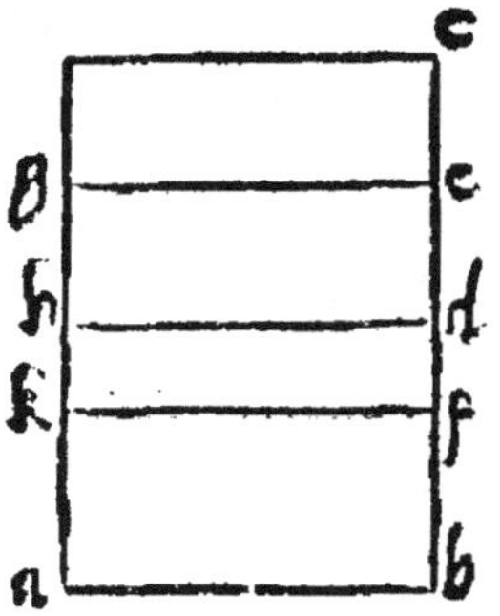

menti di quello siano. p.m. & .m.q. liquali è necessario esser equali alle due superficie. d.g. & .g. c. laqual cosa cosi se apprende, perche conciosia che la linea. d. c. sia nel mezzo loco proportionale fra le linee. b.f. & . f. d. (per la prima del sesto) la superficie, d.g, serà nel medio loco proportionale fra la superficie. a.f. & .f.b. per laqual cosa etiam fra li duoi quadrati. l.m. & .m.n. & perche etiam lo supplemento. p.m. e anchora nel mezzo loco proportionale fra li detti duoi quadrati (per la prima del sesto) seguita che. p. m. sia equale al. d. g. e pero etiam. m.q. al.g.c. adonque la linea. l.p. e el lato tetragonico della superficie. a. c. questa tal linea dico essere binomio. perche li duoi quadrati. l. m. & . m . n. rationale due linee. l. r. & . r. p. (per la diffinitione) seranno rationale potentialmente, & per la prima del sesto dal. a. f. al. d. g. è si come del. b. f. al. d. e. ma la. b.f. e incommensurabile alla. d. e. ma perche la. b. f. e simplicemente rationale (come è pruouado) & la. d. e. perche la communica con la. d. c. (rationale solamente in potentia) etiam quella serà rationale, solamente in potentia (per la undecima) laqual cosa è manifesta dalli presenti presuppositi, adonque per la seconda parte della decimaquarta) la superficie. a. f. e incommensurabile alla superficie. d. g. adonque & il quadrato. l.m. al supplemento. p.m. per laqual cosa (per la prima del sesto & per la seconda parte della decima quarta de questo) la linea. l.r. e incommensurabile alla linea. r. p. adonque (per la trigesima quarta) e manifesto la linea. l.p. esser binomio che era da demostrare.

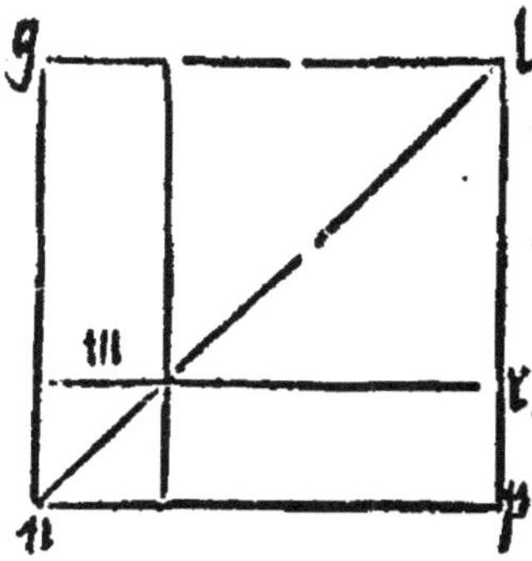

Il Tradottore.

Quelle parte che con facilita sia doueuano concludere per lo soprascritto lemma (per non esser stato trouato da tal commentatore) lui arguisse per la prima del sesto aben che anchor la detta prima del sesto parimente serua tamen è molto piu chiaro a arguire per lo soprascritto lemma e medesimamente nelle sequente propositioni, similmente per la ultima del secondo si debbe formare un quadrato equale alla superficie. f.b. qual sia. m.n. et quello assettarlo nel angolo. m. di l'altro quadrato per le regole adutte nel detto lemma. Anchora bisogna notare qualmente la linea rationale. a.b. bisogna sia rationale in longhezza & questo medesimo si debbe intendere nel cinque sequente.

Theorema. 37. Propositione. 54.

49 Se una superficie serà contenuta da una linea rationale & da un bino
55 mio secondo. Lo lato tetragonico di quella serà uno bimedial primo.

Sia

Sia la medesima figura, & li medesimi presuppositi, liquali sono in la precedente & (per la diffinitione del secondo binomio) serà la linea, d, e, rationale in longhezza per laqual cosa (per la. 19.) l'una & l'altra delle due superficie, d, g, et, g, c, e pero & li duoi supplimenti. p.m.m.q. seranno rationali & la linea, d, serà rationale solamente in potentia, & diuisa in le due linee, f, d, &, b, f, communicante (per la diffinitione del secondo binomio & per li premessi presuppositi & per la seconda parte della decima settima) adonque (per la uigesima terza) l'una & l'altra delle due superficie, a, f, &, f, b, e pero & l'uno e l'altro di quadrati. l. m. & m. n. serà mediale, adonque ambedue le linee. l. r. & . r. p. sono mediale, anchora communicante in potentia, perche conciosia che la linea, b, f, communichi alla linea, f, d, seguita che la, a, f, communichi alla, f, b, per laqual cosa el quadrato, l, m, al quadrato, m, n, & pero & la linea, l, r, alla linea, r, p, in potentia, ma non communicano in longhezza, perche da una di quelle all'altra e si come la superficie. l. m. alla. m. p. adonque conciosia che la, l, m, non communichi con la. m. p. impe roche l'una è mediale cioe la, l, m, & l'altra è rationale cioe la, m, p, seguita che la. l. r. non communichi in longhezza con la. r. p. adonque perche esse conteneno superficie rationale, laqual è la. m. p. e manifesto la linea. l. p. (per la. 36. di questo) esser bimedial primo.

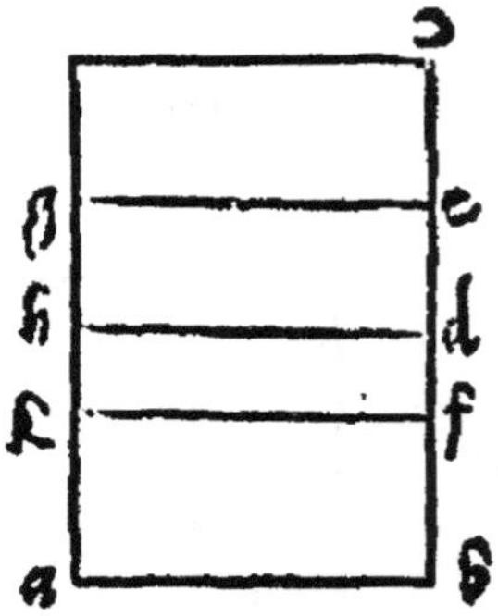

Theorema. 38. Propositione. 55.

50/56 Se una superficie sia contenuta da un binomio terzo, & da una linea rationale, la linea potente in quella serà bimedial secondo.

Stante la medesima dispositione, & li presuppositi come di sopra (& da questi presuppositi & dalla diffinitione del terzo binomio & dalla uigesima terza) serà cadauna delle quattro superficie (in lequale è diuisa la superficie. a. c.) mediale per laqual cosa l'uno et l'altro di duoi quadrati. l. m. & . m. n. & l'uno & l'altro di duoi supplementi. p. m. & . m. q. sera etiam mediale adonque l'una & l'altra delle due linee. l. r. & . r. p. serà mediale, & conciosia che le due superficie. a. f. & . f. b. siano communicante impero che le due linee. b. f. & f. d. son communicante (per la secõda parte della. 17.) le due linee. l. r. & . r. p. seranno communicante in potentia ma non in longhezza; perche la superficie. l. m. non communica con la superficie. m. p. impero che ne la. a. f. communica con la. d. g. perche la linea. b. f. non communica con la. d. e. conciosia adonque che esse contengano superficie mediale laquale è p. m. e manifesto (per la. 37.) la linea. l. p. esser bimedial secondo che è il proposito.

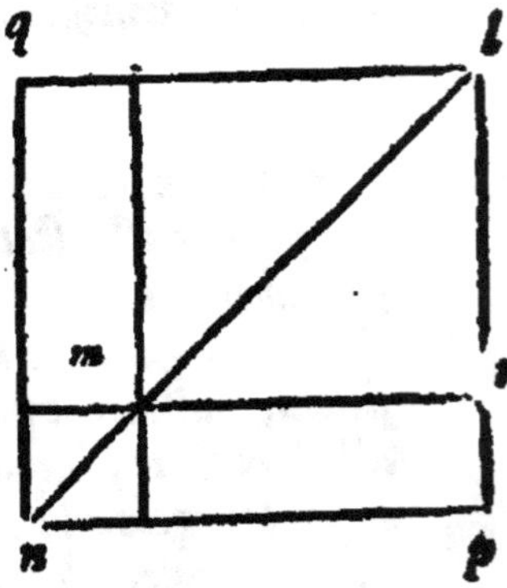

Theorema.39. Propositione.56.

51 57 Se una superficie sia contenuta, da una linea rationale,& dal quarto binomio, la linea che puo in quella superficie e la linea maggiore.

Stante tutte le cose come in la precedente (per el presupposito, & per la diffinitione del quarto binomio & per la.23.)l'una e l'altra delle due superficie.d.g. et g.c.per laqual cosa e l'una e l'altra delle due.p.m.et.m.q.serà mediale e li dui quadrati.l.m.&.m.n. tolti insieme serà rationale imperoche la superficie.a.d. e rationale(per la diffinitione del quarto binomio e per la.19.)et perche la.d.b.e divisa in due parti incommunicanti in ponto.f.(per la seconda parte della decima ottava)la superficie.a.f.serà incommensurabile alla superficie.f.b.e pero e lo quadrato.l.m.al quadrato.m.n.adonque le due linee.l.r.&.r.p.sono incommensurabile in potentia, lequale cōciosia che quelle contengano la superficie mediale.p.m.e ambiduoi li quadrati di quelle tolti insieme siano rationali e manifesto (per la.38.)la linea.l.p.esser la linea maggiore che era il proposito.

Theorema.40. Propositione.57.

52 58 Se una superficie serà contenuta da una linea rationale, & da uno binomio quinto, la linea laquale puo in quella, el se convenze de necessità esser la potente in rationale è mediale.

Anchora qua in questa non è da mutar alcuna cosa della dispositione & positione delle prime, perche da quelle stante serà (per quelle cose che sono poste in la diffinitione del quinto binomio e in la.19.)l'una & l'altra delle due superficie.d.g.&.g.c. onde & l'una e l'altra delle due.p.m.&.m.q. rationale & tutta la.a.d. mediale, per laqual cosa & li duoi quadrati.l.m.&.m.n. tolti insieme è mediale(per la.23.)et conciosia che(per la secōda parte della decima ottava) la linea.f.b.sia incommensurabile alla linea,f,d,e pero & la superficie,a,f, alla superficie,f,b, & lo quadrato,l,m, al quadrato,m,n, serà la linea,l.r,incommensurabile in potentia alla linea.r.p.ma perche esse conteneno la superficie rationale.p.m.& ambiduoi li quadrati de quelle tolti insieme sono mediale se conclude(per la trigesima nona)la linea.l.p.esser la potente in rationale è mediale come è sta promesso da dimostrare.

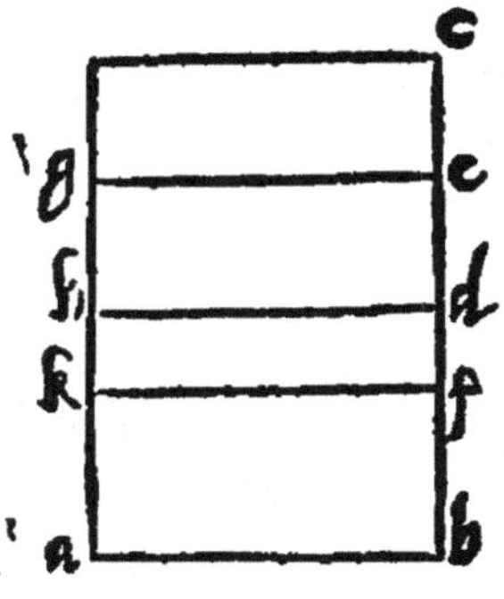

Theorema.41. Propositione.58.

53 59 Se una superficie serà contenuta dal sesto binomio, e da una linea rationale, la linea potente in quella se approva esser la potente in duoi mediali.

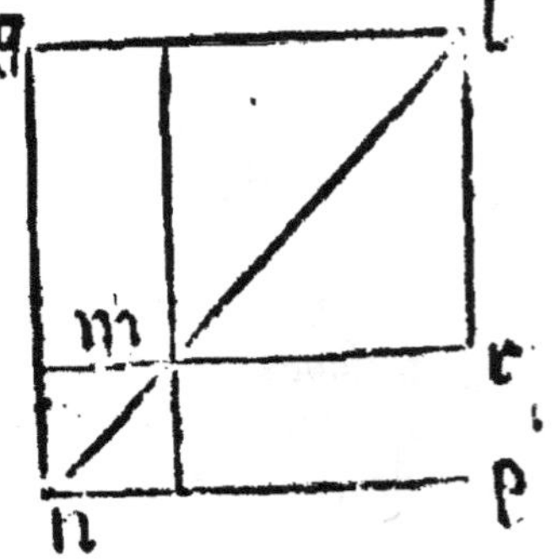

In questa. 58. non accade star a perdere tempo in depingere le figure. perche el satisfa quelle che se contien in le precedente dispositioni & positioni lequale stante è necessario (per le dette cose & per la dispositione cioe per la diffinitione del ultimo binomio, & per la uigesima terza) cadauna delle superficie. a. d. &. d. g. & . g. c. esser mediale perilche & ambiduoi li quadrati. l. m. & . m. n. tolti insieme & . p. m. & . m. q. è necessario esser mediale et conciosia che la. b. f. & . f. d. per laqual cosa & la. a. f. & . f. h. e pero & la. l. m. & . m. n. siano incommensurabile seranno le due linee. l. r. & . r. p. incommensurabile in potentia, ma perche quelle conteneno la superficie mediale. p. m. & ambiduoi li quadrati tolti insieme sono mediali laqual suma è incommensurabile al doppio della superficie dell'una in l'altra laqual cosa se approua in questo che la superficie. b. h. e incommensurabile alla superficie. h. c. per questa causa che la linea. d. b. incommensurabile alla linea. d. c. perilche seguita (per la. 40.) la linea. l. p. esser quella che è detta potente in duoi mediali.

Lemma.

Se una linea retta sia segata in due parti inequali. Li quadrati fatti
o/60 da dette due parti inequali sono maggiori del rettangolo che è cõpreso due uolte sotto le dette parti inequale.

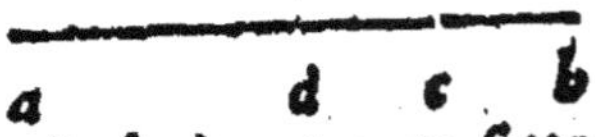

Sia la retta linea, a, b, &, sia segata in due parti inequale in ponto, c, & sia la maggior, a, c, dico che li dui quadrati fatti dalle, a, c, &, c, b, son maggiori del rettangolo che è contenuto sotto del, a, c, &, c, b, due uolte, e per dimostrar questo sia segata (per la. 10. del primo) la a, b, in due parti equali in ponto, d, adõque perche la linea retta, a, b, e segata in due parti equali in ponto, d, & in due inequali in ponto, c, adonque (per la. 5. del secondo) quello che contenuto, sotto della, a, c, &, c, b, insieme con el quadrato fatto dalla c, d, è equal al quadrato che uien fatto della, a, d, & per questo el rettangolo contenuto sotto della, a, c, &, c, b, e minor del quadrato del, a, d, adonque il doppio del rettangolo. che contenuto sotto delle due linee, a, c, &, c, b, e minor del doppio del quadrato della, a, d, ma li quadrati delle due parti, a, c, &, c, b, sono maggiori di quelli fatti dalle due, a, d, et, d, b, adõq; li quadrati fatti dalle due parti, a, c, et, c, b, son maggiori del rettãgolo cõtenuto sotto delle, a, c, &, c, b, due uolte ch'era da demostrar.

Il Tradottore.

Questo lemma se ritroua solamente in la seconda tradottione elqual (per dimostrar le propositioni sequente) e molto al proposito ma che la suma di quadrati delle due linee, a, c, &, c, b, siano maggiori del doppio del quadrato della. a. d. (el qual è tanto che li quadrati delle due linee, a, d, [illegible] d, b,) e manifesta per lo secondo delli antecedenti della quadragesima prima.

Theorema.42. Propositione.59.

54 **Se a una linea rationale, sia aggionto uno rettãgolo equal al quadra**
60 **to d'un binomio el secõdo lato di quello cõuien esser binomio primo.**

Queste sei sequente propositioni sotto el conuerso delle sei precedente, per ordine, & la intentione de questa, e questa sia la linea.a.b.binomio diuisa al ponto.c. in le due linee.a.c.&.c.b. secondo la sua diffinitione ouer termine & lo quadrato della medesima.a.b.sia.b.d.& sia la linea.e.f.rationale in longhezza alla qual sia aggiunta la superficie.e.g.equal al quadrato,b,d,dico che'l secondo lato de questa superficie el qual è la linea.f.g. e binomio primo & questo se dimostra in questo modo sia diuiso el quadrato.b.d.in li duoi quadrati.b.h.& h.d.(liquali sono li quadrati delle due portioni del binomio)& in li duoi supplimenti.a.h.&.h.k.diquali l'uno e l'altro è contenuto sotto delle due portioni del binomio & (per la diffinition del binomio laquale se ha per la trigesimaquinta) l'uno e l'altro de questi quadrati serà rationale, & (per la.23.) l'uno e l'altro di duoi supplementi serà mediale adonque sia tagliato dalla superficie.e.g. la superficie.e.l.equale al quadrato.d.h.& la.l.m.equale al quadrato.h.b.& la.n.p.equal all'uno di dui supplimenti.a.h.ouer.h.k.& lo residuo.p.g.serà equal all'altro supplemento che resta per laqualcosa(per la prima del sesto) la linea.n.q.è eq.. ..e alla linea.q.g.& (dalle cose premesse) e manifesto che l'una & l'altra delle due superficie.e.l.& l.m.e pero etiam tutta la superficie.e.n.e rationale, & l'una e l'altra delle due equale.n.p.& p.g.e però tutta la.m.g.è mediale per laqual cosa per la uigesima l'una e l'altra delle due linee.f.l.& l.n.& tutta la linea.f.n.rationale in longhezza & commensurabile alla linea.e.f.posta rationale & (per la.24.) l'una e l'altra delle due.n.q.& q.g.& tutta la.n.g.è rationale solamente in potentia incommensurabile alla linea.m.n.e pero etiam alla linea.e.f.(a se equale) & per consequente alla linea.f.n.in longhezza, adonque se la linea.f.n.(laqual è maggiore della linea.n.g.(come per lo primo di duoi antecedenti sotto gionti alla demostratione della quadragesima et per la prima del sesto appare) serà piu potente della linea.n.g.(minore) inel quadrato d'una linea communicante con seco in longhezza(per la diffinitione del binomio primo serà manifesto la linea.f.g.esser binomio primo)& che questo sia cosi tu l'hauerai in questo modo, conciosia che fra li duoi quadrati.d.b.& h.b.(per la prima del sesto) la superficie.a.h.sia media proportionale el se conuence(per li primi presuppositi) la superficie.m.q.esser nel mezzo loco proportionale fra la superficie.e.l.& l.m.onde

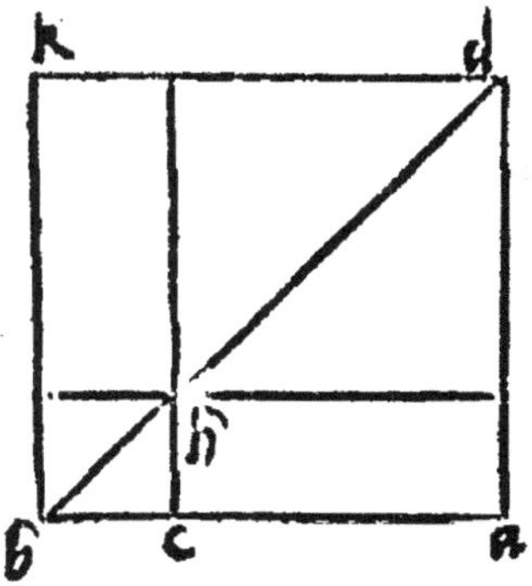

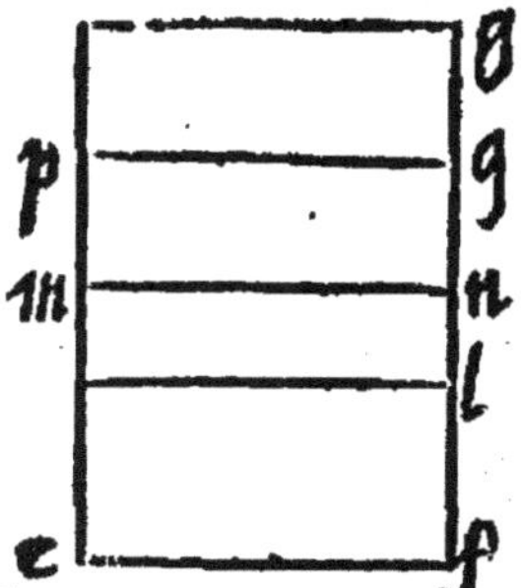

(per

(per la prima del sesto) la linea.n.q.laquale è la mita della linea.n.g. e nel mezzo luoco proportionale fra le due linee.f.l.& l.n.adonque quello che uien fatto dal.f.l. in la.l.n.è quanto quello che uien fatto dal.n.q.in se (per la decima settima del sesto e per tanto (per la quarta del secondo) quanto la quarta parte del quadrato della linea.n.g. adonque (per la prima parte della.17.conciosia che la linea.f.n. sia diuisa dalla superficie a se aggionta equale alla quarta parte della linea.n.g. piu breue talmente che a compir tutta la linea.f.n. mãca una superficie quadrata, in due parti communicante al ponto.l. serà la.f.n. piu potente della.n.g. nel quadrato d'una linea a se communicante in longhezza, adonque è manifesto el proposito.

Il Tradottore.

Quella parte che di sopra si conchiude per la prima del sesto piu facilmente se apprende per lo lemma auanti la quadragesima terza il medesimo se debbe aricordare nelle sequente senza che io tel replichi.

Theorema.43. Propositione.60.

55/61 Se a una linea rationale serà aggiunto una superficie equal al quadrato del bimediale primo, l'altro lato di quella bisognarà esser el secondo binomio.

Sia la linea,a,b,la bimedial primo diuisa al ponto,c,secondo el suo termine tutte le altre cose siano come per auanti, Dico la linea,f,g, esser el secondo binomio, perche la superficie.m.g.serà rationale imperoche le parti del bimedial primo contieneno superficie rationale & se le tre superficie.e.l. l,m, & tutta la,e,n, mediale communicante imperoche le portioni del bimedial primo sono linee mediale solamente in potentia communicante (per la trigesima sesta) adonque (per la uigesima) la linea.n.g.serà rationale in longhezza commensurabile alla linea,e,f,posta rationale, & (per la uigesima quarta) la linea,f,n,rationale solamente in potentia (laquale conciosia che la sia maggiore della linea,n,g,) per el primo di duoi antecedẽti aggionti alla demostratione della quadragesima (& per la prima del sesto) & piu potente di quella in

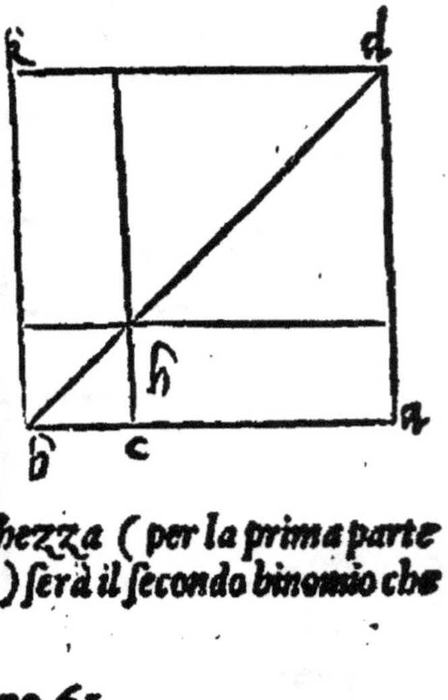

el quadrato d'una linea communicante con seco in longhezza (per la prima parte della decimasettima) la linea,f,g, (per la diffinitione) serà il secondo binomio che era el proposito.

Theorema.44. Propositione.61.

56/62 Quando che a una linea rationale in longhezza serà aggionta una superficie rettangola equale al quadrato del bimedial secondo, lo secõdo lato di quella è necessario esser el terzo binomio.

Se la

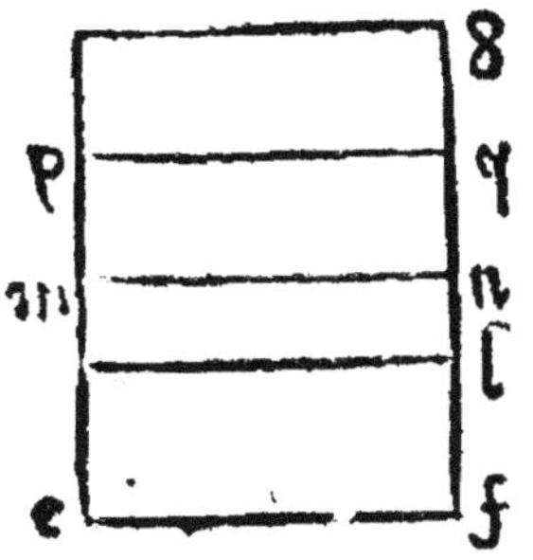

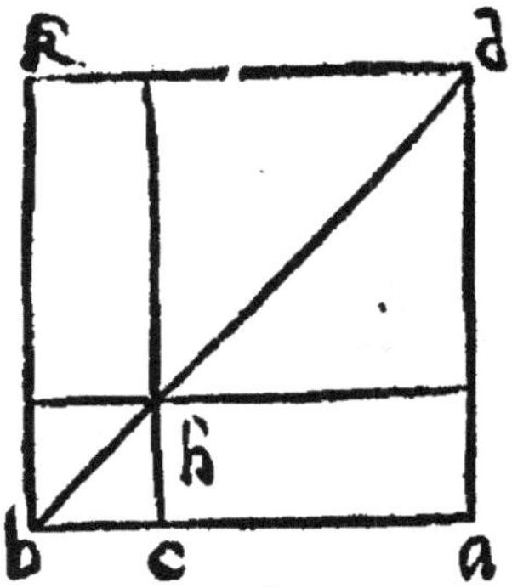

Se la linea, a. b. serà el bimedial secondo diuisa per el suo termine al ponto. c. & tutte le altre cose siano come per auanti, serà la linea, f, g, el terzo binomio perche (per la trigesima settima & per le nostre positioni) l'una e l'altra delle superficie, e, n, & m, g, serà mediale per laqual cosa l'una e l'altra delle linee due, f, n, & , n, g. (per la uigesima quarta) serà rationale solamente in potentia & perche le parti del bimediale secondo sono communicante solamente in potentia, la superficie, e, l, serà communicante alla superficie, l, m, e pero etiã la linea, f, l, alla linea, n, l, adonque (per la prima parte della decima settima) la linea, f, n, serà piu potente della, n, g, in el quadrato d'una linea a se communicãte in longhezza, & conciosia che la superficie, a, b, et lo quadrato, b, b, siano incommensurabile, imperoche le linee a, c, & , c, b, sono incommensurabile e pero etiam li duoi quadrati tolti insieme, alli duoi supplementi tolti insieme, imperoche li duoi quadrati fra loro insieme communicano (per el presupposito) li supplimenti anchora, conciosia che fra loro sono equali seguita che la superficie, e, n, sia incommensurabile alla superficie, m, g, e pero etiam la linea, f, n, alla linea, n, g, adonque (per la diffinitione) la linea, f, g, e binomio terzo che è el proposito.

Theorema. 45. Propositione. 62.

57 Se a una linea rationale serà aggionto un rettangolo equale al qua-
63 drato della linea maggiore, l'altro lato di q̃llo serà el quarto binomio.

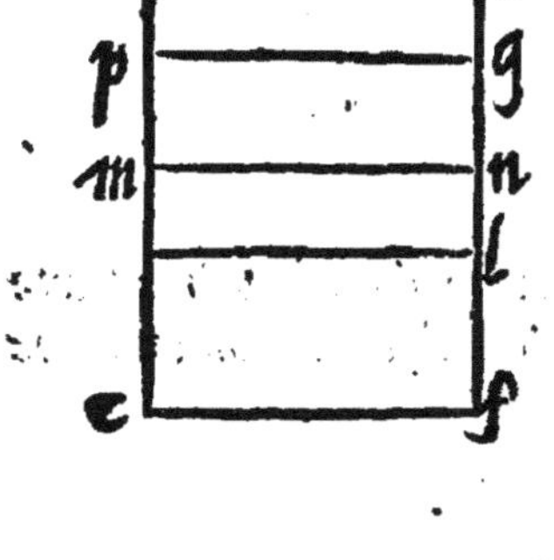

Se anchora questa linea, a, b, serà la linea maggiore diuisa secondo il suo termine al ponto, c, & tutte le restante cose non siano altramente che per auanti serà la linea, f, g, el quarto binomio, perche conciosia che ambiduoi li quadrati delle portioni della linea maggiore tolti insieme siano rationale la superficie, e, n, serà rationale, & pero (per la uigesima) la linea, f, n, serà rationale in longhezza communicante alla linea, e, f, posta rationale, & la superficie, m, g, serà mediale per quello che le portioni della linea maggiore conteneno superficie mediale, adonque (per la uigesima quarta) la linea, n, g, e rationale solamente in potentia & perche le portioni della prefatta linea, a, b, sono potentialmente incommensurabile superficie, e, l, serà incommensurabile alla, l, m, e pero etiam la linea, f, l, alla linea, l, n, adonque per la prima parte del-

te della decimaottaua) la linea.f.n.e piu potente della linea.n.g. in el quadrato di una linea a se incommensurabile, adonque (per la diffinitione) la linea.f.g.e binomio quarto, che era il proposito.

Theorema.46. Propositione.63.

58/64 Se a una linea rationale sia aggionto una forma de una parte piu longa, equale al quadrato della linea potente sopra rationale, et mediale, l'altro lato di quella, e necessario esser el quinto binomio.

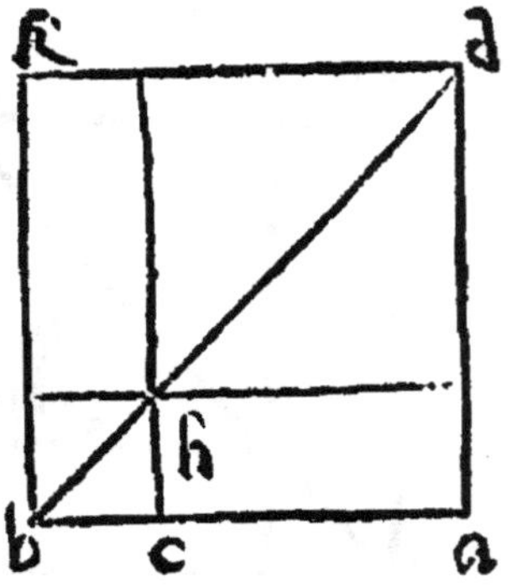

Proposta la linea. a.b. quella che puo sopra la mediale & rationale diuisa secondo la diffinitione di quella al ponto, e, & non sia mutato cosa alcuna delle passate, & seguita la linea, f, g, esser binomio quinto, perche conciosia che le parti di questa linea, a, b, contene no superficie rationale, e necessario che la superficie, g, m. e pero etiam (per la uigesima) la linea, n, g, sia rationale & conciosia che ambi li quadrati delle parti de questa linea tolti insieme siano mediale serà la superficie, e, n, mediale et (per la uigesima quarta) la linea, f, n, rationale solamẽte in potentia e perche le parti della predetta linea sono incommensurabile in potentia la superficie, e, l, serà incõmensurabile alla superficie. m. l. e pero etiam la linea, f, l, alla linea, n, l, adonque (per la prima parte della decima ottaua) la linea, f, n, e piu potente della linea, n, g, in el quadrato d'una linea a se incommensurabile adõque (per la diffinitione del quinto binomio) conclude il proposito.

Theorema. 47. Propositione. 64.

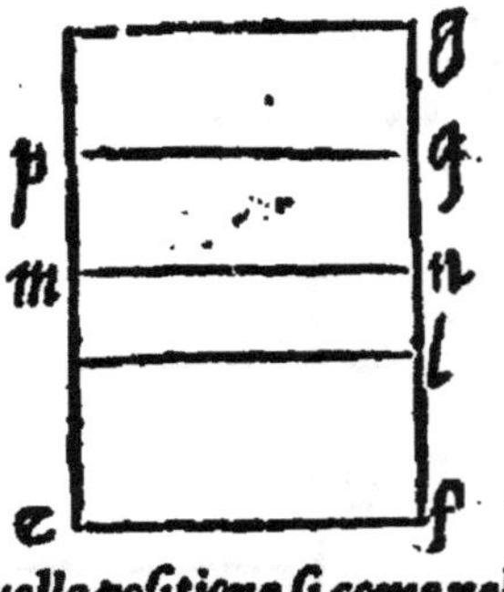

59/65 Ogni uolta che a una linea rationale, serà aggionta una superficie rettangola, equale al quadrato de una linea potẽte in doi mediale, el secondo lato della medesima superficie el se conuence esser el sesto binomio.

In questa sexagesima quarta sia la linea, a, b, la linea potente, sopra duoi mediale, & rimangano tutte quelle positione si come nelle altre precedente a questa e al presente serà la linea, f, g, el sesto binomio laqual cosa tu nõ la puoi iguorare se tu non serai smenticheuole delle cose premesse & di quello che propone la quadragesima & cosi è manifesto in questa la nostra intentione.

Theorema.48. Propositione.55.

60/66 Ogni linea communicante in longhezza a qual si uoglia di binomii el se approua quella esser binomio, sotto la medesima specie.

Sia

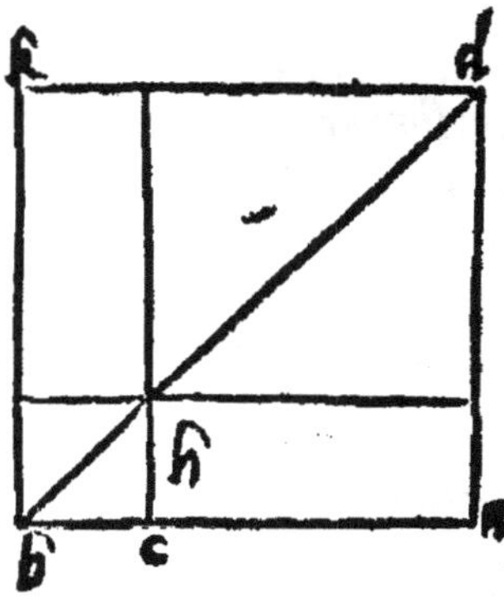

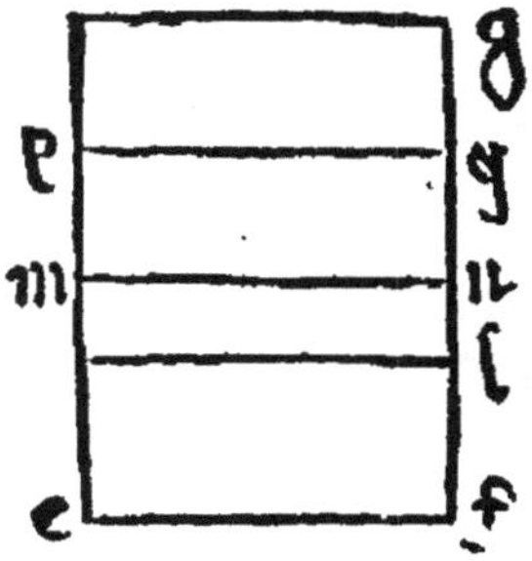

Sia la linea.a.un binomio di qual specie si uoglia & sia la linea.b.a se communicante in longhezza. Dico la linea.b.esser un binomio di quella medesima specie della quale è.a. & per dimostrar questo siano le parti binomiali della.a.c.&.d. & seranno ambedue rationale & communicanti solamente in potentia per (la trigesima quinta) & la linea.b.sia diuisa (per la tertiadecima del sesto) in.e.&.f.secondo la proportione della parte.c.alla parte.d.& (per la congionta, et euersa, et permutata proportionalità) della.c.alla.e.& dalla.d.alla.f.serà si come della.a.alla.b.adonque, conciosia che la.a.et.b.siano communicante, etiam (per la prima parte della decima quarta).c.&.e.& anchora.d.&.f.seranno communicante adonque se la,c,serà rationale solamente in potentia etiam la.e.serà rationale solamente in potentia & se la serà rationale in longhezza, & etiam la,e,serà rationale in longhezza, et per lo medesimo modo se la.d.e rationale solamente in potentia, ouer etiã in longhezza & la f.serà ancor similmente & (per la 16.) se la,c,e piu potente della d, in el quadrato d'una linea a se commensurabile in longhezza, ouero anchora in commensurabile, serà etiam & la,c,piu potente della,f,nel quadrato d'una linea a se commensurabile ouer etiam incommensurabile in longhezza adõque le necessario (per la diffinitione delle sei specie di binomij) che,a,&,b,siano binomij d'una medesima specie. Ma se la linea,b,communica con el binomio.a.solamente in potentia, serà etiam la linea.b.binomio, ma el non è necessario esser de quella medesima specie, immo le imposibile che ambiduoi insieme cadauno sotto la prima specie di binomij, ouer sotto alla seconda, quarta ouer quinta. Ma egliè ben necessario che ambidui cadauno sotto alle primi tre ouer alli tre ultimi, perche le impossibile uno de quelli esser in alcuna delle tre prime specie, & l'altro in alcuna delle tre ultime. perche conciosia che,a,communichi con,b,solamente in potentia anchora, c,con,c,&,d,con,f, communicarà solamente in potentia (per la decima quarta) adonque se l'una o l'altra delle due linee,c,&,d,seranno rationale in longhezza, la sua comparata delle linee,e,&,f,non serà rationale in longhezza, Adonque nõ è possibile che,a,&,b,cadeno insieme sotto alcuna de quelle specie binomij in lequale l'una delle due portioni del binomio è rationale in longhezza. & queste specie sono la prima e la seconda e la quarta e la quinta & perche (per la decima sesta) le due linee,c,&,e,insieme sono piu potente delle due linee,d,&,f,in li quadrati de due linee a se communicanti ouer incommunicãti in longhezza è necessario che

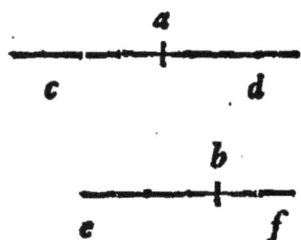

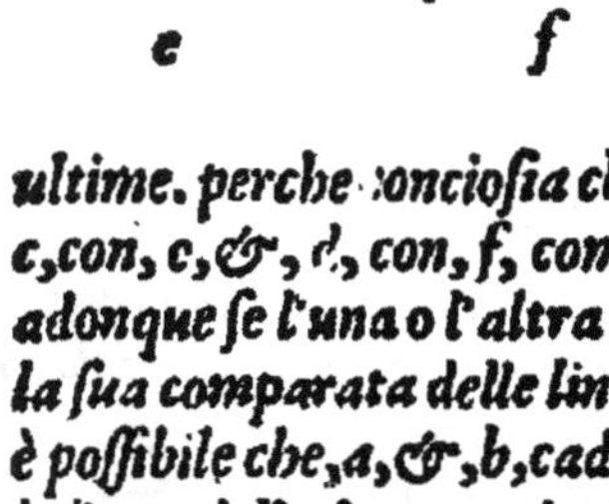

ambidui

ambidui li binomij, a, & , b, insieme cadeno sotto le tre prime specie de binomij ouer insieme sotto le tre ultime (per la diffinitione di esse specie & la linea, b, che tu dubiti esser binomio, perche conciosia che, c, & , e. siano communicante in potentia solamente, similmente anchora, d, & . f, & , c, & d, siano rationale solamente in potentia communicante el se conuenze, e, & f, esser rationali solamente in potentia communicante lequale perche non communicano in longhezza si come nelle due, c, et, d, proportionale a quelle esse indubitatamente componeno binomio (per la trigesima quinta) de questo.

Theorema.49. Propositione.66.

61 Ogni linea commensurabile o all'una o all'altra delle bimediale el cõ
67 uence de necessità esser bimedial sotto la medesima specie.

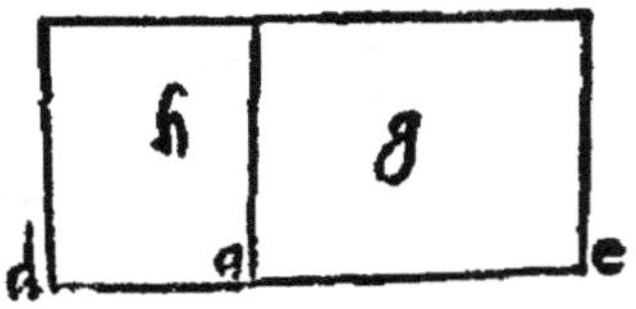

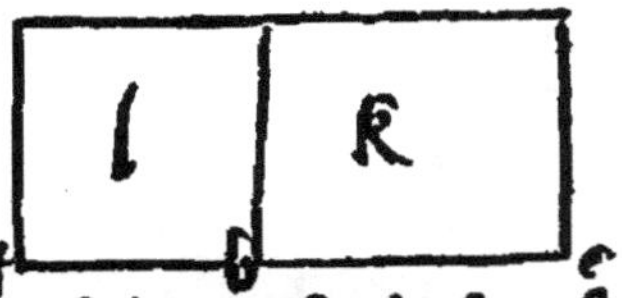

Communicando alcuna linea o all'una o l'altra delle due bimediale ouero in longhezza ouer in potentia, quello che detto ha in se uerità. Hor sia le due linee communicante, a, & , b, in qual si uoglia di predit- ti duoi modi. & sia. a. lo bimedial primo ouero il secondo. Dico che etiam, b, e bimedial primo ouer secondo si come serà, a, perche diuiso lo bimedial, a, in le sue portioni bimediale delle quale è composta (per la trigesima sesta & trigesima settima) lequale siano c, & , d, diuisa anchora la, b, in, e, & , f, secondo la proportione della, c, alla, d, (come insegna la duodecima del sesto) & posta la superficie, g, contenuta sotto della c, & della, d, & la superficie. K. contenuta sotto della. e. & . f. & posto lo quadrato. h. della, d, & l, dalla, f, (per la congionta & euersa & permutata proportionalità) serà si come in la premessa della, c, alla, e, & della, d, alla, f, si come della, a, alla, b, adonque (per la propositione) si come, a, & , b, sian cõmunicanti o sia questo in longhezza ouer in potētia cosi, c, & , e, e anchor, d, & , f, seranno similmente communicanti perche, c, & d, sono mediale solamente in potentia communicante, seguita (per la. 25.) che. e. & . f. sian etiam medial & (per la decimaquarta) solamente in potentia communicanti conciosia che esse sieno proportionale (per el presupposito) come, c, al, d, & conciosia che (per la prima del sesto) sia del, g, al, h, si come del, c, al, d, & del. k, al. l. si come del, e, al, f, del, g, al, h, serà si come del. k. al. l. & permutatamente del, g, al, K, si come del, h, al, l, adonque perche, h, e, communicāte al, l, imperoche li duoi lati de quelli liquali sono, d, & , f, communicano in longhezza ouer in potentia, secondo che, a, & , b, communicano in l'uno ouer in l'altro seguita (per la decima quarta) che anchora, g, & , k. communicano fra loro insieme adonque. k. serà rationale ouer mediale si come serà, g, (per la diffinitione della superficie rationale ouer (per la uigesima quinta) perche solamente in questo è differente el bimedial primo dal bimedial secondo che le portione del bimedial primo (in lequale uien diuiso secondo el suo termine) conteneno superficie

perficie rationale & quelle del bimedial secondo mediale, adonque se, a, serà bimedial primo la superficie.g.serà rationale per laqual cosa etiam la superficie, k, e pero b, serà etiam bimedial primo (per la trigesima sesta) ma se, a, serà bimedial secondo la superficie, g, serà mediale & per questo etiam. k. adonque.b.(per la trigesima settima) serà bimediale secondo per laqual cosa è manifesto el propsito. A demostrare el medesimo altramente, alla linea, c, d, rationale (supposto.a.l'un o l'altro di duoi bimediali & la, b, a se communicante in longhezza, over in potentia) sia aggionta la superficie.c.e. equale al quadrato de.a.& la.f.g.equale al quadrato della. b.& le superficie, c, e, & f, g, seranno communicante, imperoche li quadrati a quelle equali (liquali sono li quadrati delle linee.a.& b.(sono communicanti (dal presupposito) adõque (per la prima del sesto e per la decima quarta di questo) le due linee, d, e, &, e, g, e necessario esser communicante, e perche se la.a.serà bimedial primo la linea.d.e.sera el secondo binomio (per la sexagesima) e pero etiã la.e.g.serà secondo binomio (per la precedente) per laqual cosa lo lato tetragonico della superficie.f.g. (elqual è.b.) e bimedial primo (per la quinquagesima quarta) ma se.a.serà bimedial secondo la linea, d, e, serà binomio terzo (per la sexagesima prima) e pero e la. e.g.e binomio terzo (per la precedente) per laqual cosa el lato tetragonico della superficie, f, g, (e quello è la linea.b.) serà bimedial secondo, adonque è manifesto esser el uero quello che è proposto.

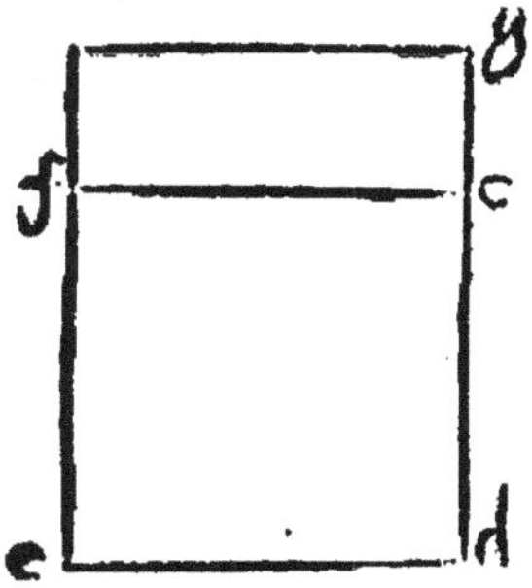

Theorema. 50. Propositione. 67.

62
68

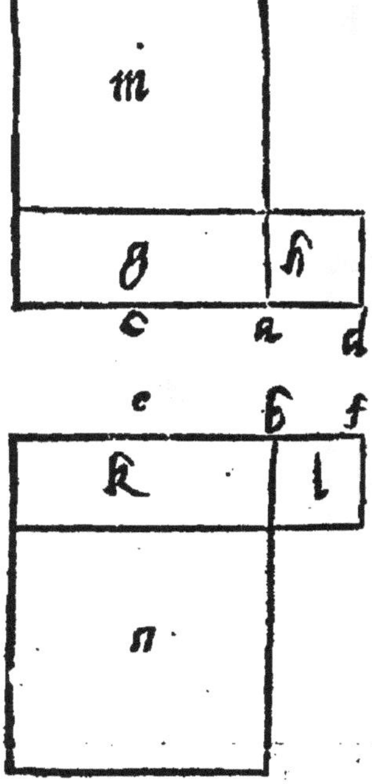

Ogni linea communicãte alla linea maggiore, e linea maggiore.

Anchora questa (se alcuna linea serà communicante in qual modo si uoglia alla linea maggiore) se uerifica, hor sia, a, la linea maggiore, & la linea, b, a quella communicante in qual modo si uoglia. Dico che la b.serà linea maggiore, imperoche diuisa, a, in quelle portioni dalle quale è composta (per la trigesima ottaua) lequale siano. c. & .d. & la.b.(secondo la proportione de quelle) in. e. & f. & posto che la.g.sia la superficie contenuta sotto della, c, & della.d.& la.k.sotto della.e.& f.& m. & h.siano li quadrati della.c.& della.d.& li quadrati. n.& l.della.e.& della.f. serà del quadrato.m.al quadrato. h.si come del quadrato.n.al quadrato.l. (per la seconda parte della decima ottaua del sesto) & congiontamente del.m.& .h.al.h.si come del.n.& .l.al.l.& premutatamente del.m.& .h.al.n.&.l.serà

l.serà si come del.b.al.l.adonque perche.b.communica con.l.(imperoche che.d.communica con,f,ouer in longhezza ouer in potentia)si come che,a,communica con.b. seguita che ambidnoi li quadrati. m. &.b. tolti insieme communicheno con ambidnoi li quadrati. n.&.l.tolti insieme, adonque conciosia che duoi primi tolti insieme siano rationale (per la trigesima ottaua) etiam li duoi ultimi seranno anchora rationale (per la diffinitione)& perche la superficie.k. e necessario esser mediale si come la, g, (per la uigesima quinta) & le linee,e,&,f, esser incommensurabili in potentia si come la, c,&,d, (per la decima quarta)el se conclude(per la trigesima ottaua)la linea, b,esser la linea laquale è detta maggior che'l proposito, A demostrar el medemo altramente,conciosia che,a,sia la linea maggior,alla qual communica la linea,b,ouer essendo questo in longhezza ouer in potentia tolta una linea rationale (laqual sia, c ,d,) sia agionto a quella la superficie,c,e,equale al quadrato della linea, a, & dapoi la,f,g,equale al quadrato della linea,b, adonque conciosia che li quadrati delle due linee, a,&,b, siano communicanti(per el presupposito)la superficie,c,e,serà communicante alla superficie,f,g,e pero(per la prima del sesto e per la prima parte della decimaquarta de questo) etiam la linea, d,e, alla linea,e, g, in longhezza,e perche(per la sexagesima seconda)la linea,d,e, e binomio quarto, anchora (per la sexagesima quinta)la linea,e,g,serà binomio quarto,adonque (per la quinquagesima sesta) la linea, b,potente in la superficie,f,g,e la linea maggiore che è el proposito.

Theorema.51. Propositione.68.

63/69 Se alcuna linea communicante alla linea potēte in rationale & mediale el se approua quella esser potente in rationale mediale.

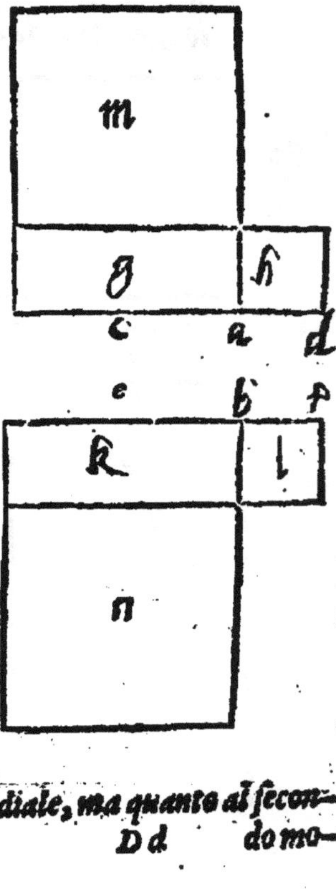

Anchora è il uero che a qualunque modo si uoglia, alcuna linea sia communicante alla potente in rationale e mediale o sia in longhezza ouer solamente in potentia, anchora quella è una linea potente in rationale e mediale,laqual cosa si come per auanti, in duoi modi se proua , & è necessario in quanto al primo modo che si come le due linee, c, & d, siano in potentia incommensurabile cosi sian anchora le due linee, e, & f. (per la decima quarta) & si come la, g, e superficie rationale (perche tal superficie contien le proportioni della linea potente in rationale e mediale) cosi etiam. k. (per la diffinitione)si è rationale,e si come li duoi quadrati. m.&.h. tolti insieme sono mediale,cosi anchora (per la uigesima quinta)li duoi quadrati. n. & l. tolti insieme seranno mediale , adonque la linea, b. (per la trigesima nona) è potente in rationale & mediale, ma quanto al secondo mo-

do modo, le necessario (per la sexagesima terza) che la linea.d.e. sia binomio quinto, e pero anchora (per la sexagesima quinta) la linea, e, g, e binomio quinto (per laqual cosa (per la quinquagesima settima) lo lato tetragonico della superficie.f.g. (el quale è.b.) serà una linea potente in rattionale e mediale che è el proposito.

Theorema.52. Propositione.69.

64/70 Ogni linea communicante, alla linea potente in due mediale ancor quella è potente in duoi mediale.

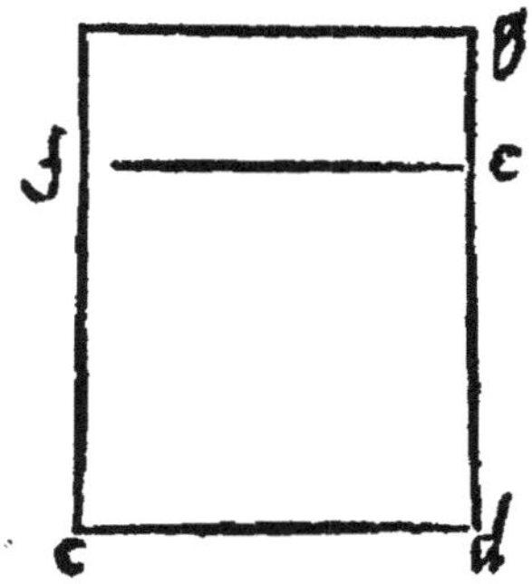

Anchora questa (stante le medesime dispositioni & positioni) si come in la precedente in duoi modi se approuerà esser uera o communichi la linea, b, con la linea, a, potente in due mediale in longhezza, ouero in potentia, hor quanto al primo modo della argumentatione (per la quadragesima) la superficie, g, serà mediale & pero etiam. K. (per la uigesima quinta) conciosia che'l communichi a quella anchora li duoi quadrati, m, &, b, tolti insieme (per la medesima quadragesima) seran mediale e pero etiam li duoi, n, &, l, tolti insieme per la uigesima quinta) e pche li duoi quadrati. m. & .b. tolti insieme (per la predetta quadragesima) son incōmensurabil al doppio della superficie.g. seguita (per la decima quarta e per le nostre positioni) che anchora li duoi.l. & .n. tolti insieme siano incommensurabili al doppio della superficie. K. adonque conciosia che, e, et, f, siano incōmensurabil in potentia si come la, c, &, d, (per la quadragesima) la linea, b, serà potente in dui mediale, ma quāto el secondo modo della solità argumentatione (per la sexagesima quarta) la, d, e, serà binomio sesto e pero etiā la linea, e, g, (per la sexagesima quinta) serà binomio sesto, per laqual cosa (per la quinquagesima ottaua) lo lato tetragonico della superficie, f, g, elquale, b, serà potente in duoi mediale che è el proposito.

Theorema.53. Propositione.70.

65/71 Se seranno congionte due superficie delle quale l'una sia rationale & l'altra mediale, la linea potente in tutta la superficie da quelle composta, serà una delle quattro linee irrationale, cioè ouero binomio ouero bimedial primo, ouer linea maggiore, ouero potente in rationale e mediale.

Come se la, a, sia superficie rationale & la, b, mediale. La linea potente in tutta la superficie, a, b, serà alcuna delle predette quattro linee, laqual cosa se dimostra in questo modo. Sia la linea, c, d, rationale alla quale sia aggionta la superficie, c, e, equale alla, a, & la, f, g, equale alla, b, & (per la uigesima propositione) la linea.

la linea. d. e. serà rationale in longhezza communicante alla linea, c,d, posta rationale & per la uigesima quarta propositione) la li-
nea. c.g. serà rationale solamente in potentia, & (per
la decima quinta) la linea, d.g, serà binomio del quale
conciosia che l'una delle portioni binomiale (lequale è
la. d.e.) sia rationale in longhezza communicante alla linea posta rationale (laquale è la, c, d,) quella serà
(per la diffinitione delle specie di binomij) ouero binomio primo, ouero secondo ouero quarto, ouer quinto,
ma el non serà ne terzo ne sesto (per la diffinitione)

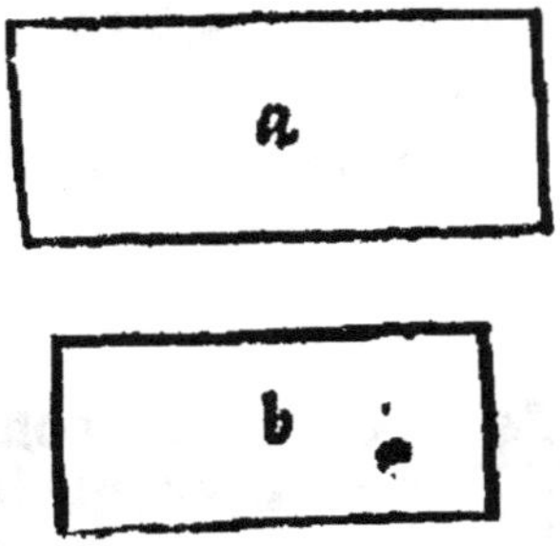

adonque (per la quinquagesima terza quinquagesima quarta, quinquagesima sesta, & quinquagesima settima propositione) la linea potente in tutta la, c,g, (laquale è equale alle due, a, & b, insieme) serà, ouero binomio, ouero bimediale primo, ouer linea maggiore ouero potente in rationale è mediale che è
el proposito. certamente la non serà bimediale secondo, ouero
la potente in duoi mediale, perche se la fusse la bimedial secondo
(per la sexagesima prima propositione) la linea, d,g, seria binomio
terzo e se la fusse la potente in dui mediale (per la sexagesima quar
ta) la linea, d,g, seria binomio sesto e non era alcune di quella peril
che è manifesta la nostra intentione.

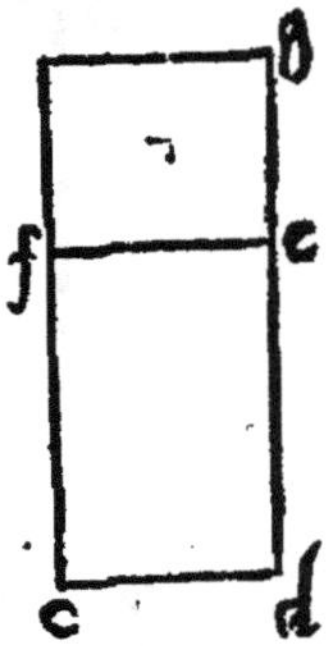

Il Tradottore.

*Se la superficie rationale. a. serà maggior della superficie media
le. b. la linea. d.g. serà ouero binomio primo, ouero quarto, & la linea potente nella
superficie, c,g, serà (per la quinquagesima terza e quinquagesima sesta proposition)
ouero binomio, ouero linea maggiore, ma se la superficie rationale, a, serà minore della superficie mediale. b. la linea. d. g. serà ouero binomio secondo ouero binomio. 5. & la linea potente nella superficie. c.g. serà (per la quinquagesima quarta propositione & quinquagesima settima) ouero la bimedial primo, ouero la potente in rationale & mediale.*

Theorema. 54. Propositione. 71.

66 Quando seran congionte due superficie mediale incommensura-
72 bile, la linea potente in tutta la superficie serà o l'una o l'altra delle due
linee irrationale: cioe ouero lo bimedial secondo, ouero la potente in
duoi mediale.

*Come uerbi gratia se. a. & b. sian due superficie mediale incommensurabile
perche se quelle fussено commensurabile la superficie composta da quelle seria mediale (per la duodecima & uigesima quinta) per laqual cosa & la linea potente
in quella seria mediale (per la uigesima terza.) Dico che la linea potente in la*

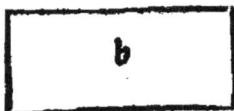

superficie composita da quelle due, serà ouero bimedial secondo, ouero potente in duoi mediale. Sia la linea, c, d, rationale, e la superficie, c, e, gionta a quella sia equale alla, a, & la superficie, f, g, equale alla, b, & (per la uigesima quarta) la linea, d, e, & simillmente la linea, e, g, serà rationale solamente in potentia, & conciosia che le superficie, c, e, & , f, g, siano inconmensurabili si come, a, & , b, (a quelle equale) e pero etiam le linee. d. e. & . e. g. (per la prima del sesto & per la decima quarta propositione de questo) la linea, d, g, (per la trigesima quinta) serà binomio del quale conciosia che l'una & l'altra delle portioni binomiale (lequale sono, d, e, & , e, g, siano incommensurabili alla linea posta rationale (laqual è la, c, d,) (per la diffinitione) esso serà binomio terzo, ouero sesto, adonque la linea potente in tutta la superficie, c, g, (equale al composto della. a. & . b.) (per la quinquagesima quinta & quinquagesima ottaua) serà ouero bimedial secondo, ouero potente in duoi mediale che è el proposito.

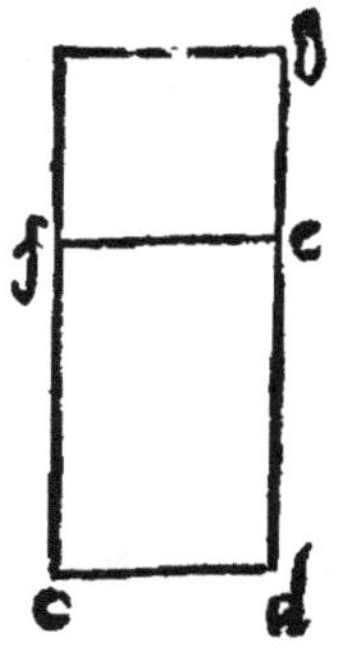

Theorema. 55. Propositione. 72.

67/72 Quando serà posta una linea binomiale o altre delle irrationale che seguitano quella alcuna di quelle non serà sotto al termine dell'altra.

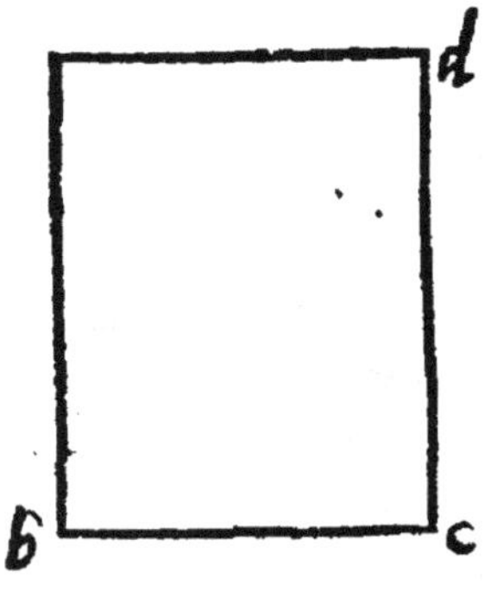

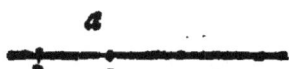

El uol che se alcuna linea (uerbi gratia come, a,) serà una delle sei linee irrationale hauute per auanti (le quali sono el binomio, & le cinque compagne di quelle) quella non serà alcuna delle altre, perche se alla linea, b, c, rationale sia aggionta una superficie equale al quadrato di quella laquale sia la, b, d, certamente se, a, serà binomio (per la quinquagesima nona propositione) la linea, c, d, serà binomio primo, & se la serà la bimedial primo la, c, d, (per la sexagesima) serà binomio secondo & se la serà lo bimedial secondo (per la sexagesima prima propositione) la, c, d, serà binomio terzo, & se la serà la linea maggiore la, c, d, (per la sexagesima seconda propositione) serà binomio quarto, et se la serà la potente in rationale e mediale, ouer la potente in duoi mediale (per la sexagesima terza propositione) la, c, d, serà binomio quinto ouer (per la sexagesima quarta propositione) serà binomio sesto, & perche le impossibile esser la, c, d, insieme sotto le

le diuerse specie de binomij (per la diffinitione) è impossibile esser la.a.insieme sotto de diuerse specie, delle sei linee irrationale hauute per auanti, etiam della linea mediale è manifesto anchora che essa non sia alcuna delle sei sequente cioe ne binomio ne alcuna delle compagne di quello, perche conciosia che essendo aggionto a una linea rationale una superficie equale al quadrato della linea mediale, lo secondo lato di quella è rationale in potentia (per la uigesima quarta) et conciosia che la superficie equale al quadrato del binomio, ouer de alcuna delle sue compagne lo secondo lato di quella è un binomio ouer el primo, ouer el secondo & cosi delle altre (per la quadragesima nona propositione et le cinque sequente) per laqual cosa quel lo è irrationale è in longhezza & in potentia (per la trigesima quinta) adonque conciosia che le impossibile una medesima linea esser rational in potentia etiam irrationale si in longhezza come in potentia, pur troppo è impossibile una linea mediale esser binomiale ouer alcuna delle cinque sue compagne.

Il Tradottore.

Questa propositione nella seconda tradottion non ui è formata propositione, ma bene in fine della settuagesima secōda il medemo in sostantia se conchiude, ouer dimostra, ilche mi fa credere che Euclide sia stato antiquamente desregolato, & trasbalzato come interuiene, o per conto di guerre, ouero altra simile occasione & che da li a uno tempo sia dalli dellettanti stato recercato & reassettato secondo che di lui hanno truouato, & cadauno ui ha aggionto quello che a lui parea che ui se conuenisse è però molti propositioni se attribuiscono li commentatori essere da loro aggiunte, che sono pur dil medesimo auttore come ogn'uno puo considerare si nella soprascritta propositione ma in infiniti altri luochi si della prima come della seconda tradottione.

Theorema.56. Propositione.73.

68/73 Se serà tagliata una linea de un'altra linea & seranno ambedue rationale solamente commensurabile potentialmente, la linea rimanente serà irrationale & serà detta residuo.

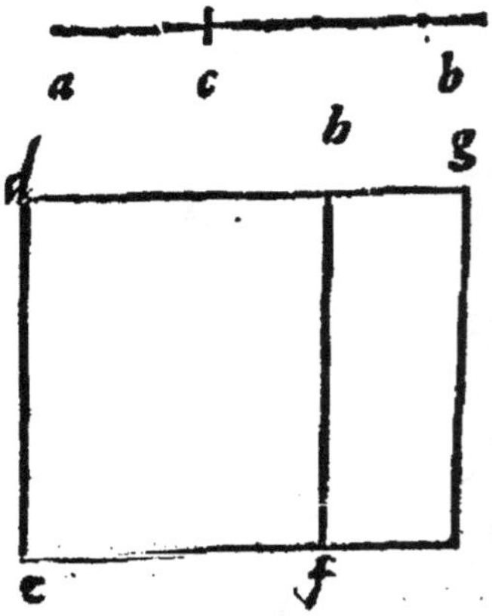

Sia tagliata la linea.b.c.dalla linea, a, b, & siano ambedue rationale solamente in potentia communicāte (quale insegna di truouare la uigesimaprima & uigesimaseconda & queste sono quelle che componeno el binomio) dico che la rimanente. a. c. è irrationale, & quella se chiama residuo, perche è manifesto (per la settima del secondo) che li quadrati delle due linee. a. b. &.b.c. tolti insieme (li quali componeno superficie rationale dal presupposito) et (per la diffinitione) della superficie rationale & per la duodecima de questo sono tanto quanto el doppio della superficie della, a, b, in la, b, c, con el quadrato della, a, c, & conciosia che (per la uigesima terza) la superficie della.a.b.in la.b.c. sia mediale e pero etiam el doppio di quella è mediale (per la uigesima quinta propositione) e pero è irrationale (per la uigesima terza) seguita che ambidui li qudarati delle due linee.a.b.et b.c. tolti insieme siano incommensurabili al doppio della superficie dell'una di quelle in l'altra per laqual cosa (per la terzadecima propositione) & al quadrato della linea.a.c. (per la diffinitione) adonque lo quadrato della linea.a.c.è irrationale conciosia che quello sia incommensurabile a una rationale cioe alli duoi quadrati delle due linee.a.b.&.b.c.tolti insieme (adonque per la diffinitione) etiam la linea,a,c, è irrationale che è il proposito, Essempialmente in figura sia la superficie.e.g. equale alli duoi quadrati delle due linee,a,b,&,b,c,tolti insieme & serà rationale & similmente sia la superficie.d.f. equale al doppio della superficie dell'una in l'altra & (per la uigesimaterza propositione) serà mediale & (per la settima del secondo) la superficie.f.g.serà equale al quadrato della linea,a,c, & conciosia che la superficie,e,g,sia incommensurabile alla superficie,d,f,(per la terzadecima propositione) la medesima serà incommensurabile alla.f.g.per laqual cosa la.f.g. è irrationale & lo lato tetragonico di quella (qual serà la linea,a,c,) serà medesimamente irrationale che è il proposito.

Theorema.57. Propositione.74.

69/74 Se serà tagliata una linea da un'altra linea & siano ambedue mediale solamente potentialmente commensurabili & che contengano superficie rationale la linea rimanente serà irrationale, & serà detta residuo bimedial primo.

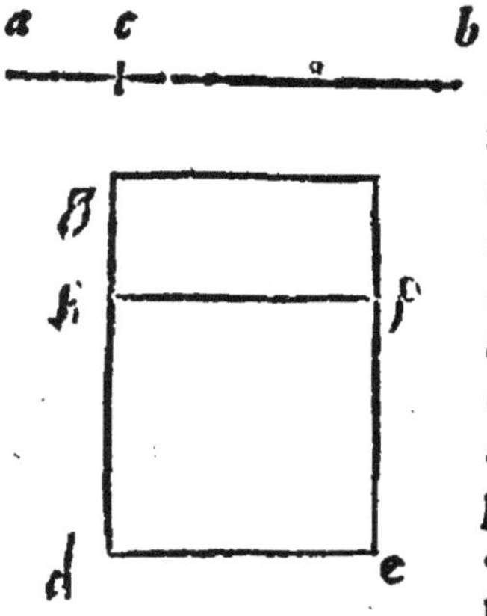

Sia tagliata la linea.b.c. dalla linea.a.b. & siano ambedue come se propone (lequale per la uigesima nona & trigesima) tu le truouerai & queste sono quelle che componeno lo bimedial primo. Dico che la linea,a,c, che rimane serà irrationale et quella è detta residuo bimedial primo, perche ambiduoi li quadrati de quelle tolti insieme seran medial, & el doppio della superficie dell'una in l'altra serà rationale e per tanto ambiduoi li quadrati tolti insieme sono incommensurabili al doppio della superficie dell'una in l'altra: adonque perche ambiduoi li quadrati tolti insieme se cōponeno dal doppio della superficie dell'una in l'altra & dal quadrato della linea.a.c.seguita (per la 13.propositione) che el quadrato della linea.a.c. sia incommensurabile al doppio della superficie dell'una in l'altra per laqual cosa cosi esso quadrato (come la.a.c.lato di quello) è irrationale (per la diffinitione) adonque el proposito è manifesto, laqual cosa parendoti tu la puoi dechiarare essempialmente in figura si come la precedente. A demostrarla anchora per un'altro modo.

Sia

Sia la linea. d.e.rationale in longhezza alla quale sia aggionta la superficie . d.
f.equale al doppio della superficie dell'una in l'altra & la superficie.g.e . equale a
ambiduoi li quadrati tolti insieme & (per la settima del secondo) la superficie . f.
g.serà equale al quadrato della linea, a, c,conciosia adonque che (per el presuppo-
sito) la superficie.e.g.sia mediale (per la uigesima quarta propositione)la linea.d.
g.serà rationale solamente in potentia, & conciosia che la detta superficie, e. h. sia
rationale(per el presupposito) la linea,d,h,(per la uigesima) serà rationale in lon-
ghezza, adunque (per la settuagesima terza) la linea,g,h, e residuo & irratio-
nale e pero (per la uigesima per la destruttione del consequente) la superficie, f, g,
è irrationale & lo lato tetragonico di quella (el qual è , a, c,) e irrationale & co-
si è manifesto il proposito .

Theorema. 58. Propositione. 75.

70
71 Se una linea serà segata de un'altra linea,& seranno ambedue media le,communicante solamente potentialmente,& che contengono superficie mediale , la linea restante serà irrationale & serà detta residuo mediai secondo .

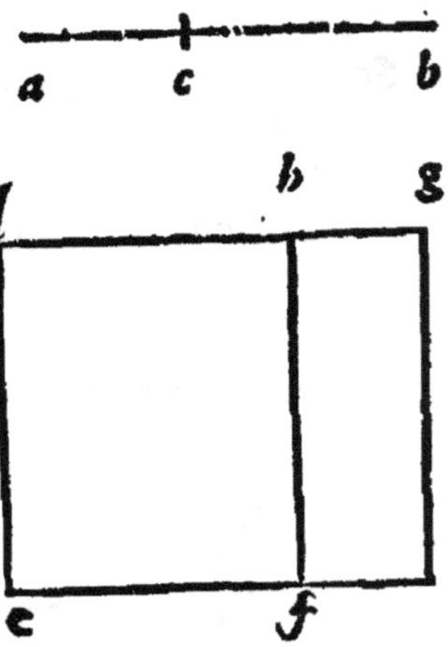

Sia anchora in questa tagliata la linea,b, c, dalla linea,a,b,& l'una e l'altra delle dette.a.b. & .b.c.siano come se propone (& quelle se ritrouano per la trigesima prima) & sono quelle che componeno lo bimedial secondo, Dico che la linea restante (laquale è. la.a.c.) e irrationale & quella è detta residuo bimedial secondo perche (dal presupposito & dalla uigesima quinta) ambiduoi li quadrati delle due linee.a.b.& .b.c.tolti insieme sono mediale , similmente anchora el doppio del la superficie dell'una in l'altra e[illegible] ale conciosia adõque che per (la uigesima sesta) una mediale non è differente da un'altra mediale se non in una superficie irrationale,serà lo quadrato della linea , a,c,(in elquale per la settima del secondo) li duoi quadrati delle due linee.a.b.& b.c.tolti insieme eccedeno , el doppio della superficie dell'una in l'altra irrationale,per laqual cosa etiam la linea,a,c,serà irrationale, anchora per essempio figurale tu puoi delucidare questo come per auanti perche se serà la superficie.e.g. equale a ambiduoi li quadrati della,a,b,&,b,c,insieme & la,d,f,al doppio della superficie dell'una in l'altra,la superficie.f.g.(per la settima del secondo) serà equale al quadrato della. a. c. laqual conciosia che la sia la differentia dell'una mediale. e . g. la superficie mediale.d.f.quella è irrationale(per la uigesima sesta) & lo lato tetragonico di quella(elquale è la.a.c.)è irrationale che è il proposito . A demostrare il medesimo altramente , sia la linea.d.e.rationale alla quale sia aggionta la superficie . d. f. equale al doppio della superficie dell'una in l'altra & la . e. g. equale a ambiduoi li quadrati

quadrati tolti insieme et (per la settima del secondo) la, f, g, serà equale al quadrato della, a, c, & perche la, e, g, e mediale (per la uigesima quarta) la linea, d, g, serà rationale solamente in potentia, similmente anchora conciosia che la, e, b, sia mediale (per la medesima) la linea, d, b, serà rationale similmente in potentia e perche la, a, b, & la, b, c, sono incommensurabile in longhezza e però etiam lo quadrato dell'una & dell'altra alla superficie dell'una in l'altra, e per questo ambiduoi li quadrati tolti insieme, liquali (per el presupposito) communicano sono anchora incõmensurabile al doppio della superficie dell'una in l'altra seguita che la, e, g, sia incommensurabile alla, b, e, per laquale & la linea, d, g, alla linea, d, b, adonque (per la settuagesima terza) la linea, g, b, e residuo & irrationale però etiam (per la uigesima propositione dalla destruttione del consequente) la superficie, f, g, e irrational et la, a, c, lato tetragonico di quella è irrationale.

Theorema. 59. Propositione. 76.

71/76 Se una linea serà detratta da un'altra linea & seranno ambedue potentialmente incommensurabile, & continente superficie mediale, & ambiduoi li quadrati de quelle tolti insieme sian rationale, la restante linea serà irrationale & se chiamarà linea minore.

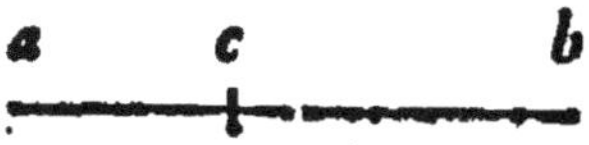

Se seranno la, a, b, & b, c, quale se propone, lequale se trouano (per la trigesima seconda) & componeno la linea maggiore dico che la linea, a, c, serà irrationale & lei è quella laquale è detta linea minore, laqual cosa che firmamente tenerà le positioni della precedente, & diligentemente attenderà in duoi modi quella facilmente approuerà si come la antecedente.

Theorema. 60. Propositione. 77.

72/77 Se una linea serà cauata fora de un'altra linea & serãno ambedue potentialmente incommensurabile, & continente superficie rationale: & ambiduoi li quadrati de quelle tolti insieme seranno mediale la linea che rimanerà serà irrationale & serà detta la gionta con rationale componente el tutto mediale.

Anchora questa non puoi ignorare imitando le precedenti positioni saluo se non te seranno uscite di memoria, perche poste le due linee, a, b, & b, c, come se propone (lequale se ritrouano per la trigesima terza) et componeno la linea potente in rationale, & mediale & cosi la rimanente, a, c, serà irrationale, & quella uien detta quella che gionta con rationale compone il tutto mediale.

Theorema. 61. Propositione. 78.

73/78 Se una linea serà detratta de un'altra linea & seranno ambedue potentialmente incommensurabilẽ, & continente superficie mediale, & ambi-

ambiduoi quadrati di quelle tolti insieme seranno mediale incommensurabile al doppio della superficie de l'una in l'altra, la linea che rimanerà serà irrationale & serà detta la gionta con mediale che fa il tutto mediale.

Siano anchora in questa la.a.b. & .b.c.quale uien proposte lequale (per la trigesima quarta) se trouaranno et quelle sono che componeno la linea potente in duoi mediale & la rimanente. a. c. serà irrationale detta quella che gionta con mediale compone il tutto mediale, lequale acciochè facilmente tu la conclude te a monisco che tu attendi diligentemẽte al processo delle due argumentationi della settuagesima quinta, Ma egliè da antiponere in questo luoco uno antecedente alle demostrationi delle sequente necessario che è il proposito.

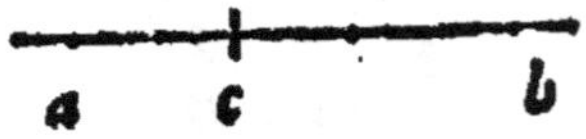

Antecedente.

74 Se seranno quattro quantità delle quale la differentia della prima alla seconda, sia si come della terza alla quarta, serà premutatamente la differentia della prima alla terza si come della seconda alla quarta.

Questo si de intendere delle quantità refferte per un medesimo modo, cioe che quando la prima serà maggiore della seconda cosi anchora la terza sia maggiore della quarta & quando la serà minore sia etiam minore. esempli gratia sia la differentia del.a.al. b. si come del. c. al. d. dico qual differentia serà del.a.al.c.tala serà dal. b. al. d.

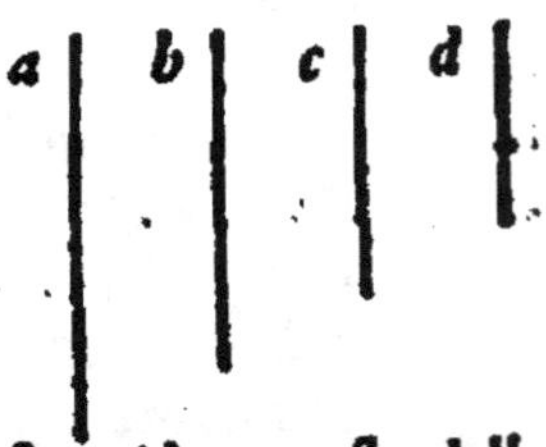

perche per questa concettion de animo la differentia delli estremi è composta delle differentie de quelli alli termini di mezzo, uerbi gratia la differentia del. a. al. c. è composta di quella che è dal.a. al. b. & de quella che è dal.b. al.c. & quella che è dal.b. al.d. (per la medema concettion) è composta de quella che è dal.b.al.c.& de quella che è dal.c. al. d.& perche (per el presupposito) la differentia del.a.al.b.è si come dal. c.al.d.& quella che è dal. b. al.c.è communa seguita (per communa scietia) che è la differentia del.a.al. c. sia si come dal.b.al.d.che è il proposito.

Il Tradottore.

Questo antecedente se ritroua solamente in la trodottione dil Campano, et molti hanno applicado alle quattro linee . a . b . c . d . quattro numeri proportionali (cioe al. a 12 . & al. b. 8 . al. c. 6 . al. d . 4.) & uoleno che le dette differentie si intendeno geometrice & questo affirma medesimamẽte Frate Luca dal Borgo sopra questa medema antecedẽte, & io dico tutto al cõtrario cioe che le dette differẽtie si debbeno intẽdere, arithmetice & nõ geometrice & che'l sia il ue

ro(oltra che nelle isposition del detto antecedente se esplica chiaramente) nelle argumentatione delle sequente propositioni si manifesta, ma questi tali se sono ingãnati in questo, che loro non hanno ben appreso la demostratione del detto antecedente laqual se fonda sopra quella communa concettione del animo, laqual in vero non è cosi communa come lo commentatore la fa quantunque el sia la verità, cioe che la differentia delli estremi e composta delle differentie de cadauno delli detti estremi li termini di mezzo, uerbi gratia ponamo che. a. sia quindeci &, b, duodeci (la differentia di quali e tre) &, c, sette &, d, quattro (la differentia di quali e pur tre si come quella del, a, al, b,) hor dico che la differentia del, a, al, c, (qual e otto) e quanto quella che è dal, b, al, d, (laqual è pur otto) & questo se dimostra per la sopradetta communa concettione cioè che la differentia delli duoi estremi, a, &, c, antecedenti (laquale è otto) e composta dalle due differentie de ditti duoi estremi al, b, (lequale differentie l'una è tre e l'altra è cinque che in summa fa pur otto) si come quella sola, similmente la differentia delli duoi estremi, b, & d, consequẽti (laquale è pur otto) e pur composta delle due differentie de detti estremi. b. & d. al termine di mezzo (cioe, al, c,) lequal differentie l'una e cinque l'altra e tre che gionte insieme fanno pur otto si come l'altra sola & perche la differentia del, a, al, b, e quanto quella (che è dal, c, al, d, per el presupposito) gionto communamente all'una & l'altra la differentia che è dal, b, al, c, le dette due summe de dette due è due differentie (per communa scientia) seranno equale lequale due summe l'una uien a esser la differentia che è dal, a, al, c, l'altra quella che è dal, b, al, d, che è il proposito.

Theorema. 62. Propositione. 79.

74 / 79 Niuna linea (saluo una solamente) puo esser congionta al residuo, che siano ambedue sotto al termine di q̃lle che erano auãti la separatione.

Sia la linea, a, c, residuo laquale sia rimasta tagliata la, b, c, dalla, a, b, & a, b, et b, c, seranno rationale solamente communicante in potentia (per la. 73.) Dico che la detta linea, a, c, a niuna altra linea che alla, b, c, (sotto questa diffinitione) po esser composta ne a una maggiore della, b, c, ne a una minore della detta, b, c, & se questo fusse possibile (per l'aduersario) sia composta con la, c, d, indifferentemente maggiore, ouero minore che la, c, b, & per questo ambedue le linee, a, d, &, d, c, seranno rational communicante solamente in potentia, adonque perche (per la settima del secondo) li quadrati de ambedue le linee, a, b, &, b, c, tolti insieme eccedeno el doppio della superficie dell'una di quelle in l'altra in lo quadrato della, a, c, similmente anchora li quadrati delle due linee, a, d, &, d, c, tolti insieme eccedeno il doppio della superficie dell'una di quelle in l'altra in el quadrato della medesima a, c, seguita (per lo premesso antecedente) che la differentia, di duoi quadrati delle due linee, a, b, &, b, c, tolti insieme, alli duoi quadrati delle due linee, a, d, &, d, c, tolti insieme, sia si come la differentia del doppio della superficie della, a, b, in la, b, c, al doppio della superficie della, a, d, in la, d, c, & conciosia che li duoi quadrati

dell'una

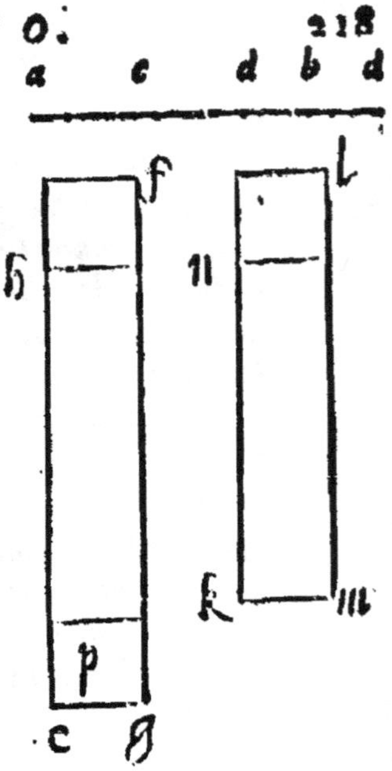

dell'una & dell'altra sectione tolti insieme siano rationale (dal presupposito) & el doppio della superficie dell'una delle portioni in l'altra (dell'una & dell'altra sectione) siano mediale (per el presupposito & per la uigesima terza) serà una medesima differentia delle due superficie rationale, & delle due mediale et questo è impossibile, perche le superficie rationale non sono differente l'una dall'altra saluo che in superficie rationale come è manifesto per la diffinitione delle superficie rationale (& per la duodecima) & la superficie mediale, non puo esser differente da un'altra mediale (per la uigesima sesta) saluo che in una superficie irrationale, & questo se fa piu manifesto in figura cioe in questo modo sia aggionta la superficie e,f, alla linea, e, g, equale alli duoi quadrati delle due linee, a,b, &, b, c, tolti insieme, & la, g, h, sia equale al doppio della superficie de l'una in l'altra, e la, f, h, serà equale al quadrato della linea, a, c, (per la settima del secondo) similmente anchora sia aggionta la. k. l. alla linea. k. m. equale alli duoi quadrati delle due linee, a, d, &, d, c, tolti insieme & la, m, n, sia equale al doppio della superficie dell'una in l'altra, & la superficie, n, l, (per la settima del secondo) serà equale al quadrato della linea, a, c, e pero è etiam equale alla. h, f, adonque la differentia della, e, f, alla, g, h, e si come della. k. l. alla. m. n. per laqual cosa (per lo premesso antecedente) premutatamente la differentia della, e, f, alla, k. l, (e qlla sia la. p.) serà si come della, g, h, alla, m, n, & perche l'una e l'altra delle due superfiice, e, f, &. k, l, e rationale e l'una e l'altra delle due superficie, g, h, &, m, n, e mediale seguita lo impossibile cioe la superficie, p, esser rationale, & irrationale.

Theorema. 63. Propositione. 80.

75/80 Niuna linea se non solamente una puo esser congionta al residuo medial primo, che siano ambedue sotto al termine di quello che erano auanti la separatione.

Anchora questa se approuerà per simil modo che fu approuata la passata, perche essendo ambidui li quadrati tolti insieme in l'una & l'altra sectione mediale, & il doppio della superficie di l'una in l'altra rationale & perche come prima, la medesima differentia e di quadrati dell'una sectione alli quadrati dell'altra, che è del doppio della superficie dell'una al doppio della superficic dell'altra, & la differentia delle due superficie mediale & delle due rationale serà una medesima superficie laqual cosa è impossibile.

Theorema. 64. Propositione. 81.

76/81 Niuna linea è congiongibile al residuo medial secondo che siano sotto to el termine di quelle se non solamente quella dalla quale era separata auanti.

Hor sia la, a,c, el residuo medial secondo (laquale fu el residuo) tagliata la.b.c. dalla, a,b, & (per la settuagesima quinta) le due linee, a,b, &, b,c, seranno mediale solamente in potentia communicante continenti superficie mediale, dico che essa linea, a,c, non puo esser congionta ad alcuna altra linea che alla ,c, b, sotto questa diffinitione, & se questo fusse possibile (per l'aduersario) sia congionta alla linea,c, d, & sia la linea, e,f, rationale in longhezza, alla quale sia congionta la superficie, e,h, equale alli quadrati delle due linee, a,b, &, b,c, tolti insieme. & la, e,k, equale alli quadrati delle due linee. a.d. & .d. c. tolti insieme dalla quale sia tagliata la. e.g. equale al quadrato della linea, a,c, & la superficie. l.h. (per la settima del secondo) serà equale al doppio della superficie della, a,b, in la, b,c, & la superficie. l.K. (per la medesima settima del secondo) serà equale al doppio della superficie della. a.d. in la. d.c. perche adonque li quadrati de ambedue le parti della prima settione sono mediale, & etiam el doppio della superficie e mediale incommensurabile alli duoi quadrati tolti insieme) laqual cosa lo diligente geometra elqual seruerà diligentemēte le positioni non potrà ignorare) serà la superficie, e,h, mediale conciosia che essa sia equale alli duoi quadrati tolti insieme, etiam la superficie. l.h. serà mediale conciosia che quella sia equale al doppio della superficie dell'una in l'altra (per la uigesima quarta) adonque l'una & l'altra delle due linee. f.h. & g.h. e rationale solamente in potentia, e perche l'una è incommensurabile all'altra imperoche la superficie. e.h. e incommensurabile alla superficie. h.l. si come li doi quadrati al doppio della superficie (per la settuagesima terza) la linea. f.g. serà residuo, per laqual cosa la linea. f.g. che è residuo se compone alla linea. g.h. acciochе siano ambedue sotto al termine de quelle che erano auanti la separatione, similmente anchora tu approuerai la medesima, f,g. componerse con la linea. g.k. con la medesima conditione (per mezzo delle superficie. e.k. et. K.l. delle quale la prima è equale alli quadrati delle due linee. a. d. & . d. c. tolti insieme, & la seconda al doppio della superficie dell'una in l'altra laqual cosa è impossibile (per la settuagesima nona) & questo modo de demostratione puo esser commune alla ottuagesima, et alle altre quattro che seguitano quella.

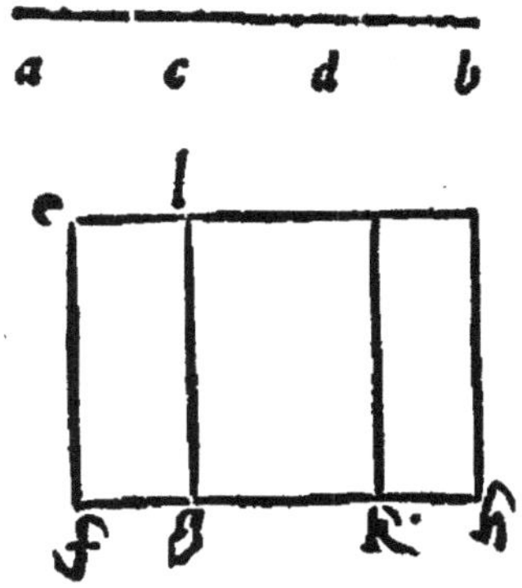

Theorema. 64. Propositione. 82.

77/82 Niuna linea è congiongibile alla minore che siano sotto al suo termine, se non solamente quella laquale gli era congionta auanti la incisione.

Intendi che cosa sia la linea minore, & se tu te l'hai desmenticato reccori alla settua-

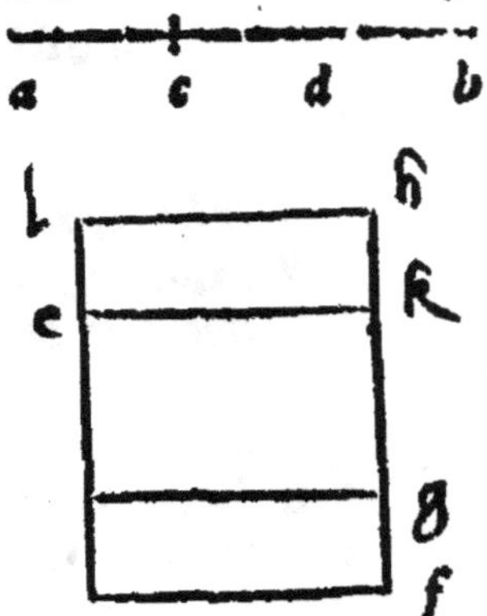

settuagesima sesta, & senza alcuna difficulta tu concluderai el proposito procedendo si come in la settuagesima nona & se te apparerà tu potrai procedere si come in la ottuagesima prima.

Theorema. 66. Propositione. 83.

78/83 La linea che congionta con rationale fa el tutto mediale, non puo esser congionta se non solamente a una linea, che siano sotto el termine di quelle.

Che cosa sia la linea che se propone tu l'hai hauuto nella settuagesima settima adonque quando de quella uorrai demostrare quello che per questa ottauagesima terza è detto non te destore in cosa alcuna del processo della ottuagesima ma se tu te deletterai acuir lo ingegno, tu potrai procedere si come in la ottuagesima prima.

Theorema. 67. Propositione. 84.

79/84 Alla linea qual gionta con mediale fa el tutto mediale, non po esser aggionto se non solamente una linea che siano sotto el termine di quelle che erano auanti la separatione.

De questa linea (qual gionta con mediale compone il tutto mediale) la settuagesima ottaua e maistra della quale (quello che questa ottuagesima quarta cosi propone) serai costretto cõcludere si come concludesti del residuo medial secondo elqual per (la ottuagesima prima) è stato enontiato.

Terze diffinitioni.

Poste due linee l'una rationale: & l'altra residuo, & aggionta alcuna linea a esso residuo, secondo il termine di quello, se tutto el composto di tal aggiongimento, serà piu potente della linea aggionta, in el quadrato d'una linea communicãte in longhezza a esso tutto dapoi lo medesimo tutto serà commensurabile in longhezza, alla linea posta rationale quello residuo che era posto, serà detto residuo primo. Ma se'l serà che la linea aggionta communichi in longhezza alla linea posta rationale, serà detto residuo secondo, & se l'una e l'altra serà incommensurabile in longhezza alla posta rationale se chiamarà residuo terzo.

Il Tradottore.

Per le soprascritte tre diffinitione se manifesta in sostantia che quelle due linee congionte compongono el primo, secondo, & terzo binomio, quelle medesime sottrabendo la minore dalla maggiore la parte restante formano el primo, secondo, & ter-

& terzo residuo, cioe che quelle due che congionte formano el primo binomio, quelle medesime disgonte causano el primo residuo, cioe che la linea restante di tal sottrattione è detta residuo primo così seguita nelli altri dui.

Se tutta la linea serà piu potente della linea aggionta inel quadrato d'una linea incommensurabile in longhezza a essa tutta, & la medesima tuta communichi in longhezza alla linea posta rationale, se chiamarà residuo quarto, & se'l serà che la linea aggionta communichi in longhezza alla linea posta rationale, se chiamarà residuo quinto. Ma se l'una e l'altra serà incommensurabile alla linea posta rationale se adimandarà residuo sesto.

Il Tradottore.

Quantunque queste tre diffinitioni siano poste disgionte della tre precedente; le si debbeno intendere a quelle congionte successiuamente, nelle quale similmente se manifesta in sostantia (si come nelle precedente tre) che quelle medesime due linee che congionte formano el quarto, quinto, & sesto binomio, quelle medesime disgionte (cioe sotratta la minore dalla maggiore) causano el quarto, quinto, & sesto residuo, cioe che quella parte de linea che restarà di tal sotramento se chiamarà binomio quarto, ouer quinto ouer sesto cioe stante le conditione dette, se la summa delle due linee, serà communicāte in longhezza alla nostra proposta rationale (cioe alla nostra misura) tal residuo serà detto quarto ma se per caso serà che la linea aggionta (e non la summa) sia communicante alla detta misura, serà detto residuo quinto, ma se ne l'una ne l'altra serà detto residuo sesto.

Problema. 18. Propositione. 85.

80/85 Puotemo inuestigare el primo residuo.

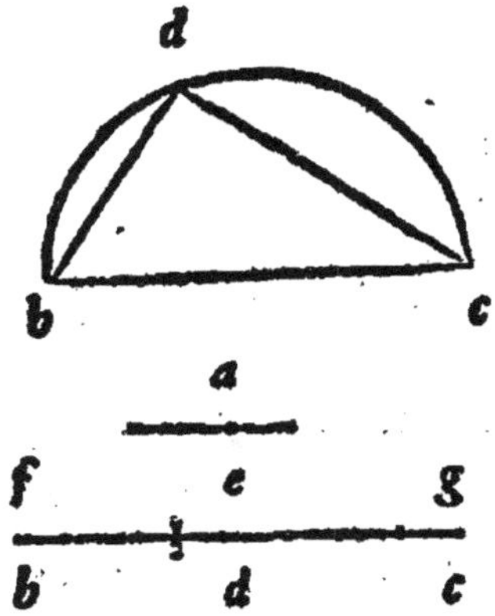

La inuentione per ordine de tutte le specie de binomij ne assolue facilmente dalla inuentione de tutte le specie de residui, perche in qual si uoglia specie de binomij se la minor portione serà tagliata dalla maggiore la linea restante, serà el residuo de simile specie come è manifesto (per le diffinitioni) si di binomij come di residui. tamen non se partendo dalle proprie inuentioni di residui in questo modo inuestigamo el primo, sia la linea, a, posta rationale allaqual sia tolta la. b. c. commensurabile in lõghezza, & sia, e, numero quadrato diuiso in f. non quadrato & in. g. quadrato & sia la proportione del quadrato della linea. b, c, al quadrato della linea, c. d. si come del, e, al, f, & (per la ultima parte della nona) la, c, d, serà rationale solamente in potentia, adonque conciosia

tiosia che la,c,b,sia piu potente della,c,d,nel quadrato d'una linea a se commensu rabile in longhezza laqualcosa è manifesta si come in la isplanatione del primo binomio (per la diffinitione) se manifesta la linea,b,d, esser residuo primo.

Il Tradottore.

In quanto alla operatione di questo problema (per la linea, b,c, se debbe intendere quella sopra laquale è descritto el mezzo cerchio, si come fu fatto nella inuentione del primo binomio, tal che giongendo la linea,d,c, direttamente alla linea, b, c, tutta la linea cosi composta seria binomio primo, ma in quanto alla conclusione si debbe intendere per la linea,c,b, la linea,c,b, inferiore (tamen pero è quale alla prima cioe a quella doue è descritto sopra el mezzo cerchio) & di quella sottrattone la detta, c, d, la parte rimanente cioe la, d,b, (per la diffinitione) serà residuo primo.

Problema. 19. Propositione. 86.

81/86 Egliè possibile a esplicare el secondo residuo.

A voler hauer el secondo residuo sia la linea.a. posta rationale & la,c,d, a quella communicante in longhezza, & sia del quadrato della, c, d, al quadrato della, b,c, si come della,f, alla,e, & la,b,d, (per la diffinitione) serà el secondo residuo, se tu dubiti, ouero che tu non serui li presuppositi posti per auanti, ouero che tu hai de bisogno della repetitione del secondo binomio.

Problema. 20. Propositione. 87.

82/87 Puotemo inuestigare il terzo residuo.

El terzo residuo se trouerà in questo modo, sia posta come prima la linea, a, rationale, & lo numero, e, quadrato diuiso in, f, non quadrato & in, g, quadrato & tolto lo, h, numero primo, e lo quadrato della linea. a. al quadrato della linea, b,c, si come del h, al, e, e sia el [] della linea, b, c, al quadrato della linea, c, d, si come del, e, al, f, & (per la diffinitione) la linea, d,b, serà el terzo residuo della qual cosa tu dubiti consigliarati con el terzo binomio.

Il Tradottore.

In la inuentione di questo terzo residuo bisogna aduertirse di quello che fu detto sopra la inuentione dil terzo binomio cioe che il non satisfa a tor il numero. h. numero primo, anci bisogna torlo con le conditioni dette (del numero b.) sopra la detta inuentione del terzo binomio cioe che il non sia quadrato, & che la proportione di quello al numero, f, non sia come di numero quadrato a numero quadrato.

Pro-

Problema.21. Propositione.88.

83/88 Puotemo ritrouare el quarto residuo.

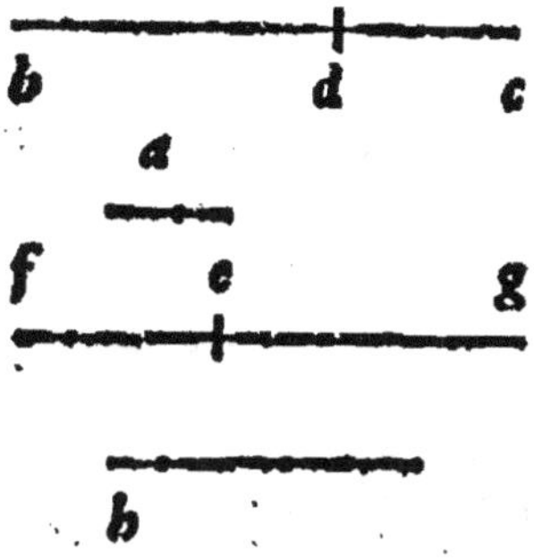

Sia in questa si come in la inuentione del primo residuo la linea.b.c.communicante alla linea.a.posta rationale, ma lo numero.e.quadrato sia diuiso in f. & .g. di quali l'uno e l'altro non sia quadrato & sia el quadrato della linea. b. c. al quadrato della linea.d.c. si come del.e. al.f.& (per la diffinitione) saperai la linea d. b. esser el quarto residuo, se tu non serai smentichenole de quelle cose, che tu operasti in la inuentione del quarto binomio.

Problema.22. Propositione.89.

84/89 Puotemo demostrare el quinto residuo.

Quando uorrai trouar el quinto residuo la linea,c,d,serà communicante alla linea, a, posta rationale in longhezza (si come era in la inuentione del secondo)& lo numero quadrato. e. serà diuiso in f.& in.g.di quali ne l'uno ne l'altro serà quadrato (si come in la precedente) & lo quadrato della linea,c, d,al quadrato della linea,b, c, serà si come del numero.f. al numero.e.dalle quale per la diffinitione tu concluderai la linea, d, b, esser el quinto residuo hauendo a memoria la inuentione del quinto binomio.

Problema.23. Propositione.90.

85/90 Finalmente uoglio ritrouare el sesto residuo.

El sesto residuo se ritroua in questo modo, serà come prima la linea. a.posta rationale & lo numero, e,quadrato diuiso in.f.& .g.non quadrati,& .h.serà numero primo,& lo quadrato della linea,a,al quadrato della linea,c,b,si come lo numero.b. al numero,e,& lo quadrato della,b,c,al quadrato della,c,d, come lo numero.e. al numero.f. & (per la diffinitione) la linea. d. b.serà residuo sesto,alla qual se l'animo tuo non assentirà plenariamente,te conuiene essercitarte in la inuentione del sesto binomio.

Il Tradottore.

Similmente nella inuentione di questo 6. residuo bisogna aduertire di quelle che fu detto sopra la inuentione dil sesto binomio cioe che'l non satisfa a tor il numero. b. simplicemente numero primo ma bisogna che habbia le due conditioni dette sopra la inuentione del terzo residuo ideo &c.

Theorema. 68. Propositione. 91.

86/91 Se una superficie serà contenuta da una linea rationale, & da un residuo primo, lo lato tetragonico di quella è necessario esser residuo.

Sia

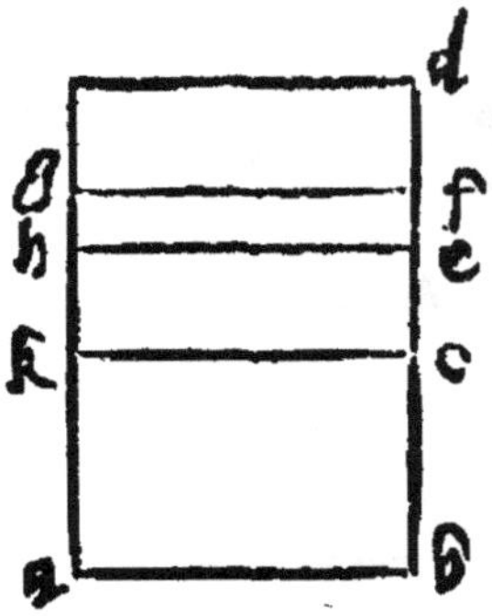

Sia la superficie. a.c. contenuta dalla linea.a.b.rationale & dalla.b.c.residuo primo. Dico lo lato tetragonico della superficie. a.c. esser residuo, & per dimostrar questo sia aggionto alla linea.b.c.la linea.c.d. & sia quella per la detrattione della quale la. b.c.fu residuo primo & (per la diffinitione)la.b.d.serà rationale in longhezza & la.c. d. solamente in potentia, anchora la. b.d. serà piu potente della.c.d.in el quadrato d'una linea communicante con seco in longhezza, adõque sia diuisa la. d.c. in due parti equali in ponto e. & tutta la. b.d.sia diuisa in questa conditione in ponto.f.che fra la.b.f.& la.f,d.sia la e.d.nel medio luoco proportionale & (per la seconda parte della decima settima)la b.f. serà communicante in longhezza alla. f. d. adonque(per la duodecima)l'una & l'altra de quelle communica con tutta la linea. b. d. per laqual cosa(per la diffinitione) ambedue sono rationale in longhezza & per tanto sian dutte le linee. f.g.e.h. & c. k.equidistante alla. a. b. & (per la decima nona) l'una & l'altra delle due superfitie. a.f.& g.d. serà rationale adonque sia il quadrato.l.m. equale alla superficie. a.f. & serà rationale & lo lato di quello serà rationale in potentia, protratta dentro la linea. l. m. diagonale di quel quadrato, & sia descritto lo quadrato. l. n. equale alla superficie . g . d . & quel serà rationale & lo lato di quello serà rationale in potentia, & sian protratte le due linee. n.p.q.n.equidistantamente alli lati del total quadrato. Dico adonque lo quadrato.p.r. esser equale alla superficie,a,c, & lo lato di quello(elquale è.n.p.) esser residuo, perche conciosia che la linea. d.e. sia (dal presupposito) nel medio luoco proportionale fra la. b.f. & la.f.d. (per la prima del sesto)la superficie.d.b.serà in el luoco medio proportionale; fra le due superficie. a. f. &. g. d.& pero etiam & fra li duoi quadrati. l. m. & n. l. & conciosia che (per la prima del sesto) la superficie. l. p. sia nel medio luoco proportionale fra li medesimi duoi quadrati serà la superficie. l. p. equale alla. d. b. etiam alla. b. c. & perche lo quadrato. l . n . è equale alla. g. d. serà la. t. r. equal alla. g. e. adonque tutto el gnomone circonscritto al quadrato.m.n.è equale alla.c.g. & perche lo quadrato.l.m.era equale alla,a,f, rimanerà lo.m.n. equale alla. a.c. & che la.n.p.(lato del quadrato.m.n.)sia residuo cosi se apprende, perche l'una e l'altra delle due linee.p.t.& t.n.è rationale in potentia imperoche l'uno e l'altro quadrato.l.m.& .n.l.e rationale, e l'una di quelle è incommensurabile all'altra (per la prima del sesto & per la decima quarta di questo)impero che lo quadrato. l. m. è incommensurabile alla superficie. l.r. si come la superficie. a.f. alla superficie. b. d. delle quale è manifesto che quelli sono incommensurabile, perche (per la prima del sesto) una di quelle all'altra & si come la linea,b,f,(laquale è rationale in longhezza)alla linea. d. e. laquale è rationale

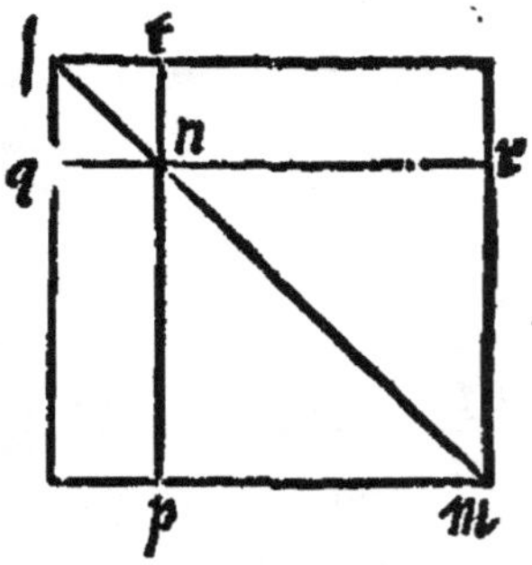

solamente in potentia. Adonque (per la settuagesima terza) la linea.p.n.laqual po in la superficie.a.c.e residuo & questo è quello che intendemo de dimostrare.

Il Tradottore.

In la maggiore parte doue di sopra se arguisse per la prima del sesto si puo arguire (e con maggiore intelligentia) per lo lemma posto auanti alla quinquagesima terza che cosi si arguisse in la seconda tradottione, ma perche lo espositore non truouò lo detto lemma fu sforzato a arguire come di sopra appare, & similmente nelle sequente.

Theorema.69. Propositione.92.

87 Se alcuna superficie serà contenuta da una linea rationale, & dal se-
92 condo residuo la linea potente in quella medesima superficie serà residuo medial primo.

Anchora in questa arguisse si come in la precedente per la diffinitione del secondo residuo & per la seconda parte della. 17.&.12.&.23.&.19.&.74.

Theorema.70. Propositione.93.

88 Se una superficie serà contenuta da una linea rationale, e dal terzo re-
93 siduo, la linea potente sopra di quella serà residuo medial secondo.

Seguita alla prima demostratione, et facilmente concluderai il proposito, per la diffinitione del terzo residuo & per la seconda parte della decima settima & per la duodecima & uigesima terza & settuagesima quinta.

Theorema. 71. Propositione. 94.

89 Se una superficie serà contenuta da una linea rationale, & dal quar-
94 to residuo, la linea potente sopra di quella serà la linea minore.

Anchora in questo non procedere altramente che prima, perche a te serà facile concludere el proposito, se non t'harai scordato la precedente (per la diffinition del residuo quarto & per la seconda parte della decima ottaua & per la duodecima & per la uigesima terza & per la decima nona & settuagesima sesta, & cosi serà manifesto il proposito.

Theorema.72. Propositione.95.

90 Se una superficie serà contenuta da una linea rationale, & dal quin-
95 to residuo, lo lato tetragonico di quella serà la gionta con rationale cōponente mediale.

Fermate nella premessa argumentatione (per la diffinitione del quinto residuo e per

per la seconda parte della decima ottaua & per la duodecima & uigesima terza e decima nona & settuagesima settima) che è il proposito da concludere.

Theorema.73. Propositione.96.

91/96 Se una superficie serà contenuta da una linea rationale & dal sesto residuo, lo lato tetragonico che puo sopra di quella, el se proua esser la linea che gionta con mediale constituisse il tutto mediale.

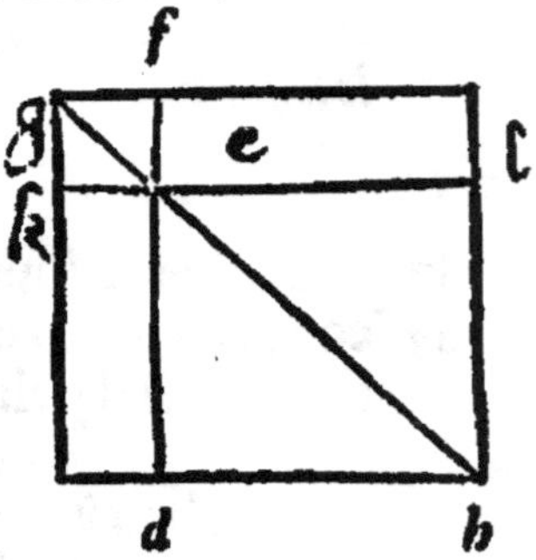

Al presente ancor quello che ultimamente per questo è detto sia diligente di concludere (per la diffinitione del sesto residuo & per la seconda parte della decima ottaua & per la duodecima & uigesima terza & settuagesima ottaua,) & ninna cosa potrà offendere el tuo processo in tutte queste propositioni, se la prima di queste perfettamente imparerai & in memoria tenerai, & anchora quel che la suppone prudentemente attenderai, e se per caso te occorresse qualche dubbio in el quadrato.l.m.a te serà necessario con el tuo ingegno de reccorrere al suo equale in la superficie, a, d, & seranno manifesti.

Theorema.74. Propositione.97.

92/97 Se a una linea rationale serà applicada una superficie equale al quadrato d'un residuo, l'altro lato è necessario esser un residuo primo.

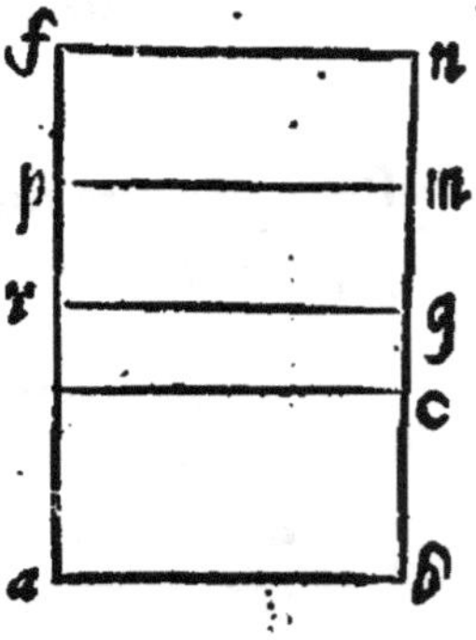

Queste sei sequente propositioni, sono le conuerse delle sei precedēte per ordine, et la intentione di questa prima e questa che se la superficie, a, c, aggionta alla linea rationale, a, b, equal al quadrato di un residuo elqual sia la linea d, e, lo secondo lato di quella (elqual è la, b, c,) serà necessariamente residuo primo, perche sia aggionto alla linea, d, e, (laquale se propone esser residuo) la linea per la incisione della quale essa serà residuo e sia la aggionta a quella la, e, f, e (per la settuagesima terza) l'una e l'altra delle due linee, d, f, & f, e, serà rationale in potentia e l'una di quelle incommensurabile all'altra in longhezza, adonque sia descritto lo quadrato della linea, f, e, (elquale sia, e, g,) & lo quadrato della, d, e laqual è posta esser residuo, elqual sia, e, b, & sian aggionti li supplimenti, d, K. & f, l, & lo quadrato, g, b, serà si come lo quadrato della linea, d, f, & lo quadrato, e, b, serà si come la superficie, a, c, etiam l'uno e l'altro di quadrati. g. b. & . g. e. serà rationale. Sia adonque aggionta la superficie. a. m. alla linea. a. b. equale al quadrato. g. b. & per questo serà rationale, per laqual cosa (per la uigesima) la linea. m. b. serà rationale in longhezza, & la superficie. p. n. sia equale al quadrato. e. g. la-

quale etiam per questo serà rationale & (per la uigesima) la linea.m.n.serà rationale in longhezza, adonque tutta la linea, b,n, serà rationale (per la duodecima) hor sia diuisa la, c,n, in due parti equale in ponto.q.& sia dutta la.q.r.equidistante alla.a.b.e(per la prima del sesto) la superficie,c,r,serà equale alla,r,n,& è manifesto che quando tutta la superficie, a,n, sia equale alli duoi quadrati,g,h,&,e,g,tolti insieme(liquali sono li quadrati delle due linee,d,f,&,f,e,)& la superficie, a,c,sia equale al quadrato della linea,d,e,laquale è,c,b,(per la settima del secondo) la superficie residua della, a, n, (laquale è la, c,s,)serà equale al doppio della superficie della,d, f,in la,f,e,per laqual cosa & la mità di quelle lequale sono, r,n, &, d,g,è necessario esser equale & conciosia adonque che (per la prima del sesto) la superficie, d, g, sia nel medio luoco proportionale fra li duoi quadrati, g,h,&,g, e, & la superficie,r,n,serà nel medio luoco proportionale fra le due superficie,a,m, & p, n, e pero (per la prima del.6.) etiam la linea, q,n,serà nel luoco medio proportionale fra le due linee, b,m,& m,n,& conciosia che la,q,n,sia la mità della linea, n, c, & la linea,b,n,sia diuisa in ponto,m,in due parti communicante fra lequale cade la, q,n, nel medio luoco proportionale seguita (per la prima parte della decima settima) che la linea,b,n,sia piu potente della linea, n, c, in el quadrato di una linea communicante con seco in longhezza adonque perche la superficie,d,g,e mediale (per la uigesima terza) & la superficie, c,r, a quella equale(dal presupposito)è mediale & la linea, c,q, rationale solamente in potentia(per la uigesima quarta)& pero etiam el doppio di quella (elquale è la linea,n,c,)è rationale solamente in potentia , adonque perche la, b, n, e rationale in longhezza communicante alla linea,a,b,posta rationale & piu potente della,n,c,in el quadrato di una linea a se communicante in longhezza seguita (per la diffinitione) la linea,b,c,esser residuo primo che è el proposito.

Theorema.75. Propositione.98.

92/98

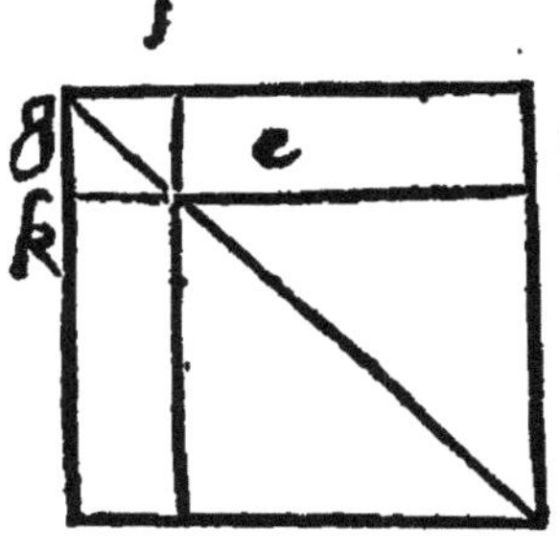

Quando che a una linea rationale serà agiõta una superficie equal al quadrato del residuo medial primo l'altro lato di quella serà un residuo secondo.

Quiui la linea,d,e,serà residuo medial primo, & la linea,e,f,serà quella per tagliamento della quale la. d,e,era stata residuo medial primo,dico che la b,c,serà residuo secondo laqual cosa non puoi ignorare se tu seguiti e pigli ben in prattica la demostratione della precedente e che uigilantemente tu habbi atteso quale linee bisogni esser la,d,f,&,f,e,della qual cosa se tu dubbiterai in alcuna reuederai la settuagesima quarta.

Theorema.76. Propositione.99.

94/99 Se a una linea rationale serà applicata una superficie equale al quadrato del residuo mediale secondo, lo secondo lato di quella conuien esser residuo terzo.

Quiui

Quiui anchora serà la linea, d, e, lo residuo medial secondo & seguitarà che la, c, b, sia uno terzo residuo laqual cosa acciochefacilmente la concludi seguitarai alla demostratione della prima & quale linee conuien esser la, d, f, et f, e, reccoglielo dalla settuagesimaquinta.

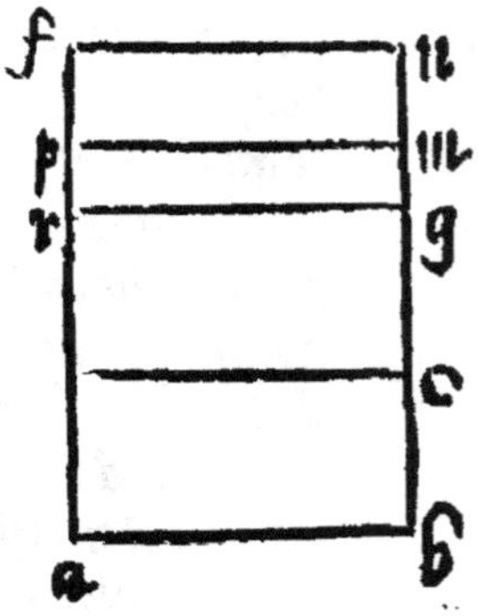

Theorema. 77. Propositione. 100.

95 100 Quando che a una linea rationale serà aggionta una superficie equale, al quadrato d'una linea minore lo lato secondo di quella serà uno residuo quarto.

Se la. d. e. serà una linea minore come propone questa centesima. Dico che la. b. c. serà un quarto residuo, & quai linee sia necessario esser la, d, f, & la. f. e. (quando che la, d, e, serà una linea minore) tu lo intenderai dalla settuagesima sesta, & el proposito si debbe dimostrare per lo modo precedente, eccetto che in questa & in le due sequente è necessario diuiderse la linea. b. n. al ponto. m. in due parti incommensurabile, lequale in le tre precedente necessariamente se diuideua in due commensurabile, perche in le tre precedente le due linee, d, f, & , f, e, erano state communicante in potentia, e però etiam li quadrati di quelle erano stati communicanti, per laqualcosa & le superficie, a, m, & p, n, equale alli quadrati de quelle erano state cōmunicante, per laqual causa & etiam le due linee. b. m. & . m. n. e però etiam in le tre precedente la linea. b. n. fu più potente della linea, n, c, inel quadrato d'una linea communicante con seco in longhezza (per la prima parte della decimasettima,) ma in queste & in le due sequente le due linee, d, f, & , f, e, sono incommensurabile in potentia come appare (per la settuagesima sesta settuagesima settima & settuagesima ottaua) e però etiam li quadrati di quelle per laqual cosa etiam le superficie, a, m, & , p, n, sono incommensurabili per laqualcosa etiam le due linee. b. m, & , m, n, sono incommensurabile, e però (per la prima parte della decima ottaua) si in questa come in le due sequente è necessario la linea, b, n, esser più potente della linea, n, c, inel quadrato d'una linea a se incommensurabile in longhezza, tutte le altre cose cerca come per auanti.

Il Tradottore.

Questa & la precedente si seruino della figura della nonagesima settima, & nonagesima ottaua cioe che nel dire se refferisse a quella, il medesimo fa le altre duoi sequente.

Theorema. 78. Propositione. 101.

96 101 Se a una linea rationale sia aggionta una superficie equale al quadrato della linea con rationale constituente mediale lo lato secondo di quella serà residuo quinto.

Similmente quiui pone la linea, d,e, esser quella che gionta con rationale compone el tutto mediale, & quale linee bisogni esser la. d.f. & la.f.e attende alla settuagesima settima & concluderai senza alcun impedimento la linea.b.c.esser residuo quinto se tu seguiterai le necessarie demostratione hauute per auanti.

Theorema.79. Propositione. 102.

97/102 Se a una linea rationale sia aggionto una superficie equale al quadrato della linea con mediale componente mediale, l'altro lato di quella serà residuo sesto.

Hor in ultimo la linea, d, e, conuien essere quella laquale gionta con mediale compone el tutto mediale, alla qual giontoui la linea, e,f, (laqual sia quella per il tagliamento della qual la linea, d,e, era stata quella che se propone) e qual linee bisogni esser la, d,f, &, f,e, tu lo intenderai dalla settuagesima ottaua se la prima argumentatione firmamente tenerai senza oppositione, similmente potrà concludere la linea, b,c, esser residuo sesto, & se per sorte te occorresse dubitare in cosa alcuna del quadrato, g,h, confirirallo con la superficie, a,n, a lui equale e cosi se manifestarà el proposito nostro.

Theorema.80. Propositione. 103.

98/103 Ogni linea commensurabile a uno residuo anchora quella in termine, & ordine è el medesimo residuo.

Quello che propose la sexagesima quinta & le quattro che seguitano quella del binomio, & delle cinque compagne di quello questa. 103. & le quattro che seguitano proponeno esser el uero del residuo & delle sue cinque compagne, che hauerà dato opera a quelle per fina che le habbia ben in memoria nõ poterà ignorare queste, ueramente ogni cosa che è detto in quelle de communicante in longhezza, & solamente in potentia il medesimo bisogna intendere anchora in queste, perche ogni linea communicante al residuo in longhezza, ouero solamente in potentia, essa anchora è residuo & se quella communica in longhezza, non solamente quella è residuo, ma etiam

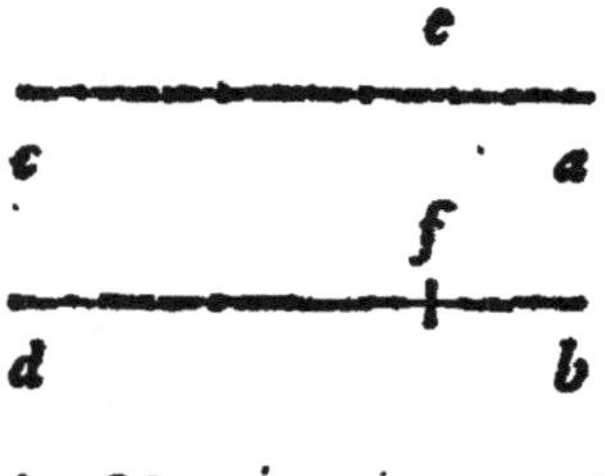

è residuo de quella medesima specie, uerbi gratia la linea communicante in lõghezza al residuo primo e residuo primo, & quella che è communicante al secondo e secondo, & cosi anchora delli altri ma quando la linea communicano a uno residuo solamente in potentia quella anchora è necessario esser residuo ma non della medesima specie anci le impossibile che una linea communicante solamente in potentia a un residuo primo, ouer secondo, ouer terzo, ouer quarto ouer quinto caschi insieme con quello sotto la medesima specie ma ben è necessario che ambe cadano insieme sotto alle tre prime specie ouer ambedue insieme sotto alle tre ultime. & per tanto

sia

sia la linea,a,residuo alla qual communichi la linea,b,in longhezza,dico che la linea, b, serà residuo de quella medesima specie con la,a,sia aggionta la linea,c,alla linea, a,& sia quella per la abcisione della quale la linea, a . in residuo & alla b,ne sia aggionta un'altra,laquale sia la,d,alla quale cosi gli sia la,b,si come la,a, alla, c,& cosi la composta della, a,& ,c, sia la,e,& la composta della, b,&,d,sia la,f,&(per la premutata proportionalità)la,a,alla,b,serà si come la,c,alla,d,& (per la terzadecima del quinto)la,e,alla,f,serà si come la,a,alla,b,ouer si come la c,alla,d, conciosia adonque che la,a,communichi con la.b.(per la decima quarta) la, c, serà communicante con la, d, & e, anchora serà communicante con la, f,& perche anchora è necessario (per la permutata proportionalità) della, e,alla,c, esser si come della, f, alla, d, seguita (per la sestadecima) che se la,c, serà piu potente della, c, in el quadrato di una linea a se communicante in longhezza , ouero se la fusse per auentura incommensurabile, serà similmente la, f,piu potente della,d, ma perche ogni linea communicante in longhezza, a, una linea rationale , quella similmente rationale , similmente dico , perche ambedue seranno rationale in longhezza , ouero ambedue solamente in potentia , seguita (per le diffinitione di residui)che la, b, sia residuo della medesima specie che è, a,ma se la,b,communica con,a,solamente in potentia: essa anchora serà residuo tamen necessariamente non serà de quella medema specie , ma serà si come è detto la demostratione della quale(per quelle cose che sono state dette in la sexagesima quinta)del binomio è da esser raccolta.

Theorema.81. Propositione.104.

99 — 104 Ogni linea communicante a qual si uoglia residuo mediale è residuo mediale sotto el termine & ordine di quello.

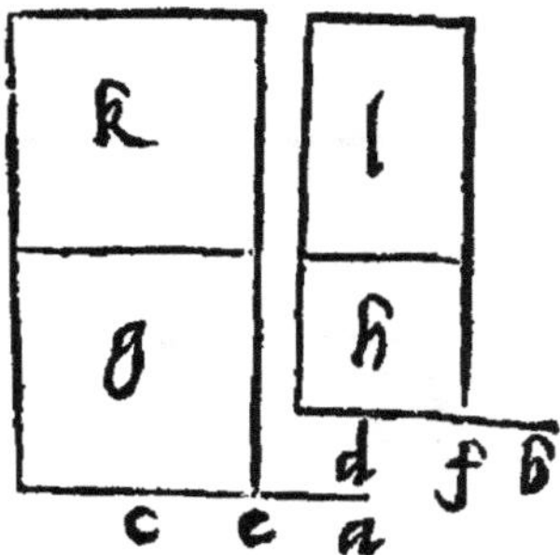

Vna,linea ouer communichi con qual si uoglia residuo mediale in longhezza , ouero in potentia, egliè el uero quello che se dice , hor sia la,a,qual si uoglia residuo mediale alla quale commmichi la, b,in longhezza ouer in potentia . Dico che la, b, e etiam residuo mediale tal qual serà la, a,hor sia aggionta la linea,c, alla linea,a, & sia la,c,per la incisione della quale la. a. fu residuo mediale & alla, b , ne sia aggionta una altra laqual sia,d,& sia della,b,alla,d,si come della, a, alla,c.& tutta la composta della,a,&,c,sia la,e,et della,b,&,d,sia la,f,sia descritto adonque li quadrati della, c, & della,d, liquali siano,g, &,h, & la superficie del,e, in,c,sia.k.& del,f,in,d,sia,l,& perche egliè come prima del,e.al,f,& del,c, al,d,si come del,a,al,b,& la,e,& c, sono mediale solamente in potentia communicante (per la. 74. &.75.)seguita (per la.2[illegible].) che la,f,&,d, (a quelle communicante)siano etiam mediale solamente in potentia communicante & è manifesto (per la prima del sesto)che la,k.alla,g,sia si co-

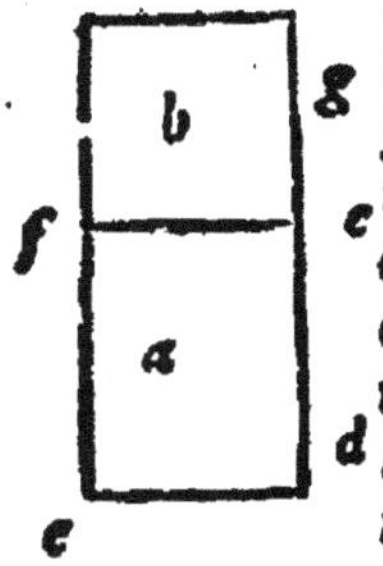

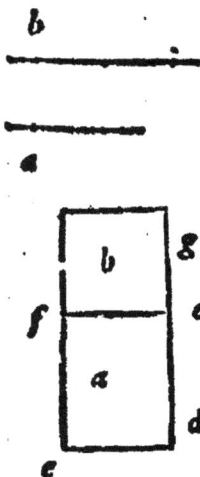

me la.e.alla.c.& la.l. alla.b.si come la.f.alla.d.& perche eglie dalla,e,alla,c,si come dalla.f.alla.d.seguita che dalla.K.alla.g. sia si come dalla,l,alla,b,& permutatamente dalla. k.alla,l.si come dalla,g,alla,b,concosia adonque che la,g,communichi cō la,b,seguita che la,k.communichi con la.l. adonque se la.k.serà rationale (che è el residuo medial primo) etiam la.l.(per la diffinitione) serà rationale, per laqual cosa (p la.74.) etiā la.b.e residuo medial primo, & se la.K.serà mediale (che è in el residuo medial secondo) etiam la.l.per (la.25.) serà mediale, & pero etiam la.b.(per la.75.) serà residuo mediale secondo, per laqual cosa e manifesto il proposito. A demostrar el medemo altramente se la linea,b,communica con la linea,a, (laqual è qual si uoglia residuo mediale) in longhezza ouer in potentia, sia aggiōta alla linea.c.d.rationale la superficie,c,è,equale al quadrato della,a,& la superficie,f,g, equale al quadrato della,b,& per questo la,c,e,&,f,g,seranno communicante si come etiam li quadrati delle linee. a,& b,a quelle equali, adonque (per la prima del sesto) & per la decima quarta di questo) la,d,e,&,e,g,sono communicante in longhezza & perche se la,a,e residuo medial primo, & la linea,d,e,serà el secondo residuo (per la.98.) & se la,a. e residuo mediale secondo la linea,d,e,e residuo terzo (per la.99.) ma quando la linea,d,e,e residuo secondo la linea,e,g,e etiam residuo secondo & quando quella e el terzo similmente & questa è el terzo (per la.103.) seguita adonque (per la. 92.&.93.) che.la.b.sia el residuo medial primo ouer secondo si come sera la,a,che el proposito.

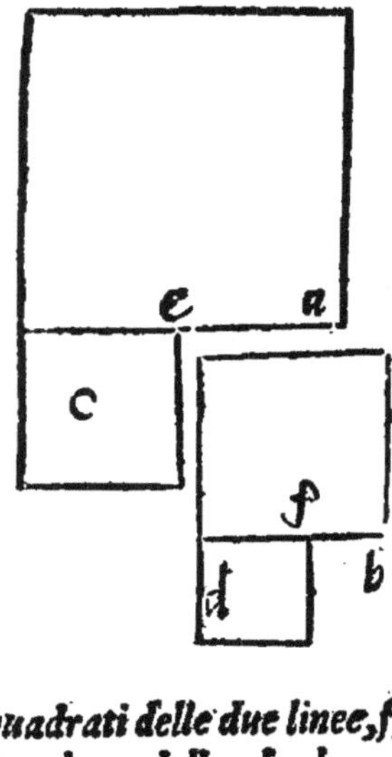

100
105

Theorema.82. Propositione.105.

Se alcuna linea communicharà alla linea minore anchora quella serà linea minore.

Eglie facile a prouare questa per dui modi si come la precedente, ouero sia che alcuna linea communichi con la linea minore in longhezza ouer in potentia & posto questo quanto al primo modo che quando sia della,f,alla.c.si come della,e,alla,c,(per la prima parte del la.22.del sesto) lo quadrato della,f,al quadrato del d. serà si come lo quadrato della,e,al quadrato della,c, & congiuntamente li quadrati delle due linee,f,& d, al quadrato della,d,serà si come li quadrati delle due linee,e,&,c,al quadrato della,c,& permutatamente li quadrati delle due linee,f,& d,alli quadrati delle,due linee,e,& c,serà si come lo quadrato della,d,al quadrato della,c,& lo quadrato della,d,communica al quadrato della,c,adonque li duoi quadrati delle due linee,f,& d,tolti insieme communicano

municano con li duoi quadrati delle due linee,e,& c, tolti insieme & perche(per la.76.)li quadrati delle due linee,e,& c,tolti insieme sono rationale & (per la dif finitione) etiam li dui quadrati delle due linee, f,& d,tolti insieme serà rationale, & quando la superficie. K, sia mediale etiam la. l. a quella communicante, serà mediale,adonque(per la.76.)la.b. e linea minore. ma in quanto al secondo modo (per la. 100.) la linea, d,e,serà residuo quarto & pero etiam(per la.103.)la linea,e,g,serà etiam residuo quarto & pero etiam(per la nonagesima quarta)la linea,b,e linea minore.

Il Tradottore.

Le superficie.k.& .l.se debbe intendere si come nella figura della precedente cioe la superficie.k.se piglia per la superficie della.e.in la.c.et per la superficie.l.se intende per la superficie della,f,nella,d. & similmente per il secondo modo se arguisse sopra la seconda figura della precedente ideo aduerte.

Theorema.83. Propositione.106.

101 / 106 Ogni linea communicante alla linea con rationale componente mediale,e con rationale componente mediale.

Anchora questa non è difficile approuare al predetto modo per due uie, ouero sia intesa della communicantia in longhezza, ouer della communicantia in potentia solamente,ma quanto al primo modo li duoi quadrati delle due linee,f,& d,tolti insieme seranno mediale(per la uigesima quinta)si come son li doi quadrati delle due linee,e,& ,c,tolti insieme(per la settuagesima settima) alle quale esse cōmunicano & la superficie.l.serà rationale(per la diffinition) si come è la superficie.K. (per la settuagesima settima) communicante con quella, adonque(per la.77.)la. b,e con rationale componente mediale, quanto al secondo modo la,d,e,serà residuo quinto (per la.74.) e pero etiam la, e,g,(per la.103.)per laqual cosa la,b,e, con rationale componente mediale(per la nonagesima quinta.)

Il Tradottore.

La argumentatione di questa se fonda sopra le figure delle due precedente propositione el secondo modo parla ouer se ferma sopra la seconda figura della anciana alla precedente.

Theorema.84. Propositione.107.

102 / 107 Ogni linea commensurabile alla linea con mediale constituente mediale e con mediale constituente mediale.

Anchora in questa suppone alcuna linea communicare con quella che con mediale compone mediale, indifferentemente in longhezza ouero solamente in potentia come uorrai, & con due argumentationi al premesso modo senza difficultà.

ta concluderai. anchor quella esser con mediale componere mediale, quanto al primo modo la superficie. l. serà anchora mediale si come etiam la. k. & anchora li dui quadrati delle due linee. f. & . d. tolti insieme saran mediale si come etiam li duoi quadrati delle due linee. e. & . c. & perche anchora li duoi delle due linee. e. & . c. al la. k. si come li dui delle due. f. & . d. alla. l. & conciosia che li primi non communican con el doppio della. k. (per la settuagesima ottava) ne li dui secondi communicarano con el doppio della. l. (per la. 14.) adonque (per la. 78.) la. b. e con mediale componente mediale, ma quanto al secondo modo la. d. e. serà residuo sesto (per la. 102.) e però & etiam la. e. g. (per la. 103.) per laqual cosa la. b. e con mediale componente mediale (per la nonagesima sesta.

Il Tradottore.

Similmente questa si come le altre due passate se ferma ne'l arguire sopra le figure della propositione. 104. et della. 105. et però a quella reccorri p tuo essempio.

Theorema. 84. Propositione. 108.

103
108 Se da una superficie rationale serà tagliata una superficie, mediale, la linea potente in la superficie restante, serà l'una delle due linee irrationale ouero residuo, ouero minore.

Sia tutta la superficie composta dalla. a. & . b. rationale, dalla quale sia detratta la. b. laquale sia mediale. Dico che la linea potente in la restante. a. e sarà ouero

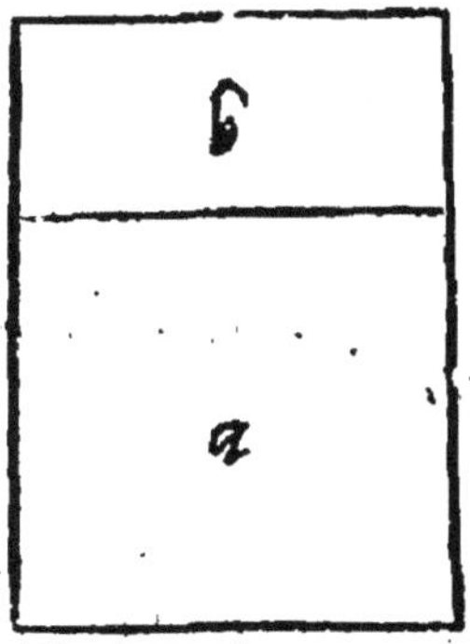

residuo ouero linea minore, sia adonque la linea. c. d. rationale & la superficie. c. e. a quella aggionta sia tanto quanto la. a. & la. f. g. tanto come la. b. et tutta la. c. g. serà si come tutta la. a. b. & la. c. g. serà rationale è però etiam la linea. d. g. (per la uigesima propositione) serà rationale in longhezza & la. f. g. serà mediale e però (per la uigesima quarta propositione) etiam la. e. g. serà rationale solamente in potentia, adonque la linea. d. e. (per la diffinitione) è residuo primo, ouero quarto adonque (per la nonagesima prima & nonagesima quarta) la linea potente in la superficie. c. e. è però etiam in la superficie. a. (a quella equale) e residuo ouer linea minore che è il proposito.

Theorema. 86. Propositione. 109.

104
109 Se da una superficie mediale serà detratta una superficie rationale, la linea potente in la superficie restante serà l'una delle due linee irrationale ouero el residuo mediale primo, ouero la con rationale, componente mediale.

Anchora questa si approua si come la precedente, perche se tutta la, a, b, serà mediale,

mediale, & la.b.rationale. Dico che la linea potente in la restante superficie .a. ouero è residuo mediale primo, ouer con rationale componente mediale, perche conciosia che la,c,g,sia equale alla,a,b,(per la uigesima quarta) la linea,d,g,serà rationale solamente in potentia, & conciosia che la,f,g,sia equale alla.b.per (la uigesima) la linea.e.g.serà rationale in longhezza, adonque (per la diffinitione) la linea,d,e,serà el residuo secondo, ouero el quinto per laqualcosa (per la nonagesima seconda & nonagesimaquinta) lo lato tetragonico della superficie,c, e,& pero etiam della superficie,a,è residuo mediale primo, ouero con rationale componente mediale, che è el proposito nostro.

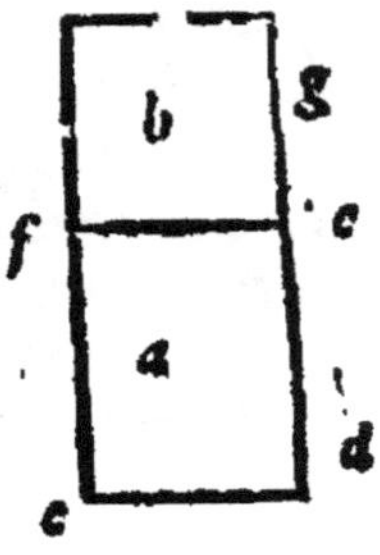

Il Tradottore.

Questa insieme con le sequente nel arguire se refferissceno alla figura della precedente.

Theorema.87. Propositione.110.

105/109 Se una superficie mediale serà detratta da una superficie mediale, & sia la restante incommensurabile al tutto, la linea potente in la detta restante, serà l'una o l'altra delle due irrationale, cioe ouero el residuo medial secondo, ouer la con mediale componente mediale.

Se tu non te destorai dalla demostratione delle due precedente senza difficultà concluderai el proposito, hor sia tutta la.a.b.& la.b.mediale & sia la restante. a. incommensurabile al tutto, perche essendo altramente la.a.seria mediale (per la uigesima quinta) & lo lato tetragonico di quella seria mediale (per la uigesima terza) il presente dico che la linea potente in la.a.è residuo medial secondo ouer la con mediale componente mediale, perche conciosia che la.c.g.sia equale alla. a. b. (per la uigesima quarta) la linea.d.g.serà rationale solamente in potentia anchora (per la medesima) conciosia che la.f.g.sia equale alla.b.etiam la.e.g.serà rationale solamente in potentia, & conciosia che la.a.sia incomensurabile a tutta la.a.b. al.f.g. serà incommensurabile alla.c. g.e però (per la prima del sesto et per la decima quarte de questo) la.e. g. serà etiam incommensurabile alla.d. g.adonque (per la diffinitione) la linea.d.e.serà residuo terzo ouero sesto, per laqual cosa (per la nonagesima terza & per la nonagesima sesta) lo lato tetragonico della superficie. c. e. e però della superficie .a. è residuo medial secondo, ouero con mediale componente mediale.

Theorema.88. Propositione.111.

106/111 Delle linee irrationale, lequale sono, el residuo & quelle che seguita dapoi quella, è impossibile alcuna star sotto all'altra in termine e ordine, anchora el termine, ouero ordine del binomio non è possibile conuenire al residuo.

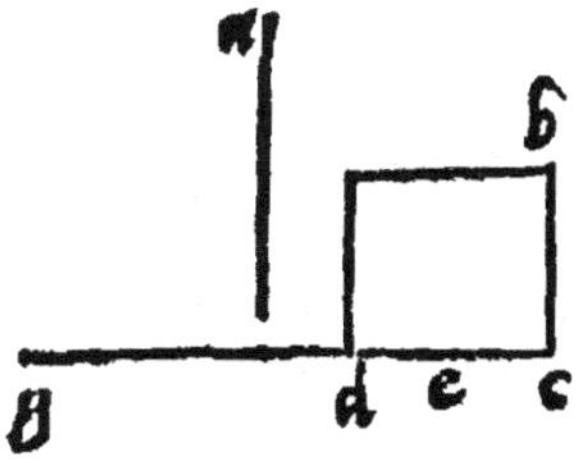

Anchora per questa . 111 . el uole che'l residuo & le altre cinque linee che seguitano quella siano differente fra loro in specie & in diffinitione & in una linea una puol esser sotto a due ouero a piu specie de queste sei linee irrationale, lequal sono el residuo & le cinque compagne di quello , & che tutte le specie del residuo sono differente da tutte le specie de binomio, ne è possibile a una linea esser insieme residuo e binomio , de qua lunque specie de risiduo, ouero binomio, la prima parte in questo modo è manifesta. perche le superficie equale alli quadrati del residuo & delle sue cinque compagne , quando siano aggionte a una linea rationale hanno li secondi lati necessariamente diuersi fra loro (per la nonagesima settima propositione & le cinque sequente quella) & li secondi lati sono el residuo primo e lo secondo & da qui in drieto fina al sesto , la seconda parte è manifesta in questo modo , se una medesima linea puol esser insieme residuo e binomio sia. a. al quadrato della quale alla linea rationale. b.c. sia aggiunta una superficie equale & sia la.b.d.& (per la quinquagesima nona propositione) la linea,c, d, serà binomio primo , & (per la nonagesima settima propositione) residuo primo ; adonque inquanto binomio primo sia diuiso in le sue binomial portioni el ponto.e.& sia la.c.e. la sua maggiore portione laquale serà rationale in longhezza (per la diffinitione)ma in quanto che è residuo primo sia aggionto a quello la, d,g, per la incisione della quale quel serà residuo primo & (per la diffinitione)etiam la,c,g, serà rationale in longhezza conciosia adonque che l'una e l'altra delle due linee, c, g, &, c,e, sia rationale in longhezza etiam la linea, e,g, (per la duodecima propositione) serà rationale in longhezza, ma perche la linea, d, e, è rationale in potentia solamente, conciosia che quella (per el presupposito) si è la minore portione del binomio primo , la linea, d, g, (per la settuagesima terza propositione) serà residuo : & perche quella era rationale solamente in potentia conciosia , che per la incisione di quella la linea, c, d, fusse stato residuo primo seguita lo impossibile (per la settuagesima terza propositione) laqualcosa acciothe piu chiaro appara sia aggiunta alla linea, b, c, rationale la superficie, b, d, equale al quadrato della linea, d, g, conciosia adonque che la linea, d, g, sia rationale solamē te in potentia (per la uigesima propositione)la linea, c, d, serà rationale in longhezza, & conciosia anchora che la linea , d , g , sia residuo (per la nonagesima settima propositione) la linea. c, d, serà residuo primo laqualcosa non puol essere conciosia che la linea laquale è detta residuo è irrationale , (per la settuagesima terza propositione .

Theorema. 88. Propositione. 112.

107 La linea che se dice residuo ouer alcuna delle irrationale , che sono dapoi quella, non puo star sotto al termine del binomio ouero sotto al termine, & ordine de alcuna delle altre linee irrationale che seguitano drieto al binomio , & conciosia che l'ordine delle linee irrationale sia

possibile

possibile esset produtto in infinito: non è possibile alcuna di quelle cõuenire in termine & ordine con quella che precederà.

El uole per questa propositione che le tredese linee irrationale delle quale in questo decimo e stato dimostrato & queste sono la linea mediale, el binomio, & le sue cinque compagne, el residuo & le cinque compagne di quello, siano fra loro differente a una per una in specie, & che niuna linea, una possi essere insieme sotto a due, ouero a più specie di quelle, & che le specie delle linee irrationale posseno esser produtte in infinito delle quale niuna conuien con l'altra in diffinitione è ordine, & che queste tredese linee (cioe la mediale, el binomio & le cinque compagne di quello, el residuo & le cinque compagne di quello) sian irrationale aricordate che egliè stato dimostrato di sopra della mediale in la uigesima terza & del binomio, & delle cinque compagne di quello in la trigesima quinta & in le cinque che seguitano quella, & del residuo & delle sue. 5. compagne in la settuagesima terza, & in le cinque che seguitano quella, ma che niuna di queste tredese linee irrationale possi conuenire in specie con alcuna delle altre linee in questo modo se apprende, poniamo che a una medesima linea rationale in longhezza, siano aggionte le superficie equale alli quadrati delle predette tredese linee irrationale secondo che seguitano fra loro per ordine, & (per la uigesimaquarta) lo lato secondo della prima di queste tredese superficie serà rationale solamente in potentia, & li secondi lati della seconda de queste tredese superficie & delle cinque che seguitano quella, seranno tutte le specie di binomij per ordine cioe el binomio primo, secondo, & da li in dietro per fina al sesto, & questo se ben te aricordi fu dimostrato in la quinquagesima nona, & in le cinque che seguitano dietro a quella, & li secondi lati della terza superficie, & delle cinque che seguitano quella. sono le specie di residui per ordine, cioe el residuo primo, & lo residuo secondo, & da li in dietro per fina al sesto laqual cosa lo hauesti (dalla nonagesimasettima, & dalle cinque che seguitano quella) conciosia adonque che detta linea rationale solamente in potentia non conuenga con alcuna specie di binomij ouero con alcuna di residui, perche ogni binomio (per la trigesima quinta) & ogni residuo (per la settuagesima terza) e linea irrationale e in longhezza e in potentia, & conciosia che niuna specie di residui conuenga con alcuna specie de binomi (per la seconda parte della precedente) segnita che tutti li secondi lati de queste tredese superficie. siano fra loro diuerse e però (per la prima del sesto) etiam quelle tredese superficie sono diuerse conciosia che la altezza de ogn'una di quelle sia una medesima per laqual cosa etiam esse tredese linee irrationale proposte sono a una per una diuerse, ma le specie di queste tredese linee irrationale le possono esser produtte in infinito, perche le specie delle linee mediale sono infinite, anchora infinite quelle di binomij, & cosi de grado in grado laqual cosa si manifesta in questo modo. sia la linea. a. mediale & sia tolta la unità & qual si uo

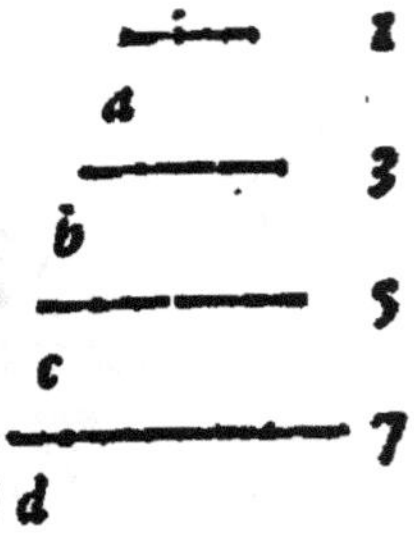

glia

gli.a numeri primi come.3.5.e.7. & siano artante le linee . b . c. d. quanto sono li numeri primi tolti & siano li quadrati de queste linee. b.c. d. al quadrato dalla.a. si come li numeri primi alla unità & (per la uigesima quinta) le linee. b. c.d. seranno mediale, perche esse communicano in potentia con la linea. a. mediale, ma tutte seranno diuerse dalla . a . in longhezza etiam fra loro (per la ultima parte della nona) perche la proportione de niuno de questi numeri alla unità, ne de alcuno de quelli all'altro (per la decimasettima & ottaua & per el correlario della seconda del ottauo & per el presente presupposito) è si come de numero quadrato a numero quadrato, adonque la. a. & cadauna a quella commuaicante in longhezza serà sotto la prima specie delle linee mediale. & la.b. & cadaune a se communicante in longhezza serà sotto alla seconda: & la. c. & tutte le communicante ouero commensurabile a quella medema serà sotto alla terza, anchora la. d. & tutte quelle che sono a lei communicante in longhezza serà sotto alla quarta, & perche li numeri primi sono infiniti (come per la. 21. del.9. fu dimostrato) è necessario le specie delle linee mediale essere infinite, et quello che è detto della linea mediale intende del binomio et delle sue cinque compagne, et del residuo et delle sue cinque. Perche si come ogni linea communicante alla mediale, è mediale ouero communichi a quella in longhezza ouer in potentia come è prouato (in la uigesima quinta) cosi etiam ogni linea communicante al binomio ouero ad alcuna delle sue cinque compagne ouer etiam al residuo ouer ad alcuna delle sue cinque compagne in longhezza ouer in potentia e sotto la medesima specie con seco (come fu prouado in la sexagesima quinta & in le quattro che seguita drieto a quella & in la.103 .& in le quattro che seguitano quella, adonque le specie di queste tredece linee irrationale sono infinite delle quale niuna conuiene con la precedente in ordine, ouer in diffinitione, anchora per un'altro modo le specie delle linee irrationale differentemente conuengono esser infinite perche ogni lato tetragonico de una superficie detta da uno numero non quadrato è irrationale (per la ultima parte della nona & per le diffinitione) conciosia adonque che tali numeri siano infiniti, anchora le specie di queste linee irrationale seranno infinite. Terzo modo, puo auenire la seconda parte da questa conclusione esser isposta cosi come se noi dicessimo da cadauna linea rationale solamente in potentia esser produtto infinite specie de linee irrationale delle quale niuna è possibile conuenire in diffinitione & ordine con alcuna de quelle che procederanno quella, uerbi gratia, sia tolta alcuna superficie rationale detta ouer nominata da uno numero non quadrato (come seria a dir da cinque,) & lo lato tetragonico de quella serà irrationale in longhezza, perche quello è incommensurabile al lato tetragonico de una superficie rationale detta, ouer nominata da uno numero quadrato (per la ultima parte della nona propositione) dico adonque

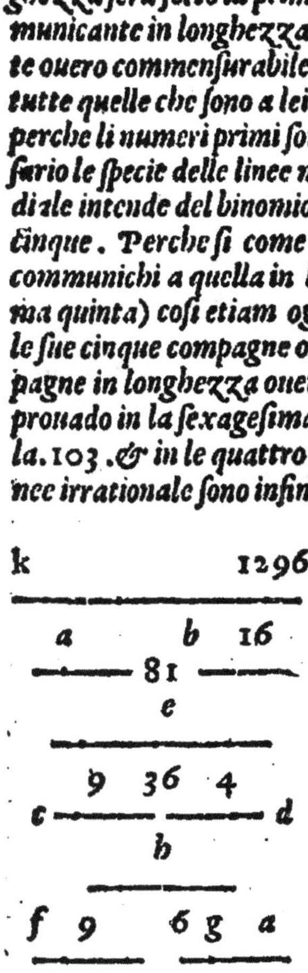

che

che el latò de questo lato & similmente lo lato del secondo lato, & un'altra uolta el lato di questo terzo lato, & cosi in infinito sono linee irrationale si in longhezza come in potentia, & che niuna di quelle conuien in diffinitione ouer in specie con al cuna che habbia proceduto quella in ordine & lo lato tetragonico de ciascuna precedente superficie laquale serà detta da uno numero non quadrato è si come radice è principio de tutte la altre, & quala si uoglia de quelle è principio de tutte quelle che seguitano quella & tutte quelle linee lequale uengono da alcuno lato tetragonico de ciascuna de tale superficie sono diuerse in longhezza, & in potentia da tutte quelle che sono generate da alcuno altro lato tetragonico di tal superficie. & questo dico quando la proportione de queste superficie non serà si come de numero quadrato a numero quadrato, & acciochc di questa possiamo reccogliere la ferma demostratione el bisogna mandare auanti a quella uno antecedente, & sia questo.

Se alcuna quantità sia produtta da due quantità dutte l'una in l'altra, li lati tetragonici delle dette due quantità dutti in l'uno in l'altro produceranno tutto el lato tetragonico di quel primo produtto.

Verbi gratia poniamo che dal. a. in. b. sia produtto. k. & che. c. &. d. siano li lati tetragonici de. a. & .b. & dal. c. in. d. sia fatto. e. & da nuouo. f. & .g. siano li lati tetragonici de. c. &. d. & dal. f. in. g. sia fatto. h. dico che. h. è el lato tetragonico de. e. & similmente. e. è el lato tetragonico de. k. perche conciosia che. c. & .h. siano fatti dal. f. in se medesimo & in. g. serà dal, c, al, h, si come dal. f. g. & cosi dal. h. al d. si come dal. f. al. g. imperoche dal. g. in. f. & in se medesimo uien fatti. h. & .d. adonque. c. h. d. sono continuamente proportionali, adonque tanto è el produto del. h. in se medesimo quanto quello del. c. in. d. per laqual cosa. h. è el lato tetragonico de. e. anchora per la medesima ragione conciosia che dal. c. in se medesimo sia fatto. a. et in. d. sia fatto. e. & dal. d. in se sia fatto. b. seranno etiam a. e. b. cõtinuamente proportionali in la proportione che è dal. c. al. d. conciosia adonque che dal. a. in. b. sia fatto. k. seguita etiã che dal. e. in se medesimo sia fatto. k. per laqual cosa. e. è el lato tetragonico de. k. adonque è manifesto el proposito. Resta adonque a dimostrare quello che fu proposto, sia adonque la superficie. a. rationale detta da uno numero che non sia quadrato (come. 5.) & sia la linea. a. el lato tetragonico di quella & siano tolte quãte linee si uoglian rationale in longhezza lequale siano. b. c. d. e. et siano dette da numeri di quali ciascun precedente sia el lato tetragonico del prossimo sequẽte, come se, b, sia, duoi el. c. sia quattro el. d. sedeci & lo. e. ducento cinquanta sei & a queste linee rationale in longhezza sia aggiunto una superficie equale alla. a. & li secondi lati di cadauna seranno rationali in longhezza (per la uigesima) come lo secondo lato della, b, è duoi e mezzo lo secondo della. c. è uno & uno quarto. & lo secondo della, d, è uno e uno quarto & uno sedecesimo (cioè un è cinque sedecesimi) & lo secondo lato della su-

la. g. ℞ 2 $\frac{1}{2}$ utrobiq;
la. f. ℞ 2

la linea. a.	℞	5
la linea. l.	℞ ℞	5
la linea. q.	℞ ℞ ℞	5
la linea. x.	℞ ℞ ℞ ℞	5.

la superficie.e.serà uno.64.esimo & uno.256.esimo. (cioe in summa cinque.256.esimi) sia adonque.f.lo lato tetragonico della.b. & la.g.sia el lato tetragonico del secondo lato della detta superficie. b. & (per lo premesso antecedente) serà che dal.f.in.g.sia fatto.a. linea cioe ℞ 5. un'altra uolta sia la.h. lo lato tetragonico del secondo

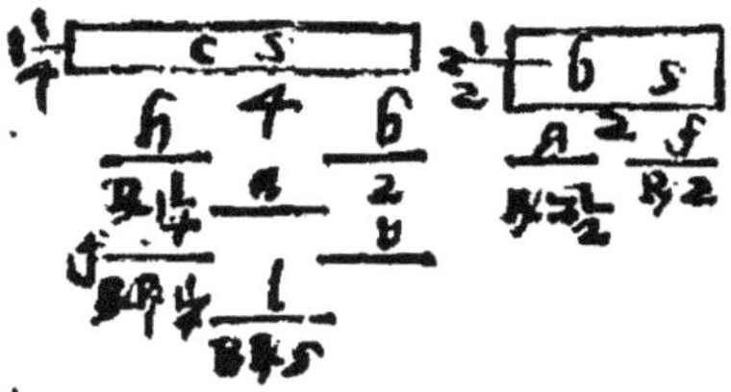

lato della superficie. c. & sia anchora. k. el lato tetragonico de.h.& per lo predetto antecedente serà che dal.h.in.h.sia fatto. a. & dal.f.in k.sia fatto el lato tetragonico de a.qual sia.l.sia ancora m.lo lato tetragonico del secondo lato della superficie. d. & quando che.n.sia el lato tetragonico de m.& p.el lato tetragonico de n.& (per lo

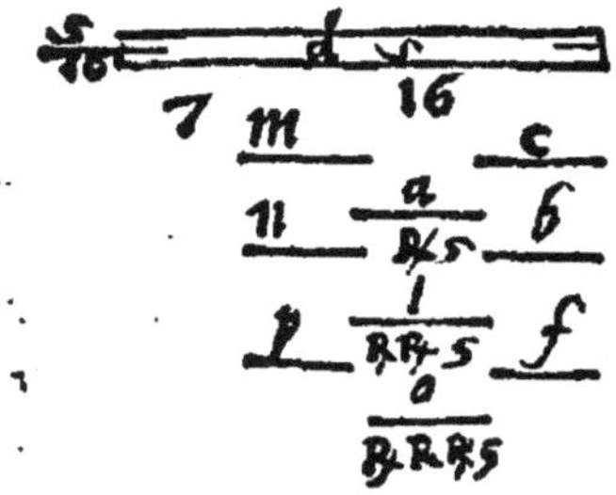

predetto antecedente)serà che dal.c.in m.sia fatto.a. & dal.b.in.n.sia fatto l.& dal.f.in p.sia fatto el lato tetragonico de l.(qual sia.q.) ma piu sia.r.el lato tetragonico del secondo lato della superficie, e, anchora sia s. lo lato tetragonico de.r. & t.lo lato tetragonico de.s.& .u.sia lo lato tetragonico de.t.& seguita (per lo detto antecedente)che dal.d.in r.sia fatto a.& dal c.in s.sia fatto l.& dal b.in t.sia fatto.q. & etiã da l. f.in u.sia fatto el lato tetragonico de q.(qual sia.x.)

& cosi in infinito. Dico adonque queste linee. a.l. q.x.(dellequal la.a.è come radical principio)esser irrationale la.a.solamente in longhezza,tutte le altre in longhezza & in potentia,& dico che niuna di quelle conuien con alcun'altra in diffinitione,ouer in ordine.perche conciosia che dal.f.in.g. & k.uengono fatti.a.& .l.serà dal.a.al.l.si come dal.g.al.k.& perche(come è manifesto dalli detti

presuppositi)g.& k.sono incommensurabili in longhezza & in potentia, seguita etiam che.a.& .l.siano incommensurabili in longhezza & in potẽtia & per la medesima ragione etiam.a. & .q. perche dal.a.al.q.e si come dal.g.al p.& per la medesima causa etiam.a. & . x.conciosia che siano si come.g. & .u. & per questa uia anchora è necessario che l. & q. siano similmente incommensurabili si in potentia quanto in longhezza, perche conciosia che dal.f. in k, & p.siano fatti.l. & .q.serà del.l.al.q. come del.k.al. p. ma.k.e . p. non sono commensurabili in longhezza ne in potentia . perche essendo commensurabili.h. & .n.seriano commensurabili. & non sono, anchora,l,&,x, è necessario esser incommensurabili in l'uno e l'altro modo perche dal, l, al, x,e si come dal,k. al.u.imperoche dal.f.in k. & u.sono fatti,l,& x,&,k. &, u,sono incommensurabile in l'uno & l'altro modo, perche ponendo che fusseno per l'aduersario seguiria,t,&,h, esser commensurabili che è inconueniente.

Ma

Ma che .q. & .x. siano anchora incommensurabili in potentia & in longhezza da questo è manifesto che dal .q. al .x. e si come dal .p. al .u. et è manifesto che .p. et .t. sono incommensurabile, perche se non sono .n. & .t. seranno commensurabili e pero etiam, m, & ,s, & non sono, adonque è manifesto dalla linea .a. rationale solamente in potentia esser produtte infinite linee irrationale, incommensurabile in longhezza & in potentia e pero etiam differente in diffinitione e in specie, ma al presente ne resta a dimostrare che tutte le linee irrationale che siano generate per questa uia da alcuna linea rationale solamente in potentia sono diuerse si in longhezza, como in potentia da tutte quelle lequale sian generate per questa uia medesima da qualunque altra linea rationale, solamente in potentia, el quadrato della quale al quadrato della prima non sia si come de numero quadrato a numero quadrato, questo anchora cosi si manifesta, siano, a, & b, rationale solamente in potentia communicanti, ouero siano li lati tetragonici de due superficie detti da numeri non quadrati & sia che quelli numeri non siano in la proportione de alcuni numeri quadrati, anchora le linee che procedeno per questa uia dalla, a, siano, c, d, e, et quelle che procedeno dalla, b, siano, f, g, h, dico che niuna delle linee, c, d, e, communica in longhezza ouer in potentia con alcuna delle linee, f, g, h, perche conciosia che, c, & ,f, sian li lati tetragonici de, a, & ,b, & ,d, & g, sian li lati tetragonici de, c, & f, & ,e, & h, siano li lati tetragonici de, d, & ,g, nõ è possibile che alcuna de queste, c, d, e, cõmunichi con la sua comparata delle, f, g, h, ouer in longhezza, ouer in potentia, perche posto che, e, communichi o in l'uno o l'altro modo con, h, seguita che, d, cõmunichi con, g, & ,c, con, f, per laqual cosa e etiam, a, con, b, in longhezza che contra al presupposito, et è uniuersalmente uero dire qual se uoglia de queste esser incõmensurabile in l'uno e l'altro modo a quala si uoglia de queste impero che dato che, d, cõmunichi cõ h, etiam in potẽtia solamente, seguita che anchor .c. communichi con, g, & a, con, f, laqual cosa non è possibile ma bisogna auertir che quãdo dico el lato del lato nõ intendo altro che'l lato d'una superficie denominata dal primo lato onde lo lato tetragonico della linea, a, chiamo quella linea che po in la superficie detta ouer denominata dalla linea, a, e tal superficie e quella laquale è contenuta dalla linea, a, e da una linea rationale in longhezza detta ouer denominata da uno, adonque sel te pare de trouar el lato tetragonico de qual linea te piace sia la linea, a, della qual uoglio trouar el lato tetragonico e sia .b. una linea rationale in longhezza denominata dalla unita (e quella e la minima de tutte le linee rational numerate da intreghi e la, c, sia nel medio luoco proportionale fra quelle adonque, c, (per la 16. del sesto) e el lato tetragonico de, a, pche dal, a, in, b, e dal, c, in se uien fatto una medesima superficie, e la superficie fatta dal, a, in, b, e detta dal, a, perche cadauna quãtità laqual sia produtta da qual si uoglia quãtità dutta in uno e denominata da qlla che multiplica uno, e nota che quando, c, serà el lato tetragonico della linea, a, indefferẽ

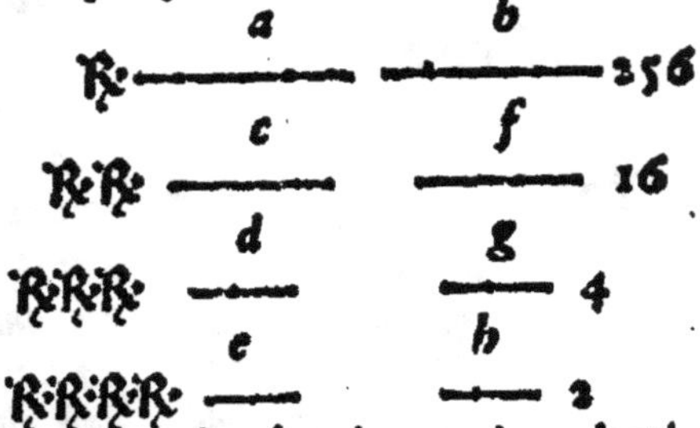

tenente la linea, c, accade esser maggiore & minore della linea, a, si come serà etiã b, maggiore ouer minore.

Il Tradottore.

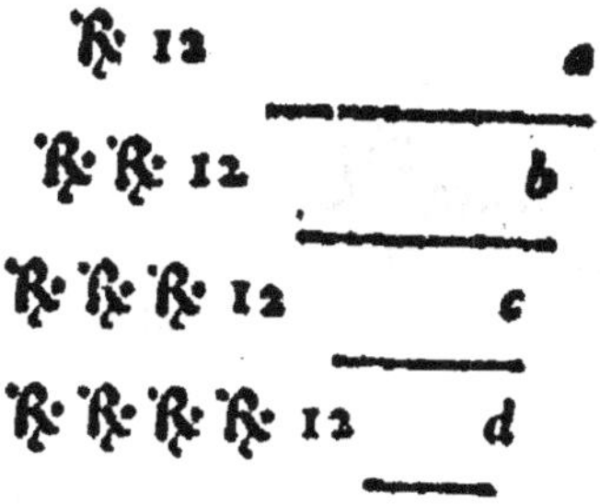

Questa soprascritta propositione in la prima tradottione e la ultima di questo decimo libro & tutte le propositioni che seguitano per fin in ultimo de questo decimo (lequale sono sette) se ritrouano solamente in la seconda tradottione. anchora bisogna notare che lo ispositore sopra la seconda parte con parole assai oscuramente isprime il suo concetto ma in sostantia non uol inferire altro saluo che se'l serà una linea rationale solamente in potentia (che da pratti ci se chiamano radice sorde) poniamo, a, laqual sia radice quadra di duodeci piedi superficiali & di questa, a, essendo trouato il lato tetragonico (cioe della superficie contenuta sotto della linea. a. & di un'altra linea longa un pie) laqual superficie ueria a esser pur la radice di duodeci cioe torne un'altra uolta la radice quala sia, b, el qual. b. (parlando praticalmente) serà la radice della radice di duodeci aqual ueria a esser una linea mediale incommensurabile alla, a, in longhezza e in potentia, & diuersa da quella in diffinition, hor tolendo un'altra uolta la radice dil. b. (per il detto modo) qual sia, c, elqual serà detto ℞ ℞ ℞ duodeci e questo. c. serà differente in diffinitione dal. a. & . dal. b. e cosi procedendo cioe tolendo la ℞ del, c, quala sia, d, & cosi se potrà procedere in infinito il medesimo seguiria tolendo la, a, una delle. 13. linee irrationale e procedere come di sopra è detto.

Theorema. 89. Propositione. 113.

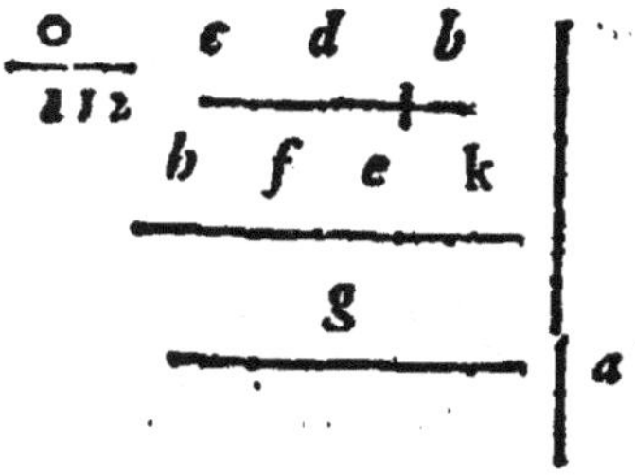

Posta una superficie rationale sopra a uno binomio la larghezza di quella serà un residuo, li nomi del quale seranno commensurabil alli nomi di quel binomio & in una medesima proportione, & oltra di questo quello che uien produtto dal detto residuo hauer un medemo ordine, a quello che uien produtto dal detto binomio.

Di quà si caua nella pratica di numeri che a multiplicar qual si uoglia binomio quadrato fia il suo reciso ouer a quello commensurabile, produce numero rationale.

Sia la linea. a. rationale & la. b. c. sia uno binomio, el nome maggiore dil quale sia, d, c, & lo rettangolo che se contiene sotto delle due linee, b, e, e, f, sia equale al quadrato della. a. hor dico che la detta, e, f, e uno residuo li nomi del quale sono commensurabili a quelli del binomio cioe alli detti. c. d. & . d. b. & in una medesima proportione, & oltra di questo la, e, f, ha una medesima proportione alla detta, b, c, per dimostrar questo sia un'altra uolta quello che è contenuto sotto della, d, b, & della. g. equale g, equale al quadrato della, a, adonque quello che contenuto sotto delle, b, c, & e, f, equale a quello che contenuto sotto delle, b, d, & , g, adonque (per la seconda parte della sestadecima del sesto) si come è la, c, b, alla, b, d, così è la, g, alla, e, f, & la, c, b, è maggior della, b, d, adonque (per la decima quarta del quinto) & la, g, è maggiore della, e, f, sia la, e, b, equale alla, g, adonque (per la settima & undecima del quinto,) si come è la, c, b, alla, b, d, così è la, b, e, alla, e, f, adõque (per la decima settima del quinto) è manifesto che si come la. c. d. alla. d. b. così è la. b. f. alla. f. e. & si come la. b. f. alla. f. e. così sia fatta la. f. k. alla. k. e. adonque tutta la. b. k. (per la terzadecima del quinto) a tutta la. k. f. e si come la. f. k. alla. k. e. perche si come uno de antecedenti a uno di conseguenti, così è tutti li antecedenti a tutti li consequenti & (per la undecima del quinto) si come la. f. k. alla. k. e. così è la. c. d. alla. d. b. adõque per la detta undecima del quinto) & si come la. b. K. alla. k. f. così è la. c. d. alla. d. b. & lo quadrato della. c. d. e commensurabile a quello della, b, d, adonque (per la decima quarta de questo) & lo quadrato della. b. k. è commensurabile a quello della, f, k. & (per la decima ottaua del sesto) si come è lo quadrato della. b. k. a quello della, k, f, così è la, b, k, alla. K. e. perche quelle tre linee. b. K: k. f. & K. e. sono continuamente proportionale, adonque (per la decima quarta de questo) la, b, K, e commensurabile in longhezza alla. K. e. per laqual cosa (per la duodecima di questo) & la, b, e, è commensurabile alla. e. k. in longhezza, & perche (dal presupposito) lo quadrato de, a, è equale a quello che contenuto sotto delle due linee, e, b, b, d, & lo quadrato de, a, e rationale adonque etiam quello che contenuto sotto delle due linee; e, b, b, d, è rationale & è posta sopra a quella, b, d, rationale, adonque etiam la, e, b, e rationale et commensurabile in longhezza, alla detta, b, d, per laqual cosa la, e, K, (a quella commensurabile) e rationale è commensurabile alla medesima, b, d, in longhezza, adonque perche si come è la, c, d, alla, d, b, così è la, f, k, alla, k, e, & le dette, c, d, d, b, sono commensurabile solamente in potentia adonque etiam le dette, f, K, K, e. (per la decima quarta de questo) sono commensurabile solamente in potentia, etiam la, k, e, è rationale & commensurabile in longhezza alla, b, d, adonque la, K, f, e rationale & alla, c, d, commensurabile in longhezza, adonque le due, f, K, k, e, sono rationale commensurabile solamente in potentia (per la decima quarta di questo) adonque la, f, e, è uno residuo & e certo che la, c, d, e piu potente del, a, d, b, ouer in el quadrato d'una linea a se commensurabile ouero a se incommensurabile, certamente se la, c, d, puo piu della, d, b, in el quadrato di una linea a se commensurabile etiam la. f. k. (per la sestadecima de questo) puo piu della. k. e. in e quadrato di una linea a se commensurabile, & se la. c. d. serà commensurabile al una posta rationale in longhezza etiam la, f, K, & se la serà la. d. b. etiam la. k. e. & se ne l'una ne l'altra delle dette. c. d. & . d. b. etiam ne l'una ne l'altra delle dette, f, K, K. e. ma se la. c. d. puo piu de essa. b. d. in el quadrato di una linea a se incommensurabile etiam la. f. K. puo piu de essa. K. e. in el quadrato di una linea a se incommensurabile & se la, c, d, e commensurabile in longhezza a una proposta rationale & similmente la, f, K, & se la, b, d, & la, K, e, & se ne l'una ne l'altra delle c, d, d, b, etiã ne l'una ne l'altra delle, f, K, K, e per laqual cosa la detta, f, e, e residuo.

della quale li nomi, f, κ, κ, e, sono commensurabili a quelli nomi che sono del binomio cioe a essi. c.d.d.b. & in la medesima proportione, & ha el medesimo ordine a esso. b.c. che era da demostrare.

Il Tradottore.

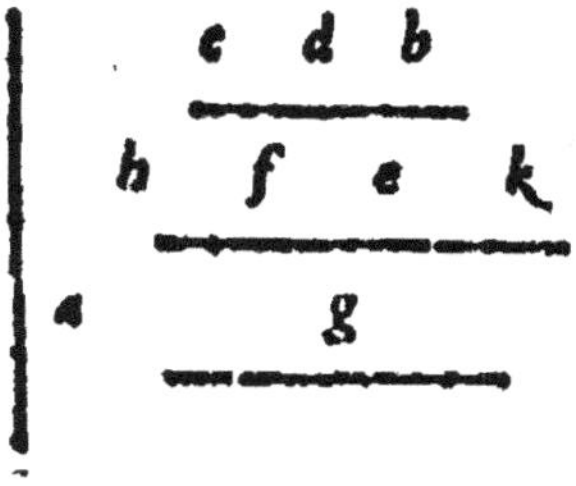

Per trouar la linea. f.k. che sia in proportione al. e. k, come e la. b.f. al. f.e. cauarai la. f.e. dalla. b.f. (perche la. b.f. è maggiore della. f.e. perche etiam la. c.d. è maggiore della. d.b. per el presupposito) & torai la differentia de diuti. b.f. & f.e. qual poniamo sia. l. poi si come la. l. alla. b.f. trouerai la quarta in quella proportione al. f.e. qual pongo sia. f.K. dalqual ne cauaremo la. f.e. restarà. e.k. per suo consequente come uedi in figura.

Anchora bisogna notare che il commentatore non dimostra la seconda parte della propositione cioe il produtto del residuo in se hauere uno medesimo ordine al produtto del binomio in se laqual cosa facilmente demostrarai in questo modo ponendo li detti duoi quadrati sopra a una linea rationale & lo secondo lato di l'un (per la quinquagesima nona) serà binomio primo & di l'altro (per la nonagesima settima) serà residuo primo, & perche li nomi del binomio & del residuo haueranno uno medesimo ordine fra loro per ilche (per la prima del sesto) le loro superficie haueranno il medesimo ordine che è il proposito.

Theorema. 91. Propositione. 114.

113 Mettendo una superficie rationale sopra uno residuo, la larghezza forma uno binomio, li nomi dilquale sono commensurabili alli nomi di esso residuo & in una medesima proportione & oltra di questo quello che è generato dal binomio, ottiene uno medesimo ordine a quello che generato dal residuo.

Di qua si caua nella prattica che a dure ogni residuo nel suo binomio (ouer a quel commensurabile) produce numero rationale.

Sia la rationale. a. & lo residuo sia la. b: d. & al quadrato della. a. sia equale a quello che se contiene sotto delle. b. d. & . k. b. acciochè quella superficie rationale fatta dalla. a. posta sopra a essa. b. d. (residuo) la larghezza di quella faccia la detta. k. b. Dico che la. k. b. è uno binomio li nomi dil quale sono commensurabili alli nomi del detto. b. d. & in una medesima proportione. & che la medesima. k. b. hauerà uno medesimo ordine alla. b. d. sia la. d. e. la linea continente alla

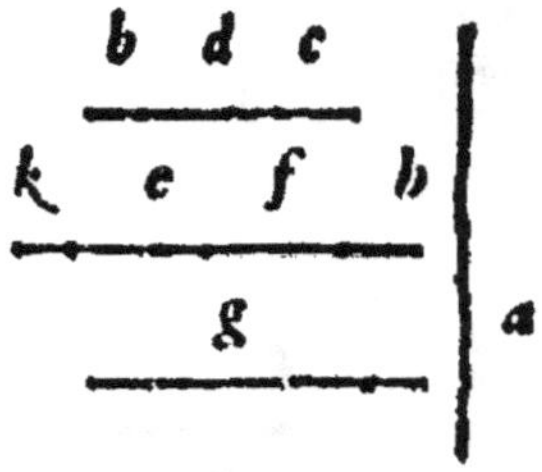

alla,b,d,(per la settuagesima nona di questo)adonque le due linee,b,c,c,d, (per la settuagesima terza di questo) sono rationali commensurabili solamente in potentia & a quella superficie fatta dal,a. in se sia equale a quella che contenuta sotto delle due linee,b,c,&,g,& posta sopra alla,b,c, rationale adonque (per la uigesima de questo) la,g, è rationale & commensurabile in longhezza alla detta, b , c, adonque perche quello che è contenuto sotto delle due linee,b,c,&,g, è equale a quello che contenuto sotto del le due,b,d,&,k.h.(per la sestadecima del sesto) sono proportionale cioe si come la. b.c.alla.b.d.cosi è la.k.h.alla.g.& la.b.c.è maggiore della.b. d. adonque etiam la k.h.è maggiore della.g.sia tolta ouero tagliata la.h.e.equale alla.g.adonque la.k. e.è commensurabile, alla.b.e.in longhezza,et perche si come è la,c,b,alla,b,d,cosi è la.h.k.alla.k.e.conuertendo adonque(per lo correlario della decima nona del 5.) si com'è la.b.c.alla.c.d.cosi è la.k.h.alla.h.e.hor si come la.k.h.alla.h.e. cosi sia fatta la.h.f.alla.f.e.adonque & la rimanente.k.f.alla.h.f.e si come la.k.h.alla.h.e.et questo è si come la.b.c.alla c.d.& le dette.b.c.& c.d.sono commensurabile solamẽte in potentia , adonque (per la decima quarta de questo) le dette due.k.f.&.f.h. sono commensurabile solamente in potentia,& perche si come la.K.h.alla. h. e.cosi è la.k.f.alla.h.f.ma si come la.k.h.alla.h.e.cosi è la.h.f.alla.f.e,adonque(per la undecima del quinto)etiam si come la.k.f.alla.f.h.cosi è la.h.f.alla.f.e.per laqualcosa (per el correlario della decima nona del sesto) si come la prima alla terza & cosi è el quadrato della prima al quadrato della seconda . adonque (per la undecima del quinto) & si come la.K.f.alla.f.h.& la.h.f.alla.f.e.cosi è el quadrato della.k.f.al quadrato della.f.h.& lo quadrato della.k.f. è commensurabile al quadrato della. f.h.perche le dette.K.f. &.f.h.sono commensurabile in potentia , adonque (per la decima quarta de questo) la.k.f.e commensurabile alla . f. e. in longhezza,per laqualcosa etiam la.e.k. (per la duodecima di questo)e commensurabile in longhezza alla.f. e. & (per la decima di questo) la.K.f.è rationale & commensurabile in longhezza alla.b.c.& perche si come la.b.c.alla.c.d.cosi è la.k.f.alla.f.h. anchora premutatamente (per la sestadecima del quinto)si come è la.b.c.alla.K.f.cosi e la d.c.alla.f.h.& la.b.c.è commensurabile alla.k. f.adonque etiam la.f. h.è commensurabile alla. c.d. & esse.b.c.c.d. sono rationale commensurabile solamente in potentia,adonque etiam esse.k,f.&.f.h.sono rationale commensurabile solamente in potentia , adonque la,k.h. e uno binomio , adonque (per la sestadecima di questo) se la . b. c. e piu potente della . b. d. in el quadrato d'una linea a se commensurabile etiam la . k. f. serà piu potente della . f. h. in el quadrato d'una linea a se commensurabile & se la. b. c. e commensurabile in longhezza a una posta rationale , & la.f. h.anchora, ma se ne l'una ne l'altra delle due,b,c,&,c, d, etiam ne l'una ne l'altra delle due.k.f.&.f.h.ma se la.b.c.è piu potente della.c.d.inel quadrato di una linea a se incommensurabile , similmente la.k.f.serà piu potente della.f.h. inel quadrato d'una linea a se incommensurabile , & se la. b. c . è commensurabile in longhezza una posta rationale, similmente etiam la. K.f.& se la.c.d.etiam la.f.h.et se ne l'una ne l'altra delle due,b,c,c,d,similmente ne l'una ne l'altra delle due k.f.f.h.adonque la.k.h.e uno binomio del quale li nomi.K.f.f.h.sono commensurabi li alle due. b.c.c.d.nomi del detto residuo & in una medesima proportion e oltra di questo la.k.h.alla.b.c.hauerà un medemo ordine che era da mostrar.

Il Tradottore.

Doue che di sopra dice (per la undecima del quinto) & si come la. k.f.alla.f.h. & la,f,h, alla, f, c, cosi è il quadrato della,k,f,al quadrato della,f,h, uol inferir, che quelle due pportioni che giaceno fra quelle tre linee cõtinue proportional,in summa sono quanto che quella sola proportione che e del quadrato della, k,f al quadrato della,h,f,(per la undecima del quinto.) Anchora doue che di sopra cõchiude che (per la decima di questo)la,K,f,e rationale e cõmensurabile alla,b,c,in longhezza tal conclusione se uerifica in questo modo,perche di sopra fu demostrato che la,k,e, era rationale(per esser equale alla,g,) e commensurabile alla,b,c,in longhezza et la,k,f,uiẽ a esser commẽsurabile alla medesima,K,e,(per la duodecima di questo) adonque(per la decima di questo) le due linee,b,c,&,k,f,uengono a esser commensurabili e perche la, b, c, e rationale(largo modo)etiam la,K,f,serà rationale(pur largo modo)cioe in longhezza,ouer solamente in potentia.

Anchora bisogna notare che a uoler trouare la,h,f,alla,f,c si come la,h,K,alla h,e,bisogna (per la terzadecima del sesto)far della,h,c,due tal parti proportionali come è anchora la, h, K,alla,h,e,laqual se pone che la sia le,e,f,&,f,h,et la,f,h,al la,f,e,serà si come la,k,h,alla,h,e,poste in longo l'una dricto all'altra.

Anchora bisogna notare che'l pare che la isspositione non dimostri cosa alcuna a proposito, ne che si conuenga a quella seconda parte della propositione(come fu detto anchora nella precedente) cioe doue che'l dice che quello che uien generado,ouero produtto dal binomio, ottiene uno medesimo ordine a quello che uien generado, ouer produtto dal residuo laqual cosa se dimostra si come fu detto sopra la precedente perche l'uno di tali produtti è denominato secondo la denominatione è ordine del binomio primo,& l'altra seconda la denominatione & ordine del residuo primo li quali ordini sono simili ideo,&c.

Theorema.92. Propositione.115.

o 114 Se una area serà compresa sotto a uno residuo & a uno binomio,del quale li nomi siano commensurabili alli nomi del detto residuo, & in una medesima proportione, la linea potente in detta superficie serà rationale.

Sia compresa una area sotto al residuo, a,b,& al binomio, c,d,& siano li nomi de quel binomio,c,e,e,d,(per la. 113.di questo)cõmensurabile alli nomi . a. f. f.b. de quel residuo & in una medesima proportione et sia la,g,la linea potente in quel la superficie contenuta sotto delle, a, b,c, d, dico che la detta linea, g, e rationale

per-

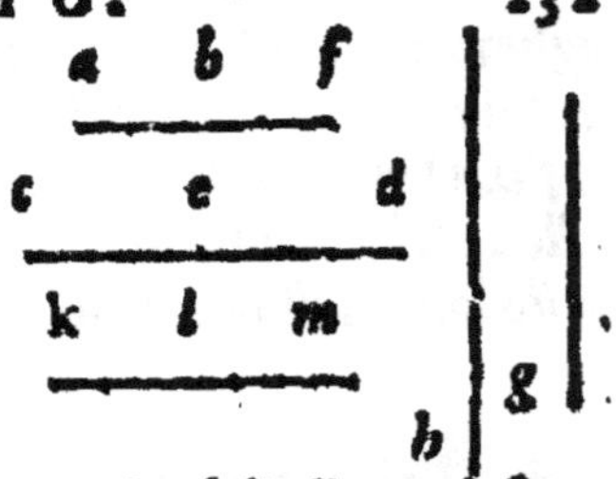

perche essendo posta fora la linea, b, rationale et sia posto sopra la linea, c, d, una superficie equale al quadrato della, b, laqual faccia la larghezza. k. l. adonque. k. l. e uno residuo (per la. 113. di questo) li nomi dil quale (siano. k. m. m. l.) commensurabili alli nomi di quel binomio liquali sono le, c, e, & , e, d, & in una medesima proportione per laqual cosa & le medesime. k, m. l. m. (per la decima di questo) sono commensurabili alle medesime, a, f. f. b, & in una medesima proportione, adonque si come è la, a, f, alla, f, b, cosi è la, k, m, alla, m, l, l'una & l'altra adonque (per la sestadecima del quinto) e si come la, a, f. alla, k, m, cosi è la, b, f, alla, l, m, adonque etiam la restante, a, b, (per la decima noua del quinto) alla restante. k. l. e si come la, a, f, alla, k, m, & la, a, f, e commensurabile alla, k, m, adonque (per la decima quarta de questo) etiam la, a, b, e commensurabile alla, K, l, & per la construttione si come è la, a, b, alla, K, l, cosi è quello che è contenuto sotto delle, c, d, & a, b, a quello che contenuto sotto delle, c, d, & , k, l, adonque etiam quello che contenuto sotto delle, c, d, & , a, b, è commensurabile a quello che contenuto sotto delle, c, d, & , K, l, ma quello che contenuto sotto delle, c, d, & , k, l, è equale al quadrato de, h, adonque quello che contenuto sotto delle, c, d, & , a, b, è commensurabile al quadrato de, h, ma quello che contenuto sotto delle, c, d, a, b, è equale al quadrato della, g, adonque etiam lo quadrato della, g, è commensurabile al quadrato de, h, & lo quadrato de, h, è rationale, adonque etiam lo quadrato de, g, adonque (per la diffinitione de questo) la linea, g, e rationale & quella è la potente in la area contenuta sotto delle due linee, c, d, & , a, b, adonque le una area serà compresa sotto a uno residuo, & lo restante che seguita che era da demostrare.

Il Tradottore.

Che la superficie contenuta sotto delle due linee, a, b, & c, d, alla superficie contenuta sotto delle due. k. l. & c. d. sia si come la linea, a, b, alla linea, K, l, facilmente se uerifica (per la prima del sesto) perche tale superficie hanno una medesima altezza laquale è la linea. c. d.

Correlario.

0/114 Per laqual cosa a noi è fatto manifesto che egliè possibile una area rationale esser cōtenuta sotto de linee rette irrationale.

Theorema. 93. Propositione. 116.

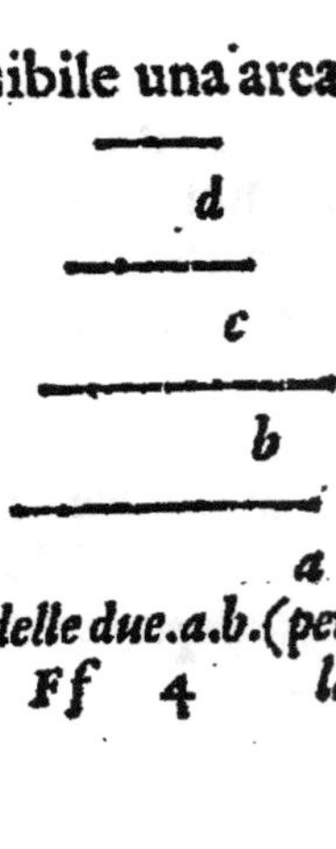

0/115 Infinite linee irrationale, uengono fatte dalla mediale delle quale niuna di quelle simile ouer medesima a niuna di quelle che erano per auanti.

Sia la, a, una linea mediale, Dico che dalla, a. uengono fatte infinite irrationale & niuna è simile ad alcuna delle prime, sia posta fora la linea, b, rationale & a quello che è contenuto sotto delle due. a. b. (per la la decima quarta del secondo) sia equale al quadrato della, c, adonque la linea. c. è irrationale & quello che contenuto sotto a una linea irrationale & a una rationale (per la lemma della uigesima terza de questo) è irrationale & non è simile ad alcuna di quelle prime perche posto el quadrato de alcuna di quelle prime a una rationale la larghezza sarà una mediale, hor sia un'altra uolta quello che cõtenuto sotto delle due, b, c, equale al quadrato della, d, adonque el quadrato della, d, e irrationale et similmente la, d, & non è simile a niuna di quelle prime perche posto el quadrato de alcuna simile sopra a una rationale la larghezza di quella serà simile alla. c. similmente anchora seguitarà questo ordine, procedendo in infinito: adonque è manifesto che dalla mediale uengono fatte infinite irrationale & niuna di quelle è si milead alcune delle prime.

Il Tradottore.

Il procedere di questa ispositione ouero propositione è simile a quello per noi posto sopra la. 112. propositione & è un procedere schietto e chiaro elqual si puo applicare a cadauna altra delle. 13. irrationale.

A demostrare il medesimo altramente.

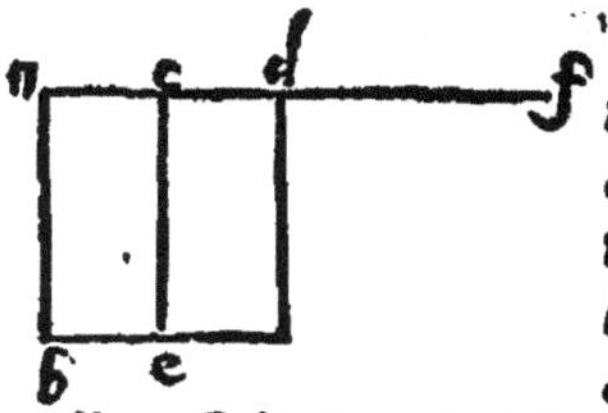

Sia la linea. a.c. mediale. Dico che dalla. a.c. uengono fatte infinite linee irrationale & niuna è simile ad alcuna delle prime, sia estratta la linea. a. b. a angoli retti (per la undecima del primo) sopra alla, a, c, & la. a. b. sia rationale & sia compito lo rettangolo. b. c. adonque il detto rettangolo. b. c. (per la uigesima terza di questo) e irrationale & la linea potente in quello è irrationale, anchora per lo lemma auanti (la uigesima terza di questo) la potente in quello sia la, c, d, adonque la, c, d, è irrationale & non è simile ad alcuna delle prime perche posto el quadrato de alcuna di quelle ad alcuna linea rational farà per larghezza una linea mediale un'altra uolta sia compito lo rettangolo. e. d. adonque lo detto rettangolo. e. d. è irrationale & la linea potente in quello è irrationale & sia la detta potẽte in quello la. d. f. adonque la. d. f. irrationale, e non è simile ad alcuna delle prime per che essendo posto el quadrato de alcuna di quelle: cioe d'una simile sopra una rationale farà la larghezza una simile alla. c. d. adonque da una linea mediale uengono fatte infinite irrationale & lo restante che seguita che era da demostrare.

Il Tradottore.

Con questo medesimo procedere (come di sopra dissi) si puol dimostrare che dal binomio uengono fatte infinite altre linee irrationale delle quale niuna di quelle serà simile ad alcuna delle anciane il medesimo se approuerà de residuo e di cadauna altra delle sue compagne.

Theo-

Theorema. 94. Propositione. 117.

o/116 Ogni linea commensurabile alla linea minore è linea minore.

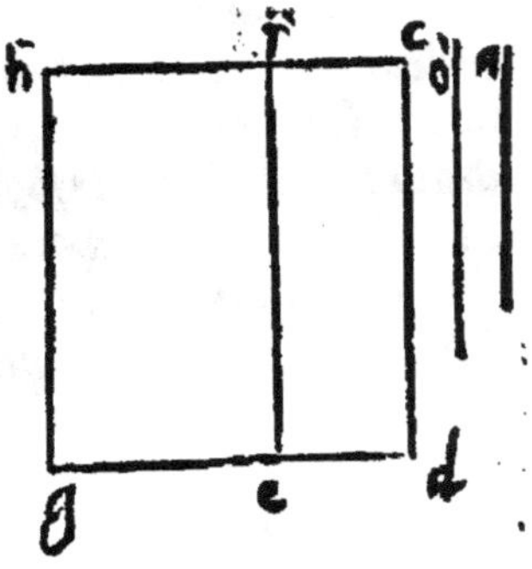

Sia.a.una linea minore & a questa,a,sia commensurabile la. b. dico che la. b. e una linea minore & per dimostrare questo sia posta la. c. d. rationale & sopra quella(per la uigesima ottaua del sesto)sia posta la superficie, c, e, equale al quadrato dalla,a,che fa la larghezza, c, f, adonque la, c, f, e uno residuo, & sop. a la,f,e, sia posta la, f,g, equale al quadrato della,b,che faccia la larghezza,f,h,adonque perche la.a.e commẽsurabile alla, b, etiam lo quadrato della, a, e commensurabile al quadrato della.b.& al quadrato della. a. è equale la superficie. c. e.& al quadrato della. b. è equale la superficie.f.g. adonque la superficie, c,e, è commensurabile alla,f,g,& si come la, c,e, alla,f,g, cosi è la linea,c,f,alla,f,h,adonque la,c,f,è commensurabile alla, f, h, in longhezza & la.c.f.(per la centesima di questo)è residuo quarto,adõque etiam la, f,h,è residuo quarto(per la sexagesima quinta di questo) & la,f,e,è rationale, & se una area sia compresa sotto a una linea rationale, & a uno residuo quarto, la linea potente in quella area e linea minore(per la nonagesima quarta di questo) & la linea potente in la detta area.f.g.e la linea.b.adonque la.b.e linea minore che era da demostrare.

Il Tradottore

A uolere mettere sopra la linea, c,d, la superficie,c,e,equale al quadrato della. a.tal problema non se puol esequire (per la uigesima ottaua del sesto) come dice lo espositore anci alle due linee,c,d,&,a,b,bisogna(per la decima del secondo)truouarui una terza in continua proportionalità quala sia la,c,f,onde la superficie,c,e, serà equale al detto quadrato della.a.

Theorema. 95. Propositione. 118.

o/117 Ogni linea commensurabile con la linea gionta con rationale componente el tutto mediale e linea gionta con rationale componente el tutto mediale.

Sia. a . la linea , gionta con rationale componente el tutto mediale , & la. b. sia commensurabile a quella, dico che la, b, e una linea gionta con rationale componente el tutto mediale, sia esposta la linea. c.d.rationale & sopra la detta.c.d. sia messa la superficie.c.e. equale al quadrato della.a.che faccia la larghezza,c,f, adonque la.c.f.(per la.101.di questo)è residuo quinto,& sopra la,f,e,sia messa la

f.g.

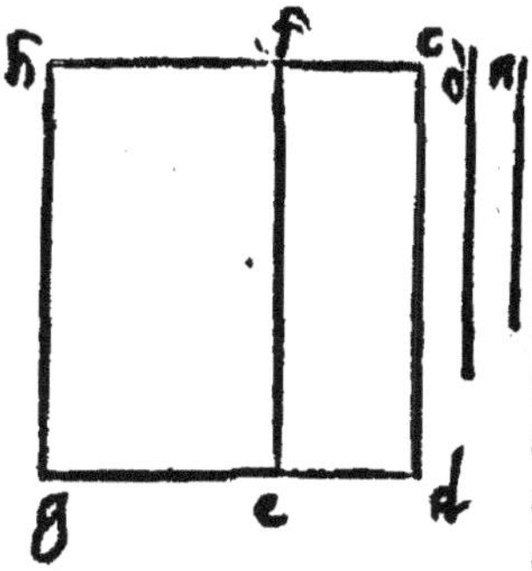

f.g. equale al quadrato della.b.(per la uigesima ottaua del sesto)che faccia la larghezza.f.h. adonque perche la.a.è commensurabile alla. b.adonque lo quadrato de. a.è commensurabile al quadrato de.b. & al quadrato de. a. la superficie. c. e. è equale & al quadrato della.b.è equale la.f.g.adonque la superficie.c. e. commensurabile alla superficie. f. g.perilche la linea. c. f. e commensurabile in longhezza alla.f.h. & la. c.f.e residuo quinto, adonque & la.f.h.e residuo quinto & la.f. e. è rationale & se una area sia compresa sotto a una linea rationale e a un residuo quinto la linea potente in quella area, e la linea gionta con rationale componente el tutto mediale (per la nonagesima quinta di questo) et la linea.b.e la potente in la detta superficie.f.g.adonque.b.e la linea gionta con rationale componente el tutto mediale.che era da demostrare.

Il Tradottore.

Medesimamente quello che in questa lo ispositore uole che se essequisca per la uigesima ottaua del sesto bisogna seuirse della decima del sesto come fu detto sopra la precedente perche la detta uigesima ottaua propositione non è a proposito.

Theorema.96. Propositione.119.

0 / 118 Essendo a noi el proposito di mostrare che in le figure quadrate el diametro è incommensurabile in longhezza al lato.

Sia el quadrato.a.b.c.d.& lo diametro di quella sia. a. c. Dico che lo diametro. a.c.è incommensurabile in longhezza al lato.a. b. perche se egliè possibile (per l'aduersario) che sia commēsurabile, dico che'l aduenirà che'l numero paro, & lo disparo seranno un medesimo, certamente egliè manifesto (per la penultima del primo)che el quadrato del.a. c.è doppio al quadrato del,a,b,& perche la,c,a,è commensurabile alla,a,b,adonque la,a,c,alla,a,b,ha proportione come di numero a numero (per la quinta di questo) hor poniamo che habbia quella che ha lo numero,e,f,al numero,g, & siano,e,f,&,g,li minimi numeri che habbiano la medesima proportione de quelli adōque,e,f,non è la unità perche se,e,f,è la unità & ha la proportione al,g, che ha la,a,c, alla,a,b,& la, a,c, è maggiore della, a, b, adonque la unità,e,f,è maggiore del numero,g, che è impossibile, adonque e,f, non è la unità,adonque è numero,& perche è si come la,a,c,alla,a,b,cosi è, e,f,al,g, adonque (per la undecima del quinto) si come lo quadrato del,c,a, al quadrato del,a,b,cosi è el quadrato del,e,f,al quadrato de,g,& lo quadrato

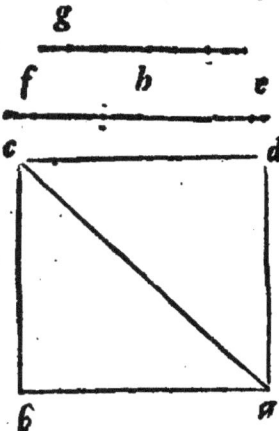

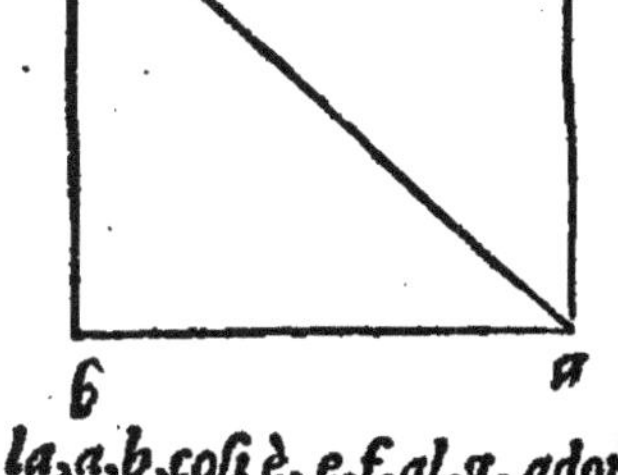

drato de,a,c,è doppio al quadrato de a,b,adonque etiam lo quadrato de,e,f,e doppio al quadrato de,g, adonque al quadrato de, e,f,è numero paro per laqual cosa etiam, e,f, è paro perche se'l fusse disparo el suo quadrato seria disparo(per la uigesima nona del nono) perche essendo composti insieme qualunque numeri dispari & che la moltitudine sia dispara,etiam el tutto serà disparo,adonque,e,f,e pero sia segato (per la la decima del primo), e, f, in due parti equali in ponto,h,& perche li duoi numeri, e,f, g, sono li minimi de quelli che habbiano la medesima proportione (per la uigesima terza del settimo) sono fra loro primi, & lo,e,f,e paro,adonque, g,è disparo, perche se'l fusse paro lo numero binario misuraria tutti duoi,e,f,& , g, & perche el numero paro ha le parti medie:stanti primi fra loro laqualcosa è impossibile,adonque,g, non è numero paro & perche,e,f,è doppio de,e,h,adõque el quadrato de,e,f, è quadruplo al quadrato de,e,h,et lo quadrato de,e,f,è doppio al quadrato de,g,adonque el quadrato de,g,è doppio al quadrato de,h, e,adonque el quadrato de,g, è paro, adonque per le cose dette el,g,è paro & disparo laqualcosa è impossibile e per tanto lo diametro, c,a, non è commensurabile in longhezza al, a, b, adonque egliè incommensurabile.

A demostrare il medesimo altramente.

Altramente è da esser demostrato che el diametro del quadro è incommensurabile al lato, per el diametro sia,a,& per el lato sia,b,dico che,a, è incommensurabile in longhezza al, b,perche se possibile è (per l'aduersario) sia commensurabile & sia fatto un'altra uolta si come a, al,b, cosi sia el numero,e,f,al numero, g , & sian li detti numeri, e,f,g,li minimi di quelli che hanno la medesima proportione, adonque li detti numeri,e,f,g,sono primi fra loro,primamente dico che , g, non è la unità perche se fusse possibile, sia la unità & perche si come,a,al,b,cosi è,e,f, al,g, adonque(per la undecima del quinto)etiam si come el quadrato del, a,al quadrato de, b, cosi è el quadrato de, e,f, al quadrato de,g,& lo quadrato de,a, è doppio al quadrato de,b,adonque & lo quadrato de,e,f,e doppio al quadrato de,g,& g,e la unità adonque el numero binario e numero quadrato laqual cosa è impossibile e per tanto,g, non è la unità adonque è numero & perche e si come el quadrato de, a,al quadrato de,b,cosi è el quadrato de, e,f,al quadrato de, g, una altra uolta si come el quadrato de, b,al quadrato de,a,cosi è el quadrato de,g,al quadrato de,e,f,e lo quadrato de b, misura el quadrato de a. & lo quadrato de, g,misura el quadrato de, e , f, & per esser supposto per l'aduersario che il lato del quadrato de, b,cioe,b,sia commensurabile al lato del quadrato de, a,cioe al,a, perlaqual cosa etiam lo lato del medesimo, g,misura lo lato de, e,f, etiam,g,se misura se medesimo, adonque,g, misura ambidui, e, f, g, liquali son primi fra loro laqual cosa è impossibile & per tanto.

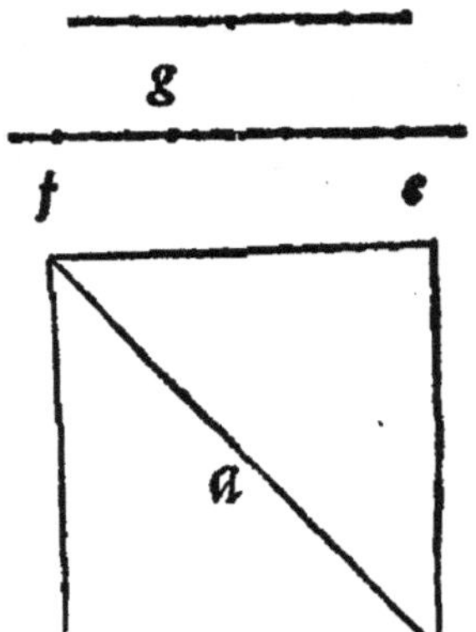

tanto . a . non è commensurabile al. b . adonque è commensurabile, che bisognaua dimostrare.

Il Tradottore.

Questa medesima propositione se dimostra sopra la nona laqual nona e la settima in la prima tradottione.

Le infrascritte sono alcune postille ouer ispianationi sopra la precedente.

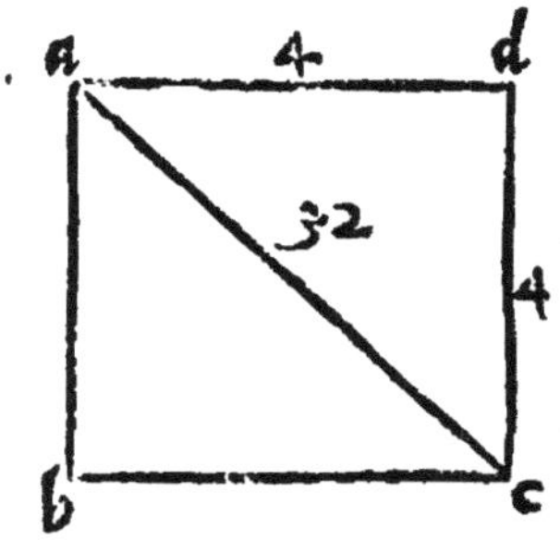

Sia el quadrato. a. b. c . d. & lo diametro di quello sia.a.c.& è manifesto che lo triangolo. c.d. a.è isoscelo cioe che quello lo lato.d.a.equale al lato.d.c.& similmente lo triangolo. a. b . c . è isoscelo, sia adonque el lato.d.a.de quattro unità, ouer de quattro piedi, & sia etiam. c. d. quattro, per laqual cosa è manifesto che el quadrato de. d. a. e. 16. unità ouer . 16 . piedi & cosi etiam el quadrato de. c . d. è sedeci unità ouer piedi ma perche el quadrato de. a. c . è equale a quelli duoi quadrati de.d.a.& . d.c. si come e stato dimostrato in la penultima del primo & è manifesto che el quadrato de.a.c.è doppio al quadrato de. d . a . & lo quadrato de. d . a . e de sedeci unità adonque el quadrato del diametro serà trenta duoi cioe serà el doppio, ma perche le linee commensurabile in longhezza sono quelle che alcuna quantità li misura li quadrati delle quale hanno la proportione come numero quadrato a numero quadrato, ma facendo . 32 . alcuna quantità non lo misura per il lato ne etiam li quadrati de quelle hanno proportione come numero quadrato a numero quadrato, perche niun numero quadrato è doppio d'uno altro.adonque lo diametro è incommensurabile in longhezza al lato : perche quello che fa trentaduoi il lato de.5 .unità e de minuti.39. lequale cinque unità è minuti trenta noue e quattro non hanno alcuna communa misura per laqual cosa trenta duoi a sedeci si come detto non ha proportione come de numero quadrato a numero quadrato.

Il Tradottore.

La soprascritta demostratione è assai confusa & massime doue che el lato del quadrato di trenta dui & cinque unità e. 39. minuti lequale cinque unità & trenta noue minuti & quattro unità non hanno alcuna communa misura &c. laqual parte mi pare fora de proposito in due cose la prima che non so doue lui truoui che el lato del quadrato di trentaduoi sia cinque unità e trenta noue minuti & se pur fussi cosi(laqual cosa non e)el detto lato de cinque unità & trenta noue minuti seria commensurabile alle quattro unità & la communa lor misura seria un minuto laqual cosa è fora del proposito.ideo &c.

Al presente delle trouate rette linee.a. b. incommensurabile in longhezza piu altre sorte quantità ouero grandezze per le due diuisione uengono trouate, dico

delle

delle superficie incommensurabile fra loro, perche se trouaremo la, c, media proportionale frà le due rette linee, a, b, adonque si come è la, a, alla, b, cosi è qualunque specie de superficie descritta sopra la, a, a un'altra simile descritta sopra la, c, o siano quadrati ouer altre figure rette linee simile, ouer etiam cerchij attorno alli diametri, a. & .c. e perche certamente li cerchij fra lor sono si come li quadrati delli loro diametri, adonque sono trouate superficie piane fra loro incommensurabile.

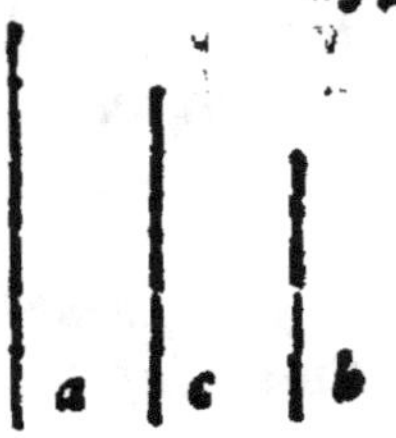

Il Tradottore.

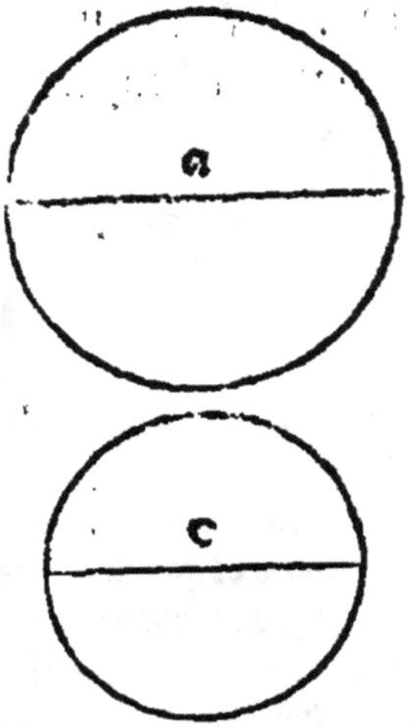

Anchora in questa altra soprascritta ispositione tal commentatore preterisse alquanto l'ordine di l'Auttore massime in quella parte doue dice che li cerchij fra loro sono si come li quadrati delli lor diametri, laqual cosa per le cose dette e dimostrate per fin a questo luoco non habbiamo notitia alcuna di tal cosa. uero che nel aduenire nella seconda propositione del duodecimo se manifesta, ma non è licito a parlar in questo luoco di quelle cose che non se ne ha hauuto notitia ne a uscir di quello che propone il testo.

E per tanto per le demostrate differentie di due diuisioni delle superficie incommensurabili, demostraremo quelle speculationi che sono per li solidi qualmente li solidi sono fra loro commensurabili & incommensurabile, perche si sopra quelli quadrati de, a, &, b, constituemo solidi de superficie equidistanti de equal altezze ouer pyramide, ouer prisme, seranno li detti corpi constituti si come le base & le detti solidi seranno commensurabili, & se le base seranno incommensurabili etiam loro seranno incommensurabili et se dalli duoi proposti cerchij descriueremo coni ouero cylindri de equal altezze, seranno fra loro si come le base, cioe si come li cerchi, a. b. & se essi cerchij sono commensurabili, similmente & essi coni è cylindri seranno commensurabili & se li detti cerchij seranno incommensurabili, anchora li coni è cylindri seranno incommensurabili, & a noi è fatto manifesto che non solamente in le linee, & in le superficie sono commensurabili & incommensurabile, ma questo se ritruoua anchora in le figure solide.

Il Tradottore.

Similmente le soprascritte cose sono fuora de ordine, cioe a uoler parlar de corpi, coni, cylindri, auanti la diffinitione de quelli lequal figure se diffiniscono nel sequente libro.

IL FINE DEL DECIMO LIBRO.

LIBRO VNDECIMO DI EVCLIDE, DI CORPI, IN GENERE.

Diffinitione prima.

1/2 El corpo è quello, che ha longhezza, larghezza, & altezza, li termini dil quale sono superficie.

Il Tradottore.

Q*VESTA prima diffinitione per esser da se chiara altramente non la spongo.*

Diffinitione. 2.

2/2 La linea eretta sopra una superficie è quella che fa li angoli retti, con cadauna delle linee a se conterminale che se ispandano in quella superficie, & questa linea se dice esser perpendicolare sopra a quella superficie, & star sopra a quella medesima orthogonalmente.

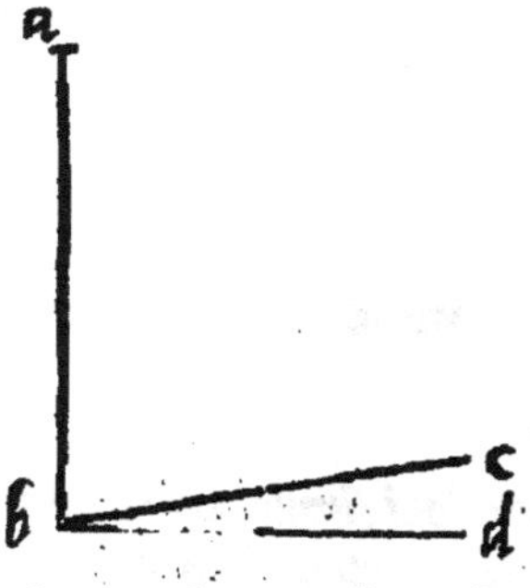

Sia intesa in la linea.a.b.elleuarse sopra el piano talmente che'l ponto.a. sia immaginato in aere & .b. in piano & dal ponto.b. sian dutte piu linee in el medesimo piano, come la, b, c, &, b, d, & quante altre si uoglia, adonque se serà cosi che la linea. a. b. con la linea, b. c. & con la linea.b.d.& con qualunque altra linea protratta dal ponto b. in quel piano cõtenga angolo retto quella è detta esser perpendicolare a quelle superficie in laquale sono protratte queste linee cioe. b.c.& b. d. & altre con lequale quella è posta contenere angolo retto.

Diffinitione. 3.

3/3 Ma una superficie se dice esser eretta sopra a una superficie ogni uolta che da uno medesimo ponto, della linea che è commune termine di quelle superficie, sopra stanno due perpendicolare conterminale continenti angolo retto lequale siano site in quelle superficie.

Verbi gratia sia immaginata la superficie.a.b.c.d.elleuata in aere & la superficie.c. d. e.f. giacere in piano & intendemo la linea. c. d.esser el commun termine de ambedue, e per tanto in quella sia signato el ponto.g. dal quale siano estratte due linee perpendicolare alla linea. c. d. cioe una in la superficie. c. d. e. f. laqual sia la.g.

la.g.k. & l'altra in la superficie.a.b.c.d.laqual sia la.g.h.se adonque l'angolo, che contien queste due linee perpendicolari cioe.g.h. & .g.k.serà retto la superficie.a.b. c.d.è detta orthogonalmente eretta sopra la superficie.c.d.e.f.

Diffinitione. 4.

0/4 La inclinatione d'un piano a un piano e la cōprehensione de l'angolo acutto sotto a quelle linee che sono dutte ad angoli retti sopra al commun segmento a uno medesimo ponto in l'uno e l'altro di quelli piani.

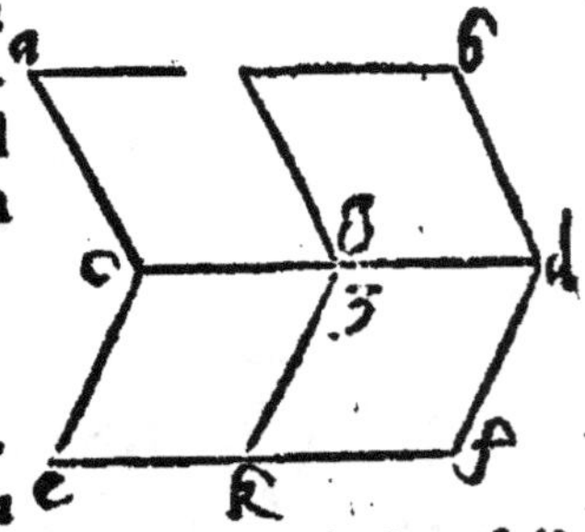

Il Tradottore.

La soprascritta diffinitione ne aduertisse (per le cose che seguita) che cosa uoglia dire, ouer che cosa sia la inclinatione d'una superficie a una superficie laquale inclinatione non è altro che la comprehensione dell'angolo accuto sotto a quelle due linee.K.g. & .h.g.della figura della precedēte, cioe se le dette due linee conteneranno angolo retto la superficie.a. b.c.d.serà eretta sopra alla superficie.c.d.e.f.come fu detto sopra alla precedēte. Ma quādo le dette due linee conteneranno uno angolo acuto, la superficie.a.b.c.d.se dirà esser inclinata sopra alla superficie.c. d.e.f.& la detta inclinatione non e altro (come detto di sopra) che la comprehensione del detto angolo acuto, & nota che questa diffinitione se ritroua solamente in la seconda tradottione.

Diffinitione. 5.

0/5 Vno piano e detto esser inclinato a uno piano si come un'altro, a un'altro, quādo li angoli delle predette inclinationi serāno fra loro equali.

Il Tradottore.

Questa diffinitione ne da a cognoscere le inclinationi simili, ouero equale delle superficie: ouer piani lequale se cognoscono per li angoli delle loro inclinationi, perche quando li detti angoli sono equali le inclinationi sono simili ouer equali, & quando li detti angoli sono inequali le dette inclinationi sono dissimili: ouero inequale &c. Anchora notarai che questa diffinitione se ritroua solamente in la seconda tradottione.

Diffinitione. 6.

4/6 Le superficie equidistante sono quelle, che protratte in qual parte si uoglia non concorreno, etiam se quelle siano produtte in infinito.

Quello che è stato detto el se intende. tamen tu dei sapere che tutte le piane superficie, ouero che elle sono fra loro equidistante, ouero che protratte da ogni parte concorreranno in alcuno luoco & se segaranno sopra una retta linea, ma in le linee

rette

rette questo non è necessario, cioè ouero essere equidistante, protratte in l'una e l'altra parte concurrere certamente quelle che non son in una medesima superficie, nõ sono equidistante fra loro ne tamen protratte quanto si uoglia non concorranno.

Diffinitione. 7.

5/7 Li corpi simili sono quelli che sono contenuti sotto a superficie simili de numero equale.

Il Tradottore.

Verbi gratia se'l fusse duoi corpi l'uno contenuto sotto di quattro triangoli equilateri & l'altro sotto di otto pur triangoli equilateri, abenche ambiduoi fusse contenuti sotto a superficie simile (perche tutti li triangoli equilateri sono simili) tamẽ li detti corpi non serian simili, perche bisogna che'l numero delle superficie che continen l'uno sia equale al numero delle superficie che contien l'altro (douendo esser simili) ma se ambiduoi fusseno contenuti sotto a quattro triangoli equilateri ben seriano simili & similmente ambiduoi sotto a otto e pero dice è de numero equale.

Diffinitione. 8.

5/8 Li corpi sono simili & equali, di quali li terminale superficie sono simili & de numero & quantità equale.

Il Tradottore.

Duoi corpi simili pono esser equali & inequali perche quantunque ambidui fusseno contenuti sotto di quattro triangoli equilateri (o altre figure simile) li triangoli di l'uno pono esser di maggiore superficie de quelli di l'altro e però quel corpo seria maggiore dell'altro, ma quando li triangoli di l'uno fusseno equali in superficie a quelli dell'altro all'hora li detti corpi seriano simili & equali, & cosi si debbe intendere se fusseno contenuti sotto a maggiore numero de triangoli ouer de altre specie di superficie simili de numero & de quantità equale.

Diffinitione. 9.

9/11 Quel corpo, che contenuto da cinque superficie, delle quale tre sono paralellogramme & due triangole, e detto seratile.

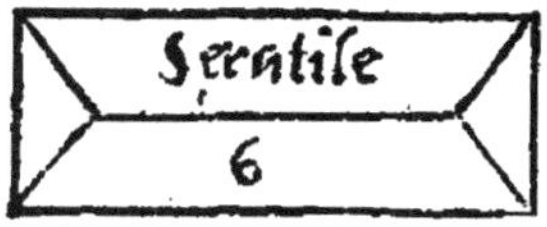

Vno tetto posto sopra a una casa laquale habbia quattro pariete equidistante che la cimma de quel tetto sia una sola linea & sia equale & sia equidistante alli lati delle due superficie di sopra, ha la ispressa similitudine del corpo seratile.

Il Tradottore.

Questo corpo che di sopra è detto seratile, in la seconda tradottione è detto prisma,

sma, uero è che questo nome prisma e piu generale del seratile come per la diffinitione appare in la detta seconda tradottione laquale dice in questa forma.

Prisma e una figura solida compresa da superficie piane delle, quale le due che sono da i capi oppositi equale, sono simile & equidistante, le altre sono parallelogramme.

Perilche seguita che nō solamente il seratile se chiama prisma, ma etiam ogni colona laterata, onde seguita che ogni seratile è prisma ma ogni prisma nō è seratile, perche prisma è nome generale, e seratile è nome speciale.

Diffinitione. 10.

10 La sphera è il transito del arco della circōferentia del mezzo cerchio
12 circondutto per fina a tanto che ritorni al luoco doue dette principio a circonuoluersi (stante il diametro fermo e fisso.)

Il Tradottore.

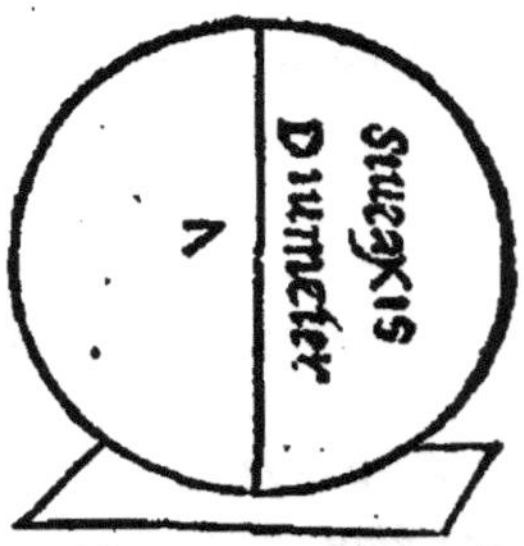

Cioe fatto un semicerchio sopra qual si uoglia linea, & fermando quella & che quel tal mezzo cerchio se meni attorno alla detta linea per fin a tanto che quel se retorni al luocho doue si dette principio a mouerlo, quella figura, ouer corpo che uien compreso, ouero descritto, sotto a tal reuolutione se chiama sphera, & questa diffinitione ha insegnato alli artifici il modo di formare le palle di pietra, o d'altra materia, & che'l sia il uero el si fa che se uno artifice uol fare una palla di pietra che sia perfettamente al senso tonda lui forma prima un mezzo cerchio uacuo in qualche banda di ferro, ouer di legno, ouer d'altra materia grando, ouer piccolo secondo la qualità della palla, ouero palle che desiderà formare, puoi ua scarpellando attorno attorno secondo l'ordine del detto uacuo di mezzo cerchio cioe giustando spesso quella forma secondo che ua scarpellando & cosi pian piano la redusse a perfettione.

Diffinitione. 11.

0 Assis della sphera e la linea che sta ferma, attorno laquale uien re-
13 uoltato, el mezzo cerchio.

Il Tradottore.

Questa diffinitione se ritroua solamente in la seconda tradottione laqual ne'da ad intender qualmente quella linea: attorno della quale uien circondutto el mezzo cerchio (nella descrittione della sphera) se adimanda assis della detta sphera laqual assis uien a essere el diametro del detto mezzo cerchio circondutto.

 Diffini-

Diffinitione. 12.

0 El centro della sphera e quello che è etiam centro del mezzo cerchio.
14

Il Tradottore.

Questa diffinitione se ritroua solamente in la seconda tradottione laqual per esser da se chiara altramente non la spongo.

Diffinitione. 13.

15 Dimetiente della sphera e una certa linea retta dutta per il centro & terminata dall'una e l'altra parte sotto alla superficie di essa sphera.

Il Tradottore.

Questa diffinitione similmente se ritroua solamente in la seconda tradottione per qual diffinitione par faccia differentia fra assis de sphera & dimetiente ouero diametro di sphera, hauendo di sopra nella undecima diffinitione diffinito lassis della sphera, & in questa diffiniendo lo dimetiente ouer diametro perilche tengo che la intentione di l'Auttore sia che dimentiente di sphera sia nome generale & assis de sphera sia speciale cioe che ogni assis di sphera e etiam diametro, ouer dimentiente di tal sphera ma non è conuerso cioe che ogni diametro, ouer dimentiente di sphera non è assis di tal sphera, ma solamēte lassis è quello sopra dil quale gira ouer si uolta la detta sphera, perilche ha uoluto diffinir lassis differentemente dal diametro ouer dimentiente.

Diffinitione. 14.

Piramide de laterata e una figura corporea laquale le superficie che
11 la contien da una restante delle quale sono in suso eretta a uno ponto
10 opposito.

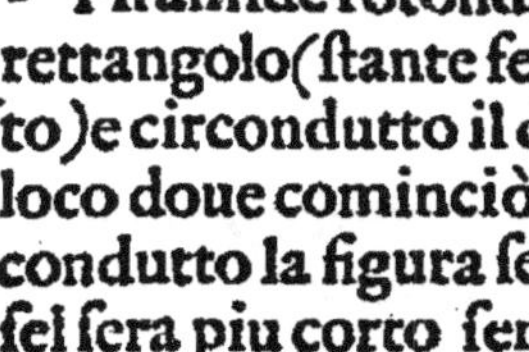

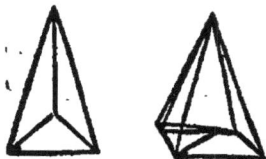

In ogni pyramide laterata tutte le superficie che circondano quella dalla basa della detta pyramide sono suleuate a un ponto elqual è detto cono della pyramide. & tutte queste superficie laterale sono triangole: e la basa frequentamente non è triangola.

Diffinitione. 15.

Piramide rotonda è una figura solida, & è el transito del triangolo
13 rettangolo (stante fermo è fisso l'uno di suoi lati continenti l'angolo ret
16 to) e circondutto il detto triangolo per fin a tanto che quello ritorni al
17 loco doue cominciò a esser mouesto, e sel lato fisso serà equal al lato circondutto la figura serà rettágola: e sel serà piu longo serà accutiágola, e sel sera piu corto serà ottusiangola, e lassi de detta figura è il lato fisso, e la basa sua un cerchio, & questa figura è detta piramide della colonna rotonda.

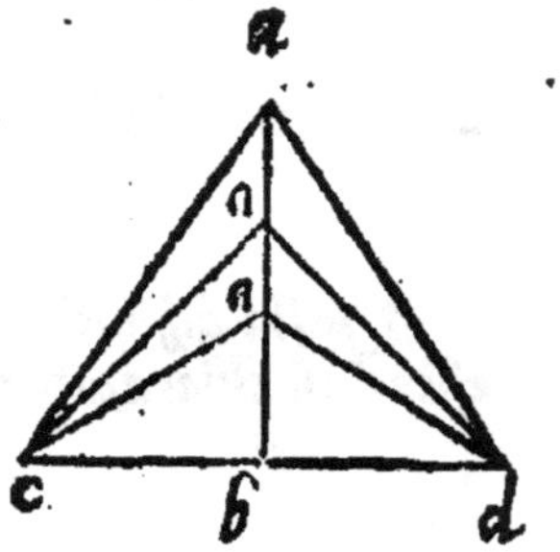

Sia el triangolo. a.b.c.elqual habbia uno angolo retto elqual sia. b. & sia ficado & fermado l'uno di duoi lati continenti l'angolo retto.b.& sia lo lato che è ficado. a.b.elqual fisso sia circondutto el triangolo per fina a tanto che retorni al luoco donde comincio a mouersi, la figura corporea laqual uien descritta dal moto de questo triangolo uien detta pyramide rotonda, della quale sono tre differentie, perche una è rettangola una altra è accutiangola la terza obtusiangola, & la prima è quando il lato. a.b.serà equale al lato.b.c.hor sia come la linea.b.c.quando dal rotato triangolo peruien al sito della linea. b.d. talmente che'l ponto.c.cada sopra el ponto.d.& sia fatto una sol linea cioe come quella all'hora sia congionta al sito dal quale comincio a mouersi secondo la retitudine, & serà la linea in questo luoco come la.b.c.d.& perche (per la trigesima seconda del primo & per la quinta del medesimo) l'angolo. c.a.b. e la mità del retto & pero l'angolo. c.a.d. serà retto perilche questa pyramide è detta rettangola: ma sel lato.a.b.sia piu longo del lato.b.c.serà accutiangola perche all'hora (per la trigesima seconda del primo & per la decima nona del medesimo) l'angolo.c.a.b.serà minor della mità del retto e pero tutto l'ãgolo.c.a.d.è minor del retto cioe accuto. per laqual cosa la pyramide e accutiangola. Ma sel lato.a.b.serà piu corto del lato.b.c. serà lo angolo. c. a.b. maggiore della mità d'uno retto (per la trigesima seconda del primo & (per la decima nona del medemo) et tutto l'angolo.c.a.d.elqual è doppio al detto.c.a.b.è maggiore del retto, adonque è ottuso & la pyramide conuenientemente al presente se dice ottusiangola, & la linea.a.b.è detta assis de questa pyramide, & lo circolo che descriue la linea.c.b.sopra el centro.b.è detto basa de quella anchora questa è detta pyramide della colonna rotonda, cioe di quella che descriueria (dal moto suo) il paralellogrammo che peruiene dal lato.a.b.& .b.c.stante fermo & fisso il lato.a.b.

Il Tradottore.

Questa specie de pyramide rotonda, nella seconda tradottione è detta cono & non pyramide, & medesimamente da Appollonio Pergeo.& Archimede Syracusano sono pur dette coni & non pyramide le specie quai coni dal detto Appollonio Pergeo sono altramente diffinite & intese come nella opera sua appare, & similmente da Archimede.

Diffinitione. 16.

14/18 La figura corporea rotonda che le base della quale sono duoi cerchii piani in le estremità & crassitudine cioe le altezze equale sia el uestigio del paralellogrammo retangolo fermato el lato che contene lo angolo retto, & la detta superficie circondutta per fina tanto che la torni al luogo suo, & chiamasse questa figura colonna rotonda.Onde della colonna rotonda & della sphera & del cerchio sia uno medesi mo centro.

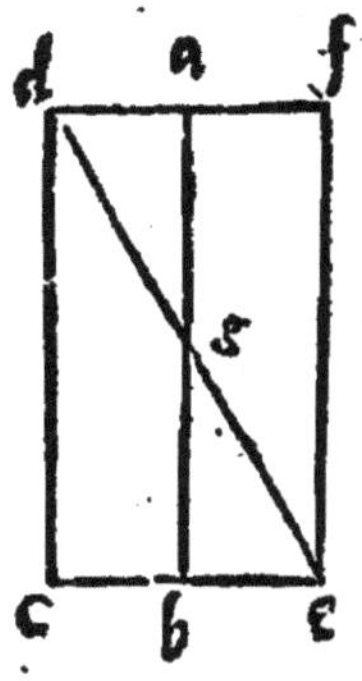

Sia lo paralellogrammo rettangolo, a,b,c,d, & sia fermado lo lato, a,b, & quello fisso sia circondutto tutto lo paralellogrammo per fina a tanto che'l cada ouer ritorni al loco suo adonque la figura corporea descritta dal moto di questo paralellogrã mo se nomina colonna le base della quale sono li duoi cerchij l'uno di quali è quello che descriue la linea,c,b,nel moto suo el centro del quale è il ponto, b, & l'altro è quello che descriue la linea,d,a,nel moto suo el centro del quale è il ponto,a,& la linea a,b,(laqual rimane ferma nel moto del paralellogrammo) uien detta assis di questa colonna, e quando hauere mo immaginato lo paralellogrãmo, a,b, c,d, quando quello serà peruenuto(nel suo girro)al sito.a.b.e.f.esser cõgiõto al sito(dal qual comincìò a mouersi) secõdo la continuatione d'una superficie piana cioe che tutto sia lo paralellogrammo, d,c,e,f, e che in quello hauessemo protratto lo diametro, d,e, serà anchora lo diametro,d,e, diametro della colonna,e perche el se dice esser un medesimo el cẽtro della colonna e della sphera e del circolo,questo debbe esser inteso conciosia che de q̃sti la linea diametrale e una medesima,uerbi gratia perche hauemo detto che la,d,e,è necessario hauere il medesi mo con el centro della colonna. perche conciosia che la linea,d,e, seghi la linea,a,b,in ponto,g,et g,serà el centro della colõna. per che la diuide l'assis della colonna in due parti equale e lo diametro della colonna pur in due parti equali laqual cosa è manifesta (per la.26.del primo)perche li angoli che sono al,g,son equali per la quintadecima del primo e li angoli che sono al,a,& al,b,sono retti (dal presupposito) anchora la linea,a,d,è equale alla linea,b,e,adonque,d,g,equale al,e,g,et,a,g,è equale al,g, b, conciosia che li angoli,c,& ,f,sono retti se sopra el ponto,g,serà descritto un cerchio secondo el spatio,d,g,sopra la linea,d,e,quel transirà (per lo conuerso della prima parte della trigesima del terzo)per li ponti,c,& ,f,adonque el ponto,g,è centro del cerchio el diametro del quale è el diametro della colonna e pero è diametro etiã della sphera,per laqual cosa è manifesto che el cerchio et la sphera de ogni colõna rotonda esser circonscrittibili a ogni paralellogrammo rettangolo & cosi è manifesto quello che uol questo theorema.

Il Tradottore.

Questa figura columnale (diffinita di sopra secondo che se contiene in la prima tradottione) in la seconda tradottione se chiama cylindro pero bisogna notare che tanto uol dire uno cylindro quanto una colonna rotonda & similmente da Archimede è pur detta cylindro uocabol greco.

o Diffinitione. 17.

19 L'assis del cilindro e quella linea che sta ferma circa laquale se uol-

ta

ta lo paralellogrammo, & le base sono li circuli descritti dalli oppositi lati circondutti.

Il Tradottore.

Questa diffinitione se ritroua solamente in la seconda tradottione.

Diffinitione. 18.

15 Lo angolo corporeo ouer solido è quello, che compreso sotto a piu
9 de duoi angoli piani constituidi a uno medesimo ponto, liquali non siano siti in una medesima superficie.

Duoi angoli piani non pono constituire uno angolo solido, si come etiam due linee rette non ponno chiudere superficie, anchora li angoli piani continenti uno angolo solido conuien che quelli non siano siti in una medesima superficie, ma in diuerse si come due linee rette constituente uno angolo piano a quelle non conuien essere applicade secondo il sito della rettitudine.

Diffinitione. 19.

16 Le figure corporee rotonde o siano colonne ouero le piramide quel-
20 le: sono simile quando che li assis di quelle alli diametri delle sue base sono proportionale.

Perche se due proposte pyramide rotonde ouer de due colonne rotonde, serà la proportione dell'assis d'una di quelle al diametro della sua basa, si come l'assis dell'altra al diametro della sua basa, quelle due colonne ouer pyramide sono dette esser fra loro simile.

Diffinitione. 20.

0 El cubo è una figura solida contenuta sotto de sei lati quadrati.
21

Il Tradottore.

El dado con elqual se gioca è fabricato de figura cubica.

Diffinitione. 21.

0 Le otto base è una figura solida contenuta sotto di otto triangoli e-
22 quali & equilateri.

Diffinitione. 22.

0 El dodeci base è una figura solida, compresa sotto di dodeci quin-
23 quangoli, equali & equilateri & equiangoli.

Diffinitione, 23.

0 Lo uinti base è una figura solida compresa sotto di uinti triangoli,
24 equali & equilateri.

Il Tradottore.

Queste quattro ultime diffinitioni se ritrouano solamente nella seconda tradottione & bisogna notare che li predetti corpi nel terzodecimo & quartodecimo & quintodecimo libro molte uolte si isprimeno (per breuiare scrittura) secondo il sermõ greco, cioe al uinti base se gli dice ycosedrum, al dodeci base dodecedron, ouer dodecahedrum al otto base, octahedrum ouer octocedron al cubo, exedrum ouer exaedron alla pyramide di quattro base o triangolare equilatera, tetraedum ouer tetraedron ouer tetracedron & però bisogna in cio aduertire.

Theorema.1. Propositione.1.

1/1 D'una linea retta le impossibile esserne parte in piano & parte in alto.

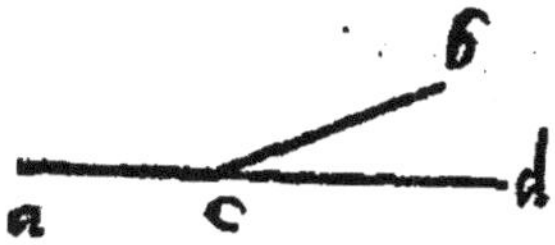

Sia la linea retta. a. b. dico che'l non è possibile che parte di quella sia in piano & parte eleuata in suso, perche se gliè possibile sia la parte. a. c. di quella sita in piano, & parte di quella laqual e. c. b. posta in alto & sia protratta la. a. c. direttamente in el piano nel quale essa e sita per fina al. d. & serà, che a una & a quella medesima linea laquale la linea. a. c. sian aggionte due linee al tutto diuerse (lequal sono le linee. c. b. & . c. d.) da una medesima parte direttamente: laqual cosa è impossibile (per la terzadecima del primo.)

Theorema.2. Propositione.2.

2/2 Ogni due linee dellequale l'una sega l'altra sono site in una superficie, & ogni triangolo tutto sta in una superficie.

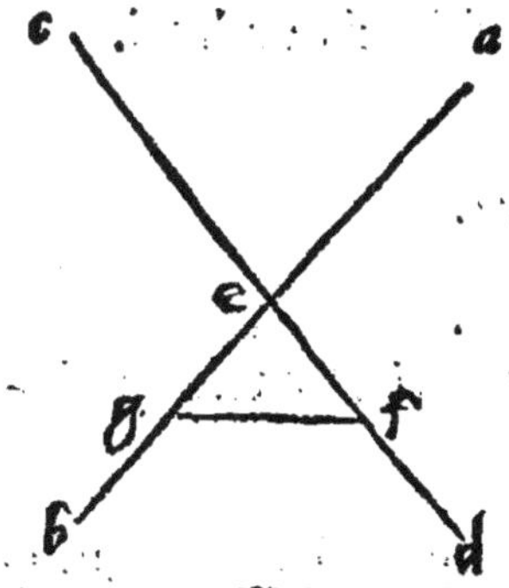

Siano le due linee rette. a. b. & . c. d. segandose fra loro in ponto. e. dico quelle esser in una superficie, & ogni triangolo, dico esser tutto in una superficie, & per dimostrar questo sia signato il põto. f. in la linea. c. d. & lo ponto. g. in la linea. a. b. et sia dutta la linea. f. g. La causa adonque cioe perche el sia impossibile che del triangolo, e, f, g, esserne parte in piano & parte in alto, e questa perche anchora l'una ouer piu delle sue linee terminale: similmente parte ne seria in piano & parte similmente in alto: & conciosia che delle linee rette questo sia impossibile (per la precedente) anchora serà impossibile del triangolo, adonque tutto el triangolo. e. f. g. e in una superficie, e per tanto da questa seconda parte, e dalla premessa è manifesta la prima parte de questa seconda propositione.

Theo-

Theorema.3. Propositione.3.

3/3 La communa sectione d'ogni due superficie piane fra lor seghante, e una linea retta.

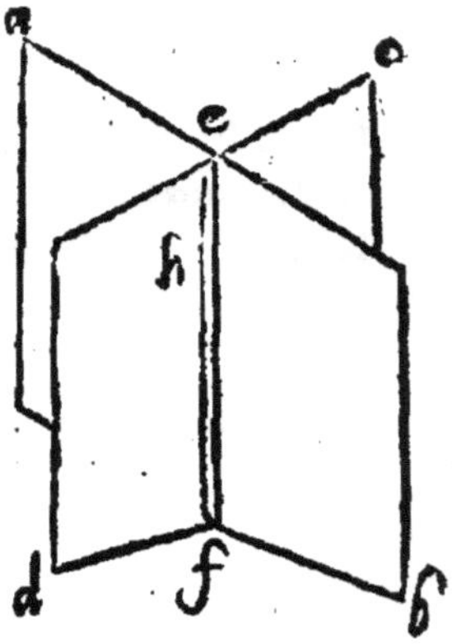

Siano adonque le due superficie piane, a,b,& ,c,d, lequale se seghino fra loro. Dico che la communa sectione de quelle serà una linea retta, hor sia li duoi ponti, e, & f, li termini della commune sectione de quelle liquali sian continuadi per linea retta laqual sia, e, f, se adonque la linea, e, f, e in l'una e l'altra delle due superficie, a, b, & c, d, è manifesto el proposito, ma se la non è in l'una ne in l'altra ouer che la sia in l'una o l'altra di quelle, conciosia che ambiduoi li ponti. e. & . f. siano in l'una & l'altra delle superficie, a,b, & ,c,d, in quella superficie in laquale essa non serà, sia protratta una linea retta laqual sia la, e, h, f, adonque seranno due linee rette, e, f, & , e, h, f, lequale hanno duoi termini communi che è impossibile, perche essendo cosi due linee rette inchiuderiano superficie laqual cosa è cõtra alla ultima petitione del primo libro.

Theorema.4. Propositione.4.

4/4 Se dalla incisione de due linee rette fra loro intersecante, serà eretta una linea orthogonalmente quella serà perpendicolare alla medesima superficie.

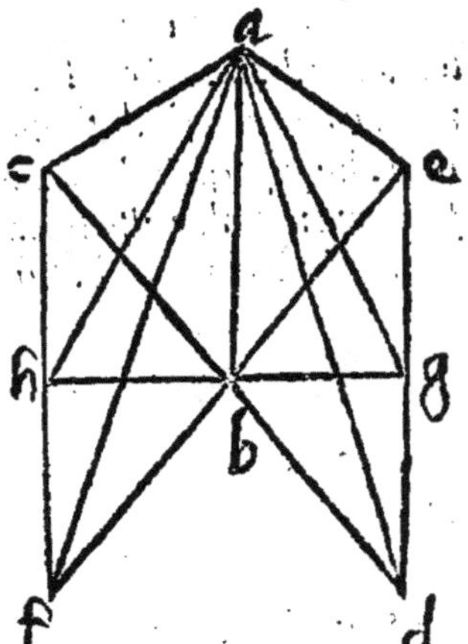

Sia la linea, a, b, orthogonalmente eretta sopra la incisione delle due linee, c,d, & ,e,f, serà lor segante in ponto,b, delle quale è manifesto (per la auanti alla precedente) che esse sono site in una superficie, dico che la linea, a,b,e perpendicolare alla superficie di quelle. Et per dimostrar questo siano fatte le, c,b, & b, d, equale & la, f, b, & la, b, e, equale & siano protratte le linee, e,d, & ,c,f, lequale seranno equale (per la quarta del primo) & equidistante per la uigesima settima del medesimo, adonque da alcun signato ponto in la linea, e, d, (elqual sia, g,) sia dutta la linea, g,b,h, & (per la.26. del primo), e, g, serà equale al, f, h, adonque dal ponto, a, (ouer da qual si uoglia ponto in la linea, a, b,) siano protratte. ypotumissalmente le linee, a,c,a,d,a,e,a,f,a,g,a,h, & (per la quarta del primo) la, a,c, serà equale alla. a.d. & la.a. e. equale alla, a,f, anchora (per la. 8. del medesimo) l'angolo. a.e.d. serà

rà equale all'angolo. a.f.c. adonque (per la.4.del medemo) serà la.a.g. equale alla. a.h. e pero (per la.8.del medemo) l'angolo.a.b.g. serà equale all'angolo. a.b.h. per laqual cosa (per la diffinitione) l'un & l'altro e retto & la linea. a.b. perpendicolare alla linea.g.h. anchora con simil modo tu approuarai la medema esser perpendicolare a tutte le linee protratte dal ponto. b. in la superficie delle due linee. c. d. & . e. f. adonque (per la diffinitione) è manifesto la linea. a.b. essere perpendicolare alla superficie in la quale sono site le due linee, c, d, & , e, f, fra loro seccante che è il proposito.

Theorema.5. Propositione.5.

5 Se alcuna linea retta stara eretta orthogonalmente sopra tre linee
5 rette dal commun termine di quelle, quelle medeme tre linee seranno poste in una superficie.

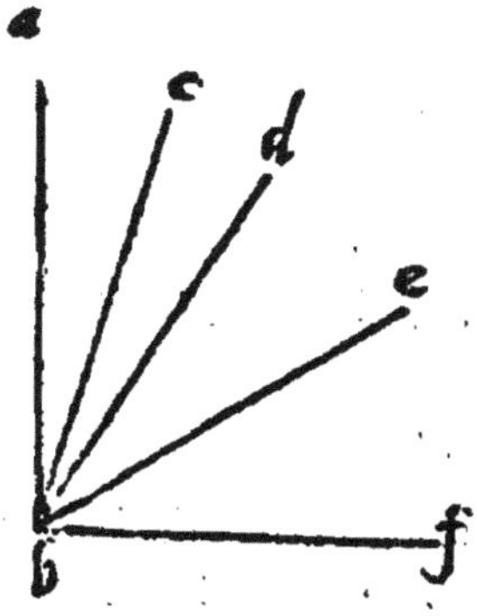

Sia la linea.a.b. eretta orthogonalmente sopra el cōmun termine delle tre linee. b. c. b. d. b.e. contingente fra lor angolarmente in ponto. b. delle quale niuna sia applicada all'altra direttamente che è el medemo e fra lor insieme se seghino in ponto.b. perche protratte se segaranno. Dico che le tre linee.b.c.b.d.b.e. sono poste in una superficie hor perche egliè manifesto che qualūque due di quelle che son poste in una superficie (per la secōda di questo) ouer (per la prima parte della.2. di questo) adonque se la linea. b.d. (per l'aduersario) nō serà in la superficie delle due linee. b.c.b.e. ma quelle due in piano e questa in alto, serà che queste superficie in lequale sono poste le due linee. a.b. & b.d. se seranno protratte (& per quello che è noto sopra la.6. diffinitione) segarà quella in laqual son poste le.b.c. & .b.e. & (per la.3. di questo) la communa sectione de quelle serà una linea retta & quella sia.b.f. adonque perche (per la premessa) la linea.a.b. e perpendicolare alla superficie delle due linee. b.c. & b.e. seguita (per la diffinitione) che quella sia perpendicolar alla linea. b.f. per laqual cosa l'angolo.a.b.f. e retto conciosia anchora che l'angolo.a.b.d. sia retto dal presupposito seguita l'impossibile cioe la parte esser equale al suo tutto.

Theorema.6. Propositione.6.

6 Se seranno due linee perpendicolare sopra una superficie è necessa-
6 rio quelle esser equidistante.

Siano le due linee. a.b. & c.d. perpendicolare a una superficie. Dico quelle esser equidistante, perche essendo protratta la linea. b.d. (per la diffinitione) li duoi angoli.a.b.d. & .c.d.b. seranno retti. adonque se le due linee. a.b. & .c.d. sono in una superficie quelle sono equidistante (per la seconda parte della uigesima ottaua del primo)

primo) & cosi se apprende quelle esser in una superficie dal ponto.b.sopra la linea.b.d. in el piano al qual stanno perpendicolarmente. a.b.& .c.d.protrabe orthogonalmente la linea.b.f.& dalla linea.d.c.torai.d.e.quale alla.b.f.& protrabe le linee.e.b.& .e.f.& .d.f. adonque li duoi lati. e.d.& .d.b.del triangolo.e.d.b.seranno equali alli duoi lati. f.b.& .d.b. del triangolo.f.d.b.& l'angolo. e. d. b. equale all'angolo.f.b.d.(conciosia che l'uno e l'altro sia retto)adonque per la quarta del primo la linea.b.e. è equale alla linea.d.f. anchora conciosia che li dui lati. e.b.& .b.f. del triangolo. e.b.f. siano equali alli dui lati.f.d.& .d.e.del triangolo.f.d.e.& la basa.e.f. cõmuna(per la ottaua del primo) l'angolo.e. b.f.serà equale all'angolo. f.d.e.conciosia che l'uno & l'altro sia retto, perche adonque l'angolo. f.d.e.è retto (per la diffinitione)etiam l'angolo.e.b.f.serà retto,adõque la linea.f.b.serà perpendicolarmente è eretta sopra el commune termine delle tre linee.b.a.b.d.b.e.contingente fra loro angularmente in ponto.b.per laqual cosa (per la precedente) quelle sono in una superficie, adõque conciosia che per la prima parte della seconda di questo la linea.c.d.sia in la medesima superficie con l'una & l'altra delle linee. e.b.& .b.d. seguita le due linee.a.b.& .c.d.esser in una superficie adonque è manifesto el proposito.

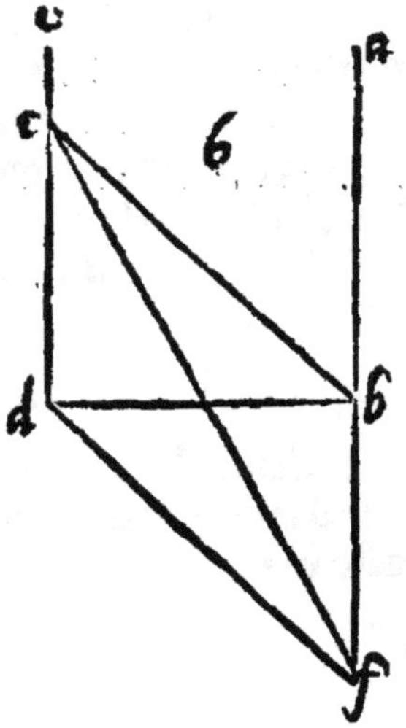

Theorema.7. Propositione.7.

7/7 Se da duoi ponti signati in due linee equidistante sia dutta una linea retta dall'uno all'altro, el se approua quella necessariamente esser constituida anchora lei in la medesima superficie in laquale sono costitude quelle due linee.

Siano le due linee.a.b.& .c.d.equidistante delle quale è manifesto (per la diffinitione) che esse sono in una superficie, sia signato in quelle li duoi ponti. e. & .f. & sia produtta la linea retta.e.f. Dico adonque la linea. e. f. esser posta ouero sita in la superficie delle due linee.a.b.& .c.d. & essendo altramente (per l'aduersario) sia. e.f.in une altra superficie che depende di sopra laqual superficie se la serà protratta necessariamente segarà la superficie in laquale sono site le due linee. a. b. & .c.d. & (per la terza di questo) la commune sectione di quelle serà una linea retta terminata alli medesimi ponti, laqual cosa è impossibil perche essendo cosi due linee rette conchiuderiano superficie.

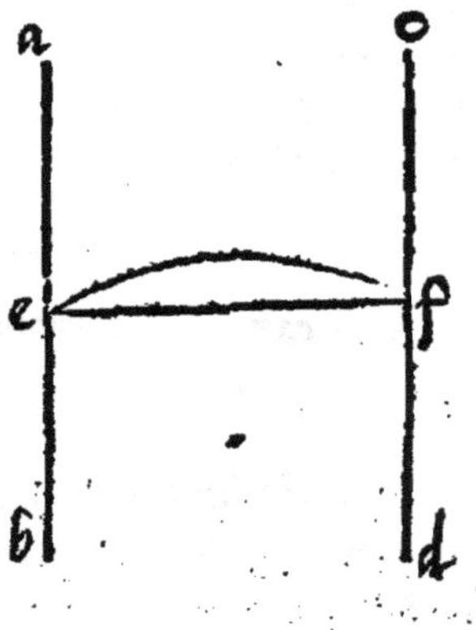

Theo-

Theorema.8. Propositione.8.

8/8 Se seranno due linee rette, equidistante, & una di quelle sia perpendicolare ad alcuno piano & l'altra anchora conuien essere perpendicolare al medesimo piano.

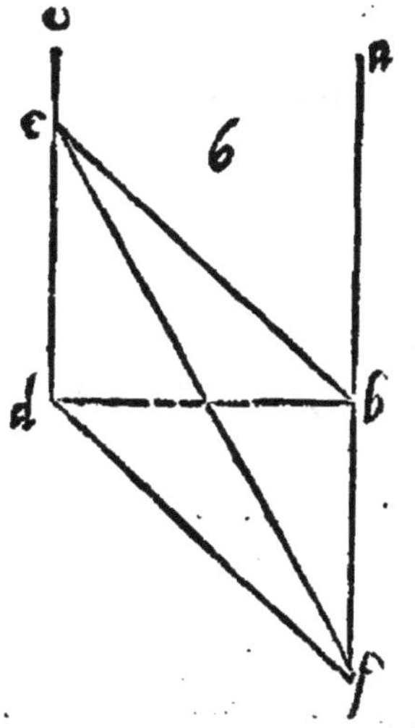

Questa è quasi el conuerso della sesta, hor siano le due linee.a.b.& c.d. equidistanti & sia una di quelle poniamo la, c,d, perpendicolarmente sopra a qual si uoglia superficie. Dico che l'altra di quelle laquale è.a.b. esser perpendicolare alla medesima superficie, perche essendo fatto in tutto la medesima dispositione che in ella sesta, & serà (come in quella) che uno e l'altro di duoi angoli.e.d.b.& .f.b.e.sia retto, el primo per la positione & lo secondo per la ottaua del primo per laqual cosa (per la quarta de questo) la linea,f,b,e perpendicolarmente eretta sopra la superficie in laquale sono le due linee. b.d.& b.e.conciosia che per la precedente le due linee.a.b.& c.d.siano in la medesima superficie cō lè due linee, b,d,& b,c, seguita la linea,f,b,esser perpēdicolarmente eretta sopra la superficie in laquale è la linea.b.a.(per la diffinitione) adonque serà l'angolo.f.b.a.retto: e perche etiam l'angolo, d,b,a,e retto (per la ultima parte della uigesima nona del primo) seguita (per la quarta de questo) la linea.a.b.esser perpendicolare alla superficie in laquale sono site le due linee.b.d.& b.f.per laqual cosa è manifesto el proposito.

Theorema.9. Propositione. 9.

9/9 Se due linee seranno equidistante a una medesima linea e nō in una superficie, anchora quelle è necessario esser fra lor equidistante.

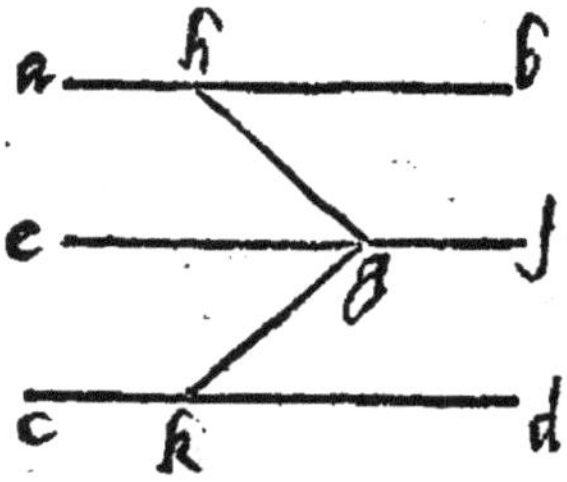

Sia l'una & l'altra delle due linee, a,b,& c,d, equidistante alla linea, e,f, ne siano tutte in una superficie. Dico che le medesime anchora fra lor insieme sono equidistante (de quelle che sono tutte in una superficie egliè stato approuato per la trigesima del primo) hor in questo luoco ci resta ad approuar de quelle che non sono in una superficie come in queste che la, e,f, e intesa de suso e retta in alto, adonque sia signato in quella el ponto.g. dal qual sian dutte le due perpendicolar alle due linee, a,b,& ,c,d, lequal siano, g, h,& ,g,k,& (per la quarta di questo) la linea, e,f, serà perpendicolare alla superficie (cioe a quella in laquale sono situate le due linee, g,h,& ,g,k,) adonque (per la precedente tolta due uolte) l'una e l'altra de quelle due linee, a,b,& c,d, e perpen-

dicolare

dicolare alla medesima superficie cioe in quella in laquale sono situade le dette due linee, g, h, & , g, K, (per la sesta propositione di questo) adonque quelle sono fra loro equidistante che è il proposito.

Theorema. 10. Propositione. 10.

10 / 10 Se due linee che si tocchino fra loro angularmente seranno equidistante ad altre due che pur si tocchino fra loro a loro opposite, e non siano in una superficie, li angoli che da quelle sono fatti se prouano fra loro esser equali.

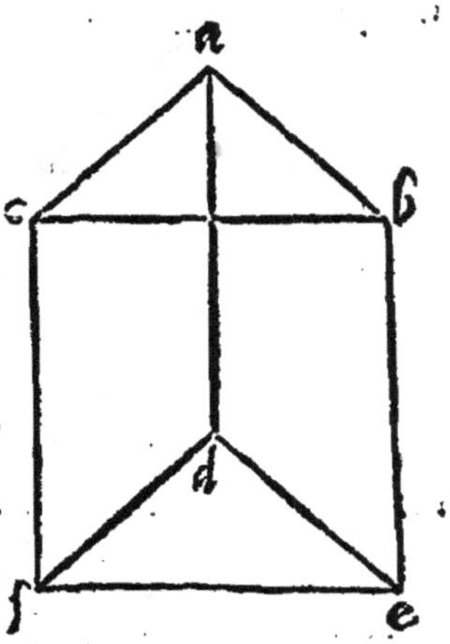

Siano le due linee, a, b, & , a, c, che se tocchino fra loro angularmente in ponto, a, equidistante a altre due lequale e siano, d, e, & d, f, fra loro anchora si tocchino in ponto, d, ne siano con quelle in una superficie. Dico l'angolo, a, essere equale all'angolo, d, hor sia fatta la linea, d, e, equale alla linea, a, b, alla quale è posta esser equidistante, e la, d, f, equale alla, a, c, allaqual etiã è posta equidistante da quella: et siano dutte le linee, d, a, & , e, b, & , f, c, et (per la trigesima terza del primo) pigliata due uolte l'una e l'altra delle due linee, b, e, & c, f, equale e equidistante alla linea, a, d, (adonque per la concettione, & per la precedente) le medesime sono fra loro equale, & equidistante adonque (per la trigesima terza del primo de nouo repetita) & le due linee, b, c, & e, f, sono etiam equale e equidistante, adonque (per la ottaua del primo è manifesto il proposito.)

Problema primo. Propositione. 11.

11 / 11 Da uno ponto signato in aere da quello puotemo condure una perpendicolare a una data superficie.

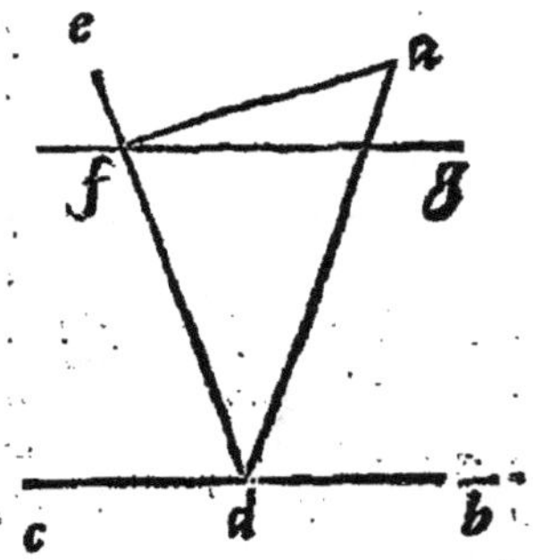

Sia el ponto. a. di sopra in aere del quale uolemo condure una perpendicolare alla subgiacente superficie, adonque in quello piano sia dutta la linea, b, c, (come a caso cadera) alla quale dal detto ponto, a, sia dutta la perpendicolar, a, d, secondo la dottrina della. 12. del primo, & una altra uolta dal ponto, d, in quello piano (alquale è da esser dutta la perpendicolare dal ponto, a,) sia estratta la linea, d, e, laqual sia perpendicolare alla linea, b, c, (come insegna la. 11. del primo.) Anchora a questa linea, d, e, sia dutta una altra linea perpendicolare dal ponto, a, laqual sia, a, f, questa dico esser quella la quale intendemo, & per demostrar questo sia

ſto ſia tirata la linea, f, g, equidiſtante alla linea, b, c, & perche l'uno & l'altro di duoi angoli. b. d. a, &, b. d. f. è retto (per la quarta de queſto) la linea. b. d. ſerà perpendicolare alla ſuperficie in laquale è el triangolo. a. d. f. e però etiam (per la ottaua de queſto) la linea. g. f. ſerà perpendicolare alla medeſima ſuperficie, adonque (per la diffinitione) l'angolo. g. f. a. ſerà retto, & conciosſia anchora che l'angolo. d. f. a. ſia retto ſeguita (per la quarta de queſto) la linea. a. f. eſſer perpendicolare alla ſuperficie in laquale ſono le due linee, d, f, &, f, g, che è il propoſito.

Problema. 2. Propoſitione. 12.

12/12 Propoſta una ſuperficie & da un ponto ſignato in quella puotemo da quello erigar una linea orthogonalmente alla detta ſuperficie.

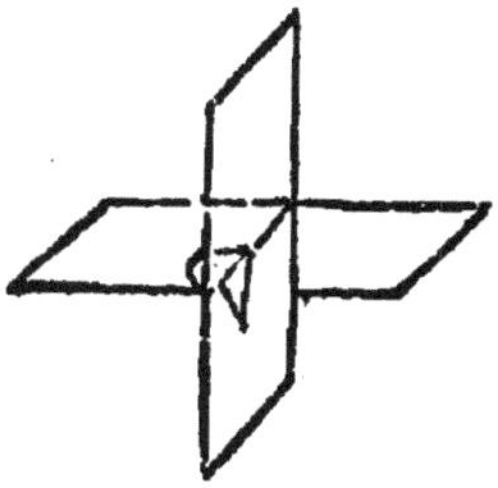

Quando da un ponto ſignato in una propoſta ſuperficie deſiderarai di condur una perpendicolare, da un altro ponto poſto a tuo piacere di ſopra in aere tu condurai una perpendicolare alla medeſima ſuperficie come inſegna la precedente, laquale ſe la caſchara in el ponto aſſignato lei ſerà quella che tu cerchi, ma ſe la non cade nel detto ponto. da quello medeſimo aſſignato ponto tu ducerai una equidiſtante alla condutta perpendicolare, & quella (per la ottaua de queſto) tu approuerai eſſer quella che tu cerchi.

Theorema. 11. Propoſitione. 13.

13/13 Egliè impoſſibile ſtar due linee rette ſopra uno ponto orthogonalmente a una ſuperficie.

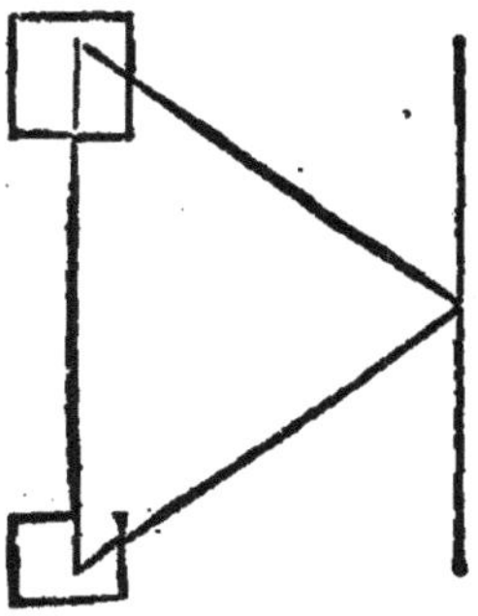

Perche ſe gliè (per l'aduerſario) che due linee rette a una medeſima ſuperficie ſtiano perpendicolarmente ſopra un ponto, la ſuperficie in la quale eſſe perpendicolare ſono ſituate ſia inteſa eſſer produtta per fina a tanto che ſeghi la ſuperficie alla quale le dette linee ſtano perpendicolarmente (& per la terza de queſto) la communa ſectione di quelle ſerà una linea retta, et perche (per la diffinitione) l'una & l'altra di quelle due perpendicolare con la commune ſectione contien angolo retto ſeguita che l'angolo retto ſia parte dell'angolo retto laqual coſa è impoſſibile, & ſi come che di ſopra hauemo dimoſtrato eſſer impoſſibile da uno medeſimo ponto che ſia dentro d'una ſuperficie cauar due linee perpendicolare ſopra alla medeſima ſuperficie coſi anchora demoſtraremo eſſer impoſſibile, da uno medeſimo ponto fora d'una ſuperficie ſignato protraere due linee perpendicolare alla medeſima ſuperficie, perche ſe queſto poteſſe eſſer (per l'aduerſario) quelle ſeriano fra loro equidiſtante (per la ſeſta propoſitione de queſto) laqual coſa è impoſſibile (per la diffinitione delle linee

equidi-

equidistante: adonque da questa è manifesto che se alcuna superficie piana, segarà una altra superficie piana orthogonalmente, & da alcuno ponto della superficie segante sia dutta una perpendicolare alla superficie segata quella è necessario cadere in la commune settione de quelle, altramente dal medesimo ponto della superficie segante: sia protratta una perpendicolare alla commune settione de quelle come insegna la duodecima del primo, & dal ponto in elqual taglia con la commune settione un'altra perpendicolare sia dutta alla medesima communa settione in la superficie seghata come insegna la undecima propositione del primo, & per la diffinitione della superficie eretta orthogonalmente sopra un'altra, l'angolo che contieneno queste due linee perpendicolare, e retto, per laqualcosa (per la quarta di questo) la prima de queste due perpendicolare e anchora perpendicolare alla superficie seghata, adonque da uno ponto sono protratte due linee perpendicolari a una medesima superficie laqualcosa è impossibile, adonque rimane el nostro proposito.

Il Tradottore.

Quello che di sopra se dimostra in questa propositione mal si puol dare figura intelligibile, ma bisogna considerare e figurare mentalmente tutto quello che sol cō parole te depinge ilche non è difficile.

Theorema. 12. Propositione. 14.

14 Se una linea stata orthogonalmente sopra due assignate superficie.
14 Anchora se quelle due superficie seranno protratte in qualunque parte in infinito mai concorrano.

Sia posta una linea stare a due superficie orthogonalmente, hor se possibile è (per l'aduersario) quelle due superficie concorrere in la commune settione de quelle laquale (per la terza di questo) serà una linea retta, & sia signato uno ponto a qualunque modo si uoglia nella detta linea, dal quale siano protratte due linee in quelle due superficie a quella linea laquale super sta perpendicolarmente sopra a quelle, & serà constituito uno triangolo da queste due linee & dalla perpendicolare, adonque l'uno & l'altro di duoi angoli del detto triangolo (che li stanno sopra la perpendicolare) e retto come per la diffinitione della linea stante perpendicolarmente sopra una superficie, & questo è impossibile (per la trigesima seconda del primo.

El conuerso anchora, cioe se sopra due superficie equidistanti cascarà una linea retta laqual sia perpendicolar a una di quelle anchora quella serà perpendicolare all'altra.

Sia

Sia inteso a due superficie posti equidistanti una linea retta penetrante ambedue quelle, laquale all'una di quelle superstia perpendicolarmente, dico che la medesima linea sopra sta perpendicolarmente all'altra superficie, & per dimostrare tal cosa sia intesa una superficie segante le predette due superficie equidistanti sopra la linea penetrante quelle, & la commune settione de questa superficie segante & dell'una delle segate cioe de quelle alla quale la linea penetrante è posta stare perpendicularmente contenerà angolo retto con la detta penetrante per la diffinitione della linea perpendiculare ad una superficie, adonque se l'altra commune settione de detta superficie segante, & dell'altra delle due segate in la medesima linea penetrante non contenerà angolo retto (per la ultima petitione del primo) seguirà che quelle due commune settioni in una parte protratte necessariamente concorreranno per laqual cosa etiam le superficie che sono state poste equidistante necessariamente concorreranno e perche q̃sto è impossibile seguirà che quel angolo e retto, & per lo medesimo seguirà de qual si uoglia superficie segante le medesime superficie equidistante sopra la medesima linea, adonque per la quarta di questo, et per questa decimaquarta è manifesto essere il uero quello che hauemo detto.

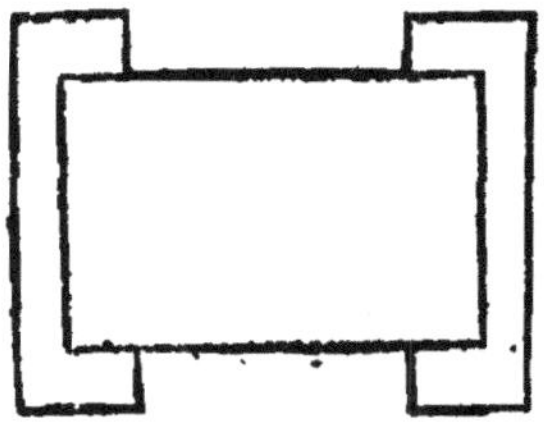

Theorema. 13. Propositione. 15.

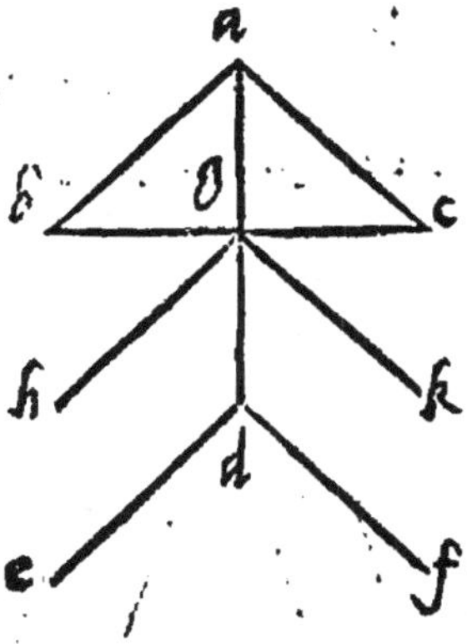

15/15 Se seranno due linee che fra loro si tocchino angolarmente, equidistante a altre due che pur si tocchino angolarmente, & non in una superficie, le due superficie contenute dalle medesime linee essendo produtte quãto si uoglia in niuna parte potran concorrere.

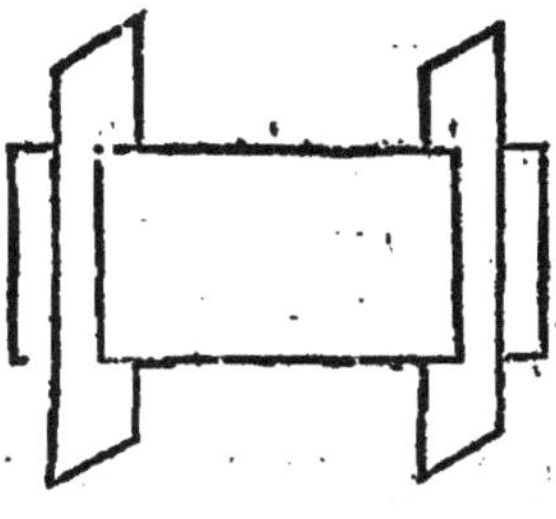

Siano le due linee. a. b. & . a. c. lequale se tocchano angolarmente in ponto. a. equidistante alle due linee. d. e. & . d. f. che si tocchano angolarmente in ponto. d. et non siano in una superficie: Dico le superficie di quelle in qualunque parte protratte & quanto si uoglia è necessario che mai concorrano, & per dimostrare questo sia protratta dal ponto. d. (come insegna la quinta de questo) una perpendicolare alla superficie delle due linee. a. b. & . a. c. & sia la. d. g. & dal ponto. g. sia dutto. g. h. equidistante alla. a. b. & la. g. K. equidistante alla. a. c. & (per la diffinitione) l'uno e l'altro di duoi angoli. d. g. h. & . d. g. k. serà retto & (per la nona) la linea. d. f. serà equidistante alla linea. g. k. & la la linea. d. e. serà equidistante alla linea. g. h. (per laqual cosa per la ultima parte della uigesimanona del primo) l'un e l'altro di duoi angoli. e. d. g. f.

g.f.d. g.serà retto e però (per la quarta di questo) la linea.d.g.serà perpendicolare alla superficie delle due linee. d.e.&. d.f.& conciosia che quella sia anchora (per el presupposito) perpendicolare alla superficie delle due linee. a. b. &.a.c.adonque per la precedente è manifesta, che è el proposito.

Theorema.14. Propositione.16.

16 Se una superficie segarà due superficie equidistante le commune se-
16 ctioni seranno equidistante.

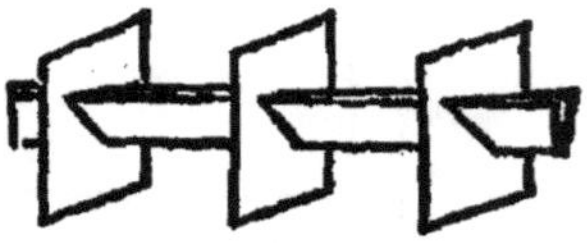

Le manifesto (per la terza) che una superficie segãte qualunque due superficie equidistante, le commune settioni de quelle seranno due linee rette, lequale conciosia che ambedue quelle siano situate in la superficie segante, se quelle non seranno equidistante (per l'aduersario) sia supposte concorrere a qual si uoglia ponto, adonque serà che uno medesimo ponto sia in l'una e l'altra delle due commune settioni, conciosia che una di quelle commune settioni è in una delle due superficie segate & l'altra in l altra, seguita adonque quelle superficie (che sono supposte esser equidistante) concorrere & questo è impossibile, adonque le commune settione de quelle erano equidistante che è il proposito. Da questa & dalla precedente se puol formare nna conclusione simile alla trigesima del primo cioe questa, se seranno due superficie a una equidistante quelle medesime anchora seranno fra loro equidistante, siano poste tre superficie delle quale l'una e l'altra delle estreme sia equidistante alla media, dico che le necessario quelle estreme equidistare fra loro, hor siano seghate tutte tre quelle superficie da due superficie fra loro seghante, & per questa sestadecima le commune settioni delle due estreme superficie seranno equidistante alli settioni della media, per laqualcosa per la trigesima del primo quelle settioni delle due estreme superficie seranno equidistante fra loro, & perche quelle se toccano in la communa settione delle due superficie segante, le tre superficie poste per la precedente euidentemente è manifesto quello che hauemo detto.

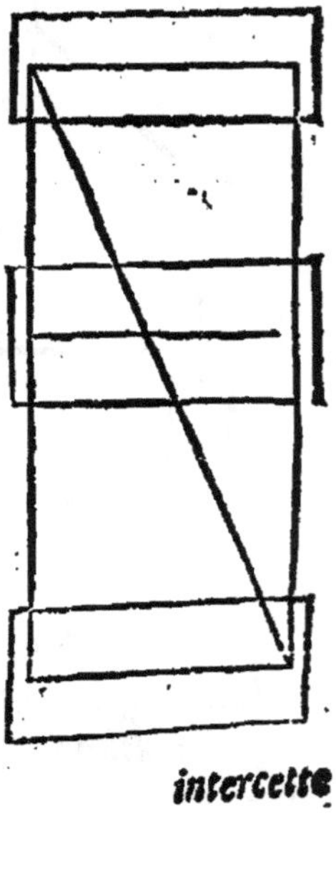

Theorema.15. Propositione. 18.

17 Se due linee rette che si tocchino fra loro ouero,
17 che siano equidistante seghino tre ouer piu superficie equidistanti, le portioni di quelle linee si pruouano fra loro esser proportionale.

Siano intese due linee rette penetrante a qualunque modo si uogl a, tre superficie equidistante ouer etiam piu di tre. adonque dico le due portioni di quelle linee tolte fra qual due superficie si uoglia esser proportionale a qualunque due altre

intercette

intercette da quelle superficie equidistāte. Et per dimostrare questo siano congionte le due estremità di quelle due linee, dutta fra quelle con una linea tirata diagonalmente, & questa diagonale serà con l'una e l'altra di quelle due penetrante: le superficie proposite in una superficie segante quelle superficie proposte equidistante. adonque se con la mente tu potrarai le commune settioni di queste superficie, lequale (per la precedente) seranno equidistante (per la prima parte della seconda del sesto) serà manifesto il proposito.

Theorema. 16. Propositione. 18.

18/18 Se una linea starà orthogonalmente in una assignata superficie, ogni superficie dutta da quella linea: per qual uerso ne pare, serà orthogonalmente eretta sopra alla medesima superficie assignata.

Sia la linea. a.b. eretta perpendicolarmente sopra alla figura superficie, & dalla linea. a.b. sia produtta una superficie per qual uerso si uoglia, hor sia la. e.f. laqual dico perpendicolarmente eretta sopra la essignata superficie: perche conciosia ch'ella seghi la superficie assignata la commune settione de quelle serà una linea retta (per la terza di questo) & sia la. f.g. adonque signato qual si uoglia ponto in questa commune settione (qual sia. d.) & da quello sia estratto in la superficie che è produtta dalla linea. a.b. una perpendicolare alla linea. f.g. laqual sia. d.c. & (per la seconda parte della uigesima ottaua del primo) la linea. c.d. serà equidistāte alla linea. a.b. e però (per la ottaua di questo) la linea. c.d. etiam perpendicolare alla superficie proposta, adōque perche per questo modo qual si uoglia linea protratta orthogonalmente da qual si uoglia ponto della linea. b.d. ad essa linea. b.d. in esse superficie. e.f. che è produtta per la linea, a, b, è perpendicolare alla proposta superficie (per la diffinitione della superficie e retta orthogonalmente sopra a una superficie è manifesto esser el uero quello che è proposto.

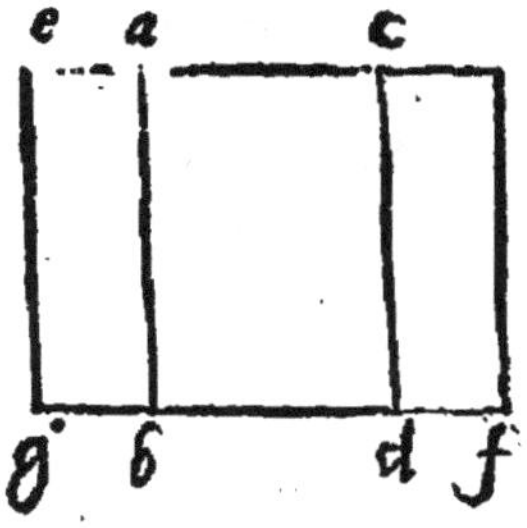

Theorema. 17. Propositione. 19.

19/19 Se due superficie che fra loro se seghino serāno erette orthogonalmente sopra a una superficie: la commune settione di quelle serà perpēdicolare alla medesima superficie.

Siano le due superficie. a. b. &. c. d. che insieme si seghino e rette orthogonalmente sopra una assignata superficie, & sia la commune settione di quelle la linea retta. e.f. hor questa. e.f. Dico perpendicolare alla assignata superficie essendo altramente (per l'aduersario) dal ponto. f. elquale è commun termine delle settioni delle

due

due superficie insieme segante, & della terza superficie setta, sia produtta una linea retta in la superficie, a, b, (laqual sia, f, g,) perpendicolare alla assignata superficie similmente dal medesimo ponto sia dutta una altra perpendiculare alla medesima superficie che sia situata la superficie, c, d, & quella sia, f, h, & le due linee, f, g, &, f, h, seranno isistente orthogonalmente alla superficie assignata sopra un ponto & questo è impossibile per la. 13. di questo et non bisogna dubitar che'l nõ possi esser protratte tal linee dal ponto. f. in l'una e l'altra delle superficie, a, b, &, c, d, quando che, e, f, non fusse perpendicolare alla assignata superficie. sia intesa la linea, f, b, communa settione della superficie, a, b, & della superficie assignata, & la linea, f, d, della superficie, c, d, & della superficie assignata, adonque se la linea, e, f, serà perpendicolare all'una e l'altra delle due linee, f, b, &, f, d, quella anchora serà perpendicolare alla superficie assignata (per la quarta di questo) ma se la non serà perpendicolare all'una ne l'altra (per l'aduersario) sia la, f, g, perpendicolare alla, f. b. & la, f, h, perpẽdicolare alla, f, d, dapoi dal ponto, f, protrarai in la superficie assignata, una linea perpendicolare alla linea, f, b, laquale (per la diffinitione della superficie eretta orthogonalmente sopra una altra) contenerà angolo retto con la linea, f, g, adonque (per la quarta di questo) la linea, f, g, serà perpendicolare alla superficie assignata. Anchora per lo medesimo modo protratta un'altra linea dal põto. f. in la superficie assignata laquale sia perpendicolare alla linea. f. d. seguirà (per la diffinitione predutta & per la quarta di questo) la linea. f. h. esser perpendicolar alla superficie assignata, laqual cosa è impossibile (per la terzadecima de q̃sto,) ma se l'aduersario confessa la linea, e, f, essere perpendicolar alla linea, f, b, ma non alla linea, f, d, seguirà per simel modo le due, e, f, &, f, h, esser perpendicolare alla superficie assignata che niente di manco è impossibile.

Theorema. 18. Propositione. 20.

10 Se tre angoli superficiali contengano un'angolo solido, ciascuni
20 duoi di quelli tolti insieme sono maggiori dill'altro.

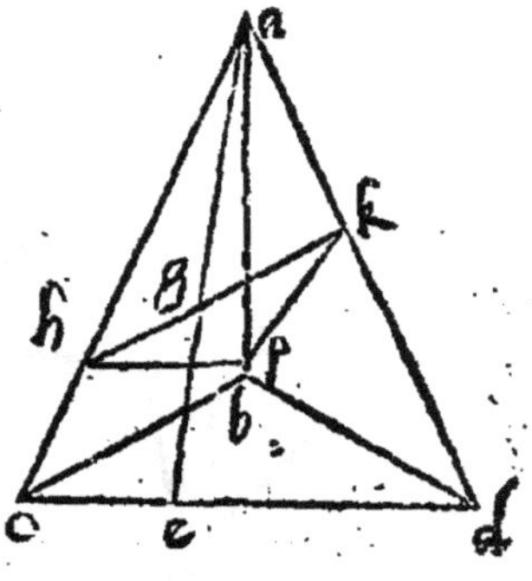

Siano le tre linee. a. b. a. c. a. d. pyramidalmente erette sopra alla superficie, b, c, d, continente tre angoli superficiali delle quale uien compito l'angolo solido in ponto. a. Dico quali duoi angoli si uoglia de quelli angoli superficiali, constituenti lo angolo solido in ponto. a. tolti insieme essere maggiori dil terzo, perche se questi tre angoli superficiali seranno fra loro equali, ouer se duoi seranno solamente equali & lo terzo stia minore l'uno & l'altro di duoi equali è manifesto per communa scientia essere il uero quello che è stato detto, ma se uno de quelli serà maggiore di qual si uoglia delli altri duoi restanti, o siano posti equali, ouero non equali al superfluo è manifesto quel maggiore con qual si uoglia delli altri duoi restanti tolti insieme essere maggiore del terzo, ma de quelli duoi minori tolti insieme

sieme cosi se apprende esser maggiori di quella terzo che sia supposto esser maggiore di qual si uoglia delli altri duoi. sia che delli tre proposti angoli superficiali l'angolo, c, a, d, sia maggiore di qual si uoglia delli altri duoi rimanenti, adonque tagliarò de quello, e, a, d, equale all'angolo, b, a, d, protratta la linea, a, e, & tagliando da questa linea, e, la linea, a, g, & dalla linea, a, b, la linea, a, f, lequale ponerò ouero farò equale & protrarò dal ponto, g, una linea in la superficie delle due linee, a, c, & a, d, cascante come si uoglia per fina a tanto che quella seghi, a, c, in ponto, h, & a, d, in ponto, k, & quella sia la, h, g, k, & produrò le linee, f, h, & f, k, conciosia adonque che, a, f. sia equal al, a, g, posta, a, k, commune (per la quarta dil primo) la, f, k, serà equale alla, k, g, e perche (per la uigesima del primo) se due linee, h, f, & f, k, sono maggiori della linea, h, k, (per la quarta concettione) la, h, f, serà maggiore della, h, g, e pero (per la uigesima quinta del primo conciosia che la linea, a, f, sia equal alla linea, a, g,) serà l'angolo, f, a, h, maggiore dell'angolo, h, a, g, adonque (per la cõcettione) è manifesto li duoi angoli, h, a, f, f, a, k, tolti insieme esser maggiori del angolo, h, a, k, laqual cosa era da demostrare.

Theorema. 19. Propositione. 21.

21 Ogni angolo solido el se approua esser minore de quattro angoli retti.

21

La quantità dell'angolo solido se determina dalla quantita delli angoli superficiali che contengono quel angolo solido. Adonque questa uigesima prima proportionalmente propone anchora che quai si uoglia angoli superficiali, che contenghino qulunque angolo solido tolti insieme esser minori di quattro angoli retti, hor siano li triangoli della pyramide, a, b, c, d, della quale conciosia che l'angolo suppremo possi esser qual si uoglia di suoi angoli tamen in questo luoco sia, a, Del qual dico che li tre angoli superficiali che conteneno il detto angolo, a, sono minori de quattro retti: perche eglie manifesto (per la trigesima seonda propositione del primo) li nuoue angoli de tre triangoli circonstanti a questa pyramide (& questi sono, a, b, c, a, c, d, a, d, b,) esser equali a sei angoli retti, & di tre angoli della basa di quella che è il triangolo, b, e, d, e manifesto anchora (per la medesima) che quelli sono equali a duoi angoli retti, conciosia adonque che li sei angoli di tre predetti triangoli circondanti questa nostra pyramide (della quale disputemo del suppremo angolo) dico quelli sei angoli che contengono con li altri tre angoli della basa li altri tre angoli solidi della pyramide (per la precedente) tolta tre uolte siano maggiori di tre angoli del triangolo della basa, seguita adonque quelli sei angoli essere maggiori de duoi angoli retti adonque leuado uia dalli noue angoli di tre triangoli circondante la pyramide questi sei angoli li tre restanti seranno minori, de quattro retti, & quel li sono quelli che constituiscono lo angolo, a, solido, ma se l'angolo, a, suppremo in la tolta pyramide serà contenuto de piu che tre angoli superficiali, laqual cosa

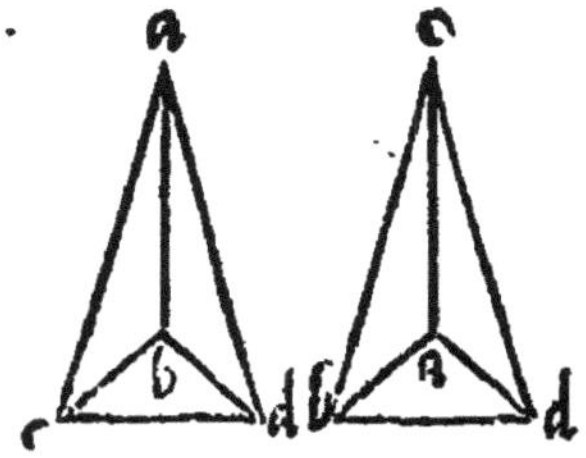

serà

serà secondo la moltitudine delli angoli della sua basa, conciosia adonque che li angoli de tutti li triangoli circondanti detta pyramide tolti insieme equalmente (per la trigesima seconda propositione del primo) siano equali a tanti angoli retti quãto è el numero di angoli della sua basa dupplicado: imperoche tanti è necessario esser li triangoli circondanti la pyramide quanto seranno l'angoli della sua basa, et conciosia che tutti li angoli della sua basa, siano a tanti angoli retti equali, quanto è el numero dupplicado delli suoi angoli è da quelli trattone quattro (come in la trigesima seconda propositione del primo è stato dimostrado) conciosia, adonque che tutti li angoli di triangoli (circondanti la pyramide) che stanno sopra li lati della basa di detta pyramide tolti equalmente insieme siano maggiori de tutti li angoli della basa tolti equalmente insieme come euidentemente è manifesto (per la precedente) repetita tante uolte quanti angoli bauera la basa, hor seguita necessariamente (per communa scientia) li angoli superficiali continenti l'angolo, a, solido tolti equalmẽte insieme esser minor de quattro angoli retti. Dico minori in questo che tutti li angoli de triangoli circondanti la pyramide liquali stanno ordinatamẽte sopra di lati della basa della pyramide eccedeno tutti li angoli della basa tolti equalmente insieme.

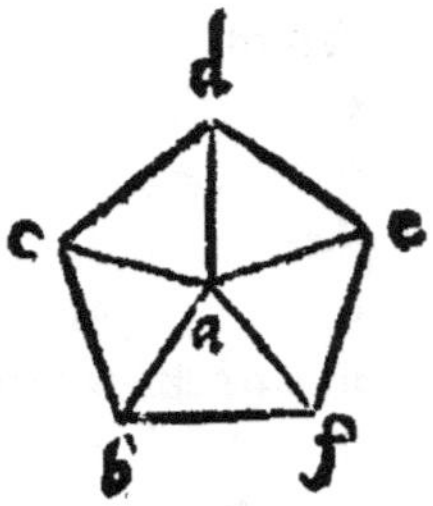

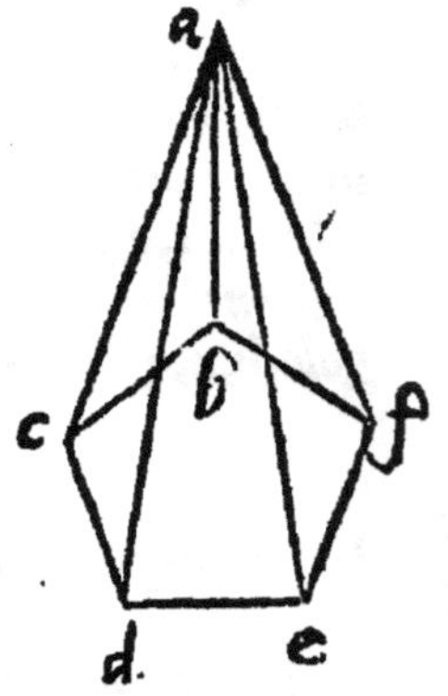

Il Tradottore.

Questa presente propositione nella seconda tradottione dice in questa forma uidelicet.

Theorema. 19. Propositione. 21.

Ogni angolo solido à compreso sotto men de quattro angoli retti piani.

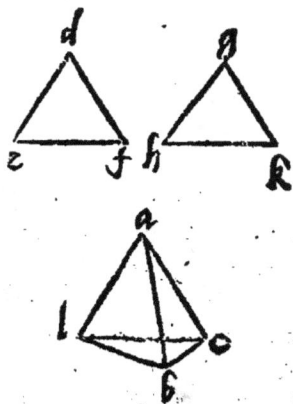

Laqual prepositione parla piu corretamente di l'altra perche in uero l'angolo solido non è comparabile a angoli piani però non possiamo dir (senza reprensione) che uno angolo solido sia minore ne maggiore ne equal a quattro angoli retti ideo. &c.

Theorema. 20. Propositione. 22.

22 Se seranno tre angoli superficiali di quali cia
22 scuni duoi tolti insieme sian maggiori del terzo. & tutti fra loro siano contenuti de linee equale. delle tre base, che sotto tendono a quelli ~~angoli (dalli termini di dette linee equale) egliè possibile a esser consti~~tuido uno triangolo.

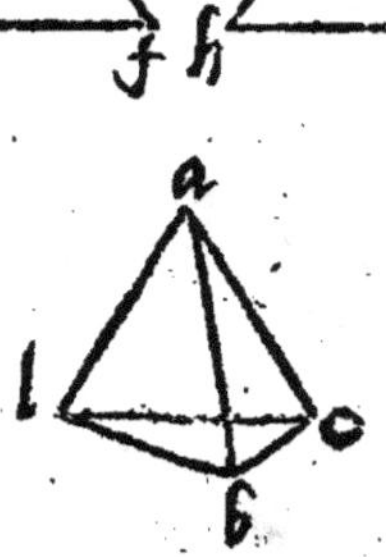

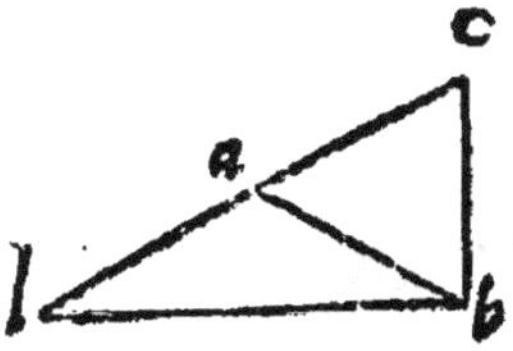

Siano li tre angoli superficiali. a.c.e.d.f.h.g.K. come se propone cioe tali che ciascuni duoi di quelli siano maggiori del terzo, & siano li sei lati continenti quelli equali.liquali siano. a.b.a.c.d.e.d.f.g.h.g.K.e sian protratte di sotto a quelli le tre base lequale siano, b,c,e,f,h,k. Dico adonque che da queste tre base puol esser constituido un triangolo, hor sia fatto l'angolo, b,a,l,equale all'angolo, d, & la linea,a.l,alla linea,d,e, & sian protratte le,l,b,l,c,& (per la quarta del primo la linea, l,b, serà equale alla linea, e,f, & dal presupposito) è manifesto lo total angolo, a, esser maggiore dell'angolo, g, perche, ciascuni duoi (delli tre) angoli, b,a,c,d, & ,g, seranno maggiori del terzo adonque (per la 24. del primo) la linea.l. c.è maggiore della linea. h.k.e conciosia che (per la 20.del primo) le due linee.l.b.&.b.c.sian maggiori della linea.l.c.seguita le due linee.l.b. &.b.c.esser molto piu forte maggiore della linea.h.K.adonque perche.l.b.è equale alla.e.f.le due linee.b.c.&.e.f.seranno maggiori della linea.h.k.adonque per questo modo è manifesto ciascune due linee nelle tre linee. b.c.e.f.h.k. esser piu longhe della terza, adonque (per la uigesima seconda del primo) è manifesto esser il uero, quello che è stato detto, solamente aggiontoui questo che se li duoi angoli.b.a.c.& d.tolti insieme siano equali a duoi retti, le due linee.l.a.&.a.c.(per la decima quarta del primo) seranno una sol linea laquale conciosia che la sia equale (dal presupposito) alle due linee. g.h. &.g.K.lequale (per la uigesima del primo) sono piu longhe della linea. h.K.& cõciosia che (per la medesima) le due linee.l.b.&.b.c.siano piu longhe della linea.l.c.seguita come prima.b.c.&.e.f. tolte insieme esser piu longhe della.h.K.ma se li duoi predetti angoli sono maggiori de duoi retti (per la uigesima prima del primo) le due linee.a.l.&.a.c.e pero & le due.g.h.&.g.k.seranno piu corte delle due lequal sono. l.b.&.b.c. per laqual cosa come prima.b.c.&.e.f. tolti insieme sono piu longhe della linea.h.k.

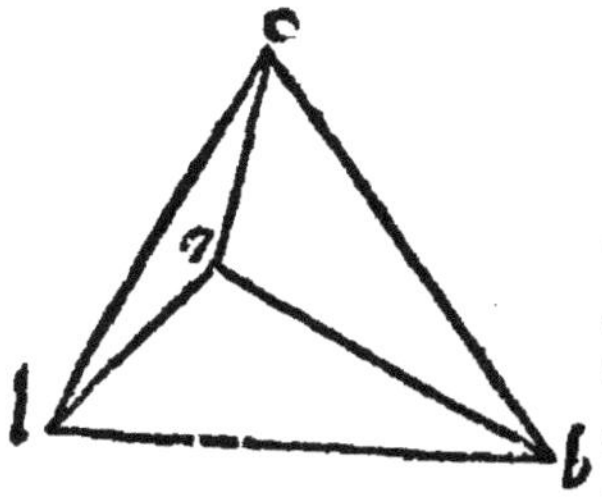

Problema.3. Propositione.23.

23 Proposti tre angoli superficiali, di quali qualunque duoi tolti insie-
23 me sian maggiori del terzo, & tutti tre insieme siano minori di quattro angoli retti, con altri tre che siano a quelli equali puotemo constituire uno angolo solido.

Siano proposti tre angoli superficiali liquali siano.a.b.c.cõ tre altri a quelli equali uolemo constituire uno angolo solido el bisogna adõque (per la uigesima propositione di questo) che qualunque duoi de quelli tolti insieme siano maggiori del terzo et (per la uigesima prima propositione de questo) che tutti tre tolti insieme siano minori di quattro angoli retti: adonque siano tutte queste cose in questi, & li lati continenti quelli sian fatti tutti fra loro equali, & a quelli sian sotto tendute tre base che queste siano d.e.e.f.&.f.d.& (per la precedente) de tre linee equale a queste base serà possibile essere constituido uno triangolo.

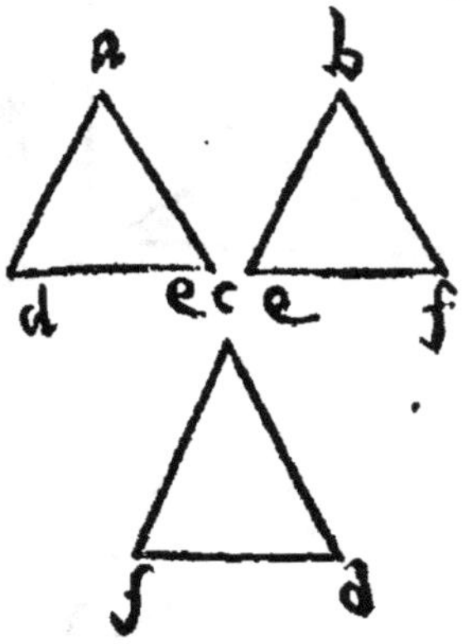

Sia adonque da queste (secōdo la dottrina della uigesima seconda del primo) cōstituto lo triangolo.d.e.f. al quale (secondo che insegna la quinta del quarto) sia circonscritto lo circolo.d.e.f.sopra il centro.g. & sian protratte le.g.d.g.e.g.f.lequale conciosia che quelle siano fra loro equale (per la diffinitione del cerchio & li lati circondanti li tre proposti angoli) sono etiam equali (dal presupposito) eglie necessario che cadauna di quelle sia minore di cadauno di quelli lati, & e impossibile esser equale ouer maggiore, perche se la linea che uien dal centro.g.alla circonferentia del cerchio.d.e.f.fusse equal ad alcū di lati. a. d.a.e.b.e.b.f.c.f.c.d.seguitaria (per la ottaua del primo) li tre angoli proposti.a.b.c. essere equali alli tre angoli.d.g.e.e.g.f.f.g.d.& conciosia che questi tre angoli siano equali a quattro angoli retti (come facilmēte e manifesto dalla terzadecima del primo) protratta per un pocchetto una delle linee che esseno dal centro alla circonferentia in continuo & diretto, seriano etiam li tre angoli.a.b.c. anchora equali a quattro angoli retti che e contra al presupposito, ma se la fusse maggiore ponendo li tre triangoli (delli quali li angoli son.a.b.c.) sopra alli tre triangoli che diuidono el triangolo.d.e.f.cioe ciascun de quelli sopra quello con el quale communica in basa talmente che le base equale siano poste sopra alle base equal & li angoli.a.b.c.cadano alla parte del ponto.g.seguitaria (per la uigesima prima del primo) li tre angoli. a.b.c.esser maggiori delli tre liquali sono.d.g.e.e.g.f.f.g.d.adonque seriano maggiori de quattro retti che è molto piu contrario dalle cose supposte. adonque resta ciascuno di sei lati circondanti li tre proposti angoli esser maggiore della linea che uien dal centro,g,alla circonferentia,d, e,f,e però e piu potente, sia adonque piu potente in el quadrato della linea. g. h. laquale (secondo la duodecima di questo) sia orthogonalmente erretta sopra la superficie del triangolo: ouer del cerchio.d.e.f.& siano protratte le tre ypotumisse. h.d.h.e.h.f.lequale dico contenere tre angoli superficiali (equali alli tre propositi. constituenti lo angolo solido in ponto. h. perche conciosia, che'l quadrato della linea, a, d, sia equale alli duoi quadrati delle due linee.d.g.&.g.h. dal presupposito: & lo quadrato della linea.d.h.sia equale alla medesima (per la pénultima del primo) è necessario la linea.a.d.esser equale alla linea d.h.e per lo medesimo modo etiam la linea.a.e.alla linea.e.h.adonque (per la ottaua del primo) conciosia che le base siano etiam equale, l'angolo.a.serà equale all'angolo.d.h.e.similmente anchora l'angolo.b.serà equale all'angolo.e.h.f. & l'angolo c.equale all'angolo.f.h.d.per laqual cose è manifesto esser fatto quello che hauemo disposto di fare.

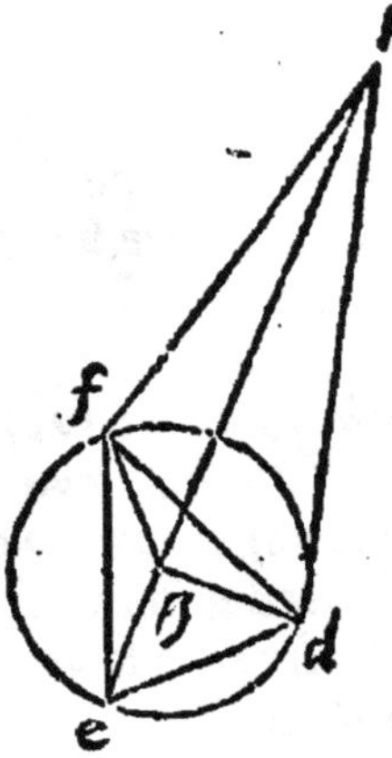

o
23

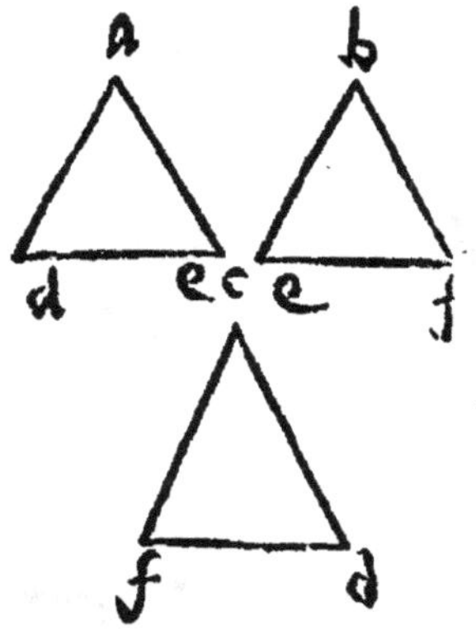

Ma se per caso el centro del cerchio serà in un di lati del triangolo poniamo che sia in lo lato, e,d, & che sia, g, & sia tirata la linea, f, g, dico un'altra uolta che lo lato, a, d, è maggior di, f, g, & se'l non è maggiore ouer che il detto, a, d, è equale al detto, f, g, ouer che egliè minore hor poniamo (se egliè possibile) che prima sia equale adonque le due linee ouer lati, a, d, a, e, (che sono quanto che, b, e, &, b, f, ouero c, f, &, c, d,) sono equali alle due linee, e, g, &, g, f, che è come tutta la, e, g, d, ma la detta, e, g, d, e suppo-sta equale alla basa, d, e, (del triangolo, a, d, e,) adonque li dui lati, a, d, &, a, e, del triangolo. a. d, e, sono equal alla basa, d, e, laqual cosa è impossibile, adonque lo lato, a, d, non è equale alla, g, f, similmente anchora se potrà dimostrare che'l nõ è minore, adonque la detta, a, d, è maggior della, g, f, hora similmente se la, a, d, è maggiore della, g, f, lei serà anchor piu potente, hor sia anchora piu potente nel quadrato della linea, g, h, laquale sia posta perpendicolar alla superficie del cerchio in ponto, g, & protratte medesimamente le tre Ypotumisse, h, f, h, e, h, d, & serà constituido il problema.

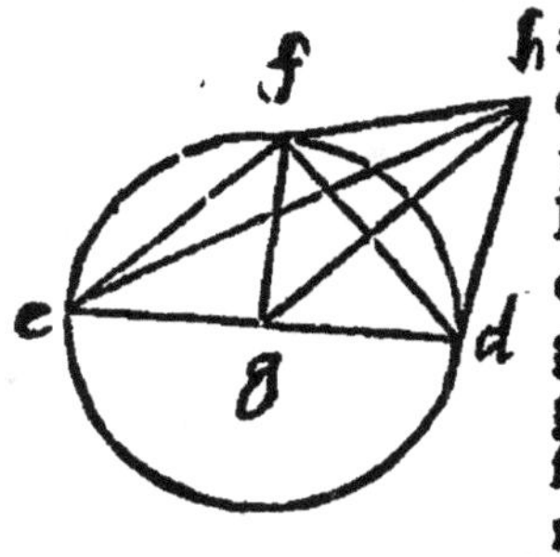

Il Tradottore.

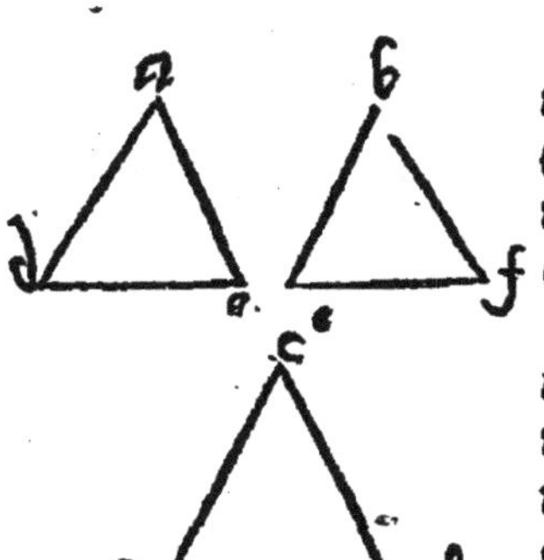

Che il lato. a. d. non possa essere minore della. g. f. se uerifica in questo modo perche supposto che sia minore (per l'aduersario) seguiria che la basa. d. e. fusse maggiore delli duoi lati. a. d. &. a. e. laqual cosa è impossibile (per la uigesima propositione del primo.

Ma se per sorte il centro del cerchio serà fuora del triangolo. f. e. d. poniamo anchora nel ponto, g. & sia tirata la, g, f, & similmente le. e. g. &. d. g. Dico anchora che la, a, d, è maggiore della, g, f, & se la non è maggiore (per l'aduersario) ouer che la è equale ouer che la è minore, hor sia primamente equale, adonque le due linea, a, d, a, e, etiam le due, b, e, &, b, f, sono equale alle due. e. g. g. f. (cioe l'una all'una e l'altra all'altra) e la basa. e. f. del triangolo. b. e. f. (dal presupposito) è equale alla basa, e, f, del triangolo, e, g, f, adonque l'angolo che sotto de, e, b, f, (per la ottaua del primo) è equale all'angolo che sotto de, e, g, f, per le medeme ragioni & quello che è sotto di, f, e, d, è equale a quello che sotto di, f, g, d, adonque tutto l'angolo sotto di, e, g, d, è equale a quelli duoi sotto di, e, b, f, &, f, c, d, ma

d, ma

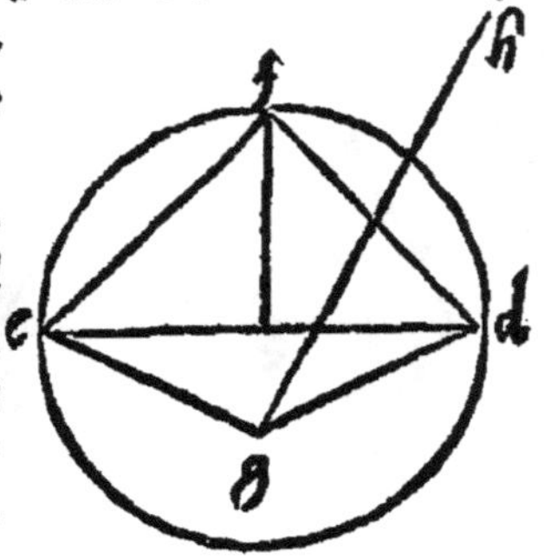

d,ma quelli che sono sotto di, e,b,f,& ,f,c,d,sono maggiori di quello che sotto de, d, a, e, adonque quello che sotto di, e,g,d,è maggior di quello che è sotto di,d,a,e, & perche le due, a,d,& ,a,e, sono anchora equale alle due,e,g,d,g,et la basa,d,e,del triangolo,a,d,e, (dal presupposito) è equale alla basa, e,d,del triangolo,e,f,d, adonque l'angolo che sotto alle,e,g,d,(per la ottaua del primo) è equale a quello che sotto alle, d, a,e,& è manifesto che è anchor maggiore che è una cosa absorda, adonque la,a,d,non è equale alla,f,g, anchora demostraremo che la nõ è minor,adonque lei serà maggior etiam piu potente sia adonque piu potente nel quadrato della linea,g,h, laqual sia posta anchora perpendicolare alla superficie del cerchio in ponto,g,e sia constituido il problema.

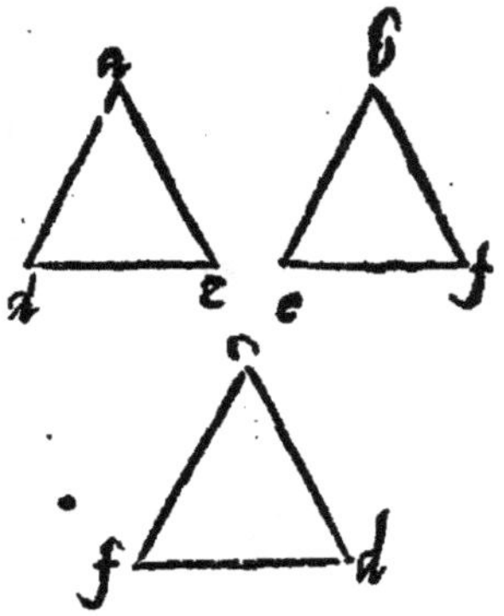

Hor dico (come di sopra è detto)che la.a.d.non è minore della.f.g.& se questo è possibile(per l'aduersario) anchora la.b.e.a lei equale serà pur minore della medesima.f.g. hor sia posto ouer fatta la.g.k.equale alla.b.e.& la.g.l.equale alla.b.f.& sia tirata la.k.l.& perche la.b.e.è equale alla.b.f.la.g.K.serà equale alla.g.l. per laqual cosa è il restante. k.f. serà equale al restante. l.e. adonque la.f.e.(per la uigesima ottaua del primo)e paralella alla.k.l.pche il triangolo.f.e.g.è equiangolo al triangolo.g.k.l.adonque(per la sesta del sesto)si come è lo.g.f.al.f.e.cosi è lo.g.k.al.k.l.et uicissim (cioe permutatamẽte per la decima sesta del quinto) si come g.f. al.g.k.cosi.e.f.e.al.K.l.et.g.f.è maggiore della detta g. K. adonque & la.f.e.è maggiore della.k.l.ma la. f.e. è equale alla basa.f.e. del triangolo.b.e.f.adonque & la basa.f.e.è maggiore della.k.l.(& per la decima quarta del quinto) adonque perche le due, b,e,b,f,sono equale alle due. K.g.g.l. (cioe l'una a l'una, & l'altra all'altra) & la basa.f.e.è maggiore della basa.k.l.adõque l'angolo che sotto delle. e.b.f.(per la uigesima quinta del primo)è maggiore dell'angolo che sotto delle due k.g.l.similmente anchora se pigliamo la.g.m.equale all'una & l'altra delle due.g.k. g. l. & tirata la. k. m. demostremo che l'angolo che sotto le.f.c.d.è maggiore di quello che sotto di. k,g.m. sia adonque constituido(per la uigesima terza propositione del primo) alla linea retta.f.g. nel ponto.g.l'angolo.f.g.n.equale a l'angolo.e.b.f.& l'angolo.f.g.o.equale all'angolo.f. c.d.& sia fatta l'una & l'altra delle due.g.n.& g.m. (per la terza del primo) equale alla.g.K.& siano tirate le linee.k.n.k. o.& .n.o.& perche le due linee.b.e.b.f.sono equale alle due.K.g.& g.n.& l'ango

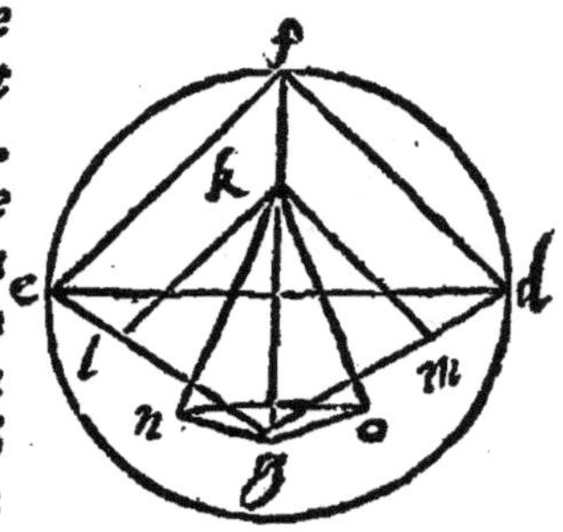

lo che sotto delle. e.b.f. è equale all'angolo che sotto delle. k.g.n. adonque la basa.e. f.(per la. 4. del primo) è equale alla. k.n. & per le medeme ragioni etiam la.f.d.e equale alla. k. o. & perche le due. f.e.f.d.sono equale alle due.k.n.k.o.& l'angolo sotto di. e.f.d.(nel cerchio) è maggiore, di l'angolo che sotto di.n.k.o.adonque la basa.e.d.(per la uigesima quinta del primo) serà maggiore della basa.n.o.ma la detta e. d. è equale alla basa. e.d. del triangolo.a.d.e.(per la quarta del primo) adonque la detta.d.e.è maggior della medesima. n.o.perche adonque le due.a.d.a.e.sono anchora lor equale alle due. n.g.g.o. & la basa. d. e. è maggiore della basa.n.o. adonque lo angolo che sotto di. d. a. e. (per la uigesima quinta del primo) è maggiore di l'angolo che sotto di.n.g. o. ma l'angolo che sotto di.n.g.o.è equale a quelli che sotto di. e. b. f. & .f. c. d. adonque quello che sotto di. d. a. e. è maggiore di quelli che sono sotto di. e.b.f.& .f.c.d. è etiam minore (dal presupposito laqual cosa è impossibile.

Il Tradottore.

Perche el triangolo. f. e. d. (circonscritto dal cerchio) fu fatto in principio dalle tre base di tre triangoli cioe delle base. d.e.e.f.& .f.d.& la basa.d.e.del triangolo. a. d.e.è supposta equale pur alla linea ouer basa.e.d.posta nel cerchio: & similmente la basa. e.f.del triangolo.e.b.f.se suppone equale pur alla.e.f.posta nel cerchio & cosi la.f.d.alla.f.d.perilche bisogna aduertire nella soprascritta argumentation che tal hora si parla delle base fora del cerchio e tal hora se parla delle medesime poste nel cerchio ideo. Che l'angolo.e.f.d.(nel cerchio) sia maggior dell'ãgolo.n.k.o.è manifesto perche lo detto angolo. n.k.o.è parte dell'angolo.l.k.m.et lo.l.K.m.è equale al.e.f.d.per le cose demostrate di sopra.

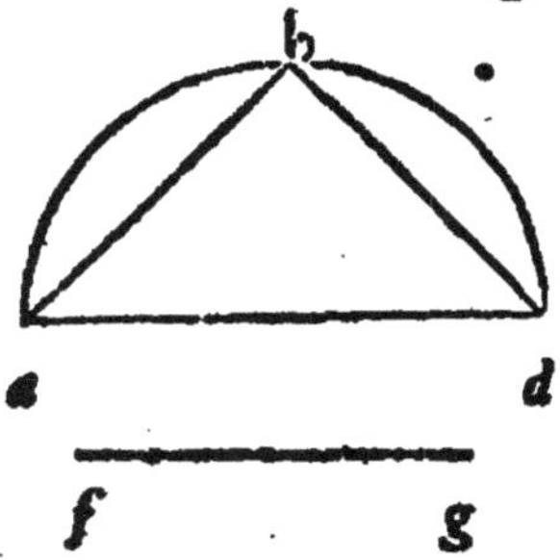

Per trouar la linea. h.g. cioe la linea potente nella differẽtia che il quadrato della, linea, a, d, (maggiore) eccede il quadrato della, g, f, (minore) se die procedere in questo modo, sopra alla linea, a, d, sia descritto lo mezzo cerchio, a, b, d, & nel detto mezzo cerchio (per la prima del quarto sia coaptada una linea equale alla, f, g,) laqual sia la, a, b, & dal ponto. b. al ponto, d, sia tirata la, b, d, laqual, b, d, dico esser quella che cercamo: perche l'angolo, a, b, d. e retto (per la trigesima prima del terzo) & il quadrato della, a, d, (per la penultima del primo) è equale alli duoi quadrati delle due linee, a, b, &, b, d, tolti insieme, adonque il quadrato della, a, d, è maggiore del quadrato della, a, b, nel quadrato della linea, b, d, & perche la, a, b, fu tolta, equale alla, f, g, è manifesto il proposito, e pero pigliando poi la linea. g. h, equale alla, b, d, e seguire come nelle sopradette argumentationi se propone se risoluerà il proposto problema.

Theorema. 21. Propositione. 24.

24 Se uno solido serà contenuto de superficie equidistante le superficie
24 opposite di quello sono equale, & de lati equidistanti.

Cia-

Ciascun solido che è contenuto da superficie equidistante, altri dicono necessariamente esser contenuto da superficie pare, lequale si come non ponno essere manco di sei, cosi ponno essere in ogni numero paro eccedente el senario, perche è manifesto la colonna essagona posser esser contenuta da otto superficie lequale le due è due opposite fra loro sono equidistanti, cosi anchora la ottogona da diese, la decagona da duodeci & alla similitudine di queste infinite, ma de tutti questi solidi contenuti da superficie equidistanti (liquali pronontio essere infiniti) solamente quello è detto paralellogrammo del quale tutte le superficie circondante quello sono paralellogramme, & questo solamente è necessario esser da sei superficie circondato, dico adonque quello che propone questa uigesima quarta douer esser inteso di quello che circondato solamente da sei superficie, sia adonque tal solido el corpo, a, b, del quale fa che tu comprendi con la mente diligentemente le superficie che circonda el detto solido & te serà manifesto cadauna di quelle segare quattro delle altre, li lati delle qual quattro (conciosia che siano le commune settione de essa segante) & delle quattro segate: & siano due e due di quelle quattro segate (lequale se opponeno fra loro) equidistante dal presupposito: seguita (per la decima sesta tolte due fiade) che li quattro lati di questa superficie segante, & delle quattro segate siano fra loro a due a due equidistante adonque è manifesto el secōdo proposito & (per la trigesima quarta propositione del primo) è manifesto tutti li lati oppositi di queste sei superficie essere equali. Adonque li dui lati continenti l'angolo piano di cadanua di quelle seranno equali alli duoi lati continenti l'angolo piano in la superficie a loro opposita, anchora li angoli contenuti da quelli duoi & duoi lati (per la decima di questo) seranno equali, adonque (per lo conuerso della penultima communa sententia posta nel libro) e necessario ciascune due superficie opposite in el solido. a. b. essere fra loro equale che è il proposito.

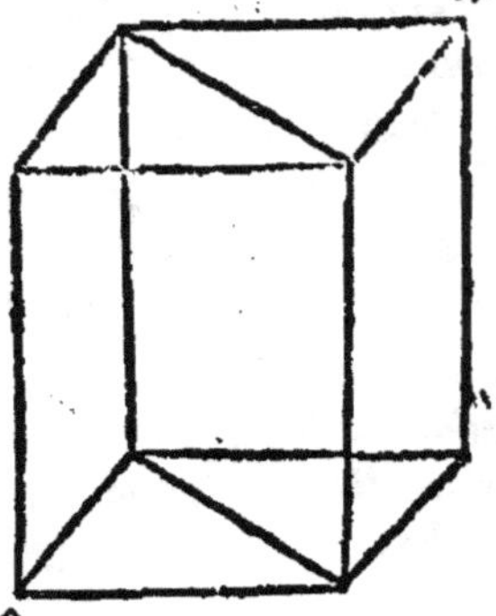

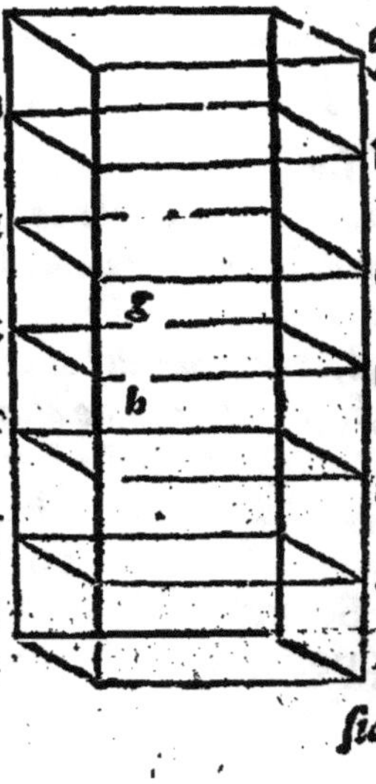

Theorema. 22. Propositione. 25.

25/25 Se alcuna superficie segarà alcuno solido paralellogrammo equidistantemente alle due superficie opposite di esso solido. li duoi corpi partiali (liquali sono copulati a quella superficie seghante come a comun termine) sono proportionale alle sue base.

Sia il corpo, a, b, solido paralellogrammo, & la superficie. c. d. seghi quello equidistantemente alle due superficie opposite di quello lequale sono, a, e, & f, b, & sia la sia la superficie,g,h, basa del detto solido,a,b,della quale è manifesto(per la precedente) esser de lati equidistanti & la commune settione delle due superficie,c,d,& g,h,sia la linea,h,d,dellaqual è manifesto (per la terza) di questo che quella è una linea retta & (per la decima sesta di questo)che quella è equidistante alla.g,e, & però le due superficie,g,d,& ,h,b,sono de lati equidistanti,e quelle sono base di duoi corpi partiali in liquali la superficie.c.d.diuide el solido.a.b.adõque dico che la proportione del solido,a,d,al solido,b,c,e si come della basa,g,d,alla basa,h,b, hor per dimostrar questo siano protratte (quanto te pare) dall'una e l'altra banda le quattre linee penetrante la superficie,c,d,sopra li suoi angoli & quelle sono,a,f,& ,e,b, con le altre due a quelle equidistante, & sian tolte da tutte quelle le portioni dalla parte del ponto, b,quante te pare, lequale siano poste a una per una equale alla linea,h,d,& dalla parte del ponto,e,similmente quante altre te piace,lequale siano poste equale alla linea,c,d,sopra lequale dall'una e l'altra banda siano constituidi li solidi paralellogrammi secondo la longhezza delle sue , & siano dalla parte del ponto,b, li solidi,f,k,& l,m,& dalla parte del ponto.e.li solidi.a.n.& .q.p.& (per la diffinitione di corpi equali & simili) cadauno di solidi.f.k. & .l.m.è equale al solido,c,b,& cadauno delli solidi.a.n.& p.q.è equale al,a,d,adonque sia fatto l'argumento si come in la prima del sesto : perche el solido, c, m, è cosi multiplice al solido,b,c,come la basa,h,m,alla basa,h,b,& lo solido,q,c,è cosi multiplice al solido, a, d,si come la basa,q,h,alla basa,g,d,& se la basa,h,m,è equale alla basa,q,h, lo solido,c,m,è equale al solido,q,c,(per la diffinitione di corpi equali & simili) & se la basa è minore della basa & lo solido è minor del solido,& se è maggiore è maggiore, laqualcosa è manifesta (per la medesima diffinitione)resegbata dalla maggiore basa alla equalità della minore,& descritto sopra a quella el solido paralellogrammo, adonque (per la diffinitione della incontinua proportionalità) la proportione del solido, a,d, al solido,c,b,e si come la basa,g,e,alla basa,h,b,che è il proposito & se alcuna superficie , seghara el corpo seratile equidistantemente alle due opposite superficie triangulare di quello li duoi corpi partiali liquali sono copulati

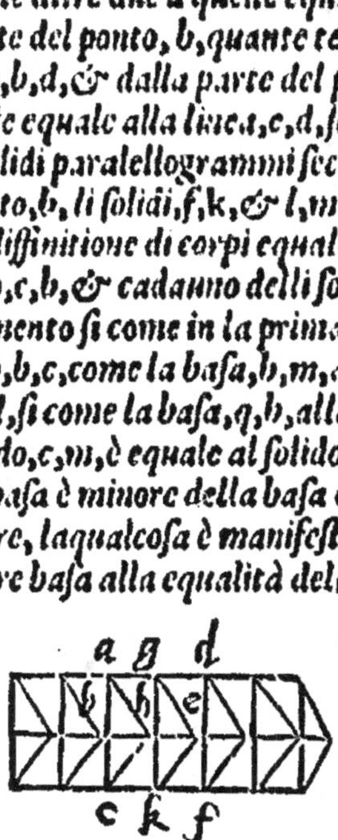

a quella superficie seghante (come a commun termine) seranno proportionali alle sue base,hor sia.a.f.el corpo seratile del quale le due trigonal superficie siano,a,b,c, d,e,f,adonque è manifesto(per la diffinitione del seratile)cadauna di quelle tre superficie,lequale sono,a,b,d,e,b,c,e,f,a,c,d,f,esser paralellogrammo,adonque la superficie,g,h,k,seghi questo seratile equidistantemente alle due opposite superficie di quello lequale sono,a,b,c,d,,e,f. Dico adonque che la proportione del seratile.a.K. allo seratile,g,f,e si come la basa,a , K, alla basa,g,f,laqualcosa se pruoua si come del solido paralellogrammo , perche protratte in l'una e l'altra parte le linee. a. d. b. e.c.f.& fatti in tra quelle dalla parte del ponto.e.li seratili equali al seratile.g.f. & dalla parte del ponto. b.altri equali al seratile. a. k.de che numero uoi dall'una e l'altra bãda,se con la mente uigilante procederai(per la diffinitione della incontinua proportionalità)non te serà difficile concludere quello che hauemo detto.

Pro-

Problema.4. Propositione.26.

26 **Sopra uno dato ponto de una data linea retta puotemo constituire**
26 **uno angolo solido equale a uno proposto angolo solido.**

Sia el proposto angolo solido. a. elquale sia contenuto delle tre linee. a. b. a.c.a. d. (lequale contengono li tre angoli superficiali, che costituiscono esso angolo solido) alquale sopra el ponto. e. della proposta linea. e. f. (laquale stia come pare al preponente, cioe distesa in piano ouero eleuata in suso) desideremo de constituire un angolo solido equale. Sia el sito della linea. e.f. come si uoglia & dal ponto. g. signato doue uorai produrai la linea. g. e. & (per la seconda di questo) le due linee. e. f. & g. e. seranno in una superficie, adonque in questa superficie sopra el dato ponto. e. in la assignata linea (secondo el modo della uigesimaterza propositione del primo) constituisse uno angolo equale all'angolo. b. a. c. e quel sia. f. e. g. dapoi dalla linea. a. d. tagliata la linea. a. b. si come tu uorai & dal ponto b. produrai la perpendicolare. b. k. alla superficie in laquale sono le due linee. a. b. & . a. c. laqual cosa come se debbia fare el te lo insegna la undecima di questo, adonque a ti non bisogna pigliar cura dal ponto. k. perche el non te importa o che la perpendicolare. b. K. (condutta alla superficie in laquale sono le due linee. a. b. & . a. c.) caschi fra esse linee ouer di fora uia, ouer in una di quelle conducerai solamente la linea. a. k. & ponerai el ponto. l. in la linea. a. b. doue uorrai & protrarai la linea. k. l. et l. b. & mette l'angolo. f. e. m. (in la superficie delle due linee. e. f. et. e. g.) equal all'ãgolo. b. a. K. e la linea. e. m. equal alla linea. a. k. et dalla linea. e. f. taglia la linea. e. p. equale alla linea. a. l. & dal ponto. m. conduce la linea. m. n. perpendicolare alla superficie in laquale sono le due linee. e. f. & . e. g. e pone quella equale alla. b. K. & tira le linee. e. n. n. p. & p. m. dico adonque le tre linee. e. f. g. e. n. contenere uno angolo solido in ponto. e. equale al proposto angolo. a. laqualcosa dimostra in questo modo conciosia che(dal presupposito) li duoi lati. a. k. & . k. b. del triangolo. a. k. b. siano equali alli duoi lati. e. m. & . m. n. del triangolo. e. m. n. & li angoli che sono al. k. & al. m. sono retti (per la diffinitione) della linea perpendicolarmẽte eretta sopra una superficie seranno(per la quarta del primo) le due linee. a. b. & . e. n. equale anchora (per la mẽdesima) le due linee. k. l. & . m. p. seranno equale e però etiam(per la medesima). b. l. & . n. p. seranno equale conciosia che. b. k. & . k. l. siano equale alle. m. n. & . m. p. & li angoli. b. k. l. & . n. m. p. retti(per la ottaua del primo) adonque l'angolo. n. e. p. serà equale all'angolo. b. a. l. anchora per simil modo tu approuerai l'angolo. g. e. n. essere equale all'angolo. c. a. d. adonque è manifesto noi hauer fatto quello che uoleuamo & similmente se ponerai bẽ cura a questo che hauemo operato de

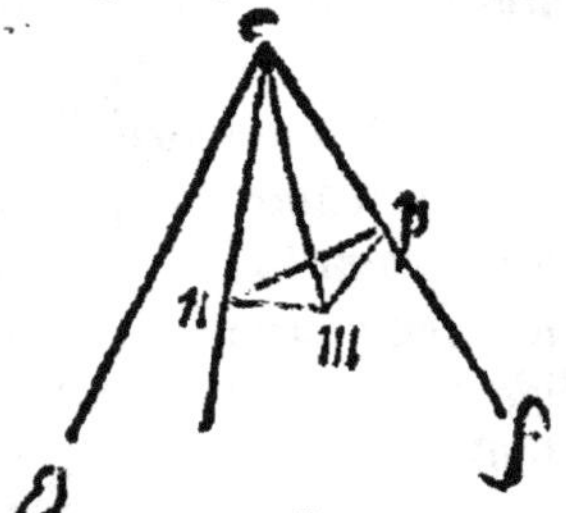

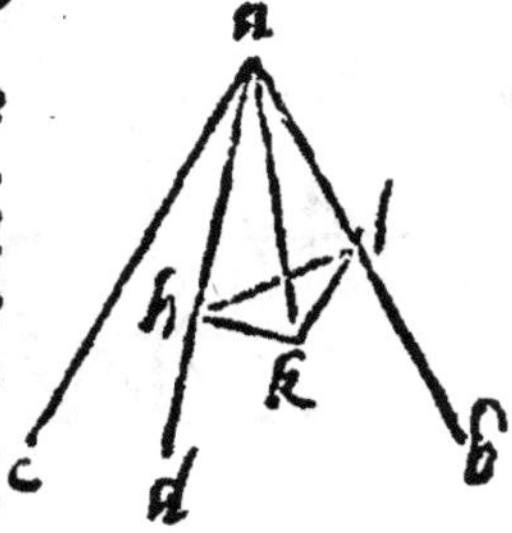

te di sopra date senza impedimento potrai costituire il proposto angolo . a . (che se adimanda) sia contenuto da quanti lati si uoglia.

Il Tradottore.

Doue che sopra il commentatore dice che dal ponto. g. signato doue uorai produrai la linea. g. e. &c. A me non pare che il detto ponto. g. si possa tor doue ne pare anci tal parlar mi pare fora di proposito e superfluo : perche satisfa solamente a dire che si debbia sopra il ponto. e. constituire (per la uigesimaterza del primo) l'angolo. f. e. g. equale all'angolo. b. a. c. è seguire poi come seguita.

Problema. 5. Propositione. 27.

27 Sopra a una assignata linea puotemo constituire uno solido simile a
27 uno dato solido de superficie equidistante.

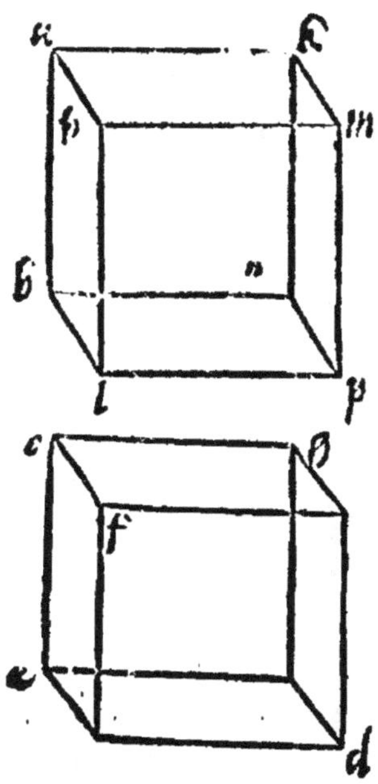

Sia la assignata linea , a , b , del sito del quale ouer giaccia in piano, ouer sia in alto elleuata el non importa niente, & sia lo corpo, c, d, lo solido paralellogrammo assignato elquale sopra la linea . a . b. desideremo fabricare uno solido simile , siano adonque li tre linee continēte li angoli superficiali dalli quali uien composto l'angolo. c. solido delle inscritte littere , c , e, c, f, c, g, & (secondo li precetti della precedente) sopra el ponto , a , della linea , a , b , sia constituido uno angolo solido equale al, c, sia contenuto dalle tre linee, a, b, a, h, a, k, & con lo aggiutto (della undecima del sesto) sia la proportione della, c, e, alla, a, b, & della, c, f, alla, a, h, & della, g, c, alla, a, K, una medesima proportione, dapoi dalli tre ponti, b, h, k, sia protratte sei linee cioe, b, l, equidistante alla linea, a, h, & , b, m, equidistante alla linea, a, K, anchor, h, l, equidistante alla linea, a, b, & , h, n, equidistante alla linea, a, K, anchor sia tirata la linea, K, n, equidistāte alla, a, b, & , K, m, equidistante alla. a. h. & piu siano protratte, m, p , equidistante al, h, l, & , p, l, equidistante al, b, m, anchora sia protratta la linea, p, n, & serà compido el solido paralellogrammo, a, p, elqual dico esser simile al solido, c, d, & questo (per la diffinitione) delle superficie simile, & (per la diffinitione di corpi simili) facilmente tu concluderai se tu te aricordi de quelle .

Theorema. 23. Propositione. 28.

28 Se alcuna superficie segarà uno solido paralellogrammo sopra qua-
28 le due opposite superficie terminale di quello si uoglia & sopra li dui dia-

diametri di quelle, quella medesima superficie è necessario segare quel corpo in due parti equale.

Sia el corpo, a, b, solido paralellogrammo del quale sia supposto che la superficie. a.b.c.d. seghi quello sopra li diametri delle due superficie opposite terminante esso solido, lequale siano. a.d. & .c. b. Dico che la detta superficie diuide questo solido proposto in due parti equali, perche egliè manifesto che quella diuide quel solido in duoi seratili di quali le due è due superficie quadrilatere comparate fra loro, secondo che esse sono li lati oppositi del proposto solido (per la uigesima quarta de questo) è manifesto esser equale, conciosia che'l solido del qual parlamo è posto esser paralellogrã mo: anchora (per la medesima, & per la quadragesima prima del primo) è manifesto le superficie trilatere di detti seratile essere equale, adonque (per la diffinitione di solidi equali) è manifesto il proposito.

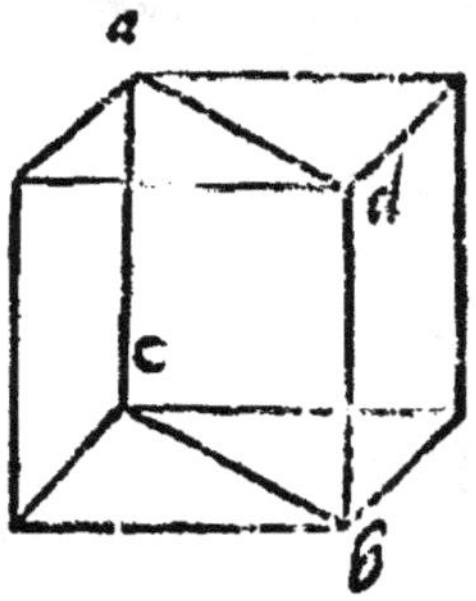

Theorema.24. Propositione.29.

19 Tutti li solidi de superficie equidistanti equal
19 mente alti & in una medesima basa, & constituti sopra una linea se prouano esser equali.

Vero è che li solidi de lati equidistanti equalmente alti constituidi fra superficie equidistanti & sopra una medesima basa sono fra loro equali, si come delle superficie de equidistanti lati sopra una basa, & constitute tre linee equidistanti, come in la trigesima quinta del primo è stato dimostrato, ma de tali solidi alcuni sono detti esser constituidi sopra una linea, & questi tali son quelli, di quali li duoi lati oppositi delle suppreme superficie protratti secondo la rettitudine sono una sol linea: & de questi tali questa uigesima nona propone de demostrare tutti questi esser equali fra loro, ma li altri de questi sono quelli liquali non sono detti esser constituidi sopra una linea & sono quelli di quali qualunque duoi lati oppositi delle supreme superficie che siano tolti secondo la rettitudine protratti non sono una sol linea, et de tali la sequente propone da demostrare tutti questi anchora esser fra loro equali. Siano adonque li duoi solidi paralellogrammi equalmente alti ouer constituidi fra superficie equidistanti. a.h. & .a.n. sopra una basa laqual sia. a.x. di quali li lati oppositi delle supreme superficie (quando siano protratti secondo la rettitu-

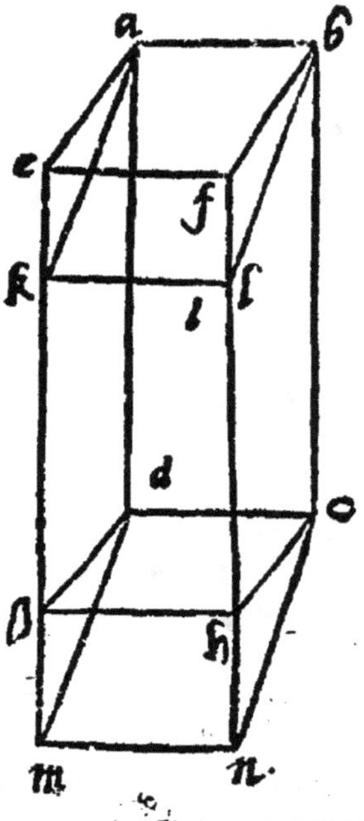

dine)

dine) ſiano una linea, & quelli ſiano.e.m.& .f.n. Dico adonque che li ſolidi a.b. & a.n. ſono equali & queſto ſe fabricarai la figura de quello ſecondo che biſogna in atto, ouer con la mente, & che tu procedi ſi come in la trigeſima quinta del primo facendo il medeſimo qui di ſeratili come in quel luoco di triangoli tu potrai facilmente concludere, & la medeſima diuerſità a te occorre in queſto luoco in li ſolidi, che hai viſto eſſer occorſo iui in le ſuperficie.

Theorema.25. Propoſitione.30.

30 30 **Tutti li ſolidi de ſuperficie equidiſtanti equalmente alti che ſeranno conſtituti in una medeſima baſa, & non ſopra una linea, ſe approuano eſſere equali.**

Sia al preſente duoi ſolidi paralellogrammi equalmente alti, ouer in ſuperficie equidiſtante: & ſiano ſopra una medema baſa, ma non conſtituidi ſopra una linea de nouo. Dico quelli eſſer equali, hor ſiano li dui ſolidi paralellogrammi, a, b, &, a, c. equalmente alti ouer in tra ſuperficie equidiſtanti cõſtituti ſopra una baſa laqual ſia.a. d. ma non ſopra una linea & ſiano le ſupreme ſuperficie de quelli.e.b. & .f.c. delle quali li lati oppoſiti protratti ſecondo la rettitudine non ſeranno una linea & concioſia che eſſe ſiano (dal preſuppoſito) in una ſuperficie imperoche li propoſti ſolidi ſono fra ſuperficie equidiſtanti, è neceſſario che li duoi lati de una di quelle protratti ſecondo la rettitudine, ſeghino li duoi lati dell'altra de quelle protratti ſecondo la rettitudine, adonque ſiano protratti li duoi lati oppoſiti delle ſuperficie. e. b. liquali ſiano.e.g. & .h.b. & li duoi oppoſiti della ſuperficie.f.c. liquali ſian.k.f. & .c.l. et ſeghinſi ſopra li quattro ponti.m.n.p.q. & la ſuperficie.m.n.p.q.ſerà de lati equidiſtanti, equale a ciaſcuna delle tre ſuperficie delle quale una è la communa baſa delli propoſti ſolidi, & quella e. a. d. & le altre due reſtante ſono le ſuppreme ſuperficie di medeſimi ſolidi, & quelle ſono.e.b. & .c.f. adonque dutte le linee da i quattro ponti. m.n.p.q. alli quattro angoli della baſa.a.d.refferti ſecondo la diretta conuenientia lequale ſiano.n.a.m.r.p.s.q.d.ſerà uno perfetto ſolido paralellogrammo. a. q. in la medeſima baſa con l'uno e l'altro di duoi primi & equalmente alto & ſopra una linea con l'uno e l'altro de quelli (per la precedente) adonque qual ſi uoglia di duoi propoſti ſolidi liquali ſono.a. b. & . a. c. è equale al ſolido. a.q. adonque (per la concettione) el ſolido. a. b.è equale al ſolido.a.c.per laqualcoſa è manifeſto el propoſito, parendoti tu puoi anchora prouare el conuerſo di queſta & della precedente, ducendo al impoſſibile, perche ponendo qual ſi uoglia duoi ſoli di paralellogrammi eſſer equali & conſtituti ſopra una medeſima baſa & tu demoſtrarai

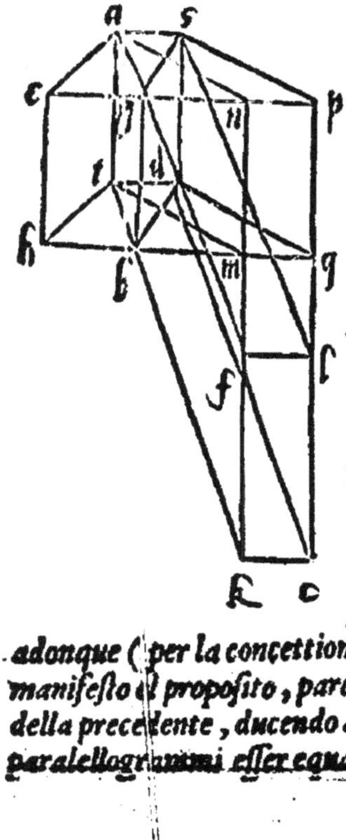

ſtrarai

strarai quelli esser equalmente alte & questa è la precedente seranno el mezzo del la tua demostratione, & lo impossibile alqual tu ducerai, serà la parte esser equale al suo tutto, laqualcosa euidentemente appare, se de quel solido (elquale mettisse l'aduersario esser piu alto) conciosia che ambi siano posti equali, & constituti sopra una medema basa ne tagliarai uno solido paralellogrammo equalmente alto al piu basso, & questo tagliato tu conuencerai (per questa & per la precedente) essere equale al piu basso, e pero (per communa sententia) etiam a quel tutto dal quale tu hauerai tagliato quello.

Theorema. 26. Propositione. 31.

31 Li solidi de superficie equidistanti constituti in base equale, se seran-
31 no equalmente alti, & le linee angulari de quelli staranno orthogonalmente sopra le base, seranno equali.

Et questo anchora è uero che tutti li solidi paralellogrammi constituti in base equale & in tra superficie equidistanti ouer equalmente alti sono fra lor equali si come (in la trigesima sesta del primo) è stato prouato delle superficie de equidistanti lati constituti sopra equal base & in tra linee equidistanti, ma de tal solidi, alcuni sono delle quale le linee angolare sono erigate orthogonalmente sopra le sue base, & de questi tali questa trigesima prima propone de demostrare quelli esser equali, ma poi eglene sono d'un'altra sorte delli quali le linee angolare non sono erette orthogonalmente sopra le sue base & di questi altri tali la sequente propone de dimostrare quelli medemamente esser equali, adonque siano intese sopra le due base. a. b. &, c, d, liquali siano equali & de equidistanti lati, ma tamen non siano d'una medesima creatione, ma sia, a, b, tetrango longo &, c, d, un simile helmuaym li duoi solidi de equidistanti lati constituti equalmente alti, &

siano le linee rette sopra li angoli delle proposte base per pendicolare a quelle dico questi duoi solidi esser equali fra loro, per tanto siano protratti li duoi lati della basa. a, b, (& siano quelli che contien l'angolo, b,) per fina al. f. & e. & sia fatto l'angolo, f, b, g, equale all'angolo, c, della basa, c, d, & siano tolte le due linee, b, f, &, b, g, equale alli duoi lati della basa, c, d, lequale contien lo angolo, c, & sia compita la superficie de lati equidistanti, b, h, laqual serà equale & simile alla basa, c, d, & dapoi sia protratta la, h, g, e, equidistante alla, b, f, & la, f, k. equidistante alla, b, e, & la superficie quadrilatera, b, f, k, de lati equidistanti serà equale alla. a. b. b. (per la trigesima quinta del primo) & conciosia che, b, h, sia equale al, c, d, (per la concettione) la, b, k, serà equale alla, a, b, adonque sia compita la superficie de lati equidistanti. b. l. protratta la linea, K, f, per fina a tanto che quella concorra in ponto, l, con uno di lati continenti l'angolo, a, adonque fa che sopra le tre superficie de

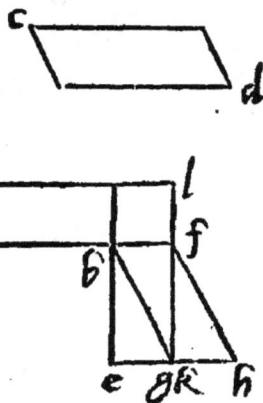

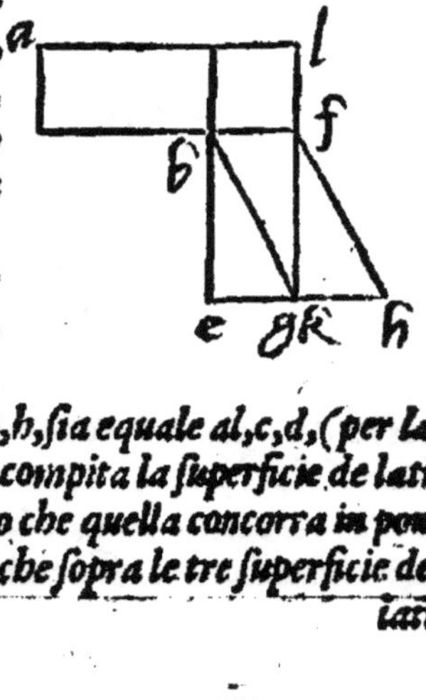

lati

lati equidistanti (lequale sono, b, h, b, k, b, l,) siano constituidi li solidi equalmente alti al solido constituido sopra la basa, a, b, et siano le linee de tutti questi solidi erette perpendicolare sopra le base & siano le base & li solidi constituidi sopra quelle chiamadi de medesimi nomi, adonque è manifesto (per la diffinitione di solidi equali & simili) che li duoi solidi, b, h, &, c, d, sono equali & simili: ma delli solidi, b, h, & b, k, è manifesto (per la uigesima nona) che quelli sono equali: perche sono equalmente alti, & constituidi sopra una medesima basa, & quella serà la superficie eretta sopra la linea, b, f, & sopra una linea, & (per la uigesimaquinta) la proportione del solido, a, b, al solido, b, l, è si come la basa, a, b, alla basa, b, l, & (per la medesima del solido, b, k, al solido, b, l,) serà si come della basa, b, k, alla basa, b, l, & cōciosia che dell'una e dell'altra delle due base, a, b, &, b, K, alla basa, b, l, sia una medema proportione (per la prima parte della settima del quinto) dell'uno & dell'altro di duoi solidi, a, b, &, b, k, al solido, b, l, serà una medesima proportione, adonque (per la prima parte della nona del quinto) li duoi solidi, a, b, &, b, K, seranno equali, & perche el solido, b, K, è equal al solido, b, h, & lo solido, b, h, al solido c, d, seguita (per communa scientia) el solido, a, b, essere equale al solido, c, d, che è el proposito.

Theorema.27. Propositione.32.

32/31 Se li solidi de superficie equidistanti: constituti in base equale, seranno equalmente alti, & le linee angulare non staranno orthogonalmente sopra le base, quelli è necessario esser equali.

Fabricati duoi corpi come se propone: cioe che siano de termini equidistanti, & equalmente alti & sopra base equale, ma non eretti sopra le sue base perpendicolarmente, ma ambiduoi inclinati sopra quelle & se dalli quattro angoli delle supreme superficie de quelli sian dutte le perpendicolare alla superficie doue sono site le sue base lequale (per la sesta) cadauna di quelle a cadauna delle altre serà equidistante, & etiam per el presupposito cadauna a cadauna equale, perche quelle diffiniscono la altezza di proposti solidi, et se in tra quelle sian fatti solidi de equidistanti lati, serà manifesto (per la precedente) questi duoi solidi ultimamente constituidi esser fra loro equali, & conciosia che delli duoi primi & delli duoi ultimi siano in medesime base, cioe le superficie supreme de quelli, è manifesto (per la uigesima nona ouer trigesima) & per questa commune sententia quelle cose che sono equale a cose equale fra loro insieme sono equale esser el uero quello che stato proposto per questi medesimi mezzi se'l te pare tu poi demostrare li conuersi di questa & della precedente, ducendo queste indirettemente per lo medesimo modo & al medesimo modo inconueniente si come in li conuersi delle due antecedente, perche se tu poni li duoi solidi paralellogrammi esser equali e sopra equal base, & tu conuencerai quelle esser equalmente alti ouer se pone quelli essere equalmente alti & equali & tu conuencerai quelli essere sopra base equale.

Il Tradottore.

Le due precedête propositioni nella seconda tradottione se dimostraranno in una sola propositione cioe in la trigesima prima.

Theorema. 28. Propositione. 33.

33 Tutti li solidi de superficie equidistanti equalmente alti sono pro-
33 portionali alle sue base.

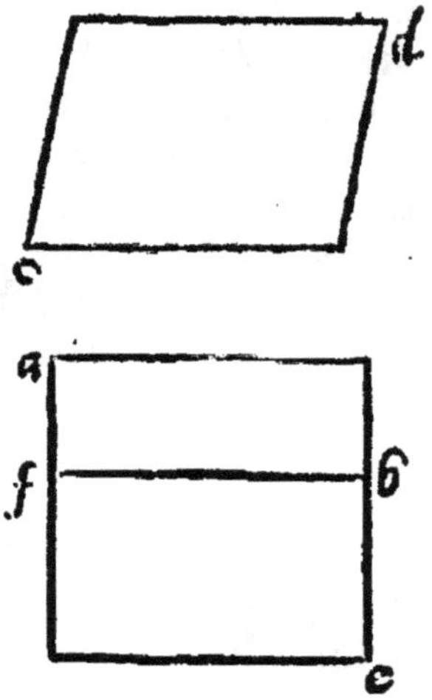

Siano duoi solidi de superficie equidistanti equalmente alti constituidi sopra le due base. a. b. & c. d. Dico che la proportione dill'uno all'altro di quelli dui solidi, e si come la proportione delle due base (lequale sono. a. b. et c. d.) dell'una all'altra, certamente è manifesto (per la uigesima quarta) l'una & l'altra delle due basè esser de lati equidistanti, adonque li duoi lati oppositi & equidistanti in la superficie. a. b. siano protratti & fra quelli sia fatta una superficie de lati equidistâti laqual sia. f. e. equale alla. c. d. dapoi sopra la superficie f. e. sia compita uno solido paralellogrammo equalmente alto a quello che è constituido sopra alla basa. a. b. & sia commun termine di ambiduoi quella superficie, che è elleuata sopra la linea. b. f. & questi solidi & le sue base siano chiamati de medesimi nomi perche adonque la basa, f, è equale alla basa, c, d, (per la trigesima prima ouer trigesima seconda) lo solido, f, e, serà equale al solido, c, d, ma perche la superficie che se elleua sopra la linea, b, f, sega el total solido. a. e. equidistantemente alli duoi lati oppositi (per la uigesima quinta) la proportione del solido, f, e, al solido, a, b, serà si come la basa. f. e. alla basa. a. b. & conciosia che si le base come li solidi, c, d, & , f, e, siano equali, le base per el presupposito, & li solidi (per la trigesima prima ouero trigesima seconda) seguita (per la settima del quinto) tolta due uolte una per le base & una per li solidi che la proportione di solidi, a, b, & , c, d, & delle base, a, b, & , c, d, sia una medesima come uoleuemo demostrare, anchora lo conuerso di questa non è difficile da demostrare per mezzo di questa si come li conuersi delle precedente, perche ponendo duoi solidi paralellogrammi esser proportionali alle sue base, e tu conuincerai quelli esser equalmente alti perche tagliato da quello che l'aduersario ponesse esser piu alto: un solido paralellogrammo equalmente alto all'altro che supposto esser piu basso, lo tagliato e l'altro posto seranno proportionali alle sue base (per questa trigesima terza) et conciosia che total piu alto (dal qual è sta tagliato el partiale) e quello che è stato supposto esser piu basso, siano proportionale alle medesime base (dal presupposito) seguita (per la prima parte della nona del quinto) el total (che l'aduersario disse essere piu alto) e lo partiale che fu tagliato da quello essere equali laqual cosa è impossibile.

Theorema.29. Propositione.34.

34 **Se duoi solidi de superficie equidistanti & le linee delle altezze stia-**
34 **no erette orthogonalmente sopra le base: seranno equali è necessario le base de quelli alle altezze di medemi esser mutue. Et se le due base seranno mutue alle sue altezze, li detti solidi è necessario esser tra loro equali.**

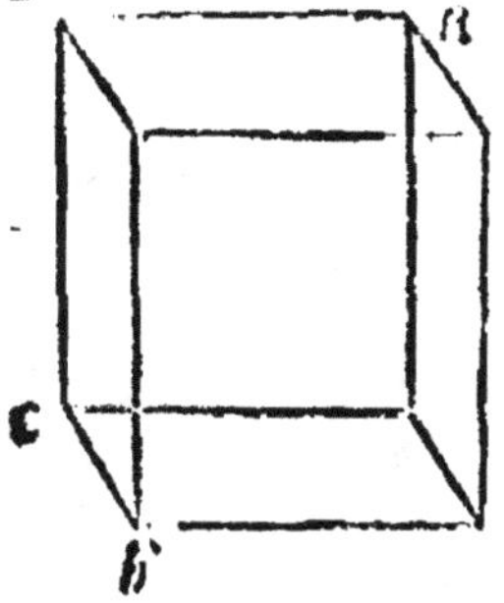

Ogni uolta che duoi sollidi de superficie equidistanti sono equali le base & le altezze de quelli è necessario esser mutuchesie: & è conuerso si come (delle superficie equiangole de equidistanti lati) proposse la quartadecima del sesto, ma questa trigesima quarta propone da demostrare di quelli solidi paralellogrammi in liquali le linee delle sue altezze stanno orthogonalmente, alle sue base paralellogramme, & quella che siguita propone el medesimo di tutti li altri, siano adonque al presente li duoi solidi paralellogrãmi.a.b.& .c.d. equali le base di quali siano,a,e,& c,f,& le linee delle altezze de quelli siano erette orthogonalmente sopra queste base, & sia la altezza del solido,a,b,la linea,e,b,& del solido,c,d,la linea,f,d,adonque se le due linee.e. b.et.f.d. (determinante le altezze de essi solidi) seranno fra loro equali,conciosia anchora che essi solidi per el presupposito siano equali (per el conuerso della trigesima prima) le base de quelli lequale sono.a. e.& . c.f.seranno equali,e pero le base & le altezze seranno mutue, & cosi se manifestarà la prima parte del presupposito, & al contrario se manifestarà la seconda, come se le altezze & le base sono mutue, essendo poste le altezze equale seranno anchora le base equale,e però(per la trigesima prima) & li solidi equali e cosi è manifesta la seconda parte, ma se le linee,e, b, &,f,d, non seranno equali sia maggiore,f,d,& da quella sia resegato.f.g. alla equalità della linea,e,b,& dalle altre tre linee lequale sono le altezze del solido,c, d,siano resegate alla medesima misura in li ponti.k.h.& sia compito el solido parallellogrammo. c.g. equalmente alto al solido.a.b.& (per la precedente) dello, a, b, allo, c,g,serà si come della basa,a,e,alla,c,f,adonque conciosia che lo solido,c,d,sia equal al.a. b. (per la prima parte della settima del quinto) del,c,d,al, c, g, serà si come della basa,a,e, alla basa,c,f, & (per la precedẽte la proportione del,c,d,al,c, g,e si come la basa,m,f, alla basa.f.l. laqual cosa è manifesta se una delle superficie di lati del solido,c,d, (& quella sia.f.m.)sia intesa basa di quello, & (per la prima parte del sesto) dalla.f.m.alla f.l.e si come della,d.f.alla.f.g.e pero(per la settima del quinto) si come la,d,f,alla,b,e,adonque la,a,e,alla,c,f,e si come la,d,f,alla,b,e,adonque è manifesta la prima parte. La seconda parte conciosia che la sia al

contrario

contrario della prima tu la prouarai per lo modo contrario, perche sia la medema dispositione stante la proportione della. a.e.alla.c.f.si come la.d.f.alla.e.b.al presente dico li solidi,a,b,& ,c,d,esser equali,perche(per la settima del quinto)della,d,f,alla,f,g,serà si come della. a.e.alla. c.f.ma(per la precedente)lo.a.b.al.c.g.e si come la, a,e,alla,c,f, adonque lo,a,b,al,c,g,è si come la,d,f,alla,f,g,&(per la prima del sesto)la,d,f,alla,f,g,e si come la, m,f,alla,f,l,&(per la precedente)lo,c,d,al,c,g,è si come la,m,f,alla,f,l,adõque lo,c,d,allo,c,g,è si come lo,a,b,al,c,g, adõque(per la nona del quinto) li duoi solidi,a,b,&,c,d,sono equali che el proposito.

Il Tradottore.

Doue che il testo di questa propositione dice, & le linee delle altezze stiano erette orthogonalmente sopra le base,piu correttamente staria a dire, & le linee laterale che in alto se elleuano stiano erette orthogonalmente sopra alle sue base:perche le linee determinano l'altezza di solidi sempre sono perpendicolare alla basa di tal solidi (per la quarta diffinitione del sesto) ouer alla superficie doue sono site le dette base & queste tal linee della altezza non sempre sono equale alle linee laterale che in alto se leuano di tal solidi il medesimo si debbe intendere nel commento di questa,etiam della sequente propositione.

Theorema.30. Propositione.35.

35/34 Se duoi solidi de termini equidistanti seranno equali le base di quelli alle altezze di medesimi seranno mutue, & se qualunque duoi corpi de superficie equidistanti, le sue base alle sue altezze seranno mutue se prouano esser equali.

Quello che propose la precedente di solidi paralellogrammi di quali le linee delle sue altezze se elleuano orthogonalmente sopra le sue base questa trigesima quinta propone indistintamente de tutti, ma conuiene demostrare questa per la precedente, si come hauemo demostrato in la trigesima seconda & .33 .perche fabricati duoi solidi che siano de equidistanti lati se le linee delle altezze alle sue base seranno erette orthogonalmente: è manifesto esser il uero quello che è detto per la precedente,ma se le non seranno orthogonalmẽte erette dalli quattro põti angulari delle superficie suppreme in l'un e l'altro solido siano protratte quattro linee perpendicolarmente alle base, ouer da i ponti angolari delle infime superficie ne sia erigato quattro, in tra lequale compiscono duoi solidi paralellogrammi equalmente alti alli solidi primi, (& per la. 29. & trigesima) questi duoi solidi seranno equali alli duoi primi solidi, conciosia adonque che de questi e de quelli: siano le medesime base, & le medesime altezze, & (che per la precedente) sia el uero quello che propone q̃sta 35. di quelli fatti in ultima,il medesimo serà il uero etiam di primi.

Il Tradottore.

Queste due precedente propositione in la seconda tradottione se dimostrano in una sola cioe in la trigesima quarta.

Ii 2 Theo-

Theorema.31. Propositione.36.

36 Se duoi solidi de superficie equidistanti seranno simili, la proportio
33 ne di l'uno all'altro: serà si come la proportione treplicata, di quale si uoglia lato di l'uno al suo relatiuo lato di l'altro.

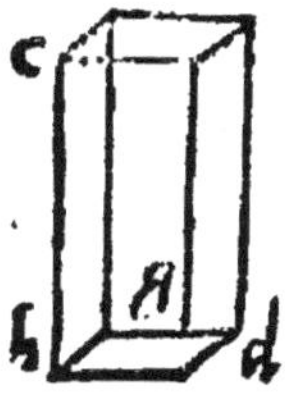

Siano li duoi solidi. a.b.& . c. d.parallellogrammi & simili, Dico che la proportione dell'uno de quelli all'altro e si come la proportione treplicata di l'uno di lati di quello all'uno di lati dell'altro a lui relatiuo si come che la proportione de due superficie simile, e si come la proportione dupplicata di suoi lati relatiui, come fu dimostrado in la decima nona del sesto: perche se li solidi. a.b.& .c.d.seranno equali conciosia che sono sta posti simili (per la diffinitione di corpi simili, & delle superficie simile) tutti li lati di uno seranno equali alli suoi relatiui dell'altro, e però cõciosia che la proportione treplicada, de due quantità equale ouer tolta quante uolte si uoglia quella non fa saluo che proportione de equalità, adonque in questo caso è manifesto esser el uero quello che se propone, ma se seranno inequali sia. a. b.maggiore del quale la longhezza sia. b. e. & la larghezza. e.f. la altezza.f.a. la basa.e.r.& la supprema superficie. a. n. & del solido. c. d. la longhezza sia.d. g. la larghezza.g. h. la altezza . h . c . adonque è manifesto (per la diffinitione di corpi simili, & per la diffinitione delle superficie simile , & per lo presente presupposito) che la proportione dal. a.f. al.c.h.& del.f.e.al.h.g. & del.e. b.al.g.d.sia una medesima, adonque sia tolto dalla linea.e.f.(laquale è manifesto essere maggiore della.c. h.)la linea. f. k.equale alla. h.c.& le altre tre(determinante la altezza del solido. a. b.) siano resegate alla equalità de quella & fra quelle sia compito al solido parallellogrammo. k. b. equalmente alto solido. c. d. & siano protratte le due linee della basa.e.b.per fina al.l.& .r.b.per fina al. m. & sia.b.l.equale al.g.d.& b.m. equale al.h.g.& sia compito la superficie. m.l.de lati equidistanti:laquale serà equale & simile alla . h . d . adonque sopra di quella sia erigato lo solido . p . q . parallellogrammo secondo le precisa altezza del solido. c. d. & lo. p. q.serà equale & simile al solido.c. d. un'altra uolta fra le linee . r . b. & . b. l. sia compita la superficie. b . t . de lati equidistanti , sopra laquale anchora sia erigato lo solido parallellogrammo. x. l. equalmente alto all'uno e l'altro di duoi solidi. k. b. & . p. q. reimpiendo l'uno e l'altro di dui angoli che sono dentro quella , & conciosia che li duoi solidi. a. b. p. q. siano simili imperoche ambiduoi siano posti simili al solido . c. d. & li corpi simili a uno medesimo corpo in fra loro sono simili , come è manifesto(per la diffinitione di corpi simili , & per la uigesima del sesto , & è manifesto

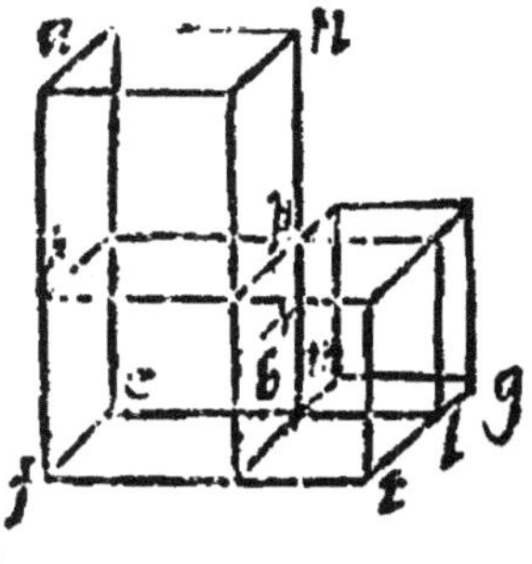

per

per la uigesima quinta tolta tre uolte) che fra li duci solidi.a.b.& .p.q. secondo la continua proportionalità cadeno necessariamente li doi solidi.k.b. & K.l.adonque constituta ouer construtta la figura, & con la memoria ferma alli laudati presuppositi (per la prima del sesto) facilmente concluderai il proposito, discerne el corpo & attende diligentemente,& saperai (per la uigesima quinta de questo) la proportione del solido.a.b.al solido,k.b.esser si come della superficie,a,r, alla superficie, K,r, e pero(per la prima del sesto)si come della linea, a,f,alla linea K,f,& la proportione del solido,k.b,al solido,x,l,si come della superficie.k.r.alla superficie.x.t. e pero si come della linea,f,r, alla linea, r,t, & la proportione del solido,x,l,al solido,p,q,si come della superficie.r.l. alla superficie.l.m.& per tanto è si come della linea,r,b,alla linea,b,m, & per el presupposito è chiaro che la proportione della linea,f,r,alla linea,r,t, & della linea,r,b, alla linea,b,m, è si come della linea,a,f,alla linea,K,f,e per tāto(per la diffinitione della proportione treplicata posta in 12.diffinitione, & 5.è manifesto che la proportione del solido,a,b,al solido,p,q,e pero etiam al solido, c,d,e si come della linea,a,f,alla linea,k,f,triplicata,& perche la linea,K,f,e posta equale alla linea, c,b,è manifesto esser il uero quello che detto:ma bisogna saper che cio che è stato di mostrato di solidi paralellogrammi(per questa 36. & per le sette continue precedēte a quella)il medesimo anchora se uerifica nelli seratili di quali le base communamente sono trigone ouer communamente tetragone, & questo serà manifesto allo ingenioso ispettatore(per la 28.& per questa 36.& per le sette a quella continuamente precedente: perche se seranno quai si uoglia seratili equalmente alti sopra una medesima basa ouer sopra base equale tamen communamente trigone ouer cōmunamente tetragone, conciosia che quelli siano la mità di solidi paralellogrammi delle sue altezze (per la uigesima ottaua) quelli seranno equali per la uigesimanona,& per le tre che seguitano quella: Perche da queste è manifesto li solidi paralellogrammi esser equali al doppio de essi seratili. Similmente anchora se saranno dui seratili sopra basse communamēte trigone, ouer cōmunamente tetragone equalmente alti quelli saranno proportionali alle sue base,si come(per la 33.) se ha di solidi paralellogrammi,perche quelli(per la 28.) sono la mità di solidi paralellogrāmi di sua altezza, & di solidi paralellogrammi della sua altezza & delle base de quelli è una medesima proportione (per la trigesima terza) conciosia adonque che la proportione di solidi paralellogrammi sta si come quella de seratile perche si come el sempio al sempio cosi è el doppio al doppio(per la quintadecima del quinto,) & la proportione delle base di solidi paralellogrammi,e si come delle base di serratili, perche ouer che seranno le base di seratili quelle medesime di solidi paralellogrammi,& questo serà quando le base di seratili seranno tetragone: perche all'hora seranno da esser compidi li solidi paralellogrammi dalli seratili sopra le mede-

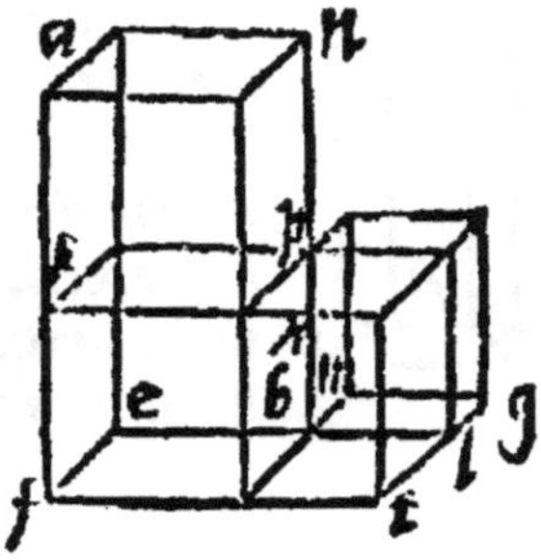

me base, ouer le base di seratili seranno subduple alle base di solidi paralellogrammi, & questo serà quadrato le base delli seratili seranno communamente trigone, perche all'hora li solidi paralellogrammi seranno da esser compidi dalli seratili, aggionto alle base di seratili, le superficie trigone acciochè le base de seratili con li trigoni aggionti siano fatte base de superficie de lati equidistanti seguita che la proportione di seratili sia si come quella delle base, & per lo medesimo modo, se li seratili seranno equali & siano communamente sopra base triangulare ouer communamente sopra le base quadrangulare, le base de quelli seranno mutue alle altezze de quelli, ma se le base de quelli seranno mutue alla altezza de quelli, essi seratili seranno equali si come proponeno la trigesima quarta e trigesima quinta di solidi paralellogrammi, & questo facilmente è manifesto (per quelle cose che sono dette in la trigesima quinta) ma se li seratili seranno fra loro simili, la proportione dell'uno all'altro, e si come la proportione del lato de uno al suo relatiuo lato dell'altro dupplicata si come di solidi paralellogrammi (propone la trigesima sesta, che per la medesima trigesima sesta) facilmente a te se manifestarà dalli paralellogrammi compidi dalli seratili simili quelli solidi prouarai essere simili laqual cosa è facile esser negotiata (per la diffinitione di corpi simili & delle superficie simile, per questo che li seratili sono posti simili fra loro.

Correlario.

0/33 Dico che da questo è manifesto, che se seranno quattro rette linee proportionale, si come serà la prima alla quarta cosi serà el solido de superficie equidistante descritto dalla prima, a quello simile & similmente descritto dalla seconda imperoche la prima alla quarta ha treppia proportione che alla seconda.

Il Tradottore.

Questo correlario se ritroua solamente in la seconda tradottione elquale per essere da se chiaro altramente non lo spongo aduertendoti solamente che li detti solidi descritti sopra alla prima & seconda el non satisfa che quelli siano simili; ma bisogna etiam che siano similmente posti ouer descritti cioe che le base descritte dalle dette due linee doue essi corpi se riposano siano simile & relatiue de detti solidi si come fu detto etiam sopra alla uigesima del sesto delle superficie simile.

Theorema. 32. Propositione. 37.

37/35 Se seranno duoi angoli piani equali sopra liquali siano statuide in aere due Ypotumisse che cadauna di quelle contengano equali angoli con ciascaduno di lati di angoli subgiacenti, & in quelle Ypotumisse siano signati duoi ponti, dalli quali siano protrate due perpendicolare alla superficie delli proposti angoli, & dalli ponti sopra liquali cascarãno le perpendicolare, siano dutte due linee rette alli duoi angoli piani, ni, Li duoi angoli che serano contenuti da quelle due linee & da quelle due Ypotumisse se prouano fra lor esser equali.

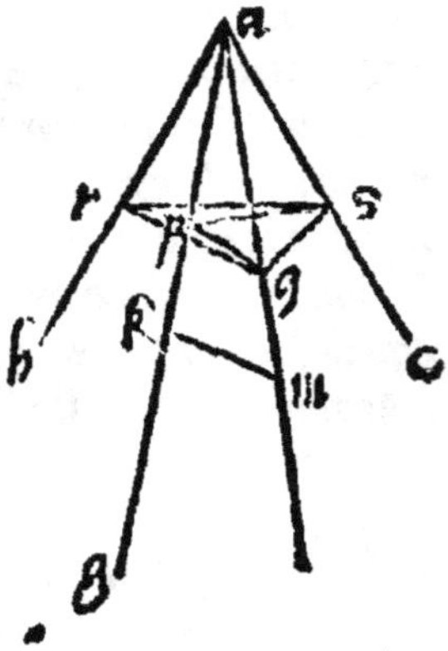

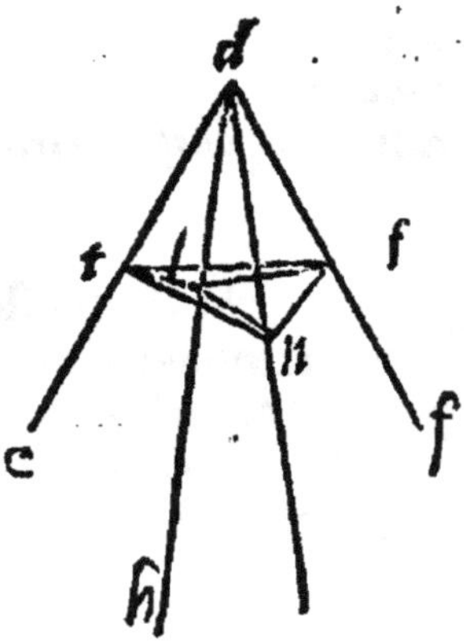

Siano li duoi angoli piani. a. & .d. equali contenuti delle linee. a.b.& .a.c.& .d.e.& .d.f.e sopra quelli sian erigale due linee (ypotumissa almẽte.)a.g.& .d.h.& sia l'angolo. g. a. c. equale all'angolo.h.d.f.& lo angolo.g. a.b.equale all'angolo.h.d.e.in le due ypotumisse.a.g.& d. h. siano signati li duoi ponti (come si uoglia. k.& . l. dalli quali secondo li precetti della undecima di questo) siano lassate due perpendicolare alla superficie de angoli.a. & .d.lequale siano.k.m.& .l.n.& siano protratte le due linee. a.m.& .d. n. dico adonque lo angolo.g.a.m.essere equale all'angolo. h.d.n.se la linea.a.k. è equale alla.d.l.bene quidem se non dalla linea.a.g.sia tolta la linea. a. p. equale alla. d. l. & dal ponto. p.sia lassada una linea perpendicolare alla superficie del angolo. a. laqual sia. p.q. adonque è manifesto che il ponto.q.è in la linea.a.m.laqual cosa(per la sesta di questo, & per la diffinitione delle linee equidistante, lequale è necessario essere in una superficie)facilmente è manifesto a colui che ben studiosamente considera: dapoi dal ponto.q.sian dutte due perpendicolare una alla linea.a. b. laquale sia. q.r. & una altra alla linea. a.c.laquale sia.q.s.similmente anchora dal ponto. n. sian dutte due altre perpendicolare una alla linea. d.e. laqual sia.n.t. & l'altra alla linea. d.f.laqual sia.n.x.& sian protratte.r.s.& .t.x.& anchora dalli ponti.p.& .l. siano tirate le ypotumisse. p.q.p.r.p.s. & .l.n.l.t.l.x. adonque poste queste cose, & desposta prudentemente la figura cosi se apprende la demostratione del proposito,egliè manifesto(per la penultima del primo)che il quadrato della linea.a. p. è equale alli quadrati delle due linee, a,q,& , p. q. & (per la medesima) che il quadrato della, a, q, è equale alli quadrati delle due linee.a.s.& .s.q.adonque el quadrato della.a.p.è equale alli quadrati delle tre linee.a.s,s.q.et q.p. Ma per la medesima el quadrato della.s.p.è equal alli quadrati delle due linee. s.q.& .p.q. adonque al quadrato della.a.p.è equale alli quadrati delle due linee.a.s.& .s.p. e pero(per la ultima del primo)lo angolo.a.s.p.è retto e per simel modo tu approuarai cadauno di tre angoli d. x. l. a. r.p.d.t.l. esser retto, conciosia adonque che l'angolo. s.a.p. (per el presupposito) sia equale all'angolo.x. d.l.& la linea.a.p.alla linea.d.l.(per la uigesima sesta del primo)la linea.d.x.serà equale alla.a.s.& la.x.l.equale alla.s.p.anchora per lo medesimo modo, conciosia che (per el presupposito) lo angolo,r,a,p,sia equale all'angolo,e,d,l, (per la medesima) la linea,a,r,serà equale alla, d,t, & la,r,p,equale alla,t,l, per laqual cosa per

la quarta del primo la linea,r,s,serà equale alla linea.t.x.& l'angolo.a.r.s.equale all'angolo.d.t.x.& lo angolo.a.s.r.all'angolo.d.x.t.per l'angolo.a.(dal presupposito) è equale all'angolo.d.adonque(per la concettione)l'angolo.s.r.q.serà equale al l'angolo, x,t,n,et l'angolo,r,s,q,all'angolo.t.x.n.perche sono li residui di duoi retti per li duoi equali tolti uia,adonque(per la uigesima sesta del primo)è necessario che la linea, r,q,sia equale alla,t,n,& la,q,s,equale alla,n,x,& conciosia che(per la penultima del primo) lo quadrato della linea,r,p,sia equale alli quadrati delle due linee, r,q,&,p,q, & lo quadrato della linea, t,l,equale alli quadrati delle due linee,t,n,&,l,n. & essendo le due linee, r,p,&,t,l,equale,e anchora le due lequale sono,r,q,&,t,n,equale seguita(per communa scientia)le due che sono,p,q,&,l,n, esser equale,per lo medemo modo,conciosia chel quadrato della linea,a,p,sia equal alli quadrati delle due linee(che sono,a,q,&,q,p,)similmente el quadrato della linea,d,l, alli quadrati delle due linee che sono,d,n,&,n,l,& essendo,a,p,equale alla, d,l,& la,p,q,equale alla,l,n,seguita per communa scientia la,a,q,esser equale alla,d,n,adonque(per la ottaua del primo)concludo el proposito,cioe l'angolo,p,a, n,esser equale a l'angolo.l.d.n.

Correlario.

o/3 Da questo è manifesto che se seranno duoi angoli piani de linee rette equali, e che sopra li suoi termini stiano due linee rette equale constituente equali angoli insieme con l'una e l'altra de quelle rette linee poste in principio, le perpendicolare dutte da quelle alle superficie in lequale sono posti li angoli in principio sono fra loro equale.

Il Tradottore.

Questo correlario se ritroua solamente in la seconda traduttione el qual correlario dice che per le cose demonstrate nella soprascritta propositione che eglie manifesto che se sarãno duoi angoli piani de linee rette(si come li dui angoli soprascritti a.&.b.)cõtenuti da linee rette equale quale sian pur le linee.a.r.a.s.&.d.t.d,x.et sopra li lor termini.a,et.d.stiano le due linee. a.p.&.d.l.equale e constituente equali angoli con l'una e l'altra de quelle prime proposte,dice che le perpendicolar dutte da quelle alle superficie in lequale sono posti li detti angoli sono fra loro equale le quale perpendicolare in questo caso sono le,p,q,et l,n,laqual cosa per le cose demonstrate disopra è manifesta.

Theorema.33. Propositione.38.

38/36 Se saranno tre linee rette proportionale, lo solido de superficie equidistante fatto da queste tre linee, sarà equale al solido de superficie equidistanti equilatero fatto dalla linea media, ma che sia equiangolo al predetto.

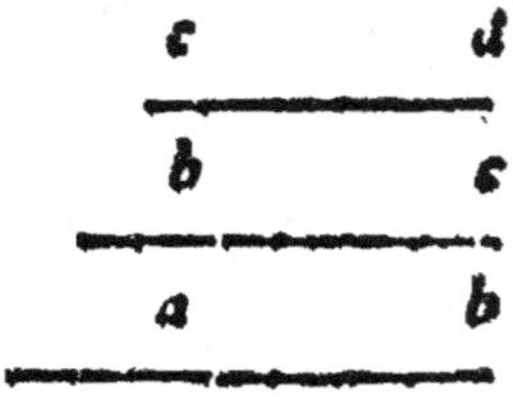

Siano adonque le tre linee. a.b.b.c.& c.d.continue proportionale, & sia fatto da quelle un angolo solido come si uoglia, & sia compito il solido de lati equidistanti del quale la linea. a, b, sia la longhezza, & la, b, c, la altezza, & la, c, d, la larghezza & questo solido sia detto, a, d, anchor sia tolta una altra linea equale alla, b, c, laquale sia etiam chiamata, b, c, & sopra la istremita di quella (laquale è, b,) sia constituido un angolo solido equale al angolo solido, a, secondo che insegna la uigesima sesta & tutte le altre linee continente lo angolo solido, b, siano resegate alla equalità della linea, b, c, & sia compito el solido de superficie equidistante, del quale la longhezza: larghezza, & altezza sia la linea, b, c. & quello sia detto, b, c, Dico adonque li duoi solidi, a, d, & , b, c, esser equali. Perche egliè manifesto che tutte le superficie di uno sono equiangole alle sue relatiue superficie di lo altro laqual cosa tu puoi sustentare (per la trigesima quarta propositione del primo libro.) Et conciosia che lo angolo solido, b, sia posto equale al solido angolo, a, è necessario che lo angolo di quala si uoglia delle superficie del solido, a, d, sia equale a lo angolo della superficie a se relatiua del solido. b. c. Adonque (per la trigesima quarta propositione del primo libro) li loro oppositi saranno equali. Ma perche tutti li angoli de ciascheduna superficie quadrilatera: sono equali a quatro, angoli retti (per la trigesima seconda propositione del primo lib.) egliè necessario che li duoi remanenti di l'uno siano equali alli doi remanenti di l'altro à se relatiui. Et conciosia che essi doi remanenti in qual si uoglia (di dette superficie) siano etiã fra lor equali, el se conuence necessariamẽte che ciascuna delle superficie del solido, a, d, sia equiangola alla sua relatiua in el solido, b, c, Per laqual cosa (per la secõda parte della decima settima propositione del sesto lib.) le base di duoi proposti solidi saranno equali, Perche sono equiangole, e de lati mutui, Adonque se le linee delle altezze, stanno orthogonalmente sopra le base de quelli è manifesto (per la 31. propositione) quelli esser equale. Perche cõciosia che queste linee siano equale, & quelle determinano la altezza di solidi, li solidi saranno equalmẽte alti. Ma se le linee delle altezze di quegli non stanno orthogonalmente alle sue base protratte le perpendicolare dalle summità di quelle alle base. Queste perpendicolare (per la precedente) saranno fra loro equale, perche quelle saranno se come erano in la figura della demonstratione della precedente, le due linee, p, q, (et l, n, lequale demostrassimo) bisogna esser equali. Perche adõque la altezza di tutti li solidi se diffinisse per le perpendicolare descendente dalle summità di quelli alle sue base li duoi solidi, a. d. & c. b. (per la trigesima seconda) saranno equali.

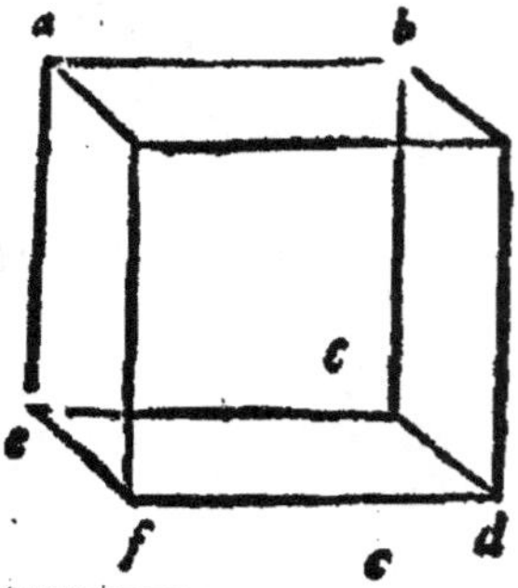

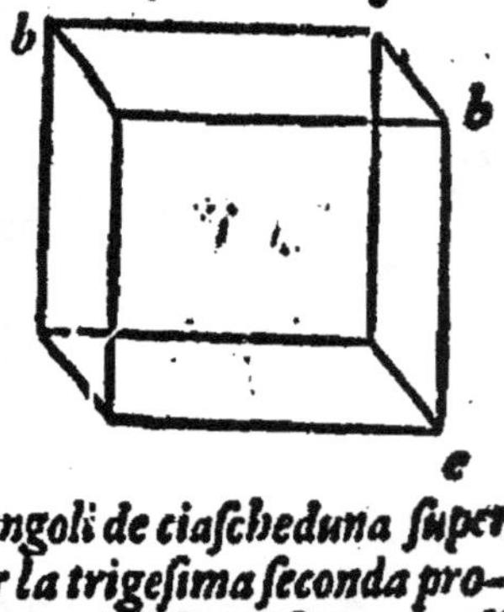

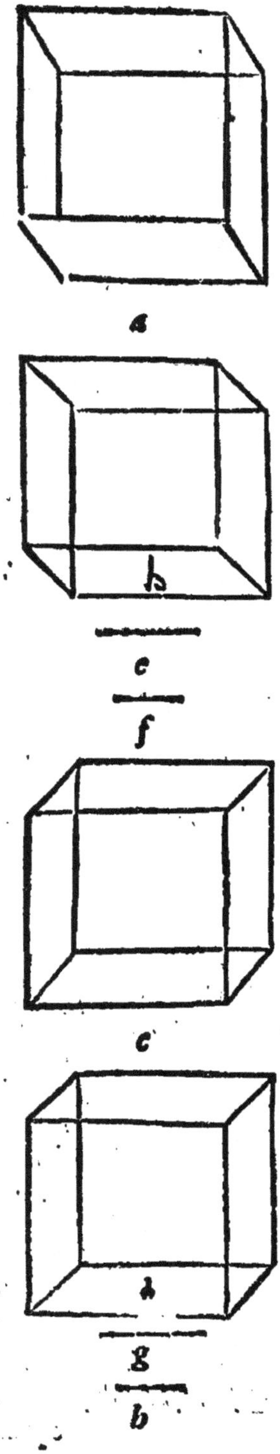

equali. anchora possemo demonstrare (parendone) lo conuerso di questa per lo modo contrario, come se'l corpo paralellogrammo. a.d. sia equale, & equiangolo al corpo paralellogrammo. b.c. & lo corpo. b. c. sia contenuto dalla media de le tre linee cõtinente el corpo. a. d. le tre linee continente el corpo. a. b. serãno continue proportionale. Perche conciosia che li duoi solidi paralellogrammi. a. d. & . c. b. siano equali, & equalmente alti (dal presupposito) essi saranno sopra base equale (per li conuersi della trigesimaprima & trigesimaseconda) et perche quelle base de quelli sono equiangole, seguita per la prima parte della decimasettima del sesto) che quelle siano de lati mutui, adonque la proportione della. a. b. alla. b. c. e si come della. b. c. alla. c. d. per laqual cosa è manifesto il proposito.

Il Tradottore.

Il testo della soprascritta propositione lo hauemo tolto dalla seconda traduttione per esser piu corretto.

Theorema. 34. Propositione. 39.

39/36 Se saranno quante si uogliano linee proportionale, li suoi solidi de superficie equidistante è simili di ciascuna creatione saranno anchora proportionali, & se li solidi de superficie equidistanti simili di ciascuna creatione saranno proportionali, le linee anchora dalle quale sono contenuti: li detti solidi saranno proportionale, El simile la uigesimaseconda del sesto propone delle superficie.

Hor siano le quattro linee. a. b. & . c. d. proportionale & sopra quelle siano fabricati quattro solidi paralellogrammi (dalli medesimi nomi nominati) liquali siano expressamente simili. Perche dalli duoi a nostro piacer fabricati sopra le due linee. a. & . c. & li altri saranno da esser fatti secondo li precetti della uigesimasettima. Dico questi quattro solidi esser proportionali, & è conuerso, & per demostrar questo siano sotto aggionto alle due linee. a. b. in continua proportionalità le due (lequale siano. e. f. si come insegna la decima del sesto) & alle due linee. c. & . d. altre due lequale siano. g. & h. adonque

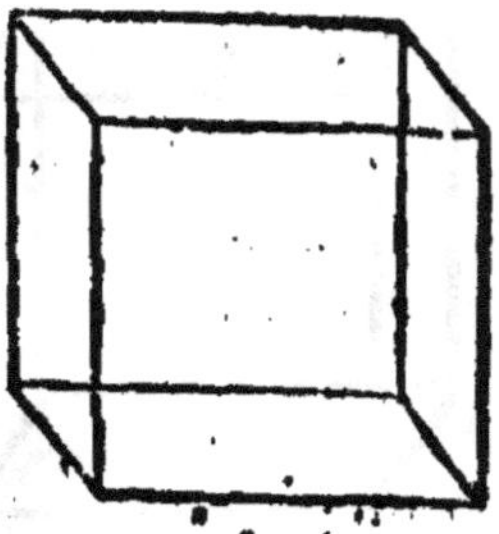

b.adonque è manifesto (per la trigesima sesta & per la diffinitione della proportione triplicata, laquale è posta nel principio del quinto & per questi presuppositi) che li solidi.a.& .b.& li solidi.c. & .d.fra loro insieme sono isspressamente simili, che la proportione del solido. a.al solido.b.e si come la proportione della linea.a.alla linea.f. Anchora del solido.c.al solido.d.e si come della linea.c.alla linea.b.& perche (per la uigesima seconda del quinto) la proportione della linea.a.alla linea.f. e si come della linea.c.alla linea.b.(per la undecima del quinto) el solido.a.al solido.b.e si come el solido.c.al solido.d.adonque è manifesta la prima parte. La seconda se dimostra in questo modo. Siano li duoi solidi.a.& b.simili fra loro & li duoi liquali siano.c.& .d.fra loro espressamente simili, & siano tutti paralellogrammi, et siano posti proportionali. Dico che le linee.a.b. & .c.d. (sopra lequal sono cõstituidi) sono proportionale & per demostrar questo sia (per la 10.del 6.) si come la linea.a. alla linea.b.cosi sia la linea.c.alla linea.k.e sia fatto (secondo la uigesimasettima de q̃sto) sopra la linea.k.un solido isspressamente simile al solido.d.el quale sia etiam detto.k.& (per le diffinitioni di corpi simile: & delle superficie simile & per la uigesima del sesto) el corpo.k.sarà isspressamente simile al corpo.c.e però (per la prima parte de questa trigesimanona gia prouata per auanti) la proportione del solido.a.al solido.b.serà si come del solido.c.al solido.k. Et perche la medesima era del solido.c.al solido.d.(per la seconda parte della nona del quinto) lo solido.K.sarà equale al solido.d.Et conciosia che quelli sian isspressamente simili, seguita la linea.k.esser equale alla linea.d.Perche la equalità non è produtta da alcuna proportione treplicata (ouer tolta quante uolte si uoglia) se non dalla equale. A questo modo adonque (per la seconda parte della settima del quinto) è manifesto la seconda parte, Ma non pensare che el sia necessario ciascun di detti quattro solidi.a.b.c.d.esser simile a qual si uoglia delli altri, perche tu te ingannaresti. Ma li duoi solidi.a.& .b.è ben necessario esser simili fra loro, & similmente, li duoi.c.& .d.Ma li solidi.c.& .d.egliè accadente esser simili alli duoi solidi a.& .b.ma el non e necessario, Il medesimo (per questa trigesimanona) poterai concludere facilmente di serratili.

Il Tradottore.

La soprascritta propositione pateria oppositione perche sopra alla linea.b.se potria descriuere un solido simile al solido.a.& similmente un'altro sopra alla linea. d.simile al.c.& tamen li detti solidi non seriano proportionali (quantunque le date quattro linee fosseno proportionale) e però il testo della seconda tradottione e piu corretto assai el qual parla in questa forma.

Se seranno quattro rette linee proportionale, anchora li solidi de superficie equidistanti simili & similmente descritti da quelle: saranno proportionale, et se li solidi de *de superficie equidistanti simili & similmente descritti da quattro linee rette, saranno proportionali & quelle rette linee saranno anchora proportionale.*

Si che el non satisfa che li detti solidi siano simili, ma bisogna che siano etiam similmente descritti si come (delle superficie) fu detto sopra alla uigesima seconda del sesto altramente la proportione pateria oppositione ideo &c.

Theorema.35. Propositione.40.

o
38 Se un piano sarà retto a un piano, & da uno ponto (stante in uno de detti piani) sarà dutta una perpendicolare in l'altro piano, essa perpendicolare caderà in la commuua sectione de quelli medesimi piani.

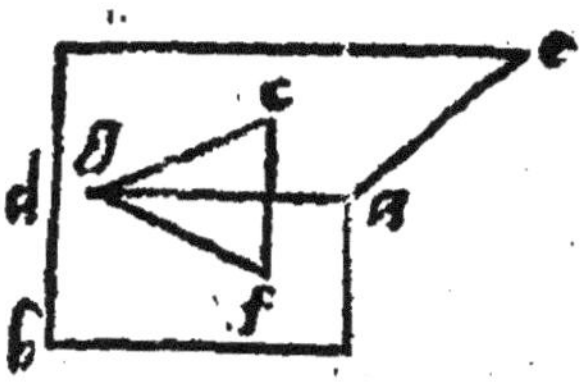

Hor sia el piano. c. d. retto al piano. a. b. & la commune settione de quelli sia. d. a. & sia tolto a caso el ponto. e. in esso piano. c. d. Dico che una perpendicolare dutta da esso ponto. e. in el piano. a. b. quella caderà in essa settione. d. a. Perche se'l fusse possibile (per l'aduersario) poniamo che quella cada fuora si come la. e. f. & quella caschi in el detto piano. a. b. in ponto. f. & da questo ponto. f. sia protratta la. f. g. in el piano. a. b. perpendicolare alla detta settione d. a. (per la undecima del undecimo) laquale sarà ad angoli retti al detto piano. c. d. & sia protratta la. e. g. Adonque perche la. f. g. e ad angoli retti al detto piano. c. d. & la. e. g. (stante in el piano, c, d,) tocca quella.. Adonque l'angolo contenuto sotto, f, g, e, è retto. Ma etiã la. e. f. a e[...] piano. a. b. & ad angoli retti, adonque l'angolo che sotto. e. f. g. e retto. Per laqual cosa duoi angoli de quel triangolo. e. f. g. sono equali a duoi angoli retti: laqual cosa è impossibile (per la decima settima del primo.) Adonque la perpendicolare dutta dal ponto, e, in el piano. a. b. non cadde fora di essa settione. a. d. adõque cade in quella che era da demonstrare.

Theorema.36. Propositione.41.

40
39

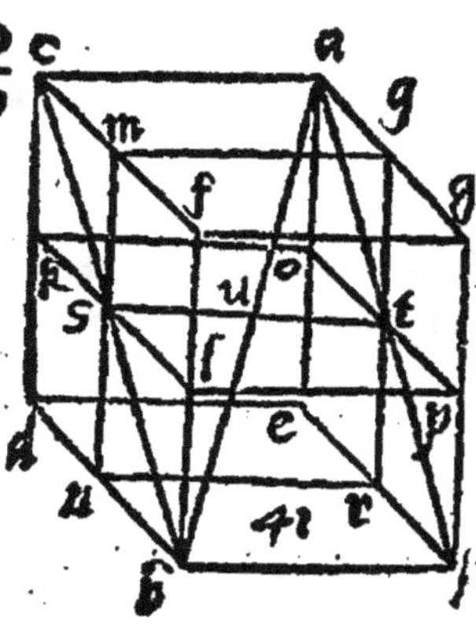

Se li lati de due opposite superficie, del cubo saranno tagliati in due parti equali, & dalli põti delle sectioni, usciranno due superficie segãte el cubo etiam fra loro, la commune sectione de quelle è necessario segar el diametro del cubo in due parti equali, & quella similmente è necessario esser segata dal diametro in due parti equali.

Statuisse un cubo, el qual sia, a, b, del qual è manifesto (per la diffinitione) che tutte le linee che'l contiené sono equale & le sue superficie rettangole, perche a un

tal

tal corpo dicemo cubo. Adonque la basa di questo cubo sia la superficie, 1,c,d,e, & la superficie suprema di quello sia,b,f,g,h,& la destra di quello sia,a,e,g,h, & la sinistra sia la superficie,b,f,c,d. Anchora quella de quà sia la,d,e,b,h,& quella di la, la,a,c,g,f,& lo diametro di quello sia la,a,h,adonque sian diuisi tutti li lati de due qual si voglian superficie opposite di quello in due parti equali, e sian per (al presente) le superficie delle quale li lati sian diuisi la destra, e la sinistra. Dico che siano diuisi li quattro lati, della destra, sopra li quattro ponti, liquali sono,o,p,q,r. Et la sinistra sopra li quattro liquali sono.k.l.m.n.& siano congiunti li ponti in queste superficie opposite dutte le linee.o.p.& q.r.lequale se segano fra lor in ponto.t. Anchora dutte le.k.l.& m.n.lequale se segano fra loro in ponto.s.& siano anchora compite le due superficie segante fra loro, etiam segante il cubo protratte le linee.o.k.& p.l.q.m. & r.n. & sia la commune sectione di queste due superficie la.s.t. Dico adonque che la linea.s.t.diuide il diametro.a.b.e quella è diuisa dal medemo diametro in due parti equali, laqual cosa è manifesta perche l'una e l'altra di quelle transisse per il centro dil cubo. Ma altramente conuien demostrar quello che è proposto. Hor sian produtte le due linee. t.a.et.t.b.simelmente le due.s.c.s.b.e (per la.4.del 1.) la.a.t. sarà equale alla.t.b.& la.s.c.equale alla.s.b.et è manifesto (per la prima parte della.29. del 1.) che l'angolo.p.t.q.è equale al angolo.a.q.t.e (per la quantità del primo) l'angolo,b,t,p,è equale al angolo,t,a,q, Adonque per la.32.del primo) tutto l'angolo,b,t,q,con l'angolo.q.t.a. uale per dui retti. Per laqual cosa (p la.14.del 1.) la linea.a.b.serà una sol linea, similmente ancor la linea.c.b.sarà una sol linea, e perche (per la 9.di questo) la linea.a.c.è equidistante alla linea.b.h.perche l'una e l'altra è equidistante alla linea.d.e.& conciosia che quelle siano equale, perche son lati del cubo; seguita per la.33.del primo. le due linee,a,b,&,c,b,esser equale et equidistante, e pero (per la concettione) le mità di quelle. le qual sono.a.t.&.b.s. saranno equal.et (per la settima di questo) è manifesto che la linea. s.t.è in superficie delle due linee. a.b.&.b.c.e (per la medema) la linea.a.b.laquale è il diametro del cubo, e etiã diametro della superficie, paralellogrãma a.c.b.h. Adonque la linea.s.t.sega lo diametro.a.b. Seghi adonque quella in ponto.u. Dico adonque la linea.s.u.esser equale alla linea. u. t. etiã la linea. a.u.alla linea.u.b.Siano intesi li doi triangoli.a.t.u.b.s.u.di quali li angoli che sono al, t,&,s, sono equali fra lor, simelmente li angoli di medemi che son al.a.et b.son equali fra lor (per la prima parte della 29.del 1.) p questo che la linea.a.t. è equidistante alla linea,s,b, E perche anchor lor sono equal seguita (p la 26.del 1.) il proposito. Il medemo anchora se concluderà per el medemo modo se il solido,a,b,nõ sia cubo.ma solamente corpo paralellogrãmo, ouer contenuto da linee equale, ouer non equal, ouer anchora sel serà eretto orthogonalmente sopra alla basa ouer anchor sopra quella inclinato, onde el se applica la figuratione (in questa quadragesima prima) del cubo a tutte le figure solide paralellogramme.

Il Tradottore.

Quello che se propone nella soprascritta propositione del cubo nella seconda tradottione se propone sopra uno solido de superficie equidistante & se dimostra per li medesimi modi, che tal propositione è piu generale.

Theo-

Theorema. 37. Propositione. 42.

41 Se seranno dui corpi seratili di quali l'uno habbia la basa triangola-
40 re, e l'altro habbia la basa de lati equidistanti doppia a quella triangolare, seranno equalmente alti: quelli duoi corpi è necessario esser equali.

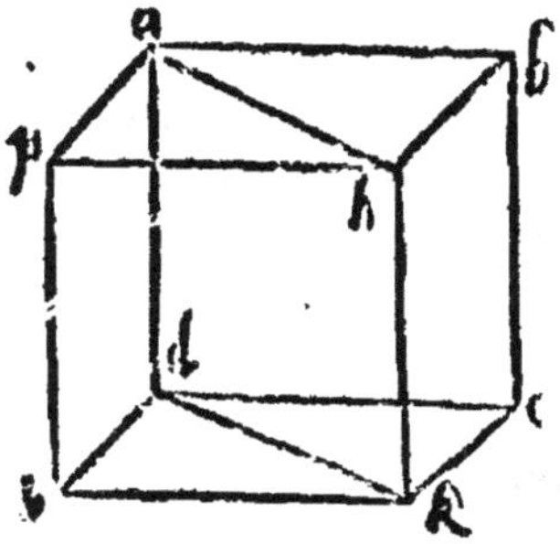

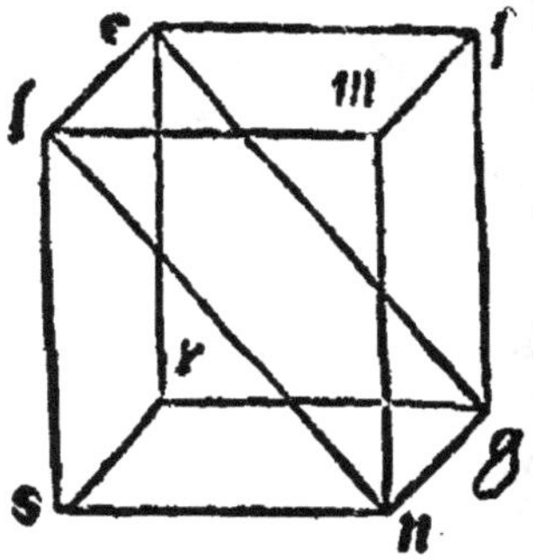

Sia la superficie. a.b.c.d. de lati equidistanti doppia alla superficie trilatera.e.f.g. & sopra queste due superficie siano fatti duoi corpi seratili equalmente alti, e siano li seratili che è sopra la basa quadrãgola. a.b.c.d. h. k, la basa del quale è la superficie proposita de lati equidistanti.a.b.c.d. l'altra superficie de lati equidistanti de quella è la.a.b.d.k. & la terza e.b.h.c.k. & le due superficie triangulare di quello, l'uno e il triangolo.a.b.h. & l'altra il triangolo.d.c.K. e lo seratile che è sopra la basa triangola.e.f.g.sia.e.f.g.l.m.n.del quale l'una delle sue superficie triangulare è la preditta basa & la altra il triangolo.l.m.n.et delle tre superficie de lati equidistanti di quello, la prima è la,e,f,l,m, e la seconda.e.g.l.n.e la terza la.f.g.m.n.adonque dico questi duoi seratili proposti esser fra loro equali e per dimostrar questo sian compidi li duoi solidi paralellogrammi aggiongendo all'uno e l'altro di duoi proposti seratili un'altro seratile a se medesimo equale, & al primo seratile sopra la medesima basa sia aggionto lo seratile. a.p.h.d.q.K.dil quale le due superficie trilatere sono.a.p.h.d.q.k.e le tre quadrilatere, la prima è.a.h.d.K. (laqual è termine commune a se medesima e a quella alla quale è stata aggionta) e la secõda, a,d,p,q, anchor la terza.p.q.h.k.ma allo secondo seratile sia aggiõto un'altro seratile a se medesimo equale in questo modo: sia aggiõto al primo triãgolo.e.f.g.un'altro triãgolo a lui equale el quale sia, e,g,r, talmente che tutta la superficie,e,f,g,r, sia de lati equidistanti, et sopra questo triangolo sia fatto el seratile,e,g,r,l,n,s, elqual con quello alquale è aggionto compisse uno corpo paralellogrammo, le due superficie trilatere di questo seratile aggionto sonno,e,g,r,l,n,s,e le tre paralellogramme sono, la prima.e.l.r.s.la seconda,e,l,g,n,(e questa è commun termine a se e a quella alla qual è aggiõta) e la terza,g,r,n,s, adonque eglie manifesto per la diffinitione di solidi equali e simili, che li doi seratili cõponenti lo solido paralellogrãmo.a.K.e similmente li duoi componenti lo solido paralellogrãmo,e,n, fra loro insieme son equali e (per la 31.& 32.de questo) li duoi solidi.a.k.& .e.n.sono equali fra loro, adonque perche le mità di quelli solidi sono li seratili proposti (per communa sententia) è manifesto quelli esser equali perche tutte le cose che seranno equale le mità di quelle è necessario essere equale: e per tanto è manifesto quello che sta proposto.

IL FINE DEL VNDECIMO LIBRO.

LIBRO DVODECIMO DI EVCLIDE,

Theorema prima. Propositione prima.

1 De ogni due superficie simili de molti angoli descritte dẽtro di duoi
i cerchii, la proportione di l'una all'altra, e si come la proportione de li quadrati che peruengono dalli diametri di cerchii circonscribenti quelle.

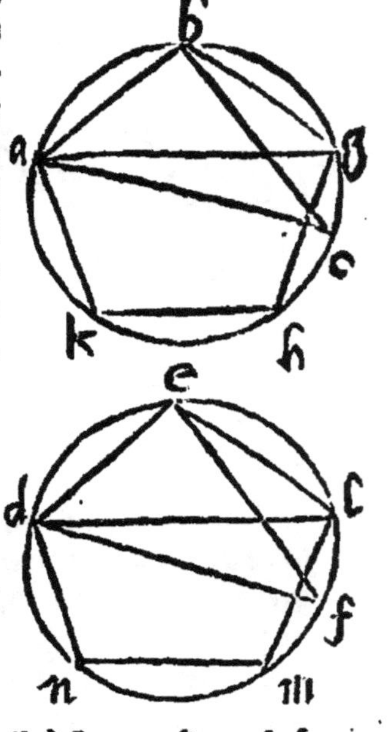

Siano li duoi cerchij.a.b.c.d.e.f. alli quali siano inscritte due figure come si uoglia de molti angoli, liquali siano posti simili fra loro: & siano per al presente inscritte penthagone come insegna la undecima del quarto, & quelle siano. a.b.g.h.k. l'altro penthagono.d.e.l.m.n.anchora li diametri di cerchij siano. a.c.& .d.f. Dico anchora che la proportione del penthagono. a.b.g.h.K. al penthagono d.e.l.m.n. e si come el quadrato del diametro. a.c.al quadrato del diametro.d.f.& per dimostrar questo sia protratto due linee in l'un e l'altro circulo: dalla istremità dal diametro alla estremità dell'una di lati del penthagono, non terminante con el diametro intersecandosi fra loro dentro dil detto penthagono in l'uno sia la,a,g,&,c,b,& in l'altra,d,l.&,f,e,&(per la sesta del sesto) el triangolo,a,b,g,serà equiangolo al triãgolo,d,e,l, perche conciosia che li penthagoni siano stà posti simili fra loro (per la diffinitione delle superficie simile) seranno l'angolo.b.equale all'angolo.e.& li lati continenti quelli proportionali, cioe la proportione del. a, b, al,d,e, si come,b,g,al,e,l, & conciosia che (per la uigesima prima del terzo) li duoi angoli, f,&,l, siano fra loro equali, & similmente li altri duoi.c, &.g.equali fra loro i duoi che sono, c,&,f, seranno fra loro equali (per commune sententia quelle cose che son equale a cose equale anchora è necessario quelle esser fra loro equali) & perche (per la prima parte della trigesima prima del terzo) l'uno & l'altro di duoi angoli. a.b.c. d. e.f. è retto, seguita (per la trigesima seconda del primo) li duoi triangoli.a.b.c.d.e.f. esser equiangoli per laqual cosa (per la quarta del 6.) la proportione del diametro,a,c,al diametro,d,f,è si come del lato,a,b,al lato. d. e.è per tanto conciosia che (per la seconda parte della decimanona del sesto) la proportione di duoi penthagoni sia si come la proportione duppicata dal lato. a.b. al lato.

al lato. d.e. & (per la medesima) la proportione del quadrato del diametro. a.c. al quadrato del diametro. d. f. sia si come la proportione del diametro. a. c. al diametro. d. f. dupplicada (per questa commune sententia) quelle cose delle quale le loro mità sono equale: quelle anchora fra loro sono equale, è manifesto quello che sta proposto.

Theorema. 2. Propositione. 2.

2/2 De ogni duoi circuli, la proportione di l'uno all'altro, e si come la proportione del quadrato del suo diametro, al quadrato del diametro dell'altro.

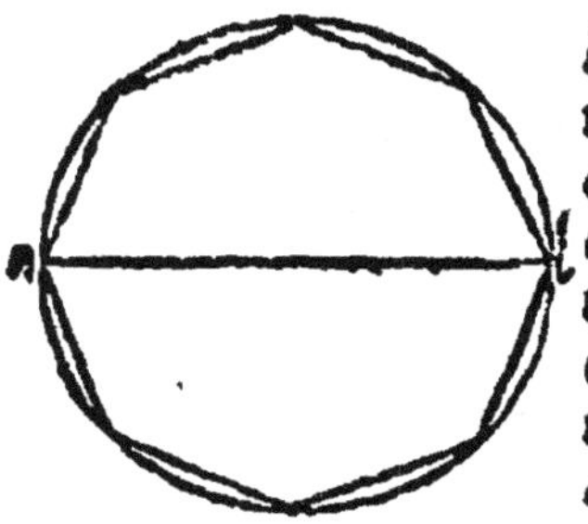

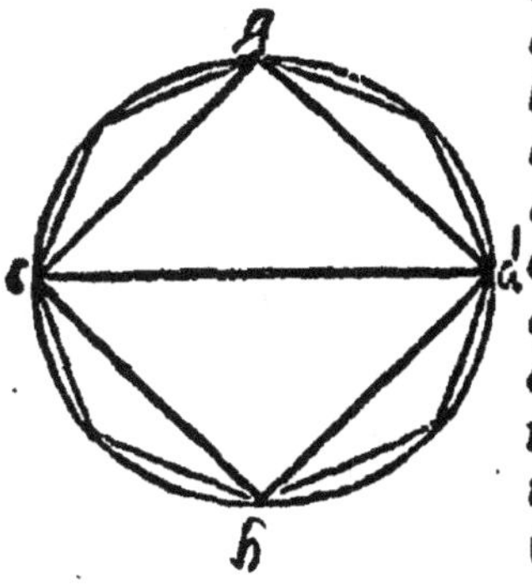

Siano li duoi circoli, a, b, &, c, d, li diametri di quali siano detti, a, b, &, c, d, dico adonque che la proportione del circolo. a. b. al circolo, c, d, e si come del quadrato del diametro, a, b, al quadrato del diametro, c, d, perche egliè manifesto (per questa commune scientia, quãta e qual si uoglia magnitudine ad alcuna secõda, tãta è necessario esser qual si uoglia terza ad alcuna quarta) che la proportione del quadrato del diametro, a, b, al quadrato del diametro. c. d. e si come del circolo. a. b. ad alcuna superficie laqual sia. e. laqual sia posta di qual figura ouer forma si uoglia, & questa è impossibile esser maggior ouer minore del circolo. c. d. perche se egliè possibile quella essere minore del circolo. c. d. sia adonque minore in la superficie. f. e per tanto il circolo, c, d, si è equale alle due superficie, e, f, tolte insieme adõque è manifesto (per la prima del decimo) che el si pol dal circolo, c, d, (& delli suoi residui) sottraere tãte uolte il piu della mità per fina a tanto che rimanga alcuna quantità minore de, f, adonque a quello sia inscritto (come insegna la sesta del quarto) lo quadrato c, d, g, h, del qual è manifesto esser piu della mita del circolo, per che el quadrato che è doppio a quello, e quello che circonscriue il cerchio come è manifesto per la penultima del primo & per la settima del quarto, adonque se le portioni del circolo che stanno sopra li lati del quadrato tolte equalmente insieme seranno minori della superficie. f. el basta, ma se le non seranno minore: siano diuisi li quattro archi che stanno sopra li detti lati in due parti equali, & li ponti diuidenti li detti archi siano continuade per linee rette con le estremità di lati continenti, uerbi gratia, lo archo, c, g, sia diuiso in dui parti equali in ponto. κ. & siano protratte le linee k. c. κ. g. & cosi procedere in li altri, & cadauno di triangoli descritti sopra li lati del quadrato: serà maggiore della mità della

portione

portione in laquale sta dentro, imperoche ogni triangolo ysozelo è la mitade del paralellogrammo della sua basa (per la quadragesima prima del primo) siano adonque le portioni che stanno sopra li lati del ottogono inscritto tolti insieme minori della superficie. f. perche se egli non fusseno minori, non cessaressimo di diuidere li archi (di quali li lati della figura della ultima descrittione sono corde) in due parti equali & inscriuer una figura equilatera del doppio piu lati della prima sempre da sottraere da esse portione del circolo maggiore della mità: per fina a tanto che (per la prima del decimo) le portioni che staranno sopra li lati de alcuna tal figura inscritta in el circolo tolte insieme seranno minore della superficie. f. adonque per el presente siano quelle che sono dette, & (per la concettione) lo ottogono. c. d. serà maggiore della superficie. e. adonque sia inscritto in lo circolo. a. b. per la medesima uia uno simile ottogono, elqual sia detto. a. b. e cosi (per la precedente) la proportione del ottogono. a. b. al ottogono. c. d. e si come del quadrato del diametro. a. b. al quadrato del diametro. c. d. e però (per la undecima del quinto) si come la proportione del circolo. a. b. alla superficie. e. adonque permutatamente del poligonio. a. b. al circolo. a. b. serà si come del poligonio. c. d. alla superficie. e. & conciosia che'l poligonio, c, d, sia maggiore della superficie, e, serà el poligonio, a, b, maggiore del circolo. a. b: laqualcosa è impossibile, adonque la superficie, e, non minore del circolo. d. ne etiam è maggiore perche se questo potesse esser possibile, sia maggiore: adonque conciosia, che la proportione del quadrato del diametro. a. b. al quadrato del diametro. c. d. sia si come del circolo. a. b. alla superficie. e. serà al contrario del quadrato del diametro, c, d, al quadrato del diametro, a, b, si come della superficie. e. al circolo. a. b. & è manifesto (per la communa scientia posta in el principio di questa demostratione) che la medesima è del circolo. c. d. ad alcuna superficie (laqual sia. f.) & (per la decima quarta del quinto) la superficie. f. serà minore del circolo. a. b. adonque la proportione del quadrato del diametro, c, d, al quadrato del diametro. a. b. serà si come del circolo, c, d, alla superficie f. minore del circolo, a, b, ma per quello che hauemo demostrado poco auanti si trouarà seguitar lo impossibile: cioe lo poligonio inscritto in lo circolo, esser maggiore del circolo, adonque si come la superficie, e, non puol essere minore del circolo, c, d, ne etiam maggiore, necessariamente adonque serà equal. per laqual cosa (per la seconda parte della settima del quinto) è manifesto el proposito.

Theorema. 3. Propositione. 3.

3/3 Ogni piramide che habbia la basa triangolare, puol esser diuisa in due piramide simile fra loro, etiam a tutta la piramide, & in duoi serratili, equali liquali ambiduoi tolti insieme è necessario esser maggiori della mità di tutta la piramide.

Sia la pyramide, a, b, c, d, sopra la basa triangolare, b, c, d, & le angolo solido de la uertica di quella sia, a, dal quale siano dutte le tre ypothemisse, a, b, a, c, a, d, [illegible] in li tre ponti.e.f.g.& similmente anchora le tre ypothemisse sian diuise in due parti equali in li tre ponti.h.k.l.& siano protratte (in la basa) le due linee.e.f.& .e.g. & la basa di detta pyramide serà diuisa in tre superficie delle quale due sono li duoi triangoli.b. e.f.e.g.d.liquali (per la seconda parte della seconda del sesto & per la diffinitione delle superficie simile) è manifesto esser equali etiam simili fra loro & a tutta la basa (per la ottaua del primo) la terza e quadrangola & paralellogramma & quella è.e.f.g.c.laquale è manifesta esser doppia al triangolo.e.g.d. (per la quadragesima & quadragesima prima del primo) siano adonque un'altra uolta dal ponto.h.protratte le due ypothemisse.h.e.f.h. & dal ponto.k.la ypotemissa.k.g. & siano protratte le linee.h.k.k.l.& .l.h.

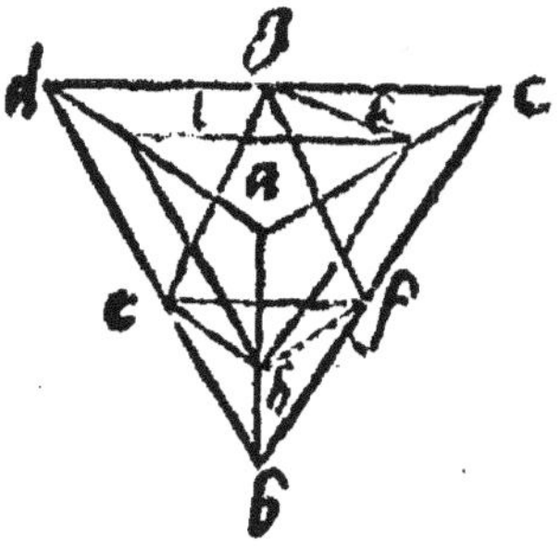

adonque tutta la pyramide. a.b.c.d.e diuisa in due pyramide che sono. h.b.e.f.& .h.x.l. & in dui seratili: di quali l'uno è.e.h.f.g.k.c.& è sopra la basa quadrangola. e.f.g.e.& l'altro è.e.g.d.h.K.l.& è sopra la basa triangola.e.g. d.ma delle due pyramide. h.b.e.f.a.h.k.l.che quelle siano equale & simile fra loro & a tutta la pyramide. a.b.c. d.è manifesto (per la diffinitione di corpi equali & simili, & per la decima del undecimo libro, & per la seconda parte della seconda del sesto) ma per li duoi seratili che quelli siano equali è manifesto (per la ultima dello undecimo) ma che ambiduoi li seratili tolti insieme siano maggiori della mità di tutta la pyramide da questo è manifesto, che l'uno e l'altro di quelli è diuisibile in dui pyramide delle quale l'una è triangola equale a una delle due in le quale fu diuisa la total pyramide con li detti duoi seratili, etiam l'altra quadrangola laqual e doppia alla restante, per laqual cosa è manifesto che ambiduoi li seratili tolti insieme, esser li tre quarti di tutta la total pyramide diuisa, se tu desideri saper questa propositione recorri alla sesta di questo duodecimo libro, ma inquanto al proposito el ti satisfa a saper quelli duoi seratili tolti insieme, eccedere le due partiale pyramide (in lequale se diuide la total pyramide, con li detti dui seratili) tolte insieme in che quantità si uoglia.

Theorema.4. Propositione.4.

4/4 Se due piramide equalmente alte, le base delle quale siano triangulare, siano diuise ciascaduna in due piramide equale, & simile fra loro etiam alla totale, e in duoi seratili, equali, la proportione della basa del l'una alla basa dell'altra serà si come la proportione delli suoi duoi seratili, alli duoi seratili dell'altra, & serà manifesto che tutti li seratili che seranno in quala si uoglia di quelle piramide tolti insieme a tutti li seratili che seranno in l'altra piramide, hauere la medesima proportione, che ha la basa di quella piramide alla basa dell'altra piramide.

Siano due le piramide, le base delle quale sian triangolare equalmente alte, cioe l'una la.a.b.c.d.el cono dellaquale sia el ponto.a.& la basa el triangolo. b. c. d. & le ypo-

le ypothemisse.a.b.a.c.a.d.& l'altra la.e.f.g.h.el cono della quale è el ponto.e. la basa il triangolo.f.g.h.le ypothemisse.e.f.e.g.e.h. & queste due pyramide siano diuise si come in la precedente cioe protratte nella prima le linee diuidente li lati di essa basa in due parti equali, lequale siano,k,l,& k.m.& nell'altra protratte similmente le linee.n.p.n.q. Dico adonque che la proportione della basa.b.c.d.alla basa.f.g.h.e si come di duoi seratili della pyramide.a.tolti insieme alli duoi seratili della pyramide.e.tolti insieme,& è manifesto (per la seconda parte della decimaottaua del sesto) che la proportione del triangolo.b.c.d.al triangolo.k.m.d.è si come della linea.b.d.alla linea.k.d.dupplicada & (per la medesima anchora) la proportione del triangolo.f.g.h.al triangolo.n.q.h.e si come della linea.f.h.alla linea n.h.dupplicada,& conciosia che la linea.b.d.alla linea k.d.sia si come la linea.f.h.alla linea.n.h.(perche di l'una & di l'altra la proportione è doppia) lo triangolo.b.c.d.al triangolo.k.m.d.serà si come lo triangolo.f.g.h.al triangolo.n.q.h. & premutatamente lo triangolo b.c.d.al triangolo.f.g.h.si come el triangolo.K.m.d.al triangolo.n.q.h.& lo triangolo.K.m.d.al triangolo.n.q.h.e si come lo seratile che si riposſa sopra esso medemo, al seratile che si riposſa sopra a quello (per la 33.del undecimo) anchora di questo ser atile a quello è si come di ambiduoi li seratili della pyramide.a.tolti insieme ad ambiduoi li seratili della pyramide.e.tolti insieme (per la quintadecima del quinto) perche è necessario che el doppio al doppio sia si come el sempio al sempio, adonque (per la undecima del quinto) conclude quello che è sta proposto, ma se tu dubiti li seratili di una di queste pyramide esser equalmente alti alli seratili dell'altra pyramide tu non stai in ceruello: perche conciosia che le pyramide siano equalmente alte, & sia ancho all'una e l'altra de quelle diuisa in due pyramide equale fra loro et a tutta la pyramide simile & in duoi seratili equali et siano le due partiale pyramide equalmente alte, imperoche sono simile et equale laqualcosa facilmente serà manifesta, protratte le perpendicolare dalle cime delle partiale pyramide alle base de quelle delle quale perpendicolari (per la trigesima settima del undecimo) è manifesto esser equale. & conciosia che le altezze di queste partiale pyramide tolte insieme componeno la altezza della total pyramide diuisa, & ambidui li seratili siano equalmente alte a una delle partiale pyramide cioe a quella laquale è composta sopra lo partiale triangolo della basa della total pyramide non è licito dubitare li seratili di una di quelle pyramide esser equalmente alti alli seratili dell'altra. e per questo è manifesto lo correlario che similmente le base delle partiale pyramide, cosi sono fra loro insieme si come li duoi seratili dell'una alli duoi seratili dell'altra, & perche le base partiale cosi sono fra loro si come le base delle totale (per la seconda parte della decimaottaua, del sesto) et per la per

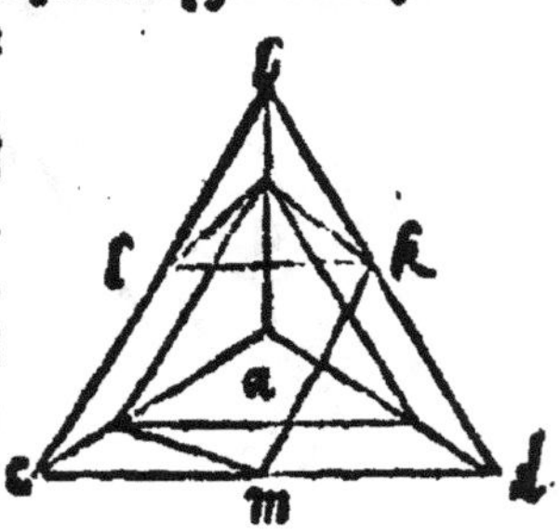

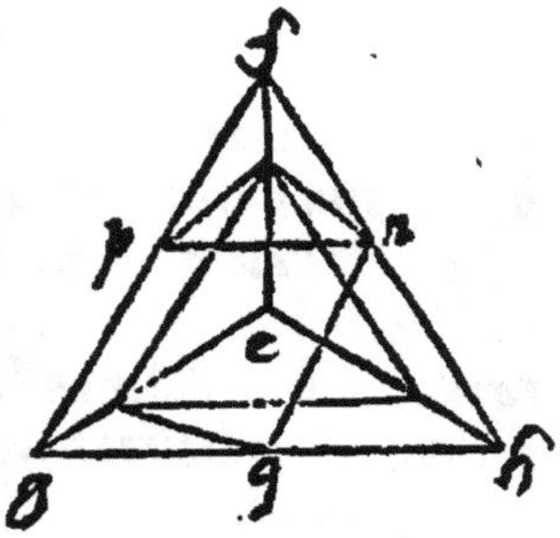

nuirata proportione et per la decima terza del quinto, è manifesto esser el uero quel lo che propone il correlario.

Il Tradottore.

Lo soprascritto correlario uuol inferire questo, che per le ragione addute egliè manifesto che diuidendo anchora cadauna di quelle due pyramide partiale secondo il medesimo modo, cioè pur in due pyramidette, & duoi seratiletti, & dapoi cadauna di queste quattro, & quattro pyramidette diuidere anchora nel predetto modo, & cosi andar procedendo in queste altre otto & otto pyramidette, sempre tutti li seratili di quala si uoglia di queste due pyramide totale (fra grandi e piccoli) tolti insieme, a tutti li seratili dell'altra (pur fra grandi e piccoli) tolti insieme hauere la medesima proportione che ha la basa di quella total pyramide alla basa dell'altra total (ilche per la decima ottaua del sesto) & per la decimaterza del quinto se uerifica.

Theorema. 5. Propositione. 5.

5 Ogni due piramide equalmente alte che habbiano le base triangu-
5 lare, sono proportionale alle sue base.

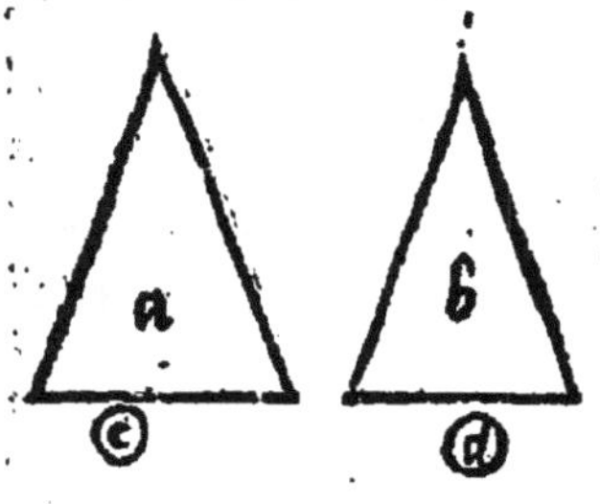

Quello che proposse la trigesima terza del undecimo, di solidi paralellogrammi & in fine della trigesima sesta del undecimo hauemo dimostrato il medesimo esser di seratili: questa quinta del duodecimo propone delle pyramide che hanno le base triangolare: perilche siano intese le due pyramide equalmente alte le base delle quale sono li dui trianguli. a. & .b. Dico che la proportione della pyramide. a. alla pyramide. b. e si come della basa. a. alla basa. b. laqualcosa se dimostra per lo medemo genere de demostratione, ouer argumentatione, con elquale demostrassemo la seconda de questo, perilche sia che della basa. a. alla basa. b. sia come della pyramide. a. al corpo. c. del quale dico che quello non serà ne meno ne piu della pyramide. b. perche se gliè possibile che sia meno, sia minore in lo solido. d. accioche la pyramide. b. sia equale alli duoi corpi. c. & . d. tolti insieme adonque diuisa la pyramide. b. come propone la terza di questo, siano detratti da quella li duoi seratili, liquali (per la medesima terza) sono maggiori della mità di essa pyramide, similmente dall'una & dall'altra delle due partial & residual pyramide: siano detratti (al predetto modo di quelle diuise) li duoi seratili, & questo sia fatto tante uolte per fina a tanto che l'aduersario sia constretto (per la prima del decimo) confessare rimanere (dalla pyramide. b.) manco del solido. d. & (per communa scientia) li seratili detratti seranno maggiori del corpo. c. adunque dalla pyramide. a. se fosse fatta la medesima detrattione de seratili & intenderemo esser tanti di seratili detratti dalla pyramide. a. quanto quelli che detrahessimo

bessimo dalla pyramide.b.& (per lo correlario della precedente) si come della basa a.alla basa b. cosi serà li seratili detratti dalla pyramide.a.alli seratili detratti dalla pyramide.b. ma cosi era similmente della pyramide.a.al corpo.c. e per tãto li seratili della pyramide. a. alli seratili della pyramide. b.e si come della pyramide.a. al corpo. c.& permutatamente, li seratili della pyramide. a. alla pyramide.a.serà si come li seratili della pyramide. b. al corpo. c. & conciosia che li seratili della pyramide.b.siano maggiori del corpo.c.li seratili della pyramide.a.seranno maggiori della pyramide. a. & perche questo è impossibile: lo corpo. c. non serà minore della pyramide. b.& similmente non serà maggiore, perche posto che sia maggiore, conciosia che la proportione della basa. a. alla basa. b. sia si come della pyramide. a.al corpo.c.al contrario serà della basa.b.alla basa.a.si come del corpo. c.alla pyramide.a.& (per communa scientia) la medesima serà della pyramide.b.ad alcun corpo, elqual sia.d. & seguitarà (per la decimaquarta del quinto) che'l corpo.d.sia minore della pyramide.a.imperoche la pyramide.b.e posta menore del corpo.c.adonque della basa. b.alla basa.a.serà si come della pyramide.b.al corpo minor della pyramide. a . ma da questo e stato dimostrado seguir lo impossibile, cioe li seratili detratti da alcuna pyramide esser maggiori de quella pyramide dalla quale sono detratti: e però rimane il corpo . c . esser equale alla pyramide.b. conciosia che'l non puol esser ne minore ne maggiore, & la proportione della pyramide.a.alla pyramide.b.esser si come della basa.a.alla basa.b.& questo era da demostrare.

Il Tradottore.

Consequentemente e questa soprascritta propositione nella seconda tradottione se propone qualmente le pyramide che hanno le base moltiangole & che stiano sotto a una medema altezza sono medemamente proportionale alle sue base ma perche tal propositione, se propone & dimostra medesimamente sopra alla sequente con altre particularità hauemo posposta quella.

Theorema.6. Propositione.6.

6 7 Ogni corpo seratile, e diuisibile in tre piramide equale, & che hanno le base triangolare.

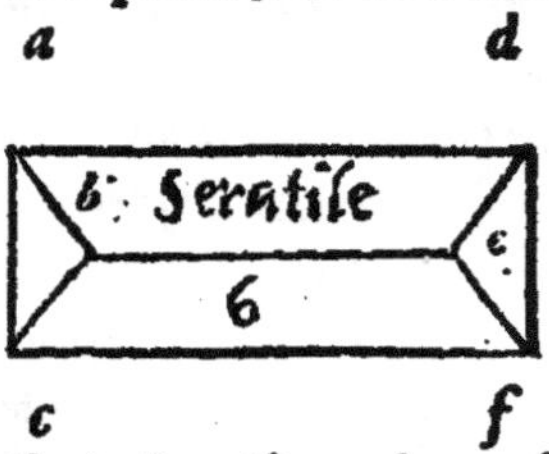

Sia lo seratile. a.b.c.d.e.f.dico quello esser diuisibile in tre pyramide equale, che haueranno le base triangolare, & per dimostrar questo siano protratte in cadauna delle sue tre superficie parallellogramme le diagonale talmente che una de quelle diagonale sia conterminale con le altre due, come se tu potrarai le linee. b. d. b.f. &.f.a. (lequale non ho uolesto protraere perche generariano confusione) & tutto lo seratile sarà diuiso in pyramide triangolare, lequale facilmente (per la precedente tolta due uolte serà manifesto esser equale.

Il Tradottore.

Chi non fusse ben chiaro di questa propositione, formi uno prisma, ouer seratile, materialmente, & tiri in quello le diagonale come di sopra se propone, *ne, e considerare puoi bene con la mente lo andar de quelle se trouarà (come di sopra è detto) el detto seratile essere diuiso in tre pyramide delle quale, due di quelle tolte per un uerso se cognoscera essere fra loro equale perche se uederà che riposaranno sopra le due base triangolare equale (cioe sopra le due mità de una di quelle superficie parallelogramme giacente in piano) & haueranno una medesima altezza perche ambedue termineranno nel angolo, b, del seratile la altra puoi considerandola per uno altro uerso: cioe che la sua basa sia l'uno di duoi triangoli del seratile. & la sua altezza la longhezza del seratile, & perche l'una delle altre due prime pyramide possede l'altro capo triangular del seratile, et dandoli quel per basa: hauerà per sua altezza pur la medesima longhezza del seratile, e pero serà equale a quella (per la precedente) onde (per communa scientia) sera tutte tre equale che è el proposito.*

Correlario.

o/7 Etiam da questo è manifesto: che ogni piramide è la terza parte d'una prisma, che habbia la basa, & la altezza equale a quella medema per che se la basa della prisma hauerà altra figura rettilinea che triangulare, sia diuisa la medesima dalle due superficie opposite, in prisme che habbiano le base triangulare.

Il Tradottore.

Questo correlario se ritroua solamẽte in la seconda tradottione, uero è che questo cõmentatore interpone piu propositioni, lequale pare che siano da lui aggionte, la prima delle quale propone in parte quello che conclude il soprascritto correlario laquale dice in questa forma uidelicet.

Theorema. 12. Propositione. 12.

6/o Se duoi solidi (di quali luno sia seratile, & laltro piramide la basa del laquale sia triangola) seranno constituidi equalmente alti: sopra una medesima basa, ouer sopra base equal triangulare ouer il seratile sopra una quadrangola, & la piramide sopra una triangola laquale sia la mità della basa quadrangola del seratile, lo seratile conuien esser triplo alla piramide.

Siano il proposto seratile serà sopra una basa triangulare, all'hora dalla pyramide proposita sopra la propria basa, sia compido uno seratile equalmente alto alla proposta pyramide, ma sel seratile serà sopra una basa quadrãgola all'hora alla basa della pyramide sia gionto un triangolo dal quale etiam sia compido alla basa della pyramide una superficie de lati equidistanti sopra alla qual da essa pyramide sia compido uno seratile equalmente alto alla pyramide, adonque perche questo seratile è equalmente alto al primo seratile & le base dell'uno e di l'altro sono equale dal presupposito, seguita quelli esser fra lor equali et questo fu dimostrado in la quadragesima

dragesima seconda del undecimo, & perche (per la sesta de questo duodecimo) lo se cōdo seratile e triplo alla proposta pyramide perche quella è una delle tre pyramide in lequale se diuide quel seratile: anchora (per communa scientia) lo proposto serati le serà treppio alla proposta pyramide.

6 Se sopra una medesima basa: ouer sopra base equale seranno constituide quante piramide si uoglia equalmente alte, delle quale le base siano triangole, quelle è necessario esser fra lor equale.

Perche fabricato uno seratile equalmente alto: alle pyramdie proposite, sopra una basa triangola equale a una delle base delle proposte pyramide ouer sopra una basa quadrāgola doppia a una delle base delle medesime, esso seratile sera treppio a ciascaduna di quelle pyramide & questo è manifesto (per la precedente aggiēta ouer interposta) adonque (per communa scientia) tutte le proposte pyramide sono (come hauemo detto) fra loro equale.

6/o Tutte le piramide equalmente alte delle quale le base sono triangole sono proportionale alle sue base.

Sian fatti sopra le base delle proposte pyramide, ouer sopra altre triāgular equale ouer sopra paralellogramme doppie li seratili equalmente alti, a quelle pyramide et per questo li seratili seranno fra lor equalmente alti, et perche li seratili sono proportionali alle sue base come è prouado in la trigesima sesta del undecimo mediante la trigesima terza del medesimo. & conciosia che (per la prima de queste aggiōte) sia manifesto questi seratili esser trepij alle proposte pyramide, cioe cadauno alla sua relatiua: & le base de quelli esser equale ouer doppie alle base di quelle, & (per la decima quinta del quinto) sia si come il treppio al treppio cosi è il sempio al sempio serano anchora le proposte pyramide proportionale alle sue base.

Il Tradottore.

Questa soprascritta propositione e simile alla quinta ma la demostratione è diuersa da quella e questo è perche in quella non era anchor noto che un seratile fusse trepio a una pyramide de equal basa & di equal altezze con lui.

6 Se qualunque due piramide seranno equalmente alte, & la basa de l'una sia triangola, & dell'altra quadrangola, ouer de piu lati, quelle piramide conuien esser proportionale alle sue base.

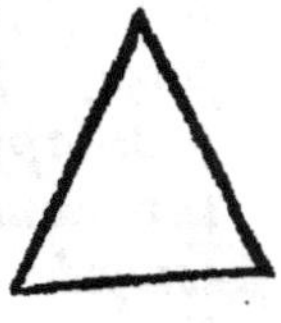

a

Essempli gratia, siano intese due pyramide equalmente alte, sopra le due base, a, &, b, et sia la basa, a, triangola & la. b. penthagona. Et siano queste pyramide dette, a, et, b. Adonque dico la proportione delle due pyramide. a. & .b. esser si come delle base, a, &, b, & per demostrar questo, sia diuiso il penthagono, b, in li tre triangoli, c, d, e, & tutta la pyramide, b, sarà diuisa in tre pyramide equalmente alte delle quale le base sono li triangoli, c, d, e, le quale siano etiam chiamade dalli nomi delle

delle sue base. Adonque perche (per la precedente interposta) la proportione della pyramide, c, alla pyramide, a, e si come del triangolo, c, al triangolo, a, & della pyramide, d, alla pyramide, a, si come del triangolo, d, al triangolo, a, & similmente della pyramide, e, alla pyramide, a, si come del triangolo, e, al triangolo. a. seguita adonque (per la uigesimaquarta del quinto tolta due uolte) che la proportione del aggregato de tutte le pyramide, c, d, e, (& quello è la total pyramide, b, alla pyramide, a, e si come del aggregato de tutti li triangoli. c. d. e, (& quello è il penthagono. b.) al triangolo. a. adonque è manifesto el nostro intento.

6 Tutte le piramide laterate equalmente alte se approuano esser pro-
6 portionale alle sue base.

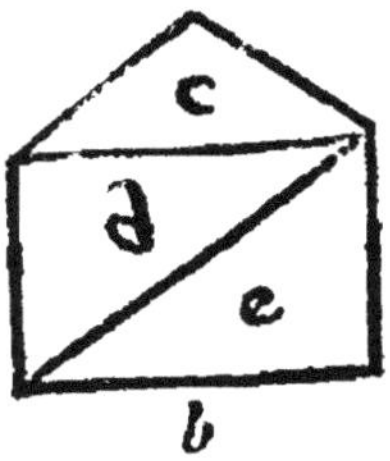

Se una di quelle sarà sopra una basa triangola, per la precedente interposita è manifesto quello che è detto: ma se le base de l'una & di l'altra sarà di molti angoli resoluta quale si uoglia delle sue base in triangoli, & quella pyramide, in pyramidette triangolare. Et (per la precedente interposita) la proportione di cadauna di quelle pyramidette triangolare (in tra le quale è diuisa l'una delle proposte) a l'altra è si come della basa alla basa di l'altra, e per tanto (per la uigesima quarta del quinto tolta quante uolte bisogna) è manifesto esser il uero quello che hauemo detto.

Il Tradottore.

La soprascritta interpositione ouer aggionta in la seconda traduttione. L'auttore ne fa una propositione laqual è la sesta come di sopra uedi notado.

Theorema. 7. Propositione. 7.

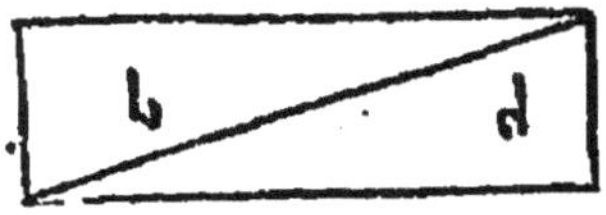

7 Se due piramide de base triangolare saran-
9 no equale, le base de quelle saranno mutue alle altezze delle medeme, Et se le base, & le altezze saranno mutue, le medeme piramide è necessario essere fra loro equale.

Quello (che la trigesimaquarta & trigesimaquinta del undecimo) propose di solidi paralellogrammi, & noi demostrassimo la trigesimasesta del medemo di seratili, questa settima del duodecimo propone delle pyramide che hanno le base triangolare, Hor siano intese due pyramide equale sopra li duoi triangoli. a. & . b. le quale siano pur dette, a, &, b, E per tanto dico che la proportione della basa, a. alla basa, b, e si come la proportione della altezza della pyramide, b, alla altezza della pyramide, a, & se questo sarà dico che le pyramide, a, &, b, esser fra loro equale. Et per demostrar questo siano agionti alli duoi triangoli a, &, b, duoi altri triangoli liquali siano, c, &, d, accio che

cio che faciano ambidue le superficie, a,c, & ,b,d, de equidistanti lati, & da quelle pyramide, sopra le base, a,c, & ,b,d, siano compidi solidi parallelogrammi equalmente alti alle proposte pyramide li quali similmente siano detti, a,c, & ,b,d. Adonque (per la sesta de questo duodecimo) è manifesto che la pyramide, a, e la sesta parte del solido, a,c, & la pyramide, b, la sesta del solido. b.d. Adonque (per la trigesimaquinta del undecimo) arguisse il proposito, cioe la prima parte, per la prima & la seconda per la seconda.

Ma se qualunque due piramide laterate saranno equale: le base di quelle alle altezze delle medesime saranno mutue, & se le base de quelle alle altezze delle medesime saranno mutue, le medesime piramide bisogna esser equale.

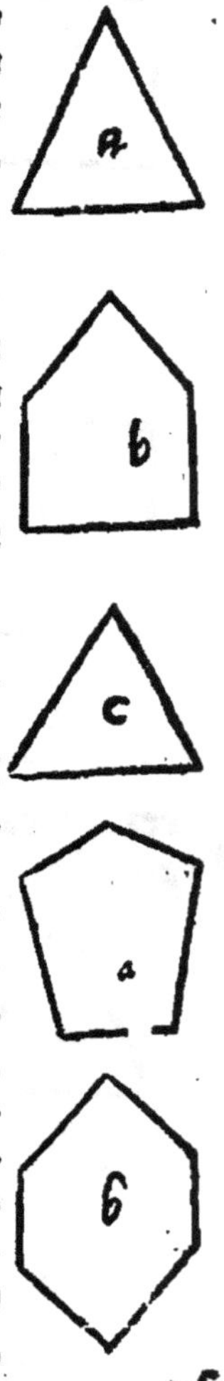

Se le base de l'una & de l'altra saranno triangole egli è stato dimostrato esser il uero quello che hauemo detto: ma se solamente una sia triangolare hor sia, a, & la basa de l'altra pyramide sia, b, & sia fatto lo triangolo, c, equale al poligonio, b, & sopra, c, sia fatta una pyramide equalmente alta alla pyramide che è sopra, b, & siano, a, b, c, nomi equiuoci delle pyramide et delle base. Adonque perche le due pyramide, a, & , b, (dal presupposito) sono equale: & (per la ultima delle interposte alla sesta di questo) le due pyramide, b, et, c, sono equale: & (per communa scientia) le due pyramide, a, & ,c, saranno equale. Adonque le base de quelle sono mutue alle altezze di quelle (per la prima parte della settima de questo) & conciosia che le base, b, & c, siano equale, & anchora le altezze delle pyramide, b, & ,c, equale (per la prima parte & seconda della settima del quinto) le base, a, & ,b, saranno mutue alle altezze delle pyramide, a, & ,b, La seconda parte se approua per el contrario modo. Perche se della basa, a, alla basa, b, sarà come [illegible] *tezza della pyramide, b, alla altezza della pyramide, a, (per* [illegible] *seconda parte & prima della settima del quinto) della basa, a, alla basa, c, sarà si come la altezza della pyramide, c, alla altezza della pyramide. a. Adonque (per la seconda parte de questa settima) le due pyramide, a, & , c, sono equale per laqual cosa (per communa scientia) anchora le due pyramide, a, & , b, sono equale. Ma se ne l'una ne l'altra delle proposte pyramide sarà triangola: ma che l'una & l'altra sia poligonia, uerbi gratia l'una sia penthagona & l'altra essagona lequale al presente siano dette, a, & , b, sia similmente tolto lo triangolo, c, equale, allo essagono, b, sopra el quale sia fatta una pyramide equalmente alta alla pyramide, b, & le due pyramide, b, & , c, saranno equale, & pero etiam le due che sono, a, & c, (per la concettione) saranno equale: per laqual cosa si come della basa, a, alla basa, c,*

cosi

cosi sarà l'altezza della piramide. c. alla altezza della pyramide. a. & questo per auanti è stato dimostrato. Adonque (per la settima del quinto) della basa. a. alla basa, b, e si come l'altezza della pyramide, b, alla altezza della pyramide. a. lo conuerso è manifesto per lo modo contrario, perche se della basa, a, alla basa, b, sarà si come l'altezza della pyramide. b. alla altezza della pyramide. a. sarà anchora (per la settima del quinto) della basa, a, alla basa, c, come l'altezza della pyramide, c, alla altezza della pyramide. a. E pero (come è manifesto dalle prime) due pyramide. a. & . c. saranno equale: per laqualcosa, etiam (per communa sciẽtia) & le due che sono. a. & . b. saranno etiam equale & questo è il propósito.

Theorema. 8. Propositione. 8.

8 De ogni due piramide simile, che habbiano le base triangolare, la
8 proportione di l'una a l'altra, e si come la proportione triplicata d'uno lato di l'una al lato relatiuo di l'altra.

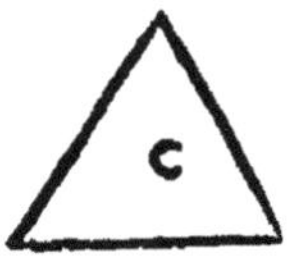

Proposse due pyramide che habbiano le base triangolare simile, da quelle compisse duoi solidi parallelogrammi si come è detto in la demõstratione della precedẽte, & questi duoi solidi saranno simili impero che le pyramide sono sta poste simile fra loro, Perche li duoi angoli solidi che sono communi alle pyramide & alli solidi parallelogrammi, k sono contenuti da angoli superficiali equali di numero e quantità: Et anchora li lati che contieneno quelli angoli superficiali sono proportionali. Per laqual cosa (per la trigesimaquarta del primo) le tre superficie di solidi parallelogrammi: che constituiscono li angoli solidi cõmuni sono equiangole, & de lati proportionali, e pero sono simile (per la diffinitione delle superficie simile) per laqualcosa (per la uigesimaquarta del undecimo) tutte le sei superficie di questi duoi solidi parallelogrammi: sono simili fra loro: adonque (per la diffinitione di corpi simili) quelli solidi saranno simili, per laqual cosa con ciosia che la proportione di solidi. & delle pyramide sia una medesima (per la decimaquinta del quinto) perche li solidi sono sesupli alle piramide (per la sesta di questo.) Et conciosia che la proportione di solidi sia una medesima, si come q̃lla di suoi lati relatiui triplicata (per la trigesimasesta del undecimo) & li lati di solidi siano anchora li medesimi delle pyramide. Anchora (per la undecima del quinto) la proportione delle proposte pyramide sarà si come la proportione triplicata di suoi relatiui lati che è il proposito.

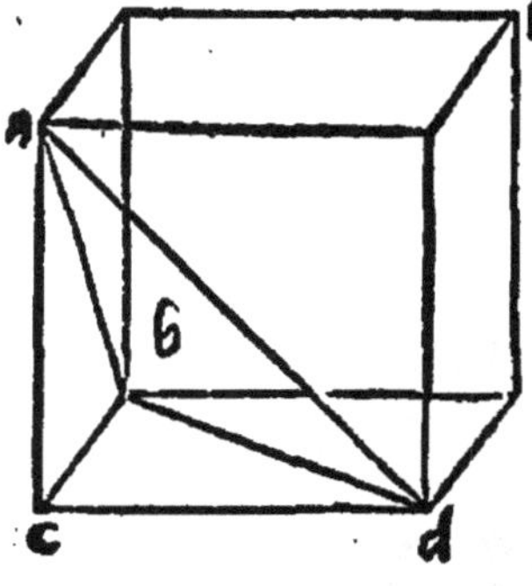

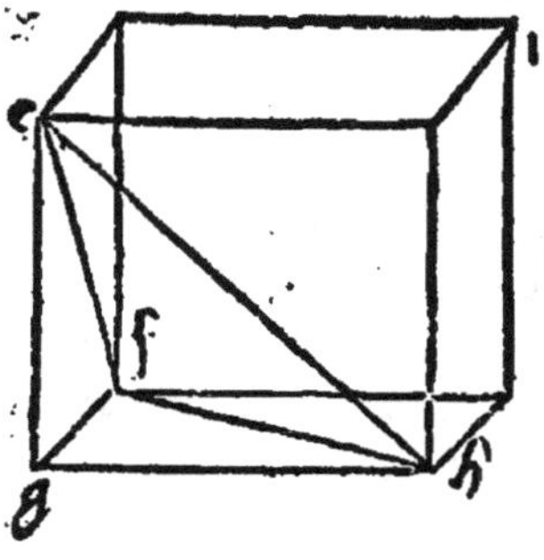

Il Tra-

Il Tradottore.

Per essempio figurale della soprascritta propositione siano le dette due pyramide triangolare simile. a.b.c.d. & e.f.g.h. le base delle quale sono li triangoli. b. c. d. & f. g. h. & la loro cima ouer angolo supremo. a. & .e. & li loro solidi siano. c. K. & g. l. sopra lequal figure arguendo come di sopra facilmente uien concluso il proposito.

Ma se qualunque due piramide laterate seranno simile, la proportione di l'una a l'altra, sarà si come la proportione triplicata del suo lato al lato a se relatiuo di l'altra.

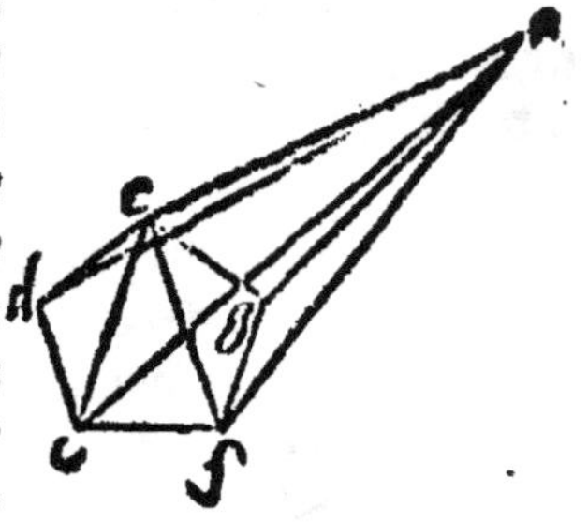

Siano due pyramide laterate simili li coni delle quale sian, a, &, b, et siano sopra base penthagonale, le quale sono, c, d, e, f, g, h, k, l, m, n, Dico che la proportione di quelle è si come la proportione triplicata di suoi lati relatiui: perche eglie manifesto (per la diffinitione delle superficie simile e di corpi) che li pēthagoni che sono base delle proposte pyramide, e tutti li altri triãgoli circondanti esse pyramide sono fra loro simili, siano adonque diuise ambedue le base in triangoli simili & di numero equali, si come propone (la decimaottaua del sesto) essere possibile protratte in questa le linee, c, e, & c, f, & in quella, h, l, &, h, m, Dico adonque queste pyramide esser diuise in pyramide triangole simile e di numero equale, perche parangonate fra loro le due pyramide, a, c, d, e, b, h, K, l, delle quale li coni sono, a, &, b, et è manifesto dal presuposito) lo triangolo, c, a, d, esser simile al triangolo, b, h, k. & lo triangolo, d, a, e, al triangolo, k, b, l. Et perche anchora (dal presuposito) lo angolo, d, è equale al angolo. k. & li lati, c, d, &, d, e, (continenti l'angolo, d,) sono proportionali alli lati, h, K, &, K, l, (cōtinenti l'angolo, K, li duoi triangoli, c, d, e, &, h, k, l, (per la sesta del sesto) saranno equiangoli, et pero (per la quarta del sesto) la proportiOue del, c, d, al, h, k, sarà si come del, c, e, al, h, l, & conciosia che (dal presupposito) la proportione del, c, a, al, h, b, & anchora del, a, e, al, b, l, sia si come del. c. d. al h. k. (per la undecima del quinto) del, c, a, al, h, b, & del, a, e, al, b, l, sarà si come del, c, e, al, h, l, adonque (per la quinta del sesto, & per la diffinitione delle superficie simile) lo triangolo, c, a, e, sarà simile al triangolo. h. b. l. adonque (per la diffinitione di corpi simili) è manifesto che la pyramide. a. c. d. e. c simile alla pyramide. b. h. k. l. Similmente ancor è manifesto la pyramide, a, c, e, f, esser simile alla pyramide. b. h. l. m. et la pyramide a, c, f, g, alla pyramide, b, h, m, n, adonque perche (per la ottaua) la proportione della pyramide, a, c, d, e, alla pyramide, b, h, k, l, e si come quella del lato, c, d, al lato, h, K, triplicata, & anchora della pyramide, a, c, e, f, alla

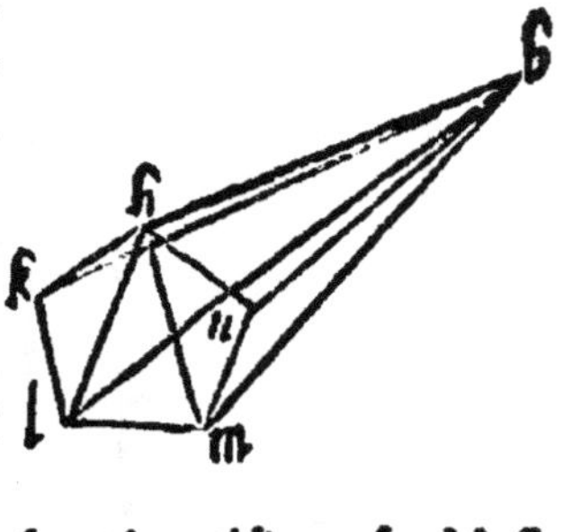

pyra-

pyramide.b.h.l.m.si come del,c.f.al.l.m.triplicata,& anchora della pyramide. a. c.f.g.alla pyramide. b.h.m.n.si come del.c.g. al.h.n.triplicata: conciosia che (dal presupposito) la proportione del.c.f.al.l.m.& .del.c.g.al.h.n.sia si come del. c. d. al h.k. seguita (per la decimatertia del quinto) che la proportione delle totale pyramide. a. & b.sia si come di una di quelle partiale ad una altra : adonque (per questa ottaua & per la undecima del quinto)è manifesto esser il uero quello che hauemo detto.

Il Tradottore.

Di questa soprascritta propositione interposta nella seconda traduttione se ne fa un correlario.

Tutte le colonne laterate equalmente alte, sono proportionale, alle sue base.

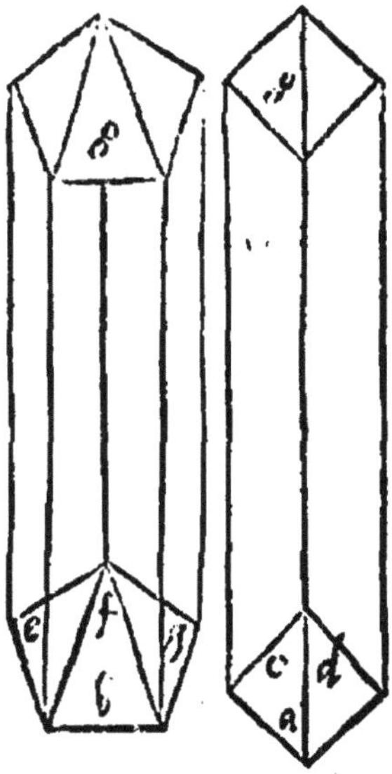

Sopra qualunque specie di base de molti angoli siano le colonne: se uerifica quello che è detto: & chiamamo colonne laterate, li corpi solidi laterati di quali le base & le superficie supreme sono simile: & equale, & tutte le altre superficie circonstante, sono de lati equidistanti, & la prima specie de tali corpi è il seratile, conciosia che il se intende esser statuido sopra una delle sue superficie trilatere & la secōda specie è la colonna dellaquale la basa è quadrilatera: laquale è necessario esser cōposta da duoi seratili, & la terza è quella dellaquale la basa è penthagona, & questa se compisse da tre serratili, & simplicemente. Dico che ogni colonna laterata puol esser diuisa in tanti serratili. in quanti triangoli puol esser diuisa la sua basa, & per tanto siano intese le due colonne laterate.a.& .b.constituide sopra le due base.a.& b.equalmēte alte. Dico che la proportione delle colonne,a,&,b,e si come quella delle sue base, a, & b.perche essendo diuise queste base in triangoli, & queste colonne in seratili, la basa. a.(laquale sia posta esser quadrangola) in li duoi triangoli cioe,c,&,d,& la colonna.a. in duoi seratili.c.& d.& la basa.b.(laqual sia penthagona) sia diuisa in li tre triangoli,e,f,g, & la colonna,b,in tre seratili liquali similmente siano chiamati. e. f. g. Adonque (per quelle cose che sono state dette in la trigesima sesta del undecimo) e manifesto che la proportione del serratile, c,al serratile,e,e si come della basa,c,alla basa.e. Et similmente del serratile,d,al serratile,e,si come della basa, d, alla basa,e,per laqual cosa (per la uigesimaquarta del quinto) della colonna.a.al serratile,e,sarà si come della basa,a,alla basa,e,per la medesima ragione della colonna.a.al seratile.f.sarà si come della basa,a,alla basa,f. Et similmente della colonna.a.al seratile q.si come della basa.a.alla basa.g. Adonque (per la uigesimaquarta

quarta

quarta del quinto l'altra quante uolte sarà necessario) tu concluderai facilmente il proposito.

Adonque da questo è manifesto. che tutte le colonne laterate constituide sopra una medesima basa, ouer sopra base equale, se sarãno equalmente alte saranno equale.

Perche conciosia che di sopra è stato prouato, qualmente le colonne laterate sitano proportionale alle sue base, et essendo posto esser le medeme base ouer equale è necessario (per la uigesimaquarta del quinto) che etiam le colonne siano equale.

Anchora è manifesto tutti li solidi paralellogrammi, seratili, & colõne laterate, se seranno equalmente alte, quelle anchora, se approuano esser necessariamente proportionale alle sue base.

Perche tutte queste son specie di colonne laterate, delle quale di sopra è stato uniuersalmente prouato esser il uero quello che è detto.

Ogni colonna laterata, e treppia alla sua piramide.

Sia diuisa la basa della colonna in triangoli, & secondo el numero di quelli triangoli: sia diuisa la colonna in seratili, & la pyramide della colonna, in pyramide che habiano le base triangole, cioe quelle che sono base di seratili, E per tanto è manifesto cadauno seratile esser treppio a quella pyramide laquale sta sopra la medesima basa con esso seratile, & questo è stato dimostrato in la sesta di questo duodecimo libro. Adonque (per la decimatertia del quinto) tutti li seratili tolti insieme, a tutte le pyramide tolte insieme, e necessario esser treppij & conciosia che da tutti li seratili tolti insieme se compisse la colonna, & da tutte le pyramide tolte insieme uien compita la pyramide della colonna, e manifesto esser il uero questa nostra propositione.

Se qualunque due colonne laterate saranno equale le base di quelle saranno mutue alle altezze di quelle medesime. Et se le base di quelle & le altezze saranno mutue le medesime colonne è necessario esser equale.

Perche se le colonne siano equale, le pyramide di quelle saranno equale perche ogni laterata colonna e treppia alla sua pyramide, & se le pyramide saranno equale le base saranno mutue alle sue altezze, si come è stato dimostrato in la settima di questo, adonque perche le base delle colonne & delle sue pyramide sono quelle medesime, & le altezze sono le medesime è manifesto la prima parte del proposito. Hor siano adonque le base & le altezze dalle proposte colonne laterate mutue. Dico che le colonne saranno equale, perche conciosia che siano le medesime base & le medesime altezze delle colonne, & delle sue pyramide le base & le altezze delle pyramide delle proposte colonne saranno mutue. Se questo che stato posto delle colonne, sarà il uero adonque le pyramide saranno equale come

come in la settima di questo è stato dimostrato, adonque etiam le colonne saranno equale, conciosia che quelle siano el treppio alle sue pyramide, per laqual cosa è manifesto la seconda parte di quello che stato proposto.

Di ogni due colonne laterate simile, la proportione di l'una a l'altra e si come del lato al suo relatiuo lato la proportione triplicata.

Se le colonne saranno simile (per la diffinitione di corpi simili,) la basa di quelle & le altre superficie circondante quelle saranno simile: E per tanto siano diuise le base di quelle in triangoli simili & di numero equali, si come la decimaottaua del sesto propone esser possibile, & quelle colonne siano diuise in seratili stanti sopra quelli triangoli, adonque studia di prouare li seratili, di l'una esser simili alli seratili di l'altra: cadauno al suo relatiuo, laqual cosa facilmente approuerai (per el pre supposito: & per la sesta, & quarta, & quinta del sesto, & per la diffinitione delle superficie simile: & per la diffinitione di corpi simili) & prouato questo (per la trigesimasesta del undecimo) la proportione di cadauno di seratili di una, al suo relatiuo seratile di l'altra, sarà si come la proportione del suo lato: al lato di quello, triplicata. Et perche la proportione de tutti li lati è una medesima: conciosia che tutti li seratili di una siano simili alli suoi seratili relatiui di l'altra, Seguita (per la undecima del quinto) che sia una medesima proportione di tutti li seratili di una alli suoi seratili relatiui di l'altra: per laqual cosa (per la decima terza del quinto) la proportione che è del seratile di una al suo seratile relatiuo di l'altra, quella medesima & de tutti tolti insieme alli tutti tolti insieme: & perche tutti li seratili di l'una, & di l'altra tolti insieme componeno le colonne, & li lati relatiui di seratili, sono li lati relatiui delle colonne (per la. 11. del quinto) è necessario che la proportione delle colonne sia come la proportione triplicata di suoi lati relatiui che è il proposito.

Correlario.

Da queste cose certamente è manifesto anchora che le piramide simili che hanno le base de molti angoli fra loro sono in treppia proportiõ della proportione di lati delle medeme perche diuise quelle in piramide che habbiano le base triangolare perche le base poligonie simile (per la decimanona del sesto) se diuidono in triangoli simili, & inequal multiplicità, & della medema proportione di tutti, sarà si come una delle piramide che ha la basa triangolare in l'una a quella una a se relatiua che ha la basa triangolare in l'altra piramide, & cosi è tutte le piramide che ha le base triangolare che stanno in l'una a tutte le piramide che hanno la basa triangolare che stanno in l'altra (per la duodecima del quinto) & questo è quella medesima piramide che ha la basa poligonia, alla piramide che ha la basa poligonia, & la piramide che ha la sua basa triangolare alla piramide che ha la basa triangolare è in treppia proportione de la proportione di lati delle medesime (per la

prece-

precedente) adonque & quella che ha la basa poligonia a quella che la basa similmente poligona ha treppia proportione, che è il lato al lato.

Il Tradottore.

Lo soprascritto correlario se ritroua solamente in la seconda tradottione elqual conclude quello che fu interposto in principio, ideo &c.

Theorema.9. Propositione.9.

Ogni colonna rotonda, s'approua esser treppiata alla sua piramide.

Sopra il cerchio. a. sia inteso una colonna & una pyramide erette, secondo una medesima sua altezza, Et siano dette (equinoce) quella pyramide & la colonna, et il cerchio di uno medesimo nome cioe. a. Dico adonque che la colonna, a, e treppia alla pyramide. a. la prouatione della qualle e perche la non puol esser ne maggiore ne minore che treppia. Perche primamente (se possibile è) sia maggiore che treppia in la quantità del corpo. b. talmente che se'l corpo. b. sia cauado fuora della colonna. a. el residuo di quella sarà treppio alla pyramide. a. Sia adonque inscritto un quadrato in lo cerchio. a. sopra il quale siano descritti duoi seratili equalmente alti alla colonna. a. di quali duoi seratili tolti insieme è manifesto che sono piu della mità di la colonna, a, si come è manifesto esso quadrato essere piu della mità del cerchio. a. Perche se da questi seratili saranno compidi: li solidi paralellogrammi di quali essi sono la mità de essa colonna sarà parte di essi solidi tolti insieme, & da puoi sopra li lati del quadrato inscritto descriuerò quatro triangoli de duoi lati equali, in le portione del cerchio delle quale portioni, li lati dello quadrato sono corde, diuisi li archi di quelle portioni in due parti equali, & siano quelli triangoli, c, d, e, f, sopra li quali etiam erigerai li seratili alla altezza della colonna, a, & è manifesto che questi seratili sono maggiore della mitade delle portioni delle colonne stante sopra le portioni del cerchio si come etiam li triangoli sono maggiori della mità delle portioni dil cerchio. Et questo sia fatto tante uolte per fina a tanto (che per la prima del decimo) l'aduersario sia constretto a confessare le portioni delle colonne tolte insieme essere meno del corpo. b. Hor poniamo adonque che sia la colonna laterata ortogona laqual compone tutti li seratili tolti insieme di quali le base sono li triangoli diuidenti lo poligonio inscritto in lo cerchio. a. maggior del treppio della pyramide rotonda. a. & perche essa colonna laterata è treppia alla sua pyramide: si come è stato dimostrato in quelle propositioni che sono state aggionte in la precedente, seguita (per la seconda parte della decima del quinto) che la pyramide rotonda, a, sia minore della pyramide laterata della colonna laterata della qual la basa e lo poligonio inscritto in la basa della pyramide rotonda, a, laqual cosa è impossibile, perche la pyramide

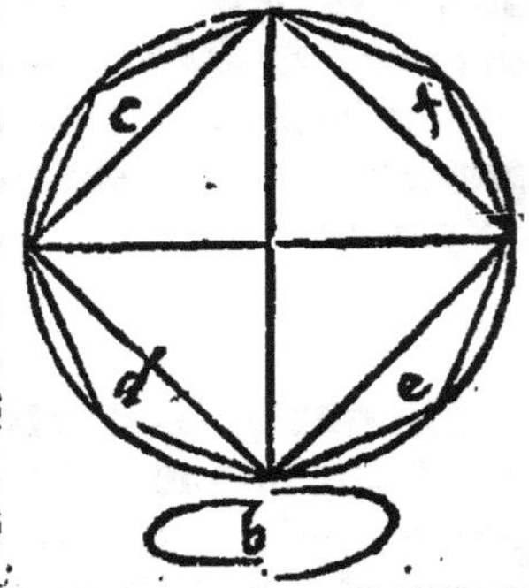

ramide laterata e parte di essa pyramide rotonda. Adonque la pyramide. a. non è meno della terza parte della sua colonna, ne etiam è piu della terza parte. Perche (se gliè possibile) sia la pyramide, a, piu della terza parte della colonna, a, in la quantità del corpo, b, talmente che detratto il corpo, b, della pyramide, a, lo residuo di essa pyramide sia la terza parte della colonna, a, (Dico adonque si come prima) dalla pyramide, a, sia inteso esser detratta la pyramide laterata a se equalmente, alta, la basa della quale sia il quadrato inscritto in lo cerchio. a. laqual pyramide laterata è manifesto esser piu della mitade della pyramide rotonda. Similmente del residuo della pyramide, a, un'altra uolta sian intese esser detratte le pyramide equalmente alte constituide sopra li triangoli, c, d, e, f, liquali sono in le portione della basa, & questo sia fatto tante uolte (per la prima del decimo) che dalla pyramide, a, rimanga meno del corpo. b. Adonque la pyramide laterata (soprastante allo inscritto poligonio) laquale componeno le pyramide laterate: detratte dalla rotonda pyramide sarà maggiore della terza parte della colonna. a. Et perche questa pyramide laterata (come a prouado in le precedente) & la terza parte della sua colonna laterata, a, finalmente seguita (per la seconda parte della decima del quinto) la colonna rotonda, a, esser minore della colonna laterata della medesima altezza: la basa della quale è il poligonio inscritto in la basa della rotonda pyramide. Et questo è impossibile; perche questa colonna laterata è parte della colonna rotonda: Conciosia adonque che la colonna rotonda non possi esser meno del treppio della sua pyramide ne etiam piu, sarà necessariamente treppia a quella che è quello che uolemo demostrare.

Theorema. 10. Propositione. 10.

10
12 La proportione di l'una a l'altra di ogni due piramide rotonde simili, & colonne rotonde simili, e si come la proportione triplicata del diametro della sua basa: al diametro della basa di l'altra.

Siano li duoi cerchij, a, &, b, sopra liquali siano constituide due pyramide rotonde simile: & due colonne rotonde simile & siano detti li cerchij, & le pyramide, & le colonne, & li diametri di cerchij, da questi nomi, a, &, b, equiuoce. Dico adonque che la proportione delle due pyramide, a, &, b, & delle due colonne, a, &, b, e si come la proportione triplicata di dui diametri, a, &, b, & se questo de le pyramide uien conuenuto etiam quello delle colonne sarà manifesto (per la decimaquinta del quinto) conciosia che ogni colonna rotonda (per la precedente) sia treppia alla sua pyramide. Et questo delle pyramide, sarà manifesto per la demostratione che induce a l'impossibile. perche (per quella communa scientia posta in el principio della demostratione della seconda di questo duodecimo libro) la proportione che è del diametro, a, al diametro, b, triplicata, la medesima è della pyramide, a, ad alcun corpo. Adonque sia quel tal corpo, c, del qual dico che quello non puol esser minore ne maggiore della pyramide, b, sia primamente minore (se sarà possibile) in la quantità del corpo, d, talmente che li duoi corpi, c, &, d, tolti insieme siano quanto la pyramide

mide.b. Adonque (si come in la seconda parte della premessa) dalla pyramide, b, sia detratta la pyramide laterata a se equalmẽte alta la basa della quale sia il quadrato inscritto in el cerchio, b, & dal residuo di quella, sian detratte le pyramide della medesima altezza stante sopra li triangoli delle portione del cerchio. b. Adõque sia fatto questo tante uolte per fina a tanto che se constringa l'auersario a confessare (per la prima del 10.) che lo residuo della pyramide. b. sia minore del corpo. d. (per communa sciẽtia) la laterata pyramide, che compone le partiale pyramide detratte sarà maggiore del corpo, c, adonque sia inscritto in lo cerchio. a. uno poligonio simile a quello che è basa della pyramide laterata detratta della pyramide, b, & alli angoli di quello poligonio inscritto in lo cerchio. a. tira le linee dal cono della pyramide, a, compiendo sopra a quello poligonio, la pyramide laterata equalmente alta alla pyramide rotonda, a, Adonque studia di demonstrare questa esser simile alla pyramide laterata detratta dalla pyramide rotonda. b. laqual cosa farai per questo modo. in l'una & l'altra pyramide tu erigerai lassis di quella laquale (per la diffinitione) sarà la linea continuante le uertice ouer cima della pyramide con il centro di la basa, & sarà perpendicolare alla basa, & dapoi delli centri delle base in l'uno & l'altro cerchio protrarai semidiametri a tutti li angoli li duoi poligoni inscritti, & conciosia che (per la diffinitione delle pyramide rotonde simile) la proportione del assis di l'una a lassis di l'altra, sia si come del diametro della basa di l'una al diametro della basa di l'altra. E pero etiam (per la decimaquinta del quinto: & per la equa proportionalità) si come della mità del diametro alla mità del diametro: & siano tutti li angoli (che contien le assis) in l'una & l'altra (con li semidiametri) retti (per la sesta propositione del sesto libro, & per la quarta del medesimo, per la diffinitione delle superficie simile, & per la diffinitione di corpi simili) è necessario che la pyramide laterata, a, sia simile alla pyramide laterata. b. per laqual cosa (per la propositione aggiũta alla ottaua di questo) la proportione della pyramide laterata, a, alla laterata, b, è si come la proportione triplicata del lato di l'una: al suo relatiuo lato di l'altra & pero etiam si come del diametro. a. al diametro b. triplicata Et per tanto anchora si come della pyramide rotonda. a. al corpo. c. (per la undecima del quinto) per laqual cosa premutatamente, la proportione della pyramide laterata. a. alla pyramide rotonda. a. sarà si come della pyramide laterata, b, al corpo, c, & perche la pyramide laterata, b, è maggiore del corpo, c, la pyramide laterata. a. sarà maggiore della pyramide rotonda, a, laqual cosa e impossibile essendo parte di quella. Adonque il corpo, c, non è minore della pyramide rotonda. b. Resta adonque di prouare che'l non puo essere maggiore. Per se lo auersario dicesse quel esser maggiore all'hora sia arguido (per la conuersa proportionalità) la proportione del diametro, b, al diametro, a, triplicata esser si come della pyramide rotonda. b. ad alcun' altro corpo il quale sia, d, Et perche (dal presupposito) el corpo. e. è maggiore della pyramide rotonda. b. seguita (per la decimaquarta del quinto) che la pyramide rotonda, a, sia maggiore del corpo. d. Adonque argumentando come prima sottrahendo el corpo, d, alla pyramide rotonda, a, & rimanga il corpo, e, & seguitar come prima. Adonque la proportione della pyra-

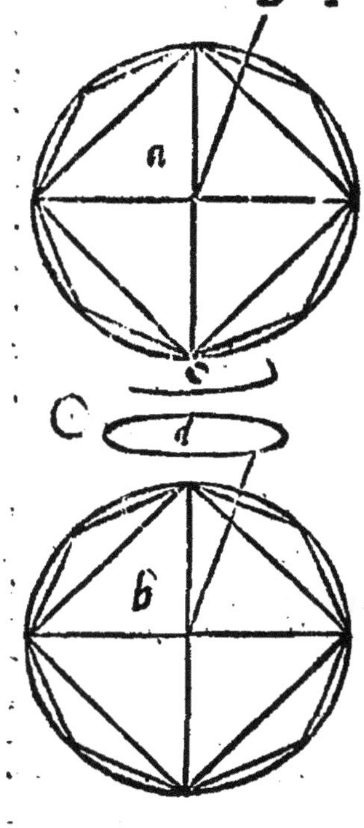

mide, b, al corpo che è minore della pyramide rotonda,
a, (cioe el, d,) è si come la proportione triplicata del suo
diametro. b. al diametro di l'altra, & questo è impossibile. Perche hauemo dimostrato seguir che la par
te sia maggiore del suo tutto. Adonque conciosia che
il corpo. c. non possi essere minore ne maggiore della
pyramide rotonda, b, necessariamente sarà a lei equale. E per tanto per la seconda parte della settima del
quinto è manifesto il proposito.) Ma il processo di questa demonstratione a noi manifesta solamente esser necessario a quelle colonne etiam pyramide rotonde delle
quale li assis stanno perpendicolare alle sue base. Perche tale furono diffinite in el principio del undecimo,
niente dimeno conciosia che la passione dimostrata in
questo loco conuenga communamente a tutte le colonne rotonde simile, & alle pyramide rotonde simile ouer
quando le assis saranno erette orthogonalmente sopra
le sue base, ouero quando sopra quelle saranno inclina
te, & per causa di differentia siano chiamate queste
colonne, & pyramide rotonde delle quale le assis stan
no orthogonalmente sopra a le base erette. Et le altre
siano dette inclinate. Et perche in el principio del undecimo non sono state diffinite le colonne, ouer pyramide rotonde saluo solamente quelle che chiamamo erette,
& queste per el mouimento d'un paralellogrammo rettangolo: & quelle per il mouimento d'un triangolo rettangolo. Et pero hauemo pensado esser conueniente diffi
nire le colonne rottonde & le pyramide con diffinitioni (communamente uniuoce)
conuenienti alle colonne rotonde, & pyramide erette: & inclinate. Adonque quan
do fora della superficie di alcun cerchio. S'a signato un ponto elquale sia continuado per linea retta con la circonferentia di esso cerchio se quella tal linea dal ponto
signato stante fermo e fisso sia circondutta per la circonferentia del detto cerchio
per fina a tanto che ritorni al loco doue incommiciarà a mouersi el corpo che sarà
contenuto dalla curua superficie che descriuerà questa tal linea con el suo mouimento, & dal cerchio alqual è circondutta lo chiamo pyramide rottonda, & lo
cerchio alquale è circondutta questa linea lo chiamo basa di quella pyramide, &
lo ponto fissò signato fora della superficie del cerchio lo chiamo cono della pyramide & la linea retta continuante il centro della basa con il cono della pyramide la
chiamo assis: ouer sagitta della pyramide. Et quando che questa sagitta sarà perpen
dicolare alla basa. Dico la pyramide esser eretta: & quando sarà inclinato dico etiã
la pyramide inclinata. Ma quando saranno duoi cerchij equali descritti in due superficie equidistante, liquali una piana superficie (transiente per li centri di quelli) li segarà: & le due relatiue settione delle due circonferente di essi cerchij serãno
continuate per linea retta. Se questa linea sia circondutta in le circonferentie
di

di essi cerchij equidistantemente al loco del quale incominciarà a mouersi per fina a tanto che la retorni al loco suo, El corpo che è contenuto dalla superficie curua (che descriue questa linea nel moto suo) & dalli duoi proposti cerchij: lo chiamo colonna rotõda, lo assis, ouer sagitta della quale è la linea retta continuante li centri delli duoi cerchij. Et quando questa sagitta sarà perpendicolare alla superficie di l'uno e l'altro di duoi cerchij, Dico la colonna esser retta, & quando sarà inclinata sopra la basa dico tal colonna esser inclinata: & quando saranno due pyramide rotonde ouer colonne dalle base delle quale per l'assis uscis cano due superficie orthogonalmẽte erette sopra le base di quelle & li angoli che contiene le commune settioni di quelle superficie, & delle base, con lo assis saranno fra loro equali, & la proportione della assis di l'una al assis di l'altra, sarà si come della mità del diametro di la basa di l'una alla mità del diametro della basa di l'altra. All'hora quelle due pyramide fra loro: ouer quelle due colonne fra loro dico esser simile. Poste queste diffinitioni eglie da dimostrare che de ogni due pyramide rotonde simile, ouer colonne rotonde simile, ouer se saranno rette ouer inclinate: la proportione di l'una a l'altra e si come la proportion triplicata del diametro della basa di l'una al diametro della basa di l'altra laqual cosa delle erette sole è stato dimostrato, & questo mandamo auanti uno antecedente necessario.

10 Se saranno due piramide rotonde fra lor simile, delle quale due & due superficie piane seghino l'una e l'altra di quelle sopra lo asis: e che l'una de quelle due superficie in l'una e l'altra piramide sia orthogonalmente eretta sopra la basa di quella, & li archi delle base contenuti fra quelle due superficie simili, li angoli che contiene le asis & le due commune sectioni delle base e di quelle superficie che sono state poste non orthogonalmente erette soprale base saranno fra loro equali.

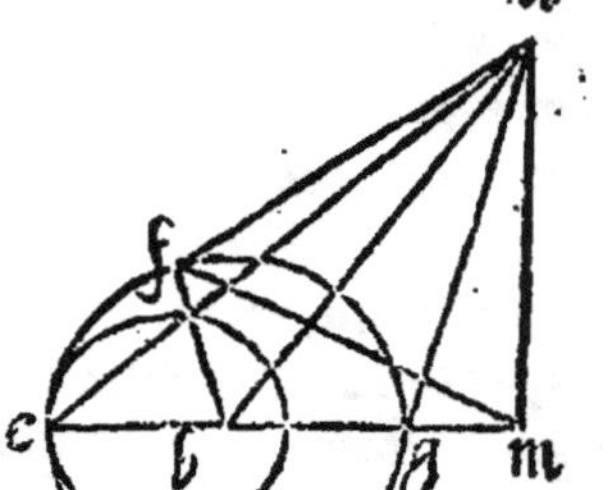

Sia le due pyramide rotonde, a, b, & , c, d, (delle quale le base sono li cerchij, e, f, g. & h, k, l, & le assis le due linee, a, b, & , c, d, & li diametri delle base, e, g, & , h, f, li centri delle base sono li duoi ponti, b, & , d, li coni delle pyramide, a, & , c,) simile fra loro, & dalli coni di quelle, siano protratte due perpendicolare (come insegna la undecima del undecimo) alla superficie delle base lequale sono, a, m, & c, n, & siano continuate li ponti, m, & , n, con li centri delle base protratte le linee b, m, & , d, n, & la superficie, a, b, m, laqual uien fora della assis, a, b, (per la. 18. del. 11.) sarà eretta sopra la basa della pyramide orthogonalmẽte, per lo medesimo modo la superficie, c, d, n, laqual uien fora della assis, c, d, sarà eretta orthogonalmente sopra la basa della py-

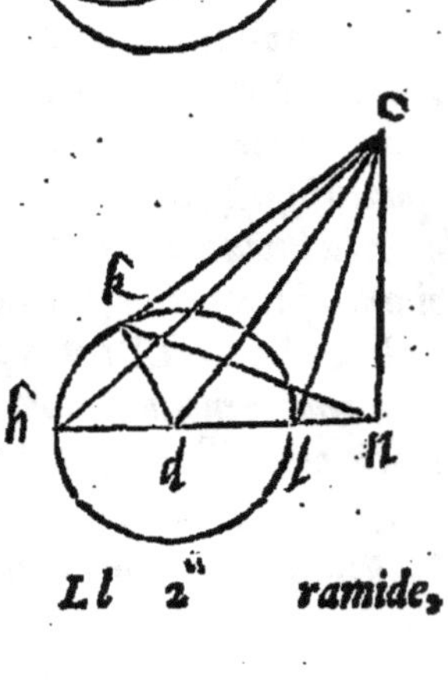

ramide,c,d,e per tanto li duoi archi,f,g,& ,k,l,siano simili: & siano intese le due superficie. a. b. f. c.d.k, uegnir fuora da li assis, & segar le pyramide, a,b,&,c,d, simile. Dico adonque li duoi angoli, a,b,f,c,d,K,esser fra loro equali,& per dimostrar questo siano protratte le due linee, f,m,&,k,n, adonque perche le due pyramide, a,b,&,c,d, sono simile,& le due superficie,a,b,m,c,d,n,che stanno orthogonalmente sopra le base uengono fuora dalle assis di quelle,& (per la diffinitione delle pyramide simili) l'angolo.a.b.m.sarà equale al angolo,c,d,n,et perche(dalla diffinitione delle linee perpēdicolarmēte erette sopra una superficie) l'uno et l'altro di duoi angoli.a,m,b,c,n,d,eretto,(per la.32.del primo et per la.4.del.6.) li duoi primi triangoli, a,b,m,&,c,d,n,saranno de lati proportionali cioe che la proportione della linea, a,b,alla linea c,d,sarà si come della,b,m,alla,d,n,& si come dalla, a, m,alla,c,n,et perche(dalla diffinitione delle pyramide simile) la proportion del assis.a.b.al.assis.c.d.e si come del mezzo diametro.b.f.al mezzo diametro.d.k.(per la.11.del quinto) la proportione del,b,f,al,d,k.sarà si come della,b,m,alla,d,n,et conciosia che li duoi angoli,f,b,m,&,k.d,n,siano equali imperoche li duoi archi.f, g.&.k.l.sono simili(dal presupposito) la proportione della,f,m,alla,k,n,(per la sesta et quarta del sesto) sarà si come della,b,m,alla,d,n, E pero et si come della,a,m, alla, c,n, et pche un'altra uolta (dalla diffinitione delle linee perpendicolarmente erette sopra una superficie) l'uno e l'altro di duoi angoli.a.m.f.c.n.K.e retto(per la 6.e 4.del 6.) la proportione della.a.f.alla.c.k.sarà si come della.a.m.alla.c.n.e pero(per la undecima del quinto) si come dalla,a.b.alla. c.d.et si come della.b.f.alla.d.K. Adōque (per la quinta del sesto) li duoi angoli. a.b.f.& c.d.K.sono fra loro equali ch'è il proposito. il medesimo facilmente prouerai delle colonne rotonde simile.adonque per questo che stato dimostrato dico che ogni due pyramide rotonde simile siano come si uoglia, ouer erette ouer inclinate.la proprotione di l'una a l'altra.e si come la proportion triplicata del diametro della sua basa al diametro della basa di l'altra. Perche essendo come prima le due pyramide rotonde,a,&,b,delle quale le base sono li cerchij. a,&,b,& li diametri di questi siano anchora,a,&,b, et sia la proportione della pyramide, a,al corpo,c,si come la proportione triplicata del diametro,a,al diametro,b,adōque il corpo,c,nō sarà minore ne maggior della pyramide rotonda. b. Et per dimostrar questo sia (se possibile è) minore in la quantità del corpo, d, talmente che li duoi corpi,c,& d,tolti insieme siano quanto la pyramide rotonda. b. Adonque dalla assis della pyramide, b, sia produtta una superficie che sia eretta orthogonalmente sopra il cerchio, b, Et sia la commune settione di questa superficie & del cerchio, b, la linea.

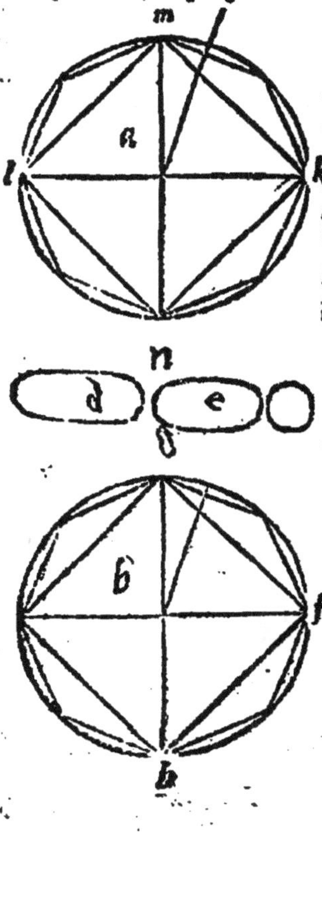

nea.e.f.transiente per il cerchio. b. laquale sarà diametro del cerchio. b. & dentro del cerchio . b . sia protratto un'altro diametro , segante questo primo orthogonalmente elquale sia.g.h. E cosi in lo cerchio.b.sia inscritto lo quadrato.e.g.f.h. Et dalla pyramide rotonda. b. sia inteso esser detratta la pyramide laterata la basa della quale è il quadrato inscritto in lo cerchio. b . laquale come di sopra è stato prouato sarà maggiore della mità della pyramide rotonda . & dal residuo di quella siano detratte le pyramidette di quella medesima altezza stante sopra li triangoli delle portioni del cerchio . b . & sia fatto questo tante uolte per fina a tanto che'l residuo della pyramide rotonda. b. sia minore del corpo. d. (per la prima del decimo) &(per la concettione)la pyramide laterata detratta laquale componeno le pyramide laterate partiale detratte sarà maggiore del corpo . c. Adonque al presente sia produtta dal assis della pyramide .a. un'altra superficie che sia orthogonalmente eretta sopra il cerchio.a. Et la linea. k.l.sia la commune settione di questa superficie,& del cerchio.a.laquale per questo sarà diametro del cerchio.a. Et sia protratto in el cerchio. a. un'altro diametro segante questo primo orthogonalmente:elqual sia.m.n.& cosi sia inscritto in lo cerchio. a. lo quadrato.k. m. l. n. Et diuidendo li archi delle portioni del cerchio. a. in due parti equali componendo in lo cerchio a un poligonio simile a quello che è inscritto in lo cerchio.b. & a cadauno angolo di questo poligonio protrahe le linee rette dal cono della pyramide . a .. compiendo sopra quel poligonio la pyramide laterata equalmente alta alla pyramide. a. e tu prouerai . questa pyramide laterata esser simile alla pyramide detratta dalla pyramide rotonda. b. laqual cosa farai in questo modo produrai con la cogitatione ouer in atto li axis di l'una e l'altra in l'una e l'altra pyramide.a. & . b. & dalli centri delle base protrarai le linee rette a tutti li angoli di poligoni inscritti, &(per lo premesso antecedente)tutti li angoli che cõtiene lassis della pyramide. a.con cadauna di quelle linee dutte dal centro del cerchio.a.alli angoli del poligonio inscritto in quello saranno equali alli suoi angoli relatiui . che contiene lassis della pyramide. b . con cadauna delle linee dutte dal centro del cerchio. b.alli angoli del poligonio a se inscritto e perche(per la diffinitione delle pyramide rotonde simile) la proportione del assis della pyramide. a.al assis della pyramide.b.è si come del semidiametro del cerchio. a.al semidiametro del cerchio. b. seguita(per la.6.&.4.del sesto) & per le diffinitioni delle superficie & di simili corpi) che le due pyramide laterate. a.&. b.siano simile tutte le altre cose arguisse si come per auanti in la decima : adonque è manifesto de tutte le pyramide rotonde simile che la proportione di quelle , sia si come di diametri delle sue base triplicata. e perche ogni colonna rotonda e treppia alla sua pyramide:perche questo è stato dimostrato sufficientemente o siano le colonne et sue pyramide erette ouer inclinate seguita(per la.15.del.5.)che etiã la proportione di qual si uoglia colonne rotonde simile sia si come quella di suoi diametri triplicata.

Theorema.11. Propositione.11.

11 / 11 Ogni due piramide rotonde ouer colonne equalmente alte è necessario esser proportionale alle sue base.

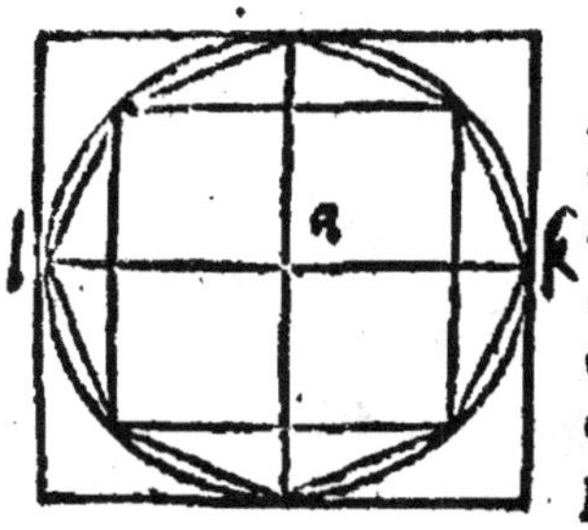

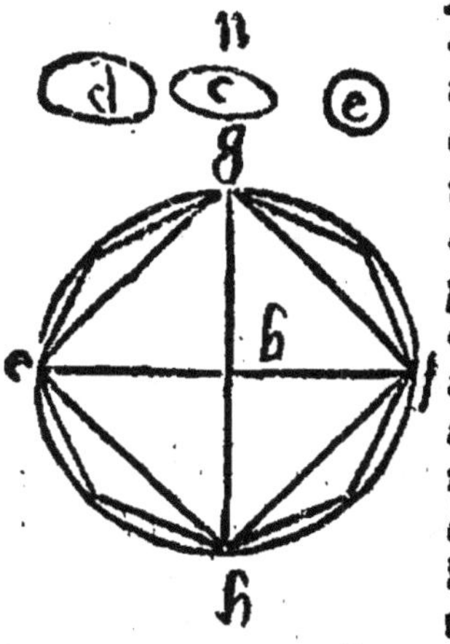

Sopra li duoi cerchij a, &, b, siano statuide (come per auanti) due pyramide rotonde equalmente alte le quale siano dette similmente. a.&.b. etiam due colonne rotonde equalmente alte assignate dalle medesime lettere. a.&. b. dico adonque che la proportione delle due pyramide.a.&.b.& delle due colonne.a.&.b,è si come di dui circoli. a.&.b.se primamente, questo delle pyramide sarà demostrato etiam quello delle colonne sarà manifesto, perche ogni colonna rotonda è tripla alla sua pyramide, ma questo delle pyramide sarà manifesto per dimostratione indiretta in questo modo. perche (per communa scientia) la proportione della pyramide rotonda. a. ad alcun corpo e si come del cerchio. a. al cerchio. b.sia quel corpo.c.Dico adonque che'l corpo. c.non puol esser maggiore ne minore della pyramide rotonda.b.perche (se possibile è) sia primamente minore in la quantità del corpo. d. adunque sia inscritto uno quadrato in lo cerchio.b.& sia detratto dalla pyramide rotonda. b. la pyramide laterata, della quale la basa sia el quadrato inscritto lo cerchio,b,e dalle portione della pyramide siano detratte le pyramie che stãno sopra li triangoli delle portioni del cerchio, e q̃sto sia fatto tante uolte per fina a tanto che il residuo della pyramide.b.sia minore del corpo,d,& la pyramide laterata detratta (che compone le pyramide partiale detratte) sarà maggiore del corpo. c.adonque in lo cerchio.a.sia descrito un poligonio simile a q̃l poligonio che è basa della pyramide laterata,b,et sopra q̃llo sia compido una pyramide laterata dutte le linee dalla uertice della pyramide laterata.a.alli angoli del poligonio inscritto, & le due pyramide laterate. a.& .b.saranno equalmente alte: perche questo è il proposito delle rotonde, per laqual cosa la proportione della pyramide laterata. a. alla pyramide laterata.b.e si come di la sua basa alla basa di quella cioe si come del poligonio. a.al poligonio. b.& questo è stato dimostrato in la sesta di questo, & del poligonio.a.al poligonio.b.e si come del cerchio.a.al cerchio.b.laqual cosa è manifesta (per la prima & seconda di questo.) Adonque della pyramide laterata.a.alla pyramide laterata.b.e si come della pyramide rotonda, a, al corpo. c.per laqual cosa premutatamente della pyramide laterata,a,alla pyramide rotunda, a, e si come della pyramide laterata. b.al corpo.c.& conciosia che la pyramide laterata. b.sia maggiore dil corpo.c.seguita la pyramide laterata. a. esser maggiore della pyramide rotonda.a.& questo è impossibile perche lei è parte di quella, adonque el corpo c.non sarà menore della pyramide rotonda.b.Ma se l'aduersario ponerà che sia maggior demostreremo un'altra uolta conseguire il medesimo impossibile: perche (per la conuersa proportionalità) la proportione del corpo, c, alla pyramide rotonda, a, sarà si come del cerchio.b.al cerchio.a.sia anchora

la mela medesima della pyramide rotonda,b, ad alcun corpo elqual sia, d, Conciosia adõque chel corpo,c, sia maggiore della pyramide rotonda.b.(per el presupposito) la pyramide rotonda. a. (per la decimaquarta del quinto) sarà maggiore del corpo, d, Adonque la proportione del cerchio, b, al cerchio, a, sarà si come della pyramide rotonda.b. ad alcun corpo menor della pyramide rotonda.a. Ma questo è stato dimostrato per auanti esser impossibile, perche cosi seguita che la parte sia maggiore del suo tutto. Adonque il corpo.c. non è ne minore ne maggiore della pyramide rotonda,b, ma solamente equale: E per tanto (della seconda parte della settima del quinto conclude il proposito.) Ma accio che piu facilmente & fermamente sia demonstrata la propositione che seguita: eglie necessario di mandare auanti uno antecedente a quella utile: elquale è questo.

11 Se una superficie segarà alcuna colonna rotonda equidistantemente
13 alla basa di quella, li duoi corpi partiali liquali terminano a quella su-
14 perficie saranno proportionali alle parti de lassis della colonna.

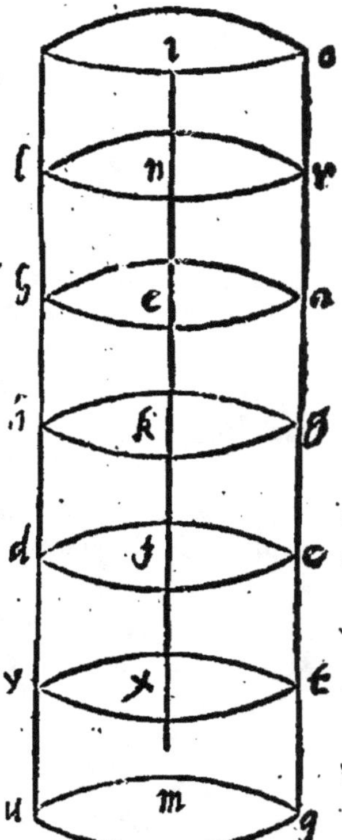

Questa è simile a quella che se propose in la uigesimaquinta dal undecimo libro di solidi parallelogrammi ne solamente questo delle colonne rotonde e il ueuo: anci piu presto simplicemente de tutte le sorte colonne o siano laterati ouer rotonde, laqual cosa (chi tenirà fermamente la argumentatione di la prima del sesto (ouer della uigesimaquinta del undecimo) facilmente potra dimostrare, perche in questo loco non altramente che in quello eglie di argumentare il proposito (per la diffinitione della incontinua proportionalità: laquale è posta in el principio del quinto libro.) Ma bisogna aduertire che qualunque superficie seghi una colonna equidistantemente alla basa di quella: sega etiam quella equidistantemente alla superficie opposita alla basa di quella, perche ciascune superficie. lequale siano equidistante a una medesima superficie, quelle anchora sono fra loro equidistante come intendesti da quelle cose che sono state dette sopra la decimasesta del undecimo libro. Per laqual cosa è manifesto che tutte le colonne rotonde delle quale le base sono equale, sono proportionale alle sue altezze. Il medesimo anchora delle laterate & similmente anchora delle piramide rotonde etiam delle laterate, laqual cosa essendo prouato prima delle colonne delle pyramide sarà manifesto; perche ogni colonna è treppia alla sua pyramide la rotonda (per la nona di questo) & la laterata (per quelle cose che sono state dimostrate di sopra in la ottaua.

 Il Tra-

Il Tradottore.

Di questa soprascritta parte (laquale pare che sia una aggionta del comentatore) nella seconda traduttione. L'Auttore ne fa due propositione lequale l'una è la decimatertia & l'altra è la decimaquarta. Et per la detta decimatertia figuralmente adusse la colonna, a,d, segata dalla superficie.g.h.equidistantemente alle

due base cioe alle due base, a,b,&,c,d,& conclude il medesimo che se fa nella soprascritta agionta cioe che si come che è la colonna partiale.b.g.all'altra colõna partiale.g.d.cosi sarà laxis.e.k.al axis.κ.f.& per dimostrar tal cosa el uole che sia alongato da l'una & l'altra parte laxis. e.f. per fina in li ponti.l.m.& di quelle uol che ne sia tolte quante parte ne pare equale alla sua conterminale poniamo le due. e.n.&.n.l. equale alla parte.c.k. & cosi le due.f.x.&.x.m. (ouer piu)equale alla. f.k.& similmente el uole che per li ponti.l.n.et.x.m.sia estese le superficie.p.o.s.r.t.y.q.u.equale & equidistante alle.a.b.&.c.d.& uole che siano intesi le colonnette partiale. p.r.r. b.d.t. t.u. Et perche le axis. l.n.n.e.e.k. sono fra loro equale adonque le partiale colonne. p.r.r.b.b.g. (per la undecima)sono equale fra loro & similmente sono di equal multiplicità alla colonna. b.g. si come laxis. k.l.al laxis. e.K.Et per le medesime ragioni se die intendere del la colonna.u.g. alla colonna.g.d.esser cosi multiplice come che è laxis.m.k. al.axis.K.f. et perche se laxis.k.l.sarà equale al axis k.m.etiam la colonna. p.g.sarà equale alla colonna.g.u.& se sarà maggiore sarà maggiore & se sarà menore sarà menore, per il che (per la diffinitione delle quantità proportionale cioe per la sesta diffinitione del quinto)se conclude che le quatro quantità sono proportionale cioe le due axis. e.k.&. k.f. & le due colonne partiale. b.g.&.g.d.che è il proposito. Et bisogna notar che quella figura che di sopra chiamamo colonna nella predetta seconda traduttione è detta cylindro.

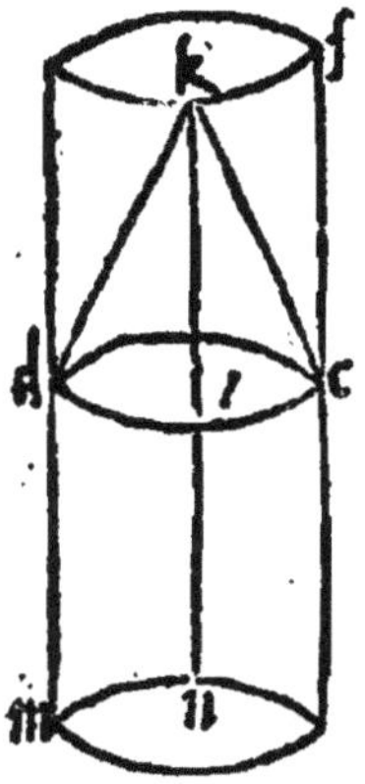

La decimaquarta propositione propone che li coni etiam li Cylindri che siano sopra base equale che la proportione di l'uno a l'altro & si come la altezza di l'uno alla altezza di l'altro.

Et per essempio figurale sia sopra le due base. a. b. &. c. d. equale. Le duoi cylindri,f,d,e,b, Dice che il cylindro,e,b,al cylindro,f,d,e si come la axis.g.h.al axis K. l. & per dimostrar tal cosa uol che sia estesa ouer alongata la axis. k.l. per fina in ponto. n. talmente che la.l.n. sia equale alla axis, g,h. & atorno al axis.l.n.uol che se gli intenda il cylindro.c.m.poi arguisse in questo modo. Adonque perche li doi cylindri,e,b,et c,m,sono di equal altezza è sopra base equale(per la. I I.di questo) sono fra loro equali, & perche il cylindro. f. m.è segato dal piano,c,d,equidistantemente

temente

temente alle due base opposite adonque (per la precedente) si come è il cylindro.c. m.al cylindro.f.d.cosi è la axis.l.n.alla axis.k.l. Et perche el cylindro.c.m.è equale al cylindro. e. b. & la axis.l.n.alla axis.g.h. Adonque si come è il cylindro.e.b. al cylindro. f. d. cosi è la axis. g.h.alla axis.x.l.& si come il cylindro.e.b.al cylindro, f, d, cosi è il cono. a.g. b. al. cono. c. x. d. perche li cylindri de quelli sono tripli di ditti coni (per la nona di questo) adonque (per la undecima del quinto) si come la axis,g,h,al axis,k,l,cosi è il cono, a,b,g,al cono,c,d,x,& lo cylindro,e,b,al cylindro,f,d,che è il proposito.

Theorema.12. Propositione.12.

12 / 15 Se due piramide rotonde ouer colonne saranno equale le sue base saranno mutue alle sue altezze, & se le sue base, & altezze saranno mutue quelle piramide,ouer colonne è ne necessario esser equale.

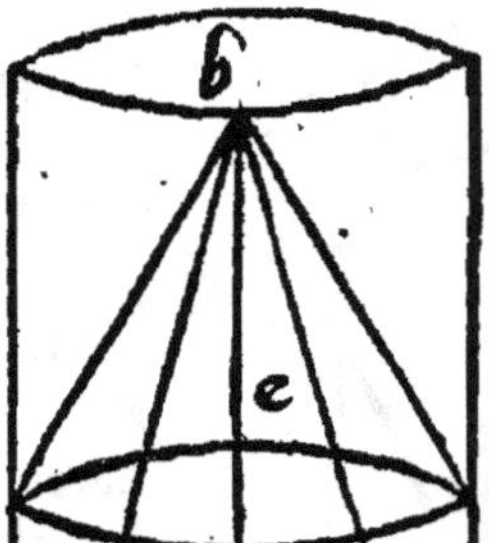

Le linee che discendeno dalla ponta alle base perpendicolarmente determinano la altezza della pyramide: & delle colonne dalle superfitie supreme di quelle alle base, siano adonque le due pyramide rotonde. a. b. &.c. d. equale, & le due colonne rotonde.a. b,&,c,d,equale:& siano le commune base si delle pyramide como delle colonne li duoi cerchij. a.&.c.ancho ra le commune altezze si delle pyramide come delle colonne, siano determinate per le due linee. a. b. &. c. d. Dico che la proportione del cerchio, c, al cerchio,a,è si come della altezza, a, b, alla altezza, c, d, & al contrario, & si sarà prouato questo delle colonne, delle pyramide sarà certo. Perche ogni colonna rotonda è treppia alla sua pyramide adonque se le due altezze, a, b, &, c, d, saranno equale(per la precedente)è manifesto il proposito,ma se saranno inequale sia,a,b,maggiore & sia tolto. a. e. equale alla,c,d,& sia segata la colonna, a,b,dalla superficie,e,equidistantemente alla basa,a,di quella: &(per lo premesso antecedente) la colonna, a, b, alla colonna. a.e. sarà si come la altezza. a.b.alla altezza.a.e.e pero(per la prima parte del la settima del quinto) la colonna c,d,alla colonna,a,e, sarà si come la altezza, a,b, alla altezza, a,e,per laqual cosa (per la seconda parte della settima del quinto)si come la altezza,a,b,alla altezza,c,d,(per la precedente) & la colonna,c,d,alla colonna,a,e,e si come il cerchio,c,al cerchio,a. Adonque(per la undecima del quinto) la altezza,a,b,alla altezza,c,d,e si come della basa,c,alla basa,a,adonque

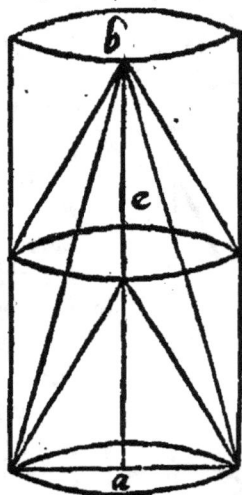

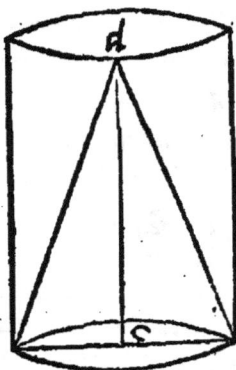

que è manifesto la prima parte, la seconda se manifestarà (per il modo contrario) stante la medesima dispositione. Hor sia si come della basa.c. alla basa.a.cosi l'altezza.a.b. alla altezza.c.d. Dico che le due colonne.a.b.& .c.d.sono equale, perche (per la secõda parte della settima del quinto) la altezza.a.b.alla altezza. a. e. sarà si come della basa.c.alla basa.a.Et perche (per la precedente) la colonna.c. d. alla colonna.a.e.e si come della basa.c.alla basa.a.& (per lo premesso antecedente) la colonna.a. b.alla colonna.a.e:e si come la altezza.a.b. alla altezza.a.e.seguita (per la undecima del quinto) che la colonna.c. d.alla colonna.a.e.sia si come la colonna. a. b. alla medesima.a.e. adonque (per la prima parte della nona del quinto) le due colonne, a,b,& c, d,sono equale, per laqual cosa è manifesto etiam la seconda parte.

Problema.1. Propositione. 13.

13/16 Quando seranno proposti duoi cerchii circondutti sopra uno medesimo centro, egliè possibile dentro il maggiore descriuere una superficie de molti angoli, de lati pari & equali laquale non tocchi il cerchio minore.

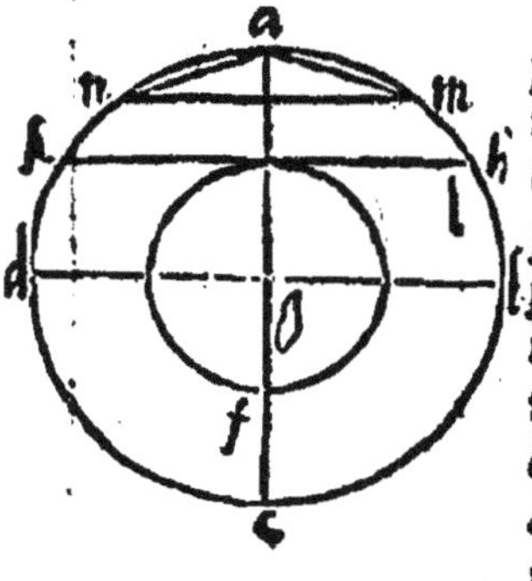

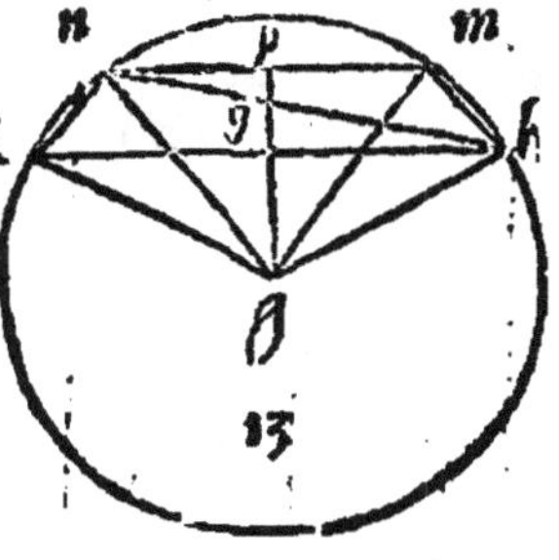

Siano li duoi cerchij,a,b,c,d,&, e,f,circondutti sopra uno comun centro elqual sia.g. Dico che dentro al maggior cerchio (qual sia,a,b,c,d,) egliè possibile esser descritto un poligonio che sia equilatero, che niuno de suoi lati tocchi il cerchio minore elquale è.e,f,& per far questo siano diuisi questi duoi cerchij in quatro parti equali da duoi diametri fra loro segandosi orthogonalmente sopra il centro di quegli liquali siano, a,c, & b, d,et sia,e,f,(diametro del minore) parte del diametro a,c,che è diametro del maggiore, & cosi adonque dal ponto,e,sia dutta (da l'una e l'altra banda per fina alla circonferentia del maggiore) una linea orthogonalmente sopra del diametro. e.f. laqual se incontri con la circonferentia del maggiore di qua in ponto.h.e di la in ponto.k.& (per lo correlario della decimasesta del tertio) la linea.h.e.K.e contingente il cerchio minore, & dapoi diuide il quadrante, a,b,del cerchio maggiore in due parti equali in ponto, l, (secondo la dottrina della uigesimanona del tertio) dapoi un'altra uolta diuide lo arco,a,l,in due parti equali in ponto.m.& cõciosia che facendo questo piu uolte, di necessità tu peruenirai finalmente a uno arco il quale sarà minore di l'arco,a,h,& sia in questo loco,a,m,perciochè questo è necessario,perche essendo due quantità inequale,se della maggiore di quelli sia cauado la mità di quella, & similmente dal residuo la mità egliè possibile far questo tante uolte per

fina

fina a tanto che finalmente rimanga una quantità minore della minore di quelle, si come in la prima del decimo è stato dimostrato. Quando adonque (diuidendo cosi) se sarà peruenuto a uno arco (quanto si uoglia) minore di, a, b, del qual modo (in questo loco) e l'arco. a. m. sia tolto lo arco. n. equale a l'arco, a, m, & sian dutte le due linee. a. m, & n, m. Adonque perche l'arco, a, k, è equale al arco, a, b, el è equale (per la 2. parte della 3. del 3. & per la. 4. del primo, & per la. 28. del 3.) è manifesto. Et perche l'arco, a, n, è equale al arco, a, m, (per cõmuna scientia) l'arco n, k, sarà equale al arco. m. b. adonque le due linee. m. n. & . k. b. sono equidistante. adonque la linea. m. n. non puol tocchare il cerchio, e, f, per laqual cosa molto piu forte ne la linea. a. m. puol toccar quello. Perche adonque è manifesto il cerchio. a. b. c. d. esser diuisibile per archi equali a l'arco. a. m. e però (per la uigesimaottaua del terzo insieme) è manifesto dentro di esso cerchio posser esser coaptado continuamente cordette equale alla cordetta. a. m. cordante esso cerchio di molti angoli per il che anchora è manifesto dentro il cerchio maggiore posser esser inscritto un poligonio equilatero del quale uno lato e la linea. a. m. et perche la linea. a. m. non tocca il cerchio minore, è manifesto (per la prima parte della decimaquarta del tertio & per la diffinitione delle linee equalmente distante dal centro del cerchio, che lo inscritto poligonio con niuno di suoi lati tocca il cerchio minore che è il proposito. Ma tu dubiti in questo, le due linee. m. n. & . K. b. esser equidistante essendo li duoi archi. n. K. & . m. b. equali. ma questo per ferma uerità e proseguido per sorte: perche due linee in uno cerchio: lequale non si seghino fra loro: se dalla circonferentia equali archi da l'una e l'altra banda siano fra esse linee saranno equidistante & per dimostrar questo dal centro. g. conduce la linea. g. p. perpendicolare alla linea. m. n. laqual seghi la linea. b. K. in ponto. q. & tira le linee. g. m. g. n. g. K. g. b. & alli duoi archi. n. k. & m. b. tirarai sotto le due corde, lequale etiam siano dette. n. K. m. b. & (per la uigesimanona del terzo) queste corde. n. k, & . m. b. saranno equale, imperoche li archi saranno equali & (per la seconda parte della terza del medesimo terzo) la linea. n. p. sarà equale alla linea. m. p. Conciosia adonque che l'uno e l'altro di duoi angoli, che sono al . p. sia retto (per la diffinitione della perpendicolare) l'angolo. n. g. p. (per la quarta del primo) sarà equale al angolo. p. g. m. & (per la ottaua del primo) l'angolo. K. g. n. e equale all'angolo. b. g. m. Adonque (per communa scientia, laquale è se a cose equale tu agiongi cose equale le summe saranno equale) l'angolo. k, g. q. sarà equale a l'angolo. q. g. b. & però (per la quarta del primo) la linea. K. q. sarà equale alla linea. q. b. per laqual cosa (per la prima parte della terza del terzo) la linea. g. q. sarà perpendicolare alla linea. k. b. Adonque (per la prima parte della uigesimanona del primo) le due linee. n. m. & . k. b. sono equidistante: et questo e quello doue tu dubitaui. Questo medesimo anchora se puol dimostrare per questo altro modo. Sia dutta la linea. n. b. & (per la ultima del sesto) l'angolo. b. n. m. sarà equale al angolo. n. b. k. imperoche l'arco. b. m. è equale al arco. n. k. e però (per la uigesimasettima del primo) la linea. m. n. sarà equidistante alla linea. b. k. el conuerso anchora se uorrai tu lo approuerai per lo conuerso modo, perche se la linea. m. n. è equidistante alla linea. b. K, l'arco. n. k. sarà equale a l'arco. m. b. perche (per

(per la prima parte della uigesimanona del primo) li duoi angoli. h. n. m. & .n. b. k. saranno equali e però (per la ultima del sesto) li duoi archi. n. k. & . m. b. saranno etiam equali.

Correlario.

0/16 Et da qui è manifesto che la perpendicolare dutta dal ponto. m. alla. a. c. non tocca il cerchio.

Problema. 2. Propositione. 14.

14/17 Proposte due sphere che habbiano uno medesimo centro, egliè possibile dentro della maggiore di quelle constituire figuralmente un solido di molte base, ilquale, non tocchi la superficie della minor sphera. Et fatto questo, se in la minor sphera, ouer in qualunque altra sphera sia constituido intelligibilmente un corpo simile, la proportione del corpo de molte base constituto dentro della maggior sphera, al corpo di molte base constituto dentro della minor sphera, ouer altra, sarà si come la proportione treppiata del diametro della maggior sphera al diametro della minore ouer d'altra sphera.

Siano le due sphere, a, b, c, d, & e, f, che habbia uno istesso centro ilquale sia, g, et sia la maggiore de quelle la sphera, a, b, c, d, & la minore la sphera. e. f. uolemo dentro della maggiore di quelle constituire un corpo di molte base, dellequale non intendemo che quelle base siano equale ouer simile, ma che niuna di quelle tocchi la superficie della minor sphera. Adonque quando uolemo far questo segaremo l'una et l'altra delle due proposte sphere insieme, con una superficie piana che transisca per il commun centro di quelle & (per la diffinitione della spera & per la diffinitione del cerchio) le commune settioni di questa superficie segante, & delle superficie delle sphere, saranno linee continente circoli. Adonque siano li duoi circoli. a, b, c, d, & e, f, el centro di quali, è il centro della sphera delquale è sta proposto che quello sia el ponto. g.

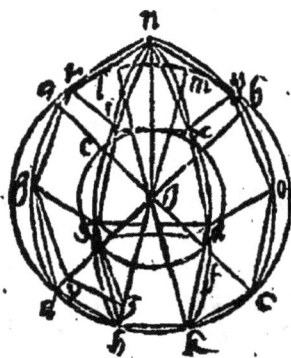

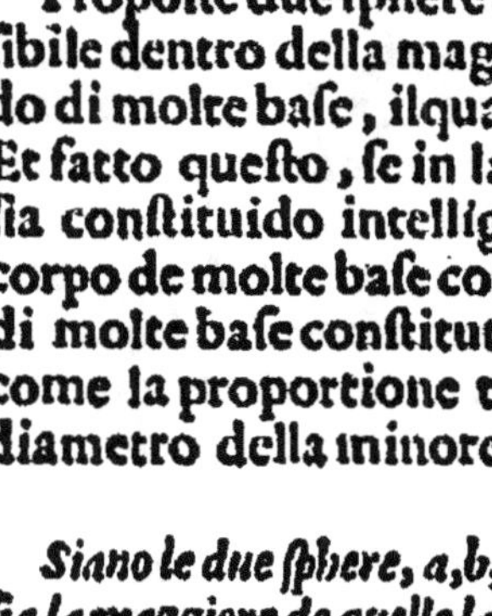

Quadraremo adonque questi duoi cerchij con duoi diametri fra loro seganti orthogonalmente sopra il commun centro di quelli, liquali siano, a, c, & , d, b. Da poi dentro del maggior cerchio (secondo li precetti della precedente) inscriuemo un poligonio equilatero, ilquale non tocchi con alcun di suoi lati il minor cerchio, & per causa di essempio, sia sufficiente hauer iscritto una figura di dodeci angoli equilatera, talmente che in el quadrante di quel maggior cerchio (elquale è. c. d.) siano tre lati di questa figura duodecagona, liquali siano le corde, d, b, x, b, & k, c, le quale conciosia che le siano equale. Anchora (per la prima parte della uigesimaottaua del tertio) li archi di quelli saranno equali. Et da

poi

poi dalli duoi ponti. b. & . x. (liquali sono le estremità delle corde di mezzo) produremo duoi diametri liquali sono. b . m . & . K. l. & sopra il centro .g. tiramo la linea.g. n. perpendicolare alla superficie del cerchio. a. b. c. d. laquale producemo per fina a tanto che la peruenga alla superficie della maggior sphera sopra il ponto. n. & da poi intendaro quattro superficie seganti le sphere proposte, delle quale cadauna segli quelli sopra la linea. g. n. Et la prima di quelle sopra la linea .g. n . & lo diametro . d . b. La seconda sopra la linea. g. n. & lo diametro. b . m . & la terza sopra la linea. g. n. & lo diametro. k. l. & la quarta la linea. g. n. & lo diametro. c. a. & (per le diffinitioni della sphera, & del cerchio) le settioni di queste superficie & della superficie della sphera maggiore, saranno linee continenti circoli, Et le parte inscritte, come fra el ponto. n. & li quattro ponti, che sono. d. b. K. c. saranno quadranti di questi cerchij liquali quadranti sono. d. n. b. n. & . k. n. & .c. n. e pero questo adviene imperò che tutti li angoli che contiene la linea . g . n . con cadauna linea di diametri protratti in la superficie del cerchio, a, b, c, d, sono retti (per la diffinitione) della linea perpendicolare a una superficie, & li angoli retti in el centro: se istendono sotto alla quarta parte della circonferentia. laqual cosa (per la ultima del sesto) euidentemente appare, & per la diffinitione di cerchij equali, è manifesto che cadauno di questi quattro cerchij: è equale al cerchio, a, b, c, d, Perche il diametro di cadauno di quelli è il diametro della maggior sphera. Adonque (per la decimaquinta del quinto) li quadranti di quelli sono equali, per laqual cosa li cinque archi, liquali sono, d, n, b, n, K, n, c, n, & , d, c, sono equali: Adõque in cadauno di quattro quadranti di circoli eretti siano assettade le corde ypotumissale, delle quale cadauna sia equale alla corda dil cerchio prostrato, lequale sono li lati del polygonio a quel inscritto & una di quelle corde. e. d. b. & siano in el primo, d, q, q, r, & , r, n, & in lo secondo, b, s, s, t, & , t, n, & in lo terzo, k, u, u, x, & , x, n, & in el quattro siano, c, o, o, p, & , p, n, & siano protratti li corausti contingenti li capi delle corde ypotumissale, lequale sono, q, s, s, u, u, o, & , r, t, t, x, x, p, tu uedi adonque, alla quarta parte della mezza maggior sphera superiore (la qual quarta parte e, d, n, c,) esser inscritto un corpo di. 9. base delle quale, le tre che se congiongeno al ponto, n, sono triangole & tutte le altre sono quadrangole & li lati ypothumisali di quelle quadrãgole superficie sono equali ma nõ equidistanti, Et li corausti (tolti fra qualũque dui cerchij) & le corde del cerchio prostrato sono fra loro, equidistãte: ma nõ sono, fra loro equale, e questo saperai se protrarai perpẽdicolare dalle estremità di corausti alla superficie del cerchio giacente delle quale è manifesto chi esse. cadeno sopra, li diametri di circoli, liquali corausti continuano, laqual cosa facilmente apprenderai dalle cose dimostrare in la decimatertia del undecimo, uerbi gratia, siano lassade le due perpendicolare, q, y, & , s, z, cadente in li diametri, d, b, & , b, m, dalli duoi termini del corausto, q, s, & siano tirate le linee, q, d, s, b, & , y, z, Et li duoi triangoli, q, y, d, et, s, z, b, (per la quarta del sesto) sarãno simili, per laqual cosa la proportione delle due perpendicolare, q, y, & , s, z, sarà si come delle due corde, q, d, & , s, b, & conciosia che le corde siano equale, etiã le perpendicolare saranno equale & quelle sono equidistanti (per la. 6. del. 11.)

Adon-

Adonque (per la.33. del primo il corausto.q.s.e equale & equidistante alla linea. y.z. Et perche (per la seconda parte della seconda del sisto) la linea. y. z. è equidistante alla corda. d. b. e però è minore di quella, seguita (per la nona del undecimo) che lo corausto.q.s. sia etiam equidistante alla corda.d.b. & minor di quella (per la concettione) adonque conciosia che le corde che sono lati del poligonio iscritto in lo cerchio giacente (& tutte quelle sono equale alla corda.d.b.) non toccano la sphera minore: e necessario che niuno lato di queste base del corpo inscritto (o siano le quadrangole ouer triangole) non tocchi la medesima minor sphera conciosia che tutti questi lati siano equali ouer minori di esse corde, & simplicemente dico, che etiam niuna di queste baso de tutte le quale è manifesto, (per la seconda parte della seconda del undecimo) che quelle sono tutte in una superficie, puo con alcun suo põto toccare la minor sphera: impero che ogni linea retta dutta sopra a qual si uoglia ponto di cadauna di quelle equidistantemente al corausto necessariamente è minore della corda del cerchio prostrato. Se adonque la somma delle altre quarte della maggior sphera si della mezza sphera superiore come della inferiore siano sotto tessute (alla similitudine di quelle) de superficie quadrilatere & trilatere, et alla maggior sphera serà iscritto un corpo di settantadoi base lequale non toccano la superficie della minor sphera si come era stato proposto. Oltra di questo dico se in qualunque altra sphera sia statuido un'altro simil corpo: la proportione di l'uno a l'altro, sarà si come la proportione treppiata dal diametro di l'una sphera al diametro di l'altra. Perche le settantadue base di cadauno corpo saranno base di tante pyramide laterate le uertice ouer ponte delle quale saranno nelli centri di esse sphere, & queste pyramide compirai, se da ciascuno di angoli delli iscritti corpi (liquali sono le istremità delle corde & di corausti) produrai le linee alli centri delle sphere, E per tanto studia di prouare (per la diffinitione di corpi simili) tutte le pyramide di uno esser simile alle sue relatiue pyramide di l'altro: ilche prouato (per la 8. di questo) la proportione di cadauna di quelle alla sua relatiua di l'altro sarà si come la proportione treppiata delli semidiametri di esse sphere (perche li semidiametri delle sphere sono li lati di tutte le pyramide (& perche la proportione di semidiametri & di diametri è una medesima (per la decimaquinta del quinto) facilmente concluderai el proposito (per la.13.del medesimo.

Il Tradottore.

La demostratione del soprascritto primo proposito patisse oppositione, perche la non dilucida a sufficientia il detto proposito, eglie ben uero che li lati del poligonio iscritto nel cerchio che giace in piano (liquali sono tutti equali alla linea, d, b.) non toccano la minor sphera per ilche è necessario anchora che niuno lato di quelle. 72. base del detto corpo iscritto (o siano quadrangole ouer triangole) tocchi la medesima minor sphera, conciosia che tutti questi lati siano equali ouer minori a quelle corde, tamen se ben la minor sphera non pol toccare alcuno di detti lati (per le cose demostrate) non siamo pero certi che quella non possi toccar le base quadrangole nelli lor centri (massime le maggiore) uerbi gratia pigliamo per essempi la basa.q.

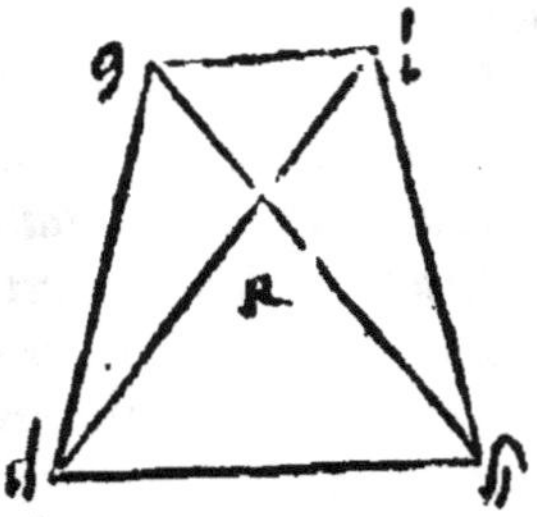

sa,q,d,s,h, laquale è una delle quadrangole maggiori. Dico che se ben niun di suoi quattro lati (cioe, d,h,d,q, h,s,s,q,) non puo toccar la minor sphera (per esser, d,q, et,h,s, equali al, d,h, et q,s, minore perche le linee equale sono equalmente distante dal centro della sphera, & le minore sono molto piu lontane dal detto centro (tamen non siamo per certi che la detta sphera minore nõ possa toccare la detta basa.q.d.s.h.(& le altre simile) nel centro R perche il detto centro R è molto piu propinquo al detto centro della minor sphera che non sono alcun di detti quattro lati, ilche si manifesta tirando li duoi diametri.q.h.&.d,r, cadauno di quelli è maggiore di qual si uoglia di detti quattro lati per ilche cadauno di loro è piu propinquo al centro della sphera di alcuno di detti quattro lati (per la.14.del 3.) seguita adõque che li detti diametri potriano forsi toccar la detta minor sphera e consequentemente la basa,q,d,s,h, nel suo centro R. adonque la demostratione dal commentator addutta patisse contraditione: ma a uoler rettamente prouarlo, cioe demostrare a sufficientia che la minor sphera non puo toccar in conto alcuno, alcuna di quelle 72. base, Sia tirato dal centro,g, una linea (per la 11.del 11.) perpendicolare alla basa,d,q, h, s, del detto corpo (come che in quest' altra seconda figura appare) laquale sia.g.R.dapoi dal ponto.R.sia tirate quattro linee alli quattro angoli di detta basa lequal linee ueranno a esser. R, q,R,d,R,h,R,s, lequale tutte conteneranno angolo retto con la perpendicolare, g, R.(per la 2. diffinitione del 11.per ilche le dette quattro linee,R,q,R,d,R,h,R, s, saranno equale (per la penultima del primo & per la communa scientia) perche le loro ypothumisse sono equale cioe le linee tirate mentalmente del centro,g, a cadauno di quattro angoli.q.d.h.s. Adonque se sopra il ponto.R.sarà descritto mentalmente un cerchio secondo la quantità di.R. h.la circonferentia di quello trãsirà per li altri tre angoli,d,q,s,(come in la terza figura appare) & perche li tre lati,d,h,d,q,h,s, sono equal, & lo q, s, è minore adonque l'arco, d, h, sarà piu del quarto della circonferentia di tutto il detto cerchio, per il che l'angolo, d,R,h, sarà ottuso, e pero il quadrato dello lato,d,h, sarà piu che doppio al quadrato della,d,R, ouer della,h,R, & questo terrai in mente da puoi imaginaremo la detta basa secondo il suo debito star nella sphera maggiore della figura che gia fu in principio descritta: li circoli giacenti si della maggiore come della minore poniamo siano li infrascritti con la detta basa quadrangola,q,d,s,h, stante secondo il suo conueniente star con la sua protratta perpendicolare dal ponto.g. (centro di ambedue le sphere) al ponto.R. centro della detta figura quadrilatera da poi dal ponto, d, al ponto, K, tiraremo la linea, d,k, laquale segarà la linea, g,h, orthogonalmente in ponto.9. & non toccarà il cerchio,f,e, della minor sphera (per lo correlario posto sopra la.13. di questo) perche questa linea

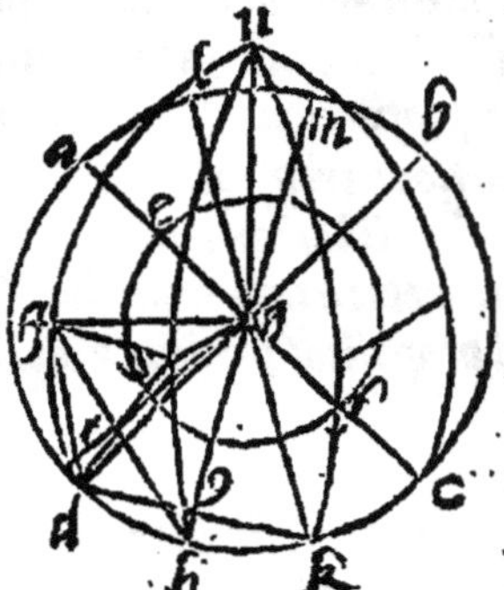

nea d.k.e similmente posta come è la linea.n.m.in la figura della detta.13. di questo.hor dico che il ponto. R. e piu remoto ouer lontano dal ponto.g. (centro de ambedue le sphere proposte) chi non è il ponto.9.cioe che la linea.g. R. è piu longa che la linea.g.9.& se la minor sphera non tocca la detta linea.d.k. in ponto. 9. manco toccarà la basa.q.d.s.h.in ponto.R. laqualcosa se dimostrarà in questo modo. Eglie manifesto che la linea.m.9.e piu della mità di tutta la linea.m.h.per il che la linea.m.h.uien a esser manco del doppio di la linea. m. 9. & tal proportione qual è della linea.m.h.alla linea.m.9.tala serà del rettangolo contenuto sotto della linea. m.h.

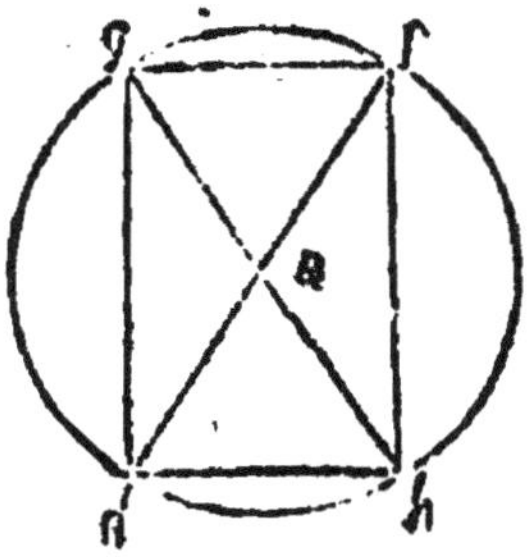

& della 9.h.al rettangolo contenuto sotto delle due linee.m.9.&.9.h.(& questo facilmente prouarai per la prima del 6.) adonque il rettangolo di m.h.in 9.h.sarà men che'l doppio del rettangolo di.m.9.in 9.h.& perche il quadrato della linea, d, 9, è equal al rettangolo della,m,9,in,9,h,per la.35. del 3.seguita che'l rettangolo della, m,h, in,9,h,sia men del doppio del quadrato della, d, 9, & se al quadrato della,d,9, (elquale è quanto il rettangolo della.m.9.in,9,h,) gli aggiongi il quadrato della 9.h.tal suma (per la penultima del primo) sarà equale al quadrato della,d,h,& perche il rettangolo della.m.9.in.9.h.gionto con il quadrato della.9.h.tal summa (per la 3.del 2.)sarà equale al rettangolo di tutta la,m,h,in,9,h,seguita adonque che il quadrato de, d,h,sia men del doppio del quadrato di d.9.& se ben ti ricordi gia fu prouato che il quadrato della medema.d, h, era piu che doppio al quadrato di,d,R,ouer di R,h,seguita adonque che il quadrato, d, R, sia minore dil quadrato di,d,9, & perche cadauno delli dui angoli,d,9,g,& d,R,g,è retto et la linea,g, d, è ypothumissa communa a l'uno e l'altro se del quadrato di quella ne cauamo il quadrato della linea,d,9,lo residuo, (per la penultima del primo) sarà equale al quadrato della linea, g,9, & similmente se del quadrato della medema linea,g,d,ne cauemo il quadrato della linea,d,R,questo secondo residuo sarà equale al quadrato della linea,g,R,& perche lo quadrato della,d, 9, era maggiore del quadrato della, d,R, (per communa sciẽtia) lo quadrato della linea,g,R,sarà maggiore del quadrato della linea,g,9,per ilche la linea,g,R, è maggiore della linea,g, 9,seguita adonque che il ponto.R.sia piu lontano dal centro,g,che non è il põto, 9, & se la minor sphera non tocca il ponto,9,manco toccarà la bassa,q,d,s,h,in ponto,R, & non toccandola in ponto, R, manco la toccarà in altro ponto perche quello è il piu propinquo al centro,g, di qualunque altro & se la detta minor sphera non puol toccare la detta bassa quadrangola (laquale è una delle maggior del detto corpo) manco potrà toccare alcuna delle altre minore perche le minore sono piu remote, ouer lontane dal centro,g, delle maggiore per le ragione addutte in la decimaquarta del terzo che è il proposito.

Theorema.13. Propositione.15.

15/18 Di ogni due sphere la proportione di l'una a l'altra, e si come la proportione treppiata del suo diametro al diametro di l'altra.

Siano

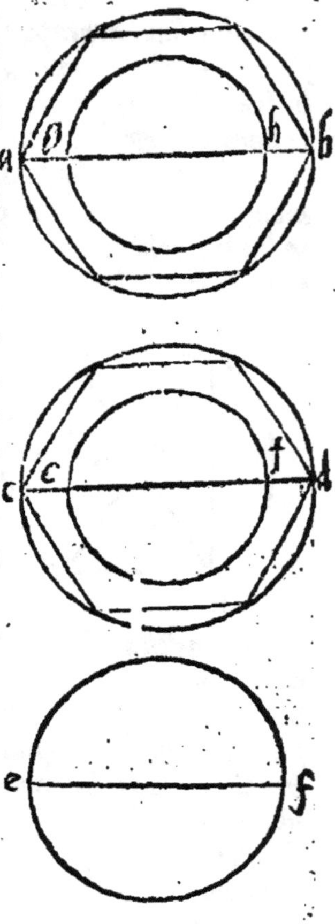

Siano le due sphere. a.b.& .c.d.delle quale li diametri siano, a,b,&,c,d. Dico che la proportione di quelle è si come la proportione di suoi diametri treppiata la demostratione di laquale è perche ne a una sphera che sia minore della sphera, c,d,ne a una maggiore:la proportione della sphera.a.b.è si come del diametro.a.b.al diametro. c. d. treppiata . Hor sia la proportione della sphera. a. b. alla sphera.e.f.si come del diametro. a. b. (della sphera.a.b.)al diametro.c.d.treppiata . Demostrarò adonque che la sphera. e.f. non puol esser minore ne maggiore della sphera. c.d.perche affirmando l'aduersario quella esser minore imaginarò quella esser inclusa nella sphera c. d. & esser circondutta al medesimo cētro,& inscriuerò(con la imaginatione)in la sphera.c.d.uno corpo di molte base ilquale nō tocchi la sphera.e.f.elquale sia etiam detto , c, d , & inscriuerò in la sphera, a, b, un'altro corpo di molte base simile al corpo di molte base.c.d.elquale sia etiam chiamado del nome della sua sphera, cioe.a.b. adonque è manifesto(dalla seconda parte della precedente & della. 11.del.5.) che la proportione della sphera. a.b.alla sphera, e,f,è si come quella del corpo di molte base.a.b.al corpo di molte base, c, d, perche l'una e l'altra è si come quella del diametro,a,b,al diametro,c,d,treppiata(l'una dal presupposito e l'altra per la. 2.parte della precedente)per laqual cosa premutatamente la proportione della sphera. a.b. al corpo di molte base a. b.e si come della sphera,e,f,al corpo di molte base, c,d,conciosia adonque che la sphera, a,b,sia maggiore del corpo di molte base,a,b, etiam la sphera,e,f,sarà maggiore del corpo di molte base,c,d,& questo è impossibile,perche quella è parte di quello,adonque la sphera,e,f,non è minore della sphera. c.d. Ma se l'aduersario dicesse quella esser maggiore:lo confondaremo in questo altro modo:perche(per la conuersa proportionalità)dalla sphera,e,f,alla sphera.a. b. sarà si come del diametro,c,d,al diametro,a,b,treppiata. E ꝑ tanto sia la medesima della sphera, c,d,alla sphera,g,h.Et (per la.14.del quinto)la sphera,g,h, sarà minore della sphera.a.b. imperoche la sphera, c,d,fu posta minore della sphera,e,f, per laqual cosa la proportione della sphera.c.d.ad alcuna sphera minore della sphera, a,b,e si come del diametro,c,d,al diametro,a,b,treppiata,& questo è impossibile,perche da questo seguita che la parte sia maggiore del suo tutto,come per auanti fu dimostrato. adonque la sphera,e,f,non è maggiore ne minore che la sphera a, c,d,adonque (per la.7.del quinto) conclude la proposta conclusione laquale mette fine al duodecimo libro.

IL FINE DEL DVODECIMO LIBRO.

LIBRO DECIMOTERZO DI EVCLIDE, DELLA LINEA

diuisa secondo la proportione hauente il mezzo: & duoi estremi & della formatione di cinque corpi regolari.

Theorema prima. Propositione prima.

Quando sarà diuisa una linea secondo la proportione hauente il mezzo & duoi estremi, se alla sua maggior parte si aggionga in longo la mità di essa linea cosi proportionalmente diuisa, seguita di necessità che'l quadrato de la linea composta da quelle due esser quincuplo del quadrato della mità della medesima linea diuisa.

SIA la linea, a, b, diuisa in ponto, c, come insegna la trigesima del sesto: et sia la sua maggior parte la linea, b, c, alla quale sia aggionto direttamente la linea, b, d, laqual sia equale alla mità di tutta la linea. a. b. Dico che'l quadrato della linea, c, d, sarà quincuplo al quadrato della linea, b, d, (cioe cinque uolte tanto) & per demostrar questo quadrato la linea b, d, & sia il suo quadrato, d, e, & circōponesto a questo quadrato un gnomone secondo la quantità della linea. b. c. protratto il diametro, f, b, g, & sia il circomposto gnomone, e, g, d, & (per la 23. del 6.) la superficie composta da questo laqual sia, b, k. sarà si come il quadrato della linea, c, d. Dico adonque el quadrato, b, K, esser cinque uolte tanto del quadrato, d, e, cioe quincuplo a quello. Adōque al quadrato, c, l, (del circomposto gnomone) sia circomposto un'altro gnomone alla quantità della linea, a, c, protratto el diametro, f, b, per fina al, m, & sia questo gnomone, c, m, l, & siano protratte le linee, c, n, & p, l, equidistantemente alli lati oppositi segandosi sopra il diametro, f, m, in ponto. g. Et è manifesto (per la. 23. del 6.) che il composto di questo secondo gnomone et del quadrato, c, l, elquale è il quadrato, a, q, & il quadrato della linea, a, b, elquale (per la quarta del 2.) è necessario esser quadruplo al quadrato, d, e, imperoche la linea b, d, è la mità della linea, a, b, & conciosia che la superficie, a, n, (per la 17. del 6.) sia equale al quadrato, c, l, & similmente la superficie. m. l. (per la 43. del 1.) perche la superficie, a, n, & similmente la m. l. perviene dal a, b, in a, c, & lo quadrato, c, l, peruien dalla, c, b, in se medesima, & conciosia che (per la 1. del 6.) la, a. l, sia doppia alla, l, d, e pero sarà equale alla l. d. & c. e. tolte insieme (per la 43. del 1.) Lo quadrato. a. q. (per questa communa sententia se a quantità

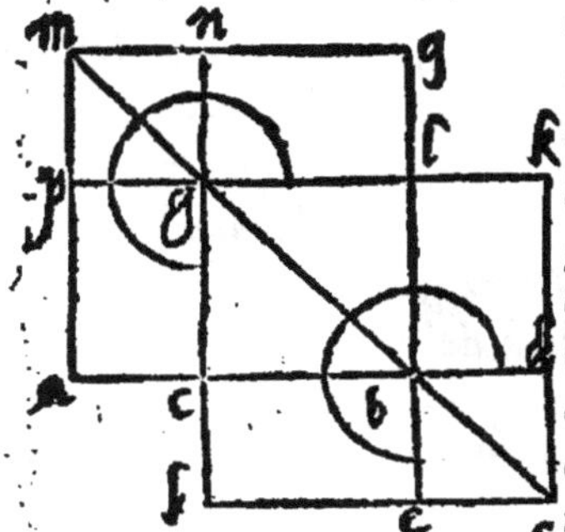

quantità equale sia aggionto quantità equale le summe saranno etiam equale) sarà equal al gnomone.e.g.d. adonque questo gnomone è quadruplo al quadrato,d,e, si come era il quadrato.a.q. Adõque tutto il quadrato.b.k.conciosia che quello sia composto dal sempio & dal quadruplo (per communa scientia) sarà quincuplo al medesimo che è il proposito. A demostrare il medesimo altramente (per la quarta del 2.) è manifesto che il quadrato della linea.a,b,è quadruplo al quadrato della linea.b.d. Et per la 2. del medesimo) quello che uien fatto dalla,a,b,in la,b,c, & in la,a,c,è equale al quadrato della,a,b,& quello che uien fatto dalla,a,b,in la,b, c. è equale a quello che uien fatto dalla, b,d,due uolte in la,b,c,laqualcosa (per la 1.del 2.è manifesto) conciosia che la,a,b,sia doppia alla,b,d, ma quello che uië fatto dalla,a, b,in,a,c, (per la prima parte della decimasettima del sesto) è equale al quadrato della.b.c.adonque (per communa scientia) quello che uien fatto dalla . b. d. due uolte in la.b.c. & quello che uien fatto dalla.b.c.in se medesima è equale al quadrato della.a.b.E pero è quadruplo al quadrato della.b.d.per laqualcosa gionto ui sopra lo quadrato della.b.d.tutto lo aggregato sarà quincuplo al quadrato della.b.d.cioe quello che uien fatto dalla b.d.due uolte in la,b,c,con el quadrato della,b,c,& con lo quadrato della.b.d.Et perche (per la 4.del 2.) questo tutto e equale al quadrato della.c.d. e manifesto esser il uero quello che hauemo detto.

Theorema.2. Propositione.2.

2/2 Se a qualunque linea (diuisa in due parti) dellaqual el quadrato sia quincuplo del quadrato de l'una delle sue parti, gli sia aggionto una linea in longo per fina a tanto che l'altra parte insieme con la linea aggiõta, sia doppia alla medesima parte, la medesima linea doppia sarà diuisa secondo la proportione hauente il mezzo e duoi estremi, & la maggior parte di quella sarà la linea media.

Questa è il conuerso della precedente, & stante in tutto la dispositione della medesima ritornando in drieto per la medesima uia: se dimostrarà ancora lei in duoi modi si come quella: uerbi gratia sia el quadrato.b.k.quincuplo al quadrato.d.e.et la linea,a,b,doppia alla linea.b.d.Dico che la linea.a.b.è diuisa secondo la proportione hauente il mezzo e dui estremi in ponto,c,& la maggior parte di qlla è la linea media che è la.c.b.perche egliè manifesto (per la 4.del 2.) che'l quadrato,a,q, è quadruplo al quadrato,d,e. Adonque el gnomone.e.g.d.è equale, al quadrato,a, q.p laqual cosa li duoi supplimenti.l.d.& c.e.tolti insieme son quãto el gnomone. c. m.l. Ancor li medesimi supplementi tolti insieme (per la 1.del 6.) sono quãto.a.l. E però sono etiã quãto.c.q.seguita che.c.q.sia equale al gnomone.c.m.l. adõque leuato uia da l'uno e da l'altro la superficie.l.n.sarà el quadrato.c.l.equale alla superficie.a.n.cõciosia adõque che la superficie.a.n.sia fatta dalla.a.b.in la.a.c.et lo quadrato.c.l.sia lo quadrato della linea.c.b.(p la 2.parte della 17.del 6.) la proportione della.a.b.alla.b.c.sarà si come della.b.c.alla.c.a.adõque (p la diffinitione della linea diuisa secõdo la proportione hauente il mezzo e duoi estremi posta nel principio

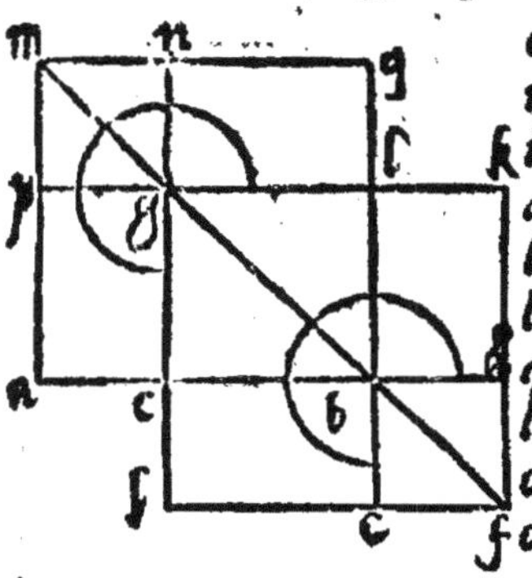

del sesto libro) conclude il proposito. anchora se puol dimostrare il medesimo per questa altra uia. Cõciosia che il quadrato della, c,d, sia quincuplo (dal presupposito) al quadrato della, a,d, & lo quadrato della. a.b. (per la quarta del secondo) sia quadruplo al medesimo, & lo quadrato della, c,d, (per la medesima) si è equale al quadrato della, c,b, & al quadrato della, b,d, et a quel lo che uien fatto dalla, b,d, due uolte in la.c.b. seguita che quello che uien fatto della. b.d. due uolte in la.c.b. con el quadrato della, c,b, sia equale al quadrato della a. b. ma quello che uien fatto solamente dalla, b,d, due uolte in la, c,b, è quanto quello che uien fatto dalla, a,b, in la, b,c, imperoche la, a,b, è doppio alla, b,d, adonque quello che uien fatto dalla, a,b, in la, b,c, con lo quadrato della a, c, è equale al quadrato della, a,b, et perche (per la. 2. del secondo) quello che uien fatto dalla, a,b, in la, b,c, et in la, a,c, è equale al quadrato della, a,b, seguita (per communa scientia che il quadrato della linea, b, c, sia equal a quello che uiẽ fatto dalla, a,b, in la a,c, adonque (per la seconda parte della decimasettima del sesto et per la diffinitione è manifesto il proposito.

Theorema. 3. Propositione. 3.

3 Quando una linea sarà diuisa secondo la proportione hauente il
3 mezzo & duoi estremi, se alla minor parte, sia aggionto diretamente la mità della maggiore sara che il quadrato della linea cosi composta sia quincupla del quadrato che uiẽ descritto dalla mita di essa maggior parte.

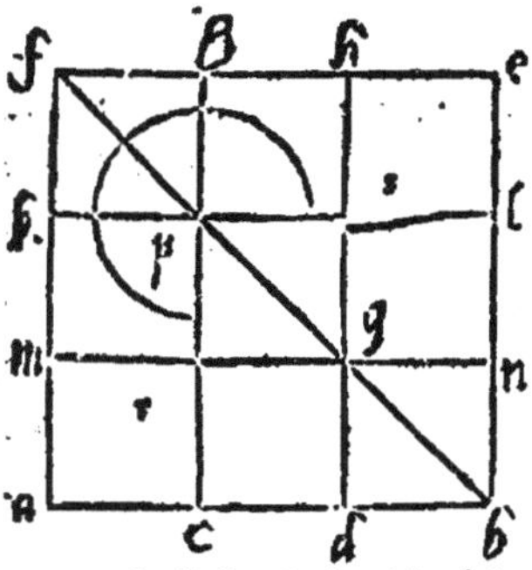

Sia la linea, a, b, diuisa secondo la proportione hauente il mezzo è duoi estremi in ponto, c, et sia la maggior parte di quella la linea, c, b, laquale sia diuisa in due parti equali in ponto. d. Dico che il quadrato della linea, a, d, e quincuplo al quadrato della linea, c, d, perche essendo descritto el quadrato della, a, b. elquale sia. a. e. in elquale e sia protratto lo diametro, b, f, & le linee, g, c, & , d, h, & similmente le. k. l. & m. n. equidistantemente alli lati oppositi segandose fra loro sopra lo diametro in li duoi ponti. p. & . q. & fuora del diametro in li duoi altri lochi. r. & . s. Adõque è manifesto (p la. 23. del sesto, ouer per el correlario della quarta del secondo) che tutte le superficie che stãno in el quadrato a, e, che il diametro diuide per mezzo (sono quadrate, & le quatro superficie) che sono. a. r. m. p. p. b. & . s, e. (per la quadragesima tertia del primo, & per la prima del sesto) è manifesto esser fra loro equale, perche le due ultime. p. b. & . s. e. sono fra loro equale (per la prima del sesto. Adonque perche (dal presente presupposito & dalla diffinitione della linea diuisa secondo la proportione hauente il mezzo & duoi

duoi

duoi estremi: & per la prima parte della decimasettima del sesto) lo quadrato, c, l, è equale alla superficie, a, g, e pero etiam al gnomone, r, f, s, per questa causa che la superficie. a. r. è equale alla superficie. p. h. Et perche (per la quarta propositione del secondo libro) lo quadrato. c. l. è quadruplo al quadrato, r, s, elquale è si come il quadrato della linea, c, d. Seguita adonque (per communa scientia) che il quadrato. m. h. sia quincuplo al quadrato, r, s, perche è composto dal gnomone quadruplo & dal r. s. sempio, & questo è il proposito. A demonstrare il medesimo altramente, conciosia che la linea. b. c. sia diuisa in due parti equali in ponto, d, & a quella sia aggiunta la linea. a. c. (per la sesta propositione del secondo libro,) quello che uien fatto dalla. a. b. in la. a. c. con il quadrato della interiacente. c. d. sarà equale al quadrato della. a. d. Ma perche quello che uien fatto dalla. a. b. in la. c. è equale al quadrato della. c. b. (per la decima settima propositione del sesto libro) & questo è quadruplo al quadrato della. c. d. Euidentemente è manifesto la uerità di quello che è detto. Parendoti anchora tu puoi etiam in duoi modi (dal consequente di questa) concludere il suo antecedente: dal processo retrogrado, perche essendo la medesima dispositione, stante il quadrato, m, h, quincuplo al quadrato, r, s. Et lo gnomone, r, f, s, sarà equale al quadrato, c, l, perche l'uno e l'altro è quadruplo al quadrato, r, s. ma perche la superficie, a, g, è equale al predetto gnomone è necessario, che la medesima superficie sia equale al predetto quadrato, per laqual cosa (per la seconda parte della decima settima propositione del sesto libro) & per la diffinitione) la linea, a, b, è diuisa in ponto, c, secondo la proportione hauente il mezzo e duoi estremi: & la sua maggior parte è la linea, c, b, a demonstrare il medesimo altramente: essendo (per el presupposito) lo quadrato della linea, a, d, quincuplo al quadrato della linea. c. d. Et (per la sesta propositione del secondo libro) esso medesimo quadrato si è equale a quello che uien fatto dalla, a, b, in la, a, c, con el quadrato della. c. d. Seguita che quello che uien fatto dalla, a, b, in la, a, c, con el quadrato della, c, d. sia quincuplo al medesimo quadrato della, c, d, e pero leuado uia quello: el residuo cioè (quello che uien fatto dalla. a. b. in la. a. c.) sarà quadruplo a quello medesimo, & perche etiam (per la quarta del secondo) lo quadrato della linea, c, b, è quadruplo al medesimo, è necessario che quello che uien fatto dalla. a. b. in la. a. c. sia equale al quadrato della, c, b, per laqualcosa un'altra uolta (per la seconda parte della decima settima del sesto & per la diffinitione) la linea. a. b. e diuisa secondo la proportione hauente il mezzo & duoi estremi in ponto, c, & la maggior parte di quella è la linea, c, b.

Theorema. 4. Propositione. 4.

4 Se sia diuisa (qual si uoglia) linea secondo la proportione hauente il
5 mezzo e duoi estremi, & a quella sia aggionto direttamente in longo una linea equale alla sua maggior parte, tutta la linea cosi composta sarà diuisa secondo la proportione hauente il mezzo è duoi estremi, & la sua maggior parte sarà la prima linea.

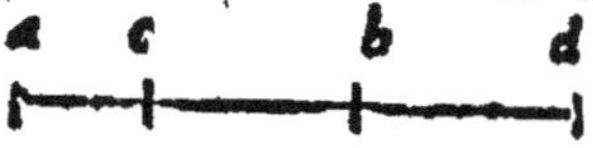

Sia la linea.a.b. diuisa secondo la proportione che se suppone in ponto.c. & sia la maggior parte di quella la, c, b, & a tutta la.a.b.sia aggionto direttamente la linea,b,d,laquale sia equale alla.c.b.Dico che tutta la linea.a.d.è diuisa secondo la medesima proportione in ponto,b,& la magg.or parte di quella è la linea,a,b,(che è la prima linea) perche (per la diffinitione) della, a,b,alla,b,c,si è come della.b.c. alla.c.a.Ma perche(per la settima del quinto)della,a,b,alla,b,d,è si come alla.b. c..Adonque(per la undecima del medesimo)della,a,b,alla,b,d,è si come della,b,c, alla, c,a, per laqual cosa(per la conuersa proportionalità)della, b, d, alla,b,a, è si come della,a,c,alla,c,b.Et cögiontamëte della d, a,alla,a,b,e,si come della,a,b,al la,b,c.Et conciosia che(per la settima del quinto)della,a,b,alla,b,c,sia si come alla,b,d,(per la undecima del medesimo) della, d,a,alla,a,b,sarà si come della,a,b, alla, b,d. Adonque(per la diffinitione)la linea, a,d,è diuisa in ponto.b.secondo la proportione hauente il mezzo è dui estremi, & la maggior parte di quella è la linea,a,b,che è il proposito. Anchora per lo medesimo modo se dalla maggior di qua lunque linea diuisa secondo la proportione hauente il mezzo è duoi istremi sia detratta una parte equale alla minore esser maggiore parte sarà diuisa secondo la medesima proportione & la maggior parte di quella sarà la linea detratta uerbi gratia sia la linea,a,b,diuisa si come se propone in ponto,c,& la,a,c,sia la sua maggior parte dalla quale sia detratta la, c,d,equale alla,c,b.Dico che la,a,c, è diuisa secondo la medesima proportione in ponto, d,& che la maggior parte di quella è la linea, d, c, perche essendo (per la diffinitione) della, b, a, alla.a.c.si come della,a, c, alla,c,b.Et(per la settima propositione del quinto libro)della,a,c,alla,c,b,si come alla, c,d, (per la undecima propositione del medesimo) della, a,b,alla,a,c,sarà si come della, a,c,alla,c, d, & pero(per la 19. propositione del quinto libro) & si come lo residuo, c,b,al residuo, d, a, ma (per la settima propositione del medesimo) della, c,b, alla,d,a, è si come della,c,d,alla,d,a.

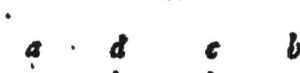

Aödque della, a,c,alla,c,d,è si come della, c,d, alla.d.a.Adonque(per la diffinitione)è manifesto quello che hauemo detto. adonque ne quella agiontione che propone l'auttore, ne quella detrattione che hauemo proposta al contrario se descorda dalla proprietà della diuisione della primitiua linea distendasi in longo qual'atto ne pare quanto si uoglia.

Theorema.5. Propositione.5.

5 Se qualunque linea sia diuisa secondo la proportione hauente il mez
4 zo, & duoi estremi el congionto del quadrato di tutta la linea con lo quadrato della sua minor parte sarà treppio al quadrato della maggior parte.

Sia la linea,a,b,diuisa in ponto.c.secondo la proportione piu uolte detta,& sia la sua maggior parte la linea.c.b.Dico che li quadrati delle

le due linee, a, b, & c, a, tolti insieme sono treppij al quadrato della linea, c, b. Perche questi duoi quadrati tolti insieme (per la settima del secondo) sono quanto el quadrato della, c, b, & il doppio di quello che uien fatto dalla, a, b, in la, a, c. Et perche similmente quello che uien fatto dalla, a, b, in la, a, c, è equale al quadrato della, c, b, (per la diffinitione & per la prima parte della decima settima del sesto) è manifesto il proposito.

Theorema. 6. Propositione. 6.

6 L'una & l'altra parte, di ogni linea rationale diuisa secondo la pro-
9 portione hauente il mezzo e duoi estremi è necessario esser residuo.

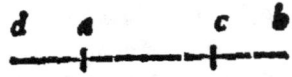

Siano la linea. a. b. rationale diuisa secondo la nostra solita proportione in ponto. c. Dico che l'una & l'altra parte di quella è residuo, perche essendo la, a, c, la maggior parte di quella alla quale sia aggionto la, a, d, equale alla mita di tutta la linea, a, b, etiam la, d, a, sarà rationale (per la sesta propositione del decimo libro, & per la diffinitione) & è manifesto (per la prima di questo) che il quadrato della linea, d, c, è quincuplo al quadrato della linea. d. a. Adonque la linea, d, c, è communicante alla linea, d, a, in potentia (per la diffinitione) ma non in longhezza (per la ultima parte della nona propositione del decimo lib.) per laqual cosa (per la setantesima tertia propositione del decimo libro) la linea. a. c. è residuo. Conciosia che le due linee, c, d, &, d, a, siano ambedue rationale: communicante solamente potentialmẽte. Et perche anchora se alla linea, a, b, (rationale) sia aggionto una superficie equale al quadrato della linea. a. c. (che è residuo) lo secondo lato di quella sarà la linea. c. b. (per la prima parte della decima settima propositione del sesto libro) è necessario (per la nonagesima settima propositione del decimo libro) che la linea. c. b. sia residuo primo, per laqual cosa è manifesto il proposito.

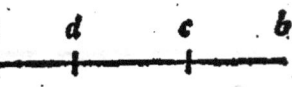

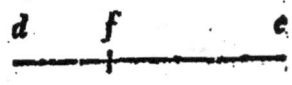

Ma piu se della linea cosi diuisa come se propone: la maggior parte sarà rationale, la minore sarà un residuo, uerbi gratia sia la, a, b, come prima diuisa in, c, secondo la detta proportione & la maggiore parte di quella (quala è la. a, c,) sia rationale: laquale sia diuisa in due parti equali in ponto. d, & (per la treza propositiõ di questo libro) lo quadrato della. d. b. sarà quincuplo al quadrato della. d. c. Et perche la. d. c. è rationale conciosia che essa sia la mità della, a, c, seguita che le due linee. d, b, &, d, c, siano rationale communicante solamente in potentia, per laqual cosa (come prima) la linea, c, b, è residuo. Ma se una linea rationale solamente in potentia, sia diuisa secondo la proportione hauente il mezzo & duoi estremi, anchora è necessario che l'una & l'altra parte di quella sia un residuo. Perche essendo la, a, b, rationale solamente in potentia diuisa si come le proportione in ponto, c, & essendo

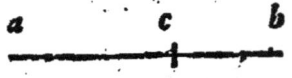

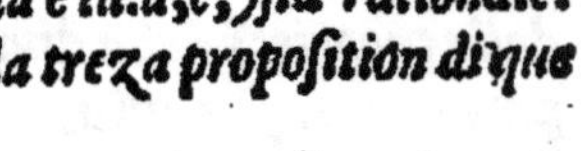

do tolta alcuna linea rationale in longhezza laqual sia, d,e, laquale etiam sia diuisa in ponto, f, secondo la predetta proportione, laqual cosa senza lo aggionto di alcune di quelle propositione che seguita non uien stabilità con ferma demonstratione. Adonque per la seconda del quartodecimo libro è manifesto che la proportione della, a,b, alla, d,e, è si come della, a,c, alla, d,f, & si come della, c,b, alla, f,e. Conciosia adonque che la, a,b, communichi in potentia con la, d,e, seguita (per la prima parte della, decimaquarta del decimo) che la, a,c, communichi con la, d,f, & la, c,b, con la, f,e, in potentia, & perche l'una e l'altra parte della linea, d,e, è residuo come è manifesto dalle cose predette. seguita (per la. 103. del decimo) che l'una e l'altra parte della linea, a,b, sia etiam residuo ma non de quella medesima specie come in quello fu dimostrato. Per laqual cosa è manifesto che ogni linea rationale in longhezza: ouer solamente in potentia, diuisa secondo la proportione hauente il mezzo è duoi istremi, l'una & l'altra parte è residuo: Et nota che la prima parte della presente demonstratione per laquale se dimostra che la maggior parte della linea diuisa secondo la proportione hauente il mezzo e duoi istremi sia residuo (se tutta la linea sia rationale) quella medesima procede sufficientemente, o sia posta tutta la linea rationale in longhezza: ouer solamente in potentia. Ma la seconda parte con laquale se dimostra questo medesimo della minor parte: cioe che anchora quella sarà residuo (se tutta la linea sarà rationale) non se estende sufficientemente se non quādo che tutta la linea sia rationale in longhezza. Ma la terza parte per laquale se approua che la minor portione è residuo. Seguita sufficientemente, o sia la maggior portione rationale in longhezza ouer solamente in potentia. adonque a concludere della maggior parte (della linea diuisa al predetto modo) che quella sia residuo: basta a poner tutta la linea diuisa esser rationale solamente in potentia. Ma a concludere anchora questo dalla minor parte per mezzo della maggiore basta similmente a poner la parte maggiore solamente rationale in potentia. Ma a concluder questo della minore parte per mezzo de tutta, e necessario poner tutta la linea esser rationale in longhezza, ouer che egli è necessario arguire per la seconda del quartodecimo libro si come è stato dimostrato.

Theorema. 7. Propositione. 7.

7 Se alcuno penthagono, che habbia tre angoli equali, sia equilatero,
7 anchora se approua el medesimo penthagono esser equiangolo.

Siano el penthagono, a,b,c,d,e, equilatero, & siano quali tre angoli si uoglia di quello fra loro equali (cioe o siano tolti continuamente, ouer descontinuamente.) Hor poniamo che prima siano tolti discontinuamente: cioe poniamo che li tre angoli, a,c,d, siano quelli tre che uengono supposti fra loro equali. Dico tutto el penthagono esser equiangolo, & per dimostrar questo sian tirate le corde, b,e, b,d, &, e,c, sotto a questi angoli, & tutto el penthagono sarà diuiso in uno triangolo & in uno quadrilatero del quale le due diagonale saranno le corde di duoi prossimi angoli equali segādosi fra loro dentro di esso quadrilatero il ponto, f, & (per la quarta del primo) la

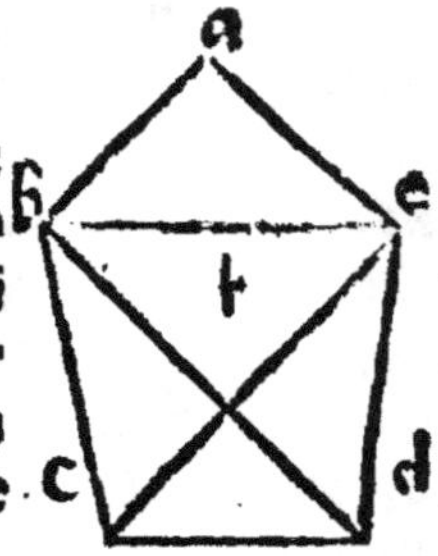

la basa, b, e, sarà equale alla basa, b, d, & l'angolo, a, e, b, equale a l'angolo, c, d, b, & conciosia che (per la quinta del primo) l'angolo, b, e, d, sia equale a l'angolo, b, d, e, (imperoche li duoi lati. b. e. & b. d. sono equali (per communa scientia) lo total angolo, e, sarà equale al totale angolo. d. Similmente tu approuerai lo total angolo, b, e, esser equale allo total angolo, c, perche (per la quarta del primo) la basa, b, e, è equale alla basa, c, e, & l'angolo, a, b, e, è equale a l'angolo, d, c, e, & (per la quinta del medesimo cioe del primo) l'angolo, e, b, c, è equale a l'angolo. e. c. b. adonque (per communa scientia) lo total angolo, b, e, è equale al total angolo. c. Et cosi essendo li tre angoli. b. c. d. tolti continuamente equali: & similmente anchora lo penthagono sarà equiangolo, perche (per la quarta del primo) la basa. b. d. sarà equale alla basa. c. e. & l'angolo. c. d. b. a l'angolo. d. e. c. adonque (per communa scientia) l'angolo. c. d. b. sarà equale a l'angolo. e. c. d. perlaqual cosa (per la. 6. del primo) le due linee. c. f. & . f. d. saranno equale conciosia che li duoi angoli del triangolo. f. c. d. che sono alla basa. c. d. siano equali. Adonque (per questa communa sententia se da quantità equali sia tolto quantità equale &c. sarà la linea, f, b, equale alla linea, f, e, perche tutta la, b, d, era equale a tutta la, c, e, e pero (per la quinta del primo) l'angolo. f. b. e. sarà equale al angolo, f, e, b, (per la medesima) l'angolo. a. b. c. è equale al angolo. a. e. b. adonque (per communa scientia) l'angolo. b. totale è equale al total angolo, e, perche li tre angoli partiali componenti l'uno sono equali alli tre angoli partiali componenti l'atro cadauno al suo relatiuo. adonque è manifesto che li tre angoli, e, b, c, tolti discontinuamente in el proposto penthagono sono equali & conciosia che in tal modo eglie stato dimostrato tutto el penthagono esser equiangolo. adonque per l'uno e l'altro modo è manifesto il proposito.

Theorema. 8. Propositione. 8.

Di ogni triangolo equilatero lo quadrato che uien descritto dal suo lato è treppio al quadrato della mità del diametro del cerchio dal quale esso triangolo sarà circonscritto.

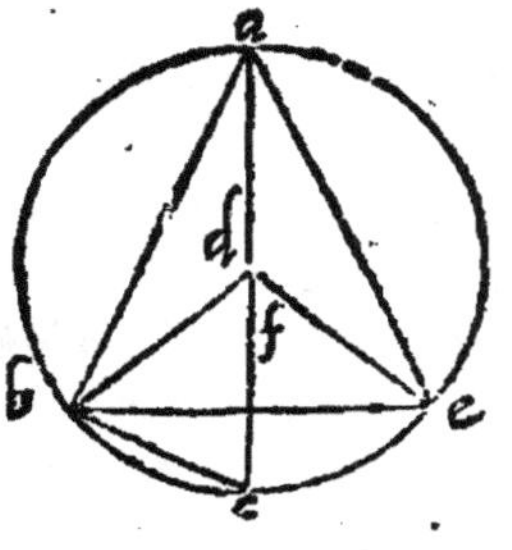

Sia il triangolo, a, b, c, equilatero al qual sia circonscritto lo cerchio, a, b, c, sopra el centro, d, (si come insegna la quinta del quarto libro) & sia protratto in quello lo diametro a. d. e. Dico adõque che il quadrato della linea, a, b, è treppio al quadrato del mezzo diametro. a. d. & per demostrar questo siano dutte le due linee. b. d. & . d. c. & l'arco. b. e. sia protratto sotto la corda. b. e. & (per la ottaua del primo libro) l'angolo. b. a. d. sarà equale à l'angolo. c. a. d. per laqual cosa (per la ultima del sesto) l'arco. b. e. equale al arco. e. c, & perche (per la uigesimaottaua del terzo) li tre archi. a. b. b. c. & . c. a. sono fra loro equali imperoche le corde di que-

gli

gli (lequale sono li lati del triangolo) sono equale (dal presuppojito) l'arco, b, e, sarà la sesta parte della circonferentia: e però la corda b. e. sarà il lato del exagono equilatero inscritto in quel cerchio: per laqual cosa (per el correlario della decimaquinta del quarto) la linea. b. e. è equale al mezzo diametro. a. d. Et è manifesto (per la prima parte della trigesimaprima del tertio) che l'angolo, a, b, e, è retto & però el quadrato della linea. a. e. è equale alli quadrati delle due linee, a, b, & , b, e, tolti insieme (per la penultima del primo) & lo quadrato della, a, c, è quadruplo al quadrato della, b, e, (per la quarta del secondo) conciosia che la linea, a, c, sia doppia alla, b, e, resta adonque lo quadrato della, a, b, esser treppio al quadrato della, b, e, e però etiam al quadrato della a, d, che è il proposito, & acciochè a noi sia chiaro che la linea, b, c, (che è il lato del triangolo) diuida lo semidiametro, d, e, in due parti equali, sia, f, el ponto della diuisione. Adonque è manifesto (per la quarta del primo) che la, b, f, è equale alla, f, c, e però (per la prima parte della tertia del tertio) tutti li angoli che sono al. f. sono retti, per laqual cosa (per la penultima del primo) lo quadrato della, b, d, è equal alli quadrati delle due linee, d, f, & , f, b, ma lo quadrato della. b. e. è equale alli quadrati delle due linee che sono la, b, f, & la, f, e. Et perche la. b. d. e. equale alla. b. e, (per communa scientia) li duoi quadrati delle due linee, b, f, & , f, d, tolti insieme saranno equali alli dui quadrati delle due linee, b, f, & , f, e, tolti insieme, leuado adonque uia da l'una e l'altra banda lo quadrato della b, f, (per communa scientia) lo quadrato della, f, d, (residuo) sarà equale al quadrato della, f, e, (residuo) per laqual cosa & la linea, f, d, alla linea, f, e, (per questa communa sententia) quelle linee sono equale delle quale li quadrati sono equali. Adonque per questo e manifesto che la perpendicolare dutta dal centro d'un cerchio al lato del triangolo equilatero a se inscritto e equale alla mità della linea dutta dal centro del medesimo cerchio alla circonferentia di quello.

Theorema. 9. Propositione. 9.

9 Se il lato dello exagono equilatero, & il lato del decagono equilatero (liquali da un medesimo cerchio ambiduoi sian circonscritti) saranno insieme congionti direttamente in longo, tutta la linea da questi composta, sarà diuisa secondo la proportione hauente il mezzo & duoi estremi, & la maggior parte di quella sarà el lato del exagono.

9

Sia el cerchio. a. b. c. el centro dil quale sia. d. & lo diametro. d. c. & sia l'arco. c. b. la quinta parte del arco del mezzo cerchio. a. b. c. sotto alquale sia tirata la corda. c. b. laquale è manifesto esser el lato del decagono equilatero inscritto in lo proposto cerchio & sia aggionto alla linea. c. b in continuo & diretto la linea. b. e. laqual sia posta equale al lato del exagono equilatero inscritto in lo predetto cerchio. Dico tutta la linea. c. e. esser diuisa in ponto. b. secondo la proportione hauente il mezzo e duoi estremi & la maggior parte di quella: dico esser la linea. b. e. laquale è il lato del exagono. Et per demostrar questo sian dutte in el centro le due linee. e. d. & . b. d. & l'angolo. e. sarà equale al angolo. b. d. e. (per la quinta del primo) per questo che la linea. e. b. è equale alla linea. b. d. (per el correlario della decimaquinta del quarto.) Anchora l'angolo. d. b. c. è equale al angolo. c. (per la quinta del primo) nio) per laqual coſa l'angolo. a. d. b. (per la trigeſima ſeconda del primo) ſarà doppio al angolo. d. b. c. & perche (per la medeſima) l'angolo. d. b. c. è doppio al angolo. e. Seguita che l'angolo. a. d. b. ſia quadruplo al angolo. e. perche (per communa ſcientia) ogni coſa che ſia il doppio del doppio e quadruplo del ſempio. eſſendo etiam il medeſimo angolo. a. d. b. quadruplo al angolo. b. d. c. (per la ultima del. 6.) imperoche l'arco, a, b, è quadruplo a l'arco, b, c, (per cõmmuna ſciẽtia) è neceſſario che l'angolo. e. ſia equale al angolo. b. d. c. Adonque ſiano inteſi li duoi triangoli. d. e. c. totale & b. d. c. partiale & conciosſia che l'angolo. e. del totale ſia equale al angolo. b. d. c. del partiale: & l'angolo. c. ſia commune a l'uno & l'altro (per la 32. del primo) è neceſſario che lor ſiano equiangoli: per laqual coſa (per la quarta del ſeſto) la proportione di duoi lati. e. c. & . c. d. contimenti l'angolo. c. in el total triangolo è ſi come di duoi lati. d. c. & . c. b. continenti el medeſimo angolo in el triangolo partiale, perche adonque la proportione della. e. c. alla. c. d. è ſi come alla. e. b. (per la ſeconda parte della ſettima del quinto) & della. d. c. alla. c. b. è ſi come del. a. e. b. alla medeſima) per la prima parte della medeſima. Seguita (per la undecima del quinto) che la proportione della. c. e. alla. e. b. ſia ſi come della. e. b. alla. b. c. Adonque (per la diffinitione) conclude il propoſito cioe la linea. e. c. eſſer diuiſa ſecondo la proportione hauente il mezzo è duoi eſtremi & la maggior parte di quella eſſer il lato del exagono laqual coſa è ſta neceſſario da dimoſtrare. Anchora conuien dimoſtrare la cõuerſa, laqual coſa ſe fa facilmente per uia retrograda cioe tornando in dietro per la medeſima uia perche quella piglia Ptolomeo al nono capitolo della prima diſtintione del almageſto a demoſtrare la quantità delle corde delli archi d'un cerchio. Dico adonque che eſſendo diuiſa qual ſi uoglia linea ſecondo la proportione hauente il mezzo e duoi eſtremi di quel cerchio che la maggior parte ſarà il lato del exagono, de quel medeſimo la minore ſarà el lato del decagono & di quello che la minore ſarà el lato del decagono, di quel medeſimo la maggiore ſarà il lato del exagono & per demoſtrar queſto ſia la prima diſpoſitione cioe ſtante la linea. e. c. diuiſa in ponto. b. ſecondo la proportione hauente il mezzo e duoi iſtremi & la maggior parte di quella ſia la. e. b. Dico che di quel cerchio il quale la linea, e, b, e lato del exagono di quel medeſimo la linea, b, c, e il lato del decagono: & di quel cerchio che la linea, b, c, e lato del decagono di quel medeſimo la linea, e, b, e lato del exagono (& queſto intendo di exagoni & decagoni equilateri) perche eſſendo la, e, b, el lato del exagono inſeritto in lo cerchio, a, b, c, (per el correlario della decimaquinta propoſitione del quarto) la, e, b, ſarà equale alla, d, c, & perche la proportione della e, e, al-

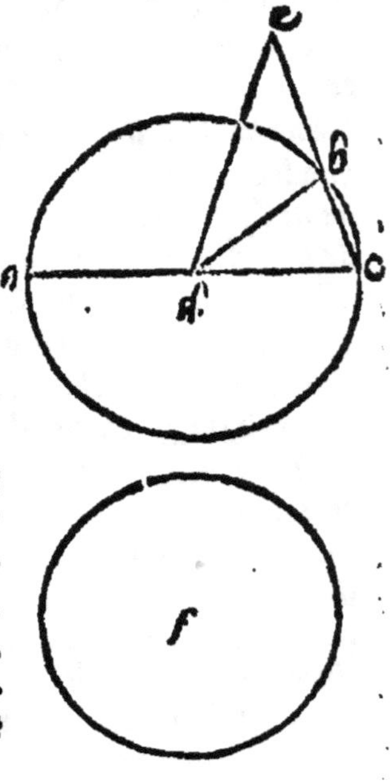

c.e.alla. e.b.è si come della e.b.alla.b.c.(dal presupposito)sarà (per la settima del quinto) della. c. e.alla. d. c. si come della. d. c. alla. c. b. adonque (per la sesta del sesto)li duoi triangoli. e. d.c.&. d. c.b.sono equiangoli. adonque l'angolo. c.è equale al angolo. b. d. c. perche quelli risguardano li lati proportionali. & conciosia che l'angolo. a. d. b. sia quadruplo al angolo. c. (per la trigesimaseconda del primo tolta due uolte & per la quinta di quel medesimo due uolte.) seguita etiam che il medesimo angolo. a. d. b. sia quadruplo al angolo. b. d. c. E però (per la ultima del sesto)l'arco. a. b. è quadruplo al arco. b. c. Adonque la linea.b.c.è il lato del decagono inscritto in lo cerchio. a. b. c. Ma se la linea. b. c. sarà il lato decagono del cerchio. a. b. c. la. c. b. sarà il lato del exagono de quel medesimo & essendo altramente (per l'aduersario) sia adonque la medesima linea. c. b. lato del exagono del cerchio. f. onde (per le cose per auanti dette) la. b. c. sarà il lato del decagono di quel medesimo: Siano adonque intesi esser inscritti in li duoi cerchij.a. b. c. &. f. li decagoni equilateri di quali tutti li lati saranno equali alla linea. b. c. & perche ogni figura equilatera inscritta in un cerchio è equiangola(come fu prouado in la decimaquinta del quarto libro) seguita l'uno e l'altro di duoi decagoni esser equiangoli. Et conciosia che tutti li angoli di l'uno tolti insieme siano equali a tutti li angoli di l'altro tolti insieme si come euidentemente appare (dalle cose demostrate in la trigesimaseconda del primo) e però è necessario (per questa communa scientia le parti decime di qualunche due quantità equale ouer qualunche altre parti di medesime denominationi esser equale) che l'uno di questi decagoni sia equiangolo a l'altro: e però sono simili (per la diffinitione delle superficie simile.) Et perche se saranno iscritte due figure simile in duoi cerchij: la proportione di duoi relatiui lati di quelle figure sarà si come delli duoi diametri di quelli cerchij (come appare per il correlario della decimanona del sesto libro & per la prima del duodecimo) & conciosia che li lati di decagoni simili inscritti in li duoi cerchij. a.b.c. &.f.siano equali,seguita che li diametri di quelli siano equali e però anchora li semidiametri di quegli saranno equali: & li semidiametri sono equali al lato del exagono (per lo correlario della decimaquinta del quarto) adonque la linea. e. b. sarà el lato del exagono iscritto in lo cerchio.a. b. c. si come che è lato del exagono del cerchio.f. a quello equale & questo e quello che uoleuamo dimostrare, & saperai che per questa nona di questo decimoterzo libro esser di nouo uenuto fuora la decima del quarto libro laquale propone de descriuere uno triangolo di duoi lati equali del quale l'uno e l'altro di duoi angoli che stanno sopra alla basa sia doppio al terzo. Perche tal e l'uno e l'altro di duoi triangoli. e.d. c.&.d.c.b. simplicemente ogni triangolo del quale li duoi lati siano equali alla maggior parte di alcuna linea diuisa secondo la proportione hauente il mezzo & duoi istremi, & il terzo(che è la basa)sia equale alla minor parte della medesima linea,oueramente quello del quale li duoi lati siano equali al lato del exagono equilatero iscritto in alcuno cerchio & la basa sia equale al lato del decagono equilatero iscritto in el medesimo cerchio che è il proposito.

Theo-

Theorema. 10. Propositione. 10.

Ogni lato d'un penthagono equilatero è tanto piu potente del lato del exagono equilatero, quanto puo il lato del decagono equilatero essendo ambidui descritti in uno medesimo cerchio.

Sia il cerchio.a.b.c.el centro del quale sia el ponto.d.& lo diametro la linea. a. d.c. Hor sia iscritto a quello uno penthagono equilatero qual sia, a, b, e, f, g, & dal centro, d, sia protratta una perpendicolare al lato.a.b.laquale sia produtta per fina alla circonferentia in ponto, h, & sia la.d.h.& siano protratte le due corde, a, h, et h, b, lequale saranno equale fra loro (per la seconda parte della tertia del terzo, & della quarta del primo. E pero etiam li duoi archi, a, h, &, h, b, saranno equali fra loro (per la uigesimaottaua del terzo.) Adonque l'una & l'altra delle due corde. a, h, &, h, b, è lato del decagono equilatero iscritto in lo proposto cerchio. Dico adonque che il quadrato della linea, a, b, (che è il lato del pēthagono) è equale alli duoi quadrati delle due linee, b, d, &, a, h, tolti insieme delle quale la prima è equale al lato del exagono (per el correlario della decimaquinta del quarto) & la seconda è lato del decagono & per demostrar questo sia protratto dal centro, d, una perpendicolare alla linea, a, h, (laquale è lato del decagono) laquale sia produtta per fina alla circonferentia, & sia la, d, K, laqual seghi la linea.a.b.(che è lato del penthagono) in ponto.l. & sia protratta la linea h, l. Et è manifesto (per la seconda parte della terza del terzo, et per la quarta del primo: & uigesimanona del terzo,) che la linea, d, K, (che è perpendicolare alla corda, a, h,) diuide in duoi parti equali la corda insieme con l'arco, & pero l'arco a, K, è equale al arco, k, h, Per laqual cosa (per la ultima del sesto) l'angolo, a, d, l, è equale a l'angolo, l, d, h, E pero (per la quarta del primo) la basa, a, l, è equale alla basa, l, h, adonque (per la quinta del primo) l'angolo, l, a, h, è equale a l'angolo, l, h, a, & concio sia che (per la medesima) l'angolo, h, a, b, sia equale a lo angolo.h.b.a, seguita che l'angolo, l, h, a, sia equale al angolo.h.b.a.. Adonque (per la trigesimaseconda del primo) li duoi triangoli, b, a, h, & a, h, l, sono equiangoli, perche l'angolo, b, del maggiore è equale al angolo, h, del minore, & l'angolo, a, è commune a l'uno & l'altro adonque (per la quarta del sesto) la proportione della b, a, alla, h, a, e si come della, a, h, alla, l, a. Per laqual cosa (per la prima parte della decimasettima del sesto) quello, che peruiene dalla, b, a, in la, a, l, è equale al quadrato della linea, a, h. laquale è il lato del decagono, & conciosia che'l mezzo cerchio, a, e, c, sia equale al mezzo cerchio, a, f, c, & l'arco, a, e, a l'arco, a, f, l'arco, e, c, (residuo) sarà equale al arco, f, c, (residuo) per laqual cosa l'arco, e, c, è la mittà del arco, e, f. E pero è equale al arco.a.h.& doppio al arco.h.K. Et perche l'arco e, b, è doppio al arco, b, h, (per la decimatertia del quinto) tutto l'arco, c, e, h, sarà dop-

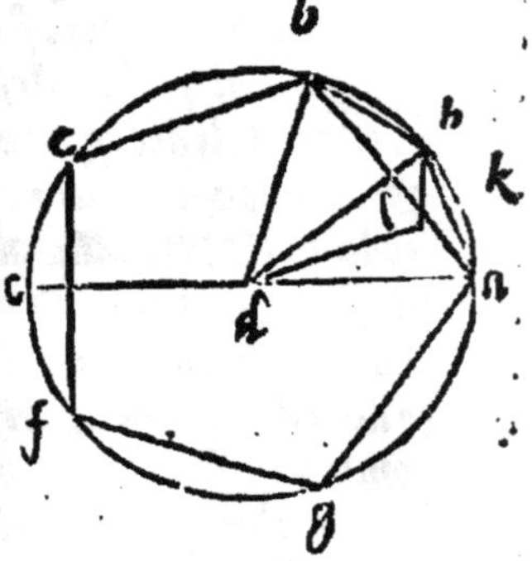

rà doppio a tutto l'arco. b.h.k. E però (per la ultima del sesto) l'angolo.c.d.b.è doppio al angolo. b. d. l. & conciosia che il detto angolo. c. d. b. (sopra il centro) sia similmente (per la uigesima dil terzo) doppio al angolo, b, a, d, (sopra la circonferentia) adonque (per la communa scientia) l'angolo, b, d, l, sarà equale al angolo, b, a, d, onde (per la trigesimaseconda propositione del primo) lo triangolo, b, d, l, sarà equiangolo al triangolo. b. a.d. Perche l'angolo. d. del minore è equale al angolo, a, del maggiore, & l'angolo, b, e commune a l'uno & l'altro. Adonque (per la quarta del sesto) la proportione della, a, b, alla, b, d, è si come della, b, d, alla, l, b, per la qual cosa (per la prima parte della decima settima del sesto) quello che peruiene dalla, a, b, in la, b, l, equale al quadrato della, d, b. Et prima fu prouato che quello che peruiene dalla, a, b, in la, l, a, è equale al quadrato della. a. b. Adonque quello che peruiene dalla, a, b, in la, a, l, & in la, l, b, è equale alli duoi quadrati delle due linee, a, b, &, b, d. Et (perche per la seconda del secondo) quello che peruiene dalla, a, b, in la, l, a, & in la, l, b, è equale al quadrato della linea. a. b. Et la linea, a, b, è il lato del penthagono equilatero iscritto in lo proposto cerchio, & la linea, a, b, è il lato del decagono equilatero & la linea, b, d, (per el correlario della decimaquinta del quarto) è equale al lato del exagono equilatero iscritto in lo proposto cerchio per laqual demostratione uien a esser uerificado quello che fu detto.

Theorema. II. Propositione. II.

Se a duoi propinqui angoli di un penthagono equilatero descritto dentro di un cerchio, dalli termini di suoi lati sian sotto tese ouer tirate due linee rette, l'una, e l'altra di quelle segharà l'altra secondo la proportione hauente il mezzo e duoi istremi & la maggior parte di cadauna di quelle sarà equale al lato di quel penthagono.

Sia lo penthagono equilatero. a.b.c. d.e. inscritto in el cerchio assignado dalle medesime lettere a duoi propinqui angoli di quello (quali sono, a, &, b,) siano sotto tese ouer tirate le due linee rette, a, c, &, b, e, segandose fra loro in ponto. f. Dico adonque l'una & l'altra di quelle esser diuisa in ponto. f. secondo la proportione hauente il mezzo è di dui istremi: & che la maggior parte di cadauna di quelle è equale al lato del pēthagono: pche (p la uigesimaottaua dil terzo) è manifesto che li cinque archi del cerchio che circonscriue il proposto penthagono (di quali le corde sono li lati di quel penthagono) sono fra loro equali. E pero (per la ultima del sesto) li quatro angoli. a.e. b. a.b. e. b.a.c. & . b.c.a. sono fra loro equali. Perche li archi. a. b. a. e. &. b. c. sono fra loro equali. Et conciosia che l'arco. c. d. e. sia doppio al arco. b. c. Anchora (per la ultima del sesto) lo angolo. c.a.e. sarà doppio a lo angolo. c. a. b. & (per la prima parte della trigesima seconda del primo)

primo) l'angolo. a. f. e, è doppio al angolo. f. a. b. adonque l'angolo, a, f, e, è equale a l'angolo, f, a, e. per laqual cosa (per la sesta del primo) la linea, a. e, è equale alla linea. f. e. & li duoi triangoli. a. b. e. & . a. f. b. sono equiangoli (per quelle cose che sono state dette & per la trigesimaseconda del 1.) perche lo angolo. e. del maggiore è equale al angolo. a. del minore: & lo angolo, b, e, commune a l'uno & l'altro, adonque (per la quarta del sesto) la proportione della, e, b, alla, b, a, sarà si come della, b, a. alla, f, b. Et conciosia che la. e. f. sia equale alla. a. b. imperoche quella (come sta prouado) è equale alla. a. e. Seguita (per la settima del quinto) che la proportione della, b, e, alla, e, f, sia si come della, e, f, alla. f. b. Per laqual cosa (per la diffinitione) la linea. e. b. è diuisa secondo la proportione hauente il mezzo e duoi istremi & la maggior parte di quella è equale al lato del penthagono, & se questo è il uero de la linea. e. b. Anchora (per la settima del quinto, & quinta del medesimo & per la diffinitione) il medesimo sarà uero della linea, a, c, perche tutta la b, e, è equale a tutta la, a, c, (per la quarta del primo) etiam le parti alle parti (per la sesta del primo & per la communa scientia) perche le parti, a, f, &, b, f, sono equali (per la sesta del primo) & pero li residui, f, e. &, f, c, saranno fra loro equali (per la concettione) o ueramente sel te pare tu puoi (& piu facilmente) dimostrare il proposito della linea, a, c. negotiando cerca a quello come è stato fatto circa alla linea. e. b.

Theorema. 12. Propositione. 12.

12/11 Sel diametro d'un cerchio che circonscriua uno penthagono equilatero sarà rationale lo lato di quel penthagono sarà una linea irrationale, cioe quella che è detta linea minore.

Sia il penthagono equilatero, a, b, c, d, e, iscritto in lo cerchio delle medesime lettere notato el centro del quale sia el ponto, f, & li duoi diametri, b, g, &, a, h, & sia l'uno & l'altro di questi diametri una linea rationale in longhezza. Hor dico che il lato del detto penthagono iscritto sarà una linea irrationale, cioe quella che se dice linea minore. Perche essendo protratta ouer tirata la linea, a, c, laqual seghi il diametro, b, g, in ponto. K. Et (per la ultima del sesto & quarta del primo) la linea, a, c, sarà diuisa dal diametro. b. g. orthogonalmente & in due parti equali in ponto. K. perche conciosia che il semicerchio, b, a, g, sia equale al semicerchio, b, c, g, & l'arco, b, c, al arco. b. a. si come è manifesto (per la uigesima ottaua del terzo) sarà l'arco, a, g, (residuo) equale al arco. c, g, (residuo) & però (per la ultima del sesto) lo angolo a, b, g, sarà etiam equale a lo angolo, c, b, g, adonque conciosia che li duoi lati, a, b, &, b, k, del triangolo, a, b, k, siano equali alli duoi lati, c, b, &, b, k. del triangolo. c. b. k. & l'angolo, b, de l'uno a l'angolo, b, di l'altro, (per la quarta del primo) la basa, a, k, sarà equal alla basa, K, c, & tutti li angoli che sono al, k, sono retti (per la prima parte della terza del terzo) & lo diametro, a, h, seghi lo lato del penthagono, c, d, in ponto, l. Et similmente la linea, c, d, sarà diuisa dal diametro, a, h, orthogonalmente & in due parti equali in ponto, l, & conciosia

ciosia che li duoi archi. a.d.b.& .a.c.b.siano equali & l'arco.a.c.sia equale al arco a.d. li duoi residui di semicerchij(che sono. c.b. & . d. b.)saranno equali,alli quali essendo sotto tese, ouer tirate le due corde,che sono.c.b.& .d.b.quelle anchora(per la uigesimanona del terzo)saranno equale , & perche l'arco. a.c.è equale al arco. a.d. (per la ultima del sesto) l'angolo.c.b.l.sarà equale al angolo.d.b.l. E però(per la quarta del primo)la basa. c. l. è equale alla basa. d. l. & tutti li angoli che sono al. l.sono retti(per la prima parte della tertia del tertio.) Adonque li duoi triangoli. a.c. l. & .a.f. K. sono equiangoli(per la. 33. del primo)perche l'angolo. l. del maggiore è equale a l'angolo. k. del minore (imperò che l'uno e l'altro e retto.) Et l'angolo.a. c.è commune a l'uno e l'altro per laqual cosa(per la quarta del sesto)la proportione della. l. c. a.è si come de la. k.f. alla.f. a. Sia tolto adonque del diametro. b. g. la linea.f. m.equale alla quarta parte del semidiametro:& (per la equa proportionalità)la proportione de la.c.l.alla quarta parte della linea.a.c.(laquale sia.c.q.)sarà si come della. k.f.alla quarta parte della linea.f. a. laquale e. f. m. & perche(per la decima quinta del quinto) la proportione della.c. d. alla.c.k.è si come della.c.l.alla.c.q.(perche così è il doppio al doppio:si come il sempio al sempio(p la 1.1.del quinto) della. c.d.alla.c.K.sarà si come della. k.f.alla.f.m.Et congiontamente della linea composta dalla. d. c.& dalla. c.k.alla.c.K.si come della.k.m. alla.m.f. E però (per la prima parte della uigesimaseconda del sesto) la proportione del quadrato della linea composta dalla.d.c.& .c.k.al quadrato della linea.c.k.è si come del quadrato della linea. k.m.al quadrato della linea. m.f. Et(per la precedente)è manifesto che se la linea. a.c. sia diuisa secondo la proportione hauente il mezzo e duoi estremi , la maggior parte di quella , sarà equale alla linea d.c.adonque la linea che è composta dalla linea . d . c . & . c.k.è composta dalla maggior parte della linea diuisa secondo la proportione hauente il mezzo e duoi istremi & dalla mità di tutta la linea così diuisa: perche la.c. k. e la mità della.a.c.adonque (per la prima di questo decimotertio libro) lo quadrato della linea cõposta dalla. d.c.et.c.k.è anchor quincuplo al quadrato della linea. c. k.e però lo quadrato della linea.k.m. è anchora quincuplo al quadrato della linea. m.f.conciosia che la proportione di questi quadrati & de quelli sia una medesima. & la linea.b. m.è quincupla alla linea.m.f. Perche la. m.f.era la quarta parte del semidiametro del proposto cerchio . Adonque el quadrato della linea.k.m.al quadrato della linea.m.f.è si come della linea.b.m.alla linea.m. f.& perche (per la seconda parte della decimanona del sesto) lo quadrato della linea.k.

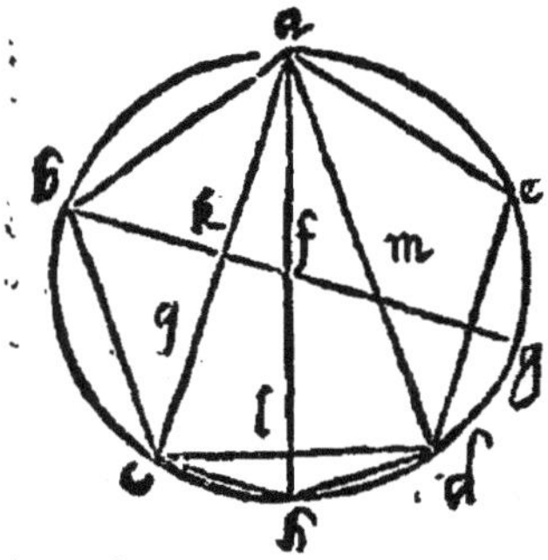

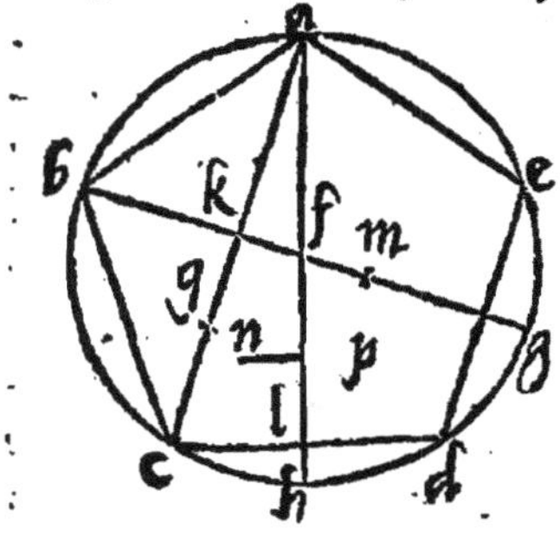

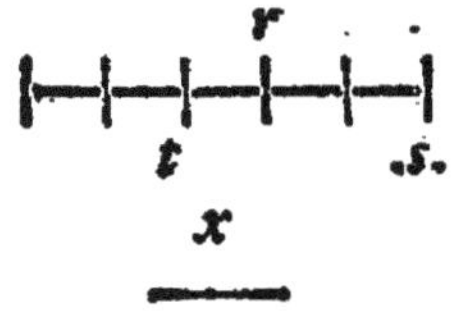

nea.K.m.al quadrato della linea.m.f.è si come della linea.K.m.alla linea.m.f.duplicada,& (per la undecima del quinto) la linea.b.m.alla linea.m.f.sarà si come la linea.K.m.alla linea.m.f.dupplicata. Adonque la linea,K,m,è media proportionale fra le due linee.b.m.& .m.f. laqual cosa cosi è manifesta,perche essendo la linea.n.p.media proportionale fra quelle,tolta secondo la dottrina della nona del sesto,& (per la diffinitione della proportione dupplicada che è posta in el principio del quinto) la proportione della.b.m.alla.m.f.sara si come della.b.m.alla.n.p.dupplicada: & perche la.b.m.alla.n.p.è si come la,n,p,alla.m.f. Etiam (per la undecima del quinto) la proportione della.b.m.alla.m.f.sarà si come della.n.p.alla.m.f.dupplicada: adonque (per la prima parte della nona del quinto) le due linee,K,m,& n,p,sono equale, & pero (per la prima parte della settima del quinto & per la seconda parte della medesima) la linea.K.m.è media proportionale fra la.b.m & m.f.per laqual cosa (per el correlario della decimaottaua del sesto) la proportione del quadrato della linea.b.m.al quadrato della linea.m.k.è si come è della linea.b.m.alla linea.m.f.& perche la linea.b.m.è quincupla alla linea.m.f.el quadrato della linea.b.m.sarà quincuplo al quadrato della linea,m,K,& la linea,b,m,è rationale in longhezza. Adonque (per la ultima parte della nona del decimo) la linea.m.K.è rationale solamente in potentia, & perche la linea.b.m.è piu potente della linea.m.K.in el quadrato di una linea a se commensurabile in longhezza (come di sotto se approuerà) la linea.b.k.sarà residuo quarto (per la diffinitione del quarto residuo. Hor quello che di sopra promettessimo di prouare in questo modo se manifesta sia el numero.r.quincuplo al numero.s.& t.& .s.siano quanto.r.& se.r.fusse cinque.s.saria uno & .t.quatro. E sia la linea.b.m.piu potente della linea.m.K.in el quadrato della linea.x. Conciosia adonque che il quadrato della linea.b.m.al quadrato della linea.m.k.sia si come el numero.r.al numero.s.per la disgionta proportionalità lo quadrato de la linea.b.m.al quadrato della linea.x.sarà si come el numero.r.al numero.t.per laqual cosa (per la ultima parte della nona del decimo) la linea.x.è incommensurabile a la linea.b.m.in longhezza. adonque non è dubbio che la linea.b.k.sia residuo quarto: & è manifesto (per la trigesimaquinta del terzo) che quello che uien fatto dalla b.k.in la.K.g.e equale a quello che uien fatto dalla.a.k.in la.k.c. E pero etiam quel medesimo è equale al quadrato della.k.c. impero che la.a.k.è equale alla.k.c.adõque agiunto a l'uno & l'altro lo quadrato della.b.k.(per la penultima del primo) quello che uien fatto dalla.b.K.in se medesima & in la.k.g.sarà equa

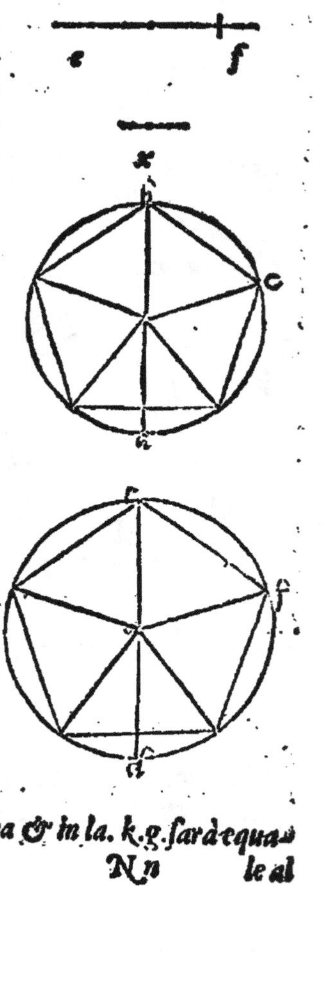

le al quadrato della, b,c, Et perche (per la prima del secondo) quello che uien fatto dalla, b, K, in se & in la, K, g, è equal a quello che uien fatto della, b, K, in la, g, b. la linea, b, c, sarà il lato tetragonico della superficie contenuta dalle due linee g, b, &, K, b, & perche la linea, g, b, e rationale: & la linea, b, K, e residuo quarto, E perche la linea potente in una superficie contenuta da una linea rationale e da un residuo quarto, e linea minore: (come è manifesto) per la nonagesima quarta del decimo libro) è necessario la linea. b. c. (che il lato del penthagono equilatero inscritto in el proposito cerchio) esser la linea minore, che in principio fu proposto da demostrare. Adonque per questo modo seguita che il lato del penthagono equilatero inscritto in uno cerchio sia una linea minore, sel diametro del cerchio (alquale era inscritto) sarà rattionale in longhezza. Et se il diametro del cerchio sarà rationale solamente in potentia, anchora è necessario che il lato del penthagono equilatero inscritto in quello sia la linea minore. Perche poni che la linea, a, b, sia rationale solamente in potentia, sopra laquale sia descritto un cerchio, & a quello che sia inscritto uno penthagono equilatero del quale uno lato sia la. b. c. & lo cerchio & lo penthagono sian detti. a. b. Dico che la linea. b. c. è linea minore, perche essendo tolto alcuna linea rationale in longhezza (laqual sia. d. e. & sopra a quella sia lineado un cerchio, alquale sia inscritto uno penthagono equilatero, & sia uno lato di quello la linea. e. f. & el cerchio & lo penthagono sian detti. d. e. Adonque è manifesto (per questa duodecima) che la. e. f. è linea minore: conciosia che lo diametro. d. e. sia rationale in longhezza, & perche la proportione del penthagono. a. b. al penthagono. d. e. è si come el quadrato della linea. b. c. al quadrato della linea. e. f. Perche l'una & l'altra (per la seconda parte della decimanona del sesto) è si come quella della linea. b. c. alla linea. e. f. dupplicada. Et del penthagono. a. b. al penthagono. d. e. è si come del quadrato del diametro. a. b. al quadrato del diametro. d. e. (per la prima del duodecimo) sarà (per la undecima del quinto) lo quadrato della linea. c. b. al quadrato della linea. e. f. si come lo quadrato del diametro. a. b. al quadrato del diametro. d. e. Et conciosia che li quadrati di duoi diametri. a. b. &. d. e. siano communicanti. perche ambiduoi sono rationali (dal presuposito.) Anchora (per la prima parte della decimaquarta del decimo) li quadrati delle due linee. b. c. &. e. f. saranno communicanti, adonque la linea. b. c. communica in potentia con la linea. e. f. & perche la linea. e. f. è linea minore seguita (per la centesima quinta del decimo) che etiam la. b. c. sia linea minore, che è il proposito, adonque o sia el diametro di alcun cerchio rationale in longhezza ouer solamente in potentia è necessario che il lato del penthagono (inscritto in quello) sia la linea minore.

Il Tradottore.

Bisogna notare che quella parte adutta et approbata in fine del commentatore, se uerifica medesimamente nella prima argumentatione, cioe supponendo il diametro (largo modo) rationale, o sia in longhezza, o solamente in potentia (che cosi si debbe intendere la propositione) se concluderà il proposito.

Pro-

Problema. 1. Propoſitione. 13.

13/13 **Poſſemo fabricare una piramide di quattro baſe triangolare equilatere circonſcrittibile da una aſsignata ſphera. Et dimoſtrare che il diametro di quella ſphera hauere proportione ſeſquialtera potentialmente al lato di eſſa piramide.**

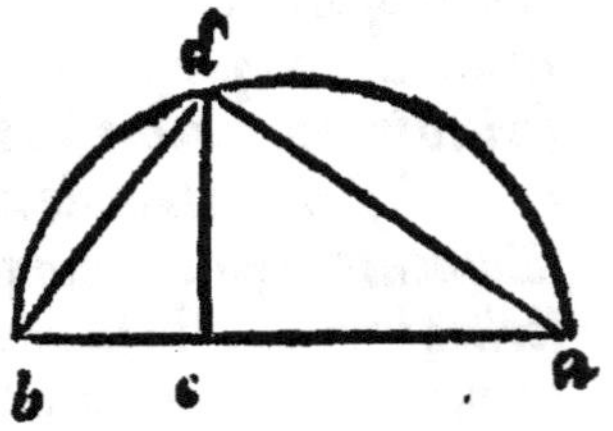

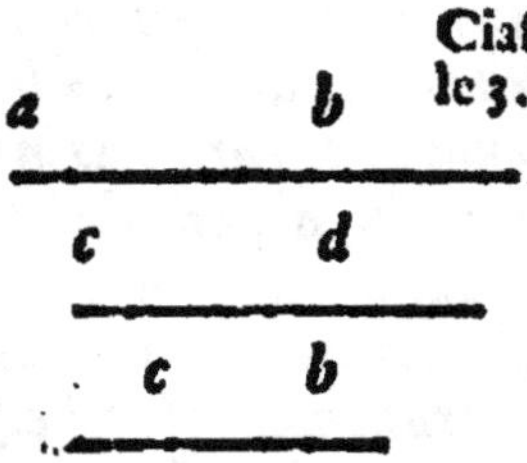

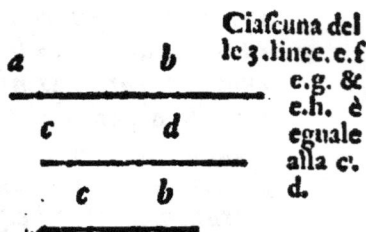

Ciaſcuna delle 3. linee. e.f e.g. & e.h. è eguale alla c. d.

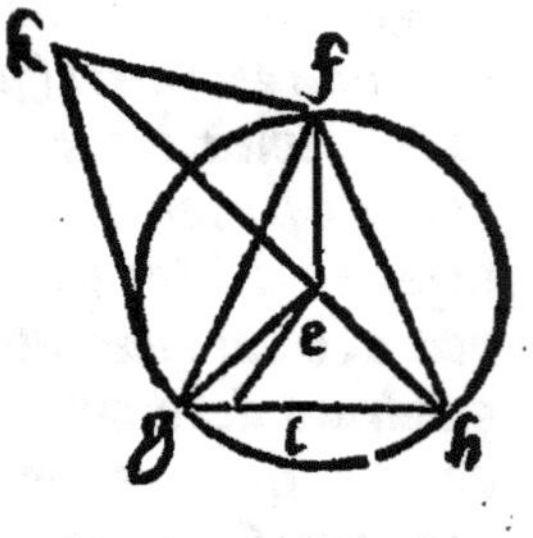

Sia la linea.a.b.el diametro della aſſignata ſphera laquale ſia diuiſa in ponto.c.talmẽte che la.a.c.ſia doppia.alla.b.c.& ſopra quella ſia lineado lo ſemicerchio.a.d.b.& ſia produtta la linea.c.d.orthogonalmente ſopra la linea.a.b. & ſiano produtte le linee.b.d. &. d. a.e dapoi ſia fatto el cerchio,f,g,h,ſopra il centro. e. el ſemidiametro dilquale ſia equale alla linea . c. d. in el quale (per la ſeconda del quarto) ſia inſcritto un triãgolo equilatero elquale ſia. f. g. h. alli angoli dilquale (dal centro) ſiano protratte le linee.e.f.e.g. e. h. e da poi ſopra il centro.c. (ſecõdo che inſegna la duodecima del undecimo) ſia erigata la linea.e. K.perpendicolarmente a la ſuperficie del cerchio.f.g.h. laquale ſia poſta equale alla.a.c. Et dal ponto.k.ſiano tirate le ypothumiſſe.k.f.k.g.k.h. & ſarà compita la pyramide di quattro baſe triangolare equilatere, laquale dico eſſer circonſcrittibile dalla aſſignata ſphera,etiã dico el quadrato del diametro della propoſta ſphera eſſer ſeſquialtero al quadrato lato della detta fabricata pyramide, perche eglie manifeſto(per la prima parte del correlario della ottaua del ſeſto) che la linea,c,d,è media proportionale fra la.a.c.& la.c.b.per laqual coſa (per el correlario della. 18. del medeſimo) el quadrato della linea.a. c. al quadrato della linea,c,d,e ſi come la linea,a,c,alla,c,b,adõque congiontamente lo quadrato dalla,a,c,& lo quadrato della , c.d.al quadrato della.c.d.e ſi come la.a.b.alla.b.c. E pero(per la penultima del primo)el quadrato della.a.d. al quadrato della.d.c.ſarà ſi come la.a.b.alla.b.c.Concio ſia adonque che la linea.a. b.ſia treppia alla.b.c. (perche la.a.c.era doppia a quella) anchora lo quadrato della.a.d. ſarà treppio al quadrato della.d.c.& (per la ottaua di queſto) lo quadrato della,f,g, e treppio al quadrato della.e.f.Per la qual coſa conciosia che(dal preſuppoſito)la linea.d.c.ſia equale alla e,f, (per communa ſcientia) la,a,d,ſarà equale alla,f,g.Et perche(per la diffinitione della linea perpendicolare a una ſuperficie) la linea,e,k,contiene angoli retti con cadauna delle linee,e,f,e,g,e,h, delle quale cadauna è equale alla linea, c,d, & perche quella medeſima è equale alla linea, a,c, & l'angolo,c,è retto (p la quarta del primo)cadauna delle tre linee. K.f.k.g.k.h.ſarà equale alla linea

a.d. Adonque è manifesto la fabricata pyramide esser di quatro base triangolare equilatera. Ma che quella sia circōscrittibile dalla assignata sphera tu l'hanerai in questo modo. Sia inteso alla linea.e.k.esserui aggionto secondo la rettitudine) la linea.e.l.equale alla linea,e,b,accio che tutta la.k.l.sia equal alla,a,b,(che è il diametro della assignata sphera.) Dico che questa linea,e,l,tu la imaginarai esser sotto al cerchio,f,g,h,etiam perpendicolare alla superficie di quello dalla parte di sotto:si come è la,e,k,dalla parte di sopra. Et cadauna delle tre linee,e,f,e,g,e,h.(Et simplicemente qualunque semidiametro del cerchio,f,g,h,)sarà media proportionale fra la.k.e.et l.e.e.l.si come è la,d,c,fra la a,c,& la,c,b. Perche queste sono equale a quelle (cadauna alla sua relatiua.) Adonque se sopra la linea.l.k.sia descritto un mezzo cerchio & quello sia circondutto per fina a tanto che'l ritorni al loco doue incōminciò a mouersi: la sphera descritta da questo mezzo cerchio nel moto suo (per la diffinitione delle sphere equali) sarà equale alla sphera assignata, perche le sphere sono equale,quando il diametro di quelle sono equali,si come fu detto di cerchij in el principio del terzo. Et questo semicerchio è necessario transire per li tre pōti, f,g, h, liquali sono li angoli della solida pyramide fabricata & similmente dico che questo semicerchio che sarà descritto sopra la linea.k.l.se serà circondutto p fina chel ritorni al loco doue quello hauerà cominciato a mouersi toccara el cerchio,f,g, h, sopra tutti li ponti della circonferentia di quello. Laqual cosa se approua da questa antiqua uerità. Se una linea retta starà perpendicolarmente sopra una linea retta laqual sia posta media proportionale fra le parti di quella alla quale soprasta,ouer alle due parti che li sta atorno, & sia descritto un mezzo cerchio sopra a quella linea (sopra laquale sta la perpendicolare) la circonferentia di quello necessariamente transirà per la estremità della linea media proportionale posta perpēdicolarmente. Conciosia adonque che tutti li semidiametri del cerchio,f,g,h, siano perpendicolari alla linea. k.l.& medij proportionali fra le parti di quella lequal sono,k, e,&,e,l. Seguita che il semicerchio descritto sopra la,k,l,essendo circondutto transisse per tutti li ponti della circonferentia,f,g,h,& per tutti li angoli solidi della fabricata pyramide. Adonque(per la diffinitione di quella che è d'una figura inscritta in una figura)la fabricata pyramide è inscrittibile a quella sphera che descriue el semicircolo(lineato sopra la linea.K.l.nel moto suo.Et perche questa sphera descritta è equale alla sphera assignata(per la diffinitione delle sphere equale)seguita (per communa sciētia)che questa pyramide fabricata sia circonscrittibile dalla assignata sphera: che è il proposito. Lo correlario anchora in questo modo se manifesta. Hor conciosia che la linea, a,b, sia treppia alla,b,c,(per la euersa proportionalità)la, a, b, sarà sesquialtera alla, a, c. E pero(per la seconda parte del correlario della ottaua del sesto, & correlario della decima ottaua del medesimo)el quadrato della linea,a,b,sarà etiam sesquialtero al quadrato della linea. a.d. Et perche la linea,a,d,è equale al lato della fabricata pyramide: & la,a,b,è il diametro della sphera è manifesto esser il uero quello che per el correlario è detto.

Et accio che non accadi in alcuno a dubitare della proposta antiqua uerità, uolemo quella con dēmonstratione affermare in questo modo. Sia adonque sopra

pra alla linea.a. b. la linea. c. d.perpẽdicolare,laquale sia posto media proportionale fra le parti della linea. a. b. lequale siano. a.c. & . c. b. talmente che la proportione della. a. c.alla.c. d.sia si come della.c.d.alla.c.b.Et sopra la linea.a.b.sia descritto lo mezzo cerchio.a. e. b. Dico che la circonferentia di questo mezzo cerchio transirà per el ponto. d. che è la istremità della perpendicolare: & essendo altramente (per lo aduersario) ouer segarà la linea. c. d.ouer transirà di sopra di quella cioe transiendo & inchiudendo & non toccando tutta quella: seghi adonque primamente quella in ponto. e. & siano dutte le linee. e.b.& e.a. Et (per la prima parte della trigesima prima del terzo) lo total angolo. a. e. b.sarà retto: Adonque (per la prima parte del correlario della. 8.del sesto) la proportione della. a.c. alla. c.e.è si come della.c.e.alla.c.b.& (per la seconda parte della ottaua del quinto) la proportione della,a,c,alla,c,e,è maggiore che dalla.a. c.alla.c.d. imperoche la.c.e. è minore che la.c.d. Essendo adonque della,c,e,alla,c,b, si come della,a,c,alla, c,e, & della,c, d, alla,c, b,si come della,a,c, alla,c, d, (per la duodecima del quinto) della,e,c,alla,c,b,sarà maggiore che della,c,d,alla,c,b. E pero (per la prima parte della decima del quinto,) la,e,c,saria maggiore che la,d,c,cioe la parte saria maggiore del suo tutto, laqual cosa è impossibile,adonque la circonferentia del semicerchio non segarà la linea,c,d, transisca adonque di sopra: & sia produtta la,c,d,per fin alla circonferentia, & sia tutta la,c,e,& sian protratte le linee,e,b,&,e,a,& seguitarà,come prima la linea,c,d,esser maggiore che la linea,c,e, che è impossibile adonque è manifesto il proposito: & similmente dicemo che se'l sarà alcun angolo retto alquale sia sottotesa (ouer tirata) una basa sopra laquale sia lineado un mezzo cerchio,la circonferentia di quello è necessario transire per l'angolo retto, & la conuersa di questa (propone la trigesima prima del 3.) & quello che hauemo detto se manifesta in questo modo. Sia l'angolo,a, b,c , retto alquale sia tirata sotto la basa,a,c, et sopra quella sia lineado un mezzo cerchio.

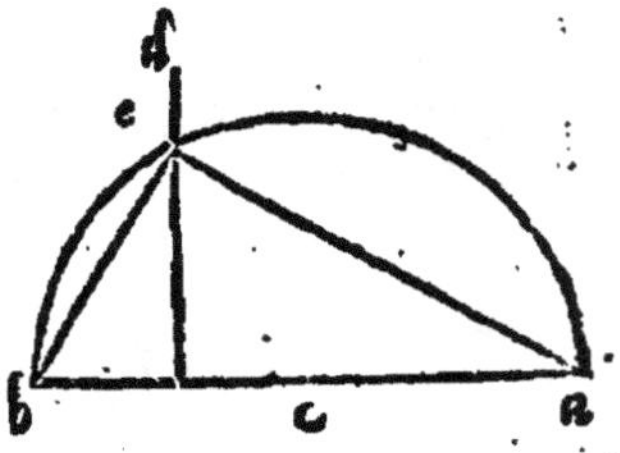

Dico che la circonferentia di quello transirà per il ponto,b,in el qual uanno di compagnia le linee che contene no l'angolo retto, la demostratione della quale è che nõ transirà di sopra ne di sotto & essendo possibile (per lo aduersario) quella transisca primamente di sotto et sia la,a,e,c,& dal angolo,b,sia produtta la linea,b,d, perpendicolare alla basa,a,c,laquale seghi la circonferentia del semicerchio in ponto,e,& siano protratte le linee,e,a,&,e,c.Et l'angolo,a, e,c,sarà retto (per la prima parte della 31.del 3.) & quello è maggiore del angolo,a,b,c,(per la 21.del 1.) Et questo è impossibile (per la 3.petitione) conciosia che l'uno e l'altro sia retto,l'uno dal presupposito: e l'altro per la prima parte della 31. del terzo. Adonque la circonferentia del mezzo cerchio non transirà di sotto l'angolo,b,transisca adonque di sopra (se è possibile) & sia la,a,f,c, & sia produtta la perpendicolare,d,b, per fina che la se incontri con la circonferentia del semicerchio

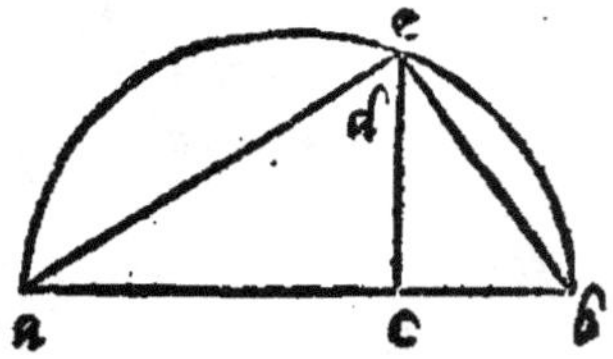

a.f.e.in põto.f.& siano produtte le linee.f.a.f.c.(Et per la prima parte della trigesima prima del terzo) l'angolo,a,f,c,sarà retto.& conciosia che etiam l'angolo.a.b.c,(dal presupposito) sia retto seguita lo impossibile (per la uigesimaprima del primo) si come in el principio. Rimane adonque il proposito,& questo è necessario alla cognitione delle cose che seguitano.

Problema.2. Propositione.14.

14 Eglie possibile a constituire un cubo circonscrittibile da una assi-
5 gnata sphera,& dimostrare il diametro dalla medesima sphera esse potentialmente treppio al lato di quel cubo.

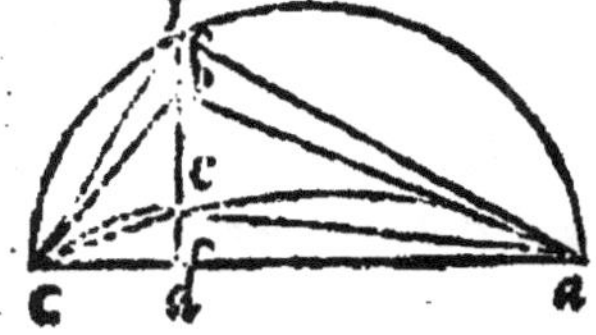

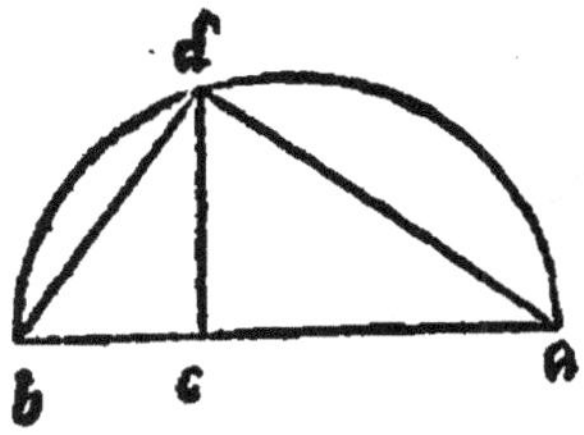

Sia la. a.b.el diametro della assignata sphera sopra laquale sia lineado lo semicerchio. a.d. b. & sia diuiso il diametro in ponto. c. secondo la conditione della precedente,cioe che la linea,c,sia doppia alla linea,c,b,& sia produtta la, c, d, perpendicolarmente alla, a, b,& siano protratte la, d. b, &,d,a, è da puoi sia fatto uno quadrato dil quale tutti li lati siano equali alla linea.b.d.& sia. e.f.g.h. sopra li quatro angoli del quale siano erigate (come insegna la duodecima del undecimo) quatro linee perpendicolare alla superficie di esso quadrato, delle quale cadauna sia etiam posta equale alla linea. b, d, & siano,e,k.f,l,g,m,h, n, & queste quatro perpendicolare (cadauna a cadauna saranno equidistante (per la sesta del undecimo) li angoli che contengono con li lati del quadrato : saranno retti(per la diffinitione delle linee perpendicolare a una superficie) & da puoi siano congionte le istremità de queste perpendicolare dalle protratte linee. K.l.l.n.m.n.m.k. & sarà compido il cubo contenuto da sei superficie quadrate. Perche eglie manifesto (per la trigesimatertia & trigesimaquarta del primo) che le quatro superficie che circondano quello(& quelle sono delle quali li lati oppositi sono le quatro perpendicolare) siano tutte quadrate,questo medesimo fu posto della basa.M a della superficie di sopra (che è la. K.l.m.n.)che quella sia quadrato è manifesto(per la trigesima tertia del primo et decima del undecimo) & pero (per la quarta del undecimo)eglie manifesto tutti li lati del medesimo cubo stare orthogonalmente in le due superficie opposite di quello.M a accio che demostremo questo cubo esser circonscrittibile dalla assignata sphera,sia protratto la diagonale in una delle sue superficie.uerbi gratia in la superficie. g.h.m.n. & sia la.g.n.& da una delle istremità di questa diagonale sia protratta il diametro del cubo. l. g. &(per la penultima del primo)

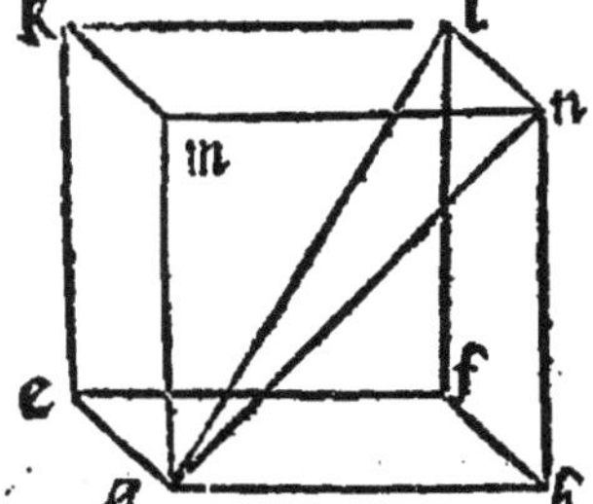

primo) lo quadrato della. n. g. sarà doppio al quadrato della. n. h. E pero etiam al quadrato della. l. n. imperoche la. n. h. è equale alla. n. l. (perche tutti li lati del cubo sono fra loro equali) et perche (un'altra uolta per la penultima del primo) lo quadrato della. l. g. e equale alli quadrati delle due linee, l, n, & , n, g, per questa ragione che l'angolo, g, n. l, è retto (per la diffinitione della linea perpendicolare a una superficie) lo quadrato della, l, g, sarà treppio al quadrato della, l, n, perche è composto del doppio & del sempio. Et conciosia che (per la seconda parte del correlario della ottaua del sesto libro, & per el correlario della decima ottaua del medesimo.) Anchora lo quadrato della, a, b, sia treppio al quadrato della, b, d, imperoche la linea, a, b, è treppia alla linea, b, c, & la linea, b, d, sia equale alla linea, l, n, (dal presupposito) seguita (per communa scientia) che la, l, g, (che è el diametro del cubo) sia equale alla, a, b, (che è il diametro della sphera.) Adonque se sopra la, l, g, sia li neado un mezzo cerchio, et sia circōdutto per fina che ritorni al loco doue fu il principio del moto. la sphera descritta (per la diffinitione delle sphere equali) sarà equale alla sphera assignata. Ma perche questo mezzo cerchio fa el transito per el ponto, n, (imperoche l'angolo, g, n, l, è retto) & per la medesima ragione lo farà etiam per tutti li altri angoli retti del cubo laqual cosa (per la ancecedente posto immediate auanti questa decima quarta) è manifesta. Adonque eglie manifesto esser constituido el cubo circonscrittibile dalla assignata sphera: (imperoche eglie circonscrittibile dalla sua equale) laqual cosa bisognaua dimostrare: & la demonstratione del correlario è manifesto per il processo di queste demonstrationi.

Problema. 3. Propositione. 15.

15 / 14 Possemo componere un corpo di otto base triangolare equilatere circonscrittibile da una proposta sphera. Et sarà manifesto el diametro della detta sphera esser potentialmente doppio al lato di quel corpo.

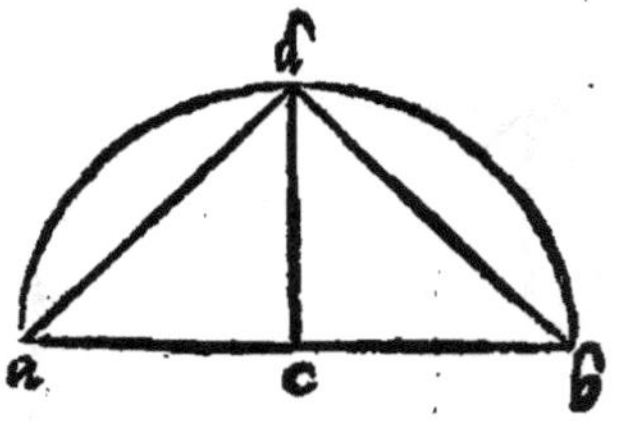

Sia el diametro della sphera proposta la linea, a, b, laqual sia diuisa in due parti equali in ponto. c. & sopra a quella sia lineado lo mezzo cerchio, a, d, b, & sia produtta la, c, d, perpendicolare alla, a, b, & sia congionto el ponto, d, con, a, & con, b, & sia descritto un quadrato del quale cadauno suo lato sia equale alla linea, b, d, & questo sia lo quadrato, e, f, g, h. in el quale siano protratti li duoi diametri, g, & , f, h, liquali si segano insieme in ponto. K. Adōque è manifesto (per la quarta del primo) che l'uno e l'altro di questi duoi diametri sia equale alla linea, a, b, che è el diametro della sphera, conciosia che l'angolo d, sia retto (per la prima della trigesima prima del terzo) & anchora tutti li suoi angoli e, f, g, h, sono retti (per la diffinitione del quadrato.) Anchora è manifesto che li medesimi duoi diametri, e, g, & , f, h, se diuidono fra loro in due parti equali in ponto. k. Et questo facilmente se manifesta (dalla quinta del primo & dalla trigesima seconda & sesta del medesimo.) Adonque sopra el ponto. K. sia erigata la

 linea.

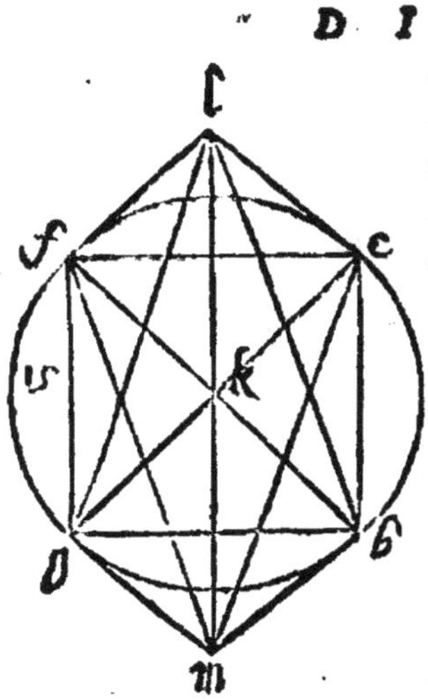

linea. K. l. perpendicolare alla superficie del quadrato: laquale sia posta equale alla mità del diametro. e. g. ouer. f. h. & siano leuade ouer tirate le ypothumisse. l. e l. f. l. g. & . l. h. & (per le cose che sono sta poste, & per la penultima del primo repetita quante uolte bisognarà) ciascune di queste ypothumisse saranno equale fra loro, etiam equale alli lati del quadrato, tu hai adonque una pyramide di quatro base triangolare equilatere constituida sopra un quadrato. Et per tanto sotto a quel quadrato metterai una simile pyramide in questo modo produrai la linea. l. k. (preforando el quadrato) per fina al. m. talmente che la. k. m. che sta sotto al quadrato: sia equale al. l. K. che sta disopra, & congiongi il ponto, m, con cadauno di quatro angoli del quadrato. producendo quatro altre ypothemisse lequale siano. m. e. m. f. m. g, m. h. delle quale anchora è manifesto (per la penultima del primo si come delle altre che sono in la parte disopra) che quelle siano equale fra loro & alli lati del quadrato. adonque l'auemo compido el corpo di otto base triangolar: & equilatere che questo sia circonscrittibile della assignata sphera tu l'hauerai in questo modo, perche eglie manifesto che la linea. l. m. è equale al diametro della assignata sphera: perche l'una & l'altra di quelle è equale al diametro del quadrato. Adonque se sopra alla linea, l, m, sarà lineado un mezzo cerchio, el quale sia circonuoluesto per fina a tanto che ritorni al loco suo, la sphera che quel descriue con el suo moto: sarà equale alla sphera assignata (come se manifesta per la diffinitione delle sphere equale) & questo mezzo cerchio transirà per li quatro angoli del quadrato, & simplicemente: per tutti li ponti della circonferentia del cerchio che circonscriue il quadrato: impero che, el mezzo diametro del quadrato, che è la linea, f. K. & le parti della linea. l. m. lequale sono. l. k. & . k. m. sono fra loro equale: per laqual cosa (per la diffinitione di quello che è una figura esser iscritta in una figura) lo fabricato corpo è inscrittibile in la sphera descritta dal moto di questo mezzo cerchio, adonque (per la concettione) è inscrittibile in la assignata sphera, conciosia che quelle siano fra loro equale (per la diffinitione) etiam lo correlario è manifesto, perche le due linee, d, b, & , d, a, sono equale (per la quarta del primo) e pero lo quadrato della, a, b, è doppio al quadrato della, b, d, (per la penultima del primo) & lo lato del fabricato corpo è equale alla linea. b. d. adonque el correlario è uero.

Problema. 4. Propositione. 16.

16 Puotemo fabricare el corpo de uinti base triangolare equilatere, circonscrittibile da una data sphera, che habbia el diametro rationale, et sarà manifesto el lato del medesimo corpo essere una linea irrationale cioe quella che se dice linea minore.

Sia

Sia anchora in questo loco el diametro della assigna ta sphera la linea, a, b, laquale sia posta esser rationale, ouer in longhezza ouer solamente in potentia, & sia diuisa in ponto, c, talmente che la, a, c, sia quadrupla alla, c, b, & sopra di quella sia lineado lo mezzo cerchio, a, d, b, & sia produtta la, c, d, perpendicolare alla, a, b, & sia protratta la linea, d, b, dapoi secondo la quantità della linea, d, b, sia lineado lo cerchio, e, f, g, h, k, sopra il centro. l. alquale sia inscritto uno penthagono equilatero annotado dalle medesime lettere, alli angoli del quale dal centro. l. siano dutte le linee. l. e. l, f. l. g. l. h. l. k. Sia anchora inscritto in el medesimo cerchio uno decagono equilatero, & questo se farà in questo modo, siano diuisi tutti li archi (di quali li lati del penthagono sono corde) in due parti equali, & dalli ponti di mezzo & siano tirate linee rette alle estremità di tutti li lati del penthagono inscritto. Anchora sopra a cadauno delli cinque angoli del penthagono sia erigato uno catheto secondo che insegna la 12. del 11. liquali cadauno sia etiam equale alla linea. b. d. Et

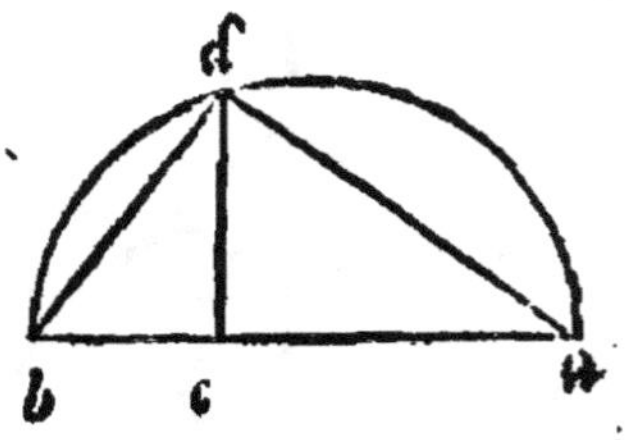

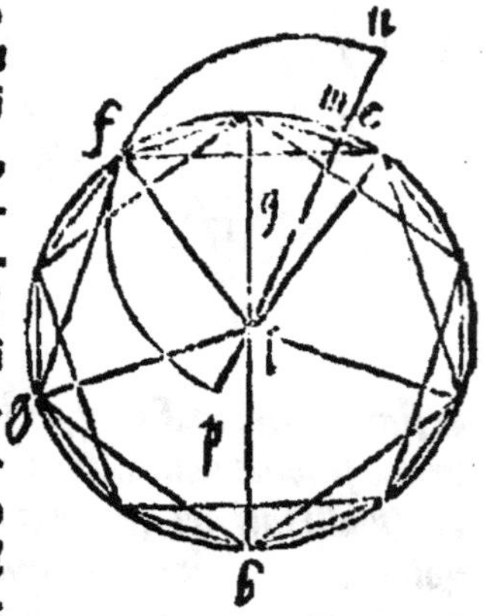

siano continuade le estremità di questi cinque catheti con cinque corausti et li 5. catheti eretti (per la 6. del 11.) saranno fra loro equidistanti: et cōciosia che quelli siano equali. Anchora li corausti (per la 33. del 1.) che congiōgono le istremità di quelli saranno equali alli lati del pentahgono. adonque dalla summità di cadauno di detti catheti tirarai due, e due ypothemisse alli dui circonstāti angoli del inscritto decagono, et le estremità di queste diece ypothemisse (che terminano alli cinque pōti che sono a cadauno delli angoli di mezzo dello inscritto decagono) siano continuade cō linee rette inscriuendo un'altra uolta un'altro penthagono in esso cerchio. Elquale sarà anchora equilatero (per la 34. del 3.) adonque quando che tu hauerai fatto questo tu uederai hauer compido diece triāgoli di quali li lati sono diece ypothemisse, & li cinque corausti, & li cinque lati di questo secondo penthagono inscritto. Adonque questi diece triangoli in questo modo se apprende esser equilateri. perche conciosia cosa che si el mezzo diametro descritto cerchio con cadauno di catheti eretti sia equale alla linea, b, d, (dal presupposito) (per el correlario della. 15. del quarto) cadauno di detti catheti sarà equale al lato, del exagono equilatero inscritto in lo cerchio del quale il mezzo diametro e equale alla linea. b. d. Et perche (per la penultima del primo) cadauna delle diece ypothemisse è tanto piu potente del catheto quanto puol el lato del decagono (& per la. 10. di questo) anchora lo lato del penthagono e tanto piu potente del medesimo quanto puol il medesimo lato del decagono (per communa scientia) cadauna di queste ypothemisse sarà equale al lato del penthagono. Di corausti anchora è manifesto che quelli sono equali alli lati del penthagono. Adonque tutti li lati di questi diece triangoli ouer che

sono

sono li lati del penthagono equilatero (descritto la seconda uolta nel cerchio) ouero che sono a quelli equali, adonque li triangoli sono equilateri, ma piu sopra il centro del cerchio (che è il ponto.l.) tira un'altro catheto equale alli primi el quale sia. l. m. & la superiore istremità di quello (che è il ponto.m.) giongi con cadauna istremità di primi: con cinque corausti (& per la sesta del undecimo) questo central catheto sarà equidistante a ciascuno di catheti angolari. E però (per la trigesimatertia del primo) questi cinque corausti saranno equali al mezzo diametro del cerchio, & (per el correlario della. 15. del quarto) ciascun de quelli è si come el lato del exagono, adonque sia aggionto al catheto centrale da l'una & l'altra parte, una linea equale al lato del decagono: de sopra a quello sia aggionto.m.n.& di sotto cioe sotto el cerchio sia aggionto a quello la.l.p.dal centro del cerchio, e dapoi dal ponto.n. siano tirate cinque ypothemisse alli cinque superiori angoli di diece triangoli che sono in el circuitu: & dal ponto.p.ne siano tirate altre cinque alli altri cinque angoli di sotto, & queste diece ypothemisse saranno equale fra loro, & alli lati dello inscritto penthagono (per la penultima del primo, & decima di questo, si come delle altre diece prime fu dimostrato. Tu hai adonque un corpo di uenti base triangolare equilatere: del quale tutti li lati sono equali alli lati del penthagono, & lo diametro di quello è la linea. n. p. Et di questi uinti triangoli dieci ne stanno in circuitu sopra il cerchio & cinque se elleuano di sopra li quali concorrano al ponto, n, & li altri cinque restanti si sommerseno de sotto & uanno insieme a terminare al ponto.p. Ma che questo corpo de uenti base sia circonscrittibile dalla data sphera in questo modo sarà manifesto. Conciosia che la linea.l. m. sia equale al lato del exagono, & la, m, n, lato del decagono equilateri che circonscriue il cerchio, e, f, g, tutta la linea, l, n, (per la nona del presente libro) sarà diuisa secondo la proportione hauente il mezzo e duoi estremi in ponto.m. & la maggior parte di quella sarà la linea.l. m. Adonque sia diuisa la.l.m.in due parti equali in ponto.q. & la.p.q. (per communa scientia) sarà equale alla.q.n. Perche la.p.l.fu posta equale al lato del decagono, si come la.m. n. per laqual cosa la, q, n, e la mità della, n, p, si come la.q.m.e la mità della. m.l. Conciosia adonque che il quadrato della, n, q, sia quincuplo (per la terza di questo) al quadrato della.q.m. Anchora lo quadrato della.p.n. (per la decimaquinta del quinto) sarà quincuplo al quadrato della.l.m. perche (per la quarta del secondo) lo quadrato della, p, n, è quadruplo al quadrato della.q.n. Anchora lo quadrato della. l. m. è quadruplo al quadrato della.q.m. (per la mdesima) & lo quadruplo al quadruplo è come el sempio al sempio (come testifica la detta decimaquinta del quinto.) Ma lo quadrato della. a.b. e quincuplo al quadrato della.b.d. (per la seconda parte del correlario della ottaua del sesto: & per lo correlario della decima ottaua del medesimo,) perche etiam la, a, b, è quincupla alla, b, c, impero che la.a.c.fu posta quadrupla a quella medesima. Adonque perche la.l.m. (dal presupposito) è equale alla.b.d. (per communa scientia) la.a.b. sarà equale alla.n.p. Adonque se sopra la linea. n. p. sia descritto uno mezzo cerchio elquale sia circonuoluto per fina a tanto che quel ritorni al suo primo loco: la sphera dal suo moto descritta, (per la diffinitione delle sphere) equale sarà equale alla sphera proposta, & perche

la linea.

La linea.l.m. è media proportionale fra la.l.n.& .n.m.e pero etiam fra la l.n.et.p.l. Anchora qual si voglia altro mezzo diametro del cerchio sarà medio proportionale fra la.l.n. & l.p. Et conciosia che la.l.m.sia equale al mezzo diametro del cerchio: adonque el mezzo cerchio descritto sopra la.p.n.transirà per tutti li ponti della circonferentia del cerchio,e,f,g. E pero transirà etiam per tutti li angoli del solido fabricato che stanno in quella circonferentia, Et perche (per la medesima ragione) tutti li coraufli,che continuano, ouer colligano le estremità di catheti angolari con la estremità del catheto centrale sono medij proportionali fra la.p.m. & m.n.impero che ciascun di quelli è equale alla.m.l. Seguita che il medesimo cerchio transisca etiam per li altri angoli della statuida figura de uinti base. Adonque questo corpo è inscrittibile alla sphera della quale la.p.n.è diametro. E pero è etiam inscrittibile alla sphera de laquale la,a.b,è diametro, Et lo lato di questa solida figura dico esser la linea minore. Perche egliè manifesto che la linea,b,d,è rationale in potentia conciosia che il quadrato di quella sia subquincuplo al quadrato della linea. a.b. laqual fu posta rationale ouer in longhezza,ouer solamente in potentia. Adonque lo semidiametro del cerchio, e,f,g,e etiam rationale in potentia. Perche lo semidiametro di quello è equale alla linea.b.d. Adonque (per la duodecima di questo) lo lato del penthagono equilatero inscritto a questo cerchio è la linea minore, & lo lato di questa figura (come è sta manifestado in el processo di questa demostratione) è quanto el lato del penthegono. Adonque lo lato di questa figura de uinti base è la linea minore si come se propone.

Correlario.

o/16 Da questo è manifesto che il diametro della sphera è quincuplo in potentia al mezzo diametro del cerchio che circonscriue il corpo di uēti base,& che il diametro della sphera è composto del lato del exagono & da duoi lati del decagono descritti nel medesimo cerchio.

Il Tradottore.

Per il cerchio che circonscriue il detto corpo de uenti base se piglia per il cerchio, e,g,h,k. della figura antiposta el mezzo diametro dil quale uien a esser equale alla linea. d.b.della prima figura & alla,l,m,della seconda figura.

Problema.5. Propositione.17.

17/17 Puotemo constituire el corpo di dodice base penthagonale equilatere & equiangole,circonscrittibile da una assignata sphera che habbia el diametro rationale, Et sarà palese el lato del medesimo corpo essere quella linea irrationale,che è detta residuo.

Sia fatto el cubo (secondo che insegna la 14. di questo) circonscrittibile dalla assignata sphera: & siano due superficie di questo cubo le,a,b, & a,c. Et immaginemo al presente che la, a,c, sia la superficie di sopra del cubo & la, a,b, sia una di quelle

quelle di lati, ſia la linea. a. d. commune a queſte due ſuperficie. Adonque ſian diuiſi li duoi lati oppoſiti (in la ſuperficie. a. b.) in due parti equali cioe el lato. d. b. in ponto. f. & lo lato a quello oppoſito in ponto. e. & li ponti delle diuiſione ſian continuadi con la linea. e. f. Anchora ſia diuiſo lo lato. a. d. & quello che glie a l'incontro in la ſuperficie. a. c. in due parti equali, & li ponti delle diuiſione ſiano continuadi con una linea retta la mità della quale ſia. g. h. & ſia el ponto. h. al ponto medio della linea. a. d. Similmēte ſia diuiſa la linea. e. f. in due parti equali in ponto. k. & ſia protratta la. h. k. adonque diuide cadauna delle tre linee. e. k. k. f. & . g. h. ſecondo la proportione hauente il mezzo e duoi iſtremi in li tre ponti. l. m. q. & ſiano le maggiore parti di quelle. l. k. K. m. & . g. q. lequale è manifeſto eſſer equare fra loro: conciosia che tutte le linee diuiſe ſono equale cioe cadauna di quelle e la mità del lato del cubo. Dapoi dalli duoi ponti. l. & . m. elleuarai le perpendicolale (come inſegna la duodecima del undecimo) alla ſuperficie. a. b. delle quale l'una e l'altra ponerai equale alla linea. K. l. & ſiano. l. n. & . m. p. & ſimilmente dal

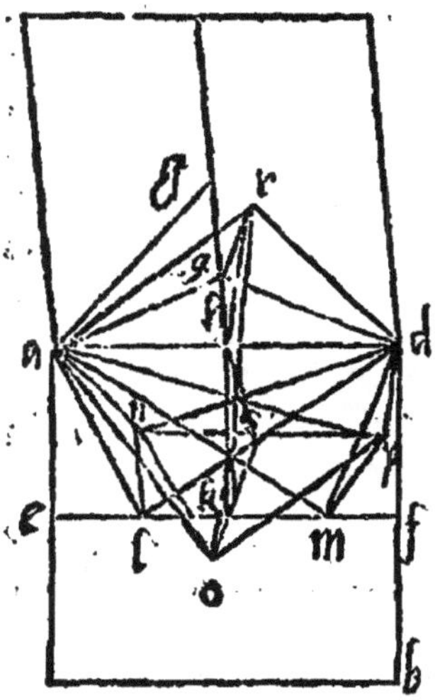

ponto. q. tira la. q. r. perpendicolarmente alla ſuperficie. a. c. laquale pone equale alla. g. q. Tira adonque le linee, a, l, a, n, a, m, a, p, d, m, d, p, d, l, d, n, a, r, a, q, d, r, d, q, Adonque (per la quinta di queſto) è manifeſto che le due linee, k, e, & , e, l, ſono potentialmente triple alla linea, k, l, E però etiam alla linea, l, n, cōciosia che la, k, l, et, l, n, ſono equale. Et la, K, e, è equal alla, e, a, Adonque le due linee. a. e. & . e. l. ſono in potentia treppie alla linea. l. n. per laqual coſa (per la penultima del primo) la. a. l. e in potentia treppia alla. l. n. E però (per la medeſima) la, a, n, e in potentia quadrupla alla. l. n. Et conciosia che ogni linea ſia in potentia quadrupla alla ſua mità, Seguita (per communa ſcientia) che la, a, n, ſia doppia in longhezza alla. l. n. & perche la, l, m, è doppia alla, l, K. & le, k, l, & , l, n, ſono equale, la, a, n, ſarà equale alla. l. m. perche le mità di quelle ſono equale. & perche (per la trigeſimatertia del primo) la. l. m. è equale alla. n. p. la. a. n. ſarà equale alla. n. p. & per lo medeſimo modo tu approuerai le tre linee. p. d. d. r. & . r. a. eſſer fra loro equale: etiam alle due predette, adonque hauemo da queſte cinque linee uno penthagono equilatero: elquale è. a. n. p. d. r. Ma per auentura tu dirai quello non eſſer penthagono: perche forſi quello non è tutto in una ſuperficie: laqual coſa è neceſſario in queſto acciochè ſia penthagono. Adonque: che quello ſia tutto in una ſuperficie, tu l'hauerai in queſto modo. Dal ponto. k. ſia produtta la linea. k. s. perpendicolare alla ſuperficie. a. b. che ſia equale alla. l. K. & per queſto la ſarà equale a l'una e l'altra delle due linee. l. n. & . m. p. & conciosia che quella ſia equale, & equidiſtante a l'una e l'altra di quelle (per la ſeſta del undecimo.) E però conciosia che quella ſia in la medeſima ſuperficie con ambedue quelle (per la diffinitione delle linee equidiſtante) è neceſſario che'l ponto. s.

ſia

sia in linea,n, p, & che diuida quella in due parti equale. Siano adonque protratte le due linee.r.h,& h,s,adonque li duoi triangoli.k.s.h.& q.r.h.sono constituidi sopra uno angolo, cioe sopra l'angolo.k.h.q. Et la proportione della.k.h.alla.q.r. e si come la.k.s.alla.q.h.perche come la.g.h.alla.q.r.cosi è la.k.h.alla.q.r.(per la settima del quinto) & come la.r.q. alla.q.h.cosi è la.h.s.alla.q.h. (per la medesima,) ma la,g,h,alla,q,r,e come la.q.r.alla.q.h.imperoche la.q.r.è equale alla.g.q.adonque(per la 31.del sesto) la linea.r.h.s.e una sol linea,per laqual cosa,(per la seconda del 11.) tutto lo penthagono del qual disputamo è in una superficie. Anchora dico quel esser equiangolo: perche conciosia che la.e.k.sia diuisa secondo la proportione hauente il mezzo e duoi estremi, & che la.k.m.sia equale alla maggior parte di quella, anchora (per la quarta del presente) tutta la.e.m.e diuisa secondo la proportione hauente il mezzo e duoi estremi, & anchora la maggior parte di quella è la linea.e.k. E pero(per la 5.)le due linee.e.m.&.m.k.è anchora le due.e,m. &.m.p.(perche la.m.p.è equale alla.m.k.)sono in potentia treppie alla linea. e.k. e pero etiam alla linea.a.e.(perche la.a.e.è equale alla.e.K. Adonque le tre linee. a.e.e.m,&. m.p.sono in potentia quadruple alla linea, a, e, & (per la penultima del primo tolta due uolte) è manifesto che la linea.a.p. e in potentia equale alle tre linee,a,e,& e,m,& m,p,adonque la,a,p,è in potentia quadrupla alla linea, a, e, & conciosia che'l lato del cubo sia doppio alla linea.a.e. in potentia anchor quadruplo a quella (per la quarta del secondo.) Adonque(per communa scientia)la.a.p. è equale al lato del cubo, & conciosia che la,a,d,sia uno di lati del cubo,la,a,p,sarà equale alla,a,d, e pero (per la 8. del primo) l'angolo,a,r,d, è equale al angolo, a,n, p, per lo medesimo modo tu approuerai l'angolo,d.p,n,esser equale a l'angolo, d,r,a,perche tu approuerai la linea,d,n,esser potentialmente quadrupla alla mità del lato del cubo. Conciosia adonque che per queste cose lo penthagono sia equilatero & habbia tre angoli equali(per la.7.del presente)quel sarà equiangolo,adõque se per questa uia è con simile ragione, fabricaremo sopra a ciascuno delli altri lati del cubo,uno penthagono equilatero & equiangolo,sarà compido un solido contenuto da dodeci superficie penthagone equilatere,& equiangole, perche el cubo ha dodeci lati. Hor ci resta a dimostrare questo solido esser circõscrittibile dalla data sphera,adonque dalla linea.s.k.siano protratte due superficie segante el cubo delle quale una lo seghi sopra la linea.h.K.& l'altra sopra la linea.e.f. Et(per la quadragesimaprima del 11.) sarà che la commune sectione di queste due superficie seghi la diametro del cubo, & quella similmente sarà segata dal detto diametro in due parti equali: sia adonque la cõmune sectione di quelle per fina al diametro del cubo. la linea,K,o,talmente che,o,sia il centro del cubo,et sia dutte le linee,o,a,o,n,o,p, o,d,o,r, Et è manifesto che l'una e l'altra delle due linee,o,a,et,o,d,e mezzo diametro del cubo e pero sono equale, & della linea,o,K, è manifesto(per la quadragesima prima del undecimo) che quella è equale alla,e,K, (cioe alla mità del lato del cubo.) & perche la.x.s. è equale alla.k. m.la.o. s.sarà diuisa in ponto. k. secondo la proportione hauente il mezzo e duoi istremi, & la maggior parte di quella sarà la linea.o. k. che è equale alla.e. k. Adonque(per la quinta di questo li quadrati

drati delle due linee. o.s.& .s. K. tolti insieme sono treppij al quadrato della linea. o.k.& similmente li quadrati delle due.o.s.& .s.p.tolti insieme sono treppij al quadrato della medesima.o.k.(imperoche la.s.p.è equale alla.x.s.)& pero sono etiam treppij al quadrato della mita del lato del cubo. Per laqual cosa (per la penultima del primo) la linea. o. p. è treppia in potentia alla mità del lato del cubo. Et (per el correlario della decimaquarta di questo) è manifesto che el mezzo diametro della sphera è treppio in potentia alla mità del lato del cubo che circonscriue la medesima sphera. adonque la.o.p.è quanto lo mezzo diametro della sphera che circonscriue el proposito cubo. Per la medesima ragione tutte le linee dutte dal ponto. o.a tutti li angoli di tutti li penthagoni descritti sopra li lati del cubo. Dico a tutti li angoli che sono proprij di penthagoni & non communi a quelli & alle superficie del cubo cioe li proprij, liquali in el penthagono statuido sono li tre angoli.n.p.r. Ma di quelle linee che ueneno dal ponto. o. a tutti li angoli di penthagoni che sono communi alli penthagoni & alle superficie del cubo, liquali in el presente penthagono sono li duoi angoli.a. & . d . è manifesto che esse sono equale al mezzo diametro della sphera, che circonscriue il cubo. perche quelli sono mezzi diametri del cubo (per la quadragesima prima del undecimo.) Ma el mezzo diametro del cubo è si come il mezzo diametro della sphera chel circonscriue si come appare(per la ratiocinatione della decima quarta.) Adonque tutte le linee dutte dal ponto.o. a tutti li angoli del dodeci base sono equale fra loro & al mezzo diametro della sphera. Adonque el mezzo cerchio lineato sopra tutto el diametro della sphera ouer del cubo,essendo circondutto transirà per tutti li angoli di quello.per laqual cosa(per la diffinitione) quello è circonscrittibile dalla assignata sphera. anchora dico che il lato di questa figura è una linea irrationale, cioe quella che è detta residuo se il diametro della sphera chel circonscriue sarà rationale in longhezza ouer in potentia.perche conciosia che il diametro della sphera sia(per la decimaquarta di questo) treppio in potentia al lato del cubo, onde sel diametro della sphera sarà rationale in longhezza ouer in potentia, el lato del cubo sarà etiam rationale in potentia.Et è manifesto (per la undecima che la linea.r.p.diuide la linea,a,d,che è il lato del cubo secondo la proportione hauente il mezzo & duoi istremi, & che la maggior parte di quella è equale al lato del penthagono, & perche la detta maggior parte di quella è un residuo (per la sesta di questo) è manifesto el lato di questa figura di dodeci base esser residuo: come uolemo dimostrare. Adonque(per la decima terza e per le quatro che seguitano quella) sono fabricadi cinque corpi equilateri & equiangoli di quali cadauno è circonscrittibile da una assignata sphera. Et questi solidi sono questi, cioe el primo è di quatro base triangolare,equilatere(e chiamasi Tetracedon)el secondo è di sei base quadrate(& è detto cubo ouer exacedrõ) il terzo e di otto base triangolare (& è detto ottocedrõ) & lo quarto solido è detto ycocedron(& è de uenti base triangolare,) Et lo quinto è di dodeci base penthagone(& è detto duodecedron) & questi cinque solidi sono detti regolari,perche quegli sono equiangoli: & equilateri, & circonscrittibili dalla sphera etiam fra loro, Et è impossibile esserne piu di questi cinque,che siano equilateri & equiangoli,perche

che alla constitutione di qual si uoglia angolo solido, è necessario concorrere al manco tre angoli superficiali:perche di duoi solidi angoli superficiali,non puol esser compido un angolo solido, Adõque perche li tre angoli di qualunque exagono equilatero, & aquiangolo, sono equali a quatro angoli retti, ma li tre angoli del eptagano, & di qualunque figura equilatera & equiangola de piu lati: sono maggiori di quatro angoli retti, si come euidentemente si puol cauar fuora della trigesima seconda del primo.) Et ogni angolo solido è minore di quatro angoli retti (come testifica la trigesima prima del undecimo) è impossibile con li tre angoli del exagono, & del eptagono,& simplicemente dogni figura equilatera & equiangola de piu lati, constituire un angolo solido,& pero niuna figura solida equilatera & equiangola puol esser constituida da superficie exagonale,ouer de piu lati: perche se li tre angoli d'un exagono equilatero, & equiangolo, eccedeno cadauno angolo solido,molto piu fortemente li quatro & li piu di quatro,eccederanno il medesimo, ma li tre angoli di un penthagono equilatero,& equiangolo è manifesto esser minori di quatro angoli retti,& li quatro esser maggiori.Per laqual cosa,eglie possibile esser cõstituido uno angolo solido da li tre angoli d'un penthagono equilatero & equiangolo,ma de quatro ouer de piu eglie impossibile,E pero solamente uno solido da penthagoni equilateri & equiangoli è stato constituido, cioe quello che è detto duodecedron in el qual li angoli di penthagoni a tre a tre constituiscono li angoli solidi, anchora la medesima ragione è in le figure quadrilatere equilatere & quiangole:che in le penthagone,perche ogni figura quadrilatera : se la sarà equilatera & equiãgola,& (per la diffinitione) quella sarà quadrata.perche tutti li suoi angoli saranno retti (per la trigesima seconda del primo.) Adonque da tre angoli di tal superficial figura, egli possibile esser constituido un angolo solido,ma da quatro ouer da piu eglie impossibile, per laqual cosa:da tal figure superficiali, lequal sono quadrilatere: equilatere & equiangole, e sta fabricado uno unico solido, elqual noi chiamassimo cubo. Ma di triangoli equilateri li sei angoli sono equali a quatro angoli retti (per la trigesima seconda del primo.) Adonque li manco de sei sono minori di quatro angoli retti & li piu di sei sono maggiori. Adonque dalli sei angoli de tal triangoli ouer da piu eglie impossibile essere fatto un angolo solido. ma da cinque, da quatro,& da tre:eglie possibile a constituire un angolo solido. Adonque quando li tre angoli d'un triangolo equilatero, fanno uno angolo solido uien fatto de triangoli equilateri el corpo di quattro base triangolare : et equilatere : ma quando li quattro angoli de triangoli equilateri constituiscono un angolo solido quelli ne danno il corpo di otto base,elquale chiamassimo ottocedron. Ma se li cinque angoli de triangoli equilateri contengano un angolo solido, uien fatto lo corpo ycocedron (de uinti base triangolare, et equilatere, per laqual cosa adonque tanti & tali sono li solidi regolari:& perche nõ siano piu di questi è detto di sopra.

Problema.6. Propositione. 18.

18/18 Puotemo trouare li lati di predetti cinque corpi da una medesima sphera circonscrittibile & compararli fra loro della qual sphera solo il diametro a noi sia proposto,& per esso diametro possemo trouarli.

Sia

Sia la. a. b. il diametro di alcuna sphera a noi proposta, dalla qual desideremo di trouare li lati di premessi cinque corpi. Diuidemo adonque questo diametro in ponto. c. talmente che la parte, a, c, sia doppia alla, c, b, anchora deuidemo, b, in due parti equali in ponto. d. & lineamo sopra di quello lo mezzo cerchio. a. f. b, alla circonferentia del quale siano tirate due linee perpendicolari alla linea. a. b. lequali siano, c, e, & d, f, & congiongemo, e, con, a, & con. b. Et, f, con, b. Adonque è manifesto (per la demonstratione della decima tertia) che la. a. e. e il lato della figura di quatro base triangolare & equilatere. & (per la demonstratione della decima quarta) e pur manifesto che la: e. b. e il lato del cubo, & per la demonstratione della decima quinta) che la, f, b, e il lato della figura di otto base triangolare & equilatere. Adonque dal ponto. a. sia tirata la linea, a, g, perpendicolare al la. a. b. etiam equale alla medesima. a. b. Et sia congionto. g. con. d. & sia. h. el ponto in el quale la linea. g. d. sega la circonferentia del mezzo cerchio, & sia condutta la linea. h. K. perpendicolare alla. a. b. & perche la. g. a e doppia alla. a. d. (per la quarta del sesto) la. h. k. sarà doppia alla. k. d. perche li duoi triangoli, g, a, d, & h, k. d, sono equiangoli (per la trigesima seconda del primo) impero che langolo. a. del maggiore e equale al angolo. k. del minore (perche l'uno e l'altro e retto) et l'angolo, d. e commune a l'uno e l'altro. Adõque (per la quarta del secondo la. h. K. e quadrupla in potentia alla. k. d. Adonque (per la penultima del primo) la. h. d. e quincuplo in potentia alla. k. d. Et concio sia che la. d. b. sia equale alla. h. d, (perche il ponto. d. e il centro del mezzo cerchio) Anchora la. d. b. sara quincupla in potentia alla. K. d. Et conciosia che tutta la. a. b. sia doppia a tutta la. b. d. si come la. a. c. (detratta dalla prima. a. b.) e doppia alla. c. b. detratta dal la seconda. b. d.) & (per la decimanona del quinto) la. b. c. (residuo della prima) sarà doppia alla. c. d, (residuo della seconda.) E pero tutta la. b. d. e treppia alla. d. c. Adonque el quadrato della. b. d. e nonuplo al quadrato della d. c. & perche quello era quincuplo solamente al quadrato della. k. d. (per la seconda parte della decima del quinto) lo quadrato della. d. c. e mancho del quadrato della. k. d. E pero la. d. c. e minore della. k. d. Sia adonque la. d. m. equale alla. k. d. & sia tirata la. m. n. per fina alla circonferentia, la quale sia perpendicolare alla. a. b. & sia congionto il ponto. n. con il ponto. b. tirata la linea. n. b. Concio sia adonque che. d. k. & . d. m. siano equale (per la diffinitione delle linee equalmente distante dal centro) le due linee. h. k. & . m. n. seranno equalmente distante dal centro. E pero saranno equale fra loro (per la seconda parte della 14. del terzo, & per la seconda parte della terza del medesimo. Adonque la. m. n. è equale alla. m. k. pche la. h. k. era equale a quella. Ma perche la, a, b, è doppia alla, b, d, & la, k, m, è doppia alla. d, k, & lo quadrato della, b, d, è quincuplo al quadrato della, d, K, (per la decima quinta del quinto) lo quadrato della, a, b, sarà similmente quincuplo al quadrato della. k. m. (Perche el quadrato del doppio al quadrato del doppio è si come el quadrato del sempio

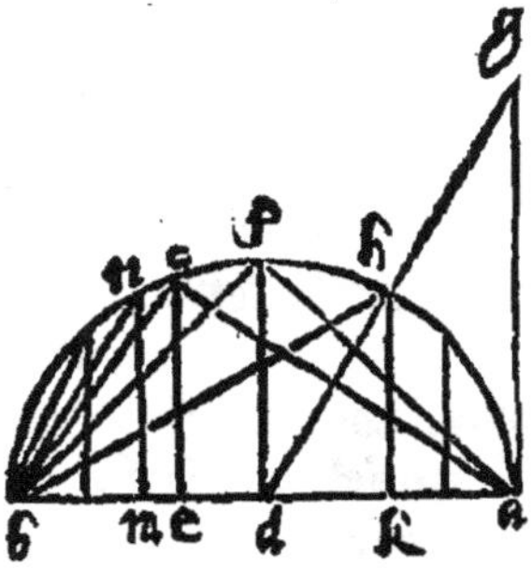

al

al quadrato del sempio. (Et per la demostratione della decimasesta è manifesto che il diametro della sphera e potentialmente quincuplo si al lato del exagono del cerchio della figura de uinti base come alla. K. m. adonque la, K, m, è equale al lato del exagono del cerchio della figura del uinti base. perche lo diametro della sphera che è la, a, b, e potentialmente quincuplo si al lato del exagono del cerchio di quella figura: come alla. k. m. un'altra uolta (per la demonstratione della medesima) è manifesto che il diametro della sphera è composto del lato del exagono & del doppio del lato del decagono del cerchio della figura de uinti base. Conciosia adonque che la, K, m, sia si come el lato del exagono: & la, a, K, sia equale a la, m, b, (perche quelle son li residui delle quantità equale tolte uia dalle equale(la, m, b, sarà si come lato del decagono. Adonque perche la, m, n, è si come el lato del exagono, perche quella è equale alla, k, m, (per la penultima del primo & per la decima di questo) la, n, b, sarà si come el lato del penthagono del cerchio della figura del uinti base. Et perche (per la demonstratione della decima sesta) appare, che el lato del penthagono del cerchio della figura del uinti base e il lato della medema figura de uenti base è manifesto la linea, n, b, esser il lato di questa figura: sia adonque diuisa la, e, b, (che è lato del cubo circonscrittibile dalla assignata sphera) secondo la proportione hauente il mezzo e duoi istremi in ponto, p, & sia, p, b, la maggior parte di quella. adonque è manifesto (per la demonstratione della precedente) che la, p, b, è il lato della figura del. 12. base. Adonque sono trouati li lati di, 5, precedenti corpi dal diametro della sphera a noi proposto. Perche la, a, c, è il lato della pyramide di quattro base: la. c. b. el lato del cubo, la, f, b, lo lato del octocedron & la, n, b, el lato del ycocedron, & la linea, p, b, el lato del duodecedron equali de questi lati siano maggiori de li altri, se hauerà in questo modo. Perche eglie manifesto che la, a, e, è maggiore della, f, b, (perche l'arco, a, e, è maggiore del arco, f, b,) Et similmente la, f, b, è maggiore della, e, b, & la, e, b, è maggiore che la, n, b, Dico anchora la, n, b, esser maggiore che la, p, b, Perche conciosia che la, a, c, sia doppia alla, c, b, (per la quarta del secondo) lo quadrato della, a, c, e quadruplo al quadrato della, c, b, Et (per la seconda parte del correlario della ottaua del sesto, & per el correlario della decimaottaua del medesimo) è manifesto che il quadrato della, a, b, e triplo al quadrato della, b, e, Ma (per la uigesimaseconda del sesto) lo quadrato della, a, b, al quadrato della, b, e, è si come el quadrato della, b, e, al quadrato della, c, b, per questo che la proportione della, a, b, alla, b, e, e si come della, b, e, alla, b, c, (per la seconda parte del correlario della 8. del sesto) adonque (per la undecima del quinto) lo quadrato della, b, e, e triplo al quadrato della, c, b, Et perche lo quadrato della, a, c, è quadruplo al medesimo quadrato (come è sta dimostrado) lo quadrato della, a, c, (per la prima parte della decima del quinto) sarà maggiore del quadrato della, b, e, E però la linea, a, c, è maggiore della linea, b, e, E però la, a, m, e molto piu maggiore della, b, e, Et è manifesto (per la nona di questo) che se la linea. a. m. sarà diuisa secondo la proportione hauente il mezzo e duoi istremi la maggior parte di quella sarà la linea, K, m, laquale è equale alla, m, n, Et quando che la, b, e, sia diuisa secondo la me desima proportione cioe hauente il mezzo e duoi istremi: la maggior parte di quella è la linea, p, b, Conciosia adonque che tutta la. a.m. sia maggiore di tutta la, b, e, sarà la.m,n, (che è equale alla maggior parte della , a , m ,) maggiore de la, p, b, (che è la maggior parte della, b, e,) & questo è manifesto (per la seconda propositione del decimoquarto libro) laqual cosa senza aggiuto di alcuna di quelle propositioni che seguitano non se stabilisse ferma demostratione adonque (per la decimanona del primo) per forza la, n, b, è maggiore che la, p, b, per laqual cosa è manifesto li lati di questi cinque precedenti corpi: eccedersi fra loro quasi in quello ordine che fra loro se seguitano perche solamente il cubo & lo ottocedro preteriscono a quello: perche il lato del ottocedron eccede il lato del cubo a benche il cubo anteceda lo ottocedron. Ma metteno el cubo auanti al ottocedro perche per la medesima diuisione del diametro della assignata sphera se ritroua el lato della pyramide (che ha le quatro base triangole) e il lato del cubo, Adonque la.a.e, (lato della pyramide) è maggiore delli lati de cadanno delli altri corpi. Et da poi quello la.f. b, lato del ottocedron è maggiore di lati di seguenti corpi. In lo medesimo ordine in grandezza seguita la.e.b. (lato del cubo) & in lo quarto loco e la, n, b, (lato de ycocedron) e lo minimo de tutti è la.p.b. (lato del duodecedron.

Il Tradottore.

In la seconda tradottione: la construttione del ottocedron è anciana a quella del cubo, per ilche li lati di detti corpi se ueneriano a eccedersi secondo il medesimo ordine delle loro construttioni.

Il Tradottore.

A uoler dimostrare che la linea. n. b. (lato del uinti base) sia maggior della linea.b. p. (lato del duodecimo base) senza agiutto della seconda del decimoquarto libro: ne da altra propositione che seguita (come uuol el debito.) Arguiremo in questo modo, Perche la linea.a.c. (dal presupposito) è doppia alla. b . c. adonque tutta la.a.b. sarà treppia alla medesima.b.c. Et (per la seconda parte del correlario della ottaua del sesto & per il correlario della decimaottaua del medesimo) el quadrato della detta linea.a.b. sarà treppio al quadrato della.b.e. & perche (per il correlario della decima sesta di questo) il quadrato della medesima. a. b. è quincuplo al quadrato della.k.m. & similmente al quadrato della.m. n. (per esser la. m. n. equale alla.m. K.) seguita adonque che cinque quadrati della.m.n. (tolti insieme) siano equali a tre quadrati della.b.e. tolti insieme) perche l'una & l'altra somma è equale al quadrato della.a. b. Hor perche il rettangolo di tutta la. e. b. nella parte. e. p. gionto con il rettangolo della medesima.b.e. ne l'altra parte.b.p. la detta somma (per la seconda del secondo) è equale al quadrato della medesima linea. b, e, Et perche il rettangolo della. b. e. nella.p.e. è minore di quello della. b. e. nella altra parte, b, p, (per esser la parte, b, p, maggiore della parte, p, e, E però duoi rettangoli della. b. e. nella, p, e, saranno minori delli duoi rettangoli della.b.e. nelle due parti.b.p. & .p.e. onde (per communa scientia) li detti duoi rettangoli fatti dalla, b, e, nella *e, nella minor parte. p. e. saranno minori del quadrato della, b, e, & perche il retangolo della, b, e, nella detta minor perte, e, p, è equale al quadrato de l'altra maggior parte, b, p, (per la diffinitione della linea cosi diuisa) adonque duoi quadrati della. b. p. saranno minori del quadrato della. b. e. per il che il treppio delli duoi quadrati della, p, b, saranno anchora minori del treppio del quadrato della, b, e, cioe che tre quadrati della. b. e. saranno maggiori de sei quadrati della, b, p, Et perche cinque quadrati della. m. n. (come di sopra fu dimostrato) sono equali alli tre quadrati della, b, e, seguita (per communa sententia) che li cinque quadrati della, m, n, siano maggiori delli sei quadrati della, b, p, & se li cinque sono magggiori delli sei molto piu un quadrato solo della, m, n, sarà maggiore d'un quadrato solo della, b, p, & se il quadrato della, m, n, è maggiore del quadrato della, b, p, etiam la linea m, n, (per communa scientia) sarà maggiore della linea, b, p, Et se la linea, m, n, è maggior della, b, p, molto piu la linea. n. b. sarà maggiore della medesima b, p, per che la detta, n, b, (per la penultima del primo ouer per la decima ottaua del medesimo) è maggiore della maggiore, cioe della. n. m. è pero sarà molto piu maggiore della, b, p, che il proposito senza ausilio di alcuna delle propositioni, che seguitano come è il douere. Nella seconda traduttione credo che uoglia arguire per questa medesima uia, ma tal argumentatione è tutta corrotta.*

IL FINE DEL DECIMOTERZO LIBRO.

LIBRO DECIMOQVARTO

DI EVCLIDE, DELLE CONVENIENTIE

che hanno li triangoli, penthagoni, exagoni, & decagoni, fra lor in rispetto della linea diuisa secondo la proportione hauente il mezzo e duoi istremi, e della proportione che hanno li corpi regolari fra loro.

Theorema. 1. Propositione. 1.

1 OGNI perpendicolare dutta dal centro d'un cerchio al lato del penthagono, descritto dentro di quel cerchio. se approua esser equale alla mita del lato del decagono, & alla mità del lato del exagono (descritti dentro al medesimo cerchio) congionte le dette mità ambedue direttamente in longo. Adonque è manifesto che la perpendicolare dutta dal centro d'un cerchio al lato del penthagono è equale alla perpendicolare dutta dal centro al lato del triangolo, & alla mita del lato del decagono (descritti in quel medesimo cerchio) congionti direttamente.

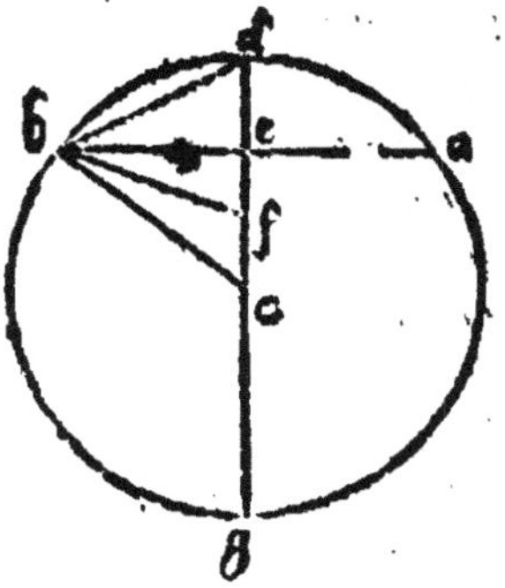

Sia la linea, a, b, lato del penthagono inscritto in el cerchio el centro del qual sia el ponto. c. & sia dutto dal centro, c, una perpendicolare alla linea, a, b, laquale (per la seconda parte della terza del terzo: diuiderà quella in due parti equali & etiam l'arco di quella in due parti equali (per la quarta del primo, & uigesima ottaua del terzo) & sia questa perpendicolare la linea, c, d, segante la linea, a, b, in ponto, e, & lo arco di quella in ponto. d. Adonque la linea, a, e, (come hauemo detto) è equale alla linea, e, b, & l'arco, a, d, al arco, d, b. Sia protratta la linea, d, b, della quale è manifesto che quella è il lato del decagono equilatero descritto in el proposto cerchio: conciosia che quella sottotẽde alla mità della quinta parte di tutta la circonferentia. Dico adonque che la linea, e, c, è equale alla mità della linea, c, d, et alla mità della linea, d, b, congiõte direttamẽte in longo: sia compido il diametro. d. c. et sia. d. c. g. et sia fatta la. e. f. equale alla, e, d, et sia protratta la. b. f. E (per la 4. del 1.) la. b. f. sarà equale alla, b, d, et pero (per la quinta del primo l'angolo, b, d, f, sarà equale al angolo. b, f, d, E (per la ultima del sesto) è manifesto che l'angolo, g, c, b, è quadruplo al angolo, b, c, d, impe-roche l'arco, g, b, è quadruplo al arco, b, d, & l'angolo, g, c, b, (perche la 32. del primo) è doppio al angolo, b, d, c. Perche quello extrinseco è equale alli duoi che sono, b, d, c, &, d, b, c, Et quelli sono equali (per la quinta del primo.) adonque l'angolo, b, d, c, è doppio al angolo, b, c, d, per laqual cosa anchora lo angolo, b, f, d, è doppio al angolo. b. c. f. Ma lo angolo, b, f, d, e equale alli duoi intrinseci, liquali sono, b, c. f, &, c, b, f, (per la trigesima seconda del primo.) Adonque li duoi angoli, b, c, f, & c, b, f, sono equale, e pero (per la sesta del primo) la. c, f, è equal alla. b. f. E pero etiam la, c, f, è equal alla, b, d, perche la, b, d, et la, b, f, sono equale fra loro. ꝑ laqual cosa la mità della, c, d, con la mità della, b, d. è quanto la mità della, c, d, con la mità della. c. f. & la mità della, c, d, con la mità della, c, f, è quanto la mità della, c, f, due uolte con la mità della. f. d. E la mità della. c. f. tolta due uolte è quanta la. c. f. e la mità della. f. d. è quanto la. e. f. Adõque la, c, e, è quanto la mità della, c, d, con la mita della, d, b, che è il proposito: e cosi el correlario è manifesto, ꝑche (per la ottaua del decimoterzo libro) è manifesto che la perpendicolare dutta dal centro del cerchio al lato del triangolo a quello inscritto è equale alla mità della linea dutta dal centro alla circonferentia: & questo è dimostrado di sopra, cosi è concluso el correlario. Conciosia adonque che (per questa prima di questo libro) sia manifesto che la perpendicolare dutta dal centro del cerchio al lato del penthagono sia equale alla mità della linea dutta dal centro alla circonferentia, & alla mità del lato del decagono. Seguita che la perpendicolare dutta dal centro del cerchio al lato del penthagono sia equale alla perpendicolare dutta del centro al lato del triangolo, & alla mita del lato del decogono, descritti dentro al medesimo cerchio, & questo è quello che propone el correlario, adonque le da esse isplicado al presente quello che dice Aristeo, in el libro intitolado La ispositione della la scientia di cinque corpi. E similmente Apollonio in el secondo dono, in la proportionalità della figura del dodeci base alla figura del uinti base el qual dice ; che la proportione delle superficie della figura che ha dodeci base alle superficie della figura che ha uenti base e cosi come la proportione del corpo de dodeci base al corpo de uenti base, perche anchora la linea dutta dal centro del cerchio del penthagono della figura delle dodeci base del duodecedrõ, alla circonferentia di quello, e come la linea che produtta dal centro del cerchio del triangolo della figura delle uenti base del ycocedron alla circonferentia di quello: e queste sono le parole del grãde Apollonio, et sono da esser intese della figura del dodeci base & della figura del uinti base circõscrittibile da una medesima sphera, perche la proportione del corpo duodecedron al corpo ycocedron (quando una medesima sphera li circonscriue,) e si come la proportione de tutte le superficie del duodecedron tolte insieme, a tutte le superficie del ycocedron tolte insieme: come commemora Apollonio per la prima parte delle precedente parole, laqual cosa etiam per la decima di questo decimoquarto lib. uien stabelida cõ ferma demonstratione. Et lo cerchio che circonscriue un penthagono del duodecedrõ, e equale al cerchio che circonscriue un triangolo del ycocedron, quando che una medesima sphera circonscriue il duodecedron, & lo ycocedron, si come esso Apollonio commemora per la seconda parte delle precedenti parole, laqual cosa etiam si afferma con demonstratione in la quinta di questo libro. adonque li ditti de tanti grandi huomini sono da esser mandati auanti per antecedenti a fortificatione della stabile uerità.

Il Tradottore.

La demonstratione della soprascritta propositione è alquanto oscura & tal argumentatione hauete de bisogno di un'altra propositione laqual è questa.

De ogni due quantità inequale: la mità della maggiore gionta con la mità della minore, e quanto la mita della minore tolta due uolte giontoli puoi la mita della differentia nella quale la maggiore auanza la minore uerbi gratia la mità della, c, d. (maggior) gionta con la mità della, c, f, (minore) è quanto due uolte la mità della, c, f, (minore) giontoui poi la mità della, f, d, (cioe della differentia nella quale la, c, d, (maggiore) auanza che la, c, f, (minore) ma per non abondar in tante propositioni ne demonstrationi. Demostraremo la medesima con demonstratione piu euidente senza la presente propositione. Perche la, c, f, è equal alla. b. d. (come nel principio fu approuado) giungẽdo alla, c, f, la, f, e, & alla, b, d, la, e, d, (p la. 2. cõmuna sententia) le due somme sarãno anchora equale cioe le due linee. b. d. et e. d. sarãno equale alle due. c. f. & . f. e. e perche le dette due linee. c. f. & . f. e. sono equale a tutta la linea c. e. seguita adõque che la detta perpendicolar, c, e, sia equale alle due linee. d. b. et d. e. Adõque se a qste due linee. d. b. et d. e. gli agiõgemo la linea. c. e. (che è equal a lor due) tutta la somma di queste tre linee sarà doppia alle dette due, etiã alla medesima. c. e. et pche la somma delle dette tre linee. d. b. d. e. et c e. sono quãto le due, c, d, &, d, b, (perche la, c, d, è composta delle due, c, e, & e, d.) Seguita adonque che le *due linee. c. d. & . d. b. gionte insieme tal somma sia doppia alla linea, c, e, adonque la perpendicolare, c, e, uien a esser la mità della somma delle due linee, c, d, & , d, b, & perche la, d, c, è equale al lato del exagono, & la, d, b, al lato del decagono, seguita il proposito.*

Theorema. 2. Propositione. 2.

20 Ciascuna cosa laquale interuenghi a una linea diuisa secondo la proportione hauente il mezzo, & duoi istremi, el si approua interuenire il medesimo a ogni linea similmente diuisa.

Sia l'una e l'altra delle due linee, a, b, & , d, e, diuisa secondo la proportione hauente il mezzo e duoi istremi: la, a, b, in ponto, c, & la, e, d, in ponto, f, & la maggior parte della, a, b, sia la, a, c, & di l'altra la, d, f, Dico adonque che de ambedue alle sue maggiori parti e una medesima proportione. Et similmente de ambedue alle sue parti minori e una medesima proportione: Et anchora delle maggior parti alle minori una medesima: & al contrario: & permutatamente: & congiontamente, & disgiontamente, & euersamente, & questo non è altro che ciascuna cosa laquale accade a una di quelle, il medesimo anchora accadere a l'altra, perche (per la diffinitione della linea diuisa secondo la proportione hauente il mezzo e duoi istremi, & per la prima parte della decimasettima del sesto) è manifesto che quello che uien fatto dalla, a, b, in, b, c, è

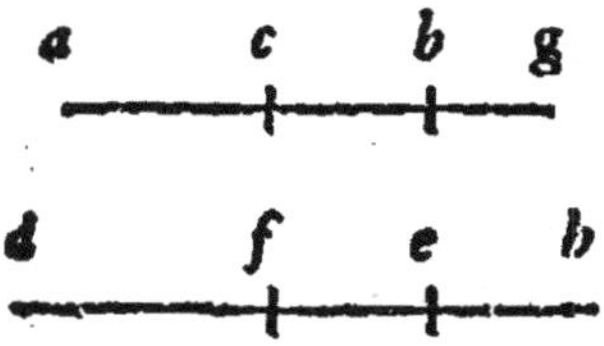

equale al quadrato della, a, c, Et per lo medesimo modo quello che uien fatto dalla, d, e, in la, e, f, è equale al quadrato della, d, f, E però la proportione di quello che uien fatto dalla, a, b, in la, b, c, al quadrato della, a, c, è si come di quello che uien fatto dalla, d, e, in la, e, f, al quadrato della, d, f, (perche l'una e l'altra e proportione di equalità) adonque el quadruplo di quello che uien fatto dalla, a, b, in la, b, c, al quadrato della, a, c, è si come el quadruplo di quello che uien fatto dalla, d, e, in la, e, f, al quadrato della, d, f, laqual cosa (per la decimaquinta del quinto e per la permutata: & equa proportionalità) è manifesto, per laqual cosa congiontamente el quadruplo di quello che uien fatto dalla, a, b, in, la, b, c, con el quadrato della, a, c, al quadrato della, a, c, è si come al quadruplo di quello che uien fatto dalla, d, e, in la, e, f, con el quadrato della, d, f, al quadrato della, d, f, Et sia aggionto (secondo la rettitudine) alla linea, a, b, una linea che sia equale alla, b, c, laqual sia detta, b, g, & alla, d, e, sia agionto un'altra equale alla, e, f, laquale sia detta, e, h, Adonque è manifesto (per la ottaua del secondo) che el quadruplo di quello che uien fatto dalla, a, b, in, b, g, con el quadrato della, a, c, è equale al quadrato della linea, a, g, Et similmête el quadruplo di quello che uien fatto dalla, d, e, in la, e, h, con el quadrato della, d, f, è equale al quadrato della, d, h, Et (per communa sententia) el quadruplo di quello che uien fatto dalla, a, b, in, b, c, è equale al quadruplo di quello che uien fatto dalla, a, b, in, b, g, imperò che la, b, c, & , b, g, sono equale. Similmente anchora

chora al quadruplo di quello che uien fatto dalla, d,e,in la,c,f,è equale al quadruplo di quello che uien fatto dalla,d,e,in la,c,b,imperò che la.c.f.& .c.b.sono etiam equale. Adonque (per la prima parte della settima del quinto, & per la undecima del medesimo) lo quadrato della, a, g, al quadrato della, a, c, è si come el quadrato della, d, b, al quadrato della, d, f, Per laqual cosa (per la seconda parte della uigesimaseconda del sesto) la proportione della, a, g, alla linea, a, c, è si come della linea, d, b, alla linea, d, f, & congiūtamente della, a, g, &, a, c, alla, a, c, è si come della, d, b, &, d, f, alla, d, f, et la, a, g, con la, a, c, sono si come il doppio della a, b, & la, d, b, con la, d, f, sono si come il doppio della, d, e, Per laqual cosa el doppio della.a.b.alla.a.c.e si come el doppio della.d.e.alla.d.f. Et permutatamente el doppio della.a.b.al doppio della.d.e.e si come la.a.c.alla.d.f. Ma el doppio della.a.b.al doppio della.d.e.e si come la a.b.alla.d.e. (per la decimaquinta del quinto.) Adonque della.a.b.alla.d.e.e si come della.a.c.alla.d.f.adonque permutatamente, & euersamente, & conuersamente, & disgiontamente, & congiontamente, la qual cosa bisognaua dimostrare.

Theorema. 3. Propositione. 3.

3 Diuiso uno lato d'un exagono, secondo la proportione hauente il mezzo e duoi istremi la maggior parte di quello, sara el lato del decagono circonscritto, da quel cerchio, che circonscriue lo exagono.

Sia la linea.a.b.el lato del exagono di alcun cerchio: & sia diuisa secondo la proportione hauente il mezzo e duoi istremi in ponto.c.& sia la maggior parte di quella la.b.c.dico che di qualunque cerchio la.a.b.e lato del exagono, di quel medesimo la.b.c.sarà il lato del decagono, perche essendo agionto alla linea.a.b. la linea.b. d. laquale sia el lato del decagono di quel cerchio: dil quale la.a.b.e lato del exagono; Et (per la nona del decimotertio) la linea.a.d.sarà diuisa secondo la proportione hauente il mezzo e duoi estremi, & la maggior parte di quella sara la linea.a.b.Concio sia adonque che l'una e l'altra delle due linee.a.b.&.a. d.sia diuisa secondo la proportione hauente il mezzo e duoi istremi. Adonque (per la precedente) de ambedue quelle alle sue maggior parti sara una medesima proportione, adonque del la.d.a.alla.a.b. (che è la sua maggior parte) e si come

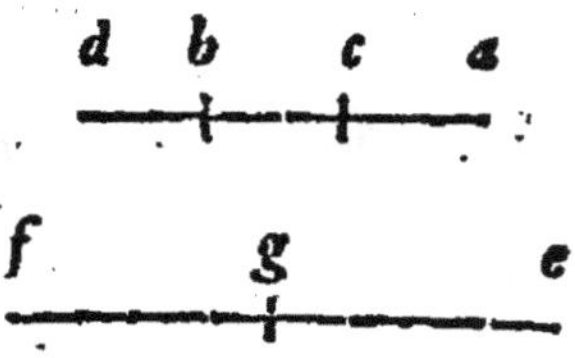

della.a.b.alla.b.c.(che e etiam la sua maggior parte) ma della.d.a.alla.a.b. (sua maggior parte) e si come della.a.b.alla.b.d.(per la diffinitione della linea diuisa secondo la proportione hauente il mezzo e duoi istremi. Adonque (per la undecima del quinto della . a. b .alla. b . d . e si come della.a.b, alla, b, c, per la qual cosa (per la seconda parte della nona del quinto) le due linee.b.d.&.b.c. sono equale. Concio sia adonque che la, b, d, sia el lato del decagono, anchora la.b, c, (per communa sciētia) sarà el lato del decagono, A dimostrare il medesimo altramente, alla linea.a, b, sia agionta la, b.d, equale alla, b, c, & (per la quarta del decimo tertio) tutta la, a, d, sarà diuisa secōdo la proportione hauente il mezzo, et duoi estremi, et la mag-

gior parte di quella e la linea,a,b. Adonque(per la conuersa della nona del decimo
tertio la quale dimostrassimo continuamente da poi quella) di quel cerchio che la li
nea,a,b,e lato del exagono di quel medesimo la linea,b,d, E pero(etiam la linea,b.
c.a se equale)e lato del decagono, Anchor parendone possemo dimostrare il medesimo per un'altra uia. Hor sia la. e. f.equale alla,a,b,laquale anchora sia diuisa in
ponto. g.secondo la proportione hauente il mezzo & duoi istremi : & sia la maggior parte di quella la linea. f.g. Adonque(per la precedente)è manifesto che si co
me la.a.b.è equale alla.e.f.cosi la.a.c.è equale alle.e.g. & la,c,b,è equale alla,g,f.
Et quando che alla.a.b . sarà aggionta la.b.d.(lato del decagono di quel medesimo
cerchio delquale la. a.b.è lato del exagono: sarà (si come per auanti fu detto per la
nona del decimotertio) tutta la.a.d.diuisa secondo la proportione hauente il mezzo e duoi estremi, & la maggior parte di quella sarà la linea.a.b. Adonque (per la
precedéte)della.a.b.alla.b.d.è si come della.f.g.alla.g.e.per laqual cosa (per la pri
ma parte della decimasesta del sesto) quello che uien fatto dalla.a.b.in la.g.è equa
le a quello che uien fatto della,b,d,in la,f,g. Et conciosia che la,a,b,sia equale alla,
e,f,etiam quello che uien fatto dalla,e.f,in la , e, g, sarà equale a quello che è fatto
dalla,b,d,in la,f,g. Ma quello che uien fatto dalla.e.f.in la,g,e,è equale al quadra
to della,f,g, (per la diffinitione della linea diuisa secondo la proportione hauente il
mezzo & duoi estremi,& per la prima parte della decima settima del sesto.) Adõ
que quello che uien fatto dalla.b.d.in la.f.g.è equale al quadrato della.f.g. E pero
(per la prima del sesto) la linea.d.b.è equale alla.f.g.& perche la.f.g.è equale alla
c.b. Anchora la.c.b.sarà equale alla.b.d.(lato del decagono) laqual cosa bisognaua dimostrare.

Theorema.4. Propositione.4.

4 El quadrato d'un lato d'un penthagono descritto dentro d'un cer-
o chio,& lo quadrato della linea che sotto tende al angolo di quel penthagono. Ambidui questi quadrati tolti insieme, pronontiò esser quin
cupli al quadrato della mità del diametro di quel medesimo cerchio.

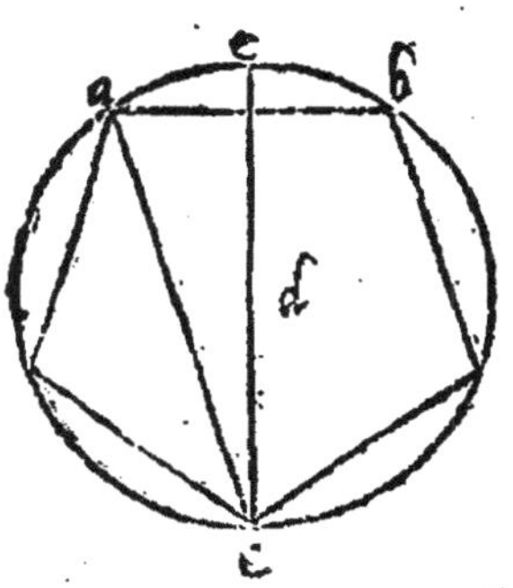

*Sia descritto in el cerchio.a.b.c. (el centro delquale
sia el ponto. d.) uno penthagono equilatero dilquale la
a,b,sia un lato , & sia protratto el diametro,e,d,e,di-
uidente la linea. a.b. etiam l'arco di quella in due parti
equali , Adonque l'arco , a , e, è la mità della quinta
parte della circonferentia di quel cerchio . Per laqual
cosa l'arco, a, c, e li duoi quinti di tutta la circonferentia : Adonque siano protratte le due linee,a, e, & a,
c, & la, a,e,sarà el lato del decagono equilatero , imperoche l'arco di quella è la mita della quinta parte del
la circonferentia , & la linea.a, c,sarà quella che sotto tende a uno delli angoli del
predetto penthagono: imperoche l'arco,a,c, è le due quinte parte della circonferé-
tia*

tia del cerchio. Dico adonque che li quadrati delle due linee.a.b. & a.c.tolti insie me sono quincupli, al quadrato della linea,d,e. Perche (per la quarta del secondo) lo quadrato della linea.c.e. è quadruplo al quadrato della linea.d.e. & conciosia che l'angolo,c,a,e,sia retto (per la prima parte della trigesimaprima del terzo,) & li quadrati delle due linee,c,a,& a,e,(per la penultima del primo) sarãno qu a drupli al quadrato della linea.d.e. Adonque li quadrati delle tre linee.c.a.&.a.e. &.d.e. tolti insieme sono quincupli al quadrato della linea.d.e. Et perche (per la decima del tertiodecimo libro) lo quadrato della.a.b.è equale alli quadrati delle due linee,a,e,&,d,e, Seguita che li quadrati delle due linee.a.b.&.c.a.siano quin cupli al quadrato della,d,e, che è il proposito.

Correlario.

Adonque è manifesto che el quadrato del lato del cubo,& el quadra
4/0 to del lato della figura del dodeci base,(quãdo che una medesima sphe ra circonscriue quel cubo e quella figura de dodeci base)ambidui li det ti quadrati tolti insieme sono quincupli al quadrato della mità del dia metro dil cerchio che circonscriue lo penthagono di quella medesima figura de dodeci base.

Questo correlario ueramente è manifesto, perche (per la demostratione della decima settima del terzodecimo libro) è manifesto che'l lato del cubo sotto tende al angolo del penthagono del duodecedron: quando che una medesima sphera circonscriue il cubo & lo duodecedro, Adonque per questa quarta senza oppositione è manifesto il correlario.

Theorema.5. Propositione.5.

5/2 El penthagono della figura de dodice base & lo triangolo della figu ra de uinti base(che una medesima sphera li circonscriue)sono circon scritti da uno medesimo cerchio.

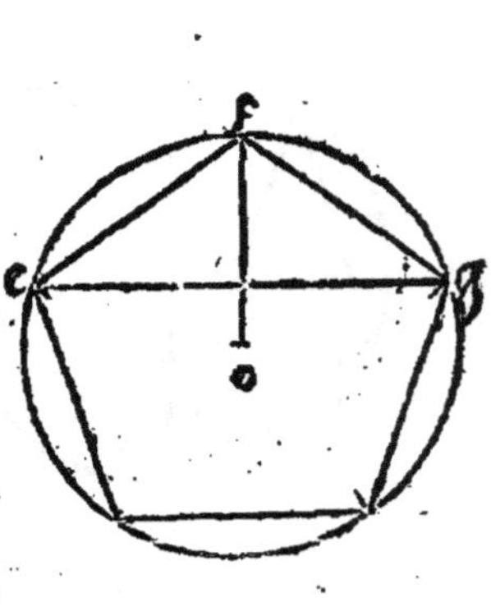

Sia una sphera (el diametro della qual sia la.a.b.) laquale circonscriua due figure solide, cioe el duodece dron (del quale.c.sia uno di suoi dodeci penthagoni) et lo ycocedro (del quale, d,sia uno di suoi uenti triango li) & al penthagono.c. & al triangolo,d,sopra li duoi centri.d.&.c. siano circonscritti duoi cerchij,l'uno sia, e,f,(per la decima quarta del quarto)& l'altro.k.d. (per la quinta del medesimo.) Dico adonque che questi duoi cerchij delle proposte sphere (di quali l'uno circon scriue el penthagono.c.& l'altro lo triangolo.d.) sono equali,siano signati li duoi lati del penthagono,e,continenti uno de suoi angoli: per le lettere.

le lettere.e.f.& f.g.& sia protratta la linea.e.g.laquale sotto tendi al angolo.f.et lo semidiametro del cerchio elquale sia.c.f. & ciascuno di lati del triangolo,d,sia signato con le lettere. K.h. & sia protratto il semidiametro del suo cerchio el quale sia,d,k,& da puoi sia tolta la linea, l,m,alla quale la linea,a.b.(che è il diametro della assignata sphera) sia quincupla in potentia, laqual linea, l, m, sia diuisa in ponto,n,secondo la proportione hauente il mezzo e duoi istremi: & la sua maggior parte sia la linea,l,n,& secondo la quantità di tutta la,l,m,sia lineado il cerchio.p.q. Adonque el semidiametro dil cerchio.p.q.sia equale alla linea, l, m. Et (per el correlario della decima quinta del quarto) la linea.l.m.è si come el lato del exagono equilatero, inscritto in lo cerchio,p,q, adonque(per la terza di questo) la linea.l.n.sarà si come il lato del decagono equilatero inscritto in lo medesimo cerchio. Adonque (per la undecima del quarto) sia inscritto uno penthagono equilatero in el cerchio, p,q,del quale uno lato sia la.p.q. Et (per la decima del decimotertio libro) lo quadrato della,p,q,sarà equale alli quadrati delle due linee.l.m.& .l.n.tolti insieme. Et(per la demonstratione della decima sesta del terzodecimo)è manifesto che la, h,k,è equale alla.p.q. Adõque el quadrato della,h,k,è equale alli quadrati delle due linee. l.m. & .l.n. tolti insieme, Et(per la demõstratione della decima settima del decimotertio) è manifesto che la, e, g, è il lato del cubo circõscrittibile dalla medesima sphera. Per laqual cosa (per el correlario della decimaquarta del terzodecimo)la.a.b.(che è il diametro della sphera)potentialmente è tripla alla,e,g,che è il lato del cubo:et se la.e.g.sia diuisa secondo la proportione hauente il mezzo e duoi istremi (per la demonstratione della decima settima del.13.)è manifesto che la.e.f.è si come la maggior parte di quella. Adonque(per la seconda di questo della,e,g,alla,l,m,è si come della,e,f,alla,l,n,perche si come è la tutta alla tutta cosi la maggior parte alla maggior parte. Adonque (per la uigesima seconda del sesto)el quadrato della,e,g,al quadrato della,l,m,è si come el quadrato della,e,f, al quadrato della.l.n.per laqual cosa (per la decimatertia del quinto) li quadrati delle due linee,e,g,&,e,f,tolti insieme alli quadrati delle due linee,l,m,&,l,n, tolti insieme sono si come el quadrato della,e,g,al quadrato della,l,m,adonque(per la decimaquinta del quinto & per la premutata & equa proportionalità)el treppio delli duoi quadrati delle due linee, e,g,&,e, f, tolti insieme:alli quadrati delle due linee.l.m.& .l.n.tolti insieme è si come el treppio del quadrato della,e,g,al quadrato della,l,m. Ma el treppio del quadrato della

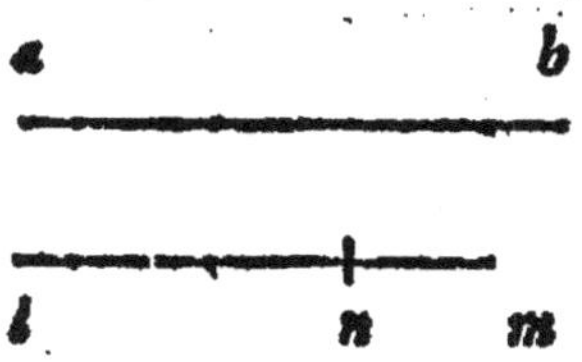

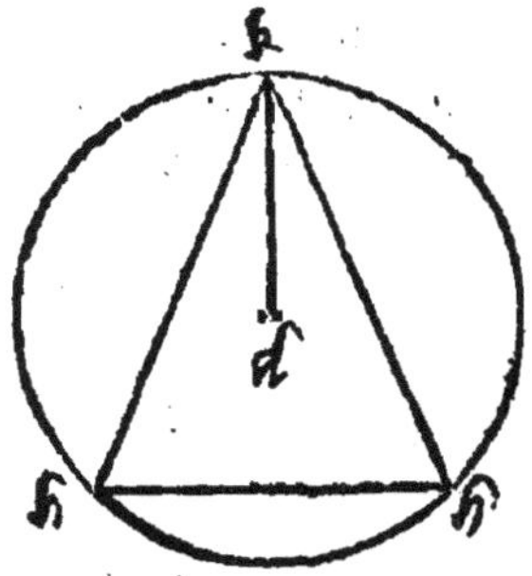

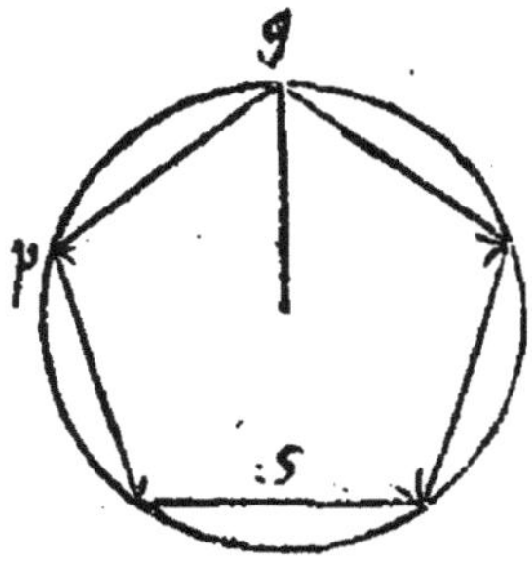

là,e,g,è tanto quanto el quadrato della,a,b.(per el correlario della decimaquarta del terzodecimo) & lo quadrato della,a,b,(per el presupposito)è quincuplo al quadrato della.l.m.adonque el treppio del quadrato della,e,g,è anchora quincuplo al quadrato della.l.m.per laqual cosa etiam el treppio di quadrati delle due linee,e,g, &,e,f,tolti insieme è quincuplo alli quadrati delle due linee, l,m,&,l,n,tolti insieme. Et perche egliè sta approuado che el quadrato della,b,K,è equale alli quadrati delle due linee, l,m,&,l,n, tolti insieme. Seguita(per communa scientia) che el treppio delli quadrati delle,e,g,&,e,f,sia quincuplo al quadrato della,b,K. Et per la ottaua,del terzodecimo)è manifesto che el quincuplo del quadrato della, b,k, è quindecuplo del quadrato della, d, K, (cioe quindece uolte tanto) perche el sempio è treppio. Et (per la quarta di questo) è manifesto che'l treppio di quadrati delle, e, g, & e, f, è quincuplo del quadrato della, c, f, perche el sempio è quincuplo adonque el quincuplo del quadrato della, c, f, è equale al quindecuplo del quadrato della, d, k, & pero(per la nona del quinto)el quadrato della, c, f, è equale al quadrato della, d, K, per la qual cosa etiam la linea,c,f,è equale alla linea,d, k, adonque (per la diffinitione di cerchij equali) lo cerchio che circonscriue el penthagono, c, è equale al cerchio che circonscriue el triangolo, d, la qual cosa dal principio era da dimostrare. perche li semidiametri di questi cerchij sono equali cioe la.c.f.& la.d.k.

Il Tradottore.

Doue che di sopra dice che la linea, b,K, (per la demonstratione della decima sesta del terzodecimo)sarà equale alla.p.q.questo se uerifica perche in quella fu dimostrato che il diametro della sphera era quincuplo al mezzo diametro del cerchio de uenti base & che il lato del penthagono descritto nel detto cerchio era equale al lato del uenti base e pero in questo luoco il cerchio.p.q. uien a esser il cerchio del uenti base et il lato del penthagono di quello uien a esser il lato del uinti base, e per questo la linea.p.q.uien a esser equale al,k,b,(lato del uinti base.)

Theorema.6. Propositione.6.

6/3 Anchora il quadrato che è trentuplo del rettangolo che se contiene sotto della perpendicolare dutta dal centro del cerchio, che circonscriue un penthagono, della figura de dodice base, al lato del penthagono e sotto del lato di esso penthagono, el se conuence di necessità esser equale a tutte le superficie del corpo di dodeci base tolte insieme.

Sia el penthagono.a.una delle dodeci base della figura del duodecedron, & uno di suoi lati sia la. b.c.& a quello(per la decimaquarta del quarto) sia circonscritto un cerchio sopra il centro, a,& sian protratte le linee.a.b.&.a.c.& la.a.d.perpendicolare alla. b.c. Dico adonque che el trentuplo di quello che uien fatto dalla,a,d, in la,b,c,è equale a tutte le superficie del dodecedron tolte insieme,perche eglie manifesto il penthagono. a. esser diuisibile in cinque triangoli equali al triangolo, a,b,

c,per

c,(per la ottaua del primo.) Conciosia adonque che tutti li dodeci penthagoni del duodecedron siano equali e simili al penthagono.a.sono diuisibili in sessanta triangoli di quali, ciascuno (per la ottaua del primo) è equale al triangolo, a,b,c,& quel lo che uien fatto dalla, a, d, in la,b,c,(per la quadragesima prima del primo) e doppio al triangolo, a, b, c. Adonque el trentuplo di quello che uien fatto dalla,a, d,in la,b,c,è sessantuplo al triangolo,a,b,c,(cioe sessan ta uolte tanto quanto è il triangolo, a,b,c,)perche si co me el sempio al sempio cosi è il doppio al doppio. Conciosia adonque che tutte le superficie del dodecedron tolte insieme:siano etiam sessantuple al triangolo, a, b, c,(cioe sessanta uolte tanto quanto è il detto triangolo, a, b, c,) Seguita che el trentuplo di quello che uien fat to dalla,a,d,in la,b,c, sia equale a tutte le superficie del dodecedron tolte insieme, che è il proposito.

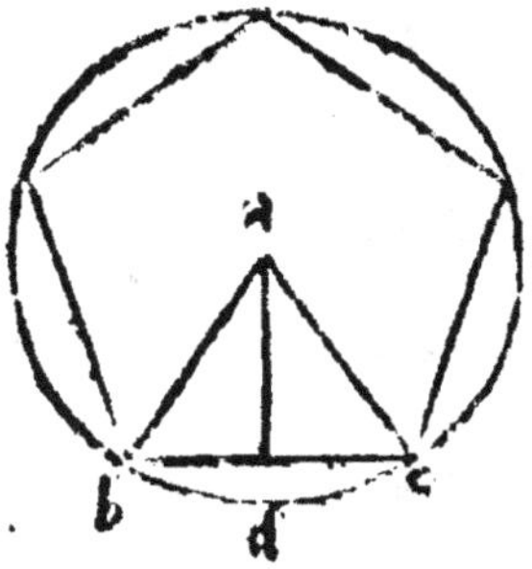

Theorema.7. Propositione.7.

7 Anchora el quadrato che è trentuplo del rettangolo che è contenuto sotto della perpendicolare dutta dal centro del cerchio al lato del triangolo della figura del uinti base a quello inscritto, & sotto del lato di qnel triangolo,e equale a tutte le superficie della figura del uinti base tolte insieme.

Sia anchora in questo loco el triangolo. e. una delle uinti base della figura del ycocedrō, & uno de suoi lati sia la.f.g. Et a quello(per la quinta del.4.) sia circonscritto un cerchio sopra el centro. e.& siano protratte le linee,e,f,e,g,& la.e.h.perpendicolare alla,f,g. Dico adonqne che el trentuplo di quello che uien fatto dalla e.h.in la.f.g. è equale a tutte le superficie del ycocedrō tolte insieme, cioe che tutte le superficie del ycocedron tolte insieme sono trenta uolte tanto quanto è lo rettā golo contenuto sotto della,e,h,& della.f.g.perche è manifesto el triangolo, e, esser diuisibile in tre triangoli cadauno di quelli (per la ottaua & quarta del primo)è equale al triangolo,e,f,g. Adonque tutti li uinti triangoli del ycocedron tolti insie me(conciosia che tutti siano equali & simili al triangolo.e.)sono si come del sessantuplo del triangolo.e.f.g. Et perche(per la quadragesima prima del primo) quello che uien fatto dalla. e.h. in la.f.g.è doppio al triangolo,e,f,g. E pero el trentuplo di questo è equale al sessantuplo di quello. Seguita che il trentuplo di quello che uiē fat to della,e,h,in la,f,g,sia equale a tutte le superficie del ycocedron tolte insieme laqual cosa era da dimostrare.

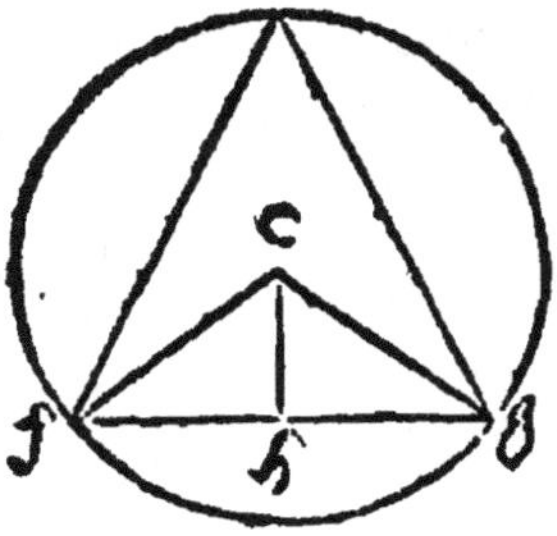

Correlario.

Adonque è manifesto che la proportione delle superficie della figura ra del dodeci base (contenute in qualche sphera) alle superficie della figura de uinti base concluse in la medesima sphera, e si come quella del rettangolo contenuto sotto del lato d'un penthagono di essa figura de dodeci base: & sotto della perpendicolare dutta dal centro del suo cerchio al lato di esso penthagono. Al rettangolo contenuto sotto del lato d'un triangolo di essa figura di uinti base, & della perpendicolare dutta dal cẽtro del suo cerchio al lato di quel triãgolo dil corpo di uinti base.

Eglie manifesto esser il uero quello che se conclude per el correlario, siano la figura del. 12. base & la figura del. 20. base circonscrittibile da una medesima sphera come se propone ouer se saranno etiam circonscrittibile da diuerse sphere. Ma el se propone come queste figure siano circonscrittibile da una medesima sphera perche questo modo uale & è sufficiente al proposito: adonque la communa uerità di quello cosi se manifesta. perche (per la. 6. di questo) è manifesto che el trentuplo di quello che uien fatto dalla, a, d, in la, b, c, è equale a tutte le superficie del dodecedron tolte insieme, del quale el penthagono, a, e una de le sue. 12. superficie, & (per questa. 7.) similmente è manifesto che il trentuplo di quello che uien fatto dalla, e, h, in la, f, g, è equale a tutte le superficie del ycocedron tolte insieme dil quale el triangolo, e, è una delle sue. 20. base o sia che quel dodecedron & questo ycocedron una medesima sphera li circonscriua, ouer diuerse. Adonque la proportione del trentuplo della, a, d, in la, b, c, a tutte le superficie di quel dodecedron tolte insieme e si come quella del trentuplo della, e, h, in la, f, g, a tutte le superficie del ycocedron tolte insieme perche l'una & l'altra proportione de equalità: per laqual cosa premutatamente el trentuplo della, a, d, in la, b, c, al trentuplo della, e, h, in la, f, g, e si come tutte le superficie di quel dodecedron a tutte le superficie di questo ycocedrõ: & (per la. 15. del. 5.) del trentuplo al trentuplo, e si come del sempio al sempio adõque e manifesto (per la. 11. del. 5.) che la proportiõ di tutte le superficie di quel dodecedron a tutte le superficie di questo ycocedron è come quella di quello che uiẽ fatto dalla, a, d, in la, b, c, a quello uien fatto dalla, e, h, in la. f. g. Et questo è quello che propone el correlario.

Theorema. 8. Propositione. 8.

8/0 La proportione de tutte le superficie del corpo de dodeci base tolte insieme, a tutte le superficie del corpo de uinti base tolte insieme (che siano da una medesima sphera circonscritti (e si come la proportione del lato del cubo (che circonscriue la medesima sphera) al lato del triangolo di quel medesimo corpo di uinti base.

Accio che ogni dubitatione si parta dal processo della demonstratione di questa. 8. del. 14. bisogna primamente saper q̃ste. Che se alcuna linea sarà diuisa secõdo la proportione hauente il mezzo e duoi estremi, e dalla mità di quella: sia detratto tãto quanto è la mità della sua maggior parte anchora q̃lla medesima mita sarà di uisa

uisa secondo la proportione hauente il mezzo e duoi estremi, & la sua maggior parte e si come la mita della parte maggiore della sua doppia, uerbi gratia. Sia la.a.b. diuisa secondo la proportione hauente il mezzo, & duoi estremi in ponto. c. & la maggior parte di quella sia la.a.c.& sia la.d.e. si come la mita della. a. b.& la.d. f. si come la mita della. a. c. Dico adonque che la.d.e.è diuisa in ponto.f.secondo la proportione hauente il mezzo & duoi estremi & la maggior parte di quella è la,d, f. Perche (per la.15.del.5.) è manifesto che la proportione della.a.b.alla.a.c.è si come della. d.e.alla.d.f.(cioe el doppio al doppio: e si come el sempio al sempio.) Per laqual cosa premutatamente della. a. b. alla. d.e. e si come della.a.c.alla.d.f. adonque (per la.19.del quinto) della, c,b, alla,f,e, è si come della.a.b.alla.d.e.adonque la. c.b. è doppia alla. f.e.perche cosi è la,a,b,alla.d.e.Conciosia adonque che tutta la. a. b. sia doppia a tutta la. d. e. e cosi ciascuna delle parti della.a.b.a ciascuna delle parti della.d.e.cadauna alla sua relatiua. Per laqual cosa (per la.15.del quinto: & per la.11.del medesimo,& per la diffinitione della linea diuisa secondo la proportione hauente il mezzo e duoi estremi.) La linea,d,e,sarà diuisa in ponto. f. si come se propone. Adonque al presente solicitemo alla demonstratione di quello che fu proposto allo essempio del quale sia lo cerchio. a. b. c. (el centro del quale sia.d.) circonscribente un penthagono del dodecedron & un triangolo de ycocedron. li quali una medesima sphera li circonscriua & concluda equalmēte ambidui. Perche (per la.5. di questo) è manifesto che il medesimo cerchio circonscriue questo penthagono: & quel triangolo,& sia la linea.a.b.lato del penthagono et la linea.a.c.del triangolo, & sia la linea, b, si come el lato del cubo circonscritto dalla medesima sphera. Dico adonque che la proportione de tutte le superficie del dodecedron tolte insieme a tutte le superficie del ycocedron tolte insieme: è si come la linea.b.alla linea, a, c, perche essendo produtta dal centro.d. una perpendicolare alla, a, b, laqual transisca per fina alla circonferentia segando la, a, b, in ponto, e, & l'arco di quella in ponto.f. Et è manifesto questa perpendicolare diuidere in due parti equale sia la linea.a.b. come l'arco di quella, La corda.a.b. (per la.2.parte della terza del terzo) & l'arco di quella (per la quarta del primo, & per la.27.del terzo.) adōque l'arco.f.a. e la decima parte della circonferentia. Sia adonque sotto a quello tirata la corda. a.f.laquale sarà el lato decagono equilatero di quel medesimo cerchio.adōque (per la.9.del.13.) è manifesto che la linea composta dalla. d. f. &.f. a. sarà diuisa secondo la proportione hauente il mezzo et duoi estremi & la maggior parte di quella sarà la linea.d.f. (Et per la prima di questo) la.d.e.è equale alla mita della.d.f.& alla mita della.f,a.congionte direttamente in longo. Sia adōque la.d.g.perpendicolare alla.a.c. (& per el correlario della ottaua del.13.)

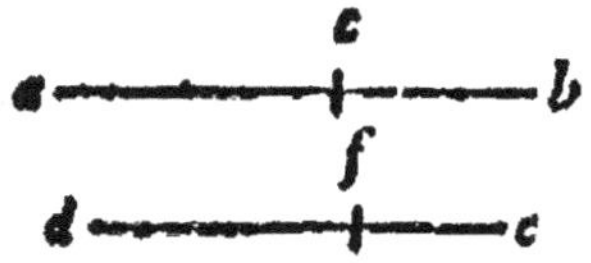

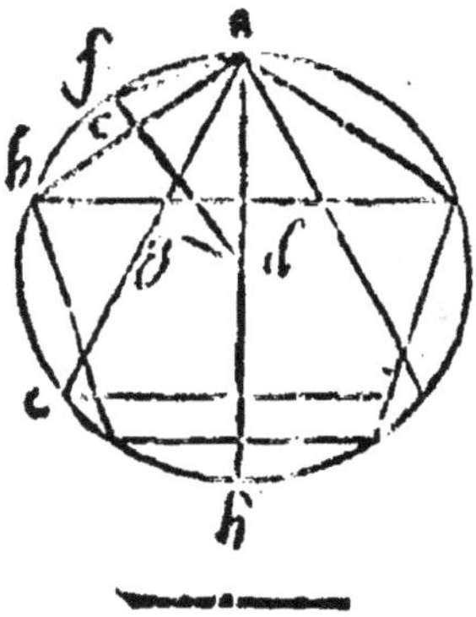

la.g.d.

la g.d. sarà si come la mità della.d.f. Adonque se della linea.d.e.(laquale è si come la mità della.d.f.a. (quando che la.d.f.& f.a.sia una linea.)Sia detratto una equale alla,d,g,(laquale è si come la mita della,d,f.)La linea,d,e,(per quello che fu approuado auanti questa) sarà diuisa secondo la proportione hauente il mezzo, & duoi estremi, & la maggior parte sarà si come la,g,d. Et(per la demostratione della.17.del terzodecimo)è manifesto che se la linea,b,(che è lato del cubo)sia diuisa secondo la proportione hauente il mezzo & duoi estremi la maggior parte di quella sarà si come la, a, b, che è lo lato del penthagono della figura de dodeci base. Adonque(per la seconda di questo) la proportione della, b, alla,a,b, è si come della, d,e, alla,g,d,per laqual cosa(per la prima parte della decima sesta del sesto) quello che perviene dalla, b,in la,g,d, è equale a quello che vien fatto dalla,a,b,in la,d,e. Et(per el correlario della precedente)è manifesto che la proportione de tutte le superficie del dodecedro(del quale el lato è la,a,b,) tolte insieme,a tutte le superficie del ycocedro(del quale el lato e la,a,c,)tolte insieme,e si come di quello che vien fatto dalla,a,b,in la,d,e,a quello che vien fatto dalla a,c,in la,g,d. Adonque (per la prima parte della settima del quinto, & undecima del medesimo) la proportione di quello che peruiene dalla, b,in la,g,d,a quello che peruiene dalla,a,c,in la,g, d, e si come de tutte le superficie di quel dodecedron a tutte quelle di questo ycocedro. Ma di quello che peruiene dalla, b,in la,g,d,a quello che peruiene dalla,a,c,in la, g, d,(per la prima del sesto) e si come della,b,alla,a,c. Adonque(per la.11.del.5.)la proportione di tutte le superficie di quel duodecedro a tutte quelle di questo ycocedron e si come della, b, alla,a,c, che è il proposito. Questo medesimo poteremo prouar altramente: se auanti quello poneremo un antecedente necessario elqual è questo.

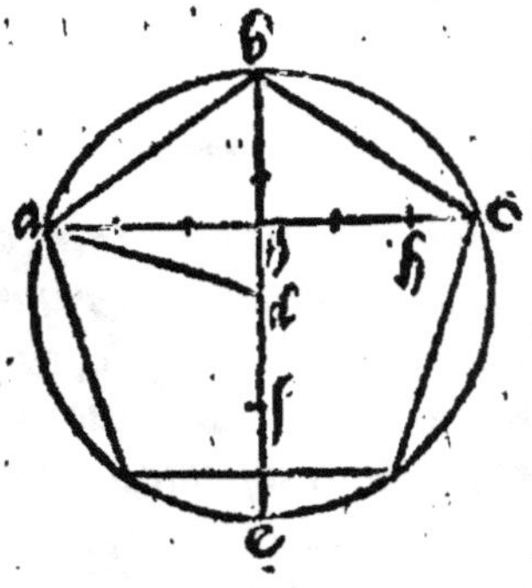

Se in qualunque cerchio sarà inscritto un pẽthagono equilatero lo rettangolo che è contenuto sotto il dodrante del diametro di quel cerchio & sotto dextante di quella linea che tẽde sotto al angolo di quel penthagono de necessità el bisogna essere equale al medesimo penthagono.

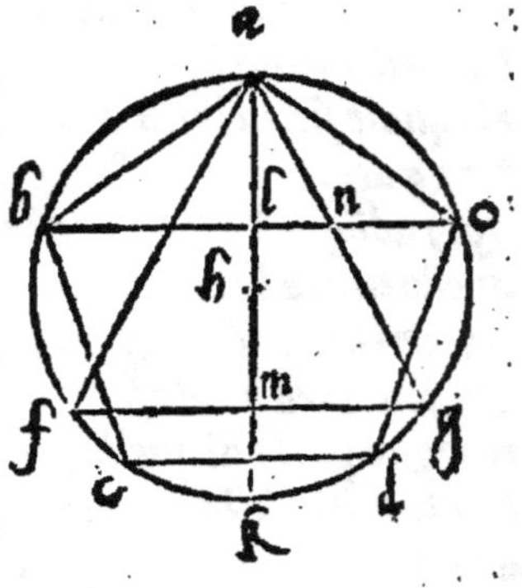

Li nostri maggiori con lo intelletto & con la ragione diuiderono cadauno integro in dodeci parti equali e tutte quelle parti insieme(cioe quel tutto)lo chiamorno. Asse & le undice di quelle parti gli dissено de unce,Et le diece,dextante:le noue dodrante e le otto bisse & le sette, septunce ouer septante ouer quincũce et le sei:semis,& le cinque quincunce & le quatro triente:& le tre,quadrante:& le due sextante,& la una, adimandorno oncia, & quelle piu uolte sono sta trouate in li antiqui libri designate p l'ordine de tal figure.

tutto

As. Deunce. Dextante. Dodrante. Bisse. Septunce.

Semis. Quincunce. Triente. Quadrante. Sextante. Vncia.

Anchora la onza laqual hauemo detto douer esser la 12. parte del As. la diuiderno in altre 12. frationi, ma per una altra uia, perche la mita della onza gli dissi sono. Semioncia. La terza parte duella, la quarta sicilico, la sesta sextula, la ottaua dragma, la duodecima emissela, la. 18. tremisse, la 24. scrupulo, la 48. obolo, la 72. bissiliqua, la 96. cerates, la ultima ch' è la. 144. parte di essa oncia chiamorno siliqua, Et a queste 12. frattioni della oncia li posteriori, gli hanno aggionto el calco & lo carco e la. 292. parte della oncia, del qual aggiongimento ne fu causa accio che el diatesseron & el diapente delle simphonie di toni & semitoni distinti per interuali di queste frattioni, la denominatione ascendesse ouer se estendesse per fina al minimo istremo: & tutte quelle frattioni li annotauano secondo l'ordine de tal figure.

Semiuncia. Duella. Sicilico. Dragma. Emissella.

Termisse. Scrupulo. Obolo. Bissiliqua. Cerates. Siliqua. Calco.

Adonque el senso di quello che è detto è questo che se in alcũ cerchio sia inscritto un penthagono equilatero, quello che uiẽ fatto delli tre quarti del diametro del cerchio in li cinque sesti della linea che sotto tende a uno delli angoli del penthagono inscritto è equale al penthagono uerbi gratia sia el cerchio, a, b, c, sopra el centro, d, &, a, quello (per la. 11. del. 4.) sia inscritto un penthagono equilatero del quale li dui lati contmenti uno di soi angoli sian la a, b, & , b, c, & al'angolo, b, sia sotto tesa la linea, a, c, & sia tirado lo diametro, b, d, e, elqual seghi la linea, a, c, in due parti equali in ponto, g, & sia la, d, f, la mità della, d, e, & la, g, h, doppia alla, h, c, & la, b, f, sarà el dodrante del diametro: perche è li tre quarti di quello, & la, a, h, sarà el dextante della, a, c, perche quella e li cinque sesti di quella & sia tirata la linea, a, d, Dico che quello che peruiene dalla, b, f, in la, a, h, è equale al penthagono inscritto in el cerchio (perche conciosia che la, a, g, sia perpendicolare alla, b, d, (per la quadragesima prima del primo) quello che peruiene dalla, b, d, in la, a, g, sarà doppio al triangolo, a, b, d, E pero quello che peruiene dalla, b, f, in la, a, g, sarà treppio al medesimo triangolo, & quello che peruiene dalla, b, f, in la, h, g, sarà doppio, & dalla, b, f, in tutta la, a, h, sarà quintuplo. Conciosia adonque, che tutto el penthagono sia quintuplo al medesimo triãgolo. Eglie manifesto che quello che uien fatto della, b, f, in la, a, h, è equale al penthagono, Et questo era da dimostrare. Hor demostramo quello che fu proposto dal principio per un'altra uia si come fu promesso. Sia adonque in el cerchio, del quale el centro sia, b, inscritto uno penthagono della figura de dodeci base & un trian-

triangolo della figura de uinti basi liquali una medesima sphera li circonscriuà. Et (per la quinta di questo) è manifesto che el penthagono di questo dodecedron & lo triangolo di quello ycocedron, sono circondutti dal medesimo cerchio, & sia lo penthagono, a, b, c, d, e, & lo triangolo, a, f, g. & lo angolo, a, del penthagono sia sotto te sa la linea, b, e, laqual e (per la demonstratione della decima settima del terzodecimo) sarà el lato del cubo: che circonclude la medesima sphera. Adonque sia tirato lo diametro, a, b, k. elqual sega orthogonalmente, & in due parti equali l'una & l'altra delle due linee, b, e, & , f, g. l'una in ponto. l. & l'altra in ponto. m. Dico adonque che la proportione de tutte le superficie del dodecedron a tutte quelle del ycocedron (delli quali el penthagono, & triangolo sian descritti in el medesimo cerchio) è si come della linea. b. e. (che è lato del cubo circonclusó dalla medesima sphera, alla linea, f, g, che è lato del triangolo del ycocedro.) Perche (per el correlario della. 8. del. 13.) è manifesto, che la linea, b, m, è la mità della linea, a, b, E pero la linea. a. m. sarà el dodrante del diametro, a, k. (perche la è li tre quarti di quello.) Sia adonque la. l. n. doppia alla. n. e. et la. b. n. sarà lo dextante della. b. e. perche la è li cinque sesti di quella. Adonque (per lo premesso antecedente) quello che perviene dalla, a, m, in la, b, n, sarà equale al penthagono. a. b. c. d. e. & quello che perviene dalla, a, m, in la, m, f, è equale al triangolo. a. f. g. Adonque (per la prima del sesto) la proportione del penthagono al triangolo, e si come la, b, n, alla, m, f, per laqual cosa el quincuplo di quel penthagono al uigintuplo di questo triangolo è si come el dodecuplo della linea, b, n. al uigintuplo della linea, m, f, laqual cosa è manifesta (p la. 15. propositione del quinto libro) & per la equa proportionalità) & lo dodecuplo della, b, n, è si come el decuplo della, b, e, perche dodeci dextanti se equaliano a diece assi (cioe diece tutti) & lo uigintuplo della, m, f, è si come el decuplo della, f, g, perche la, f, g, è doppia alla. m. f. Adonque el dodecuplo de questo penthagono; al uigintuplo di questo triangolo: e si come el decuplo della, b, e, al decuplo della. f. g. Et perche el dodecuplo di quel penthagono, e tutte le superficie del dodecedron. Et lo uigintuplo di questo triangolo e tutte le superficie del ycocedron. Et perche (per la. 15. propositione del quinto) el decuplo della, b, e, al decuplo della, f, g, è si come la, b, e, simplice alla, f, g, simplice, (per la undecima propositione del quinto libro) la proportione de tutte le superficie del dodecedron (tolte insieme) a tutte le superficie del ycocedron (tolte insieme) sarà si come della, b, e, alla, f, g, & questo è quello che bisognaua dimostrare.

Theorema. 9. Propositione. 9.

9
0 Qualunque linea diuisa secondo la proportione hauente il mezzo e duoi istremi, La proportione della linea potente sopra a tutta la linea & alla maggior parte di quella, alla linea potente sopra la tutta & la minor parte di quella, sarà si come la proportione del lato del cubo al lato del triangolo del corpo de uinti base contenuto in la medesima sphera con quello.

Sia la linea, a, b, diuisa secondo la proportione hauente il mezzo & duoi estre-

mi & la maggior parte di quella sia la linea. a. c. & sopra il centro. a. secondo la quantità della linea. a.b. sia desritto il cerchio.d.b.e. & a quello sia inscritto (per la undecima del quarto) uno penthagono equilatero del quale la,d,e,sia un lato et (per la seconda del medesimo) gli sia etiam iscritto uno triangolo equilatero del quale la, d, f, sia uno lato: & a uno delli angoli del penthagono (qual sia. d.) sia sotto tesa la linea. e.g. Adonque (per la quinta di questo) è manifesto che la sphera che circonscriue el dodecedron de quel penthagono, del quale un lato e la, d,e, circonscriue insieme lo ycocedron de quel triangolo del quale un lato e la. d. f. Et (per la demonstratione della decima settima del terzo decimo) e manifesto che la medesima sphera circonscriue el cubo del quale la,e,g,è el suo lato, adonque sia tolta la linea. h.potente sopra tutta la,a,b,& la sua maggior parte. a,c, & similmente la. k. potente sopra tutta la, a, b, & la minor parte. b. c.di quella. Dico adonque,che la proportione della, e,g,alla,d,f, (cioe come del lato del cubo, al lato del triangolo del ycocedron contenuto insieme con esso cubo dalla medesima sphera) è si come della,h, alla.k. Perche egliè manifesto (per el correlario della. 15 .del quarto) che la.a b.è si come el lato del

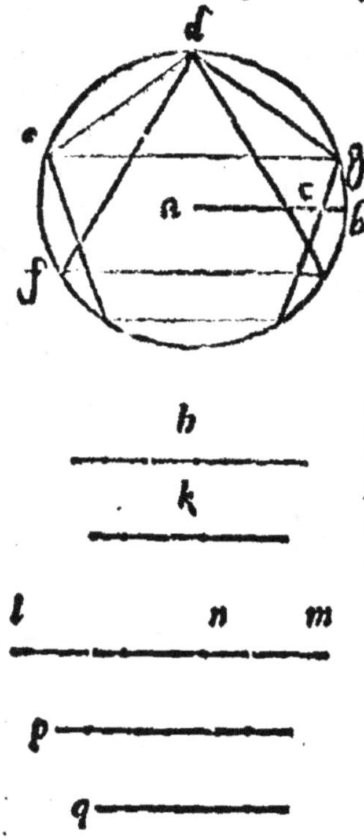

exagono equilatero inscritto in lo cerchio. b.d.e. Adonque (per la terza di questo) la,a,c,è si come el lato del decagono del medesimo cerchio. Adõque (per la. 10. del terzodecimo) la, d, e, è potente sopra tutta la, a, b, & alla maggior parte,a, c,di quella.per laqual cosa la,d,e,è equal alla,h,perche el quadrato di cadauna di quelle è tanto quanto li quadrati delle due linee.a.b.&.a.c.tolti insieme,& è manifesto per la. 8.del. 13 .che la.d.f.è treppia potentialmente alla. a. b.& (per la. 5.del medesimo) è manifesto che la.K.e anchor treppia potentialmente alla.a.c. Adõque (p la.2. parte della.22.del sesto) la proportione della,d,f,alla,a,b,è si come quella della.K.alla.a.c.per laqual cosa premutatamente della,d,f,alla, K, è si come della,a,b,alla,a,c,& perche (per la demõstratione della.17.del.13.) è manifesto che se la,e,g,sia diuisa secondo la proportione hauente il mezzo e duoi estremi la maggior parte di quella sarà si come la, d, e, (per la. 2 .parte di questo) la proportione della,e,g,alla,d,e,sarà si come della, a.b,alla.a.c. Per laqual cosa (per la.11. del. 5.) sarà anchora della, e,g, alla,d,e,si come della,d,f,alla,k,& permutatamente della,e,g,alla,d,f,si come della, d,e,alla,k,& perche (per la prima parte della.7. del quinto) della,d,e,alla,k,sarà si come della,h,alla,K, (impero che la,d,e,& la, h,sono equale (per la.11.del.5.) della,e,g,alla,d,f, sarà si come della,h,alla,k,che è il proposito.& non solamente la proportione della, e,g, (lato del cubo) alla, d,f, (lato del triangolo del ycocedron) è si come della,h,alla,K,anzi è simplicemente si

come

come di qualunque due linee (de l'una a l'altra) de lequale l'una possi sopra tutta qualunque linea diuisa secondo la proportione hauente il mezzo e duoi estremi: & sopra la maggior parte di quella, & l'altra sopra la tutta, & la minor parte di quella. Perche de tal linee a una per una e una medesima proportione. uerbi gratia stante li medesimi presuppositi: cerca alle linee, a, b, h, &, K, & sia tolta anchora qualunque altra linea (laqual sia. l. m.) diuisa secondo la proportione hauente il mezzo e duoi estremi in ponto, n, & la maggior parte sia la. l. n. Et sia la. p. potente sopra tutta la, l, m. & sopra la. l. n. maggior parte di quelli & la linea. q. sia potente sopra tutta la l. m. & sopra la. m. n. minor parte di quella. Dico adonque che la proportione della. p. alla. q. è si come della, h, alla, k, perche (per la seconda di questo libro) è manifesto che della, b, a, alla, a, c, è si come della. l. m. alla. l. n. adonque (per la prima parte della uigesima secōda del sesto) del quadrato della, b, a, al quadrato della, a, c, è si come del quadrato della, m, l, al quadrato della n. l. per la qual cosa congiontamente. del quadrato della. h. al quadrato della. a. c. e si come del quadrato della. p. al quadrato della. l. n. Et premutatamente del quadrato della, h, al quadrato della. p. è si come del quadrato, a, c, al quadrato della, l, n, (per lo medesimo genere de argumentatione) seguita che la proportione del quadrato della k. al quadrato della, q, è si come del quadrato della, c, b, al quadrato della, n, m, & perche (per la seconda di questo, & per la prima parte della uigesima seconda del sesto) lo quadrato della, a, c, al quadrato della, l, n, è si come lo quadrato della, c, b, al quadrato della, m, n. (per la 11. del 5.) lo quadrato della h, al quadrato della, p, è si come el quadrato della. k. al quadrato della, q, per laqual cosa (per la seconda parte della 22. del sesto della. h. alla. p. è si come della, k. alla, q. Et premutatamente della, h, alla, k, si come della. p. alla. q. laquel cosa era da dimostrare.

Hora, accio che alcun loco de dubitatione non ci offuschi in quelle cose che restano da dimostrare, hauemo imaginado di mandar auanti al presente, alcune propositioni, per lequale le cose sequente rimaneranno ferme & stabile per dimostrationi.

Se alcuna superficie piana, segharà qual si uoglia sphera, la commune settione della superficie piana che segha, & della superficie curua della sphera sarà una circonferentia laquale contenerà un cerchio.

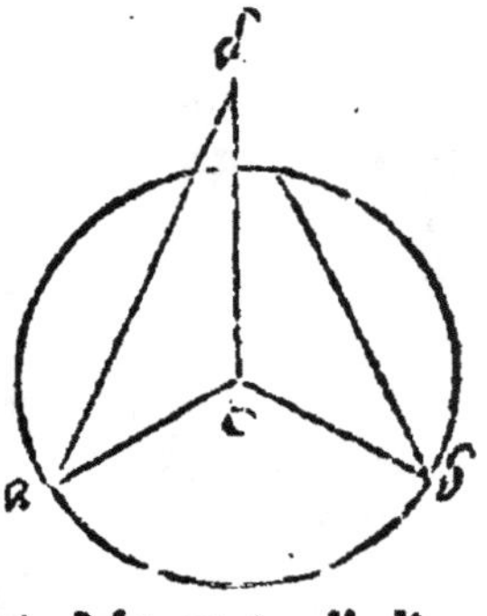

Sia adonque alcuna superficie piana che seghi una sphera, & sia la linea curua. a. b. la commune settione della superficie segante, & della superficie della sphera. Dico che la linea. a. b. è circonferentia d'un cerchio, perche ouer che il centro della sphera è in la superficie piana che sega ouer che egliè fora di detta superficie. Ma se'l sarà in quella, sia posto doue si uoglia, & sia el ponto. c. perche adūque tutta la linea, a, b, è in la superficie della sphera, & perche tutte le linee dutta dal cētro della sphera alla circonferentia di quella, sono equale (si come è manifesto per la diffinitione della sphera seguita che tutte le linee dutte dal ponto. c. alla linea

a,b, siano equale. Adonque (per la diffinitione del cerchio) la superficie che contiene la linea, a, b, è un cerchio, & il centro di quello è il ponto, c, cioe quel medesimo che è centro della sphera, Ma sel centro della sphera sarà fuora della superficie segante, adonque sia posto che sia el ponto, d, (sia doue si uoglia) dal quale (secondo la dottrina della undecima del 11.) sia dutta la linea, d, c, perpendicolare alla superficie segante, & dal medesimo centro, d, sian protratte due linee rette (caschino come si uoglia) alla linea, a, b, lequale siano, d, a, &, d, b, & sia congionto, c, con, a, et cõ, b, & le due linee, d, a, &, d, b, saranno equale, impero che quelle uengono dal centro della sphera alla superficie di quella, Et (per la diffinitione delle linee perpendicolare a una superficie) è manifesto che li angoli, d, c, a, &, d, c, b, sono retti, E pero (per la penultima del primo & (per questa communa scientia, quelle cose che sono equale a cose equale fra loro sono equali.) Li quadrati delle due linee, c, d, &, c, a, tolti insieme saranno equali alli quadrati delle due linee, d, c, &, c, b, tolti insieme: adonque leuado uia da l'una banda & da l'altra lo quadrato della, d, c, lo quadrato della, c, a, sarà equale al quadrato della. c. b. Per laqual cosa etiam la linea, c, a, sarà equal alla linea, c, b, per lo medesimo genere de argumentatione è necessario che tutte le linee dutte dal ponto, c, alla linea, a, b, esser equale. Adõque (per la diffinitione del cerchio) la superficie che contiene la linea, a, b, è un cerchio & il centro di quello è il ponto, c, che è il proposito.

Correlario.

Adonque da questo è manifesto che quando una superficie sega una sphera sopra il centro di quella. Lo settore che peruiene in la superficie della sphera e una linea continente un cerchio, el centro della quala è centro della sphera. Et quando una superficie sega una sphera, non sopra il centro di quella anchora lo settore che peruiene in la superficie della sphera e una linea continente un cerchio el centro del quale, e quel ponto in el quale taglia la perpendicolare dutta dal centro della sphera alla superficie segante, & piu dico che se in alcuna sphera saranno cerchij equali le perpendicolare dutte dal centro della sphera alla superficie di quelli cerchij saranno fra loro equale.

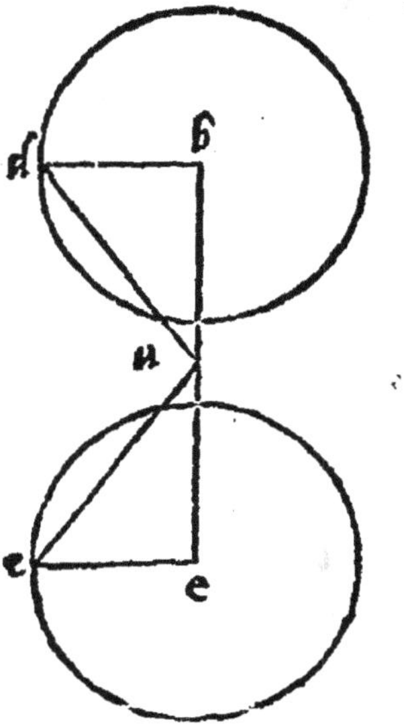

Sia in la spera (della quale el centro e, a. Signati li dui cerchij, b, &, c, equali alla superficie di quali sian protratte le perpendicolar dal centro della sphera cioe dal põto, a, (si come insegna la 11. del 11.) a l'uno sia la linea. a. b. a l'altro la linea, a, c. Dico che le due linee, a, b, &, a, c, sono equale perche se siano protratte dalli ponti. b, &, c, alla circonferentia de quelli due linee rette delle quale l'una sia, b, d, & l'altra, c, e, & sia gionto, a, con, d, & con. e. E (per la diffini-

diffinitione della linea che stia perpendicolarmente sopra una superficie) l'uno & l'altro di duoi angoli, a. b. d. & a. c. e. è retto, & (per la seconda parte del precedente correlario) è manifesto che li duoi ponti. b. & c. sono centri di duoi cerchij. b. & c. E pero le due linee. b. d. & c. e. sono li semidiametri di quegli, iquali cerchij (quando che sian posti equali.) Seguita (per la diffinitione di cerchij equali) questi semidiametri esser equali, & perche le due linee. a. d. & a. e. sono equale (perche sono dutte dal centro della sphera alla superficie di quella) le due perpendicolare. a. b. & a. c. saranno equale (per la penultima del primo) laqual cosa bisognaua dimostrare adonque al presente ritorniamo al proposito.

Theorema. 10. Propositione. 10.

La proportione del corpo del dodecedron, al corpo del icocedron, (liquali ambidui siano inclusi in una medesima sphera) è si come de tutte le superficie di quello tolte insieme a tutte le superficie di quello tolte insieme.

Questo è quello che di sopra commemorassemo dapoi la demostratione della prima di questo, per auttorità di Aristeo, & de Apollonio la demonstratione della quale: se caua euidentemente dalle cose che sono poste di sopra: Perche (per la. 5. di questo) è manifesto che li cerchij di quali l'uno circonscriue un penthagono del dodecedron, & l'altro lo triangolo del ycocedron (che una medesima sphera circonscriua ambidui li detti corpi) sono fra loro equali. Adonque le perpendicolare dutte dal centro della sphera alle superficie de tutti li cerchij che circonscriuano li penthagoni di questo dodecedron, & li triangoli di quello ycocedron cadente in li centri di quelli saranno fra loro equale, si come dalle cose premesse è manifesto. Perche tutti questi cerchij (come testifica la quinta propositione di questo (come è detto) sono fra loro equali. Adonque le pyramide delle quale le base sono li penthagoni del dodecedron: & li coni di quelli sono el centro della sphera. & le pyramide (delle quale le base sono li triangoli del ycocedron: & li coni di quelle sono similmente el centro della sphera) sono equalmente alte: perche le perpendicolari che cascano dalli coni alle base: misurano ouer determinano la altezza de tutte le pyramide. & le pyramide equalmente alte è necessario esser proportionale alle sue base (si come in la sesta del duodecimo è stato prouado). Adonque la proportione della pyramide della quale la basa e un penthagono del dodecedron, alla pyramide della quale la basa è uno di triangoli del ycocedron, è si come del penthagono al triangolo. E però (per la uigesimaquarta propositione del quinto libro) la proportione del dodecuplo di quella pyramide, della quale la basa è uno di penthagoni del dodecedron: alla pyramide della quale la basa è uno di triangoli del ycocedro, è si come del dodecuplo di quel penthagono a questo triangolo, & queste dodeci pyramide delle quale le base sono li dodeci penthagoni del dodecedron sono tanto quanto tutto el corpo di esso dodecedron. Et li duodeci penthagoni tanto quanto tutte le superficie di quello. Adonque la proportione del corpo del do-

 decedron

decedron alla pyramide della quale la basa è un triangolo del ycocedron: e si come la proportione di tutte le superficie del dodecedron al triangolo del ycocedron. Per la qual cosa (un'altra uolta per la uigesimaquarta propositione del quinto libro) la proportione del corpo del dodecedron al uintuplo di quella pyramide della quale la basa è un triangolo del ycocedron, e si come de tutte le superficie del dodecedron al uintuplo del triangolo del ycocedron. Conciosia adonque che el uintuplo di questa pyramide, sia tanto quanto tutto el corpo del ycocedron, & il uintuplo di questo triangolo si come tutte le superficie di quel ycocedron. La proportione del corpo del dodecedron, al corpo del ycocedron, liquali circoncluda una medesima sphera) sarà si come la proportione di tutte le superficie del corpo del dodecedron tolte insieme a tutte le superficie del corpo del ycocedron tolte insieme, Et questo è la fissa sententia & la ferma e solida demonstratione di predetti philosophi della proportione di questi duoi corpi. Alla quale anchora eglie da esser aggionto questo. Et conciosia che la proportione del lato del cubo al lato del triangolo del corpo del ycocedron (quando che insieme siano circonclusi da una medesima sphera) sia si come la proportione de tutte le superficie del corpo del dodecedron tolti insieme a tutte le superficie di quel ycocedron inclusi in la medesima sphera (si come fu dimostrato in la ottaua propositione di questo) la proportione del corpo del dodecedron al corpo del ycocedro (che una medesima sphera circonuolue) sarà (per la undecima propositione del quinto libro) si come la proportione del lato del cubo (inscrittibile a quella medesima sphera) al lato del triangolo di quel ycocedron. Ma piu, perche diuisa (qual si uoglia linea) secondo la proportione hauente il mezzo e duoi istremi. La proportione della linea potente sopra la tutta & la maggior parte di quella, alla linea potente sopra la tutta & la minor parte di quella, e si come del lato del cubo inscritto in alcuna sphera: al lato del triangolo del corpo del ycocedron circõscritto dalla medesima sphera, (si come fu dimostrado dalla nona propositione di questo.) Etiam (per la undecima propositione del quinto) sarà che diuisa qualunque linea secondo la proportione hauente il mezzo e duoi estremi, la proportione della linea potente sopra la tutta & la maggior parte di quella, alla linea potente sopra la tutta & la minor parte di quella, sia si come la proportione del corpo del dodecedron al corpo del ycocedron, liquali una medesima sphera li circonscriua ambidui. Adonque dalle cose dette è manifesto, che la proportione del lato del cubo inscritto in alcuna sphera, al lato del triangolo del ycocedron dalla medesima sphera circonscritto. Similmente la proportione de tutte le superficie del dodecedron, a tutte le superficie del ycocedron (liquali siano ambiduoi circonscritti da una medesima sphera.) Anchora la proportione della linea potente sopra qual si uoglia linea diuisa secondo la proportione hauente il mezzo, & duoi estremi: & sopra la maggior parte di quella: alla linea potente sopra la medesima & sopra la minor parte di quella, & similmente anchora la proportione del corpo del dodecedron al corpo del ycocedron (liquali circonscriua una medesima sphera) e una medesima proportione. Adonque è mirabile la possanza della linea diuisa secondo la proportione hauente il mezzo e duoi istremi, alla quale conciosia tiosa che tutta la moltitudine de philosophanti conuengono in questo principio degno di admiratione, ouer el principio procede dalla natura inuariabile delli principij superiori, che si diuersi solidi si de grandezza come de numero di base, si etiam de figura, concordi rationabilmente una irrational concordia: certamente eglie stato dimostrado, che la proportione del corpo del dodecedron al corpo ycocedron (che circonscriua una medesima sphera) è si come la proportione della linea potente sopra qualunque linea diuisa secõdo la proportione hauente il mezzo e duoi estremi, & sopra la maggior parte di quella, a qualunque linea potente sopra la medesima: & la minor parte di quella. Et perche de li altri tre corpi regolari non hauemo detto cosa alcuna, Studiamo di dire qualche cosa de quelli.

Theorema. 11. Propositione. 11.

11/0 In ogni triangolo equilatero, se da uno di suoi angoli sia condutta una perpendicolare alla basa, el lato del medesimo triangolo conuien esser sesquilatero in potentia a essa perpendicolare.

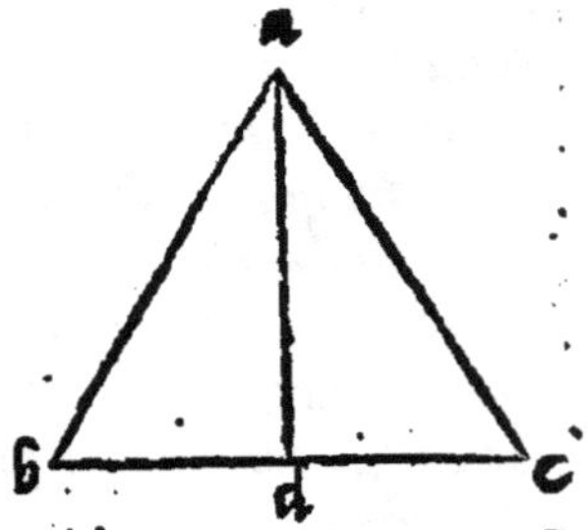

Sia el triangolo, a, b, c, equilatero, & del angolo, a, sia condutta la linea, a, d, perpendicolare alla basa, b, c. Dico che lo lato a, b, è potentialmente sesquiterzo alla. a. d. Perche (per la quinta del primo) li duoi angoli. b. & c. sono equali, & perche li angoli che sono al. d. sono retti (per la uigesima sesta del primo) la linea, b, c, e diuisa in due parti equali in ponto. d. Adonque (per la quarta del secondo) lo quadrato della, b, c, è quadruplo al quadrato della, b, d, E pero etiam lo quadrato della. a, b, è quadruplo al quadrato della. b. d. (perche el triangolo è equilatero) per laqualcosa (per la penultima propositione del primo) li quadrati delle due linee. a. d. & . b . d . tolti insieme, sono quadrupli al quadrato della . b . d . Adonque lo quadrato della . a . d . è treppio al quadrato della. b. d. Adonque è manifesto il proposito.

Theorema. 12. Propositione, 12.

12/0 La superficie de ogni triangolo equilatero, del quale el lato è rationale, se approua esser mediale.

Sia come prima el triangolo. a. b. c. equilatero: & lo lato. a. b. di quello sia rationale ouer in longhezza ouer solamente in potentia. Dico adonque che esso triangolo, e superficie mediale, Perche se sia dutta dal angolo. a. la perpendicolare. a. d. alla basa (per la precedente, & per la sesta del decimo: & per la diffinitione della superficie rationale) lo quadrato della linea. a. d. sarà rationale & la linea, a, d, sarà rationale in potentia, & quella (per la ultima parte della nona del decimo, mediante la precedente) sarà incommensurabile alla linea. a. b. E pero etiam alla

 linea.

linea. b.d. (laquale è si come la mità di quella.) Adonque le due linee. a.d. & b. d. sono rationale communicante solamente potentialmente. Adonque (per la uigesima tertia del decimo) la superficie di l'una di quelle in l'altra è mediale, Et cõciosia che la superficie di l'una di quelle in l'altra: sia equale al triangolo, a, b, c, eglie manifesto esser il uero quello che hauemo detto.

Theorema. 13. Propositione. 13.

13/o Tutte le superficie de qual si uoglia di duoi solidi, diquali l'uno è la piramide di quatro base triangolare & equilatere, & l'altro è il corpo di otto base triangolare, & equilatere: tolte insieme (se il diametro de la sphera che li circonscriue sarà rationale) componeno superficie mediale.

Perche se il diametro della sphera (che circonscriue l'uno di questi duoi corpi proposte) sarà rationale, o in longhezza, o solamente in potentia (per el correlario della decimaterza propositione del terzodecimo libro) el lato della pyramide sarà rationale in potentia: & per el correlario della decima quinta del medesimo) el lato del medesimo corpo do otto base sarà anchora rationale in potentia. Per laqual cosa (per la precedente) li triangoli che sono base del qual corpo si uoglia de questi duoi: saranno superficie mediale, & perche li triangoli di qual si uoglia de quelli, sono fra loro equali, tutte le superficie tolte insieme de qual si uoglia de quelli (per la uigesima quinta del decimo) saranno componente superficie mediale: si come si propone.

Theorema. 14. Propositione. 14.

14/o Se una medesima sphera circonscriue, il tetracedron & lo ottocedron, una delle base del tetracedron sarà sesquitertia a una delle base del ottocedron. Et tutte le base del ottocedron (tolte insieme) a tutte le base del tetracedron (tolte insieme) è necessario hauere proportione sesquialtera.

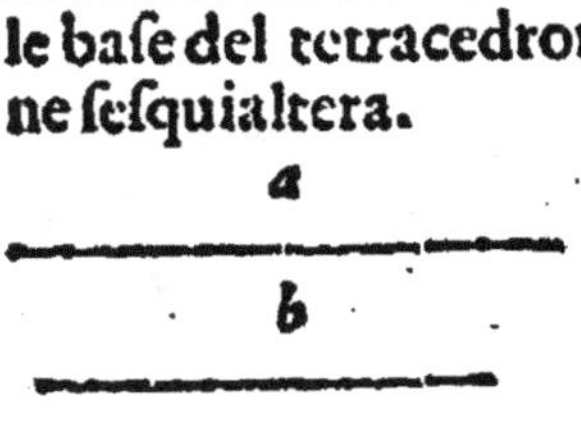

Sia. a. el diametro de alcuna sphera circonscribente la pyramide della quale el lato sia b. & lo ottocedron del quale el lato sia. c. Dico adonque: che el triangolo equilatero del quale el lato sia. b. e sesquitertio al triangolo equilatero dil quale el lato sia. c. Et che la superficie che componeno, li otto triangoli de cadauno di quali la. c. e lato è sesquialtera alla superficie che componeno li quatro triangoli equilateri de cadauno di quali la. b. e lato. Perche (per el correlario della decima tertia propositione del terzodecimo) è manifesto che el quadrato della, a, al quadrato della. b, è si come. 6. a. 4. Adonque al contrario el quadrato della. b. al quadrato della. a. e si come. 4. a. 6. Et (per el correlario della decima quinta del medesimo) è manifesto che el quadrato della. a. al quadrato della. c, è si come.

si come.6.a.3. Adonque (per la equa proportionalità) el quadrato della.b.al quadrato della,c,è si come.4.a.3.& lo quadrato della,b,al quadrato della,c,è si come el triangolo equilatero (del quale el lato,c,b,) al triangolo equilatero del quale el lato è.c. Perche da l'uno a l'altro è si come la proportione della.b.alla.c.duplicada (per la seconda parte della decima ottaua del sesto.) Adonque lo triangolo equilatero del quale el lato è la,b,al triangolo equilatero del quale el lato e la.c.e si come 4.a.3. Per laqual cosa è manifesto la prima parte del proposito, dalla quale se caua euidentemente la secōda. Perche (per la conuersa proportionalità) lo triangolo equilatero del quale el lato e la, c, al triangolo equilatero del quale el lato e la,b,sarà si come tre a quatro. E pero lo ottuplo del triangolo equilatero del quale el lato la,c, al quadruplo del triangolo equilatero del quale el lato e la.b.è si come lo otuplo del ternario al quadruplo del quaternario cioe si come de.24.a.16. Et perche lo ottuplo del triangolo equilatero del quale el lato e la, c, è tutte le base del ottocedron del quale la,c,è lato, & lo quadruplo del triangolo equilatero del quale la.b.è lato e tutte le base della pyramide della quale la, b, è lato, & perche la proportione de uentiquatro a sedeci e sesquialtera, seguita, che la superficie che componeno tutte le base del ottocedron del quale la, c, è lato alla superficie che componeno tutte le base della pyramide della quale la, b, è lato è sesquialtera si come fu detto in la proportione.

Theorema.15. Propositione.15.

15
o
Della piramide di quatro base triangolare & equilatere, collocata dentro di una sphera, se da uno di suoi angoli sia condutta una linea retta, per el centro della sphera, alla basa, quella è necessario cascare in el centro del cerchio che circonscriue la basa, & stare perpendicolarmente dentro alla medesima basa.

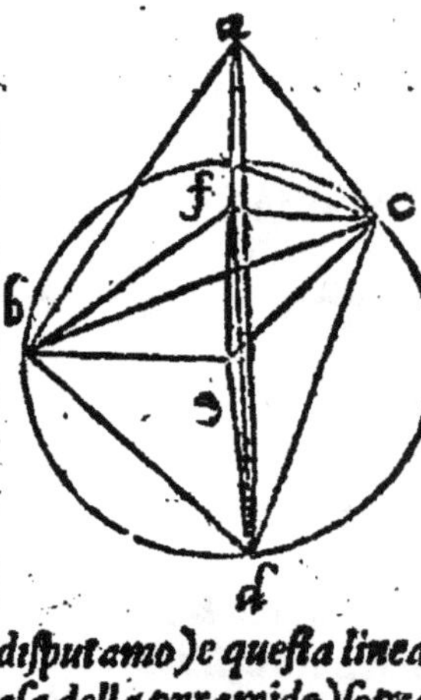

Sia la pyramide, a,b,c,d, di quatro base triangolare & equilatere collocata dentro di una sphera; el centro della quale sia.f. Et conciosia che cadauno di quattro angoli di questa pyramide pol esser cono di quella, & cadauno di quatro triangoli pol esser basa. Al presente imaginemo lo angolo, a, solido di quella esser el cono, & lo triangolo,b,c,d, imaginamo esser la basa. Anchora a questa basa intēdamo esserli circonscritto il cerchio.b.c.d. Et da poi dal ponto.a.(el quale hauemo imaginato cono della pyramide) conducemo alla basa.b.c.d.una linea retta, che transisca per el ponto.f.(che è cētro della sphera che circōscriue la pyramide della qual disputamo) e questa linea occorra alla supficie.b.c.d.(laqual hauemo imaginata basa della pyramide) sopra el pōto.e. Dico adōque che el pōto.e.è cētro del cerchio.b.c.d.e che la linea.a.f.e: è perpēdicolare alla superficie.b.c.d. E per dimostrar questo produrò le linee.f.b.f.c.f.d.

Et

Et perche li quattro ponti. a. b.c.d. sono in la superficie della sphera (el centro della quale è il ponto. f.) (Per questo che eglie stato posto quella sphera circonscriue questa pyramide) tutte le quattro linee. f.a f.b.f.c.f.d. Saranno fra loro equale, perche sono dutte dal centro della sphera, alla superficie di quella. Adonque perche li duoi lati. a.f. & f.b. del triangolo. a.f.b. son equali alli duoi lati. a.f. & f.c. del triãgolo. a.f.c. & la basa. a.b. alla. a.c. (Perche la pyramide fu posta equilatera) lo angolo. a.f.b. (per la ottaua del primo) sarà equale a l'angolo. a.f.c. E però (per la decimatertia del primo) anchora lo angolo. b.f.e. sarà equale a l'angolo. c.f. E per lo medesimo modo su approuarai l'angolo. d.f.e. esser equale al angolo. c.f.e. Perche eglie necessario (per la ottaua del primo) che lo angolo. a. f. e. sia equale al angolo a.f,d, per laqual cosa (per la. 13 .del primo) anchora l'angolo, c, f, e, sarà equale a lo angolo. d.f.e. Adonque li tre angoli. b.f.e.c.f.e.d.f.e. sono fra loro equali: protratte adonque le linee, e, b, e, c, & e, d, seguita (per la. 4. del primo tolta due uolte) quelle esser fra loro equale. E pero (per la nona del terzo) e ponto, e, è centro del cerchio b.c.d. E perche la perpendicolar dutta dal centro della sphera alla superficie di qua lunque cerchio che seghi quella, cade sopra el centro del medesimo cerchio (si come per le cose che sono sta poste di sopra: cioe come intendesti da quelli antecedenti liquali precedeno immediate la decima di questo) se conuence la linea, a, f. e, esser perpendicolare alla superficie del cerchio. a.b.c. si come se propone, Essendo altramẽte (per lo auersario) saranno duoi centri del medesimo cerchio laqual cosa la natura si come impossibile nol patisse.

Theorema. 16. Propositione. 16.

16. / o El solido de otto base triangolare, & equilatere, elquale, sia circonscritto di alcuna sphera, e diuisibile in due piramide equalmente alte la altezza delle quale è equale al mezzo diametro della sphera. Et la basa di l'una e de l'altra è un quadrato, elquale è subduplo al quadrato del diametro della sphera.

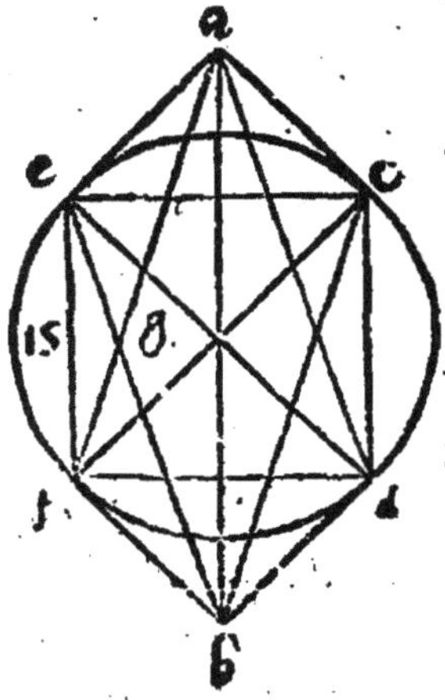

Sia un corpo de otto base triangolare, & equilatere (li sei angoli del quale siano, a, b, c, d, e, f,) circonscritto da una sphera el centro della quale sia el ponto. g. Adonque è manifesto che li sei ponti, a, b, c, d, e, f, sono in la superficie della sphera el centro della quale è il ponto. g. Adonque congiongendo el ponto, g, con cadauno di questi sei ponti, le linee congiongente quello sarãno fra loro equale, conciosia che quelle siano dutte dal centro della sphera alla superficie: & conciosia che (per el correlario della decimaquinta del terzo decimo) el diametro della sphera sia potentialmente doppio al lato di questo corpo (per la quarta del secondo) el lato di questo corpo sarà potentialmente doppio al semidi-

midiametro della sphera. Adonque el quadrato della, e,f, è doppio al quadrato della.c.g. E pero è equale alli duoi quadrati delle due linee, c,g, & g.f. Adonque (per la ultima del primo) lo angolo,c,g,f, è retto.per la medesima ragione cadauno delli tre angoli,f.g.d,d,g,e,& ,e,g,c, è retto,per laqual cosa(per la decima quarta del primo)la,e,g,d, & la,f,g,c,è una linea. Adonque(per la seconda del undecimo) li cinque ponti, e.f, d . e, g, sono in una superficie . & (per la quinta del primo)& trigesima seconda del medesimo)è manifesto che cadauno delli quatro angoli,c,e,d,f,e, esser retto,adonque(per la diffinitione del quadrato) la superficie,c, e,d,f, e quadrata: Et perche el lato di quella è il lato del proposto corpo(per el correlario della decima quinta del decimoterzo) questo quadrato è manifesto essere subduplo al quadrato del diametro della sphera, anchora con simil argumentatione è manifesto l'una & l'altra delle due linee, a,g,& ,g,b, contenere angolo retto con cadauna delle quattro linee, c,g,f,g,d,g,e,g. E pero(per la quarta del undecimo) l'una e l'altra de quelle è manifesto esser perpendicolare alla superficie, c,e, d, f.& ambedue, cioe la.a.g.& la.g.b.(per la decimaquarta del primo) componere una linea. Adonque el preposto corpo e diuiso in la pyramide,a.c,f,d,e,la basa della quale è il quadrato, c, e,d,f, elquale è subduplo al quadrato del diametro della sphera & anchora la altezza e la linea, a.g.laquale è el semidiametro della sphera. Et in la pyramide.b.c.f.d.e. la basa della quale è il predetto quadrato, & la altezza di quella è la linea.g.b.laqual è il semidiametro della sphera.e questo è quel lo che bisognaua dimonstrare.

Theorema.17. Propositione. 17.

17 La piramide di quatro base triangolare, & equilatere circonscritta
o da alcuna sphera. La proportione del rettangolo contenuto sotto la linea potentialmente subsesquitertia al dodrante del lato di essa piramide, & sotto a una linea continente il medesimo dodrante & , delle uinti sette parte le cinque del medesimo dodrante al quadrato del diametro della sphera, sarà si come del corpo di quella piramide,al corpo de otto base triangolare, & equilatere,liquali siano circonscritti dalla medesima sphera.

Sia una sphera el diametro della quale sia la. a. b. et el centro,b,laquale circonscriua la pyramide di quatro base triangolare & equilatere. a. c. d. Et lo corpo de otto base triangolare equilatere: elqual sia.e.& sia la linea. l.m.potentialmente: subsesquitertia al dodrāte della linea,a,c.(che è lato della pyramide)e la linea m.n.contenga il medesimo dodrante & li 5. uintisette simil di quello , & sia, p,el quadrato del diametro. a.b. Dico adonque che la proportione della pyramide. a.c.d.al ottoedron.e.è si come della superficie della.m. l.in la.m.n.al quadrato.p. perche

perche se imaginemo l'angolo solido. a. esser cono della pyramide. Et la basa della pyramide (della quale el lato è la. d.c.) segare el diametro della sphera in ponto. f. Et (per la argumentatione della decimaterza del terzodecimo) sarà manifesto si come la. a.f. è doppia alla. f.b. Et conciosia che anchor la. a.b. sia doppia alla. b.h. (per la. 19. del quinto) la. b.f. sarà doppia alla. h.f. Et pero la. a.f. sarà quadrupla alla. f.h. Adonque imaginemo una superficie segante la pyramide. a.c.d. sopra il cētro della sphera equidistantemente alla basa di quella: & sia la linea. g.k. la commune settione di questa superficie, & del triangolo, a,c,d. Et (per la decima settima del undecimo) la proportione della, c, a, alla a, g, sarà si come della, f, a, alla, a, h. Adonque della c, a, alla, a, g, sarà si come da quattro a tre. Perche (per la cuersa proportionalità) cosi è della. f. a. alla. a. h. Anchora è manifesto, (per la seconda parte della uigesima nona propositione del primo libro,) & per la decima sesta propositione del undecimo) & per la decima propositione del medesimo, & per la prima parte della seconda del sesto & per la diffinitione delle superficie simile: & di corpi simili) che la pyramide, a, g, K, è simile alla piramide, a, c, d. E pero (per la ottaua propositione del duodecimo) la proportione della pyramide, a, c, d, alla pyramide, a, g, K, e si come della c. a. alla. a. g. treplicada per laqual cosa è si come quella de quattro a tre treplicada: & è manifesto (per la seconda propositione del ottauo) che la proportione de quattro a tre treplicada, e si come de sessantaquattro a uintisette. Adonque la proportione della pyramide, a, c, d, alla pyramide, a, g, k, e si come de sessantaquattro a uintisette. Sia adonque fatto el triangolo. q. r. s. equilatero, da una linea equale alla a, g, (laqual è manifesto esser el dodrāte della linea a, c,) & sia produtta la linea, q. t. perpendicolare alla. r. s. Et (per la undecima propositione di questo libro,) la linea, q, t, sarà potentialmente subsesquitertia alla linea, q, r. E pero (sarà equale alla, l, m. Ancora sia agionto alla linea, r, s, la linea, s, x, talmente che la proportione della, r, x, alla, r, s, si come de sessantaquattro a uinti sette & sia diuisa la. r. x. in due parti equali in ponto, u, acciochè la, r, u, sia trentadoi di quelle parti delle quale la, r, s, e uintisette ouer che la, r, x, ne è sessanta quattro & la. r. u. sarà equale alla. m. n. & sian dutte le linee. q. u. & . q. x. Et (per la prima propositione del sesto) la proportione del triangolo. q. r. x. al triangolo. q. r. s. sarà

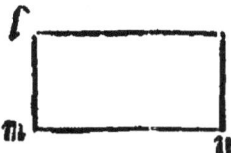

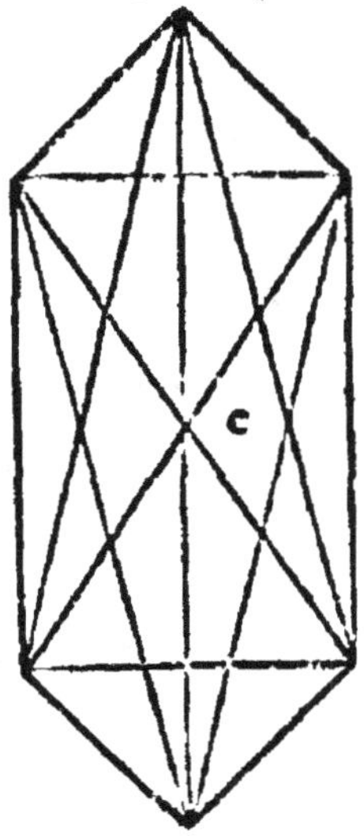

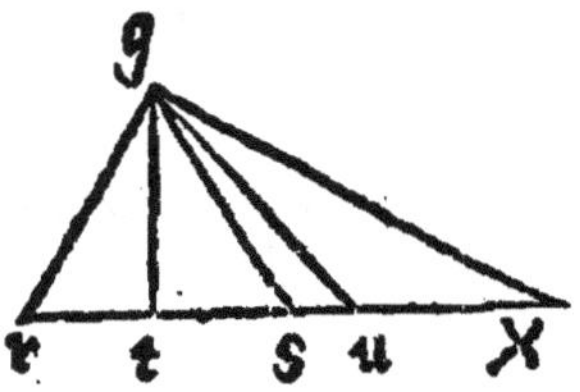

r,s,sarà si come de sessanta quattro e uinti sette. Et conciosia che (per la medesima) lo triangolo, q,r,x, sia doppio al triãgolo,q,r,u, & (per la 41. propositione del.1.) quello che uien fatto dalla, q, t, in la. r. u. si è anchora doppio al triangolo, q, r, u, quello che uien fatto dalla. q.t.in la.r.u. (& quello è equale alla superficie.l.n.) sarà equale al triangolo, q,t ,x, Per laqual cosa la proportione della superficie, l, n, al triangolo, q,r, s, è si come sessanta quattro a uinti sette e però si come della pyramide,a,c,d, alla pyramide.a.g.k. & è manifesto (per la 15 .propositione di q̃sto) che la linea,a,f,e perpendicolare alla basa della pyramide,a,c,d,e però (per la 19. propositione del 11.) la linea, a,b, è etiam perpendicolare alla basa della pyramide, a, g, K, adonque la altezza della pyramide, a, g, K, è el semidiametro della sphera. Adonque sia diuiso lo otocedron, e, si come propone la precedente. Adonque l'una e l'altra delle due pyramide in lequal uiẽ diuiso esso corpo,e, sarà equalmẽte alta alla pyramide.a.g.k.perche la altezza di cadauna è el semidiametro della sphera. Adonque perche tutte le pyramide laterate equalmente alte sono proportionale alle sue base (come in la sesta propositione del 12. su dimostrado) la proportione del la pyramide. a. g. K. a l'una e l'altra de quelle in lequale è diuiso lo ottocedron, e, si come della basa di quella alle base di quelle. Per laqual cosa (per la 24. del.5.) la proportione della pyramide, a,g, K,a tutto lo ottocedro, e, si come della sua basa (laquale è manifesto esser equale al triangolo, q, r, s,) alle base de ambedue la pyramide in lequale è diuiso lo corpo. e.tolte insieme, laquale è manifesto esser equale al quadrato del diametro della sphera (per la precedente) cioe el quadrato, p, Adõque perche la proportione della pyramide, a, c, d, alla pyramide, a,g, k, è si come del triangolo ouer del tetragono, l,n, al triangolo, q,r,s, cioe come de sessanta quattro a uinti sette & della pyramide, a, g, k, al ottocedro è si come del triangolo, q,r, s, al quadrato, p, (per la equa proportionalità) la proportione della pyramide, a,c, d, al ottocedro, e, è si come del tetragono, l, n, al quadrato, p, & questo era da dimostrare.

Correlario.

Adonque per le cose poste di sopra è manifesto che la perpendicolare che uien dal centro della sphera, che circonscriue la piramide di quatro base triangolare, e equilatere, a cadauna delle base di essa piramide e equale alla sesta parte del diametro della sphera.

Perche conciosia che tutti li triangoli che circondano la pyramide siano simili, et equali. Anchora li cerchij che circonscriuono quelli saranno equali. E pero le perpẽdicolar condutte dal centro della sphera a quelli medesimi cerchij (in li cẽtri di quelli) saranno etiam equale. E le perpendicolar cadente alli detti cerchij sono perpendicolare alle base della pyramide. Adonque le perpendicolare alle base sono fra loro equale. Ma la linea, b, f, è perpendicolare alla basa della pyramide, a, c, d, laqual, b. f, perche (dalle cose predette) è manifesto esser la sesta parte del diametro. a. b. Adonque rimane esser il uero quello che se conclude per el correlario.

Il.

Il medesimo se conuiene dimostrare, altramente douendo esser questo anteceden te ben fermato & stabile di ragione.

In ogni triangolo equilatero, la linea che descende da uno delli angoli di quello orthogonalmente sopra la basa, e treppia alla perpendicolare che uien dal centro del cerchio che circonscriue esso triangolo, a cadaun lato di quello.

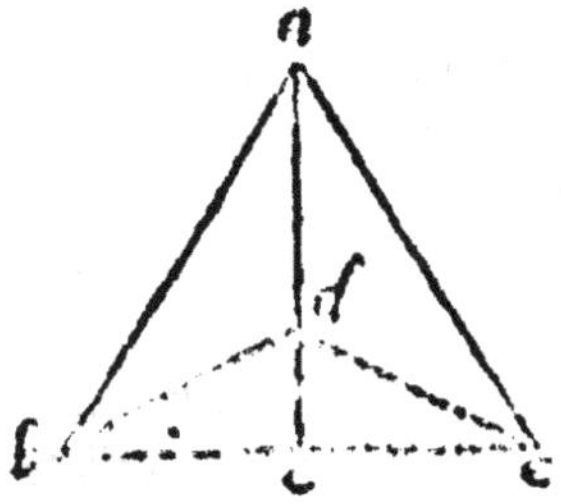

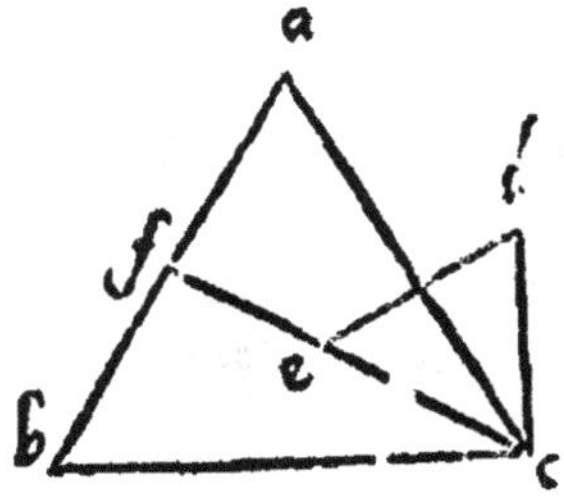

Hor sia el triangolo, a, b, c, equilatero, & sia. d. el centro del cerchio che'l circonscriue, dal qual siano condutte le linee a cadauno de suoi angoli, lequale è manifesto esser equale, conciosia che quelle siano dal centro alla circonferentia del cerchio, perche li tre ponti. a, b, c, sono in la circonferentia del cerchio che circonscriue esso triangolo, Et sia protratta la. a. d. in continuo e direttamente per fina che la peruenga al lato, b, c, sopra el ponto. e. Adonque (per la ottaua propositione del primo) è manifesto che l'angolo, a, d, b, è equale al angolo, a, d, c, e pero (per la decimatertia propositione del primo) l'angolo, b, d, e, è equale al angolo, c, d, e, per laqual cosa (per la quarta propositione del primo) la. b. e. è equale alla, e, c, & li angoli che sono al, e, sono reti, E però la, d, e, (laquale uien dal centro del cerchio che circonscriue lo triangolo, a, b, c,) e perpendicolare alla, b, c, & la, a, e, (laqual uien da uno delli angoli del predetto triangolo) e etiam perpendicolare alla detta. b. c. Dico adunque che la, a. e, è treppia alla, e, d. Perche egliè manifesto che el tetragono che uien fatto dalla. d, e, in la, e, b, è equale al triangolo, b, d, c. Lo tetragono anchora che uien fatto dalla, a, e, in la, e, b, è equale al triangolo, a, b, c, & perche el triangolo, a, b, c, è treppio al triangolo, d, b, c, & lo tetragono che uien fatto dalla, a, e, in la, e, b, è treppio a quello che uien fatto dalla. d. e. in la. e. b. Conciosia adonque che (per la prima propositione del sesto) la proportione del tetragono della, a, e, in la, e, b, al tetragono della, d, e, in la, e, b, e si come della, a, e, alla, e, d, la, a, e, sarà treppia alla, e, d, si come se propone.

Correlario.

Adonque è necessario che la perpendicolare che cade da alcuno angolo de alcun triangolo equilatero, sopra el lato opposito, transisca per el centro del cerchio che circonscriue quel tal triangolo.

Adonque assoluemo al presente quello che hauemo proposto, & a questo imaginaremo la pyramide di quattro base triangolare, & equilatere (della quale una delle quattro base di quella sia el triangolo, a, b, c,) esser circonscritto della sphera della

della quale el centro è el ponto, d, Et sia protratta la linea, d, e, perpendicolare al la superficie del triangolo, a, b, c, laqual è manifesto cascar in el centro del cerchio che circonscriue el detto triangolo. Dico adonque la linea, d, e, esser la parte del diametro della sphera, che circonscriue la proposta pyramide. Et per dimostrar questo produrò la linea, d, c, & la linea, c, f, perpendicolare alla linea, a, b, laqual, c, f, per el precedente correlario) è manifesto quella transire per el ponto, e, & (per il premesso antecedente) esser treppia alla, e, f, Et (per la quarta del secondo) è manifesto che quando el quadrato del diametro della sphera (della quale el centro è il ponto, d,) e.36. el quadrato del semidiametro, d, c, è, 9, & (per el correlario della decimatertia del terzodecimo) lo quadrato della, b, c, è. 24. & (per la undecima di questo) lo quadrato della, c, f, e, 18, & (per lo precedente antecedente) lo quadrato della, c, e, è. 8. Adonque perche quando che il quadrato del diametro dalla sphera è. 36.) lo quadrato della. d. c. è. 9. & lo quadrato della c. e. è 8. Onde per la penultima del primo lo quadrato della, d, e, uien a rimaner uno per il che seguita che la linea, e, d, è uno quando lo diametro della sphera è. 6. laqual cosa bisognaua dimostrare: & per lo medesimo genere de demostratione da noi se dimostrarà che el semidiametro della sphera che circonscriue el corpo di otto base triangolare & equilatere, è treppio in potentia alla perpendicolare descendente dal centro della sphera (che circonscriue esso corpo) a cadauna delle sue base. perche (si come è detto per auanti) che quando tutte le base di questo corpo sono equale è simile, li cerchij che circonscriuono quelle saranno equali: E però le perpendicolare che cadono dal centro della sphera in li centri de essi cerchij saranno fra loro equale. Et conciosia che le perpendicolare alli cerchij delle base, siano anchora perpendicolare alle base: seguita che la perpendicolare che ueneno dal centro della sphera a cadauna basa siano equale, Essendo adonque prouado (quello che hauemo detto) de una perpendicolare a una delle sue base, rimarrà esser il uero quello che è proposto. Sia adonque (come prima) lo triangolo, a, b, c, una delle sue base del ottocedron circonscritto dal la sphera della quale el centro, e, d, & siano fatte tutte le altre cose come per auanti. Conciosia adonque che (per el correlario della decimaquinta del terzodecimo libro) lo diametro della sphera sia potentialmente doppio al lato del ottocedron, seguita che'l lato del ottocedron sia potentialmēte doppio al semidiametro della sphera, e però quādo el quadrato della linea. b. c. è 12. lo quadrato della linea, d, c, (che è el semidiametro della sphera) sarà. 6. & per la undecima di questo) quando el quadrato della. b. c. è. 12. lo quadrato della. c. f. è. 9. (per lo premesso antecedente) lo quadrato della. c. e. è. 4. & perche per la penultima del primo) lo quadrato della. d. c. è equale alli quadrati delle due linee. c. e. & . e. d. seguita che el quadrato della. e. d. è. 2. quando el quadrato della. d. e. è. 6. Adonque è manifesto quello che hauemo detto.

Theorema. 18. Propositione. 18.

¶ El doppio del quadrato, del diametro della sphera che circonscriue el cubo, è equale a tutte le superficie di quel cubo tolte insieme, anchora

chora la perpendicolare, che uien produtta dal centro della sphera a cadauna delle superficie del cubo, el le conuence de necessità esser equa la alla mità del lato del medesimo cubo.

Perche egliè manifesto (per el correlario della decimaquarta del 13.) che el diametro della sphera (che inchiude quel cubo) è treppio in potentia al lato del cubo, conciosia adonque che el quadrato del diametro della sphera sia treppio al quadrato del cubo, & cosi el doppio del quadrato del diametro della sphera è equale al sessuplo del quadrato del lato del cubo, & tutte le superficie del cubo sono sei quadrati liquali sono produtti dal lato del cubo dutto in se medesimo. Adonque el doppio del quadrato del diametro della sphera è equale a tutte le superficie del cubo. Et per tanto è manifesto la prima parte, & la seconda facilmente approuerai (per la 18. & 19. & 41. del undecimo libro.

Correlario.

Adonque da queste cose dimostrate è necessario accadere questo, che della mità del lato del cubo in Bisse del quadrato del diametro della sphera, che circonda quel cubo, sia produtto la solidata del cubo.

Il Tradottore.

Quello che conchiude questo correlario ha debisogno di un poco de dimostratione cioe che'l dutto della mità del lato del cubo in bisse (cioe nelli duoi terzi) del quadrato del diometro della sphera che circonda quel cubo: produca la quantità corporale del detto cubo: ilche se manifesta in questo modo. Se dal centro della sphera, (ouer del cubo) a ciascaduno angolo del cubo (liquali sono otto) sia tirata una linea retta mentalmente se uederà il detto cubo esser diuiso in sei pyramide terminante con la cima nel centro del cubo, ouer della sphera & la basa di cadauna uerrà a esser una delle superficie quadrate del cubo et la perpendicolare di cadauna di quelle sarà (per le cose prouate di sopra) la mita del lato del cubo. Et perche il dutto della detta perpendicolare in la quantità della sua basa produrà (per le cose dimostrate sopra la 8. del 12.) la quantità corporale di tre pyramide, adonque el dutto della detta perpendicolare nella quantità de due base produta la quantità corporea di sei pyramide (cioe di tutto il cubo,) & perche li duoi terzi del quadrato del diametro de la sphera (per le cose dimostrate di sopra) è quanto le dette due base el correlario uien a esser manifesto.

IL FINE DEL DECIMOQVARTO LIBRO.

LIBRO DECIMOQVINTO DI EVCLIDE, DELLA REPLICATA FORMAtione di cinque corpi regolari & della difficillima figuratione & intermissione di l'uno in l'altro.

Problema. 1. Propositione. 1.

1/1 **Dentro a un proposto cubo, possemo designare el corpo che ha quatro base triangole, de lati equali.**

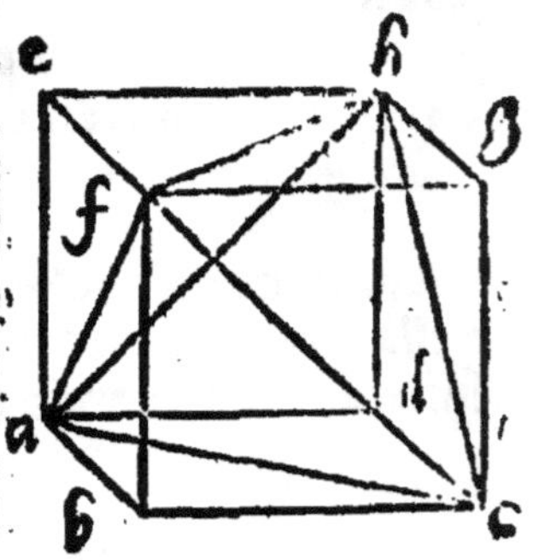

SIA un cubo. la basa del quale è il quadrato.a.b.c.d.& la suprema superficie, di quello lo quadrato.e.f.g.h. E quello conuiesi fabricare con questa arte: al quadrato della basa descritto (per la quadragesima quinta propositione del primo libro) secondo la quantità di qual linea si uoglia) sopra cadauno di suoi angoli, sia erigato un catheto (per la duodecima propositione del undecimo libro) secödo la misura del lato de quel quadrato. liquali cathetí (per la sesta propositione del undecimo libro è manifesto esser equidistanti. Siano adonque continuati a duoi a duoi de quelli con un coraustо imposto a quelli equidistantemente al lato del quadrato. Adonque è manifesto esser composto il cubo: perche le quattro superficie laterale di quello, sono quadrate (per la 33. propositione del primo libro, & 34. del medesimo, e per la diffinitione del quadrato: & della suprema superficie, e ancora manifesto che quella è quadrata (per la decima propositione anci piu presto per la uigesima quarta del undecimo & per questa communa sententia quelle cose che sono equale a cose equale anchora fra loro sono equale: & per la diffinitione del quadrato.

Se adonque desideri de inscriuere a questo cubo, el corpo di quatro base triangolare & equilatere in la basa & in la superficie suprema di quello siano protratti li duoi diametri di quali l'uno continui le due estremità insieme de duoi catheti, et l'altro continui le supreme delli altri duoi, e l'uno di quali sia il diametro. a.c.e l'altro sia il diametro.h.f.e dapoi questo dalli duoi pöti.h.et.f.(che terminan lo diametro della superficie suprema tirarai ypothemissalmente duoi e duoi diametri che diuidono le quatro superficie laterale delli quali li duoi siano, h, a, et, h,c, et li altri duoi siano. f.a.et f.c. è fatto questo in atto ouer cö l'animo, tu uederai dalle sei linee diagonale (che diuidono le süpficie del cubo) esser perfettamëte fatta la pyramide di 4.base triangolare: laqual (per la diffinitione) è manifesto esser inscritta in lo proposto cubo) e le base di questa pyramide è manifesto esser equilatere: imperoche (per la 4.propositione del 1.) tutte queste sei diagonale sono fra loro equale.

Il Tradottore.

La replicata fabrication del cubo posta nel principio di questa ispositione & similmente delli altri quatro corpi, poste nelle sequente propositioni se ritrova solamente nella prima tradottione.

Problema.2. Propositione.2.

2 Dentro a un dato corpo di quatro base triangolare equilatere, possemo descriuere un corpo di otto base triangolare equilatere.

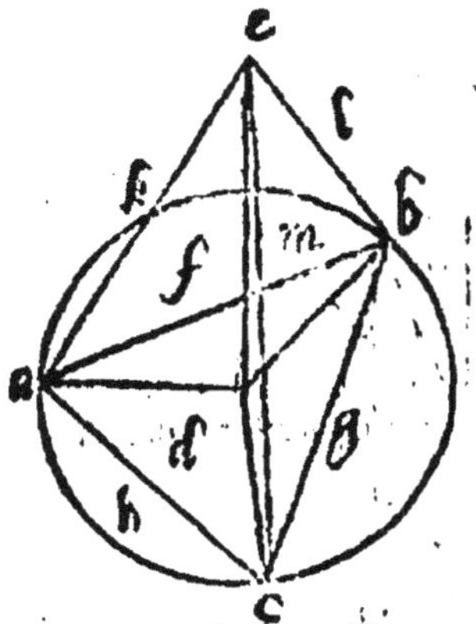

Se dentro una pyramide di quatro base triangolare equilatere uorai descriuere lo ottocedron, prima si conuien fabricare quella tal pyramide laquale con certa ragione, se compone in questo modo. Sia statuido uno triangolo equilatero (secondo la quantità di qual si uoglia linea) elqual sia lo triangolo. a.b.c. a torno alquale sia circonscritto un cerchio sopra el centro. d. & tirasi la linea. d.e. perpendicolare alla superficie di esso triangolo (per la duodecima propositione del undecimo). laquale sia posta esser doppia in potentia al semidiametro del cerchio che circonscriue el triangolo. a.b.c. & dal ponto.e. siano tirate le tre ypothemisse che cadeno sopra li tre ponti. a. b. c. Adonque è compita la pyramide di quatro base triangolare & equilatere: & siano tirate le linee.d.a.d.b.d.c. Conciosia adonque che li angoli (che contiene la linea.e.d. con cadauna delle linee.d.a.d.b.d.c.) siano retti (per la diffinitione della linea perpendicolare a una superficie) & conciosia che el quadrato della linea,e,d, sia doppia dal presuposito) al quadrato del semidiametro del cerchio, a, b, c, (per la penultima propositione del primo) lo quadrato de cadauna delle tre linee. e.a.e. b.e.c. ypothemissale sarà treppio al quadrato del semidiametro del cerchio.a.b.c.ma (per la ottaua propositione del terzodecimo.) Anchora lo quadrato di cadauno delli tre lati del triangolo. a.b.c. è treppio al quadrato del semidiametro del medesimo cerchio. Adonque tutti li lati della fabricata pyramide: sono fra loro equali: per laqual cosa quella è de base equilatere. Quando adonque uorremo inchiudere in quella un ottocedron: diuideremo cadauno di sei lati di quella in due parti equali, & continuaremo li ponti di mezzo di cadauno lato: con li ponti di mezzo di ciascuno delli altri duoi lati, con liquali esso contiene angolo superficiale. uerbi gratia, diuiderò li tali della basa in li ponti.f.g.h.& le ypothemisse che cadono dal.e.in li ponti.k.l.m.& continuarò lo ponto.f.col ponto. g. & con.h. & con.k. & con.l. Et lo ponto.m.con li medesimi. g.h.k.l.& g.con.h. & con.l.& .K.con li medesimi.h.& .l. Ecco adonque el perfetto corpo de otto base triangolare contenuto da queste dodice linee congiongenti li ponti medij di lati della fabricata pyramide & questo otto base (per la quarta propositione del.1. repetita quante uolte bisogna) è manifesto esser equilatere. anchora è

va è manifesto esso corpo (per la diffinitione) esser inscritto in la statuita pyramide si come fu proposto di fare.

Il Tradottore.

Volendo cō breuità trouar la linea.d.e.cioe una linea che sia doppia in potētia al semidiametro dil cerchio che circonscriue el triangolo, a,b,c, farai uno angolo retto con le due linee. g.h.& .h.i. & che cadauna de dette due linee sia equale al semidiametro del detto cerchio(che circonscriue el detto triangolo. a.b.c.) da poi tirarai la ypothemissa. g. i. & questa ypothemissa. g.i.e quella che cercamo cioe che sarà doppia in potentia al semidiametro del detto cerchio (per la penultima propositione del primo libro) è manifesta, perche se cadauno di duoi lati. g.h.& .h.i. sono equali fra loro, etiam al semidiametro del detto cerchio è lo quadrato della linea. g.i. è equale alli quadrati delle due linee. g.h.& .g.i.tolti insieme (per la detta penultima propositione del primo libro) seguita adonque che il quadrato della detta linea.g.i.sia doppio a uno solo quadrato de una di dette due linee.g.h. ouer de.h.i.è consequentemente;el quadrato del semidiametro del detto cerchio che il proposito.

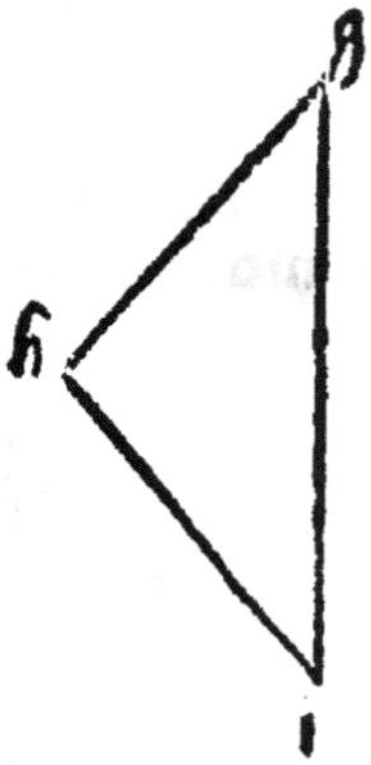

Problema.3. Propositione.3.

3 Dentro a uno asignato cubo posiamo constituire la figura de otto
3 base triangolare de lati equali cioe intendemo de inscriuere lo ottocedron in el cubo.

Come si debbia procedere a componere el cubo, e stato detto, sufficientemente in la prima di questo. Fabricato adonque il cubo: in quello (per la prima propositione di questo libro) sia designato la pyramide di quattro base triangolare equilatere, & dentro di essa pyramide(per la precedente) sia descritto lo ottocedron, & fatto questo:sarà etiam insieme fatto quello che uoleuamo. Perche(per la argumētatione della prima)tutti li lati di essa pyramide inscritta è manifesto esser diagonale delle base del cubo: & (per la argumentatione della precedente) è manifesto tutti li angoli del ottocedron destinti in essa pyramide esser in li lati di essa pyramide. Per laqual cosa è manifesto,tutte le ponte angolare di questo ottocedron esser in le base del assignato cubo. Adonque(per la diffinitione)hauemo il proposito. A concludere el medesimo altramente: trouato li centri di tutte le base del cubo(si come in la nona del quarto ; fu fatto) dal centro della suprema superficie di quello : tira quattro ypothemisse alli centri delle quattro laterale superficie: & dal centro della infima, tira quattro altre ypothemisse alli centri delle medesime quattro superficie laterale. Ancora continua li quattro centri delle dette quattro superficie laterale con quatro linee rette.cioe talmente che continuano solamente li centri di quelle che fra loro si segano, uerbi gratia tu giongierai el centro di quella dauanti con il centro della destra, & con el centro della sinistra anchora il centro della ultima (cioe di quella di dietro) tu lo aggiongerai con li medesimi, cioe con il centro della destra, & con il centro della sinistra. Tu harai adonque un corpo de otto base triangolare equilatere contenuto da queste dodeci linee che continuano li centri delle superficie dil cubo. Se adonque uorrai prouare queste base esser equilatere: dalli centri delle base del cubo tira le perpendicolare a tutti li lati del detto cubo, lequale necessariamente diuiderauno li lati del cubo in due parti equali (per la seconda parte della terza propositione del terzo libro (laqual cosa è chiara se a cadauna delle base del cubo circonscriuerai un cerchio, e pero eglie manifesto quelle concorrere a due a due sopra uno medesimo ponto in li lati del cubo, e quelle (per la secõda parte della decimaquarta propositione) del terzo libro) è manifesto esser fra loro equale, et equidistante alli lati del cubo (per la seconda parte della uigesima ottaua propositione del primo libro.) Et etiam cadauna di quelle esser equale alla mità del lato del cubo. Adonque (per la decima propositione del undecimo libro) è manifesto, le due e due di quelle che concorrano sopra un medesimo lato, del cubo in el põto medio di quello, contenere un angolo retto, impero che tutte le superficie del cubo sono quadrate. Per laqual cosa adonque quelle dodeci linee che continuano li centri delle superficie del cubo: & tendono sotto li angoli che conteneno queste linee concorrente a due a due sopra li ponti di mezzo delli lati del cubo: quelle saranno (per la quarta propositione del primo, ouer per la penultima del primo) fra loro equale. Adonque in el proposto cubo è designato el corpo de otto base triangolare et equilatere come bisogna fare.

Problema.4. Propositione.4.

4/4 Se dentro a uno dato corpo di otto base triangolare, & equilatere uoi figurare un cubo.

El corpo di otto base triãgolare equilatere con dottrina fabricarai in questo modo. Diuide qual si uoglia linea eretta in suso perpendicolarmente sopra alcun piano, in due parti equali, et dal ponto medio di quella, ne cauerai due linee una di qua e l'altra di là perpendicolare alla prima linea, lequale insieme compongano è facciano una sol linea: & queste due linee che fra loro si segano: cioe la prima, laquale è eretta orthogonalmente sopra el proposto piano, & l'altra che sega quella orthogonalmente sopra il suo ponto di mezzo, saranno situade (per la prima parte della seconda propositione del undecimo) in una medesima superficie. A quella superficie adonque (in laquale sono situade) sopra el ponto commune dalla settione di quelle tira una perpendicolare (come insegna la duodecima propositione del undeci mo) laqual farai penetrare quella superficie: da l'una a l'altra parte, & pone tutte le sei parti di queste tre linee dal ponto in elquale fra loro se segano equale, talmente che cadauna diuidi cadauna delle altre orthogonalmente in due parti equali, & conciosia che siano tre: ciascune due di quelle contegneranno a angoli retti: el salutifero e uenerando signo di croce: adonque dal ponto superiore di quella linea

eretta

eretta sopra el posto piano: tira quattro ypothemisse alle istremità delle due linee che seghano quella. poi dal ponto, inferiore di quella medesima linea eretta, eleua quattro altre ypothemisse alle medesime istremità delle due linee segante. ultimamente continua anchora le istremità di queste ypothemisse con quattro linee, lequale contẽgono uno quadrato, & queste dodice linee, cioe le quattro ypothemisse, che discendono dalla superiore istremità ouer ponto della linea eretta perpẽdicolare, e le quattro che sono eleuate (dalla inferiore istremità ouer ponto di quella medesima) in suso: Et le altre quattro linee che continuano ouer coniungano le istremità di queste ypothemisse (per la penultima propositione del primo) senza altra agionta) piu uolte repetita) saranno equale fra loro. Per laqual cosa è manifesto el corpo terminato da quelle medesime contenere otto base triangolare, & equilatere. Se adonque te dileta de inscriuere in questo corpo, un cubo, bisogna trouare li centri di quelli otto triangoli che circondano quello (per la quinta propositione del quarto) et da puoi trouadi, quelli continua con dodeci linee in questo modo, che il centro di cadauno di questi triangoli sia copulado per linea retta con il centro di quelli tre che terminano alli lati di quello, Ma la figura di questa cosa non è molto atta de dipingere in piano, E però resta che quello che se dice che tu uedi con la mente, et quello se ti pare compirai in atto ouer in opera et uederai le dodice linee che in tal modo continuano li centri di questi triangoli contenere un cubo, elquale resta che tu dimostri quel esser concluso da superficie equilatere, & rettangole. Perche el non saria cubo: se tutte le superficie di quello non fusseno quadrate. Adonque condurai da cadauno angolo di triangoli delle superficie del ottocedron, una perpendicolare al lato opposito a quel angolo: Et queste perpendicolare (per la undecima propositione del quarto decimo libro) è manifesto esser fra loro equale, & diuidere quelli lati alli quali stanno perpendicolarmente in due parti equali, Et però è manifesto quelle conuenire a due a due sopra uno medesimo ponto di quel lato sopra ilquale stanno perpendicolarmente, & quelle medesime (per quelle cose che sono sta dimostrade in la decima settima propositione del quartodecimo) è manifesto quelle transire per li centri di triangoli, e però è manifesto quelli transire etiam per le istremità di lati del corpo incluso: & le portioni di quelle che se pigliano, fra li centri di triangoli & li lati di quelli (per quelle cose anchora che sono state dimostrate in la medesima) è manifesto esser equale, Anchora li angoli contenuti da quelle perpendicolare: che se congiongano a due a due, (per la 8. propositione del primo libro è manifesto esser equali.) Et perche q̃ste perpendicolare, & le sue parti tolte fra li centri & li lati circondano li medesimi angoli, saranno anchora li angoli (che contengono le due e due linee che cadono dalli centri di triãgoli alli lati perpendicolarmente fra loro equali, & conciosia che li lati di quel corpo del qual disputamo tẽdano sotto quelli angoli. Seguita (per la quarta propositione del primo frequentemente tolta) el corpo incluso esser equilatero etiã rettãgolo, perche essendo tirate le diagonale, in cadauna superficie, queste diagonale (per la quarta del primo) tu cõuencerai tutte esser fra loro equale mediante li angoli contenuti dalle due perpendicolare che transiscono per le istremità di esse diagonale. Se prima approuerai (per la ottaua del primo) questi an-

goli esser fra loro equali. Conciosia adonque che li diametri delle base quadrangole di questo corpo siano fra loro equale. Anchora li lati delle medesime base è necessario esser equale (per la ottaua del primo piu uolte rapetita) quelle base quadrangole è necessario esser equiangole. Et (per la trigesimasiconda del primo) tutti li angoli di cadauna di quelle sono equali a quatro angoli retti. Seguita quelle esser rettangole. Adōque per la diffinitione del quadrato, quelle sono quadrate. adonque lo inscritto corpo è manifesto esser cubo si come intendeuamo di fare.

Il Tradottore.

La descrittione del cubo nel otto base secondo che disopra è stato fatto pateria oppositione, perche el cubo descritto secondo tal ordine non saria il maggiore che descriuere se puo nel detto otto base: & in tal sorte probleme a me pare che sempre se intende: & se debbe intendere, il maggiore che capir ui possa: Hor per inscriuerui il maggiore che capir ui possa diuiderai cadauno di quatro lati superiori del otto base, & similmente cadauna di quatro lati di sotto. In due tal parti inequali talmente che la parte maggiore sia dopoia in potentia alla minore, & che le parti maggiori delli superiori restino uerso il ponto ouer angolo supremo del detto otto base, & le parti maggiori delli lati di sotto: restino uerso il ponto, ouer angolo sotto giacente in piano del detto otto base. Dapoi congiongendo cadauno delli ponti superiori con il suo opposito delli inferiori con una linea retta: & da puoi congiongere anchora cadauno di superiori con il ponto che egliè dalla destra, etiam con quello che egliè dalla sinistra nella parte superiore, & da puoi congiongere etiam quelli quattro della parte inferiore per il medesimo modo. Et fatto questo se trouarà che le dette dodice linee congiongente li detti ponti formarono un cubo, il che essendo tal corpo di otto base materialmente fatto a te sarà cosa facile a prouare ouer dimostrare che lo incluso corpo sia cubo, & che sia anchora molto maggiore di quello inscritto secondo la prima inscrittione etiam che sia il maggiore che inscriuere si possa che è il proposito.

Ma per uoler diuidere il lato del detto otto base che l'una parte sia doppia in potentia a l'altra, troua prima due linee che l'una sia doppia in potentia a l'altra: (il che in molti modi le puoi trouare, ma breuemente piglia il diametro di alcun quadrato, & il lato del medesimo quadrato) & quelle congiongerai insieme direttamente in longo, & harai formata una sol linea diuisa nel ponto del congiongimento. Hora diuiderai lo detto lato del detto otto base secondo l'ordine de detta linea diuisa (per il modo che insegna la duodecima ouer la decimatertia del sesto) & harai fatto il proposito.

Problema.5. Propositione.5.

5 In uno asignato corpo di otto base triangolare & equilatere se gli
o puo inscriuere una piramide di quattro base triangolare equilatere.

In lo assignato corpo di otto base (secondo li precetti della precedente) inscriue un cubo, & in lo cubo inscritto; inscriue la pyramide che si propone, (come insegna

la

la prima di questo) concisia adonque che li angoli di questa pyramide siano etiam angoli del cubo, si come (per demonstratione della prima) è manifesto, & tutti li angoli (per la precedente) sono in le superficie del assignato ottocedron. Anchora tutti li angoli di questa pyramide sono in le superficie del corpo de otto base, alquale proponemo de inscriuere quella per laqual cosa (per la diffinitione) è manifesto noi hauer fatto quello che se adimanda.

Problema.6. Propositione.6.

6/5 Dentro a un dato dato corpo di uinti base equilatero se puo componere singularmente un corpo di dodice base penthagonale de lati & angoli equali.

Non mostraremo in questo luoco a fabricare el corpo de uinti base, perche eglie assai euidente (per la decima settima del terzodecimo) con che arte questo debba esser fatto. Composto adonque quello come se insegna in la detta.16. se in quello te diletta di includere un corpo de dodice base penthagonale & equilatere, eglie da procedere per questa uia. Perche eglie manifesto li uinti triangoli (del detto corpo) hauere.60. angoli superficiali, & perche alla constitutione di cadauno angolo solido del corpo del ycocedro gli conuengono cinque angoli superficiali (si come se apprende dalla demonstratione della decima sesta del terzodecimo) quel corpo adonque è manifesto esser compito da dodeci angoli solidi. Trouati adonque li centri de tutti li triangoli (si come fu fatto in la propositione anciana alla precedente) che terminano tutto lo ycocedron: quelli continua con trenta linee rette, talmente che tu congiongi cadaun centro con linee rette con tutti li centri che gli stanno atorno con liquali communica in lato. Quando adonque tu hauerai fatto questo: tu uederai da quelle.30. linee esser constituido dodeci penthagoni oppositi alli dodice angoli solidi del dato ycocedro.

Adonque tu approuerai questi penthagoni esser equilateri, si come festi delle base del cubo nella propositione anciana alla precedente. Perche eglie necessario che li centri di ciascuni duoi triangoli, che hanno un medesimo lato commune siano distanti de uno medesimo spacio. Resta adonque che tu approui quelli esser etiam equiangoli. & è manifesto (per la demonstratione della decima sesta del terzodecimo) el dato corpo de uinti base esser circonscrittibile della medesima sphera: della quale il diametro e si come el diametro di questo corpo, cioe la linea che cōtinua li duoi angoli oppositi di quello. Se sia adonque segato questo diametro in due parsi equali, el ponto della settione sarà el centro della sphera che circonscriue quello. Sia adonque da quello alle superficie de tutti li penthagoni (per la undecima del duodecimo) dute le perpendicolare & dal ponto doue che dette perpendicolare caderanno in cadauno penthagono a ciascuno de suoi angoli siano tirate linee rette. Dapoi sia continuato el centro della sphera con cadauno delli angoli de essi penthagoni: fa adonque che tu proui in questo modo quelli esser equiangoli, & conciosia che tutti li cerchij che circonscriuono li triangoli del ycocedro siano equali, tutte le perpendicolare che uengono dal centro della sphera a quelli, lequale cadono in *el centro de quelli saranno equale. Adonque tutte le linee che uengono dal centro della sphera a cadauno delli angoli del penthagono, sono equali, perche li angoli di penthagoni sono li centri di cerchij che circonscriuono quelli triangoli del ycocedron (dal presupposito.) Adonque (per la penultima propositione del primo) con el medesimo genere de dimonstratione, con elquale argumentassemo di sopra in la decima quarta propositione) lo settore che peruiene in la superficie della sphera quando alcuna superficie piana. Sega la sphera (non sopra el centro di quella) esser una circonferentia che contiene un cerchio) è necessario le cinque linee che ueneno dal concorso delle linee dutte perpendicolarmente dal centro della sphera alle superficie de tutti li penthagoni alli cinque angoli di cadauno de detti penthagoni, esser fra loro equale. Adonque a tutti questi dodeci penthagoni, eglie un cerchio che li circonscriue. Conciosia adonque che quelli siano equilateri: etiam el se conuence quelli essere equiangoli, laqual cosa bisognaua dimostrare.*

Problema.7. Propositione.7.

Se dentro a un dato corpo di dodice base penthagonale equilatere & equiangole, uoi fabricare un corpo di uinti base triangolare, & equilatere.

Per qual modo sia de bisogno a componere el corpo de dodeci base penthagonale, equilatere & equiangole recorri alla decima settima del terzodecimo. Ma per qual modo conuenga inscriuere a quello lo corpo de uinti base triangolare equilatere, imparalo in questo luoco. Trouati li centri de suoi penthagoni (come fu fatto in la decima quarta del quarto) quelli continua insieme con trenta linee per tal ordine che el centro di cadauno penthagono sia congionto con el centro di cadauno penthagono communicante con seco in lato: cioe talmente che el centro de cadauno di penthagoni: sia continuado con li cinque centri di cinque penthagoni terminanti: ouer che gli stanno congionti a torno. Quando adonque tu hauerai fatto questo, a te se representaranno uinti triangoli contenuti da queste trenta linee che continuano li centri di penthagoni. Et questi uinti triangoli saranno oppositi alli uinti angoli solidi del dodecedron, liquali abrazzarãno un corpo di uinti base triangolare (lequale demonstraremo esser equilatere.) Et li 12. angoli solidi di questo corpo de uinti base sarannno terminanti in li centri delli dodeci penthagoni del dato corpo dodecedron. Adonque approuarai in questo modo li uenti triangoli esser equilateri. Dalli centri di penthagoni, condusse le perpendicolare alli lati, & tutte queste perpendicolare saranno equale. Adonque tu approuerai (per la ottaua del primo) a due a due contenere equali angoli. Et perche le linee che continuano li centri di penthagoni, lequale sotto tendono a quelli angoli contenuti da le due e due perpendicolare (conciosia che tutte le perpendicolare, siano equale (per la quarta del primo) tutte le linee che continuano li centri di penthagoni saranno equale, che è il proposito. Ma le due, & due perpendicolare contenere equali angoli & essere tutte fra loro equale apprende in questo modo. (per la quinta del primo, & uigesima sesta del medesimo) è manifesto cadauna di quelle, diuidere li lati delli penthagoni

goni sopra liquali cagiono:in due parti equali:etiam esser fra loro equale,il che se approua per le linee dutte dalli centri di penthagoni, a tutti li angoli di quelli,per laqual cosa le due e due che cadono in un medesimo lato:se cõgiongono di compagnia in uno medesimo ponto del detto lato, impero che l'una & l'altra diuide quel lato commune a quelli duoi penthagoni (dalli centri di quali uengono) in due pari equale. Produrai adonque queste due e due perpendicolare:per el centro di penthagoni per fina alli angoli dalli quali:el lato commune(in elquale se congiongano de cõpagnia)è opposito,& sotto alli medesimi angoli tirarai due linee,lequale(per la demonstratione della. 17. del. 13.) è manifesto esser tanto quanto è il lato del cubo, circonscrittibile dalla medesima sphera come el proposto dodecedron, e pero eglie manifesto quello esser equale impero che tutti li lati del cubo sono equali: & è manifasto(per la.9.del.11.)quelle esser equidistãte per questo che ambedue sono equidistante a quel lato commune,in elquale concorrano le due e due perpendicolare, & quelle medesime,è manifesto esser diuise in due parti equale da queste perpendicolare. Adonque(per la trigesima tertia del.1.) tutte le linee che continuano li põti in liquali le due e due perpẽdicolare concorrano: sopra quelle linee lequale dicessimo esser tanto quanto el lato del cubo:sono fra loro equale,perche tutte sono tanto quanto è il lato del cubo. Adonque(per la ottaua del primo)li angoli contenuti dalle due e due perpendicolare : sono equali, per la qual cosa (per la quarta del medesimo) anchora le linee che continuano li centri di penthagoni:sono fra loro equale. Adonque in el proposto dodecedron è inscritto il corpo de uinti base triangolare & equilatere,come fu proposto di fare.

Problema.8. Propositione. 8.

Volendo dentro a uno proposto solido de dodice base penthagonale,& equilatere,descriuere un cubo.

Conciosia che'l dodecedro sia fabricato sopra li lati del cubo è manifesto (per la decima settima del terzodecimo)è quel fabricato poca difficultà ui occorre a inscriuerui el cubo, perche conciosia che siano dodeci penthagoni:se a uno angolo de cada uno di quelli tirarai sotto una corda alla figura del cubo,da dodice corde tu uederai scoder fuora sei superficie equilatere & rettangole,lequale abrazaranno & compiranno el corpo del cubo. Quelle esser equilatere è manifesto (per la quarta del primo) et rettãgole (per lo medesimo genere di argumentatione, con elquale prouassimo(in la sesta di questo)le base del dodecedro,inscritto in el dato ycocedrõ esser equiangole. Certamente è manifesto per la decima settima del terzodecimo. el proposto dodecedron esser circonscrittibile de una sphera. Adonque dal centro di quella sphera a tutte queste superficie quadrilatere tira le perpendicolare come insegnà la 11. del undecimo,et dal ponto del concorso a tutti li angoli di quelle superficie quadrilatere protrahe linee rette, & coliga li medesimi angoli delle dette superficie quadrilatere con el centro della sphera: et queste linee che continuano el cẽtro della sphera con li angoli delle figure quadrilatere, saranno semidiametri della sphera,perche tolto dalli quadrati de quelli, lo quadrato della perpendicolare (per la la penultima del primo) rimaneno li quadrati delle linee che continuano el ponto del concorso delle perpendicolare con li angoli delle superficie quadrilatere, e necessario tutte queste superficie quadrilatere esser in circoli che li circonscriue, Et pero è necessario quelle essere equiangole conciosia che sono equilatere. Et perche (per la 32. del primo) li angoli di cadauna di quelle tolti insieme sono equali a quattro angoli retti: seguita quelle esser rettangole: Adonque al detto corpo inscritto non gli manca niente: della ragion del cubo che è il proposito.

Problema. 9. Propositione. 9.

Volendo finalmente in un dato dodecedron inchiudere un ottocedro.

Composto un dodecedro (come se insegna in la decimasettima del terzodecimo) li sei lati delle sue superficie (cioe quelli che congiongono li catheti sopra le sei linee, che diuidono li lati oppositi delle superficie del cubo in due parti equale tirati come coraustì di quelli) diuide in due parti equali, & quelle diuisioni ouer ponti, continua li duoi e duoi oppositi con tre linee, lequale (per la 41. del 11.) se segaranno fra loro sopra el ponto medio del diametro del cubo in due parti equali, Et saranno anchora che le due de quelle tre, se diuidano anchora fra loro ad angoli retti: Adonque se tu continuarai le istremità di queste tre linee con dodice linee rette a te peruenirà un corpo di otto base triangolare, & equilatere (per la quarta del primo) ouer (per la penultima del primo) laqualcosa bisognaua dimostrare.

Il Tradottore.

A chi non ha ben in memoria la qualità ouer forma dil corpo di dodice base non sarà molto capace di questa soprascritta inscrittione, ma uolendone esser ben chiaro, bisogna formarse materialmente, il detto corpo & dapoi imaginar in quello il cubo, descritto secondo l'ordine della decimasettima del decimoterzo & uederasse opposito a cadauna superficie del cubo in aere trauersare un lato del dodeci base, qual diuiso per mità, e continuar li ponti di tai diuisioni (liquali saranno sei per esser sei le superficie del cubo) con le linee rette diametralmente (come parla in commento) lequale saranno tre dapoi congiongere le istremità di dette tre linee con altre dodice linee se uederà peruenir il detto corpo di otto base qual facilmente se prouarà esser equilatero & equiangolo.

Problema. 10. Propositione. 10.

Resta al presente de descriuere dentro a uno dodecedron, una piramide di quattro base triangolare equilatere.

Inscriue in el dato dodecedron (per la ottaua di questo) un cubo, & in el detto cubo (per la prima di questo) inscriue una pyramide di quattro base triangolare equilatere. Conciosia adonque che li angoli della pyramide siano in li angoli del cubo (come è manifesto per el processo della prima) & li angoli del cubo per el processo della ottaua) sono in li angoli del dodecedron, Anchora li angoli della pyramide, saranno in li angoli del dodecedron, Adonque è manifesto quello che noi uolemo.

Pro-

Problema. 11. Propositione. 11.

Proposto un icocedron, e uolendo in quello figurare un cubo.

Essendo inscritto nel ycocedron, un dodecedron (per la 6.) & in el dodecedron un cubo (per la ottaua) & (per la demonstratione della sesta) è manifesto che tutti li angoli, del dodecedron casibano sopra el centro delle base del ycocedron: & li angoli del cubo sono in li angoli del dodecedron. A donque li angoli del cubo sono in li centri delle base del ycocedron, adonque hauemo il proposito.

Theorema. 12. Propositione. 12.

Volendo in un dato icocedron inscriuere la piramide di quattro base triangolare, & equilatere.

Si in el dato ycocedron (per la precedente) inscriuerai un cubo, & in el cubo (per la prima di questo) inscriuerai la pyramide, non sarà da dubitare che tu non habbia satisfatto alle dimande del ycocedro: Ma bisogna sapere che conciosia che li corpi regolari siano cinque delli quali in questo 15. lib. uien determinato la loro mutua inscrittione, se cadauno de quelli fusse inscrittibile in cadauno delli altri de quelli medesimi accaderia uinti inscrittioni, perche cadauno de quelli cinque sarian inscrittibili in cadauno delli altri quattro: Et pero quattro fia cinque inscrittioni (che è uinti) necessariamẽte peruieneria: Ma nella pyramide solamente lo ottocedro puol esser inscritto, perche nella pyramide non gli sono base ouer angoli ouer lati in liquali li angoli del cubo ouer del ycocedro ouer etiam del dodecedro, possano toccare li estremi di essa pyramide, anchora el cubo è atto a receuere in se solamente la pyramide: e lo ottocedro. Similmente lo ottocedro è atto a receuere solamente la pyramide & el cubo, & in niun di questi è possibile a colocarui alcuno delli altri cioe lo ycocedro & lo dodecedro. Auenga che lo ycocedro a tre delli altri dia ricetto al ottocedro solam[...] ha denegato esser recettaculo, perche li sei angoli del ottocedro, receueno la op[...]ione fra loro a duoi a duoi semidiametralmente & le linee che continuano quelli se diuidono fra lor orthogonalmente in due parti equali è pertanto formano quel glorioso signo di croce, che tutti li demoni fa tremare, treplicato, adonque queste segni di croce, ne li triangoli, ne le base: ne li angoli, ne li lati del ycocedro li possono receuere sotto al suo sito, perche in quello non si puol trouare sei base: ouer sei angloi, ouer sei lati fra loro continuati da questa diametrale & orthogonale oppositione. Ma el dodecedro, a niuno delli altri a prohibito ouer uetato alogiamento, immo de tutti è ricettacolo, E pero non inconuenientemente, la figura del dodecedro: li antiqui discipoli di Platone: la attribuirno al celo si come la forma della pyramide al fuoco impero che quello uola in suso in figura de pyramide, & la figura del ottocedro al aere. perche si come l'aere in paruita del moto, seguita il foco cosi la forma del ottocedro seguita la forma della pyramide al moto della habilità. Ma la figura del uinti base la dedicorno a l'acqua. Perche conciosia che quella sia piu circolare in la sphera de tutti li altri: per la moltitudine delle sue base: parue conuenire piu al moto delle cose scorrente, che delle ascendente, E la figura del cubo

l'attribuirno

l'atribuirno alla terra. Perche quala e quella cosa in le figure che habbia piu de bisogno di maggior uiolentia al moto che'l cubo, & in li elementi qual se ritroua piu fisso e costante della terra, Adonque se dalle uinti inscrittioni: se ne toglie le tre che nõ sostiene la pyramide, & le due, & due che la natura del cubo & del ottocedron nõ comporta, Et similmente quella una che repugna la figura del ycocedro. Le rimanente saranno solamente dodeci inscrittioni, una sola della pyramide, due del cubo, due del ottocedro: tre del ycocedro, & quatro del dodecedro, De tutte le quale come penso sufficientemente è stato disputado.

Nicolo Tartalca Tradottore.

Quantunque Euclide non habbia a noi assignato ouer proposto saluo che dodeci inscrittioni (come per auanti è stato disputado. Et che medesimamente il commentatore affermi con certe sue ragioni non poter esserne piu delle predetta dodeci, Niẽte dimeno due altre ne hauemo nouamente ritrouate.
La prima è a descriuere in uno proposto cubo, il corpo de uinti base.
La seconda è a inscriuere nel uinti base, il corpo di otto base.
La qual inscrittione, dal commentatore e assolutamente negata come di sopra appare hor uegnando alla prima dico che

Eglie possibile a inscriuere in un proposto cubo un corpo di uinti base triangolare equilatere.

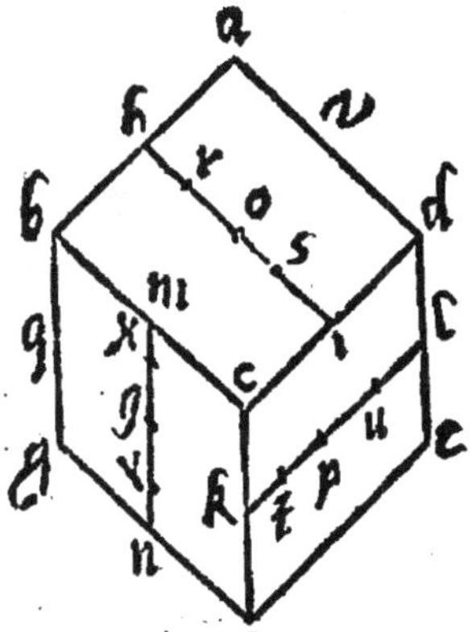

Sia il proposto cubo .a.f. nel quale uoglio inscriuere il uinti base diuido li dui lati .a.b. et .c.d. della superficie superiore in due parti equali (per la decima propositione del primo libro) nelli duoi ponti .h.i. il medesimo fazzo delli altri duoi lati a quelli oppositi & equidistanti della superficie subgiacente (non apparente che e basa del cubo) & quelli congiongo con due linee rette l'una delle qual e la linea .h.i. l'altra a lei equidistante uien a restar occulta & coperta dal cubo. Da poi diuido anchora li duoi lati .d.e. & .c.f. (& similmente li altri duoi a quelli oppositi & equidistanti) pur in due parti equali & congiongo pur medesimamente con le due linee rette l'una delle qual e la linea .K.l. l'altra resta occultata dal corpo. Similmente faccio delli duoi lati .b.c. & .g.f. tirando la linea .m.n. & il medesimo faccio nella superficie occulta (a questa opposita) fatto questo diuido cadauna de le tre linee .h.i. k.l. et .m.n. in due parti equali nelli ponti .o.p.q. il medesimo faccio delle altre tre occulte (a queste opposite) & cadauna de queste mità diuido secondo la proportione hauente il mezzo e duoi istremi nelli ponti .r.s.t.u. x.y. talmente che la maggior parte di cadauna siano uerso il ponto medio cioe che la maggior parte della .h.o. sia la .r.o. & della .o.i. sia la .o. s. & cosi far delle altre tre occulte: fatto questo congiongo cadauno di questi ponti diuidenti con

con cadauno circonstante con linee rette cioe dal ponto. s. tiro quattro linee la prima dal. s. al. x. la seconda dal. s. al. t. la terza dal. s. al. u. la quarta dal. s. al ponto occulto de la linea che termina nel ponto. z. Similmente farò con il ponto. x. tirando, x, r, x, t, & , x, al ponto della linea occulta terminante in. 9. et cosi procederò in tutti li altri (lequale linee non le hò uoleste tirare perche generariano confusione: ma le imaginaremo che siano tirate) & fatto questo se uederà mentalmente inscritto nel detto cubo una figura contenuta da uinti triangoli deliquali uno ne sarà sotto a cadauno lato del cubo essempi gratia il triangolo. x. t. y. e sotto giacente al lato. c. f. & lo triangolo. s. t. u. e sotto giacente al lato. c. d. & cosi si trouarà in cadauno delli altri lati & per esser li lati del cubo. 12. li triangoli adonque sotto giacenti alli lati saranno dodeci li altri otto (che manca andar a uinti) sotto giaceranno alli otto angoli solidi del cubo, l'uno di quali sarà il triangolo. s. x. t. & cosi si trouarà sotto giacere a cadauno delli altri angoli solidi del cubo. Adonque lo inscritto corpo sarà contenuto da uinti triangoli, hor resta de dimostrare che siano equilateri laqual cosa facilmente se dimostra in questo modo: imaginamo che sia tirata una linea dal pōto. t. al ponto. l. laquale (per la diffinitione) contenerà angolo retto con la linea. s. i. (per esser la. s. i. perpendicolare alla superficie. d. f.) adonque il quadrato della, s. t. (lato del triangolo dello inscritto corpo) sarà equale (per la penultima del primo alli duoi quadrati delle due linee. t. i. & . s. i. Et perche la detta linea. t. i. è equale alla linea che fusse tirata dal. u. al. i. ilche se manifestava (per la 4. del 1.) tirando una linea dal. t. al. p. Seguita adonque (per communa scientia) che le due linee. s. t. et. s. u. lati del triangolo esser fra loro equale. Et perche el quadrato della linea. s. t. è equal alli duoi quadrati delle due linee. t. i. & . s. i. & il quadrato della. t. i. (per la penultima del 1.) è equale alli duoi quadrati delle due linee. t. p. & p. i. seguita che il quadrato della. t. s. sia equale alli tre quadrati delle tre linee. s. i. i. p. et p. t. & perche. p. i. è equale alla. p. K. (diuisa) & la. p. t. è la maggior parte di quella & la. s. i. è equale alla minor parte. Et perche il quadrato di tutta la linea. p. K. (ouer. p. i.) insieme con il quadrato della. s. i. (sua minor parte) e triplo (per la 5. del 13.) al quadrato della. t. p. (sua maggior parte) giōtoui a tal somma il quadrato della detta. t. p. (sua maggior parte) tal somma de detti tre quadrati sarà quadrupla al quadrato della detta. t. p. (maggior parte) adonque per communa sciētia la linea. s. t. (lato del triā golo) sarà quadrupla in potentia alla. t. p. Et perche etiā tutta la. t. u. (per la. 4. del 2.) e medesimamente quadrupla in potentia alla medesima. t. p. Seguita (per communa scientia) la. s. t. esser equale alla. t. u. & di sopra fu dimostrato che la. s. t. era equale alla. s. u. adonque il triangolo. s. t. u. sarà equilatero & per lo medesimo modo se dimostrarà de tutti li altri che è il proposito. Et questa inscrittione trouai alli 21. di Decemb. che fu il giorno di S. Thomaso. 1542. In Venetia, con laqual inscrittione lo giorno sequente ritrouai l'altra seconda detta di sopra cioe che

Eglie possibile a inscriuer nel corpo di uinti base, il corpo di otto base.

Perche eglie manifesto (per il conuerso della inscrittione per noi di sopra adduttа) esser possibile de circonscriuere uno cubo, a ogni dato corpo di uinti base.

Sia

Sia adonque il dato ycocedron (nel qual uolemo inscriuere el detto otto base) quello medesimo che disopra fu inscritto nel cubo circa dil quale imaginaremo che gli sia circõscritto il medesimo cubo, a, f, Et perche in ciascaduna delle sei superficie del detto cubo ui se riposa uno lato del dato corpo de uinti base delli quali l'uno ne è la linea, r, s, (della figura precedente) l'altro, x, y, l'altro, t, u, li altri sono a questi tre opositi & perche li ponti, o, q, p, & similmente li altri tre a questi oppositi diuido- no cadauno di detti lati in due parti equali & sono etiam centri delle medesime superficie del cubo, congiongendo adonque cadauno di detti centri cõ cadauno di quattro circonstanti con linee rette: si come si fece nella terza propositione di questo a inscriuere le otto base nel cubo (per il secondo modo adutto dal commentatore) si manifestarà il proposito, cioe che il corpo di otto base che serà inscritto nel detto cubo sarà medesimamente inscritto nel uinti base. & perche il lato del cubo (detto di sopra) è equale a tutta la linea, l, K, & la detta, l, K, è doppia alla, p, k, (diuisa) diuidendo adonque la detta, l, K, (ouer il lato del cubo) secondo la medesima proportione hauente il mezzo e duoi istremi la sua maggior parte sarà etiam doppia alla, x, p, t, & perche il lato del uinti base inscritto (cioe la, t, u,) e etiam doppio alla medesima, t, p, ne seguita lo sottoscritto correlario.

Correlario.

E per questo è manifesto che diuiso il lato del cubo secondo la proportione hauente il mezzo & duoi estremi la sua maggior parte sarà equale al lato de uinti base inscritto nel medesimo cubo.

Problema. 13. Propositione. 13.

13/0 Fabricato qual si uoglia di cinque corpi regolari possemo in quello inscriuerui una sphera.

Adonque (per lo 13. libro) è manifesto cadauno de questi cinque corpi esser inscrittibile alla sphera. Al presente adonque sarà manifesto el contrario cioe a cadauno di quelli esser inscrittibile la sphera. Et per dimostrar questo usciscano (ouer siano potratte mẽtalmente) le perpendicolare dal centro della circonscribente sphera a tutte le base uniuersale de qual si uoglia de quelli, lequale è necessario cadere dentro li centri di quelli cerchij che circonscriuono esse base, & conciosia che, tutti li cerchij che cirõscriuono quelli siano equali: Etiam queste perpẽdicolare saranno equale. Adonque se sopra el centro della sphera, (che circonscriue) descriuerai un cerchio secondo la quantità di una di quelle, & essendo circondutto la mità di quello per fina a tanto che quel ritorni al loco doue cominciò a esser mouesto, & perche quello è necessario transire per le istremità di tutte le perpendicolare tu conuencerai (per el correlario della decima sesta del terzo) la sphera descritta da mouimẽto di questo semicerchio toccare tutte le base dello assignato corpo in li ponti doue concorrano le perpendicolare, perche la sphera non puo toccar piu delle base di quel corpo di quel che tocca el semicerchio circodutto mentre che quello era mouesto, per laqual cosa è manifesto noi hauer inscritto una sphera in lo assignato corpo si come era il proposito.

IL FINE DEL DECIMOQVINTO LIBRO.

PARTICELLA DELLA COSA LEGGIERA, ET GRAVE D'EUCLIDE.

1 I CORPI uguali di grandezza sono quelli, che riempieno i luoghi uguali.
2 I corpi diuersi di grandezza sono quelli, che riempiono i luoghi non uguali.
3 I corpi maggiori di grandezza si dicono quei, iquali sono di luogo piu amplo.
4 I corpi uguali di potentia sono quelli, i moti de iquali sono uguali, per mezzo e di tẽpo e d'aria, o d'acqua uguali, & per spatii uguali.
5 I corpi diuersi di potentia sono, i moti d'iquali sono uguali a diuerso tempo.
6 De i corpi diuersi di potentia, quello si dice il maggior di potentia, ilquale mouendosi consuma manco tempo. il menor di potentia è questo, che consuma piu tempo.
7 I corpi della istessa sorte sono quelli, che essendo uguali di grandezza sono anco di potentia.
8 I corpi di diuersa sorte sono quelli, iquali essendo di grandezza uguali, non sono di potentia, benche si muouano per lo medesimo mezo.
9 De i corpi di diuersa sorte il piu potente si dice questo, che è piu sodo.

Theorema primo.

De i corpi de diuersa potentia quello, che per maggior spatio si moue, ha piu potẽtia.

Siano a. c. b. due corpi. Siano g. d. & e. f. due spatii. g. d. il maggior, per loqual lo a. si moue. e. f. il menor, per lo qual il b. si moue. Risecarò dal spatio di g. d. il spatio di g. r. di modo, che sia al spatio di. e. f. uguale il spatio di. g. r. il rimanente è chiaro da se.

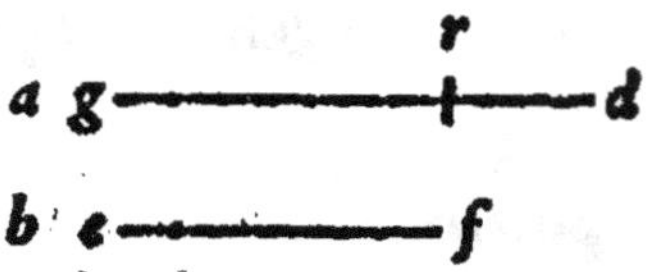

Theorema secondo.

Se i corpi dell'istessa sorte saranno tra se moltiplici, saranno parimente le loro potentie moltiplici.

Sia il corpo. a. g. doppio al corpo. d. della medesima sorte, dico esser anco doppio di potẽtia. Perciò del corpo. a. g. sia la potentia. e. h. Del dapoi il c. & a. g. secondo l'eccesso del moltiplice si parta in a, b. & b, g. di maniera che la potẽtia dell'uno e dell'altro si sia uguale alla potentia del corpo di esso d, laqual era c. Dapoi partimmo il corpo a, g, nelle parti, a, b. b, g, pari al corpo d. cosi partiamo la potentia. e, h. nelle parti, e, r, &, r, h, pari alla potentia del. c. egli è manifesto, che la potentia. e. h. riuscisca doppia potentia.

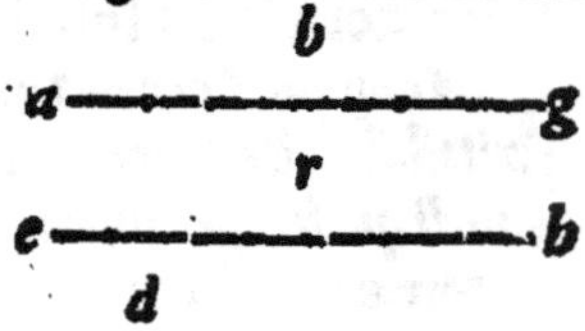

Theorema terzo.

De i corpi dell'istessa sorte è una medesima proportione & di grandezza e di potentia.

Sia il corpo. a. doppio del corpo. b. della medesima sorte. dico come il corpo. a. e al corpo. b. cosi il g. potentia del corpo. a. sia chiaro esser al. d. potentia del corpo. b. se al modo, che partiamo i corpi, cosi partiamo parimente le potentie molticheuolmente dall'una e dall'altra parte.

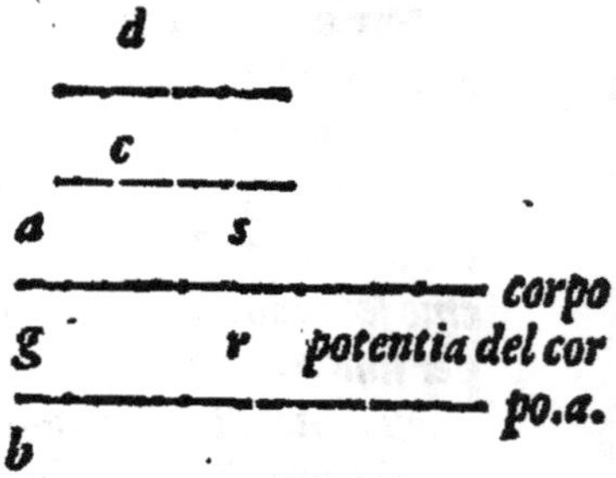

Theorema quarto.

I corpi sono dell'istessa sorte tra di se, iquali sono di par potẽtia el corpo della medesima sorte, perche tolte le ugualità a quel terzo saranno le uirtù loro pari, percioche sono uguali le potentie del terzo.

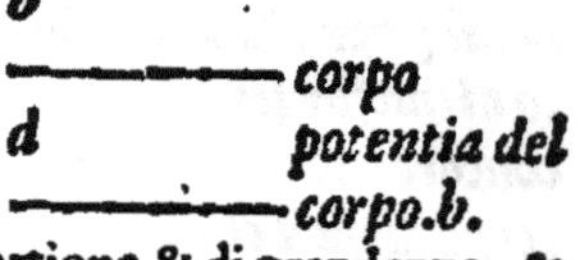

Saranno i corpi della sorte medesima, de iquali e una proportione & di grandezza, & di potentia, Se come il corpo. a. al corpo. b. cosi la potentia del corpo, a, al d, potentia del corpo, b, dico i corpi. a. b. essere dell'istessa sorte, percioche poniamo il corpo, a, ugual al corpo, la potentia del qual sia lo. r. Saranno adonque come il b. allo. a. cosi lo. r. alla potentia di esso. a. laqual e il g. Il resto e manifesto.

IL FINE.

REGISTRO.

A B C D E F G H I K L M N O P Q R S T V X Y Z.

Aa Bb Cc Dd Ee Ff Gg Hh Ii Kk Ll Mm Nn Oo Pp Qq.

Tutti ſono Quaderni.

IN VENETIA,
APPRESSO CVRTIO TROIANO.
M. D. LXVI.

memoria come io assegnai [illegible] adi [illegible] aprile [illegible]
ambrogio [illegible] scudi di 4 testoni luno ala [illegible]
della [illegible]
[illegible] scudi [illegible] in quato [illegible]

il mio [illegible] giorno
e piu amadio [illegible] per comprar [illegible]
e piu ambrogio [illegible] testone a 15
[illegible]

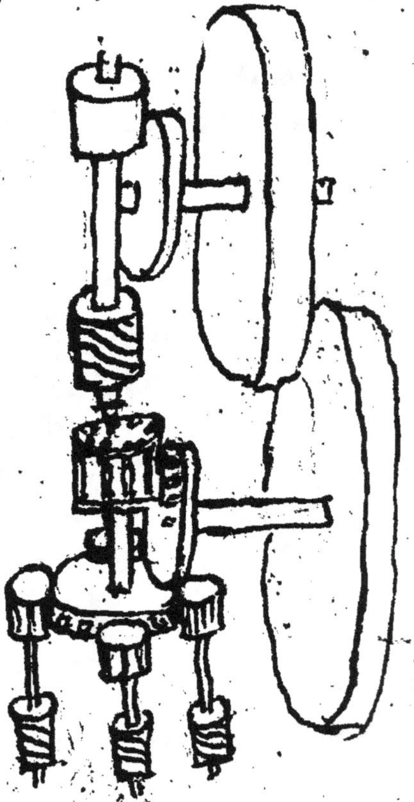

www.ingramcontent.com/pod-product-compliance
Lightning Source LLC
Chambersburg PA
CBHW060842220326
41599CB00017B/2359
9782012662766